陸軍本部 直轄 決死隊
(백골병단)
60年史

原稿 : 참전전우회장 全 仁 植

監修 : (예) 육군중장 柳 海 槿

編纂 : 편찬위원장 林 東 郁

委員 : 宋世鏞, 車周燦, 張之永
崔潤宇, 洪金杓, 朴勝錄
李翊宰, 林炳華

=1950. 9. 28 감격의 그 날=

陸本 直轄 決死隊 戰友會

白骨兵團 戰跡碑는 1951. 1. 4.부터 1.25까지 유격특수훈련을 받은 결사유격 제11연대 363명이 1951. 1. 30. 강원도 영월군 영월읍에서 적후방으로 침투한이후 결사유격제12, 13연대가 강원도 명주군 연곡면 퇴곡리에서 백골병단으로 통합(647명)하고, 1951. 4. 3 ~25까지사이에 개선한 장병 280여명의 염원으로 육군본부의 예산지원과 참전전우회원의 성금 그리고 육군제3군단 공병여단과 육군제703특공연대 장병의 지원으로 건립되었다.
세 뿔은 자유, 평화, 통일을 각 상징하고 결사 제11연대 동 12연대 동 13연대를 주탑 높이 11m(기초포함 16.4m) 공사계획 · 설계 일체는 전우회장 전인식의 작품으로 공사 감리를 겸했다. (1990. 11. 9. 제막된 백골병단 전적비의 위용)
곳 : 강원도 인제군 북면 용대리 산 250-2

불꽃 / 결사 제11, 12, 13연대를 각 상징

총칼 / 보병, **낙하산** / 유격특수부대 상징

해골 / 백골병단을 강조함.

월계수 / 자유 · 평화 · 단결을 상징함

도안 : 전인식

육군본부 직할 결사대(白骨兵團) 단기

나라사랑! 우리의 무궁화 영원토록 밝게 빛나리

사선을 돌파한 육군본부 직할 결사 유격 제11연대 강릉 개선 장병 일동

때 : 1951년 4월 5일 **곳** : 강원도 강릉시 도립 병원 광장 **촬영 당시 인원** : 147명

발 간 사

육군본부 직할 결사대(일명 白骨兵團)는 1951년 1월 대구소재 달성초등학교에서 개교한 육군정보학교(육군 제7훈련소)에서 유격전교육을 수료한 장병으로 편성된 군부대로서 대한민국 국군 창군이래 최초로 적군의 복장과 무기 등 군장(軍裝)을 갖춘 대병력이 적의 주저항선(主抵抗線)을 돌파하고 적 후방에 침투(侵透)하여 4월 하순까지 혁혁한 무공을 세운 결사대(決死隊) 참전 · 개선 전우들이 1961년 8월 대한민국 유격군참전전우회(가칭)를 발기한 이후, 설악동지회, 대한유격참전동지회 등을 거쳐 현재의 전우회에 이르기까지 50여년 동안 이어온 친목 · 전우회로서 회원들이 합심하여 1962년에 참전장병에 대한 군인신분 부여 청원을 시작으로 군 계급 인정 및 명예회복 · 선양과 유공자에 대한 훈포장 수여 및 전몰장병에 대한 전사확인과 안장 또는 위패봉안, 유가족의 원호와 전적비 건립 등을 추진해 왔습니다.

그 결과 1989년 고 허은구 소위 등 60인의 전사확인으로 동작동 국립현충원에 위패 57위와 대전현충원에 안장 3위를 모셨고,

1990년에는 육군본부의 예산지원과 우리들 참전전우회원의 성금으로 작전지역인 강원도 인제군 북면 용대3리에 白骨兵團 戰跡碑가 건립되었습니다.

그 뒤, 無名勇士 303인의 追慕碑를 건립 했으며, 살신성인(殺身成仁) 고 윤창규(尹昌圭)대위의 忠勇碑 건립 등 명예회복을 위해 진력했습니다.

우리들의 계속된 청원으로 2004년에는 국방부가 特別法의 제정을 받아들여 **참전 53년만**에 모든 참전장병들이 참전당시의 계급을 **현역으로 복무한 것으로** 인정받음과 동시에 새 군번도 부여받았으며, 참전당시 적 후방에서 전투 중에 있었기에 **받지 못한 계급별 봉급**과 **위로금 성격의 공로 보상금**도 받았습니다.

이어서 대통령 명의의 6.25참전유공자 증서를, 2008년 9월에는 **참전 58년만에 국가유공자** 증서도 모두 받았습니다.

이제 60년의 세월이 되었습니다.

그동안 인고(忍苦)의 쓰라림이 컸습니다만, 이제 다 눈 녹듯 녹여 강원도 인제 용대리(龍垈里)앞 북한강(北漢江) 상류에 모두 흘려버리고 남은 여생(餘生)을 조국의 자유와 평화를 위해 바치고자 합니다.

이에 우리 참전전우 모두는 격전지에서 유명을 달리한 360여명이 조국의 산야에서 이름모를 풀(草)의 밑거름이 되어 이 강산을 지키고 또 우리 개선장병의 안녕을 보살피고 있음을 명감(銘鑑)하고 더욱 분발하고자 함을 다짐합니다.

이 발간사를 쓰면서 "50여년이란 오랜동안 나름대로 열심히 봉사 했으나 시행착오도 없지 아니한듯 합니다만 모두 깨끗이 지우고 남은 생애를 잘 마무리 하십시다." 라는 말로 맺고자 합니다.

끝으로 이 거창한 기록 "60년사"가 우리 군(軍)의 유격전사에 찬란한 기록으로 영생(永生) 할 것을 기대하면서 이를 편찬함에 온갖 정성을 다하여 60年史 발간에 협찬을 아끼지 아니하신 참전전우 여러분에게 감사의 말을 남기며, 바쁘신 가운데에도 군사작전부문을 중심으로 감수(監修)해 주신 예비역 육군중장 류해근(柳海權)장군과 우리 전우회 60년사 편찬위원회 임동욱(林東郁)위원장과 참여편찬위원 여러분에게도 감사와 위로의 말씀을 드립니다.

정말 수고 많이 하셨습니다. 건강하게 오래 살아야 전역식과 훈포장 그리고 또 무엇이 올지 기대해 볼 수도……

감사 합니다.

2010년 1월

육군본부직할결사대전우회
(백골병단)

회장 全仁植

= 일 러 두 기 =

1. 유의 사항

이 60년사는 1950년 6월 북한 정권이 남침한 때 부터 2010년에 이르는 사이에 과거 자유당 정권에서부터 4.19 혁명과 5.16군사혁명, 민주화를 거치는 동안 북한 괴뢰정권도 합법적인 국가정권으로 탈바꿈 함에 따라 용어의 사용을 바로 잡았습니다.

- 북괴군 → 조선인민군 → 북한군
- 조선민주주의 인민공화국 → 북조선 → 북한
- 중국인민지원군 → 중공군 또는 중국군
- 적 → 북한군과 중공군
- 조선인민공화국 국기 → 인공기
- 적도의 수괴 → 김일성 수상
- 남조선 괴뢰군 → 국군
- 인민유격대 → 남한에서 비정규전을 감행한 북한군의 전위조직
- 남침전쟁 → 북한공산군이 1950년 6월 25일 04시를 기해 38도선 전역에서 기습 남침 도발한 전쟁

2. 편집 내용

이 60년사는 1950년 6월 6.25 한국전쟁 발발시부터 육군본부 직할결사대(백골병단)의 참전전투 · 작전개요를 년대별(年代別) 또는 내용별로 분류하여 읽기 쉽고 또 체계화 하도록 노력하고 참전장병이 50여년간 명예회복 등을 위하여 투쟁 · 쟁취한 여러가지 행정 등 기록을 사실대로 집성한 것이다.

3. 편, 장, 절, 항 등

편 : 제Ⅰ편, 제Ⅱ편, 제Ⅲ편 ·········

장 : 제1장, 제2장, 제3장 ·········

절 : 1, 2, 3 ·········

항 : 1), 2), 3) ·········

목 : ◆ 1, ◆ 2, ◆ 3 ·········

세목 : ①, ②, ③ ······

4. 맞춤법과 띄어쓰기는 「한글 맞춤법」 에 따르는것을 원칙으로 하였고, 주기의 성격을 띤 내용은 주)1, 주)2 또는 [ ]속에 넣었다.
5. 한자(漢字)의 표기는 저명한 지명, 인명의 경우에 한하여 ( )나 [ ]안에 한자를 표기하였다.
6. 영문(英文)의 표기는 ( )에 표기하였다.
7. 본문이나 주기에 나오는 잡지 또는 도서명은 『 』를 이용하였고, 신문이나 논문의 명칭은 「 」를 기타 호소문 결의문 등은 " " 를 이용하여 구분 표기하였다.
8. 이 책의 목차는 각 편 별로 중요부분만을 기술하고 각 편에서 자세한 세부 목차를 정리 구분하였으며 본문의 내용과 표의 내용을 함께 참고하게 하였다.

전우회 이사진 · 감수인 프로필

회 장
〈집필 · 발행인〉
전 인 식
全 仁 植

1929年 경기 파주 出生
육군정보학교 수료. 임시대위 임관
(결사 11연대 작전참모)
1951.6 육군소령 명예제대
1961.8 참전전우회 발기인 대표
1969. 대학조교수(문교부공인자격)
1972. 대학 부교수 자격(문교부 공인)
1965. 설악동지회 회장 취임
1987. 대한유격참전동지회장
1990. 백골병단 전적비 건립 참여
2000. 백골병단 참전전우 회장
2004. 육군본부 직할 백골병단 참전 전우회장
2005. 육본직할백골병단 기념사업회장
2006. 용대 백골장학회 회장
2008. 육본직할 결사대 전우 회장
2009. 60년사 원고 집필

〈감수인〉
류 해 근
柳 海 槿

1945年 전북 완주 出生
육군사관학교 제26기 졸업
703특공연대장(대령)
11공수특전 여단장(준장)
보병 제35사단장(소장)
육군본부 정보/작전 참모부장(소장)
육군특수전 사령관(중장)
육군교육사령관(중장) 예편

명예회장
권 영 철
權 寧 哲

1929年 경기 고양 出生
결사 제11연대 제3대대 보급관
육본직할 결사대 부회장
육본직할 결사대 명예회장

명예회장
김 용 필
金 容 弼

1925年 경기 파주 出生
결사 제12연대 참전 임시소위
결사유격대 부회장
육본직할 결사대 명예회장

이 사
임 동 욱
林 東 郁

1929年 충남 논산 出生
결사 제11연대 제3대대 복무
육군본부 부관감실 장교과 근무
육본직할 결사대 전우회 이사
백골병단 60년사 편찬위원장

총무이사
차 주 찬
車 周 燦

1933년 충남 천안 出生
결사 제11연대 1대대 복무
육본 직할 결사대 전우회 이사
예비역 육군소령(재복무)
60년사 편찬위 간사

이 사
안 병 희
安 秉 熙

1931年 경기 평택 出生
결사 제12연대 복무
육본직할 결사대 전우회 이사

이 사
장 지 영
張 之 永

1930年 황해 연백 出生
결사 제11연대 3대대 복무
문화방송 경향신문사 신문영업부장
육본 직할 결사대 전우회 이사
백골병단 60년사 편찬위 위원

이 사
최 윤 우
崔 潤 宇

1935年 경기 장단 出生
결사 제11연대 통신대 복무
정보통신부 전자연구소(부이사관)
육본 직할 결사대 전우회 이사
백골병단 60년사 편찬위 위원

이 사
홍 금 표
洪 金 杓

1932年 경기 인천 出生
결사 제11연대본부 복무
예비역 중위(군의관)(병원원장)
육본 직할 결사대 전우회 이사
백골병단 60년사 편찬위 위원

감 사
송 세 용
宋 世 鏞

1931年 충남 연기 出生
결사 제12연대 본부 복무
육본직할 결사대 전우회 감사
60년사 편찬위 부위원장

60年史 발간비용 협찬인사

전인식
<경기 파주 出生>
참전전우회 회장
발간 협찬 700만원 헌성

김용필
<경기 파주 出生>
참전전우회 명예회장
발간 협찬 350만원 헌성

임동욱
<충남 논산 出生>
백골병단 60년사 편찬위원장
발간 협찬 300만원 헌성

홍금표
<경기 인천 出生>
백골병단 60년사 편찬위위원
발간 협찬 300만원 헌성

권영철
<경기 고양 出生>
참전전우회 명예회장
발간 협찬 100만원 헌성

류해근
<전북 완주 出生>
참전전우회 명예회원 감수인
발간 협찬 100만원 헌성

송세용
<충남 연기 出生>
백골병단 60년사 편찬위부위원장
발간 협찬 100만원 헌성

차주찬
<충남 천안 出生>
백골병단 60년사 편찬위간사
발간 협찬 100만원 헌성

장지영
<황해 연백 出生>
백골병단 60년사 편찬위위원
발간 협찬 100만원 헌성

최윤우
<경기 장단 出生>
백골병단 60년사 편찬위위원
발간 협찬 100만원 헌성

이익재
<경기 평택 出生>
백골병단 60년사 편찬위위원
발간 협찬 100만원 헌성

안병희
<경기 평택 出生>
참전 전우회 이사
발간 협찬 100만원 헌성

임병화
<경기 수원 出生>
백골병단 60년사 편찬위위원
발간 협찬 100만원 헌성

권태종
<경기 인천 出生>
참전전우회 회원
발간 협찬 50만원 헌성

김중신
<충남 예산 出生>
참전전우회 회원
발간 협찬 50만원 헌성

박승록
<충남 부여 出生>
백골병단 60년사 편찬위위원
발간 협찬 50만원 헌성

윤 경 준
<충남 대전 出生>
참전 전우회 회원
발간 협찬 50만원 헌성

이 영 진
<충남 부여 出生>
참전 전우회 회원
발간 협찬 50만원 헌성

박 용 주
<경기 시흥 出生>
참전 전우회 회원
발간 협찬 30만원 헌성

김 송 규
<전북 완주 出生>
참전 전우회 회원
발간 협찬 20만원 헌성

김 종 호
<강원 춘천 出生>
참전 전우회 회원
발간 협찬 20만원 헌성

배 선 호
<강원 정선 出生>
참전 전우회 회원
발간 협찬 20만원 헌성

오 석 현
<경기 김포 出生>
참전 전우회 회원
발간 협찬 20만원 헌성

어려운 여건임에도 불구하시고 큰 뜻으로 협찬해주시어
우리 60년사가 영원한 빛을 밝힐 수 있게 되어
다행하게…… 그리고 영광이 빛나기를……

참전전우회 회원들 근영

全 仁 植 (11R)

權 寧 哲 (11R)

金 寅 泰 (11R)

高 悌 和 (13R)

權 泰 鍾 (11R)

金 容 粥 (12R)

吳 錫 賢 (11R)

黃 泰 圭 (11R)

金 鍾 浩 (12R)

金 重 信 (11R)

朴 勝 錄 (11R)

朴 用 周 (12R)

宋 世 鏞 (12R)

張 之 永 (11R)

河 泰 熙 (11R)

洪 金 杓 (11R)

金 成 亨 (11R)

金 宋 奎 (12R)

金 亢 泰 (11R)

安 秉 熙 (12R)

尹 慶 俊 (11R)

李 榮 珍 (11R)

李 翊 宰 (12R)

林 東 郁 (11R)

林 炳 華 (13R)

全 永 燾 (11R)

崔 潤 宇 (11R)

玄 再 善 (11R)

裵 善 浩 (13R)

梁 元 錫 (11R)

車 周 燦 (11R)

崔 熙 哲 (11R)

李 永 九 (12R)

=사진 未着=

張喆翼 (12R)
趙詩衡 (11R)㊅ 09.8
林炳基 (12R)

=記念事業會 參與中
死亡한 戰友=

鄭學文(유족) (11R)
丁奎玉(유족) (11R)
扈成振 (11R)
文泰眞 (11R)
吳正涉 (12R)
金鍾烙(유족) (12R)
李長福 (13R)

= 차 례 =

제 I 편 한 국 전 쟁

제 1 장 6.25 한국전쟁

1. 김일성의 남침 준비

1948년 9월 북한(소위 "조선민주주의 인민공화국" 이하 "북한" 이라한다)은 정권 수립 후 수상 김일성(金日成)이 소련수상 "스탈린" 에게 남침에 대해 구체적인 보고를 하여 2차 세계대전에서 위용을 자랑하던 소련제 T 34 탱크 240여대와 각종 야포, 기관총 및 보병소총 등 각종 무기를 무상으로 지원 받아, 조선 인민군(북한군)을 중무장시키고 중공군 소속이던 한인(韓人)팔로군 약 3만5천명(4개사단)을 북한군에 편입시켜 실전훈련을 쌓은 뒤 1950년 3월 다시 소련을 방문해 스탈린에게 남침 계획을 확정 보고 · 승인을 받은 후, 1950년 5월 14일(남침 40여일 전)에는 중국 공산당 최고 권력자 모택동(毛澤東)으로부터도 남침계획을 승인받고, 1950년 6월 18일 북한군은 야외 기동훈련을 가장하여, 일제히 38도선 부근에 이미 설정된 집결지로 전투부대를 모두 배치 완료 하였으며, 그 사흘 뒤인 22일에는 북한군 총사령부의 전투명령 제1호(남침)를 발령하여 대거 남침에 총 동원되었다.

2. 김일성의 남침 명령

김일성은 1950년 3월 초순(일자 미상)에 이미 북한 인민유격대인 빨치산 제5지대(지대장 : 길원팔, 정치부지대장 남경우)에게 하달한 작전명령으로 경남일대의 정치, 군사, 사회 요소에 대한 공격을 명령하였으며, 정규군이 남침하면 이들과 배합하도록 하였음이 1951년 3월 18일 빨치산 제5지대장 북한군 중장 "길원팔(吉元八)" 등 일당을 생포함으로써 김일성의 지령 등 전모가 밝혀진 바 있다.

이와 같이 김일성은 대한민국을 전복하기 위해 6.25 전쟁 이전에 이미 지리산, 오대산, 태백산 지역에 게릴라를 침투시켜 후방을 교란하는 등 꾸준히 암약한 뒤, 1950년 6월 25일 일요일 새벽 4시를 기해 38도선 전역에 걸쳐 대거 기습남침을 감행하고, 동해안에서는 38도선 이남 삼척지역에 해상 침투부대를 상륙시키는 한편, T 34 탱크는 의정부, 홍천 등 방면으로 침공하고, 공군은 소련제 야크(YAK)전투기로 서울시내를 폭격하여 민심을 크게 교란시키는 등 남한 전역에 육 · 해 · 공군의 대대적인 공격을 감행하였다.

3. 아군의 무방비

정부(아군)는 1950년 6월 24일 0시를 기해 전군에게 이미 내려져 있던 비상경계 임무를 모두 해제하고 많은 장병을 고향으로 보내(특별외박) 가뭄으로 심지 못한 모내기를 돕게 하고, 육군본부 고위 장교들은 육군회관의 준공기념 축하 대연회(댄스파티)를 여는 등 방만한 경계에 빠져들어 남침 3일만인 1950년 6월 28일 2시 30분 많은 시민과 우마차, 손수레와 차량이 뒤범벅이 된 피난길에 오른 한강인도교를 폭파하여 후방 퇴로가 차단되는 사태가 벌어지고 있는 바로 그 시각에 북한군 탱크 2대가 인공기(人共旗)를 휘날리며 미아리 고개를 넘어 돈암동을 거쳐 "창경원" 정문앞에서 시위를 하고, 북한군 대병력은 미아리 고개너머(북쪽)에서 서울 중앙청 침공에 대비하고 있는 등 대한민국의 국운이 풍전등화(風前燈火)와 같이 위급해진 때, 자유우방인 미국 트루먼 대통령은 1950년 6월 27일 긴급회의를 개최하여 한국을 지원할 태세를 갖추고, 유엔 안전보장이사회도 6월 28일 제2차 회의를 소집하여 대한민국에 대한 군사원조 결의안을 압도적인 다수표로 통과시키고, 6월 29일에는 맥아더 원수에게 미공군의 북폭 허용과 극동해군의 한반도 해안 봉쇄 및 지상군의 투입 권한을 일임하였다.

이와 같이 한반도가 위태롭게 되자, 미국대통령 "트루먼"은 1950년 7월 7일 유엔 안전보장이사회(안보리)의 결의에 따라 미 극동군 사령관 맥아더원수를 초대 유엔군 총사령관에 임명하여 유엔의 권한을 대행하게 하였다.

이때, 대한민국 대통령(이승만)은 국군의 통수권자로서 지휘권의 일원화를 위하여 1950년 7월 14일 **국군의 작전 지휘권 일체를 유엔군 총사령관에게** 위임한다는 내용의 각서를 맥아더 원수에게 보냈으며, 4일 뒤인 7월 18일 유엔군 사령관이 이를 수락함으로써 유엔군의 작전을 위해 한국 국군의 모든 작전 지휘 통제권한이 유엔군 사령관으로 일원화 되었다.

4. 인천 상륙 작전

유엔군 총사령관 맥아더 원수는 대구 부산만이 겨우 남고, 낙동강의 최후방어선을 사수하고 있는 유엔군의 전세 만회를 위해 1950년 9월 15일 대대적인 인천상륙작전을 감행하여 성공하자 다음날인 9월 16일에는 한·미 양국군은 낙동강 방어선에서 일제히 총 반격작전을 개시하였다.

이때, 미국 합동참모본부는 1950년 9월 27일 맥아더원수에게 북한지역으로의 진격을 승인하였고, 인천상륙작전 부대는 계속 진격하여 연희동고지를 탈환한 후 1950년

9월 28일 우리 해병대가 서울 중앙청에 걸렸던 북한 인공기를 끌어 내리고 그 자리에 태극기를 높이 게양하였다.

1950년 10월 1일 우리 육군이 동부전선에서 38도선을 넘어 일제히 북진을 개시하였다.

이때, 북한군은 전라 남 북도와 경상 남 북도 지방까지 남하 진격한 16만명이 넘는 대부대의 퇴로가 차단되고, 보급 또한 두절되자 북한군 전선사령관 "김책(金策)"의 명령으로 전선의 모든 부대가 유격전 부대로 변신 · 개편하여 태백산, 지리산 등 지구와 전라북도 및 경상남·북도의 산악지방으로 분산 암약 하게 되자 국내치안이 극도로 혼란스럽고, 양민의 피해 또한 극심하였다.

5. 북한군의 유격전

1950년 10월 중국 공산군(중공군)의 한국전 개입 이후 1950년 12월 중공군의 제2차 대공세로 유엔군이 37도 선 이남으로 다시 철수를 하게 되자 북한군 최고 사령부의 명령으로 북한군 제2군단(군단장 "최현")은 아군 지역에 남아 철수작전을 방해하는 한편 본격적인 후방 침투작전을 시작하였다. 주1)

북한군 제2군단은 예하 사단 중 가장 병력이 많은 북한군 제10사단(약 6,000명)을 유엔군의 중 · 동부전선 후방 깊숙이 침투시켜, 그곳에서 또 다른 게릴라부대(대장 길원팔)와 합세한 다음 춘천-원주-대구를 잇는 요충지를 선취(先取), 확보하여, 장차 이 축선(軸線)을 따라 남진하게 될 북한군 제 3 및 제 5군단과 연결(連結)함으로써 「정규전과 비정규전의 배합」에 의한 협공(挾攻)을 기도하였던 것이다. 주2)

이와 같이 북한이 정규군과 비정규군인 게릴라와 협동하고 있을 때 유엔군사령부쪽에서는 유격전에 관한 대비책이 전혀 없었을 뿐 아니라 그들은 피부의 색, 언어, 문화, 체모(體毛) 등 모든 면에서 유격전을 수행하기엔 불리한 여건이었다.

6. 유엔군의 북진

유엔군은 38도선을 넘어 북진한 한국군 제1사단이 북진 19일만인 1950년 10월 19일 13시경 적도 평양 김일성대학과 방송사를 점령하였고, 북진한 국군 제6사단이 압록강 연안에서 수통에 물을 담은때 이미 중공군의 최고실력자 모택동은(1950년 10월 9일 맥아더 원수가 공산군에게 항복을 권고하는 최후 통첩을 발표한 그 다음날) 북경방송을

주1) 국방부군사 편찬연구소 발행(라주바예프)의 6 · 25 전쟁보고서 Ⅰ p#396~397

주2) 자료 : 한국전쟁(합동참모본부) 1984. 11. 1 p#455 에서

통해 중공군의 개입을 경고 하는 한편 은밀하게 참전 행동을 개시하였던 것이다.

이와 같이 중공군의 기습참전으로 동계(冬季) 전투에 대한 준비가 전혀 되어 있지 않았던 아군과 유엔군은 강추위에 많은 어려움을 겪게 되었다.

7. 중공군의 기습

중공군 제4야전군(사령관 임표) 6개군 18개사단은 이미 몰래 1950년 10월 15일 압록강을 건너 북한지역에 잠입한 뒤, "팽덕회" 원수를 총사령으로 중공군은 9개군 40여만명이 분산하여 압록강을 건넜는데 아군정보기관은 이를 전혀 파악하지 못했으며, 중공군은 1950년 10월 15일 유엔군과 최초로 교전하는 척 하다가, 슬그머니 패하는 척 후퇴하여 기도를 은폐한 뒤, 숨어 있다가 1950년 11월 26~27일에 이르러서 9개군이 총동원되어 전 전선에서 인해전술(人海戰術)을 감행하였다.

중공군은 꽹과리와 피리, 징 을 치며, 방망이 수류탄을 던지는 등 인해전술을 감행해와 이 기습에 놀란 아군과 유엔군은 방한대책이 전혀 없던 때 보급의 두절 등으로 더 이상 버티지 못하고 대거 후퇴를 하게 되었다.

전선에서는 적과 싸우면서 고전을 면하지 못하고 후방에서는 강력한 인민유격대로 개편한 북한군 제6, 제7, 제9 및 제10사단 소속 약 1만이상 2만여명의 북한병들과의 싸움이 계속되고 있었으며, 남한지역 산악지대에서는 북한군 제2군단의 제2, 4, 15, 27, 31 사단 등이 경춘선(京春線)을 차단하고 철원, 연천지구에서는 야전병원을 습격하여 부상자들을 학살하는 등 극악한 만행을 저지르며 준동하고 있어 전선은 전후방이 모두 혼란스러웠다. 주3)

주3) 합동참모본부, 한국전쟁 p.p 453~456, 한국전쟁사료-정기정보보고, 제60호 p201, 제66호 p 364에서

제 2 장 유격 부대

1. 국민총동원령

정부는 전선과 후방이 극도로 어지러운 때, 국민 총동원령을 발령하여 만 17세 이상 40세까지의 청 장년(靑壯年)은 모두 떨쳐 일어나라고 명령하였다.

이때, 발령되었다는 대통령 동원령 제5호는 지금 그 근거서류를 찾을 수 없으며 유사한 명령으로는 1950년 12월 21일 공포된 "국민방위군설치법"과 국본특별명령 육 제22호 추가 1 이 있을 뿐이다.

그 법에서도 지원에 의하도록 하고 있어 총동원령과는 성격이 다르나, 그 당시는 행정이 공백상태였을 뿐 아니라 전선이 일제히 후퇴 중에 있었고, 타자기(打字機)도 없던 때라 모든 문서는 펜글씨로 써서 명령 등을 하던 시절이였으므로 애국 청장년들은 국토방위 명령 또는 징집 내지는 소집영장(令狀) 조차 없이 모두 나라를 지키고 내 부모 형제를 지키기 위해 구두명령만으로 구국대열(救國隊列)에 동참했다.

요사이에 와서 입대 장정의 법적근거나 군적(軍籍)의 증거서류를 따지는 행정 및 법관 등도 있으나 그 시절을 증명할 길은 없다.

2. 유격부대 창설

대한민국의 국운이 백척간두(百尺竿頭)에 있을 때, 미 육군 극동군사령부 소속 존 맥기(John Hugh Mcgee)대령(2차대전때 필리핀 섬에서 일본군을 상대로 유격전을 감행한 군인)이 미8군 작전참모부로 전속되면서 한국전에서 처음으로 유격전부대의 작전(지구전)이 검토되게 되었으나, 전세가 극도로 불리한 때였고 또 병력과 장비도 없어 유격전부대의 편성이나 대책을 세우지 못한 채 1951년 1월 16일에 이르러 유격전부대 즉 지구전부대 창설의 지침을 극동군 사령부로부터 받았으나 그 이전에 이미 유엔군(미군)은 한국군 수뇌부에 대하여 유격전 부대를 적후방에 침투시켜 저들 북한군과 같이 적의 후방을 교란하고 보급선을 차단하는 등 유격전을 감행할 것을 1950년 12월(일자미상) 강력히 요구해왔다고 한다.

유엔군(미8군) 측의 요구가 있었다해도, 당시 육군본부는 한국군의 모든 작전지휘권이 이미 유엔군 총사령관에게 이양된 뒤였으므로 한국군으로서는 독자적인 작전은 물론 교육 등을 단독수행 할 수도 없었다.

그 당시 육군본부 정보국에는 미8군 정보연락장교단이 구성되어 있었으며, 여기에는 미 육해공군장교 25명과 한국군장교 10명이 편성되어 있었고, 그 정보연락장교단의 단장은 한국군 육군중령 이극성(육사3기, 육군본부 정보국제3과장)이 보임되어 있었다.

육군본부 정보국장은 육군준장 백인엽, (후임 육군준장 이한림)

육해공군 총참모장은 육군소장 정일권, (2월 중순 중장으로 진급)

국방부장관은 신성모씨였다.

우리 정부는 북한이 수복되자 수복지구의 치안확보와 남쪽에 남아 암약하는 북한 게릴라들의 소탕을 위하여 각 경찰서마다 의용경찰(義勇警察)을 모집(주로 치안대요원으로 활동하던 자들)하여 훈련을 마칠 무렵 또 다시 대거 후퇴를 하게 되자 이들 우국충정에 빛나는 열혈 반공 애국청장년과 군 낙오병등 모두 6,000~7,000명을 대구시내 소재 육군보충대에 집결시키고, 육군본부 정보국에서는 이들 중 신체건강하고 반공사상이 뚜렷하며, 학력이 높은 장정을 선병(選兵)하여 유격특수전 교육을 시켜 전선에 투입하기로 계획하고 1951년 1월 3일 우선 1차로 700여명을 선병한 뒤, 그 다음날 이들을 육군정보학교(대구시내 달성초등학교)에 입대시켰다.

3. 유격전 교육

1951년 1월 4일 유격전을 위해 육군정보학교에 입교한 교육생에 대한 교육은 교육장비와 교재, 전술 등 모든 면에서 아무런 준비가 되어 있지 아니했으며, 700여명의 청장년을 소학교 교실 바닥에서 모포 1장과 주먹밥으로 침식을 해야 하는 극도로 열악한 환경 속에서 교육 훈련이 진행되었다.

일상 점호로부터 시작되는 단기 교육은 3주간 동안(주야간) 진행되었으며 주로 정신교육에 중점을 두었다.

① 북한의 군사노선에 대하여 : 북한 귀순장교가 강의

② 적후방 침투 요령 및 교리(침투 유경험장교가 강의)

③ 수색 정찰 요령

④ 모택동의 16자 전법(적진아퇴, 성동격서 등)

⑤ 북한제(소련제) 소총의 분해결합법(실탄부족으로 사격훈련은 하지 못함)

⑥ 북한식 제식훈련 동작

⑦ 북한군을 위장하기 위한 북한군가, 빨치산 노래 등

⑧ 북한 치안 조직 및 대민공작 요령(인민위원회 내무서 등)

⑨ 독도법(장교에 한해 실시)

⑩ 작전명령에서 지시된 임무 및 행동요령

1) 연락장교 생포 또는 사살
2) 적의 지휘소 습격
3) 각급 간부 생포 또는 사살
4) 비밀문서 획득 및 애국청년 포섭
5) 적으로부터 노획하여 무장을 강화
6) 생산기관의 파괴
7) 사병의 귀순 공작
8) 민중조직 강화
9) 후방 교란과 보급로 파괴
10) 첩보망구성 등에 대한 교육이 병행되었다.

4. 유격대원에 대한 군번부여와 임관

1951년 1월 4일부터 1월 24일까지 21일간 1차 교육이 실시되었다.

1951년 1월 25일 교육이 끝난 피교육자 700여명이 학교운동장에 집합한 가운데 임시장교 124명에게 GO 100`1~GO 1124 군번부여와 동시에 육군임시보병 소위 72명과 육군임시보병중위(36명), 대위(14명), 소령(2명) 등이 국방부장관 신성모(申性模)로부터 임시장교로 임관하고

부사관 및 병은 G군번(결사 제11연대는 G110…, 결사 제12연대는 G120…, 결사 제13연대는 G130…)을 부여 받고 이등중사(병장) 이상, 이등상사(중사)까지의 계급이 각 부여되었다. 주4)

5. 결사 제11연대 등 부대 편성

결사 제11연대장 육군중령 채명신(육사 5기)은 평안북도 영원 지방까지 진격한 육군 제8사단 제21연대 제1대대 대대장(육군소령)이였으나 중공군의 제1차 기습작전에 의해 부대가 분산된 뒤 소수의 병력만을 지휘하여 황해도까지 퇴각하는 동안 많은

주4) 당시 육군본부 정보국 제3과장 육군중령 이극성(李極星)(예비역 준장)씨는(1950.11. 8 ~51. 9.14.까지) 유격대 장교 124명 임관에 대한 증언에서 유격대에 편성된 장교는 현역장교와 구분하여 GO 군번을 부여 하였는데 이는 유격대장교 즉 Guerilla Officer를 뜻하는 것이고, 임시장교로의 임관은 그 당시 국방부장관의 결재를 얻어 임관 사령장이 교부되었고, 임시장교의 임명은 긴급한 전시였으므로 임시계급에 관한 대통령령이 있었던 것으로 기억한다는 증언을 했으나, 결사대 장교에 대한 계급 부여에 대하여는 단기 4283년 9월 16일(1950) 대통령령 제384호「국군 임시계급에 관한 건」에 의하여 임시장교로 임관케 한 대통령령의 근본 취지가 유격대장교에게도 합당한 것인지는 불분명하다.

어려움을 겪으면서 해주(海州)해안 지방까지 이르러 소형선박을 탈취하여 강화도에 도착한 뒤, 1951년 1월 14일 강화도 민간 반공유격대의 도움으로 소형선박으로 충청남도 당진 석문(石門)이란 작은 항구에 도착, 1951년 1월 16일경 대구 육군본부로 복귀한 장교로서 적치하에서 50여일간의 유격전 경험이 풍부한 장교였으나 그 동안의 실종기간에 대한 책임 문제도 있었던 것 같다. 주5) 주6)

결사제11연대 병력 349명이 교육중인 1951년 1월 18일경 육군소령 채명신이 결사유격대원의 훈련실황을 둘러 본 다음 1951년 1월 25일에는 중령으로 진급한 뒤 결사대원들의 임관식에서 **"내가 결사 제11연대장 이다"** 라고 자기소개를 하였다.

여기서, 특히 유의할 사항은 채명신 중령이 정보국에 대하여 유격전을 수행할 장병의 열악한 교육수준과 장비 등 여러 면에서 부족한 결사대를 지휘하기는 극히 곤란함으로 정예 호위병 10명 정도를 호위겸 보좌요원으로 달라고 요청하여 주로 38이북출신 대학생으로 구성된 첩보교육이수자 9명을 증원받고, SCR 300 무전기 2대와 통신병 등(자신을 포함한) 14인을 추가하여 정보학교 수료자 349명을 합한 363명으로 편성하였다.(편성표 1 참조)

주5) 채명신 유격대의 공적기 「사투만리」 1956, 정훈감실, p#78~79에 의하면, 단기 4284년 1월 14일 충남 당진 석문에 상륙하였다고 기록되어 있다.

※ 육군본부의 채중령에 대한 인사기록 통보에 의하면, 그 분은 1950년 12월 11일부터 51년 5월 13일까지 유격대대장으로 복무하였다는 기록이 있다.

주6) 이극성 중령(육사 제3기생)(예비역 준장 1966년 예편)의 「채명신 유격연대장 관련 부분」의 증언에서 다음과 같은 증언을 했다.

「채소령은 1951년 1월 중순경 유격대 장병이 대구 육군정보학교에서 특수교육을 받고 있을 때, 국군 제8사단의 대대장이었으나 중공군의 포위공격으로 부대가 분산되어 부하 2명만을 데리고 복귀한 고급장교로 그 당시 채소령을 맞은 육군본부 정보국은 고급장교가 적지를 뚫고 온갖 어려운 여건을 극복하고 복귀하였으므로 소홀히 대할 수는 없는 것이고, 특히, 그때 마침 적지에 침투시킬 병력이 훈련 중에 있으니 채소령에게 유격대의 지휘관 취임 의사를 타진하였던 바, 쾌히 승락하여 그분이 결사 제11연대장으로 보임된 것으로 기억한다고 증언하였다.

<임시장교의 任官 특명 사본>

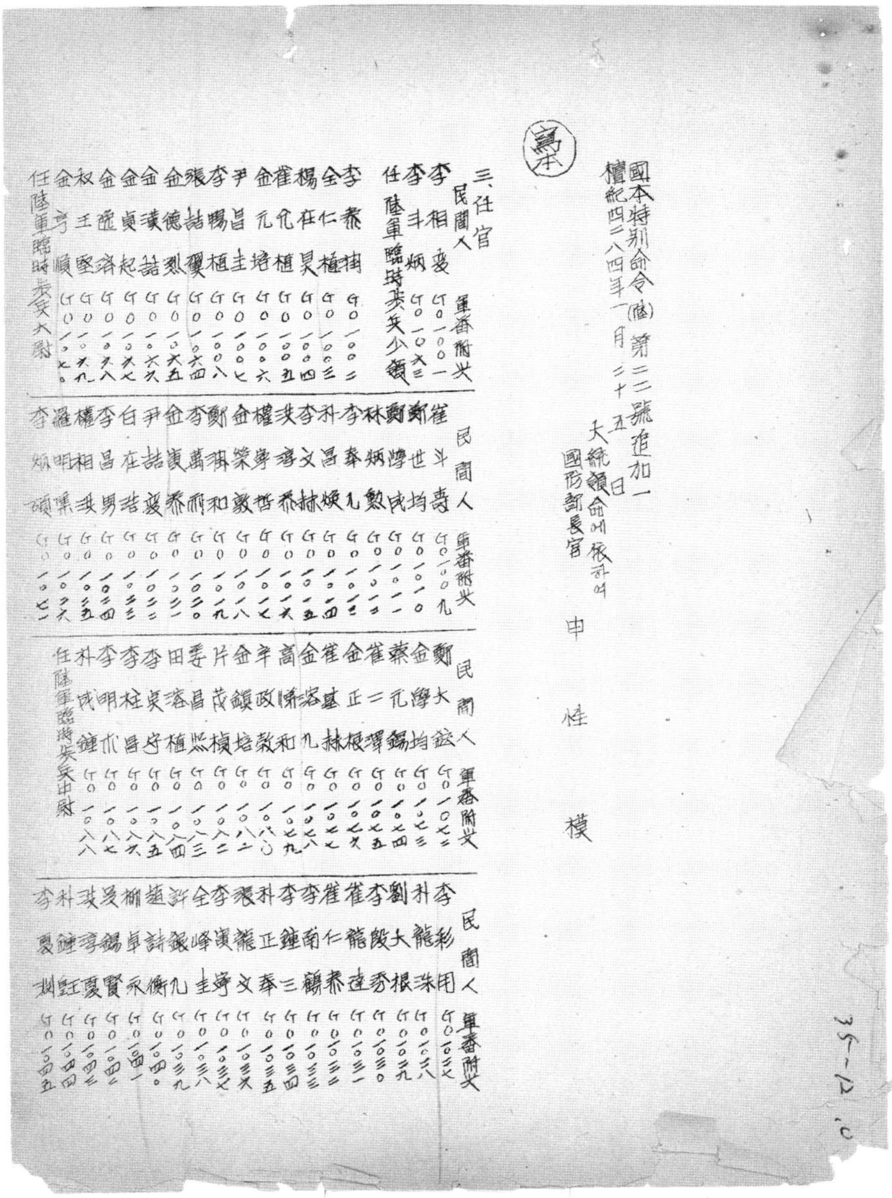
國本特別命令(陸) 第二二號追加一
檀紀四二八四年一月二十五日
大統領命에 依하여
國防部長官 申性模

三、任官
民間人

1951년 1월 25일 대통령명에 의하여 국방부장관 申性模씨가 준 任官 특명 민간인에게 군번을 부여하고 육군 임시보병 장교로 임관한 특명기록 124명, 이 임관특명인 국본특별명령(육) 제22호 추가1(단기 4284년 1월 25일부)의 근원이 국방부나 육군본부에는 보존되어 있지 아니하고 이 기록을 보존한 육군문서보존부대의 기록도 원인을 알 수 없는 첨부물인 듯 해서 씁쓸하나, 당시의 작전명령자 미8군 정보연락장교단 단장 육군 중령 이극성(준장예편)은 국방부장관의 결재 후에 처리했다고 하니, 더욱 미궁에 빠져드는 듯한 기막힌 사연이다.

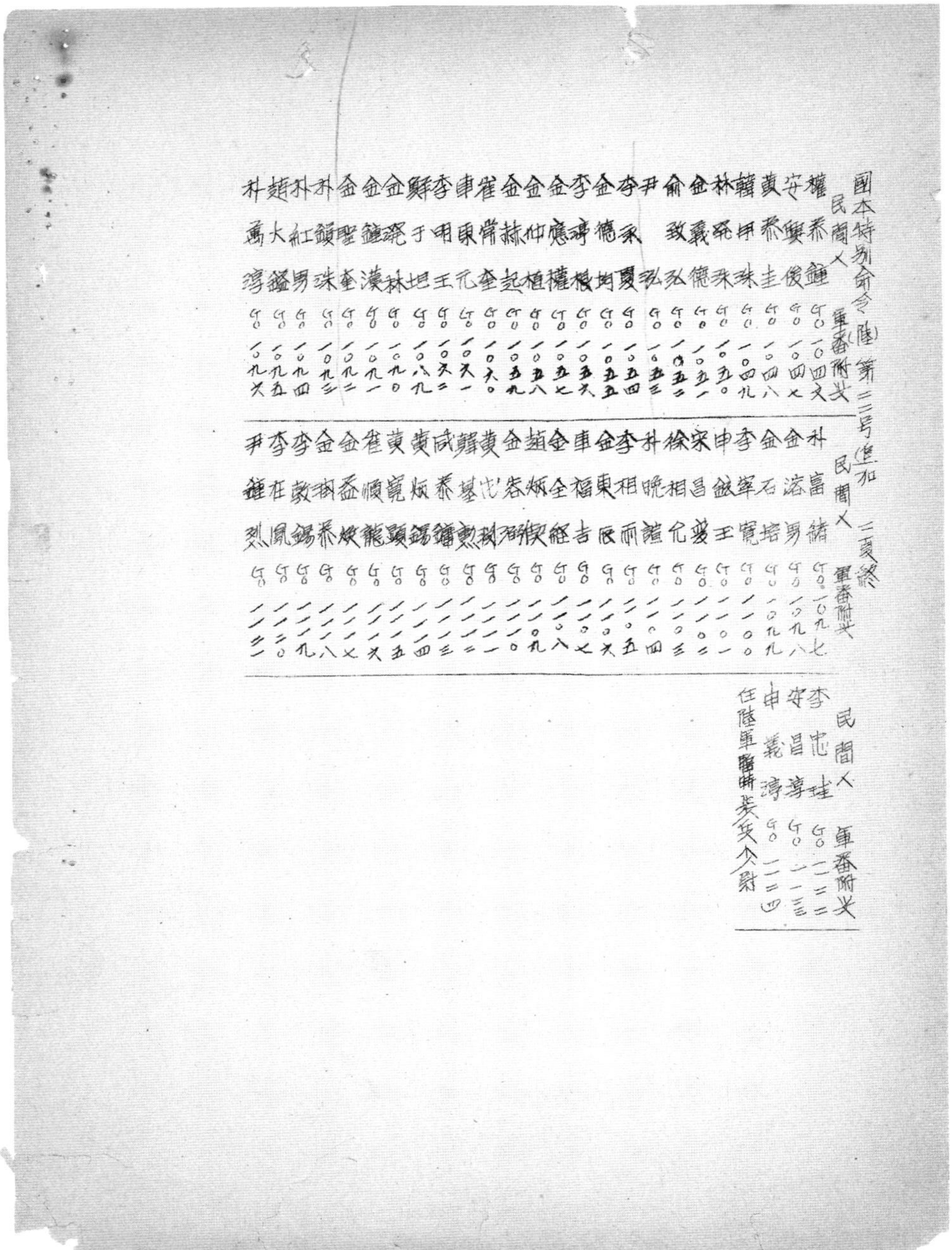

GO 1001~GO1124까지의 임관 특명!! 사본(이 사본은 육군문서보존부대에 존안 되어있다)
여기서, 민간인에게 군번을 부여하고, 임 육군임시 보병장교(소령~소위)로 임관했다. 이를 고찰하건데 임시장교로의 임관은 특수한 것이고, 더욱, 보병장교로의 임관이란 있을 수 없는 것으로 이 임관특명 자체가 적지에 침투하는 자 에게 교부한 점으로 보아 적에게 노출이 되더라도 무방한 것을 준 것으로 보인다.

〈도표 1〉 결사 제11연대 편성

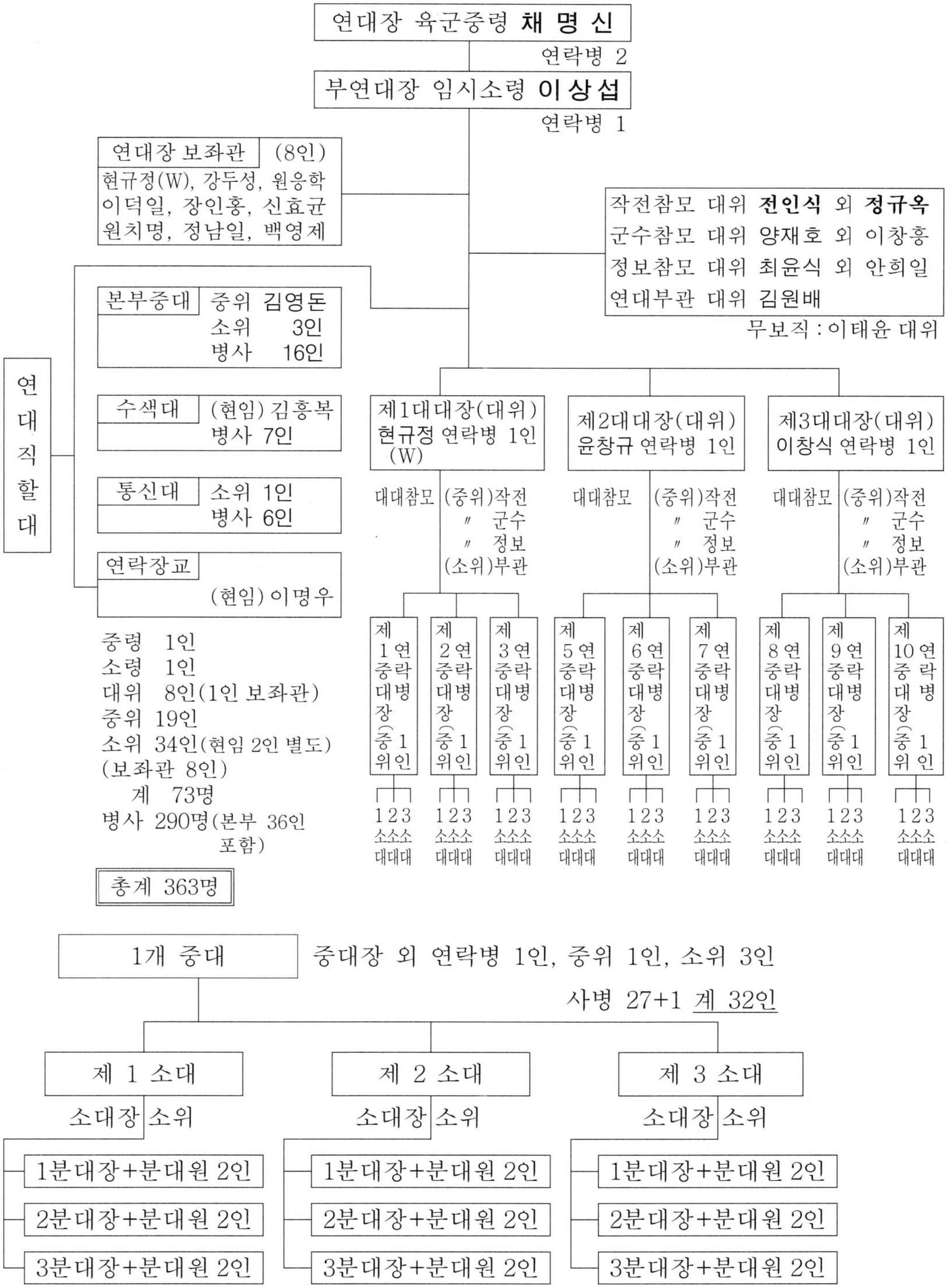

<기록> 육군본부 직할 결사 제11연대 (349명)
무장첩보 및 유격전에 필요한 소요 과정의 교육·훈련을 단기간(10일간) 양성시켜 채명신 중령 인솔하에 적·후방으로 출동 시키다!

<육군정보학교 기록에서>

이 문서 기록은 1951. 01. 29. 육군정보학교(육군제7훈련소 로 개칭)가 보존중인 기록 **02-01-02-02-05** 으로 확인되었다.

1951. 02. 05. 자 에는 결사 제12연대(361명) 16일간 상기 11연대와 같이 …… 로 끝나고, 1951. 03. 07. 상부의 명에 의하여 육군본부 작전국에 서류 일체와 함께 인계하였다는 기록이 존안되어 있음이 2002. 06 .27. 육군교육사령부의 협조로 확인되었다.

이 문서의 발굴로 육군본부(육군정보학교)가 1951년 1월과 2월에 2개 연대 710명을 무장 첩보 및 유격전 교육·훈련을 실시 하고 적 후방으로 출동시킨 사실이 명백히 입증되었다.

4284. 1. 27	陸軍本部情報局覺書第24號로 陸軍第7訓練所로改稱하다
4284. 1. 29	陸軍少領 文 重 燮 生徒隊長으로 就任하다
	決死11聯隊(349名) 10日間 武裝諜報 및 遊擊戰에 必要
	한 所要課程의 敎育訓練을 短期養成시켜 蔡命新中領引率下
	敵後方으로 出動시키다
4284. 2. 5	決死12聯隊(361名) 16日間 上記 11聯隊와

4284. 3. 7	決死16聯隊 및 特別隊(36名) 武裝諜報 및 遊擊
	戰에 必要한 所要課程의 敎育訓練을 修了하
	고 上部命에 依하여 陸軍本部作戰局에 書類
	一切과 더불어 引繼하다

이 기록은 4줄에 불과한 작은 것이지만 결사 제11연대와 결사 제12연대의 1951년도 기록이 육군정보학교에 존안 되어 있다는 것이 중요하고 또 결사 제11연대 349명 외에 통신병과 보좌관을 더하면 총 363명임도 확인되었다.

◆ 결사대 제11연대 참전 장병 명단

2009. 8. 19 확인

계 급	군 번	성 명	비 고		계 급	군 번	성 명	비 고	
육군중령	10826	蔡命新	서울	황해(사령관)	임시소위	GO1032	崔仁泰	사망	파주(**새군번**)
임시소령	GO1001	李相燮	사망	남해	임시소위	GO1033	李南鶴	사망	홍성. 특진중위 (1951. 2. 20)
육군대위	GO1003	**全仁植**	파주	소령(**새군번**)	육군소위	GO1034	李鍾三	**전사**	
임시대위	GO1005	崔允植	사망	경주(**새군번**)	임시소위	GO1035	朴正奉	불명	인천
육군대위	GO1006	金元培	**전사**	**해임** (1951. 2. 20)	임시소위	GO1036	張龍文	사망	시흥
육군대위	GO1007	尹昌圭	**전사**	예산	임시소위	GO1037	李寅寧	불명	
임시대위	GO1004	梁在昊	사망	인천(**새군번**)	임시소위	GO1038	全琫圭	생존	? (**새군번**)
임시대위	GO1008	李暢植	사망	청양(**새군번**)	육군소위	GO1039	許銀九	**전사**	경주
임시대위	GO1009	崔斗壽	불명		임시 소위	GO1040	趙時衡	사망	09.8 (**새군번**)
임시대위	GO1002	李泰潤	인천	**해임**(새군번) (1951. 2. 20)	임시 소위	GO1041	柳卓永	포천	(**새군번**)
육군중위	GO1010	鄭世均	**전사**	서대문	임시 소위	GO1042	**吳錫賢**	김포	김포 (**새군번**)
임시중위	GO1011	鄭學文	사망	김천(**새군번**)	임시 소위	GO1043	洪淳夏	불명	
임시중위	GO1012	林炳勳	사망	파주	임시 소위	GO1044	朴鍾瑝	사망	연기
임시중위	GO1013	李奉九	사망	가평	육군소위	GO1045	李夏淵	**전사**	
임시중위	GO1014	朴昌煥	불명	파주	임시 소위	GO1046	**權泰鍾**	인천	인천 (**새군번**)
임시중위	GO1015	李文赫	불명		임시 소위	GO1047	安興俊	불명	
임시중위	GO1016	洪淳泰	불명		임시 소위	GO1048	**黃泰圭**	공주	공주 (**새군번**)
임시중위	GO1017	**權寧哲**	고양	진급(**새군번**)	임시 소위	GO1049	韓甲洙	사망	청양 (**새군번**)
임시중위	GO1018	金榮敦	사망	화성	임시 소위	GO1050	林癸洙	사망	연기(**새군번**)
임시중위	GO1019	鄭潤和	사망	대구	임시 소위	GO1051	金義德	불명	
임시중위	GO1020	李萬雨	사망	의성(**새군번**)	임시 소위	GO1052	兪致弘	불명	
임시중위	GO1021	**金寅泰**	포천	인천(**새군번**)	육군소위	GO1053	尹 泓	**전사**	
임시중위	GO1022	尹喆燮	사망	예산. 진급대위 (1951. 2. 20)	임시소위	GO1054	李永夏	사망	인천. 대공 부상
임시중위	GO1023	白在浩	불명		임시소위	GO1055	金德均	불명	
임시중위	GO1024	李昌男	불명		임시소위	GO1056	李渟根	불명	
임시중위	GO1025	權相洪	불명		임시소위	GO1057	金應權	불명	
임시중위	GO1026	羅明集	서천	(**새군번**)	임시소위	GO1058	金仲植	불명	
임시소위	GO1027	李彩用	불명		임시소위	GO1059	金赫起	연기	(**새군번**)
임시소위	GO1028	朴龍洙	불명		임시소위	GO1060	崔常奎	불명	
임시소위	GO1029	劉大根	불명		임시 소위	GO1061	車東朊	불명	
임시소위	GO1030	李殷秀	불명		임시 소위	GO1062	李明王	불명	
임시소위	GO1031	崔龍達	사망	(**새군번**)	육군대위	보좌관현임	玄奎正	**전사**	대대장보임 (1951. 2. 20) ⑥④

※ 견출명조체는 생존중이고 사망은 귀환 후 사망을 말함 이하 같다.

( ) **새군번** 결사제11연대 72+6 = 78명

계 급	군 번	성 명	비 고		계 급	군 번	성 명	비 고	
보좌관		康斗星	평남	(중국)	이등중사	G11259	林南玉	사망	논산 **(새군번)**
보좌관		元應學	평남	용인	이등중사	G11143	全永模	사망	대전
보좌관		李德溢	함북	청진(미국)	이등상사	G11023	尹範容	사망	파주 **(새군번)**
보좌관		申孝均	사망	평남	일등중사	G11064	曺奎喆	파주	〃 **(새군번)**
보좌관		張麟弘	사망	평양	이등상사	G11129	吳鳳鐸	불명	시흥군**(새군번)**
보좌관		鄭南一	사망	〃	이등중사	G11225	徐玄澤	서울	〃 **(새군번)**
보좌관		元致明	불명	평남	이등중사	G11039	李興昌	천안	천안 **(새군번)**
보좌관		白榮濟	사망	〃	일등중사	G11308	文泰眞	사망	서천 **(새군번)**
현지임관	이등상사	金興福	사망	현임(소위)	이등상사	G11013	姜五馨	서울	파주 **(새군번)**
현지임관	이등상사	李命宇	춘천	〃**(새군번)**	이등상사	G11054	金正鍾	인천	시흥 **(새군번)**
일등중사	G11344	**林東郁**	논산	논산 **(새군번)**	이등상사	G11137	趙次元	사망	파주 **(새군번)**
이등상사	G11231	**洪金杓**	인천	예군의관**(새군번)**	이등상사	G11140	朴光善	사망	〃 조리
이등상사	G11290	**朴勝錄**	부여	대전 **(새군번)**	이등중사	미 상	김태봉	사망	
이등중사	G11060	**車周燦**	천안	예 소령**(새군번)**	이등중사	미 상	이순영	사망	
이등상사	G11365	**張之永**	연백	용인 **(새군번)**	이등중사	미 상	姜玉鎭	사망	
일등중사	G11027	**崔潤宇**	장단	서울 **(새군번)**	이등중사	G11175	趙南顯	서울	서산
이등상사	G11098	**金重信**	예산	고양 **(새군번)**	이등중사	G11362	金海源	서울	청양
일등중사	G11317	**金亢泰**	서천	보령 **(새군번)**	이등중사	G11171	李亨求	서산	서산
일등중사	G11235	**尹慶俊**	대전	대전 **(새군번)**	이등중사	미 상	임재봉	사망	
일등중사	G11120	**李榮珍**	부여	부여 **(새군번)**	이등중사	G11168	金大弘	사망	인천 **(새군번)**
일등중사	G11132	**全永燾**	시흥	오산 **(새군번)**	이등중사	미 상	權寧憲	사망	부여
이등상사	G11059	**河泰熙**	대전	대전 **(새군번)**	미 상		안춘선	전사?	파주
이등중사	G11363	**梁元錫**	평택	평택 **(새군번)**	미 상		강영희	전사?	〃
이등중사	G11378	**崔熙哲**	광주	안산 **(새군번)**	미 상		윤명구	전사?	〃
일등중사	미 상	**金成亨**	개성	수원 **(새군번)**	미 상	미 상	盧貴鉉	사망	〃 **(새군번)**
일등중사	통신병	**玄再善**	인천	인천 **(새군번)**	이등중사	G11095	鄭昌鎬	대전	
일등중사	G11096	扈成振	사망	**(새군번)**	이등상사	G11311	張德淳	사망	시흥 **(새군번)**
이등상사	G11050	申健澈	사망	시흥군**(새군번)**	이등중사	G11042	金壽昌	파주	**(새군번)**
이등상사	G11300	丁奎玉	사망	종로구**(새군번)**	이등중사	G11240	吳東秀	불명	대전 **(새군번)**
일등중사	G11034	李雲河	사망	파주 **(새군번)**	이등중사	G11356	金鍾根	천안	천안 **(새군번)**
일등중사	G11197	張承鉉	사망	서산 **(새군번)**	이등중사	G11156	李昌興	불명	인천
이등중사	G11047	元吉常	사망	시흥군	이등중사	G11278	高永相	사망	대전 **(새군번)**
이등중사	G11295	權處弘	사망	연기군**(새군번)**	이등중사	G11097	金大燮	파주	**(새군번)**
이등상사	G11303	鄭然鎭	사망	대구	이등중사	미 상	鄭萬永	불명	예산 **(새군번)**
일등중사	G11198	李明海	사망	서산 **(새군번)**	이등상사	G11046	柳東鉉	**전사**	시흥

(70)

계 급	군 번	성 명	비 고		계 급	군 번	성 명	비 고	
일등중사	G11312	張東淳	**전사**	시흥 (**새군번**)	이등중사	미 상	黃忠淵	**전사**	미상
이등중사	G11087	權旭相	**전사**	안양	이등중사	〃	구기덕	**전사**	〃
이등중사	G11141	金周鉉	**전사**	파주 (**새군번**)	이등중사	〃	안성호	**전사**	〃
이등중사	미 상	趙重用	**전사**	시흥	이등중사	〃	金賢起	전사?	연기
이등중사	〃	洪淳基	**전사**	연기 (**새군번**)	미 상	〃	정윤성	불명	시흥
이등중사	G11049	李春九	**전사**		일등중사	〃	咸萬東	파주	서울
이등중사	G11051	鄭閏哲	**전사**	시흥	이등중사	G11369	柳英秀	불명	〃
일등중사	G11313	申鉉石	**전사**	〃	이등중사	G11345	宋景熙	불명	논산(**새군번**)
일등중사	G11364	洪淳先	**전사**	서울종로	미 상	미 상	馬鍾三	파주	파주(**새군번**)
일등중사	미 상	徐一澤	**전사**	시흥	이등중사	〃	강윤희	불명	
일등중사	〃	장국환	**전사**		이등중사	〃	李台熙	생존	(**새군번**)
일등중사	〃	안희일	**전사**		**정보사에서**	G11118	韓哲禹	공주	**정보사 제공**
이등중사	〃	류동식	**전사**		〃	G11119	李錫順	논산	〃
이등중사	〃	박희영	**전사**		〃	G11279	韓鎭錫	수원	〃
이등중사	G11206	金潤秀	**전사**		〃	G11293	李輻來	〃	〃
이등중사	G11215	姜文錫	**전사**	서산	〃	G11125	千鳳吉	시흥	〃
병 장	G11316	李完相	**전사**	부여	〃	G11131	元廣吉	〃	〃
이등중사	미 상	이영업	**전사**		〃	G11126	安炳哲	〃	〃
이등중사	〃	서두생	**전사**		〃	G11128	金命圭	〃	〃
이등중사	〃	이재성	**전사**	(12연대?)	〃	G11134	韓榮植	서천	〃
이등중사	〃	황경덕	**전사**		〃	G11135	朴鳳植	〃	〃
이등중사	〃	김양환	**전사**		〃	G11136	申孝淳	생존	? (**새군번**)
이등중사	〃	이정구	**전사**		〃	G11145	金相虎	청원	〃
이등중사	〃	김윤태	**전사**		〃	G11139	崔景男	파주	〃
이등중사	〃	이석순	**전사**		〃	G11144	金三哲	공주	〃
이등중사	〃	박기석	**전사**		〃	G11142	高 植	보령	〃
이등중사	〃	천봉균	**전사**		〃	미 상	朴東旭	불명	〃 3대2중2소
이등중사	〃	안병철	**전사**		〃	G11346	盧秉植	보은	〃
이등중사	〃	김철구	**전사**		〃	G11353	車炯泰	서대문	〃
이등중사	〃	김명규	**전사**		〃	G11347	金錫鉉	인천	〃
이등중사	〃	현 제	**전사**		〃	G11349	黃永水	창원	〃
이등중사	〃	임경섭	**전사**		〃	G11350	金東一	평양	〃
이등중사	〃	이상욱	**전사**		〃	미 상	鄭烈模	불명	〃
이등중사	〃	윤동익	**전사**		〃	G11367	高賢奎	천안	〃
이등중사	G11355	朴鍾壽	**전사**		〃	G11357	金澤堯	〃	〃

⑦⓪

계 급	군 번	성 명	비 고		계 급	군 번	성 명	비 고	
정보사에서	G11360	金昌玉	천안	3대2중	**<보상지원 명단으로 확인된 사람들>**				
〃	G11358	韓永官	〃	〃	일등중사	51-500040	李德根	11연대 3대대 생존	
〃	G11361	金承河	영등포	계급미상	이등중사	51-77000004	權旭晃	11연대 3대대 호적상 생존	
〃	G11107	金魯鉉	안동	〃	〃	51-77000011	鄭炳榕	11연대 3대대 사망	
〃	G11040	邊壽燁	서대문	〃	〃	51-77000018	李 澤	11연대 3대대 생존	
〃	G11038	黃圭憲	천안	〃	〃	51-77000019	金種千	11연대 3대대 〃	
〃	G11368	柳光烈	〃	〃	〃	51-77000025	金慶春	11연대 3대대 〃	
〃	G11041	朴賢洙	〃	〃	미확인 134名 中(위) 6名이 군번을 받았다.				
〃	G11370	金在黙	부천	〃					
〃	G11043	李一衡	〃	〃					
〃	G11045	金炯甲	부여	〃					
〃	G11053	柳昌烈	천안	〃					
〃	G11052	李炳雲	파주	〃					
〃	G11170	李昌夏	충남	〃					
〃	G11188	金容福	〃	〃					
〃	미 상	趙明植	서울	〃					
⑰ 미 상	〃	黃奎鎭	불명	〃					
				221명					
<추가 명단>									
이등중사		金鉉吉							
〃		조영배							
〃		유병수							
〃		김승현							
〃		이종수							
이등상사	G11199	이병수							
이등중사		백남효							
〃		정태윤							
			8명						
			소계 229명						
	미확인 134명은 찾지 못했음								

제 3 장 유격대의 작전

1. 결사대 출동

(1) 1951년 1월 25일 육군임시장교 및 부사관과 병으로 각각 임명된 장병들은 같은 동향(同鄕) 선·후배 사이가 대부분이였고, 아군이 북한지역으로 수복한 때 수복 지역의 치안을 담당하고 대한민국 후방지역에서 준동하는 북한군 게릴라들을 소탕하기 위하여 지정된 각 경찰서마다 50명 내지 70여명의 의용경찰관(義勇警察官)을 각 경찰서에서 모집하여 훈련을 마친 자들이 대부분이였으므로 군 기강면이나 지휘면에서 크게 약화되어 있었고, 이들 대부분이 대한민국 내 거주자들이였으므로 언어(사투리) 기타 모든 면에서 유격전을 수행할 만한 자질에는 크게 부족했으나 전후방의 전선(戰線)사정과 유엔군측의 독촉 등으로 육군본부 수뇌부도 어쩔 수 없었던 같다.

(2) 군번과 계급을 부여한 다음날인 1951년 1월 26일에는 이들 장병에게 손톱, 발톱, 머리카락을 자르게 하고 고향집에 보낼 편지봉투 속에 담게한 뒤, 이를 고향으로 보낸다고 했으나 그 뒤 확인하였던 바 단 한 건도 배송되지는 아니했으며 군번 · 계급 · 성명을 검은 "패널"에 백묵으로 써서 가슴에 대고 개인사진을 찍었으나 그 사진도 어찌 되었는지 알 수 없다.

(3) 1951년 1월 27일에는 출동장병들을 위로하기 위해 군예대(남인수, 신카나리아 등 가수)가 육군정보학교에 와서 위문해 주었으며 같은 날 저녁에는 특별외출이 주어져 전 장병이 삼삼오오 학교 정문을 나와 대구시내 구경을 하며 하루를 즐겼다.

이날의 특별외출에 미귀자(돌아오지 아니한 자)는 단 한명도 없었으니 결사대원들의 사기(士氣)와 책임, 그리고 조국의 평화와 자유를 사랑하는 우국충정과 국가관이 확실했음을 말해준다. 특히 특별 외출시 장병에게는 몇 백환씩(요즘 돈으로는 4~5만원정도)이 주어지기도 했다.

(4) 1951년 1월 30일 6시 육군정보학교에서는 출동명령이 하달되었다.

육군정보학교(육군제7훈련소)(달성초등학교) 교정에는 군용집차 3~4대와 군용 트럭으로 페인팅을 한 일제차량들이 대기하고 있었다. 이 차량들은 새차(신차)들로서 한국전 발발과 동시에 미 극동군사령부가 일본자동차회사에 주문하여 생산한 것을 군사원조 물자로 구입하여 한국전에 처음으로 투입된 것 같다.

이 차량들은 후륜구동 차량으로 적재정량이 2~3ton에 불과한데 이 차량 1대에 40~50명의 병력과 장비를 싣고 출발하게 되었다.

1951년 1월 30일 6시 30분경 육군정보학교(육군제7훈련소)에서는 육군본부 정보국장 이한림 준장(1951. 1.14 ~ 1951. 4. 6 까지)의 간단한 출정훈시가 있은 뒤, 운동장을 떠날 때 육군본부 정보국 요원과 작전국 요원 등의 환송을 받으며 북한군복에 소련제 무기로 무장한 육군본부 직할 결사대 제11연대가 역사적인 장정(長征)의 길에 올랐다.

대구에서 영천(永川)을 거쳐 영월(寧越) 방향으로 북진이 이어졌다. 도중에 고갯길에서는 모두가 하차하여 차량을 밀어 올려야만 했다.

1951년 1월 30일 20시경 강원도 영월군 영월읍에 도착했다.

영월읍의 동북쪽에 자리잡은 양조장 같은 건물이었다.

여기는 한국군 제7사단 전방지휘소가 있는 건물로서 3일 전에 적으로부터 탈환한 고장이라고 했다.

우리들은 양조장 보관창고 비슷한 곳에 수용되었다.

여기서 군장도 재점검하였고, 실탄 30여발과 일부 수류탄도 개별로 지급되었다.

지도와 지도가방 그리고 미숫가루 2주일분(5봉지)과 봉지담배도 한봉지씩 지급되었으며, 군장 검열 후 작전명령이 집행된 듯하다.

2. 작전 명령

결사 제11연대에 발령되었을 것으로 추정되는 작전명령은 작명(作命) 제2호였을 것으로 추정하나 동 작전명령은 채명신 중령이 보관하고 있다가 훼손되어 결사대원들은 보지 못했다.

따라서, 결사 제13연대장에게 발령된 작명 제4호를 여기에 수록하여 참고케 한다. 주7)

주7) **작전명령(作命) 제4호(단기4284.2.3) 육군본부 미8군 정보연락장교단 단장 육군중령 이극성이 결사 제13,15연대장에게 발령한것을 수록한 것이다.** (15연대는 백골병단에 비포함 된 부대)
작명 제2호는 결사제11연대장에게, 제3호는 결사제12연대장에게 명령한 것으로 추정하나 그 근거 문건을 찾을 수 없고, 작명 제1호는 결사유격대의 창설 및 교육에 관한 것으로 추정되나 그 또한 근거를 찾지 못했다. 다음은 작명 제4호 전문이다. 원문은 세로로 쓴 것을 가로로 정리한 것이다.

作命 第 4 號 **(사) 원문**
檀紀 4284 年 2 月 3 日

陸軍本部 美八軍 情報連絡將校團

團 長 陸軍中領 李 極 星

決死 第 十三聯隊 十五聯隊 聯隊長 貴下

一. 第 3 次 出動決死隊 行動에 關하여 如下히 命令한다.

戰局이 重大함에 비추어 强大한 武裝遊擊隊를 組織하여 此를 敵陣地 各 要所에 侵透하여 敵의 後方을 攪亂하는 同時에 愛國靑年 包攝 및 士兵에 對한 投降 歸順工作을 展開하여 敵의 戰力을 減退케 하며, 一面 敵의 軍事的一切機密을 探知하여 我軍作戰遂行에 寄與할 目的을 下記와 如한 任務를 賦與한다.

任務와 行動要領

1. **連絡將校 生捕 또는 射殺**
小組行動을 通하여 敵에게 發見됨을 避하고 個別的으로 行動하는 敵의 連絡將校 및 連絡兵을 內査 此를 生捕 또는 射殺할 것.
2. **指揮所 襲擊**
敵의 縱占配置를 混亂케 하고 後方指揮所를 不意에 計劃的으로 襲擊하고 指揮所幹部 生捕 또는 射殺할 것.
3. **各級 幹部 生捕 또는 射殺**
傀儡軍 重要幹部 및 道, 郡, 面, 里級 勞動黨 幹部와 各級政黨 社會團體 幹部生捕 또는 射殺할 것.
4. **秘密文書獲得 愛國靑年包攝**
敵의 秘密作戰文書를 獲得할 것과 敵 占領地區內에 民衆組織을 展開하여 愛國靑年을 多數糾合하여 自體隊伍를 擴大할 것.
5. **武裝 强化**
遊擊으로 敵을 誘導하여 小敵을 生捕 또는 射殺하고 武器를 獲得하여 自體武裝을 强化할 것.
6. **後方 攪亂**
敵 占領地區 良民들에게 大韓民國의 勝利의 確固性을 주며, 民衆을 煽動하여 後方攪亂을 시킬 것.
7. **補給路 破壞**
敵의 作戰的 據點을 占領하고 交通輸送機關 및 遞信機關을 破壞하며 後方補給路를 遮斷시키고 指揮 混亂을 造成할 것.
8. **生產機關 破壞**
敵의 生產機關 各級 重要機關을 破壞하여 補給庫 等을 放火 또는 獲得하고 地域的인 混亂을 造成할 것.

9. 士兵에 對한 歸順工作

士兵에 對한 歸順工作을 展開하는 同時에 新兵訓練所를 不意에 襲擊하여 多量的으로 生捕 또는 射殺할 것.

10. 民衆組織 强化擴大

敵 占領地區內의 良民을 基幹으로 地域的인 民衆組織을 實施하여 連絡網을 構成 後方敵情을 探知할 것.

11. 諜報網 構成

敵의 軍事 및 政治據點 또는 그 周邊地域에 諜報網을 構成하며 敵의 一切機密을 構成하며 敵의 一切 機密을 探知할 것.

2. 編成及裝置

別紙와 如함.

3. 連　絡

1. 小隊와 中隊와의 連絡

가. 行動을 小隊單位로 하되 3日에 1回式 中隊本部에 集結하여 次期行動에 對한 指示를 받을 것.

나. 小隊의 行動距離는 1日間에 中隊本部와 連絡可能한 距離를 確保할 것.

다. 小隊長은 常時 中隊本部 位置를 明記할 것이며 緊急突發事故 有할 時는 連絡兵 2名 乃至 3名을 中隊本部에 派遣할 것.

라. 中隊長은 小隊行動經路를 明確히 指示할 것이며 小隊長은 行動經路에 適當한 距離間隔을 選定하여 容易하게 發見할 수 있는 標識을 하여둘 것.

마. 民衆組織을 完成하면 此組織을 利用하여 連絡할 것.

바. 諜者를 獲得하면 諜者를 派遣하여 連絡할 것.

사. 小隊長은 指定한 期日內에 任務를 完遂하면 卽時 中隊本部에 歸隊할 것.

아. 小隊에서 敵의 來襲을 發見時는 急速히 中隊本部에 連絡할 것.

此 連絡方法은 小隊, 中隊本部間이 短距離時에는 山頂에서 旗폭을 左右로 三回式 間隔을 두어 흔들 것, 또는 小銃을 連續五發 發射하여 信號連絡을 하는 等 方法을 講究할 것.

자. 中隊長은 中隊位置를 移動할 時에는 必히 小隊長에게 定位置를 指達할 것.

차. 民衆組織과 諜者를 利用하는 方法

A. 小隊에서 中隊에 派遣時(諜者가 指定된 場所를 尋訪)

諜者 : 主人님 물 좀 주시오.
中隊 : 물은 있는데 깨끗지 않습니다.
諜者 : 깨끗지 않아도 關係 없습니다. 많이 주세요. 많이 주세요.
中隊 : 그러면 가져오지요.
諜者 : 물 맛 참 좋습니다. 이것 藥水 아닌가요?
中隊 : 이런 藥水도 있습니까?
諜者 : 있습니다. 우리 故鄕에서는 이런 藥水가 이곳 저곳에서 납니다.

以上과 같이 問答을 하여 中隊와 諜者가 相互確認되면 所要連絡事項을 公開할 것.

B. 中隊에서 派遣時(諜者가 指定된 場所를 尋訪하고)

諜者 : 主人 계십니까? 主人 계십니까?
小隊 : 누구세요 .누구세요.
諜者 : 길가는 사람인데 只今 몇 時나 되었습니까?
小隊 : 時計가 없어 알 수는 없으나 아마 열세 時 쯤은 되었을걸요.
諜者 : 열세 時 열세 時 고맙습니다.

以上과 如히 問答하여 相互確認한 後 所要連絡事項을 公開할 것.

카. 小隊長은 現地實情에 適應한 事項 連絡方法을 細密히 計劃講究하여 中隊長에게 報告할 것.

2. 中隊와 大隊間의 連絡

가. 中隊長은 3日에 1回式 大隊長에게 行動報告할 것.
나. 行動報告는 (連絡兵一個分隊乃至 2個分隊)를 派遣하여 口頭報告를 原則으로 함 報告內容이 複雜 할 時는 書面報告할 것 書類報告는 簡單明瞭하게 작은 紙面에 報告할 것.
다. 大隊本部와 中隊와의 距離가 1日以上의 行路를 要할 時에는 中間에 適當한 地點을 選擇하고 同地點에서 連絡할 것.

A. 我方間의 連絡

先着한 部隊가 雙方에서 發見하기 쉬운 個所(家屋, 樹木, 道路에 三角形白紙中央에 一錢銅貨만한 구멍을 만들 것)를 添附하고 隱身한 後 待機할 것. 後着部隊가 此를 發見하면 날씨좋다. 날씨좋다 할 것.

以上과 같은 方法으로 連絡하되 大隊長은 隨時 此 方法을 變更하여 中隊長에게 指示할 것.

B. 諜者 利用時

單行式과 릴레이式을 兼用하여 利用할 것. 要緊急時는 單行式으로 하고 緊急不要時는 릴레이式을 利用連絡할 것.

1) 單 行 式

大隊長 또는 中隊長에게서 命令을 받은 諜者가 目的地에 着하여 指定된 場所를 尋訪하면,

諜者 : 여보세요 이곳 地名이 무엇이요?

我方 : ○○입니다.

諜者 : 여기서 서울은 몇 里나 됩니까?

我方 : 잘 모르겠습니다만 4·7이 28, 2百 80里 可量되지요.

諜者 : 4·8은 32 3百20里라고도 하고 2百 80里라고도 하니 아직도 멀군요.

以上과 如한 方法으로 問答하여 相互 確認後 所要連絡事項을 公開할 것.

2) 릴레이 式

大隊와 中隊間의 複線으로 릴레이式 連絡網을 構成하여 連絡할 것.

命令을 接受한 天一은 天二에게, 天二는 天三에게 天三은 天五에게 各各 傳達할 것. 但 敵의 警戒가 嚴重하고 監視網이 甚한 境遇에는 二個線을 同時에 派遣할 것. 各線의 縱的組織을 完全히 實施하고 各 諜者間의 連絡을 充分히 하되 天地 諜者間의 連絡은 嚴禁할 것.

라. 大隊長은 對空標識에 關한 事項을 隨時 中隊長에게 指達하여 對空對策에 萬全을 期할 것.

3. 大隊와 聯隊間의 連絡

가. 大隊長 4日 또는 5日에 1回式 定期的으로 聯隊長에게 行動報告할 것.

나. 行動報告는 書面으로 하고 報告는 連絡兵 1個小隊 또는 諜者를 派遣하게 할 것.

다. 大隊長은 聯隊本部의 位置를 常時 明記하고 聯隊本部間의 連絡經路와 方法을 常時 細密히 講究하여 連絡에 遺憾없도록 最善을 期할 것.

라. 聯隊長은 大隊位置를 確認할 것이며, 大隊를 完全 掌握할 수 있는 地點에 位置할 것.

마. 大隊長은 聯隊本部 位置不明하고 連絡이 困難할 時 他大隊와 連絡하여 連絡方法을 講究할 것.

바. 大隊와 聯隊와의 位置가 長距離時는 前記 民衆組織과 諜報網을 構成하여 此를 活用連絡할 것. 連絡方法은 現地實情에 適合하도록 講究 實施할 것.

사. 聯隊長은 聯隊本部 位置를 常時 大隊長에게 指達할 것.

아. 聯隊長은 對空標識를 隨時 大隊長에게 指達할 것(對空標識方法은 別紙와 如함).

자. 聯隊長은 連絡方法에 對하여 各 參謀로 하여금 適切하고 效果的인 方案을 常時 講究할 것.

4. 聯隊本部와 團 本部間 連絡

가. 無電配置時는 1回 無電 報告할 것.

나. 書面報告는 7日에 1回式 實施할 것.

四. 行 動 地 區

1. 白衣山(1209高地)를 中心으로 여은山(1277高地) 덕암山(1344高地)間에 이르는 周邊一帶에서 行動할 것이며 現地實情과 戰況에 依하여 變更할 것이나 次後命令에 依하여 活動할 것.
2. 第13聯隊는 여은山(1277高地)에 位置할 것.
3. 第15聯隊는 홀령山(1344高地)에 位置할 것.

五. 補 給

1. 別紙 計劃書에 依한 補給品을 出發前까지 完全受給할 것.
2. 總員 ___名에 對한 2週日 食糧(미숫가루)를 受領하여 隊員에게 分配 携帶케 할 것.
3. 敵陣地 侵透時의 食糧은 敵의 消費組合 國營百貨店 保有食糧을 獲得補給할 것이며 民間 民幣端을 可及的 避할 것.

六. 出發準備와 輸送方法

1. 補給官은 檀紀 4284年 2月 4日 15時까지 出動에 對한 補給品 裝備車輪 油類一切 準備完了 後 團長에게 報告할 것.
2. 陸軍은 引率者로서 트럭 ○○台에 隊員을 分乘 現地 最戰線까지 輸送引率할 것. 其他 敵陣 侵透時는 陸路로 徒步突入케 할 것이며 結果 月 日 時까지 團長에게 報告할 것.

七. 指揮所位置

1. 指揮所는 第○軍團 CP所在 地區에 位置할 것.
2. 同 CP가 前進 또는 後退時는 行動을 같이 할 것.

八. 統合指揮官

육군 ______은 統合指揮官으로서 部隊全體를 指揮 掌握하라.

× × ×

對空標識方法

我軍機와 緊密한 連絡을 保持하기 爲하여 下記와 如히 對空標識을 實施할 것.

1. 標識要領

가. 自 1日 至 10日	白	赤	白	標識布를 地面에 敷置 할 것
나. 自 11日 至 20日	赤	白	赤	上同
다. 自 21日 至 30日	赤	白		上同

每月 反復 實施할 것.

2. 標識布의 面積

縱 6米 橫 4米로 함.

3. 對空標識에 對한 專屬連絡兵 3名을 둘 것.

3. 결사 제11연대의 출동

1951년 1월 30일 22시를 기해 강원도 영월군 영월읍에서 적 후방을 향해 육군본부직할 결사제11연대가 영월 봉래산(△799m)을 우(右)로 끼고 계곡으로 은밀히 북진 · 출동하였다.

잔뜩 흐린 날씨로 칠흑같이 어두운 날 육군본부 정보국에서 미리 파견한 첩보대원의 안내를 받으며 눈 덮힌 계곡으로 대한민국 국군(육군) 창군(創軍)사상 처음으로 적의 복장과 계급장을 달고, 임시군번과 계급을 부여받은 장병 360여명이 적 후방을 향해 침투가 개시된 것이다.

이들 360여명의 복장 · 무기 · 장비 · 계급장 등 모든 면에서 아군 즉, 대한민국의 군대라고 볼 수 없는 적군의 복장이었는데 채명신 중령만은 속에 입은 와이셔츠에 육군중령 계급장이 달려 있고, 미군용 방한모에 계급장은 없으나 아군 군복차림의 현역 육군중령이 분명하였다. 주8)

참전장병 중 간부급장교에게는 가로 9cm, 세로 6cm 정도의 헝겊으로 된 인식 표(認識票)가 주어졌다.

인식표에는 "**이 증표를 가진 자를 발견한 부대는 즉시 상급 사령부에 인도하라.**" 라고 쓰여 있고, 총참모장의 직인이 찍혀 있으며, 붉은색 두 줄이 대각선으로 그어져 있었다.

◆ 주저항선 돌파

1951년 1월 30일 밤 상당한 거리(약 7km)의 행군으로 적의 주 저항선을 은밀히 넘어 적 후방에 침투한 것 같다.

1951년 1월 31일에는 성마령(△891m) 방면으로 진로를 정한 뒤 청옥산(靑玉山)(△1,255m) 왼쪽 능선으로 결사 제11연대는 적의 제2방어선으로 판단되는 지역을 통과하고 주간에는 적에게 노출됨을 우려하여 산악의 따뜻한 곳에 은폐하고 야간에만 주로 행군 북상하였다.

식량대책 : 눈을 녹인 물에 미숫가루로 죽을 만들어 마시고,

피복 등 : 양말이 모두 두 켤레밖에 없었으므로 교대로 신고 젖은 양말은 몸에 품어 말려 신어야 했다.

주8) 김한철 : 대북유격대의 활약상, 월간자유사, 1991, 서울, p#152에서 그는 백담사로 보이는 사찰 경내에 7, 8명 가량의 적이 모여 있는데 그중 한 놈이 아군의 미제 유엔잠바와 유엔군 방한모를 착용하고 있을 뿐 아니라 미제권총을 휴대하고 있다는 급보였다고 채중령을 비하하였다.

강추위와 눈보라에 영하 30도를 오르내리는 태백산맥의 끝자락 준령은 참으로 험난하여 고난의 행군이였다.

결사 제11연대가 작전을 개시한 날로부터 9일째로 접어든 1951년 2월 8일 청옥산 동쪽에 도착했을 때, 육군 제9사단 수색대가 정선군 정선면 지내까지 진격해 왔다.

우리들은 또다시 아군지역 전방에 노출된 것과 같았다.

채명신중령은 작전참모 전인식, 원응학 보좌관과 연락병을 대동하고 육군 제9사단 전방지휘소(중령 최모씨)가 있는 정선군 정선읍 행매동을 방문하여 적정(敵情)을 파악한 뒤 육군본부와 통화(야전전화기로)하고 상기된 얼굴로 원응학 보좌관을 육군본부정보국에 출장을 보내고 부대 숙영지로 복귀하였다.

채명신중령은 작전참모 전인식 대위에게 출발시부터 작전에 관한 개인 교육을 실시하여 어느 정도의 교육성과를 얻은 것 같다.

전인식대위는 6.25 한국전 발발이후 9.28 수복 때까지 고향 파주 임진강변에서 칼빈소총으로 무장하고 퇴각하는 북한군의 무장을 다수 해제하는 등 지방저항(레지스탕스)경험이 많은 장교였으므로 채중령의 교육을 잘 이해한 것 같다.

◆ 결사 제11연대의 첫 작전

1951년 2월 10일 강원도 평창군 진부면 하진부리 남방 2km 지점까지 북진하였다.

비상식량 2주일분은 벌써 바닥이 나고 있었다.

유격전을 수행하려면 주민의 호응이 없으면 불가능한 것이다.

물고기가 물이 없으면 죽는 것과 같은 이치다.

하진부리는 넓은 개활지로 민가도 제법 많이 있어 식량조달이 가능하다고 판단되었다.

하진부리 첫 작전은 전인식 대위가 직접 담당하게 명령되었다.

전대위는 대낮 백주에 당당하게 하진부리에 진입하기로 했다.

전대위는 전투경험이 많은 제3대대 이남학 소위(국군 일등중사로 참전한, 충남 홍성 출신)의 소대를 직접 지휘하여 하진부리에 진입하자 북한군 연락병 등이 나타나기 시작했다.

전인식 대위는 황해도 쯤의 38이북 사투리를 구사하며 불심검문하는 척 이들 북한군 병사 34명을 생포하여 심문하였던 바, 그들은 북한군 제3군단 소속이라고 했다.

북한군 병사들이 가지고 있던 총기와 실탄, 콩 볶은 것 등의 비상식량이 확보되었으나 하진부리 부락에는 노인 약간명이 있을 뿐인데 그분들도 우리들의 무장과 복색이 북한군이라 잘 협조하지 않아 식량 확보는 강냉이와 감자 약간 정도였을 뿐이였다.

우리들의 첫 작전이 성공하자 부대원의 사기는 충천(沖天) 하였고, 어느 정도의 자신도 가지게 되었다.

부대는 지형이 광활하여 그곳의 경계가 곤란하므로 하진부리를 떠나 동북방 횡계리를 거쳐 대관령 방면으로 진출하였다.

여기서는 아군도 적군도 보이지 아니했다.

◆ 대관령을 넘다

대관령은 길을 분간할 수 없을 정도로 눈이 쌓여 있어 인마(人馬)의 통행도 어렵고 또 매서운 바람은 서 있기 조차 어려운 형편이였으므로 강릉방면으로 내려가다가 5~6부 능선부근에서 왼쪽 보광리(普光里)로 방향을 바꿨다. (※ 이 곳은 뒷날 강릉 잠수함 등 무장간첩들이 도주로로 이용하던 곳이다)

1951년 2월 12일 결사 제11연대 주력은 보광리의 북쪽과 동쪽의 도로는 사전에 차단하고 서남방(西南方)으로 당당하게 진입하였다.

이곳 부락은 크지 아니했으며, 주민은 거의 모두 피난한 듯 조용한 부락이 였다.

우리들이 모두 북한군의 복장을 하고 있어서였는지 일부 주민들의 호응도 좋지 않고, 식량지원도 별로 도움이 되지 않았다.

◆ 보광리의 전투

여기 보광리에서 외곽경계중에 있던 오봉택(吳鳳鐸) 중사(이등상사)의 수색 소대 앞에 적병 8명이 나타나자 이들을 불심검문으로 유도하지 않고 먼저 사격을 가해 적병 3인을 사살하고 도주하는 2인도 사살하였으며 투항(投降)하는 3인을 생포하는 전과를 올렸다. 이 교전이 결사 제11연대의 첫 전투로 기록된다.

여기 보광리에서 제법 큰 집에 "올갠" 이 있어 채중령은 오랜만에 "올갠" 을 연주하는 여유를 보였다.

여기까지 이르자 채명신 중령은 여러 차례의 훈시 때마다 강조하던 **필사즉생**(必死則生) **필생즉사**(必生則死)를 간략하게 줄여 **"사중득생**(死中得生)" 을 강조하면서 앞날의 용맹과 사생관(死生觀)을 강조했다.

보광리에 주둔할 가치가 없다고 판단되자 다음날인 1951년 2월 13일 07시경 부대는 강원도 명주군 사천면 사기막리(沙器幕里)로 동북상(東北上)하였다.

이곳 사기막리에는 부락민도 많았으며 농우(農牛)도 여러 마리 있고, 닭, 돼지도 있어 비상식량 확보에는 상당한 도움이 될 것이라고 예상되어 부락민에게 북한화폐(붉은돈)로 소 한 마리에 8,000원씩을 주고 사서 소를 잡아 소금에 조려 비상식량으로 하고 벼를 거두어 맷돌에 갈고 절구방아를 찧어 현미쌀을 만든 뒤 이를 볶아 상당량의 비상식량(5일분정도)을 확보하는 등 부산하게 움직였다.

이 부락에서 반공 여학생을 포함하여 3인의 자원입대자를 확보하기도 했다.

1951년 2월 15일 14시경 수도사단 제1연대 수색대가 이곳 남쪽 1.5km정도의 야산까지 진출하였고, 중화기 중대에서는 부대원이 숙영중인 북쪽 뒷산에 박격포의 깃점사격이 가해지자 부대는 서북(西北)방 내륙(內陸)지방을 향해 운계봉(△ 530m)을 넘어 1951년 2월 16일 야음에는 **강원도 명주군 연곡면 퇴곡리**(退谷里)까지 서북상하였다.

◆ 퇴곡리에서 재편성

1951년 2월 17일 어둠이 가신 새벽 부락을 정찰하였던 바, 부락민도 건재하고 농우도 많아 비상식량을 충분히 확보 가능한 고장으로 판단되었다.

부대는 우선 동쪽해안선으로부터의 진입을 차단할 병력의 배치와 서쪽 삼산리(三山里) 방면의 경계 또한 강화하고 부대 본부는 부락의 중앙부 제법 큰 집에 정했다.

수색 정찰조가 우리들이 진입한 쪽을 포함하여 길게 산재한 부락을 정찰 · 수색하였다.

채명신 중령은 1951년 2월 18일 작전참모 전인식 대위와 정보참모 최윤식 대위에게 결사 제11연대소속 장교의 소양시험 실시를 명 함과 동시에 전술(戰術)에 대한 시험문제는 자신이 직접 출제하였다.

이 시험결과 성적이 극히 불량한 대위 2명과 중위 1명 등 5명이 보직해임과 동시에 강등처분 되었으며, 그 후임에 특진자와 현지임관 2명(소위) 등으로 보강하였다.

이때 결사 제11연대 제1대대장 겸 참모장(이모 임시대위)이 보직해임과 동시에 강등되고, 그 후임 제1대대장에는 보좌관 중 선임자인 "현규정(玄奎正)" 이 임시대위로 특임과 동시에 보직되어 부대전력이 강화되었다. 주9)

주9) 현규정 제1대대장(연대장 보좌관)은 평안북도 개천 출생 경찰 간부 출신자로서 1951년 3월 25일 강원도 인제군 기린면 진동리 설피밭에서 북한군 제3군단 병력과의 교전 중 전사하여 그 유골을 1988년 전우회가 발굴하여 국립대전현충원 장교 1 묘역에 안장되었고, 보직해임이 되어 계급도 없이 백의종군하던 "이모" 대위는 2006. 4. 보상금을 신청 · 수령하므로써 생존이 확인되었으니 참으로 아이러니 하다.

4. 결사 제12연대의 출동

결사 제12연대는 결사 제11연대와 달리 교육당시의 편성인원이 361명 이였으나 육군본부가 소규모 단위의 부대 즉 1개 대대급을 연대로 편성 투입하고자 결사 13연대로 임시장교 19인과 병사 12인 등 31명을 전출한 다음 330명으로 편성한 것으로 알려졌으나 그 근거 등은 확인되지 않는다. 주10)

연대장은 육군임시보병 소령, 이두병(李斗柄)으로 일제시 일본군 지원병 출신병사로 알려진 강원도 화천군 출신이다.

◆ 제12연대의 출동 신고

결사 제12연대는 1951년 2월 4일 작전명령 제3호(추정)에 따라 대구육군정보학교(육군제7훈련소)에서 간단한 환송식 후 트럭에 분승하고 경주→포항→울진→삼척→묵호(동해)로 진출, 1박하고 1951년 2월 6일 강원도 명주군 강동면 지내에서 대기중 1951년 2월 7일 15시경 강동면 강동지서 앞 눈을 치운 논바닥에서 결사 제12연대 병력이 도열한 가운데

육해공군 총참모장 육군소장 정일권(후일 대장으로 진급)

육군 제1군단장 육군준장 김백일(후일 전사 중장으로 추서)

수도 사단장 송요찬(후일 중장으로 진급)

주한 미8군 정보수석고문관 미육군중령 하우스만

육군본부 미8군 정보연락장교단 단장 육군중령 이극성(작전명령권자)(예비역 준장)(별도 사진 참조)

육군의 최고 수뇌부를 포함한 미군 당국자가 참여한 가운데 결사 제12연대 장병의 출동신고에 이어 열병 의식이 거행되었다.

이날 육해공군 총참모장 육군소장 정일권은 격려 훈시에서 다음과 같은 훈시(연설)를 하였다.

① 귀관들 결사대 장병의 어깨에는 조국의 운명이 걸려 있다. 최후의 1인까지 적을 섬멸하는데 최선을 다하라.

② 귀관들의 가족은 국가가 책임지고 보호할 것이며 식량 등의 지원을 할 것이니 안심하고 잘 싸워라 (그 당시는 식량 문제가 대단히 컸다)

주10) 결사유격 제12연대는 총병력 330명으로서 연대장 이두병(李斗柄)은 1951년 1월 25일 국본특(육)제22호 추가 I 호로 임관한 124명 중 군번 GO1063 육군임시보병소령으로 이들 결사유격 제12연대 장병은 제11연대 보다 연대장의 보좌관과 장교의 수 등에서 약간 적은 규모였으나 그 근거가 없어 유감이다.

③ 귀관들이 임무를 수행하고 돌아오면 모든 장병에게 2계급 특진과 동시에 희망하는 부대에 배치해 주겠으며, 빛나는 최고 무공훈장이 기다리고 있을 것이다.
④ 귀관들 중에 만약 무기를 잃거나 **적전이탈 또는 낙오되면 무조건 총살에 처할** 것이다. 고로 한 사람도 낙오되거나 부대를 이탈하지 말라.
⑤ 귀관들의 무운을 빈다, 라고 격려·훈시 했다.

육해공군 총참모장 정일권의 위와 같은 훈시는 출동하는 장병 모두에게 큰 희망이 되었으나, 뒷날 확인하였던 바 아무 것도 실행되지 아니했으며, 특히 병역의무 불이행, 계급사칭, 간첩 등의 누명까지 써야 했으며, 징 · 소집 해당자는 모두 재입대 복무하였음이 확인되었다.

다음 1951. 2. 7 강원도 명주군 강동면 지내에서 육해공군 총참모장 육군소장 정일권(丁一權)의 출동 장병 사열 광경사진 6매는 육군본부 미8군 정보연락장교단 단장 육군중령 이극성(작전명령자)씨가 보관 중 1993. 9. 23 육군본부 군사연구실에 제공한 것을 육본직할 결사대(백골병단) 전우회장에게 확인 의뢰 되어 비로소 햇빛을 보게 된 역사적인 자료이다.

사진제공자 이극성 장군에게 감사드린다.

1951년 2월 7일 강원도 명주군 강동면 지내 최전방까지 출장 나온 육해공군 총참모장 육군소장 정일권은 적후방지역으로 침투할 육군본부 직할 결사 유격 제12연대 출동장병 330명을 사열하고, 훈시를 통해 「**조국의 자유와 평화를 위해 최후의 1인까지 멸사보국할 것을 강조하고, 귀관들이 임무를 완수하고 돌아오면 2계급 특진과 함께 최고 무공훈장을 줄 것이며, 희망하는 부대에 배속하고, 가족은 국가가 보호한다**」라고 역설, 장병을 격려하고 있다.

중앙 육해공군 총참모장 정일권 소장, 육군본부 미8군 정보연락장교단 단장 육군중령 이극성(예비역 준장), 정일권 뒷편, 수도사단장 송요찬 준장, 고문관 하우스만 중령(담배) 등도 보인다.

적진을 향해 출동할 육군본부 직할 결사 유격 제12연대 장병 330명의 침투작전을 격려 · 지원하기 위해 최전방까지 출장한 육해공군 총참모장 육군소장 정일권과 미 군사고문단 하우스만 중령, 제 1 군단장 김백일 장군, 수도사단장 송요찬 준장 등 지휘부, 그들이 사열할 때, 북한군 복장을 한 **장병이 멘 총대에는 태극기가 선명하게 걸려있다.**

<때 : 1951년 2월 7일, 곳 : 강원도 명주군 강동면 강동지서 앞>
사열관 좌 제1군단장 김백일 장군, 하우스만 중령, 정일권 소장, 뒷편 송요찬 사단장, 북한군 복장을 한 장교가 사열관을 맞고 있다.

1951. 2. 7. 적후방에 침투할 결사 유격 제12연대의 보급 지원 및 작전명령관 이극성 중령으로부터 보급상황의 보고를 받고 있는 정일권 육해공군 총참모장

육군본부 미8군 정보연락 장교단 단장 육군중령 이극성(중앙)을 중심으로 북한군 복장을 한 이두병 임시소령(아래), 장철익 임시대위(다발총) 등이 뚜렷하다.
촬영 : 1951. 2. 7. 곳 : 강원도 명주군 강동면 강동리에서

〈요도 1〉 북한군의 작전단계 요약

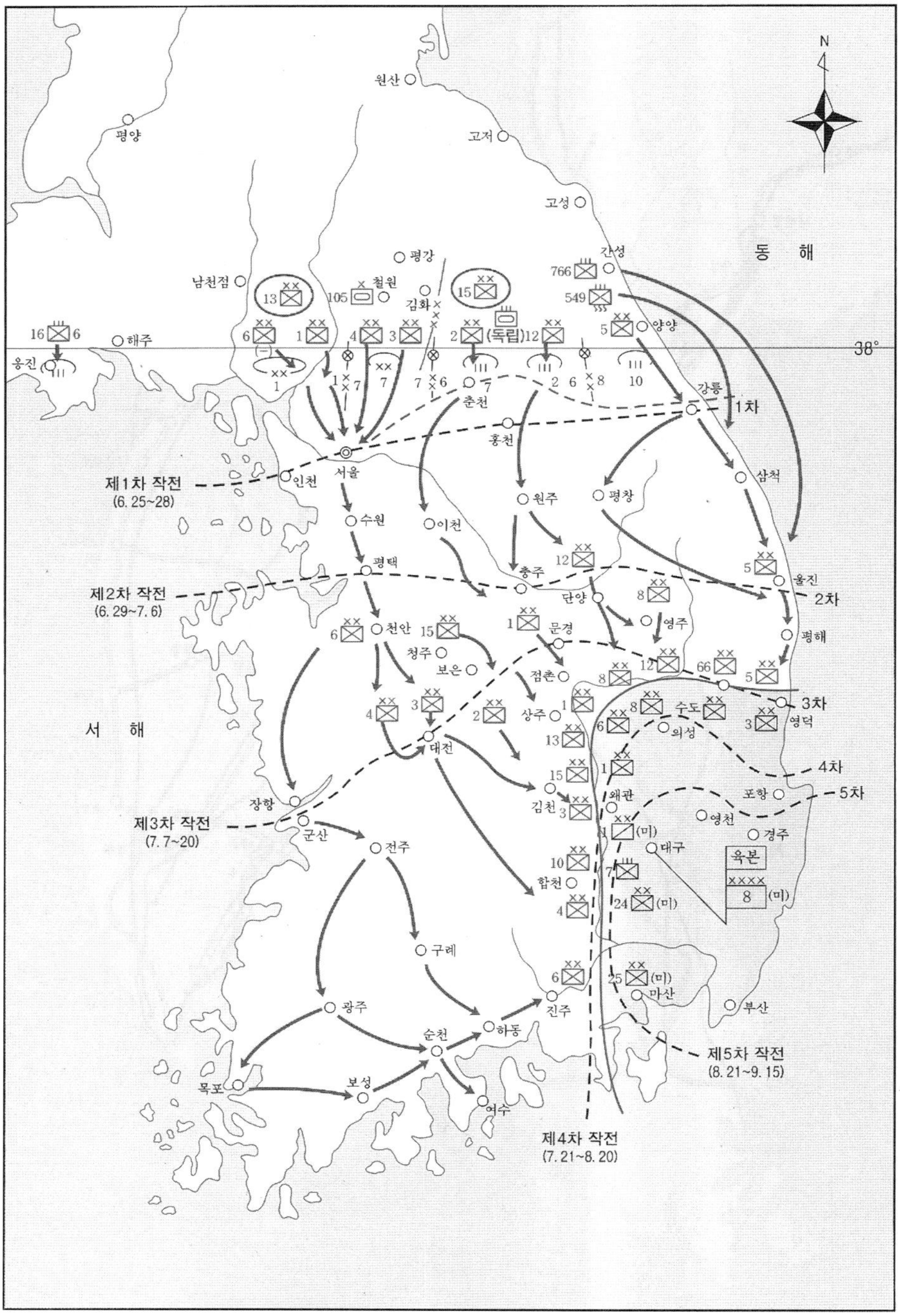

자료 : 국방부 군사편찬연구소 2003. 12. 20 에서

◆ 第12연대의 작전

출동준비를 위한 군장비 점검과 비상식량의 보급, 탄약배분 등이 끝난 1951년 2월 7일 22시경 결사 제12연대 장병은 강동면 지내를 떠나 명주군 구정(邱井) 방면을 향해 강릉 서남방향으로 진출하여 강릉지방에 남아 있던 북한군 잔류병 수명을 소탕한 뒤, 1951년 2월 9일에는 강원도 평창군 도암면 지역까지 서북진하였다. 주11)

결사유격 제12연대가 1951년 2월 7일 명주군 강동지서 앞에서 대한민국 육해공군 총참모장 육군소장 정일권 장군이 직접 출전 지휘·통제를 하였고 엄숙한 선서와 격려, 훈시 및 희망찬 약속의 말을 듣고 출동하였다. (p#53~55 사진참조)

따라서, 아군 수도사단과 일부 9사단의 작전지역으로 진출한 것인데 여기는 아군지역과 적군지역의 중간부로서 적과 아군의 공격을 동시에 받을 우려 또한 높은 지역이었으나 무전기도 없고, 다른 교신(交信) 방법이 없었으니 큰 일이 아닐 수 없었다.

1951년 2월 12일 07시 전방을 수색하던 정찰조가 적으로부터 공격을 받아 3인이 전사하였으나 적 수명(수미상)을 사살하는 전과를 올리고 후퇴하였다.

계속 서북진하여 속사(束沙)지역에서 또다시 적의 공격을 받아 아군병사(이재성) 1명이 전사하는 피해를 입었으며 정찰 중 여군관 1명과 적병 2명을 생포하였다는 주장이 있으나 그 근거는 불명하고, 미 공군기의 맹렬한 폭격과 아군사단의 오인 공격으로 1개 대대급 병력이 주력과 떨어져 분산되었으나 그들을 다시 규합하는 작전지휘·수습에 대한 아무런 대책도 없었다.

1951년 2월 15일 월정사를 경유 오대산으로 북상하려던 부대는 적으로부터 강력한 저항을 받아 동북방향으로 진로를 수정하여 황병산(黃柄山)쪽으로 진출, 이곳 접적(接敵)지역에서 적병 3인을 생포하여 그 중 1명을 수도사단 기갑연대 수색대에 인계하였음이 한국전쟁 사료 정기정보보고 제77호 p#641에 기록되어 있어 결사 제12연대의 전과를 증명하고 있으나 그 실행자가 누구인지는 확인할 수 없다. 주12)

주11) <한국전사> 제39장 동부전선 반격작전 강릉부근 전투(1951. 2. 3~2. 7) p# 447에 의하면, "1951. 2. 7 총참모장 정일권 소장과 군단장 김백일 준장이 사단 전방 지휘소인 묵호를 방문하여 송요찬 준장으로부터 강릉 탈환작전의 경과보고를 받은 바 있으며, 장병의 노고를 치하한 뒤 일선을 시찰하고 대구에 있는 육군본부로 귀임한 바 있다" 라고 적고 있어 결사 제12연대에 대한 출정 격려(사진 등) 일정과 일치된다.

주12) 한국전쟁사료 정기정보보고 제77호 p#641에 국군 수도사단 정면의 기록에서 다음과 같은 기록(1951. 2.16)이 있다. 「아 유격 제12R(연대) 소속 귀환병 보고에 의하면 유천 DS 6669를 향하여 행군 중 E(적)과 조우하여 교전하였고, 오대산에서는 약30분간 적과 교전하여 1명의 포로를 획득하여 아 CAV R(기갑연대)에 인계하였다 한다. 그 후 동 R(연대)는 매봉산 DS 6191 부근에서 적으로 오인한 아군에게 사격을 받았고, 조개리 DS 5888 부근에서 아군 비행기에게 공격을 받아 분산되었다 한다.」라고 기록되어 있다. 이 보고로 아 유격 제12연대의 병력 일부가 오대산 조개동 부근에서 분산되었음을 알 수 있고, 아군으로 부터의 공격사실과 아 공군기로 부터의 피격 등이 모두 증명되었다. 이것이 「도암지구 오대산 횡계방면, 상진부리 속사방면에서 적 군단 병력과 조우하여 교전 중 1개 대대가 분산되었다.」는 사실과 기록이 일치한다.

◆ 결사 제12연대 참전 장병 명단

2009. 8. 19 확인

계급	군번	성명	비고		계급	군번	성명	비고	
임시소령	GO1063	李斗柄	사망	화천	임시소위	GO1116	崔順龍	불명	
임시대위	GO1064	**張喆翼**	북청	미국(새군번)	임시소위	GO1117	金益煥	사망	예산
육군대위	GO1069	權王堅	**전사**		임시소위	GO1118	金潤泰	불명	
임시대위	GO1070	金亨順	불명		임시소위	GO1119	李敦錫	불명	
임시중위	GO1071	李炳碩	불명		임시소위	GO1120	李在鳳	불명	
임시중위	GO1072	鄭大鉉	불명		임시소위	GO1121	尹鍾烈	불명	
임시중위	GO1080	辛政敎	생존	? (새군번)	임시소위	GO1122	李忠珪	불명	
임시중위	GO1081	金鎭培	불명		임시소위	GO1123	安昌淳	불명	
임시중위	GO1082	片茂楨	불명		임시소위	GO1124	신의순	생존	서천 (새군번)
육군중위	GO1083	姜昌熙	**전사**		이등상사	G12208	**朴用周**	시흥	의왕 (새군번)
임시중위	GO1084	田溶植	불명		이등상사	G12135	**李永九**	용인	용인 (새군번)
임시중위	GO1086	李桂昌	불명		이등상사	G12158	**宋世鏞**	연기	인천 (새군번)
임시중위	GO1087	李明求	불명		이등상사	G12327	**金鍾浩**	춘천	춘천 (새군번)
임시중위	GO1088	朴成鍾	불명		일등중사	G12086	**林炳基**	파주	파주 (새군번)
임시소위	GO1089	鮮于坦	불명		일등중사	G12114	**李翊宰**	평택	평택 (새군번)
임시소위	GO1090	金潑林	불명		일등중사	G12116	**安秉熙**	평택	진위 (새군번)
임시소위	GO1091	金鍾漢	불명		일등중사	G12118	**金宋奎**	전북	인천 (새군번)
임시소위	GO1092	金聖奎	불명		이등상사	G12335	吳正涉	사망	횡성 (새군번)
임시소위	GO1093	朴鎭洙	불명		일등중사	미 상	金鍾恪	사망	파주 (새군번)
임시소위	GO1103	徐相允	불명		이등중사	G12159	李南薰	사망	진급 일중(새군번)
임시소위	GO1104	朴晩誼	불명		이등중사	G12264	安昌浩	사망	황해천(새군번)
임시소위	GO1105	李相雨	불명		이등상사	G12303	元鳳載	불명	평택 (새군번)
임시소위	GO1106	金東辰	불명		이등중사	G12224	朴光錫	사망	시흥 (새군번)
임시소위	GO1107	車福吉	불명		일등중사	G12389	金仁壽	사망	〃 (새군번)
임시소위	GO1108	金全經	불명		이등중사	미 상	沈仁求	사망	파주 (새군번)
임시소위	GO1109	趙炳俁	사망	파주(새군번)	이등중사	미 상	權斗植	불명	안양 (새군번)
임시소위	GO1110	**金容弼**	파주	(새군번)	이등중사	미 상	沈求福	사망	파주 (새군번)
임시소위	GO1111	黃戊淵	사망	파주	이등중사	G12304	張志洪	사망	
임시소위	GO1112	韓基勳	불명		이등중사	미 상	李圭宰	사망	파주
임시소위	GO1113	咸泰鏞	불명		이등중사	미 상	金玉石	사망	서천
육군소위	GO1114	黃炳錫	**전사**	파주	이등중사	G12135	申永基	사망	신당동
임시소위	GO1115	黃寬顯	불명	파주	이등중사	미 상	徐丙煥	불명	평택 (새군번) ⑥④

계급	군번	성명	비고		계급	군번	성명	비고	
이등중사	미 상	金永卨	불명	평택(새군번)	이등중사	G12063	鄭明根	인천	정보사제공
이등중사	미 상	申樂均	불명	파주(새군번)	이등중사	G12164	金有洙	〃	〃
이등중사	미 상	張哲浩	캐나다	(새군번)	이등중사	G12165	元容玉	양주군	〃
이등중사	G12339	金永培	용인	(새군번)	〃	G12179	張德俊	홍천군	〃
이등상사	G12087	金道中	파주	(새군번)	〃	G12170	金根中	양서면	〃
일등중사	G12004	李丙錫	사망	(새군번)	〃	G12171	咸鳳鎬	강원	〃
이등중사	G12337	許璟九	불명	홍천군	이등상사	G12172	趙榮澤	양주군	〃 (새군번)
이등중사	G12366	金相補	불명	파주	일등중사	G12203	李徹伊	경북	정보사제공
이등중사	G12370	朴鍾萬	**전사**	(새군번)	이등중사	G12173	權淳天	경기	〃
이등중사	G12089	崔銀喆	보령	정보사제공	이등중사	G12274	黃厚根	강원	〃
이등상사	G12096	金仁孫	〃	〃	일등중사	G12175	金基山	서울	〃
이등중사	G12090	林魯喜	연기	〃	이등중사	G12176	李炳圭	완산	〃
일등중사	G12091	朴東圭	청양	〃	이등중사	G12178	金榮和	충남	〃
일등중사	G12101	禹錫洙	달성	〃	이등중사	G12192	許完燮	전북	〃
이등상사	G12108	蔡武源	대구	〃	이등중사	G12182	金基敦	〃	〃
이등상사	G12386	金錫泰	경산	〃	이등중사	G12191	林學珪	군산	〃
이등중사	G12052	申榮基	서산	〃	이등중사	G12108	丁壽鈺	영월	〃
이등중사	G12104	朴鍾雲	대덕군	〃	이등중사	G12253	崔斗星	평택	〃
이등상사	G12111	張石權	〃	〃	일등중사	G12273	李珠容	옥구	〃
이등중사	G12005	宋寅億	〃	〃	일등중사	G12261	朴寧鎭	서산	〃
이등중사	G12112	康斗八	〃	〃	일등중사	G12113	李公雨	〃	〃
이등상사	G12106	權五哲	예산	〃	이등중사	G12259	金東泰	〃	〃
이등중사	G12121	金精一	영덕	〃	이등중사	G12262	李龍洙	군산	〃
이등중사	G12122	姜允信	인천	〃	이등중사	G12257	李永昌	〃	〃
이등중사	G12121	宋永植	〃	〃	이등중사	G12256	奇中舒	평택	〃
이등상사	G12132	李錫贊	〃	〃	이등중사	G12258	金綵圭	완주	〃
이등중사	G12118	鄭鳳憲	〃	〃	이등중사	G12115	尹聖洪	영덕	〃
이등중사	G12124	盧基憲	대덕군	〃	이등중사	G12300	申在均	서천	〃
일등중사	G12119	崔相三	칠곡군	〃	이등중사	G12295	金長培	평택	〃
이등중사	G12125	吳永弼	〃	〃	이등중사	G12296	杜炳鎬	〃	〃
이등상사	G12156	金斗寬	경주	〃	일등중사	G12297	李漢京	완주	〃
이등중사	G12157	金斗出	〃	〃	이등중사	G12298	崔基壽	〃	〃
이등중사	G12158	辛正鉉	〃	〃	일등중사	G12303	李熙用	평택	〃 (새군번)
이등중사	G12161	尹采杰	〃	〃	일등중사	G12301	申泰玉	강원	〃
이등중사	G12162	金大鳳	〃	〃	이등상사	G12398	尹用換	충남	〃

(70)

계 급	군 번	성 명	비 고		계 급	군 번	성 명	비 고		
이등중사	G12139	金東卨	충남	**정보사제공**	이등중사	G12083	裵晃植	김포	**정보사제공**	
이등중사	G12336	金學培	용인	〃	이등중사	G12080	崔鍾煥	보령	〃	
이등중사	G12338	金福亨	원주	〃	이등중사	G12090	洪祥浩	보령	〃	
이등중사	G12341	咸基元	횡성	〃	이등중사	G12087	崔基讚	〃	〃	
일등중사	G12340	鄭河徹	〃	〃	이등중사	G12094	李義珪	〃	〃	
이등중사	G12294	安鎬承	양주	〃	이등중사	G12088	奇聖鎬	〃	〃	
이등중사	G12343	崔慶植	〃	〃	이등중사	G12065	金龍保	〃	〃	
이등중사	G12346	金載榮	〃	〃	이등중사	G12367	李建旭	파주	〃	
이등중사	G12354	徐丙基	전주	〃	일등중사	G12368	金永鎭	〃	〃	
일등중사	G12353	李康萬	완주	〃	이등중사	G12369	朴順一	〃	〃	
이등중사	G12348	崔春鏞	개풍군	〃	이등중사	G12371	李鍾晃	수원	〃	
이등상사	G12349	羅烝在	군산	〃	이등중사	G12357	李壯煥	양주	〃	
이등중사	G12350	金基成	〃	〃	이등중사	G12071	朴甲魯	공주	**정보사,예비대원**	
이등중사	G12359	鄭完哲	〃	〃	일등중사	G12045	鄭喜舜	연백	〃	
일등중사	G12352	金丙坤	완주	〃	이등중사	G12008	朴悌淳	예산	〃	
일등중사	G12356	金鳳山	양주군	〃	일등중사	G12015	權泰彬	용산구	〃	
이등상사	G12355	朴柱大	〃	〃 (**새군번**)	이등중사	G12023	文源榮	예산	〃	
이등중사	G12354	元命植	〃	〃	이등중사	G12097	洪仁範	보령	〃	
〃	G12364	李錫濬	전주	〃	일등중사	G12184	元容根	홍천	〃	
〃	G12362	李德根	황해	〃	이등중사	G12376	金永淳	서천	〃	
〃	G12365	朴聖安	전주	〃	이등중사	G12207	南鍾培	금능	〃	
〃	G12061	黃基昌	종로구	〃	이등중사	G12387	金諰來	장단군	〃	
〃	G12068	廉喆鎬	연백	〃	이등중사	G12057	金寧熙	경산	〃	
〃	G12063	吳榮根	〃	〃	이등중사	G12070	蔡用錫	마포구	〃	
〃	G12069	李官雨	부천	〃	이등중사	G12065	金基于	공주	〃	
〃	G12064	金文淳	인천	〃	이등중사	G12068	閔丙佑	김포	〃	(61)
〃	G12073	李弘泰	의성	〃						
〃	G12079	姜鍾好	경주	〃	**〈추가 명단〉**				**(195명)**	
〃	G12074	金任祥	〃	〃	이등중사		조규정			
〃	G12080	崔泳達	〃	〃	〃		서석기			
〃	G12075	金仁吉	부천	〃	〃		柳琮洙			
〃	G12081	梁成模	김포	〃	〃		이귀정			
〃	G12076	朴泰成	〃	〃	〃		홍금화		**5명**	
〃	G12082	權寧澤	〃	〃				**소계 200명**		
〃	G12077	林龍圭	〃	〃		미확인 130명을 찾지 못함				

( ) **새군번** 결사제12연대, 34 명(총 128명중)

◆ 결사 제12연대의 피해

결사 제12연대에 대한 작전명령은 양구의 사명산(四明山)을 중심으로 신고산→회양지구에서 활동하라고 명령되어 있었다고 하는데 여기 황병산(△1,407m)에서 북쪽으로 22km 상당 떨어진 어성전(漁成田) 방면으로 진로를 수정하였다는 것은 아군 제9사단 지역에서 수도사단지역으로 이동하려는 것으로 이는 극히 무모하고 또 일부 고교(高橋)지구에서 북한군 제3군단과의 전투가 치열했다고 하나 그 실체와 결과는 확인할 수 없다.

1951년 2월 18일 결사 제12연대 주력 160여명이 황병산지구 전투에서 서북진하여 강원도 명주군 연곡면 지내로 이동하다가 퇴곡리에서 결사 제11연대 수색대와 조우하게 되어 이들 연대가 퇴곡리에서 합류하였다.

결국, 결사 제12연대는 출동 10여일만에 총 병력 330명 중 과반수 이상인 170여명이 낙오 분산·실종 또는 전사하고 160여명만이 결사 제11연대 숙영지 "퇴곡리"에 도착한 것이다.

그 원인은 첫째 : 통신방법이 전혀 없었고,

둘째 : 장병에게 지급된 총기와 탄약의 부실(결사 제11연대 보다 극히 열악했음)

셋째 : 지휘관의 전투경험 및 지휘능력 부족과 장병의 인화 단결에도 문제가 있었다고 추정된다.

1951년 2월 18일까지 결사제11연대는 1951년 1월 30일부터 20일간, 결사제12연대는 1951년 2월 7일부터 10여일간의 적 후방 전투 등을 경험하고, 여기 명주군 연곡면 퇴곡리에 도착하였던 결사제11연대와 동제12연대 등 총 520여명이란 대병력이 작은 부락에 주둔하면서 장차 재침투를 준비·계획하게 되었다.

5. 결사 제13연대

1951년 1월 25일 육군정보학교에서 임시장교로 임관한 124명 중 결사 제11연대에 장교 62명을 나머지 장교 62명 중 결사 제12연대에 41명, 결사 제13연대에 19명, 2명은 결사 제15연대로 전출하였다.

결사 제13연대에는 제12연대 작전참모 육군 임시보병대위 김한철을 결사 제13연대 연대장으로 보하고, 제12연대 장교 19명(대위 3, 중위 7, 소위 9명)(연대장 포함)을 결사 제13연대로 배속함과 동시에 1951년 1월 21일 육군보충대에서 제2차로 선발된 220여명 중 100여명을 결사 제13연대 요원으로 충원하여 124명이란 설이 지배적이나 일부 136명이라는 설도 있다. 그러나 이 모두의 근거는 불분명하고 결사 제13연대는 대원 3인중 소대장을 장교가 아닌 일등중사(하사)로 중대원 9인중 중대장을 이등상사(중사)로 보하고, 대대장을 대위가 아닌 중소위로 보임하는 등 결사 제13연대의 편성은 특수한 편성을 하였다.(정보사 제공 자료에서 확인)

결사 제13연대 장병은 교육을 마친 1951년 2월 11일 대구 육군정보학교를 떠나 열차로 부산항 제4부두에 도착하였으나 기상 상태(풍랑)가 극히 불량하여 승선하지 못하고 1951년 2월 13일 수송함정(L.S.T)에 승선하여 동해로 항진 1951년 2월 14일 야음에 강원도 묵호(동해)항에 도착했다.

◆ 결사 제13연대의 침투

1951년 2월 14일 육군본부 전방지휘소(강릉)(전방사령관 육군중장 정일권(진급함))는 묵호항에 도착한 결사 제13연대 병력을 차량에 분승케한 후 대관령을 넘어 평창군 횡계 방면으로 진출, 적 후방에 침투코자 했으나 대관령 중간부 부근에서 눈사태로 도로가 차단되자 도보로 대관령을 넘었다.

1951년 2월 15일 횡계리(橫溪里)에서 내륙 도암지구로 이동하여 월정사(月精寺) 방향으로 이동중 적병 수명과 조우하여 그들을 사살하고 1인을 생포하여 적정을 파악한 뒤 침투로를 변경하여 70리 무인고개를 넘어, 송천(松川) 광산촌을 지나 삼산리(三山里)로 진출하였다는 주장도 있다.

◆ 원보좌관의 귀임

이때 결사제13연대와 동행한 결사제11연대 연대장보좌관 원응학(元應學)이 1951년 2월 8일 채중령의 명을 받고 육군본부정보국에 출장하여 명령과 지시를 수령한 뒤, 결사 제13연대와 함께 이곳 삼산리까지 동행하였으므로 당초 결사제11연대가 숙영 중인 퇴곡리는 미리 예정된 것인지는 분명치 않으나 여기 삼산리는 퇴곡리와 인접

된 부락으로서 3개 연대가 모두 집결한 것이다.주13)

원응학 보좌관은 육군본부정보국의 지시를 채명신 연대장에게 보고 · 전달하였으나 그 내용은 채명신 중령만이 알고 있다.

※ 채중령은 "적진 후방에서 제12 · 13연대와 조우하면, 이들 연대의 지휘관들은 임시 장교이므로 현역인 귀관(채명신)이 통합 지휘하라" 는 구두명령을 받았다고 주장하고 있다.

〈도표 2〉

결사 제13연대 편성

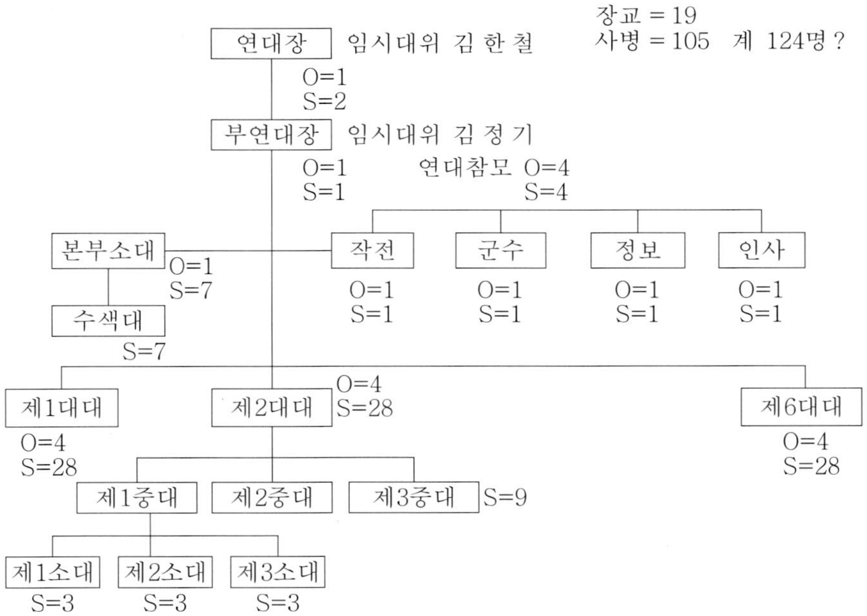

※ 장교는 대위 3인, 중위 7인, 소위 9인 임.

주13) 전 육군본부 직할 결사대(결사 제11연대 동 제12연대, 동 제13연대) 장병 647명을 통합한 「백골병단」은 1951년 2월 20일 강원도 명주군 연곡면 퇴곡리에서 창설(결성)된 부대로서 중동부 전선인 강원도 명주군, 홍천군, 인제군, 양양군 등 지역, (태백산맥, 오대산맥, 설악산맥 일대)에서 적 북한군 69여단과 적 3군단 및 빨치산 제5지대, (대남 빨치산 사령관) 등을 맞아 조국의 자유와 평화를 지키기 위하여 영하 30도의 혹한을 견디면서 혈투를 감행한 국군 최초의 정규 유격대이다.

「결사 제13연대에 참전한 김한철은 그의 저서 <마지막 침투한 대북 유격대의 활약상> p#43 이후에서 ① 대구 출발이 2월 11일이 아닌 2월 5일로, ② 입대일자도 51년 1월 초순을 50년 11월 1일로, ③ 51년 2월 14일 묵호에서 대관령 7부 능선 부근까지 군용차량으로 출동한 것을 묵호 서방 영밑마을에서 군관 3, 병사 24명의 생포(p#61), 또한 군관 1인과 사병 8인 생포(p#63) 등 대관령까지 19일이 걸렸다고 적었으며, 노획된 자동소총 32정과 권총 4정을 각 대에 배분(p#66)하고 그때까지 생포 62명 외에 92명 생포(p#77) 등을 기술하고 있으나 그 근거자료와 참전자의 증언은 없다.」

◆ 결사 제13연대 참전 장병 명단

2009. 8. 19 확인

계 급	군 번	성 명	비 고		계 급	군 번	성 명	비 고	
임시대위	G01066	金漢喆	불명	**정보사(새군번)**	이등상사	G13044	韓載謙	불명	1대1중대장
육군대위	G01067	金貞起	**전사**	연기 (**새군번**)	일등중사	G13042	金柄鎬	불명	1대1소대장
임시대위	G01068	金逸濟	불명		이등중사	미 상	김병칠	불명	안성
임시중위	G01074	蔡元錫	불명		이등중사	미 상	李貞成	불명	강화(**새군번**)
임시중위	G01075	崔二澤	사망	이천 (**새군번**)	이등중사	미 상	田載植	불명	(**새군번**)
임시중위	G01076	金正根	불명	제1대대장	이등중사	미 상	이종구	사망	
임시중위	G01077	崔基赫	불명		이등중사	미 상	崔元實	사망	
육군중위	G01078	金瑢九	**전사**	제6대대장	미 상	미 상	李英烈	불명	(**새군번**)
임시중위	G01079	**高悌和**	예산	고양 (**새군번**)	일등중사	G13036	張敬琪	불명	2소대장
임시중위	G01085	李點守	불명		일등중사	G13043	金相麟	불명	3 〃
임시소위	G01092	金聖奎	불명	6대대 부관	이등중사	G13053	洪成德	불명	대원
임시소위	G01094	趙大鎰	불명		이등상사	G13046	崔鍾敏	사망	원주〃(**새군번**)
임시소위	G01095	朴紅男	불명	1대대 부관	이등중사	G13047	鄭相燮	불명	〃
육군소위	G01096	朴萬淳	**전사**	(**새군번**)	이등중사	G13054	李陽夏	불명	〃
임시소위	G01097	朴富緖	불명		이등중사	G13055	鄭鎭奎	불명	〃
임시소위	G01098	金溶男	불명		이등중사	G13057	裵鳳基	불명	〃
임시소위	G01099	金石培	불명		이등상사	G13022	金輪山	불명	2중대장
임시소위	G01100	李宰寬	불명		일등중사	G13027	金雲起	불명	1소대장
임시소위	G01101	申鉉玉	불명		일등중사	G13034	鄭仁澈	불명	2 〃
임시소위	G01102	宋昌燮	불명		일등중사	G13060	金榮豹	불명	3 〃(**새군번**)
일등중사	G13097	**林炳華**	수원	서울 (**새군번**)	이등중사	G13035	崔相駿	불명	대원
이등중사	G13051	**裵善浩**	정선	정선 (**새군번**)	이등중사	G13032	金鳳烈	불명	〃
이등중사	미 상	고석휘	**전사**	대원. 정선	이등중사	G13033	金榮一	불명	〃
이등중사	미 상	김주섭	**전사**	〃 〃	이등중사	G13343	朴稚鍾	불명	〃
이등중사	미 상	나승교	**전사**	〃 〃	이등상사	G13155	洪秀義	불명	3중대장
이등중사	미 상	이운철	**전사**	〃 〃	일등중사	G13192	李祚岳	불명	1소대장
〃	〃	安淳哲	불명	〃	일등중사	G13165	韓泰元	불명	2 〃
일등중사	〃	金次坤	불명	〃	일등중사	G13166	李建義	불명	3 〃
이등상사	G13050	李長福	사망	정선 (**새군번**)	이등중사	G13163	玄赫基	불명	대원
이등중사	미 상	千榮植	**전사**		이등중사	G13167	李賢周	불명	〃
이등중사	G13182	康昌煥	**전사**		이등중사	G13159	金海元	불명	〃

(62)

계 급	군 번	성 명	비 고		계 급	군 번	성 명	비 고		
이등중사	G13169	鄭鳳錫	불명	대원	일등중사	G13235	金溶福	불명	2소대장	
이등중사	G13173	姜大雄	불명	〃	일등중사	G13237	洪性斗	불명	3 〃	
이등중사	G13171	徐豊鎭	불명	〃	이등중사	G13240	成相鏞	불명	대원	
이등상사	G13177	金相敦	불명	6대1중대장	이등중사	G13251	李枝衡	불명	〃	
일등중사	G13178	辛鎭鎬	사망	1소대장	이등중사	G13245	孫弘基	불명	대원	
일등중사	G13181	鄭光植	불명	2 〃	이등중사	G13247	河鎭玉	불명	〃	
일등중사	G13185	柳聖烈	불명	3 〃	이등중사	G13246	文英鎭	불명	〃	㊵
이등중사	G13179	金基海	불명	대원					**(102명)**	
이등중사	G13184	柳泰馨	불명	〃	**<추가 명단>**					
이등중사	G13180	姜雲善	불명	〃	이등중사		安淳哲			
이등중사	G13221	崔珠泰	불명	〃	〃		김기해			
이등중사	G13202	李相溶	불명	〃	〃		전동표			
이등상사	G13183	金益顯	불명	제2중대장 ?	〃		정재철			
일등중사	G13201	趙源昌	불명	1소대장				**(4명)**		
일등중사	G13303	都漢八	불명	2 〃				**계106명**		
일등중사	G13297	李祐榮	불명	3 〃		미확인 18명은 찾지 못했음				
일등중사	G13208	朴鍾云	홍천	대원 **(새군번)**						
일등중사	G13193	徐承礎	불명	〃**(새군번)**	**<보상지원 명단에서 비로서 확인된 사람>**					
일등중사	G13222	丁英鎭	불명	〃	일중	51-5000061	李奉海	13연대미확인 18名 中 (생존)1名이 군번을 받다.		
이등중사	G13217	趙泰熙	불명	〃						
이등중사	G13220	元益圭	불명	〃						
이등상사	G13226	姜德順	불명	제2중대장 ?						
일등중사	G13225	金尙麟	불명	1소대장						
일등중사	G13219	徐權植	불명	2 〃						
일등중사	G13250	李鍾大	불명	3 〃						
이등중사	G13232	明永杰	불명	대원						
이등중사	G13224	朴在浩	불명	〃						
이등중사	G13247	金壽元	불명	〃						
이등중사	G13248	吳春錫	불명	〃						
이등중사	G13277	李達根	불명	〃						
이등중사	G13174	許正錫	불명	〃						
이등상사	G13238	崔承燦	불명	제3중대장						
일등중사	G13243	李漢昌	불명	1소대장						

( ) **새군번** 결사제13연대 15+1 = 16 명(총 128명중)

=백골병단(白骨兵團)=

1951년 1월 4일 대구시내 소재 육군보충대에서 입대를 대기하던 6,000여명의 장정중 1차 700여명과 2차 200여명을 선발하여 육군정보학교(달성초등학교)에 입교시켜 유격전교육을 실시하고, 51년 1월 25일 124명에게 국방부장관의 임관사령장을 주어 육군임시장교(GO군번 부여)로 임관시키는 한편 부사관 및 병 등에게도 G군번과 계급을 각각 부여하였다.

육군본부정보국은 곧 그들중 결사 제11연대 360여명을 적군의 복장과 무기로 무장시켜 51년 1월 30일 적 후방에 침투시키고, 이후 2월 14일까지 사이에 2개 연대를 각각 적진 배후 지역으로 침투시켜 유격전을 수행 하던 중, 2월 18일 적후방지역이던 강원도 명주군 연곡면 퇴곡리에 그들이 집결되자, 2월 20일 결사 제11연대 연대장 육군중령 채명신이 3개연대(647명 제 11, 12, 13연대)를 통합하여 부대명을 "백골병단" 이라 명명(命名)한다고 선포한 후 51년 4월 25일까지 적후방에서 유격전을 수행한 특수부대 명이다.

[어원] "백골" 이란 그 어원이 말하듯 죽음을 두려워하지 않는 강인한 군인정신과 의지를 나타내고,
"병단" 이란 중국 공산군의 군단급보다 상급부대인 "병단" 으로 격상하여 병력이 강대함을 나타낸 것이다.

※ 부대의 통상명칭을 부여함에 있어서는 지휘계통의 승인 또는 명령이 있어야 하나 적진 배후지역에서의 "명명"이였으므로 다른 행정조치 등은 없었다.

육본직할결사대(백골병단) 전우회

제Ⅱ편 백 골 병 단

제 1 장 백골병단 창단

1. 백골병단 명명

1951년 2월 20일 결사 제11연대와 동 제12, 13연대 640여명의 대병력이 강원도 명주군 연곡면 퇴곡리에 집결하였다.

이 지역은 아군 수도사단의 작전지역 전면 약 8km 상당 북방이고 적은 인민군 제2·3군단과 동해안의 69여단이 버티고 있는 최전선 지대였다.

1951년 2월 20일 결사 제11연대장 육군중령 채명신은 육군본부 직할 결사 제11연대, 동 제12연대, 동 제13연대를 통합하여 「**백골병단**(白骨兵團)」이라 명명(命名)한다고 선포하고, 각 연대는 결사 제11연대, 동 제12연대, 동 제13연대 그대로 존속한다고 선언했다. 주14)

백골병단 창설에 관한 육군본부 당국의 일반명령이나 다른 아무런 지시도 없었던 것 같으나 적 후방지역이고, 또 현역장교로 최고위직인 육군중령이였으므로 대한민국의 국권이 미치지 못하는 지역에서 명령을 행사한 것으로 추정된다.

이어서 다음과 같이 명령하였다.

① 오늘 이 시각부터 우리 부대를 "백골병단(白骨兵團)" 이라 칭 한다.

② 사령관은 본인(채명신)이 취임한다.

③ 결사 제11연대장은 임시소령 이상섭으로,

④ 결사 제12연대장은 임시소령 이두병으로,

⑤ 결사 제13연대장은 임시대위 김한철이 임무를 계속 수행한다.

⑥ 백골병단 참모진은 결사 제11연대 참모진이 겸임한다.

⑦ 각 연대는 비상식량을 최대한 확보하고 장차 침투작전에 대비하라.

⑧ 출동일과 목표지역은 추후 하달한다. 이상이다.

이렇게 하여 백골병단이란 특수유격부대가 적 후방지역에서 창설된 것이다.

주14) 白骨兵團이란 명명(命名)은 행정 근거가 있는 것은 아니고 3개 연대가 통합되어 규모가 증강되었으므로 상급부대를 창설함에 있어, 그 명칭을 강열하게 나타내고, 또 중공군의 군단급 상급부대인 병단으로 격상하여 병력이 강대함을 나타내기 위해 명명한 것 일 뿐, 특별한 의미가 있거나 일반명령 등 다른 근거가 있었던 것은 아니다. 라는 참전전우회 일동의 증언.

백골병단 편성인원은 결사 제11연대 363명
결사 제12연대 160명
결사 제13연대 124명 계 647명이다.

※ 채명신 중령은 육군본부 정보국의 지시와 작전명령 제8항의 통합지휘관에 따라 통합지휘의 지시를 받은 것이라고 주장하나, 결사 제13연대 임시보병 대위 김한철은 그들 13연대는 독립부대로서 독립작전을 수행한 부대라고 그의 저서에서 주장(p#37) 하는 등 일부 이론이 있다.

<도표 3> **백골병단의 편성**

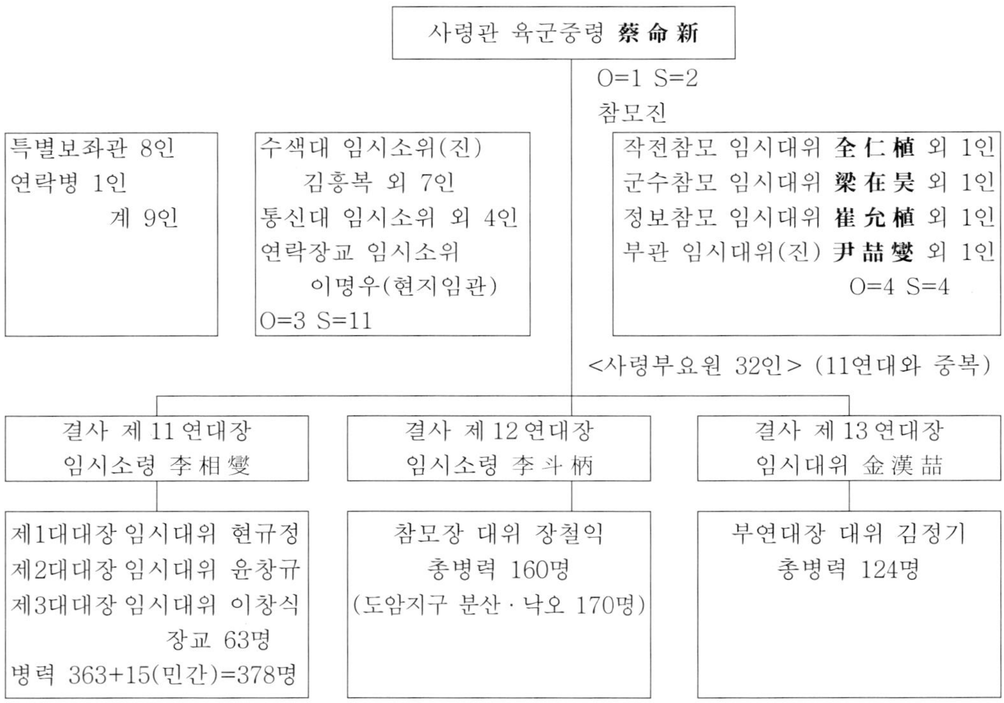

◆백골병단으로 통합

1951년 2월 20일 육군본부 직할 결사대 제11, 제12, 제13연대 640여명이 백골병단으로 통합한 뒤, 2월 20일부터 2월 22일까지 농우(農牛) 10여마리를 잡아 소금에 조려 비상식량으로 확보하고 강냉이와 쌀을 거두어 절구에 분쇄하여 상당량의 비상식량을 확보하였으며 부락 청년(남녀) 중 반공(反共) 사상이 확실한 청년 11명과 (여성 4명 포함)을 지원으로 충원하여 민간인이 모두 15명(사기막리 지원자 포함)으로 늘어났다.

※ 민간인 지원 참전자 : 이복규 씨 310205-삼산1리5반 742 거주 생존을 확인함.(08.9.20)

1951년 2월 23일 20시 작전(출동)명령이 하달되었다.

백골병단 소속 결사 제13연대 주력이 주둔한 삼산리(三山里) 소재 부대를 선봉으로 하여, 신배령을 넘게하고, 중앙에 결사 제11연대를 후미에 결사 제12연대를 배치하고 야음을 이용하여 2열 종대로 퇴곡리를 떠났다.

퇴곡리를 떠날 때 부락민들에게는 철갑령(△ 1,012m)과 복룡산(△ 1,014m)의 사이를 경유하여 동해방면인 어성전(漁成田)으로 북진 퇴각하는 것으로 위장하였으나 부락민 중 노인들은 우리 결사대원의 언어, 태도 등으로 미루어 국군유격대임을 이미 알았던 것 같다.(1992년 6월 그곳 거주자 박대수, 피홍섭씨의 증언)

서북진(西北進) 중 "가마소"에서 결사 제13연대 선봉이 적과 접촉이 있었다는 일부주장이 있으나 이곳에는 북한군이나 중공군의 진출이 없었으므로 그 주장은 신빙성이 없는 것으로 판단된다.

◆ 아군기로부터 피습

1951년 2월 24일 10시경 복룡산(伏龍山)(△ 1,014m)과 두로봉(頭老峰)(△ 1,422m) 사이에 있는「신배령」을 넘어 넓은 개활지 화전(火田)지역에서 야영 후 휴식을 끝낼 무렵이다.

이 지역에는 인가(人家)가 1~2호(戶)씩 몇 집이 산재된 산간 오지의 마을이였는데 오전 10시경 미군기(일명 구루먼, 구라만이라고도함) 3대가 나타나더니 우리들의 주위를 선회하므로 대공표지판 赤 白 을 잘 보이게 깔았더니 이것을 보았는지 그대로 돌아가고 약 30분정도 지난 뒤 그 전폭기가 또다시 나타났다.

우리 부대원들이 손을 흔들고 반겼는데 이것이 어찌된 일인가,

그 전폭기들은 맹렬한 기총소사를 가하는 것이 아닌가

우리는 대공표지판을 걷어치우고 분산 엄폐하는 등 아수라장이 되었다.

적군도 아닌 아군 공군기의 폭격과 네이팜탄(화염탄)의 공격으로 6명이 희생되고 부상자도 생겼다. 주15)

여기는 강원도 홍천군 내면 오대산 넘어 조개동 동북방 5km 상당 지점의 평편한 능선 골짜기에서였다.

주15) 미공군기의 오폭으로 하진부리에서 적병을 사로잡을 때 용맹을 떨쳤던 시흥군 출신의 권욱상(權旭相) 중사(병장)가 여기서 약관 20세인 청춘을 나라에 바쳤다.

권중사는 서울에서 양정중학교 ? 6학년에 재학중 입대한 전우로서 건강한 체력에 장래가 촉망되던 청년이였다. 조국의 평화와 자유를 위하여, 그의 육체는 비록 유명을 달리했다 하더라도 그 기상만은 영원불멸하리라.

그의 모친은 우리 전우회의 주선으로 89년에 이르러 유족으로 확인받아 연금을 수혜받게 되었으나 90세 노령이시어 곧 연금 지급도 정지되었다.

이 폭격으로 피신했던 결사 제12연대의 일부 병력이 삼산리(三山里), 퇴곡리 방면으로 다시 남하 이탈한 것이 뒷날 그 당시 부락에 거주한 박대수(朴大洙)씨 등의 증언이 있으나 병력수 기타를 제12연대 지휘부가 파악하지 못해 기록은 불분명하다. 주16)

2. 백골병단의 작전

1951년 2월 25일 백골병단은 홍천군 내면 청도리 인근 오대산(△ 1,563m) 북방 10여km 상당지점까지 진출하여 아군의 주저항선으로 부터는 최장 20km 상당이 되는 지역까지 적후방으로 북상 하였다.

여기서부터는 적정(敵情)을 파악할 아무런 정보가 없으므로 독자적으로 수집 판단해야한다.

채명신 사령관은 병단 작전참모 전인식 대위에게 전방의 구룡령 방면을 수색 정찰하여 적정을 파악하도록 명령하였다.

전대위는 결사 제11연대 병력 중 3개 소대를 차출하여 그 중 제1소대는 전방에 배치하고 2개소대는 삼각형 대형으로 배치하여 구룡령을 차단 · 장악하였다.

2월 하순의 추위는 대단했으며, 눈 덮힌 산야는 얼어 붙어 있었다.

이곳에서 북한군이 남하 침공했을 때 놈들에게 부역하던 자들이 은신중 우리들이 도착하자 우리들을 북한군으로 오인하고 열렬히 환영하던 자들 7명도 체포했다.

◆ 구룡령 차단 작전

1951년 2월 26일 구룡령을 차단한 책임장교인 작전참모 전인식 대위는 3개소대를 삼각형 대형으로 산개(散開)하여 대기중 전방에 4인의 북한군이 나타났다.

그중 1명은 소성 4개(북한군 총위 뒷날 대위) 1인과 중위 1인, 특무장 1인, 전사 1인이 구룡령을 내려오고 있었다.

그 당시 구룡령은 사람이 겨우 다니기도 어려운 눈 덮힌 소로길이고 우마차의 통행도 불가능한 험로 였다.

전인식 대위는 북한군의 군관계급(장교)을 달고 지휘하고 있었다.

이들을 점잖게 정지시킨 다음,

전대위 : 동무들 소속이 어드매요!

적　병 : 69여단이외다.

주16) 1951년 2월 10일~2월말까지 퇴곡리 1리에 거주한 박대수(朴大洙) 씨(92년 당시 83세), 삼산리(三山里) 거주 피흥섭(皮興燮) 씨(78세)의 증언으로 일부 병력이 이탈 남하하였다는 사실(1992년 6월 6일 현지에서)을 확인하였으나 병력수, 소속 등은 알 수 없다 함.

전대위 : 어드매로 가는기요!

적 병 : 군단에 가외다.

이때 북한군의 무장은 해제되고 그들을 사령부인 오두막집에 인도한 뒤, 그들의 문서가방을 조사하였던 바, 주17)

북한군 총위는 인민군 제69여단 정치군관이며, 69여단의 전투상보 등 I급 기밀서류를 북한군 제3군단장에게 보고하러가는 도중에 생포된 것이다.

적 69여단은 강원도 양양군 인구리에 본부가 있고, 여단 병력은 5,400여명(5개대대)이며, 야포, 박격포, 중기관총, 경기관총, 소총과 탄약의 부족 및 보급지원 등을 건의하는 내용도 포함되어 있었다.

이들의 생포로 광원리(廣院里) 인근에 북한군 제3군단이 분산 주둔중임을 알게 되었다.

이들로부터 압수 노획한 적 69여단의 전투상보 등 기밀문건들을 신속히 아군지역에 속보(速步)로 전달하기 위해 생포된 북한군 중위 "최모"를 증거물로 압송하기로 하고, 연대장 보좌관으로 참전 중인 강두성(康斗星), 장인홍(張麟弘) 두 동지와 병사 2인을 보강하여 출발지인 퇴곡리 방향으로 출발케 하여 1951년 3월 초 아군수도사단 수색대대 전면에서 수도사단 경유 제1군단에 보고한 뒤, 대구로 내려가 육군본부 정보국에도 이를 보고하였다. 주 18)

이곳 구룡령과 광원리, 청도리 일대에서 북한군 57명을 생포하여 총기와 탄약 비상식량을 노획하여 전력을 보강하였다.

1951년 3월초(1~2일경)(일자미상) 채명신 중령은 정보참모 최윤식대위와 결사 제11연대 제2대대장 윤창규 대위 등을 대동하고 광원리 북한군 제3군단 진입초소 3개를 파괴하고 북한군 20여명을 사살하였으나 총성이 요란했으므로 퇴각하면서 전화선 등을 절단 폐기하는 것으로 적 3군단의 습격 계획은 끝났다.

백골병단은 구룡령 정상부를 향해 약수산(△ 1,306m) 능선을 거점으로 이동하였다.

1951년 3월 9일경 적69여단 주둔지인 인구리 어성전 등에 대한 해공군(海空軍)의 공격이 계속되어 적69여단은 상당한 타격을 입은 것으로 추정한다.

주17) 이곳에 거주중인 최태원씨(78세)의 가옥이 백골병단 본부로 사용되었다고 증언했다.<1992년 7월 14일 최태원씨가 증언>

주18) <한국 전쟁사> 4집 제39장 동부지구 반격작전 p#638에 "사단에서 노획된 적 문서에 따르면, 제69여단 병력은 3월 10일 현재 도합 5,403명이며, 그 중 군관(장교) 536명, 하사관 383명, 전사(병졸) 3,550여명으로 구성되어 있었다고 한다" 라고 기술되어 있는 바, 이는 우리 결사대가 노획한 적 69여단의 전투상보를 수도사단에서 분석한 기록으로 판단된다. 따라서, '노획한 것' 이라고 적지 않고 '노획된 것' 이라고 적어 백골병단의 전공을 간접적으로 증명하고 있다.

백골병단은 1951년 3월 10일 구룡령을 넘어 갈천리로 진출하였다.

갈천리는 양양군과 인제군, 홍천군의 경계 지점 일 뿐아니라 오대산맥과 설악산맥의 연결지점으로 아군 작전지역으로부터 최소 30~40km 정도 적진 깊숙이 침투한 고장이였다.

◆ 갈천리 작전

험준한 구룡령을 넘어온 장병들은 약수산 능선에서 무료하게 6일이상을 허비하면서 귀중한 비상식량만을 소비하였기에 이를 보충하지 않으면 안되었다.

갈천리에 도착한 뒤 휴식중 북한군 해군 포술장교(상위) 1인과 병사 2명을 생포하였으며 재편성을 위해 이동하는 북한군 53명도 모두 생포하였다.

1951년 3월 10일 14시경 갈천리 부락 근처에서 아군 제트기(쌕쌔기)의 공습을 또다시 받아 대원 5명이 희생되었다. 두 차례의 공습으로 억울하게 장병 11명의 사상자를 냈으나 전투 중 피해는 아직 없었다.

이곳은 광할한 지역으로 경계가 곤란하므로 북상하기로 하고 비상식량의 보충·확보에 노력하는 한편 왕승골의 능선을 이용하여 양양군 서면 송천리쪽 북한군 제3군단의 주보급선을 피하여 진동리 진흑동에서 가칠봉, 곰배골을 거쳐 군량밭(軍糧田)으로 진출하였다.

이 행군은 진흑동까지 18km 가칠봉까지 4km 상당의 험한 행군이였다.

◆ 백골병단 38도선 돌파

1951년 3월 14일 육군본부 직할 결사대 백골병단 장병 630여명은 38도선을 넘어 강원도 인제군 기린면 귀둔리(貴屯里) 곰배골로 당당히 진입하여 부락인민위원회 내무서 분주소, 노동당 위원장, 민청위원장 등 북한 지역 간부 모두를 집합시켰다.

이 자리에서 채명신 중령은 북한주민에게 다음과 같은 연설과 엄포를 놓았다.

동무들 수고하오!!

"우리는 남조선 리승만 괴뢰 도당의 낙하산 부대가 이 부근에 투하되었다는 정보에 따라 놈들을 소탕하기 위해 중앙에서 왔소!

갈천리 부근에서도 놈들을 처단했으나 이곳과 인제 방면에도 놈들이 흩어져 있다는 정보요! 동무들은 적극적으로 협조해 주시오."

위세 당당하게 큰소리를 치면서 각급 기관의 감시를 강화함과 동시에 인민의 이름으로 식량보급 지원을 요청했다.

여기서 충분한 휴식을 취하고 난 다음, 이곳을 왕래하는 연락병, 통신병 등 북한군을 국방군 낙하산부대 병사로 몰아 39명을 생포하고, 내무서원과 공산분자 등 22명도 생포했다.

이곳 귀둔리는 38도선 이북 지역일 뿐만 아니라 6.25 전 접적지역 이어서 진짜 공산분자들이 득실거리는 고장이었다.

"동무들! 우리가 중앙에서 비밀리에 남조선 리승만 괴뢰도당의 낙하산병을 토벌하기 위해 워낙 급하게 왔기에 보급이 말이 아니오. 최대한 협조해 주우다."

총칼로 무장한 대병력이 눈 앞에서 으스대면서 감시하고 있으니 아무리 수상쩍다 한들 동구 밖으로 빠져 나갈 수도 없었다.

지형이 광활하여 경계가 곤란한 지역이므로 감시를 소홀히 하다가는 큰 코를 다칠 염려가 있었다.

우리들은 야음(夜陰)을 이용하여 남하하는 척 하다가 또다시 북쪽 방향으로 진로를 돌려 잡았다.

눈이 펄펄 내리는 날이었다. 우리의 발자취는 눈이 내리면서 모두 덮어 주었기 때문에 안성맞춤이었다.

우리는 밤새도록 쉬지 않고 걸어서 하늘도 맑게 개이기 시작하는 1951년 3월 16일 새벽 군량밭(軍糧田)으로 진출할 수 있었다.

군량밭은 인제군 인제면 가리산리(현재는 인제읍 가리산리)의 자연부락으로 산간마을 치고는 제법 크고 아늑한 마을이다.

[참고] 채명신 저, **사선을 넘고 넘어**, p224에서 북한군 대위 계급장을 달고 칠밭골 마을사람들을 불러 모은뒤, 일장연설로 상견례를 했다.

"동무들, 동무들은 지금 공산당 한테 속고 있습니다. 인민군은 반드시 이길 거라 큰소리 치지만 사실 우리가 맞서 싸우는 UN군은 미국뿐이 아니라 영국, 프랑스 등 세계의 강대국들이 16개국이나 참여해 막강합니다. 그래서 비록 중공군들이 왔지만 쫓기는 입장입니다."

우리의 인원이 많아 위압감을 느꼈는지 내 말에 마을사람들은 조용히 그저 듣기만 했다.

"때문에 우린 승산 없는 전쟁에서 살아남기 위해 **인민군에서 이탈해 반공산군투쟁**을 벌이고 있는 중입니다. 그러니 여러분도 앞으론 인민군의 말을 듣지 말고 우리에게 협조해 주십시오. 만일 그렇지 않고 이곳을 이탈하려든가 하는 행동을 보일 때는 가차없이 사살해 버리겠습니다." 그곳에서 난 우릴 '반란공산군'으로 가장했다.

연설을 마친 난 마을 사람들이 잔뜩 겁을 먹어 감히 허튼 수작을 못하게 하기 위해 그 마을의 세포위원장 등 골수 공산당원 2명을 잡아 많은 사람들이 보는 앞에서 아예 사살해 버렸다. 라고 적고 있으나 공개처형(사살) 사실은 없었다. 그리고, 반란공산군 운운도……

부락의 크기는 동서 700m, 남북 400m 정도로 당시 민가는 50호 정도나 되었다. 필례를 거쳐 한계령 방면에 이르는 길(도로)과 화전동 방향 등 세 방향의 작은 길이 나뉘는 요충지이기도 하다.

산꼭대기(山頂)에서 내려다 보니 새벽의 찬 공기 속이지만 밥짓는 연기가 여기저기서 피어 오르고 있었다.

'제법 사람이 많이 사는구나.'

우리들은 재빨리 움직였다.

세 방면으로 통하는 길목을 우선 봉쇄하고 수색조도 편성하였으며, 선발대와 본대의 진주에 대한 계획도 세워야 했다.

3. 군량밭(軍糧田) 작전

1951년 3월 16일 06시 군량밭에 진주한 백골병단은 서남방은 결사 제12연대가, 중앙은 결사 제11연대가, 동북방 계곡 필례마을쪽은 결사 제13연대가 각각 담당하게 하였다.

작전참모 전대위는 결사 제11연대 3대대장 이창식 대위를 선봉으로 하여 그 부락을 완전히 포위했다.

먼동이 트는 새벽공기를 가르면서 눈길을 당당하게 진주(進駐)한 다음 병단 사령부는 중앙에 있는 제법 큰 집으로 정하고, 각 연대본부는 사령부에서 100m 내외 정도의 거리에 두도록 배치했다.

군량밭(軍糧田)이라는 지명이 말하듯, 식량이 그런대로 풍부하여 우리는 오랜만에 따뜻한 강냉이밥을 먹을 수 있었다.

우리의 신분은 예와 같은 숫법대로

"남조선 괴뢰도당의 낙하산 부대를 토벌하기 위해 중앙에서 내려왔음을 강조했다"

그날 어둠이 짙어지기 시작할 무렵 서남방 동구 밖으로 탈출하려던 소녀 한 명을 체포 심문하였는데, 그녀는 우리들의 진주 사실을 아래부락으로 연락하기 위해 아랫마을인 닷밧구미로 가던 중이었다.

북한은 통신수단이 없어 보고나 통제를 부락에서 부락으로 릴레이식으로 전달하고 있었다.

이 소녀는 14세로서 8.15 해당될 때 초등학교 1학년 정도였으나 5년간의 교육만으로 완전히 세뇌되어 있었다.

그녀는 뒷날 우리의 정체를 알게 되자 "남조선 괴뢰들! 리승만 괴뢰! 미제의 앞잡이!” 등 온갖 욕설을 늘어 놓으면서, 어서 죽이라고 대들었다.

백골병단 사령부는 즉각 부락 인민위원장과 세포위원장, 기타 당원들과 부락민을 소집하여 안심시키고, 앞으로 지시를 위반할 때는 인민의 이름으로 처단한다고 협박하니 모두 복종하는 척했다.

사령부는 각 연대에 명하여 부락 밖으로 나가거나 들어오는 사람은 모조리 잡아들이도록 엄명했다.

그들은 우리에게 음식도 제공하고, 토종꿀도 주었다. 우리는 민폐를 끼치지 않는다는 것을 보여주고 안심시키기 위해 토종꿀 한 말에 북쪽 화폐 300원, 소 한 마리는 8,000원씩 주고 사서 먹었다.

우리가 사용한 이 화폐는 경제교란을 위한 화폐였다.

토종꿀은 조금만 먹어도 혀가 따끔거리며 아릿한 맛인데, 많이 먹으면 얼굴과 몸까지 화끈거렸다.

모두들 포식을 하면서 힘을 돋궜다.

소를 잡아서는 소금으로 조린 다음 비상식량으로 확보케 했다.

이곳에서도 같은 수법으로 부락 출입구 길목에 보초를 배치하여 도로를 내왕하는 연락병들을 모조리 잡아 들였다.

이곳 군량밭에서 그 지방 여성동맹 위원장인 한 여성이 자원하여 우리에게 적극 협력했다.

그녀는 남편이 북한군에 입대하자 그곳에서 홀로 지내고 인근 초등학교(인민학교) 여교사 였다고 한다.

그녀는 우리의 정체를 알고난 뒤에는 더욱 열심히 협력했다.

그 지방의 악질 공산당원도 색출해 주었고, 1 · 4 후퇴 이후 아군에게 협력한 주민을 처단한 세포위원장의 색출에도 협력했다.

우리는 그녀를 우리의 협력자로 포섭하여 민간 협력자가 모두 16명이 되었다.

그녀는 그 지방의 적정(敵情), 내무서와 부근의 병력 이동 등도 자세하게 제보해 주는 열성을 보였다.

군량발의 동북방

질례마을에는

길원팔중장이 있었는데……

제2장 적장의 생포

1. 빨치산 제5지대장 (인민군 중장)

군량밭 주둔 2일째인 1951년 3월 18일 결사 제11연대 제1대대 제2중대 소속 분대장 일등중사 이영진(李榮珍) 등 3명은 필례마을쪽에서 내려오는 무장 자위대원 2명을 생포하였다.

같은 날, 군량밭 서남방 약 1.5km 지점까지 전진 배치되어 있던 결사 제11연대 2대대 작전관 이봉구 중위는 군량밭 쪽으로 오고 있는 내무서원 2명을 생포하여 조사했던바 가리산리(加里山里)에 병력이 주둔하고 있다는 것 외에는 별다른 정보를 얻지 못했다.

한편, 군량밭 동북방 계곡 입구 쪽에 주둔한 결사 제13연대는 식량 확보가 다른 연대보다 상대적으로 좋지 않아 동북방 계곡 약 3~4km 지점에 있는 필례마을로 식량확보겸 수색정찰을 나가게 되었다.

수색대원과 보급 조달병력 등 10여명은 1951년 3월 18일 13시경 목적지에 도착했다.

필례마을은 한계령 남쪽으로 펼쳐진 야트막한 작은 능선이 중앙에 있고, 능선을 중심으로 동쪽마을과 서쪽마을로 갈라져 있다.

동쪽마을은 서쪽마을보다 민가가 더 많고, 제법 큰 집도 몇 채 있었는데, 동서 마을을 합치면 40~50호 정도 되는 제법 큰 마을이었다.

결사 제13연대 수색요원과 보급조달병 등은 먼저 서쪽마을을 정찰한 뒤 동쪽마을로 들어 갔는데, 부락 외딴집에 보초같은 놈이 서성대고 있는 것이 목격되었다.

필례 방면을 정찰할 때는 특별한 정보가 있는 것도 아니고 보급품 획득이 목표였지만, 즈저항선 북쪽 40km 이상 후방지역의 산간 오지(奧地)마을에 보초까지 서있는 것은 분명 예삿일이 아닐 수 없다고 판단하였다.

수색 정찰팀은 보초가 있는 그 집으로 접근하면서도 처음엔 별 볼일 없는 놈들인 것으로 예상했다.

수색조장은 작은 초가집에 접근한 다음 보초에게 의젓하게 말했다. 주19)

주19) 채명신 저 : 사선을 넘고 넘어 ; 매일경제신문사, 1994, 서울, p# 225 회고록에서 북괴 조선공산당 제2비서겸 북괴군 현역중장이며, 대남 유격부대 총사령관인 길원팔(吉元八)이란 자였다. 잘 됐다!! 아예 길원팔을 잡아버리자! 인제지역에 발을 디딘 난 군량밭에서 그리 멀지않은 필례마을 사람들에게도 우린 반란공산군이라고 겁을 주었다. 그리곤 다음날 난 병력을 이끌고 군량밭으로 쳐들어갔다.

가장 우수한 대원 2백여명을 뽑아 김한철대위와 전인식대위로 하여금 지휘하게 하고, 그 주위를 포위해버렸다. 일부병력은 혹시 그곳으로 올지도 모르는 증원군을 막도록 군량밭으로 들어서는 길목에 매복시켜 놓았다. (위 주장에 대하여 작전참모 전인식대위는 길원팔 생포작전에 참여한 바 없고, 길원팔은 필례약수터에 "장티푸스" (열병)에 걸려 요양중이었고 병력동원의 사실 또한 없었다고 증언한다.)

"책임자 동지를 만나러 왔소!"

보초는 별다른 의심을 하지 않은 듯 했다.

대원들의 몰골이 역전의 인민군 용사로 보였을 뿐만 아니라 그 중 한 사람은 군관(장교)계급장을 달고 있었으니까 의심할 여지가 없었다.

집안으로 들어선 수색팀은 다짜고짜로 방문을 확 열어 제쳤다.

"실례하오" 「"남조선 괴뢰도당의 낙하산 부대가 여기 침투했다는 정보가 있어 놈들을 토벌하러 중앙에서 왔소"」

"동무들은 왜 아무런 연락도 없이 이곳에 있소. 동무들의 신분을 확인해야겠수다!"

날쌘 동지 2명은 이미 방에 들어가 벽에 기대어 세워 둔 장총과 따발총을 순식간에 걷어 치웠다.

방안에 누워 있던 나이 들어 보이는 놈은 일행을 쳐다보더니, 비스듬히 일어나며 무엇을 찾는 것 같았다.

이를 재빨리 제지하고 방석 밑을 확인하니 소련제 때때 권총이 숨겨져 있었다.

그 놈은 매우 용의주도한 놈이었으나 우리 대원들의 기민한 행동에는 당할 수가 없었다.

"이놈들, 이게 무슨 짓이냐? 내가 누군줄 아냐?"

"우린 중앙에서 왔소. 남조선 괴뢰도당의 낙하산 부대를 토벌하러 왔단 말이외다. 동무들은 신분을 확인할 때까지 잠자코 있소!"

"난 그런 정보 못 들었다"

"잔소리 마. 확인해 보면 될 것 아니요!"

우리 대원들의 행동을 보고 있던 여(女)군관이 갑자기 나서더니 앙칼진 목소리로 외쳤다.

"동지께서는 몸이 불편하시오"

그때까지 놈들은 우리 대원들을 아군인지 적군인지 몰라 반신반의(半信半疑)하는 것 같았다. 주20)

밖에 서 있던 보초병은 대원들이 방안으로 들어서자 곧 생포되었으니, 방안에서의 촌극은 순식간에 끝났다.

이때 생포한 적은 약간 나이가 들어 보이는 병약자 1명, 여군관 1명, 14~15세 정도의 소년 1명, 보초병 1명 등 4명이었다.

주20) 이태(李泰) 저 : 「남부군」 1988, 두레출판사, 서울, p#285~6에 의하면, 1951년 5월 중순경 송치골에서 남한6도 도당위원장의 회의가 열렸는데 경남도당 위원장이 남경우 였다고 적고 있다.(남경우는 빨치산 제5지대 정치부지대장이었던 자) 따라서 「남경우」는 51년 3월에 길원팔 생포이후 김일성의 명령대로 계속 남파되어 암약 중인 자 였음이 간접 확인된다.

그 뒤 보급품 조달 목적으로 출동한 병력이 참모진과 무전병 등 7명을 모두 생포하였고 무전기 1대도 노획하였다.

오른쪽 팔이 없는 외팔이 강칠성(姜七星) 총좌(중성 4개로 대좌)와 소녀 1명은 13연대 작전관 김용구 중위와 연락병 등 정찰조에 의하여 생포됨으로써 그들 일당 13명 전원이 생포된 것이다.

이들은 생포될 때 모두 계급장을 달고 있지도 않았고 군복만 입고 있었으므로 정체를 전혀 알 수 없었으나 보초병이 있던 것으로 보아 직감적으로 거물인 것 같은 생각이 들어 군량밭으로 돌아온 즉시, 백골병단 사령부에 생포자 모두를 데리고 왔다. 주21)

여기 군량밭은 아군의 작전지역인 오대산 지구로부터 적어도 40km 상당은 될만한 후방지역이다.

어쨌든 이들 일당 13명 모두를 생포할 때 수색·보급요원으로 참가한 장병은 그 뒤 생사 여부가 분명치 않고 인적사항을 전혀 확인할 길이 없어 아쉽기만 하다.

백골병단 사령부로 놈들을 압송해 올 때 결사 제13연대 김대위가 데리고 왔으므로 사령부에서는 그가 생포한 것으로 잘못 알았다. 주22)

적장 길원팔 등을 누가 생포했는가 하는 것은 분명하지 않으나 그것은 결코 중요한 문제가 아니다.

백골병단 장병이 이곳까지 침투하여 작전한 결과이므로 참전장병 모두에게 공이 있는 것이고, 최고 지휘관은 채명신 중령이었음을 강조한다.

백골병단 사령부로 호송되어 온 생포자 13명을 조사한 채중령과 작전참모 전대위, 정보참모 최윤식 대위 등은 깜짝 놀랐다.

주21) 길원팔(吉元八) 중장의 생포기록은 생포 실행 전우가 모두 전사한 듯 정확하지 않아 구전(口傳)으로 전해오던 것을 참전자 총회의 확인을 거쳐 재구성한 것이다.

주22) 김한철 저 : <마지막 침투한 대북 유격>에 "① 11, 12연대는 그때 필례 지구에 주둔해 있었다. ② 빨치산 병력이 필례의 산간 능선에 배치돼 있었다. ③ 총좌놈이 누런 계급장을 달고 있었다. ④ 총좌가 자기(김한철)에게 경례를 붙였다. 그래서 그를 일단 돌려 보낸 뒤에 생포했다. ⑤ 필례지구에는 가옥이 여섯채 있었다" 등으로 기술하고 있다.

김대위의 기록과 달리, 필례 마을에는 큰 양조장도 있었고, 당시에는 40~50호의 큰 부락이었다.

특히, 백골병단 산하 3개 연대는 군량밭에 주둔 중에 있었고, 빨치산 5지대 주력은 가리산리에, 북한군 길원팔 중장은 "장티푸스"에 걸려 필례 약수터 인근에서 요양중 거의 완쾌된 상태였다.
(<한국전쟁 사료 전기정보보고> 56호(p#89)에 의하면, "국군 3사단 전면에 "장티푸스" 가 만연되었다" 고 기록되어 있다).

아군 지역으로부터 40km 정도 북방에 위치하여 적군이 병력을 능선에 배치할 필요가 전혀 없었을 뿐 아니라 그 지역 산악 능선은 병력을 배치할 수 없는 험한 지역이고, 벙커같은 것은 더욱 설치할 수 없는 험준한 지형이며 길원팔 중장 이하 모두가 계급장을 달고 있지 않았기에 그의 주장은 가상이다.
특히 결사 11, 12연대가 필례 마을에 주둔해 있었고, 길원팔(吉元八) 등 빨치산도 필례의 산 능선에 배치되어 있었다는 기술은 전혀 맞지 않고 그의 주장 모두는 허구이다.

놈들의 문서에서 놀랄만한 것이 발견되었기 때문이다.

조선 인민군 총사령부에서 전선사령관에게 보내는 메시지, 북한 중앙당의 지령문서 등 특급 기밀문서들이 수두룩 했다.

이때 생포된 일당 중 방안에 의젓하게 누워 있다가 잡힌 자는 소위 조선민주주의인민공화국 중앙당군사부제2비서 겸 인민군 중장 길원팔(吉元八)이었다.

그는 빨치산 제5지대장 겸 남한지구 빨치산 총사령관이란 직함도 함께 가지고 있는 거물이었다. 주23)

길원팔의 참모장으로 있던 외팔이는 강칠성(姜七星)이고 인민군 총좌(중성 4개)로 팔로군 빨치산 출신이라 했다. 주24)

<한국전쟁, 정기정보보고, 제101호 p#235, 236 전투서열 부록 참조>

◆김일성의 지령·명령문의 내용은 다음과 같다.

(백골병단이 노획한 문건을 1951.4.11 채중령이 육군본부에 보고한 원문의 일부이다)

(1) 제5 유격지대 편성
　① 길원팔 부대
　② 단성(DQ003) 산청(CQ9819) 지구의 경남 부대
　③ 청도(DQ7344) 지구의 독립유격중대
(2) 제5 유격지대장 - 길원팔, 정치부지대장 - 남 경우
(3) 활동 구역
　① 제1 거점 - 청도 운문산(EQ0042)
　② 제2 거점 - 지리산(CQ8519)
　③ 제3 거점 - 광요산　　　　　※ 좌표 번호는 미상 (주)
　④ 청도, 울산, 동래, 밀양, 마산, 김해, 부산, 산청지구에서 활동할 것.
(4) 전투임부
　① 지뢰 매설, 교량 파괴 및 부산↔청도, 부산↔경주(EQ2067), 삼랑진(DQ8525)↔마산(CP6095)간의 대도로 및 운수부대에 대한 습격.
　② 부산에서 마산, 대구, 경주간의 철도, 철교 파괴 및 군용열차 습격.
　③ 청도(DQ7344), 삼랑진 터널 파괴 및 후방 보급물자의 소각 파괴.
　④ 부산, 밀양(DQ7827), 경주, 대구, 청도, 창녕(DQ5534), 단성, 산청, 김해 등지

주23) 우리는 길원팔의 문서 중 김일성이 1950년 3월(6·25 발발 3개월 전)에 부산, 밀양지역까지 침투하여 철도, 비행장, 창고 등을 파괴하고 북한 정규군과 협동하라는 작전 침투명령서를 확보했다.
이 명령서는 1951년 4월 11일 채중령이 육군본부에 지참 보고 했는데, 이것이 한국전 당시의 주요 정보보고서철에 편철된 것을 "정기정보보고" "1951.4.11 제101호" 육군정보국 G2비밀문서에서1993년 11월 18일(육군본부소장 문서고에서) 전인식 전우회장이 발굴했다.

주24) 적 빨치산 5지대 참모장 강칠성으로부터 노획한 국기훈장 3급은 당시 정보국 이극성 중령(예비역 장군)이 보관하고 있다가 참전전우회장 전인식에게 제출된것을 전쟁기념관에 기증하여 2층 백골병단 부스에 전시되어 있다.

의 지방 행정기관의 파괴.

⑤ 부산진 차량기관구, 부산 서면 창고, 삼랑진↔마산간 낙동강 철교, 구포(EP0095)↔김해(DP9098)간 교량, 낙동강 철교, 밀양 무기창고 등의 파괴.

⑥ 습격조를 조직하여 김해, 울산 등의 비행장 파괴와 부산, 김해, 울산 등의 항만시설 파괴.

⑦ 아군 후퇴시에는 밀양, 창녕(DQ5534), 울산(EQ2934)을 점령하고 대도로 분기지점에는 매복조를 잠복시킬 것.

⑧ 정치공작대를 파견하여 양민 포섭공작의 강화.

⑨ E의 주력부대가 남하 침입 접근시에는 상호배합하여 제 1, 2, 3(경북), 4(전남북), 6 각 지대와 기민한 연락 구성.

(5) **각 유격지대장은** 매일 2차식 무전으로 전황보고를 하고 1주일에 1차식 연락군관으로 서면 종합보고를 **나**(金日成)**에게** 제출할 것.

(6) 제 5 지대 경남부대의 활동구역.

① 산청, 단성, 진주일대 - 제 1 전투지구를 구성, 거점은 지리산.

② 마산, 함안(DP4798), 의령(DP4829)에 두고 산청, 단성, 진주, 마산, 함안, 의령(DQ4798), 창녕 지구에서 활동할 것.

(7) 제 5 지대 길원팔 직속부대장의 활동 구역.

청도, 밀양, 삼랑진 일대 - 제 3 전투지역으로 구성, 거점은 운문산(EQ0042)

울산, 밀양(EQ1235), 남창(EP2519), 양산(EQ0312) - 제 4 전투지구, 거점 - 고령산, 금방산

(8) 특수공작대 조직파견에 관하여.

후방교란 및 준동 기타 목적으로 제 5 유격지대는 마산(CP6095)에 9명, 진해(DP7089)에 9명, 안하리에 3명, 김해(DP9098)에 6명씩 각각 특수공작대를 잠입시킨다. 이상

<김일성의 지령요도>

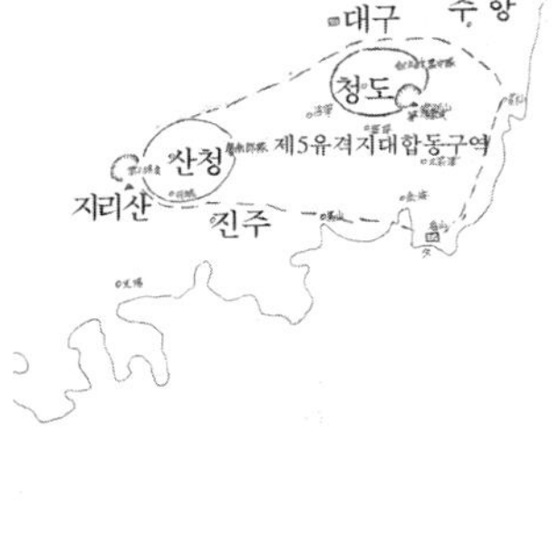

이때 생포된 중위인 여(女) 군관은 남한 출신 빨치산으로 서울의 유명한 H여대 4학년을 다니다가 월북한 여자였고, 소년과 소녀는 심부름하는 아이들이었다.

그 밖의 일당은 참모진과 통신군관 등이었다.

우리는 이들이 가지고 있던 「**전선 사령관에게 고함**」이라는 김일성의 친필(親筆) 서명이 된 지령문서, 1950년 3월 하순(6.25 전쟁이전) 빨치산 5지대장 길원팔에게 하달된 대남 적화지령문(김일성의 직접지령), 암호, 난수표, 조직표 및 무전기를 비롯한 총기 등 다수를 획득했다.

2. 빨치산 제5지대의 괴멸

우리는 길원팔에게 중앙에서 왔음을 앞에서의 예와 같이 강조하며, 위압적으로 대하였다.

그러나, 길원팔은 적장답게 쉽게 넘어가지 않았다.

"나는 그런 정보를 듣지 못했다."

우리는 그를 심문하면서 중앙에서 내려왔다고 더욱 강조하자 반신반의 하는 눈치였다.

그는 조국의 해방전쟁(?)에 참전하여 경북지방까지 남하하였다가 김일성의 부름을 받고, 1951년 2월 하순 평양에 가서 김일성으로부터 영웅 칭호와 함께 국기훈장 1급을 받고 중장으로 진급한 다음, 남반부 빨치산의 전력과 투쟁강화를 위해 대남 빨치산 사령관의 자격으로 다시 남하중에 있다고 오히려 큰 소리를 쳤다. 주25)

이것은 그들이 가지고 있던 문서로도 사실임을 알 수 있었다. 그들로부터 고성능 미제 694 무전기와 함께 암호문까지 모두 압수하였다.

우리는 이처럼 우연찮게 거물을 포함한 빨치산지휘부 일당을 모조리 생포했으니 사기가 충천했다.

동서 고금(古今)을 통하여 유격대가 적 후방지역에 침투하여, 중장(中將)이란 거물을 단 한명의 희생자도 없이 생포한 예는 거의 없을 것이다.

대남 빨치산 총사령부(?)가 사용하던 무전기는 고성능의 미제 무전기로 통신병은 군관(軍官)급으로 열렬한 공산주의자였으나 처음에는 우리의 신분을 알아차리지 못하고 심문에 응하다 보니 결국 암호의 해독법을 실토하였다.

주25) 김한철 저 : 대북유격대의 활약상, 월간자유사, 1991, 서울, p157에 의하면 김은 우리 장병들은 옆으로 몸을 피하고 나를 호위했다. 그러자 내 계급장(大星하나)이 그들에게 드러났던지 순간 내 모습(장군)을 본 그들은 다 같이(4명 : 참모장 등)경례를 붙인다. 이때 나는 그들 앞에 한발더 다가서며 사령관 동무는 어디메 계시오? 라고 묻자 조금전에 내가 예측했던 서(西)쪽 능선을 가리키며 약 1km 남짓한 지점 능선에 위치한 참호에 계십니다 하며 군관동무는 소속이 어디멥니까 하고 반문한다. 나는 바로 보위성군 제8사 부사단장이요 라고 말했다는 등 황당한 소설을 썼다.

암호문을 해독한 우리 부대의 통신병 최윤우(崔潤宇) 하사 등은 인민군 최고 사령부에 무사히 주저항선을 돌파하여 계속 남하 중에 있다는 허위보고를 타전하기도 했다.

그러나, 우리는 아군의 주파수와 암호를 몰라 무전기를 이용할 수 없어 더 이상 가지고 다니는데는 부담이 되어 부득이 인민군 최고사령부에 욕지거리를 실컷한 뒤 파괴해 버렸다.

생포한 자들은 창고, 헛간, 옥수수 저장소인 광 등에 수감하고 경비를 철저히 했으나, 1951년 3월 19일 새벽에 확인해 보니 여군관 1명이 탈출하는 불상사가 생겼다.

전대위의 한밤 순찰시에는 그녀가 마당옆 옥수수대로 엮어 놓은 옥수수광 속에 수용되어 있었으며 그 광은 보초가 경비하고 있었는데 도망을 친 것이다.

그녀는 경계망을 뚫고 교묘히 탈출하여 아군의 경비 구역이 아닌 서북방 698고지쪽을 경유하여 가리산리 방면으로 도주한 것으로 판단되었다.

우리는 즉각 추적에 나섰다. 도상거리는 비록 6km 정도에 불과한 거리였으나 북쪽 경사지는 눈이 많이 쌓여 있어 가리산리까지 도달하는데는 최소한 4~5시간 정도가 소요될 것으로 추정됐다.

수색대장 김흥복 소위와 증강된 부대가 총 출동하여 수색했으나 그녀를 잡지 못했다.

보통 큰 일이 일어난 것이 아니다.

우리의 신분은 물론 기도(企圖)가 완전히 노출되었기 때문에 위험이 시시각각 다가오고 있었다.

채사령관은 크게 걱정하면서 한편으로는 대노하여 보초 근무자를 엄벌에 처하라고 호통을 쳤다. 새벽에 보초를 섰던 병사 두 명에게 한 자루씩의 삽이 주어졌다.

그들은 꽁꽁 얼어붙은 땅에 자신들의 무덤을 파게 되었다. 그들은 언 땅을 파면서 살려달라고 애원했다.

사령관에게 간청하여 그들을 처형하지 말고 앞으로의 전투에 활용키로 했다.

도망친 그녀는 길원팔을 호송하면서 우리 나라에 침투하여 준동할 빨치산 제5지대 주력이 있는 북서쪽 즉, 가리산리(加里山里) 방면으로의 탈출에 성공한 것 같았다.

그녀가 그곳에 도착하여 우리들의 정체와 길원팔 및 참모장 등 일당이 모두 생포된 것을 알렸을 것이니 그들의 추격을 뿌리칠 수 없게 되었다. 주26)

주26) 참고문헌, 남부군(상), p.263에 의하면, 인민군 제4군단 소속 69여단은 약 5,000명이 강원도 산악지대에 남아 50년 10월부터 3개월간 송요찬의 수도사단과 50여회의 교전이 기록되어 있다. 라고 적고 1951년 2월 28일 69여단 정치군관으로부터 노획한 전투상보에 의하면, 병력은 5403명으로 이태 저, “남부군” 의 기록도 어느 정도 비슷하다.

군량밭 부근에 있는 모든 내무서(경찰서), 지방 빨갱이들도 총동원되었고, 정규사단으로 전방에 투입되고 있던 북한군 병력도 우리들의 토벌작전에 합류 증강된 것 같았다.

더구나 여군관이 우리 백골병단의 규모와 전투병력 등 모두를 파악한 채 도주했으니 혈전이 예상됐다.

채사령관은 긴급 작전회의를 소집하고 철수계획을 협의했다.

우리가 군량밭에 진주한 3월 16일부터 18일까지 생포한 자는 길원팔 중장과 내무서원, 자위대원, 연락병 등 생포자 52명을 포함하여 부락 인민위원장, 민청위원장, 세포위원장 등 모두 65명 상당이나 되었다.

우리 부대는 밤이 되기를 기다려 철수하되, 철수로 개척은 결사 제11연대 주력이 담당하고 결사 제12, 13연대는 추격저지 임무를 담당키로 했다.

철수시각은 3월 19일 20시부터 개시하기로 하였다. 이는 여군관이 5지대에 도착할 수 있는 시간을 오전 10시 정도로 보고 그들의 출동준비 및 도착시간을 3시간 내지 4시간 정도 소요될 것으로 판단할 때, 우리는 적어도 11시까지는 요지를 확보하여 적의 공격을 제어하면서 6~7시간의 제한방어로 철수가 가능하다는 판단에 따른 것이다.

적장 길원팔을 대동 남하할 수는 없음을 알았다.

그자를 군법없이 처단하기에는 장군의 예가 아니라고 판단하여 약식 군법회의에 회부하기로 하였다. 주27)

◆ 인민군 중장 길원팔의 간이 재판

1951년 3월 19일 15시

강원도 인제군 인제면 가리산리 군량밭에서는 약식 군법회의가 열렸다.

군법회의(군사재판) 설치장관은 백골병단 사령관 육군중령 채명신.

재판장 : 결사 제11연대장 임시소령 이상섭

검찰인 : 백골병단 작전참모 임시대위 전인식

변호인 : 백골병단 정보참모 임시대위 최윤식

주27) 이태(李泰) 저 : 南部軍(상) p#263에 의하면, "길원팔(吉元八)은 6.25사변 초 경북 영덕 부근까지 내려왔다가 후퇴하게 된 김무정(金武亭)의 인민군 제2군단 낙오병 집단에 길원팔 부대 약 700명이 합류하여 큰 세력을 형성했었으나 길원팔 부대는 1951년 2월 중공군과 접촉한 뒤 북으로 복귀했다." 라고 적고 있으며, 동서 p#268~270에는 북한 인민군 최고사령관 김일성(金日成)은 1950년 12월과 1951년 1월 말경 최고 사령관의 지시로 남한지구 빨치산을 제3지대장에 남도부(南道富), 제4지대장에 이현상(李鉉相), 제5지대장에 길원팔(吉元八)로 개편하였으나 1951년 2월에 길원팔은 북으로 복귀한 뒤 병력을 증강하고 만주지방에서 빨치산으로 활약한 강칠성 총좌, 강만호 등을 보강하고 병력도 1,500여명으로 증원하여 대남적화 야욕을 충족하려 했던 것이다. 따라서 길원팔에게 중장의 계급과 국기훈장 1급을 달아주면서 격려, 남파했으나 그는 괴질에 걸려 요양중 생포된 것이다.

= 재판 스케치 =

「길원팔 중장의 고향은 평안북도 덕천군 덕천면에서 철도종사원의 아들로 태어나 일본 스가모고등상업학교를 졸업한 후 쥬오(중앙)대학 경제과에 재학중 8.15해방과 동시에 귀국하여 조선공산당 창건에 참여했다 함.」

피　고 : 조선인민군 중장, 빨치산 제5지대장 길원팔(吉元八)

검　찰 : 개정과 동시에 피고의 인정심문을 하다.

피　고 : 이 군법회의 자체를 부정하다.

검　찰 : 이 법정은 대한민국의 국권으로 개정한 것을 강조하다.

피　고 : 조국의 통일을 위해 조선인민군이 떨쳐 일어났음을 말하다.

검　찰 : 조국의 통일은 공통적이나 그 수단에 있어 우리는 자유와 평화적 통일을 추구하는데 그대들이 무력으로 기습 남침한 역도들이므로 서로는 방해물임을 강조하다.

검　찰 : 조국통일을 위해 서로가 지향하는 것에 서로는 방해물이란 사실을 인정하는가.

피　고 : 묵묵히 고개를 숙여 긍정하다.

검　찰 : 피고는 우리에게 잡혀있는 몸이니 이제 서로는 헤어져야 하는 것이 아닌가.

피　고 : 묵묵 부답.

피　고 : 우리 빨치산 동지들이 당신들을 포위하고 있으니 나와 함께 북에 가서 통일을 앞당기도록 합시다. 라는 최후 진술을 하다.

변호인 : 피고의 뉘우침으로 보아 관대한 처분을 바랍니다. 라고 말하다.

재판장 : 피고는 대한민국을 전복할 목적으로 암약한 고등교육 이수자로서 개전의 정이 없는 자라고 선언하다.

재판장 : 선고하다.

이렇게 군법회의는 끝났다.

때는 1951년 3월 19일 17시경 악명높은 빨치산 제5지대장 인민군중장 길원팔의 운명은……?!! 주28)

주28) 채명신 저 : 사선을 넘고 넘어 ; 매일경제신문사, 1994, 서울, p# 229에서 채중령은 길원팔이 가지고 있던 때때권총에 총알 한 발을 넣어 그에게 건네주고 자결하라고 하였다고 적고, 그가 자결하자 길원팔을 잘 묻어주었다. 이때까지 무수한 적을 죽였지만 적의 시체를 묻어주긴 처음이었다.…… 난 그의 무덤에 묘비까지 세워 주었다.
나무조각에 '吉元八之墓' 라고 써 무덤 앞에 세우고 죽은 그에게 난 경례를 붙였다. 라고 사실을 미화하였다.

3. 군량밭의 철수 작전

1951년 3월 19일 10시 작전참모 전대위는 사령관의 명에 따라 병력배치 및 작전명령을 하달했다.

(1) 결사 11연대 2대대(대대장 윤창규 대위)는 필례방면을 방어하라.

(2) 결사 11연대 3대대(대대장 이창식 대위)는 가리산리 방면으로부터 침투가 예상되는 동북방과 북방을 방어하라.

(3) 결사 제12연대는 닷밧구미 방면인 서쪽 계곡을 방어하라.

(4) 결사 제13연대 병력은 남쪽 진입 소몰안골 방면에서 공격이 예상되는 지역을 방어하라.

(5) 부대 배치는 3월 19일 11시까지 완료하고 철수는 20시부터 개시한다.

이 작전계획은 군량밭 동쪽 897고지 방면은 적의 공격이 불가능한 산악지역이고 적설이 있음을 판단한 데서 나온 것이다.

즉, 적은 필례방면으로 우회하여 아군의 북진로를 차단하거나 아군이 남쪽으로 퇴각할 것으로 가정하고 소몰안골의 진입을 강력히 제어할 것이라는 가정하에 이루어진 것이다.

곧이어, 17시경부터 적의 공격이 시작된 뒤 대규모의 전투는 칠흑같이 어두운 20시경까지 계속되었는데, 결사 제13연대는 이를 제압하지 못하여 많은 피해를 입었다.

적이 군량밭 서남방 715 고지에서 656고지 방향으로 공격하였으므로 고전을 면치 못하게 된 것이다.

이 전투에서 결사 제13연대 부연대장 김정기 대위(연기군 출신), 결사 제12연대 권왕견 대위, 제13연대 작전관 김용구 중위 등을 포함하여 17명이 전사했다.

한편, 결사 제12연대는 이두병 연대장과 작전관 강창희 중위 등이 가리산리에서 남진하는 북측 능선을 경계하고 있었으나 놈들의 대부대 공격에 직면했다.

제12연대 작전관 강창희 중위와 연락병 이남훈 병장은 715고지 동쪽의 공격선에서 소몰안골 방면의 공격 저지 임무수행을 위하여 이동 중, 적 내무서원 3명을 사살하고 본대의 후퇴작전을 폈으나 총기조차 없거나 총이 있어도 실탄이 없는 병사들은 고지에서 고함을 지르면서 대항하다가 결국 26명이 전사했다.

날이 어두워지면서 전세는 소강상태로 변했고 아군의 매복작전으로 추격하는 적을 견제하여 부대 철수에 기여했다.

결사 제13연대는 처음 당하는 실전일 뿐 아니라 빨치산 제5지대의 주력과 대치하게 되어 병력과 화력의 열세로 적의 공격을 감당하기 어려웠다.

백골병단 사령부는 결사 제11, 13연대 병력을 서남방면으로 집중시켜 대공격을 벌이면서 아군이 남하하려는 것 같이 기만작전(양동작전)을 전개하고, 주력부대인 결사 제11연대 1대대를 선봉으로 하여 망대암산(△ 1,236 m) 방면의 산악지대로 오히려 동북진 하기로 작전계획을 변경하였다.

그 이유는 적이 내무서원과 빨치산 5지대 주력과 합동하여 소몰안골과 남방 귀둔리 방면을 봉쇄하고 있을 것으로 판단하기 때문이다.

결사 제11연대 3대대를 결사 제13연대에 증강 지원하고, 그 작전에 작전참모 전대위가 보강지원 하였으며, 결사 제11연대 1대대는 채명신 중령 이하 사령부 요원과 함께 퇴로 개척에 투입하기로 한 것이다.

날이 어두워지면서 적의 공격은 약간 둔화되었으나 결사 제13연대 전면에서는 접전이 계속되었다.

아군은 작전계획대로 결사 제13연대와 결사 제11연대 3대대 병력 180여명이 남하하려는 것같이 총공격을 계속하고 있을 때, 지휘부는 망대암산(望對岩山) 방향의 능선으로 우회하여 동북진 퇴각하기 시작했다.

군량밭 서남방의 방어에서 결사 제13연대는 많은 타격을 입었다.

작전참모 전대위는 결사 제13연대의 지원을 위해 캄캄한 밤중에 전투 근접 지점에서 독전하였다.

계곡에서 퇴각하는 병사들을 더 이상 퇴각하지 못하도록 제지하고, 그들을 재편성하여 투입하지 않으면 안되었다.

우선 퇴각하는 병사들을 하나 둘 모았다. 그리고 역설했다.

"그대들 전우가 저 산에서 죽어간다. 그대들이 고향에 돌아가서 그들의 가족에게 무엇이라고 말하겠는가?"

퇴각하기에 바빴던 병사들은 모두들 전대위를 주시했다.

"우리는 이 곳을 함께 빠져 나가야 한다.

나와 함께 전우들을 구할 용사는 없는가?"

잠시 침묵이 흘렀다.

"없나!"

나지막하면서도 힘차게 외쳤다.

"제가 가겠습니다"

누군가가 앞으로 나왔다.

"또 없나!"

"저도 가겠습니다"

또 몇 명이 앞으로 나왔다.

재차 다그치자 30여명 전원이 지원했다.

온누리가 어둠에 깔린 밤중에도 눈망울만은 유난히도 반짝이는 열혈 애국청년들이었다.

"죽음을 두려워말라! 사중득생으로 뭉친 우리들이 아닌가!

가서 전우를 구하자."

전대위는 이들을 이끌고 서남방 고지로 향하여 계곡을 내려갔다.

그때 13연대장 김대위는 적들의 필사적인 공격을 효과적으로 제어하던 중 증원군이 도착하자 힘을 얻어 퇴각에 성공하였다.

우리는 여기서, 남쪽으로는 적이 우리를 기다리고 있어 도저히 돌파할 수 없었기 때문에 동북쪽으로 돌려 잡았다.

서북쪽도 빨치산의 저항이 강력해 동남방의 점봉산, 망대암산쪽으로 진출하여 추격하는 놈들을 따돌리기로 한 것이다.

이곳 전투에서 우리는 20여명의 전우가 전사 또는 실종되었고, 일부는 분산·낙오되었다.

적은 서남방의 퇴로를 차단하려고 시도했으나 우리 부대는 놈들의 판단과는 달리 이미 동북방으로 퇴각하여 3월 20일 01시경 포위망을 완전히 돌파하고, 각 연대가 모두 지휘부와 합류할 수 있었다.

〈요도 2〉 군량밭 - 필례지구 작전 요도

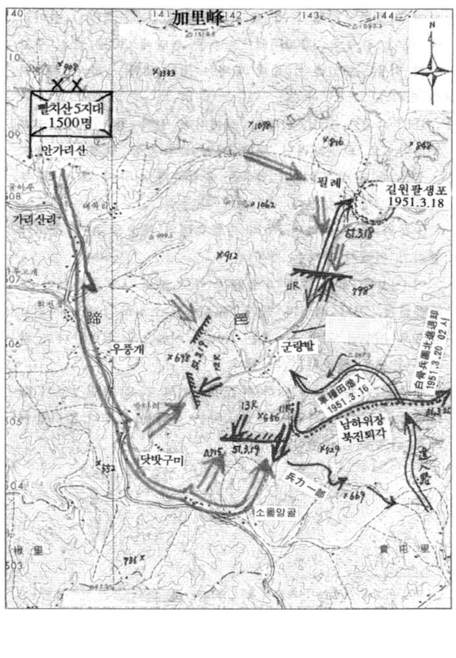

군량밭 철수 작전시 적군도 매복중에 있던 아군에 의해 상당수가 사살되는 피해를 입었으므로 추격의 강도를 늦출 수 밖에 없었던 것 같았다.

빨치산 제5지대 놈들도 중화기는 없었고 소총과 수류탄 등으로 무장되어 있어 다행이었다.

4. 용대리 작전

1951년 3월 20일 05시경 망대암산(△ 1,236m)의 능선에 도착한 백골병단은 북진하여 한계령(寒溪嶺) 부근의 능선에 이르기 전에 계곡으로 내려가 장수대에서 대승폭포를 지나 안산(△ 1,430m)을 좌로 하여 이동 매봉(△ 1,208m)을 거쳐 용대리(龍垈里) 당적곡 구만이 부락까지 도상거리 10km 상당을 2일 이상 소요되는 강행군을 했다.

1951년 3월 22일 19시경 강원도 인제군 북면 용대리 구만이 부락까지 도착했으나 그곳에는 이미 지방 내무서원과 무장대원들이 지키고 있었다.

제1집결지로 정한 매봉산 방면으로의 진출은 불가능하게 되었다.

백골병단 병력은 용대계곡으로 동북진 "내가평"을 거쳐 "용대(龍垈)"에 이르렀다.

1951년 3월 23일 04시경 용대 부락쪽에 있는 작은 교량을 넘어 북상하려고 할 때 적의 대병력이 우리를 견제 포위했다. 주29)

적은 정규사단과 같은 강력한 부대였다.

이 교전은 백골병단 결사 제11연대 제1대대(대대장 현규정)가 담당하여 적에게 수미상의 상당한 피해를 주었으나 이 견제작전에서 아군도 임시소위 윤 홍 등 30여명이 전사하는 피해를 입었다. 주30)

주29) 채중령은 그의 회고록에서 동쪽 험준한 설악산을 타는게 유리할 것 같아(p#230) "군량밭에서 바로 설악산 영봉 쪽 무명고지로 퇴각" 하였다고 기술하고 있으나, 백골병단은 험준한 산악으로 북진, 적 사단의 포위 공격으로 결사 제11연대 1대대 병력중 30여명이 희생되어 지금 그 곳 최종점 인근인 인제군 북면 용대3리 산 250-2 개울 건너에는 '**백골병단 전적비**' 가 건립되어 그들을 추모하고 있다.

주30) 용대리에 진출했을 때 포위 공격을 가해 온 인민군(북한군)은 <한국전쟁사> 제4집 제39장 동부지구 반격작전(p#634) "1951년 3월 24일자 정보보고에서 적 제32사단이 함남 덕원부근에서 그들의 일선 증원차 남행중이라는 정보보고의 기록으로 미루어, 3월 23일 04시 놈들과 백골병단의 접전은 원산에서 통천→간성→인제 방면으로 남하중에 있던 적 32사단과 접전(接戰)된 것으로 판단된다.

〈요도 3〉 백골병단 용대 철수 작전 요도

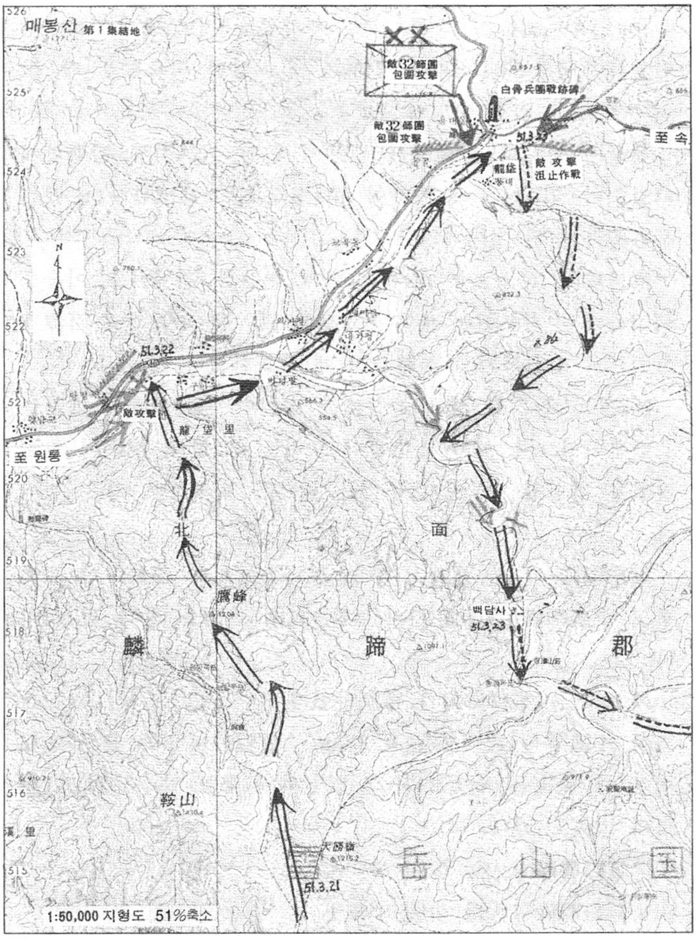

제 3 장 철수 작전

1951년 3월 23일 04시 여기 강원도 인제군 북면 용대3리에서 진부령과 미시령의 삼거리 갈림길에 가설된 작은 교량을 넘지 못한 백골병단 장병과 민간지원입대자를 포함해 490여명이 여기서 부터는 남쪽으로 후퇴하게 되었다.

여기까지 도착한 병력은 다음과 같다.

사령관 이하 참모진 30여명

결사 제11연대 : 260여명(희생 기타 70명 도중 출장 복귀 4명포함)

결사 제12연대 : 100여명(희생 기타 60명)

결사 제13연대 : 90여명(희생 기타 30명)

민간인 현지 입대자 10여명(희생 기타 5명)

① 식량사정 : 퇴곡리 및 군량밭에서 확보한 비상식량과 쇠고기 조림은 설악 준령의 행군으로 바닥이 나서 1일분 이상을 가진 자도 없는 실정이었다.

② 탄약은 1인당 5~6발 정도였고, 많이 남아있는 병사도 10발 내외 였다.

③ 피복은 해어 졌고, 양말도 맨살이 나올 정도로 훼손되었다.

1. 백담사 계곡의 전투

1951년 3월 23일 06시경 백골병단 주력은 내가평 쪽으로의 후퇴가 불가능할 것으로 판단하고 용대리에서 동남 방향의 △ 862 고지 쪽으로 우회하여 백담사 쪽으로 진입하기로 퇴로를 수정했다.

용대(龍垈)에서 남동방향의 산악으로 우회하여 백담사 경내까지 후퇴한 백골병단은 3월 23일 아침 9시경까지 급한대로 퇴각을 완료하였다.

결사 제11연대 2대대장 윤창규 대위로 하여금 외가평에서 백담사로의 진입로를 차단하도록 하고, 백담사 서남방 약 1km 지점의 계곡에 매복케 한 다음 전 병력은 백담사 경내에서 휴식을 취하도록 했다.

적의 추격을 저지하기 위하여 배치된 계곡 전면에 오전 10시경 적이 출몰하기 시작하여 교전이 전개되었다.

적의 공세가 가중되어 결사 제11연대 2대대장 윤창규 대위가 최일선에서 지휘하다 다리에 부상을 입었다.

윤창규 대위는 급조된 들것에 실려 함께 퇴각하기로 하고 추격저지는 2대대 작전관 이봉구(李奉九) 중위와 제1소대장 최인태(崔仁泰) 소위가 담당했다.

당시의 백담사(百潭寺)는 황폐하게 낡아 있었고, 전쟁중이라 모두들 피난을 갔는지 승려는 남아 있지 않았다.주31)

절간 뒤쪽 산비탈 쪽에는 토종벌의 꿀통이 10여개 산재되어 있었다.

우리들은 닥치는 대로 나무통을 들어 올리고 꿀벌이 있는 것을 제치면서 나누어 먹었다.

전방에서 전투중인 2대대에 철수명령을 전달하기 위하여 출발한 사령부 연락병 일등중사 이명해(李明海)와 이석순, 김승현은 적 정찰병 3명을 사살하는 전공을 세웠다.

적은 백담사 부근까지 추격해 왔던 것이다.

백골병단 전 장병은 긴급히 설악산 대청봉(大靑峰) 방면을 향하여 계곡과 능선을 경유하면서 계속 올라가도록 계획하였다.

여기서부터 윤창규 대위의 후송을 2대대 부관 정세균 중위가 전담하게 하였다.

그때까지 결사 제11연대는 백골병단 전병력 480여명(민간인 제외) 중 260여명이 건재하고, 장교의 숫자나 전투 경험도 많았다.

식량은 바닥이 나고 없었다.

굶고 허기진 몸으로 설악산을 북쪽에서부터 서남쪽으로 산악을, 그것도 겨울철에 아무런 장비도 없이 기어올라야 하는 고초를 겪었다.

결사 제11연대 3대대 병력을 퇴로의 전면에 배치하여 전방을 뚫게 하고, 제1대대는 후미에 배치하여 적의 추격을 저지하도록 했다.

이들을 앞으로도 계속 잘 유지했다가 주저항선(정규군의 아군과 대치중인 최전방의 방어, 공격선)의 돌파까지 버티도록 하고자 한 것이다.

여기에다 결사 제12연대와 결사 제13연대 병력은 예비병력으로 기동 배치하도록 하였으니 그런대로 병력의 운용은 잘 된 셈이다.

그러나 탄약의 부족과 식량의 고갈이 무엇보다도 큰 일이 아닐 수 없었다.

설상가상(雪上加霜)으로 그때의 추위는 참으로 대단했다. 3월 하순의 날씨치고는 너무나 지독했다.

제대로 먹은 것이 없어 모두가 허기진데다 험준한 설악산을 장비없이 암벽타기 등

주31) 김한철 저 : 대북유격대의 활약상, 월간자유사, 1991, 서울, p153에서 결사11연대 지휘부를 가리켜「놈들은 아무 표식도 없는 누비 동복에 헝겊 방한모자 등 차림으로 적인지 여부(북괴군 복도 아닌 상태)에 대한 분별(육본 직할 결사유격 제12연대 장철익대위가 장악했던 병사의 복장과 흡사)이 어려워 사격자세 그대로 좀 더 살피기로 했다.
그러자 잠시후 그중 한 놈이 한발짝 우리쪽으로 다가 섰다. 그 모습은 어디선가 본 듯한 놈이다.
최윤식대위가 떠 올랐다. 정보학교에서 함께 장교로 임관한 사람으로 그 당시 나보다 먼저 전방에 출동했다는 사람같았다.」라고 하는 등 망언을 적었다.
「더나아가 그는 최대위의 모습을 비롯해 11연대 지휘부 인 듯 했다며 전에 접촉이 없어서 개별적인 사항은 몰라도 최대위의 말에서 느낄 수 있었다.」
나는 바로 그들 연대장에게 접근해서 며칠 전에 내가 제12연대장에게 양도? 한 길원팔(吉元八) 등으로부터 도움될 만한 정보를 얻었소 하고 물었다는 등 황당한 그의 언동은 참으로…… 상식이하의 망언이다.

으로 기어 올라가야만 했는데 추위까지 엄습해왔기 때문에 고초가 이루 말할 수 없었다.

백담사 방면의 작은 계곡에서 독전(督戰)중 작전참모 전인식 대위는 놈들의 매복 기습에 걸렸다.

결사 제12연대 경계구역 능선 후방의 계곡을 거쳐 독전하고자 통신병과 연락병만을 데리고 얼어붙은 계곡으로 걸어가는데 우리 병력이 배치되어 있어야 할 능선쪽에서 전대위가 있는 쪽으로 갑자기 집중사격을 가해오는 것이 아닌가.

작전참모 전대위는 의외의 기습에 놀라 우선 엎드리고, 상황을 판단해 보니, 능선 위 교통호 같은 배사면(背斜面)에서 전대위가 노출된 위치가 탄도(彈道)로 보아 사각지점(死角地點)일 것으로 판단되었다.

전대위는 연락병과 함께 계곡 아래쪽으로 힘껏 뛰었다.

놈들의 탄환은 머리 위를 날아 암벽쪽으로 떨어지면서 파편과 먼지를 일으켰다.

우리는 앞으로 더 전진하여 약간 넓은 개활지에서 북방 골짜기로 퇴출하려고 했으나, 그곳부터는 더 이상 진출하거나 후퇴할 수도 없게 노출되고 말았다.

전대위를 향해 저격하는 놈이 있었기 때문이다.

전대위는 다행히 한 아름쯤이나 되는 큰 나무 뒤에 몸을 숨길 수 있었다.

전대위는 따발총을 가지고 있었으므로 연락병인 정규옥 상사의 장총을 던지라고 해, 총을 받아 쥔 다음, 전대위를 저격하는 놈과 1대 1의 저격전에 들어갔다.

전대위가 머리를 약간 내밀면 총알이 요란하게 귓전을 스쳤다.

총알이 스친 뒤 곧바로 머리를 다시 내밀고 적병의 방향을 살펴 보았더니, 능선 위에 주먹 서너개 크기만한 위장망으로 나뭇가지를 꽂았는지 놈의 머리가 쏙 올라왔다.

전대위가 머리를 나무 뒤로 숨김과 동시에 또 한발이 날아왔다. 거리는 대략 300m쯤이고, 놈의 위치도 정확히 파악했다.

전대위는 총알이 스친 즉시 지체없이 사격준비를 하고 나무에 의지하면서 정조준을 했다.

전대위는 침착하게 차분한 마음으로 방아쇠를 당겼다.

그로부터는 그놈의 총알이 날아오지 않았다.

전대위와 정상사는 뒤편 계곡을 향해 갈지(之)자로 무작정 뛰었다.

빗발치는 탄환 속에서 죽을 힘을 다해 30m 정도를 뛰어 커브를 돌았다.

계곡에서 작은 산 능선을 넘어 본부인 백담사쪽으로 돌아오니, 이미 일부 후퇴 준비를 시키면서, 설악산 정상 쪽으로 퇴로를 잡아 남하하는 것이다.

여기까지 우리들은 작전상 후퇴를 위해 동북방으로 퇴로를 잡았으나, 이제는 방향을 남서 방향으로 돌리지 않을 수 없도록 급박한 상황이 전개된 것이다.

설악산으로 남진(南進) 퇴각하던 중, 오세암 못미처의 계곡에서 아군 제트기의 공습을 또 한차례 받았으나 깊은 계곡이라 희생은 없었다.

백담사에서 설악산 소청봉(小青峰) 쪽으로 방향을 설정한 전대위는 선봉에서 퇴로를 개설해 나갔다.

이따금씩 3~4m 상당의 암벽에 부딪칠 때면 그 때마다 가능한 우회를 했으나, 부득이한 경우는 암벽을 기어오르게 한 뒤, 새끼줄을 나무에 묶고 기어오르게 했다.

백담사를 지난 다음부터는 적들의 추격도 멈추어져 큰 접전없이 설악산 정상 쪽으로 일단 퇴각할 수 있었다.

2. 설악의 영봉에서

어둠이 깔린 밤중에 이 험난한 퇴각 작전도 소청봉 쯤에서 일단 끝이 났다.

겨우 겨우 설악산 상산봉(上山峰)(?)까지 이른 것이다.

소청봉을 옆으로 끼고 있는 능선을 따라 칠흑같이 어두운때 서남향으로 내려가니 널찍하고 평편한 곳이 있었다.

귀떼기청봉과 소청봉 사이에 있는 작은 능선의 남사면, 어두운 밤중이라 정확한 지형을 알 수는 없었으나 능선으로 통할 진입로는 좁고 가파라서 추격병의 저지가 용이할 뿐만 아니라 넓은 개활지가 전개되어 있어 숙영(宿營)하기도 좋을 것 같이 판단되었다.

남설악의 어느 골짜기, 1951년 3월 24일 새벽 2시경 우리는 천신만고 끝에 이곳까지 도착한 것이다.

때는 3월 하순이라고 하나 1,700m 상당의 고산지대여서 그런지 추위가 한겨울같이 대단했고, 모두가 꽁꽁 얼어 붙어 있었다.

우리부대가 숙영했던 개활지 비슷한 이곳은 뒤에 안 일이지만 작은 폭포 비슷한 것의 낭떠러지 위쪽에 자리한 약간 널찍한 장소였다.

너무나 피곤했던 터라, 퇴로도 마련하지 않은 채 다급하게 숙영지를 정한 것은 큰 잘못이었다.

여기까지 철수하는데 무척 고생이 많았고 힘들어서 우선 쉬어야 했기 때문이었다.

적의 추격도 어렵지 않을까 하는 안일한 생각도 했지만 야영 하기에는 그런대로 안성맞춤의 지형이라고 판단한 것이 큰 실책이었고 특히, 정상쪽에서 오는 길목은 대단히 좁아 그 능선만 단단히 지키고 있으면 무사할 만한 좋은 입지라고 속단한 것도 잘못이었다.

〈요도 4〉 설악산 피습 지형도

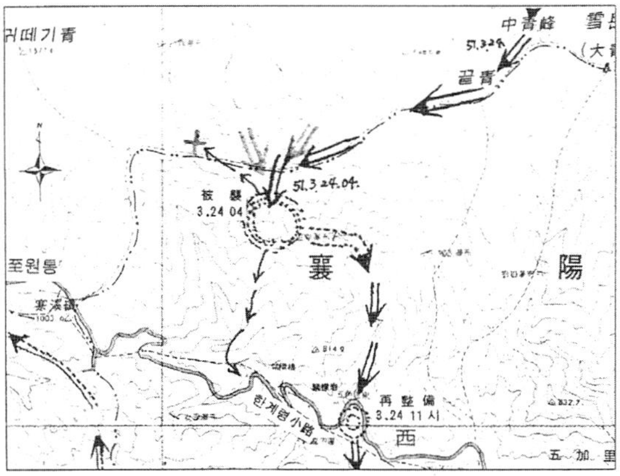

경계는 대대장의 후송만을 맡았던 결사 제11연대 2대대가 전투 손실이 적고 병력도 충실했으므로 작전관 이봉구 중위로 하여금 추격 저지 임무를 담당하게 하였다.

그러나 안일한 우리의 판단은 불행히도 빗나가고 말았다.

찰거머리 같은 추격 부대가 이곳까지 따라 붙었다.

그들은 빨치산 제5지대 놈들인 것 같았다.

3. 설악의 비보

굶고 허기진 보초병이 잠이 들어버린 것 같았다.

특히, 대대장급 이상의 장교들 옆에는 작은 모닥불까지 피웠으니, 적의 추격 부대는 우리의 위치를 너무나 쉽게 파악할 수 있게 된 것이다.

방심이 너무나 큰 잘못을 저지른 것이다.

"따쿵" 하는 총성이 났다.

갑자기 밤의 정적을 깨뜨리는 총성이 가까운 곳에서 들리더니, 연이어 "따쿵", "따쿵" 하며 두 세방이 계속해서 들렸다.

전대위는 깜짝 놀라 다급히 일어났다. 이제 총성은 바로 옆에서 들리면서 섬광까지 번득이는 것이 보였다.

전대위는 적의 기습부대가 추격해 왔음을 직감했다.

전대위의 직감을 확인이라도 시켜 주듯 곧 콩볶듯하는 총성이 사방에서 울려 퍼졌다.

바로 이때 위쪽에 있던 병력이 우왕좌왕 하더니, 노도(怒濤)와 같이 밀려 내려오기 시작했다.

거센 흐름에 밀려서 전대위도 동시에 밀리고 말았다.

기습 병력의 수는 많지 않은 듯 했다. 그러나, 이미 아군의 숙영지를 장악하고 있으니, 오직 한 방향인 남서 방향의 낭떠러지 계곡으로 후퇴할 방도 외에는 다른 방책도 없었고, 병력이 무작정 밀려 내려오니 어쩔 도리도 없었다.

지휘는 마비되고 숙영지는 순식간에 아수라장으로 변했다.

정규옥(丁奎玉) 작전상사는 이 와중에서 작전지도와 전투상보 등 작전에 관한 중요 문서가 들어 있는 배낭을 그만 잃고 말았다.

'이거 큰일 났구나' 하면서 정신을 가다듬고 있을 때, 정상사는 겨우 벗어난 폭포 웅덩이로 다시 달려가 배낭을 찾아 가지고 돌아왔다.

산 위쪽 숙영지에서는 아직도 놈들이 수색을 벌이는 듯 "손들엇!" 하는 고함소리가 들렸으나 어쩔 수 없었다.

낭떠러지의 높이는 10여m 정도는 넘을 듯 싶었다.

지도상에도 나타나지 않은 이름모를 곳인데다 한밤중이어서 지형파악도 할 수 없어 당황스러웠다.

병력이 폭포쪽으로 밀려 내려오고 있을 때 내 어깨 위를 어느 병사가 덮치는 바람에 총이 팔을 짓눌러 팔이 부러질 것 같아 어깨의 총을 벗어버리고 말았다.

적의 사격이나 고함 등으로 미루어 기습병력은 20~30명 정도인듯하나 칠흑같이 어두운 밤이고 기진맥진한 심신으로 막 첫잠에 빠졌으니 어쩔 도리없이 기습당하고 말았던 것이다.

경계 보초의 태만이 부른 크나큰 불상사였다.

백골병단 전 작전 중 첫 패전을 이렇듯 허망하게 기록했다.

내 꼴이 이 모양이니 생포당한 전우도 제법 생겼을 터인데 정확한 실정을 파악할 수도 없었다.

총소리가 잠시 멈추더니 손을 들라고 외치는 북한군 놈들의 고함소리만 짙은 적막을 깨뜨렸다.

1951년 3월 24일 새벽 설악산의 이름 모를 폭포 위에서 당한 기습의 충격은 이루 형언할 길이 없다.

◆ 윤창규 대위의 장렬한 전사

전대위는 전우들에게 밀려 내려오다가 폭포 상단 끝부분의 바위 틈 사이에 몸을 겨우 의지할 수 있었다.

전대위보다 조금 먼저 그 바위 틈 사이에 끼어 든 전우 하나는 두려움에 조금씩 떨기 시작하더니, 아예 흔들릴 정도로 떨었다.

어찌나 심하게 떨던지 그에게 꽉 붙어 있는 나까지 흔들리면서 떨렸다.

위에서는 "손 들엇!" 하는 고함이 여기저기서 들려 왔다. 주32)

이 때였다.

부상당한 몸을 전우들에게 의지해 간신히 후퇴하던 윤창규(尹昌圭)대위가 어디서 그런 힘이 나왔는지 모를 정도의 큰 소리로 외쳤다.

"내가 대대장이다! 야!! 이새끼들!!" 하고 소리쳤다.

그때, 저 놈을 생포하라!!

적병 중 상급자인 듯한 놈이 고함을 질렀다.

잠시후 몇 초 쯤인지 지났는데…

손들라!!는 고함과 함께 북한놈들이 윤대위에게 덤벼드는 듯 했다.

이때!!

윤대위의 수류탄이 작열함과 동시에 인민군인지 적군 몇 명의 외마디 비명도 들렸다.

정말 훌륭한 생을 마감하는 순간이었다. 주33)

전대위는 자결할 생각으로 총을 발견해 그 총의 총구를 목에다 대고 방아쇠를 당겼으나 실탄이 없었다.

죽을 수도 없게 된 전대위는 두 다리는 쭉 뻗고 고개를 앞으로 숙인 채 폭포를 미끄러져 내려갔다.

주위에는 미끄러져 떨어질 때 잘못하여 눈 속에 머리를 처 박은채 숨진 전우 등 여기서도 많은 희생이 있었다.

무작정 하류(下流) 방향을 향해 뛰었다.

위에서 총을 쏘는 소리가 들렸지만, 전대위는 앞만 보고 계속 하류쪽으로 뛰어 50~60m쯤 앞에 있는 커브를 돌아 적의 시계(視界)를 벗어났다.

주32) 한국전쟁사료 정기정보보고 제93호 책 p#1050에 「국군 제7사단 정면」
1951. 04 02 15 30 **아 유격대 제11연대 제1대대 제3중대장의 진술에 의하면**, 설악산 DT5418에 있는 적은 중공군이 아니고 소속미상의 적 약 1개 사단이라고 하였다.
이 보고로서 아 유격대 즉 육군본부 직할결사유격 제11연대 제1대대 제3중대장의 신분이 뚜렷하게 밝혀졌다.

주33) 여기서 장렬히 전사한 윤창규 대위는 충남 예산 출신으로 국군 창설 이전인 국방경비대에 입대하여 6.25 발발 당시 고급 하사관으로 참전한 뒤 육군 보충대에서 또다시 자원하여 백골병단 결사 제11연대에 배속된 열혈반공애국청년이자 용감무쌍한 군인이었다.
윤 대위의 시신을 찾지 못한채 필자가 1989년 전사확인을 신청, 관계당국의 추인으로 현재 국립묘지 현충탑 위패실(동작동)에 위패가 안치되어있고 백골병단 전적비 우측에 **윤대위의 살신성인(殺身成仁) 충용(忠勇)의 "얼"** 을 영생토록 빛내기 위해 우리들 백골병단 전우 일동이 1,600여 만원을 헌성하고, 육군 제3군단의 전적비 부지 사용 승인을 받은 뒤, 국가보훈처의 협찬(지원 700만원) (총공사비 2,300만원)으로 충용비를 건립하여 2006. 6. 5. 제막하였다.
한편 (고)윤창규 대위에게 무공훈장의 추서를 건의했으나 2009년 현재까지 수여되지 않고 있다.

'이제는 살았다'

희미한 안도감이 나왔지만, 전대위는 계곡 하류쪽으로 계속 더 뛰었다.

이 계곡이 오색동쪽으로 내려가는 온천골(오색온천)의 상류쯤이 아닌지……

그 바위 틈에서 떨고 있었던 전우는 그 뒤 어찌 되었는지 그리고 그가 누구였는지도 알 길이 없다.

얼마를 뛰었는지 한참 가니까 퇴각중인 부대의 후미(後尾)가 나왔다.

맨 앞쪽으로 더 뛰어가 퇴각을 우선 멈추게 한 후, 재편성을 시도하였다.

때는 1951년 3월 24일 11시경이었다.

재편성을 시도해 보니 40여명이나 되는 전우를 잃고 말았다.

여기까지 죽을 고생을 하면서 퇴각하던 윤창규 대위의 장렬한 전사는 말할 것도 없고 온갖 고생을 참으면서 용감하게 싸웠던 낯익은 대원들도 보이지 않았다.

간신히 살아남은 대원들도 그나마 짊어지고 다니던 배낭과 모자 등이 없는 등 참담한 몰골들이었다.

이름도 알 수 없는 설악의 폭포 위에서 우리들은 허기지고 힘에 겨워 잠깐동안 눈을 붙였다가 참담한 패전을 한 것이다. 실로 어처구니 없는 노릇이 아닐 수 없었다.

채중령의 주요 문건이 들어있던 배낭도 잃어 버렸으나 이를 다시 찾고 혹시 살아있을 전우의 구출작전을 위한 특공대 편성 논의도 있었으나 10여m 이상의 절벽을 기어 올라 반격을 가한다는 것은 지형 및 탄약 등의 사정으로 불가능하다고 판단하여 계획은 실현될 수 없었다.

이처럼 백골병단의 전사에서 참담한 피습을 당한 원인을 살펴보면,

첫째, 백담사를 출발한 부대는 상상할 수 없는 험한 코스를 자그마치 14시간 이상 강행군 했을 뿐아니라 3월 19일부터 24일 02시까지 5일동안 잠을 자지 못했고,

둘째, 적 정규사단의 집중 포위공격을 받아 극도로 피로해진 심신과 장비의 부실을 들 수 있으며,

셋째, 산악에 투입할 부대에 대하여 그 흔한 로프 한점 없는 등 산악장비가 전혀 지급되지 않았으며 산악전 훈련도 되어 있지 않았던 점,

넷째, 소청봉에서 서남방향으로 이동(한계령 방향으로) 하다가 능선부 부근의 평편한 개활지에서 숙영하려면 최소한 능선 진입선을 2중, 3중으로 완전히 차단해야 하고, 만약을 대비한 퇴로를 확보했어야 함에도 불구하고 이를 소홀히 한 점,

다섯째, 숙영지에서 새벽 3시경 직접 순찰로 확인했음에도 순찰이 지나간 뒤에 경계병이 방심(放心)하여 잠든 사이에 기습을 당한 것으로 추정되는 바, 이는 훈련과 실

전 경험의 부족에 기인된다고 할 것이다. 특히 기습한 적의 병력이 20~30명에 불과한데도 이를 효과적으로 제압하지 못한 것은 지휘부의 큰 실책으로 지적된다.

마지막으로, 야간 숙영시에 화기(火氣)를 노출시킨 것은 자살행위나 다름없는 행위였고, 숙영지 주변의 지형정찰도 없이 방만히 숙영케 한 것 또한 잘못으로 지적된다.

4. 백골병단의 재편성

남설악 계곡을 5~6시간 더 내려와 도로 비슷한 것이 있는 약간 평탄한 곳으로 진입하기 전에 부대를 재편성했다.

한밤중인 새벽 3시경 적으로부터 기습을 당하고 죽을 힘을 다해 퇴각했으나, 이곳이 어디쯤인지도 정확하게 판단되지 않았다. 다만 지형으로 볼 때 남설악, 지금의 오색리 온천골 계곡 입구 쯤이 아닌가 추정된다.

약간 더 진출하면 오색 약수터에 이르게 될 것이란 판단 아래, 원통(元通)리와 양양(襄陽)으로 통하는 소로(지금의 한계령을 넘는 도로로서 당시는 험한 소로)에 진입할 수 있을것이라고 판단되었다.

오색에서 양양 방면으로 더 진출하면, 동해안 지역의 아군의 진격이 꽤 빨랐다는 것을 이미 알고 있었기에 주문진, 강릉 방면으로 철수할 수 있을 것이라 생각되었다.

이 계곡에서 재편성을 하고자 했으나 모두가 기진맥진하여 명령이 제대로 하달되지 않았다.

부득이 결사 제11연대의 각 대대별로 10여명씩 대오를 갖추게 하고 12연대와 13연대도 따로 집합시킨 뒤 계곡으로 진출하면서, 부대를 따르지 않으면 모두 죽는다고 고함을 지르니 대오가 정비되기 시작했다.

결정적인 기습을 받은 부대의 사기는 극도로 저하되어 있었다.

생(生)과 사(死)의 고비를 겪었기 때문이다.

전대위는 우선 결사 제11연대 1대대장 현규정(玄奎正) 대위와 전투경험이 많은 3대대장 이창식(李暢植) 대위, 12연대 참모장 장철익 대위에게 대오를 정비하게 하였다.

행군이 시작되니까 마냥 주저앉아 있던 장병들도 일어나 따라 왔기에 정비는 그런대로 되었다.

여기서부터는 적정(敵情)을 전혀 판단할 수 없는 터라 정찰조를 앞세워 행군 제대(梯隊)대로 진출하는 도리 밖에 별도리가 없었다.

결사 제11연대 제1대대를 맨 앞쪽에 배치하여 돌파토록 하고 제12연대와 제13연대는 후미에 배치한 뒤, 전대위는 최전방 척후 정찰조와 함께 맨 앞으로 나갔다.

이때 쯤에는 행군 형태도 제대로 갖추어졌다.

행군에서는 주력부대의 전방 30~40m 거리에 정찰 결사대를 배치했다.

〈요도 5〉 설악산 → 중청 → 귀청사이 작전 요도

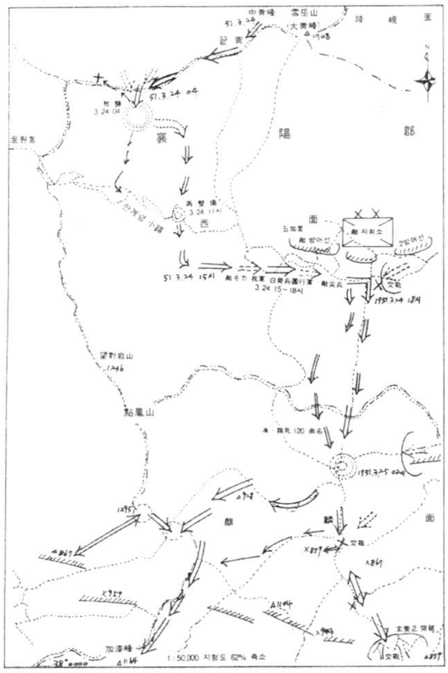

1951.3.24.04시 야영중 피습으로 퇴출하는 백골 병단의 철수작전 오색리→오가리→단목령 인제군 기린면 진동리→현리로

◆ 백주(白晝)에 적 진중을 행군

최선봉에 전인식(全仁植)대위와 제11연대 1대대 작전관 이만우(李萬雨) 중위(경북 의성 출신) 등이 섰고, 400여명의 주력부대는 선봉대의 뒤를 따라 적진 진중 속을 당당하게 대낮에 행군을 한 것이다.

3월 24일 15시경에 개시된 대낮의 적진 중 행군은 18시경까지 이어졌다.

약간 큰 길을 행군하고 있을 때 뒤에서 갑자기 전달이 왔다.

"앞으로 전달! 파랑새 뒤로…"

그날 작전참모 전인식 대위의 암호는「파랑새」였다.

뒤에서 무슨 변고가 생겼나 하고 뒤로 처지니 또다시 "파랑새 앞으로!" 하는 전갈이 왔다.

전대위는 작전 하사관 정규옥(丁奎玉) 상사와 함께 행군 제대의 앞뒤로 정신없이 뛰어다니면서 행군을 독려했다.

이때까지만 해도 백골병단의 총병력은 400여명에 육박했다.

이 날은 눈과 비가 섞여 내리는 음산한 날씨였다.

방한복(누빈 옷)이 눈 비에 젖자 무겁기만 할 뿐 추위를 막아주지 못했다.

길은 동쪽으로 갈수록 약간씩 넓어지기는 했으나 우마차 통행도 어려울 정도의 소로를 2열 종대로 행군했다.

우리들의 대낮 적진중의 행군은 6~7km 정도 진행되어, 박달령(단목령(檀木嶺)) 입구 오가리(五加里) 쪽으로 계속되었다.

〈요도 6〉 양양군 서면 오색리→오가리 대낮의 적 진중 행군 요도

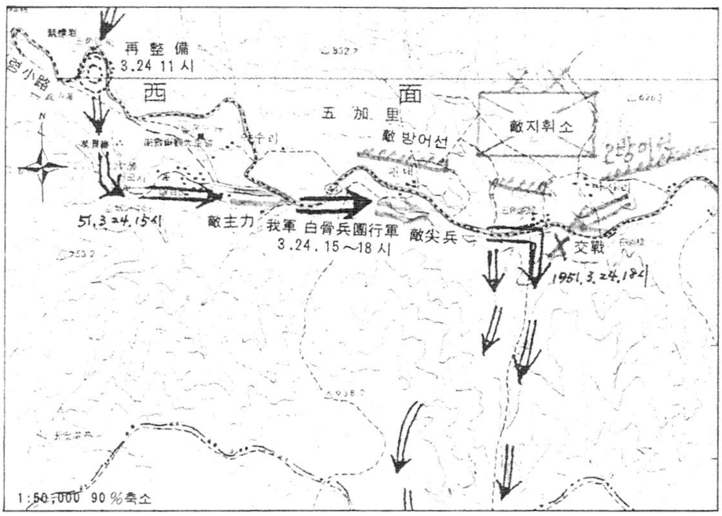

이곳만 빠져 나가면 양양 방면으로 진출할 수 있을 것이고, 그렇지 못할 경우 박달령이나 송천리(松川里) 방면을 경유하여 어성전리 퇴곡리(退谷里) 방면으로 퇴각할 수도 있다는 판단에서였다.

대낮에 적진중을 행군한다는 것은 사생(死生)을 결판낼 무모한 작전계획이었지만, 당시의 상황은 이 방법 이외에 다른 선택의 여지가 없었다.

따라서 대낮에 적진중을 행군하되, 가능한 한 어둡기 전에 박달령 입구보다 더 동쪽으로 진출하고자 시도했다.

대낮에 적의 진중 한가운데 대로(大路)로 4백명이 넘는 대병력이 행군한다는 것은 동서고금(東西古今)의 어느 전사(戰史)에서도 그 유례를 찾기 어렵지만 이것은 실제의 상황이였다.

모자가 없는 병사, 신발도 신지 못한 장병, 심지어는 총이나 배낭도 없는 패잔병의 몰골들이다.

◆ 박달령(檀木嶺)의 철수

행군이 계속된 이 날은 눈비가 섞인 진눈깨비가 내리는 저녁 무렵이라 기분마저 음산해졌고 오들오들 떨리기까지 했다.

얼마쯤 행군을 하다 커브를 막 돌자 돌연 맨 앞의 정찰 척후조가 행군을 멈추라는 신호를 보내왔다.

전대위는 그때 채사령관을 호위하고 있었다.

앞쪽으로 나가보니 장승같이 생긴 세 놈이 외투를 잘 입은 채 길가에 버티고 서있는 것이 아닌가. 가까이 다가가 보니 중공군(中共軍)놈이였다.

놈들은 계급장을 달고 있지 않았으나 긴 외투에 권총까지 차고 있는 것으로 보아 장교(군관) 같았는데, 주위에 중공군병력이 없는 것을 감안할 때 무슨 고문관이 아닌가 판단했다.

적의 후방지역이지만 제2방어선 쯤으로 잡고 있는 지역에서 처음으로 중공군놈을 보았다.

채 사령관이 앞으로 다가와 간단한 중국말을 했다.

우리는 이들을 해치우기로 하고 방심하고 있는 그들에게 접근하여 단검으로 순식간에 처치한 다음 길옆 낭떠러지로 밀어버렸다.

중공군은 우리가 모두 인민군복을 입고 몰골마저 패잔병 비슷하니 아마 북한군으로 착각한 것 같았다.

또다시 계곡의 소로를 따라 양양 방면으로 내려가고 있는데, 갑자기 뒤에서 전달이 왔다.

"파랑새 뒤로!"

뒤로 뛰어가니 북한군의 대부대가 우리 뒤를 따라 행군해 오고 있는데, 그 수가 엄청나게 많이 움직이고 따라오는 것이 아닌가!

정말 큰 일이 아닐 수 없었다.

행군이 계속되고 있을 때 적병으로부터 누구냐!!하는 수하를 또 받았다.

정찰조에게 "서라! 동무들 소속이 어디메오" 라는 수하를 받자 우리는 "10사, 10사" 라고 응답하면서, 오히려 으스대며, 행군을 계속했다. 주34)

적의 작전지역이라 우리가 행군했던 길의 북사면(北斜面)에는 적의 참호가 즐비하고, 일부는 계속해서 참호를 보수증축하고 있는 중이었다.

주34) '10사' 란 인민군 10사단을 뜻하는 말이다. 북한군 10사단은 아군 9사단에 의해 괴멸된 다음 그 일부가 오대산 동축의 노인봉→송천→철갑령으로 북상하여 동해안의 적 69여단과 합류하려던 자들로서, 3월 19일 이전 병력은 약 4,000여명이었으나 그 뒤 손실을 크게 입어 1,500명 내외의 병력이 300~400명씩 합류하여 북상했다.(한국전쟁사 4집 제39장 동부전선 반격작전 p#634 참조). 이들이 이 곳 단목령 북사면에 집결 중에 있었던 것이다.

잠시 후, 우리 병력의 뒤쪽을 따르던 인민군의 첨병(尖兵)중 외투를 잘 입고 장총에 착검까지 한 네 놈이 2열로 대오를 맞추어 다가왔다.

그들이 우리 대오 옆을 스쳐 지나간 직후 나는 놈들과 10 미터내외의 거리를 두고 양양 방면으로 함께 행군해 갔다.

얼마동안 놈들을 앞세우고 행군한 뒤 우리 부대 후미를 보니 그 수를 알 수 없을 정도로 많은 인민군 주력부대가 우리 뒤를 따라 오고 있었다.

후미에서 따라온 12 · 13연대 병력은 크게 동요했으나 침착하게 행군을 계속했다.

오가리(?)의 초등분교 같은 약간 큰 건물 앞에 이르니 북한군 두 놈이 보초를 서고 있었다. 주35)

우리는 북한군 대병력의 척후인 첨병(尖兵)을 앞세우고 적의 진중을 계속해서 행군한 것이다.

즉, 우리는 그때 인민군 주력 본대와 척후병의 중간에 끼어 있었던 것이다.

적의 첨병은 18~19세쯤 되는 애들인데, 우리 쪽을 이상한 듯 힐끔댔으나 놈들은 통신수단이 없어 주력부대에 우리들의 상황을 전달할 수는 없었다.

맨앞쪽에 선 전대위가 길 모퉁이를 돌아서니 앞에서 갑자기 "서라!" 하고 또다시 소리를 쳤다.

너무나 놀라고 당황했지만 침착하게 앞의 부대와 같다는 시늉을 하니까 의아해 하면서도 그대로 통과되었다.

아슬아슬한 고비를 또 한번 넘기면서 박달재 북쪽에 있는 공회당인지, 무슨 학교 앞까지 이르렀다.

무슨 학교인지는 분명치 않으나 제법 큰 건물이 놈들의 전방 사령부(사단급)가 있던 곳으로, 우리들 앞에 나간 첨병들이 그곳에 서 있는 보초에게 무어라고 말하더니 안쪽으로 급히 뛰어 들어가는 것으로 보아 우리의 정체를 알아차린 것 같았다.

날이 어둑어둑 저물기 시작한 오후 6시경 진눈깨비가 흩날리는 산간지대의 어둠은 더욱 빨리 다가왔다.

예상 목적지 박달재에 진입할 수 있게 되었으나 개천에는 외나무 다리 한 개만이 걸쳐져 있었다.

"뒤로 전달! 일렬 종대로 다리를 건너라!"

주35) <한국전쟁사료 18연대 정기 정보보고> 제92호 책 p#1,024에 "국군 제3사단 18R(연대) 오색리 DT5314 일대에 인민군 약1개 사단이 집결하고 적이 오색리 일대에 진지를 구축중에 있고 병력이 증강되고 있음이 확인…"로 기록되어 있고, <한국전쟁사> 4집 제39장에도 북한 제2군단의 이동 및 제69여단이 제3군단에 배속된 내용 등을 수록하고 있는 것으로 미루어, 이 곳에 있는 놈들은 북괴 10사단의 전방지휘소 쯤의 병력이 아니였나 추정된다.

상황이 급박하다고 느낀 전대위는 질서유지가 최우선임을 깨닫고 일렬종대로 다리를 건널 것을 명령했지만, 겁에 질린 대원들은 도로를 따라 종대로 오던 대열이 갑자기 횡대(橫隊)로 바뀌면서 개천을 건너 박달령이 있는 산쪽으로 달라 붙게 되었다.

〈요도 7〉 박달령(양양군 서면→인제군 기린면) 지구 작전 요도

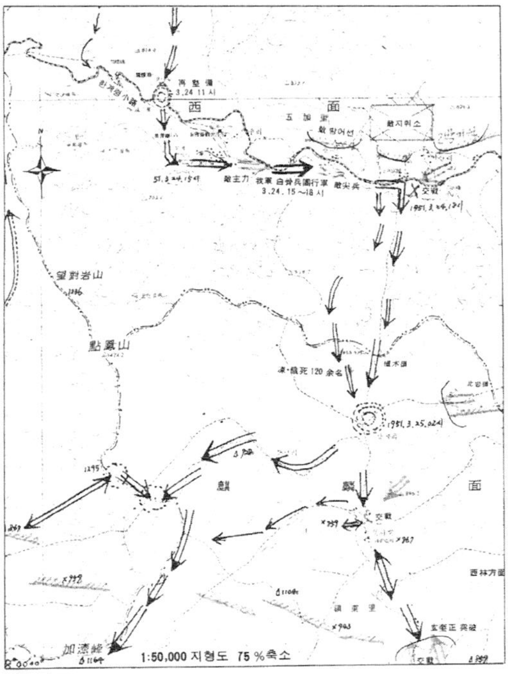

1951. 3. 24 ~ 25
강원도 양양군 서면 오가리 북한군 제10사단의 방어진지 전면으로 백주행군하여 철수한 육군본부 직할 결사유격대(백골병단)의 철수작전 요도

5. 박달령(단목령)의 비극

강원도 양양군 서면 오가리에서 인제군 기린면 진동리 설피밭으로 넘는 고개 단목령(檀木嶺), 일명 박달재에서 1951년 3월 25일 새벽에 일어난 일은 가장 참혹한 비극이었다.

오색에서 양양으로 흐른 개천의 맑은 물은 얼음이 녹아 얼음과 함께 동해를 향해 흘러 내리고 있었다.

강원 동북부의 산간 고지대였기에 3월 하순임에도 저녁에는 얼음이 얼어 서울 지방의 기후와는 4~5^{도} 이상의 차이가 나는 것 같았다.

부지불식간에 횡대로 바뀐 우리 대오가 박달재 입구로 접어들자, 적군들도 그때 쯤에는 우리의 정체를 알아차린 것 같았다.

갑자기 길의 북쪽 능선 남사면에 배치된 기관총에서 총성과 함께 불이 뿜어져 나왔다. 그러나, 이는 사정거리를 이미 벗어난 우리를 향해 쏘아 대는 위협 사격일 뿐이었다.

놈들은 오색 초등분교(?) 북사면에서 남쪽을 향하여 방어선을 구축중에 있었고, 주저항선 또한 박달령 남쪽의 진동리 방면쯤인 것 같았다.

우리는 일단 박달령을 넘어 적의 배후에서 아군의 북진을 기다릴 도리 밖에는 뾰족한 묘책이 없었다.

우리가 애초에 목표로 정했던 양양방면으로의 진출은 놈들의 주저항선을 돌파해야 하는 자살행위나 다름없었기 때문이고 여기까지도 적병과 함께 온 것이다.

지극히 혼란스럽기는 했으나, 어떻든 우리 부대는 일단 무사히 박달령으로 진입할 수 있었다.

날은 이미 칠흑같은 어둠이 깔리기 시작했다.

맨 앞에서 지휘를 하던 전대위는 외나무 다리를 건너 커브를 도는데 전화선(電話線)을 가설하고 돌아오는 듯, 어깨에 전화선을 둘러 맨 인민군 세 놈과 조우했다.

"손들엇!"

전대위를 먼저 발견한 그들 중 한 녀석이 전대위에게 총구를 들이댔다.

너무나 갑자기 당한 일이라 멈칫 손을 드는 척 하면서 힘차게 소리쳤다.

"나는 군관이다. 누구냐?"

그러자 다른 한 녀석이 미심쩍다는 듯 전대위 옆으로 머뭇거리면서 오더니 또다시 "손들어!" 하고 외쳤다.

전대위는 손을 들기는커녕 지체없이 그 놈을 쏘았고, 엎드리는 두 놈도 그대로 갈겼다. 삽시간에 세 놈을 해 치운 것이다.

이때의 총성이 계곡 안을 메아리치게 되자, 우리 부대는 더 큰 혼란에 빠져 정신을 제대로 차리지 못한 채, 무작정 산정(山頂)을 향하여 뛰었다.

전대위도 엉겁결에 주위의 전우들을 따라 산 위쪽을 향해 뛰었는데, 한참을 뛰던 중 발을 잘못 디뎌 미끄러지면서 그만 물 웅덩이에 빠지고 말았다.

웅덩이 속에서 간신히 헤어나오니 곧바로 옷이 얼기 시작했다.

거기다가 왼쪽 발에서는 쥐 까지 나서 도저히 움직일 수 조차 없게 되었다.

이때, 옛날 체조 선생님 말씀이 생각났다.

다리에 쥐가 나면 물 속에 가라앉아 다리를 쭉 뻗고 엄지 발가락을 앞으로 잡아 당겨 꺾으면 응급조치가 된다고 가르쳐 주신 것이 기억되었다.

전대위는 그 말대로 하려 했으나 누비바지의 끈이 미끌대면서 도저히 풀리지 않았다.

대검을 가진 전우를 찾아도 모두 정상 쪽으로 퇴각하기 급해서 도움을 받을만한 전우가 없었다.

하는 수 없이 전대위는 "나는 파랑새다! 나를 따르라!" 하고 나즈막히 외치자 곧 7~8명이 모였다.

그들의 도움으로 바지 가랑이 끈을 끊고 왼쪽 엄지 발가락을 꺾으니 쥐가 멎고 괜찮은데, 또다시 오른발에 쥐가 올랐다.

두 발의 엄지 발가락을 모두 꺾고 비비대는 맛사지를 하여 간신히 위기를 넘겼다.

전대위는 완전히 기진맥진 해지고 말았다.

온 몸을 차디찬 얼음이 덮고 있는 형상으로 초죽음이 된 것이나 다를 바 없었다.

박달령 계곡의 개울은 눈 녹은 물이 흘러 내리면서 곳곳에 웅덩이가 생겨났다.

밤이 되자 개울마저 얼어붙어 잘못하면 물웅덩이로 미끄러지게 마련이다.

진눈깨비를 흠뻑 맞은 옷은 밤 22시경부터는 얼기 시작했다.

어디선가 "능선으로 올라가라" 라는 고함소리가 들렸다.

모든 대원들은 계곡에서 벗어나 능선 방향의 정상을 향하여 계속 올라갔다.

누군가 "옥조야!" 하고 옥조를 찾아 부르는 소리가 들렸다.

'옥조' 란 이름의 여대원은 강릉 K여고에 재학중이던 열렬한 반공학생이었다.

"파랑새 여기다! 파랑새 여기다! 나를 따르라!"

전대위는 채중령이 계실 법한 박달재의 정상 쪽으로 대원을 이끌고 갔다.

얼마 동안을 걸으니 정상부 근처에 이르렀다.

3월 하순이지만 일부 양지쪽을 제외하고는 잔설(殘雪)이 온누리를 덮고 있었다.

추위에 떨고 피로에 지친 장병들이 여기저기 쓰러져 있었으나, 어느 한사람 그들을 구하거나 부축할 힘도 없었다.

전대위는 정신없이 계속해서 걸었다.

한발 한발 걸을 때마다 쥐가 났던 다리는 바늘로 찌르는 듯한 통증이 오고 물 웅덩이에 빠졌던 바지는 사각사각 소리를 냈다.

너무 힘에 겨운 전대위는 한참을 가다가 그만 주저앉은 것 같았는데, 그 자리에서 잠이 들어버렸나 보다.

얼마동안의 시간이 흘렀는지도 모르는데 누군가 전대위를 흔들어 깨웠다.

정신을 겨우 차려보니 전대위를 따르던 전우들은 하나도 없었다.

칠흑같은 밤이라 그들은 전대위가 주저앉은 것도 모른채 모두 가버렸던 것이다.

"아니, 작전참모님 여기서 웬일입니까?"

"큰일 났습니다. 빨리 내려가야 합니다"

하면서 부축해 주는 사람은 얼굴은 모르겠는데, 계급을 보니 상사였다.

그가 깨우지 않았더라면 전대위는 그대로 동사(凍死)하고 말았을 것이다.

허기와 피로에 지친채 잠시 주저앉은 것이 잠이 들어버려 얼어 죽고만 전우들이 일, 이십명이 아니었다.

전대위는 그의 도움을 받아 일어나려 했으나, 무릎 아래쪽의 감각이 없었다. 그와 또다른 전우 한 명이 전대위를 양쪽에서 부축해 주어 발을 질질 끌면서 한참을 갔는데도 감각은 되돌아 오지 않았다.

전대위는 자신이 괴롭기도 하고 그들에게 미안하기도 하여 그냥 내버려 두고 가라고 애원(?)했으나, 그들은 전대위를 계속 부축하면서 내려갔다.

전대위는 이름도 알 수 없는 두 명의 전우 덕분에 죽음의 문턱에까지 갔다가 되돌아 온 셈이다.

그날 밤 박달재에는 100여명이 쓰러져 있었는데 오직 전대위 만이 구조되었으니, 그러도 전대위는 계급 덕을 크게 입은 셈이다.

적으로부터 공격을 받은 곳은 양양군 서면이요, 우리 장병이 많이 얼어죽고 굶어죽은 곳은 인제군 기린면 진동리 북방 박달령 고개 남쪽 평편한 설피밭 삼거리 부근이다.

우리는 여기서 120여명이나 되는 전우를 잃었다고 본다.

그러나, 그들은 모두 인민군 복장이었기에 뒷날 아군이 백골라인(일명 카이로 라인)인 이곳으로 진격해 왔을 때 또 한번 서러운 대접을 받았다고 들었다.

백골병단 작전참모인 전대위가 죽을 지경이었으니 병사들은 오죽했으랴! 비상식량이고, 탄약이고, 남은 것이라고는 이제 아무것도 없었다.

간신히 부대의 뒤를 좇아 채사령관이 계신 설피밭 삼거리 부근에 이르렀다.

1951년 3월 25일, 먼동이 밝아지는 새벽이었다.

전대위가 죽을 뻔 했다는 말을 들은 채사령관은 비상용 미숫가루 남은 것을 전대위에게 주도록 지시하면서, 벽에 의지하여 불빛을 가리고 몸을 녹일 수 있게 해 주었다.

그리고 "작전참모를 반드시 살려내라!" 고 명령했다.

전대위는 그 덕에 불도 쬘 수 있었다.

입고 있는 바지에서는 물기가 마르면서 김이 무럭무럭 났으나, 갈아입을 바지도 없었다.

옷을 벗으니 살에서도 물이 흘러 내렸다.

몸이 얼어 있었던 것이다.

전대위는 반(半)세기가 지난 지금까지도 그때 입은 동상(凍傷)의 영향을 받고 있다.

항상 전대위를 도와준 현규정 1대대장(제11연대)은 평안도 개천(价川) 출신으로 구렛나루가 시커멓고 건강도 좋아 교전에서는 늘 앞장섰던 용감한 친구였다.

우리가 작전을 위하여 집결한 곳은 제법 널찍한 개활지였다. 화전지대로서 냇물이 옆을 끼고 흘렀는데, 물은 얼음 사이로 졸졸 흐르면서 무릎 정도까지는 될 법한 깊은 곳도 있었다. 주36)

1951년 3월 25일 새벽 인제군 기린면 진동리 설피밭 삼거리에 도착한 이곳은 38도선 이북의 접경지로서 작전상 요충지였으므로 부락민을 모두 6.25 이전에 다른 지방으로 이주(移住)시킨 듯 제법 오래전부터 빈 집터였다.

몇 채의 집터가 있기는 했으나 모두 파괴되어 부서지다가 남은 흙벽만이 있을 뿐이었다.

여기서 유명을 달리한 100여명의 전우, 그들의 고혼(孤魂)은 추위와 배고픔의 한(恨) 속에서 슬피 울며 주위를 맴돌뿐 아직도 안식을 찾지 못하고 있을 것이다.

아! 내 사랑하는 전우들이여….

그러나, 모든 기록이 찾아지는 날, 우리 유격전사(戰史)를 비롯한 자유수호 한국동란의 와중에서 겪었던 우리들의 장(壯)함이 제대로 평가받을 수 있고, 또 고인이 된 전우들의 넋을 달래줄 수 있으련만…. 주37)

기억하고 싶지 않을 정도로 한(恨)이 맺힌 박달령! 우리는 결코 잊지 않고 잘 기억하고 있소이다.

우리들은 교육훈련에서 정규군과 같은 교육을 받지 못한채 특수훈련 3주만으로 장

주36) <한국전쟁사> 제4집 제39장 동부지구 반격작전 p#635에는 "제1군단 및 제3군단은 1951. 3. 25～26일 양일간에 공격을 개시하여 담당지역내의 카이로(Cairo) 선(동해안 양양으로부터 서쪽으로 영덕리–현리를 연하는 38도선 북쪽선)을 점령하라는 육군본부 작전명령 제263호 수정 작전지시 제10호(1951. 3. 25 08:00)에 따라 수도사단은 카이로선 진출 및 양양을 공격하고, 제9사단은 그 서쪽을 방어하면서 점차적으로 진출하도록 군단장이 명하였다. 라고 기록되어 있고, 한편 북한 2군단은 3월 24일 지휘소를 현리 부근인 궁동에서 다시 후퇴 북상시켜 인제 부근의 덕산리로 집결하고 있었다" 고 기록되어 있다.

또한, "수도사단은 1951. 3. 25 작전명령 제128호로 예하 제26연대에 대하여 주문진에 진출하여 양양을 공격 점령하라. 제1연대는 명지리선에서 좌일선으로 우암리–양양 서쪽을 점령 카이로선을 확보하라" 는 대목도 기록되어 있다.

이러한 때 백골병단은 적 제1, 제2방어선의 축선상(軸線上), 즉 카이로선 북방에 위치했었음이 전사(戰史)에 의해 확인된다. 참으로 급박한 환경이었음을 알 수 있다.

주37) 안일하게 훈련받은 한국전 비참전 고위장군인「정 모씨는 이러한 우리를 가리켜 '대낮의 낮도깨비' 같은 소동이라고 말했다니」이런 따위의 사이비 고위장교는 싹쓸어 내야 진정한 자유민주주의 조국통일을 앞당길 수 있을 것이다.

채중령은 당시의 기록을 찾아내 먼저 가신 전우들의 넋을 달래고 말로만 반공을 외치는 인사들에게 본때를 보여 주어야 한다고 말했으나 오늘날까지 진실어린 행동이 뒤따르지 않고 있으니….

교도 되고 부사관도 되었으므로 채대장을 하늘과 같은 존재로 알고 따랐다.

채사령관이 먼저 이곳에 도착하고, 박달령 쪽에서 낙오되었던 장병들이 하나 둘씩 모여들자, 우리는 이곳에서 긴급 작전 회의를 가졌다.

채사령관은

첫째, 현재 우리 부대의 위치는 국군의 최전선과 북한군의 최전선 상에 들어 있는 것 같다. 여기서 우리 부대는 인민군 최전선을 뚫고 나가야 국군을 만날 수 있다.

둘째, 남방의 진동리 진흑동 방면은 적의 주력이 있을 것으로 추정되므로 현규정 대위는 송천 방면 또는 진흑동 방면으로 양공(陽攻)을 가하다가 가칠봉 방면으로 철수하라.

셋째, 권영철(權寧哲) 중위는 이남학 소위와 함께 병력을 인솔하여 진흑동 방면의 적정을 정찰하라.

넷째, 제12연대와 제13연대는 주력부대의 후미를 견제하여 적의 추격에 대비하라. 이상이다.

이와 같이 명령했다.

우리가 위치한 이곳은 북한군의 최전방인 주저항선(主抵抗線)과 제2방어선상인 것이 틀림없었다.

동쪽으로는 △ 1,136m 의 높은 산이 있었지만 주위가 800~900m 상당의 고산지대이므로 야산 정도로 밖에 보이지 않았으며 능선 또한 대체로 평편했다.

그 산을 끼고 동해쪽 송천리(松川里) 방면으로 지도상에만 나타나 있는 오솔길이 있는데 이것이 대령재이다.

대령재 쪽에는 북한군의 대병력이 아군 수도사단 1연대(?) 및 기갑연대(?)와 대치중인 주저항선인 듯 했으며, 밤에는 산 정상 쪽에서 서치라이트까지 번뜩였다.

작전계획대로 대령재로 향하여 주공(主攻)을 하는 것 같이 남은 화력을 집중한 기만공격을 하기로 했다. 주38)

우리는 모두 기진맥진 했으나 그래도 그때까지는 정예부대인 제11연대 1대대 현규정 대위가 30여명의 특공대를 인솔하고 총공격을 하는 척 하다가 슬쩍 옆으로 빠진 다음 가칠봉 방면을 거쳐 귀둔리 또는 방동(芳東) 쪽으로 우회하여 남하하기로 한 것이다.

주38) 한국전쟁사료(史料) 정기 정보 보고 국군 제3군단 전구(戰區) 「국군 제7사단 정면」 (p#1024에 의하면) 011130 아 3R(연대) 소속부대는 인제 동남방 19km DT 4200부근에서 E (적) 약 1개대대와 조우 교전하고 있는데, 동 전투는 02 10 40 현재 계속되고 있다고 한다.

「육군본부에서 침투시킨 아 유격대장이 3R장(3연대장)에 진술한 바에 의하면, 아 유격대는 3월 24일경 설악산 DT 5318 부근에서 E(적) 약 1개사단과 교전하였다고 한다. 라고 기록되어 있다.」 즉, 설악산에서 백골병단이 피습 당하고 교전한 일자 등 기록이 위 정보보고와 일치한다.

주력부대의 퇴각은 전선이 가까운 전방이라 여기서부터는 지뢰가 있을 것으로 예상되어 지뢰받이 특공대를 앞세우고, 살며시 접전없이 퇴각해 남하하기로 계획하였다.

현규정 대위는 양공(기만공격) 임무가 부여되었음에도 불구하고 어차피 죽을 것이라고 판단했던지 죽을 힘을 다하여 부대를 계속 전진시켰다.

현대위는 우리 부대 모두가 대령재로 넘자고 주장한 전우였다.

그들이 계곡을 돌아 개활지를 지난 것 같았다.

아마 지금의 진동초등학교 분교장이 있는 지역을 통과하고 있었는지도 모른다.

우리가 있던 삼거리는 38^{도}선 이북이고, 지금의 진동초등학교 분교장이 있는 곳은 38^{도}선 이남 지역이었다. 주39)

여기서, 결사 제11연대 제1대대장 현규정(玄奎正) 대위는 적병 십여명을 선제공격하여 처치했으나, 탄약의 부족과 누적된 심신의 피로, 엄폐물이 없는 개활지라는 지형적인 불리 등으로 대대장 자신과 이등상사 류동현(柳東鉉) 등 20여명이 장렬하게 전사하는 비운을 맞았다. 주40)

이곳에서 치열한 전투가 벌어지자 지원 임무를 담당하고 뒤따르던 제11연대 본부중대장 김영돈(金榮敦) 중위 등 10여명은 계곡 입구에서 다시 북상하여 간신히 돌아왔다.

주39) 현대위 등이 설피밭 삼거리를 떠날 때는 몹시 흐린 날씨였고 진눈깨비가 흩날리던 음산한 날이었다. 전대위와 전우들이 1989년 4월 26일 진동리에서 그 분이 전사한지 38년 1개월이 되는 날 현지를 탐방하여 확인한 바에 의하면, 당시 그는 설피밭에서 지금의 진동2리, 즉 38선 남방 1㎞ 지점까지 4.5㎞ 상당을 진출한 것 같았다.

저녁 어둡기 직전에 이곳에 도달한 현대위 일행 30여명은 남쪽 진흑동 방면에서 북상(北上) 퇴각하는 북한군 3군단 예하 정규군과 조우하자, 이쪽에서 먼저 사격을 가하였다고 한다. 곧이어 남쪽에서 올라오던 적군들이 일제히 반격을 시작하여 치열한 격전을 벌였다고 한다(이는 당시 그곳에 거주했던 이동균씨의 증언이다).

이씨에 의하면 남루하고 피곤에 지친 몰골의 인민군들이 계곡을 통해 올라오던 많은 인민군들에게 먼저 사격을 가하여 남쪽에서 올라오던 인민군이 많이 죽었다고 한다. 날이 어두워지자 그들은 조명탄과 기관총을 쏘고 수류탄까지 던지면서 격전을 벌였다고 한다.

주40) 1989년 7월 13일 이곳에서 숨진 결사 제11연대 제1대대 소속 용사의 유해 발굴에 참여한 전대위 등 참전전우 18명과 803 정찰대대장(백행기 중령, 당시 계급) 예하 장병에 의해 산비탈 후미진 구석에서 지하 20㎝ 정도에 묻혀있는 유골을 발굴했다.

이 유골이 정녕 현규정 대위 일행의 것이었는지는 알 수 없었지만, 유골은 아무런 말이 없었다. 짓궂은 나무뿌리는 눈으로 파고 들어가 해골속을 맴돌다 뒤통수 쪽으로 다시 뻗어져 나갔다.

여기서 발굴한 유골에서 가장 뚜렷한 정황은 아군의 경찰관 복장 단추였다. 단추 속에 무궁화 무늬가 뚜렷했기 때문이다.

"이것은 의용경찰 출신인 우리 전우의 것임이 틀림이 없다" ※ 요즘과 같이 DNA검사라는 것은 없던 시절이다.

유해 발굴에 참석했던 전우들의 이구동성(異口同聲)이었다.

발굴된 유해는 703 특공연대장 류해근(柳海槿)대령(예비역 중장)외 많은 장병이 참석한 가운데 육군 장례절차에 따른 영결식후에 화장되어 그로부터 1년여 뒤인 1990년 8월 대전 국립묘지에 안장되었다. 「고 육군대위 玄奎正」, 「고 육군 소위 李夏淵」, 「고 육군병장 李完相」의 묘가 바로 그것이다.

더구나, 놈들은 '파랑새' 라는 나의 암호가 어떤 지휘관인지는 몰라도 지휘관쯤의 암호라는 점을 알아 차린 것 같았다.

"파랑새 여기다!"

산 위쪽에서 들려오는 놈들의 유인에 속아 우리 대원들 몇 명이 희생되었다. 주41)

2진으로 그들 뒤를 따라 산정을 향하여 전진하던 신건철(申健澈) 중사와, 장동순(張東淳) 하사 등 10여명이 반격하여 놈들을 포위 공격하여 적병을 잠재웠으나, 교전중 시흥군 출신의 장동순 하사등 5명이 아깝게 전사했다.

이곳 진동리 설피밭, 대령재, 박달재의 전황은 기억하기 조차 괴롭다.

우리는 독립고지 뒤편의 계곡으로 진입했는데, 여기서부터는 지뢰가 제법 있을 것 같아 부대 주력의 전방에 지뢰받이를 겸한 척후병을 지원으로 차출했다.

지원자 중에서 9명을 최종 선발했는데, 선발된 전방 척후병은 거의 모두 장교급이었고 사병은 용감하고 건강한 자 중에서 뽑았다. 이들은 개인거리 5~6m 간격으로 갈지(之)자 형태로 전진토록 했으니 문자 그대로 지뢰받이로 배치된 것이다.

눈덮힌 오솔길, 길이라고 표현했으나 몇 년 동안 사람이 다닌 흔적이라고는 찾아 볼 수 없는 계곡이었다.

전방 개척을 위한 척후를 지원으로 선발하고 본대와의 거리는 약 30m 정도의 간격을 주었다. 우리는 꽤나 긴 거리를 무사히 전진했다.

작은 계곡과 언덕을 2개쯤 넘었다.

총성도 제법 먼 뒤 쪽에서 간간이 들릴 뿐이다.

이때, "꽝!"

앞에서 갑자기 천지를 진동시키는 폭발음이 울렸다.

누군가가 지뢰를 밟은 것이다.

맨 앞쪽에서 밟으면 그 폭발력으로 인해 뒤따르던 두 번째까지는 다치게 마련이다.

지뢰가 폭발한 자리에는 직경 1.5m, 깊이 60~70cm 쯤의 웅덩이가 파졌는데, 그곳에서 정세균(鄭世均) 중위가 폭사하고 말았다. 주42)

주41) 한국전쟁사료 정기정보보고 제88호 p#932에 의하면, 아 백골병단이 1951년 3월 28일 02시경 인제군 기린면 방동리와 진동리사이 갈터 북방 4km 지점의 상치전에 운신하고 있었는데 그 당시인 3월 27일 08시 HID 보고에 의하면, 방대산 DS 4394에 적 약 500명이 진지를 구축 중에 있다고 하며, 첩자의 보고에 의하면, 3월 26일 16시 현재 두무터 DT 1911에 적 1개 사단 병력 약 5,000명이 방어진지를 구축 중에 있고, 3월 29일 11.30 하치전 DT 4801에서 제7사단 제3연대 1중대는 적 1개 중대와 교전 중이라 한다. 라는 기록으로 미루어 백골병단은 위험한 고장에 있었음이 증명된다.

주42) 고 정세균 중위는 학도병으로 출정하여 지구(地區) 미상에서 전사한 것으로 그의 부친께서 처리했으나, 「1989년 4월 권영철 부회장이 서울대 치과대학 학적부를 찾아 본적지를 확인한 뒤 필자와 함께 육군본부에 전사확인 신청을 하여 군번 GO1010, 계급 중위로 전사 확인을 받은 다음 국립묘지(동작동)에 위패를 안치하였다.」

우리는 갈갈히 찢겨진 그의 시신을 수습하여 지뢰폭발로 생겨난 웅덩이에 폭파된 흙과 눈으로 묻어 주었다.

그의 바로 옆에 가던 김수창(金壽昌) 하사는 등과 허리에 동결된 흙덩어리를 맞고, 푹 엎어지면서 괴로워했으나 부상 정도를 알 수 없었다.

전대위는 전 부대원의 안전을 먼저 생각해 허리를 다쳐 전혀 움직일 수 없는 김 하사를 부득이 안락사 시키라고 지시했으나, 그와 동향 출신인 임병훈 중위가 책임지고 데려가겠다고 해서 겨우 살아 돌아올 수 있었다고 훗날 김수창 하사는 전대위를 원망하면서 증언했다.

부대는 계속 서남쪽으로 진출하다가 다시 동남방쪽으로 방향을 돌려 △ 1,295m 고지 서남방에서 대오를 정비하였다.

가칠봉(△ 1,164m)과 동쪽 △ 1,104m를 연결하는 선이 적의 방어진지일 것으로 판단되었기 때문이다.

가칠봉 남동방면에 이르니 오히려 그곳은 완전한 적의 제2방어선과 주저항선 진중(진지 중심부)이었다.

병사들은 모두 지쳐 있고 그동안 보급을 전혀 받지 못해 탄약도 거의 전무했기에 참으로 큰일이었다.

가칠봉 방면의 능선은 아직도 건강이 제법 좋은 결사 제11연대 3대대 이창식 대위가 맡기로 했다.

◆ 현규정 대위 등의 전사통지서

제89 - 15 호 유가족보관용

전사 통지서

전인식 귀하

본적 : 평남

소속 : 결사11연대 계급 : 임시 대위

군번 : 성명 : 현규정

생년월일 : 19 년 월 일

위자는 1951 년 3 월 26 일

인제군 진동리 에서 전사하였음을 통지하오며 삼가 고인의 명복을 빕니다.

1989 년 7 월 29 일

육군참모총장

87020255 제6지구인쇄소

〈현규정 대위의 전사 통지서〉

군경합동 안장의식 통지

귀하의 선우께서 애석하게 전사 하신데 대하여 충심으로 애도를 표하옵고 삼가 고인의 명복을 빕니다.

고 육군 임시대위 현규정의 안장의식을 아래와 같이 거행하오니 꼭 참석하여 주시기 바랍니다.

- 일 시 : 1990 년 8 월 30 일 13 시
- 장 소 : 대전국립묘지 현충관 (대전직할시 유성구 갑동 산23-1)
- 안내전화 : (直) (042) 822-2502, 2503 (交) (042) 822-0026, 2201

국립묘지관리소 대전분소장

※ 안장의식 시간계획 : 뒷면 참조바랍니다.

〈현규정 대위의 안장 통지〉

군경합동 안장의식 통지

귀하의 선우께서 애석하게 전사 하신데 대하여 충심으로 애도를 표하옵고 삼가 고인의 명복을 빕니다.

고 육군 임시 소위 이하연 의 안장의식을 아래와 같이 거행하오니 꼭 참석하여 주시기 바랍니다.

- 일 시 : 1990 년 8 월 30 일 13 시
- 장 소 : 대전국립묘지 현충관 (대전직할시 유성구 갑동 산23-1)
- 안내전화 : (直) (042) 822-2502, 2503 (交) (042) 822-0026, 2201

국립묘지관리소 대전분소장

※ 안장의식 시간계획 : 뒷면 참조바랍니다.

〈이하연 소위의 안장통지〉

군경합동 안장의식 통지

귀하의 선우께서 애석하게 전사 하신데 대하여 충심으로 애도를 표하옵고 삼가 고인의 명복을 빕니다.

고 육군 이등중사 이완상의 안장의식을 아래와 같이 거행하오니 꼭 참석하여 주시기 바랍니다.

- 일 시 : 1990 년 8 월 30 일 13 시
- 장 소 : 대전국립묘지 현충관 (대전직할시 유성구 갑동 산23-1)
- 안내전화 : (直) (042) 822-2502, 2503 (交) (042) 822-0026, 2201

국립묘지관리소 대전분소장

※ 안장의식 시간계획 : 뒷면 참조바랍니다.

〈이완상 병장의 안장 통지〉

조국을 위해
이 한 목숨 다 바쳐
자유와 평화를……

◆ 구원의 함박눈

작전참모 전대위는 우선 적 주저항선상 전방에 지휘소를 마련하기 위해 정예(精銳) 병력 15명을 지원으로 선발했다.

가칠봉 서남방에 위치한 독립 고지를 확보하여 적정(敵情)과 아군의 진격 동향을 살피고, 제12연대와 제11연대 제3대대도 동시에 지휘할 수 있는 지휘소를 마련하고자 했다.

전대위와 대원들이 기도를 은폐하면서 독립고지에 조용히 접근하니 벙커가 있고, 그 벙커에서는 불빛이 새어 나오고 있었다.

북쪽에서부터 남쪽으로 뚫린 말의 안장과 같이 생긴 능선의 교통호를 통하여 살며시 접근했다.

적병은 4~5명이 있는 듯 두런거리는 소리도 들렸다.

전대위는 본부중대장 김영돈(金榮敦) 중위와 경주 출신 허은구(許銀九) 소위에게 놈들을 수류탄으로 박살내라고 지시했다.

그들은 살금살금 교통호를 통하여 벙커로 접근한 뒤, 수류탄의 안전핀을 뽑고나서 1~2초쯤 있다가 슬쩍 굴려 넣었다.

"꽝! 꽝!"

외마디 소리조차 지르지 못하고 벙커는 곧 조용해졌다.

전대위와 김중위가 재빨리 들어가 보니 벙커 안은 온통 화약냄새와 피비린내가 진동했다.

순식간에 다섯 놈이 죽어 있었다.

살점이 벙커에 걸쳐 놓은 나무토막 여기저기에 붙어 있는 정도였으니 처절한 죽음이 아닐 수 없었다.

그들은 우리가 습격하리라고는 꿈에도 생각하지 못했던 듯 손에 총을 잡고 있는 놈은 하나도 없었다.

작전중에 아무리 북서면으로 아군 쪽에서는 볼 수 없는 지형이라고 하더라도 자신들의 위치를 알려 주기라도 하듯 불빛을 밝히고 두런거리며 얘기하는 것은 자살행위나 다름없다.

우리는 그들을 벼랑 밑 계곡으로 굴려버린 다음 거적깔판을 뒤집어 다시 깔고, 남쪽과 동, 서쪽 전방을 주시(注視) 경계했다.

그들이 가지고 있던 총과 탄약도 요긴하게 쓸 수 있게 확보됐을 뿐 아니라 굶주림에 지쳐있던 우리에게는 그들이 가지고 있던 볶은 콩과 미숫가루 등 비상식량은 정말 요긴했다.

우리는 예상치 않았던 비상식량이 생겨 너무 좋아하면서 서로 나누어 먹었다.

물은 쌓여 있는 눈을 집어먹으면 되니까 별 문제가 없었다.

우리가 먹고 남은 비상식량을 잘 보관하라고 지시하고 나서 조금 지난 후였다.

갑자기 제11연대 3대대 이창식 대위와 제12연대 병력이 점령했어야 할 △959고지 쪽에서 우리가 방금 점령한 독립고지 쪽으로 사격이 가해졌다.

무전기가 없어 정확한 상황을 알 수 없었으나 이들은 필시 적군인 듯했다.

날은 훤히 밝았다. 우리는 독립고지에서 더 이상 버틸 수 없게 되었다.

연락병을 보내 봤으나 가면 돌아오지 않는다.

세 번째 연락병을 보내도 아무런 소식이 없었다.

이제는 본대와의 연락은 도저히 기대할 수 없게 되었다.

우리는 이곳을 자력으로 퇴각하지 않으면 안 되었다.

전대위는 적들에게 응사할 때 병력의 과시를 위하여 일제히 군가에 맞추어 사격을 하도록 명령했다.

군가 구호에 맞추어 사격함으로써 일시에 많은 총알이 발사되게 하여, 병력이 많은 것 같이 위장하면서 겁을 주기로 했다.

하늘은 적들에게 둘러싸인 우리를 끝내 버리지는 않았다.

때마침 하나 둘 흩날리기 시작하던 눈발이 차츰 함박눈으로 변했고, 갑자기 앞을 분간하기 힘들 정도로 휘몰아 치면서 퍼붓기 시작했다.

전방 5~6m 정도도 분간할 수 없을 정도의 함박눈이다.

이때다!! 지금 후퇴한다.

눈발이 적의 시계(視界)를 가리고 있을 때 후퇴해야 한다.

우리는 2진으로 나누어 일부는 엄호사격을 하면서, 일부는 먼저 독립고지의 능선을 빠져나가게 했다.

진입했던 능선이라 우리들은 곧 빠져 나올 수 있었다.

빠져나온 대원들이 후방 고지에서 엄호사격을 하는 동안 제2진도 고지를 무사히 빠져 나올 수 있었다.

우리는 그곳 독립고지 전투에서 수 미상의 적을 사살했으나 아깝게 연락병 3명과 허은구 소위도 여기서 장렬하게 전사했다. 주43)

주43) 고 허은구 소위는 본회의 주선으로 1987년 3월에 이르러서야 비로서 전사 확인을 받고 그의 모친께서 유족연금을 받았으나 1년여 뒤 모친의 서거로 연금수령이 겨우 1년만에 지급 정지되었다. 고 허은구 소위의 형님이신 '허재구' 씨는 1951년 8월경 소속 중대장이던 정윤화중위로부터 전사소식을 듣고 국방당국에 74회에 걸친 탄원도 받아들여지지 않았었는데 1987년 2월 작전참모 전우회장에게 연결되어 전대위가 제공한 임관 특명 등의 증거를 보강하여 36년여만에 전사확인을 받게 되었다. 이것이 우리 백골병단 전우의 전사확인 제1호로 기록된다. 담당관 : 소병성(蘇秉成) 중령, 편장원(片將圓) 소장(민사심리전 참모부장) 등 유공자에게 감사드린다.

1951년 3월 26일 16시경. 가까스로 10여시간 만에 본대가 있던 곳으로 돌아왔으나 본대는 오간 데가 없었다.

사방을 두루 살피면서 주력부대가 퇴각했을 것으로 보이는 지형을 살펴 보았으나 눈이 쌓여 있어 확실한 판단이 서질 않았다.

'도대체 어느 방향으로 갔을까?'

북서 방향은 양양쪽이니, 혹시나 하면서 북서방향으로 일단 돌려 잡았다.

우리의 복장은 인민군 패잔병과 비슷하여 놈들의 주저항선 투입병력과는 다르기 때문에, 놈들의 퇴각부대에 합류되더라도 위장이 가능하다고 보아 일단 북서방면 쪽으로 잡은 것이다.

더욱이 독립고지에서 간신히 탈출한 대원들은 아무리 특공대를 자원한 전우들이라고 하더라도 사기가 저하된 것만은 부인할 수 없었다.

북서 방향으로 제법 전진했으나 부대가 지나간 흔적을 전혀 찾을 길이 없었다.

전대위는 불현듯 이쪽으로 가서는 안되겠다는 생각이 들었다.

무엇이라 설명할 수 없는 직감같은 것이었다.

오던 길로 되돌아 거의 20분 가량 본대가 있던 곳으로 되돌아와 서남방쪽으로 방향을 돌려 잡았다.

부대원에게 사주경계(四周警戒)를 엄히 하라고 지시하면서 한참을 전진하니까 발자국 비슷한 것과 나뭇가지가 꺾인 흔적이 발견되었다.

병력이 지나간 흔적이 탐지된 것이다.

안도의 한숨이 저절로 나왔다. 그러나, 우리들 전방 지휘소 개설 병력이 전방에 나갔는데 아무런 연락도 없이 자기들끼리만 이동했다는데 생각이 미치자 참으로 서운했다.

우리에게 연락조차 취하지 못한 급박한 상황이 있었을 것이라고 자위하고 나니 한결 마음이 가벼웠다.

얼마를 더 뒤쫓아가니 부대의 후미를 따르는 낙오병이 보였다.

"야!"

우리 모두는 누가 먼저랄 것도 없이 나지막하면서도 환희에 찬 환호성을 질렀다.

우리가 북서 방향으로 계속 갔으면 모두 죽었거나 포로가 되었을 것이다.

또 한차례 아찔한 고비를 넘긴 것이다.

이때쯤 눈도 슬슬 멎고 있었다. 하늘이 우리를 도운 것이다.

그러고 보니 우리들 전우들의 명(命)이 꽤나 길었는가 보다.

어쨌든 우리들은 또 한번 살았다.

작전참모가 돌아온 것을 본 채 사령관은 "작전참모 미안하다" 라고 하면서, 수고했다고 위로해 주었다.

3월 27일 10시까지 서남방면 귀둔리 인근의 탐색과 가칠봉 방면을 정찰한 우리 유격대는 적의 주저항선상에 진입해 있는 것으로 판단하고, 되도록 기도를 은폐한 뒤 밤이 되기를 기다려 20시경 남방으로 출발했다.

또다시 부대의 맨 앞장을 선 전대위는 눈길을 헤치면서 서남방을 향하여 계속 전진하였다.

부대 병력은 모두가 배고픔과 피로에 지쳐 완전히 녹초가 된 몰골이었으나, 전대위는 독립고지에서 노획한 미숫가루와 볶은 콩을 조금 먹었고, 또 약간 가지고 있기에 그런대로 생기를 유지할 수 있어 다행이었다.

그날 밤은 꼬박 새면서 계속 진출했다.

지도상에는 가옥 표시가 몇 개 있어 혹시나 하는 기대 때문이기도 했다.

여기는 38도선 이남지역이고, 또 험준한 산중에 있는 작은 부락이어서 북한 놈들도 남침 당시 전략상 쓸모가 없는 고장이라고 판단했는지 모른다.

천신만고 끝에 간신히 부락 동북방에 이르게 되었다.

'사람이 살고 있어야 할 텐데…'

여기서 식량확보가 되지 않으면 우리 모두는 굶어 죽게 된다.

맨 앞장을 선 작전참모는 지휘관도 아닌데 어느 전투에서나 앞장을 섰고 막중한 사명을 혼자 걸머쥔 기분이었다.

◆ 산간의 무명 부락에서

바위길을 한참 올라가니 더 이상은 진출하기 어려운데, 한쪽 옆으로 겨우 진입할 수 있는 고랑의 지형이 있었다.

그곳을 통해 아래쪽으로 내려가니 바위가 10~20m 쯤의 높이로 병풍같이 둘러친 밑에 널찍하게 개활지가 전개되어 있는 것이 보였다.

암벽길을 내려가보니 사람이 살고 있을 것으로 보이는 집이 몇 채 있었다.

부락이래야 겨우 민가 5~6호 가량이지만 거의 완벽한 것이 분명 사람이 살고 있을 것으로 판단되었다.

때는 칠흑같이 어두운 밤이었다.

백골병단은 1951년 3월 28일 02시 인제군 기린면 방동리 북방 약 5~6km 지점의 이름을 알 수 없는 작은 마을에 진입했다.

38선 남방 3~4km 정도의 가칠봉 서남쪽 상치전 부근이 아닌지?

높은 산으로 둘러싸인 분지지대인데 농가에는 소도 있고 돼지도 있었다.

워낙 깊은 산골지역이라 적군이나 아군들도 지나간 일이 전혀 없어 전쟁의 피해가 없던 고장이다.

일주일 정도나 굶어 허기진 우리는 우선 소를 잡아 병사들에게 나누어 먹게 했다.

물론 주인에게 형식적인 양해를 구하기는 했지만 아무런 보상을 해 줄 수는 없었다.

이곳 부락민들은 남녀노소 모두가 한가족처럼 단란하게 살고 있었다.

그분들은 우리를 진정 따뜻하게 맞아 주었는데, 우리는 그분들의 삶의 수단인 소를 잡아 먹었으니……

전대위는 지금도 그분들에게 미안하게 생각하고 있다.

이 부락은 너무 험준한 분지지대이고 저 멀리 앞쪽에는 현리쪽으로 통하는 길이 있기는 하나 그곳까지도 5~6km 이상은 험로를 내려가야 했다.

전쟁의 참화는 이 평화스러운 산간 오지의 마을에도 불똥을 튕긴 것이다.

북쪽 오솔길과 서남방의 진입로만 차단하면 식량도 있고, 또 부락민의 호응도 좋아 며칠 정도는 휴식할 수 있을 것이라 생각되었다.

전대위는 장병들에게 밥을 먹인 뒤 모두 충분한 휴식을 취하도록 했다.

장병들이 모두 편안하게 잠든 것을 확인하고 작전참모는 또다시 작전계획을 세워야 했다.

여기까지 이르는 동안 수많은 접전(接戰) 경험과 일선지휘 등을 통해 제법 역전의 용사가 되었고, 혼자서 작전계획도 세우고 적정(敵情)에 따라 임기응변 할 수 있을 만큼 성숙되어 있었던 것 같다.

우리가 이 무명부락에 3월 28일 02시경 도착했는데 04시경에는 다시 방동(芳東)방면으로 남하하여, 적 진중을 완전히 탈출해야 한다는 채 사령관의 명령을 받았다.

즉, 불과 두어시간 휴식하고 또다시 철수하자는 명령이였다.

여기까지 도착한 병력은 모두 260여명에 불과했다. 그리고 우리 모두는 지쳐 있었다.

탈출명령을 받기는 했으나 전대위는 아무리 궁리를 해 봐도 새벽에 이곳을 출발할 수 없을 것 같은 예감이 들었다.

병력은 대부분 기진맥진이고 전대위도 쓰러지기 직전인데, 이들을 이끌고 현리(縣里)를 잇는 도로를 횡단하여 남하 · 철수한다는 것은 도저히 불가능할 것 같이 느껴졌다.

적의 병력 배치로 보아 여기가 주저항선상 같은데 적정도 전혀 알 수 없었고 잘못하면 아군에게 얻어 맞아 몰살당할 수도 있었다.

전대위는 왠지 알 수 없는 불안한 예감이 들어 채사령관의 명령을 하달하지 않고 그대로 자 버렸다.

◆ 첫 명령 불복

얼마쯤 잤는데 무엇이 머리를 때리는 것 같아 깜짝 놀라 눈을 떴다.

화가 단단히 난 채사령관이 권총 손잡이로 내 머리를 때렸던 것이다.

시간을 보니 4시가 벌써 지나 있었다.

몹시 흥분된 채사령관은 명령 불복종으로 전대위를 총살하겠다며 호통을 쳤다.

전대위는 일어나면서 장병들이 너무 지쳐 있다는 것과 왠지 모를 불길한 예감을 솔직하게 말했다.

그러면서 전대위는 "나" 때문에 부대의 안전 후퇴를 못하게 됐다면 명령 불복종으로 스스로 자결(自決)할 것이니, 지금까지의 나의 공(?)을 보아 총살을 보류하고, 정찰병을 보내 확인해 보자는 나의 건의가 받아 들여졌다.

아침 일찍이 채사령관이 믿는 그의 직속 연락병 이하사와 수색대장 김홍복 소위 등 3인을 전방의 도로 방면으로 정찰을 내보냈다.

서너시간이 흐른 오후 2시경 정찰팀은 황급히 되돌아 왔다.

그들의 보고에 따르면 밤새도록 북한군이 현리 방면의 도로를 따라 이동했다는 것이다.

참으로 아찔한 고비를 넘긴 것이다.

채사령관이 철수를 지시했던 바로 그 시각에 적의 대부대가 우리 앞을 지나가고 있었던 것이다.

뒷날 확인해 본 결과 적 2, 3군단 예하 주력부대 모두가 3월 27일~29일 사이에 현리, 박달령, 서림리(西林里) 방면 등 3방면으로 퇴각한 것이 판명되었다.

즉, 국군 수도사단은 '카이로 라인'의 양양 방면으로, 국군 9사단과 임무 교대한 제3사단은 단목령(박달재) 방면으로, 그 좌측은 국군 7사단이 인제 방면으로 각 공격을 개시하여 북한 2군단은 인제 방면으로, 북한 3군단과 69여단은 원통 및 속초방면으로 각 패주(敗走)하였던 것이다.

만약 우리가 28일 04시에 방동(芳東) 방면으로 이동했다면 적의 철수로 전면(前面)에 노출되어 큰 희생을 입었을 가능성을 배제할 수 없었다.

정찰팀의 보고를 받고 난 뒤, 명령 불복종이란 중죄(重罪)?는 면하게 되었다.

〈요도 8〉 북한군 제2·3군단 철수 및 최후의 돌파

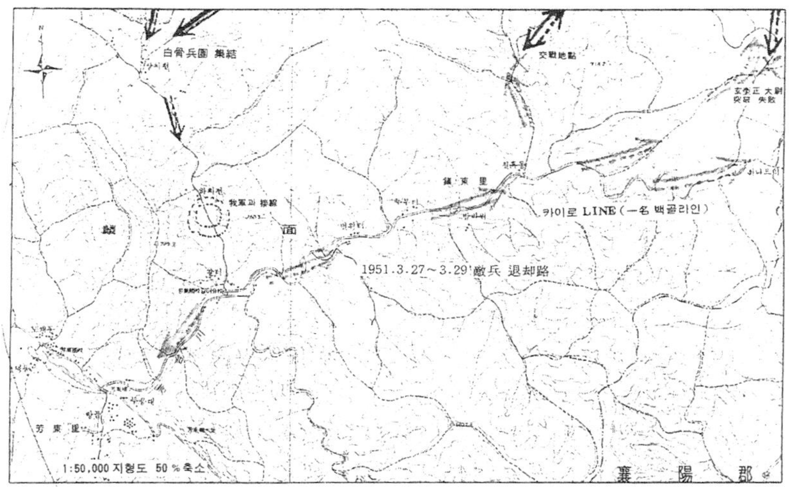

여기서부터 채사령관은 전대위를 불신임해서인지 아군지역에 거의 다 왔기 때문인지는 알 수 없으나 직접 지휘하겠다고 나섰다.

분명한 것은 전대위의 명령 불복종이 큰 화(禍)를 면할 수 있었으니 분명 전화위복(轉禍爲福)이 되었는지도 모른다.

[참고] 채중령은 자서전 사선을 넘고 넘어 ; 매일경제신문사, 1994, 서울, p# 247에서 「국가를 위해 충성하고 희생한 사람들의 유가족이 전사확인을 탄원해도 성의를 보이지 않는것은 말할것 없고, 복무확인이나 참전사실확인도 기피하는 등 2중, 3중의 배신으로 유가족과 생존한 우리 대원들에게 쓰라림과 고통을 안겨 주었다.

이제라도 국가는 이들에게 우리 국력에 상응하는 응분의 보상과 명예회복에 힘써야 할 것이다. 이는 과거의 청산이 아니라 모든 국민에게 국가를 위해 기꺼이 희생할 수 있도록 하는 자발적 애국심을 고양시켜 우리의 번영과 부강을 위한 튼튼한 기초가 될 것이기 때문이다.」라고 썼다. 그런 그분께서는 우리들이 1962년 이후 국방당국에 대하여 수십년간 명예회복, 전사확인 및 유해발굴, 영결식, 국립묘지 안장 등을 위해 온갖 어려움을 극복하며 이루어 낼때, 외국대사 또는 미국과 일본의 대학연구 등으로 세월을 보내고 아무런 도움을 주지 못했으니 무슨 할말이……

〈요도 9〉 백골병단 전투요도

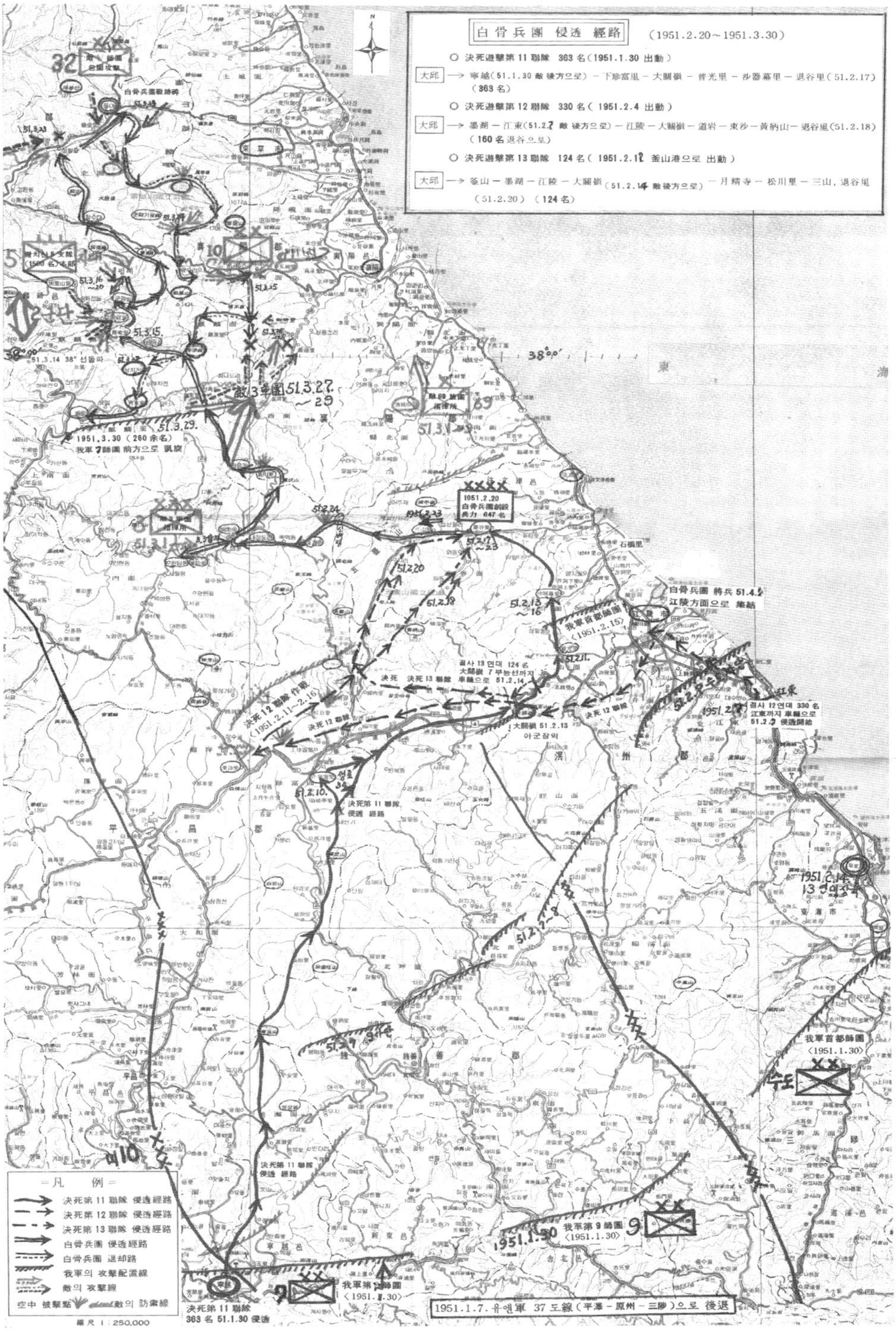

제 4 장 백골병단 감격의 개선

1. 1951년 3월 30일

1951년 3월 30일, 이곳 깊은 산중에도 밝은 태양이 비치면서 아침이 조용히 밝아 왔다.

장병의 건강도 문제지만 이곳은 휴식을 취하기가 비교적 좋은 지역이라 쉬고 있는데, 저 건너 바라보이는 7~8여 km 전방의 앞산에 오전 10시경 은빛날개를 반짝이는 몸통 두 개짜리 대형 수송기가 낙하산에 매단 보급품을 투하하고 있는 것이 아닌가.

"야! 이제 살았다."

우리는 모두 환호성을 질렀다.

그러나, 전대위는 이럴 때일수록 더욱 더 조심하고 경계를 철저히 해야 한다고 장병들을 다그쳤다.

전대위는 예와 같이 병력을 점검하면서 마무리 경계의 철저를 기하도록 지시하고 직접 개개인마다 확인했다.

최종 마무리가 무엇보다도 중요한 것이다.

북한군은 이제 완전히 물러난 것 같았으며, 우리는 아군과 북한군의 중간 지대에 있는 것으로 판단되었다.

오후 2시가 약간 지난 다음 용감한 척후병 몇명을 앞세우고 전방에 있는 아군 진영 쪽으로 보내 접촉하기로 했다.

원응학(元應學)·이덕일(李德溢) 동지 등 사령관의 특별보좌관과 제11연대 1대대작전관 이만우(李萬雨) 중위 등으로 척후조를 편성하여 조심스럽게 남쪽 분지에 있는 마을을 출발했다.

계곡을 따라 오솔길로 5~6km 가량 내려가니 약간 널찍한 개활지가 전개되고 방동(芳東), 현리(縣里) 방면으로 통하는 도로 부근에 이르렀다.

적군이 숨어 있을지도 모르기 때문에 철저한 사주경계를 하면서 조심스럽게 내려갔다.

여기는 매우 위험한 지역이었다.

아군의 수색대가 진출해 있거나 적병의 후속부대와 만나기 쉽기 때문이다.

주위 경계를 철저히 하지 않았다가는 자칫 아군의 공격을 받을 우려마저 있었다.

더욱 조심하면서 전방의 풀 포기 하나, 나뭇잎 하나도 이상이 없는가를 잘 살펴야 했다.

아군과 접선할 때 우리의 신분을 확인시킬 인식표(認識票)와 태극기도 미리 준비했다.

계곡길을 거의 다 내려왔을 때 300~400m 전방에서 오후의 햇살을 받아 무엇인가 약간 번득이는 것이 보였다.

북한군과 중공군은 철모가 없으니 번득이는 것은 아마도 아군의 철모일지도 모른다는 생각이 스쳤다.

이 지역은 오늘 아침 공중보급을 받은 곳으로부터 2~3km 정도의 북쪽이니까 아군이 이곳까지는 진출되어 있을 것 같았다.

본대 주력은 뒤쪽 계곡에 숨어 경계하고, 척후조는 앞으로 약간 더 나아간 후 작은 언덕을 방패삼아 대기 엄폐하였다.

자세히 살펴보니 틀림없는 아군이었다.

수색대원은 장총(長銃)에 태극기를 매달았다.

태극기를 좌우로 서서히 크게 흔들었다.

본대는 뒤에서 만반의 작전 태세를 완비하고 여차하면 전방의 적을 일격에 섬멸할 준비를 하고 있었다.

◆ 감격의 포옹

전방의 아군 병사가 서서히 포복 전진하여 근접지역까지 와서 크게 외쳤다.

"쏘지 마라"

"우리는 국군이다."

척후조로 나가 있던 백골병단 대원들이 덩달아 외쳤다.

"우리도 국군이다."

"알았다." 엎드려 있던 전방의 병사가 약간 일어서면서 손을 흔들었다.

참으로 감격적인 순간이었다.

전방에 있던 아군 본대가 모습을 드러내며 소리쳤다.

"이제 손 들고 서서히 나오라"

우리 수색대는 머리 위에 손을 얹고 아군 앞으로 나아갔다.

앞으로 포복해 나온 병사는 아군 7사단 3연대(연대장 정진(鄭震)대령) 수색대의 상사였다. 그는 매우 용감하고 판단이 빠른 상사였다. 주44)

그의 침착한 기지로 우리는 교전없이 개선(凱旋)할 수 있었다.

아군쪽에서는 우리를 공격하려고 만반의 준비를 하고 있었다고 하니 자칫했다가는

주44) 채명신씨는 그의 저서 사선을 넘고 넘어 ; 매일경제신문사, 1994, 서울, p# 243에서 정찰대는 끝내 수일 후 상당한 거리를 남하해 아군 3사단 수색대와 접촉하는데 성공했다. 그 사이 낙오됐던 우리 대원들도 상당수 우리와 합류하게 됐다. 그리고 돌아온 정찰대와 함께 곧 우리는 3월말 동쪽으로 이동했고, 4월초 결국 강릉의 9사단(최석 준장) 지역으로 집결하는데 성공했다. 1월 말부터 시작된 우리의 게릴라작전은 그걸로서 임무를 끝냈다. 라고 적었으나, 아군 7사단 3연대(연대장 정진 대령) 수색대와 접촉하였으니…

서로 큰 전투를 할 뻔 했다.

우리가 가지고 있는 인식표(헝겊)등으로 신분이 확인되자 서로가 얼싸 안았다.

이제 우리는 살았다.

적진에서 온갖 고생을 다하고 생환한 것이다.

이 얼마나 감격스러운 일인가!

「우리 7사단 제3연대 수색대원들과의 감격적인 포옹 !!」

1951년 1월 30일부터 사방이 적들로 둘러싸인 적후방에서 그 숱한 격전을 치르며 허기짐과 추위를 이겨내고 살아 돌아온 것이다.

대원 모두가 감격에 겨워 눈시울만 붉힐 뿐 말을 잇지 못하고 있었다.

우연이란 참으로 기이한 것이다. 우리들이 영월에서 적지로 향할 때 7사단 전방 지휘소를 뒤로 하고 출동했는데, 돌아온 전방 또한 7사단 3연대 정면이었으니 "칠성부대"와는 무슨 인연이라도 있었나 보다. 주45)

감격 뒤에는 아픔도 있기 마련이다.

출동 당시에는 씩씩하던 장병들이었건만 불과 두달만에 살아남은 병력이 이처럼 적을 줄은 그 누구도 짐작하지 못했다.

백골병단을 창설할 때 640여명이던 병력이 최후까지 살아돌아온 전우는 겨우 260여명뿐이었다.

2개월여동안의 적후방 전투에서 3분의 2에 가까운 전우를 잃은 것이다.

때는 1951년 3월 30일 20시경이였다.

육군본부 직할 결사대 제11, 제12, 제13연대「백골병단」장병은 이제 그 임무를 완수하고 개선한 것이다.

개선 병력은 결사 제11연대(사령관 포함) 170여명, 제12연대 40여명, 제13연대 50여명 등 모두 260여명이다.

다음날, 우리는 육군본부 전방사령부(강릉)의 지시에 따라 1951년 4월 1일 강릉에 도착했다.

채중령은 1951년 4월 3일경 우리를 강릉 북방에 남겨 두고, 최윤식 대위 등 측근과 연락병, 생포한 최준결군(길원팔의 수행소년)을 데리고 작전참모 전대위가 보관중인 전투관련 문서 등을 정리한 뒤 대구 육군본부로 떠났다.

주45) <육군 정기정보보고> 제88호(p#932)에 의하면 "1951. 3. 27. 8시 HID 보고에 의하면 방대산 DS 4394에 적 500명이 진지를 구축중에 있고, 첩자의 보고에 의하면 3월 26일 16시 현재 '두무터' DT 1911에 적 1개 사단 병력 약 5,000명이 방어진지를 구축 중에 있었으며, 3월 29일 11:30 하치전 DT 4801에서 제3연대 1중대는 적1개 중대와 교전중이라 한다." 라는 기록이 있고, "백골병단은 쌍방이 대치중인 전선에서 1951. 3. 30. 제7사단 제3연대 전투 전면으로 귀환하였다."

2. 형편없는 냉대

우리는 육군본부 전방사령부(강릉 소재)(사령관 육군중장 정일권)의 지시에 따라 강원도 명주군 사천면 석교리 민가에 분산 주둔하게 되었다.

'세상에 이럴 수가!'

적지에서 혁혁한 전공을 세우고 생환한 개선 장병들에게 주는 보급품치고는 너무나 형편이 없었다.

보급품은 안남미(安南米) 약간 뿐이었다.

병사들은 인근 민가를 찾아 구걸(?)하는 등으로 연명하지 않으면 안되었다.

피복은 찢어지고 낡아빠진 북한제 모방의 방한복으로 이(蝨)가 득실거리고 천이 너덜거렸으나 갈아입을 옷조차 주지 않았다.

일부 병사들 사이에서는 불만이 터져 나오기 시작했다.

강릉으로 돌아온 몇일 뒤 전선에서 분산 또는 낙오되었다가 구사일생으로 살아 돌아온 전우들이 합류하여 전체 생존자의 수는 283명으로 불어났다.

최종 생환자 280여명도 처음 창설될 때의 640여명을 감안한다면 전체 생존율은 불과 40여%에 지나지 않았다.

사령부와 결사 제11연대가 약 170명(생존율 50%),

결사 제12연대 약 50명(생존율 30%)

결사 제13연대 약 60명(생존율 50%)이었다.

그러나, 열악한 장비, 부족한 탄약과 식량, 혹한기의 산악 작전인 점을 고려할 때, 이는「백골병단」장병 모두가 투철한 국가관과 자유와 평화를 지키려는 자유수호 투사로서의 사생관(死生觀)이 확고했기 때문이라고 확신한다.

사람의 목숨은 참으로 끈질긴 면이 있다.

필설(筆舌)로는 이루 다할 수 없는 고통과 어려움을 감내하고도 생환할 수 있었음에서 생명력의 끈질김을 새삼 느낀다.

강릉 서쪽 대관령 입구 쪽에 위치한 도립병원 부근 민가에 분산 주둔하여 무료한 나날을 보내고 있을 때 우리들은 몇 장의 기념사진을 남겼다.

전대위는 이때부터 사실상 제11연대를 지휘하는 연대장 직무대행을 해야 했다.

채중령이 대구로 떠난 며칠 뒤에 부연대장 이상섭 소령도 대구 육군본부로 떠났기 때문이다.

1951년 4월, 우리는 강릉에서 생환자 모두가 각 연대, 대대별로 기념 사진을 찍었다. 이때 찍은 사진은 전대위가 원본을 잘 소장하고 있다가 1994년 4월 용산에 있는 전쟁기념관에 전시 자료로 기증하여 2층 부스에 전시되어 있다.

◆ 결사 유격 제11연대 강릉집결

★표 전인식

사선을 돌파한 육군본부 직할 결사 유격 제11연대 강릉 개선 장병 일동

때 : 1951년 4월 5일 **곳** : 강원도 강릉시 도립 병원 광장 **촬영 당시 인원** : 147명
사진 소장자 : 결사 유격 제11연대 작전참모 육군임시보병대위 전인식
사진 원본 : 서울 용산 소재 전쟁기념관 2층 전시실에 전시되어 있음

그때의 사진을 보면 복장도 가지가지이다. 모자를 쓰지 못한 전우가 20% 정도는 되니 패잔병의 집단과 흡사하다.

이들 사진을 보노라면 전우들 얼굴이 하나하나가 새롭게 다가온다.

경남 남해가 고향인 이상섭 소령은 전쟁이 끝난 후 경찰 간부로 근무하다가 타개했다.

이봉구 중위는 한국전력에 근무하다가 병사했으며, 독립고지의 점령용사 김영돈 중위도 30대에 세상을 떠났다.

장인홍 보좌관, 김흥복 수색대장, 이남학 소위, 윤철섭 중위, 이창식 대위(3대대장) 등 여러 동지가 40대에 병으로 모두 타계했다.

이들은 한창 나이에 너무나 혹독한 고통과 배고품을 겪은 탓이 아닌가하여 가슴이 아린다.

구사일생으로 살아 돌아온 나머지 전우들은 어디에서 무엇을 하며 살고 있는지 찾을 길이 없어 마냥 옛 추억만을 더듬고 있을 뿐이다.

사진에 나타난 결사 제11연대 생환장병은 147명이지만 뒷날 하나 둘 씩 돌아온 병력까지 모두 합쳐도 170여명 뿐이므로 190명 상당을 잃었다고 생각된다.

그 대부분의 희생자는 11연대가 주축이 되어 담당했던 설악산과 용대리, 박달재, 진동리 돌파작전에서였다.

이들의 고혼은 아직도 안식처를 찾지 못하고 구천을 방황하고 있을 것이다.

우리들 육군본부 직할결사대「백골병단」은 인민군장군(중장)과 적병들, 내무서원과 지방악질 등 모두 309명을 생포하고 사살 45명과 미확인 사살 130여명 등 혁혁한 전과를 기록했다.

또한 중요 기밀문서를 노획하여 아군의 작전수행에 크게 기여했고 후방에서 적을 교란시켜 혼란에 빠뜨리기도 했다.

그러나, 우리 전우도 전사, 실종, 낙오 등 360여명의 피해를 입었다. 그중 첫희생이 어처구니 없게도 아군 폭격기에 의한 것이었고, 가장 많은 희생도 박달재에서 굶고 얼어죽은 100여명의 비전투 손실이었으니 참으로 원통하고 분할 따름이다.

우리는 1951년 1월 30일부터 4월 초순까지 적지(敵地)에서 60여일을 보냈다. 이 기간중 320km의 대장정(大長征)을 적진에서 해냈다. 그것도 평시에는 엄두도 못낼 열악한 장비와 기상조건과 싸워가면서 인적도 없는 고산지대를 누비고 다녔다.

그중 퇴곡리(退谷里)로부터 기산하더라도 40일 정도는 적진 깊숙이 침투하여 때로는 아군지역으로부터 50km 이상이나 되는 적후방에서 부여된 임무를 훌륭히 완수하고 기대 이상의 성과를 올렸다.

육군 수뇌부인 육해공군 총참모장 정일권 소장은「유격대」의 출정식에서 "귀관들이 임무를 완수하고 돌아오면 2계급씩 특진시켜 희망하는 부대에 배치해 주겠다" 고 한 약속은 모두 거짓말이었다.

관계 당국은 온갖 고생 끝에 생환한 전우들 모두에게 이등병의 대접 조차도 해주지 않았다. 주46)

무공훈장은커녕 그 흔한 6.25 종군기장 조차 줄 수 없다는 등 아예 예우를 해줄 생각조차 안했다. 주47)

주46) 채명신씨 저 : "사선을 넘고 넘어" ; 매일경제신문사, 1994, 서울, p# 246에서「난 계급만 아니었다면 사실 그때 신성모 국방장관과 한판치고 받으며 붙었을지도 모른다. 난 지금도 애국심에 불타 조국을 위해 목숨을 바쳐 싸운 백골병단 동지들에게 국방당국이 약속을 저버린 처사에 미안함을 금할길 없다. 왜냐하면 그들은 끝내 정규 군인이 되지 못했던 탓이다.」

5·16혁명이후와 그리고 파월군사령관으로 있을 때 다방면으로 그들의 공적과 전사상자들에 대한 국가의 보상, 유가족에 대한 원호문제 등을 위해 노력했지만 지지부진했다. 고 알지 못하는 내용을 서술했으나 그 사실은……

주47) 6.25 종군기장(記章)은 군인, 군속은 물론 우편 배달원(군사우편), 철도종사원(군수물자 수송), 노무자(KSC부대) 등 모두에게 준 것으로 이는 훈장과는 다른 것임에도 때가 지났다는 이유로 국방부는 우리들 백골병단 참전전우의 종군기장수여 요구를 거절했다.

조국의 자유와 평화를 지키기 위하여 자신의 안일을 버리고 적진 후방지역에서 숱한 어려움을 겪은 댓가가 무일푼이고 초라한 거지 신세가 된 것이다.

이와 같은 일련의 행위를 종합적으로 살펴볼 때, 당시 군 지휘부는 우리를 적 후방에 침투시켜 두면, 이리 뛰고 저리 뛰다가 모두 죽는 것 자체만으로도 적 후방 교란이 되는 것으로 판단하고 우리에게 GO군번, 육군 임시보병장교 라는 현역장병과 구분되는 엉터리 임관사령장을 준 것이 아니었나 하는 생각이 든다.

1951년 4월 3일 대구 육군본부로 떠났던 채 중령은 4월 9일 석교리로 다시 돌아와 전투상보를 글씨 잘쓰는 한갑수 소위에게 정서(淨書)시켜 가지고 12일 또다시 대구로 떠나면서 고별(告別)의 말을 남겼다.

"여러분 참으로 미안하오. 본관은 최선을 다하여 귀관들의 용전 분투한 노고를 상부에 건의하고 반영시키도록 최선을 다할 작정이오!"

현역 신분이였던 그 분은 이 말을 마지막으로 남기고 떠난 뒤 다시는 돌아오지 않았다.

채중령 혼자만이 곧 임시를 떼고 정식 중령이 되었으며, 그 뒤 승진 가도를 달려 장군까지 진급되었으니 한편으로는 다행스러운 일인지 모른다.

우리들 대부분은 참전사실이 전혀 인정되지 않아 또 다시 병역의무를 이행하지 않으면 안되었다.

전대위의 경우, 육군본부 직할 결사 유격 제11연대 작전참모 겸 백골병단 작전참모였고 미8군 태스크포스 커크랜드기지 작전처장으로 육군소령이던 자가 소장중인 임관사령장, 제대증명, 기록사진 등 증거물이 있음에도 1951년 8월 상순 육군제1사단 특무대(C.I.C)에서 국방경비법 제32조(이적행위) 동 제33조(간첩), 동 제48조(계급사칭) 위반죄로 체포되어 온갖 고문(전기고문, 고추가루 물고문, 매질)을 당하고 22일만에 군법회의(군사재판)에서 무죄로 석방되는 비통함을 겪었고, 결사제11연대3대대장 이창식 대위는 6.25전 국군하사(일등중사) 경력자였는데 도망병으로 몰려 육군형무소에서 8개월간이나 복역한 사건과 귀대중에 귀향증 문제로 헌병대에 유치되는 등 여러 전우가 억울한 대접아닌 대접을 받았다.

이런 경황 속에 전대위도 제2국민병으로 소집되어 논산훈련소에 입대했으나, 훈련중에 육군 보병학교 갑종 간부 후보생(제44기)으로 쫓겨가(육군 임시보병대위가 소령으로 진급한 경력자였음에도) 6개월간의 훈련 뒤 육군소위로 다시 임관하는 "해프닝" 도 생겼다.

이처럼 대부분의 전우가 재차 징집 또는 소집되어 휴전될 때까지 전투를 다시 경험했다고 한다.

채중령이 노력한 그 결실은?!! 무엇인지 원망하면서…… 주48)

백골병단 출신 장병들은 비록 법적으로는 임시군인이었지만 모두가 계급에 따른 임관과 군번을 부여받았으니 엄연한 군인이고 또, 국군 창군이후 처음으로 편성된 정규 결사유격 부대원으로 군령(軍令)에 따라 작전을 감행했는데……

장교들에게는 영광스러운 임관사령장까지 주었다.

우리는 신분이야 어떻든 현역 군인도 해내기 어려운 일들을 멋지게 해냈다.

우리는 조국의 자유와 평화 그리고 통일을 위하여 젊은 피를 뿌렸다.

한 맺힌 설악산!

오늘날 그곳을 즐겨 오르는 등산객들은 우리 전우들이 흘린 피를 밑거름으로 해 자란 나뭇가지를 움켜 잡으면서도 설마 이곳에서 그 엄청난 비극이 있었으리라고 생각하는 사람은 없을 것이다.

그러나 말없이 자라는 이름모를 나무들은 우리의 활동을 웅변으로 증언해 주고 있으리라.

'그 누가 뭐라해도 그대들은 조국의 통일과 민족의 번영을 위하여, 붉은 이리떼들과 결판을 내는 한판 싸움을 했고, 그대들은 끝내 이겼노라라고…'

이같은 혁혁한 무공기록은 채중령이 육군본부에 자세히 보고했을 것(?)임에도 이를 잘 보존하지 않아 지금 그 물증은 거의 찾을 길이 없다.

당시의 전투정보 보고문서 등 극히 일부분만이 단편적으로 발굴되었을 뿐이다.

채중령은 60년대초 육군본부 작전참모부장(소장) 시절 백골병단의 기록을 "마이크로" 필름에 잘 수록하여 보존하라고 지시했다고 말했다고 한다. 그런데 왜 없는지……

당시 우리의 문서를 육군본부에서 확인했다는 참전동지는 여러 명 있었으나 그 기록을 근래에 이르러 누가 없앴는지 찾을 길이 없다.

이같은 정황 등으로 미루어 볼 대 '60년대초까지는 우리의 제반기록들이 있었던 것 같은데, 우리들에 관한 기록을 잘 보존한 것이 아니라 오히려 모두 파기한 것이 아닌지…

채중령과 우리들의 기록에 무슨 문제가 있는 것인지…

적지에서 전사한 360여명의 동지들과 온갖 고생 끝에 겨우 생환한 280여명의 동지들은 과연 누구를 위하여, 무엇 때문에 자신의 안일을 돌보지 않고 적과 싸웠단 말인가?

주48) 채명신 저 :「사선을 넘고 넘어」; 매일경제신문사, 1994, 서울, p# 249에서「군의 직접 책임자였던 얼마 전에 타계한 정일권장군(당시 육군참모총장)은 제외하고라도 이한림장군(〃 정보국장), 이극성 중령(〃 정보국의 실무 총책임자, 유격부대의 총지휘자) 등, 생존해 있는 이들의 상기 문제들에 대한 증언은 가장 중요한 열쇠가 될 것이다. 특히 이극성 중령은 나 이하 백골병단 전우들의 처절한 혈투와 희생으로 쌓은 유격대의 공적을 독점하여 큰 이득을 얻은 유일한 인물이며, 우리에게는 통한의 배신감을 안겨준 장본인이라고 우리 대원들은 알고 있다.」고 적었는데 채씨의 주장에 무슨 뜻이 함축된 것인지는 알 수 없고 공적을 독점해 큰 이득을 얻었다하니 무슨 뜻인지 알 수 없다. (전대위 증언)

참으로 어이없는 일이 아닐 수 없다.

지난 1985년 6월 1일부터 30일까지 우리들의 전기(戰記)를 다룬 6.25 전사(戰史) <백골병단>이 KBS 제1라디오에서 연속 방송되었다. 그 뒤에 <못다핀 젊은 꽃>(3부작) 프로그램이 국군방송 시간에 KBS, MBC 텔레비전에서 방영된 바도 있다.

전대위는 결사 유격대의 작전참모이자 거의 모든 전투에 빠짐없이 참전하였고, 뒷수습까지 담당해야 할 책무있는 직위에 있었다고 자부하는 까닭에 이 기록을 바르게 남기기 위해 지난 40여년간 이 일에 전념해 왔다.

1986년 2월에는 전우 10여명이 모여 채중령이 작성한 <사투만리(死鬪萬里)>(1955~6년)라는 기록을 육군당국으로부터 입수하여 이를 검토한 뒤 미비점을 보완하고 육군참모총장에게 전사(戰史) 자료의 보정 요청서를 제출하기도 했다.주49)

그 뒤, 새로운 사실이 발견되어 1992년 9월 5일 참전 생존자 전원이 모여 전사(戰史) 확인 총회를 열고, 전사자료의 근간을 확정한 다음 이를 육군당국에 보내 전사를 바로 잡을 수 있게 됐다.

작전참모 전인식 대위는 그동안 백골병단의 기록을 발굴, 보존하기 위해 40여년동안 온갖 심혈을 기울였다. 그 결과 강칠성의 국기훈장 3급도 확보되게 되었다.주50)

이것이야말로 먼저 간 전우들의 넋을 달래고 또다시 우리와 같은 역사의 피해자들이 생겨나지 않기를 바라는 마음에서였다.

3. 정식으로 전사 확인을 받다

이제 59년의 세월이 흘렀다.

군(軍)에 입대한 장병이 총기를 들고 전투에 참가하여 용감히 싸웠다.

그 지휘와 통제는 육군수뇌부에서 직접 담당했으며, 국군 최고사령관이 직접 나서서 사열하고 약속까지 하는 훈시를 했다.

이러한 사실은 문서보다 더 정확한 당시의 기록사진들이 웅변으로 증명해주고 있는데, 우리는 제대로 평가받거나 보상받지 못했다.

우리는 과연 무엇이었단 말이가.

정식으로 군번까지 받고 전투에 참가했던 사실을 강력히 상부에 건의하지 못한 채중령의 책임은 어떤 이유로도 변명될 수 없을 것이다.

주49) 채명신 저 : <사투만리(死鬪萬里)>에서 전대위를 작전장교라 했고, 길원팔 중장을 그가 직접 생포(?)할 때 전대위를 동행한 것 같이 썼으나 이는 기억의 착오였을 것이다.
어떻든 그 분은 「백골병단」 사령관이자 최고 지휘관으로서 임무를 완수하여 전공도 세웠으므로 모든 기록을 정확히 남기고, 임무를 수행하다가 전사한 360여 전우들의 명예 또한 당연히 회복시켰어야 할 책무자였음에도 그 일을……

주50) 적 빨치산 5지대 참모장 강칠성으로부터 노획한 국기훈장 3급은 당시 정보국 이극성 중령(예비역 장군)이 보관하고 있다가 우리 전우회 경유 전쟁기념관에 기증, 현재 2층 백골병단 부스에 전시되어 있다.

우리들이 비록 임시 군인의 신분이었다 하더라도 전사하거나 부상을 입었을 때에는 당연히 군인 신분이 적용되어야 하는 것이 아닌가!!

40년 가까운 세월이 흐른 뒤에 대전국립묘지에 안장된 현규정 대위 등 3위와 국립묘지(동작동) 위패실에 안치된 57위의 전우 모두는 '임시'란 것을 없애 주었으니 다행하고 감격스럽다.

이는 전대위와 전우들이 합심하여 숱한 우여곡절을 겪으며 싸워 얻어낸 결과였다.

당시의 실정을 모르면 조사를 해서라도 6.25 당시 용전분투 했던 선배들을 이해하고 서훈해야 하는 젊은 공직자 중에는 오히려 헐뜯고 비하(卑下)하려는 자들이 있다 하니 괘씸하고 아쉬움이 남는다.

[참고] 채명신 저 : 사선을 넘고 넘어 ; 매일경제신문사, 1994, 서울, p# 213에서 그들에겐 장교 또는 하사 이상의 계급을 달아주었고, 또한 육군 최초로 GO(게릴라 군번)군번도 부여했다. 이것은 국방부장관의 명의로 국방부 일반명령으로 발령됐다. 그리고 부대 편성과 각급 지휘관도 임명했다.
출동때까진 시일이 얼마 남지 않았기에 난 그들에게 기초적인 체력훈련은커녕 전술학 등은 가르치지도 못한 채 총쏘는 훈련만 반복시켰다. 난 유격대 이름을 '결사11연대' 로 명명했다. 라고 기술했으나 채중령은 1951. 1. 18 정보학교에 와 훈령실황을 본 것 뿐이고, 부대명의 명령이나 모든 교육에도 참여한 바는 없었는데……
1961년 이후 우리들은 기록발굴에 힘써 왔으나 장교와 하사관의 일반명령과 명단은 당국의 비협조로 아직도 찾을 수 없는데 그 분의 말은……

아무리 혼란했던 시기라도 사람 수백명이 죽고 전투했으니 병적등재와 보상은 가능했을 것인데 우리의 노력이 제대로 평가되지 못함에 대해 끝내 아쉬움이 지워지지 않는다.

이와함께 이름모를 산야 계곡에서 숨져간 전우들의 가족이 겪은 고통 또한 결코 간과되어서는 안될 것이다.

전사자의 가족들에게 당연히 지급되어야 할 보훈연금도 전혀 지급되지 않아 어려운 생활을 해야 했고, 신분확인이 안된 전우들은 전사했음에도 호적정리조차 제대로 할 수 없었다.

세월은 흘러 1987년 3월 28일 36년여만에 육군본부는 처음으로 육군참모총장 명의의 전사확인 통지서를 발부했다.

"결사 제11연대 제1대대 계급 : 임시소위, 군번 : GO1039, 성명 : 허은구(許銀九)(28. 9. 16일생)가 1951년 4월 3일 설악산 지구에서 전사했노라 하며, 삼가 고인의 명복을 빕니다" 라는 '전사통지서' 였다.

그 뒤 계속해서 작전참모 전인식 대위가 신청한 일등중사 장동순 등 50여 전우가 당시의 군번과 계급으로 전사 확인을 받아 호적을 바르게 정정할 수 있게 되었다.

늦었지만 다행이었다.

그러나, 참전장병 모두의 명단도 없고 전사한 동지의 본적지는 더욱 알 수 없어 기록의 보정(補正)은 불가능했다.

따라서 전인식 대위(현 전우회 회장)는 1986. 1. 13. 육군7567부대장에게 기록요청 이후, 1992. 8. 8. 국군 제9037부대장, 1993. 12. 22. 전 4863부대장 이극성 장군의 증언에 이어, 60년사의 기록보정을 위해 2007. 11. 22, 2008. 1. 25, 2008. 2. 18, 2008. 3. 18, 2008. 4. 4 5차에 걸쳐 국군 9965부대장에게 미8군 정보연락장교단 당시의 유격대 장병 명단 제시를 끈질기게 요구해 2008. 5. 29 정보사령관의 직접지시로 2008. 6. 9. 명단 중 일부인 14장(마이크로 복사문)을 교부 받았으나 표지도 없고 중복된 것 1장 등 일부명단만을 인수 했을 뿐이다.

이런 기록이 당국에 보존 되어 있음을 볼 때 나는 유격대장병 817명 전원의 명단이 꼭 있을것으로 판단된다.

이 기록은 별첨(p#134)과 같이 주민등록번호 등이 있는 것도 아니므로 개인 정보 등 신상에는 아무런 관련이 없을 것이고 또, 60년전의 일이므로 보안문제도 없을터인데 왜 내보이지도 않는지 괫심하기 이를 데 없다.

아무튼 만시지탄(晩時之歎)을 금할 길은 없으나, 뒤늦게나마 약간의 자료라도 주시니 고맙기?까지 하다.

우리들 모두가 국방의무 이행과정이 힘들고 지겹도록 고생스러웠다고 해서 자랑이 될것도 아니지만, 고생과 죽음의 댓가는 어느 형태로든지 정부가 꼭 책임을 져야 한다는 점을 다시 한번 강조해 둔다.

아울러 이런 일이 다시는 없어야 하겠다.

자유수호 한국전쟁! 속칭 6.25 사변! 이것은 결코 사변이 아니었다.

육군본부 직할 결사대 제11연대, 제12, 제13연대, 통합부대「**백골병단**」에 참전한 장병은 **이 나라의 자유와 평화, 통일을 위해** 신명을 바쳤다는 사실을 우리 국민 모두는 겸허히 받아 들이고, 이 엄청난 역사적인 사건을 재조명하는데 인색하지 말아야 할 것이다.

자유의 종은 은은히 온누리에 퍼져나아갈 것이다.

그 누가 뭐라 해도 그들은 잘 싸우고 잘 견뎠다고……

강원도 인제군 북면 용대3리 산 250-2에 세워진 303명의 **무용용사 추모비**는 무명용사가 아니었다.

그들은 군번과 계급을 부여받았으니까 ……

【첨부자료】

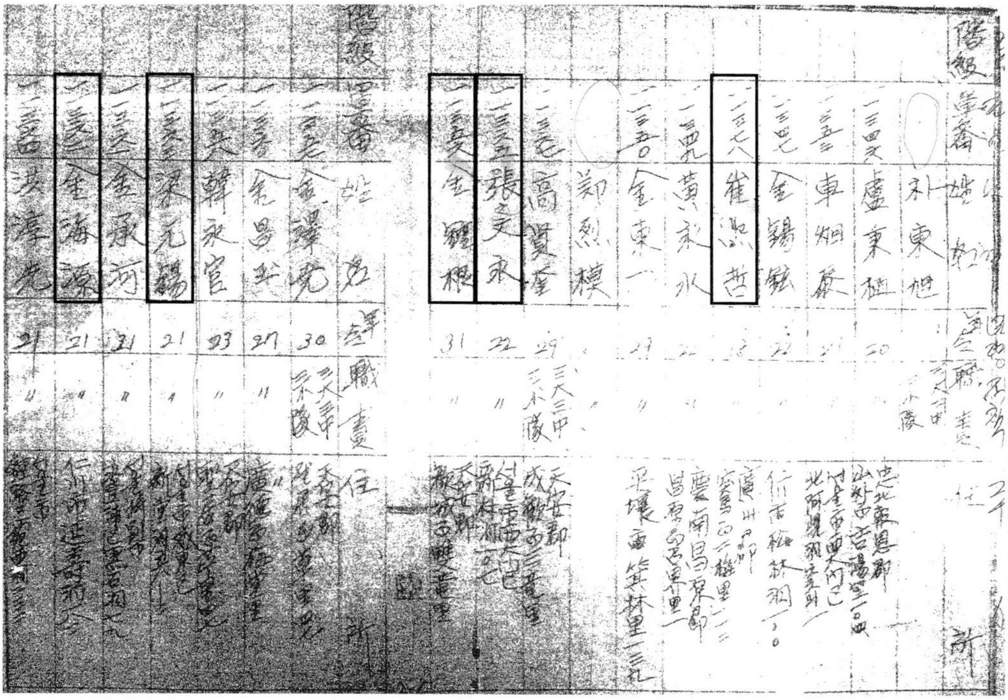

<정보사에서 준 참전자 명단 14장 중 1장의 축소 견본이다>

※ BOX 안 5명은 2009. 7. 현재 생존중이며, 이 자료보존으로 보아 원본이 보존되어 있을 것으로 확신하나 국가기록원 2009. 7. 7. 회신, 특수임무수행자보상 심의 위원회 2009. 6. 24자 회답 등에는 자료가 없다는 회답 뿐이다.

제 5 장 UN 군으로 이관

1. 강릉에서

적진 320km, 즉 800리 상당에 걸쳐 어려운 혈투를 감행하고 구사일생(九死一生)으로 살아 돌아온 장병들!!

강릉 시내 서쪽에 자리잡은 도립병원을 중심으로 민가에 분산 주둔한 주둔지 앞 개울은 대관령 쪽에서 동쪽바다로 흐르는 남대천(南大川)이다.

이 개울에는 우리들이 밟은 눈이 녹아 흘러내리는 물도 있을 것이다.

사지(死地)에서 구사일생으로 살아 돌아온 우리들은 이제 삶과 죽음이 무엇인지를 어느 정도 알 것만 같았다.

1951년 4월 15일(?)경 우리들의 소속이 육군본부 정보국에서 작전국 심리전과로 이관되었던 것 같다.

당시 채 중령이 육군본부에 작전상황을 보고하러 떠난 상태였는데 갑자기 박창암 소령이란 분이 나타나 내가 귀관들을 지원한다고 하더니 이번에는 또다시 미8군 커크랜드 기동부대로 이관되었다는 것이다.

우리는 정녕 길 잃은 철새인가,

주인 잃은 어린 양인가?

지휘관조차 없는 상황에서 소속이 바뀌니 마음을 안정시킬 수 없었다.

우리는 미국군인이 시키는 대로 따를 뿐 별도리가 없었다.

부대 이관의 근원은 1951년 4월 15일(?) 동해안의 유격대가 한국군으로부터 미8군 작전국의 기타 업무처 지구전과(地久戰課)로 이관되어「커크랜드 기지」가 창설된 데 따른 것이라고 하나 그 근거는 알 수 없다.

1951년 5월 5일(?) 미8군 작전통제하에 있던 미 제 8086부대도 기타 업무처의 지구전과에 흡수되었다는 미군 당국의 기록을 미루어 우리들의 이관 사실을 확인할 수 있다.

1951년 4월 하순(?)에 접어들자 중부전선의 인제지구에서는 아군 3군단이 중공군과 북한군의 연합 춘계 총공세에 상당한 손실을 입고 작전상 후퇴를 하게 되었다.

우리들에 대한 후퇴명령은 육군본부 전방지휘소(강릉 소재)에서 지시되었는데, 막상 부대병력을 어떻게 이동할 것인가에 대한 아무런 대책도 없었다.

◆ 미8군으로 소속 변경

부대 이동에 대한 걱정을 하고 있을 때, 미군장교와 상사가 우리가 주둔중인 강릉 도립병원 광장에 GMC 트럭 몇 대를 인솔하고 나타났다.

미군 중위는 우리를 묵호방면인 「북평 송정리」로 이동한다고 말했다.

강릉에 온 미군 장교는 "해리손"(William S. Harrison)이었고, 주51) 주52)

그의 보좌관인 "윙게트"(Kingston M. Winget)는 후방(後方) 지휘관이라고 했다.

미군 상사는 "썰어마"와 "칼맥"이라고 했는데, 그들은 필리핀 정글지대에서 일본군을 상대로 유격전을 감행한 역전의 용사라고 자랑이 대단하던 친구들이었다.

이로써 역전의 용사「백골병단」장병은 하루 아침에 미8군 사령부 예하 8086기동부대 커크랜드 기지로 이관 되었다.

이 부대의 실질적인 책임자는 미8군 작전참모부의 대령 "메기"(Mc Gee)씨 라고 한다.

우리부대는 이름도 요란하게「태스크포스 커크랜드(Task Force Kirkland Eight United State Army Korea)였다.

우리들 중에서 그런대로 최고위 장교였던 전대위도 깜깜절벽이었고, 며칠전에 이곳을 다녀간 채 중령이나 박창암 소령도 부대의 재편성·이관사실을 전혀 알지못하고 있었던 것 같았다.

아무리 작전지휘권이 미군에게 있다고 하더라도 도대체 어떻게 돌아가는지 알 수가 없는 형편이다.

전대위는 대위계급장을 달고 있었는데도 어리둥절할 수 밖에 없었으니 다른 장병들이야 두말할 나위조차 없었다.

될대로 되라는 식으로 몸을 내맡길 수 밖에 달리 뾰족한 수가 없었다.

미8군에서는 전대위를 한국육군과 협의한 것인지도 알 수 없는데 **육군소령으로** 진급시켜 주었다.

도대체 어떻게 된 영문인지 알 수 없었다.

해리손의 통역 겸 보좌관으로 대학재학중 참전한 이남표(李南杓)동지가 있었다.

이 동지는 뒤에 학업을 계속하여 서울 H 대학의 교수로 재직하다가 1994년말에 정년퇴임 했다.

주51) 미군이 강릉 도립병원에 트럭 6대를 몰고 왔기에 전대위는 부대 병력을 승차시키고, 미군 상사 썰어마의 지프차로 선도(先導) 하였다.

주52) 해리손 씨는 미국 하버드 대학 출신으로 미8군의 메기(McGee) 대령(준장예편) 추천으로 한국전에 참전한 후 두백리 상륙 작전의 공로로 미국 은성무공훈장을 받았으며, 대위로 예편한 뒤 미국 Lowell 대학교에서 교수로 근무하다가 정년 퇴임 했다고 한다.

그의 주소는「10 Gaslight Drive Apt #1 South Weymouth MA 02190 U.S.A」였으며, 그는 한국을 방문하여 옛날의 전우들을 만나 보고 싶다고 전대위에게 알려와 방한을 준비하던 중 1995년 3월 지병으로 사망했다.

북평으로 이동한 부대는 북평소학교에 주둔한 뒤 적전상륙작전의 훈련도 실시되었고, 육박전에 관한 훈련도 하였다.

지금의 송정리 해수욕장 부근의 솔밭에서는 북병산을 공격목표로 하여, 대대적인 상륙작전과 실전 모의훈련도 실시했다.

그런 한편, 전소령은 백골병단 참전전우 중 동상에 걸렸거나 신체에 이상이 있는 전우는 본인의 희망에 따라 모두 고향으로 돌아갈 수 있도록 현지에서 도장을 새겨 제대증이 아닌 귀향증을 발행해 주었다.

결사 제11연대에서 부대를 떠나 귀향한 전우는 모두 40~50명쯤 되었지만, 그래도 남아있는 병력이 100명 정도는 되었다.

동상에 걸린 병사는 묵호 야전병원에 입원시켰는데, 그들 중 일부는 뒤에 부산 제5육군병원과 제3육군병원으로 후송된 뒤 육군839부대에서 제대한 전우도 여러 명이 있었다.

2. 원산 남방 두백리 상륙

북평초등학교에 주둔한 부대는 훈련도 상당한 수준으로 실시되었고 무기도 최신형 무기가 지급 되었다.

박격포에 야간 조준경이 달린 것이 그때 처음으로 지급되었고, 기관단총과 M 2 칼빈소총 등도 지급되어 보잘것 없던 무기로 무장했던 백골병단은 기동성과 고도의 화력을 유지할 수 있게 되었다.

미 8 군으로 예속된 뒤 동해안에 침투한 결사 제15연대와 후속 제16연대, 특별연대 등 450여명이 합류해 병력은 크게 증강되었다.

미군은 우리에게 무기만은 최신병기를 주었으나 피복의 경우는 상의 등판에 흰 페인트로 PW(포로라는 표시)라는 도장이 크게 찍힌 군복을 주었으니, 미군이나 국군 모두 정신이 제대로 된 사람들인지 의심하지 않을 수 없었다.

PW표시의 페인트를 지우기 위해 전소령은 군복 상의를 모두 거두어 검정 물감을 들여 입혔다.

이래서 백골병단은 '검정셔츠부대' 란 애칭과 흑골부대란 별칭도 생겼다.

참으로 기막힌 사연이다.

이때 새로 증강 재편된 커크랜드 기동부대의 편성은 다음과 같다.

사령부 요원 39명

다들레(11연대) 130명

스텐튀쉬(12, 13연대) 90명(연대장 임시소령 이두병)

단스터(15연대)　　124명(연대장 임시대위 윤학수)
엘리옷(16연대)　　297명(연대장 임시대위 최성진)
쎈올(특별연대 : 반이상이 장교)　34명(연대장 임시대위 한지룡)
이들을 합한 총병력은 714명이었다. (후속 17연대와 18연대는 알 수 없음)

실전 경험이 많은 다들레(11연대), 스텐튀쉬(12, 13연대)는 38도선 이남 출신들이 많았으나 단스터(15연대)를 포함한 엘리옷(16연대), 쎈올(특별연대) 등은 대부분 강원 동해 북부와 함경남도 출신 피난 청년들이 대부분이었다.

이들은 고향과 안변 등지에서 치안대로 활동하다가 국군과 유엔군이 후퇴할 때부터 유격전을 전개하면서 동해안을 따라 후퇴한 후 1951년 3월 정보학교에 입교했던 터라 전력은 크게 보강된 셈이다.

어떻든 훈련을 모두 마친 우리는 1951년 6월 3일 결사 제11연대와 제16연대를 주축으로 한 부대가 적지를 향해 묵호항을 출항했다.

우리들을 싣고 떠난 기함(旗艦)은 미 해군 507함(소해정 비슷한 함정)으로 기억된다.

전인식소령은 사령부 작전처장으로서 이 상륙부대의 한국군 최상급자이고 또 동시에 전방지휘관이 되었다.

우리는 동해상의 원산 남쪽 앞바다에 위치한 알섬(卵島)을 거쳐 삼섬(三島)이라고도 부르는 솔섬(松島)에 상륙했다가 다음날인 6월 6일 새벽 두백리(荳白里) 해안으로 적전상륙(敵前上陸)을 감행했다.

우리 보트 앞쪽에는 미 해병대원 2명이 먼저 육지에 접근하여 물개우는 소리로 우리에게 상륙해도 좋다는 안전신호를 보내 주었다.

적지 쪽에서는 기관총이 이따금 해안쪽을 향해 발사되기도 했으나 단순한 위협사격일 뿐 그들은 우리의 상륙기도를 눈치채지 못하는 것 같았다.

우리는 어렵지 않게 적지 두백리에 상륙할 수 있었다.

상륙과 동시에 적의 해안 초소와 기관총좌는 즉시 박살냈다.

안변(安邊) 쪽에서부터 고저(庫底), 통천(通川) 방면에 이르는 도로를 차단했으므로 두백리는 완전히 고립되었다.

두백리(荳白里)는 60여 가구에 달하는 꽤나 큰 마을이었고 주민들도 300여명이나 살고 있었다.

주민들은 우리들이 상륙한 것을 아침이 되어서야 비로소 알고 모두 뛰어나와 반갑게 맞이해 주었다.

어떤 주민은 '두문(杜門)' 이란 꼬리표를 붙이고 다니는 사람도 있었다.

이는 국군이 북진 당시 국군에게 협력한 사람들을 부락 동구밖으로 못나가도록 조치한 것으로서 두문 불출해야 하는 자의 표지라고 했다.

전소령은 '두문' 이란 꼬리표를 붙인 이들을 주축으로 삼아 악질분자들을 색출해 내도록 명령했다.

두백리의 상륙작전에서 우리는 큰 성과를 올렸다.

중동부 전선인 회양과 간성방면으로 통하는 유일한 보급로가 되는 도로를 차단할 수 있었기 때문이다(지금은 중부로 통하는 도로를 새로 개설한 듯함).

동해안의 유일한 보급로가 되는 이 도로를 완전히 차단했으므로, 그곳을 통하여 남하하는 북한군 제15사단(?)의 전병력은 아군의 함포와 공습으로 치명타를 입기도 했다.

◆ 인천상륙 다음의 전과

우리가 감행한 두백리 상륙작전의 전과는 적의 해안초소 겸 포대 2개소와 교량 2개소, 기뢰 10여개를 폭파하고, 내무서 및 인민위원회 공회당을 파괴했다.

또한, 내무서 분주소원(경찰관) 7명을 생포했으며, 적 치하 양민 300여명을 주문진으로 피난 후송하여 자유를 찾아 주었다.

전소령이 알섬을 떠난 1951년 6월 26일까지 아군의 피해는 없었다.

우리들은 도로의 완전 차단을 위하여 교량을 폭파하고 그들의 남행을 저지함으로써 작전상 우위를 확보할 수 있게 되었으나 적의 저항도 상당하였다.

솔섬으로 일단 퇴각했으나 적들의 박격포 사정거리 안에 들어있어 피해를 입게 되자 다시 전방기지인 알섬으로 철수했다.

알섬은 원산과 안변이 거의 같은 등거리에 위치한 절해의 무인도로 평균 표고는 60~70m 정도인데, 육지쪽 전사면(前斜面)과 동쪽 배사면(背斜面)만 약간의 평지가 있을 뿐 남북 방향은 40~50m 정도의 급경사 절벽으로 되어 있어 갈매기의 집단 서식지였다.

전인식 소령은 미 제10군단 G2 첩보대원들과 그들이 보유한 선박문제로 시비가 생겼는데 그들이 이 사실을 미 10 군단 G-2에 보고했나 보다, 2~3일 뒤에 미10군단 정보참모인 미군 중령이 바다쪽에서 헬기로 날아왔으나 전소령은 부대원의 부식을 위해 배가 꼭 필요하다는 것을 강력히 주장했으나 끝내 받아들여지지 않자 그 중령과 크게 충돌했다.

이 사건이 원인이 되었는지? 전소령은 후방인 주문진으로 밀려나오게 되었다.

〈요도 10〉 커크랜드 기동부대 작전 요도

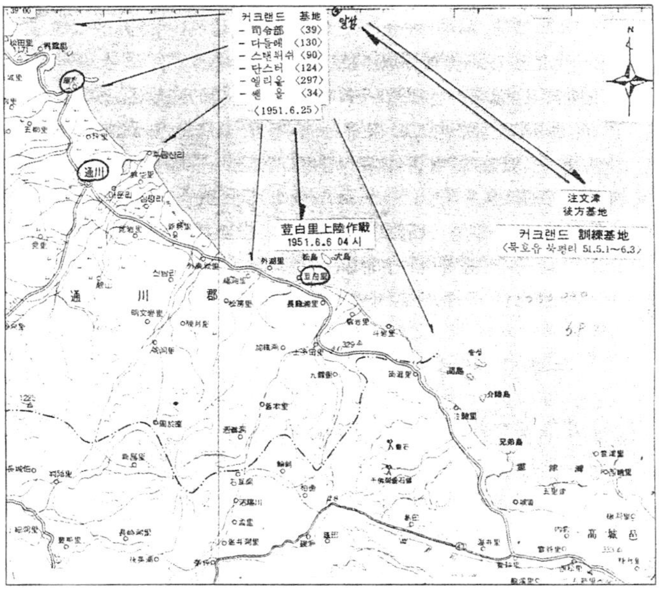

1951. 6. 3. 묵호항 출동
1951. 6. 6. 두백리 상륙
당시의 요도

주문진에 돌아온 1951년 6월 28일 전소령은 곧 명예제대(Honorably Discharge)가 되었다.

이때 받은 제대증 원본을 잘 소장하고 있다가 전쟁기념관 유격부대 전시부스에 증거물로 기증해 전시되어 있다.

전소령은 1951년 1월 4일부터 6월 28일까지 5개월 25일간을 결사유격부대 등에서 복무한 셈이다.

이때의 복무확인서(육군참모총장 대장 서종철 명의)도 잘 보관중에 있다.

1952년 10월 들어 제2국민병의 소집영장이 날아 들었다.

병역을 미필했기 때문에 군에 입대하라는 것이다.

전소령은 제대증 등을 가지고 가 따졌지만 전혀 받아들여지지 않았다.

1952년 11월에 논산(論山) 훈련소에 입대하여, 9358453(?)이라고 기억되는 군번과 이등병(훈련병)이 되었다.

육군소령이던 작전참모 전인식이 다시 신병인 훈련병이 된 것이다.

그때 입대장정에게 신상기록을 작성 제출하라고 하기에 전소령은 과거의 유격대 경력을 모두 써냈다.

신병교육대의 중대장은 전소령을 부르더니 기록의 진실유무를 확인하고는 교육에 참가시키지 않은채 내무반에 있으라고 해 몇 일 지났는데, 전소령을 광주에 있는 육군

보병학교로 전출시켰다.

1953년 5월, 6개월간의 교육을 마친 전소령은 26444라는 장교 군번을 받고 육군 소위가 되었으니 전소령은 세 번째의 군번을 받은 것이다.

53년 7월 휴전이 될 때까지 2개월 상당의 기간중 강원도 양구군에서 화천군 등지로 휴전 때까지 제법 열심히 뛰었다.

1957년 11월 현역장교(5년간) 만기 제대를 했다.

정말 파란만장한 생을 보낸 것이다.

2006년 6월 20일 육군본부는 전인식 대위에게 군번 **51-00008번**과 **육군대위(퇴역)** 병적을 또 주었으니 육군대위를 한 것인지…… 소령을 한 것인지……

2008년 10월 6일 국가보훈처는 대통령(이명박) 명의의 **국가유공자증서**와 국가유공자증을 보내왔다.

전대위가 받은 국가유공자 증서가 정말 맞는 것인지……

◆ 전인식의 국가유공자 증서

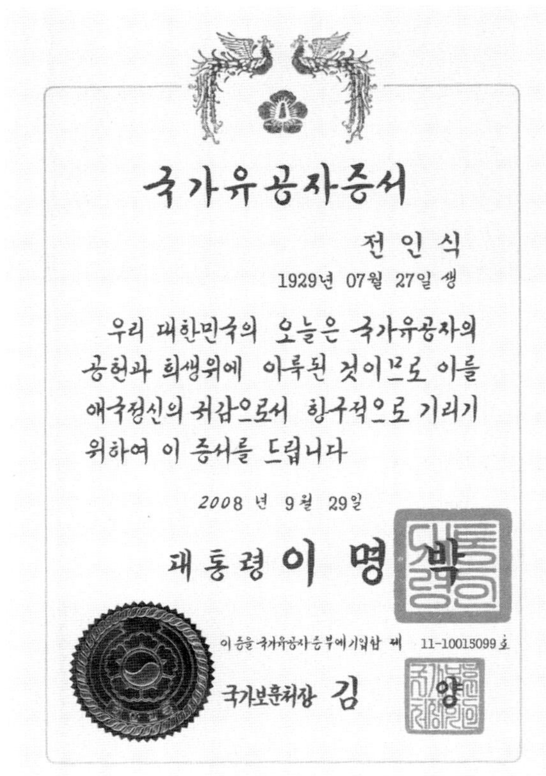

국가유공자증서

전 인 식

1929년 07월 27일 생

우리 대한민국의 오늘은 국가유공자의 공헌과 희생위에 이룩된 것이므로 이를 애국정신의 귀감으로서 항구적으로 기리기 위하여 이 증서를 드립니다

2008 년 9 월 29일

대통령 이 명 박

이 증을 국가유공자 증부에 기입함 제 11-10015099 호

국가보훈처장 김 양

백골병단 전적비의 위용

백골병단 전적비는 1951년 1월부터 그해 6월까지 사이에 중동부전선 적·후방 지역에서 종횡 800리를 누비며, 대남 빨치산 총사령관 인민군 중장과 참모장 등 지휘부 13명 전원의 생포와 적 69여단을 괴멸에 이르게 한 것 등, 적병 생포 309명, 사살 45명(미확인 130여명) 각종 무기 204정의 노획 등으로 아군작전에 크게 기여했으나, 2주일분의 미숫가루만으로 60여일간 영하 30도를 오르내리는 혹한과 굶주림에 시달려 360여명의 전우가 청춘을 나라에 바쳤다.

이 전적비는 육군본부의 예산 지원과 육군 제3군단, 백골병단 참전전우 일동의 성금으로 1990년 11월 9일 제막되었다.

장소 : 강원도 인제군 북면 용대리 산 250번지의 2
대지 : 국유림(국방부소관) 4,928m^2
설계·구도 : 비문 작성 기타 : 全 仁 植

백골병단 전적비 입구 전경 <강원도 인제군 북면 용대3리 250-2>

육군본부 직할 결사 유격 제11, 12, 13연대(백골병단) 참전장병의 명단조차 없앤듯 참전중 생사불명 장병 360여명이 무명용사가 되어 추모비가 외롭게 서있다. 이 추모비는 2003.6.5. 참전전우회에서 건립하였다.(국가보훈처 지원 포함)

◆백골병단 전적비에 각자된 내용

白骨兵團 戰跡碑

碑 文

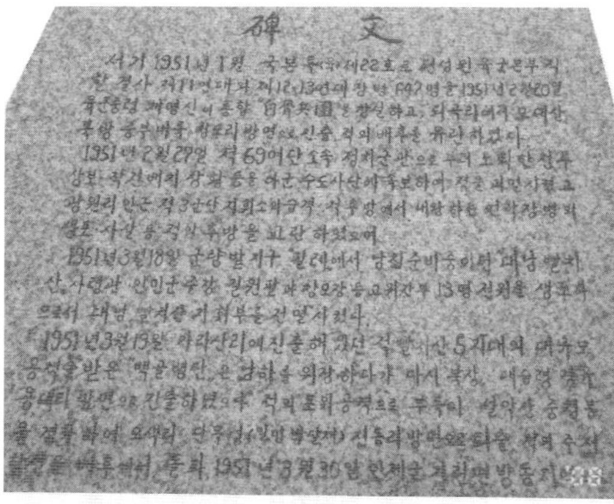
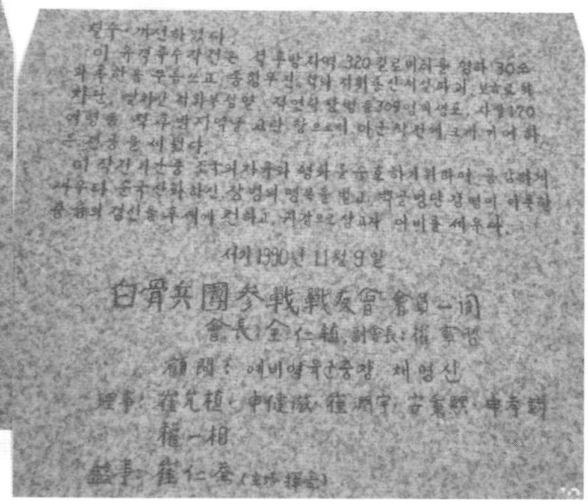

백골병단 전적비 비문은 참전 당시 결사 제11연대 작전참모 겸 백골병단 작전참모 임시대위 전인식이 짓고 쓴 것을 원문 그대로 음각한 것이다.
전우회장 전인식은 2006년에 이르러 명예회복과 동시에 (군번51-00008번)퇴역되었다.

전 투 요 도

육군본부 직할 결사 제11연대를 중심으로 한 백골병단(결사 제11연대와 제12, 13연대)의 전투요도
작성자 백골병단 작전참모 전인식(결사 제11연대 작전참모 겸 직)

건립 취지문(육군 제3군단 제공)

전몰장병 60위(57위 동작동 국립묘지 위패 발굴영현 3위는 대전현충원에 안장)

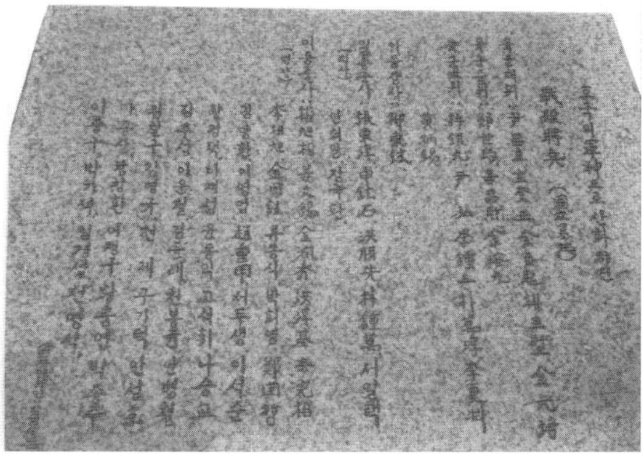

전적비 건립 유공자

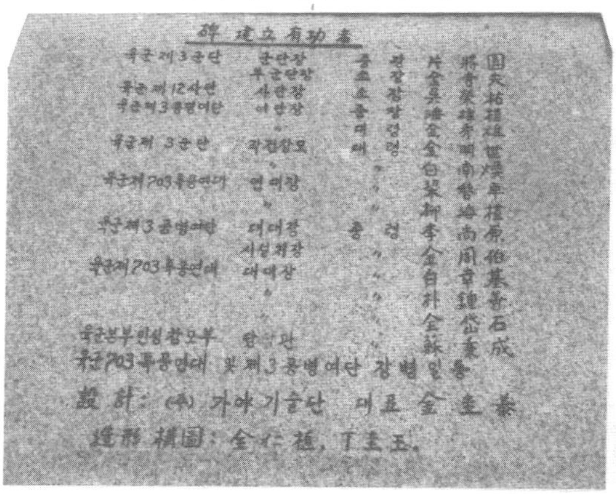

건 립 개 요 (육군 제3군단 제공)

전적비 건립성금 기탁자 명단

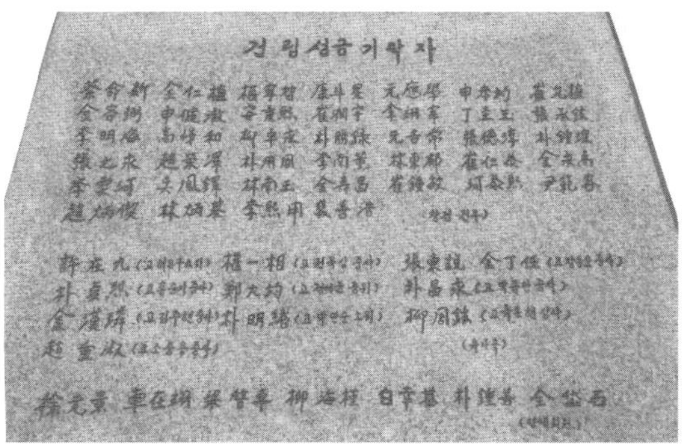

백골병단 작전개요

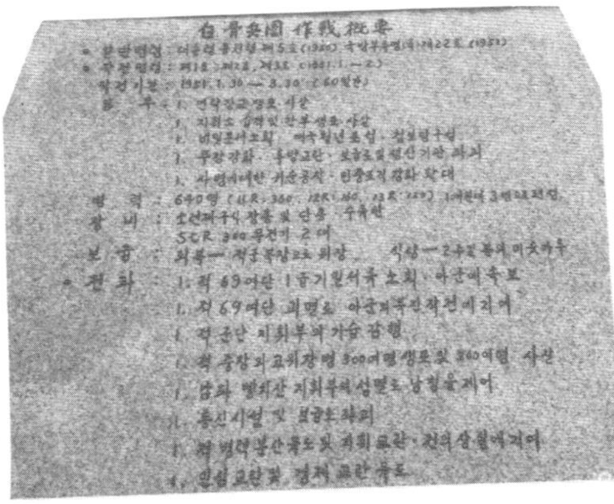

백골병단전적비 안내판 <국가보훈처 제작>

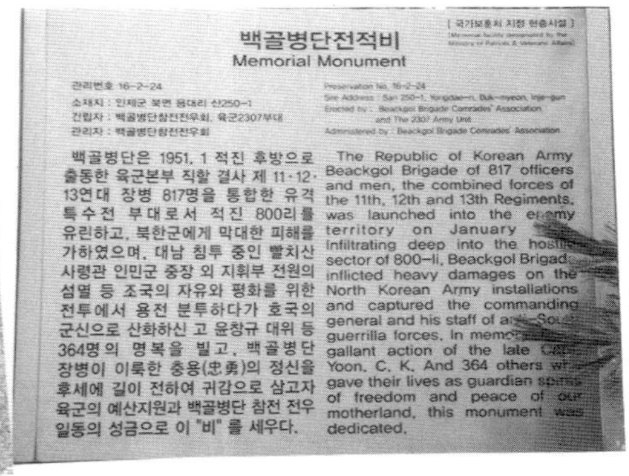

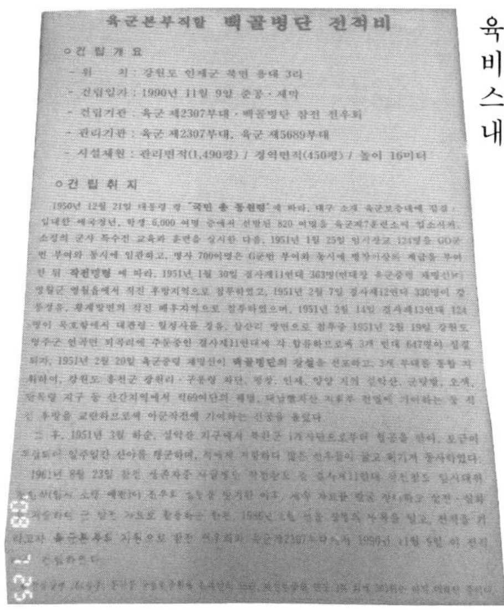

육군본부 직할 백골병단 전적비 건립개요 및 건립취지를 스테인리스 판에 음각하여 경내에 세우다 (작성 : 전인식)

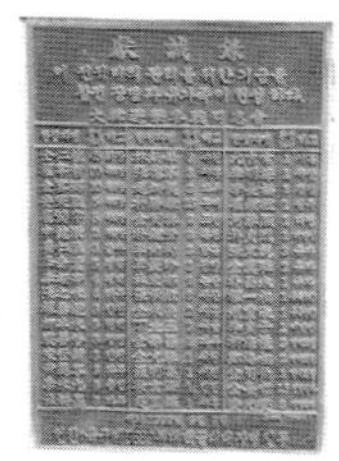

전적비 유지관리 기금 헌성록

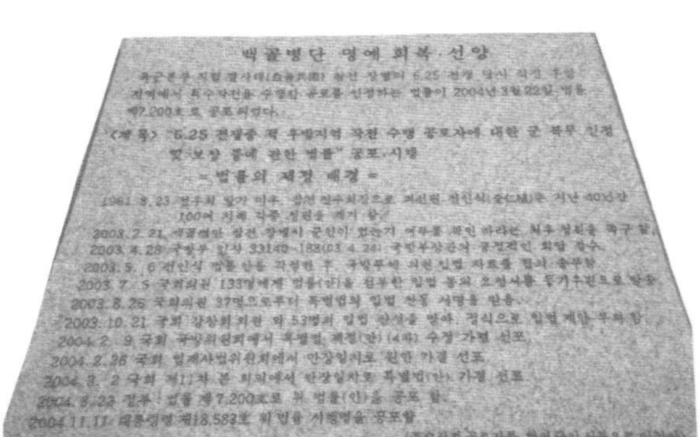

백골병단 명예회복 선양의 역사적 기록

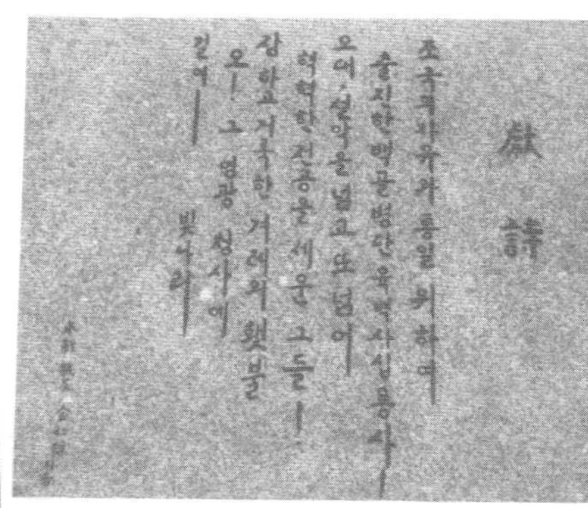

헌시 작사 및 음각 : 참전전우 全仁植

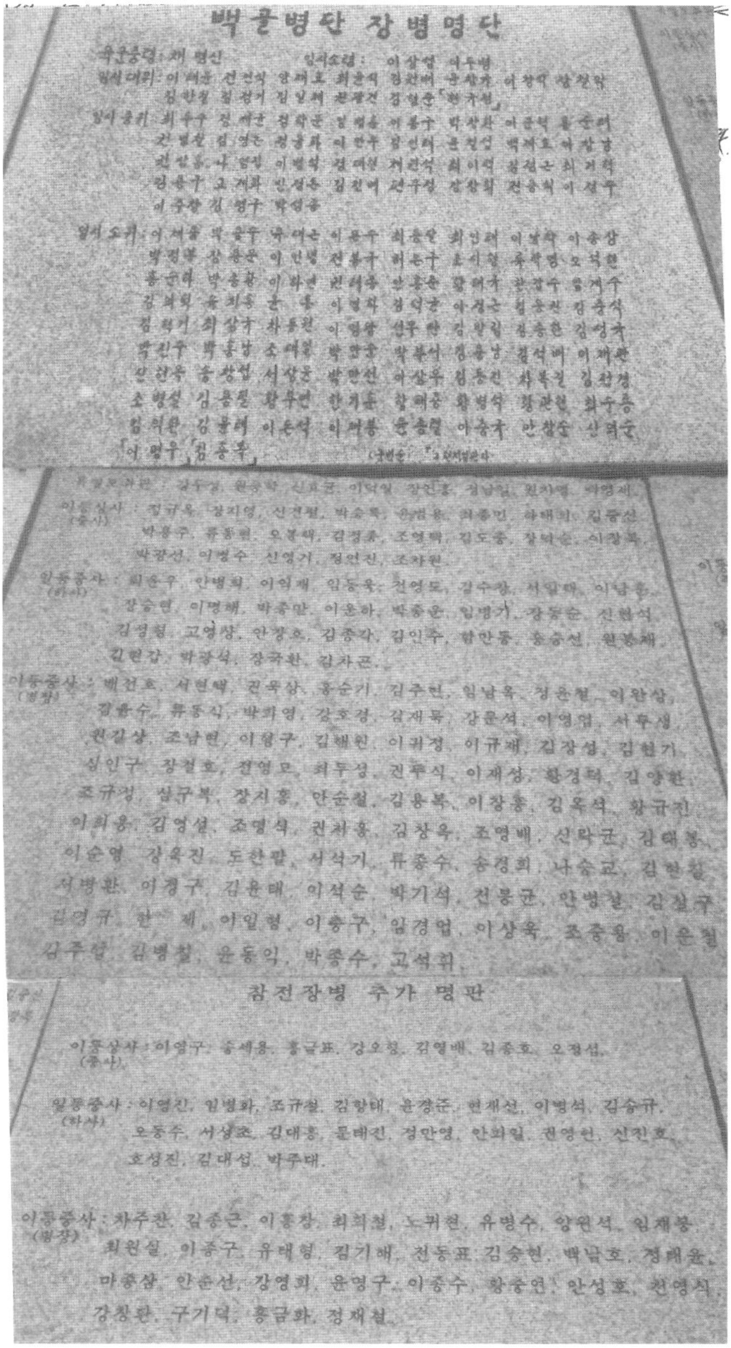

육군본부 직할 결사대(백골병단) 대원으로 참전한 장병의 명단 확인된 자의 성명이 계급별로 총 314명이 전적비 각자판 3판에 기록되어 있다.

◆서울 용산에 있는 전쟁기념관 2층

<전선교착기 백골병단 부스 앞에서>
참전 전우회원이 기념사진을 남겼다.
(2005. 7. 16)

서울 용산 삼각지 소재 전쟁기념관 2층 전선교착기부스에는 백골병단 관련기록이 영구전시되어 있다.
⇓

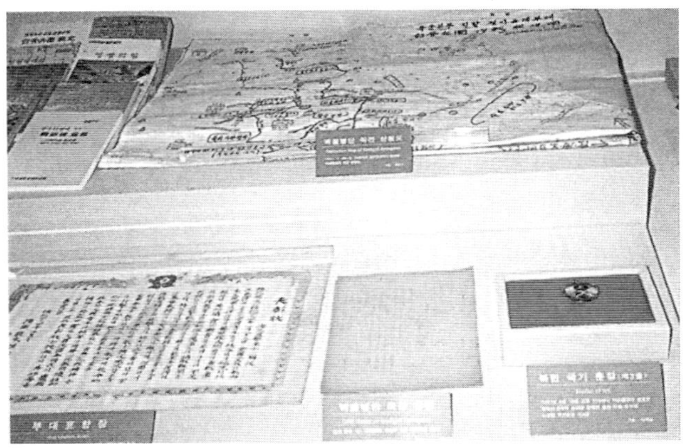

저서, 작전요도 · 작전명령 ⇒
표창장, 노획한 국기훈장(3급) 등

참전전우 일동이 전쟁기념관을 찾았다.
(우) 김인태 중위, 임병화 하사, 류탁영 소위, 최인태 소위
(좌) 안병희 하사, 권영철 중위, 신건철 중사, 최종민, 이익재 씨

결사 유격대(백골병단) 작전개요도

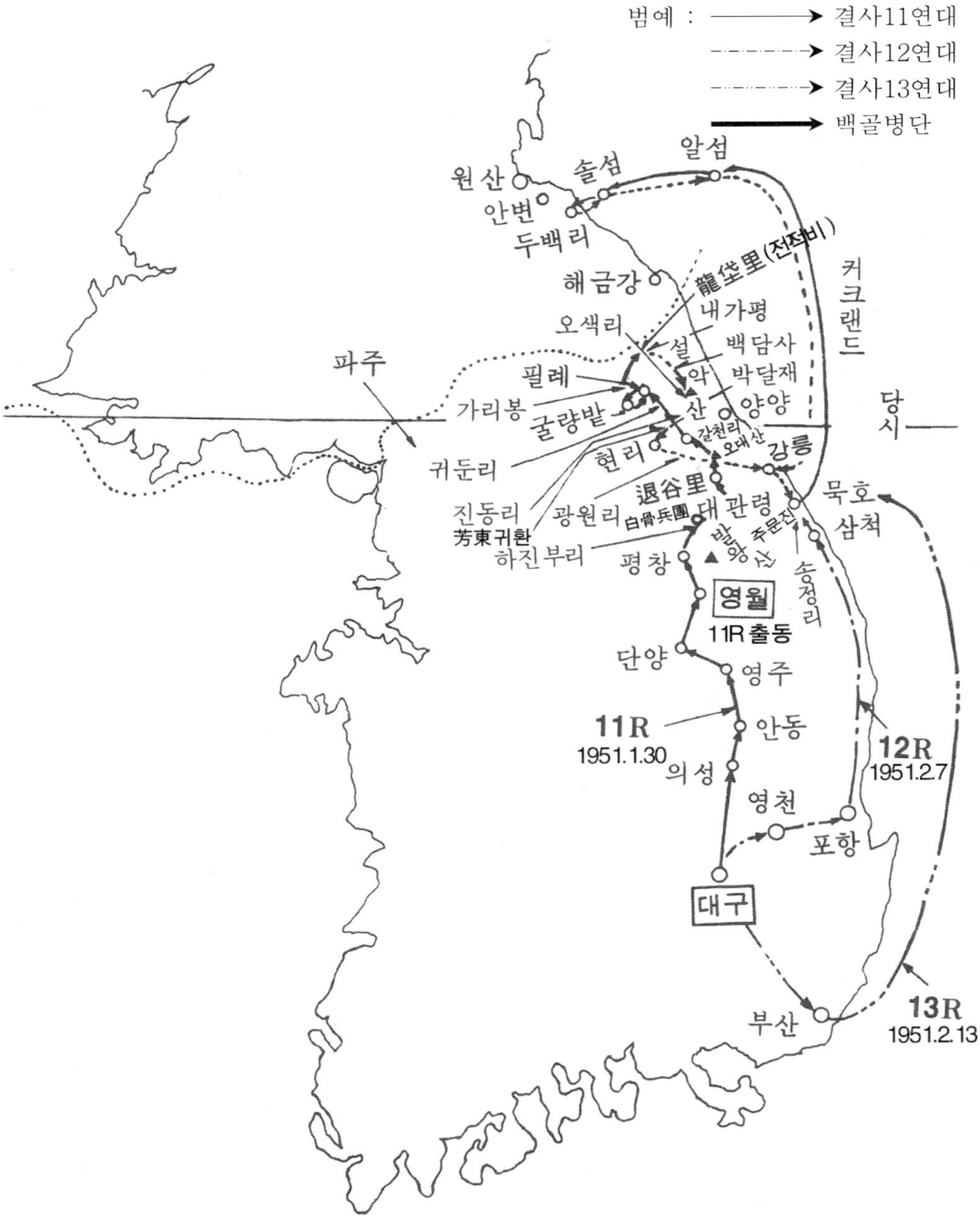

육군본부 직할 결사 유격대(제11연대, 동 12, 13연대) 작전요도

1951. 6. 28 미8군 기동부대 KIRKLAND(커크랜드)부대에서 MAJOR CHUN IN SIK(소령 전인식)에 대한 HONORABLY DISCHARGE(명예제대)를 증명하는 KINGSTON. M. WINGET(킹스턴 엠 윙게트)의 서명증서

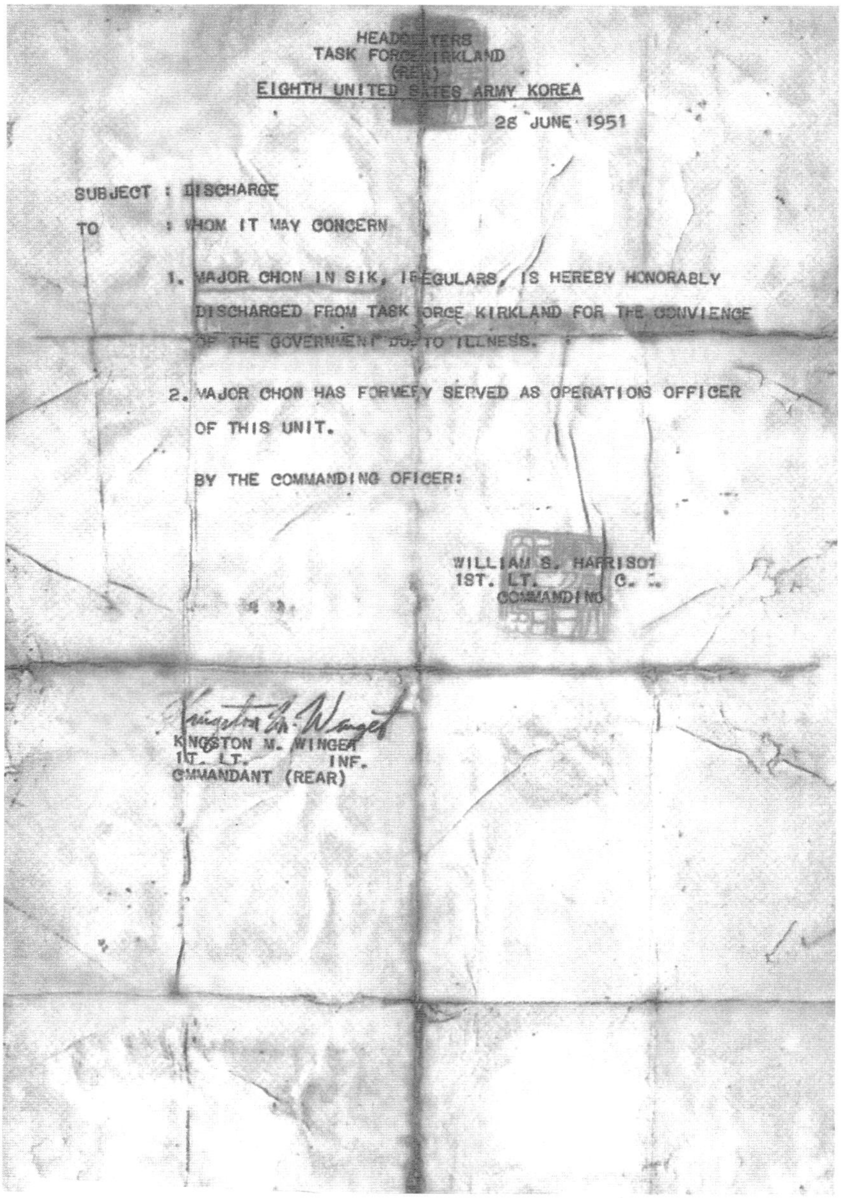

HEADQUARTERS
TASK FORCE KIRKLAND
(REAR)
EIGHTH UNITED STATES ARMY KOREA

28 JUNE 1951

SUBJECT : DISCHARGE

TO : WHOM IT MAY CONCERN

1. MAJOR CHON IN SIK, IRREGULARS, IS HEREBY HONORABLY DISCHARGED FROM TASK FORCE KIRKLAND FOR THE CONVIENCE OF THE GOVERNMENT DUE TO ILLNESS.

2. MAJOR CHON HAS FORMERLY SERVED AS OPERATIONS OFFICER OF THIS UNIT.

BY THE COMMANDING OFICER:

WILLIAM S. HARRISON
1ST. LT. C. E.
COMMANDING

KINGSTON M. WINGET
1ST. LT. INF.
COMMANDANT (REAR)

《주》 이 증명에 직인이 날인 된 것은 커크랜드에 편성된 장병의 휴가 또는 귀향증 등에 날인하던 것을 윙게트의 서명 뒤에 찍은 것이다.
원본은 용산 전쟁기념관 2층 전시실에 전시되어 있다.

제6장 白骨兵團 전우회 태동

1. 육군본부 직할 결사대 전우회 발기

=발기회의=

일시 : 1961년 8월 23일

"가칭, 대한민국 유격군 참전 전우회(가칭) 발기 첫 모임에 참가한 전우들"

소속	계급 성명	출연금
결사 제11연대	대위 전인식	출연금 1,600원
〃	중위 김영돈	〃 1,000원
〃	대위 최윤식	〃 500원
〃	소위 최인태	〃 500원
〃	二上 이명우 (현지임관 소위)	〃 500원
〃	二上 이흥복 (현지임관소위)	〃 500원
결사 제11연대	통신병 최윤우	출연금 500원
〃	보좌관 강두성	〃 1,400원
〃	〃 원응학	〃 1,000원
〃	〃 장인홍	〃 500원
	10인	합계 9,000원

※ 참가자 회식 비용 명세
음료수(식대) 및 주대 8,100원
차(tea) 400원
연초(담배) 100원
기타 팁 등 400원 소계 9,000원

=좌담회의 결과 결의사항=

1. 육군본부 정보국 직속 결사 유격대 전우회를 결성하기로 합의하다
   고문 : 채명신 장군, **준비위원** : 전인식, 장철익, 원응학, 한갑수로 함
2. 임시연락사무소 : 서울 종로3가 부국빌딩 4층 전화 ③ 1527
   원응학 동지의 회사 사무실로 잠정 결정하다.

2. 1962년 파악된 참전 전우

(무 순)

소 속	계 급	성 명	직장 기타	주 소
결사 제11연대	임시대위	全仁植	33세, 소령진급	파주군 탄현면, 공무원
〃	임시소위	韓甲洙	34세, 중위진급	성동구 금호동, 공무원
〃	임시대위	崔允植	39세, 서울여상고	서대문구 녹번동, 교원
〃	이등상사	李命宇	30세, 현지임관 연락장교	춘천시 근화동, 회사원
〃	보좌관	元應學	34세, 연대장 특별보좌관	동대문구 창신동, 회사중역
〃	〃	康斗星	〃	상업, 회사사장
〃	〃	申孝均	〃	동대문구 숭인동, 상업
〃	〃	李德溢	〃	서대문구 냉천동, 공무원
〃	〃	張麟弘	〃	상업, 점포 경영주

소 속	계 급	성 명	직장 기타	주 소
결사 제11연대	임시중위	李奉九	30세	동대문구 이문동, 회사원
〃	임시소령	李相燮	11연대 부연대장	경기 광주경찰서, 공무원
〃	임시소위	崔仁泰	40세, 중위진급	파주군 아동면, 공무원
〃	이등상사	張之永	32세	서울신문사, 사원
〃	임시중위	金寅泰	34세	강원 철원경찰서, 공무원
〃	〃	洪淳泰	41세	평택농고교, 교원
〃	〃	權寧哲	33세, 대위진급	서대문구 냉천동, 회사대표
〃	이등상사	金興福	35세, 현지임관 수색대장	경기도 경찰국, 공무원
〃	일등상사	丁奎玉	39세	서울 문리대내, 목공업
〃	일등중사	崔潤宇	28세	체신부 공무원
〃	미 상	趙明植		성북구 돈암동, 무직
〃	임시중위	林炳勳		경기 파주군 월롱면, 농업
〃	이등상사	朴光善	39세	경기 파주군 조리면, 농업
〃	이등상사	黃圭鎭	45세	종로구, 노무원
결사 제12연대	임시소령	李斗柄	43세, 12연대 연대장	강원도 화천군, 상업
〃	임시대위	張喆翼	31세, 12연대 참모장	용산구 용산동 경향신문, 사원
〃	이등중사	張哲鎬		용산구 용산동 예술인, 성우
결사 제13연대	임시중위	金學均	13연대→15연대로 전출	용인군 양지
〃	일등중사	金次坤		동대문 창신동, 공무원
			이상 28名 11연대 23명, 12연대 3명, 13연대 2명	

1961년 8월 채명신 소장이 참전전우와 첫 만남을 갖었다

1961년 8월 23일 채명신 소장(감찰위원회위원장)(백골병단 사령관: 당시 육군중령)이 옛전우를 초청해 참전개선 후 처음으로 한자리에 모였다. 이날 전우회가 발기되었다.
(좌) 최윤식 대위, 채명신 소장, 이상섭 소령, 이봉구 중위, 신효균 보좌관, 장지영 중사, 정규옥 중사, 전인식 대위, 원응학 보좌관, 한갑수 소위 등

3. 國家 再建最高會議 議長에게 陳情

※ 陸軍本部 直轄 決死隊 遊擊 第11, 第12, 第13, 第15聯隊
參戰 同志一同 代表 崔允植

=要 旨=

國家再建 最高會議 議長 閣下

革命課業完遂를 爲하여 奮鬪하시는 閣下의 玉体健勝하심을 仰賀且祝하오며 몇말씀 進言하오니 洞察하시와 善處하여 주심을 삼가바라옵니다.

自由를 위한 大試鍊이요 民族的 受難의 해였던 1950年 11月 中旬 中共軍의 介入으로 戰局이 重大함에 비추어 軍은 强大한 武裝軍으로 하여금 敵의 陣地 各要所에 侵透, 敵後方을 攪亂하므로서 敵의 戰意를 抵下시키고 敵軍事 機密 探知로 我作戰遂行을 容易케할 目的으로 決死遊擊隊를 大統領動員令 第5號에 準한 國本 特別命令(陸) 第22號(日字未詳)에 依據 서울 淸凉里에서 大邱로 移動, 當時 情報學校(達成國民學校)(中略)에서

特殊敎育을 施行케하므로서(中略)

(當時 審査 이한림 准將 이후락 大領 이극성 中領 김일로 少領 한관흥 中領)

國本特別命令(陸) 第22號追加(1951年 1月25日付)同 第44號(同年2月14日付)와 同第45號(同年2月24日付)로 GO軍番으로 各各 任官되고(이한림 准將이 수여) 敎育課程을 修了한 後 決死 第11聯隊를 先頭로 白骨兵團이라 稱하고 兵團長 蔡命新(現少將 監察委員長) 指揮下에 37度線을 突破, 諸般惡條件을 무릅쓰고 敵後方 깊숙이 侵透하여(中略)

第2據點인 麟蹄郡 군량밭(필례)에서는 敵의 對南 遊擊隊 總司令官이며, 北朝鮮 勞動黨 第2秘書인 吉元八과 參謀長 강칠성을 爲始해서 巨物級 13名과 南韓各地에 보내는 機密文書와 無電機를 押收, 敵의 作戰을 完全히 痲痺시켰습니다.

生還한 우리들은 高貴한 勇士의 魂을 追慕코저 國家에 呼訴하였으나 自由, 民主, 兩党政權下는 우리들을 保護는 커녕 拘束까지 하였으니 이는 軍番과 階級을 주고, 俸給조차 없이 惡戰苦鬪 成功裡에 任務를 遂行한 우리들에게는 너무도 苛酷한 處遇가 아닐 수 없습니다. 그러므로 負傷者나 生還者는 兵籍조차 없어 심지어 兵役忌避者로 몰리어 社會奉仕의 士氣마저 꺾이고 말았습니다. 旧政權의 如斯 한 行爲는 그들 幾個人의 功名心에서 多數人의 犧牲을 强要하였으며 無責任한 事後措置로 善良한 國民을 欺瞞하였으니 多數國民으로 하여금 國政을 不信하게하는 結果를 招來하게 만든 것입니다.

우리들이 出動 當時 總參謀長을 비롯하여 關係官은 친히 "諸君中에서 生還者는 無條件 2階級 特進과 大統領의 最高勳章을 授與할것이며, 遺族은 길이 保護하겠다" 고

하였으나 그러한 言約은 간데 온데 없이 똑같은 아들과 男便을 또한 아버지를 바치었것만 한통의 戰死通知조차 없으니 遺族들의 悲嘆과 怨聲이 높아가지 않을 수 없습니다. 이제 5.16 軍事革命을 契機로 決死隊 生還者들은 마지막으로 이 억울한 事緣을 閣下께 呼訴하오니 깊이 洞察하시와 다음과 같은 要望事項을 聽許하여 주심을 바랍니다.

= 要 望 事項 =

1. 戰死傷者의 軍人身分令에 依한 保障과 待遇
 가. 戰死者의 軍墓地에 安置 位牌
 나, 軍事援護의 補償과 年金 援與의 法的待遇
 다. 戰傷軍人의 法的身分 保障 및 一般傷痍 將兵과 同等한 待遇

2. 生還者의 軍人身分令에 依한 身分의 保障
 가. 除隊 確認으로서 兵役義務 免除
 나. 階級에 相當한 待遇
 다. 同志會의 法的인 認定과 未確認 事務取扱의 委囑

3. 反共戰友의 象徵이 될 記念塔의 建立

以上 입니다.

西紀 1962年 4月 21日
陸軍本部 直轄 決死 遊擊隊 第11, 12, 13, 15, 16, 特別聯隊
同志一同 代表 崔 允 植

<이 청원에 따라 일부 전우(병역미필 14명) 權寧哲, 李奉九, 張之永 등 전우들이 07×○××○군번으로 입대와 동시(같은날)에 제대증을 받았다.>

4. 전인식의 병적확인 청원

청 원 서

1970. 1. 19

국방부장관 귀 하

국토방위에 진력하고 계신 각하의 건투와 영광이 함께 있기를 기원합니다.

본인은 현재 감사원에 근무중인 부감사관으로서 이와 같은 청원을 드리게 된 것을 부끄럽게 생각하오나 한편으로는 영광스러운 날이 있었다는 것을 생각할 때 자위하며 이 청원을 드리오니 조치하여 주시기 바라나이다.

청원 취지 …… 본인이 1951. 1. 4부터 1951. 7. 21 까지 사이에 육군본부 정보국 직할 결사 유격부대 작전참모로서 임시소령으로 근무한 군 복무 사실의 확인에 관한 사항입니다.

청원 사실 증명

1. 현재 2군 사령관 중장 채명신(당시, 부대장)의 확인증
2. 임관사령장 사본
3. 제대증명 사본
4. 국방부 특명 사본
5. 작전명령서 사본

본인은 1950. 11. 악랄한 중공군의 개입으로 북진통일대업이 정체되었고 전국이 위태롭게 되자 군은 적진에 무장군을 침투케하여 적의 후방교란과 군기밀의 탐지로서 아군의 작전에 기여케 할 목적으로 대통령 동원령 제5호에 준한 국본 특별 명령(육)제22호로 설치된 결사유격대에 입대하여 대구, 달성초등학교(당시 정보학교) <중략>

1970년 1월 19일 전인식(全仁植)이 국방부장관에게 1951.1.4부터 1951.7.21까지 사이에 육군본부 직할 결사 유격부대 작전참모(임시 육군소령)로 근무한 군 복무 사실의 확인(병력확인)을 요구하는 진정서 첫 면

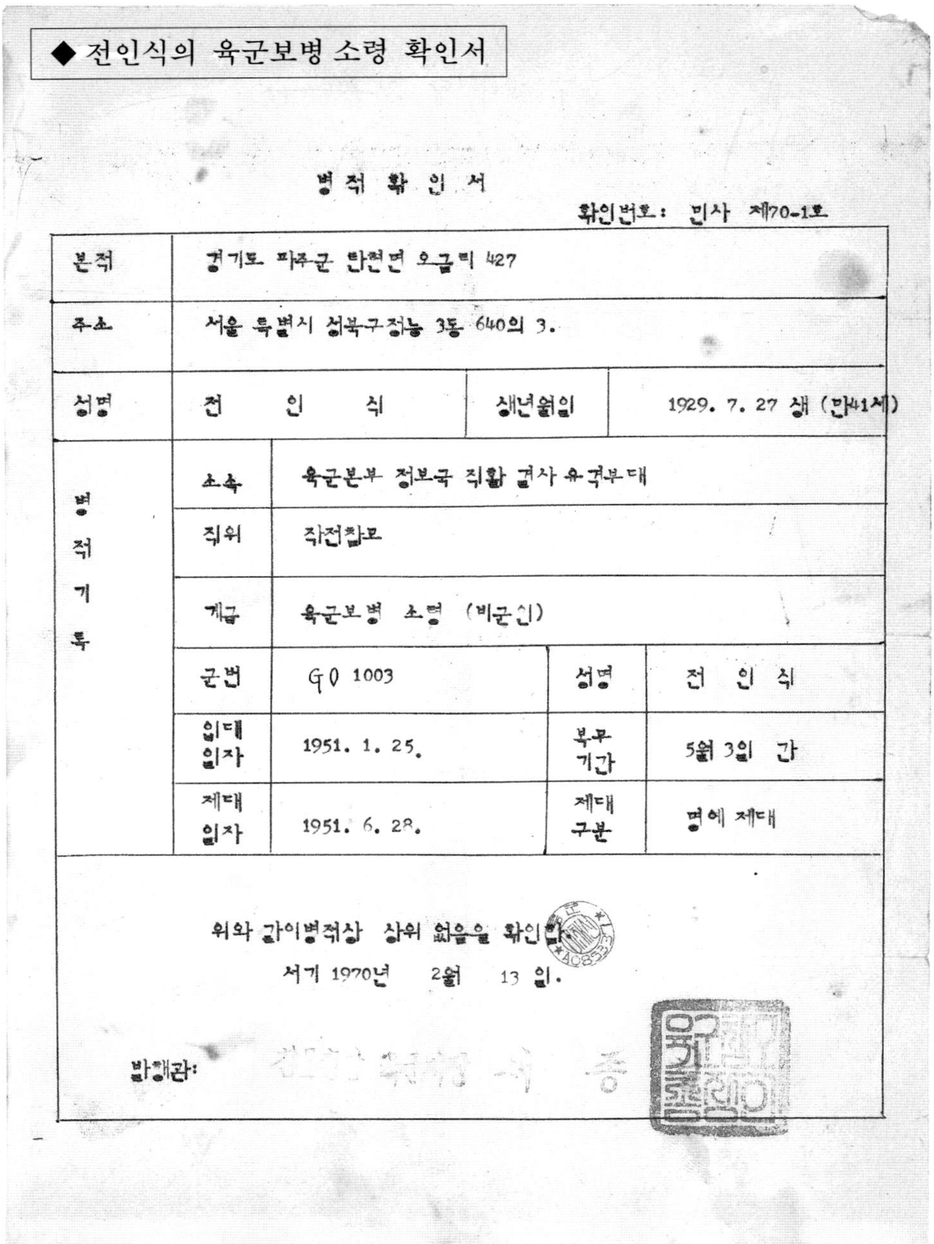

◆ 전인식의 육군보병 소령 확인서

병 적 확 인 서

확인번호: 민사 제70-1호

본적	경기도 파주군 탄현면 오금리 427			
주소	서울 특별시 성북구정능 3동 640의 3.			
성명	전 인 식		생년월일	1929. 7. 27 생 (만41세)
병적기록	소속	육군본부 정보국 직할 결사 유격부대		
	직위	작전참모		
	계급	육군보병 소령 (비군인)		
	군번	GO 1003	성명	전 인 식
	입대일자	1951. 1. 25.	복무기간	5월 3일 간
	제대일자	1951. 6. 28.	제대구분	명예 제대

위와 같이병적상 상위 없음을 확인함.

서기 1970년 2월 13일.

발행관:

1970년 2월 13일 육군참모총장 육군대장 서종철이 전인식(全仁植)의 병적을 확인한 확인서
소속 : 육군본부 정보국 직할 결사유격부대
직위 : 작전참모
계급 : 육군보병소령(비군인) 군번 : GO1003
입대 : 1951. 1. 25 제대 : 1951. 6. 28로 확인되었다.

(발급번호 : 538-1)

참전사실확인서

<table>
<tr><td rowspan="3">인적 사항</td><td>성 명</td><td>전 인 식</td><td>주민등록번호</td><td colspan="3">290727 - 102****</td></tr>
<tr><td>본 적</td><td colspan="5">서울시 성북구 정능동 640-3</td></tr>
<tr><td>주 소</td><td colspan="5">서울시 영등포구 여의도동 30-2 삼부(아) 10동 13호</td></tr>
<tr><td rowspan="4">병역 사항</td><td>소 속</td><td colspan="5">□육군 □해군(해병) □공군 □기타(✓)</td></tr>
<tr><td>계 급(직급)</td><td>임시 소령</td><td>군 번</td><td>GO 1003</td><td>병 과</td><td>보 병</td></tr>
<tr><td>입대(임용)일</td><td>'51. 1. 25</td><td>입대(임용)장소</td><td colspan="3">육군정보학교</td></tr>
<tr><td>제대(퇴직)일</td><td>'51. 6. 28</td><td>복무(근무)기간</td><td colspan="3">년 5 월</td></tr>
<tr><td rowspan="6">참 전 사 실</td><td>기 간</td><td>부 대 명</td><td>참 전 지 구</td><td colspan="3">특기사항</td></tr>
<tr><td>1951.1 ~ '51.6</td><td>백 골 병 단</td><td>강 원 설 악</td><td colspan="3">유격부대</td></tr>
<tr><td>※</td><td>※</td><td>※</td><td colspan="3">※</td></tr>
<tr><td></td><td></td><td></td><td colspan="3"></td></tr>
<tr><td></td><td></td><td></td><td colspan="3"></td></tr>
<tr><td></td><td></td><td></td><td colspan="3"></td></tr>
</table>

참전군인등 지원에 관한 법률시행령 제2조제2항에 의거 위와 같이 참전사실을 확인합니다.

1995 년 3 월 16 일

국 방 부 장 관 [국방부장관인]

귀 하

1995.3.6 국방부장관은 전인식이 유격부대 백골병단에서 임시소령으로 1951.6.28까지 근무했다는 참전 사실확인서를 발행하였다.

백골병단 전적비 경내 조감

◆ 백골병단 전적비 비문

碑 文

서기 1951년 1월 국본특(육)제22호로 편성된 육군본부 직할 결사 제11연대와 제12 · 13연대 장병 647명을 1951년 2월 20일 육군중령 채명신이 통합 "白骨兵團"을 창설하고, 퇴곡리에서 오대산 북방 중부내륙 청도리 방면으로 진출, 적의 배후를 유린하였다.

1951년 2월 27일 적69여단 소속 정치군관으로부터 노획한 전투상보 · 작전배치 상황 등을 아군 수도사단에 속보하여 적을 괴멸시켰고, 광원리 인근 적3군단 지휘소의 습격, 적후방에서 내왕하는 연락장병의 생포 · 사살 등 적의 후방을 교란하였으며

1951년 3월 18일 군량발 지구 "필례"에서 남침준비중이던 "대남 빨치산" 사령관 인민군 중장 길원팔과 참모장 등 고위간부 13명 전원을 생포하므로서 대남 빨치산 지휘부를 전멸시켰다.

1951년 3월 19일 가리산리에 진출해 있던 적 빨치산 5지대의 대규모 공격을 받은 "백골병단"은 남하를 위장하다가 다시 북상, 대승령 경유, 용대리방면으로 진출하였으나 적의 포위공격으로 부득이 설악산 중청봉을 경유하여 오색리 단목령(일명 박달재) 진동리 방면으로 퇴출, 적의 주저항선을 배후에서 돌파 1951년 3월 30일인제군 기린면 방동지역으로 철수 · 개선하였다.

이 유격특수작전은 적후방지역 320킬로미터를 영하30도의 혹한을 무릅쓰고, 종횡무진, 적의 지휘통신시설 파괴, 보급로의 차단, 빨치산 지휘부 섬멸, 적 연락장병 등 309명의 생포, 사살 170여명 등 적후방지역을 교란함으로서 아군작전에 크게 기여하는 전공을 세웠다.

이 작전기간 중 "조국의 자유와 평화를 수호하기 위하여" 용감하게 싸우다 순국 산화하신 장병의 명복을 빌고, 백골병단 장병이 이룩한 충용의 정신을 후세에 전하고, 귀감으로 삼고자 이 비를 세우다.

서기 1990년 11월 9일

白骨兵團 參戰 戰友會 會員一同

會 長 : 全仁植, 副 會長 : 權寧哲

顧 問 : 예비역 육군중장 채명신

理 事 : 崔允植 · 申健澈 · 崔潤宇 · 安秉熙 · 申孝均 · 權一相

監 事 : 崔仁泰(主塔 揮毫)

<전인식 짓고 씀>

白骨兵團 戰跡碑 除幕 <1990.11. 9>

강원도 인제군 북면 용대리 3리 250-2

전적비 제막식에 전몰장병에 대한 위령·분향하는 전인식 회장

육군참모총장 대장 이진삼
제3군단장 중장 편장원
백골병단 사령관 채명신
백골병단 전우회장 전인식

전인식회장이 이진삼대장에게 무엇인가 수교하고 있다.

육군참모총장 이진삼 대장 전인식 회장 뒷편 채명신 사령관

전우회원 각종 부담금 및 찬조금 집계

(1961. 8 ~ 2009. 8. 19 금액순)

성 명	회비 부담 기 타 (만원)	성 명	회비 부담 기 타 (만원)	성 명	회비 부담 기 타 (만원)
全仁植	★ 1억6,186만원	**尹慶俊**	★ 433	吉奎喆	160
權寧哲	★ 4,483	**李長福**(亡)	412	오봉택	151
金容弼	★ 3,109	**金重信**	★ 405	金道中	150
洪金杓	★ 2,330	**高悌和**	397	徐玄澤	150
林東郁	★ 2,003	**金亢泰**	360	李興昌	123
安秉熙	★ 1,885	**黃泰圭**	365	姜五馨	120
崔潤宇	★ 1,680	**金鍾浩**	★ 323	金鍾根	113
宋世鏞	★ 1,414	**趙詩衡**(亡)	315	吳東秀	100
張之永	★ 1,247	**玄再善**	290	양재호(亡)	48
李永九	1,050	**吳錫賢**	★ 248	申樂均	25
李翊宰	★ 982	**梁元錫**	195	이창홍	15
權泰鍾	★ 925	**扈成振**(亡)	★ 195	金赫起	15
車周燦	★ 893	**金成亨**	170	金大燮	15
林炳華	★ 880	**吳正涉**(亡)	145	朴柱大	15
朴勝錄	★ 861	**文泰眞**(亡)	135	차동원	10
柳海槿 장군	★ 757	**張喆翼**	(외국) 120	鄭萬永	10
金寅泰	673	장덕순(亡)	508	신효균(亡)(特)	532
李榮珍	★ 670	조병설(亡)	505	元應學(特)	271
裵善浩	★ 629	최종민(亡)	473	康斗星(特)	233
林炳基	551	윤범용(亡)	425	李南杓(特)	190
全永壽	548	류탁영	396	이덕일(特)	22
崔熙哲	538	朴鍾云	338	장인홍(亡)(特)	6
朴用周	★ 515	金壽昌	257	신건철(亡)	556
金宋奎	★ 502	徐聖礎	230	이남훈(亡)	485
河泰熙	486	羅明集	222	장승현(亡)	360

범례 : (유) 유가족, (亡) 전우회 활동 중 사망, ★ 60년사 협찬자, 굵은활자 : 전우회원

(단위 : 만원)

성 명	회비 부담 기 타	성 명	회비 부담 기 타	성 명	회비 부담 기 타
최인태(亡)	344	金永卨	7	오정흠(亡)	(특별) 2
최윤식(亡)	321	金海源	3	유병철	(15R) 20
허재구(亡)	232	金永培	2	최동수	(16R) 10
이명해(亡)	181	김한철	1	張東說	(유) 548
원길상(亡)	151	李命宇	1	**丁東鎭**	(유) 503
이병석(亡)	105	宋景熙	107	權一相	(유) 325
임남옥(亡)	33	蔡命新 장군 (군)	1,050	金漢璘	(유) 194
노귀현(亡)	25	朴鍾善 장군 (군)	60	**張日南**	(유) 170
고영상(亡)	24	金周伯 대령 (군)	20	조중숙	(유) 159
이운하(亡)	22	鄭海相 회장	20	박정렬(亡)	(유) 164
신진호(亡)	20	황인모 장군(亡) (군)	18	이정자	(유) 144
김익환(亡)	20	차재익 장군(亡) (군)	15	**金洪泰**	(유) 120
한갑수(亡)	16	白幸基 대령 (군)	13	朴昌永	(유) 96
박종황(亡)	15	全岱石 중령 (군)	10	정윤성	(유) 40
이두병(亡)	11	梁啓卓 대령 (군)	8	류주현	(유) 30
이창식(亡)	10	서원경	56	鄭大均	(유) 29
趙榮澤	73	전희철	(전인식 子) 45	文亨植(유)(문원영)	20
權斗植	16	안광섭	(안병희 子) 40	朴明緒	(유) 18
신영기(亡)	16	李晩相	(전인식 친구) US$200	천숙영	(유) 10
李熙用	13	최성준	(최윤우 子) 10	**계 134명** (비대상 28포함)	

〈공로 보상금 관련자〉

성 명	기 타	성 명	기 타	성 명	기 타	성 명	기 타
권처홍	(亡) ⑪	신의순	? ⑫	이봉구	(亡) ⑪	김용복	? ⑬
김대홍	(亡) ⑪	서병환	? ⑫	김영돈	(亡) ⑪	전재식	? ⑬
이만우	(亡) ⑪	심구복	(亡) ⑫	이남학	(亡) ⑪	김병칠	? ⑬
이태윤	? ⑪	심인구	(亡) ⑫	김홍복	(亡) ⑪	이영열	(亡) ⑬
임계수	(亡) ⑪	조차원	(亡) ⑫	조남현	? ⑪	최이택	(亡) ⑬
김정종	? ⑪	이정성	? ⑬	이형구	? ⑪		계 29명
최용달	(亡) ⑪	윤철섭	(亡) ⑪	원봉재	? ⑫		
김인수	(亡) ⑫	임병훈	(亡) ⑪	박광석	(亡) ⑫		

보상신청 누락자 : 김해원 ⑪, 김영돈 ⑪, 신진호 ⑬
최상삼 ⑫, 문원영 ⑫, 이덕근 ⑫

추정자 총 135명

7. 신문 · 방송 · TV 등 보도

1985. 6. 1~30. KBS 제 1 라디오 「白骨兵團」 1개월간 連續放送.
1986. 6. 25 KBS 특집방송(라디오 6·25 全仁植 回顧 生放送).
1987. 3. 7~14, 21. KBS I, II, MBC TV 「다큐멘터리」 「**못다 핀 젊은 꽃**」 3부작(54분) 放映함.
1989. 7. 4 KBS I 「다큐멘터리」 "**박달령의 침묵**" 放映.
1990. 11. 9 KBS TV, MBC TV(50분간)와 10여個 言論社 **白骨兵團 戰跡碑 除幕式** 一齊히 報道.
1990. 11. 22 KBS I 라디오 AM·FM 放送 全仁植 會長 인터뷰.
1990. 11. 29 KBS I 18 : 35분~18 : 55분 放送(全仁植 出演).
1993. 6. 15 KBS 제 1 라디오 AM, FM 對談放送 20分(全仁植 出演).
1993. 6. 17 KBS 제 1 라디오 20分間 全仁植 會長과 6·25 對談放送.
1994. 6. 8 KBS FM 97.3 MHz 추모제 방송.
1999. 6. 6. 20시 KBS I 「**일요 스페셜**」 백골병단 관련 放映함.
1999. 6. 25 KBS I FM, AM 全仁植 會長과 6·25 회상 **대담 방송 30분**.
1999. 6. 25 KBS I TV 「다큐멘터리」 「**이한몸 다 바쳐**」 57분간 放映.
2008. 12.16 SBS 「특집다큐」 "백골병단의 발자취를 찾아서" (703특공연대 천리행군)50분

1986. 6. 25 京鄕新聞 (7면) 전단에 걸쳐 「**白骨兵團**」 기사 **특종**.
1989. 1. 20 동아일보에 白骨兵團 회원에게 보내는 광고게재(全仁植).
1989. 7. 6 京鄕新聞 : 백골병단 관련기사 보도.
1989. 7. 16 서울신문 : 백골병단 기사 보도.
1989. 12. 16 江原日報 : 영결식 8단으로 보도.
1990. 4. 3 朝鮮日報, 京鄕新聞, 江原日報 : 추모식 광경 보도.
1990. 6. 18 江原日報 : 전적비 건립 조감 등 보도.
1990. 6. 19 京鄕新聞 : 8단기사로 기공식 크게 보도.
1990. 11. 9 東亞日報, 中央日報, 京鄕新聞, 江原日報 등 크게 보도.
1990. 11. 10 朝鮮日報 3면 : 백골병단 기사 5단 크게 보도, 世界日報 : 7단 기사 크게 보도.
1990. 11. 13 국방일보 : 제막기사 6단 반면에 크게 보도.
1990. 11. 14 平和統一 新聞과의 인터뷰(全仁植 會長), '90년 12월호.
1990. 11. 15 第一經濟新聞 편집국장과의 인터뷰(全仁植 會長) 기사 보도.
1990. 11. 27 제일경제신문 : 전단 반면에 크게 보도.
1991. 4. 1 反共新聞 編輯副局長 인터뷰(全仁植 會長).
1991. 4. 25 반공신문 : 지면 전면에 백골병단 보도.
1991. 6. 12 전사에 남을 백골병단의 용맹(국방일보 : 4면 전단 보도).

1994. 2. 4 「뉴스피플」 장군의 비망록 <5> 채명신장군 편
1994. 6. 8 국방일보 : 7면에 역전 老兵 호국영령혼 기려(3단 기사).
1994. 6. 11 국방일보 : 5면에 6·25 특집 老兵의 소리 <1> 「빨갱이 잡는데 人權 필요없어요」(8단 기사).
1994. 6. 13 특집 적진교란 아군 대공세 전기 「빨치산 지휘부 섬멸」.
1996. 6. 7 뉴스피플 : (26, 27면) 한국최초 게릴라부대 한 맺힌 전투.
1996. 6. 8 국방일보 : 「**전우여 고이 잠드소서**」 크게 보도.
1996. 6. 28 국방일보 : 4면 8단 기사 「나는 이렇게 싸웠다」(특집).
1996. 11. 6 중앙일보 : 침투 잠수함 도주관련 기사.
1997. 6. 6 국방일보 : 7면 전우회 추모식 행사 기사 보도.
1997. 6. 17 국방일보 : 전우회에 대한 기획기사 크게 게재.
1997. 6. 19 뉴스피플 : 83면 전우회 관련 기사 게재.
1998. 6. 9 환경일보 : 백골병단 특집 「포로의 대우조차 못 받았다」.
1998. 6. 9 국방일보 : 호국의 군신이여 영원하라 크게 보도.
1998. 6. 20 국방일보 : 기획기사 4면 전단 「오직 조국 위해 싸웠어요」.
1998. 6. 25 서울신문 : 사회 Ⅱ면 「사선넘은 전우 명예 찾아주오」.
1998. 8. 26 국방일보 : 반면 「참전노병, 전적비 영구관리 기금조성」.
1999. 6. 6 국방일보 「호국군신 위훈 영원히 계승」(참전동지회 기사).
2000. 6. 6 국방일보 : 호국영령 추모 國家安保 다져(개선 49주년)
2001. 6. 8 국방일보 : 호국군신 고귀한 희생정신 기려(개선 50주년)
2001. 6. 28 국방일보 : 강력한 힘 만이 자유 · 평화지켜
2002. 6. 8 국방일보 : 호국군신 희생정신 기려(개선 51주년)
2003. 6. 5 참전개선 52주년 기념 추모식 소식
2003. 6. 5 무명용사 추모비 제막 소식
2004. 6. 10 KBS제1라디오 FM에서 전인식 대담방송 7분간 보도
2005. 2. 19 백골병단 작전 54주년 기념 행사 국방일보
2005. 2. 18 옛 전우를 찾습니다(28인) – 동아일보, 서울신문, 한국일보
2005. 2. 24 백골병단 작전 54주년 – 국방일보
2005. 6. 3 백골병단 개선 54주년 현충 추모식 거행 – 국방일보
2005. 7. 백골병단 전몰 용사 추모 – 국방저널
2005. 8. 4 白骨兵團 참전자를 찾는 것 – 동아일보, 조선일보(전인식 부담)
2006. 3. 1 백골병단 기념사업회 향군에 안보 성금 기탁
2006. 6. 5 살신성인 고 윤창규 대위의 충용비 제막
2007. 6. 9 KFN 국방뉴스 백골병단 뉴스 3분간 방송
2006. 6. 5 유격작전 펼친 호국군신 명복빌어 국방일보
2008. 10. 7 백골병단의 전적지 따라 400㎞ 제3군단 특공연대대 행군 또 행군

◆ 작전참모 전인식이 쓴 6.25관련 저서

1981. 5. 參戰手記 「**나와 6·25**」
1986. 6. 못다핀 젊은 꽃(개정3판)
1988. 4. 白雪의 長征
1988. 9. 白骨兵團
1989. 7. 決死 11聯隊
1991. 5. 戰跡碑 落穗
1991. 5. 임진강에서 내설악까지
1992. 10. 영광의 얼
1993. 7. 白骨兵團 戰史(전우회 전사편찬위원회)
1993. 11. 戰史 追錄 Ⅰ, Ⅱ
1994. 7. 설악의 최후
1997. 6. 백골병단 전투상보
1999. 8. 누구를 위한 적진 800리의 혈투인가
1999. 8. 알섬의 갈매기는 왜 우는가
2002. 10. 적진 800리의 혈투
2004. 8. 아픈 상처를 어루만지며
2005. 2. 오십사년을 기다렸다.
2005. 9. 백골병단의 실체!! **오십사년을 기다렸다.**
2006. 2. 한 맺힌 오십사년
2006. 4. 여명의 아침
2006. 4. 설악의 영봉은 알고 있다.
2006. 8. 六二五의 회환 그리고 영광
2007. 7. 영광의 세월(한국전참전 노병의 외침)

◆ 名譽回復 관련 기록

2001. 9. 26 육군참모총장 전인식(충무훈장) 외 20명에게(화랑)훈장 수여 건의
2002. 6. 29 육군교육사령부(중장 류해근)로부터 정보학교 기록 입수
2002. 10. 9 국방부에 임시장병의 신분확인 청구
2003. 2. 5 국가보훈처 고시 2003-8호 白骨兵團 전적비 국가현충시설로 결정 告示
2003. 2. 21 국방부에 내용증명으로 군인여부를 확답하라고 촉구
2003. 4. 12 무명용사 추모비 건립 추진위 결성(추진 회장 전인식)
2003. 4. 28 국방부 참전 53년만에 **백골병단 입법 결정**
2003. 5. 6 국방부에 특별법 입법자료(법률안) 전인식 작성 송부

2003. 6. 5 무명용사 추모비 제막
2003. 7. 5 국회의원 133명에게 입법동의 요청 공문발송
2003. 8. 5 국회의원 34명으로부터 입법찬성 동의 받음
2003. 8. 16 강창희 국회의원에게 대표 발의 요청함.
2003. 10. 21 강창희 의원 54명의 동의로 입법발의
2003. 11. 17 국회 담당관과 법안 심의
2004. 1. 26 전인식 국회국방위원 18인 법사위 15명에게 협조공문 속달
2004. 2. 14 국방부 최병욱 중령 보상금 축소사실 통화
2004. 3. 2 국회 245차 임시회의 11차 본회의에서 만장일치로 「**6.25 전쟁중 적후방지역 작전수행 공로자에 대한 군 복무인정 및 보상등에 관한 법률(안)**」 통과 선포
2004. 3. 4 국방부장관에 법안 통과후 훈포장 수여를 다시 촉구 건의함.
2004. 4. 6 국방회관에서 명예회복 자축 연회 개최함.
2004. 7. 15 특별법시행에 관한 의견서 국방부에 제출
2004. 11. 15 **6.25전쟁 관련법 시행령 공포**(대통령령제18,583호(2004.11.11)
2004. 12. 14 무명용사 추모비 국가지정보훈시설로 지정됨
2005. 3. 24 전인식 공로자인정 재심의 청구
2005. 4. 22 전인식 행정소송 제기함. 2006. 4. 26 헌법재판으로(2006. 5. 30 됨)
2006. 3. 30 특수작전공로자 전역식 거행 건의
2006. 6. 5 살신성인 **尹昌圭대위 충용비 건립** 제막
2006. 6. 20 육군본부 예비역 병적과 **6.25 특수작전공로자에게 새군번과 계급을 부여**
2008. 8. 20 백골병단 참전 60년사 편찬위원회 개최
2008. 8. 20 **60년사 편찬위원회** 감수인으로 류해근 예비역 육군중장 위촉
2008. 10. 11 60년사 편찬위원을 집필위원으로 변경함.
2008. 10. 13 6.25 관련법 폐지법률(안) 입법예고 의견 회신
2008. 10. 14 국회 국방위원장 김학송 의원의 회답문 도착
2008. 10. 17 육군사관학교 부대방문(백골병단 전우회)
2009. 1. 18 상해 대한민국 임시정부 구 청사 및 윤봉길의사 의거 현장 탐방
2009. 2. 24 09년도 정기총회 및 58주년 기념모임(육군회관에서)
2009. 6. 5 육군 717 OP위문 · 견학 및 참전 59년 제54회 현충추모식 거행 군단장 李聖浩 중장, 12사단장 李鍾明 소장 등 300여명 참석
2009. 8. 19 60年史 원고 최종 확인회의 개최. 위원 14인 중 13인 참석 합의 의결

8. 명예회복 기록

◆국가유공자증서

〈백골병단 참전장병은 모두 국가유공자가 되었다〉

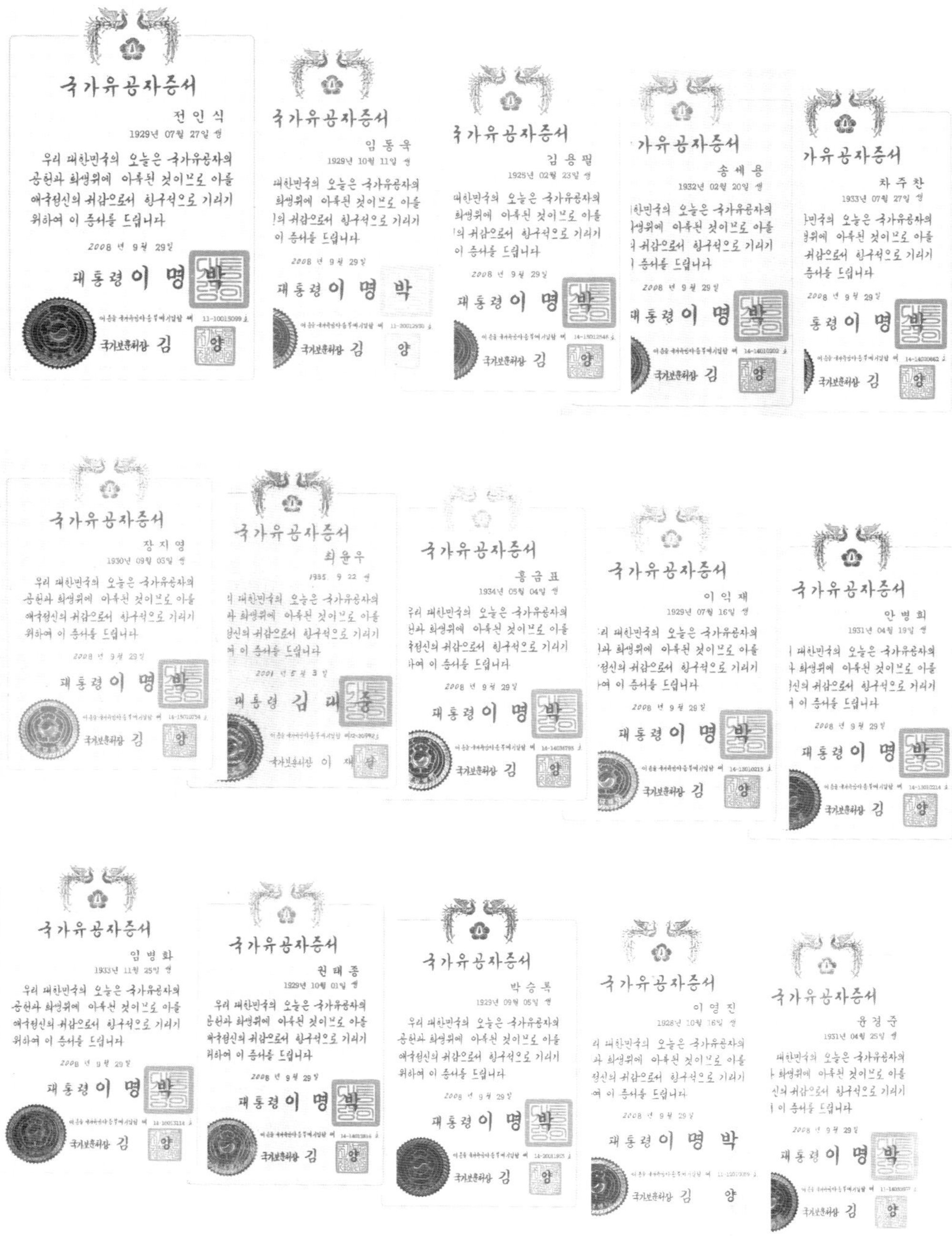

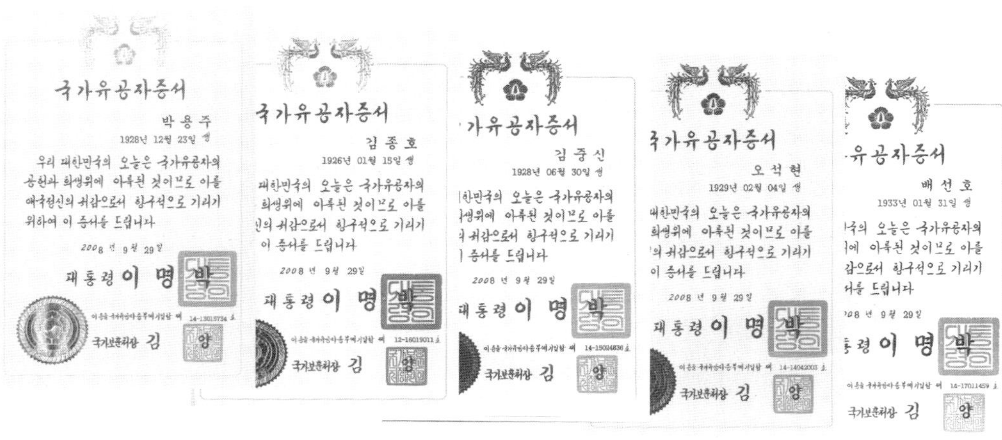

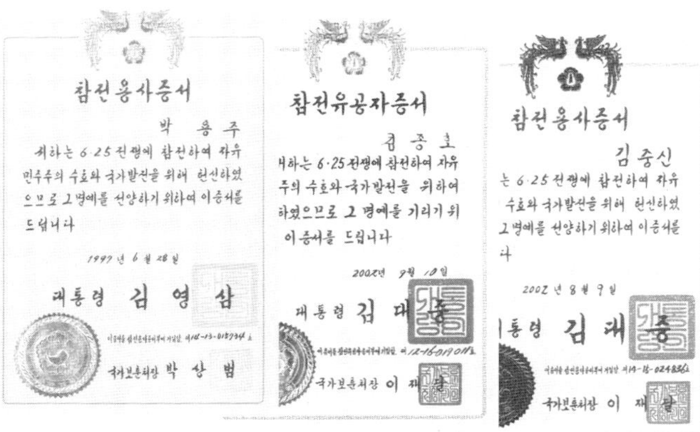

6.25 참전 白骨兵團 참전전우회 회원은 모두 국가유공자증서와 6.25 참전용사증서를 정부로부터 받고 명예선양과 함께 자유민주주의 발전에 이바지 하였음을 자랑으로 영원히 기념한다.

◆ 6.25 참전용사 증서

〈대통령명의 참전용사 증서〉

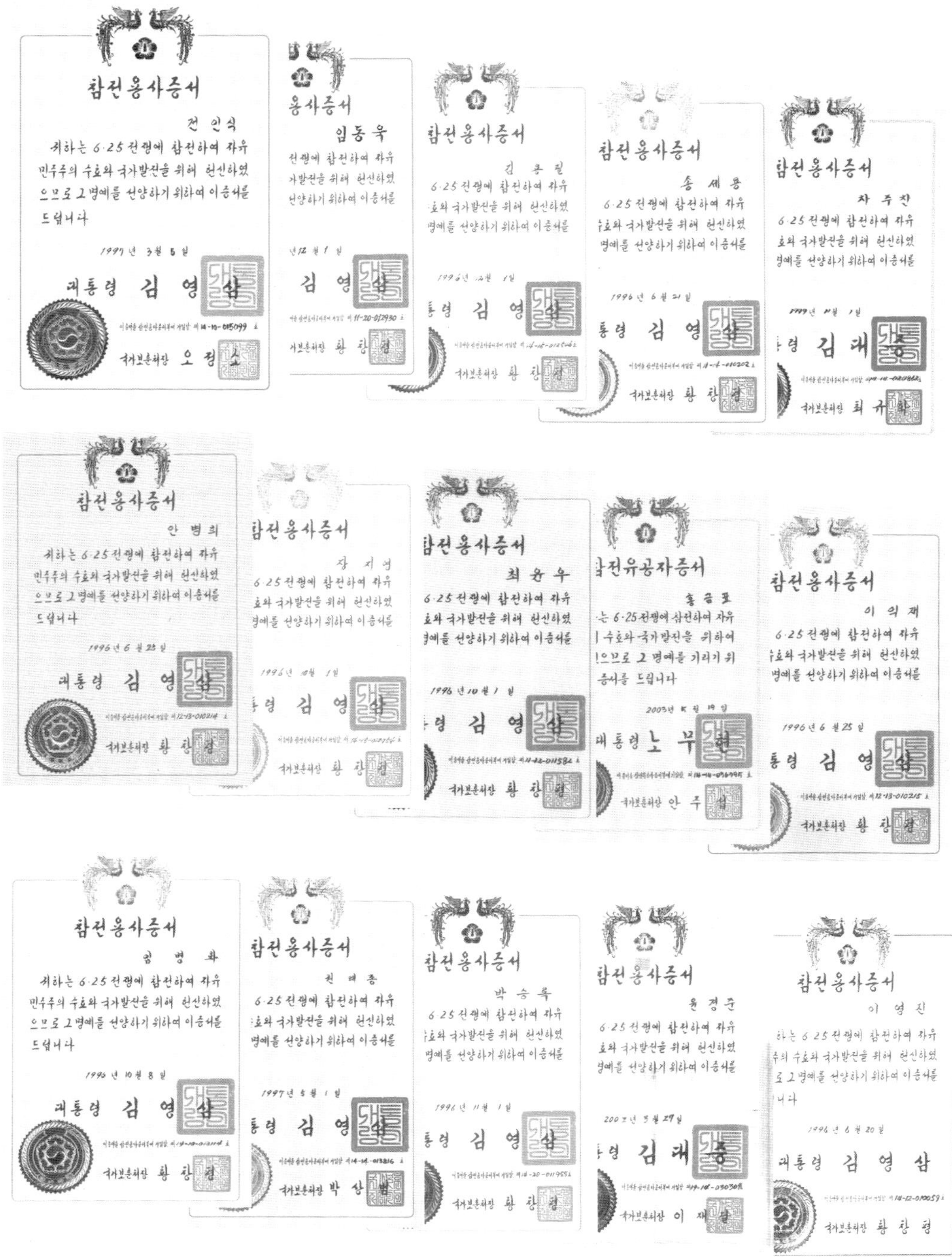

참전용사증서

전 인 식

귀하는 6·25전쟁에 참전하여 자유민주주의 수호와 국가발전을 위해 헌신하였으므로 그 명예를 선양하기 위하여 이 증서를 드립니다

1997년 3월 5일

대통령 김 영 삼

국가보훈처장 오 정 소

참전용사증서

안 병 희

귀하는 6·25전쟁에 참전하여 자유민주주의 수호와 국가발전을 위해 헌신하였으므로 그 명예를 선양하기 위하여 이 증서를 드립니다

1996년 6월 25일

대통령 김 영 삼

국가보훈처장 황 창 평

참전용사증서

임 병 화

귀하는 6·25전쟁에 참전하여 자유민주주의 수호와 국가발전을 위해 헌신하였으므로 그 명예를 선양하기 위하여 이 증서를 드립니다

1996년 10월 8일

대통령 김 영 삼

국가보훈처장 황 창 평

제 Ⅲ 편 관련 화보 등 기록

= 전 우 야 잘자라 =

1. 전우의 시체를 넘고 넘어 앞으로 앞으로!!
낙동강아 잘 있거라 우리는 전진 한다.
원한이야 피에 맺힌 적군을 무찌르고서!!
꽃잎처럼 떨어져간 전우야 잘 자라.

2. 우거진 수풀을 헤치면서 앞으로 앞으로!!
추풍령아 잘 있거라 우리는 전진 한다.
달빛 어린 고개에서 마지막 나누어 먹던
화랑담배 연기 속에 사라진 전우야!!

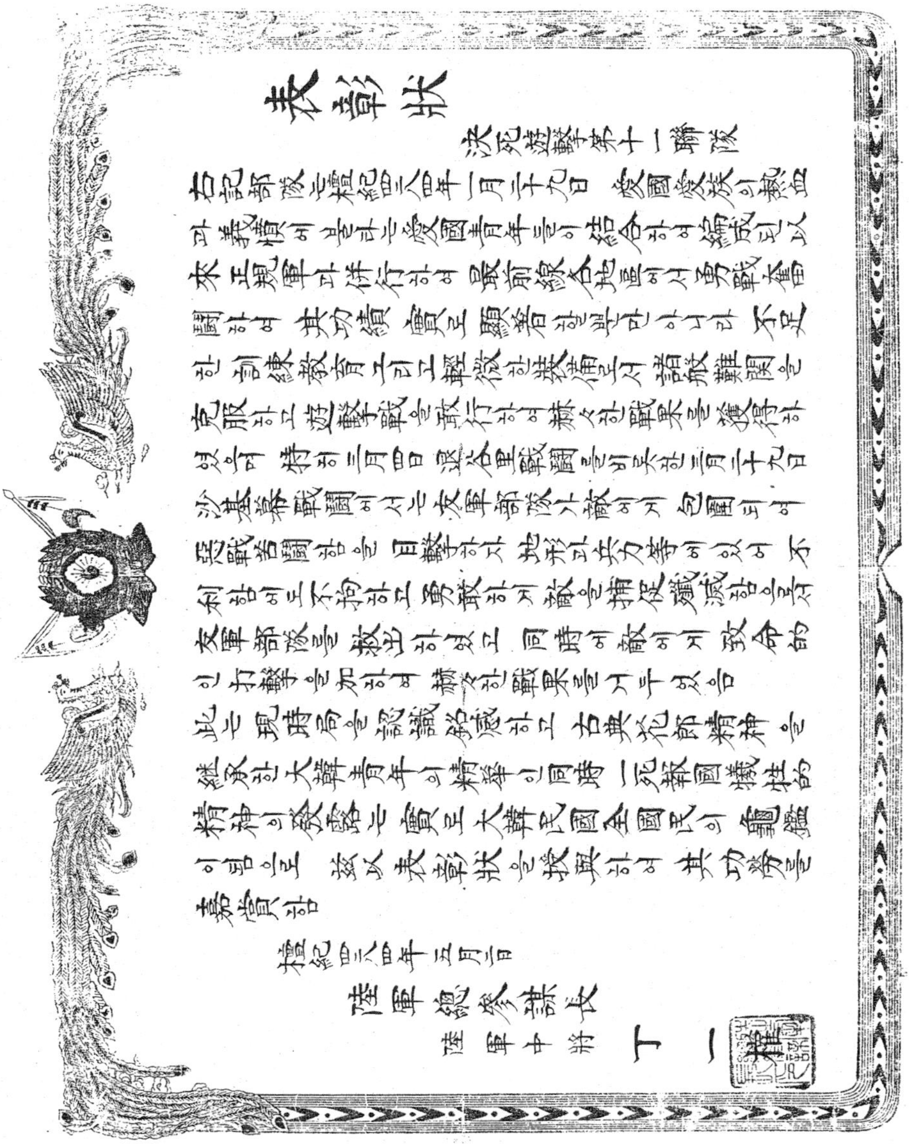

表彰狀

決死遊擊第十一聯隊

右記部隊는檀紀四二八四年一月二十九日 愛國愛族의熱血과義憤에 불타는愛國青年들이結合하여編成된以來正規軍과併行하여 最前線各地區에서勇戰奮鬪하여 其功績 實로顯著할뿐만아니라 不足한訓練教育그리고經驗한裝備로서 諸般難關을克服하고遊擊戰을敢行하여 赫々한戰果를獲得하였으며 特히三月四日 退谷里戰鬪를비롯한三月二十九日沙基幕戰鬪에서는友軍部隊가敵에게 包圍되어惡戰苦鬪함을 目擊하자 地形과兵力等에 있어 不利함에도不拘하고 勇敢하게 敵을捕捉殲滅함으로서友軍部隊를救出하였고 同時에敵에게 致命的인打擊을加하여 赫々한戰果를거두었음

此는現時局을認識銘感하고 古來花郎精神을繼承한大韓青年의精華인同時 一死報國犧牲的精神의發露는 實로大韓民國全國民의 龜鑑이됨으로 玆以表彰狀을授與하여 其功勞를嘉賞함

檀紀四二八四年五月二日

陸軍總參謀長

陸軍中將 丁一權

1951년 5월 2일 육군총참모장 육군중장 丁一權이 결사 유격 제11연대에 준 부대 표창장!! 이 표창에서 <전략>
특히 3월 4일 퇴곡리전투를 비롯한 3월 29일 사기막전투에서는 우군부대가 적에게 포위되어……<후략> 퇴곡리를 출발하여 적지로 향한 것은 1951. 2. 22일이고, 사기막리를 경유한 것은 1951. 2. 16일이었다. 즉, 51년3월 29일에는 인제군 기린면 지내에서 북괴 제3군단과 제2군단의 퇴각로상에서 부대가 음폐한 시기였으므로 위 부대표창 내용은 크게 잘못된 것이다.
이 표창장은 1951.4.초 채명신 중령과 함께 대구로 간 결사 제11연대 정보참모 임시대위 최윤식이 입수하여 소장하던 것을 1961.8에 본 동지회에 제출된 것이다. <현재는 전쟁기념관에 전시중에 있음>

1986년 6월 25일 경향신문에 6.25 유격대 제1호 白骨兵團에 관한 기사를 趙炳賢기자가 全仁植 회장 사무실에서 대형지도를 펼쳐놓고 설명하는 사진을 곁들여 最初로 크게(8단 기사) 보도하였다. 이 신문보도로 육군본부 직할 결사대(일명 백골병단)의 활약상이 널리 알려졌다.

사진：좌로부터 全仁植 작전참모, 元應學 보좌관, 張之永 이등상사, 李斗柄 임시소령(결사 제12연대장) 사진 上 결사 제11연대 개선장병 147명(강릉시내도립병원 광장에서 1951.4.5 촬영)

경향신문 1986년6월25일 수요일 3版

6·25유격대 제1호 "白骨兵團"

대통령特命으로 조직…35年만에 戰史 새기록

人民軍위장 南北오가며 擾亂戰벌여

설악戰鬪때 데려온 北傀중장 아들 大學교수로 自由누려

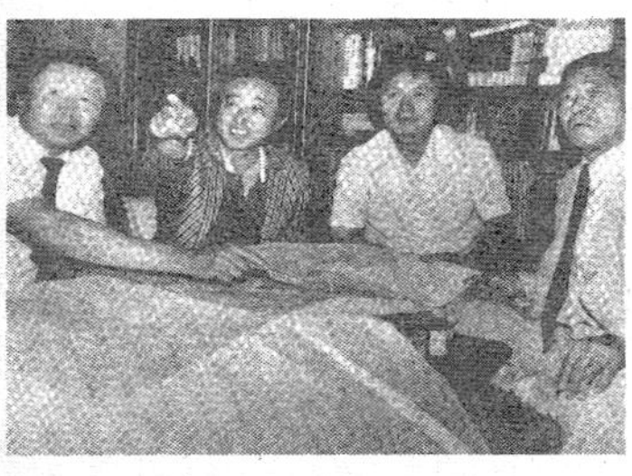

한국군 최초의 유격부대인 白骨兵團의 혁혁한 전공이 최근 전사(戰史)에 기록됨으로써 35년만에 햇빛을 보게 됐다.

당시 대통령특명으로 임시 장교등에 임명된 일단의 용맹스러운 군인들이 남북을넘나들며 세웠던 전과는 증빙자료의 미비등으로 공인받지 못하다가 생존장병들의 노력으로 이번에 「최초의 유격부대」란 빛나는 명예와함께 그전적이 후세에 전해질 수있게됐다.

하루밤에 60~100里 이동

극비문서 노획…敵연대병력 섬멸

退路막히면 自爆도 不辭

檀木嶺(박달재) 入口에서의 추모제

(1987. 4. 3. 병풍에 위패를 써붙였다.)

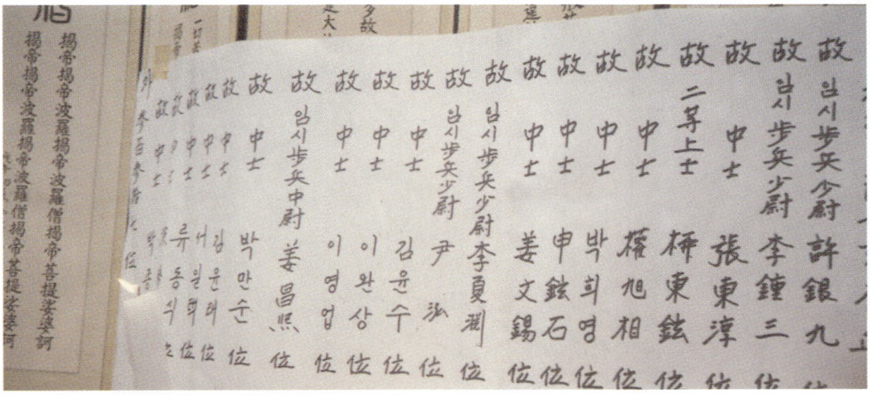

고 허은구 소위의 형 在九씨의 조사가 애처롭다.

1987년 4월 단목령 입구 잡목의 숲에서 추모식을

백골병단 참전전우 일동은 1951년 6월 원산 남방 두백리 상륙작전을 끝으로 개선한 뒤 1965년 9월에 이르러 조직을 강화하고, 강원도 양양군 서면 단목령 입구 잡목이 우거진 숲속에서 병풍에 전사자의 명판을 써붙이고 해마다 4월이면 분향 제례를 지냈다. 전우회장 전인식씨가 전몰전우의 명판앞에서 추모사를 낭독하고 있다.

1987년 4월 3일 단목령 입구에서는 고 일등중사 장동설 전우의 '미망인 김정임 여사' 가 분향 제례를 올리고 있다. 집전 : 신건철 이사
이때 주위에는 어디서 날아든 비둘기 한 마리가 구슬피 울며 멀리 저멀리 사라져 갔다.

1987년 3월 백골병단 참전전우 일동이 국립묘지 참배

白骨兵團 參戰 戰友 一同이 36年만에 國立墓地(동작동) 顯忠塔을 參拜하고 한 장의 記念 寫眞을 남겼다.

내 戰友들의 位牌를 아직까지 安置하지 못한 것을 못내 섭섭하게 생각하고 허탈해 했으나 그로부터 2年 뒤, 戰死確認이 된 모두의 戰歿將兵이 여기에 位牌安置 되었으니 이날의 모임은 결코 헛되지 아니하였다.

때 : 1987년 3月 2日

前列 右부터 朴用周, 朴鍾瑝, 趙榮澤, 丁奎玉, 全仁植, 元應學, 申健徹, 崔允植, 安秉熙, 장덕순, 張之永
뒷줄 右부터 조병설, 서병환, 이남훈, 최인태, 신영기, 최종민, 이두병, 신효균, 이희용, 강두성, 원봉재, 방승록, 고제화, , 김학균, 김용필, 이명해, 이익재, 장승현 김인수, 권영철, 박광선 同志 등이다.

1987년 백골병단 참전장병 국립묘지 참배

1987년 3월 이후 백골병단 참전전우 일동은 동작동 국립현충원을 참배하여 전몰장병과 순국선열을 추모하였다. (헌화 분향하는 전인식 전우회장)

백골병단 결사 제11연대 김원배 대위 외 5인의 전몰장병에 대한 위패를 전사한 지 49년 6개월만인 2000년 8월 7일 국립현충원(동작동국립묘지)에 봉안하고 참전전우 일동이 헌화 분향하였다.
(우) 의전관, 전인식 회장, 이윤희 장군, 보훈처남부지청장

결사 제11연대 제1대대 및 제3대대 생환 장병

1951. 4. 12 강원도 명주군 사천면 석교리에 집결한 육군본부 직할 결사 유격 제11 연대원의 한 "포즈", 뒷줄 좌로부터 이만우 중위, 건너 김용돈 중위, 류탁영 소위, 박종황 소위 등의 모습이 보이고 맨아래 오른쪽 수풀사이에는 북괴로부터 노획한 다발총이 세워져 있다.

1951. 4. 5 강원도 강릉시 강원도립병원 인근의 공터에서 육군본부 직할 결사유격 제11연대 제3대대 102명 중 생환·개선 장병 일동 45명이 적지에서 살아 돌아온 한 장의 기념사진을 남겼다. 전열 중앙 국군복장 좌에서 네 번째가 권영철 중위, 철모 이창식 대위(대대장), 한갑수 (진)중위(부관), 이남학 (진)중위(주번사관), 나명집 중위, (털모자) 그 외 임동욱 중사 등과 북괴군 복장에 누비 모자가 분명하다.

육군본부 직할 결사 유격 제11연대 제1대대 개선 장병

決死遊擊 第11聯隊第1大隊 개선장병이 1951년 4月 강릉에서 기념사진을 남겼다.

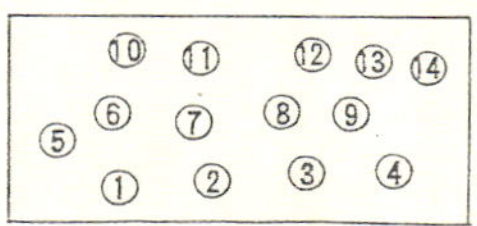

①신건철 二上 ②元吉常 一中 ⑤장용문 소위(따발총)
⑧박종수 二中 ⑨이일형 二中 ⑩吳鳳鐸 二上
⑭박종황 소위(권총) 〈오봉택 제공〉

육군본부 직할 결사 유격 제13연대 개선 장병

1951년 4월 5일 강릉에 집결한 육군본부 직할 결사 유격 제13연대 개선 장병 56명이 한 장의 기념사진을 남겼다. 북한군복에 북한군 모방의 모자도 없는 장병이 애처롭다!!

白雪의 長征 출판기념회(全仁植 저)
(1988. 4. 1) 스케치

(좌) 채명신 사령관의 축사 (우) 전인식 저자(회장)의 인사말 (중) 이두병, 채명신, 최윤식
(하) 신효군, 최윤식, 채명신 (하우) 양재호, 채명신, 이두병 등

격전지(단목령) 전우의 유골을 찾아서

(1989. 4.22~23 인제군 기린면 진동리에서)

(상) 단목령(인제군 기린면 진동리 설피밭 야산에서 유골탐방 개토제 전인식 조사
(중) 개토제에 백행기 중령(대대장의 헌주)제관은 권영철 부회장
(하) 개토광경(현규정 대위, 이하연 소위, 이완상 병장이 이곳에서)

유해 발굴 현장

1989년 4월 22일 강원도 인제군 기린면 진동리 설피밭 단목령 개할지에서 유해 발굴에 앞서 지신제(地神祭)를 지내고 있다.

유해발굴을 취재하는 방송·취재기자와의 인터뷰

1989년 4월 25일 강원도 인제군 기린면 진동리 진동분교 인근 산 허리 지하 20cm에 방치된 유해 발굴 전 개토제와 첫 삽을 든 전우회 회장 전인식 씨.
이날 발굴된 유해는 결사 제11연대 제1대대장 현규정 대위, 이하연 소위, 이완상 병장으로 밝혀졌다.

백골병단 전적비 건립 기공 광경

1989. 12. 2 용대리 현지에서

<불도저 굴토 정지 광경>

<장비투입 광경>

기공식(지신제)
준비광경
앞 전인식 회장

백골병단 전적비 기공식

1989년 3월 4일 강원도 인제군 북면 용대리 산 250번지에서는 온 산야가 새하얗게 눈덮힌 대지 위에 전적비 건립부지의 불도저 투입에 앞서 지신제(地神祭)를 준비하고 있다.

1990년 6월 13일 정식으로 백골병단 전적비 기공식을 거행한 후 한 장의 기념사진을 남겼다. 임석관 : 제12사단장 오영우 소장

백골병단 전적비 건립부지 정지와 준비에 노고가 지대한 703특공연대장 "류해근" 대령에게 감사패를 증정하고 있다.

6·25 비화

▲51년 2월6일 강원도 명주군 강동면 지서 앞에서 있은 육군본부 직할 유격대 12연대 장병들의 출정식을 둘러보고 있는 육·해·공군 총참모장 정일권(丁一權) 소장과 미군사고문단 정보책임관 하우스만중령. 출정장병의 복장과 배낭 무기 등은 모두 인민군이 사용하던 것이다.

▲사선을 돌파하고 강릉으로 귀환한 유격대원들.

한국 첫 게릴라부대 한맺힌 최후

유격참전동지회가 밝힌 '백골병단'-인민군복 입고 혁혁한 전과, 647명중 283명만 생환

"누가 이들의 가슴에 한을 맺히게 했는가"

해마다 이맘 때면 조국을 위해 장렬히 숨져 간 전우들을 생각하며 한을 달래는 역전의 용사들이 있다.

한국전쟁 당시 최초의 정규 게릴라 부대원으로 참전, 적 후방을 교란하며 눈부신 전공을 세운 '노병'들이 그들이다.

때는 한국전이 한창이던 51년 1월30일. 육군본부 직할 결사유격대 11연대 장병 363명은 채명신(蔡命新 예비역 육군중장)중령의 지휘아래 인민군복으로 위장한 채 강원도 영월군 영월읍 가까이에 형성된 대치전선을 넘어 적진 후방으로 침투했다.

적 300여명 사살·인민군 중장 생포

무장 유격대에 하달된 작전명령은 적의 연락장교 생포및 포섭, 지휘소 습격, 비밀문서 획득, 후방교란, 보급로와 생산기지 파괴 등이었다.

11연대에 이어 12연대와 13연대 장병들도 적후방에서 합류했다. 이름하여 '백골병단'(白骨兵團).

그로부터 작전이 끝난 3월30일까지 두 달동안 유격장병들은 강원도 평창 인제 등 산악지대를 누비며 수십차례의 작전을 통해 300명이 넘는 적을 사살하고 길원팔(吉元八) 인민군중장 등을 생포하는 등 그야말로 혁혁한 전과를 올렸다.

▼법에 호소해서라도 '백골병단'의 명예회복을 하겠다는 전인식 대한유격참전동지회 회장.

그러나 아군의 희생도 컸다. 647명의 전체 장병중 생환한 장병은 283명에 불과했다.

꽃다운 청춘을 초개같이 버린 것은 차치하고 백척간두에 선 당시의 전황은 이들의 전공을 외면했고 이후 결사유격대의 전설적인 무용담도 세월속에 묻히고 말았다.

45년의 세월이 흐른 현재까지 생사가 확인되고 있는 생존자는 모두 79명.

20대의 젊은 혈기로 사선을 넘나들던 장병들은 어느 덧 70세 안팎의 노병들로 변했다.

자신들의 활약상이 전사에도 정확히 기록되지 않은 것을 뒤늦게 발견한 노병들은 대한유격참전동지회를 결성하고 지난 93년에는 자비로 '육군본부 직할유격부대 백골병단전사'를 발간, 육군전사에도 반영시키는 등 군관계자들의 심금을 울렸다.

당시 건국대에 재학중 입시 육군대위로 백골병단 작전참모를 지냈던 전인식(全仁

피플

▲현충일을 맞아 합동위령제를 지낸 유격참전동지회 회원들이 백골병단 전적비앞에서 군고위 관계자들과 기념포즈를 취했다.

▲강원도 인제군 북면 용대리에 세워진 '백골병단 전적비'.

植 68) 참전동지회 회장은 누구보다 한이 많다.

"적진으로 출정할 당시 육군 수뇌부는 우리들에게 임무를 완수하고 돌아오면 2계급씩 특진시켜 원하는 부대에 배치해 주겠다고 약속했지만 새빨간 거짓말이었습니다. 그동안 명예회복 차원에서 무공훈장은 못줄망정 6•25종군기장이라도 달라고 정권이 바뀔 때마다 당국에 호소했으나 현재까지 성사되지 않고 있어요"

무공훈장은 커녕 종군기장조차 안줘

참전동지회측의 민원에 대해 육군참모총장의 답변은 한결같다. 유격대원들의 혁혁한 전공은 충분히 인정되나 6•25 무공훈장 수여는 휴전과 동시에 종결되었고 정부의 '발굴포상'은 독립유공자 케이스만 적극 시행할 뿐 6•25 등 전투와 관련된 것은 시행하고 있지 않다는 답변이다.

"관련법이 미비하다면 법을 개정해서라도 우리들의 명예를 회복해 주어야 도리가 아닙니까"

참전동지회를 이끌고 있는 전회장은 그동안 백골병단을 세상에 알리기 위해 무던히도 애썼다.

지난 89년 8월에는 인제의 야산에 묻혀있던 현규정(玄奎正)대위 등 3인의 유해를 발굴, 대전국립묘지에 안장시키도록 했다.

90년 11월 이진삼(李鎭三)육군참모총장 재임시 강원도 인제군 북면 용대리의 유격대 격전장에 '백골병단 전적비'가 들어선 것도 따지고 보면 그의 노력 결과다.

88년부터는 유격대 격전지와 전적비를 찾아 회원들이 합동위령제를 매년 지낸다.

지난 현충일에도 백골병단 전적비를 찾아 위령제를 올렸다. 해마다 호국보훈의 달이 되면 그의 마음은 한국동란 당시로 돌아간다. 그리고는 가슴에 맺힌 한을 스스로 달랜다.

누구도 전회장을 비롯한 생존 노병들의 한을 풀어줄 이가 없다. 명예회복만이 다소의 위안이 될지 모른다.

한국전쟁 당시 육군본부 정보국 3과장으로 유격대의 실무책임자였던 이극성씨(李極星 예비역 준장)는 누구보다 유격대원들에 대해 미안한 마음을 갖고 있다.

유격대원들에게 작전명령을 전달해 놓고 첩보부대장으로 전보되는 등 전란의 와중에서 뒷수습을 제대로 못한 점이 못내 마음에 걸려 참전동지회 사무실을 이따금 찾는다.

백골병단 전사를 편찬할 때는 자신이 보관하고 있던 유격대의 희귀 사진을 제공하는 등 고증에 적지않은 도움을 줬다.

안타까운 마음은 채명신씨도 다를 바 없다. 백골병단 부대장으로서 늘 미안한 생각을 갖기는 마찬가지다. 현재 채씨는 참전동지회 고문으로 있다.

사법부에 '명예회복' 호소할 계획

"우리들의 운명이 다하기 전에 기필코 명예회복을 할 작정입니다. 국회에도 탄원해 봤지만 흐지부지되고 말아요. 세상에 이럴 수가 어디 있습니까. 이젠 사법부에 호소해 볼 참입니다. 소송준비를 위해 기금을 마련하고 있지요. 헌법소원도 할 계획입니다"

화제가 명예회복문제에 이르면 목소리를 높이는 전회장은 회원들중에는 한맺히게 눈을 감은 이도 있다고 소개했다.

생사의 고비를 숱하게 넘기며 많은 전공을 세운 고 이운하(李雲河)중사는 참전동지회가 기념으로 만든 참전기념패를 관속에 넣어달라고 유언, 회원들의 눈시울을 적시게 했다.

회원들은 '대한 유격'이 양각된 14K 반지를 하나씩 끼고 있다. 비록 정부에서는 예우를 해주지 않지만 회원 스스로 조국을 위해 용감히 싸웠노라는 자부심을 간직하기 위해서다.

전회장은 아마 회원들 대부분은 이 참전기념반지를 2세에게 가보를 물려주지 않을까 생각된다고 말했다.

유격전기간중 작전참모의 자격으로 즉결 처분한 적들만도 100여명은 넘을 것이라는 전회장은 감사원 수석 감사관을 역임하고 사단법인 건설기술 연구회를 설립하는 등 건축학의 권위자다. '건설표준 품셈' 등 건설관련 저서만 60여권 있다.

뉴스피플

김철호기자

1996년 6월27일
제5권24호 통권225호

결사유격 제11연대장 육군중령 蔡命新(예비역 중장)이 1987. 7. 8 일본 SHIN-JUKU OKU BO(오쿠보)에서 항공등기우편 001453호로 全仁植(영등포구 여의도동)에게 4쪽에 걸친 친필 편지를 보내왔다. 이 편지에 의하면 1951년 당시 군부는 형식적으로 편성하여 적후방에 침투시켜 99.9% 실패는 당연하고, 전원이 소멸될 것을 전제로 가짜장교 임관을 시켜 사지로 보냈다는 증언을 하였으며, 白骨兵團의 경우, 군부나 국가가 저지른 모든 과오와 비리가 파헤쳐지고, 오직 애국일념으로 적지에서 산화한 전우의 넋을 위로하게 될 날이 올것을 확신한다고…, 안녕!! 白骨의 戰友(亂筆로 용서)라고 맺었다. 이 書信은 백골병단 최고 지휘관의 告白과 동시에 역사적인 증언이 되기에 여기에 약간만을 발췌 수록한다.

親愛하는 金仁植 同志에게

정말 오래간만입니다. 그동안 金同志와 同志의 家族이 모두 無事하시지요? 이곳 나와 나의 家族들은 모다 잘있읍니다. 金同志가 보내준, 못다 핀 젊은 꽃! 冊子는 내가 세미나 等關係로 外國旅行에서 도라와 短時間에야 겨우 읽었읍니다. 實은 그 冊子를 읽었다는 서울의 某人士(當時 가전에 參戰하고 現在도 存命한 僅少에 있는)에 至毒한 批判과 酷評을 담은 書信을 받은바 있는바, 그 內容은 要約하면 <中略>

그 當時 遊擊隊 편성은 UN 總司令官의 指示에 依해 全的 無責任하게 편성되였고, 當方에서는 그저 形式的으로 만들어서, 敵後方에 침투시키는 것을 하고 99.9% 失敗는 當然한 것으로 생각, 어쨌든 거의 全員이 消滅될 것을 前提로 하여 假짜 將校 任官을 시켜 死地로 보내려고 했읍니다. 同志들은 遊擊戰이라는 用語조차 생소했겠지만, <中略>

◎ 同志들이 애타는, 몸부림(도라가신 戰友들을 爲한)에 對해 直接 責任者로서 다만 未安하고, 죄송할 뿐입니다. 올바른 戰爭史의 裏面은 戰爭終息後 35~45年後에야 밝혀지는 경우가 많습니다. (世界戰爭史의 通常的인 지금까지의 경험 다 慣例으로 보아) 白骨兵團의 경우도 언젠가는, 軍部나 國家가 저지른 모든 過誤와 非理가 파헤쳐지고, 오직 愛國一念으로 敵地에서 散華한 戰友들의 넋을 慰勞하게 될 날이 올 것을 確信합니다. 아무조록 自重自愛하시고 좀더 기다려 주십시오. 年內로 回國하면 반가운 再會를 기대합니다. 다른 同志들에게도 安否 부탁. 안녕. 白骨의 戰友(亂筆로 용서)

(4) 1998년 6월 20일 토요일 기 획 1964년 11월 16일 제 3 종우편물(가)급인가 제10108호 국방일보

"오직 조국위해 싸웠어요"

6 월 기 획 전쟁은 끝나지 않았다

백골병단(대한유격참전동지회) 전 인 식 회장

한국전쟁의 한 영웅이 옛 격전지를 다시 찾았다.

강원도 인제군 북면 용대리 지역. 지금은 육군산악부대 용사들이 얼룩무늬 제복에 젊음을 싣은 채 빈틈없는 경계와 완벽 대비태세로 강인한 국군의 위용을 유감없이 보여주고 있는 중동부전선 최고 요충지의 한 곳이다.

호국보훈의 달이자 전쟁의 달 6월을 맞아 47년전 그의 모든 것을 바친 채 오직 조국과 겨레를 위해 생사를 넘나들어야 했던 전쟁터를 방문한 노병은 대한유격참전동지회 전인식 회장(70).

어느새 고희를 맞은 나이임에도 건장한 모습으로 격전지를 찾아온 그는 1951년 2월20일부터 40여일간 적 후방작전지역에 침투, 영하 30도를 오르내리는 혹한속에서도 태백·오대·설악산의 심산준령을 종횡무진 누비면서 국군의 승전에 크게 기여했던 한국군 최초 정규유격대인 백골병단의 핵심인물(작전참모).

하지만 그는 포성이 멎은지 45년의 세월이 흐른 오늘에도 전장의 일부만을 직접 밟을 수 있을 뿐이었다.

그가 진정으로 가보고 싶은, 필히 찾아보아야 할 북녘의 사지(死地), 3백64명의 꽃다운 전우들을 비명속에 잃어야 했고 자신 역시 수차례 죽음의 고비를 맞아야 했던 「악몽의 현장」은 아직도 휴전선이 발길을 가로막고 있어 그저 먼발치에서 바라보아야만 했다.

『가슴 찢어지는 아픔을 달래기가 매우 힘들군. 왜 우리는 지금도 대한민국의 자유와 평화를 위해 싸우다 장렬히 산화한 전우들의 넋을 시원하게 달래줄 수 없는 것인지 살아 남은 자의 죄책감을 떨쳐버리기가 정말 쉽지 않다네.』

노병을 환영나온 육군산악불사조부대 2대대 박광제 병장(23·대구)과 정준희 병장(23·전북 익산)의 믿음직스러운 두 손을 꼭 잡은 채 전쟁과 분단의 아픔을 회고하던 전회장은 지난 96년 가을 강릉잠수함 무장공비 소탕작전중 최후의 격전지였던 연하동계곡으로 발길을 옮겼다.

◆47년전 자신의 귀중한 목숨을 걸었던 격전지이자 지난 96년 강릉 무장공비 소탕작전중 최후의 잔당 사살 지점인 연하동계곡을 찾은 전인식 회장이 공비소탕작전에 참전했던 육군산악불사조부대 장병들에게 전쟁의·교훈을 말해주고 있다.

40여일간 전선 넘나들며 투혼

최초 정규유격대 완전명예회복 평생숙원

강한 힘있어야 자유-평화 가능

실제 작전에 참가했던 박병장과 정병장으로부터 당시의 도발을 비롯해 지금도 간단없이 자행되고 있는 북한의 도발양상을 듣는 순간 마치 시름에 젖어있는 듯했던 그의 노안에는 일순 불같은 분노가 강렬하게 떠올랐다.

『저들과는 대화가 될 수 없어. 양보도 필요 없고 오직 싸워서 이기는 길만이 우리의 평화와 자유를 지킬 수 있는 유일한 길이야. 선배들이 하나뿐인 귀중한 생명을 주저없이 바치면서 혼신을 다한 것도 그 때문이며 지금의 전선에 서있는 국군장병들이 젊음을 희생하고 있는 것도 오직 공산주의와 싸워 이기기 위해서이지. 아직 전쟁은 끝나지 않았으니까-.』

군번3개, 이채로운 경력

전회장은 3개의 군번을 부여받은 특이 경력의 소유자이다.

첫번째 군번은 백골병단원이 되기 위해 까다로운 입단심사를 통과한 후 특수훈련을 우수한 성적으로 이수, 육군 임시대위의 계급과 함께 받은 「GO 1002」. 또하나는 전쟁이 완전히 끝나지 않았음에도 백골병단이 성공적으로 임무를 완수하고 해체되자 재차 논산훈련소에 신병으로 입대해 받은 「9358453」. 그리고 세번째 군번은 전회장의 유격대 활동과 투철한 군인정신을 높이 인정한 육군이 재입대 6개월후 그를 정규 육군장교로 특별 임용하면서 부여한 장교군번 「26444」.

세개의 군번중에서 전회장이 그때나 지금이나 가장 소중히 하는 것은 백골병단의 작전참모를 증명해 주고 있는 「GO 1002」이다.

학생(정치대학·현 건국대)의 신분으로 전쟁을 맞아야 했던 전회장은 서울이 함락될 순간까지 미처 피난을 가지 못하자 고향인 파주군 일대에서 반공결사대로 활동하다 유격대에 자원입대할 정도로 젊어서부터 투철한 반공의식을 몸에 지녔다.

그는 휴전이 돼 전역을 하고 난 이후, 공직과 학계생활을 계속 하면서도 틈이 나고 기회가 주어지는대로 후대들의 안보관 고취에 큰 노력을 기울여 왔다.

특히 그의 삶에 있어 가장 「큰 순간」이었던 백골병단의 완전한 명예회복은 고희를 맞은 지금도 그를 안타깝게 하고 있는 평생의 숙원사업이다.

그는 1962년 살아남은 전우들과 함께 대한유격참전동지회를 결성하고 한국육군 최초 정규유격대의 명예회복을 위해 헌신적 노력을 기울여 왔다. 전쟁의 아수라장속에서 거의 마비되다시피 했던 당시의 행정공백과 첩보요원으로 적진에서 활동했던 신분상의 특수성으로 인해 백골병단은 국군의 승전에 분명한 공적을 세웠음에도 그들의 전공은 명쾌하게 찾을 수 없고 이로 인해 병단원중 훈장을 받은 사람 역시 단 한명도 없다. 보상이나 대가를 바란 것은 아니지만 사실은 사실 그대로 전해져야 하며 그래서 백골병단의 실체를 알리고 나아가 후대들에게 전쟁의 교훈을 일깨워주어야 한다는 일념에서 전회장은 탄원을 하고 진정을 내며 백골병단의 명예회복을 위해 악전고투(?)했다.

30여년에 걸친 노력은 일부 전사자의 유해발굴과 국립묘지 안장, 유가족의 국가유공자 등록, 백골병단 전적비 건립, 전사발간 등 일련의 결실을 이끌어 냈다. 하지만 이 역시 『이제 겨우 시작을 넘어섰을 뿐이다』는 게 전회장이나 생존 병단원들의 한결같은 생각이다.

『의무적으로라도 더 살아야 해. 그래서 사지에 두고 온 전우들의 넋을 찾아 진정으로 그 뜻을 기리고 백골병단의 피와 땀이 한국전쟁의 한 가운데 아주 진하게 배어있다는 엄연한 사실을 국민 모두에게 새롭게 일깨워 주어야 해. 그것은 살아남은 사람들이 앞서 간 전우들의 희생에 보답하는 유일한 길이면서 우리의 안보와 호국의지를 크게 높이는 길이기도 하지.』

「호국과 안보를 위해서 아직은 할 일이 너무 많다」는 참전 노병 전인식 회장. 전쟁의 참상과 교훈 그리고 지금도 지속되고 있는 분단과 무력대치의 현실을 누구보다 크고 분명하게 가슴에 담고 있는 노병의 평생 숙원사업이 활짝 이루어지기를 기대해 본다.

【글·사진=김용섭 기자】

백골병단

백골병단은 전쟁 발발 이듬해인 1951년 2월20일 강원도 의주군 연곡면 퇴곡리에서 육군본부 직할유격대(대장 채명신 중령)로 창설됐다.

독자적으로 활동하던 결사 제11·12·13연대를 통합해 편성된 백골병단은 총인원이 모두 6백47명이었으며 이들은 중공군의 참전과 1·4후퇴로 국군의 전황이 불리해지자 극적인 돌파구를 찾기 위해 대통령의 명에 의해 창설된 한국군 최초의 정규유격대.

백골병단은 여타 유격부대와는 달리 육군본부 정보국에서 계획된 군사계획에 따라 징병 및 모병된 정예용사들로 이루어졌으며 육군정보학교(제7훈련소)에서 특수전교육을 이수한 후 곧바로 적 후방지역인 중동부 전선에 투입됐다.

결사 11,12,13연대 통합

육군유격대로 창설

대남 빨치산 궤멸

국군 승전 큰 기여

육군 임시 장교와 하사관·병계급 그리고 GO군번을 부여받고 전쟁에 참전한 백골병단은 유격전을 감행하면서 적 69여단의 궤멸에 크게 기여했으며 대남 빨치산 총사령관인 북한군 중장 길원팔을 비롯해 참모장 강칠성 대좌 등 지휘부 전원을 생포함으로써 대남 빨치산 부대 지휘부를 완전 궤멸시키는 혁혁한 전과를 수립했다.

이와함께 40여일간의 유격활동기간중 적 후방작전지역에서만 생포 3백여명, 사살 1백80여명의 전공을 수립하며 국군의 승전에 크게 기여했다.

하지만 혹한과 전투경험의 부족 그리고 고립무원의 적지에서 작전을 치러야했던 백골병단 역시 대원의 절반이 넘는 3백50여명의 전우를 사지에서 잃어야하는 고통을 겪어야 했다.

특히 1951년 3월24일과 25일 양일간 강원도 양양군 서면 오가리와 인제군 기린면 진동리를 잇는 단목령(박달재)에서 1백20여명의 전우들이 추위와 굶주림에 지쳐 동사 또는 아사를 한 것은 백골병단 최대의 수난으로 기록돼 있다.

백골병단은 현재 45명의 생존전우와 일부 유가족들을 중심으로 대한유격참전동지회를 결성, 매년 추모행사 등을 통해 가신 님들의 넋을 기리는 동시에 국민의 호국·안보의식 고취를 위한 다양한 활동을 전개하며 한국전쟁참전용사로서의 변함없는 불꽃을 불사르고 있다.

【김용섭 기자】

매일 환경일보 【6】 1998年(檀紀 4331年) 6月 9日(火曜日) 第 686 號

활 · 가정

포로의 처우조차 받지못한 정규 유격군의 恨!

1. 유격대 창설 배경

6·25 한국전쟁 당시, 50년 9월 28일 인천상륙작전의 성공으로 수도 서울이 수복되자 북쪽으로의 퇴로가 차단된 인민군은 즉각 게릴라 부대로 재편성하여 유격·지구전을 전개하게 되었다. 이에 대항해 유엔군 사령부는 51년 1월 15일, 미 8군 작전처에 지구전과를 급히 창설하고 한국 육해공군 장교 10명을 연락장교단(단장 육군중령 이극성)요원으로, 미군 측에서는 장교 25명을 여기에 편성한 뒤, 지리산 태백산 등지에서 준동(후방교란)한 인민군의 게릴라화 재편성한 것과 같이 한국군에서도 이에 대응 침투코자 했으나 현역병을 차출할 수 없어 열혈 애국청년·학생을 보충대에서 선발하여 3주간의 단기 집중교육을 시킨 다음, 51년 1월 25일 사병은 병장이상 중사까지, 장교는 임시 소위에서 임시 대위까지의 계급과 군번을 각기 부여하고(국특(육) 제 22호 추가 1)51년 1월 30일 작전명령에 따라 강원도 영월군·읍으로부터 적의 후방지역으로 대응 침투하게 하였다.

2. 백골병단의 작전

이들 유격대의 공식 명칭은 '육군본부 직할 결사유격 제 11, 12, 13연대' (3개 연대 통합 부대명 백골병단, 지휘관 육군중령 채명신(예비역 중장 : 통합병력 6백47명))이다. 육군 '백골병단' 유격대는 51년 4월까지 적지 종횡 3백20km를 누비며, 적 69여단의 궤멸에 기여하였고, 적 3군단 배후의 습격! 악명 높은 북괴군 10사단의 최정예 '길원팔유격대' 대남 빨치산 사령관 인민군 중장 길원팔(吉元八)의 생포와 참모장 강칠성 대좌 등 지휘부 13명 전원의 생포를 비롯하여 적 4백80여명의 생포, 사살 등 부여된 임무를 완벽하게 수행, 혁혁한 무공을 세웠으나 개선한 장병은 2백83명 뿐이고, 적지에서 전사 또는 실종된 장병은 3백64명에 이르렀다.

3. 포로의 대우도 못받는 실종자

전사·실종 등 미귀환 장병 364명 중에는 전투 중 부대에 합류하지 못하고 적지에서 낙오되어 목숨을 부지하기 위해 민가에 숨어들어 밥을 얻어 먹다가 포로로 잡힌 전우도 있고, 부상으로 포로가 된 장병도 있으나, 장병의 복장이 북괴군으로 위장한 인민군 복장을 하고 있어 '제네바 협약'에 의한 포로의 대우조차 받지 못한 것으로 알려져 있다. 그 근거는 포로로 잡혔다가 탈출에 성공한 전우들이 있기에 증명은 충분하다.

4. 임관 사령관은 국방부장관이

유격대원 중 장교로 임관된 자의 임관 사령장에는 '대통령지령에 의하여 국방부장관' 신성모의 직인이 찍혀있어 계급과 군번의 부여는 외형 및 행정상 아무런 하자가 없는 것인데도 개선장병 2백83병은 귀환 후 또 다시 소집되는 등으로 군복무를 다시 해야했으며 (군번이 세개인 사나이도 있음)일부는 병역미필자가 되기도 했다.

5. 침투작전 병력의 봉급은?

적지에 침투하여 전투중에 있던 전 병력에 대하여 2월부터 4월까지 3개월 분의 봉급도 누군가에 의해 갈취되었는지 지급되지 아니하였고 (1개월분 봉급은 수령했음)개선·귀환 후 무공훈장은 커녕 6·25 종군기장 조차 줄 수 없다고 국방부가 밝히고 있으니 정말 기막힌 일이 아닐수 없다.

우리들이 작전출동 당시 정일권 육해공군 총참모장은 귀관들이 살아 돌아오면 전원에게 2계급 특진과 무공훈장 수여를 약속했으나 이것은 공약(空約)이었다. 얼마전 보도에 의하면 우리 국민 25인에 1개 꼴의 훈장이 주어졌다고 하는데…….

6. 살아서 돌아오면 누구에게 신고하는가

몇해 전 강원도 인제군 관내에서 포로가 된 '돌아온 사자, 조창호 소위'가 장교복장을 입고 전역신고를 했으며, 또한 얼마 전에는 국군용사 양순용(72)씨가 북한을 탈출하여 45년만에 전역신고를 했으며 양씨에게는 국방부가 그동안의 봉급을 지급하려했으나 수령을 거부하는 바람에 국방부의 입장이 참으로 난처하게 되었다는 보도도 있었다. 똑같이 조국을 위해 목숨을 던지고 적지에서 싸웠던 소위, 육군본부 직할 결사유격대원으로 참전한 장병이 살아서 돌아오면 누구에게 귀대신고 또는 전역신고를 해야 하는가를 묻지 않을 수 없다.

그들에게 전공에 상응한 무공훈장이 왜 주어질 수 없는가? 그들의 복무기간중에 지급할 봉급은 왜 지급되지 않았는가? 전사확인자 55명(위패 52, 안장 3)의 유자녀에게 지급되지 않은 위로금 등은 국방당국의 행정부작위로 인한 불공정 행위인바 그들의 한은 누가 언제 풀어줄 것인가?

◇白骨兵團 戰跡碑 (陸軍本部 直轄 決死 遊擊部隊) 位置 : 江原道 麟蹄郡 北面 龍代里 山250番地 內, 建立 : 1990年 11月 9日, 後援 陸軍本部, 施工 : 第 3工兵 旅團

7. 전적·위령비의 관리 부재

강원도 인제군 북면 용대리 산 250-1에는 90년 11월 9일 육군본부의 예산지원과 참전전우회원의 성금을 재원으로 높이 16.4m의 전적비가 건립되어 있으나 그 뒤 수해복구 공사 등 보수를 위해 전우회원들은 (생존회원 50여명) 2천7백30여만원을 어렵사리 거출하여 보수공사를 했으며, 앞으로는 전적비를 영원토록 유지·관리하기 위한 기금 1천5백만원을 각출하여 그 이자의 70%를 해마다 사용하고 30%는 원금에 산입하여 장래의 물가 및 인건비 상승에 대비코자 하는데 그 이자에 대해서마저 세금을 공제 부담해야 한다고 하니 기가막힌 일이 아닐 수 없다. 전국에는 3백여개의 크고 작은 전적비, 위령비 등이 있다고 하는데 정부 어느 부서도 그 전적비, 위령비의 관리부서 조차 없고, 예산은 단 한푼도 없는 것 같으니 이 나라를 지킨 애국용사(장병)들은 어느나라 사람이고 어떤 전쟁을 감당했느냐고 되묻고 싶다.

6월 현충의 달이 되면 더욱 쓸쓸하고, 한(恨)스럽고, 외로워지는 것을 70을 넘긴 노병들의 푸념으로 돌려버리고 말 것인가………. 아무리 어렵더라도 말이다.

유격군의 대우는 언제 어느 정부에서 누가 해 줄 것인지, 참으로 원망스럽다.

〈전 육군본부 직할 유격대 '백골병단' 작전참모 대한유격참전동지회 회장 전인식〉

◇"死線을 突破한 決死 第 11聯隊(遊擊聯隊)江陵 集結 紀念" 死線을 돌파하고 용전·분투한 결사 제 11연대 장병 147명이 한 자리에 모여 기념사진을 남겼다.

1988년 12월 8일 참전전우회에서는 703특공연대 장병에게 위문품을 전달하였다.
중앙 : 전인식 회장, 양계탁 대령, 권영철 부회장
좌 : 최운식 대위, 장승현, 정규옥, 이명해 동지 등

1989년 7월 14일 703특공연대에 위문품을 전달하는 백골병단 참전전우 일동 우: 양계탁 연대장, 전인식 회장

1989년 9월 5일 신임 류해근 연대장(703특공연대)을 임석 상관인 참모장 김석재 장군이 지켜보는 (박수) 가운데 참전전우회장이 지휘봉을 증정하고 있다.

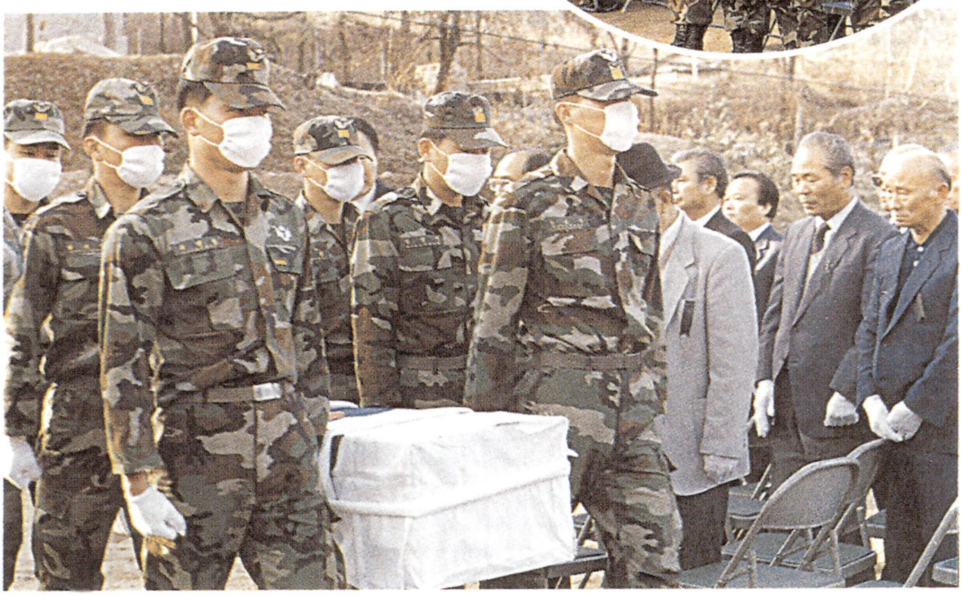

1951년 3월 25일 설피밭 퇴출 작전에 투입된 결사 제11연대 제1대대장 현규정 대위 등 30여명의 장병 중 희생된 장병의 유해 3구를 전사한지 38년만인 1989년 4월 25일 발굴하고, 1989년 12월 13일 3군단 기린병원에서 703특공연대장 류해근 대령 주재하에 많은 전우회원이 참석한 가운데 영결식을 거행하고, 1990년 8월 30일 대전국립현충원에 현규정 대위와 이하연 소위는 장교묘역(744, 745호)에, 이완상 병장은 사병묘역(4591호)에 각 안장되었다.

격전지 탐방

1989년 9월 23일 설악산, 계곡 이름 모를 폭포에서 희생된 60여명의 전우를 찾기 위해 계곡을 답사하는 전우회장 전인식

1993년 8월 5일 42년여 만에 백담사를 찾은 전인식회장과 권영철 부회장

1995년 9월 20일 백골병단 전적지 답사를 위해 백담계곡을 거쳐 대청봉에 오른 전우회 전인식 회장과 권영철 부회장, 류탁영 이사

전 우 신 문　　1989년12월16일(토요일)　　(3)

39年만에 울려퍼진 鎭魂曲

「白骨兵團」전몰 용사 영결식

—육군2307부대—

◆6·25당시 유격대원으로 활약하다 장렬하게 산화한 고 현규정대위、이하연소위、이완상이등중사의 합동 영결식이 국군현리병원에서 엄숙히 거행됐다。

【현지서 최형익기자】 6·25당시 유격대원으로 활약하다 장렬하게 산화한 고 현규정대위(임시) 이하연소위(임시) 이완상이등중사(추서)의 합동유해 영결식이 13일 유격참전동지회(회장 전인식) 회원20여명과 육군2307부대 장병들이 참석한 가운데 국군현리병원에서 39년만에 엄숙히 거행됐다.

이들은 조국이 누란의 위기에 처해있던 51년 2월중순 육군본부 직할유격대인 결사 11·12·13연대를 통합 채명신중령(당시계급)을 지휘관으로 하여 창설된 백골병단(6백40여명)의 예하 돌격대원들이다.

전투가 계속되는 동안 50여일간 단한번의 보급도 받지 못한 상황에서 전개된 설악산 박달령 진동리전투(51년 3월20~26일)에서 적의 강력한 추격으로 1주일간 먹을것이 없어 눈(雪)만으로 연명하다 허기와 추위로 숨져간 1백20여명의 대원중 일부로서, 생존동지들의 끈질긴 노력과 부대장병들의 헌신적인 탐문수색으로 이날 3구의 유골을 모시고 39년이 지난 이날 영결식을 갖게된 것은 무척 의미있는 일이 아닐수 없다.

이들은 39년전 적후방 지역인 오대산 초계리 천도리 군양밭 설악산등 강원도 양양군 및 인제군 일대에 침투하여 적후방을 교란하고 정보를 수집 보고함으로써 아군작전에 크게 기여했으며 아무런 두려움 없이 조국을 위하여 자유를 위하여 끝까지 싸우다 20대의 꽃다운 나이로 산화한 불퇴전의 용사들이다.

1989. 12. 13 (고) 현규정 대위, (고) 이하연 소위, (고) 이완상 이등중사(병장)의 영결식 광경!! 이날 육군 장례절차에 따라 육군 제3군단 기린병원에서 영결식이 엄수되었다: 주관: 육군 703특공연대(연대장 柳海槿 대령) 참전전우 일동이 참가하였다. 전우신문(현 국방일보) 기사

※ 위 3위의 전우는 1989. 7. 13 강원도 인제군 기린면 진동리(일명 설피밭) 야산의 밭너머 언덕 입구 지하 20cm 상당에서 발굴되었다.

이 부락에 거주했다는 주민 이동균씨의 제보에 따라 육군 제3군단 803정찰대대(대대장 백행기 중령)과 장병의 지원을 받은 참전전우 18명이 발굴에 참여했다. 이날은 공교롭게도 全仁植씨의 還甲날이기도 했다.

江原日報

西紀1989年12月16日 土曜日

1951.3.25 강원도 인제군 기린면 진동리(설피밭)에서 전사한 (고) 현규정 대위(결사11연대 1대대장)외 2인의 유골을 1989.7.13 발굴하고 육군 장례의식절차에 따라 1989.12.13 현리 제3군단 기린병원에서 영결식이 엄수 되었다.

<강원일보8단기사>

殺身報國 3인 38年만에 永訣式

육군산악군단 기린병원서 거행

週末화제

○…6·25당시 백골병단으로 활약하다 장렬하게 전사한 국군 최초의 정규 유격대원 3명의 유골이 발견돼 전우들에 의해 38년만에 영결식을 갖고 양지바른곳에 묻혀졌다.

6·25때 백골병단 將兵 장렬히 산화

생존 戰友·軍 끈질긴 노력 유골찾아

지난13일 오후2시 육군산악군단 기린병원 연병장에서 거행된 故 玄奎正대위 李夏淵소위 李완상중사의 영결식장은 시종일관 숙연했는 호느낌속에 식이 이어졌다.

대한유격참전동지회 金仁植회장과 참전용사 20명 군관계자 장병등 3백여명의 참석자들은 행사가 끝난뒤에도 눈시울을 붉히며 한동안 아무말도 나누지 않았다.

백발이 성성한 참전용사들은 헌화 분향하며 끝내 울음을 참지 못했다.

玄대위등은 6·25로 조국이 위기에 놓였던 51년2월중순 육군본부 직할 유격대인 결사11、12、13연대를 통합、蘇命新중령을 지휘관으로 창설된 백골병단(6백40명)소속 유격대원.

이들은 설악산과 오대산천도리 박달령등 양양·인제군의 적후방 깊숙히 침투,적을 교란시키고 정보를 수집,보고함으로써 아군 작전에 크게 기여했다.

그러나 50여일간 단 한번의 추가보급도 받지못한 상황에서 전개된 설악산 박달령 진동리전투(51년3월20~26일)에서 적의 강력한 추격을 받자 쌓여있는 눈으로만 1주일간을 연명하며 허기와 추위에 지친 몸으로 적과 육박전을 벌이다 대원 1백20명이 숨져갔다.

20대의 꽃다운 나이로 산화한 이들의 유골은 38년만에 생존한 전우들의 끈질긴 노력과 산악군단 특공연대 장병들의 탐문수색으로 玄대위등 3구의 유골을 발견하게 됐다.

특공연대 장병들은 당시 玄대위등 3명이 암매장 당하는 현장을 목격한 李종규씨(59·인제군기린면북리)를 찾아내 장소를 확인할 수 있었다.

유골은 진동2리산7번지 옆 산비탈에 잡초가 우거진 숲속에서 불과 30㎝ 깊이에서 발견됐다.

유골과 함께 수류탄 단추와 버클등 유품이 발견돼 당시 참전했던 동지회 단원들에 의해 玄대위등임이 확인됐다.

대한유격참전동지회 金仁植회장과 동지들은 설악산에만 살신보국한 유격대원 3백여명의 유해가 돌보는이 없이 묻힌채 이름모를 야생화로 피어나고 있다며 가슴아파 했다.

조국과 자유를 위해 끝까지 싸우다 20대의 꽃다운 나이로 산화한 불퇴전 용사들의 영령은 머지않아 용대리에 세워질「전승탑」으로 다소 위로받게 됐다.

전승탑은 대한유격참전동지회와 1군사령관의 적극적인 노력과 지원으로 건립된다.

이날 영결식을 가진 玄대위 李소위 李중사를 비롯,설악산을 떠도는 유격대원들의 영령은 이 전승탑의 위용이 태백준령을 감돌아 한반도 전체에 자유민주주의의 꽃이 활짝 피기를 갈망하고 있을 것이다.

【東部前線=金相美기자】

◇6·25때 백골병단으로 활약한 故玄奎正대위 李夏淵소위 李완상 중사의 영결식이 38년만에 거행됐다.

유해 대전 국립묘지 안장

1990년 8월 30일 대전 국립현충원 장교묘역과 사병묘역에 고 현규정 대위와 고 이하연 소위, 고 이완상 병장이 참전전우 일동이 묵념하는 가운데 각 안장되었다.

1993년 11월 18일 대전국립현충원을 예방한 전인식 회장과 권영철 부회장이 고 이완상 병장의 묘소를 참배하고 있다.

조 선 일 보
西紀 1990年 11月 10日 土曜日

白骨兵団 38년만에 功勞 인정

군번없는 유격대 전적비 제막

한국군 최초의 정규 유격부대로 6·25전쟁에서 혁혁한 무공을 세웠던 백골병단이 전후 38년이 흐른 다음에야 비로소 그 존재와 공로를 인정받게 됐다. 9일 오후 3시 강원도 인제군 북면 용대3리 백담사 입구에서 6·25당시 홍안의 지원병이었던 백골병단 참전동지회원 90명과 유가족 12명 李鎭三 육군참모총장을 비롯한 군 관계자 등이 참석한 가운데 백골병단 전적비 제막식이 열렸다. 백발이 성성한 참전 용사들은 『이제야 설악산과 태백산맥의 원혼으로 떠돌아다닐 전우들에게 부족하나마 면목을 세울 수 있을것같다』면서 회한의 눈물을 흘렸다.

백골병단이 창설된 것은 51년1월25일. 중공군이 한국전에 참가해 물밀듯 내려오던 시절이었다. 한국군 수뇌부는 우리도 북한처럼 유격대를 구성해 후방교란작전을 펼쳐야 한다는 필요성에 따라 지원병을 모집, 6백40명으로 육군본부 직할 유격부대를 편성했다. 부대원 가운데 현역 군인은 부대장 채명신중령 한사람이었으며 나머지는 거의가 전쟁으로 대학을 중퇴했거나 공직을 떠난 젊은이들이었다. 대구에서 2주일간의 특수 훈련을 마친 부대원들은 계급도 군번도 미처 받지 못한 상태에서 후퇴하는 국군의 행로를 거슬러 태백산맥을 타고 강원도 북방으로 진출했다.

90여일간의 게릴라전에서 대남 빨치산 사령관 길원팔 중장등 고위 군관 13명을 생포한 것을 비롯해 무수한 전과를 올리는동안 전사한 3백60명 가운데 1백20명은 추위와 굶주림으로동사했다.

그러나 이들이 작전을 마치고 그해4월 강릉으로 생환하자, 육본은 부대를 해체해 버렸다. 육본은 이들이 생환하지 못할 것으로판단하고명단조차보관하고있지않았다.

부대원중 일부는 미8군예하 유격부대로 전속되어 근무했으나, 대부분은 허탈과 분노만을 곱씹으며 귀향했다. 한 부대원은 『아마도 우리의 전과를 인정하면 자신들의 잘못이 드러날 것이 두려워서 그러지않았겠느냐』고 했다. 육군은 88년 말쯤에야 이 부대의 전공을 인정, 전적비 건립 계획을 세웠다.

백골병단 전우회인 대한유격 참전동지회원 金仁植씨(당시 임시대위)는『이제와서 누구를 원망할 마음은 없다. 다만 전사에 우리 부대의 전공과 전사한 동지들에 관한 기록이 올바르게 되고 또 평가받기를 바랄 뿐』이라고 했다. 〈金孝在기자〉

1990. 11. 9 백골병단 전적비 건립 · 제막을 보도한 조선일보 5단 기사

방 일 보　　1990년 11월13일　화요일

「백골의 魂」 가슴속에 영원히

『이제야 설악산과 태백산맥 일대에서 원혼으로 떠돌아 다닐 동료전우들에게 부족하나마 면목을 세우게 된 것 같습니다』지난 9일 하오3시 강원도 인제군 북면 용대3리 창바위앞에서 거행된「백골병단전적비」제막식에 참석한 대한유격참전동지회회장 전인식씨(全仁植 61 당시계급 임시대위 작전참모)는 깊은 회한에 잠긴 음성으로 이같이 말했다

白骨兵團 전적비제막식

이진삼육참총장등 참석

6·25때 유격대로 혁혁한 戰功

적후방서 첩보수집 "종횡무진"

백골병단전적비 제막식을 마친 이진삼 육군참모총장과 채명신 예비역육군중장(사진 오른쪽)、전인식대한유격참전동지회회장(왼쪽)이 당시 전투 상황에 관한 이야기를 나누고 있다。 【사진=차희년 기자】

이날 제막식에는 이진삼육군참모총장과 육군2307부대장、채명신 예비역육군중장(64)、지역내 각급기관장을 비롯해 백골병단 참전용사와 유가족 1백여명이 참석해 6·25당시 혁혁한 전공을 세우며 맹활약한 백골병단의 숭고한 멸사보국정신과 넋을 기렸다。

지난 6월13일 착공해 5개월간의 공정을 마치고 이날 제막식을 가진 백골병단전적비는 군예산 6천4백76만원과 참전동지회 회원들이 모금한 1천3백만원등 총7천7백76만원의 예산과 육군2307부대의 적극적인 지원에 의해 부지 4백50평에 높이 16m규모로 건립됐다。

전적비 주탑의 세개의 뿔은 결사유격 11、12、13연대를、각 뿔의 폭 3m60cm는 전몰장병의 수를、비의 받침 2m80cm는 임무를 완수한 대원의 수를、그리고 백색은 고결한 얼이 담긴 유격특공장병을 각각 상징한다。

백골병단은 51년 2월20일 육군본부 직할유격대인 11、12、13연대를 통합 채명신중령(당시계급)을 지휘관으로 창설된 국군최초의 정규유격부대이다。

滅私報國정신·전후세대 안보교훈으로

이들 백골병단 6백40명은 영하30도를 오르내리는 혹한과 열악한 장비 및 보급품의 단절등 악조건속에서도 태백산、오대산、내설악지역 일대에서 사선을 넘나들며 적후방에서 첩보수집 및 각종 작전을 전개해 적의 전의를 상실케 함으로써 아군의 동부산악지역작전에 크게 기여했다。

특히 용사들은 50일동안 단 한번의 보급품지원도 받지못해 초근목피와 눈을 집어먹고 굶주린 배를 채워가며 작전을 전개하던중 남파준비중에 있던 대남빨치산사령관 길원팔중장외 고위군관 13명을 전원 생포하고、적진후방을 왕래하는 연락장병 3백여명 생포、사살 5백여명등의 혁혁한 전공을 세웠다。

그러나 전투중 적을 유인、자폭전사한 살신보국의 표상 고 윤창규대위를 비롯해 산화한 3백60명의 대원중 지난해 12월 유골을 발굴、국립묘지에 안장한 고 현규정대위、고 이하연소위、고 이완상중사를 제외하고는 그대로 흙이 된채 이름모를 산과 계곡에서 야생화를 꽃피우고 있을 뿐이다。

전인식씨는 『39년만에 우리 부대의 전공과 전사한 동지의 멸사보국정신이 올바르게 평가돼 감회가 새롭다』면서 『앞으로 이곳이 전후세대들에게 올바른 국가관과 사명감、호국정신을 심어주는 안보교육장으로 활용되기를 바란다』고 밝혔다。

【인제=金峰奭 기자】

1990. 11. 9 백골병단 전적비 제막식후 (좌) 전인식 회장, 육군참모총장 이진삼 대장과 이날 처음 참석한 채명신 중령(당시)이 이진삼 총장에게 무엇인가 설명하고 있다.

경향신문	90년 11월 9일 (9면)

李鎭三 육군참모총장

백골병단 전적비 제막참석

李鎭三 육군참모총장은 9일 강원도인제군북면용대리에서 있은 백골병단전적기념비제막식에 참석했다.

백골병단 전적기념비는 6·25당시 국군 최초의 정규유격부대로서 혁혁한 전공을 세운 백골병단의 호국정신과 전사자들의 넋을 기리기위해 지난6월13일 기공, 이날 제막식을 가졌다.

동아일보	90년 11월 10일 (18면)

백골병단 6·25전적비 제막 한국군 최초의 정규 유격부대로 6·25당시 특수작전을 수행하며 혁혁한 전공을 세웠던 백골병단의 전적비가 江原도麟蹄군北면龍垈리에 세워져 9일 제막됐다.

중앙일보	90년 11월 9일 (13면)

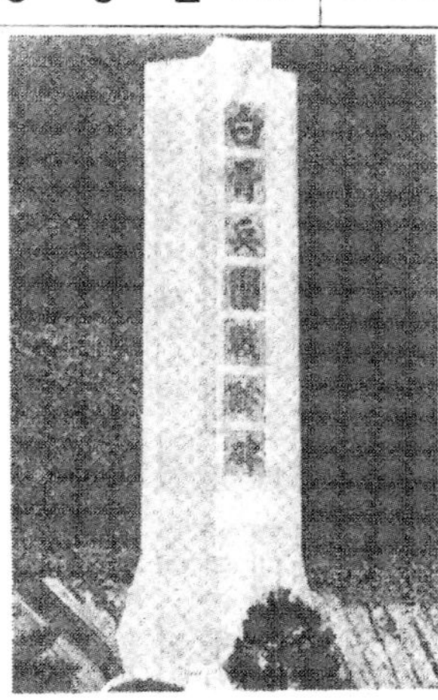

白骨兵團전적비 麟蹄에 건립

장병들명단등 새겨 忠魂기려

『조국의 자유와 통일을 위하여 출진한 백골병단 육백사십용사!오대·설악을 넘고 또 넘어 혁혁한 전공을 세운 그들 장하고 거룩한 겨레의 횃불』

정규 유격대로선 우리나라 최초인 백골병단(白骨兵團)용사들의 명복과 충용(忠勇)을 기리기위한 백골병단전적비(사진)가 9일 오후3시 강원도 인제군북면용대리에 세워졌다.

전적비에는 백골병단 병사들이 누볐던 산하 모형도, 전적비건립취지문, 헌시, 신원이 밝혀진 장병들의 명단, 전적등이 새겨져있다.

백골병단은 51년2월20일 육군본부직할 유격대인 결사11·12·13연대를 통합, 蔡命新장군(당시 중령)을 단장으로 창단됐다。이때부터 3월30일까지 6백40명의 백골단원들은 구식장총, 탄알 30발, 2주일분 식량으로 미숫가루만을 지참한채 태백·오대·설악산등 적후방을 넘나들며 첩보수집 및 교전을 벌였다。

백골병단은 적 69여단 1급비밀서류를 노획, 69여단을 괴멸시켰고 대남빨치산 사령관 金원팔중장과 참모장을 생포하는등 3백명을 생포하고 5백명을 사살하는 전공을 세웠다。

제막식에는 88년 碑건립을 약속했던 李鎭三육군참모총장(당시 3군단장)과 蔡命新장군·생존백골단원등 2백여명이 참석, 고인들의 넋을 기렸다。 〈麟蹄=李燦昊기자〉

백골병단 전적비 제막식

육군참모총장
이진삼 대장의 축사

백골병단은 1951년 1월부터 그해 6월까지 사이에 적진후방 800리의 혈투를 감행하여 우리 육군전사에 찬란한 금자탑을 이룩하였으나, 참전장병과 전투중 유명(幽明)을 달리한 전몰장병에 대한 아무런 예우를 받지 못하고 39년이 지난 1990년 11월 9일에 이르러 강원도 인제군 북면 용대리 산 250번지 약 1,500평의 대지 위에 높이 16.4미터의 거대한 백골병단 전적비가 육군본부와 제1야전군사령부 및 육군 제3군단(공병여단)과 참전전우회원의 성금으로 건립 제막되었다.

제막식이 진행되는 도중 강풍을 뚫고 날아든 까치 한 마리가 고 허은구 소위의 형님이신 허재구 씨가 헌화 분향할 때 두세번 울더니 어디론가 사라져 갔다.

백골병단 전몰장병 합동위령제에서 편장원 중장이 전우회장과 무엇인가 협의하고 있다. 옆은 12사단장 오영우 소장 우 : 황인모 장군, 권영철, 원응학 동지

백골병단 참전 · 개선 40주년 기념 리셉션의 한 장면

<용산 소재 육군회관 대연회장에서>

1951년도 육군정보학교 침투교리 담당교관이던 최덕연 중위(대령예편)가 전인식 회장과 무슨말을 나누며 파안 대소하고 있다. 그 옆은 우종림 장군과 군사연구실장

【3】 제 ..3호 (제3종우편물(..)인가) 第一經濟新聞 서기 1990년 11월 27일 火曜日

身命다바쳐 祖國守護대열 앞장

◇李鍾三참모총장

◇金仁植회장

◇權寧哲부회장

◇유격참전동지회 金仁植(左)회장과 權寧哲부회장이 白骨兵團이 사용했던 당시 作戰狀況圖를 가리키며 草根木皮로 延命했음에도 불구 혁혁한 戰果를 남긴 白骨兵團의 활약을 증언하고 있다. 〈사진=閔泳德기자〉

白骨兵團 전적비 제막의 뒤안길

草根木皮여 명불구 무수한 戰果기록
死線탄 勇戰奮鬪기려 승공정신고취

『조국이 累卵의 위기에 처해 있을때 우리 결사유격대 白骨兵團용사 6백40여명은 아무런 두려움없이 신명을 다바쳐 조국수호의 대열에 앞장섰으며 그들은 용감하게 맡은바 중책을 다했습니다』

대한유격참전동지회 회장 金仁植씨(당시 육군 임시보병대위·작전참모)는 한국군 최초의 정규유격부대인 백골병단의 당시의 일을 회상하며 이렇게 첫 운을 뗐다.

이어 『이 넋두리 같은 당시의 상황을 공개해서 뭣하겠습니까. 다만 우리 참전동지들은 이 기회에 백골병단의 기록을 영원히 남기고 또 자랑스럽게 간직해 후일에 대비하고자 할 뿐입니다』따라서 『우리 참전동지 일동 6백40여명은 적지에서 아니 死地에서 사선을 수십여차례 넘나들며 싸운 그들의 발자취를 자랑스럽게 여기고 승공정신을 고취, 앙양케 함으로써 國[illegible]를 튼튼히 하고 전쟁을 모르는 청소년들에게 올바른 국가관을 심어줘야겠다는 생각입니다』

백골병단은 한국군 최초의 정규유격부대이다.

당시 영하30도를 오르내리는 혹한과 열악한 장비및 악조건속에서도 오직 적으로부터 조국을 구하겠다는 忠情의 일념으로 생사를 초월한 작전을 수행, 아군의 동부산악지역 작전에 크게 기여해 오늘날 한국戰史에 큰 획을 긋는 혁혁한 공적을 남겼다.

그러나 40여년이 다 되어가는 오늘에야 비로소 그 충혼을 기리는 전적비가 세워져 당시 이들의 숨은 발자취를 회상케하고 있다.

백골병단의 이모저모에 관해 간략히 알아본다.

백골병단이 창설된지는 1950년 6·25발발 이듬해인 51년 2월20일 중공군이 한국전에 참가해 물밀듯이 내려오던 시점이었다.

이에 한국군 수뇌부는 우리도 북한처럼 유격대를 조직해 후방교란작전을 펼쳐야 한다는 필요성에 따라 육군본부 직할유격대인 결사 11, 12, 13연대를 급파, 채명신 중령(당시계급)을 지휘관으로 창설됐다. 부대원중 현역군인은 채명신 중령 한사람밖에 없었으며 나머지는 대부분 전쟁으로 大學을 휴학중이거나 유엔경찰 또는 철도경찰인 젊은이들이었다.

이들의 임무는 ▲적 후방 교란 ▲연락장교 생포및 사살 ▲지휘소 습격 ▲각급 간부를 생포 사살 ▲기밀문서 획득 ▲애국청년 포섭 ▲무장강화 ▲보급로 확대 ▲사병의 귀순공작등 특수전에 필요한 11가지였다. 즉 백골병단은 적 후방과 아군지역을 들락거리는 소위 「피스톤 첩자」와 같은 그런 임무가 아니라 적 후방 깊숙이 침투하여 장기적인 유격작전을 전개해 나가지 않으면 해낼수 없는 그런 임무였다.

따라서 백골병단의 훈련정도, 편성개황등으로 미루어볼때 그들에게 주어진 임무등은 막중한 것이었다.

그러나 이런 악조건속에서도 이 부대는 용전분투, 태백산 오대산 내설악 지역일대에서 사선을 넘나들며 적 후방의 첩보를 수집해 아군부대에 수시로 제공했다.

또 적 후방 깊숙이 침투해 독단으로 생사를 초월한 작전을 전개, 적의 戰意를 상실케 함으로써 아군의 동부산악지역 작전에 크게 기여했다.

특히 90여일간의 게릴라전투에서 對南빨치산 사령관 길원팔중장 등 고위군관 13명을 생포한 것을 비롯, 적진후방을 왕래하는 연락병 3백여명 생포 이외에도 약 5백여명의 적군을 사살하는등 무수한 전과를 올렸다.

이처럼 혁혁한 전승을 거두었음에도 불구하고 전사한 백골병단 3백60여명 가운데 1백20여명은 50일동안 단 한번의 보급품지원도 받지 못한채 눈이나 칡뿌리등 草根木皮로 굶주린 배를 채우며 싸우다 결국 추위와 굶주림으로 죽어갔다.

설상가상으로 이들이 작전을 마치고 그해 4월 강릉으로 생환함과 동시에 육본은 이들이 생환하지 못할 것으로 판단, 부대를 해체해버려 명단조차 보관하고 있지 않았다.

다만 지난해 12월 38년만에 故 현규정대위 이하 연소위 이완상중사의 유골만을 찾아 국립묘지에 안장했고 23명의 대원들은 위패를 안치했다.

결국 전투중 적을 유인, 자폭전사한 殺身報國의 표상 故 윤창규대위를 비롯 3백60여명의 유골은 아직도 찾지 못한채 오늘에 이르고 있다.

이후 지난 9일 오후3시 강원도 인제군 북면 용대리에서 6·25 당시 홍안의 지원병이었던 백골병단 참전동지회회원 90여명과 유가족 40명, 李鍾三육군참모총장을 비롯한 군 관 민이 참석한 가운데 백골병단 제막식이 있었다.

백골병단 전적비는 군예산 6천4백76만원과 참전동지회원들이 모금한 1천3백여만원등 총7천7백76만원을 들여 부지 7백50평에 높이 16m 규모로 지난 6월13일 착공에 들어가 5개월간의 작업끝에 제막식을 갖게됐다.

이 제막식이 이뤄지기까지는 대한유격참전동지회 회장 金仁植씨(군번 GO-1003)와 부회장 權寧哲씨(GO-1017)의 지대한 노력에 의해 이뤄진 것으로 알려지고 있다.

전적비 주탑세개의 뿔은 결사유격 11, 12, 13연대를, 각 뿔의 폭 3백60㎝는 전몰장병의 수를, 비의 받침 2백80㎝는 임무를 수행한 대원의 수를, 그리고 백색은 고결한 얼이 담긴 유격특공장병을 각각 상징한다.

백발이 성성한 당시 참전용사들은 제막식에 참석, 『이제야 설악산과 태백산의 원혼으로 떠돌아다닐 전우들에게 부족하나마 면목을 세울수 있을 것 같다』며 뜨거운 회한의 눈물을 흘렸다.

한편 金회장은 『미국이나 프랑스등 각 나라들마다 전쟁문학작품이 많은데 비단 6·25라는 긴 민족상쟁의 전쟁을 겪은 우리나라는 거의 없는 것 같아 무척 아쉽다』며 이어 『이땅에서 다시는 6·25와 같은 민족의 비극이 있어서는 안된다』고 힘줘 말했다.

〈朴錫圭기자〉

추천서 및 합의서 (~~合意書~~)

陸軍本部直轄決死遊擊 310 聯隊와 關聯된 事業推進을 爲하여 參戰當時의 各聯隊長 3人이 다음事項에 合意함.

1. 基本事項

위 聯隊의 所屬員으로서 實地遊擊戰에 參戰한 戰友의 모임体를 "陸軍本部直轄遊擊戰友会"라 하고 對外的 意思表示(表記, 表現)에 있어 同呼稱을 活用함. (前의 當局同志会, 白骨兵団參戰親睦会, 大韓遊擊參戰同志会等 名稱은 消滅함)

4. 代表者 및 効力

合意人 3人이 代表者 1人을 互選하고, 同代表는 對外機関 및 会員에게 効力있음.

위 事項에 合意하고 署名함.

西紀 1990年 4月 1日

合意人

1. 決死遊擊第11聯隊長 臨時歩兵陸軍中領(予:中將) 채명신 (印)
1. 〃 第12 〃 臨時歩兵陸軍少領 李斗柄 (印)
1. 〃 第13 〃 臨時歩兵陸軍大尉 金漢喆 (印) ([illegible] 改名)

本人은 6.25 南侵動乱當時 陸軍本部直轄決死遊擊第13聯隊長의 職으로 兵力 多数를 掌把, 適後方에 侵透, 遊擊作戰을 指揮하였던 사람입니다

周知하시는 바와 같이 陸軍本部直轄遊擊部隊는 第11聯隊(聯隊長 臨時歩兵中領 蔡明新:予.中將)를 비롯 第12

(김한철씨의 자필임)

1990.4.1 결사유격 제11연대장 임시보병 육군중령(예 : 중장) 채명신(잘못표기하였음)
〃 제12 〃 임시보병 육군소령 이두병
〃 제13 〃 임시보병 육군대위 김한철
등 3인이 합의하여 이 전의 설악동지회(백골병단 참전친목회, 대한유격 참전동지회 등 칭호는 소멸함) 합의인 3인이 대표자를 호선하고, 동 대표는 대외기관 및 회원에게 효력 있음. 이란 **추천서 및 합의서**를 작성하여 전적비건립위치도 잘못되었고, 그동안 추진하던것도 잘못되었기에 재고되어야 한다는 탄원서를 육군제3군단장 등 정부요로에 제출하여 전적비건립이 중단되었는데, 이에 대하여 채명신중령이 본의가 아니며 서류를 작성해와 싸인을 요구하기에 싸인한 것이 잘못되었다는 해명과 함께 1990.6 공사가 재개되기까지 40여일간 전적비건립공사가 중단된 가장 치졸한 사건이 돌발되었다. 참전전우회는 긴급총회를 열고 채명신장군의 해명서(별첨원문)를 받아 요로에 보내 해명되었다. 그뒤 김한철씨는 전적비 제막 이후에도 계속 10여회 요로에 탄원(투서)했다고 한다.

解明및 陳情取下願

受 信：國防部長官． 陸軍參謀總長

陸軍第 1 軍 司令官． 陸軍第 3 軍團長

經濟企劃院長官． 財務部長官. 交通部長官

大韓遊擊參戰同志會長外 會員一同

題 目：合意覺書및 陳情書 取下願과 解明

①本人이 1990年 4月 1日 추천서 및 합의서에 서명한것은 事實입니다. 그러나 本人은 그 內容을 미리 써왔으므로 자세히 보지못하고 서명한것 뿐이므로 本人의 眞意가 아님을 분명히 밝혀둡니다.

②진정서 형식의 金亨哲명의의 투서서신은 現동지회(會長全仁植)가 추진하고 있는것이 不可하게 된때의 代案으로 각 3개연대장이 앞장서 협동하고자 하는 내용의 것이 였는데 金亨哲이 本人의 뜻과 다른내용을 적어보내 本人의 意思가 잘못 傳達 되었습니다.

③白骨兵團은 결사유격 제 11 연대와 제 12 연대, 제 13 연대의 통합부대명칭으로서 전적탑건립계획은 변경이 불필요하며, 전적탑건립위치, 명칭등에도 아무런 異議가 없습니다.

④진정서 형식의 金亨哲 제출문서와 합의각서는 없었던 것으로, 모두 取下하오니 되돌려주시기 바라며, 그간의 노고에 감사드리고, 심려를 끼친점에 대하여 모두에게 유감으로 생각합니다.

1990年 5月 20日

住 所：서울특별시 용산구 후암동 55 번지의 16 호

姓 名 蔡命新 (印)

〈증거번호 6〉

진정 형식의 金亨哲 명의의 투서 서신은 본인의 뜻과 다르며, 백골병단의 통합 명칭이나 전적탑 건립 위치, 명칭 등 모두가 정당하다는 친필 서명 날인된 것(7개 기관장을 수신으로 하고 있다)이 해명서류로 전적비 건립중단은 일단락 되었다.

江原日報 西紀1990年4月7日 土曜日 10

6·25때 설악산 死守 백골병단 孤魂 추도

인제군 북면 용대리 창바위앞서 엄수

님은 갔지만 「祖國愛」는 남아…

○…죽음으로 설악산을 지킨 백골병단 3백60명에 대한 90년도추도식이 식목일인 5일 오전11시 인제군북면용대3리 창바위앞에서 대한유격참전동지회 金仁穡회장을 비롯, 참전용사 20명과 유가족 불사조부대장병등 2백여명이 참석한 가운데 엄수됐다.

꽃다운 나이에 장렬히 散華

3백60位 달래

6·25당시 백골병단으로 활약하다 장렬하게 전사한 국군 최초의 정규유격대원 3백60명의 넋을기리기 위한 위령비 건립사업이한창인창바위앞에모인 설악산 전투참전용사20명과 유가족10명등 30명은 시종 흐느낌속에 추도식에 임했다.

북받치는 설움을 참던 미망인들도 헌화분향하는 순간 울음을 터뜨렸고 이를 지켜보던 장병들도 눈시울을 적셨으며 추도식이 끝난뒤에도 한동안 말이없었다.

이날 추도식에서 전우를 잃은 참전용사, 남편을 잃은 미망인, 할아버지를 찾아온 어린손자등 가슴가슴마다에는 말로 표현할수없는 애통함으로 숨을 몰아쉬며 가신님의 넋을 위로했다.

25살의 꽃다운 나이에 남편(洪순기)을 잃고 딸하나만키워온서울종로구 장안3동 朴정녀씨(65)는 「40년만에 남편이 유격대원으로 설악산에서 싸우다 장렬하게 숨진 사실을 알고 이렇게 달려왔다」며 비통해했다.

또 할아버지가 괴뢰군과 맞서 용감하게 싸우다 숨진곳을 보기위해 할머니와 함께 참석했다는 서울장평중학교 朴鍾喆군(14)은 「할아버지의 영전을 바라보니 「충헌이」라고 부르는것 같았다」며 눈시울을 붉혔다.

◇백골병단 3백60위에 대한 90년도 추도식이 인제군북면용대3리 창바위앞에서 있었다.

유족들 흐느낌에 지켜보던 장병들도 눈시울

이날 백골병단 출신장병의 모임인 대한유격참전 동지회 金仁穡회장은 추도사에서 「공들이여 말씀해보시오/여기 공들의 부인도 그리고 아들 딸 형님, 동생 사위가 함께 추도식장에서 희미하게나마 떠오르는 귀공들의 모습을 떠올리며 추념하고 있소이다./공들이시어/공들의 육신은 비록 건천에서 이름 모를 나무와 야생화의 밑거름이 되었을지라도 그나무와 풀은 윤기있고 생생하게 우리 모두를 지켜주고있습니다」라며 울먹였다.

지난 51년2월20일 강원도평창군에서 3개 유격대가 통합한 백골병단은 유격대원6백40명으로 오대산 험준한 준령을 넘어 내설악 적후방에 깊숙히 침투, 괴뢰군 69여단의 기밀문서를 노획하고 아군 수도사단과 함께 이들을 섬멸하는 전과를 올렸다. 그해 3월18일에는 조선인민군총참모장으로 북괴중앙당 제2비서직을 겸하고 대남빨치산총사령관이던 吉元八을 한계령넘어 필례약수터에서 생포하는 전과를 올렸으나 북괴군의 집중공세를 받아 60일동안 단한번의 추가 보급품도 받지못하고 추위속에서 버티다 굶어죽거나 얼어죽은 대원이 1백30명이었고 설악산 전투에서 숨진 유격대원은 모두3백60명이다.

백골병단 생존 참전용사들은 이들의 고귀한 희생을 기리기 위해 1군사령관의 지원을 받아 희생자의 유골을 찾고 위령탑 건립사업에 착수, 죽음으로 설악산을 지킨 백골병단의 고귀한 업적을 영원히 남기게 됐다.

【麟蹄=金相壽기자】

1990.4.5 오전11시 백골병단 전적비가 세워질 대지 위에서 육군 제703특공연대(연대장 대령 류해근)가 추도식 아치를 건립한 가운데 참전장병 30여명과 유가족 및 불사조 부대 장병 등 200여명이 참석한 가운데 90년도 합동추도식이 인제군 북면 용대3리 산 250-2 전적비 부지위에서 엄수되었다.
이 사실은 1990.4.7 강원일보가 5단 톱 기사로 상세히 보도 하였다.

제8609호 (1964년11월16일 제3종우편물(가)급인가) 국 방 일 보 1993년 6월 3일

"死線넘으며 敵 섬멸했지요"

6·25 43周

老兵 證言한다 그날의 慘狀을

〈2〉

대한유격參戰동지회 全仁植 회장

『전쟁은 아직 끝나지 않았습니다. 다만 휴전일 뿐입니다.』

43년전 6·25를생각하며 다시는이땅에43년전의그같은비극이 절대로 있어서는 안되며 어떠한 고난과 역경이 닥쳐도 웅비하는 신한국창조에 전국민이 일치단결하여 조국통일을 성취하는데 최선의 노력을 경주하여야 한다고 굳게 다짐하고 있는 전인식씨(全仁植64 대한유격참전동지회회장).

『노병은 죽지 않고 서서히 사라진다』는 맥아더 원수의 말을 즐겨 사용하고 있는 전인식씨는 6·25로 인해 1백만명이 넘는 인명의 희생, 그리고 1천만명의 이산가족의 슬픔을 덜어주기 위해서는 우리 전국민은 혼연일체가 되어 국력을 집중시키고 고도의 경제성장으로 북한이 스스로 개방할 수 있도록 유도하는 것이 우리정부와 국민이 다함께 하여야 할 당면과제라고 말한다.

× × ×

전인식씨는 6·25전쟁이 한창이던 지난 51년 1월4일 21세의 홍안의 나이로 육군정보학교(당시 제7훈련소, 대구달성고등학교)에 입교, 20여일간의 군사훈련을 이수하고 육군본부 직할 결사유격 11연대(백골병단) 작전참모(대위)로서 1월31일 영월전투에 참가했다.

나라의 운명이 백척간두에 있을때 자신의 안일을 돌보지 않고 죽기를 각오하고 적지에 뛰어든 11, 12, 13연대 장병 6백40명은 2주일분의 미숫가루 보급으로 60일간을 적지에서 유격전을 감행, 북괴군 사단장을 비롯 고급군관 수십명, 그리고 북괴군 3백여명을 생포하고 5백여명을 사살, 백골병단의 그위용을 한국전사에 길이 빛냈다.

『전투중 보급의 차단으로 강추위와 허기로 3백60여명이 희생됐으며 이 과정에서 유격대원들은 적을 한놈이라도 더죽이기 위해 눈은 충혈되어 있었으며 지독한 동상으로 살갗에서는진물이흘러나와당시의참상은 체험하지 못한 사람은 아무도 모를것』이라고 말하는 전인식씨는 기자와의 인터뷰에서 눈물을 글썽인다.

백골병단 군번 G01003, 사병군번 9354458, 장교군번 26444.

3개의 군번을 가지고 있는 전인식씨는 왜 군번을 3개씩 가지고 있느냐는 질문에 『백골병단은 특수부대 입니다. 그렇기 때문에 당시의 전우들은 별로 자신들의 소속보다는 오직 적을 물리치는 데만 전념했으며 크고 작은 전과를 무수히 올렸지만 훈장하나 받지 못했다』고 말하고 이는 당시 혼란한 상태에서 행정처리의 잘못으로 또다시 군복무를 하여야 하기 때문에 군번이 3개라고 43년전 그날의 악몽을 되새긴다.

◆ 전인식씨가당시의 전투상황을 지도를 보며자세히 설명하고 있다.

21세 홍안에 國家위해 戰場으로

最初유격군인 '백골병단'속해 戰鬪벌여

軍番3개 戰果많지만 훈장없어 아쉬워

백골병단 장병들이 51년 1월31일부터 3월30일까지 2개월간 적 후방지역에서 장장 3백20km, 우리리(里)로 8백리.

강원도 영월읍에서 용대리까지 진출하였다가 다시 설악의 영봉을 넘어 양양군 서면을 거쳐 인제군 인제면 방동현리까지 태백산맥, 오대산맥, 설악산맥을 잇는 해발 1천m이상의 고산, 험산준령을 영하 30도의 혹한을 이겨내면서 적 69여단을 섬멸하는 등 전공을 세운 한국군 최초의 정규 유격군으로 청사의 그 빛을 찬연히 밝혔다.

죽을 고비를 수없이 넘기며 가장 위험했을 때가 어느 전투냐는 기자질문에 전인식씨는 『치열한전투를마치고 설악산에서 야영을 하고 곤히 잠든시간에 동료전우가 「기습이다」라고 외치길래 즉각 기상해 텐트밖으로 나가보니 적군이 사방에서 기습해 왔었습니다.

일단 피신을 해야하는데 갈곳이 없었지요.

전대원에게 전원 대피하라고 외치고 뛰어보니 약 20m 절벽이 눈앞에 닥쳐 이렇게 죽을수는 없다고 각오하고 절벽 밑으로 굴렀습니다.

51년에는 무척 추웠으며 눈도 많이 내렸지요.

저는 그때 절벽에 등을 대고 미끄러져 내려갔는데 등을 대고 떨어진 전우들은 살았습니다.』

43년전 6·25를 생각하면 온몸에 열이 난다는 전인식씨는 『전쟁당시 이땅을 지키기 위한 용감한 장병이 한 둘입니까. 그들이 그 용맹에 상응한 훈장을 하나도 받지 못했다는 것이 아쉽다』고 말한다.

『휴전이후 저들이 저지른 만행이 어디 한두 건입니까.

가까운 실례로 지난해 5월22일 비무장 지대에 3명의 무장간첩을 침투시킨 것을 우리는 직시해야 합니다. 물론 전원 사살했지만요.』

전인식씨는 3개의 군번이 바로 나를 대변해 주고 있다고 전제하고 당시 치열한 전투에서 적을 유인한후 피하지 못하고 자폭, 전사한 결사 11연대 2대대장 현규정대위, 그리고 허운구소위, 장동순중사가 뇌리에서 사라지지 않는다고 말한다.

국운이 풍전등화에 있을때 나를 버리고 나라를 구한 수많은 영령들을 우리는 마음속 깊이 간직해야 한다.

【최형익 기자】

〈제43호〉 反 共 新 聞 1991년 4월 25일(木曜日) 〈21〉

〈잊을수 없는 그때를 찾아서〉

한국군최초정규유격부대「백골병단」

──적후방 3 백리 혈투기록은 영원히 유지·보존·재평가되어야한다──

理事長(敎授) 全 仁 植
(社團法人) 建設產業硏究所
대한유격참전동지회 회장

「자유가 소중한 것을 알려면 육체와 정신이 구속되어 보아야 알고, 민주주의를 알려면 공산주의 또는 전체주의 체제하에서 살아 보아야 참 뜻을 알게 될 것입니다.」

조국이 누란의 위기에 처해 있을 때 조국수호를 위해 적진 후방으로 침투하여 혁혁한 공을 세운 한국군 최초의 정규유격대 백골병단(白骨兵團) 640여명의 숭고한 정신을 대한유격참전동지회 전인식 회장으로부터 들으므로서 그 기록, 그들의 발자취를 자랑스럽게 회고하고 숭공정신을 고취, 앙양케하므로써 평화적인 조국통일의 초석이 되고저 하고, 또한 청소년들에게는 망각의 지대로 사라져 버리지 않게 해야 함은 물론 올바른 국가관을 심어주기 위해 이 글을 쓰는 바이다. 〈편집자주〉

한국군 최초의 유격대 '백골병단' 용사 640명은 백천간두에 선 조국의 자유를 위하여 빈약한 장비와 보급에도 불구하고 용감히 적을 공격·유린하므로써 아군의 북진에 크게 기여하였을 뿐만 아니라 적을 극도로 혼란에 빠뜨리게 하였고, 대남 빨치산 총사령관 길원팔, 참모장 인민군 총좌 강칠성 이하 참모진 전원의 생포는 적군의 고위 장성급 장교를 생포한 자랑스러운 전과일 뿐만 아니라 국민의 생명과 재산을 보위케한 것으로써 이는 호국의 군신(軍神)으로 청사(靑史)에 길이 남을 신화를 창조한 것이다.

그렇지만 국가는 최초의 유격부대원들의 공적에 대해 무관심으로 일관했으며 38년이 지난 후에서야 비로서 이진삼 육군참모총장의 의리와 결단으로 백골병단의 공로가 인정되게 되었다.

이 공로가 인정되기 까지에는 65년부터 백골병단 전우회인 대한유격참전동지회를 이끌어 온 전인식 회장의 피나는 노력이 있었음을 세인들은 알아야 할 것이다.

마침내 90년 11월9일 강원도 인제군 북면 용대리 백담사 입구에 한국군 최초의·정규 유격대로 6.25전쟁에서 빛나는 무공을 세웠던 「백골병단 전적비」제막식이 거행됐다.

전회장은 전적비가 세워지는 날 감격의 눈물을 흘리며 조국통일의 그날을 보지 못하고 산화한 360여명의 동지들에게 마음속 깊이 우러나오는 묵념을 올리며 고인의 영전에 이 전적비를 바친다며 눈물을 감추지 못했다.

'백골병단'은 51년 1월25일 중공군이 물밀듯이 남하해 탈환한 서울이 그들의 손아귀에 재장악되던 절박한 시기에 한국군 수뇌부는 UN군과의 합의하에 우리도 적군처럼 유격대를 조직해 적 후방 교란작전을 펼쳐야 한다는 필요성에 육군본부 직할 유격대를 조직했다.

현역 채명신 중령을 부대장으로 640명의 지원병은 육군정보학교에서 3주간의 특수훈련을 받고 적 후방 깊숙한 곳으로 침투하여 혁혁한 전공을 세웠다. 그러나 불행하게도 악전고투 끝에 51년 4월 280여명이 강릉으로 생환하자 육본은 생환자들을 미8군으로 편성, 해체해 버렸다.

본 기자는 당시 '백골병단'의 혈투기를 대한유격참전동지회 전인식 회장으로부터 듣고 그 때의 긴박했던 상황을 간략하게 정리, 다시는 제2의 6.25가 발발하지 않기를 기원하면서 독자와 호흡을 함께 하고저 한다.

1951년 1월25일 국본특(육) 제22호로 편성된 육군본부 직할 결사유격대 제11연대와 제12, 13연대 장병 640명은 1951년 2월 20일 채명신 중령이 통합, 「백골병단」을 창설하고, 퇴곡리에서 오대산 북방 중부 내륙 청도리 방면으로 진출, 적의 배후를 유린하였다.

제11연대는 연대장에 채명신 중령, 작전참모에 전인식 임시대위, 정보참모 최윤식 임시대위 등 3개대대 363명의 유격대 편성을 완료, 51년 1월30일 대구를 출발, 중부전선인 강원도 영월군 영월읍에 도착했다. 당시 결사유격대는 비상식량과 소련제 장총, 따발총 등으로 무장하고 적군과 똑같은 복장으로 위장, 그날 밤 적진지 후방으로 침투하였다.

영하 20도를 오르내리는 혹한과 싸우면서 51년 2월10일 적의 후방 지역인 하진부리, 횡계리에 잠입, 이곳에서 내왕하는 적을 불심검문하여 30여명을 생포하였으며, 진광리 첫 교전에서 적 5명사살, 생포 3명의 전과를 올렸다. 2월 13일 제12연대 160명과 합류, 2월 14일 제13연대 120명이 집결하여 채명신 중령은 2월 20일 이들을 통합," 「백골병단」을 창설하였다.

'백골병단'은 2월 23일 아군 공군기의 오폭으로 6명의 전우가 희생되는 가운데 적 69여단 정치군관 4명을 생포, 이들로부터 노획한 적의 중요 군사기밀 문서를 아군 수도사단에 속보하여 적 69여단(4,500명)을 괴멸시켰다. 광원리 소재적 3군단 지휘부 습격, 적 후방에서 내왕하는 연락장병의 생포, 사살 등 적의 후방을 교란하였으며, 3월 16일 군량받지구 "필례"에서 남침 준비중에 있던 대남 빨치산 사령관 중장 길원팔과 참모장 강칠성 등 고위간부 13명 전원을 생포함으로써 대남 빨치산 지휘부를 전멸시켰다.

한국 동란사에 찬연한 금자탑을 세운 '백골병단'은 3월20일 가리산리에 진출해 있던 적 빨치산과의 치열한 전투에서 적 70명을 사살하였으나 아군도 40여명의 희생을 입게 되어, 부득히 남하를 위장하다가 다시 북상, 대승령을 거처 3월23일 용대리 방면으로 진출하였으나 적의 포위 공격으로 아군 10여명의 희생되어 3월24일 설악산 중청봉으로 진출하였으나 3월25일 새벽 적의 기습을 받아 아군 60여명이 희생되는 불운을 겪으면서 계곡방면으로 퇴각, 3월25일 오후 부대를 재편성한 다음 양양군 서면 오색리 서북방 계곡에서 단목령 입구까지 백주에 적진지의 대로상으로 8km정도 행군하는 필사의 돌파작전을 감행하여 다섯시간 만에 단목령 입구에 진입하는데 성공하였다. 무사히 진입한 유격대원들은 비상식량인 미수가루마저 동나 눈만 집어 먹고 3~4일간을 연명한 까닭에 추위와 굶주림으로 120여명의 전우가 쓰러지는 비운을 겪기도 했다. 그러나 이에 좌절하지 않고 적의 주저항선을 배후에서 돌파, 많은 사상자를 내면서 3월29일 인제군 기린면 지역으로 진출, 마침내 3월30 유격대원 280여명이 적지 60일간의 혈전을 완료하고 개선하였다.

이 적 후방 침투 교란작전은 적후 방지역 320km를 영하 30도의 혹한을 무릅쓰고 종횡무진, 적의 지휘 통신시설 파괴, 보급로 차단, 빨치산 지휘부 섬멸, 연락장병 300여명 생포, 적 사살 500여명등 적 후방지역을 교란함으로써 아군 작전에 기여하는 혁혁한 전공을 세웠다.

이 작전기간 중 목숨을 바쳐 조국의 자유와 평화를 수호하기 위하여 용감히 싸우다 순국 산화한 장병의 명복을 빌고 백골병단 장병이 이룩한 충·용의 전공을 후세에 길이 전하고 이를 귀감으로 삼고자 「백골병단전적비」를 건립하다.

한편 국방부는 유격대원들의 전기 실록 "못다 핀 젊은 꽃"(원작 전인식)을 숭공정신의 앙양을 위하여 제작, 방영하였고 87년 3월 KBS TV, MBC TV에서도 각각 상영, 6.25와 같은 민족의 수난! 그 폐허 위에서 우리는 얼마나 많은 고생을 했는가를 일깨워 주었다. 90년도에는 국방영화사에서 「박달령의 침묵」을 제작, 방영하기도 했다.

대한유격참전동지회 전인식 회장은「결사유격대원들이 적 후방3백리의 혈투를 감행하고 구사일생으로 돌아왔으나 당국에서는 아무런 행정조치를 취해주지 않은 것을 지적하지 않을수 없다」고 말하고 또「아무리 전국이 혼란스럽다고 하더라도 부대를 편성, 모병훈련을 시켜 전투에 투입하였으면 그 기록문서 정도는 보존했어야 함에도 상부에서는 유격 대원들과 관련된 서류는 일체 보관을 하지 않고 있었다」고 지적하면서 먼저간 동지 뿐만 아니라 생존해 있는 우리들에게도 불명예스럽게 남아 있다고 한다.

현재 전회장은(사단법인) 건설산업연구소를 운영하면서 「나와 6.25」「못다 핀 젊은 꽃」「백설의 장정」「백골병단」등의 체험수기와 자신의 전공분야에서 수십여종의 저술활동을 해오고 있다.

전회장의 마지막 남은 소망은 헤어진 전우들을 다시 만나는 일과 먼저간 전우들의 명단을 찾아 그들의 원혼을 달래주는 일만 남았다고 한다.

역사는 되돌려지는 것은 아니지만 그 역사 속에서 우리들은 미래지향적인 지혜와 교훈을 창출해 내야하는 것이 오늘을 사는 우리의 사명이고, 또 숙명이라고 생각할 때 지난 6.25를 우리 모두가 재조명하고, 유비무환만이 나라와 겨레를 그리고 자유와 평화를 지킬수 있다는 확신을 다시한번 굳건히 다져야 할 것이라고 믿는 바이다.

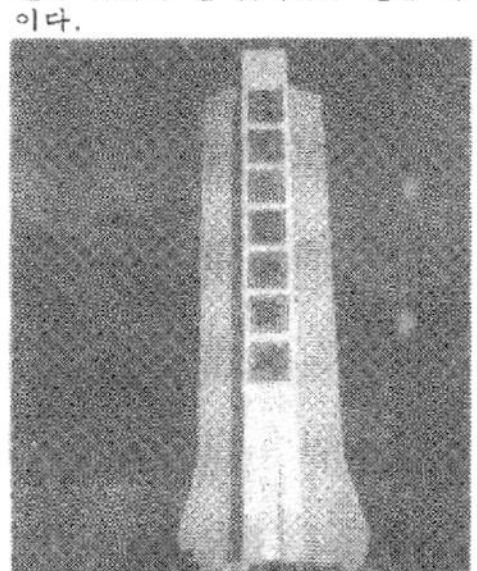

▲ 90.11.9 강원도 인제군 북면 용대리 백담사 입구에 한국군 최초 정규유격대 백골병단의 전적비가 세워졌다.

1993년 백골병단 전몰장병 합동추모식

분향하는 전인식 회장

추모식에 참석한 군관 및 전우회원들

백골병단 참전장병 647명 중 전몰장병은 360여명이나 전사확인이 된 장병은 60명뿐이고, 아직도 303명의 명단을 확보하지 못하고, 해마다 6월이 되면 전적비 앞 광장에서 육군 제3군단의 지원으로 현충추모제례가 집전되고 있다.

중앙 : 김석재중장(제3군단장), 12사단장, 인제군수, 특공연대장, 안병희, 조병설
중앙 좌 : 전인식 회장, 권영철 부회장, 신건철 이사, 최인태 감사, 이익재씨 등

(가)급인가 국 방 일 보 1993년 6월13일 일요일

韓國최초 유격대 白骨兵團 좌담회

敵陣교란 我軍 大공세 轉機

敵기습등 隊員 3백60여명 장렬히 散華

빨치산지휘부섬멸 혁혁한 戰果

한국군 최초의 유격부대인 백골병단(白骨兵團)ㅣ。6·25전황이 혼전을 거듭하던 51년 1월30일 영하30도를 오르내리던 설악산일대의 적후방에 깊숙이 침투、약2개월간 암약활동하면서 적의 지휘통신시설의 파괴와 빨치산 지휘부 생포등 혁혁한 공로를 세우며 아군의 반격작전에 크게 기여한 백골병단용사들이 현충일인 지난6일 반백의 노병이 되어 모처럼 한자리에 모였다. 지난 61년 대한유격참전동지회(회장 전인식 65)를 결성、전사한 동료전우의 추모사업을 비롯한 다양한 활동을 하고 있는 이들 참전동지회원들을 만나 백골병단은 과연 어떠한 부대였는지、그리고 그들은 지금 무엇을 하고 있는지를 알아본다.

× × ×

참석자

◆전 인 식(65) ◆신 진 호(61)
◆안 병 희(63) ◆송 세 용(62)
◆장 승 현(65) ◆최 윤 식(67)
<참전용사>

◆일 시:93년 6월 6일
◆장 소:강원도 인제군 북면 용대리 백골병단 전적비앞
◆사회·기록:정 남 철 기자

ㅡ사회:6·25당시 백골병단의 활동상이 최근 새롭게 평가되면서 많은 사람들의 관심을 모으고 있습니다. 백골병단과 대한유격참전동지회 활동에 대해 자세히 말씀해 주십시오.

▲전인식회장(65 당시 작전참모)=백골병단이 창설된 것은 6·25전쟁이 한창이던 51년 1월30일 육군정보학교(당시 7훈련소、대구달성고등학교)에서 3주간의 교육훈련을 마친 육군본부 직할 결사유격대 11연대가 적 후방에 침투한 뒤 2월중순경 연이어 침투에 성공한 12、13연대와 적진에서 합류、통합하면서 시작됐습니다.

백골병단은 6·25전쟁중 국군으로서는 처음으로 적진 깊숙이 침투해 적 지휘소 습격、간부사살및 생포、비밀문서 노획、애국청년포섭、보급로및 통신망 차단과 후방교란작전등을 주요임무로 활동한 우리나라 최초의 유격부대였습니다.

한국유격참전동지회는 백골병단의 일원으로 6·25에 참전했던 11、12、13연대 동지들 가운데 현재까지 생존해 있는 70여명의 전우들이 전사한 동료전우들의 숭고한 넋을 기리고、또한 당시의 활동상을 널리 전파해 호국사상과 안보의식을 고취하기 위해 결성했습니다.

◆대한유격참전동지회 회원들이 지난6일 백골병단 전적비를 찾아 6·25당시 산화한 동료전우들의 넋을 위로한후 비문을 살펴보고있다.

▲신진호씨(61)=당시 저희들이 적진에 침투해 유격작전을 펼친 곳은 설악산일대의 동부전선으로서 전쟁양상은 압록강까지 진출했던 국군과 유엔군이 중공군의 개입으로 후퇴를 거듭하며 고전을 면치 못하고 있을 때였습니다.

이러한 시기에 적 후방깊숙이 침투한 저희들은 3월30일 인제군 기린면의 아군지역으로 철수、개선하기까지 60일간 3백여명에 달하는 적을 생포하고 5백여명의 인민군을 사살하는 전과를 올렸습니다.

특히 3월19일에는 궁량밭지구 필례부락에서 남침을 준비하고 있던 대남빨치산사령관인 길원팔중장을 비롯해 인민군 고위간부 13명을 생포、대남 빨치산 지휘부를 전멸시키는 개가를 올렸습니다.

또한 그 이전인 2월28일에는 적 69여단 소속 정치군관으로부터 작전배치상황등이 들어있는 1급 기밀서류를 노획하여 아군수도사단에 속보하는 한편、광원리지역에 주둔하고 있던 적 3군단지휘부를 습격、적의 후방을 교란함으로써 아군의 성공적인 반격작전을 뒷받침하기도 했습니다.

▲안병희씨(63)=이러한 전과 못지않게 적진에서 싸워야 하는 불리함때문에 저희 백골병단의 피해도 상당했습니다.

백골병단 창설시 6백40여명에 달했던 저희 동지들 가운데 3백60여명이 꽃다운나이에 안타깝게 희생당하고 겨우 2백90여명만 살아돌아올수 있었습니다.

이렇게 저희들의 피해가 컸던 원인은 사방에 둘러싸인 적과 싸워야만했던 절박한 전투상황 때문이었지만 이것못지 않게 영하30도의 강추위와 폭설등 악조건의 자연환경도 적지않은 영향을 끼쳤습니다.

적 후방지역에서 유격작전을 펼쳐야 하는 관계로 간단한 인민군 복장으로 위장한 저희들은 사실상 강추위에 견딜만한 어떠한 준비도 갖추지 못한 상태였습니다.

제아무리 정신력으로 무장한다 해도 속내의와 다떨어진 인민군복장 하나만으로는 한겨울의 혹독한 추위와 매서운 눈보라를 이겨낼수 없었습니다.

이런 관계로 매일밤마다 모든 동지들이 눈속에서 동을 기대며 서로의 체온으로 추위와 싸우며 긴밤을 지새워야만 했습니다. 그렇게 밤을 보내고 아침이 되면 옆의 전우가 동사(凍死)해 쓰러져 있는가 하면 동상에 걸려 거동조차 할수 없는 동지들이 속출했습니다.

특히 회군시 단목령(檀木嶺)에서 있었던 1백20여명의 동지들의 집단희생은 당시의 추위가 얼마나 혹독했는지를 말해주고 있습니다.

▲송세용씨(62)=이밖에도 그때 우리를 괴롭혔던 것은 식량문제와 무기였습니다. 작전에 처음 투입될때 저희들이 지급받은 식량은 2주일분의 미숫가루가 고작이었고、휴대한 무기는 개인당 소련제 구식장총 1정과 실탄15발、수류탄 2발이 전부였습니다.

따라서 적진에 들어간지 얼마안돼 식량과 실탄이 떨어져 모든것을 자급자족해야만 했습니다. 실탄의 경우는 인민군을 습격해 노획한 것으로 그런대로 충족할 수 있었지만 식량의 경우는 그야말로 작전기간내내 절박한 당면문제가 아닐수 없었습니다.

수북이 쌓인 눈이나 나무껍질 등을 먹거나、아니면 민가에 들어가 구걸해 배를 채우며 겨우 연명했습니다.

이러한 기아와 추위、그리고 예측지 못한 적의 기습을 받으며 60여일간 태백산맥 일대의 고산준령 3백20km를 종횡무진하며 적을 괴롭혔습니다.

"오직 救國一念으로 태백산맥 高山峻嶺누벼"

▲장승현씨(65)=지금 생각하면 도저히 불가능했던 당시의 유격활동은 조국을 구해야 한다는 절박한 구국정신과 살아야만 한다는 생명에 대한 간절한 애착이 아니었으면 해낼수 없었던 것입니다.

그러한 고생끝에 작전을 성공리에 마치고 개선한 저희들에게 돌아온 것은 무관심과 냉대뿐이었습니다.

작전투입시 저희 동지들 모두가 임시군번과 임시계급을 부여받은 애매모호한 신분때문이었습니다.

하여튼 우여곡절끝에 51년4월중 백골병단은 해체되고 동지들 모두는 뿔뿔이 흩어져 또 다른 전투에 참가한후 제대를 했습니다.

그러나 정식 군번이 없다는 이유로 다시 징집돼 전후방 각지에서 2번째 군생활을 해야만 하는등 어처구니없는 행정조치를 받아야 했습니다.

▲최윤식씨(67)=이와같이 국군최초의 유격부대로서 적진을 전전하며 무수한 공을 세운 백골병단용사들이 다시 모여 만든 것이 대한유격참전동지회입니다.

그동안 저희들은 백골병단의 처절한 애국적 활동을 대외적으로 널리알려 나라가 얼마나 소중한지를、공산이데올로기가 얼마나 잔인한 지를 주지시켜 왔습니다.

또한 설악산일대의 옛전쟁터에서 동지들의 유골을 찾아 국립묘지에 안장시키고 위패를 봉안해 구천에서 떠돌고 있던 원혼을 달래기도 했습니다.

지난 88년도에는 국방부와 육군본부가 백골병단의 활동상을 인정、백골병단전적비 건립에 따른 지원금을 후원해줌으로써 3년만인 91년도에 이진삼 당시 육참총장이 참석한 가운데 역사적인 제막식을 갖기도 했습니다.

현재 저희들은 백골병단 활동상이 국군사에 올바로 기록되도록하기 위해 「백골병단전사」를 집필하고 있으며 회원들의 참전확인과 유족들의 원호대상자 편입을 위해 지속적으로 노력하고 있습니다.

1993년 6월 6일 강원도 인제군 북면 용대리 백골병단 전적비 앞 제단에서는 1993년도 현충 추모의식이 거행되었으며, 참전용사 중 전인식, 최윤식, 장승현, 안병희, 송세용, 신진호 제씨가 좌담회를 갖고 한국군 최초의 정규 유격대(결사대)의 활약상을 증언하고 있다.

기획시리즈

장군의 비망록〈5〉

蔡命新장군편⑤

「뉴스피플」 1994. 2. 4. 106호

강원도 인제군 북면 용대리에서 적과 접전, 다수의 희생자를 낸 백골병단 장병들이 전우의 시체를 뒤로 하고 蔡命新사령관의 지휘아래 51년 3월23일 백담사에 집결했을 때 당초 630여명이던 병력은 480명으로 줄어들었다.

주린 배 부여잡고 눈으로 허기 채워

51년 2월20일 명주군 퇴곡리에서 백골병단이 창설된 뒤 한달남짓만에 150여명의 피끓는 젊은이들이 산설고 물선 이름 모를 전선에서 조국을 위해 싸우다 장렬히 산화한 것이다.

백골병단이 주둔한 백담사는 '5공청산'과정에서 全斗煥전대통령이 현대판 '귀양살이'를 해 일약 명성을 얻은 사찰.

지난 81년 5월 브라질대사를 끝으로 5공내내 해외에서 '망명 아닌 망명'생활을 해야 했던 蔡命新씨가 유격대사령관으로 적진인 백담사에 진주할 당시 全전대통령은 육사생도였다.

이같은 기연이 있었기에 全전대통령이 백담사에 머물 때 蔡씨는 누구보다 '그때 그 시절'을 회상하며 착잡한 감회에 젖을 수밖에 없었다.

蔡사령관은 경계병들을 백담사 외곽에 매복시킨 다음 나머지 병력은 백담사 경내에서 우선 충분한 휴식을 취하도록 조치했다. 그러나 쉴 겨를도 없이 곧 적이 출몰, 경계병들과 교전이 벌어지면서 蔡사령관은 장병들을 이끌고 다시 설악산 소청봉을 향해 백담사를 떠났다.

백담사에서 소청봉까지의 퇴각은 14시간이 소요되었다. 3월19일 군량전에서 철수한 이래 24일 이곳까지 오는 5일동안 장병들은 적과 접전을 벌이며 거의 뜬눈으로 밤을 하얗게 지샜다. 거기에다 먹을 것이 없어 너나없이 눈을 집어먹는 등 그야말로 지칠 대로 지쳐 있었다.

장병들이 더 이상 행군할 수 없을 정도로 기진맥진하자 蔡사령관은 대오를 점검한 뒤 눈위에서 휴식을 취하도록 명령했다.

장병들이 정신없이 잠에 떨어진지 두시간도 안돼 갑자기 적의 따발총 소리가 요란하게 계곡을 흔드는 바람에 진중은 아수라장이 됐다.

기습을 당한 장병들은 적과 사투를 벌이며 다시 퇴각했다.

"열댓명의 병사들과 함께 퇴각하는 중 따발총탄을 세발 맞았으나 거리가 멀어서인지 큰 충격은 없었습니다. 오히려 벙커에 있는 적병 3명을 사살하고 그곳에 숨어 있다가 적이 철수하면서 겨우 빠져나와 본대와 합류했지요"

당시 11연대 2대대 5중대장으로 참전했던 金寅泰씨(67)의 회고다. 탈진상태에서 기습을 받고 퇴각하는 과정에서 백

인민군과 동행한

위장한 군복 똑같아 자기편인 줄 착각-무리지어 따라와

▶백골병단 11연대 작전참모 임시보병 대위 全仁植의 임관 사령장.

72

위 사진 임관사령장의 원본(原本)은 육군임시보병대위 전인식(全仁植)씨가 적후방작전 60일동안 임관사령장을 가슴에 품고 모든 작전에 임한 뒤 귀환하여 본 회에 기증된 것.
현재 : 서울 용산소재 전쟁기념관 2층 전시실에 전시되어있음.
임관일자 : 1951년 1월 25일 군번 : GO1003 국방부장관 신성모
이 임관사령장은 현역장교와 구분되도록 특수장교로 임관시킨 듯 함.

골병단은 60여명의 병력손실을 입었다.

계곡을 따라 철수한 장병들은 오색리에서 합류, 대오를 정비하여 오색에서 양양에 이르는 도로를 2열종대로 행군했다.

4.5㎞거리 8시간 걸려 퇴각

정찰대를 선두로 400명이 넘는 병력이 이판사판 적진의 도로를 백주에 행군한지 얼마되지 않아 4명의 인민군이 행군대열을 앞질러가고 대열후미에는 수백명의 인민군이 뒤따라 오는 것이 목격됐다.

말하자면 앞뒤에 적을 두고 행군한 셈

▲7사단 5연대장시절의 蔡命新대령과(왼쪽) 빨치산출신 소년 蔡命俊。

이판사판 대낮 행군

이다。강원도 양양군 서면 오가리의 오색약수터와 박달령(檀木嶺) 사이에서 벌어진 행군은 전사상 전무후무한 기록이다。

더 이상 행군할 경우 정체가 탄로날 것을 우려한 蔡사령관은 도로에서 벗어나 박달령입구로 접어들었다。

입구에서 적 3명과 조우한 용사들이 이들을 순식간에 처치하고 산 정상을 향해 어느 정도 올라갔을 때 갑자기 후미에서 따발총 소리가 들리면서 장병들이 우왕좌왕, 부대가 혼란에 빠졌다。

그날따라 봄비에 젖은 방한복이 저마다 얼어붙어 누구나 할 것 없이 혹한과 허기로 최악의 상태가 되었지만 장병들은 蔡사령관의 명령에 따라 사력을 다해 정상을 넘은 뒤 3월25일 새벽 인제군 기린면 진동리의 속칭 설피밭 삼거리로 진출했다。

박달령입구에서 표고 500m의 산을 넘어 삼거리까지는 직선거리가 4.5㎞에 불과하지만 퇴각하는데는 무려 8시간이나 걸려 장병들에겐 '사투만리'의 대장정이나 다름없는 악전고투의 이동이었다。

이 철수작전에서 120여명의 꽃다운 장병들이 혹한의 눈속에서 희생되어 백골병단으로서는 가장 한많고 처참한 퇴각작전이기도 했다。

"적과 전투하다 전사했다면 그래도 다행이지요。혹독한 추위에 굶주린 장병들이 흡사 고목나무 쓰러지듯 힘없이 넘어져 드러누우면 그대로 죽었으니 굶어죽은 것인지 얼어 죽은 것인지 구분이 안됐습니다"

철수작전에 살아남은 참전용사들의 한결같은 증언이다。당시 빨치산 활동을 하다 생포돼 전향한 뒤 백골병단을 따라다닌 蔡命俊씨(58 본명 崔俊景)는 "몇번씩이나 대열을 놓치고 길을 잃었으나 그때마다 병사들의 시체를 따라 백골병단의 뒤를 좇아갔다"고 증언할 만큼 장병들의 희생이 컸다는 것을 알 수 있다。

동사자와 아사자가 속출했지만 蔡사령관으로서도 어찌할 도리가 없을 만큼 급박한 상황의 연속이었다。

동사자 아사자 속출

蔡사령관은 긴급 작전참모회의를 소집, "적의 배후에서 최전선을 뚫고 나가면 국군을 만날 수 있다"고 장병들을 격려하며 남방의 가칠봉쪽으로 남진하도록 작전명령을 하달했다。

부대가 3월25일 새벽 설피밭 삼거리를 출발한지 얼마되지 않아 적과 접전, 또다시 30여명이 전사하는 피해를 입었다。

날이 밝으면서 설피밭 삼거리로 되돌아온 장병들은 날이 어두워지기를 기다렸다가 작전을 개시, 서남진했다。도중에 적과 소규모 전투를 벌이며 28일 상오 2시 인제군 기린면 방동리 북방 5㎞의 이름없는 마을에 진입할 수 있었다。

모두 7가구에 불과한 작은 마을에 들어선 장병들은 우선 소부터 징발, 도살한 뒤 생간은 사령관에게 상납하고 오랜만에 쇠고기로 허기를 채웠다。

식량보급차원에서 여러 차례 소를 잡을 때마다 蔡사령관은 특히 김이 무럭무럭 나는 생간을 즐겨 먹었다는 것이 작전에 참가했던 역전의 용사들의 얘기다。

38도선 접경 이남에 위치한 이 마을까지 무사히 도착한 장병은 260여명에 불과했다。

어느 정도 식량을 확보한 부대는 날이 새기 전에 남쪽으로 출발하려 했으나 정찰병들이 적정을 살핀 결과 아군에 밀린 인민군들이 대거 북으로 퇴각중인 것을 발견하고 적이 사라질 때까지 이틀간 더

기획시리즈

마을에 흩어져 머물렀다。

여기서 아군 수송기가 남쪽 멀리 보급품을 투하하는 광경이 목격돼 장병들을 흥분시켰다。

蔡사령관은 환호하는 대원들에게 경계를 더욱 철저히 할 것을 엄명하는 한편 전방 적후겸 아군과의 접선을 위해 장교와 사병들로 구성된 10여명의 병력을 남쪽으로 내려보냈다。

적후방 침투 두달만에 원대복귀

蔡사령관은 이들을 파견하기 전 태극기와 헝겊으로 된 아군 접선용 인식표를 확인했다。 출정전 중위급이상 장교들만이 지급받은 인식표는 팬티끈속에 돌돌 말아 끼워넣고 있었던 것으로 "이 표를 가진 자를 발견하면 즉시 상급사령부에 인도하라"는 글에 국군총사령관의 직인이 찍혀 있었다。

蔡사령관의 명령을 받고 남쪽으로 떠난 적후연락조가 3월30일 하오 3시경 국군 7사단 3연대 수색대와의 접선에 성공한데 이어 나머지 백골병단 장병들은 그 날밤 10시경 현리방면의 7사단 전방지휘소에 도착, 보무도 당당히 개선했다。

1월30일 혹한을 뚫고 한국군 최초로 유격부대 백골병단의 주력부대인 육본직할 결사 11연대 장병들이 영월 7사단 전방지휘소를 떠나 적후방에 침투한지 꼬박 두달만에 감격적으로 7사단 전방지휘소로 원대복귀한 것이다。

"제3연대 방면을 출발한 그들은(백골병단 장병) 지금 다시 바로 제3연대 정면에 와서 닿았다。 3연대장 鄭震대령의 따뜻한 환대를 받으며 대원들과 같이 C레이션을 나누어 먹는 蔡命新중령은 눈에서 샘솟듯 흐르는 두줄기 눈물을 어찌할 줄 몰랐다"

지난 56년 육본 정훈감실에서 펴낸 백골병단 蔡命新사령관의 무용담을 기록한 유격대 전사 '死鬪萬里'의 개선 스케치다。

두달동안 백골병단 장병들은 蔡사령관의 진두지휘하에 △적 490여명 생포및 사살 △인민군 3군단 지휘소 습격, 파괴 △인민군 3군단 69여단 기밀문서및 빨치산사령관 기밀문서 획득 △적후방 320㎞ 교란 등의 혁혁한 전과를 올렸다。

이밖에도 장병들은 권총 9정, 따발총 178정, 장총 178정을 비롯, 빨치산사령관 吉元八이 金日成으로부터 받은 것으로 알려진 국기훈장 등 상당수의 물품을 노획했다。

작전이 종료된 후 육본으로 복귀한 蔡사령관이 육본 정보국에 증거물로 제출한 주요 전리품중 吉元八의 국기훈장은 당시 유격대 담당관이던 정보3과장 李極星중령(예비역 준장)이 지금까지 기념품으로 보관해 오다 최근 대한유격참전동지회(회장 全仁植)에 기증, 감동을 자아내게 한 바 있다。

이 작전에서 아군의 피해도 컸다。 백골병단 창설 당시 총병력 630여명중(현지 자원입대자 제외) 낙오병을 포함, 마지막까지 구사일생으로 살아 돌아온 장병은 불과 280여명에 지나지 않았다。

특진약속 온데 간데 없고 수모만

7사단에서 휴식을 취한 개선장병들이 4월1일 육본 전방지휘소가 있는 강릉에 도착했을 때 기다리는 것은 빛나는 훈장과 2계급 특진이 아니라 싸늘한 찬밥이었다。

강릉 석교리 민가에 분산, 수용된 장병들에게 지급된 보급품이라곤 쌀 약간뿐이어서 배가 고픈 병사들은 인근마을을 찾아 구걸하며 연명했다。 출정시 입은 인민군 군복은 그나마 이가 득실득실하고 너덜너덜 해어져 외출한 사병들이 헌병에게 붙잡혀 취조를 당하는 등 수모를 겪었다。

출정당시 "귀관들이 임무를 완수하고 돌아오면 훈장을 주고 2계급씩 특진시켜 희망부대에 배치시켜 준다"고 한 국군총사령관 丁一權장군 등 육군수뇌부의 약속이 새빨간 거짓말로 드러남에 따라 장병들은 배신감에 분노의 치를 떨었다。

강릉에 도착한 다음날 전황보고차 대

◀강원도 인제군 북면 용대리에 세워진 백골병단 전적비。

구 육본으로 떠났던 蔡사령관은 4월9일 다시 강릉으로 와 며칠간 더 머문뒤 생포한 빨치산 소년 등을 데리고 대구의 육본으로 원대복귀했다.

한편 백골병단에 대한 작전지휘권은 4월하순 육본 정보국직할에서 미8군으로 넘어가 장병들은 묵호에 있는 '미8군 커크랜드 기동부대'에 배치돼 한번더 적진침투작전을 벌인 뒤 51년말 부대가 해체되기에 이르러 뿔뿔이 흩어진다.

유격대에 편성된 장병들에겐 엄연히 국방부장관 명의의 임시군번과 계급이 부여됐고 조국을 위해 빛나는 전적을 쌓았건만 군번과 계급이 인정되지 않아 이들은 재차 징집되어 군복무를 하는 해프닝이 벌어지기도 했다.

62년부터 뜻을 함께 하는 참전장병들은 전몰장병에 대한 합당한 예우와 참전사실 확인, 그리고 무공장병에 대한 서훈을 관계요로에 진정하고 탄원했으나 그때마다 당시의 기록이 없다는 이유로 거절됐다.

유격대의 침투작전 명령권자인 李極星씨는 얼마전 참전장병들과의 모임에서 "백골병단의 무공은 익히 알고 있는 사안이었지만 전국이 워낙 급박하게 돌아간 데다 육본정보국 과장에서 보직이 변경, 전보되는 바람에 장병들의 신분에 관한 후속조치가 어떻게 됐는지 몰랐다"고 증언한 바 있다.

유격대출신들 재징집 해프닝

백골병단의 신화적인 무공에 대해 5공때까지만 해도 일부에서는 "민간인신분으로 유격대 운운"하면서 6·25당시의 유격작전행위 자체조차 믿을 수 없다는 반응을 보일 정도로 대접을 받지 못한 것이 사실이다.

이런 가운데 장병들의 명예가 조금씩 회복되기 시작한 것은 6공때부터.

일부 참전장병들과 전몰장병 유족들의 끈질긴 청원을 당국에서 받아들여 뒤늦게 개별적으로 전사확인을 받는가 하면 일부 전몰장병의 유해가 국립묘지에 안장되고 백골병단 전적비가 육본의 협조를 얻어 건립되기도 했다.

그동안 당국에서 백골병단의 관련자료가 없다고 부인한 것과는 달리 육본이

▶89년 4월 수많은 장병이 쓰러져간 박달령에서 전몰장병의 원혼을 달래기 위해 참전했던 역전의 용사들이 합동위령제를 지내고 있다.

소장하고 있는 한국전쟁 사료와 정기 적정보고서에는 유격대의 활약상이 눈부신 것으로 최근 밝혀졌다.

작전이 끝나고 생환한 280명의 장병가운데 현재까지 생존하고 있는 장병은 90여명. 그러나 이들은 지금까지 참전장병으로서 신분을 인정받지 못해 훈장은커녕 6·25참전 종군기장조차 못받고 있는 실정이다.

백골병단의 사령관으로 부대원들과 생사를 함께 한 蔡命新중령이 육본에 원대복귀한 뒤 장병들의 전공을 상부에 보고하며 합당한 예우를 해줄 것을 건의했지만 급박한 전황으로 미처 받아들여지지 않은 것으로 알려졌다.

蔡중령의 건의를 당연히 받아들여 응분의 조치를 취했어야 할 당시 육·해·공군총사령관 丁一權중장, 육본정보국장 李翰林준장(전임 白仁燁준장) 등 관련 장성들의 책임도 무시할 수 없다는 것이 생존 장병들의 말이다.

육본에서 또 다른 보직명령을 기다리던 蔡중령은 한달뒤 강원도 양구에 있는 전방 7사단 5연대 부연대장으로 자리를 옮겼다.

6共 들어 본격 명예회복 시작돼

권총에 화약냄새가 채 가시기도 전에 또 다시 전선으로 향한 것이다. 유격대 사령관으로 죽을 고비를 무수히 넘긴 蔡중령은 진급운도 따라 그해 대령으로 진급, 연대장이 되는 등 승승장구를 거듭해 휴전후 제2훈련소 참모장, 1군사령부 작전참모 등을 거쳐 동기들중에 선두그룹으로 59년 별을 달고 사단장이 되었다.

원주예비사단장을 거쳐 5사단장을 맡고 있던 蔡장군은 61년 병력을 이끌고 朴正熙소장이 주동한 5·16혁명에 가담, 혁명주체로 각광을 받았다.

"당시의 혼란상황이 군인이 아니면 수습할 수 없다고 판단, 혁명에 가담했지요. 동기는 순수했습니다. 혁명공약에 나타났듯이 사회가 소기의 목적대로 안정됐다고 판단되어 저는 군으로 복귀했지요. 원래 정치하고 싶은 생각이 없었으니까"

혁명이 성공하면서 감찰위원장의 중책을 맡은 蔡준장은 곧 소장으로 진급한 뒤 3관구사령관과 육본작전참모부장 등을 역임하고 65년 초대 주월한국군사령관겸 맹호부대장으로 월남전에 참전, 전쟁영웅으로 화려한 명성을 날린다.

게릴라전의 맹장이란 수식어가 따라다닌 蔡장군이 주월한국군사령관이 된 것은 백골병단 사령관을 역임한 것이 큰 밑거름이 된 것은 물론이다.

한국군 최초의 해외파병이라는 점에서 내외의 이목을 집중시킨 주월한국군사령관 내정은 蔡장군의 전력으로 볼 때 당연하다고 볼 수 있지만 경쟁상대가 없는 것은 아니었다.

그때만 해도 군부는 이북출신 장군들이 득세할 때여서 누가 적임자인가를 놓고 고심하는 朴正熙대통령이 蔡장군을 해외파병 전투사단장겸 사령관으로 임명하는 데는 金炯旭중앙정보부장이 결정적 역할을 했다고 전해진다. 뉴스피플

金哲鎬기자

1994. 3. 19 참전동지회 94년도 총회 광경
전인식 회장과 총무이사 최윤우가 무엇인가 협의하고 있고(上), 회원이 식사전에 모두 건강과 자유와 평화를 위하여 건배하고 있다(下)

장소 : 마포구 서교동 소재 한식 "가회" 연회실에서

국 방 일 보 1994년 6월11일 토요일

6·25특집 老兵의 소리 〈1〉

"빨갱이 잡는데 「人權」 필요 없어요"

대한유격참전동지회 全仁植 회장

왜…누구를 위해 우리가 싸웠는데 세월에 묻혀 「과거」 잊혀질까 두려워

「애국심」만이 이나라 살리는 길

『우리가 무엇을 위해, 누구때문에 고귀한 생명을 바쳐가며 싸웠는데 역사의 교훈이 잊혀져 가는것만 같아 마음이 편치 않습니다. 앞서간 전우들을 대할 면목도 서지 않구요.』 「참전 노병(老兵)」을 만났다. 대한유격참전동지회(백골병단) 전인식회장(65·건설산업연구소 이사장).

민족사에 최대의 오점을 기록한 시련과 비극을 몸으로 부딪히며 사선(死線)을 넘나 들어야했던 「슬픈 역사」의 산증인인 전회장은 『웬지 마음이 편치 않다』며 착잡한 심정으로 다시맞은 6월을 회상한다.

◆6월을 다시 맞으면서 백골병단 전적비를 찾아 앞서간 전우들의 영령을 추모하는 전회장은 좌경과 용공의 말이 떠도는 6월의 안보현실이 참전노병의 마음을 편치않게 한다며 착잡한 심정을 들려준다.

"일부 학생들 「좌경·용공」 더욱 가슴아파"

【金應燮 기자】

1994년 6월 현충행사 관련 국방일보의 기사 "노병의 소리" 빨갱이 잡는데 무슨 인권이……
일부 학생들의 태도 가슴아프다고……
1994. 6. 4. 대한유격참전동지회 전인식 회장의 분향모습, 백골병단 전적비 제단에서

국 방 일 보 기 획 1996년 6월28일 금요일 (4)

학생신분 구국일념 유격대 자원

최초 유격대 백골병단으로 參戰

나는 이렇게 싸웠다

「6·25」특집

대한 유격 참전 동지회 全仁植 회장

◆6월을 맞아 다시 백골병단 전적비를 찾은 전인식회장. 그는 여생의 할일도 통일을 향한 국가의 안보를 키우는데 기여하는것 뿐이라면서 참전세대의 강한 집념을 나타냈다.

『그때 그날이후 무려 46년이라는 길고긴 세월이 흘렀음에도 다시 6월을 맞이하게 되면 어쩔 수 없는 회한(悔恨)이 몰려와 마음은 마치 천만근인양 무거워 집니다。』

호국보훈의 달 6월이 열리고 현충일을 하루 앞둔 지난 5일 대한유격참전동지회(육군본부결사유격부대、백골병단) 전인식회장(68)은 조국이 가장 큰 위기에 처했던 시절 생사를 같이한 40여명의 영원한 동지 및 유가족들과 함께 백골병단전투전적비를 찾았다。

강원도 인제군 북면 용대리 산2백50번지、「조국의 자유와 통일을 위하여 출전한 백골병단(중략) 그 영광 청사에 길이 빛나리」라는 헌시를 강인하게 각인한채 전쟁의 교훈을 말없이 전해주고 있는 전적비앞에서 전회장일행은 한국군 최초 대북정규유격대의 활약을 반추하며 호국의 군신으로 산화한 젊은 꽃들의 숭고한 넋을 기렸다。

전쟁이 휴전으로 일단락된지도 어느새 43개의 성상이 흘러갔고 고희를 눈앞에 둔 노장의 경륜이 마치 세상사를 달관한듯한 인상마저 느끼게 함에도 전회장은 「마냥 고통스럽다」는 말로 6월의 소감을 함축한다。

그의 6월이 고통스러운것은 몇가지 이유에서 비롯된다。

그 첫번째 원인은 아직도 남북의 무력대치가 이어지고 있는 분단조국의 현실—。

『조국이 누란의 위기에 처했을때 오직 민족의 자유와 평화를 수호한다는 일념만으로 싸우다 장렬히 산화한 동지들의 유훈은 단 하나 조국의 통일이었다』는 전회장은 『하지만 아직도 분단의 현실을 살아가고 있다는 사실이 살아남은 사람으로서의 할일과 도리를 다하지 못한것 같아 늘 커다란 두려움을 느끼고 있다』며 씁쓸한 여운을 남긴다。

그리고 또하나는 백골병단 모두의 진정한 명예회복。

전회장은 휴전이 되고 나라가 안정을 되찾은 이후부터 마치 「맹목적을 지닌 독불장군」이 되어 백골병단원 모두의 명예회복을 위해 고군분투했으나 3백60여명의 순직전우중 55명의 명예회복만을 성사시켰고 이러한 현실적 여건은 전회장에게 또하나의 통한으로 남아 있다。

또한 조국은 분명 또 다른 전쟁의 위험성을 안고 있는데도 자신을 비롯한 참전세대들의 희생이 일구어 낸 풍요의 과실을 먹고 성장한 젊은 세대들의 대북관이 점차 약화되고 있는 것도 죽음을 머리에 이고 싸워야 했던 그의 심기를 불편하게 하는 요인으로 작용하고있는것이다。

백골병단은 북한의 불법남침으로 조국의 운명이 백척간두에 처했을때 최초로 편성된 육군본부 직할유격대。

대부분이 학생의 신분으로 있다가 조국과 민족을 위한 구국일념으로 기꺼이 유격대에 지원한 6백47명의 애국청년들은 1951년1월부터 4월까지 적후방작전지역인 중동부전선에 침투、태백산·오대산·설악산등 심산준령을 누비면서 특수유격활동을 전개、국군의 작전에 지대한 공헌을 세웠다。

육군정보학교에 입교、고작 21일간의 유격전특수교육을 수료한후 게릴라와 장교를 의미하는 「GO 군번」과 임시 계급을 부여받고 제11、12、13연대로 편성된 백골병단은 곧바로 적후방교란의 임무를 띠고 적진에 투입됐다。

오대산 북방 구룡령방면에 위치해있던 적군단 배후지역을 거쳐 38선을 돌파하면서 본격적 임무수행에 돌입한 백골병단은 이후 3개월동안 「적진속의 사선」을 넘나들며 적지휘소습격、통신선파괴、인민위원회 등의 행정조직 파괴 등 부여된 임무를 성공적으로 수행하며 백골병단의 기개를 높였다。

이들은 특히 1951년3월16일부터 23일까지 강원도 인제군 북면일대에서 제3기 작전을 전개하던중 대남 빨치산 활동을 위해 필례지역에 머무르고 있던 북한대남유격대 총사령관 길원팔중장과 참모진등 일당 13명 전원을 생포、사살함으로써 빨치산 수뇌부를 완전 궤멸시키는 대전과를 수립했다。

백골병단은 이외에도 인민군 69여단의 1급기밀서류를 노획、아군작전에 기여했으며 인민군3군단 지휘소 습격작전에서는 완강하게 저항하는 북한군 1백50여명을 사살하고 무려 3백34명을 생포하는 혁혁한 전공을 이루었으나 작전이 종료된후에는 아무런 대가(?)도 없이 해체됐다。

임시계급장 붙이고 적진후방 교란
사선 넘나들며 통신 파괴등 맹활약

51년 北 대남유격대 빨치산수뇌부 완전궤멸 혁혁한 戰功

『영하 30도를 밑도는 혹한이 계속돼 내몸 하나도 마음대로 할 수 없는 악전고투의 연속이었지요。 장비는 말할 것도 없고 겨우 2주일분의 미숫가루만으로 60여일을 버텨냈습니다。 조국과 민족이 없었다면 도저히 불가능한 현실들을 우리 백골병단은 끝내 이겨낸 것이지요。』

눈(雪)만 집어 먹다가 허기져서 그리고 추위를 견디지 못해 숨을 거둔 비운의 전우만도 1백20여명이나 된다며 노안가득 비통함을 감추지 못하는 전회장은 임무를 수행하다 장렬히 산화한 전우들 모두 3백60여 전우의 값진 희생이 있었기에 백골병단은 대한국군 최초의 유격대로서 정규군보다 월등한 전공을 수립할 수 있었다고 힘주어 말한다。

지금도 그때의 악전을 회상할때마다 죄스러움과 비통함을 가슴 가득 느끼고 있다는 전회장은 남은 여생도 「두가지 할일」에 모든 힘을 쏟아붓겠다며 단호한 의지를 나타냈다。

하나는 전후세대들의 올바른 안보의식 확립에의 기여이며 다른 하나는 백골병단의 완전 명예회복。

전회장은 그의 두가지 할일 모두가 결코 쉬운일이 아니며 또 그에게 어떠한 대가도 주어지지 않을 것임을 누구보다도 분명히 알고 있다。 그럼에도 전회장이 고희를 목전에 두고 있는 지금에까지 집념을 보이는 것은 그길만이 전쟁을 경험한 세대로서 또 수많은 전우를 앞서 보내야 했던 「사지의 군인」의 한사람으로서 반드시 이루어야 할 책임과 사명임을 분명하게 견지하고 있기 때문이다。

『휴전은 결코 종전이 아니며 평화는 더더욱 아닙니다。 그런데 우리의 전후세대들은 이러한 현실을 다소 망각하고 있는 것같아 안타까움을 넘어 비통스러움 마저 금치 못하고 있습니다。』

1996년 6월의 결론을 「비통스럽다」는 말로 대신하는 전회장이지만 당시를 회상하는 그의 노안에는 마치 사선을 넘나들던 그때의 투혼이 되살아난 듯 결연한 의지만이 가득 서려 있었다。

【김용섭 기자】

1996.6.28 국방일보 **6.25 특집** 나는 이렇게 싸웠다(7단 기사)는 대한유격참전동지회(현 육군본부 직할 결사대 전우회) 회장 전인식씨의 증언

(4) 1997년 6월 17일 화요일 기 획 1964년 11월 16

"구국일념으로 젊음 불태웠다"

한국전쟁의 작은 영웅들
백골병단

◆전인식회장이 당시의 전투요도가 새겨진 백골병단 전적비 앞에서 처절한 시련을 극복하며 혁혁한 전과를 수립한 유격대의 활동을 들려주고 있다.

국군 최초 정규유격대 북진작전 큰 기여
대남 빨치산 지휘부 섬멸등 혁혁한 전공
대부분 학생신분 참전…군번3개 육·해군 경찰 역임등 경력 다채

명예를 위해서가 아니었다. 대가나 보상을 바란것은 더더욱 아니었다. 하나뿐인 귀중한 생명을 하늘에 맡기고 주저없이 사선을 넘나들 수 있었던 이유는 단 하나 조국과 민족을 위한 나라사랑 정신이 가슴속 깊이 각인되어 있었기 때문이다. 구태여 하나의 원인을 더 꼽는다면 공산주의의 실체를 체험을 통해서 분명하게 알고 있기 때문이 아닐까….

호국보훈의 달인 6월의 한 날, 바로 이들 한국전쟁의 작은 영웅들이 한자리에 모였다.

이들은 한국군 최초의 정규유격대인 백골병단에 편성돼 적 후방지역에서 특수임무를 수행하며 국군의 북진에 크게 기여한 대한유격참전동지회(회장 전인식) 회원들―.

강원도 인제군 북면 용대리, 「백골병단 전적비」가 우뚝서 있는 이곳은 미시령과 진부령으로 갈라지는 산악지대로 한국전쟁중 수많은 젊은이들이 자유를 위해 고귀한 생명을 바친 곳이면서 백골병단의 피와 땀이 진하게 스며있는 한국전쟁 최대 격전지중의 한 곳이다. 지팡이에 몸을 의지한채 백발이 성성한 모습으로 한(恨)많은 죽음의 땅을 다시 찾은 참전노병들은 육군산악부대장을 비롯한 주요지휘관과 장병 그리고 내일의 주역인 지역 중·고생들과 그때 그시절의 시련을 회고하며 「다시맞은 6월」의 참뜻을 되새겼다.

백골병단은 북한의 기습남침으로 한반도 전역이 아수라장에 처해있던 1951년 1월 정규유격대로 창설됐다.

6백47명의 단원 대부분이 학생으로 이루어진 백골병단은 별다른 군사훈련마저 받지 못한채 적후방 작전지역 깊숙이 투입돼 오대산과 설악산의 심산준령을 누비며 혁혁한 전과를 세웠다.

3개월여간에 걸친 작전기간중 대남 빨치산 총사령관 길원팔중장 등 참모진 일당 13명 전원을 생포한 것을 위시해 적 지휘소 및 행정조직 파괴, 4백80여명의 적군 생포 및 사살 등 전과를 올리며 국군의 중동부 전선 북진작전에 탄탄한 바탕을 제공했으나 3백60여명의 전우를 잃는 아픔을 겪기도 했다.

백골병단이라는 이름아래 사지에서 호랑이의 용맹을 떨쳤던 단원중 현재 살아있는 사람은 대략 80명정도. 세월의 흐름에 쫓겨 모두가 이미 환갑을 넘긴 노년으로 젊은 시절의 힘과 용기를 잃어가고 있지만 우리의 안보와 국방을 말할때는 사자후를 토할 정도로 노익장을 과시하는 전쟁세대의 진정한 영웅들이다.

『휴전이후 44년이 흘렀는데도 앞서간 전우들을 생각하면 머리를 들 수 없습니다. 그들은 진정 이땅위에 평화와 자유의 빛을 밝히기 위해 스스로 몸을 불살랐건만 우리들은 과연 무엇을 했는지 그저 착잡할 따름입니다.』

매년 6월을 맞을 때마다 「살아남은 자의 책임과 죄책감」을 느껴야한다는 전인식회장(69)은 군번이 3개나 되는 이채로운 인물이다.

정치대학(현 건국대) 재학중 전쟁을 맞은 전회장은 미처 피난을 가지 못하고 파주군 일대에서 반공결사대로 활동하다 육군을 거쳐 백골병단원이 됐다.

무도로 단련된 건장한 체구에다 고학력을 지닌 그는 까다로운 입단심사를 어렵지 않게 통과했으며 특수훈련을 우수한 성적으로 이수, 군번 「GO 1002」, 육군임시 대위의 계급과 함께 백골병단 11연대 작전참모의 중책을 받았다. 전회장은 또 백골병단이 임무를 성공적으로 완수한후 해체되자 1952년 11월 논산훈련소에 신병으로 입대 두번째 군번인 「9358453」을 부여받았고 6개월후에는 그의 유격대활동을 인정한 육군에 의해 정규 육군장교로 재임명되면서 세번째 군번인 「26444」번을 받았다.

독립유공자의 후손인 임병화씨(64)는 육군과 해군, 경찰을 두루거친 특이경력의 소유자. 만주에서 출생 조국광복과 함께 귀국해 누구보다 투철한 반공의식을 견지하고 있던 그는 전쟁이 발발하자 주저없이 입대, 백골병단원으로 사지를 누볐으며 휴전직전에는 경찰의 요청에 의해 경찰에 투신 지리산 공비토벌작전에서도 용맹을 떨쳤다. 휴전이후에는 다시 해군에 정식 입대 활동무대를 산에서 바다로 옮기며 젊음을 조국에 바쳤다.

백골병단원중 유일한 여성인 이정자씨(64)는 고인이 된 남편의 유훈을 따라 뒤늦게 단원으로 가입한 억척미망인.

비록 사지에서 생사고락을 같이 하지도 않았으나 지난 53년 허리와 가슴의 총상등 전장후유증으로 사망한 남편의 뜻을 받들어 백골병단에 정식 가입, 후세들의 안보 일깨우기에 적극 동참하고 있다.

단원 대부분이 특이경력의 소유자로 옛백골병단의 용맹을 짐작케 하는 이들은 이날 추모식이 끝난후에는 지난해 11월 강릉잠수함무장공비소탕작전의 대미를 장식한 연화동계곡을 답사하기도 했다. 당시 작전에서 전공을 세운 산악불사조부대 현지 지휘관들로부터 무장공비의 잔혹성과 북한의 변함없는 남침야욕을 확인한 이들은 『나라가 어려울 경우 기꺼이 전선으로 달려가겠다』며 노병의 뜨거운 나라사랑정신을 거듭 과시하면서 자신들의 피와 땀이 지켜낸 한국전쟁 최대 격전지이자 동부전선 요충지에 강인한 호국의 얼을 수놓았다.

【글·사진=김용섭 기자】

1997. 6. 17 한국군 최초의 정규 유격대 백골병단의 활약상을 전적비에 각자(刻字)한 "작전요도"를 보며, 당시를 회상하는 전인식 회장(결사 제11연대 백골병단 작전참모)의 모습(국방일보 기사)

1998. 6. 25 서울신문에 사선을 넘은 전우의 명예를 찾아달라는 호소문을 게재하였다. 사진 좌로부터 최종민 씨, 장지영 씨, 전인식 회장, 임병화 씨, 이남훈 씨 등이 옛날을 회상하고 있다.

서울신문 사회 Ⅱ 1998년 6월 25일 목요일

"사선 넘은 전우 명예 찾아주오"

6·25때 민간인 유격대 '백골병단' 용사들

"물질적인 혜택을 바라는 것이 아닙니다. 조국을 지키려고 사선을 넘나들었던 우리가 그에 걸맞는 명예를 찾자는 것뿐입니다"

지난 51년 북한군 점령지역에 침투해 360여명이 목숨을 잃을 정도로 치열한 전투를 벌였던 유격대 '백골병단' 용사들. 지금도 이름없이 산화한 전우들을 생각하면 처절해지는 가슴을 달랠 길 없다.

백골병단은 1·4후퇴에 즈음해 적후방교란을 위해 급조된 유격대였다. 육군본부는 민간인 647명을 차출, 불과 3주간의 특수훈련만 시키고 51년 2월 강원도의 북한군 점령지역으로 북한군 복장을 입혀 투입했다.

비록 3개월 동안의 유격활동이었지만 혁혁한 전과를 올렸다. 양양군 인구리에 주둔했던 북한군 69여단의 궤멸은 이들의 공이었다. 대원들은 69여단의 작전계획, 병력 등이 기록된 전투상보를 갖고 상급부대로 가던 북한군 장교 4명을 생포, 전투상보를 국군 수도사단에 전달해 대승을 거두도록 했다.

대남 빨치산 사령관 임무를 띠고 남한으로 내려오던 북한군 중장 길원팔(吉元八)을 인제군 가리산리 필례마을에서 생포하기도 했다. 그러나 길원팔과 함께 붙잡힌 북한군 여장교가 탈출, 북한군의 대대적인 토벌작전이 시작됐다.

인제군 용대리에서 1만여명 규모의 인민군 부대에 맞서 싸우다 60여명이 희생됐고 설악산 대청봉 쪽으로 가다 60명이 목숨을 잃었다. 단목령에서는 1주일 동안 아무 것도 먹지 못하고 격전을 치르다 120여명이 굶어 죽거나 얼어 죽었다. 결국 283명만이 생존했다.

647명 적후방 침투 3개월 활동 "전과 혁혁"
360여명 전사… "종전후 돌아온건 무관심뿐"

그러나 전쟁이 끝나고 돌아온 것은 무관심뿐이었다. 생존자 가운데 일부는 대한유격참전동지회를 만들어 국방부에 여러차례 훈장을 요청했지만 훈장수여는 전쟁 직후 끝났다는 냉담한 대답만 들었다.

동지회 全仁植 회장(69·당시 작전참모·대위)은 "우리가 훈장을 받겠다는 것은 개인의 명예보다는 흐려져가는 호국정신을 되살리자는 더 큰 의의가 있다"고 말했다. 〈金煥龍기자 dragonk@seoul.co.kr〉

'백골병단' 유격대 참전용사들이 6·25를 하루 앞둔 24일 서울 마포구 서교동의 동지회 사무실에 모여 치열했던 당시의 전투 상황을 회고하고 있다. 〈南相仁기자 sanginN@seoul.co.kr〉

(2) 1998년 6월 9일 화요일 국 방 일 보 국내 외 소식 1964년 11월

‘호국의 군신’이여 영원하라

대한유격참전동지회 백골병단 추모 개선 기념식

「조국의 자유와 통일 위하여 출진한 백골병단 육백사십용사. 오대·설악을 넘고 또 넘어 혁혁한 전공을 세운 그들―. 장하고 거룩한 겨레의 횃불. 오, 그 영광 청사에 길이 빛나리―.」

◆대한유격참전동지회원들과 육군산악·을지부대장등 주요지휘관들이 백골병단 합동 추모행사에서 묵념을 올리며 호국 영령들의 넋을 기리고 있다.

한국전 참전영웅들이 호국보훈의 달 6월을 맞아 다시 격전지에 모여 호국의 군신으로 산화한 전우들의 넋을 기리며 안보의 긴요성을 더욱 공고히 하는 추모행사를 가졌다. 대한유격참전동지회(회장·전인식)는 5일 강원도 인제군 북면 용대리에 위치한 백골병단 전적비 앞에서 제43회 현충·추모 및 개선 47주년 기념행사를 가졌다.

전국 각지에서 올라온 40여명의 생존용사를 비롯해 유가족과 육군산악·을지부대장 등 주요지휘관 및 장병, 지역기관장, 주민 등 3백여명이 참가한 가운데 봉행된 이날 추모행사는 비가 내리는 가운데에서도 국민의례, 행사의의 보고, 헌화 및 분향, 묵념, 유격참전동지회장의 추모사 순으로 엄숙히 거행됐다.

이 자리에서 전인식회장은 추모사를 통해 『백골병단의 숭고한 전투사를 담고 있는 백골병단 전적비가 나라를 위해 젊은 목숨을 초개와 같이 버린 백골병단 용사들의 위훈을 기리는 동시에 국민 모두에게 안보의 긴요성을 일깨워주는 호국 도장의 시발점이 되기를 바란다』면서 『백골병단의 생존회원들은 앞으로 남은 여생도 통일을 대비하는 첨병으로 최선을 다하면서 명예와 전통을 계승해 나갈 것』이라고 강조했다. 또한 이날 추모행사에 참석키 위해 먼길을 마다않고 달려온 백발의 참전용사들은 한국전쟁 당시 특수 유격대원으로서 혁혁한 전공을 세웠던 당시의 처절한 활약상을 상기하면서 지금도 조국이 부른다면 즉각 뛰어 나가겠다며 노익장을 과시하기도 했다.

백골병단은 1951년 2월20일 국군창설 이후 최초로 편성된 정규 유격부대(부대장·채명신 중령)로 40여일의 작전기간동안 적후방 작전지역인 태백산·오대산·설악산 동지의 심산준령을 종횡무진 누비면서 특수유격활동을 수행, 국군의 작전에 크게 기여했다. 【김응섭 기자】

1998. 8. 26 국방일보(김응섭 기자)는 대한유격참전동지회(백골병단) 회원 일동이 백골병단 전적비(1990. 11. 9 제막 : 강원도 인제군 북면 용대리 산 250-2)의 영구관리를 위한 기금을 조성한다는 뜻깊은 내용의 기사를 실었다.

(2) 1998년 8월 26일 수요일 국방일보 1964년 11월 16일

화제

참전노병, 전적비 영구관리기금 조성

대한유격참전동지회(백골병단)회원 사후관리 앞장 결의

한국전쟁의 최일선에서 귀중한 젊음을 바치며 조국과 민족의 위기를 극복하는데 혁혁한 전공을 세웠던 참전노병들이 「사후(死後)」에도 그들의 전공을 기리고 있는 전적비를 영구히 관리, 보존하는데 자신들이 앞장 설것을 결의하고 이를 위한 기금을 조성해 관심을 모으고 있다.

국내는 물론 세계전쟁사에서도 유례를 찾아 보기 힘든 「전적비 영구 관리기금」을 조성한 주인공들은 「백골병단」으로 알려져있는 대한유격참전동지회(회장·전인식) 회원들—.

◆백골병단 전적비. 강원도 인제군 용대리에 세워져 있으며 자유·평화·호국을 상징하고 있다.

백골병단은 한국전쟁 발발 이듬해인 1951년 2월에 창설된 국군사상 최초의 정규유격대(육군본부직할).

그해 2월초부터 3월말까지 약2개월간 당시 적후방지역이었던 설악산, 오대산 등 태백산맥 일대의 험산준령을 무대로 적후방교란 등 비정규전임무를 수행하며 북한대남빨치산부대 지휘부 궤멸, 적사살 1백50여명, 적생포 3백34명 등의 전공을 세우며 국군의 승전을 뒷받침했다.

주로 학생신분으로 자원입대후 백골병단원이 된 사람은 모두 6백47명. 이중 3백60여명에 이르는 고귀한 생명이 전투중 사망·실종됐고 반백년 가까운 세월이 흐른 지금은 불과 40여명이 대한유격참전동지회 회원으로 남아 일선부대 안보강연 및 위문활동, 추모행사 등을 펼치며 참전노병의 식을 줄 모르는 나라사랑 정신을 보여주고 있다.

미망인·유자녀 동참 1천7백여만원 모아

훈장없는 전쟁영웅들 나라사랑 정신 귀감

특히 비정규전에 투입된 특수요원 신분으로 인해 휴전이후 그들의 투철한 군인정신과 애국심 그리고 공적을 확실하게 인정받을 수 없어 회한의 시간을 보내기도 했던 이들은 지난 90년 11월9일 자신들의 전적지이자 동부전선 최대요충지인 강원도 인제군 북면 용대리에 살아남은 사람들의 도리이자 숙원이었던 백골병단 전적비를 제막, 오랜세월 응어리졌던 한을 다소나마 씻어내릴 수 있었다.

탑의 세뿔을 통해 11·12·13연대와 자유·평화·호국을 상징하는 높이 11m의 대형 전적비는 참전노병들의 한결같은 노력의 결정체이면서 육군본부와 육군산악부대의 적극적인 지원과 노력이 뒷받침되어 이루어진 호국·안보의 새로운 상징으로 제막이후 지금까지 지역내 장병과 학생은 물론 그곳을 지나는 많은 사람들에게 한국전쟁의 교훈을 전해주는 훌륭한 매개체가 되고 있다.

세월의 흐름에 밀려 이제는 대부분 백발이 성성한 칠순노인으로 변모한 회원들이 긴급 임시총회를 개최한것은 지난 8월중순.

특별회원인 미망인과 유자녀까지 참석한 이날 회의는 향후 전적비관리문제를 의제로 갑론을박의 토론을 거듭하다 「회원 사후에도 회원 스스로가 관리하자」는 다소 이채로운 결론을 이끌어내고 즉석에서 이를 위한 기금을 조성했다.

이날 회의에서 모아진 기금은 미망인과 유자녀들이 내놓은 10만원에서부터 많게는 4백50만원의 성금까지 총 1천7백5만원.

전인식회장은 『오직 나라와 민족을 위해 싸웠는데 전적비 사후관리까지 스스로 해야한다는 사실은 서글픔을 더하게 할뿐이라며 반대하는 회원들도 적지 않았다』면서 『그러나 다행스럽게도 한국전쟁의 교훈을 후세들에게 영원히 전하는것도 참전노병들로서는 값진 일이라는 의견이 더 많아 기금조성을 어렵게 성사시킬 수 있었다』며 훈장없는 전쟁영웅들의 일관된 나라사랑정신을 강조했다.

한편 백골병단은 현재 조성된 전적비관리기금을 지역행정관서에 위탁, 이자수익금으로 전적비를 영구히 관리해 나가기로 방침을 정했으며 이를위해 지역관서와 협의를 가질 예정이다. 【김응섭 기자】

獻 誠 錄

이 전적비의 관리를 위한 기금을 참전 장병과 유가족이 헌성 하다.

大韓遊擊參戰同志會

헌성자명	헌성(좌수)	비고	헌성자명	헌성(좌수)	비고	헌성자명	헌성(좌수)	비고
全仁植	45	회장	林炳華	3	수원	元吉常	1	시흥
權寧哲	20	부회장	張德淳	3	시흥	李明海	1	서산
金容弼	10	부회장	趙炳偰	3	파주	李長福	1	정선
安秉熙	5	부회장	朴勝錄	2.5	부여	崔鍾敏	1	원주
崔潤宇	5	부회장	金寅泰	2	포천	河泰熙	1	대전
申健澈	2	부회장	朴鍾云	2	홍천	朴貞烈	1	미망인
崔仁泰	3	감사	李南杓	2	함흥	張東說	3	유자
李南薰	5	평택	李榮珍	2	청양	金漢璘	2	유자
李翊宰	4	평택	林東郁	2	논산	朴昌永	1	유자
張之永	4	해주	張承鉉	2	서산	權一相	1	유족(제)
權泰鍾	3	인천	全永燾	2	시흥	趙重淑	1	유족(매)
柳卓永	3	연백	丁圭玉	2	서울	李貞子	1	미망인
裵善浩	3	정선	金壽昌	1	파주	柳海槿	2	명예회원
宋世鏞	3	인천	金亢泰	1	서천	鄭海相	2	명예회원
尹範容	3	파주	羅明集	1	서천	金周伯	1	명예회원
李永九	3	용인	徐玄澤	1	인천	全熹哲	2.5	전인식자
林炳基	3	파주	吳鳳鐸	1	시흥	安光燮	2	안병회자

(1구좌 : 10만원)

서기 1999년 6월 3일

협찬 : 육군 제5689부대 백골대대 장병 일동

1999. 6. 4 제44회 현충 추모행사 겸 백골병단 참전 개선 48주년 기념식이 강원도 인제군 북면 용대3리 산 250-2 백골병단 전적비 앞 광장에서 육군 제3군단과 공동 주관으로 엄숙히 거행되었다.

제 10394호 국방일보 1999년 6월 6일 일요일 〈조간〉

호국군신 위훈 영원히 계승

대한유격참전동지회·육군산악부대 백골병단 추모식

6·25전쟁중 한국군 최초의 정규유격대로 창설돼 당시 적 후방지역이었던 태백·오대산 일대에서 특수유격임무를 수행하며 큰 전공을 세웠던 전쟁영웅들이 옛 격전지를 다시 찾았다.

대한유격참전동지회(회장 전인식·일명 백골병단)는 4일 육군산악부대와 공동주관으로 제44회 현충일 추모식 및 백골병단 개선 48주년 기념식을 갖고 호국군신으로 산화한 전우들의 고귀한 희생정신을 기렸다.

백골병단 전적비가 힘차게 솟구쳐 있는 강원도 인제군 북면 용대리 격전현장에서 엄숙하게 거행된 이날 행사에는 참전동지회원 및 유가족, 육군을지부대장을 비롯한 산악부대 예하 각급지휘관과 장병, 지역기관장, 학생 등이 참석해 백골병단을 비롯 6·25전쟁중 조국의 자유와 평화를 위해 싸우다 산화한 전몰장병의 위훈을 기리면서 안보와 국방의 중요성을 더욱 공고히 다지는 뜻깊은 시간을 가졌다.

이 자리에서 전인식회장은 추모사를 통해 『국제정세가 많이 달라지고는 있으나 이 지구상에서 가장 호전적인 집단이 바로 북한임을 직시하고 제2의 6·25가 없을 것이라는 환상을 말끔히 씻어 내야 한다』고 강조하고 『백골병단 전적비가 나라를 위해 젊은 목숨을 초개와 같이 바친 호국군신들의 위훈을 기리는 동시에 국민 모두에게 안보의 긴요성을 일깨워주는 유비무환의 초석이 되었으면 한다』고 말했다.

1951년 2월10일 학생과 경찰 등 6백40여명의 애국청년들을 주축으로 육군본부직할 정규유격대로 창설된 백골병단은 적후방이었던 설악·오대·태백산지역에서 특수임무를 수행하며 적지휘통신시설파괴, 보급로 차단, 빨치산 지휘부 섬멸, 4백90여명의 적군 생포 및 사살 등 혁혁한 전공을 세우며 국군의 북진에 기여했으나 3백60여명의 전우가 산화하는 아픔을 겪기도 했다.

한편 이날 추모행사에는 김동신육군참모총장과 김석재 1야전군사령관이 격려 전문을 보내 백골병단의 숭고한 나라사랑정신을 위로했다.

◆대한유격참전동지회와 육군산악부대는 공동으로 백골병단 추모행사를 가졌다. 【취재·사진=김응섭 기자】

2000.6.3. 강원도 인제군 북면 용대리 백골병단 전적비 앞 광장에서 백골병단 개선 49주년과 제45회 현충 추모식이 거행된다.

제4828호 2000년 5월31일(수요일) 뉴스화제 39

SS 게시판

백골병단 개선 49주년 행사

백골병단 개선 49주년 및 360여 전몰장병 합동추도식이 6월3일 오전 11시 강원도 인제군 북면 백골병단 전적비 앞 광장에서 열린다.

1962년 결성이래 전사자 55위를 발굴한 대한유격참전동지회의 전인식 회장(사진)은 지난 85년까지는 전적위령비 없이 단목령야산에서 추도식을 거행해 왔다. (0365) 461-5102

2000년 6월 2일 금요일 제 2626 호 문화일보

전몰장병 합동추도식

◈전인식(全仁植) 대한유격참전동지회장=3일 오전 11시 강원도 인제군 북면 용대리 백골병단전적비앞 광장에서 전몰장병 합동추도식을 거행한다.

강 원	'00년 6월 3 일
	17 면

■ 백골병단 전승 기념식 오늘

'그 용맹 길이 빛나소서'

최초의 정규 유격대

【麟蹄】6·25 당시 한국군 최초의 정규 유격대로 태백산 오대산 일원에서 혁혁한 공을 세웠던 백골병단 전승 기념식 및 전몰장병 추모식이 3일 오전 11시 인제군북면용대리 백골병단 전적비에서 열린다.

6·25 동란 50주년과 백골병단 개선 49주년을 기념해 열리는 이번 추모식에는 申日淳산악부대장과 李升浩인제군수, 全仁植대한유격참전동지회장 군장병 등이 참석해 전몰장병들의 넋을 기리게 된다.

51년 2월10일 학생과 경찰 등 애국청년 640여명으로 구성된 백골병단은 북한군 후방이었던 설악산과 오대산 태백산 등에서 통신시설 파괴와 보급로 차단, 빨치산 지휘부대 섬멸 등의 공을 세웠다.

특히 북한의 빨치산부대인 남부군이 지리산을 무대로 게릴라 활동을 벌여온데 반해, 백골병단은 당시 북한군의 후방이었던 동부전선을 교란시키는 작전을 펼쳤다.

강릉시연곡면퇴곡리에서 창설된 백골병단은 40여일간의 작전을 펼치는 동안 북한군 장교 吉원팔을 체포해 김일성이 하달한 「남침지령문」을 입수, 북한의 남침을 증명할 수 있는 증거를 확보했으며 북한군 490여명을 사살 또는 생포하는 개가를 올리기도 했다.

그러나 작전 수행중 양양군 오색에서 인제군 진동리로 철수하는 동안 추위와 굶주림 등으로 120명의 대원이 아사하는 등 364명이 전사하는 아픔을 겪기도 했다.

<金鍊聖기자·kys@kangwonilbo.co.kr>

도 민	'00년 6월 3 일
	11 면

백골병단 추모식

오늘 인제북면 전적비서

【麟蹄】6·25전쟁당시 한국군사상 최초의 정규유격부대로 적후방지역이었던 태백·오대산 일대에서 특수유격임무를 수행하며 큰 전공을 세웠던 '일명 백골병단'의 전쟁영웅들이 옛 격전지를 찾는다.

대한유격참전동지회(회장 全仁植)와 육군 산악부대(부대장 申日淳중장)는 3일 오전 11시 백골병단 전적비가 있는 인제군 북면 용대3리 미시령 3거리에서 참전동지회원 및 유가족 육군 산악부대장을 비롯한 예하 각급 지휘관 장병과 李升浩 인제군수를 비롯한 지역 기관·단체장 등 200여명이 참석한 가운데 백골병단 전몰장병 합동 추도식과 개선 49주년 기념식을 갖는다.

鄭然載 yjeong@kado.net

1993. 8. 6 육군 제3군단(군단장 金鍾培 중장)을 예방한 全仁植 회장과 權寧哲 부회장

1993. 10. 5 여의도 일식 "이어" 에서 미8군 정보연락장교단 단장 육군중령 이극성(준장예편) 장군이 1951. 2. 7 강원도 명주군 강동면 강동리에서 결사 제12연대 장병의 출동신고(육해공군 총참모장 육군소장 정일권 임석) 사진 7매를 군사연구실에 주고, 빨치산 5지대 참모장 인민군 대좌 강칠성의 국기훈장 3급을 전우회에 내놓고 참전 당시의 증언을 겸한 모임. 우(右)로부터 이남표 교수, 이극성 장군, 안병희 하사, 이익재 하사, 전인식 소령, 권영철 중위, 이영구 중사, 이장군이 준 사진과 국기훈장은 전쟁기념관 2층 전선교착기 백골병단 부스에 전시되어있다.

2000. 6. 5 대한유격참전동지회와 육군산악군단이 공동주최 한 백골병단 개선 49주년과 제45회 현충일, 전몰장병의 합동 추모식이 군관민 300여명이 참가한 가운데 엄수되었다.

국방일보 제 10692 호 2000년 6월 5일 월요일 (3)

대한유격참전동지회와 육군산악부대는 백골병단 개선 49주년 기념 추모행사를 가졌다.

호국영령 추모·國家安保 다져

白骨兵團 개선 49주년 기념 추모식

대한유격참전동지회·육군산악부대 공동 주관

6·25전쟁 중 한국군 최초의 정규 유격대로 창설돼 당시 적 후방 지역이었던 설악·태백산 준령을 누비며 특수 유격임무를 수행, 큰 전공을 세웠던 '전쟁 영웅'들이 옛 격전지를 다시 찾았다.

대한유격참전동지회(일명 백골병단·회장 전인식)는 3일 강원도 인제군 북면 용대리 격전현장에서 육군산악부대와 공동 주관으로 백골병단 개선 49주년 기념 호국영령 추모식을 갖고 나라의 위기를 구하다 장렬히 산화한 호국 군신들의 고귀한 희생정신을 기렸다.

6·25전쟁 50주년을 맞아 백골병단 전적비가 엄숙히 지켜보는 가운데 거행된 이날 행사에는 참전동지회원 및 유가족, 지역기관장과 학생, 육군을지부대장, 산악부대 예하 장병들이 참석해 호국영령의 위훈을 기리는 동시에 '안보와 국방'의 중요성을 더욱 공고히 다짐하는 뜻깊은 시간을 가졌다.

이 자리에서 전인식 회장은 추모사를 통해 "국내외 정세가 많이 달라지면서 한반도에도 냉전종식의 기대가 일고 있으나 유비무환의 정신만이 우리의 자유와 평화를 지킬 수 있다"고 강조하고 "백골병단의 전사가 국민 모두에게 안보의 중요성을 일깨워주는 유비무환의 초석이 됐으면 한다"고 말했다.

백골병단은 1951년 2월 대학생 등 640여 명의 애국청년들을 주축으로 창설된 육군본부 직할 정규 유격대. 이들은 설악·오대·태백산 일대에서 특수임무를 수행하며 적 빨치산 지휘부 섬멸 등 490여 명의 적군 사살·생포, 통신시설 파괴 등의 혁혁한 전공을 세우며 국군의 북진에 기여했으나 360여 명의 전우를 잃었다.

한편 이날 행사에는 길형보 육군참모총장과 김판규 1야전군사령관 등이 격려전문을 보내 백골병단의 숭고한 나라사랑 정신을 위로했다. 〈김용섭 기자〉

백골병단 개선 장병 국립묘지 참배

2000년 9월 7일 고 김원배 대위와 박종수, 이충구, 박기석, 임경섭, 천영식 병장 등 6명이 전사한 지 49년 6개월만에 현충원에 위패를 봉안한 참전전우 일동은 미확인 전사자 303명의 신원을 밝혀 줄 것을 강력히 촉구하며, 플랭카드를 펴들고 즉석 항의 시위를 하였다.

■ 6·25 참전노병에게 듣는다 〈5·끝〉

"강력한 힘만이 자유·평화지켜"

백골병단 참전전우회 전 인 식 회장

참전용사를 만났다. 백골병단 참전전우회를 이끌고 있는 전인식 회장(72·사진). 6·25전쟁이 발발한 지 반백년이 넘는 세월의 흐름은 조국과 민족을 위해 주저없이 전장(戰場)으로 뛰어 들었던 20대 청년을 백발이 성성한 노년으로 변모시켰다. 하지만 그는 지금도 그때 그날의 시련과 참상, 그리고 감격을 생생하게 기억하고 있다.

"힘이 있어야 돼. 지난해 남북정상회담 이후 마치 한반도의 평화와 안정이 보장된 것처럼 성급한 기대와 환상을 갖고 있는 사람들이 있는데 이는 오산이야. 남북정상의 만남이 그러했듯, 우리에게 강력한 힘이 있어야만 영구적으로 자유와 평화를 누릴 수 있는 거야. 지금은 오히려 그 어느때보다도 튼튼한 안보와 강력한 군사력이 필요한 시기지."

조국의 운명이 백척간두의 위기에 처해 있을 때 적진 배후지역으로 침투, 유격특수전을 감행했던 전회장은 '튼튼한 안보와 강력한 군사력'을 강조하며 다시 맞은 6월의 감회를 말한다.

640명으로 육군 최초 정규 유격대 창설

2주식량으로 60일간 적진 누비며 死鬪

백골병단은 중공군의 개입으로 압록강 연안까지 진격했던 아군이 다시 후퇴를 거듭하던 1951년 2월 하순 강원도 명주군의 '적진'(敵陣)속에서 창설됐다.

"당시 그곳에는 불과 3주 동안 육군정보학교에서 대북공작 등의 특수교육을 받고 침투한 유격대원들이 결사 11, 12, 13연대로 편성돼 설악산과 오대산 등 태백산맥 일대의 험산준령을 넘나들며 유격특수전을 수행하고 있었는데 이를 통합한 640여명으로 육군 최초의 정규 유격대인 백골병단이 창설된 것이지."

대위 계급이었던 전회장에게는 작전참모라는 중책이 부여됐다.

"단원 모두가 학생과 의용경찰 등 반공사상이 투철했던 애국청년들이었지. 단 한시간 앞도 예측할 수 없는 생사의 기로에서 말로 표현할 수 없는 혈전이 계속됐어. 뼛속까지 파고 드는 혹한에 열악한 장비, 2주일분의 미숫가루만으로 60여일 간의 전투를 치렀지. 전후 세대들은 상상조차 하기 힘든 처절하고도 참담한 전쟁이었어."

험산준령에다 적진 한복판에서의 사투가 계속됐지만 백골병단은 아군의 승전을 뒷받침할 수 있는 혁혁한 전과를 올렸다.

적 69여단 전투상보 등 기밀문서 노획, 적 초소파괴 및 통신선 차단 등의 임무를 하나하나 성공적으로 수행하다 51년 3월 18일에는 한계령 부근의 필례 마을에서 인민군 대남 유격대 총사령관인 길원팔 중장과 참모장 강칠성 대좌 등 고급간부 13명을 생포하는 빛나는 전공을 수립했다.

"불과 2개월 동안 생포한 적군의 수만 309명이나 될 정도이니 대단한 전과를 올렸지. 하지만 우리의 피해도 적지 않았어. 절반이 넘는 364명이 호국의 군신으로 산화해 갔어. 적의 총탄에 맞아 전사한 전우는 오히려 나은 편이지. 추위와 굶주림에 지쳐 쓰러지는 전우를 볼 때는 차라리 같이 죽는 게 낫다는 참담한 심정이 들곤 했어."

앞서 간 전우들의 모습이 떠오를 때 마다 살아남은 사람으로서의 할 일을 다 못해 죄스럽기만 하다는 전회장은 지난 65년 전국 각지에 흩어져 있는 생존 전우들의 뜻을 모아 백골병단 참전전우회를 결성했다. 그리고 매년 현충일에 앞서 개선기념식 및 추모제를 거행, 앞서 간 전우들의 넋을 기리면서 '안보와 국방'을 돈독히 하는 계기로 삼고 있다.

특히 지난 90년에는 그들의 젊은 피가 스며 있는 강원도 인제군 북면 용대리 격전 현장의 한 곳에 육군의 지원을 받아 대형 전적비를 건립, 백골병단은 전후 38년이 흐른 후 비로소 그 존재와 공로를 공식으로 인정받았다.

"단원중 일부의 위패가 국립묘지에 모셔져 있으나 고증자료를 찾지 못해 아직도 완전한 명예회복을 이루지 못한 게 안타깝다"는 전회장. 그는 "6·25전쟁은 유비무환만이 자유와 평화를 지킬 수 있다는 불변의 고전적 진리를 가장 큰 교훈으로 남겼다"면서 "아무 대가도 바라지 않고 오직 국가와 민족을 위해 사지(死地)로 뛰어들어 꽃다운 목숨을 초개와 같이 바친 백골병단 용사들의 거룩한 얼은 오늘은 물론, 내일의 사람들에게도 자유와 평화의 소중함을 일깨워 주는 산증표로 영원히 계승되어야 할 것"이라고 강조한다.

〈김용섭 기자〉 kus1@dapis.go.kr

스테인리스 안내판 제막(국가보훈처 제작) <2002 .5. 28>

무명용사 추모비 건립(2003. 6. 5 제막)
(국가보훈처 지원 500만원 재향군인회 100만원, 잔액 본회 부담)

고 윤창규 대위의 살신성인 충용비 제막
(2006. 6. 5 제막) 국가보훈처 지원 700만원, 잔액 본회부담

2002.6.5. 육군본부 직할 결사대(백골병단) 적진 배후지역 침투작전 51주년 기념식이 강원도 인제군 북면 용대리 산 250-2 백골병단 전적비 앞 광장에서 엄수되었다. 이 자리에서 참전전우 회장 전인식 씨가 추모사를 하는 광경

국방일보 제11289호 2002년 6월 8일 토요일 3

'호국군신' 희생정신 기려

백골병단·육군산악부대 개선 51주년 추모행사

백골병단 참전전우회(회장 전인식)는 5일 육군산악부대 후원으로 백골병단 개선 51주년 기념 및 추모행사를 갖고 호국군신으로 산화한 전우들의 고귀한 희생정신을 기렸다.

백골병단 전적비가 있는 강원도 인제군 북면 용대리 격전현장에서 엄수된 이날 행사에는 육군산악부대장을 비롯, 장병·지역기관장·백골병단 회원 및 유가족 등 200여명이 참석했다. 참석자들은 6·25전쟁 중 조국의 자유와 평화를 위해 싸우다 산화한 전몰장병들의 위훈을 기리고 국가안보와 국방의 중요성을 새롭게 다졌다.

전인식 참전전우회장은 추모사를 통해 "정부의 대북 화해·협력정책으로 남북관계가 호전되고 있지만 제2의 6·25전쟁이 발생하지 않기 위해서는 국가안보에 대한 국민들의 확고한 의지가 중요하다"며 총력안보태세의 중요성을 강조했다.

한편 백골병단은 1951년 학생과 경찰 등 647명의 애국청년들을 주축으로 육군본부 직할 유격특수부대로 창설됐다. 6·25전쟁 기간 중 부대는 주로 적 후방이었던 설악·오대·태백산 지역에서 특수임무를 수행하며 적 지휘 통신시설 파괴·보급로 차단·빨치산 지휘부 섬멸 등 혁혁한 공을 세웠다. 〈송현숙 기자〉 rokaw@dapis.go.kr

6·25전쟁 당시 육군본부 직할 유격대로 적 후방에 침투, 전공을 세웠던 백골병단의 참전·개선 51주년 기념 및 추모행사가 지난 5일 강원도 인제군에 위치한 백골병단 전적비 앞에서 거행됐다.
〈사진=한인섭 기자〉 hanis@dapis.go.kr

白骨兵團 참전개선 51주년 추모식

2002. 6. 5 용대3리에서

<육군제3군단장 중장 권영기 집전>

육본직할 결사대 전우회 회장 吾平 전인식씨가 1961. 8월부터 2002년 10월까지 전우회원의 위상 바로 세우기 등의 공적이 현저하여 전우회원 및 유가족 일동이 공적비를 전적비 경내 아래쪽(주차장 북쪽)에 세워 공적을 기리고 있다.

공 적 기

백골병단 참전전우회

회장 전인식 (仝仁植) 동지 의 공적

첫째 : 仝 동지는 1961년 8월 전우회를 발기한 이래, 40여년 동안 참전전우회 회장으로서,

1. 전국에 흩어진 참전전우의 발굴 · 규합에 앞장서, 전우회원을 결속하였다.
2. 국방 당국에 군복무 사실인정에 관한 청원 등 수십통을 작성 · 제기하여 명예회복선양에 기여하였다.
3. 참전 당시의 전투정보 보고 및 관련 기록을 수집 하여 전례(戰例) 자료로 활용하고, 여러 부대를 방문하여 안보 강연을 하는 등 전우회 발전과 군 의 사기진작에 기여하였다.

둘째 : 仝동지는 1981년 5월 전쟁수기 「나와 6·25」 발간 이후 「못다핀 젊은 꽃」등 2001년까지 13종의 참전 기록서를 저술 · 발간하는 외에 영화 「못다핀 젊은 꽃」, 「박달령의 침묵」, 「이한몸 다 바쳐」 등 안보 영화 의 "원고 "집필 등으로 참전전우의 자긍심 고양과 유대강화에 기여 하였다.

셋째 : 仝동지는 적진후방에서 전투중 전사한 전우에 대하여,

1. 1987년 3월 "고 "허은구 소위의 전사 확인을 위시하여 61명의 전사 확인을 받아냈다.
2. 유가족에게 국가보훈 혜택을 받을 수 있게 하였다.
3. 1989년 8월 "고 "윤창규 대위 등 58위는 국립현충원(동작동)에 위패를, 1990년 8월 격전지에서 발굴한 "고 "현규정대위등 3인의 유해는 대전 현충원에 안장하는 등 전몰장병의 명예를 선양하였다.
4. 1995년 3월이후, 참전·개선 장병에게 "대통령 명의 "의 참전증서를 교부받게 하여 참전전우의 위상 바로세우기에 기여 하였다.

넷째 : 仝동지는 1986년 6월부터 전적 · 위령비 건립을 추진하는 한편, 설계를 직접 작성함과 동시에 전적비의 구도(構圖), 비문의 작성 등 전적비 건립에 적극기여헌신 하므로써 1990년 11월 9일 「백골병단 전적비」를 준공제막할 수 있게 하였다.

다섯째 : 仝동지는 1994년 2월 전쟁기념관 일부를 할애 받아, 자신의 임관사령장 원본과 제대증, 참전당시의 각종 기록사진, 작전명령 등 관련자료를 전시할 수 있게 하였으며, 전우회 관련 제반 기록을 수집보존 관리하는 등 참전전우 및 유가족에게 희망을 준 숭고한 전우사랑 정신과 빛나는 공을 오래도록 기리고자 이 비를 세우다.

2002. 10. 15.

仝仁植 동지 공적비 건립 추진 위원회 위원 및 회원 · 유가족 일동

글 : 김응섭

건 립 기

吾平 전인식(全仁植) 참전 전우회장은 1951년 1월 4일, 육군정보학교(육군 제7훈련소)에 입교, 1951년 1월 25일까지 무장첩보 등 특수교육을 이수하고, 임시 대위로 임관과 동시에 결사 제11연대 작전참모로 명 받고, '51년 1월 30일 강원도 영월 북방, 적진 후방으로 침투하여,

1. '51년 2월 10일 하진부리 초도 작전을 성공적으로 수행하였다.
2. '51년 2월 20일 백골병단(白骨兵團) 창단 후, 병단 작전참모 로서, '51년 2월 28일 인민군 69 여단의 정치군관으로부터 노획한 적의 전투상보 등 기밀서류를 아군 수도사단 에 전달케 하여, 적에게 막대한 타격을 가 하게 하였다.
3. '51년 3월 19일 인제군 인제읍 가리산리 군량발 지구 작전에서 주도 면밀한 판단으로 적 에게 결정적인 타격을 가 하는 공 을 세웠다.
4. '51년 3월 24일 오색에서 단목령(박달재)까지의 백주(白晝) 철수작전에서 인민군 사단 병력이 방어진지를 구축 중인 전면의 도로에서 적의 척후병을 아군 행군부대 앞에 세우고, 410 여명의 병력을 최선봉에서 지휘하여 부대 안전 · 퇴출에 기여 하였다.
5. 적의 전방으로 연결된 통신선을 수거·폐기하여 적으로 하여금 혼란을 유도케 하는 한편, 적병을 처치하는 등 많은 전공을 세우고, '51년 4월 초순, 영광의 개선(凱旋)까지, 적진 800리, 60 여일간의 특수작전을 성공적으로 수행 하였다.
6. '61년 8월, 참전 전우회를 발기한 이래, 지난 40여년간 전우회의 발전과 전우 모두의 위상 바로 세우기와 전우나라 사랑 에 헌신기여한 공을 높이 칭송 한다.

2002. 10. 15

全仁植 동지 공적비 건립추진위원회 위원 및 회원유가족 일동

權寧哲 金容弼 安秉熙 // 高悌和 宋世鏞 李永九 張之永 崔潤宇 崔仁泰 //
康斗星 權泰鍾 金重信 尹範容 李南杓 李翊宰 林炳基 林炳華 曺奎喆 趙炳僕
張東說 //姜五馨 金道中 金壽昌 金鍾根 柳卓永 朴勝錄 朴用周 朴鍾云 徐聖礎
宋景熙 申孝均 吳東洙 尹慶俊 李丙錫 李榮珍 李義宰 李興昌 林東郁 全永燾
鄭海相 車周燦 崔鍾敏 崔熙哲 權一相 金漢璘 朴昌永 //黃泰圭 金宋奎 李南薰
李長福 趙詩衡 河泰熙 李貞子 // 安光睦 安光燮 崔聖畯, 申周娟 申仙子 裵善浩
張德淳

子 : 全 熹哲 庠郁 惠燕 惠貞 美順 垠奏

2002.10.15 육군본부 직할 "白骨兵團" 참전전우회 회원·유가족 등 61인이 吾平 全仁植 會長의 功績碑 건립을 위하여 913만원을 협찬하였으며(전회철 부담 268만원), 합계 1,181만원으로 제막하다. <사진> 군단직할 연대장들과 전우·내빈 여러분

無名勇士 追慕碑

白骨兵團 303무명용사 추모비

2003. 4. 12 무명용사 추모비 건립 추진위원회 결성
2003. 5. 30 무명용사 추모비 건립
2003. 6. 5 무명용사 추모비 제막식 거행

白骨兵團

無名勇士 追慕碑

이 비는 1950년 북한군의 기습·남침으로 조국 대한민국의 국운이 풍전등화(風前燈火), 누란(累卵)의 위기에 처해 있을 때, 자신의 안일(安逸)을 버리고, 나라의 부름에 따라, 육군정보학교에 입교한 장병 647명이 유격 특수전교육을 이수하고, 중동부 전선 적진 후방에서 용전분투(勇戰奮鬪) 했으나, 영하 30도를 오르내리는 혹한과 2주일분의 미숫가루 만으로 60여일을 견뎌야 하는 악전고투(惡戰苦鬪)로 참전장병중 364명과 민간지원 참전 13명이 아까운 청춘을 조국의 평화와 민족의 자유를 위해 바쳤다.

1961년에 결성된 참전전우회에서는 전몰장병의 신원확인을 위해, 여러해에 걸쳐 노력했으나 그 중 61명(국립현충원 위패 안치 58위, 안장 3위) 만을 확인했을 뿐, 전몰장병 303 명과 민간 참전용사 13명의 이름조차 확인하지 못하고 52주년을 맞는 비통함을 억누를 수 없게 되었다.

이에, 살아남은 참전 전우회원 일동이 뜻을 모아 이 추모비를 건립하여, 조국의 평화와 자유를 지키기 위하여, 젊음을 초개(草芥)와 같이 버리고 산화(散華)하신, 전우의 영원한 안식과 위훈(偉勳)이 영생(永生)토록 빛나게 하기 위해 참전 전우회원의 성금과 관계 기관의 협찬, 참여 및 나라의 지원금으로 이 비를 세우다.

<글 : 전인식>

백골병단 참전 · 개선 52주년

2003년 6월 5일

무명용사 추모비 건립

주 체 : 백골병단 참전전우회

협 찬 : 대한민국 재향군인회

지 원 : 국 가 보 훈 처

2003년 무명용사 추모비를 제막하다

2003.6.5 무명용사 추모비를 제막하는 전우회장과 각급 기관장들

2003. 6. 5. 백골병단 참전·개선 52주년을 맞아 그동안 찾을수 없었던 전사망 추정자 364명중 61위는 국립묘지(동작동)에 위패(58) 및 안장(3)하고, 이름을 찾지 못한 303명과 민간참여 희생자 13명의 무명용사 추모비 제막식에서 무용가 김영아 교수가 진혼 춤사위와 제례를 준비했다.

이 추모비는 백골병단 참전 전우회 부담 1,072만원 국가보훈처 지원 500만원, 재향군인회 지원 100만원 등 1,672만원으로 건립되었다.

백골병단 무명용사 303위와 민간희생자 13명의 무명용사 추모비 제막!!

2003. 6. 5.
백골병단 전우회 주관
국가보훈처 지원
재향군인회 지원으로 제막함.
참전개선 52주년에 제막하다.

2003. 6. 5. 11시
제48회 현충추모식과 제52회 참전개선 추모식장과 주변 전경!!

추모식 후 추모사를 낭독하는 전인식 회장과 추모식에 참석한 민관군 내빈 여러분

2003. 6. 5 제48회 현충추모식에서 전몰장병에 묵념하는 참석자들

2003. 6. 5. 강원도 인제군 북면 용대리 백골병단 전적비 앞에서
육군 제12사단장, 전인식 회장, 권영철 부회장, 고제화 이사 등이 묵념하고 있다.

<2003. 6. 5. 백골병단 참전 개선 제52주년 현충추모식 후 기념 촬영>

백골병단 참전 개선 53년만에 명예회복 되다

2004. 4. 13 국방회관 대연회실에서, 단상 : 전인식 회장, 신만택 중령(당시)

2004. 4. 13 참전 개선 53주년 기념, 국방회관 대연회장에서

명예회복을 기념. 국방회관에서

2004. 4. 13 백골병단 참전개선 53주년 기념 및 명예회복 축하 기념에서 국기에 대한 경례 앞줄 채명신 예비역 중장 전인식 회장, 이의재 장군, 신만택 장군(당시 중령)(군복) 및 하객 여러분!!

축하 샴페인 광경 황인표 교장, 이의재 장군, 전인식 회장, 채명신 장군, 박부서 회장, 최중령(당시 담당관)

2004 현충 추모식

2004. 6. 4 현충추모식이 백골병단 전적비 앞 광장에서 엄수된 뒤 전인식 전우회장이 추모사를 낭독하고 있다.

2004. 6. 4 제49회 현충일 및 백골병단 참전개선 53주년을 기념한 전몰장병 추모식이 강원도 인제군 북면 용대리 산 250-2 백골병단 전적비 앞 광장에서 엄수되었다.

2004년 6월 7일 월요일　　　국방일보

"님이시여 편안히 잠드소서"

백골병단참전전우회 호국보훈의 달 전몰용사 추모행사

백골병단 참전전우회(회장 全仁植)는 6·25전쟁 참전·개선 53주년을 맞아 지난 4일 강원도 인제군 북면 용대리 소재 백골병단 전적비에서 추모행사를 가졌다.

백골병단 소속 전몰용사와 순국선열 364위 전몰장병의 희생정신을 기린 이날 행사에는 백골병단 참전용사와 유가족, 민·관·군 관계자가 대거 참석해 호국선열들의 명복을 빌고 애국정신을 기렸다.

전인식 회장은 추모사에서 "백골병단의 거룩한 얼이 이 땅의 젊은 세대들에게 자유가 얼마나 소중한지를 일깨우는 장이 돼 줄 것을 기대한다"며 전몰 용사를 추모했다.

참전·개선 53년 만에 명예를 회복한 백골병단 참전용사들이 적진에서 산화한 전우, 무명용사 303인의 고귀한 희생정신을 추모하고 있다.

한편 이날 행사는 국군 최초의 후방교란 특수작전부대로 창설된 백골병단 참전용사들이 혁혁한 전공을 세웠음에도 불구, 근거 미비를 이유로 그간 제대로 이루어지지 않았던 보상과 명예가 회복돼 그 의미를 더했다.

백골병단은 6·25전쟁이 치열하게 전개되던 1951년 1월 대구 육군보충대에서 선발된 애국청년 820명을 중심으로 구성된 국군 최초의 대북공작 특수임무 부대였다.

그러나 60여 일에 걸친 유격 특수전을 통해 적 후방을 교란하고 당당히 개선했음에도 불구, 관계근거가 미비하다는 이유로 전선에서 산화한 364명을 포함한 백골병단 장병 전원이 국군장병으로 인정받지 못해왔다.

이후 백골병단 참전용사들은 참전전우회를 구성, 명예회복을 위한 활동을 적극적으로 펼치고 서울 국립현충원에 58위의 위패를, 대전 현충원에는 유골 3위를 안장, 지난해에는 303위의 무명용사 추모비를 당시 격전이 펼쳐졌던 강원도 인제군에 제막하기도 했다.

정부는 '6·25전쟁 중 적 후방지역 작전수행 공로자에 대한 군복무 인정 및 보상 등에 관한 법률'(법률 제7200호)을 지난 3월 22일 공포, 백골병단 참전용사와 유가족에 대한 보훈 혜택과 무공훈장을 수여키로 했다.

이번 백골병단 명예회복과 관계법령 공포를 계기로 6·25전쟁 당시 임시 군번을 달고 특수 공작임무를 수행했으나 현역으로 인정받지 못하고 있는 참전용사들의 명예회복과 보상에 대해 귀추가 주목되고 있다.

〈글·사진=계동혁 기자〉

2004.4.13 백골병단 참전 전우회 전인식 회장은 당시의 사령관 채명신씨 외 많은 하객을 모신자리에서 「白骨兵團 參戰 將兵」 참전 · 개선 53년만에 特別法 제정 · 公布로 명예회복이 된 것을 自祝하는 모임을 「국방회관」 에서 가졌다.
公私바쁘신 가운데도 불구하시고 이 祝賀모임에 참석하시어 「격려」 해주신 來賓 여러분에게 감사의 인사를 鄭重히 올립니다.

The Korea Defense Daily 국방일보 제11838호 1판 〈日刊·조간〉 2004년 4월 14일 수요일 음력 (윤)2월 25일

백골병단 참전 개선 53주년 기념

'참전용사 軍 복무인정' 법률 공포…명예회복 자축

백골병단참전전우회(회장 全仁植)는 13일 정오 서울 용산 국방회관에서 채명신(蔡命新)예비역 육군중장 및 백골병단 참전 회원 등 100여 명이 참석한 가운데 참전·개선 53주년 기념 행사를 가졌다.

특히 이날 행사에서는 백골병단 참전용사들의 오랜 염원이었던 6·25전쟁 중 적 후방지역 작전수행 공로자에 대한 군 복무 인정 및 보상 등에 관한 법률 공포·시행 사실을 알려 그 의미를 더했다.

지난 3월22일 제정·공포된 법률 제7200호 제4조에는 '특수작전 참전 장병인 임시장교와 부사관 등이 6·25전쟁 당시 부여받은 계급을 현역 군인으로 복무한 기간 및 계급으로 인정한다'고 명시돼 있다.

백골병단은 6·25전쟁이 한창이던 1950년 12월 전 육군본부 직할 특수부대로 창설돼 이듬해 1월30일부터 4월 12일까지 약 3개월간 적진 후방에 침투, 혁혁한 전공을 세웠으나 근거자료와 관계 법령 미비를 이유로 그간 국가유공자로 인정받지 못했다.

행사에 앞서 참전전우회 전회장은 "정부 당국에 수백 차례에 걸친 진정·청원·호소를 통해 53년 만에 명예를 회복했다"며 "이 땅에 지난 날의 비극이 재발되지 않도록 참전용사들이 더욱 노력해 나가자"고 말했다.

이날 백골병단 참전용사들은 법률안 통과를 통해 뒤늦게나마 참전·개선 53년 만에 국가유공자로 명예회복된 것을 자축하고 아직 유해조차 찾지 못한 무명용사 303명의 고귀한 희생을 추모했다.
〈계동혁 기자〉 nice-kye@dema.mil.kr

백골병단참전전우회 전인식(가운데)회장과 채명신(전인식 회장 오른쪽)예비역 육군중장 및 백골병단 참전 회원들이 참전·개선 53주년 기념 행사에서 떡을 자르고 있다. 〈김태형 기자〉

백골병단참전전우회 참전 행사

◆전인식(全仁植)백골병단참전전우회 장은 13일 정오 서울 용산구 국방회관 특설 연회실에서 백골병단참전전우회 참전 개선 53주년 기념행사를 갖는다.

2004.5.13 전적비 주탑의 계단 신규 보수 공사 1,500만원 소형고압블록 1,800장 1,000만원 계 2,500만원 공사를 집행한 사진

강원도 인제군 북면 용대3리 산 250-2

白骨兵團 戰跡碑 주탑 진입계단 신규(보수) 공사 광경

아래사진 하단은 소형 고압 블록 경계석으로 이들도 모두 제거후 새로(그린색) 시공한다.

진입 계단공사 1,855만원중 집행 1,500만원
주탑주위 고압 블록공사 1,375만원중 집행 1,000만원

주탑진입 계단 파손 광경

주탑진입 계단 철근 포설광경

주탑진입 계단 거푸집 조립 광경

주탑진입 석재 철거 광경 및 준공 광경

2004. 3. 22 법률 제7,200호 **6.25 전쟁 중 적후방 지역 작전수행 공로자에 대한 군복무인정 및 보상 등에 관한 법률**이 공포되고 위로 보상금 1,000만원과 6.25 전쟁당시 적후방지역에 있었기에 받지 못한 봉급과 그 당시의 계급을 인정하고 군번도 새로 부여 받게 된 **조선일보**와 **국방일보**의 기사

A10 2004년 7월 31일 토요일 다1 제26005호 조선일보

6·25때 강원도유격대 '백골병단'

53년만에 군번 받는다

6·25전쟁 당시 강원도 일대 적 후방에서 뛰어난 '전과(戰果)'를 올렸던 유격부대 '백골병단' 대원들이 53년 만에 계급과 군번을 부여받는다.

백골병단 부대원들은 대구 육군 보충대에서 선발돼 유격특수훈련을 받고 작전에 투입됐으나, 정규군과 달리 게릴라를 의미하는 'G'로 시작하는 임시 군번을 받았었다.

국방부는 30일 이들 백골병단 부대원들에게 병적을 부여하고 보상금을 지급하는 내용을 골자로 하는 '6·25전쟁 중 적 후방지역 작전수행 공로자에 대한 군 복무 인정 및 보상 등에 관한 법률 시행령'이 9월 중순 시행된다고 밝혔다.

금액은 당시 지급받지 못한 봉급에 대한 보상금(2만9280~22만6920원)과 위로금(법정 한도 최대 1000만원)을 합해, 1000만원 내외가 될 전망이다.

백골병단은 적 후방을 교란하고, 적군 사살과 정보 수집 임무를 수행하기 위해 지난 51년 1월 창설됐다. 당시 정식 부대 명칭은 '육군본부 직할 결사대'. 11, 12, 13연대 등 3개 연대로 편성돼, 그해 1월 말부터 작전에 투입됐다. 초기 일부 병력이 손실되자, 당시 11연대장이었던 채명신 중령(초대 주월한국군사령관)이 3개 연대를 통합, 생존자 647명으로 '백골병단'을 창설했다.

장일현기자 ihjang@chosun.com

국방일보 2004년 7월 31일 토요일 전우의 광장

유격부대 '백골병단' 계급·군번 인정

국방부, 53년만에 생존자·유족 보상금 지급키로

한국 최초의 유격부대로 6·25전쟁 기간에 혁혁한 전공을 세운 백골병단(회장 全仁植) 대원들이 전쟁 중 임시로 부여받은 계급과 군번을 53년 만에 인정받게 됐다.

30일 국방부에 따르면 백골병단 대원들에게 병적을 부여하고 보상금을 지급하기 위해 최근 '6·25전쟁 중 적 후방 지역 작전 수행 공로자에 대한 군복무 인정 및 보상 등에 관한 법률 시행령'을 제정, 입법 예고했다.

시행령에 따르면 특수작전 공로자에 대해 6·25전쟁 당시 국방부장관으로부터 임시로 부여받은 계급과 군번을 그대로 인정, 육군에서 병적을 관리하고 보상금·공로금을 지급키로 했다.

이에 따라 보상금은 6·25전쟁 당시 받은 보수에 평균 복무 기간을 곱한 뒤 이를 현재 가치로 환산한 금액으로 지급되고 공로자 또는 유족은 위로금 성격의 공로금도 받을 수 있게 됐다.

국방부 관계자는 "6·25전쟁 당시 적군의 후방 지역인 강원도 영월·평창·인제·양양에서 지휘소 습격, 시설·보급로 파괴, 첩보 수집 등 특수작전을 수행한 유격대원들의 군복무를 인정하고 보상하기 위해 이 법을 제정했다"고 밝혔다.

백골병단의 특수작전에는 817명이 참가해 534명이 전사·실종됐으며 생환자 283명 중 신원이 파악된 대원은 94명에 불과하고 그나마 15명은 연락이 두절돼 생사 여부가 확인되지 않고 있다.

전회장은 "무엇보다 오직 풍전등화의 조국을 살리기 위해 하나밖에 없는 목숨을 초개같이 던진 전우들의 명예를 인정받아 기쁘다"며 "6·25전쟁 당시 숱한 전투에서 운명을 달리한 전우들도 이제는 편히 잠들 것"이라며 눈시울을 붉혔다.

대원과 유족들은 전사자의 명복을 빌고 전적을 기리기 위해 1990년 11월9일 강원도 인제군 북면 용대리에 백골병단 전적비를 건립, 해마다 민·군 합동으로 추모제를 지내고 있다.

〈계동혁 기자〉
nice-kye@dema.mil.kr

2004.12.2 국방일보는 백골병단 참전장병 및 유가족이 법에 따라 보상금의 신청을 2005.11.20까지 받는다는 내용의 기사를 실었다.

2004년 12월 2일 목요일　국방일보

6·25 특수부대 '백골병단' 군복무 인정

국방부, 보상금 신청 공고… 심의 거쳐 차등 지급키로

국방부는 1일 6·25전쟁 당시 적진 후방 지역이었던 강원도 평창·인제·양양군 일대에서 특수 작전에 참가한 백골병단 대원들의 군 복무 인정과 보상금 신청을 받는다고 밝혔다.

2005년 11월10일까지 보상금 신청서를 제출하면 '6·25전쟁 중 적 후방 지역 작전 수행 공로자에 대한 군 복무 인정·보상 등에 관한 법률 시행령'에 의거해 백골병단 인정 심의 등의 절차를 거쳐 보상금이 계급별로 차등 지급될 것이라고 국방부 관계자는 말했다.

백골병단 대원들은 1951년 1월 육군정보학교에서 특수 군사 훈련을 받은 후 국방부장관으로부터 임시로 장교·부사관·병의 계급과 군번을 부여받고 육군본부 직할 결사대(일명 백골병단) 소속으로 적 후방 교란 작전에 참가해 혁혁한 전공을 세웠다. 백골병단의 특수 작전에는 817명이 참가, 534명이 전사하거나 실종됐으며 생환자 283명 중에도 신원이 파악된 대원은 94명에 불과하고 그나마 15명은 연락이 두절돼 생사 여부가 확인되지 않고 있다.

대원들은 북한군으로 위장해 오대산 일대에 들어가 적군을 검문검색하며 전투 관련 중요 정보를 입수, 우리 해·공군이 북한군 제69여단을 격멸하는 데 기여했으나 나중에 적군의 공격을 받아 퇴각하는 과정에서 상당 수가 전사하거나 낙오해 생환한 인원은 283명에 불과했다.

대원들과 유족들은 전사자의 명복을 빌고 전적을 기리기 위해 90년 11월9일 강원도 인제군 북면 용대리에 백골병단 전적비를 건립, 해마다 민·군 합동으로 추모제를 지내고 있다.

〈조진섭 기자〉 digitalc@dema.mil.kr

'백골병단' 보상금 신청 접수… 내년 11월까지

국방부는 한국전쟁 당시 적 후방지역이었던 강원도 평창, 인제, 양양 일대에서 특수작전에 참가한 '백골병단' 대원들의 군복무 인정 및 보상금 신청을 받는다고 1일 밝혔다. 국방부 관계자는 "2005년 11월10일까지 신청서를 제출하면 절차를 거쳐 계급별로 보상금을 지급할 것"이라고 말했다. 백골병단은 1951년 1월 육군 정보학교에서 특수군사훈련을 받은 후 임시로 장교나 부사관, 병의 계급과 군번을 부여받은 대원들로 조직된 육군본부 직할 결사대로 적 후방교란 작전에 참가해 혁혁한 전공을 올렸다.

참전 개선 54주년(05. 4. 13) 기념식, 국방회관에서

2005. 4. 13 국방회관에서 참전개선 54주년 기념식에서 회장 전인식의 인사말

2005. 4. 13 참전개선 54주년 기념 행사!! 적진에서 살아 돌아 왔다는 현수막이 이채롭다.

육본 직할 결사대(白骨兵團) 전우회

= 2005년도 춘계수련회 =

2005. 4. 춘계수련회에 참가한 전우들
　　베트남 하노이 "호치민" 영묘 앞 광장에서 기념촬영 하다.

2005. 4. 25 베트남 하롱베이 유네스코지정 세계적 자연경광. 수상전망대 표석 앞에서.
앞줄(좌) 김인태, 임병화, 홍금표, 윤경준, 송세용, 황태큐
(뒤) 이익재, 최희철, 이영진, 김용필, 이영구, 전인식, 김중신,
고제화, 장지영

2005. 6. 3 육군본부 직할 결사대 백골병단 참전 개선 54주년을 기념하는 추모식이 강원도 인제군 북면 용대3리 백골병단 전적비 앞 광장에서 엄수되었다. 여기서 전인식 전우회장은 추모사를 통해, 조국이 누란의 위기에 처해 있을 때 오직 구국의 일념으로 장렬히 산화한 호국 영령들의 고귀한 희생 정신을 국가와 국민이 인정해 준 것이 기쁘다고 말했다.

국방일보 2005년 6월 4일 토요일 11 전우의 광장

백골병단 '살신성인' 전후세대 계승 발전

개선 54주년 추모식

한국 최초의 유격 부대로 6·25전쟁 기간에 혁혁한 전공을 세우고 산화한 육군본부 직할 결사대 전우회(백골병단) 용사들의 숭고한 나라사랑 정신과 개선 54주년을 기념하기 위한 추모 행사가 3일 강원도 인제군 북면 용대리 백골병단 전적비에서 열렸다.

이날 추모식에는 참전전우회(회장 全仁植) 회원과 유가족, 3군단장·12사단장을 비롯한 장병과 지역 기관장 등 170여 명이 참석해 선열들의 명복을 빌고 애국정신을 기렸다.

전회장은 추모사를 통해 "조국이 국난의 위기에 처했을 당시 오직 구국의 일념으로 장렬히 산화한 호국 영령들의 고귀한 희생정신을 국가와 국민이 인정해 줘 무엇보다 기쁘다"며 "백골병단 용사들의 거룩한 얼을 이 땅의 모든 국민과 특히 전후세대 장병들에게 영원히 계승·발전시켜 줄 것"을 당부했다.

한편 백골병단은 6·25전쟁이 치열하게 전개되던 1951년 1월 대구 육군보충대에서 선발된 애국 청년 820명을 중심으로 구성된 국군 최초의 대북 공작 특수 임무 부대로 전쟁간 유격 특수전을 통해 적 후방을 교란하는 등 전공을 세운 바 있다.

하지만 전쟁 중 임시로 부여한 계급과 군번을 인정받지 못해 아쉬움이 컸으나 지난해 국방부가 '적 후방 지역 작전 수행 공로자에 대한 군복무 인정과 보상 등에 관한 법률 시행령'을 제정, 입법 예고함으로써 백골병단의 잃어 버린 명예를 53년 만에 회복하게 됐다. 〈이주형 기자〉

jataka@dema.mil.kr

육군본부 직할 결사대 전우회는 3일 강원도 인제군 백골병단 전적비 앞에서 6·25전쟁 당시 산화한 전우들의 넋을 기리기 위한 추모 행사를 가졌다. 〈이헌구 기자〉

참전개선 54주년(2005. 6.) 전몰장병의 합동추모식에서 백골병단 살신성인의 정신을 전후세대에 계승 발전을 바라며

2006. 2. 24 ~ 26(2박3일간) 자유중국(대만관광).
참전전우회원 14인이 함께했다.

2006年 夏季研修會 에서

2006. 7. 26~28 충남, 전남북지방 연수

<진도에서>

<남원 광한루에서>

<땅끝 마을에서>

2007년도 춘계 해외연수 고구려 · 발해 유적지에서

2007.4.30 옛 고구려의 광개토대왕비를 배경으로 한 회원과 가족들

2007.4.30 옛 발해국을 탐방 고분을 배경으로 한 전우회원들

4 2007년 6월 7일 목요일 국방일보

"아! 전우여…이제 고이 잠드소서"

한국군 최초 정규 유격대 백골병단 옛 격전지 찾아 추모식

6·25전쟁 중 한국군 최초의 정규 유격대로 창설돼 당시 적 후방지역이던 태백·오대산 일대에서 특수 유격임무를 수행하며 큰 전공을 세웠던 전쟁 영웅들이 옛 격전지를 다시 찾았다.

육본직할 백골병단기념사업회(회장 전인식)는 5일 백골병단 전적비가 세워져 있는 강원도 인제군 북면 용대리 격전 현장에서 참전 개선 56주년 추모식 및 제52회 현충 추모행사를 갖고 조국의 자유와 평화를 위해 싸우다 호국군신으로 산화한 전우들의 고귀한 희생정신을 기렸다.

육군3군단 후원으로 열린 이날 행사에는 백골병단 회원과 유가족, 6·25전쟁 참전단체 주요인사, 3군단장과 예하부대 지휘관·장병, 지역기관장, 학생 등이 참석해 전몰 장병들의 위훈을 기리고 안보와 국방의 중요성을 더욱 공고히 다지는 뜻 깊은 시간을 가졌다.

이 자리에서 전인식 회장은 추모사를 통해 "아무 대가 없이 적진 배후지역에서 혈투를 감행한 백골병단 용사들의 거룩한 얼이 청소년과 젊은 세대들에게 자유의 소중함을 일깨우는 장이 돼 줄 것을 기대한다"고 말했다.

한편 추모식이 끝난 뒤에는 지역 학생들에게 제1회 용대백골장학금을 전달, 기념사업의 의의를 더했다.

글·사진=이주형 기자

5일 강원도 인제 백골병단 전적비 앞에서 열린 참전 개선 추모식 및 현충 추모행사에서 전인식 백골병단기념사업회장이 추모사를 낭독하고 있다.

2007. 6. 5. 11시 강원도 인제군 북면 용대리 산 250-2 백골병단 전적비 앞 광장에서는 참전 개선 제57주년과 제52회 현충추모식이 이 지역 육군제3군단(군단장 중장 김일생)의 후원과 지역기관장 및 주민의 참여로 엄수되었으며, 식후에는 용대백골장학회(전우회가 기금 5,500만원으로설립)가 제1회장학금수여를 하였다.
이어 용대리 거주 주민대표 일동이 황태 60box를 참전전우(장학회)에게 기증해 주셨습니다.
감사드립니다.

2007년 참전개선 제56회 합동추모식 엄수

2007. 6. 5 육본 직할 결사대(백골병단) 참전개선 제56회(제52회 현충) 추모식에서
헌화 분향하는 육군 제3군단장 육군중장 김일생 장군의 경건한 경례

2007. 6. 5 용대백골장학회가 용대리 거주 학생 10명에게 제1회 장학금과 장학증서를
주고 격려하는 회장 전인식, 군관민 여러분이 지켜보았다.

용대 백골장학회 창립회의 광경

때 : 2006. 9. 19 11시
곳 : 용대초등학교 교장실

2006.9.19 용대 백골장학회
참석자 상견례광경

2006.9.19 용대 백골장학회
전인식 회장의 취지 설명 광경

2006.9.19 용대 백골장학회
전인식 회장의 취지 설명 청취
(심교호 상사, 원종문 면장, 학교 교감)

2006.9.19 용대 백골장학회
회칙 심의광경(용대3리 이장)

2006.9.19 용대 백골장학회
회칙 심의광경 원종문 면장 발언광경

2006.9.19 용대 백골장학회
운영 협의 광경

용대 백골장학회 인 　 용대 백골장학 회장 인

용대백골장학회가 수여한 장학생과 군·관·민의 합동 기념 사진

2007.6.5 육군본부 직할 결사대(백골병단) 전우회가 참전개선56주년 및 제52회 현충추모식후 이 지역 학생의 장학사업으로 2006년 용대백골장학회를 설립하여 참전전우회가 2,000만원을 헌성하고, 참전장병의 헌성금 3,200만원과 추가지원 300만원을 재원으로 장학회를 설립한 후 제1회 장학금을 지급하고 기념촬영을 하였다.
(중앙) 전인식 회장, (좌) 군수, (우) 703특공연대장
이 장학금은 인제군 북면 용대리 유지자 및 용대초등학교가 공동관리하고 있다.

용대 백골 장학회
장학금 헌성비 제막

2007. 6. 23.
인제군 북면 용대3리

장학금 헌성비 제막 광경

헌성비를 설명하는 전인식 회장

헌성비 제막 후 인사한
인제 북면 면장 원종문 씨

헌성비 관련 장학회 연혁을
보고하는 차주찬 이사

헌성비를 둘러보는 전우회원들
전인식, 정해상 등이 보인다.

헌성비 제막 후 참석자들의 기념촬영

용대 백골장학회 기금 헌성비 제막 광경

2007. 6. 23 제막　전인식 회장, 정해상 명예회원, 인제북면면장 등

용대백골장학회 기금 5,500만원의 내역 등 경과를 보고하는 차주찬 장학위원과 보충 설명하는 전인식 회장, 전우회원 21명과 관·군·민인사 등 60여명이 헌성비 제막식에 참석했다.

2007. 12 송년의 밤 행사

2007. 12. 26 육군회관에서 육본직할 결사대 전우회의 송년회에서 전몰장병에게 묵념. 좌에서 전인식 회장, 김명세 장군, 임동욱, 이영구, 소병성 명예회원

2007. 12. 26 일동 국기에 대한 경례. 좌 전인식 회장, 김명세 장군(우), 소병성 명예회원, 이용구, 송세용, 최윤우 회원이 보인다.

2007. 12. 26 건배를 제의하는 이장군과 김명세 장군, 전회장, 차주찬 사무국장

2008. 2. 20 국방회관에서 참전 개선 57주년 기념행사에 앞서 전몰장병(전우)에 대한 묵념을 하는 회원일동. 전인식 회장, 임동욱 이사, 홍금표 이사, 최윤우 이사

2008년도 총회 관련 기록

2008. 2. 20 행사 중 회의록 심의등 회의 진행 광경 사회 차주찬 사무국장

2008. 2. 20 참전 개선 57주년 기념 행사 중 전인식 회장의 인사 대한민국 재향군인회 회장 박세직 씨의 대형 축하 화환이 보인다.

2008. 6. 5 백골병단 참전 전우회(회장 전인식)와 육군 제3군단 장병 및 인제지역 주민 · 학생 등 300여명이 6.25 당시 적지에서 유격작전을 전개하여 많은 전공을 세웠던 백골병단 전몰장병에 대한 추모식이 거행되었다. 이때 참전전우회 임원 일동이 헌화 분향하고 있다.

2008년 6월 10일 화요일 국방일보

유격작전 펼친 호국군신 명복 빌어

백골병단전우회, 인제 전적비서 추모식… 회원등 300여 명 참석

6·25전쟁 당시 적지에서 유격작전을 전개하며 많은 전공을 세웠던 '백골병단'에 대한 추모식이 지난 5일 강원도 인제군 북면 용대리 백골병단전적비에서 열렸다.

백골병단 전우회(회장 전인식) 회원과 3군단 장병, 그리고 인제지역 주민 등 약 300명이 참석한 가운데 열린 이날 추모식은 호국영령에 대한 경례를 시작으로 백골병단에 대한 헌화와 분향, 묵념의 순으로 엄숙히 거행됐다. 또 기념행사에 이어 전우회에서 인제지역 학생 9명에게 장학금을 전달하는 행사도 가졌다.

백골병단(白骨兵團)은 6·25전쟁 중인 1951년 1월에 '육군본부 직할 정규군 유격대'로 창설돼 같은 해 1월 30일부터 두 달여간 647명의 유격대원이 당시 적진 후방인 강원도에서 유격작전을 펼치는 특수작전을 수행해 큰 전공을 세웠다.

3군단 관계자는 "오늘 행사는 적진에서 용감히 싸우다 호국의 군신으로 산화하신 백골병단 전우들의 명복을 기원하는 한편 전후 세대에게 숭고한 애국정신을 되새기는 계기가 됐다"고 말했다.

이주형 기자

백골병단 전우회 회원들이 지난 5일 강원 인제 전적비에서 산화한 전우들의 명복을 기원하며 분향하고 있다. 김태형 기자

참전 개선 제57주년 현충추모식

2008. 6. 5. 11:00

2008. 6. 5. 강원도 인제군 북면 용대리에서(백골병단 개선 제57주년)에서 국기에 대한 경례를 하고 있다. (우) 전인식 회장, 류해근 예비역 중장(본회 명예회원), 김용필 명예회장, 송세용 감사 및 전우회원 일동

참전개선 57주년 및 제53회 현충추모식에 임석한 육군 제3군단장 육군중장 金日生장군을 영접하는 전인식 회장.
옆은 육군 제12사단장, 이종명 장군

2008. 6. 5. 11:30현충추모행사에 이어 용대 백골장학회가 제2회 용대리 거주 학생 9명에게 장학증서와 장학금을 주고 격려하고 있다.

2008. 6. 5 육군본부 직할 결사대(白骨兵團) 전우회 주관 제57주년 현충추모식에서 헌화 분향 후 경례하는 전인식 회장

제57주년 현충추모식에서 헌화 분향 후 묵념하는 본회 명예회원 예비역 육군중장 류해근 장군

육본 직할 결사대 참전 개선 제57주년 현충추모식 후 오찬을 함께하며 "자유와 평화를 위하여"건배 하는 회원 및 내빈 여러분!!

참전 개선 제57주년 합동 추모식에서

2008. 6. 5. 육군본부 직할 결사대(白骨兵團) 참전·개선 57주년 추모식

2008. 6. 5. 백골병단 전적비 앞 광장에서는 육군본부 직할 결사대 참전 개선 57주년 추모식이 거행되었다.
앞 좌 2번 인제군수, 류해근 예비역 중장, 전인식 회장, 김일생 중장(3군단장), 12사단장과 일부 유지 및 회원이 보인다.

2008. 06 국방저널에 실린 인터뷰 기사

호국보훈의 달 기획 특집 전적비는 외롭다

인터뷰 육군본부 직할 결사대(백골병단) 전우회 **전인식** 회장

"피로 지킨 조국, 번영 이뤄지기를…"

"나라가 없으면 자유도 없고 생존도 없다. 지금 젊은이들, 군이 반공까지는 말하고 싶지 않지만 국가관이 다소 많이 부족한 것 같아 안타깝다."

6·25전쟁 당시 최초의 유격대로 기록되고 있는 육군본부 직할 결사대(일명 백골병단) 전우회 전인식(79·사진) 회장은 6월 호국보훈의 달을 앞두고 5월 26일 전우회 사무실에서 만난 자리에서 이 같은 말로 잊혀져 가는 '6·25'에 대한 섭섭함을 토로했다.

전 회장은 매년 6월 4일이나 5일 강원도 인제군 북면 용대3리 산 250-2에 4950㎡(1500여 평) 규모로 건립돼 있는 백골병단 전적비를 참전 전우들과 함께 찾고 있다. 이 전적비는 1990년 11월 9일 제막됐다. 이 전적비는 특이하게도 3개의 비가 함께 들어서 있다.

당시 참전해 전사한 300여 명의 무명용사들의 넋을 위로하기 위한 추모비(2003. 6.5 건립)와 당시 작전에서 수류탄을 온몸으로 막아 전우들을 살린 살신성인의 표본인 윤창규 대위를 위한 충용비(2006. 6.5 건립)도 있다. 그리고 최근에 세워진 전 회장의 공적비가 전적비터 일부 작은 자리를 차지하고 있다.

전 회장은 해마다 현충 행사를 이곳에서 용대리 마을 관계자들이 참석한 가운데 갖고 있다.

참전 노병들이 자신이 싸우고 전우들이 희생된 전적비를 찾는 이유가 다 같듯이 전 회장 등 참전 전우들이 전적비를 찾는 이유는 오직 한 가지.

국가가 위기에 처했을 때 아무런 대가 없이 오직 국가를 살리는 데 자신의 목숨을 기꺼이 바친 명예를 영원히 간직하고 싶다는 것. 그리고 먼저 간 전우들의 넋을 위로하고 달래면서 미력하나마 잊혀져 가는 '6·25전쟁의 교훈'을 전후 세대들에게 전하고 싶은 일종의 사명감에서도 현충 행사를 군이 이곳에서 하고 있는 것.

6월 호국보훈의 달을 맞아 전 회장을 만나 당시 유비무환의 불고의 진리를 일깨워 준 6·25전쟁의 교훈을 들어 봤다.

-6월은 호국보훈의 달로 그 어느 달보다 크고 높게 순국선열의 숭고한 애국 애족 정신을 기리고 추모하는 달입니다. 6·25전쟁 참전 최초의 유격대원으로서 당시의 전황과 참전 의미를 들려주십시오.

"누란의 위기 속에서 1950년 12월 26일경 국민총동원령이 발령돼 방위군설치법이 됩니다. 이에 따라 만 17세 이상 40세 미만까지 총동원령이 내려집니다. 이후 대구에 많은 젊은이들이 집결하게 되고 1951년 1월 육군정보국에서 특수 임무를 수행할 대원 700여 명을 선발, 당시 달성국민학교에 있던 정보학교에서 특수군사훈련을 받게 됩니다. 3주간의 특수군사훈련을 받은 뒤 국방부장관으로부터 임시로 장교·부사관·병의 계급과 군번을 부여받고 육군본부 직할 결사대(일명 백골병단) 소속이 됩니다. 저는 당시 22세로 건국대학교 재학 중 이 부대에 배치됐으며 적후방 교란과 적 연락장교 생포, 지휘소 습격, 적 치안 시설 습격 파괴 등의 특수 임무 수행에 필요한 교육을 받고 38선 이북 지역에 침투했습니다. 우리 부대는 그 임무에서 첩보부대와는 성격이 달랐습니다. 적 정보를 얻는 것을 포함해 전투 임무까지 수행했으니까요. 특이한 점은 당시 640여 명 전 대원이 동시에 움직였다는 점입니다. 동에 번쩍, 서에 번쩍했습니다. 하루에 20~30km씩 강행군을 했다면 믿겠습니까. 결사 11, 12, 13연대로 편성돼 설악산과 오대산 등 태백산맥 일대의 험산 준령을 넘나들며 유격특수전을 수행했습

니다. 저는 당시 대위 계급을 부여받고 작전참모의 중책을 수행했습니다. 2주일분의 미숫가루만으로 60여 일간 전투를 치렀지요. 지금의 젊은이들은 상상조차 하지 못할 그런 여건 속에서 사지를 넘나들었던 것입니다."

- 부대 창설에서부터 해체 때까지 불과 60여 일 정도밖에 되지 않는 가운데서도 혁혁한 전과를 올린 것으로 알려져 있습니다. 숱한 전투 가운데 가장 기억에 남는 작전이 있다면.

"1951년 3월 18일 강원도 인제군 인제읍 가리산리 한계령 부근의 필례 마을에서 인민군 대남 유격대 총사령관이자 인민군 중앙당 제2비서실 5지대장인 길원팔 중장을 생포한 일입니다. 당시 그는 이곳에서 요양하던 중이었으며 참모장 강칠성 대좌 등 고급 간부 13명도 생포하는 빛나는 전공을 세웠습니다. 이 밖에 적 69여단의 전투 상보 등 기밀 문서 노획과 적 초소 파괴, 통신선 차단 등 적진 후방을 교란하는 작전을 벌였죠. 불과 두 달 만에 생포한 적군이 300여 명에 달했으니 대단한 전과지요. 하지만 우리의 피해도 컸어요. 적진 깊숙이 들어갔다가 후퇴하는 과정에서 많은 희생이 있었지요. 특히 야간 화력이 적보다 절대 열세였습니다. 한계령 쪽으로 우회 후퇴하는 과정에서 인민군32사단과 맞닥뜨려 백담사 쪽으로 방향을 틀어 1951년 3월 24일 백담사로 들어갔습니다. 3월 19일부터 24일까지 닷새간의 후퇴작전 때 아무것도 먹지 못했으며 이 과정에서 60여 명의 전우들이 전사하고 용대리로 들어와서도 다시 40여 명의 고귀한 희생이 있었습니다. 추위와 굶주림에 지쳐 쓰러지는 전우를 볼 때 참담한 심정은 형언할 수 없었지요. 대원들 모두가 학생이거나 의용경찰 등 반공사상이 투철한 애국 청년들이었고 일거수일투족을 함께 생활했기 때문에 그 어느 전선, 어느 부대 소속 대원들보다 각별하고 처절하며 고귀한 전우애가 있었습니다. 3월 28일 적 중앙 지역을 뚫고 가까스로 국군7사단 3연대 수색대와 접선에 성공해 인제군 기린면으로 개선했습니다. 이때 목숨을 건져 살아온 전우는 불과 283명이었습니다. 절반이 넘는 전우들이 호국의 군신으로 산화했지요. 이후 4월 25일 강릉 지역으로 재집결해 전열을 가다듬었으며 26일 '미8군 커크랜드 기동부대'로 예속되면서 명칭도 변경, 백골병단은 전설로 남게 됩니다. 일부는 6월 28일까지 백골병단의 이름으로 작전을 수행하기도 했지만 정확하게는 4월 25일까지를 결사 11, 12, 13연대로 구성된 백골병단으로 봐야 합니다. 이후 대원들은 뿔뿔이 흩어졌고 휴전을 맞게 됐지요."

- 6·25 참전 전우회 중 유일하게 전적비가 있는 지역에서 장학 사업도 하고 있는 것으로 알고 있습니다.

"2006년 9월 2일 우리 전우회는 용대백골장학회 설립을 의결하고 회비 9100만 원 중 우선 2000만 원을 장학 기금으로 출연하고 전우회원들이 추가로 900만 원과 2200만 원을 헌성하는 등 모두 5000여만 원으로 장학회를 만들어 2007년 6월 5일 처음으로 용대초등학교 학생 10여 명에게 100만 원의 장학금 전달식을 가졌습니다. 올해도 6월 5일 100만 원의 장학금 전달식을 현지에서 가질 예정입니다. 내년까지 100만 원의 장학 기금을 전달하고 그 이후부터는 장학회의 재량에 맞게 장학금 지급과 대상 등을 늘리거나 줄인다는 계획입니다. 작전 최종점이자 정점인 용대리에 전적비를 세우고 그 작전 지역을 위해 장학 기금을 만들었다는 것은 대한민국 6·25전쟁 참전 전우회 가운데 우리가 유일합니다."

- 후세대들에게 꼭 전하고 싶은 말씀이 있으시다면.

강원도 인제군 북면 용대3리 소재 백골병단전적비.

"대한민국의 정체성을 제대로 알지 못하는 세대들이 늘고 있는 것이 안타깝습니다. 오늘의 발전과 반만년 유구한 역사의 계속성은 반세기 전 6·25전쟁 때 아무 대가 없이 전장에 뛰어들었던 그 당시 젊음의 희생 때문이라고 말씀드립니다. 참전 용사들은 정치를 모릅니다.

단, 자신들이 목숨 걸고 싸워 지킨 이 나라가 영구적으로 자유와 평화를 누릴 수 있기만을 바랄 뿐이지요. 튼튼한 안보와 강력한 군사력만이 오늘과 내일, 아니 미래의 한반도 평화를 보장해 준다는 점을 결코 잊어서는 안 됩니다. 우리의 희생을 알아 달라는 말이 절대 아닙니다. 우리가 지켜 낸 대한민국을 온전하게 바르게 계속 지켜 달라는 말씀도 아울러 당부드리고 싶습니다." Defense

2008년도 춘계 수련회에 참가한 회원들
<중국 장가계에서>

2008. 4. 11 ~ 15(4박 5일) 까지 중국 북경, 천안문, 만리장성, 장가계, 원가계, 천자산 등 수련회에 참석한 전우 및 명예회원 : 좌 앞 : 이장군, 임병화, 차주찬, 장지영, 후열 좌 : 전인식, 송세용, 김중신, 임동욱, 안병희, 오석현, 권태종 제 씨

전인식 회장의 안보강연

2008. 6. 17 태풍사단(육군소장 박종선)에서

2008. 6. 17. 서부전선 태풍사단에서 안보강연(200여명)을 하는 전인식 전우회 회장

서부전선 DMZ에서

2008. 6. 17

2008. 6. 17 서부전선 비무장지대를 방문한 육군본부 직할 결사대(백골병단) 전우회원 (좌) 안내 정훈장교, 임병화(13R), 장지영(11R), 전인식(전우회장), 차주찬(전우회 사무국장) 비무장지대 근무장병,(필승교 위에서)

육군유해 발굴에 앞서 지신제를 (전인식씨의 제례모습)

2008. 7. 7 강원도 인제군 기린면 진동리(진흑동) 야산 계곡 기슭에서 국군유해 발굴에 앞서 간단한 지신 개토제를 올리는 전인식 회장과 유해발굴단 일동

개토 지신제를 올리고 난 뒤 유해발굴단 요원들이 발굴전 회의를 하고 있을때 옛날의 추억에 젖은 전인식 회장과 차주찬 사무국장

2008년 하계 수련회

홍도 · 흑산도 · 비금도 · 도초도에서

2008. 7. 11 육본 직할 결사대(백골병단) 전우회 2008년도 하계수련회, 홍도, 흑산도, 비금도, 도초도에서

회원 6인의 8순 합동 축하연

2008. 7. 12 신안군 도초면 갈매리에서 80세가 되는 6인의 합동 팔순잔치가 열렸다.

용대백골장학회와 용대장학회가 공동 주최한 용대리 경노잔치가 열렸다

때 : 2008. 7. 25
장소 : 용대3리
참석인원 : 180여명
용대백골장학회 : 5,500만원(육직 결사대전우회 주관)
용대장학회 : 1억원
(전우회 전인식 1,000만원 희사)
참전전우 13명의 얼굴들

용대백골장학회원 일동과 용대장학회 임원의 기념촬영
중앙 : 金成龍 용대장학회회장

용대백골장학회와 지역 용대장학회 합동경노잔치를 지원하는 부녀회장단과 지역군수 및 경노 노인들과 전인식 회장(앞)

703특공부대 백골병단의 발자취를 찾아 1,000리 행군을 격려하다

2008. 9. 20 육군 제3군단 703특공연대 장병이 백골병단의 옛 격전지를 찾아 1,000리행군을 하는 현장(강원도 명주군 연곡면 퇴곡리)를 찾아 전인식 전우회장이 회원 여러전우와 함께 부대장병을 위문하고 있다.

2008. 9. 20 육군 제3군단 703특공연대 장병이 백골병단의 옛 격전지를 찾아 1,000리행군을 하는 현장 전인식 회장이 장병들 앞에서 옛날의 격전을 설명하고 있다. 703특공연대장과 제1대대장 및 송세용 전우회 감사의 뒷모습

2008. 9. 20 육군 제3군단 703특공연대 장병이 백골병단의 옛 격전지를 찾아 1,000리행군을 하는 현장 부대장병에게 사과를 나누어 주는 임동욱 이사, 안병희 이사, 박승록, 임병화, 김중신, 윤경준 전우들

2008. 9. 27 산악군단을 방문하다

2008. 9. 27. 백골병단 정신을 계승한 특공부대 천리행군으로 강한 전사 강한 군대상을 홍보하고 6.25 전쟁 당시 백골병단의 침투·작전 경로를 따라 천리행군을 실시함에 이 훈련을 기획한 육군 제3군단(정예산악군단) 군단장 육군중장 김일생 장군을 예방한 자리에서 우리 참전전우일동이 기념사진을 남겼다.

육군사관학교를 방문하다.

2008. 10. 17. 13:00~18:00시

↑ 白骨兵團 참전전우일동이 육군사관학교 교장김현석 장군과 간부장군 일동과 대표 화랑생도와 함께 기념사진을 남겼다.
前열 중앙 김현석 중장(교장) "좌" 전인식 회장 "우" 류해근 장군

만찬을 마치고 육사 → 버스에 탑승전 작별의 인사를 하는 全仁植 회장과 申萬澤 장군이 굳은 악수로 작별하고 있다.

육군본부 직할 결사대(결사유격 제11연대, 동 12, 13연대 일명 백골병단) 출신 전우회원 일동이 꿈에도 그리던 **호국 간성의 요람**인 **육군사관학교**를 방문하여 분에 넘치는 환대를 받았다. 이 초청행사는 백골병단 참전자의 명예회복을 위한 최초의 공로자 申萬澤 중령(당시)이 장군으로 진급하여 육군사관학교 생도대장으로 재직중 이루어진 환대였다.

전적비 시설물 보호책 설치

2008. 10. 29 전적비 입구에 장치된 탱크의 안전 가드레일 시설 <전우회 시공>

전적비 입구에 자리한 용대백골장학회 헌성비
나라사랑의 상징, 가드레일

吾平 전인식 씨(백골병단 작전참모)
전우회 회장의 공적비 가드레일

해외 독립운동 유적지 탐방

2009. 1. 18 중국상해
대한민국임시정부 구청사(유적지)

매헌 윤봉길 의사의 의거현장에서 =2009. 1. 18 전우회 유적지 탐방=
전열 : 안병희, 송세용, 이영진, 장지영
후열 : 박승록, 윤경준, 김중신, 임동욱, 전인식, 오석현, 김용필, 류해근, 임병화

앞줄 : 안병희, 임동욱, 윤경준, 이영진
뒷줄 : 류해근, 장지영, 김중신, 송세용, 오석현, 전인식, 박승록, 김용필, 임병화

2009년도 정기총회

육본 직할 결사대(백골병단) 전우회
2009년도 정기총회(2009. 2. 24)
장소 : 육군회관 호국연회장

⇐총회 회의 광경
미리 배포한 총회서류를 보면서
진지하게 회의를 진행한다.
의장 : 전인식 회장

이진삼 전 장관(전 육참총장)
인사말씀!!

중 : 내빈, 이의재 장군, 이진삼 전 장관(전 육참총장), 황인표 전 교장, 김호기 교장, 박윤요 회장, 류해근 장군
하 : 이진삼 의원의 인사말씀과 안보의 긴요성, 백골병단 선배장병의 빛나는 무공이 영원히 빛난다는 격려사를 경청하는 전우회원들

2009년 제1차 이사회의

육본 직할 결사대(백골병단) 전우회
2009년 제1차 이사회의(2009. 3. 16)
장소 : 본회 회장실

左 전인식 회장, 류해근 명예회원(장군), 송세용 감사, 김용필 명예회장, 안병희 이사 최윤우 이사, 차주찬 이사, 장지영 이사 등의 이사회의 광경

이날 이사회에서는 전적비 보수(도색포함)와 공사감독 등에 대한 구체적인 협의 결정이 되었고, 하계연수회 부족예산은 이사·감사가 각 30만원씩 찬조하여 충당(300만원)하기로 의결하였다.

2009 현충 추모식

2009. 6. 5 10:50 전인식 회장이 李聖浩 군단장을 영접하고 있다.

2009. 6. 5 10:58 현충추모행사장에 모두 좌정하고 있다.

2009. 6. 5 11:05 전인식 전우회장이 헌화하고 분향 경례하고 있다.

2009. 6. 5 11:08 李聖浩 군단장이 이상희 국방부장관의 헌화를 대리 봉헌 추모경례하고 있다.

추모식 참석자 일동 경례의 모습(앞 류해근, 전인식, 이성호 군단장, 12사단장)

2009. 6. 5. 11:15 참전전우 일동의 헌화 분향 경례!!

2009. 6. 5. 11:20 류해근 예비역중장
본회 명예회원님의 헌화 광경

2009. 6. 5. 11:25 회장 전인식의
추모사 광경

2009. 6. 5. 11:30 행사종료 기념촬영
좌2 포병여단장
3 전인식 회장
4 李聖浩 군단장
5 류해근 예비역중장
6 李鍾明 12사단장

2009년 현충추모식 광경

일시 : 2009. 6. 5. 11:00~11:50
장소 : 강원도 인제군 북면 용대3리 산 250-2
주최 : 육본 직할 결사대(백골병단) 전우회

참전전우 일동 육군 제3군단장 육군 제12사단장 일동 경례

육군 제3군단장 육군중장 이성호 장군의 헌화 분향 후 묵념

육본 직할 결사대 참전 전우일동의 합동 분향 경례의 모습
좌 정해상

참전전우 일동의 분향 후 묵념하는 광경

참전전우회장 전인식의 추모사 광경
국방부장관,육군참모총장,국가보훈처장,재향군인회장
제1야전군사령관,특수전사령관,육군부사관학교장 등 많은 분의 추모 화환 10여개

참전전우 일동이 헌성한 용대백골장학회가 제3회 장학금을
지급 격려하고 있다.

참전전우회 회장 전인식

국방부장관 이상희

육군참모총장 대장 임충빈

국가보훈처장 김양

제1야전군사령관
대장 김근태

육군 제3군단장
중장 이성호

육군특수전사령관
중장 최용림

육군부사관학교장
소장 박종선

육군제12사단장
소장 이종명

대한민국재향군인회
회장 박세직

갑종장교단중앙회
회장 박희모

명예회원
(예)중장 류해근

육해공해병대영관장교
연합회장 권오강

감사원출신감우산아회장
외 회원일동

용대장학회

(사)건설산업연구소
천병식 이사장 외

(주)금강실업
대표 조광옥

2009. 6. 5. 12:00 오찬장에서 전인식 회장의 건배 인사

이성호 군단장의 답사(격려 광경)

헌화 후 경례하는 류해근(예)중장

용대백골장학생에 대한 장학금 지급

2009. 6. 5. 11:30
용대백골 장학생
에 대한 장학금
수여(제3회)
용대초등학교
학생 5명
(각 20만원씩)

2009. 6. 4. 16:00 동해최북단 717 OP견학 및 위문

= 위문품 전달 =

2009. 6. 4. 16:00 북한쪽 상황을 DMZ 관리 중대장으로부터 설명을 듣고 있다.

2009. 6. 4. 16:20 북쪽을 그리며 기념촬영하고 있다.

국방일보 2009년 6월 8일 월요일 3

백골병단 전적비 추모식

육군직할결사대(백골병단)전우회 전인식 회장과 회원들이 지난 5일 강원 인제군 북면 용대리 백골병단 전적비 앞에서 추모식을 갖고 6·25전쟁 당시 산화한 호국영령에 대한 경례를 하고 있다. 정의훈 기자

국방일보 2009년 6월 3일 수

동 정

◆전인식(사진) 육본직할결사대(백골병단) 전우회장은 5일 오전 11시 강원도 인제군 북면 용대3리 백골병단 전적비 앞 광장에서 2009 현충 추모식을 거행한다. 이날 추모식에서는 용대백골장학회의 장학금 수여 행사도 열린다.

2009년 6월 1일 월요일 향

친목단체소식

▲육본직할백골병단전우회=6월5일 인제에서 참전개선 59주년 행사

향군보 2009. 6. 1

2009. 6. 5 강원도 인제군 북면 용대3리 250-2
백골병단 참전 59년과 제54회 현충추모식

제 Ⅳ 편 참전 전우회의 발자취

1. 참전 전우회 회칙

육본 직할 결사대(白骨兵團) 전우회

會 則 〈創立 1961.8.23〉

2005.11.9. 全面改正
2006. 4.12. 改正
2006. 9. 8. 改正
2007. 8.14. 改正
2008. 6. 5. 改正
2009. 2.24. 改正

第 1 章 總 則

第 1 條【目的】 이 會則은 6.25韓國戰爭중 敵陣 後方地域에서 祖國의 平和와 自由를 위하여 特殊作戰을 遂行한 陸本 直轄 決死隊 出身 將兵의 爲國獻身한 精神을 繼承發展시켜, 自由民主主義의 守護 發展에 寄與함과 同時에 參戰戰友 相互間의 紐帶를 强化하고, 決死隊의 빛나는 "얼"을 永生토록 빛내기 위한 事業을 遂行함을 目的으로 한다.

第 2 條【名稱】 본회는 **육본 직할 결사대(白骨兵團) 전우회**(이하 "본회" 라 한다)라 稱 한다.

第 3 條【事務所】 본회의 事務所는 서울 特別市 內에 둔다.

第 2 章 事 業

第 4 條【事業】 본회는 第1條의 目的을 達成하기 위하여 다음의 事業을 한다.

1. 육본 직할 결사대의 活躍相을 調査·發掘하여 弘報하는 사업.
2. 육본 직할 결사대 白骨兵團 戰跡碑의 維持·保存·管理 및 地域內 靑少年의 育成을 위한 奬學 사업.
3. 육본 직할 결사대 參戰將兵의 權益 擁護와 伸張을 위한 사업.
4. 육본 직할 결사대 參戰중 幽明을 달리한 戰歿將兵의 顯忠 追慕와 關聯된 사업.
5. 參戰將兵 相互間의 慶弔 및 凱旋후 死亡한 遺族의 支援을 위한 사업.
6. 其他 本會와 關聯되는 사업.

第 3 章 會員의 權利와 義務

第 5 條【會員의 區分】 본회 會員은 육본 직할 결사대 參戰將兵과 有關人士로 하며, 그 區分은 다음과 같다.

1. 육본 직할 결사대 參戰將兵 및 遺族 等으로서 所定의 加入願을 提出하고, 出捐金으로 1口座 以上을 獻誠·出捐한 者를 會員으로 한다.
2. 육본 직할 결사대 戰跡碑 建立에 寄與한 人士를 名譽會員으로 한다.
3. 自由民主主義 暢達·伸張에 功이 많은 人士를 特別會員으로 한다.

第6條【事業基金의 出捐】 ① 第5條第1號의 會員이 獻誠할 出捐金은 1口座当 壹百萬원으로 한다.

② 出捐金은 會員 1人이 貳拾 口座를 超過하지 못한다.

③ 參戰戰友 등이 獻誠한 基金이 壹口座에 未達하는 金額은 贊助金으로 處理하며 第5條第1號의 資格을 갖지 못한다.

第7條【會員의 權利】 ① 본회 會員은 平等한 權利를 가지되, 議決權의 行使에 있어서는 第6條에서 出捐한 口座數의 保有持分에 따른다.

② 第6條에 의한 出捐口座에 대한 權利를 留保 또는 不行使 하고자 할 때에는 議決 3日前까지 權利抛棄 等을 議長에게 通知하여야 한다.

第8條【加入 및 脫退】 ① 본회가 設立된 뒤에 본회 會員으로 追加加入하고자 하는 者는 理事會의 承認을 받은 다음 第6條第1項의 出捐金으로 2口座 以上을 納入하여야 한다.

② 본회 會員이 본회를 脫退하고자 할 때에는 書面으로 脫退書를 提出하여야 한다.

③ 본회 會員이 第2項에 따라 脫退하였을 때에는 본회 殘餘財産을 口座數로 나눈 金額의 100分의 30 以內에서 會計年度末 또는 信託預金 期間滿了日에 精算 支給한다.

④ 본회 會員이 義務違反 및 品位損傷 등으로 본회에 損害 등을 끼친 때에는 理事會의 議決로 除名할 수 있다. 除名된 者의 旣納 出捐金과 會費 등은 返還하지 아니한다.

⑤ 본회 會員이 死亡 또는 有故한 때에는 그 相續 기타 權利者가 權利義務를 承繼하되 脫退의 경우는 第8條第3項의 例에 따른다.

第9條【會費】 ① 본회 會員은 總會 및 理事會에서 定한 會費 기타 負擔金을 納付하고 會務에 積極 協助하여야 한다.

② 본회 會員의 會費는 口座數에 따라 策定한다.

③ 본회 會員이 會費를 9月 以上 納入하지 않을 때에는 第8條第2項에 의한 脫退로 본다.

第4章 任 員

第10條【任員 및 組織】 ① 본회에 會長 1人과 副會長 1人, 理事 3人 以上 7人 以內와 監事 1人을 둔다.

② 본 회에 명예회장을 추대할 수 있다.

③ 會長은 본회를 代表하고 會務를 總括하며 理事會의 議長이 된다.

④ 副會長은 會長 有故時에 會長의 職務를 代行한다.

⑤ 理事는 會務를 調査·審議·議決 및 事務局 運營에 있어 會長을 補佐한다.

⑥ 監事는 본회의 豫算 執行事項과 決算을 監査하여 理事會와 總會에 報告 및 是正을 勸告한다.

⑦ 명예회장과 名譽會員 및 特別會員은 總會에 出席하여 意見을 진술하거나 勸告할 수 있다.

第11條【任員의 選出】 ① 任員은 總會에서 選出한다.

② 總會는 開催日 前日부터 起算하여 10日前에 議決權을 證明할 口座數와 함께 通知하여야 한다.

③ 其他 選擧에 必要한 사항은 理事會에서 정하는 바에 따른다.

第12條【任員의 任期】 ① 任員의 任期는 3年, 監事의 任期는 2年으로 한다.

② 任員이 任期중 退任하였거나 闕位된 때에는 理事會에서 補選할 수 있다.

③ 第2項에 따라 補選된 任員의 任期는 前任者의 殘任期間으로 한다.

④ 任員은 連任할 수 있다.

第5章 會 議

第13條【總會 등】 ① 본회의 集會는 定期總會와 臨時總會로 한다.

② 定期總會는 會計年度 終了後 2月以內 또는每年 6月初에 開催하고 臨時總會는 會長이 必要하다고 認定하거나 理事會의 要求가 있을 때 會長이 召集한다.

③ 總會는 會則의 改正 및 豫算 · 決算을 審議 · 議決한다. 다만, 書面 등으로 議決할 수도 있다.

④ 모든 會議는 過半數參席(委任 包含)으로 成會되며, 參席過半數로 議決하되, 可否同數인 때에는 議長이 決定한다.

第14條【理事會】 ① 理事會는 理事(會長 · 副會長 包含)로 構成하고 會長이 그 議長이 된다.

② 理事會는 본회의 會則 및 豫算과 決算 등 諸般業務를 處理한다.

③ 理事會는 會員의 加入과 脫退 · 制裁 · 除名 및 會費의 年額을 定한다.

④ 理事會는 理事 過半數(委任 包含) 出席과 過半數의 贊成으로 議決한다.

第6章 會 計

第15條【收入과 支出】 ① 본회의 收入은 本會의 設立 出捐 · 獻誠金과 追加加入 出捐者의 獻誠金을 財源으로 한 適正 銀行利子 收入을 根幹으로 한다.

② 每 會計年度마다 理事會가 정한 會費로 策定된 收入金.

③ 第1項 以外에 法律에 의거 國家로부터 支援받는 支援金.

④ 其他 贊助金 및 出捐金.

第16條【基金의 預置】 ① 본회에 出捐한 獻誠金은 100分의 80以上을 高利率의 銀行 信託 등에 預置하여야 한다.

② 第1項의 信託 預金은 分割할 수 있다.

③ 信託財産 等에 대하여 理事會의 重大한 過失로 損害를 끼친때에는 關聯된 理事가 賠償할 責任이 있다.

④ 其他 基金의 增大를 위하여 理事會는 特別管理를 할 수 있다.

第17條【事業費의 支出】 ① 본회의 支出은 理事會에서 豫算으로 定한다.

② 出捐會員의 慶弔 및 生還者 또는 遺族에 對한 支援과 相助는 慶弔事業 및 運營規程으로 定한다.

③ 본회 運營을 위한 迎入管理者 등의 旅費 및 手當은 따로 理事會에서 定한다.

④ 본회 運營上 必要한 經費를 一時借入 할 수 있다. 다만, 借入된 金원은 되도록 早速히 辨濟하여야 한다.

⑤ 其他 支出에 관하여는 理事會에서 定한다.

第18條【會計年度】 ① 본회의 會計年度는 1月 1日부터 12月 末日까지로 한다.

② 第1項의 會計年度를 變更하고자 할 때에는 理事會에서 따로 定한다.

第7章 雜 則

第19條【事務局】 ① 본회의 運營을 위하여 事務局을 두고 職員 若干人을 둘 수 있다.

② 본회 事務局을 運營할 常任理事를 理事中에서 會長이 任免한다.

③ 常任理事에게는 旅費와 手當을 支給할 수 있다.

第 20 條【關聯團体의 統廢合】 ① 본회의 創立과 同時에 陸軍本部 直轄 決死隊 戰友會 및 同親睦會는 그 會則에 따라 解散하고 殘餘財産은 본회에 寄贈한다.
② 본회는 陸本直轄 決死隊 戰友 親睦會를 總意에 따라 解散하고 殘餘財産은 본회에 寄贈한다.

第 21 條【各級團体의 總會擬制】 ① 본회 設立을 위한 創立總會構成員은 陸軍本部 直轄 決死隊 戰友會員 8割 以上과 同 親睦會 會員 9割 以上이 重複되어 있으므로 各 該當 總會의 會則에서 定한 總會의 議決을 본회 創立總會로 가름한 것으로 본다.
② 본회 創立 以前의 戰友會員과 親睦會員의 모든 權利와 義務는 본회에 承繼되지 아니한다.

第 22 條【解散】 ① 본회는 第1條(目的) 및 第4條(事業)의 事業이 終了되었다고 理事會가 決定하면 解散할 수 있다.
② 第1項에 따라 解散한 때의 殘餘財産은 基金出捐者에게 適正 返還 또는 類似團体에 이를 寄贈한다.

附　則

第 1 條 본회의 會則은 2005年 11月 9日 부터 施行한다.

第 2 條 이 會則 施行 以前에 行한 陸軍本部 直轄 決死隊 戰友會의 處分이나 同 親睦會의 處分은 이 會則을 侵害하지 않는 限 이 會則에 의한 處分으로 본다.

附　則

이 改正 會則은 2006年 4月 12日 書面決議에 따라 施行한다.

附　則

이 改正 會則은 2006年 9月 8日부터 施行한다.

附　則

이 改正 會則은 2007年 8月 14日부터 施行한다.

附　則

이 改正 會則은 2008年 6月 5日부터 施行한다.

附　則

이 改正 會則은 2009年 2月 24日부터 施行한다.

육본 직할 백골병단 기념사업회를 6.25 관계 법과 일치 하는 명칭으로 개정하기 위한 총회를 2008. 6. 5 현충행사시 참가한 회원 총회에서 육본 직할 결사대(백골병단) 전우회로 개정하기로 의결하고 친목회 결성의건은 보류하기로 의결하였다.

회 칙 개 정 안

현 명칭 : 육본 직할 백골병단 기념사업회

개정안 : 육본 직할 결사대(백골병단) 전우회

이유 : 6.25 전쟁 중 적후방지역 작전수행 공로자에 대한 군복무 인정 및 보상 등에 관한 법률(2004. 3. 22 법률 제7,200호)

제2조 공로자라함은 1951년 1월 육군정보학교에 입교하여 특수군사훈련을 받은 후 국방부장관으로부터 임시로 장교 부사관 또는 병의 계급 및 군번을 부여받고 **육군본부 직할 결사대** 소속으로 특수작전을 수행한자로서……

법에 따른 명칭으로 통일하는데 ( )안에 백골병단을 넣어 전통성을 유지하고자 하는 것입니다.

제 1 조【목적】… 특수작전을 수행한 ~~白骨兵團 出身~~ 將兵……
육본 직할 決死隊 出身

제 2 조【명칭】… 육본 직할 ~~白骨兵團 기념사업회~~(이하 본회) ……
결사대(백골병단) 전우회

제 4 조【사업】… 白骨兵團을 **육본 직할 결사대로**
및 제 5 조

친목회 결성의 건

(규약별첨)

입회비 100,000원 (회 규약 제7조)

회 비 30,000원 年 10回以內 참석 (회 규약 제5조)

〈규정〉 경조 사업 및 운영 규정

2006. 1. 20 제정
2006. 9. 20 개정
2009. 2. 24 개정

제 1 조【목 적】이 규정은 육본 직할 결사대(백골병단) 전우회(이하 본회 라 한다) 경조 및 운영관리를 규정함을 목적으로 한다.(이하 이 규정 이라 한다)

제 2 조【사 업】이 규정에 의한 사업은 다음의 구분으로 한다.
① 경조 및 건강관리 사업
② 전적 위령 사업
③ 기타 제1조의 목적 달성을 위한 사업

제 3 조【경조 사업】① 경조 사업은 본회 회원 및 그 처의 경조사에 대하여 상조 한다. 여기서, 경조금 10 만원 미만의 단수는 절사한다. 이하 모두 같다.
② 회원의 사망 경조금은 다음과 같이 지급 한다.
1 구좌 출연자는 30 만원으로 함.
2 구좌 출연자는 30 만원과 70 만원의 100 分의 30 을 가산한 금액 (50만원)
3 구좌 출연자는 30 만원과 150 만원의 100 分의 30 을 가산한 금액 (70만원)
5 구좌 출연자는 30 만원과 290 만원의 100 分의 30 을 가산한 금액(110만원)
7 구좌 이상은 30 만원과 400 만원의 100 分의 30 을 가산한 금액 (150만원)
③ 회원의 처의 경조금은 ② 항의 2 分의 1 이내로 한다.
④ 회원의 애 경사에는 경조 화환(2 단 이상)을 따로 봉정한다.

제 4 조【전적 위령 사업】전적비 관리 및 현충 위령 사업은 매년 1회 이상 실시하며, 집행기관의 지원금을 제외하고, 매회 200 만원(비예산 사업) 내외를 별도 지원하고 그 결과를 총회에 보고 한다.

제 5 조【건강관리 사업】① 본회 회원의 건강을 유지 강화하기 위하여 해마다 1회 이상 국내외 여행을 하되, 매회 500 만원 범위내에서 지원하며, (예산 사업 별도) 그 지원 규모 및 대상별 지원금액의 산정은 제3조 제2항의 지급요령에 따라 차등 배분할 수 있다.
② 건강이 여의치 아니하여 지원이 필요한 회원에 대한 지원은 다음의 구분에 의하여 지원한다.
1. 중대 재해로 인하여 3 주 이상 입원 가료가 요구되는 경우
2. 신병으로 2 주 이상 입원 치료의 경우
3. 기타 중대한 신병으로 위독한 경우
③ 제2항 1호 및 3호의 경우 1 구좌 출연자는 20 만원을 지원한다.
2 구좌 출연자는 20 만원과 50 만원의 100 分의 20 을 가산한 금액 (30만원)
3 구좌 출연자는 20 만원과 100 만원의 100 分의 20 을 가산한 금액 (40만원)
5 구좌 출연자는 20 만원과 150 만원의 100 分의 20 을 가산한 금액 (50만원)

7 구좌 이상은 20 만원과 250 만원의 100 分의 20 을 가산한 금액 (70만원)

④ 제2항 2호의 경우는 제3항의 2 분의 1 내외에서 이사회가 따로 정한다.

⑤ 제2항 내지 제4항의 재해 또는 신병으로 인한 건강관리비 지원 등은 회계년도 마다 1인 1회를 기본으로 한다.

제 6 조 본회 회원이 사망 또는 활동을 할 수 없다고 판단하거나 본인의 퇴회 신청이 있는 때에는 본회 회칙 제8조 제3항 및 제5항에 따라 잔여 재산을 계산하여 본인 또는 유족에게 정산 지급한다. 이때, 상속의 경우는 이를 증명할 서류를 제출하게 하여야 한다.

제 7 조 본회 회원이 본회 회칙 제9조에 의한 회비를 납부하지 아니하여 제9조 제3항에 해당된 자에 대하여는 제3조 내지 제5조의 지원이 정지되며, 제6조의 정산도 회칙 제8조 제4항을 준용 한다.

제 8 조 본회 회칙 제8조 제3항에 따라 정산할 때에는 기 지원한 경조금과 건강관리비 기타 지원금 등을 지급 총액에서 공제 또는 조정할 수 있다.

【부 칙】

① 이 규정은 본회 회칙 제14조 제4항의 규정에 따라 이사회의 의결로 처리한다.

② 이 회칙은 이사회에서 의결된 2006. 1. 20 부터 시행한다.

【부 칙】

이 규정은 2006. 9. 20부터 시행한다.

【부 칙】

이 규정은 2009. 2. 24부터 시행한다.

1961. 8. 23 참전 전우회 발족(태동) 당시의 기록

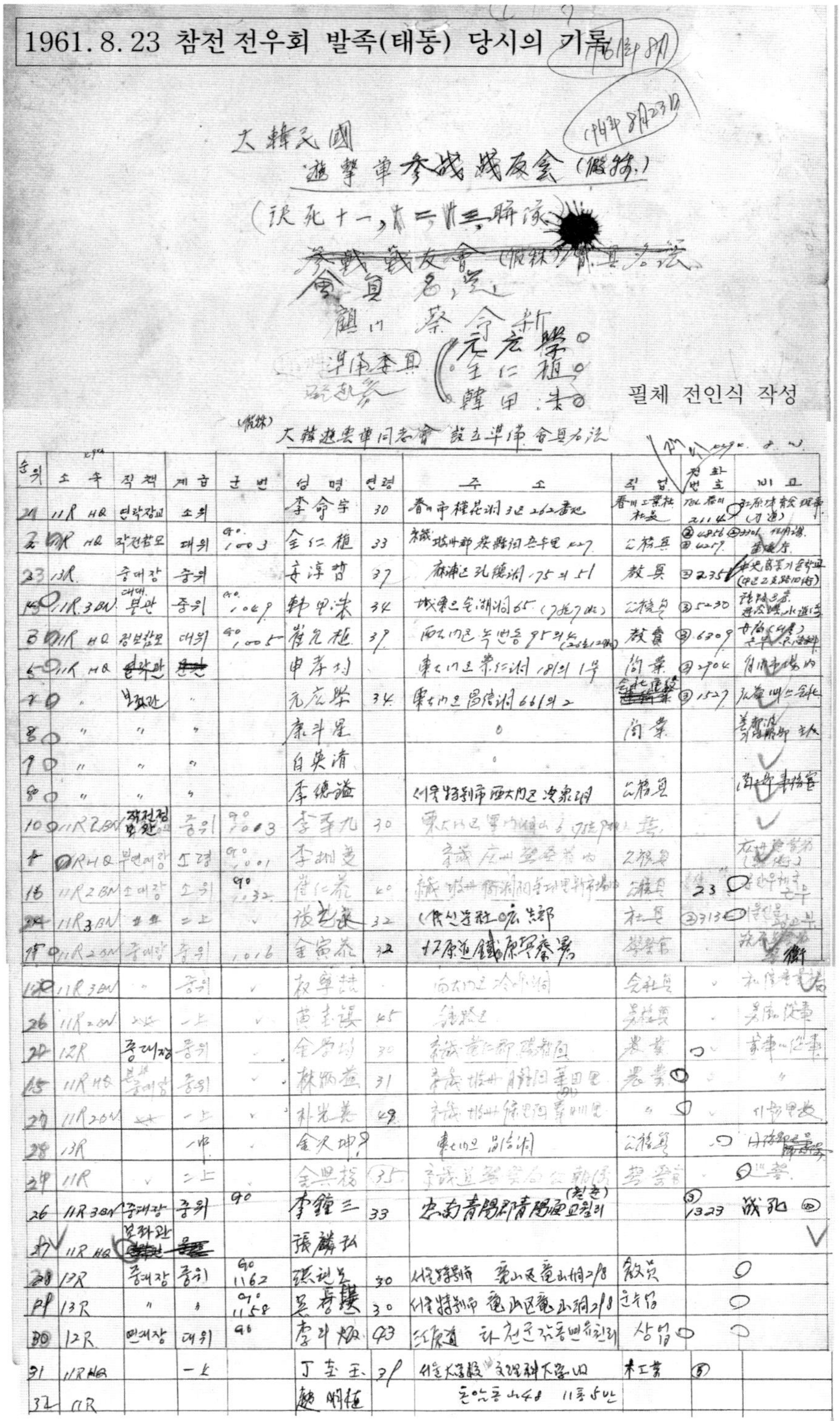

필체 전인식 작성

1962年 8月 16日 成案한 雪岳同志會 會則(안) 기초자 : 전인식
전문 7장 21조 부칙 4조로 구성되었으나 채명신 중령의 만류로 전우회는 구성하지 못했다.

"가칭" 설 악 동 지 회 회 칙 (안)

제 1 장 총 칙

제 1 조 본회는 설악동지회라 칭함.

제 2 조 본회는 회원 상호간의 친목단결을 도모하며 유명을 달리한 동지와 상이자의 공제사업 및 기타 본회의 필요한 사무와 사업의 실천 및 대행을 목적으로 함.

제 3 조 본회의 사무소는 서울특별시 구 동 번지에 치 함.

제 2 장 회원의 권리 의무

제 4 조 본회는 정회원과 준회원으로 구성 함.
정회원은 육군 결사유격대 출신 장병 및 참전자로 함.
준회원은 커크랜드 사령부소속 출신 유격대원으로서 본회의 목적과 사업에 찬동하는 자로 함.

제 5 조 회원의 권리 의무는 아래와 여 함.
1. 각종회의의 결의권.
2. 각종 임원의 선거권 및 결의권
3. 회비 납부의 의무.
4. 본회 회측의 결의사항 준수의 의무.
5. 본회를 이용한 정치행위 금지의 의무
6. 준회원으로 임원이 되는 자는, 정원의 3분지 1을 초과할 수 없으며 회장인 임원이 될 수 없다.

제 3 장 임 원 <이하 생략>

전인식씨가 1951년 6월 당시 작성하여 보존했던 참전자의 명단이 그 뒤 수정을 한 채 보존되어있다 결사 제15연대원과 특별연대원의 명단도 있다.(양면궤지에 쓰여있는 것이다)

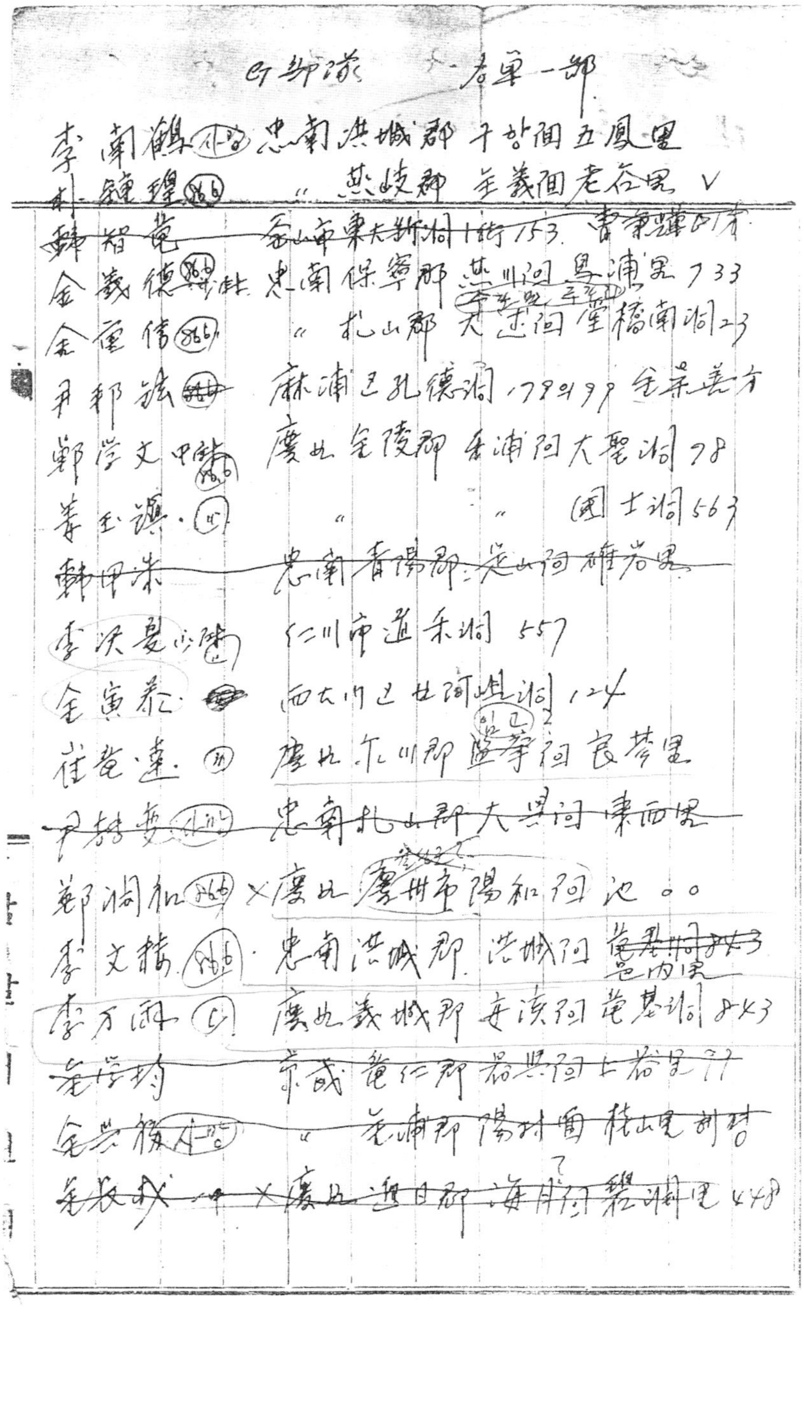

ㄱ) 채명신 유격대의 공적기

(武) (勇) (談) '85年末 軍史硏究室에서 入手한것임.

死鬪萬里

韓國最初의遊擊隊인 蔡命新遊擊隊의 功績記 (檀紀4284年2月3日부터 4個月間)

1. 遊擊隊長을 志願하기까지

이 이야기를 紹介함에 앞어 이 이야기의 主人公인 蔡命新中領(現大領)이 遊擊隊長을 志願하게된 心境과 經緯를 이에 紹介아니할수 없다

一.四後退當時 蔡中領은 我第八師團第二十一聯隊第一大隊長으로서「平北寧邊東北方地點」의 友軍最右翼前線에로 配置되어 陣地를 固守하고 있었다

當時 中共軍의 韓國動亂介入으로 UN軍이 一部 包圍되고 撤收作戰이 開始되었을 무렵 蔡中領이 指揮하는 第一大隊도 完全包圍狀態에 드러가게 되었다 不得已 險險한 山岳의 有利한 地形을 利用하여 包圍網을 突破하기는 하였으나 聯隊長 金永奎大領以下 聯隊主力이 아직 敵의 包圍網을 突破하지 못하였으므로 이들 行方을 찾기 爲하여 蔡中領은 一部少數의 兵力을 指揮하여 再次 敵後方에 浸透하여 搜索活動을 開始하였던 것이다 結局 2日間에 걸친 搜索活動끝에 [illegible]德山中에서 [illegible]隊聯長 副聯隊長 및 第三大隊長이던 文中領(現某聯隊長)과 聯隊本部 一部兵力 都合 約60名과 만나기는 하였으나 南進하는 敵 後方 約20粁地域에 殘留하는 不遇한 處地가 되고 말었다 이기에 이르러 蔡中領은 다시금 새로운 戰鬪編成을 하고 山岳을 利用하여 南下하면서 게리라戰을 敢行하면 成川附近에 이르러서 夜間 突然 傀儡軍1個大隊兵力과 遭遇하게 되어 熾烈한 交戰을 展開하였으나 衆寡不敵하여 部隊는 未明까지에는 完全히 分散되어 버리고 말었다 畢竟 蔡中領은 周圍에 남어 있는 鄭上士(聯隊長 連絡兵)와 金下士를 다리고 脫出을 開始하였다 그날밤부터 蔡中領은 附近一帶를 搜索하는 한便 部落民 聯隊長以下 다른 戰友들의 情報를 入手한 結果 이 戰鬪에서 我軍의 戰死者는 不過 2.3名뿐이고 負傷當한 2名이 또한 敵에게 捕虜가 되었을 뿐 나머지는 全部 分散하여 脫出에 成功하였다는 事實과 敵은 繼續하여 附近一帶를 搜索하고 있다는 것을 알었다 蔡中領 一行3名은 그 後 約1個月半에 걸처 聯隊長과 分散된 我軍을 探索하면서 各地에 出沒하여 小規模이기는 하였으나 痛快한 게리라戰을 敢行하며 南進을 繼續하였다

그 後 蔡中領은 그의 切親한 同期生인 前記 文中領을 비롯하여 落伍된 몇몇 我軍과 邂逅하였으나 敵과의 接觸으로 因하여 다시 分散되기를 거듭하여「延白을 떠나 江華島를 거처 檀紀4284年1月14日 忠南唐津石門에 上陸한 것은 結局 蔡中領以下 2名의 士兵이 었다

때는 彼我가 바로 烏山에서 激戰을 展開하고 있을 무렵이 었다 피무성이가 된 野

—(78)—

위는 채명신 중령의 무용담으로서 육군본부 홀병감실에서 발행하였다. (발행일자 미상) **사투만리**(무용담) =한국 최초의 유격대인 채명신 유격대의 공적기=(단기 4284년 2월 3일부터 4개월) 채명신 중령(현 대령)이 8사단 21연대 1대대장으로서 평북 영원 동북방지점까지 북진한 때, 중공군에게 포위 되어 정 상사와 김 하사만을 데리고, 황해 연백, 강화도를 거쳐 1951.1.14 충남 당진 석문에 상륙하여 아군지역으로 귀환후 유격대장을 지원했다는 내용으로 우리들 전우회가 1985년 말 군사연구실 현대령과 원중령 등으로부터 사본을 입수하여 검토하였던바 백골병단(육군본부 정보국 직속 결사유격대)의 활약이 우습게 된 원인의 최초기록물로 판명되었다. 그분이 왜 참전장병을 오합지졸로 평가한 글을 남겼는지…… 섭섭하지만……

1980. 3. 29. 설악동지 여러분에게 회원명부 자료를 보내줄 것을 요청하는 서신

"가 칭" 설 악 동 지 제 위

동지 제공의 건강과 행운을 빕니다.
지난해에는 가을 모임을 예정하였으나 뜻대로 되지 아니하여 금년으로 해를 넘기게 되었읍니다.
그간 동지 몇분으로부터 친목모임을 요청하는 서신과 문의도 있고 해서 금년 봄 모임을 주선하게 되었읍니다. 서로 연락을 취하셔서 많은 동지가 참여하실수 있게 협력해 주시기 바라오며 회원 명부 작성을 위하여 아래 양식에 맞게 인적사항을 서로 조사하셔서 참석시 제출하여 주심을 바랍니다.

일　　시 : 1980년 4월 12일 14:00 종로 예식장 집합
　　　　　치안본부 고재화 동지의 아들 결혼식에 참가후
장　　소 : (식 종료후 종묘등으로 장소를 옮길예정임)
회　　비 : 각자의 성의, 성금으로 충당코져함.
　　　　　준비는 1975년도 채명신 연대장의 희사금 100,000원의 과실(이자) 등으로 우선 충당코져함.
회의안건 : ① 정관, 규약제정 추진의건
　　　　　② 회 대표 및 간사등 선임의건
　　　　　③ 회원 명부 발간의건
　　　　　④ 전적비, 추모비등의 건립추진의건
　　　　　⑤ 기타 사항

회 원 명 부 자 료

참전당시			현직주소			전화	
소속	직위	성명	직장명	직위	주소(자택)	사무실	자택

군관계기록			전사자 및 실종자의 신원					
생년월일	연령	입대일·제대일·제대처	소속	계급	군번	성명	사고구분	지역

위와 같이 알려드립니다.

1980. 3. 29

발기인 전 인 식 드림

1980. 4. 12 종로 예식장에서 치안본부 근무 고제화(경감) (결사 제13연대 행정참모)의 장남 결혼식에 회원 모두가 임시총회(설악동지회)를 갖기로 하고, 1975년 이후의 경과보고회를 겸해, 참전수기 "나와 6.25" =적후방 300리의 혈투=에 대한 참전 당시의 회고를 접수 토의하고 1981. 5. 6 발행하였으나 그 당시는 계엄중이였기에 전쟁관계, 군관계 서적이라 검열에만도 1개월 이상이 소요되었다. 비매품으로 500부를 한정 발행하여 참전전우 각인에게 5권씩 기증하여 보완할 수 있게 한바 7년 뒤에 **"못다핀 젊은 꽃"** 이 1988년에 일부 완성된 바 있다.

筆者의 近影

前 臨時步兵大尉(特任)
決死第11聯隊 作戰參謀
白骨兵團 作戰參謀
커크랜드司令部 作戰處長
步兵少領
現 建国大 行政大学院 講師
成均館大 経営(行) 大学院 講師
公認資格 大学 副教授
土木工学部門 著書20余種 外

參戰手記

나와 6.25

(敵后方 300里의 血戰)

1981年 4月 18日 印刷
1981年 5月 6日 発行
(非売品)

編著者 : 全 仁 植
発行所 : 建 設 研 究 社

서울特別市 中区 忠武路4街 60番地의 1号
電話 (266) 2117番
登錄 : 1972年 4月 18日 第2-129号

參戰手記

나와 6.25

(敵后方 300里의 血戰)

全 仁 植

建設研究社

1981. 8. 24 설악동지회 친목회 소집 통지의 한 서장

설 악 동 지 회
(266) 2117

설동지 제 / 호　　　　1981. 8. 22
수 신　　　　동지
제 목 : 친목 및 회비

1. 친목회 개최 및 회비납부통지에 관한 일입니다.

2. 81년도 정기 모임(6. 27)에서 보고한 바와 같이 회비의 집행 잔액은 843,357원(대출금 650,000원 포함)이오며 그 재원중 찬조금을 주신 회원은 다음과 같습니다. (단위 천원) (무순)

최윤우 50	장지영 60	이덕일 100	김성형 50	김해원 20
강두성 200	최윤식 50	장인홍 50	원응학 100	전인식 150
정규옥 10	신효균 100	계 **940,000원**		

3. 본회의 건전한 발전을 위하여 회비의 자발적인 협찬을 바라오며 각 회원에게 회비의 차등부과를 하오니 협조하여 주셔서 뜻있는 사업과 모임이 되도록 하여 주심을 바랍니다.

귀하에게는 81년도 회비를 　　　원으로 책정하였읍니다.

4. 본회 고문이신 채명신사령관께서 81. 7. 외국에서의 임무를 마치시고 귀국하셨는바 동 환영회겸 모임을 다음과 같이 갖고자 하오니 많은 참석있으시기 바랍니다.

일 시 : 1981. 8.24 19.00 시
장 소 : 여의도 소재 홍우빌딩 3층 열빈(중화요식집)
회 비 : 10,000원 내외

끝으로 귀하와 귀하의 가정에 행운이 함께 하시기를 빕니다.

설 악 동 지 회　회장　전 인 식

1986. 설악동지회장 전인식씨가 국방부장관에게 참전자의 병적확인에 관한 청원을 한것에 대한국방부의 회답에서 전우회가 파악하고 있는 자료송부를 요구하고 있다.

국 방 부

인사24158 − 2374 (795−6213) 86. 12. 1

수신 설악동지회(전인식)

제목 청원서 처리자료 송부 요청

1. 당부에서는 귀회에서 대통령 각하께 청원하신바 있는 항목중 병적확인 정리에 관한 사항을 검토중에 였으나 당시 결사대의 활약상은 기리 전사록에 남아있다 하더라도, 당시 전사상자와 생존자를 포함한 인적사항(부여받은 군번, 성명 또는 임관사령장)이 미비한바 귀회에서 파악되고 있는 명단을 송부하여 주시면 가부간 처리하는데에 도움이 되겠음을 회신하며, 귀회의 무궁한 발전을 기원합니다. 끝.

국 방 부 장 관

1987. 1 . 15 설악동지회가 국방부의 요구(86 . 12 1)에 대한 답신을 보냈다.

설 악 동 지 회

설악동지 : 87-1-1　　(324-4996)　　1987. 1. 15.

수　신 : 국방부장관

참　조 : 인사국장

제　목 : 청원서 처리자료 송부 요청

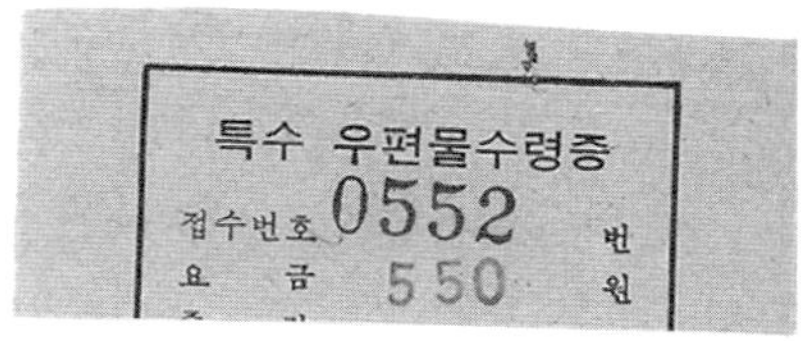

1. 인사 24158-2374(86.12.1)와 관련됩니다.

2. 귀부에서 요청하신 청원서 처리 자료 송부 요청은 전국에 흩어진지 이미 36년의 세월이 흘러 그 자료 수집에 애로가 있어 1차 자료 송부를 오는 2월 중순까지 처리코자 하오니 공사간 다망 하시더라도 조국수호를 위하여 아무런 댓가 없이 용전분투한 대한민국 국군사상 최초의 정규 유격군의 사료 기타 병적 정비의 차원에서 협조하여 주시기 바랍니다.

3. 육군본부직속(정보국소관) 결사 제11연대 동 12, 13, 15, 16 특별연대 등의 특명, 봉급수령대장, 임관사령장에 날인된 직인 날인 기록부 등 1951년도의 문서는 부산 영도 소재 서류 보관소에 있을 것으로 사료되는바 귀부에서 이를 조회해 주시면 더욱 명백한 근거 문건이 밝혀질 것이라고 사료 됩니다.

4. 우리들의 기록을 육군당국에 조회 하였던바 육군 제7567부대 분류기호 문보 제155호(1986. 1. 13)로 민사감실 자료로 국본특별명령 육 제22호 추가(단기 4284.1.25부) 대통령령에 의하여 국방부장관 신성모 명의로 군번부여 및 임관한 특명이(문서 하단번호 1736 ~ 1739로 각인된 것) 있음을 참고로 알려드립니다.

서울특별시 마포구 서교동 466-9

설 악 동 지 회

회 장 전　인　식

2. 참전 장병 중 전사망 관련

윤창규 대위 외 전사자 32명 외 실종자 315명 중 13명의 전사 추정자에 대한 확인의뢰 청원

대 한 유 격 참 전 동 지 회

참전동지 : 88-8-7 (333-5214) 1988. 8. 29.

수 신 : 육군참모총장

참 조 : 민사 심리전 참모부장

제 목 : 육본 직할 유격대 전사자 확인 의뢰

1. 귀하의 건승하심과 무운을 기원합니다.

2. 6.25 당시인, 1951년, 대구소재, 육군정보학교에서 조직교육하여, 51. 1~2월, 적의 후방지역에 침투·유격전을 감행한 육군본부 직할 유격대 결사제11, 12, 13, 15, 16, 특별연대 및 커크랜드 기동부대 등 유격대 참전장병 중 전사상된 장병과 전사 확인보류, 또는 반려된 자와 GO군번과 G군번이 아닌 새 군번을 부여받고, 전사확인이 된 자 등의 인적사항을 파악하여 앞으로 건립될 백골병단 전적비에 이를 기록하고자 하오니 동자료를 다음에 따라 회신해 주심을 바랍니다.

- 다 음 -

소속, 계급, 군번, 성명, ( ) 한자, 작전지역, 전사위치, 전사상 연월일, 전사확인증명발급일, 동 입증자명, 입증자의 계급, 군번, 전사자와의 관계, GO 등 군번이 아닌 새군번을 부여한 자에 대하여는 그 군번과 계급, 기타 참고사항 등

3. 폐회에서 파악(88. 8. 29. 현재)하고 있는 전사자의 성명을 참고로 알려드립니다. 윤창규, 김정기, 현규정, 정세균, 강창희, 허은구, 이종삼, 이하연, 윤 홍, 황병석, 류동현, 박종만, 장동순, 신현석, 홍승선, 서일택, 장국환, 권욱상, 강문석, 이상욱, 정윤천, 유동식, 박희영, 김윤수, 이완상, 이영업, 서두생, 이정구, 김주현, 김철구, 김양환, 황경덕 외 315명과 미확인전사자 13명은 다음과 같습니다.

박만순, 이창용, 김윤태, 이석순, 박기석, 서현택, 천봉균, 안병철, 조준형, 김명규, 이충구, 임경업 현제○ 등입니다.

4. 공무다망하신 가운데 오래묵은 문서를 찾는 번거로움을 끼쳐드려 대단히 죄송합니다만, 조국이 누란의 위기에 처해 있을때, 자신의 안일을 돌보지 아니하고, 적진지 후방에서 나라를 지키고, 자유와 평화를 위하여 용전분투한 결사 유격대의 기록을 군이 영구보존하지 아니하므로 인하여 번거롭게 된 점을 가슴아프게 생각하오며, 각별하신 배려를 앙청하오니 가장 빠른 시일에 회시해 주시기 바랍니다. (끝)

육군 직할 유격대 출신 장병의 모임
대 한 유 격 참 전 동 지 회
회 장 전 인 식
서울특별시 마포구 서교동 466-9

결사 유격 제11, 12, 13연대 소속 전사 또는 실종자의 조사 대상 명단

전사 및 실종자 조사 대상자

결사 제11,12,13연대소속 1988.11.10현재

소 속	주 소	계급·성명	전사구분	제보자 등
11R	충남 홍성군	대위 GO1007 尹昌圭	설악산 전사	
〃	평남	보좌관(대위) 玄奎正	박달재 전사	
〃	서대문구 만리동	중위 GO1010 鄭世均	〃	
〃	〃 청양군 청양면 교월리	소위 GO1034 李鍾三	설악산 전사	(한갑수 확인 제보)
〃	〃 청양군	소위 GO1053 尹 泓	〃	
〃	경기 시흥군 수암면 목갈리 324	二上 柳東鉉	오대산 전사	(신건철 제보)
〃	경기 파주군 문산읍 마정 2 리 480	一中 朴鍾萬	설악산 전사	(이운하 제보)
〃	충남 서산군 서산읍 수석리 3구	姜文錫	〃	(이명해 제보)
〃	충남 부여군 부여읍 동남리	二中 김윤수	박달재 전사	(박승록 제보)
〃	〃 〃	二中 이완상	〃	〃
〃	〃 〃	二中 이영업	〃	〃
〃	경남 진주시	二中 서두생	〃	(최윤우 제보)
〃	경기 시흥군 군자면	소위 GO1096 朴萬淳	실종?	(전영도 제보)
〃	〃 〃 군자리	二中 김윤태	〃	(〃)
〃	인천시 구월동	二中 서현택	전사미확인?	(양재호 제보)
〃	〃 〃	二上 이창흥	〃	(〃)
〃	경기 시흥군 군자면 정왕리	二中 천봉균	〃	(전영도 제보)
〃	〃 〃 거모리	二中 안병철	〃	(〃)
〃	〃 〃 초지리	二中 조준영	〃	(〃)
〃	〃 〃 성곡리	二中 김명규	〃	(〃)
〃	충북 옥천군	一中 장국환	〃 통신병	(최윤우 제보)
〃	충남 논산군	二中 이충구	미확인	(이운하 제보)
〃	경기 부천시 소사읍	二中 임경업	〃	(〃)
〃	대전시 죽정동	李相旭	설악산 전사	(전영모 제보)
12연대 작전장교		중위 GO1083 姜昌熙	〃	
11R		소위 GO1045 李夏淵	박달재 전사	(박승록 확인)

소속	주 소	성 명	전사구분	제보자 등
11R	충남 부여군	二中 김양환	설악산 전투	(고영상, 박승록 제보)
12R	경기 평택시 군문동	二中 황경덕	솔섬 전사	(이익재 제보)
13R	충남 연기군 전동면 석곡리	대위 GO1067 金貞起	박달령 전사	(박종황 권처홍 제보)
11R		一中 洪勝先	설악산 전사	
〃		一中 서일택	〃	(양재호 제보)
〃		二中 류동식	전사	
〃	안양시	二中 박희영	박달재 전사	
〃		二中 이석순	전사 미확인	
〃		二中 박기석	〃	
〃	강원 인제군	二中 현제○	전사 미확인	

(전사 확인. 원호 수혜자 등)

11R 소위 許銀九, 一中 張東淳, 一中 申鉉石, 二中 權旭相, 二中 이경구, 二中 김주현, 二中 김철구, 정윤천

13R 소위 黃炳錫 外 (陸本에서 確認한 者는 現在 照會中에 있읍니다.)

이 以外에도 전사 확인이 될 동지가 있으면 그 구체적인 자료를 88.12.15일까지 호적등본(제적) 등과 함께 증빙 자료를 보내 주시기 바랍니다.

배포처 : 한갑수, 신건철, 이운하, 이명해, 박승록, 최윤우, 전영도, 양재호, 고영상, 이익재, 박종황, 권처홍, 채명신, 이두병, 김한철(주소 불명 발송 불가) 동지 등.

전사자 유골발굴 경위서

1. 인 적 사 항

계급 임시대위　　군번 G01125　　성명 현규정 (玄奎正)

생년월일 1926. 8. 11　　병과 : 보병　　소속 : 백골병단 결사제 11 연대

본적(주소) 경남 거창군 조양면 군우리 251　　유가족 : 없음

2. 경 위 서

1950 년(일자미상) 대통령 동원령제 5 호에 의거, 1951.1.4 국본특(육) 제 22 호로 편성된 육군본부직할유격대 장병 364 명은 1951.1.25 국본특(육) 제 22 호 추가 1 로 각각 군번 및 계급을 부여받고, 1951.1.28 작전명령제 2 호에 따라 1951.1.30 강원도 영월군 영월읍에서부터 적지에 침투. 작전임무를 수행하던중 1951.2.20 부대병력의 통합·증강편성되어 "백골병단"을 창설(결사제 11 연대 제 12 연대 제 13 연대 병력 643 명)하고, 계속 유격작전 임무를 수행하였다.

1951.3.20 북괴군 중장 길원팔과 참모진 13 명 전원을 생포 처치하므로서 부대의 기도가 노출되자 귀환작전중 1951.3.26 18 시경 강원도 인제군 기린면 진동리 속칭 설피밭부근(DT 588044)에서 적과 교전중 사망, 위 사람이 가매장(지하 20～30cm)되어 있다가 1989. 4. 24 당시의 참전 전우(생존자)인 전인식(참전당시 대위 병단작전참모) 권영철(참전당시 중위 군수장교)등과 703 특공연대 장병·지역주민등의 합동작전으로 1989.4.26 유해를 발굴 확인하게됨.

※ 확인물증 : 백골병단요원중 많은 장병이 의용경찰관 출신이었기에 속에 입고있던 경찰복의 경찰관단추 수점, 위장 인민군모표 1점, 아군군용외투 단추 수점, 칼빙소총 탄창 및 실탄, 아군용 세열수류탄, 당시의 군용화 등. 〈최종확인 89.7.13. 참전생환전우 18 명의 입회확인〉

상기 사실을 확인 함.

참전당시 백골병단 작전참모 임시대위 전 인 식
〃 〃 군수장교 중 위 권 영 철

위 확인 함.

참전당시 백골병단 사령관 육군중령 채 명 신
〈예비역 중장〉

위에 의거 확인 함.

제 703 특공연대 대 령 류 해 근

1989.6 임시대위 현규정, 임시소위 이하연, 이등중사 이완상의 유골 발굴과 안장에 관하여 사실확인과 함께 국립묘지 안장을 신청했는데, 그 유가족이 전인식으로 되어있다. 참으로 우여곡절 끝에 어렵게 안장할 수 있었다.
개장 신고증. 인제군수에게 1990.6.28, 전사통지서 1989.7.29, 유해발굴일자 1989.7.13 영결식 1989.12.13 육군제3군단 703특공연대(연대장 대령 류해근)

前. 陸軍本部직할 유격대, 白骨兵團 決死 第11聯隊 소속

고 임시대위 현 규 정
고 임시소위 이 하 연
고 이등중사 이 완 상

= 합 동 추 도 식 순 =

일시 : 1989년 12월 13일 14시
장소 : 강원도 인제군 기린면 현리 소재 기린병원
(3군단소속)

Ⅰ. 주 악 (육군군악대)
Ⅰ. 개식사 (집전장교)
Ⅰ. 조 악 (악대)
Ⅰ. 식 사 (703특공연대장 류해근 대령)
Ⅰ. 고인의 약력보고(고 현규정대위의 약력보고,동지회)
Ⅰ. 조 사 (참전동지 · 대한유격참전 동지회 회장)
Ⅰ. 헌화 및 분향 (참전인사 및 조객)
Ⅰ. 조총발사 (의장대)
Ⅰ. 고인에 대한 경례
Ⅰ. 조 악
Ⅰ. 폐식사

이상과 같이 합동 추도식을 거행 합니다.

육군제703특공연대 연대장, 대령 **류해근**
대한유격참전동지회 회장 **전 인 식**

첨부 : 弔辭原文 1부

1989.12.13 고 현규정 대위 외 2인의 영결식과 "조사" 및 강원일보 1989.12.16 기사 전문 그리고 1990.3.5 육군참모총장과 1990.4.7 노태우 대통령 각하에게 직소하는 발굴 영현의 안장에 관한 탄원서 등

弔　　辭

故 臨時大尉 玄奎正 同志에게 !!

公은 일찍이, 1947年, 공산도당의 北韓侵攻으로 情든 故鄕, 그리고 父母 兄弟를 뒤로하고, 單身 越南, 自由大韓에 오셔서, 그 當時 左右의 對立속에 混迷한 政局을 보다못해, 反共青年 活動에, 自由를 守護하는 青年으로 한때, 活躍하시다가 1948年 大韓民國 政府가 樹立되자, 治安確保를 위하여 警察專門學校에 入校, 1949年 警察幹部로서, 首都의 治安을 擔當하는 首都 警察廳에 服務中 6.25가 勃發하자, 공산도당을 擊退하기 위하여, 陸軍情報學校 特殊班에 自進入隊 하시어 情報將校 要員의 教育을 履修한 快傑, 義血 青年이 셨습니다.

公의 毫放하고, 힘찬 雄辨은 구렛나루가 잘 생긴 모습과 어울려, 우리들의 부러움을 사기도 했습니다.

決死 第11聯隊長의 補佐官으로 赴任한 아홉명 同志中, 리이더格이 었던 公은, 크고 작은 많은 接戰에서도 우리들 모두의 同志들을 激勵해 주셨고, 白骨兵團으로 增强 編成된 1951年 2月 20日 부터는, 決死 第11聯隊 第1大隊長으로 拔擢 補任되면서, 部隊의 人和와 團結에, 그리고 敵 後方의 特殊戰 要員임을 部隊全將兵 모두에게 恒時 자상하게 教育, 指導하여 白骨兵團 全 兵力中, 가장 優秀한 大隊로 育成함과 同時에 將兵모두를 굳게 뭉치게 하셨습니다.
그런까닭에 廣院里의 生捕作戰, 貴屯里, 軍糧밭作戰 等에서 진한 平安道 사투리의 德으로 檢問 檢索에서 恒常 先峰將이 되셨던 同志는, 단 한치의 흐트러짐 없이 成功裡에 저들 100수십名을 不審檢問끝에 모두 生捕할 수 있었습니다.

이는 平素, 勝共, 愛國 愛族의 피끓는 精華로 비롯되는 憂國忠節이 였다고 믿습니다.

1951年3月26日 궂은 날씨에 最戰線 앞에있는 敵을 背後에서 攻擊하는 척 하다가 回軍하는 陽攻作戰 任務를 賦與받은 玄公께서는, 놈들을 싹 쓸어내고 部隊를 救해야겠다는 一念으로 攻擊을 敢行하여 놈들과 肉迫戰을 벌이며, 싸웠으나 衆寡不敵으로 마침내, 스물다섯이란, 꽃다운 青春을 一期로 勇敢히 散華하신 것입니다.

우리들 살아돌아온 同志들은 玄 公이 敵陣을 向하여 떠난지 얼마되지 아니하여, 수류탄이 작렬하고, 銃聲이 요란해지자 곧 돌아올 것을 기다렸으나, 돌아오지 아니 하기에 豫定된 進出코오스인 加漆峰 西南方으로 進出한 것이 였습니다. 이 얼마나 無責任한 짓이였나 하는것을 되새기면서, 恨없는 自責을 하고 있습니다 만, 戰場이란 冷酷한 것이고, 또 命令에 따르지 않으면 아니되는 것이기 때문에, 우리들은 大를 위하여 公의 特攻隊 支援을 抛棄하지 않으면 아니 되었습니다.

그로부터 歲月은 덧없이 흘러 30餘年이 지났습니다만 해마다 찾아온 이곳 雪岳의 기슭에 이르면, 玄 公을 包含한, 모든 同志들의 追念이 왜 없었겠습니까?

지난 1988年 10月 7日, 이사람과 權寧哲 同志, 그리고 豫備役 將軍이신 우리 同志會의 黃仁模 顧問과 셋이 鎭東里를 찾아 探聞하였던바, 그곳 局住 崔정식을 通하여 我軍 遊擊隊員의 무덤이 山中에 있다는 提報를 받아 確認하려 했으나 危險標識가 있어 되돌아 온뒤, 그 事實의 確認을 지난 88年 11月 12日 軍團에 要淸한 바도 있었습니다.

1989年 4月 3日에는 박달령入口에서 例年과 같이 慰靈祭를 올리고 89年 4月 15日, 遺骨發掘을 特攻聯隊 當時 梁啓卓 聯隊長님에게 附託하여, 1989年 4月 21日 墓 2基의 確認을 위하여, 戰友一同이 參加하였으나 山中에서 火葬의 흔적만을 發見하였을 뿐이였습니다.

繼續된 探聞確認에 나선 特攻聯隊 白幸基 中領의 努力으로 1989年 4月 26日 玄 公 一行이 묻혀있는, 鎭東 2里 7番地 옆 산비탈 우거진 숲 속에서, 불과 1삽의 깊이인 地下 30cm 程度에서 公의 遺骨을 發見하게 되었습니다.

이事實 確認을 위하여 春川大學病院에 入院中이던 그當時 그곳 住民 최기식 氏와 그 婦人 주금녀女史, 김동찬氏 등의 證言을 確認 한다음, 1989年 7月13日 現地에서 玄公 一行의 遺骨을 正式으로 發掘 確認하기에 이르렀던것입니다.

정말 크게 잘못 했습니다. 歲月은 덧없이 흘러, 지금으로 부터 38年 9個月이나 흘렀으니 ……………………………

무슨 말씀으로 公 들을 위로 할 수 있으리요!!

玄公이 祖國의 自由를 위하여 肉身을 내던진 그날 부터 3日뒤인 51년 3月 29日, 우리들은 我軍 地域으로 모두 無事히 生還할 수 있었습니다.
이는 오로지 玄公이 指揮하신 第1大隊 特攻勇士 40餘名의 犧牲위에서 만이 可能했던 것입니다. 따라서 우리들 生還者 모두는 玄公의 殺身報國으로 살아 돌아올수 있었던 것이 아닌가 생각 합니다.
公을 陽地바른 쪽에 가지런히 묻어주지도 못했고, 또 標石하나 세우지도 못한 우리들을 戰友라고 여길수 없는 卑怯者라고 말씀 하시더라도 아무런 말을 할 수는 없는 노릇 입니다.

그러나 玄公은 아실것 이외다.
우리에게 남아있는 食糧이 있었습니까? 彈藥이 充分 했습니까? 最少 5日以上을 굶고, 허기지고, 추위에 시달리는, 우리 모두를 公은 잘 알고 계셨을 것입니다. 그러나 우리들은 祖國의 自由와 平和를 위하여 굳건히 敵과 對敵 할수 있었고, 또 勇敢히 肉迫戰을 敢行할수도 있었던 것이 아닙니까?
1962年 以來 우리들 同志의 모임을 만들어, 그 會長의 자리에 앉아, 나름대로는 온갖 努力을 다한 끝에, 當時의 軍番과 階級으로 戰死 確認을 받아내게 된 것도 1987年 부터 이오며, 1988年에는 現 第1軍 司令官이신 李鎭三 大將님의 보살핌으로 해서, 龍垈里에 700餘坪의 戰跡碑 建立 敷地作業도 모두 마치고, 來年에는 塔을 建立할수 있도록 萬般의 準備와 協助를 다하고 있는 中입니다.
晩時之歎이 왜 없겠습니까 만 이곳 軍團長이신 朴益淳 中將님과 參謀長님外 여러 參謀님, 그리고 工兵旅團長 金秀雄 大領님 特攻聯隊의 柳海槿 大領님 정찰大隊長 白幸基 中領님 等 여러분 高位 將星의 도움으로 오늘 이와같이 玄公을 비롯한 李夏淵 少尉와 이완상 中士의 永訣式을 38年餘만에 擧行하게 되었습니다.

앞에 말씀드린 여러분과 參席해주신 弔客! 그리고 參戰同志會員 모두에게 感謝한 말씀을 드립니다.
玄公!! 平安南道 价川으로, 公의 靈은 저 世上에서 統一되어, 自由스러히 往來하고 계실 것입니다.

北녘을 바라 보면서, 언제나 父母兄弟 자매의 安否를 물으면서, 호탕하게 웃던公의 그 執念이 이제 서서히 풀려가는 느낌도 없지 아니 합니다만, 無分別한 환상적인 統一論議는 걸림돌이 되어, 國力의 分裂을 招來케 하려는 一部 不純分子가 없지는 아니하나, 그런 따위는 問題가 되는것이 못된다고 생각 합니다.
우리모두의 國民은 반드시 玄公이 이르지 못한 祖國의 統一을 成就하여 公의 恨을 말끔히 풀어 드릴 것이며, 우리모두는 그럴 覺悟로 充滿되어 있습니다.
有備無患의 되새김, 그리고 언제나 勝共으로 불타는 우리들 모두와 後輩들의 강인한 統一慾求는 곧 成就될 것이오며, 그 때에는 玄公의 靈과 肉身이 모두 故鄕으로 平和스럽게 돌아 갈수있게 될것을 믿어 確信하는바 입니다.

玄公이여!! 고히 잠드시라!! 오늘 이 榮光스러운 永訣式은 自由를 지키고, 國土를 保衛하는 우리軍 中에서 가장 强力한 山岳軍團의 뜰에서 이룩됨을 公과 우리 모두는 자랑스럽게 여기면서 死中得生의 戰場哲學을 우리 다함께 되새겨 봅니다.

우리들도 이제 멀지 아니하여 公의 곁으로 함께 하게될 것 입니다.

그때 다시 만나 옛이야기를 함께 나누면서 우리를 꾸짖어 주십시요.

安寧히! 그리고 고이 잠 드시라!!

1989年 12月 13日

前 白骨兵團·決死 第11聯隊 作戰參謀

大韓遊擊參戰 同志會 長 全 仁 植

발굴 영현 이장 및 위폐건립 청원

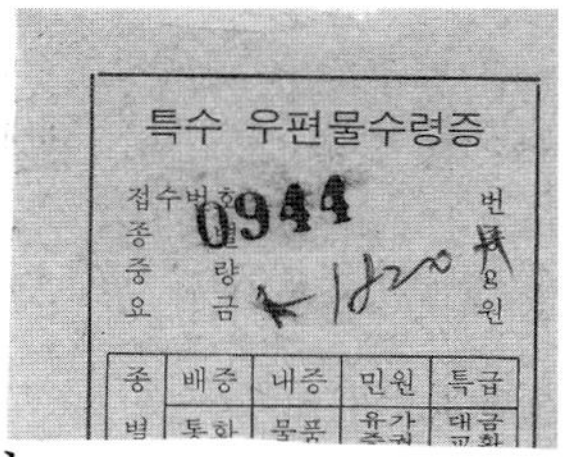
특수 우편물수령증

접수번호 0944 번

종 류

중 량

요 금 ₩1820 원

발굴영현 이장 및 위패안치 신청서

수 신 : 육군 참모총장 1990. 3. 5.

참 조 : 민사심리전 참모부장, 군수 참모부장

제 목 : 발굴영현 이장 및 위패안치 신청(민원)

1. 1951년도 6.25 동란 당시 참전하여 적 후방지역에서 혁혁한 무공을 세우고 전사하신 육군본부 직할 결사유격대(백골병단) 전우의 발굴 영현 3구(고 임시대위 현규정, 고 임시소위 이하연, 고 이등중사 이완상)에 대한 영현의 국립묘지 이장과 1987년 2월부터 1990년 2월까지 사이에 귀 군에서 전사를 확인해 주신 임시소위 허은구 외 24위의 전몰장병에 대한 위패안치 신청에 관한 청원입니다.

2. 육군본부 직할 결사유격 제11연대, 제12연대, 제13연대는 1951. 2. 20. 백골병단으로 통합 증강 편성되어 오대산·설악산 등지에서 혁혁한 전공을 세우고, 1951. 3. 29. 주력부대가 강원도 인제군 기린면 방동방면으로 임무를 완수하고 철수 하였음은 모두 잘 아는 6.25 당시의 정규 유격군 기록입니다.

3. 부대의 편성근거 기타

1950년도 발령된 대통령동원령(전 국민의 비상 동원령 해당)

1951. 1. 국본 특(육) 제22호에 의거 편성

1951. 1. 25. 국본 특(육) 제22호 추가 1로 소정의 교육 후 임시보병 소위에서 임시소령(2명)까지 124명을 임관함.

작명 2호 : 1951. 1. 30. 결사제11연대 : 강원도 영월지역에서 적지로 침투(360여명)

작명 3호 : 1951. 2. 5. 결사제12연대 : 강원도 명주군 강동지역에서 침투(240여명)

작명 4호 : 1951. 2. 14. 결사제13연대 : 강원도 묵호에서 대관령 방면으로 침투(130여명)

1951. 2. 20. 강원도 명주군 연곡면 퇴곡리에서 백골병단으로 통합(640여명)

1951. 3. 18. 인제군 기린면 굴량밭, 필례 등지에서 적군중장 외 13인의 생포 등 적병 700여명의 생포 처치 등의 전과를 수립함.

1951. 3. 23. 인제군 북면 용대리까지 북진(용대리에 백골병단 전적탑 건립지)

1951. 3. 26. 인제군 기린면 진동리 설피밭 철수작전 개시

1951. 3. 29. 아군과 접선 280여명 귀환(희생 360여명)

4. 위 3항과 같이 대통령 동원령 및 육군본부의 작전명령에 따라 현역 육군중령인 채명신이 결사제11연대장겸 백골병단 사령관으로 적지에서 특수유격전을 전개하여 아군의 북진에 기여케한 대한민국 최초의 정규 유격특수전을 국방부장관의 명령으로 실시하였음을 위 특명 등을 미루어 판단할 수 있습니다.

5. 조국이 누란의 위기에 처한 때, 자신의 안일을 돌보지 아니하고 북한괴뢰의 남침야욕을 불사르기 위하여 그 혹한기에 장비의 허술함, 추가보급의 전무상태에서 오직 나라와 겨레, 그리고 자유·민주·통일의 일념만으로 적과 용전분투하다 20대의 꽃다운 젊음을 나라를 위하여 바친 360여 동지의 넋을 달래주고 또 자라나는 2세 국민, 특히 6.25를 체험하지 못한 젊은 세대에게 애국하는 마음 가짐과 일단 유사시에는 스스로 목숨을 나라에 바치겠다는 굳건한 국가관을 심어주어야 하겠다는 것이 본 동지회 회원 모두의 한결같은 바램이고, 또 그 일을 위한 징표(전적탑 건립) 만들기에 여념이 없습니다.

6. 본 동지회에서는 1987. 2월이후 육군본부에서 확인해 주신 전사확인을 귀군으로부터 받은바 있사오나 유가족이 없거나 찾을길이 없고 또 유골을 발굴할 수 조차 없었는데 1988.10.7~9 인제군 기린면 진동리 방면을 조사한 본 동지회에서 고 현규정 대위 등 10여명의 영현은 찾을 수도 있을 것 같다는 희망에 따라 현지주둔 703 특공연대에 그 조사를 의뢰하였고 1988. 11. 17. 육군 제3군단장에게도 그 뜻을 신청한 뒤 703 특공연대에서 1989. 4. 3, 89. 4. 15, 89. 4. 19. 등을 거쳐 1989. 4. 24에 비로소 영현 3구를 확인하게 되었습니다.

동 유골은 1951. 3. 26. 동지역으로 출동한 현규정 대위(1대대장)만이 부대원중에서 군화를 신었고, 신장이 장대하였으며 이하연 소위와 이완상 중사가 동행하였고, 그뒤에 다른 장병이 후속으로 뒤를 따랐는데 그들은 철수하는 적병과 이웃에 있으면서 총격전이 벌

어졌다는 그 당시의 주민의 목격담으로 미루어 고 현규정 대위 일행임을 알 수 있었고, 1989. 7. 13. 국방부 홍보관리소 영화 3과 촬영반과 합동으로 유골을 발굴(89. 7. 30. 10시 40분 KBSⅡ TV 박달령의 침묵으로 생생하게 방영됨)할 때 유류품으로 아군쪽 경찰관 단추(의용경찰 출신이었음) 칼빙탄창(실탄이 들어있음) 세열 수류탄 미군복 단추 등으로 미루어 주민의 증언과 일치하여 이를 가매장후 1989. 12. 13. 제1군사령관님이신 이진삼 대장님의 각별하신 보살핌으로 703특공연대장 류해근 대령을 위원장으로 고 현규정 대위, 고 이하연 소위, 고 이완상 중사의 영결식을 거행한 바 있습니다.(1989. 12. 13. 14:00 제3군단소속 기린병원 연병장에서)

동일 동 발굴유골은 13병참 중대에 인계되었고 화장 후 국립묘지(동작동)로 인계 되었습니다만 발굴영현의 이장명령이 없어 그 안장처리가 아직까지 실현되지 못하고 대기중에 있습니다.

7. 존경하는 참모총장님!

이들 영현이 말을 할 수는 없는 것이 아닙니까?

경찰관 복장을 북괴놈이 입고 있었던 것이 아닌지?

미군복장을 그놈들이 빼앗아 입은 것은 또 아닌가 하는 등의 의문도 할 수 있을 것입니다만 40년이 된 지금 그런 따위가 왜 문제가 될 것이오며, 또 해서는 무엇하겠습니까!

정작! 믿을 수 없는 유골이면 차라리 김일성이 놈에게 판문점을 통해서 보내야 합니까? 그럴수도 저럴수도 없는 것이 오늘의 실상이 아니겠습니까.

그당시 국방부는 인식표를 주시지 아니하였으니 정확히 확인할 길은 솔직히 없아오나 그때 고 현규정 대위를 수행한 특공대 중의 선봉특공조가 그들이였다는 점에서 그들의 영현이라고 판단하는 것입니다.

그리고 이들에게는 1951. 3. 26. 진동리(발굴지점)에서 전사했다는 전사 통지서가 있기 때문에 더 이상의 개념은 시대착오적인 것이라고 생각됩니다.

고 임시대위 현 규 정

고 임시소위 이 하 연

고 이등중사 이 완 상은 그들의 구국전선에서의 용전에 상응하도록 국립묘지에 안장되어야 합니다. 그리고 전사확인은 되었으나 유골이 없는 다음 전우등에 대하여는 위패안치를 승인해 주시기 바랍니다.

이것이 노병들의 친목단체인 참전동지회가 바라는 가장 큰 소망입니다.

8. 위패안치를 위망하는 전우

소 속	계 급	군 번	성 명	전사확인일	기 타
백골병단	임시소위	GO1039	허은구	87. 3. 28.	
〃	일등중사	G11312	장동순	88. 6. 30.	
〃	〃	G11313	신현석	〃	
〃	이등중사	G11087	권욱상	88. 8.	
〃	임시중위	GO1010	정세균	89. 5. 3.	
〃	이등상사	G11061	류동현	〃	
〃	이등중사	G11327	이상욱	89. 7. 29.	
〃	〃	G11206	김윤수	89. 5. 3.	
〃	〃		홍순기	89. 7. 29.	
〃	임시대위	GO1007	윤창규	〃	
〃	임시소위	GO1034	이종삼	〃	
〃	〃	GO1053	윤 홍	〃	
〃	일등중사		홍승선	〃	
백골병단	일등중사		서일택	89. 7. 29.	
〃	이등중사		류동식	〃	
〃	일등중사	G11039	박종만	〃	
〃	이등중사		박희영	〃	
〃	〃	G11215	강문석	〃	
〃	〃		이영업	〃	
〃	〃		서두생	〃	
〃	〃		이정구	〃	
〃	〃		김양환	〃	
〃	〃		김주현	〃	
〃	임시소위	GO1096	박만순	90. 2.	

9. 6.25가 지난지 40년! 아직도 그 전흔과 상흔이 가시지 않고 있는 때에 무분별한 환상적인 통일논의는 국론의 분열만을 가중케하고 있는 것입니다.

제4땅굴이 왜 놈들은 필요했겠습니까!!

우리 모두는 6.25를 재조명해야 합니다. 그리고 유비무환의 정신을 국민모두에게 재확인 해주셔야 합니다. 이것은 당시 참전한 우리 전우의 간절한 바램이며, 이제 60이 다 넘은 노병들 입니다만 일단 유사시에는 조국과 민족 그리고 자유를 위하여 모두 몸바칠 것을 다짐드리면서 간절한 위 청원을 거두어 주실 것을 바라나이다.

추신 : 귀 군에서 전사확인을 해주신 위의 전우 이외의 전우에 대하여서도 함께 위패안치를 할 수 있도록 도와 주시기 바랍니다.

첨부 : 박달령의 침묵 테이프, 영결식 광경 각 1개.

끝

서울특별시 마포구 서교동 466-9

대한유격참전(백골병단) 동지회 회 장 전 인 식

연 락 처 : (02) 333-5213, 5214, 2381

1990년도 합동 추도식(위령제) 거행 기타소식. 전사확인 장병 27위에 대한 추도식
1990. 4. 5. 강원도 인제군 북면 용대리에서

대 한 유 격 참 전 동 지 회　　〈게인생략〉
(333-5213 ~ 4)

유격참전　90-3-2　　1990.3.8

수　　신 : 참전동지회원, 유가족 5, 703특공연대장

제　　목 : 90년도 합동추도식 (위령제) 거행

1. 1990년도는 백골병단참전 39주년과 40년을 바라 보는 해 입니다. 해마다 거행하던 전몰장병 360여 위에 대한 합동 추도식(위령제)을 올해부터는 오색리에서 자리를 옮겨, 전적탑 건립부지인 용대리에서 거행하기로 이사회의에서 의결된 바에 따라 다음과 같이 거행코자 합니다.

2. 그동안 본 동지회에서 육군본부와 협의하여 27명의 전사확인을 받았습니다만 유가족의 확인은 5명에 불과 합니다. 전사확인은 명단이 없어 비록 받지는 못하였습니다만 이미 전사확인된 27위외에 330여 위를 더한 합동 추도식을 703특공연대장 류해근 대령의 지원·참여로 거행코자 하오니 공사간 바쁘시 더라도 꼭 참석해 주시기 바라오며, 유가족을 알고계신 동지께서는 유가족에게도 이뜻을 알려 많은 동참이 있기를 바랍니다.

다　　음

(1) 일시 : 1990년 4월5일 11시 정각

(2) 장소 : 강원도 인제군 북면 용대리 산250번지

(3) 참가회비 : 회원 20,000원(유가족 없음)
　　단, 12사단 장병휴게소 이용시는 회비 없음.

(4) 차량 : 대형버스 1대 본회제공

(5) 집결일시 : 1990.4.4.14시 정각출발 (마포구 서교동466-9호)
　　전화 333-5213 ~ 4, 333-2381 ~ 2

※ 자가용차량 이용시는 4.5.06시 서울출발이면 가능합니다.
서울 → 인제 → 원통 → 백담사 → 미시령행 삼거리하차.

3. 식 순

Ⅰ 주 악	Ⅰ 식 사
Ⅰ 개식사	Ⅰ 헌화 분향 및 헌주
Ⅰ 조 악	Ⅰ 조총발사

Ⅰ 일동배례　　　　Ⅰ 폐식사

Ⅰ 진혼나팔(조악)　　　　Ⅰ 음복 및 주식

※ 유가족중 헌주를 하실분은 따로 준비하셔도 좋습니다.
※ 장병 및 참석동지를 위하여 돼지바베큐를 준비코자 합니다.

4. 일 정

90.4.4 14시 출발 19시 도착 휴식

90.4.5 11시 추도식거행 음복및 식사 12시~13시 20분까지

90.4.5 13시 30분 출발 서울도착 18시 30분경

5. 협조 사항

1. 703특공연대에서는 추도식 제단준비, 분향대준비 및 악대·조총발사 병력동원등
2. 동지회는 위패·제례물 준비 및 조화리본과 국화꽃. 조화준비
3. 12사의 장병휴게소 이용이 불가 한때에는 현지 민박시설을 이용코자함.

6. 참고사항

개별적으로 시외버스를 이용하실 분은 중랑구 상봉동 시외버스 터미날에서 인제·원통행 → 용대리방면으로 승환하셔야 합니다.

7. 전사 확인이된 동지(1987.2 ~ 1990.2(확인순))

소위 허은구　一中 장동순　一中 신현석　二中 권욱상
중위 정세균　二上 류동현　二中 이상욱　二中 김윤수
二中 홍순기　대위 윤창규　대위 현규정　소위 이하연
二中 이완상　소위 이종삼　소위 윤 홍　一中 홍승선
一中 서일택　二中 류동식　一中 박종만　二中 박희영
二中 강문석　二中 이영업　二中 서두생　二中 이정구
二中 김양환　二中 김주현　소위 박만순　계 27위임.

이상과 같이 안내하오니 동지회원 모두와 유가족께서는 많은 참여로 추도식(위령제)이 엄수될 수 있도록 협조하여 주시기 바랍니다.

대한유격참전동지회 회장 전 인 식

〈계인생략〉

총회 및 이사회 개최결과 통지

총회소식(1990.2.20.13시～16시)　참석및 위임1　계 29인

1. 회칙개정(추조 및 자구수정은 새로 구성되는 회장단과 이사회에 위임키로함)
2. 예산 및 결산안 통과
3. 회장단 선거 : 회장 전인식, 부회장 권영철 당선.(무기명투표 결과임.)
4. 이사선임 : 최윤식, 고제화, 신건철, 안병희, 최윤우 지명(만장일치 선임)
   감사선임 : 최인태 (만장일치 선임)

이사회소식(1990.3.2 11시 개최)

참석이사 : 전인식, 권영철, 최윤식, 신건철, 최윤우, 위임 고제화

감　　사 : 최인태 성원되어 개회함.

1. 회칙 개정안 : 자구수정및 회원의 권리의무 규정과 상조 특별회계안 등을 삽입하여 총회에서 위임된 바에 따라 확정하였음.
2. 세입·세출예산 및 사업계획 90년도 650만원 원안가결.
   ① **회원은 년회비 3만원**의 회비 납부의무가 예산으로 결정됨.
   ② 추도식(위령제)의 참가비는 개인당 경비 5만원중, 회원이 2만원 부담으로함.
3. 이사사무 분장규정, 출장비 한도규정, 일시차입한도 260만원등 의결(무이자 조건)
4. 이사회비 : 이사 각 10만원, 회장단 20만원을 회비외에 별도 부담키로함.
   90년도 이사회는 5회이내로 함.
5. 이사정수를 5인이상 9인이내로 하고, 신효균, 유족중 권일상을 이사로 추가 선임함.
6. 합동추도식을 4.4출발 4.5.11시에 거행키로 의결

90년도 예산및 회칙개정으로 회원회비 년 30,000원이 결정되어 그 수납방법으로 사단법인 건설기술연구회 지로용지를 빌려 활용하기로 했습니다.

가까운 은행에서 지로납부 또는 우체국의 구좌로 송금해 주시기 바랍니다.

우체국송금구좌(가까운우체국이용) 011890-0017820 대한유격참전동지회 앞으로 송금

이상과 같이 총회및 이사회 의결사항을 알려 드립니다.

※ 개정회칙은 90.4.5 배포해 드릴예정 입니다.

대 한 유 격 참 전 동 지 회 회 장 전 　인 　식

전 사 확 인 서

소 속	계 급	군 번	성 명	입 대 일	전사일자	사망 구분	발행번호	계인
유격13	임시대위	GO 1067	김정기	51. 1. 4	51. 3.19	전사(1-1)	95 - 1	생략
유격12	임시대위	GO 1069	권왕견	51. 1. 4	51. 3.19	전사(1-1)	95 - 2	생략
유격12	임시중위	GO 1083	강창희	51. 1. 4	51. 3.25	전사(1-1)	95 - 3	생략
유격13	임시중위	GO 1078	김용구	51. 1. 4	51. 3.25	전사(1-1)	95 - 4	생략
유격12	임시소위	GO 1114	황병석	51. 1. 4	51. 3.26	전사(1-1)	95 - 5	생략
유격11	임시일중	미 부 여	장국환	51. 1. 4	51. 3.25	전사(1-1)	95 - 6	생략
유격12	임시이중	미 부 여	이재성	51. 1. 4	51. 3.26	전사(1-1)	95 - 7	생략
유격11	임시이중	미 부 여	윤동익	51. 1. 4	51. 3.26	전사(1-1)	95 - 8	생략
유격13	임시이중	미 부 여	고석휘	51. 1.16	51. 3.19	전사(1-1)	95 - 9	생략
유격13	임시이중	미 부 여	나승교	51. 1.16	51. 3.19	전사(1-1)	95 - 10	생략
유격13	임시이중	미 부 여	김주섭	51. 1.16	51. 3.19	전사(1-1)	95 - 11	생략
유격13	임시이중	미 부 여	이운철	51. 1.16	51. 3.19	전사(1-1)	95 - 12	생략
유격11	임시이중	미 부 여	김윤태	51. 1. 4	51. 3.26	전사(1-1)	95 - 13	생략
유격11	임시이중	미 부 여	천봉균	51. 1. 4	51. 3.25	전사(1-1)	95 - 14	생략
유격11	임시이중	미 부 여	안병철	51. 1. 4	51. 3.25	전사(1-1)	95 - 15	생략
유격11	임시이중	미 부 여	김철구	51. 1. 4	51. 3.25	전사(1-1)	95 - 16	생략
유격11	임시이중	미 부 여	김명규	51. 1. 4	51. 3.25	전사(1-1)	95 - 17	생략
유격11	임시이중	미 부 여	현 제	51. 1. 4	51. 3.25	전사(1-1)	95 - 18	생략
유격11	임시이중	미 부 여	구기덕	51. 1. 4	51. 3.25	전사(1-1)	95 - 19	생략
유격11	임시이중	미 부 여	안성호	51. 1. 4	51. 3.25	전사(1-1)	95 - 20	생략
유격11	임시일중	미 부 여	안희일	51. 1. 4	51. 3.26	전사(1-1)	95 - 21	생략
유격13	임시이중	미 부 여	강창환	51. 1.16	51. 3.26	전사(1-1)	95 - 23	생략
유격11	임시이중	미 부 여	이정구	51. 1. 4	51. 3.26	전사(1-1)	95 - 24	생략
유격11	임시이중	G 11313	황충연	51. 1. 4	51. 3.25	전사(1-1)	95 - 25	생략

상기명단("백골병단"25명)은육본전사망심사위원회(95-1회)에서"전사"로가결된자임을 확인함

1995. 2. 3.

육 군 참 모 총 장

6/3 접수

국 립 묘 지 관 리 소

우 156-080 서울 동작구 동작동 산 44-7 / ☎ (815-0625, 교환 6400) 김 광 묵

문서번호　전례 33166-

시행일자　'95. 5.30

수신　서울시 마포구 서교동 466 - 19 대한유격참전동지회　전 인 식

참조

제목　위패봉안 통보

1. 국가 위난시에 조국을 지키시려다 장렬히 산화하신 고인의 영전에 삼가 명복을 빕니다.

2. 귀하께서 육군에 출원하신 민원에 따라 고(　　　)의 위패를 국립묘지 위패봉안관에 고이 모셨슴을 아래와 같이 통보합니다.

위 패 위 치	계 급	고 인 성 명	민 원 인 성 명
46 - 2 - 183	일등중사	장 국 환	전 인 식
46 - 2 - 184	"	안 희 일	"
46 - 2 - 185	이등중사	이 재 성	"
46 - 2 - 186	"	윤 동 익	"
46 - 2 - 187	"	고 석 휘	"
46 - 2 - 188	"	나 승 교	"
46 - 2 - 189	"	김 주 섭	"
46 - 2 - 190	"	이 운 철	"
46 - 2 - 191	"	김 윤 태	"
46 - 2 - 192	이등중사	천 봉 균	"
46 - 2 - 193	"	안 병 철	"
46 - 2 - 194	"	김 철 구	"

위 패 위 치	계 급	고 인 성 명	민 원 인 성 명
46 - 2 - 195	이등중사	김 명 규	전 인 식
46 - 2 - 196	"	현 제	"
46 - 2 - 197	"	구 기 덕	"
46 - 2 - 198	"	안 성 호	"
46 - 2 - 200	"	강 창 환	"
46 - 2 - 201	"	이 정 구	"
46 - 2 - 202	"	황 충 연	"
48 - 3 - 269	임시대위	김 정 기	"
48 - 3 - 270	임시대위	권 왕 견	"
48 - 3 - 271	임시중위	강 창 희	"
48 - 3 - 272	임시중위	김 용 구	"
48 - 4 - 001	임시소위	황 병 석	"

3. 참고로 위패봉안관은 국립묘지 현충탑 아래에 위치하고 있습니다. 끝.

국 립 묘 지 관 리 소 장

2000. 8. 10 전사한지 49년여만에 국립현충원에 위패가 봉안된 사연과 함께 국립현충원을 참전전우회원 일동이 참배하는 내용을 요로에 알리고 있다. 뒷면 전사 확인장병 60위

전사한지 49년 6개월만에

국립묘지(현충원)에 위패 봉안 되다!!

전 육군본부직할 결사유격 제11연대 소속 "임시대위 金元培" 외 4인의 병장이 1951. 3. 26 강원 인제지구에서 전사!

결사유격 제13연대 소속 병장 천영식이 1951. 3. 19 역시 강원 인제지구에서 전사한 전사확인서가 2000. 4. 27 육군참모총장으로부터 발급된 뒤, 국립현충원(동작동 국립묘지)이 2000. 9. 7 위패를 봉안하게 되어 전사한지 49년 6개월만에 비로소 위패만이라도 봉안할 수있게 되었습니다. 이에 본회는 다음과 같이 위패 봉안 추모행사를 갖고자 합니다.

다 음

1. **행사 일시** : 2000년 9월 7일 11시 국립현충원 현충문 앞 집합 완료
2. **행사 내용** : 2000년 9월 7일 11시 15분 행사장 입구 정렬 및 백골병단기 입장
   국립현충원 행사 병력 정 위치
   11시 20분 현충문 통과
   헌화, 분향, 묵념, 위패위치 확인, 참배 및 화환 증정
3. 이미 봉안된 전우의 위패 52위 참배
4. 국립 현충원의 협조사항
   헌화, 분향, 묵념시의 조총 및 조곡 연주 협조
   신규 위패위치 안내 및 기 봉안된 52위의 위패 위치 안내 협조(별첨 기 봉안위패 명단)
5. 보도기관 및 관련기관의 협조
   조국의 자유와 평화를 위해 자신의 안일을 돌보지 않고 적·후방으로 침투하여 단 2주일분의 미숫가루만으로 60여일 동안 종횡 800리(320 km), 적 3군단 배후의 습격, 적69여단의 괴멸에 기여, 적 대남 빨치산총사령관 인민군중장 吉元八과 참모장 대좌 姜七星 등 지휘부 13명 전원의 생포 처리로 대남 지휘부를 전멸케한 특공의 빛나는 위훈을 남기고 산화 하신 분들의 명복을 빌고 그 명예가 이 땅위에 영생토록 우리 모두는 힘을 다함께 해야 한다고 주창합니다.
6. 참고사항 : 703특공 2대대장은 보관 관리중인 "백골병단기"를 2000년 9월 6일 이전까지 본회의 탁송하거나, 9월 7일 11시 정각까지 기수병사를 국립현충원에 출장토록 조치해 주실 것.

이와 같이 안내 및 협조를 부탁드립니다.

2000. 8. 10

대한유격참전동지회 회 장

수신 : 배포처 참조

戰死 確認(位牌·安葬) 將兵

소 속	계 급	군 번	성 명	출 신 지	비 고
결사 11 연대	육군대위	GO 1007	尹 昌 圭	충남 예산	동작동 위패 장교/17 구역
〃	육군소위	GO 1034	李 鍾 三	충남 청양	동작동 위패 장교/17 구역
〃	육군대위	미 상	玄 奎 正	평북 개천	대전 장교묘역 2-744호 안장
〃	육군중위	GO 1010	鄭 世 均	서울 만리동	동작동 위패 장교/14 구역(유가족)
〃	육군소위	GO 1053	尹 泓	경기	동작동 위패 장교/14 구역
결사 11 연대	육군소위	GO 1039	許 銀 九	경북 경주	동작동 위패 장교/14 구역(유가족)
결사 13 연대	〃	GO 1096	朴 萬 淳	경기 시흥	동작동 위패 장교/14 구역(유가족)
결사 11 연대	〃	GO 1045	李 夏 淵	충남 청양	대전 장교묘역 2-745호 안장
결사 12 연대	〃	GO 1114	黃 炳 錫	경기 파주	동작동 위패 48-4-001(유가족)
결사 11 연대	이등상사	G 11061	柳 東 鉉	경기 시흥	동작동 위패 28/5 구역(유가족)
결사 11 연대	일등중사	G 11312	張 東 淳	경기 시흥	동작동 위패 28/6 구역(유가족)
〃	〃	G 11313	申 鉉 石	경기 시흥	동작동 위패 28/6 구역
〃	〃	G 11039	朴 鍾 萬	경기 파주	동작동 위패 28/6 구역(유가족)
〃	이등중사	G 11087	權 旭 相	경기 안양	동작동 위패 28/6 구역(유가족)
〃	〃	미 상	洪 淳 基	충남 연기	동작동 위패 28/6 구역(유가족)
결사 11 연대	이등중사	미 상	金 周 鉉	경기 파주	동작동 위패 28/6 구역(유가족)
〃	〃	G 11206	김 윤 수	충남 부여	동작동 위패 28/6 구역
〃	〃	미 상	李 相 旭	대전	동작동 위패 28/6 구역
〃	〃	〃	趙 重 用	경기 시흥	동작동 위패 46-3-214(유가족)
〃	〃	〃	鄭 間 哲	경기 시흥	동작동 위패 46-3-215(유가족)
결사 11 연대	이등중사	미 상	이 석 순	대전	동작동 위패 46-3-216
결사 12 연대	〃	〃	황 경 덕	경기 평택	동작동 위패 46-3-217
결사 11 연대	육군병장	G 11317	李 完 相	충남 청양	대전 사병묘역 11-4591호 안장
결사 13 연대	육군대위	GO 1067	金 貞 起	충남 연기	동작동 위패 48-3-269
결사 12 연대	〃	GO 1069	權 王 堅	불명	동작동 위패 48-3-270
결사 12 연대	육군중위	GO 1083	姜 昌 熙	불명	동작동 위패 48-3-271
결사 13 연대	〃	GO 1078	金 溶 九	서울	동작동 위패 48-3-272
결사 11 연대	이등중사	G 11215	姜 文 錫	충남 서산	동작동 위패 13/18 구역(유가족)
〃	〃	미 상	유 동 식	불 명	동작동 위패 13/18 구역
〃	〃	〃	박 희 영	불 명	동작동 위패 13/18 구역

소 속	계 급	군 번	성 명	출 신 지	비 고
결사 11 연대	이등중사	미 상	이영업	불 명	동작동 위패 13/18 구역
〃	〃	〃	서두생	불 명	동작동 위패 13/18 구역
〃	〃	〃	김양환	충남 부여	동작동 위패 13/18 구역
〃	일등중사	〃	洪勝先	불명	동작동 위패 27/4 구역
〃	〃	〃	徐一澤	경기 시흥	동작동 위패 27/4 구역
결사 11 연대	일등중사	미 상	장국환	충북 옥천	동작동 위패 46-2-183
〃	〃	〃	안희일	불명	동작동 위패 46-2-184
결사 12 연대	이등중사	〃	이재성	경기 시흥	동작동 위패 46-2-185
결사 11 연대	〃	〃	윤동익	경기 시흥	동작동 위패 46-2-186
결사 13 연대	〃	〃	고석휘	강원 정선	동작동 위패 46-2-187
결사 13 연대	이등중사	미 상	나승교	강원 정선	동작동 위패 46-2-188
〃	〃	〃	김주섭	강원 정선	동작동 위패 46-2-189
〃	〃	〃	이운철	강원 정선	동작동 위패 46-2-190
결사 11 연대	〃	〃	김윤태	경기 시흥	동작동 위패 46-2-191
〃	〃	〃	천봉균	경기 시흥	동작동 위패 46-2-192
결사 11 연대	이등중사	미 상	안병철	경기 시흥	동작동 위패 46-2-193
〃	〃	〃	김철구	충남 연기	동작동 위패 46-2-194
〃	〃	〃	김명규	경기 시흥	동작동 위패 46-2-195
〃	〃	〃	현제	강원 인제	동작동 위패 46-2-196
〃	〃	〃	구기덕	충남 서천	동작동 위패 46-2-197
결사 11 연대	이등중사	미 상	안성호	경기 시흥	동작동 위패 46-2-198
결사 13 연대	〃	〃	姜昌煥	불명	동작동 위패 46-2-200
결사 11 연대	〃	〃	이정구	충남	동작동 위패 46-2-201
〃	〃	〃	黃忠淵	충남 서천	동작동 위패 46-2-202
결사 11 연대	육군대위	GO 1006	金元培		〃 〃 48-4-104
〃	병 장		박종수		〃 〃 46-5-043
〃	〃		이충구		〃 〃 46-5-044
〃	〃		박기석		〃 〃 46-5-045
〃	〃		임경섭		〃 〃 46-5-046
결사 13 연대	〃		천영식	화성군	〃 〃 46-5-047
61名 (60)					(안장 3, 위패 58) (57)

3. 전적비 건립 관련

1988.6.29 산악군단 방문으로 전적비 건립결심을 전우회원에게 알리는 서신

대 한 유 격 참 전 동 지 회

(333 - 5214)

참전동지 88 - 7 - 1 　　　　　　　　　　　　　　　　　　　　1988. 7. 8.

수 신 : 참전동지 및 유족

제 목 : 전적비 건립의 건

1. 귀하의 건강과 하시는 사업의 번영 및 가족의 안녕을 기원합니다.

2. 전적비를 겸한 위령탑 건립을 위하여 그간 꾸준히 노력하신, 숙원사업이 이루어지게 되었음을 알려 드립니다.

3. 1988.6.29. 본회 권영철동지와 회장(전인식)이 회장의 고향 후배인 예비역장군과 함께 강원지구 산악군단을 방문한 바 있읍니다.

동 산악군단은 중동부전선에 위치하여 과거 우리들의 격전지였던 굴량발, 필례, 귀둔리, 갈천리, 진동리, 외가평, 내가평, 용대리등 이름만 들어도 동지들이 아실만한 지역에 있었읍니다.

4. 권동지와 황장군, 본인이 자세히 그 당시의 상황을 보고 하였고, 숙원인 전적비 건립을 건의 하였던 바, 육군 당국이 옛날의 장한 기록을 후세에게 널리 알리고자 전적비의 건립을 약속하였고 구체적으로 부지선정 기타에 대한 협의를 하게 되어 곧 착수될 것으로 전망됩니다.

5. 본 동지회는 산악의 특수부대(우리들과 비슷함)와 자매결연을 맺기로 하여 8월경 동부대를 친선 방문하기로 하였읍니다. 따라서 우리들의 숙원을 들어 줄 부대(실제로 전적비관리를 맡게 될 부대임)의 방문인 점에서 동지들의 협력을 바라오니 그 뜻을 이해 하시고 힘자라는 범위내의 협조를 부탁드리며, 전적비의 문안이나 비명 등 일체에 대한 "안"을 만드셔서 오는 모임에 지참하여 협의해 주시기 바랍니다. (상조회 회의도 이날 겸하는 것이 좋겠읍니다)

회의일시 : 1988. 8. 6. 14 시 　　본회 임시사무소 : 서교동 466 - 9호 (02 - 333 - 5214)

추 　신 : (故)장동순, 신현석동지가 G군번과 당시의 계급으로 전사 확인서가 발급되었음도 아울러 보고 합니다.

※ 경비 협조 등에 대한 협의회의는 이것으로 종결코자 하오며, 동지여러분의 적극적인 참여를 바랍니다.

대한유격참전동지회 회 장 　전 　인 　식

1988.8 육군참모총장에게 전적비(전승탑) 건립에 관한 자료를 보내는 서신

大韓遊擊參戰同志會

(333－5214)

1988.8.13

遊擊同志 88－8－2

受 信 : 陸軍參謀總長

參 照 : 軍史硏究室長

題 目 : 白骨兵團 戰勝塔 建立

1. 貴下의 健勝하심과 國土防衛에 專念하시는 揮下 全 將兵의 健康과 幸運이 함께 하시기를 祈願합니다.

2. 폐 同志會는 1951年1月 陸軍本部 情報局에서 組織·編成·訓練한 後 敵後方에서 我軍과 協同하는 縱深戰鬪를 敢行한 大韓民國 最初의 正規 遊擊隊 出身 將兵으로 構成된 親睦모임입니다.

3. 우리들 參戰 同志들은 敵 陣地 後方 300餘里 깊숙히 侵透하여 北傀軍 中將級 將星의 生捕를 비롯하여 敵에게 莫大한 被害를 加한 戰功을 세웠음에도 아직까지 戰跡碑(戰勝塔, 慰靈塔) 조차 建立하지 못하고 안타까워 했었읍니다.

4. 그러던 中 지난 88年6月 報勳의 달에 陸軍 第3軍團을 訪問하여 그 當時의 戰鬪槪況을 軍團長任에게 報告드릴 機會에 序上의 말씀을 兼하여 進言드렸던 바, 當時 軍團長님께서 戰勝塔 建立을 約束해 주시어, 이제 37年間의 오랜 恨이 풀리게 되었기, 우리들 同志들도 微力이나마, 軍當局의 勞苦를 一部라도 더는 뜻에서 1,000萬원을 모았읍니다.

5. 이 戰勝塔의 建立은, 全 陸軍의 後援과, 當時, 山岳 軍團長이셨던 李鎭三 將軍님과 後任이신 朴益淳 將軍님의 格別하신 보살핌으로 이룩되는 것이라 思料되오며, 當時의 參戰 同志 一同의 작은 精誠도 이에 보태어져 이룩된다는 저희들의 矜持와 感激은 말할 것도 없을 뿐만 아니라, 全 國民 모두와 勝共理念을 切感하고 있는 많은 知性있는 國民의 讚辭를 받고도 남을 壯擧라 여겨집니다.

6. 바라건데 저희들의 작은 精誠이 그와 같은 큰 事業에 무슨 보탬이 되겠읍니까만 저희들은 보다 더 贊助의 幅을 넓혀, 먼저 간 護國의 英靈이 된, 옛 同志들의 넋과 恨을 달래주고, 자라나는 世代에게 透徹한 國家觀과 自由가 所重함을 일깨워 주는데 寄與케 하고자 합니다.

7. 尊敬하는 參謀總長님, 그리고 次長님, 軍事硏究室長님, 우리들 參戰 同志 一同은

將軍님의 聖스러우시고, 어지신 快擧를 죽는 그날까지, 잊지 않고, 먼저 간 同志들과 함께 感謝하오며, 하루 빨리 戰勝歌가 온 누리에 펼쳐질 날을 苦待하겠나이다.

정말로 感謝드립니다.

總長님, 參謀次長님, 室長님의 家庭에 萬福이 깃드시고 祖國의 安保를 보살피기에 한치의 겨를도 없으실 將軍님에게 하나님의 은총이 永遠하시기를 빕니다.

參考로 다음 資料를 함께 보내 드립니다.

1. 作戰槪要文인 白骨兵團의 血鬪記 1部

2. 遊擊軍 實戰實話 文獻內容 比較表 1部

3. 조감도 및 개략설계도 1部

4. 塔 說明文 1부

5. 塔 建立功勞者 名板과 作戰狀況展開圖板, 獻詩文板, 參戰同志(戰死 · 生存者) 名單의 文案 등은 作成中에 있음. 끝.

大韓遊擊參戰同志會
會長 全 仁 植

전승탑 건립 추진 보고 및 회의 소집

大韓遊擊參戰同志會
(333-2381～2)

受　信 : 同志 諸位(參戰者 및 遺族)
題　目 : 戰勝塔 建立 推進에 關한 中間報告 및 會議 召集

1. 貴下의 健康과 하시는 事業의 繁盛하심을 仰祝하오며 己巳年 새해에 貴宅에 萬福이 깃드시기를 眞心으로 祝願드립니다.

2. 首題의 件에 關하여 그동안 遊擊參戰同志會의 이름으로 數次에 걸쳐 戰勝塔 建立 協贊의 附託 말씀을 書面으로 드렸아오나 아직까지도 이에 參與치 아니하시는 同志가 있어, 그분들에게 參與를 强勸할 수도 없는 처지 이기는 하오나, 모두의 뜻을 結集하여야 보다 뜻 있는 記念塔이 될 것이라 믿고, 그 뜻을 當局에 建議하거나 塔文案, 其他 우리들의 要求事項을 反影할 수 있게 해야 한다고 생각하고 다음 事項을 討議코자 모임을 주선하게 되었읍니다.

3. 主要 討議事項

① 同志會 經過報告
② 塔의 名稱 및 設計說明
③ 塔 說明文과 戰鬪槪要 文案의 確定
④ 參戰者 名單 確定
⑤ 戰死者 및 失踪者의 區分(塔身部位에 記名될 同志는 陸本의 戰死確認이 된 同志만이 記名되어야 한다는 說도 있음)
⑥ 主催者로서의 推進 體制 整備 强化
⑦ 參與獻金者의 禮遇方法
⑧ 推進委員長 및 副委員長 幹事等의 選出 必要性 檢討
⑨ 汎國民的인 推進委員會 構成에 關한 事項
⑩ 塔 建立에 參與하지 아니하는 同志에 對한 勸告
⑪ 建立基金 決算報告 및 對策協議
⑫ 其他 戰勝塔 建立과 關聯되는 事項의 審議 處理

4. 戰勝塔의 建立은 陸本의 事業 및 豫算 確定으로 89年 3月頃 解土와 同時에 着工되어 6月까지 竣工될 것으로 展望되오며 그러한 通報를 받고 있음을 알려 드립니다.

5. 1989年 1月 10日까지 戰勝塔 建立基金을 協贊해 주신 同志는 다음과 같읍니다. (단위 : 만원) (존칭 생략)

13R 고제화 30, 11R 최윤우 30, 11R 권영철 100, 11R 최윤식 50, 12R 안병회 30, 11R 장승현 20, 11R 이명해 20, 12R 박용주 10, 12R 조영택 10, 12R 신영기 5, 11R 정규옥 35, 16R 박제민 5, 11R 신건설 20, 11R 장덕순 10, 11R 허재구 20 (故 許銀九 少尉의 兄任), 11R 권일상 20(故 權旭相 中士의 弟氏), 12R 이익재 10,

12R 이남훈 5, 11R 장지영 10, 11R 박승록 15, 11R 임동욱 10, 11R 장동설 20 (故 張東淳 中士의 子), 11R 전인식 100, 小計 585만원(최인태 塔文 題字協贊 別途)

〈협찬 약속자 중 일부 미납액〉

11R 장덕순 10, 12R 이남훈 5, 小計 15만원

〈협찬 약속자 중 미납액〉

13R 최종민 10, 12R 이두병 10, 12R 윤범용 10, 12R 김영설 20, 12R 김용필 50, 11R 채명신 1,000, 11R 신효균·11R 강두성·11R 원응학 3인 200, 11R 박종황 10,

小計 1,310만원, 合計 19,100,000원

以上에서 보시는 바와 같이 戰勝塔 建立에 協贊해 주신 同志가 23人(外 1人)이고, 約束은 하였으나 未納中인 최종민 同志 外 9人等으로, 아직까지 參與의 뜻을 밝히지 아니하신 同志가 28人 相當에 이르고 있는 實情입니다. 따라서 未納中에 있는 同志에 對하여 約束의 履行을 促求하기도 어렵고 또 經濟的인 能力이나 其他 個人的인 事情等도 있을 것임을 미루어 볼때 建立基金의 協贊 納付를 要請하기도 어려운 實情에 있읍니다.

6. 塔 建立基金을 協贊해 주신 同志 諸位에게는 同 基金中 一部를 塔 建立 有關部隊 將兵의 慰問品代等으로 120萬원 程度를 引出할 것임을 이미 通報하여 輸出用 包裝 돈육 400kg(精肉 667근 相當)을 購入하여 지난 12月 8日 崔允植, 權寧哲, 張承鉉, 李明海, 丁圭玉, 全仁植等 6人이 3軍團 特攻 聯隊長에게 傳達 慰問한 바 있읍니다.

7. 지난 8月 12日 蔡司令官께서 協贊意思를 表示하심에 따라 陸本에 對하여 公文으로 約束한 參與支援金 1,000萬원은 蔡司令官의 協贊이 없는 現在로서는 至極히 어려워 이 問題도 討議에서 結論을 導出하여야 할 實情이오며, 도저히 1,000만원을 채울 수 없게 된다면 부득히 特志家의 도움을 다시 받아야 約束을 지킬 수 있게 될 것이란 展望입니다.

지나치게 긴 書信을 經過報告를 兼하여 드리고, 앞으로 推進委員을 따로 選任하여 懸案을 處理하게 하거나, 어떻든 2月以前까지는 모두를 매듭지어야 할 것이라고 생각합니다.

모임 일시 : 1989年 1月 23日 11時 正刻

모임 장소 : 全仁植 事務室 건너편 한정식 嘉會 332-4264

會 費 : 當日 各自 負擔(7~8,000원 程度)

〈會議에 蔡司令官께서도 參席하실 것 같음〉

追伸 : 本 同志會의 會議가 끝나면 곧 2月이 되고 이어 舊正 등으로 2月에는 다시 모임을 갖기도 어려울 것이라고 思料되오며 3月로 접어들면 起工式 參加等도 있게 될 것이므로 同志會 全體 會議는 再次 召集하기도 어려울 것으로 思料됩니다. 따라서 討議案件을 잘 살피시어 參戰者 및 遺家族 모두의 뜻이 담길 수 있는 塔이 建立될 수 있도록 우리들 周圍에 連絡이 닿을 수 있는데까지 서로 連絡하여 한사람도 빠짐없이 參戰同志 모두가 參與하는 우리들의 記念塔이 되고 또 나라와 겨레의 塔이 될 수 있도록 서로가 協力하면서 周邊에 뜻이 있는 많은 國民의 參與를 위하여 우리 모두가 힘을 합쳐 나아 갑시다.

1989年 1月 10日

通知人 全 仁 植

白骨兵團 戰勝塔 建立 協贊金 納付現況

① 1988.8.6 總會以後
② 1989.1.10 現在

대한유격참전동지회 (단위 : 만원)

姓 名	찬조약속액	납부액	미납잔액	旣贊助累計	姓 名	찬조약속액	납부액	미납잔액	旣贊助累計	姓 名	찬조약속액	납부액	미납잔액	旣贊助累計
蔡命新	1,000		1,000	10	◎金海遠					朴光錫				
康斗星				50	林東郁	10	10	0	10	李南薰	10	5	5	5
元應學				40	權處弘					徐丙煥				
申孝均				45	高永相					金仁壽				
崔允植	50	50	0	80	◎全永模					李熙用				
全仁植	100	176	0	1,048	林南玉					林炳基				
梁在昊					李亨求					◎黃寬顯				
權寧哲	100	100	0	293	宋景熙					元鳳濟				
崔仁泰				碑文	◎林癸洙									
韓甲洙				1	◎鄭然鎭					(以上 12R)				
朴鍾瑝	10		10		◎羅明集					◎金亨哲				
車東元					◎柳卓永					高悌和	30	30	0	35
丁圭玉	10	35	0	35	◎金壽昌					崔鍾敏	10		10	
張承鉉	20	20		20	◎咸萬東					金容福				
崔潤宇	30	30	0	35	◎오봉택									
張之永	10	10	0	10	◎원광길					(以上 13R)				
李明海	20	20	0	20						金學均				
申健澈	20	20	0	20	(以上 11R)					李相南				
張德淳	20	10	10	10	李斗柄	10		10		◎韓寶根				
故 許銀九 少尉	20	20	0	20	金容弼	50		50						
故 權旭相 中士	20	20	0	20	趙榮澤	10	10	0	10	(以上 15R)				
故 張東淳 中士	20	20	0	20	朴用周	10	10	0	10	朴濟珉	5	5	0	5
李命宇					申永基	5	5	0	5					
朴勝錄	10	15	0	15	金永卨	20		20		(16R)				
金正鍾					安秉熙	20	20	0	20	吳楨欽				
全永燾					尹範容	10		10		鄭元甲				
趙南顯					李翊宰	10	10	0	10	◎李潤熙				
河泰熙					金益煥									
李雲河					趙炳僕					(以上 特別R)				

◎ 85年以後 모임에 不參한 同志

" 정 직 질 서 창 조 "

육 군 본 부

문서번호: 군연수 제1913호 1989. 7. 7.

수 신: 대한 유격참전 동지회장

주 무:

제 목: 89 백골병단 / 한석산 전적비 건립예산 지원불가(통보)

1. 관련근거: 백골병단 / 한석산 전적비 건립지원 검토(88. 11. 29 총장보고)

2. 위 관련근거에 의거 백골병단 / 한석산 전적비 건립을 위하여 필요한 예산과 자재를 89년도에 육본에서 3군단에 지원토록 결정되었으나 620사업의 추가예산 소요로 인하여 89년도에는 지원이 불가하며, 따라서 전적비 건립문제는 90년도에 재검토 하도록 결정 되었음을 통보드립니다. 끝.

육 군 참 모 총 장

발송 1989. 7. 07 육군본부

육군참모총장인

" 선 진 조 국 창 조 "

1989.7.7 육군본부 군사 연구실은 백골병단 전적비 건립 지원 불가를 통보해왔다.
육군 제1군사령부가 이진삼 군사령관의 특별지시로 철근 20ton, 양회 2,000포대를 긴급 지원하여 기초공사가 일부 진행중에 있던 때에 89년도에는 620사업예산 추가로 지원할 수 없다는 것이다.
그 뒤, 1990.5월초 이진삼 대장이 육군참모총장으로 영전되자 육군군사연구실은 중지된 것을 다시 전액 지원한다는 통보를 해왔다. 참으로 어안이…

白骨兵團戰跡碑 建立 所要判斷資料

1. 塔　名 : 白骨兵團戰跡碑

2. 位　置 : 江原道 麟蹄郡 北面 龍垈里 山250林 地內

3. 面　積 : 2,800 m² (약 850 坪)

4. 主　塔 : 높이 18.3m　　三角뿔의 높이 11m (결사 11 연대 상징)
　　　　垈石높이　2.8m (생환자 280명 상징)
　　　　基礎받침　3.6m (전사자 360여 상징)
　　　　기　　초　0.9m
　　3角 1뿔 1.2m식 3.6m (3개연대및 전사자 360여명 상징)

5. 所要豫算 : ① 주탑　76,783,000 원 (순공사비 67,103,000 원 상당)
　　〈주탑 51,590,000, 화강석 19,193,000, 부대시설 6,000,000 원〉
　　② 造景工事　111,849,000 원 (순공사비 78,056,000 원)
　　〈식재공사 19,973,000, 시설물공사 56,083,000, 건립기념비 2,000,000 원
　　(기타부대비 33,793,000 원 (간접노무비, 이윤, 부가세등)
　　총공사비 : 188,632,000 원 (순공사비 145,159,000 원)

6. 現在의 狀況
　① 建立敷地 約 750 坪의 敷地는 完了되었슴. 補完 敷地고르기 約 100 坪 相當.
　② 排水路 및 옹벽工事, 비탈保護工 未 施工中.
　③ 道路邊의 側溝 未 進行中.
　④ 인접獨立家屋의 買受協議 未 進行中.
　⑤ 軍司令部 支援物資 시멘트 1,000 包袋, 鐵筋 10 ton 未 執行中.
　⑥ 同志會 寄托 1,000 萬원의 補助金 未 執行中.

7. 現在의 判斷 (展望)
　① 陸軍本部 軍事硏究室로 부터는 90.1.21 現在 支援 言質이 없슴.
　(89 年度 配定 6,430 萬원은 620 事業으로 轉用되었슴)

1990.1.24 백골병단 전적비 건립 소요판단자료 89년도에 배정된 6,430만원은 620사업으로 전용되어 공사집행이 불가능하게 되었다.

②陸本의 支援人事가 거의 轉出된 것으로 알고 있슴.

③軍司令部 支援資材와 同志會 寄托金으로 配水路 옹벽등은 解土와 同時에 施工되어야 할 것으로 判斷됨.

④軍團工兵의 옹벽 및 비탈保護工과 同時에 703 特攻聯隊長(류해근 대령), 정찰대장(백행기중령) 등은 石材 및 造景樹를 확보한다고 하니 同時 進行이 좋을것 같음.

8. 希望事項

①可用豫算의 段階的 投入이 要望됨.

②可能한 限 6.25 또는 10/1 以前에 主塔 除幕만이라도 했으면 하는 바램 임.

以上 報告합니다.

1990. 1. 24

白骨兵團戰跡碑 建立.參戰同志會 會長 全 仁 植

90.1.24 참 가 자

성 명	당 시 계 급	주민등록번호	주 소
채명신	예비역 중장 (명예회장)	(전화) 754-4841	서울 용산구 후암동 55-16
황인모	예비역 준장 (고문)	(전화) 797-0853	서울 서대문구 홍은 3동 338-156
전인식	대위(작전참모) (회장)	290727-102****	서울 영등포구 여의도동 30의 2 삼부 APT 10/13호
권영철	대위 군수장교 (참여)	290608-123****	경기도 고양군 원당읍 성사리 407-5호
최윤우	중사 통신병 (전파국장)	350922-101****	서울 성동구 성수동 2가 36의 477
최윤식	대위(정보참모)(인창교장)	251112-101****	서울 강동구 둔촌 2동 108-1호
신효균	보좌관(대위급)(의류사장)	240819-103****	서울 송파구 문정동 올림픽훼밀리 APT 234동 1001호
원응학	보좌관(대위급)(투자전무)	280320-104****	서울 은평구 불광동 12-5
신건철	상사 1대대 (경기지회장)	310304-117****	안양시 안양 1동 97-3 진흥 APT 123동 1007호
류탁영	중위 통신장교(영북고교장)	261210-124****	경기도 [illegible]군 포천읍 신읍리 은하 APT B동 307호
이명우	소위 연락장교 (연락)	320708-170****	서울 동대문구 제기 1동 914

〈이상 11명〉

1990.5.14 군연수 제4508호로 백골병단 전적비 건립지원계획이 620사업으로 인한 추가 자금 소요로 부득이 90년 사업으로 이관되었던 것을 첨부와 같이 다시 지원하겠다는 공문이다. 첨부물 참조

" 산업평화 이룩하여 경제난국 이겨내자 "

육 군 본 부

문서번호 : 군연수 제 4508 호 (505 - 3911) 1990. 5. 14

수 신 : 대한유격참전 동지회장.

제 목 : 백골병단 전적비 건립지원계획 통보

1. 군의 선배로서 항상 저희들을 성원 격려해주시고 지도 편달해 주신데 대해 깊은 감사를 드립니다.

2. 백골병단 전적비 건립계획을 육군에서 '89사업으로 추진 예정이었으나 620사업으로 인한 추가 자금소요로 부득이 이를 '90사업으로 이관하였습니다.

3. 금번 본사업을 위해 예산 및 자재를 첨부와 같이 지원하였으니 공사주관 부서인 3군단과 협조하여 추진하여 주시기 바랍니다.

첨 부 : 백골병단/한석산 전적비 건립지원 재검토 1부. 끝.

전적비 건립 지원이 확정되었다.

육 군 참 모 총 장

" 선 진 조 국 창 조 "

백골병단/한석산 戰蹟碑 建立支援 再檢討

88년 3군단에서 건의한 사업으로서, 육본에서 89년 예산으로 지원토록 총장님이 재가하였으나 620사업 추가예산소요로 지원이 이를 재검토한 결과보고입니다.

戰蹟槪要

○ 백골병단 유격전

. 국군 최초의 유격전으로 1951.1～3월간 백골병단 유격대를 오대산-설악산 일대의 적진 후방에 투입

. 총병력 640명중 380명이 전사하는 혈전을 거듭하면서 적사살 800명, 북괴군 유격대장 상장 김원팔 생포 등의 전과 획득

○ 한석산 - 매봉산 전투

. 1951.5월 중동부 전선의 3군단, 적의 1차 춘계공세후 반격 개시

. 예하 9사단 30연대, 주야 혈전끝에 인제 동측의 매봉산-한석산 점령

. 적사살 900명, 총포노획 342점(주공대대 전원 1계급 특진)

推進經過

- 백골병단 출신 친목회(회장: 전인식)및 30연대 출신 친목회(회장: 예 소장 손희선), 3군단 및 육본에 전적비 건립지원 요청
  - 회원 모금액 1,240만원 3군단에 기탁
  - 전적비 건립지원 청원서 제출(국방부장관, 참모총장)
- 3군단 전적비 건립추진

(만원)

구 분	계	백골병단	한 석 산
위 치		인제군 용대리 (내설악입구)	인제군 하추리 (인제-현리간)
총소요예산	17,710	12,730	4,980
회원 모금	4,440	4,200	240
군단 지원	2,930	2,110	820
육본지원요청	10,340	6,420	3,920

- 88.11.23 육본, 지원결정(일반참모회의 검토 및 총장재가)
- 각 친목회 및 3군단에 총장재가 결과 통보
- 89년 620사업 추가예산 소요로 지원중지 및 90년도 재검토 결정
- 3군단, 부지정리 및 배수로 작업 완료(89년)

檢 討

- 대국민 안보교육장 역할 기대
- 장병에게 지역전사 및 산악지대 유격전 전훈 교육

↓

전적비 건립 적절

* 군의 선배 예우 및 신의 유지

建 議

- 백골병단 및 한석산 전적비 건립지원 승인

(만원)

구 분	계	백골 병단	한 석 산
예 산 자 재	7,160 3,180	4,380 2,040	2,780 1,140
계	10,340	6,420	3,920

* 자재 : 시멘트(7,300포), 철근(32t)
목재(10,000B/F), 합판(215매)

행사 안내 (동지회원 및 유가족용)

1. 집결시간 : 1990년 11월 9일 09시 10분
   집결장소 : 마포구 서교동. 상업은행 서교동 지점앞 차도
2. 관광버스 탑승완료 : 09시 15분
3. 신남 휴게소 도착 : 12시 30분 (헌병 선도 안내)
4. 원통리 민예단지 휴게소 도착 : 13시 20분
5. 점심식사 및 휴식 : 13시 20분 ～ 14시 10분
6. 전적비 현장 도착 : 14시 40분 (同志會員 복장 : 正裝)
   행사장 정리 : 14시 40분 ～ 55분
7. **행사 개회** : 15시 정각 ～ 15시 35분
8. 개별분향 및 칵테일 접대 : 15시 35분 ～ 15시 55분
9. 특공 시범 : 16시 ～ 16시 50분
   전적비고별 : 17시 ～ 17시 20분
   귀환 : 17시 30분 ～서울 21시 30분 도착예정

② 상봉동 시외버스 터미널→인제, 원통행 버스 3시간 30분 정도
원통리 하차 — 시내버스 40분정도 소요

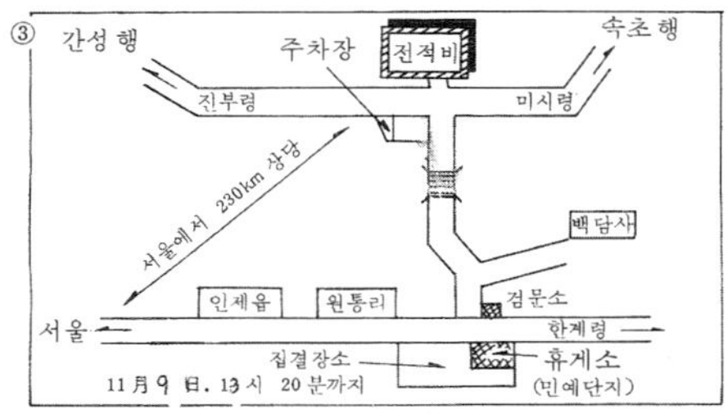

Ⅲ

招 請 狀

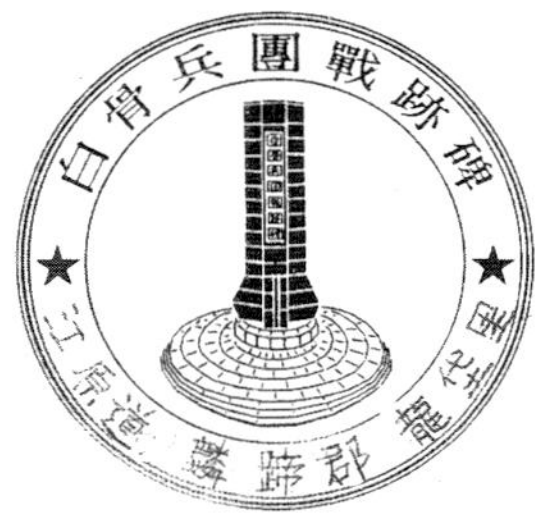

陸軍 第2307部隊

大韓遊擊參戰同志會

= 招 請 말 씀 =

祖國의 自由와 平和를 守護하기 위하여 1951年 1月 陸軍情報學校에서 3週間의 短期訓練만으로 敵軍의 服裝과 武器로 僞裝하고 敵 後方 320Km를, 零下 30度의 酷寒을 무릅쓰고 敵의 後方地域에서 60日間, 爀爀한 戰功을 세운 決死遊擊隊 「白骨兵團」將兵 640名의 忠·勇, 滅死報國, 任務를 完遂·勝利한 教訓을, 우리 後世에 길이 傳하고자 戰跡碑를 세우고, 戰鬪中 護國의 軍神으로 散華하신 戰歿將兵의 崇高한 偉勳을 기리고자 하오니 公私間 바쁘시더라도 꼭 枉臨하시어 除幕式典의 자리를 빛내 주시기 바랍니다.

1990年 11月 日

日時 : 1990年 11月 9日 15時
場所 : 江原道 麟蹄郡 北面 龍垈里
(백담사 **東北方 4Km**)

陸軍 第2307部隊長 中將 片將圓

大韓遊擊參戰同志會 會長 全仁植

式 順

1. 開式宣言 ---------------------------司會者
2. 國旗에 對한 敬禮 ------------ 參席者 一同
3. 經過 報告 -------------------- 工兵旅團長
4. 戰跡碑 除幕----------- 參謀總長, 來賓多數
5. 獻花 및 焚香---------- 參謀總長, 同志會長
6. 默 念 ---------------- 參席者 一同
7. 建立 趣旨文 朗讀 -----------------司會者
8. 表彰狀/感謝牌 授與 -- 參謀總長, 同志會長
9. 紀 念 辭 ------------------- 參謀總長
10. 인 사 말 ------------------- 同志會長
11. 決議文 採擇 -------------- 同志會員 一同
12. 閉式宣言 ---------------------- 司會者

* 戰跡碑 巡視
　茶菓 歡談
　個別焚香 및 紀念撮影 -- 同志會員 및 遺家族

1990.8.24 대한유격참전동지회는 수신 : 국방부장관, 참조 : 국방부전사편찬위원회 위원장에게 백골병단 전적비 비문의 고증 검토요청을 하였다.
이에 대하여 국방부 전사 편찬 위원회는 1990.8.31 전편 184-218호로 귀 유격대의 활동 사항은 이미 육군본부 군사연구실에서 인정하고 있어 고증이 필요치 않다는 회답을 보내와 비문 기타는 당초 계획대로 집행하였다.

전사편찬위원회
특수 우편물수령증
접수번호 1717 번

대 한 유 격 참 전 동 지 회
(02) 333 - 5213, 4

유격참전 90 - 8 -3 1990. 8. 24.

수 신 : 국방부장관

참 조 : 국방부 전사 편찬위원회 위원장

제 목 : 전적비 비문 검토(고증) 요청

1. 백골병단 전적비 건립 비문의 고증 등 검토 요청에 관한 일입니다.

2. 백골병단은 1951. 1. 4. 대구 소재 육군정보학교(제7훈련소, 달성국민학교자리)로 소집 편성되어 소정의 교육을 이수하고 1951. 1. 30. 영월에서 적지로 침투한 결사유격 제11연대와 51. 2. 5. 강동에서 침투한 결사유격 제12연대, 51. 2. 14. 묵호항에서 오대산 방면으로 침투한 결사유격 제13연대가 1951. 2. 20. 강원도 명주군 연곡면 퇴곡리에서 조우·집결되자 11연대장 육군중령 채명신은 3개부대를 통합 백골병단이라 명명하고, 적후방에서 혁혁한 유격전을 감행, 1951. 3. 30. 인제군 기린면 지역으로 철수 개선한 결사 유격부대로서

(1) 한국군 최초의 종심 전투를 감행한 특공부대였다는 점.
가. 임관 사령장 교부, 나. 군번 부여, 다. 계급 부여, 라. 특수교육 실시, 마. 부대편성 등 민간 자생 반공유격대와는 다름.

(2) 적군 중장의 고위장교 등의 생포 처치와 69여단의 기밀문서를 아군에 전달하여 작전에 크게 기여함.

(3) 적장병 및 내무서원, 지방 악질 공산당원 등 300여명의 생포와 사살 500여명의 전과수립.

(4) 정규군인인 육군중령 채명신이 직접지휘함.

(5) 특명 및 작전명령에 따라 작전을 수행함. 등으로 특공 유격장병의 귀감이 될 뿐만 아니라 자유와 평화를 위하고 국민의 생명과 재산을 보위할 군인으로서 빈약한 장비, 열악한 보급, 통신수단의 결여 등 온갖 악조건을 극복한 백골병단 용사의 전공을 후세에 길이 밝혀 투철한 충성심의 고양·임무완수를 위한 상징의 비가 될 수 있게 하고자 1962. 4. 23. 부터 관계당국에 청원하였으나 그 뜻을 이루지 못하다가 1988. 6. 29. 제3군단장 중장 이진삼에 의하여 건의, 1988. 11. 23. 육군 참모총장의 재가를 얻어 1990. 5. 14. 육군본부의 지원 6,420만원과 3군단의 지원 2,110만원 계 8,530만원(자재 및 자금)의 재투자 지원을 받고, 참전동지일동이 모금한 1,300만원 계 9,830만원의 예산 및 기타 지원으로 침투작전 종점인 강원도 인제군 북면 용대리에 전적비를 건립, 1990. 9. 28. 준공목표로 공사 중에 있습니다.

3. 위와 같은 백골병단의 전적취지를 비문에 담아 특공장병 뿐만 아니라 국민 모두에게 길이 남겨야 함에 만에 하나라도 뒷날 잘못되는 일이 있어서는 아니되겠기에 귀 전사편찬 위원회가 백골병단 관계자료 또는 결사유격 제11, 12, 13연대 관련자료를 소장중에 있으시면 이를 저희들 참전동지회에 사본을 송부해 주시어 적정하고 영원 불멸하게 작성 보완할 수 있게 도와주시기 바랍니다.

아울러 1. 전적비 비문 2. 전사자 명단(육본의 전사확인을 받고 국립묘지 현충탑에 위패안치 또는 국립묘지에 유골이 안장된 자에 한하여 전사자로 했음) 3. 참전자 명단(참전전우의 증언과 사진 등 자료에 의하여 확보한 것) 4. 작전 주요일자(참전동지회에서 3차에 걸친 총회에서 확정한 것) 등을 참고로 송부 합니다.

4. 위 비문 기타는 시공청의 사정에 따라 1990. 9. 5. 까지는 완결 송부해야 할 시간상의 긴박성이 있사오니 이를 참고하여 협조·지원·교시 바라오며, 가능한한 빠른 시일안에 자료유무 기타 등을 전화 통지문으로 보내주심을 바랍니다. 죄송합니다.

(현재까지 저희들은 20여년간 자료를 찾았으나 아직 근거문서를 화보하지 못하고 있음을 아울러 첨신합니다. 대단히 죄송합니다. 지나치게 번거롭게 해 드린 것 같습니다. 귀하와 귀 위원회 모든 분에게 신의 가호와 건강과 행운을 기원합니다.)

첨부 : 1. 백골병단 전적비 비문 1부.

2. 전사자 명단 1부.

3. 참전자 명단 1부.

4. 건립기 1부

5. 비 설명문 1부
6. 헌시 1부
7. 백골병단 주요 작전일지 1부
8. 나와 6.25 참전수기 1981. 소책자 1권
   (동지들에게 나누어 기록보정을 위한 비매품)
9. 못다핀 젊은 꽃(참전수기) 1권
10. 백설의 장정(참전수기) 1권 (위 도서의 증보판)
11. 백골병단(참전수기) 1권 (〃)
12. 결사11연대(참전수기) 1권 (〃)

※ 관련문서 기타 기증자료 등은 폐회 사무소에서 보존중에 있으나 그 양이 방대(큰 문서철 6권) 하여 함께 송부해 드리지 못합니다.

서울특별시 마포구 서교동 466-9
사단법인 건 설 산 업 연 구 소 내
대 한 유 격 참 전 동 지 회
회 장 전 인 식

국방부 전사편찬위원회에 전적비 비문 검토를 요청한 것에 대한 회신

국 방 부 전 사 편 찬 위 원 회

전편184-218　　(국7461)　　1990. 8. 31.

수신　대한 유격 참전 동지회장

제목　전적비 비문 검토(고증)요청 회신

1. 관련근거 : 유격참전 90-8-3('90.8.24) "전적비 비문 검토(고증)요청"

2. 위 근거에 의하여 당 위원회에서 여러가지 방법으로 검토하여본 결과 아래와 같은 사유로 인하여 고증이 불가한것으로 사료되어 통보하니 참고 하시기 바랍니다.

-아　　래-

가. 검토,고증에 필요한 귀 유격대의 작전에 관한 1차 자료(계획,지시,활동,결과 보고등 문서자료)가 없으며 이들 자료를 수집하기 위하여는 상당한 시간이 소요되어 귀회의 요구일에 맞출수 없음.

나. 귀 유격대의 활동사항에 관하여는 이미 육군본부(귀부대가 속한 군본부)군사 연구실에서 인정하여 책자로 출판 되었으므로 새로운 검토와 고증이 필요없을것으로 사료됨.

3. 정규군이 적을 유린 또는 교란,파괴의 목적을 두고 적 후방을 침투하여 작전한건은 자료의 획득 등 어려움이 있어 전사로 편찬은 하지 못하지만 귀유격대의 크나큰 공적과 희생을 뒷받침 할수 있는 자료 수집에 귀 회와 함께 노력할것을 약속드리며 귀회의 무궁한 발전을 기원합니다.　　끝.

국 방 부 전 사 편 찬 위 원 장

1990.11.9 백골병단 전적비 제막식 행사시간계획과 준공식순 및 초청대상 등을 결정한 육군본부의 계획문서

시 간 계 획

시 간		내 용	장 소	비 고
13 : 00-13 : 30	30′	도 착	한석산 전적비(피아시)	
13 : 30-13 : 55	25′	한석산전적비 준공식 행사	〃	
13 : 55-14 : 05	10′	전적비순시	〃	
14 : 05-14 : 30	25′	다 과 회 (일반내빈 차량이동 개시)	〃	일반 내빈 차량 이동소요 : 40′ (대형버스 1대)
14 : 30-14 : 40	10′	VIP 차량이동	피아시-HEL 기장	차 량
14 : 40-14 : 50	10′	VIP : HEL기이동	HEL 기장-특공1대대	UH-1H3대 12사단장 영접
14 : 50-15 : 00	10′	**행사장 이동/담소**	**특공1대대-전적비**	차 량
15 : 00-15 : 25	25′	**백골병단 전적비 준공식 행사**	용 대 리	행사장 준비 : 12사단장책임
15 : 25-15 : 35	10′	전적비순시	〃	
15 : 35-16 : 00	25′	다 과 회	〃	
16 : 00-16 : 05	5′	헬기장 이동/환송	특공1대대	차량 및 UH-1H

준 공 식 순

1. 개식사 ………… 사회자 ………… (부관과장, 인사참모)
2. 국기에대한경례 ………… 참석자일동
3. 경과보고 ………… 공병여단장
4. 전적비제막 ………… 참모총장, 내빈다수
5. 헌화및분향 ………… 총장, 전우회장
6. 묵념 ………… 참석자일동
7. 건립취지문낭독 ………… 사회자
8. 표창장/감사패수여 ………… 참모총장, 전우회장
9. 기념사 ………… 참모총장
10. 인사말 ………… 전우회장
11. 결의문 채택(백골병단) ………… 전우회원일동
12. 폐식사 ………… 사회자

※ 전적비순시
다과환담
개별분향및기념촬영 ………… 전우회원 및 유가족

1990.11.9 백골병단 전적비 제막식에서 대한유격참전동지회 회장 전인식이 인사말씀(전문)과 전적비 비문등의 배치 상황을 소개한 개요

人 事 말 씀

오늘, 이 榮光스러운 白骨兵團 戰跡碑의 除幕式典에 먼저 이 사람이 人事말씀을 드리게 된 것을 無限한 榮光으로 생각하면서, 우리들과 함께 參戰中 護國의 軍神으로 散華하신 많은 戰歿將兵, 同志 앞에 서 있는 것 그 自體를 한편으로 부끄럽게 생각합니다.

戰友가 무엇입니까? 戰場에서 敵과 함께 싸우고, 戰友가 負傷을 입으면 상처를 감싸주고, 죽음에 이르면 그 屍身을 거두어 주고, 名譽를 回復해 주는 것이 戰友인데, 나는 그대들의 屍身을 거두어 주지도 못했고, 傷處를 어루만져 주지도 못한 者이고, 또 指揮官도 아닌 한 個의 作戰參謀에 不過했던 사람이였습니다. 그러나, 이 사람은 언제나 公들과 함께 苦樂을 나눈 參戰同志, 그리고 戰友였기에, 그대들의 名譽를 위하여 30餘年間 꾸준히 鬪爭하면서 오늘에 이른 것이올시다.

적어도 一抹의 良心은 있어서, 오늘날까지 公들의 戰跡·慰靈塔 建立을 推進해 온 結果로, 오늘 이 歷史的인 除幕을 보게된 것으로써, 살아남은者의 道理中 一部分만은 다한 것이 아닌가 하는 생각을 하면서 오로지 容恕를 빌 뿐입니다.

도리켜 지난날을 回顧해 봅니다.

1950年 6月 25日, 平和스러운 日曜日 새벽, 놈들은 소련製 탱크를 앞 세우고, 大擧·奇襲·南侵·이른바, 6.25 戰爭을 일으켜, 未曾有의 大量 殺傷과 破壞, 그리고 同族相殘이란 稀代의 慘變을 挑發했습니다.

우리들 愛國靑年·學生 600餘名은 奮然히 일어나, 내 兄弟·姉妹, 그리고 이웃 모두를 지키고, 不法 南侵한 敵을 응징하기 위하여 1951年 1月 陸軍情報學校에 自進 入隊한 決死 遊擊將兵들이였습니다.

戰局은 中共軍의 뜻하지 아니한 대거介入·參戰으로 不利한 때라, 3週間의 短期訓練만으로, 敵軍의 服裝과 武器로 僞裝하고, 미숫가루 2週日 分의 非常食糧만을 携帶한채, 江原道 寧越 北方으로부터 太白山·五臺山·雪嶽山脈을 잇는 險山峻嶺을 零下 30度의 酷寒을 견뎌내면서 敵陣 背後 깊숙이 320 km, 그러니까 우리 里數로 800里를 我軍의 支援없이 單獨으로 進擊하면서

○敵 1個 旅團의 壞滅에 寄與하였을 뿐만아니라
○敵 3軍團本部의 습격
○南派準備中에 있던 對南 빨치산 司令官 吉元八中將 外 高位參謀 등 13名 全員의 生捕를 비롯하여
○敵陣 後方을 來往하는 連絡將兵 等 300餘名의 生捕
○敵 射殺 500餘名 等의 戰果로 我軍의 統一作戰에 크게 寄與하고, 1951年 3月 30日 인제군 기린面 地內로 任務 完遂·개선한 國軍 최초의 정규 유격대「白骨兵團」으로, 그 血鬪事實은 이미 널리 알려진 바대로입니다.

우리들 白骨兵團 參戰 生還將兵一同은 뜻을 함께하여 1962年부터 戰跡碑의 建立을 꾸준히 推進해 왔습니다만, 그 뜻을 이루지 못하고 있던 中, 1988年 6月, 이 地域 駐屯 精銳山岳軍團長이셨던 李鎭三 將軍께서 戰跡碑 建立의 當爲性을 認定하시고, 戰跡碑의 建立을 決心, 이를 陸軍本部에 建議해 주셨으며, 第1軍司令官으로 榮轉하신 뒤에도 繼續 支援해 주셔서, 1990年 5月 陸軍本部의 資材 및 資金支援을 받게 되었습니다.

우리들 參戰同志會 會員一同도 戰歿將兵인 戰友에게 적은 뜻이나마 보태어 戰勝紀念塔의 建立에 모두 協贊하기로 하고, 1次로 1,000萬원과 2次 300萬원 등의 協贊金을 보태어 不足한 財源을 바탕으로 工事를 着工하게 되었습니다.

工事所要 예산의 不足은 施工部隊의 어려움이 至大하였으나 그분들은 矜持와 自負心으로, 工兵旅團長의 一線 指揮와 탁월한 土木知識을 가진 大隊長 李尙原 中領(工學博士)의 努力·인접 第12師團長 吳榮祐 將軍, 우리 後輩인 703特功聯隊長 柳海槿 大領, 이 地域 保安部隊長 金聖洙 大領님 等 많은 將兵의 支援과 協力으로 遊擊將兵의 투혼과 忠˙勇, 그리고 우리들 후배 特攻將兵의 龜鑑이 될 수 있는 큰 戰跡碑를 完成하게 된 것입니다.

다시 한번 지난 날을 回顧해 볼 때, 39年 8個月이란 오랜 歲月이 덧없이 흘렀습니다.

6.25가 지난지 30餘年인데, 이제와서 무슨 戰跡碑를 세운단 말인가? 라는 妄發을 하는 사람도 없지 아니합니다.

어떤 精神나간 애 들은, 우리가 北侵 했다는 얼토 당토 않은 말을 하는 沒知覺한 靑少年도 있는 것으로 알고 있습니다.

이런 世態下에서 戰跡碑를 세운다는 것은 정말 어려움이 많았습니다.

우리들이 왜 歷史를 工夫합니까?!!

歷史는 되돌려지는 것은 아니지만, 그 歷史 속에서 우리들은 未來 指向的인 새 歷史를 創造해 나아가는 것이 오늘을 사는 우리의 使命이고, 또 宿命이라

고 생각할 때, 지난 6.25를 우리 모두가 再照明하고, 有備無患만이 나라와 겨레를, 그리고, 내 家族과 이웃을 지킬수 있다는 所信을 다시 한번 굳건히 다져야 할 것 이라고 確信하는 바입니다.

때 늦은感, 왜 없겠습니까? 한때, 섭섭한 마음도 간절했습니다. 그러나 이제 모두 눈녹듯 다 녹아 내렸습니다.

이 碑의 雄壯함, 그리고 高潔함, 그리고 精氣어린 瑞光이 여기 龍垈里 明堂으로부터 山을 넘고, 들을 건너, 四海로 뻗어나아가 우리를 지켜주고, 보살펴줄 것이라고 믿고, 또 바라며, 우리들 後輩 特攻將兵 모두에게도 忠·勇 任務完遂·勝利만이 있다는 確信이 우리들 모두의 가슴과 가슴으로 이어져 **自由, 平和, 護國**의 念願이 반드시 이룩된다는 自信을 다시 한번 굳게 함에, 이곳이 그 始發이 되어야 한다는 것을 强調하는바 입니다.

公私間 바쁘신데도 不拘하시고, 貴한 時間을 내주시어 여기 먼곳까지 찾아주신 貴賓여러분과 戰歿將兵의 遺家族 그리고 많은 參戰同志와 그 家族, 親知여러분에게 鄭重히 感謝드리면서 人事말씀에 가름하고자 합니다.

거듭 이 碑의 建立으로 이제 한껏 나래를 펼수 있게 된 많은 戰歿將兵에게 永遠한 빛을 안겨주신 陸軍參謀總長 李鎭三 將軍과 그분의 揮下 將兵 및 그분의 家庭에 主님의 恩寵이 充滿하시기를 간절히 바라나이다.

대단히 感謝합니다.

1990년 11월 9일

大韓遊擊參戰同志會

會長 全仁植 外會員 一同

戰跡碑, 碑文 等 配置

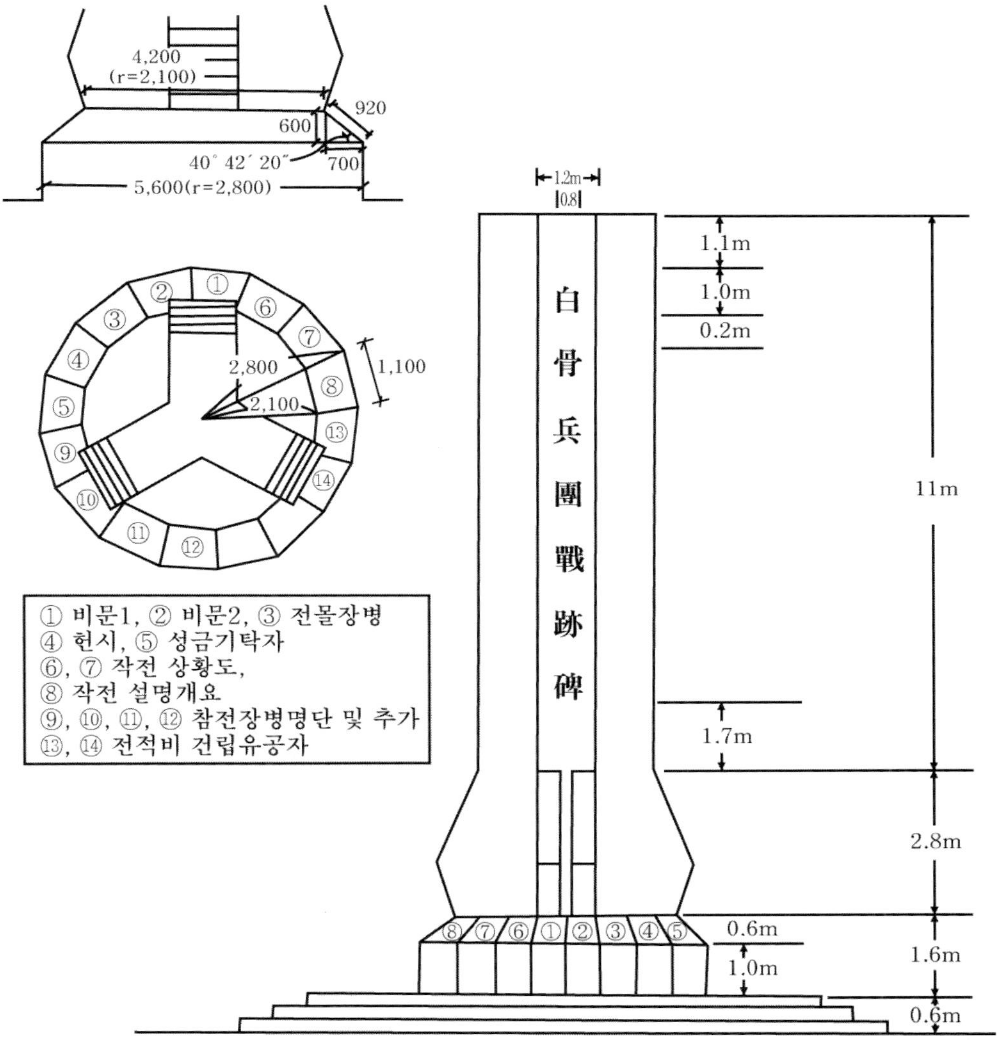

位置 : 江原道 麟蹄郡 北面 龍垈里 山 250番地

진부령 ↔ 미시령의 갈림 삼거리 창바위 東北間

地上 높이 : 16.4m 三角뿔 形

護國의 軍神으로 散華하신 戰歿將兵

陸軍大尉 尹昌圭·玄奎正

陸軍中尉 鄭世均

陸軍少尉 許銀九·尹 泓·李鍾三

朴萬淳·李夏淵

二等上士 柳東鉉

一等中士 張東淳·申鉉石·洪勝先

朴鍾萬·서일택

二等中士 權旭相·姜文錫·金潤秀

洪淳基·李完相·李相旭

金周鉉·류동식·박희영

鄭閏哲·김양환·이영업

趙重用·서두생·이석순

황경덕

(이상 1990年 10月 현재)

<以上 碑에 刻字>

《註》 白骨兵團 參戰 將兵中 戰死 및 失踪將兵의 數는 360名 相當에 이르고 있으나 陸軍本部로부터 戰死確認이 된 將兵은 위에 揭記한 30名에 不過합니다. 참으로 안타까운 일입니다.

이분들도 1987年 3月 故 許銀九 少尉로부터 그 當時의 軍番과 階級으로 戰死確認을 받을 수 있게 되었습니다.

故 許銀九 少尉의 伯氏이신 許在九씨는 76차례에 걸친 陳情을 하였으나 그때마다 軍籍이 없다는 이유로 拒絶 되었다고 합니다.

故 許少尉는 1951年 3月 敵의 獨立高地 벙커를 쳐부수는 殊勳을 세우고 壯烈히 戰死하신 戰友입니다.

參戰 同志會의 確認과 特命寫本 등을 根據로 겨우 戶籍을 整理할 수 있었고, 그 뒤부터 다른 戰友들도 戰死確認을 받게 되었으나 遺家族 中 軍事援護를 받을 수 있는 분은 大部分 이미 死亡하셨고, 子女는 長成하여 나라에서 베푸는 惠澤은 거의 받지 못하고 있는 實情입니다.

遺子女는 말합니다. 아버지가 없어 苦生한 것은 좋으나, 빨갱이 자식이란 소리를 들은 것과 배우지 못하여 社會에서 바닥을 헤매이는 것이 恨 스럽다고……

獻詩

조국의 자유와 통일 위하여
출진한 백골병단 육백사십용사!
오대·설악을 넘고 또 넘어
혁혁한 전공을 세운 그들!
장하고 거룩한 겨레의 횃불
오! 그 영과 청사에 ―
길이 ― 빛나리

參戰戰友 全仁植 지음

이 한수를 동지의 영전에 바치노라!!

<以上 碑에 刻字>

백설이 흩날리는 51년 3월
유난히도 추웠고 지리했던 해
거지도 새옷 입는 눈 오는 날
더없이 즐거운 강아지 마냥
오대산도 설악산도 뛰어 넘고 또 넘어
청춘도 사랑도 못 다 이룬 젊은 그들
이름모를 폭포를 손오공 같이 몸 날렸네
설악의 영봉은 아는가 모르는가.

몰골은 내동포로되 옷매무새가 붉은 이리
다시한번 죽음 당하고 걷어차였네
그 한 어찌 구슬피 울지 않으리
그대들의 거룩한 발자취 여기 남았네
밝은 3월의 햇살이 더 찬란히 빛나리
그대들은 조국과 민족의 안녕 위하여
한알의 밀알 되어 영원한 삶을 누리리
3월의 흰 눈송이 그대를 포근히 안으리.

박달재를 넘고서야 허기지니
앉았다 다리펴고 그만 잠 들었네
어느새 동태되어 그 넋이 저 하늘로
젊음이 호국신으로 산화했네
포성도 총알도 없었으니 그 누가
전사했다 하겠는고 호국신이라 했겠나
그대들은 조국을 위하여 몸 바쳤네
사랑도 버렸네 청춘도 다 버렸다네.

따사로운 햇살받아 꽃피우고
이름모를 산새와 벗되어
즐거운 교향곡을 흥얼거릴세
한 맺힌 박달령에 흰눈이 다시 내려
그대들의 포근한 이불솜 되려니
장하고 거룩한 겨레의 등대되었네
결사의 백골병단 용사들이 잠든 곳
그 한은 이제 영원 불멸하리라.

=못다핀 젊은 꽃에서=

파 랑 새 (全 仁 植)

建立趣旨文

조국을 위해 적진 후방으로 침투하여
혁혁한 전공을 세우고,
호국의 군 신으로 산화하신 백골병단
유격장병의 숭고한 희생정신과
빛나는 위훈을 기리고,

우리 후손들에게 오로지 임무완수를
위해 종심전투를 감행 승리한 교훈을
길이 전하고자 여기에 기념비를 세우다.

1990년 11월 9일

육군참모총장 대장 李 鎭 三

=別途 建立=

《註》이 戰跡碑는 陸軍大將 李鎭三 將軍께서 1988年 6月 29日 精銳 第3軍團長으로 在職하실 때, 參戰同志會長 全仁植과 顧問 黃仁模 將軍(豫備役) 副會長 權寧哲 同志가 訪問하여, 그 當時의 作戰狀況을 說明하고 戰跡碑 조차 建立하지 못한 것을 呼訴하자, 그분께서 戰跡碑의 建立 當爲性을 認定하시고 決心해 주셨으며, 곧 이를 上部에 建議하시어, 그해 11月 總長님의 裁可를 받게 해주셨고, 第1軍司令官으로 榮轉하신 뒤에도 계속 支援해 주셨습니다.
이 碑는 누가 무엇이라 하더라도, 오직, 李鎭三 將軍의 義理와 勇氣, 그리고 오로지 任務만을 위해 살아오신 特戰 "맨" 이 아니면 決心할 수 없고 또 支援할 수도 없는 그런 것입니다.
全仁植 同志는 1962年 參戰 同志會를 結成할 때부터 산파역을 맡았으며 오늘날까지 28年間을 同志會員의 結束과 그 活躍相을 世上에 알리고자 "나와 6.25 [敵後方 300里의 血鬪]" "못다핀 젊은 꽃" "白雪의 長征" "白骨兵團" "결사11연대" 등 5卷의 冊을 펴 내면서 各界에 呼訴 · 陳情 數百通을 냈습니다만………
이 전적비는 現 陸軍參謀 總長이신 陸軍大將 李鎭三님께서 세워주신 것입니다.
우리들 參戰戰友 一同은 勿論 遺家族, 그리고 特攻, 特戰勇士 모두의 산 敎育場과 國民安保 意識 鼓吹 向上에 크게 이바지 할 記念碑가 될 것입니다.
거듭 感謝 드립니다.

建立에 도움을 주신 분

육 군 참 모 총 장	대장	李 鎭 三
제 1 군 사 령 관	대장	李 文 錫
제 3 군단장 (前)	중장	朴 益 淳
제 3 군 단 장	중장	片 將 圓
보 병 제 1 2 사 단 장	소장	吳 榮 祐
제3공병여단장 (前)	준장	潘 雄 植
제 3 공 병 여 단 장	대령	金 秀 雄
제3군단 작전참모 (前)	대령	金 明 世
제3군단 작전참모	대령	白 南 煥
703특공연대장 (前)	대령	梁 啓 卓
7 0 3 특 공 연 대 장	대령	柳 海 槿
제 1 2 5 공 병 대 대 장	중령	李 尙 原
공 병 여 단 시 설 처 장	중령	金 周 伯
육군제703특공연대 대대장	중령	朴 鍾 善
육군제703특공연대 대대장	중령	全 岱 石
8 0 3 정 찰 대 대 장	중령	白 幸 基
육군본부민사심리전참모부	중령	蘇 秉 成
設計 (주)가야기술단	대표	金 圭 泰

白骨兵團 戰跡碑 建立에 도움을 주신 분에게 參戰 戰友와 遺家族 모두를 代表하여 感謝 드립니다.

1990. 11. 9

大韓遊擊參戰同志會
會員一同

=別途建立=

《註》 위에 揭記한 도움을 주신 분 외에도 육군본부 군사연구실 관계관, 민사 심리전 참모부 소속 전사확인 담당관, 제1군사령부 공병참모부 담당관, 제3군단 관련 참모 등 여러분과 시공대대의 장병 여러분의 도움이 있었습니다.

이 뜻을 여러분에게 鄭重히 感謝한 뜻을 바칩니다. 대단히 감사합니다

建立誠金 寄託者

蔡命新, 全仁植, 權寧哲, 康斗星, 元應學, 申孝均, 崔允植, 金容弼, 申健徹, 安秉熙, 崔潤宇, 李翊宰, 丁圭玉, 張承鉉, 李明海, 高悌和, 柳卓永, 朴勝錄, 元吉常, 張德淳, 朴鍾瑝, 張之永, 趙榮澤, 朴用周, 李南薰, 林東郁, 崔仁泰, 金永卨, 李雲河, 吳鳳鐸, 林南玉, 金壽昌, 崔鍾敏, 河泰熙, 尹範容, 趙炳偰, 林炳基, 李熙用

(이상 백골병단 참전 전우)

許在九(고 허은구 소위), 權一相(고 권욱상 중사), 張東說 · 金丁任(고 장동순 중사), 朴貞烈(고 홍순기 중사), 鄭大均(고 정세균 중위), 朴昌永(고 박종만 중사), 金漢璘(고 김주현 중사), 朴明緖(고 박만순 소위), 柳周鉉(고 류동현 상사), 趙重淑(고 조중용 중사). (이상 유가족)

徐元景, 車在翊, 梁啓卓, 柳海權, 朴鍾善, 全岱石, 白幸基

(이상 명예회원)

= 以上 碑에 刻字 =

《註》 戰跡碑 建立을 陸軍本部가 決定하고 支援함에, 우리들 參戰戰友一同도 이에 協贊하여 戰歿戰友에게 吊儀를 바치는 뜻으로 誠金으로 모아, 1次로 壹千萬원을, 2次로 參百萬원을 施工部隊인 第3軍團에 傳達하였습니다. 여기에는 參戰戰友의 뜻에 呼應한 遺家族의 同參도 있었고, 名譽會員도 함께 하였습니다.

큰 戰跡碑에 比하여 적은 誠意 입니다만, 우리 戰友들 一同의 뜻이 여기 함께 담겨 永遠히 숨쉴 것이란 自負心 또한 크다는 것을 밝혀 둡니다.

※ 故 車在翊 준장(前 2대 703특공연대장, 現 중앙군사 학교교육훈련처장), 梁啓卓 대령(前 703특공연대장), 柳海權 대령(現 703 특공연대장), 朴鍾善 중령, 全岱石 중령(703 특공연대 제1,2대대장, 시공지원), 白幸基 중령(803 정찰대대장)

建 立 槪 要

○ 위　　치 : 강원도 인제군 북면 용대3리 산250
○ 건립기간 : 1990. 6. 13 ~ 11. 7
○ 시공부대 : 제3공병여단
○ 후　　원 : 육군본부 군사연구실

○ 전적비 해설

- 주탑세뿔 : 자유 · 평화 · 호국
　　결사유격 제11, 12, 13연대를 각 상징.
- 세 개의 주기둥이 상단 정점에서 일치 : 통일염원.
- 비의 받침 280센치미터 : 임무완수 개선한 장병의 수.
- 각 기둥의 폭 120 센치미터씩 3개 360센치미터 : 작전 중
　　호국의 군신으로 산화하신 전몰장병의 수.
- 백색 : 고결한 얼이 담긴 멸사보국 · 사중득생
　　유격 특공장병을 상징함.
- 진입 입구계단 : 36단
- 설계구상 : 참전동지회 회장 전인식과 정규옥

○ 설계 구조계산 : (주) 가야기술단 金圭泰. (교수)

＝別途建立＝

《註》 이 碑는 전적비 겸 위령탑의 성격을 동시에 표상하고 있습니다. 우리들 살아남은 280명은 전사하신 360여명의 동지가 있었기에 오늘을 살 수 있는 것입니다. 따라서 세뿔 360cm와 280cm(즉 280명)는 떼어낼 수 없는 것입니다. 高潔한 얼, 그리고 白骨, 白色은 永遠한 特攻을 상징하는 滅死報國을 나타내는 生動하는 未來 指向의 碑가 될 것입니다.

白骨兵團 將兵名單

육군중령 : 채명신 임시소령 : 이상섭 · 이두병

임시대위 : **전인식**, 양재호, 최윤식, 김원배, 윤창규, 이창식, **장철익**, 김한철, 김정기, 김일제, 권왕견, 김형순, 『현규정』, 이태윤

임시중위 : 최두수, 정세균, 정학문, 임병훈, 이봉구, 박창환, 이문혁, 홍순태, **권영철**, 김영돈, 정윤화, 이만우, **김인태**, 윤철섭, 백제호, 이창남, 권상홍, 나명집, 이병석, 정대현, 채원석, 최이택, 김정근, 최기혁, 김용구, **고제화**, 신정돈, 김진배, 편무정, 강창희, 전용식, 이점수, 이주창, 이명구, 박성종

임시소위 : 이채용, 박용수, 유대근, 이은수, 최용달, 최인태, 이남학, 이종삼, 박정봉, 장용문, 이인녕, 전봉규, 허은구, **조시형**, 류탁영, **오석현**, 홍순하, 박종환, 이하연, **권태종**, 안흥준, **황태규**, 한갑수, 임계수, 김의덕, 유치홍, 윤 홍, 이영하, 김덕균, 이정근, 김응권, 김중식, 김혁기, 최상규, 차동원, 이명왕, 선우단, 김발림, 김종한, 김성규, 박진수, 박홍남, 조대일, 박만순, 박부서, 김용남, 김석배, 이재관, 신현옥, 송창섭, 서상윤, 박만선, 이상우, 김동진, 차복길, 김전경, 조병설, **김용필**, 황무연, 한기훈, 함태용, 황병석, 황관현, 최순룡, 김익환, 김윤태, 이돈석, 이재봉, 윤종렬, 이충규, 안창순, 신의순, 『이명우』 『김홍복』 (이상 군번순) 『 』 현지 임관.

특별보좌관 : 강두성, 원응학, 신효균, 이덕일, 장인홍, 정남일, 원치명, 백영제 『현규정』 대위로

이등상사 : 정규옥, **장지영**, 신건철, **박승록**, 조영택, 장덕순, **박용주**, 류동현, 오봉택, 김정종, 최종민, 신영기, 원봉재, 박광석, 오정섭, 권처홍, 이병수, 안순철, 조차원, 황규진, 박광선, 정연진, 김옥석, 이창홍, 김용복

일등중사 : **최윤우**, **안병희**, **이익재**, 장동순, 신현석, 장승현, 이명해, 이운하, **임동욱**, 김수창, 윤범용, 박종만, 원길상, **하태희**, 김인수, 함만동, 김차곤, 박종운, 김현기, 김장성, 조영배, 김창옥, 홍승선, 서일택, 장국환, **전영도**, **김성형**, 심인구, 김도중, 조명식, 이대섭, **김중신**, 김재묵, 김종각, 장철호, 김현갑, 전영모, 고영상, 안창호, 도한팔

이등중사 : 권욱상, 홍순기, 김주현, **임병기**, 이남훈, 임남옥, 류동식, 박희영, 정윤철, 강문석, 김윤수, 이완상, 이영업, 서두생, 이희용, 김영설, 최두성, 권두식, 이재성, 황경덕, 김양환, 심구복, 조규정, 장지홍, 서석기, 류종수, 이귀정, 이규재, 신락균, 김태봉, 이순영, 강옥진, 조남현, 김해원, 송경희, 이태희, 강호영, 김현길, 이형구, 서병환, 이정구, 김윤태, 이석순, 박기석, 서현택, 천봉균, 안병철, 김철구, 김명규, 현 제, 이일형, 이충구, 임경업, 이상욱, 조중용, 강윤희, 김병칠, 윤동익, 박종수 외 382명 (1990. 10. 10 현재)

= 以上 碑 刻字 =

《註》 臨時將校의 任官階級은 陸軍臨時步兵大尉 · 中尉 · 少尉 등으로 正規軍(現役) 將校와 區分한 것 같고, 軍番은 GO1003 등으로 賦與하였습니다. "GO" 은 게릴라 장교(Guerrilla officer)를 뜻하는 유격대 계급이 아니였나! 라고 생각 됩니다만 任官辭令狀에는 大統領指令에 依하여 國防部長官 申性模로 長官의 職印과 契印까지 엄연히 찍혀 있습니다.(正本保管中 전쟁기념관 전시)
또 任官辭令狀을 받아본 同志도 없었고, 그 當時는 戰時였으므로, 3週日間의 短期訓練만으로 戰線에 投入되던때 였고, 激戰中에는 中上士를 現地에서 任官시키던 때라, 우리들도 將校 또는 士兵이 된 것으로 알았습니다.
그뿐 아니라 當時 階級章을 달아 주시던 분 들이 有名한 將軍이셨고 高級將校들이였습니다. (士兵의 경우도 "G" 를 앞에 붙인 것은 역시 "게릴라" 를 뜻하는 것으로 추정됩니다.) 戰歿將兵으로서 國立墓地(동작동) 顯忠塔 안의 位牌室에 位牌安置된 將兵 모두는 "임시" 가 아닌 階級으로 禮遇해 주었습니다.
參戰 將兵의 名單中 未確認 382名은 名單을 찾을 수 없어, 여기 揭記하지 못한 것을 매우 안타깝게 생각합니다.

白骨兵團 作戰概要

◎ 일반명령 : 대통령동원령 제 5 호(1950), 국방부특명(육) 제22호(1951)
◎ 작전명령 : 제 1 호, 제 2 호, 제 3 호(1951.1~2)
작전기간 : 1951. 1. 25 ~ 3. 30 (65일간) (임관일 기준)
임 무 : 1. 연락장교 생포 · 사살
2. 지휘소 습격 및 간부 생포 · 사살
3. 비밀문서노획 · 애국청년 포섭 · 첩보망 구성
4. 무장강화 · 후방교란 · 보급로 및 생산기관 파괴
5. 사병에 대한 귀순공작 · 민중조직 강화 · 확대
병 력 : 640명(11R : 360, 12R : 160, 13R : 120) 1개분대 3명으로 편성
장 비 : 소련제 구식 장총 및 단총 · 수류탄
SCR 300 무전기 2대
보 급 : 피복-적군 복장으로 위장, 식량-2주일 분의 미숫가루
◎ 전 과 : 1. 적 69여단 1급 기밀서류 노획 · 아군에 속보
2. 69여단 괴멸로 아군의 북진작전에 기여
3. 적 군단 지휘부의 기습 감행
4. 적 중장외 고위장병 300여명 생포 및 사살 170여명
5. 남파 빨치산 지휘부의 전멸로 남침을 제어
6. 통신시설파괴, 보급로 파괴
7. 적 병력 분산유도 및 지휘교란 · 전의상실에 기여
8. 민심교란 및 경제 교란 유도

《註》 SCR 300 무전기는 산악지대에서 통달거리 4km에도 미치지 못할 뿐 아니라, 그 무게가 무거워 통신병의 고초는 이루 형언할 수 없었다.
대공표지판은 오히려 아군 공군기의 표적이 되어, 2회의 피 폭격으로 11명의 희생을 당하기도 했다. 따라서 2회째의 피습부터는 대공표지판을 깔지 아니하여 피해를 줄일 수 있었다. 아군의 피해는 전투손실 보다도 동사 및 아사자 등 비전투 손실 120여명을 포함한 360명(실종포함) 상당이었다.

白骨兵團 編成 (참고)

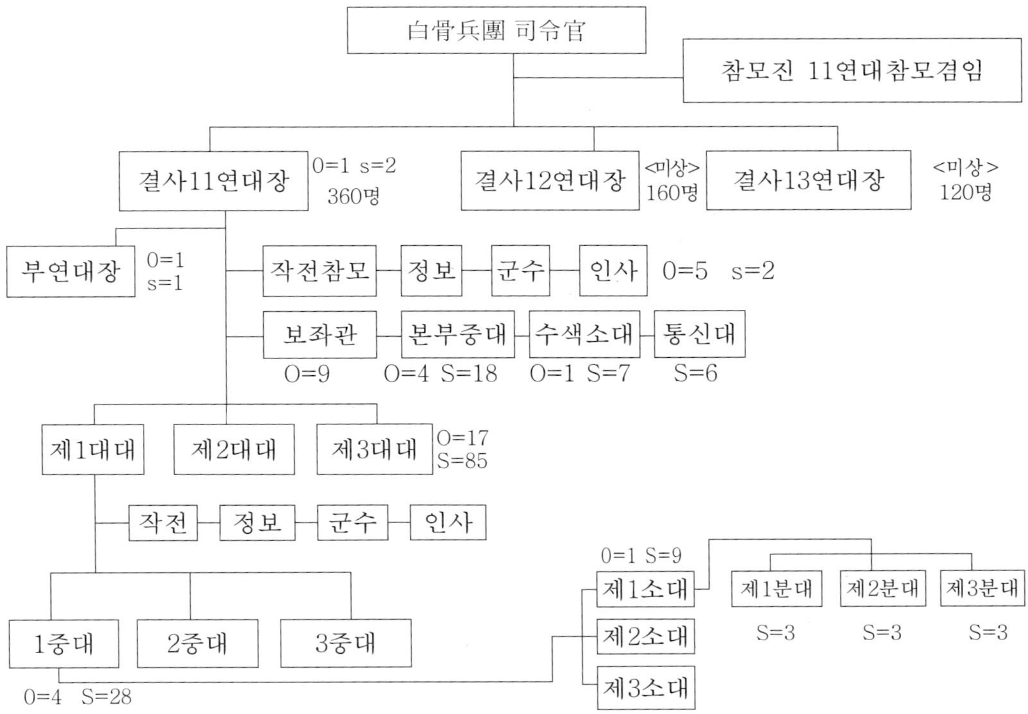

결사제 11연대병력

장교 60+9 =69인

사병294인

합계 363인

評 價 (참고)

1. 自由, 平和, 護國의 一念으로 뭉친 決死 遊擊隊員의 愛國精神·滅死報國의 鬪志는 길이 남겨야 할 龜鑑이다.
2. 創軍 以來 最初의 遊擊戰으로서 參戰將兵 모두는 自負心을 갖는다.
3. 敎育訓練의 不足을 現地에서 補充한 것은 잘한 일이다.
4. 補給品의 劣惡性과 不實은 生存性의 缺如로 再評價되어야 한다.
5. 零下 30度의 酷寒에 對한 無防備는 많은 凍餓死者를 낳게 하였다.
6. 通信距離 4km에 不過한 舊式 無電機는 아무런 쓸모가 없었다.
7. 敵 高位將星 等 生捕者를 帶同 歸還하지 못한 것은 不得已한 狀況이었으나 매우 안타까운 일이였다.
8. 敵 軍團本部의 襲擊計劃은 遊擊隊의 兵力과 火力으로 볼 때 無謀한 計劃으로 指摘된다.
9. 任務完遂·凱旋將兵에 對한 後續措置가 없었던 것과 戰歿將兵에 對한 合當한 措置가 없었음은 매우 遺憾스러운 일이다.
10. 作戰詳報·兵力의 資歷카드 等을 備置 管理하지 아니한 것은 큰 잘못으로 指摘된다.

1990. 11. 9 白骨兵團 戰跡碑 건립·제막에 앞서 임시이사회(90. 9. 28)에서 행사 제비용 850만원의 조달에 관한 회의 의결 사실을 회원모두에게 통지하고 있다.

대 한 유 격 참 전 동 지 회
(02) 333 - 5214

참전동지 90 - 10 - 1　　　　1990. 10. 5.

수　　신 : 고문·이사·회원 제위

제　　목 : 전적비 건립

1. 전적비 준공 제막식 관련 상황보고입니다.

2. 전적비의 주탑 16m 와 비명은 부착 완료되었으며, 조경공사도 상당량 진척되어 있어 준공제막식 일정이 90. 11. 8. 로 잠정 합의 되었습니다.

3. 제막식 비용은 모두 우리 동지회가 전담해야 하는 것으로서 1990. 9. 28. 임시 이사회에서 총 예산 850만원이 잠정 결정되었습니다.

※ 예산 내역 : 준비비 95, 기념품비 184, 수송차량비 150, 기록비 30, 제례비 50, 접대비 170, 보도비 120, 예비비 51, 계 850만원입니다. (단위 : 만원)

4. 준공식 행사 참가 및 찬조회원은 다음과 같습니다.

(90. 9. 29. 현재 납부자　단위 : 만원)

성　명	찬조 및 참가비	성　명	찬조 및 참가비	성　명	찬조 및 참가비	성　명	찬조 및 참가비
전인식	125	신영기	5	최윤우	25	조중숙	7
권영철	125	조영택	15	임병기	8	최윤식	35
신건철	25	이명해	17	윤범용	8	오봉택	16
안병희	25	이남훈	(미납 5) 10	최인태	10	임동욱	10
이익재	15	박명서	5	정규옥	(미납 5) 10		
박용주	15	조병설	5	최종민	15	납입계	531만원

5. 찬조 약속자 및 미 약속자는 다음과 같습니다. (90. 9. 29 현재)

성 명	찬조및참가비	성 명	찬조및참가비	성 명	찬조및참가비	성 명	찬조및참가비
장동설	35	허재구	15	권일상	35	원응학	
박정열	10	김한린	10	장지영	15	김용필	
원길상	15	장덕순	10	신효균	50	서원경	20
류탁영	15	박창영	5	채명신		이운하	
백행기	5	하태희	10	황인모		이희용	
장승현	15	박승록	10	강두성		양계탁	
류해근		류주현		차재익	5	박종선	
전대석		임남옥		권두식		정대균	

6. 부족재원을 조달하기 위하여 이사님께서는 20만원씩을 더 출연하기로 의결했습니다. ※요 추가 납부 이사님은 다음과 같습니다.

최윤식, 신건철, 안병희, 최윤우, 권일상 계 100만원(전인식, 권영철은 납부됨)

7. 찬조금을 약속하신 회원님께서는 제반준비 관계상 90. 10. 20.까지 별첨 지로용지 납부 또는 우체국 온라인「011890-0017820 대한유격참전동지회」로 송금해 주시기 바랍니다.

8. 참가하실 의사가 있으신 분으로서 통지가 아직 없는 분은 그 뜻과 찬조금 및 본인참가비 50,000원, 가족·친지 참가자 수를 알려 주셔서 수송배차 계획에 차질이 없도록 도와주심을 바랍니다.

※ 집행잔액이 생기면 91. 1. 30. 침투작전 40주년 기념행사를 거대하게 준비해야 하고, 전적비 관련 화보책자도 발간하고자 합니다.(그때에 소요되는 비용도 금회에 확보해야 할 것임.)

서울특별시 마포구 서교동 466-9
대 한 유 격 참 전 동 지 회
회 장 전 인 식

臨時 理事會議錄

日 時 : 1990年 9月 28日 18時
場 所 : 本會 會長 事務所
參加理事 : 全仁植, 權寧哲, 安秉熙, 申健澈, 崔潤宇
參與 : 朴用周, 趙榮澤 同志,　委任 : 權一相, 崔允植, 申孝均

議案 1. 名譽會員 追加選任의 件
特攻 1, 2 大隊長 朴鍾善, 全岱石
石괴 造景 有功 및 特攻示範 기타 協贊
2. 竣工行事 費用 據出 및 豫算確定
3. 招請狀의 發送範圍 文案 기타 審議
4. 事務分擔(行事時)의 件
5. 不足 財源 調達의 件

議案 1号 : 名譽會員 2人의 選任의 件을 上程하다.
一 同 : 贊同함으로 議決을 宣布하다.
議案 2号 : 竣工 行事費 據出 및 豫算 確定의 件
議 長 : 油印物을 보시고 토의 할 것을 提案하다.
一 同 : 支出豫算 8,500,000원 대하여 異議 없음을 告하다.
議 長 : 收入豫算 槪要를 說明하다.
36人의 찬조 4,690,000 本人 부담 36×50,000씩 1,800,000원
合計 6,490,000원이 됩니다.
찬조금으로 보았을 때 200만원 相當이 不足인데 蔡將軍 外 16名이 있으니까 充當이 될 것이 아닌가 함을 告하다.
朴用周 : 蔡將軍의 參加與否 回答이 없으면 意思를 알 수 없는 것이 아닌가.
安秉熙 : 不足한 財源은 補充해야 할 것이 아닌가?
朴用周, 趙榮澤 : 지로 用紙를 보내서 參加費라도 받도록 해야 할 것이 아닌가.
安秉熙 : 理事들이라도 代納해야 할 것이 아닌가요.
權寧哲 : 未定者 16人中 追加納付者는 별로 없는 사람들이니까 理事들이 좀 負擔해야 할 것이 아닌가요.
議 長 : 그러면 어쩌자는 것인지 結論을 냅시다.
崔潤宇 : 理事 8人이 50만원씩 400만원을 起債 해서 事業은 推進 해야 한다고 생각합니다.

議　長 : 내 경우에 50만원을 내겠다고 했는데 100만원을 기히 찬조하고 또 수재의연금 20만원 추석에 3개 부대에 70만원을 송금(개인적으로) 내 개인으로는 190만원이 기히 지원 했는데 50만원을 또 기채 할 것이라면 명의를 누구로 하고 보증인이 누가 되는가 문서상 곤란하니 기채는 不可하다고 생각합니다.

安秉熙 : 400만원을 理事가 분담하자.

議　長 : 理事가 20만원씩 追加 負擔하는 것이 어떨까요.

一　同 : 全員 同意하다. 20만원씩 8人 160만원을 追加 하기로 하다.

議案 3号 : 招請狀의 發送 범위에 대하여

安秉熙 : 도의적으로 모두 초청해야 하는데 행패를 부릴 경우가 있으므로 주의가 필요한 것이 아닌가,

申健澈 : 비회원의 초청은 하지 말자.

一　同 : 찬동 의결함.

議案 4号 : 事務分擔의 件. 行事案件

그 當時에 처리키로 한다.

議案 5号 : 不足 財源은 이미 完結되었으므로 再論하지 않다.

議　長 : 其他 의견은 없나요.

一　同 : 별로 없음을 고하다.

以上과 같이 理事會議를 開催하고 이를 證하기 위하여 參加理事가 署名捺印하다.

戰跡碑建立 除幕式費用予算書　參戰同志會

項	目	金額 원	算出基礎
준비비	초청장제작비	60,000–	300×200원 = 60,000–
	발송비	30,000–	300×100원
	대봉투제작비	100,000–	500매×200원
	현황 인쇄비	400,000–	500부×800원
	프랭카드 비	360,000–	6개×60000원　차량3개 현장3 (미시랑1 진부령1 정문1)
	小計	950,000원	
기념품비	기념 메달	1,290,000–	300개×4,300원
	감사패 등	550,000–	11개×50000원
	小計	1,840,000원	
수송비	차량대절 비	750,000–	관광버스 3대×250,000원
	중식 식대	450,000–	150인×3,000원　(도시락준비)
	차내식(음료등)	300,000–	버스대당 100,000×3대
	小計	1,500,000원	
기록비	비디오 촬영비	100,000–	2人×50000원
	편집비	100,000–	1식
	녹음비	100,000–	성우, 나레이션 1식
	小計	300,000원	
제례비	헌화	300,000–	대형화환 2×150,000–
	제물비	200,000–	제사물 1식　제막식후 준비 제례,
	小計	500,000원	
접대비	행사 격려금	300,000	악대 100,–　특공여단 200–
	칵텔 파티	1,400,000–	80인×15,000원　음료 200,000–(서울에서 파견)
예비비	보도및예비비	1,710,000원	신문방송등 1,200,000원 외예비비 510,000원
合計		8,500,000원	

1990.11.17 백골병단 전적비를 제막한 뒤 그 결과를 보고하는 내부문서
협찬금 14,780,000원의 내용…

대 한 유 격 참 전 동 지 회
(02) 333-2381 ~ 2

전적비 건립 협찬금

대한유격참전 90-11-1 1990.11.17

수 신 : 참전동지회 고문, 이사, 회원 및 내빈

제 목 : 전적비 제막 결과보고 및 감사말씀

1. 귀하의 건강과 사업의 번영 및 행운과 보내주신 성원에 감사드립니다.

2. 지난 11.9 백골병단 전적비건립 제막은 궂은 날씨에도 불구하시고 군 고위인사 및 참전동지와 유가족 그리고 많은 내빈의 참석리에 성료될수 있었음은 여러분의 지도와 가편의 덕분이라고 생각하오며, 충심으로 감사의 말씀을 드립니다.

3. 참전동지회가 지난 1962년 결성되어 활동한지도 벌써 28년,참전당시로 거슬러 올라가면 자그마치 39년8개월이란 오랜 세월이 지났습니다. 오늘날 세태가 남북정상회담이니, 평화통일선언이니 하는 따위의 말이 오고 가고 있는 때, 6.25를 재조명하고 유비무환, 멸사보국, 사중득생의 희생정신을 담은 국군 창군이래 최초의 결사유격대 "백골병단" 장병의 혈투사실이 뒤 늦게 나마 국가와 사회에서 인정을 받게 되었음은 만시지탄은 있었지만, 이제 조국수호의 군신으로 산화하신 360여 전몰장병과 280여 생환장병의 빛과 안식처가 되었으니 이에서 더 무엇을 바라겠습니까?!! 이 모두가 여러분의 각고의 인내와 끈질긴 염원 그리고 협력·지원 참여의 결실이요! 참모총장이신 이진삼 장군님의 충용과 의리의 소산임을 우리모두는 되새기고 언제까지나 그분의 의리에 대하여 깊은 사려를 해야 한다고 믿습니다.

4. 그동안 많은 협찬과 지원. 그리고 스스로 참여하신 가운데 이 거대한 전적비가 이룩된 것을 모두 기쁘게 생각하오며, 금번 제막식에도 계속 협조해주신 결과를 다음과 같이 공개 보고 드립니다.(내빈의 후의는 여기서 제외하였음)

협찬자명	금액(만원)	협찬자명	금액(만원)	협찬자명	금액(만원)	협찬자명	금액(만원)	협찬자명	금액(만원)	협찬자명	금액(만원)
채명신	(22)	최윤식	35(8)	원길상	15(1)	임병기	10	윤범용	8	김영설	5(2)
황인모	10	장동설	35	류탁영	15	임동욱	10	양계탁	5(1)	김익환	5
전인식	370(80)	박용주	25(3)	허재구	15(4)	박정렬	10(1)	차재익	5(2)	고영상	5
권영철	270(50)	서원경	20	이남훈	15	김한인	10(1)	류해근	5	김수창	5
신건철	50(15)	장지영	15(5)	조영택	15(2)	장덕순	10(1)	백행기	5(1)	이희용	5
안병희	45(3)	정규옥	15(2)	오봉택	15(2)	박창영	10(2)	박종선	5	신영기	5(2)
최윤우	55(6)	최종민	15(2)	권두식	15(7)	하태희	10(4)	조중숙	5(3)	총 장	(78)
권일상	55(6)	이익재	15(2)	배선호	15(3)	박승록	10(6)	조병설	5	군단장	(75)
신효균	50(8)	장승현	15(1)	이장복	15(1)	류주현	10	박명서	5	여단장	(29)
										외내빈용	(98)
김용필	40(1)	이명해	15(2)	최인태	10	정대균	10	안창호	5(1)	계 1,478 만원	

수입금 14,780,000 중 행사지출액 12,190,000 원 집행잔액 2,590,000 원 (미지불금 1,280,000 원 상당)

5. 보도관련 사진과 비디오테잎은 본회에서 취급하는 것이 아니므로 희망자에게만 보내 드리고자 합니다.(비디오는 참석자 거의 전원이 촬영되었습니다)

위의 협찬액(만원) 아래쪽의 ( )안 숫자가 귀하관련 사진매수 입니다. 사진이 1장당 800원이라 하오니 ( )수가 (10)이면 10×800 = 8,000원이 됩니다.
비디오는 82분까지 1개 15,000원(송료포함)이라 하오니 기념으로 필요하신 분은 사진과 비디오 테잎 금액을 계산하셔서 우체국온라인 011890-0017820-12 으로 (주소명기 소액환을 본회로 송금해 주셔도 됩니다) 신청금을 1990.12.5까지 보내 주시면 모두 집계하여 90.12.15 이내에 보내 드리고자 합니다.(사진과 비디오는 본회에서 취급하는 것이 아님을 거듭 밝혀 둡니다.)

6. 날씨가 고르지 못하고 차가운 날씨라 혹시 감기라도 들지 아니했나 걱정 스럽습니다만 이큰 공사를 하는 도중(약 2년간) 손가락하나 다친일이 없고 또 당일 오후 2시까지 내리던 비도 멎었음은 유명을 달리한 전우들의 한 풀이 임을 하나님께서도 굽어 살펴 주신것 이라고 믿습니다. 따라서 여러분 모두의 가정에도 건강과 행운이 충만 하실것을 믿어 의심치 아니하오며, 참으로 고맙습니다 라는 감사의 인사를 우선 지면으로 나마 정중히 드리며 간략한 결과보고를 겸하여 드립니다.

대한민국 최초의 정규 유격대
백골병단 참전 전우 모임
대한유격 참전 동지회　　회 장 전 인 식
서울특별시 마포구 서교동 466-9　121-210

백골병단 전적비제막식 촬영!!

시작에서 10초 깔고

① 타이틀 4컷

(나레이션) (차량 행렬)

② 6.25당시 적진 배후 깊숙이 침투하여 험산 준령 320km를, 영하 30도의 혹한을 견디면서 혁혁한 전공을 세우시고 장렬하게 호국의 군신으로 산화하신 360여 백골병단 전몰장병의 전적과 위령을 겸한 전적비 제막식에 참가한 노병들의 차량 행렬이 용대리를 향하고 있다. 25sec

③ (**차에서 내릴 때**)
적의 독립고지 벙커를 쳐부수고 산화하신, 고 허은구 소위의 형님, 박달재의 영웅, 고 장동순 중사의 미망인 김정임 여사, 그리고 그 아들 동설군과 많은 유가족 친지가 묵묵히 제막식장을 향하고 있다. 20sec

④ **(씬 나레이션)**
제막을 앞둔 전적비의 현수막이, 때마침 부는 바람에 휘날리며,너훌거린다. 5sec

⑤ **(인터뷰에서)**
대한유격참전동지회 전인식회장은 KBS · MBC TV와의 인터뷰에서, 지난 40년간의 소원이 오늘 이룩되니 감회가 새롭고, 이제와서 무엇을 더 바라겠으며 오직 감사할 뿐입니다. 전후세대가 자유방종하고 자유를 오히려 악용하는 듯한 세태가 못내 안타깝다고 말했다. 25sec

⑥ **(도착에서)**
이진삼 육군참모총장께서 방금 도착하셨다.
새벽부터 내리던 가을비도 개이기 시작했으니 구천을 방황하던 전몰전우 360여명의 눈물도 감사한 마음으로 바뀐 것이 아닌지! 참으로 기이한 일이다. 15sec

⑦ 이진삼 총장께서, 전몰장병 360명을 상징하기도 하는 36계단을 오르면서 남다른 감회어린 시선으로 사방을 둘러보았다. 전인식 참전동지회장과 채명신 동지회 고문의 영접을 받았다. 17sec

⑧ **(탑 모양을 비칠 때)**
바쁜 군무중임에도 불구하시고 참석해주신 이진삼 육군참모총장과 백골병단 사령관 채명신 예비역장군, 전쟁기념사업회 이병형 회장, 정예산악군단장 편장원 장군 외 많은 고위장성과 강원도지사, 교육감, 인접기관장, 학생, 주민대표와 참전동지회 전인 식 회장 권영철 부회장과 참전장병 유가족 친지 400여명이 자리를 함께 했다. 30sec

⑨ **(헌화)**

식순에 따른 헌화, 분향 순서를 이진삼 총장께서 끝내 사양해, 참전동지회 채명신고문과 전인식회장이 먼저 헌화 분향을 하고 있다.

전인식회장은 1962년부터 전적비 건립을 추진해온 장본인이었으니 남다른 감회가 컸었으리라....... 19sec

⑩ (총장기념사)

이진삼 참모총장은 기념사에서, 40년전 북괴의 기습남침 도발로 조국의 운명이 백척간두에 섰을 때 조국의 자유와 평화를 위하는 애국투혼만으로, 열악한 장비와 보급에도 불구하고 적진 배후 깊숙이 침투하여 혁혁한 전공을 세우고 임무완수 개선한 백골병단 참전장병의 충·용 정신과 위훈을 우리 후세에 길이 남겨 귀감으로 삼아야 한다고 전제하고,

그간 인고의 쓰라린 40년의 세월을 참고, 오로지 구국의 일념으로 산화하신 그분들의 위업을 기리며 살아오신 유가족 여러분께 따뜻한 위로의 말씀을 드린다면서, 이곳은 앞으로 정예산악군단 장병은 물론 전 장병의 산교육장으로, 국민의 안보교육장으로 승화되어 국토방위와 국가안보에 기여하는 장이 되어야 한다고 역설하면서 건립의 노고를 치하했다. 60sec

⑪ **(회장의 인사말)**

이어 인사말씀을 드린 대한유격참전동지회 전인식회장은 전우가 무엇입니까? 전장에서 이웃동지가 부상을 입으면 그 상처를 치료해주고, 죽음에 이르면 그 시신을 거두어주고 명예를 회복해주어야 하는 것인데, 나는 상처를 치료해주지도 못했고 명예회복을 위하여 나름대로는 4반세기 이상을 꾸준히 추진한 보람으로 오늘 이 역사적인 제막을 보게되었으니 그래도 살아남은 자의 도리중 일부만은 다한 것이 아닌가하는 자위를 한다면서 오직 용서를 빌 뿐이라며 목이 메었다.

그는 이어 이 전적비를 세워주신 이진삼총장님과 국군 전장병에게 하느님의 가호와 은총이 충만하시기를 빌고, 전몰장병 모두에게도 영원한 안식을 주실 것을 빌면서

식전을 빛내 주시기 위해 이곳 먼곳까지 찾아주신 총장님과 귀빈 여러분에게 감사의 말씀을 드린다는 인사말로 끝을 맺었다. 65sec

⑫ **(개별 헌화)**

이진삼 육군참모총장과 대한유격참전동지회장의 헌화, 분향에 이어 참석한 참전 동지 및 유가족 100여명이 개별 헌화 분향을 하고 있다.

참전 당시 홍안의 청년이던 참전장병이 40여년이란 세월로 백발이 성성한 노병이 되었고, 90을 바라보시는 고 권욱상 중사의 노모께서도 큰아들의 유택아닌 유택을 찾아 분향, 헌화했다.

단장의 아픔을 참고 이겨내야했던 지난 40년의 세월이 왜 이다지도 한스러운가!?

아직도 자유를 찾지 못하고 있는 북녘동포를 생각할 때, 전쟁이란 일어나서는 아니될 그런 것이다.

오직 유비무환, 멸사보국, 승리만이 있음을 우리 모두는 다시금 뼈저리게 느껴야 했다. 55sec

총장 출발후 술 마시는 장면 쯤에서 제막식 장면을 다시 비추고 못다핀 젊은 꽃에서 행군장면을 넣고

⑬ (나레이션이 이어진다)

조국은 하나입니다.

자유와 평화는 그 누가 가져다 주는 것은 결코 아닙니다.

조국의 자유와 평화를 위하여, 오직, 적을 괴멸시키는 것만이 나와 내 가족, 내 이웃 모두를 지킬 수 있다는 확고한 신념만으로 백골병단 장병 640여명은 쏘련제 딱콩총에 실탄 사오십발, 북괴제 모방의 방한 누비복과 내의 두 벌! 미숫가루 두 주일분의 비상식량만을 가지고 해발 1,000미터·이상의 고산지대!

험준하기 비길데 없는, 태백산, 오대산, 설악산 320㎞를 사향노루와 같이 종횡무진한 국군 최초의 정규유격대!

백골병단 장병 360여명의 유택이요,

종심전투를 감행 승리한 교훈을 우리 후세에 세세 무궁토록 남기기 위한.............

이 전적비는 여기 용대리를 깃점으로 산을 넘고, 들을 건너, 사해로, 그 서기가 뻗어 나아가~~~~~이 나라 방방곡곡을 빛낼지어다.

이제 서서히 어둠이 깔리기 시작하였다. 77sec

재 녹음

오늘이 있기까지의 대한유격참전동지회 전인식 회장! 그는 백골병단 작전참모 겸, 결사유격 제11연대 작전참모로 임시대위였다.

그는 1962년 동지회 결성에 산파역을 맡았고, 65년부터 지금까지 25년 4개월째 회장직을 맡으면서 전몰전우의 명예회복을 위해 갖은 고초를 겪으면서도 계속 진력한 보람으로~

고 현규정 대위 외 2인의 국립묘지 안장과 설악산에서 적을 유인! 적과 함께 자폭 전사한 고 윤창규 대위 외 23인의 국립묘지 현충탑 안의 위패안치에 이어, 유명·무명의 전몰장병 360여 위의 원혼을 달래줄 이 거대한 전적비 제막으로 지난날의 여러 가지 한이 모두 말끔히 씻겨 내려졌다고 했다.

백골병단 출신 생환장병 일동 모두도 결의 선서로 남은 생애를 조국을 위하여 모두 바칠 것을 굳게 다짐한다고 최윤우 동지는 힘주어 선서했다. 67sec

인서어트　　설악산의 웅좌

뭉게구름이 떠오른다

서서히 사라지면서

촬영 : 국방영화제작소
나레이션 : 전 인 식
제작 : 대한유격참전동지회

4. 특별법의 입법으로 명예회복

(1) 입법청원서

2003. 2. 21 특수우편물로 국방부장관에게 군인 신분인정 및 전사망 장병의 명예회복 및 선양에 대한 청원서와 그 보완자료를 내용증명으로 요구한 것. 이 요구 등은 앞으로 진정을 떠나 법적대응을 위한 예고이기도 한 것이였다.

우편물 수령증

접 수 자 : 창구04 1
총 요 금 : 6,850원(즉납 :6,850원)
(현 금 : 6,850원
신용카드 : 0원)
접수번호 : 046656

2003. 2. 21

청 원 서

국방부 장관 귀 하

청원법에 의하여 다음사항을 청원하오니 조속히 적법 재결·수리하여 주심을 바랍니다.

1. 본인은 1950년 6월 25일 한국전쟁 당시 북한군 복장과 위장계급 및 북괴제 장비·무기류 등으로 아군지역으로부터 최소 40km 최대 100km 상당, 적진 배후지역에서 육군중령 채명신의 지휘하에 1951년 1월 30일부터 동년 4월 10일까지 사이에 (일부 장병은 5월상순까지) 강원도 영월군, 정선군, 평창군, 명주군(강릉시) 인제군, 양양군 지내에서 특수작전을 감행하였습니다.

우리들 834명중 장교 124명은 1951. 1. 25 국방부장관 신성모 명의의 임관사령장으로 임시 육군장교(GO 군번)로, 사병은 병장~중사로(G 군번) 각 부여받은 신분이었습니다. (육군정보학교의 교육출동사실, 임관사령장 원본 등으로 증명)

작 전 사 항

가. 강원도 평창군 진부면 하진부리에서 적병 34명 생포·처치

나. 강원도 명주군 성산면 보광리에서 적 5명 사살, 3명 생포·처치

다. 강원도 평창군 도암면 횡계리에서 적 11명 사살, 포로 1명을 아군수도사단 기갑연대에 인계(당시의 전투정보 보고서에 수록)

라. 강원도 홍천군 내면 광원리에서 적 69여단 정치군관 인민군 대위(소성 4) 중위, 특무장과 병사계 4인을 생포하여 69여단의 기밀문서를 압수 이를 아군에 전달하여 적을 궤멸에 이르게 하는 전공을 세우고(당시의 전투정보보고서에 기록)

마. 강원도 홍천군 내면 지내에 있는 적 인민군 제3군단 지휘부에 이르는 초소 3개를 파괴하고, 적을 혼란에 빠뜨리게 하였고,

바. 강원도 양양군 서면 오색리↔오가리 지내에서 적진을 백주에 행군하고 인제군 기린면 진동리에 이르는 전선에서 적의 퇴로를 봉쇄하는 등 적생포 사살 419명, 권총 9, 다발총 17, 장총 178, 무전기 1대 노획 등 많은 전과를 올려 아군의 북진작전에 크게 기여했으나, 우리들도 각급 전투중 굶고 허기져 동·아사 120여명을 비롯한 전사·실종 등 364명의 희생을 입었습니다.

2. 1951년 4월 28일 우리군은 우리들 개선 장병 모두를 미8군 8086 기동부대 커크랜드 기지(사령관: 윌리엄 에스, 헤리슨)로 총 834명중 살아 돌아온 283명중 채명신 등 8명을 제외한 275명을 일반명령이나 작전명령조차 없이 미8군에 이관·인계하므로써 우리들 모두의 지난 전공이나 국방부장관 신성모가 준 임관사령장, GO 군번 등 모든 신분이 공허(空虛)해 지게되었습니다. 그러나, 우리들은 이를 알지 못했고, 전시라 어쩔도리 조차 없었으며, 1개월간의 상륙작전 훈련을 마친 1951년 6월 3일 출동, 6월 6일 원산 남방, 강원도 통천군 지내 두백리 기습상륙작전을 감행하여 교량파괴, 해안포대 파괴, 내무서원 생포 및 파괴, 기뢰 10여기의 제거, 양민 300여명을 자유 대한으로 후송하는 등의 전공을 세웠으나 미군 당국이 우리들을 내버려 아무런 증명없이 귀향하게 되었습니다(일부는 제대증이 있음).

첫 째 : 본인이 참전전우회 대표로서 귀부 장관에게 2002. 10. 2 병단참전 제02-10-2호 "제목:6·25 참전 임시 장병의 신분확인청구"로 참전 당시의 임관사령장 육해공군 총참모장, 제1군단장, 수도사단장과 미 군사고문관의 사열사진, 제대증 등의 증거물과 당시의 지휘관 채명신(예비역 중장)의 확인 등으로 우리들이 **군인이었는지, 민간공작원** 정도였는지를 확인해 달라는 것이었는

데 이에 대한 아무런 해명없이 ① 2002. 12. 20 귀부 장관은 감민 33070-5130호로「민원처리 중간회신」이후에 ② 육군본부에서 신분관계(국인인지 아닌지) 규명, 부인 16202-012922('01. 9. 26) 6·25참전 2차 전공확인 포상(건의)로, 전인식 외 20명에 대하여 충무무공훈장 1, 화랑무공훈장 20의 포상건의를 하였다는 회시로, 군인신분이였다는 사실을 간접 인정한 회보를 받았으나, 그것만으로는 신분의 확실한 사실인정, 확인에 부족하고, ③ 귀부가 인근 12151-2156호(2003. 02. 14) "민원회신"으로 6·25 전공 소급포상은 불가 하다면서 육군의 공인된 자료에 의해 명백히 입증되면 공적심사를 거쳐 정부포상 규정에 따라 처리하겠다. 운운의 회답을 하였으나, 육군 인사관계 주무장관 격인 육군참모총장이 공적심사위원회를 열고,합의 의결한 것을 귀부가 육군본부의 결정을 부정한 것으로 그 또한 심히 부당한 바, 포상 등에 관계없이 육군이 인정한 전투사실을 귀부가 솔직하게 인정하여 군인이었음을 문서로 인정해 달라는 것 입니다.

둘 째 : 위와 같이 우리들이 요구한 청원은 군인이었냐! 민간공작원이냐!를 확인해 달라는 것인데 이에 대한 소명은 전혀 없고, 포상 불가 운운으로 귀부는 전말을 흐려 의사결정을 기피내지는 부작위함은 심히 부당하다고 생각합니다.

셋 째 : 그 당시의 작전명령 제1~5호, 육군정보학교의 교육출동 사실(기록문서 02-01-02-05호), 한국전쟁사료 정기정보보고 제77호 page 641, 한국전쟁사 4집 동부지구 반격작전 page 638, 한국전쟁사료 정기정보보고 56호 page 89, 육정 정기보고 41호 등 그 당시의 교육·출동 전투행위가 밝혀진 바 있으므로 그 인정에 아무런 하자가 없다고 생각되는 바, 군인이었느냐! 민간공작원이었느냐!를 확실히 밝혀 줄 것을 강조 청원합니다.

3. 이제와서 포상 불가 운운의 섭섭한 변명은 다 지나간 일들로서 훈포장 수여불가란 구차스러운 변명이나 듣고자 하는 것은 아니고, 신분확인이나 분명히 해주실 것을 강력히 청원합니다.

청 원 인

참전당시 : 결사 제11연대 작전참모, (백골병단 작전참모) 임시육군대위 GO1003
미8군 기동부대 커크랜드 사령부 작전처장 겸 전방사령관 Major
백골병단참전전우회 회장(1965. 9. 29~현재까지 38년간 회장 재직)

주 소 : 경기도 고양시 덕양구 화정2동 951 별빛마을 1005동 1102호
연락처 : 서울특별시 마포구 서교동 466-19 전화 : 02)333-5213~4
주민등록번호 : 290727-1 청원인 대표 : 전 인 식

이 우편물은 2003/02/21 제 04001327 호에 의하여 내용증명우편물로 발송하였음을 증명함
서울서교우체국장 2003. 2. 21

주 소 : 서울시 용산구 용산동 3가 1번지

국 방 부 장 관 귀하

(2) 청원서의 보완요구

청원서의 보완 요구서

2003. 3. 18

국방부 장관 귀 하

귀하의 장관 취임을 축하드리며, 북한 핵 문제, 미사일 문제, 군의 사기문제, 제대군인의 지원문제 등 현안이 많은 때입니다만, 장관님의 현명하신 판단으로 우리 국방 현안 타결에 크게 기여하시리라고 기대합니다.

청원인은 1962.8.23부터 육군본부 직할 白骨兵團 參戰전우회 관련업무를 맡아서 취급한 이래, 국방당국(육군본부 등 포함)에 여러차례, 진정, 청원 등을 제기했습니다.

최근에는 2003.2.21 서교우체국 내용증명 우편으로 귀하에게 戰友會를 대표하여 청원서를 제출한바 있습니다.

첫째 : 본인 등 백골병단 參戰將兵은 1950.12.21 공포된 대통령령인 國民總動員令과 "국민방위군 설치법"에 의하여 **육군보충대에 입대** 하였고,

둘째 : 1951.1.3 **陸軍情報學校**(그 뒤 육군제7훈련소로 개칭)에 입교하여, 소정의 **군사교육·훈련을 이수**하고,

셋째 : 1951.1.25 대통령 지령에 의하여, 국방부장관 申性模 명의의 **임관사령장과 계급, 군번**을 각 부여 받았으며,

네째 : 1951.1.29 **作戰命令**에 따라 육군중령 蔡命新의 지휘하에 '51.1.30 특수전(유격전) 임무수행을 위하여 **적후방으로 침투**하여 1951년 4월 3일까지 60여일간 크고 작은 많은 전투를 감행하여 적생포·사살 등 419명의 전과를 올렸습니다.

따라서, 우리들은 북파 민간 공작원이 아니고, **軍人이었습니다**. 라는 것을 보완요구서에서 분명히 밝히고자 합니다.

요구 1 : 軍人身分이기에 (임시군인이었든 현역이든간에) 任命이 있었으면, 당연히 解任이 되었어야 하는데, 우리들에게는 除隊命令 또는 豫備役 編入이나 解免特命이 없었기에 그 發令을 바라는 것입니다.

(참고) 조창호소위는 참전(51년) → 포로 → 북송 → 결혼(가정생활(자식 2)) → 1996년? 탈출 귀순 → 중위로 진급 → 제대(예편) → 밀린봉급과 제대금 수령 등,

요구 2 : 헌법과 병역법, 군인사법을 위반하면서 우리들 대다수는 **두 번이상 軍服務를** 하게 하였음은 잘못이므로 이에 대한 분명한 **사과와 보상**을 강력히 요구하며, 참전 당시의 계급과 그 뒤의 계급중 희망하는 계급으로 예우할 것을 요구합니다.

요구 3 : 作戰中 전사망·실종된 장병 364명중 육군참모총장으로부터 (고)육군소위 허은구 등 58명을 국립현충원 "위패실"에 위패안치 하였고, 격전지에서 발굴한 (고)

육군대위 현규정 등 3인은 대전 현충원에 안장하고, 그 나머지 303명은 명단조차 확인할 수 없어 **무명용사**로 방치되어 있는 바, 강원도 인제군 북면 용대리 산 250-2에 건립되어 있는 白骨兵團 戰績碑 경내 또는 국립묘지 경내에 **「白骨兵團參戰 無名將兵 追慕碑」**를 건립하여 戰鬪中 幽明을 달리한 將兵의 넋을 위로해 드려야 할 것을 강력히 촉구하며, 총소요예산(추정) 2,000만원중 우리들 參戰戰友一同이 4~500만원을 協贊할 생각으로 있습니다.

이상 세가지 요구사항으로, **청원 요구를 수정 요구하오니** 청원서 처리에 착오없으시기 바라오며, 되도록 5월 20일 이전까지 처리해 주셔서 2003. 6. 5 백골병단 전적비 앞 광장에서 거행하는 2003년도 현충 추모행사(해마다 거행)를 뜻있게 거행할 수 있도록 도와주시기 바랍니다.

청원인 : 경기도 고양시 덕양구 화정2동 951 별빛마을 1005동 1102호

290727-1(**전 인 식**

(백골병단참전전우회 회장(1965. 9. 29~현재까지))

연락전화 : (02)333-5214~3 (016)233-5213 번

우편물 수령증

접 수 자 : 창구02 1
총 요 금 : 4, 320원(즉납 :4, 320원)
(현 금 : 4, 320원
신용카드 : 0원)
접수번호 : 026819

<국내등기우편물>
발송인:412-741 전인식 화정2동 별빛마을10단지아
통수:1통
요금:4, 320원(현금수납:4, 320원)

등 기 번 호 요금 수취인

3105602002314 4, 320 140701국방부
내용증명 배증

서울특별시 용산구 용산동 3가 1번지

국 방 부 장 관 귀하

특보 53년만에 명예회복이 되다

" 부패방지 나의책임 부패신고 나의 의무 "

국 방 부 담당 : 육군중령 신만택

취급 : 정보통신망

우 140-701 / 서울 용산구 용산동 3가 1번지 / 전화(02) 748 - 5121 / 전송(02)748 -5119

인사관리과 과 장 육군대령 박 철 수 담당 육군중령 신 만 택

문서번호 인사33140-188

시행일자 '03 .4 .24 ( )

(경유)

받음 전인식

참조 서울마포구 서교동 466-19

(백골병단참전전우회)

선람			지시	검토회
접수	일자 시간	03 .4 .28 16:20	결재·공람	
	번호			
처리과				
담당자				
심사자			심사일	

제목 민원회신

귀하께서 제기하신 민원에 대하여 붙임과 같이 회신합니다.

붙임 : 민원회신문 1부. 끝.

국 방 부 장 관

2003년 4월 24일 문서번호 : 인사 33140-188호로 국방부장관의 민원회신이 우리 회장에게 송달되었습니다. (2003. 4. 28일 접수)
국방부가 우리 전우회의 민원서류를 접수하여 그간 정책실무회의(2003.4.10) 백골병단 민원처리 방안 장관보고(2003.4.15)에서 **첫째** : 군인신분을 인정하기 위해서는 "특별법" 의 제정이 필요하다는 결론에 도달하였다고 하니, 이는 1962.4. 국가재건최고회의 의장에게 탄원한 이후 42년만에 긍정적 검토가 된 것이고, 참전 53년만의 장거이다.
둘째 : 무공에 대한 포상은 공식적인 문서에 의해 공적이 확인 가능한 인원에게는 포상수여가 되도록 적극 노력하겠으며(2001.9.18 육군본부 공적심사위원회(을반)에서 참모총장까지 공적심사의결된 것이 국방부가 묵살하였음) 참전기간의 보상(월급)은 "**특별법**" 이 제정되면 가능하다는 판단으로 의원입법 또는 정부입법의 방식으로 "특별법" 을 추진하겠다는 내용으로 이는 1961년 8월이후 실로 50년만에 비로서 명예회복의 길이 열리게 된 것이다. 이에 따라 우리들의 노력으로 의원입법이 되어 2004.3. 특별법이 제정 공포되었다. **담당 : 신만택 중령**(현 준장)과 박철수 대령(인사관리과장), 조영길장관에게 우리 모두는 고맙게 기억하고 있다.

전 인 식 회장님 귀하

1. 귀하의 건강하심을 기원합니다.

2. 귀하께서 우리 부에 제기하신 민원은 한국전쟁중인 '51.1~6월간에 적진후방지역에서 특수작전을 수행한 백골병단 참전요원들이 군인인지 민간 공작원인지의 신분확인과 무공에 대한 포상,참전기간동안의 보상(월급)을 요구하셨습니다. 먼저 위 요구사항에 대한 국방부의 추진경과를 아래와 같이 알려드립니다.

① 민원서류 접수 : 국방부 민원과 경유
- '03.2.26 군인인지 민간공작원인지 신분확인 요구
- '03.2.28 박용주씨 서신 접수(백골병단 관련 자료 첨부)
- '03.3.26 제대명령/예비역 편입, 사과와 보상, 추모비 건립지원 요구

② 자료수집 및 1차 검토보고(인사복지국장, '03.3.19)
③ 관련부서 실무자 회의('03.3.26) 및 회장단 면담('03.3.27)
④ 2차 검토보고(차관보, '03.4.2)
⑤ 정책실무회의('03.4.10) : 인사복지국장 주관, 위원(관련부서 과장급)
⑥ 백골병단 민원 처리방안 장관 보고('03.4.15)

3. 위와 같이 귀하의 민원과 관련하여 많은 검토와 회의를 실시한 결과, 첫번째 요구사항인 신분확인에 관한 사항은 당시 국방부장관의 임관사령장, 임관명령, 작전명령 등 다량의 명백한 자료확인으로 백골병단의 실체 및 참전사실은 확인이 가능하나 軍籍에 없고, 당시 임시계급 및 민간인군번을 부여 받아 군인신분 인정이 모호하며, '51년 당시 국민방위군설치법에 의거 소집된 인원(현재의 향토예비군과 유사한 것으로 현역군인과는 구분됨)을 군인 신분으로 인정하기 위해서는 "특별법" 제정이 필요하다는 결론에 이르렀습니다.

둘째로 무공에 대한 포상은 공식적인 문서 또는 문서에 의해공적 확인이 가능한 인원에게는 6월 호국보훈의 달에 즈음하여 포상수여가 되도록 검토할 예정이며, 참전기간동안의 보상(월급)은 "특별법"이 제정되면 가능한 것으로 판단됩니다.

4. 국방부에서는 귀 단체의 명예회복과 호국정신 및 안보의식 고취 차원에서 전향적/긍정적으로 해결하는 것이 국방부의 도리라고 여기고 의원입법 또는 정부입법의 방식으로 "특별법" 제정을 추진하기로 하였사오니 입법추진 과정에서의 귀 단체의 협조와 지원을 부탁드리는 바입니다. 특별법 제정에는 다소 시간이 소요되는 바 그동안의 추진경과를 중간 회신드립니다.

아무쪼록 귀 단체에서 바라는 대로 해결되어지길 기대하오며 또한 최선을 다할 것을 약속드립니다.

5. 끝으로 다시한번 귀하 및 귀 단체의 애국/호국정신에 머리숙여 존경과 감사를 표하며 귀하의 건강과 가정에 무궁한 행운이 깃들기를 기원합니다.

등기번호	요금	수취인
1105606050108	1,580	140701인사관리과장

백골병단 참전 전

2003-04-29 11:30

121-842 서울특별시 마포구 서교동 466-19　TEL. (02) 333-5213~4　FAX. (02) 338-1153

문서번호 : 병단참전 '03-04-05

시행일자 : 2003. 04. 29.

수　　신 : **국 방 부 장 관**

참　　조 : 인사관리 과장

제　　목 : **민원회신에 대한 보충 추가 의견 제청**

선결			지시	
접수	일자 시간		결재·공람		
	번호				
처 리 과					
담 당 자					

1. 귀하의 건강과 가정에 행복을 기원합니다.

2. 귀부 문서번호 인사 33140-188('03. 4. 24부) "민원회신"을 '03. 4. 28 잘 받고 다음과 같은 보충의견을 송부하오니 참고·조치해 주심을 바랍니다.

다　　음

(가) 먼저 민원을 제기한 본인으로서는 귀부 담당관 제위께서 자료수집 및 검토 등에 많은 시간과 자력을 소비하시고, 긍정적으로 검토하신 노고에 대하여 우선, 경의와 감사를 드립니다.

(나) 백골병단 참전장병이 당시 국방부장관의 임관사령장, 임관명령, 작전명령 등의 명백한 자료확인으로 백골병단의 실체 및 참전 사실의 확인이 가능하다고 전제하시고, **軍籍에 없고, 당시 임시계급 및 민간인 군번을 부여받아, 군인신분 인정이 모호하며, '51년 당시 국민방위군 설치법에 의거 소집된 인원(현재의 향토예비군과 유사한 것으로 현역군인과는 구분됨)을 군인 신분으로 인정하기 위해서는 「특별법」 제정이 필요하다는 결론에 이르렀습니다** 에서,

첫째 : 육군보충대에 수용된 장정 6,000여명이 국민방위군설치법에 의했거나 국민총동원령에 의했거나 간에 그 중에서 결사대요원을 선발함에 있어, 1차로 710명, 2차로 300명을 선발하여 특수 목적의 군사훈련을 실시하고, 임시장교로 임관시켰거나 사병으로 계급과 군번을 주어, 전투부대원으로 편성하였으므로, **군적에 있고 없는지의 여부**는 참전장병으로서는 전혀 알 수 없는 것이고,

둘째 : 육군보충대에 수용된 장정 6,000여명중에서 백골병단 요원으로 선병(選兵)된 1,000명 상당은 군인이 되었고, 나머지 5,000여명은 국민방위군에 편성되거나 각급 부대로 배속되었는 바, 백골병단으로 편성, 교육, 전투한 참전장병은 「국민방위군」 편성자와는 전혀 다른 특수전부대 장병이었음을 지적합니다.

셋째 : 육군 교육기관에 입대한 자가 처음 임관할 때에는 민간인이 사관후보생이었다가 군적에 편입·등재와 동시에 장교의 신분과 군번을 받는 것으로, 본인이 임관한 경험이나 군번을 받아본 일이 없어 처음으로 받은 임시계급과 군번을 믿을 수 밖에 없었고, 군번 등의 당부를 가릴 수 있는 위치나 처지에 있지 못했을 뿐아니라, 특별권력 또는 특별신분관계에 있었다는 점에서 오늘날의 향토예비군과 유사하다는 귀부의 지적과 판단에는 동의 할 수 없으므로 재검토해 주시기 바랍니다.

넷째 : 세월이 흘러 52주년이 지났으나 그 당시의 제반문서를 보존·관리, 입증할 책임은 귀부(육군본부)에게 있을진데 문서·보존 관리를 잘못하므로써 우리들의 신분이 우습게 되었는바, 그 책임 또한 귀부(육군본부)에게 있는 것이라 생각합니다. 우리들 참전장병에게는 아무런 잘못이 없다는 것입니다.

(다) 무공자에 대한 포상은 **공식적인 문서에 의해 확인이 가능한 인원에게 포상**하신다고 하셨는바, 이를 살피건데, 모든 공적은 전투부대장이 건의한 것을 상급 확인관이 확인한 문서를 말하는 것으로써 이 의견에는 아무런 외형상 하자는 없다고 할 것입니다만, **백골병단의 경우는 대한민국의 국권이 미치지 못하는 적후방지역에서의 작전이므로 백골병단 사령관 육군중령 채명신은 대통령이나 대법관의 권한을 적지역에서 대리행사 함과 동시**에 모든 사람의 **생사 여탈권**도 가지고 행사해 왔으므로 그 분의 사실 인정은 곧 모든 형식적인 문서보다도 확실한 증거와 공식확인이 되는 것으로 사료되는 바, 참전 당시의 최고책임장교가 포상 건의를 확인하였다면, 그것이 바로 공식적인 문서에 갈음되는 것으로 아무런 하자가 없는 바 귀부의 현명한 판단을 기대합니다.

3. 특별법을 제정하여 명예회복을 위해 전향적이고, 긍정적으로 해결하시고자 노력하심에 경의를 표하오며, 본 참전전우회원 일동도 적극 협조할 생각입니다.

다만, 참전장병의 연령이 평균 74세(최고 83세)인 점을 혜량하시어 모두 2003년내에 해결되도록 해주시고, 우리들은 **미군지휘하의 유격대나 자생유격대와 같은 유격대원이 아니었음을 분명히 밝혀두는 바입니다**.

4. 끝으로 귀부 담당관 제위의 노고에 깊은 감사와 격려를 드리며, 무운장구 하심을 기원합니다.

백골병단 참전전우회 회장 전 인 식

2003. 4. 말 전우회 전인식 회장이 전시중 임시장교와 병에 대한 군인 신분인정에 관한 특별법안을 만든 것. 여기서, 복무기간의 인정, 포상, 한시 등이 규정되어 있으나 대부분이 섭섭하게 변모되었다.

(4) 전시 중 임시 장교와 병에 대한 군인 신분 인정에 관한 특별 조치법(안)

제 1 조 【목 적】 이 법은 1950년 12월 국민방위군설치법(국민총동원령 포함)에 의해 소집되어 육군정보학교에서 소정의 군사교육을 이수하고, 국방부장관으로부터 임시장교로 임용된 자와 군번을 부여받고 참전한 부사관 및 병에 대하여 군인신분을 부여하고, 전투에 참전한 기간을 현역장교와 병으로 복무한 것으로 추인함을 목적으로 한다.

제 2 조 【적용 범위】 이 법의 적용을 받는 자는 다음 각호와 같다.

1. 육군정보학교에서 소정의 교육을 이수하고, 1951년 1월 25일 국방부장관으로부터 임시장교로 임용되어 작전에 참전한 자.
2. 1951년 1월 4일 육군정보학교에서 소정의 교육을 이수하고, 계급과 군번을 부여받은 다음 작전에 참전한 부사관 및 병

제 3 조 【신분부여 및 확인】 ① 제2조 각호의 1에 해당하는 자는 임용일로부터 임무해제 된 날까지 해당 계급의 군인으로 복무한 것으로 본다.

② 법제2조 각호의 1에 해당하는 자의 확인은 증명할 수 있는 자료(문서, 사진 등) 또는 백골병단참전 전우회원의 인우보증과 확인에 의한다.

제 4 조 【백골병단참전전우회】 ① 이 법에 대한 관련자의 군인신분 확인 및 유가족의 확인, 포상 등의 업무를 지원하기 위하여 국방부 소속하에 백골병단참전전우회(이하 "전우회"라 한다)를 두며, 주된 사무소의 소재지에서 법인 설립등기를 함으로써 성립한다.

② "전우회"의 주요기능은 다음 각호와 같다.

1. 회원의 군인신분 확인에 관한 사항
2. 참전 유족의 확인 등에 관한 사항
3. 무공이 있는 자의 포상신청에 관한 사항

제 5 조 【정 관】 ① 전우회의 정관에는 다음 각호의 사항을 기재하여야 한다.

1. 목 적
2. 명 칭
3. 주된 사무소와 지부에 관한 사항
4. 회원의 권리와 의무에 관한 사항
5. 총회 및 이사회에 관한 사항
6. 임원 및 조직에 관한 사항
7. 사업 및 예산과 결산, 회계에 관한 사항
8. 정관의 변경에 관한 사항
9. 그밖에 전우회 운영에 필요한 사항

② 정관은 총회의 의결을 거쳐 국방부장관의 인가를 받아야 한다. 정관을 변경할 때에도 또한 같다.

제 6 조 【퇴역】 ① 제3조 제1항에 해당하는 자는 희망에 따라 퇴역처분을 요구할 수 있다.

② 제1항의 규정에 따라 퇴역한 자는 군인사법 및 병역법 등 다른 법률에 의하여 퇴역 처분한 것으로 본다.

제 7 조 【봉급지급 및 복무기간의 산정】 ① 이 법에 의한 봉급지급 대상자는 1951년 1월부터 동년 6월까지의 기간중 참전자로 하고, 단수는 1월로 본다.

② 이 법에 의한 봉급 등의 산정기준은 참전당시의 신분과 계급에 상응하는 지급년도 현역군인의 봉급월액으로 한다.

③ 전사망자 및 참전자 중 사망한 유족이 제2항의 봉급 등을 요구할 때에는 민법에서 정한 상속권자가 신청하는 경우에 한하여 이를 지급한다.

제 8 조 【포 상】 ① 이 법의 적용을 받는 자가 전투중 혁혁한 무공이 있는 자는 "전우회"가 신청하고, 육군의 공적심사를 통과한 자에 대해 소급포상을 할 수 있다.

제 9 조 【한 시】 ① 이 법은 2008년 12월 31일까지 존속한다.

② 제1항의 기간이 지난 청구는 그 효력을 잃는다.

부 칙

제 1 조 【시행일】 이 법은 공포한 날로부터 시행한다.

제 2 조 이 법 제2조 해당 참전장병이 설립한 백골병단 참전 전우회는 이 법 제4조, 제5조의 규정에 따라 설립하여야 한다.

(5) 6·25전쟁중 적 후방지역 작전수행 공로자에 대한 군 복무 인정 및 보상 등에관한 법률

(2004. 3. 22. 법률 제7200호)

제1조【목 적】 이 법은 6·25전쟁 당시 적진 후방지역에서 특수작전을 수행한 자에 대한 군복무인정 및 보상에 관한 사항을 규정함을 목적으로 한다.

제2조【정 의】 이 법에서 사용하는 용어의 정의는 다음과 같다.

1. "특수작전"이라 함은 1951년 1월부터 동년 4월 사이에 당시 적진 후방지역인 강원도 영월·평창·인제·양양군 일대에서 지휘소습격, 시설파괴, 보급로파괴 및 첩보수집 등 적군의 후방교란을 위하여 수행된 작전을 말한다.
2. "공로자"라 함은 1951년 1월 육군정보학교에 입교하여 특수군사훈련을 받은 후 국방부장관으로부터 임시로 장교·부사관 또는 병의 계급 및 군번을 부여받고 육군본부직할결사대 소속으로 특수작전을 수행한 자로서 제3조제1항제1호의 규정에 의하여 공로자로 인정된 자를 말한다.
3. "유족"이라 함은 공로자로서 사망하거나 사망한 것으로 인정된 자의 민법에 의한 재산상속인을 말한다.

제3조【특수작전 공로자 인정 심의위원회】 ① 공로자의 군복무인정 및 보상 등에 관한 다음 각호의 사항을 심의·의결하기 위하여 **국방부장관 소속하에 특수작전공로자 인정심의위원회**(이하 "위원회"라 한다)를 둔다.

1. 공로자 또는 유족에 해당하는지의 여부에 관한 사항
2. 공로자의 군복무 인정 등에 관한 사항
3. 공로자 또는 유족에 대한 보상금 및 공로금의 지급에 관한 사항
4. 공로자관련 단체의 지원에 관한 사항
5. 그 밖에 **군복무인정 및 보상 등과 관련하여 대통령령이 정하는 사항**

② 위원회는 위원장 1인을 포함한 9인 이내의 위원으로 구성한다.

③ 위원은 **학식과 경험이 풍부한 자와 관계공무원중에서 대통령령이 정하는 바에 따라** 국방부장관이 위촉 또는 임명한다.

④ 그 밖에 **위원회의 구성 및 운영에 관하여 필요한 사항은 대통령령으로** 정한다.

제4조【군복무기간의 인정 등】 공로자가 특수작전을 수행한 기간(특수작전 수행을 위한 훈련기간을 포함한다. 이하 같다) 및 특수작전중 부여받은 계급은 군인사법·병역법 등 관계법령(연금·퇴직금 및 퇴직급여금 관계법령을 제외한다)에 의한 6·25전쟁 **당시의 현역군인으로서의 복무기간 및 계급으로 인정한다.**

제 5 조 【서 훈】 특수작전을 수행한 기간중 **무공을 세운 공로자에게는** 상훈법에 의하여 훈장 또는 포장을 수여할 수 있다.

제 6 조 【보상금 및 공로금】 ① 공로자 또는 유족에게는 제4조의 규정에 의하여 인정된 해당계급의 6·25전쟁 당시의 보수월액에 평균복무기간인 8월을 곱한 후 이를 현재가치로 환산한 금액을 보상금으로 지급한다.

② 공로자 또는 유족에게는 제1항의 규정에 의한 보상금 이외에 위로금 성격의 공로금을 지급할 수 있다.

③ 제1항 및 제2항의 규정에 의한 보상금 및 공로금(이하 "보상금 등" 이라 한다)의 **지급범위와 금액의 산정, 지급방법 등에 관하여 필요한 사항은 대통령령으로** 정한다.

제 7 조 【유족의 권리】 유족은 민법의 상속규정에 따라 보상금등의 지급을 받을 권리가 있다.

제 8 조 【보상금등의 지급신청】 ① 공로자 또는 유족으로서 **보상금등을 지급받고자 하는 자는 대통령령이 정하는 바에 따라 관련증빙서류를 첨부**하여 서면으로 위원회에 보상금등의 지급을 신청하여야 한다.

② 제1항의 규정에 의한 보상금등의 지급신청은 **이 법 시행후 1년 이내에 하여야** 한다.

제 9 조 【지급 결정】 위원회는 **보상금등의 지급신청을 받은 날부터 5월 이내에** 그 지급여부와 금액을 결정하여야 한다.

제 10 조 【결정서의 송달】 ① 위원회가 보상금등을 지급하거나 지급하지 아니하기로 결정한 때에는 지체없이 그 결정서정본을 보상금등의 지급을 신청한 자(이하 "신청인" 이라 한다)에게 송달하여야 한다.

② 제1항의 송달에 관하여는 민사소송법의 송달에 관한 규정을 준용한다.

제 11 조 【재 심의】 ① 제9조의 규정에 의한 위원회의 결정에 대하여 이의가 있는 신청인은 제10조의 규정에 의한 결정서정본을 **송달받은 날부터 30일 이내에** 위원회에 재심의를 신청할 수 있다.

② 제1항의 재심의 및 송달에 관하여는 제9조 및 제10조의 규정을 각각 준용한다. 이 경우 제9조중 "5월" 은 "3월" 로 본다.

제 12 조 【보상금등의 지급 등】 ① 제10조의 규정에 의한 결정서정본을 송달받은 신청인이 보상금등을 지급받고자 할 때에는 그 결정에 대한 동의서를 첨부하여 위원회에 보상금등의 지급을 신청하여야 한다.

② 그 밖에 **보상금등의 지급절차 등에 관하여 필요한 사항은 대통령령으로** 정한다.

제13조 【보상금 등에 대한 권리보호】 보상금등의 지급을 받을 권리는 이를 양도 또는 담보로 제공하거나 압류할 수 없다.

제14조 【결정 전치주의 등】 ① 보상금등의 지급에 관한 소송은 위원회의 결정을 거친 후가 아니면 제기할 수 없다. 다만, 보상금등의 **지급신청이 있은 날부터 5월이**

경과된 때에는 그러하지 아니하다.

② 제1항의 규정에 의한 소의 제기는 결정서정본(재심의결정서정본을 포함한다)을 송달받은 날부터 60일 이내에 제기하여야 한다.

제 15 조 【보상금 등의 환수】 ① 국가는 보상금등을 지급받은 자가 다음 각호의 1에 해당하는 경우에는 그 보상금등의 전부 또는 일부를 환수하여야 한다.

1. 거짓 그 밖의 부정한 방법으로 보상금등의 지급을 받은 경우
2. 잘못 지급된 경우

② 제1항의 규정에 의하여 보상금등을 반환할 자가 해당 금액을 반환하지 아니한 때에는 국세체납처분의 예에 의한다.

제 16 조 【사실조사 등】 ① 위원회는 보상금등의 지급심사를 위하여 공로자 또는 참고인으로부터 진술을 청취하거나 필요하다고 인정하는 경우에는 조사를 할 수 있으며, 관계기관의 장에게 필요한 협조를 요청할 수 있다. 이 경우 관계기관의 장은 특별한 사유가 없는 한 지체없이 이에 응하여야 한다.

② 누구든지 보상금등의 지급 및 환수 등에 관하여 위원회에 자료를 제출하거나 자유롭게 진술할 수 있고, 그로 인하여 어떠한 불이익도 받지 아니한다.

제 17 조 【소멸 시효】 보상금등의 지급을 받을 권리는 그 지급결정서정본이 신청인에게 송달된 날부터 3년간 행사하지 아니하면 시효로 인하여 소멸한다.

제 18 조 【관련단체에 대한 지원】 국가는 공로자의 추모 등을 목적으로 설립된 **비영리법인 또는 단체에 대하여 예산의 범위안에서 사업비 등의 일부를 지원할 수 있다.**

제 19 조 【다른 법률에 의한 지급과의 관계】 공로자 또는 유족이 동일한 사유로 다른 법률에 의한 보상금을 지급받았거나 받고 있는 경우에는 제6조의 보상금등을 지급하지 아니한다.

제 20 조 【벌칙 적용에 있어서의 공무원의제】 위원회의 위원중 공무원이 아닌 위원은 형법 제129조 내지 제132조의 적용에 있어서는 이를 공무원으로 본다.

제 21 조 【벌 칙】 ①거짓 그 밖의 부정한 방법으로 보상금등을 지급받거나 **지급받게 한 자는 3년 이하의 징역 또는 300만원 이하의 벌금**에 처한다.

②제1항의 미수범은 처벌한다.

부　　칙 <2004. 3. 22>

이 법은 공포후 6월이 경과한 날부터 시행한다.

(6) 6·25전쟁중 적 후방지역 작전수행 공로자에 대한 군 복무 인정 및 보상 등에 관한 법률 시행령

(대통령령 제18583호 : 2004.11.11)

제 1 조 **【목 적】** 이 영은 6・25전쟁중 적후방지역작전수행 공로자에대한 군복무인정및보상등에관한법률에서 위임된 사항과 그 시행에 관하여 필요한 사항을 규정함을 목적으로 한다.

제 2 조 **【특수작전 공로자인정 심의위원회 구성 및 운영】** ① 6.25전쟁중 적후방지역작전수행 공로자에대한군복무인정및보상등에관한법률(이하"법"이라 한다) 제3조의 규정에 의한 특수작전공로자인정심의위원회(이하"위원회"라 한다)의 위원장은 국방부 인사국장이 되며, 위원회의 위원은 다음 각호의 자중에서 국방부장관이 위촉 또는 임명한다.

1. 관련분야에 학식과 경험이 풍부한 자
2. 국가보훈처 소속의 공무원으로서 국가보훈처장이 지정하는 자
3. 국방부소속의 장교 또는 일반직 공무원

② 위원회의 위원장(이하 "위원장" 이라 한다)은 위원회의 업무를 통할하고, 위원회를 대표한다.

③ 위원장이 부득이한 사유로 그 직무를 수행할 수 없는 때에는 위원장이 미리 지명한 위원이 그 직무를 대행한다.

④ 위원회의 회의는 재적의원 과반수의 출석으로 개의하고, 출석위원 과반수의 찬성으로 의결한다.

⑤ 위원회에 그 사무를 처리하기 위하여 간사 1인을 두며, 간사는 국방부소속의 장교 또는 일반직 공무원중에서 위원장이 임명한다.

제 3 조 **【수당 등】** ① 위원회에 참석하는 위원에 대하여는 예산의 범위안에서 수당을 지급할 수 있다. 다만, 공무원인 위원이 그 소관업무와 직접 관련되어 참석하는 경우에는 그러하지 아니하다.

② 법 제16조의 규정에 의하여 위원회에 출석한 참고인 등에게 예산의 범위안에서 여비 및 실비를 지급할 수 있다.

제 4 조 **【계급 및 군번부여와 병적관리】** 법 제3조제1항의 규정에 의하여 위원회에서 **공로자로 결정된 자에 대하여는 계급 및 군번을 부여하고 육군에서 그 병적을 관리한다.**

제 5 조 **【보상금 및 공로금】** ① 법 제6조제1항의 규정에 의하여 산정한 **계급별 보상금액은 별표**와 같다.

② 법 제6조제2항의 규정에 의한 **공로금은 그 계급에 관계없이 균등하게 지급하되, 1천만원을 초과하지 아니하는 범위안에서 위원회가 결정한 금액**으로 한다.

제 6 조 **【보상금 등의 지급신청 등】** ① 법 제8조제1항의 규정에 의하여 보상금 및 공로금(이하 "보상금등" 이라 한다)을 지급받고자 하는 자(이하 "신청인" 이라 한다)

는 **별지 제1호서식**에 의한 공로자인정 및 보상신청서에 다음 각호의 서류를 첨부하여 위원회에 제출하여야 한다. 다만, 전자정부구현을위한행정업무등의전산화촉진에관한법률 제21조제1항의 규정에 의한 행정정보의 공동이용을 통하여 첨부서류에 대한 정보를 확인할 수 있는 경우에는 그 확인으로 첨부서류에 갈음할 수 있다.

1. 신청인의 주민등록등본 1부
2. 공로자의 병적증명서 또는 병역사항이 포함된 주민등록등본 1부
3. 특수작전수행 관련 각종 훈·포장증서 또는 표창장 사본(공로자가 훈·포장 또는 표창을 받은 경우에 한한다) 1부
4. 공로자의 호적등본 또는 제적등본(유족에 한한다) 1부
5. 별지 제2호서식의 공로자인정 및 보상신청 위임장(이민·입원 그밖에 부득이한 사유로 인하여 대리로 신청하는 경우에 한한다) 1부
6. 그 밖에 신청사유를 소명할 수 있는 증빙자료 1부

② 제1항의 규정에 의한 신청인이 이민·입원 그 밖에 부득이한 사유로 공로자인정 신청과 보상금등의 지급신청·수령을 직접 할 수 없는 경우에는 다음 각호의 어느 하나에 해당하는 자가 확인하는 별지 제2호서식의 공로자인정 및 보상신청 위임장에 의하여 대리인을 선임할 수 있다.

1. 이민 등 국외체류의 경우에는 해외공관의 장
2. 입원의 경우에는 그 의료기관의 장
3. 교도소 등에 수용된 경우에는 그 수용기관의 장
4. 그 밖의 경우에는 주소지 읍·면·동장

③ 제1항의 보상금등의 지급신청·수령에 있어서 유족의 경우에 동순위 재산상속인이 2인 이상인 때에는 **별지 제3호서식**의 유족대표자선정서에 의하여 유족대표자를 선정하여야 한다. 다만, 동순위 재산상속인간의 합의가 불가능한 경우에는 그러하지 아니하다.

제7조【공로자인정 및 보상결정】 위원회가 공로자인정 및 보상결정을 한때에는 다음 각호의 사항을 기재한 **별지 제4호서식**의 공로자인정 및 보상결정서를 작성하고, 위원회에 출석한 위원 전원이 서명 또는 기명 날인하여야 한다.

1. 신청인의 성명·주소 및 주민등록번호
2. 결정주문
3. 이유
4. 결정연월일

제8조【결정서의 송달】 위원회가 보상금등을 지급하거나 지급하지 아니하기로 결정한 때에는 신청인에게 별지 제4호서식의 공로자인정 및 보상결정서 정본 2부와 별지 제5호서식의 공로자인정 및 보상결정통지서 또는 별지 제6호서식의 공로자인정 및 보상결정통지서(기각용)를 송달하여야 하며, 신청인의 대리인이 있는 경우에는 대리인에게 이를 송달하되, 신청인에게는 공로자인정 및 보상결정서 등본 1부를 송달하여야 한다.

제9조【재심신청】 법 제11조의 규정에 의하여 재심의를 신청하고자 하는 자는 별지

제7호서식의 재심신청서에 재심사유를 증명할 수 있는 증빙자료를 첨부하여 위원회에 제출하여야 한다.

제 10 조 【동의 및 지급청구】 제8조의 규정에 의하여 공로자인정 및 보상 결정통지서를 받은 신청인이 보상금등을 지급받고자 하는 때에는 별지 제8호서식의 동의 및 청구서에 다음 각호의 서류를 첨부하여 위원회에 제출하여야 한다.

1. 공로자인정 및 보상결정서 정본 1부
2. 보상금을 지급받을 수 있는 금융기관의 거래통장 사본 1부
3. 신청인의 주민등록등본 및 인감증명서 각 1부

제 11 조 【보상금등의 지급기관】 위원회가 결정한 보상금등은 위원회가 지급하되, 그 실무는 국고(국고대리점을 포함한다)에 위탁하여 처리하게 할 수 있다.

제 12 조 【보상금등의 지급시기】 보상금등은 제10조 규정에 의한 지급청구가 있는 날부터 15일 이내에 지급하여야 한다.

제 13 조 【공고】 위원장은 **이 영 시행일부터 30일 이내에** 공로자인정 및 보상신청에 관한 다음 사항을 관보에 공고하고 **국방부의 인터넷 홈페이지에도 20일 이상 공고**하여야 한다.

1. 공로자 및 보상 대상
2. 신청인의 자격
3. 신청서 접수기관
4. 신청기간
5. 보상금등의 산정기준
6. 심사・결정절차
7. 구비서류
8. 그 밖에 신청・지급에 관하여 필요한 사항

제 14 조 【시행 세칙】 이 영 시행에 관하여 필요한 사항은 위원회의 의결을 거쳐 위원장이 정한다.

부 칙

이 영은 공포한 날부터 시행한다.

[별표]

계급별 보상금액(제5조제1항관련)

(단위 : 원)

계 급	이등중사	일등중사	이등상사	소 위	중 위	대 위	소 령
보상금액	29,280	35,130	118,580	162,500	174,210	185,920	226,920

(7) 육본 직할 결사대(白骨兵團) 전우회원 새군번과 계급을 받다.

2009. 8. 19 현재

소　속	계　급	군　번	성　명	출 신 지	비　고
결사11연대	육군대위	51-00008	全 仁 植	경기 파주	전우회장 ('61.8.23~현지)
결사11연대	육군중위	51-00012	金 寅 泰	경기 포천	인천시
결사11연대	육군중위	51-00015	權 寧 哲	경기 고양	고양시
결사12연대	육군소위	51-00019	金 容 弼	경기 파주	파주시
결사11연대	육군소위	51-00023	吳 錫 賢	경기 김포	김포시
결사11연대	육군소위	51-00024	趙 詩 衡 (亡)	경기 파주	파주시
결사11연대	육군소위	51-00025	權 泰 鍾	경기 인천	인천시
결사11연대	육군소위	51-00028	黃 泰 圭	충남 공주	공주시
결사11연대	이등상사	51-500004	丁 奎 玉 (亡)	서울 종로	(유족)**(丁東鎭)**
결사12연대	이등상사	51-500005	金 鍾 浩	강원 춘천	춘천시
결사11연대	이등상사	51-500008	金 重 信	충남 예산	고양시
결사12연대	이등상사	51-500010	吳 正 涉 (亡)	강원 횡성	횡성군
결사11연대	이등상사	51-500011	朴 勝 錄	충남 부여	대전시
결사11연대	이등상사	51-500014	張 之 永	황해 연백	용인시
결사11연대	이등상사	51-500018	河 泰 熙	대전 중구	대전시
결사12연대	이등상사	51-500020	宋 世 鏞	충남 연기	인천시
결사12연대	이등상사	51-500023	李 永 九	경기 용인	용인시
결사11연대	이등상사	51-500024	洪 金 杓	인천(예중위)	인천시
결사12연대	일등중사	51-500026	金 鍾 恪 (亡)	경기 파주	(유족)**(金洪泰)**
결사12연대	일등중사	51-500031	林 炳 基	경기 파주	파주시
결사11연대	일등중사	51-500032	扈 成 振 (亡)	경기 파주	의정부시
결사11연대	일등중사	51-500033	金 成 亨	경기 개성	수원시
결사11연대	일등중사	51-500036	全 永 燾	경기 시흥	안양시
결사11연대	일등중사	51-500038	李 榮 珍	충남 부여	부여읍
결사12연대	이등상사	51-500039	朴 用 周	경기 안양	의왕시
결사12연대	일등중사	51-500045	李 翊 宰	경기 평택	송탄시
결사11연대	일등중사	51-500046	玄 再 善	인천시	인천시
결사11연대	일등중사	51-500047	林 東 郁	충남 논산	논산시
결사12연대	일등중사	51-500053	安 秉 熙	경기 평택	송탄시
결사11연대	일등중사	51-500054	尹 慶 俊	대전시	대전시
결사11연대	일등중사	51-500055	金 亢 泰	충남 서천	여수시
결사12연대	일등중사	51-500056	金 宋 奎	전북 완주	인천시
결사11연대	일등중사	51-500063	文 泰 眞 (亡)	충남 서천	서천군
결사13연대	일등중사	51-500068	林 炳 華	경기 수원	서울시
결사11연대	일등중사	51-500069	崔 潤 宇	경기 장단	서울시
결사11연대	이등중사	51-77000014	梁 元 錫	충남 청양	평택시
결사13연대	이등중사	51-77000024	裵 善 浩	강원 정선	정선읍
결사11연대	이등중사	51-77000027	車 周 燦	천안(예소령)	의왕시
결사11연대	이등중사	51-77000028	崔 熙 哲	황해 해주	안산시
결사12연대	육군대위	51-00007	張 喆 翼	전북 · 함남	재 미국
결사13연대	육군중위	51-00010	高 悌 和	충남 예산	고양시
결사11연대	육군중위	51-00016	鄭 學 文 (亡)	경북 김천시	유족**(張日南)**
결사13연대	이등상사	51-500022	李 長 福 (亡)	강원 정선	정선읍

함께해요! 대한강군

"백골병단" 보상지원 백서

<2006.11.30 인사복지 본부장>

6·25 전쟁 후 백골병단 전우회의 활동 (제 3 장 요약)

1. 결성과정 및 활동

가. 최초 '61년 8월 유격군참전전우회 발기 준비위원회를 결성하여 발족코자 하였으나, 채명신장군이 국내사정을 고려하여 지금은 전우회를 결성할 때가 아니라고 만류하여 보류한다. '65년에 이르러 전우회란 명칭대신에 친목회로 **'설악동지회'** 을 결성한다.

나. 전국에 흩어진 전우를 찾기 위하여 수십회에 걸쳐 전우찾기 글을 각종 일간지 등에 게재하여 회원규합을 위한 노력을 하여 왔으며, 전우회 명칭은 의미를 새롭게 다지기 위하여 '설악동지회' 의 명칭에서 '87년에 6·25 참전시 한국군 최초의 유격대가 백골병단 임을 나타내기 위하여 '대한유격참전동지회' 로 명칭을 변경한다.
그리고 부대창설 당시의 명칭인 **육군본부직할 결사대(백골병단)**임을 명확히 하기 위하여 '백골병단 참전전우회' 등으로 수차에 걸쳐 시대 상황에 부합되게 명칭을 변경하게 된다.

다. 이들의 활동은 전우회원의 결속을 공고이하기 위하여 정기적으로 현충원 참배, 친목모임, 유격전 당시 참전지역 답사 등을 실시하고 있다.
또한 북한군 점령지역에 침투하여 360여명이 목숨을 잃을 정도로 치열한 전투, 양양군 인구리에 주둔한 북한군 69여단 위치제공, 북한군 장교 4명 등을 포획하여 수도사단에 인계하는 등의 중요첩보를 획득하여 보고하는 등 조국을 지키고자 사선을 넘나들었으나, 국방부에서는 육본직할결사대(백골병단)에 대한 실체는 확인이 가능하나, 군적이 없고 당시 임시계급 및 민간인 군번을 부여 받아 군인신분 인정이 모호한 점을 들어 군내 관련 자료가 제한된다고 하며, 부분적으로 인정은 하면서 적극적인 조치가 미흡한 실정이었다.

라. 전우회 결성 후 **군인신분 인정 등 명예회복을 위하여** 청와대, 국방부, 육군본부 등에 민원을 제기하면서 끈질긴 추적 끝에 극히 일부이지만 관련 자료를 찾을 수 있었다 즉 정보학교에 보관자료 중에서 육군 제7훈련소 교육훈련 실시 및 결사 11연대 (51.1.29 결사 11연대 349명은 10일간 무장간첩 및 유격전에 필요한 교육훈련을

단기 양성시켜 채명신 중령 인솔 하에 적 후방으로 출동)와 12연대(51.2.5 결사 12연대 361명은 16일간 상기 11연대와......) 출동한 자료, 육본에서 보관중인 국본 특별명령(육) 제22호 추가 1인 국방부장관 신성모 명의의 임시계급에 대한 임관명령 및 임관사령장을 수여(51.1.25부)받은자료, 한국전쟁사료 정기정보보고 등에 대한 국내관련 기록물을 찾아서 법이 제정되기까지 민원자료로 활용하게 된다

마. 상기의 활동과 병행하여 북한군 점령지역에 침투해 첩보활동을 하면서 목숨을 잃은 360여명의 전우들 중에 확인가능한 인원에 대하여 86년에는 전사기록 등재신청을 하였으며, 극히 일부이지만 89년부터 90년까지 6.25당시 전사된 인원으로 추정되는 고 김윤수 외 60명에 대하여 **전공상심의위원회에 회부하여** 심의결과 고인들의 활동이 국가의 위란시기에 위험을 무릅쓰고 음지에서 유격활동에 몸 바친 그들의 공로가 인정되어 전사로 가결, 전사통지서 및 확인증을 받아서 유가족에게 전달하였고, 무연고자에 대하여는 국립현충원에 위패안치 및 안장을 하였으며, 전사로 확인할수 없는 전몰 무명용사 303명에 대하여는 더 이상 찾을길이 없어 안타까움을 떨칠 길이 없었다.

따라서 늦은감은 있지만 전우회에서는 참전개선 52주년을 맞이하여 육군본부와 전우회의 재원으로 강원도 인제군 북면 용대리 소재에 이들 303인의 뜻을 기리기 위하여 추모비를 세워 **백골병단참전 전몰무명용사의 안식처**를 마련하고 추모행사를 매년 실시하고 있다.

바. 또한 회장인 전인식씨는 **국민들에게 반공의식과 애국애족의 정신을** 고취시키기 위하여 수십회에 걸쳐 각종 언론기관에 백골병단 전투상황을 기고 및 인터뷰 등을 실시함과 동시에 이를 근거로 하여『나와 6·25 참전수기』,『못다 핀 젊은 꽃』,『백골병단』,『적진 800리 혈투』 등의 "백골병단"에 관련된 전사편찬사업 및 안보강연 등을 실시하여 왔다.

2. "백골병단 전우회" 민원 제기

가. "백골병단 전우회" 민원 제기 연혁

결사유격대 민원은 '62 4월21에 국가재건최고회의 의장에게 6.25 전쟁 중 "백골병단" 활동에 따른 병적인정 청원에 대한 민원제기를 시작으로 '70년 1월 병적확인, '85년에 1회, '86년에 3회, '87년에 4회, '88년에 4회, '89년 / '90년에 각 1회, '92년 / '93년 각 2회, '94년 / '95년 / '97년에 각 1회, '99년 ~ '03년 5회 등에 이른다.

나. "백골병단" 참전자가 군인인지 민간공작원인지 신분확인 및 참전기간동안의 보상(월급), 무공에 대한 포상조치 등의 백골병단 명예회복을 위하여 국회, 국방부, 보훈

처 등 각종 기관에 유사한 내용으로 수십 회에 걸쳐 민원을 제기하고, 군고위직의 지인들의 방문을 통하여 끊임없이 자신의 활동 정당성을 주장하게 된다.

다. 국방부에서는 상기 민원에 대하여 '99년 이전까지는 민원내용이 미미하고, 사실 확인 위주의 민원으로 접수되어 육군 및 각 해당 과에서 검토하여 민원단체 및 개인에게 송부하는 등 소극적인 민원처리를 하였다.

라. '99년부터는 그 동안 약 40여년간 사실 확인을 통한 민원을 바탕으로 종합적이고 구체적인 요구로 국방부에서도 적극적인 대처를 위하여 주무부서를 지정하고, 아래와 같이 민원별 소관 부서를 지정하여 "백골병단" 입장에서 민원조치 계획을 종합적으로 수립, 검토하여 통보를 하였으나, 현 관련 법규 및 자료의 부실로 업무추진에 제한을 받았다. <이하 생략>

국방부 백골병단 보상지원 백서 p34~35에서 발췌

1. **전적비 건립에 대하여** 전적비 건립에 대한 청원에 대한 내용은 '87년도에 국방부, 교통부, 육본 등에 건립비 지원금에 문제를 제기하게 되며, 교통부에서는 '77년부터 6·25 당시 격전지를 관광차원에서 개발을 추진하였으나, '82년부터 재정 형편 등을 들어 상기 사업을 중단하고 교통부에서 전적비 건립지원에 난색을 표하게 되며, 국방부에서도 교통부에서 회답한 것을 바탕으로 전적비 건립은 향후 충분한 기간을 가지고 검토되어야 한다고 회신하였다.
   그러나 백골병단의 끊임없는 민원 결과 '88년 말 육군 일반참모회의에서 대국민 안보교육장의 역할과 장병에게 지역 전사 및 산악지역 유격전 전훈의 교육장의 역할을 건립 목적으로 총장재가를 얻어 지원을 결정하게 되나, '89년도에 620사업 추가 예산소요로 지원이 중단되고, '90년도에 재검토키로 결정하면서, 3군단에게는 '89년도에 부지정리 및 배수로 작업을 완료토록 지시 후, '90년도에 인제군 용대리(내설악 입구)에 육본지원금 약 50%, 3군단지원금 20%, 백골병단 30%를 출자하여 백골병단 전적비가 건립된다.
2. **전적비 건립 후 관리에 대한** 건을 민원 제기하여 **「백골병단 전적비」** 관리는 소재지에 위치한 제703특공연대 2대대가 담당하여 백골병단의 전공과 애국심에 대하여 교훈을 전할 수 있도록 항시 주변을 깨끗이 관리토록 하였다.
   추가하여 '90년대에는 6·25 당시 백골병단 요원으로서 전투 간 전몰 또 실종 장병 364명 중 309위의 미확인된 무명용사의 추모비를 건립요청 하였으며, 그 결과 '03년도에 보훈처 및 재향군인회의 지원으로 동 지역에 추모비를 설립하게 된다.
3. **전몰 또는 실종 장병에 대하여** 전몰 실종 장병 364명 중 309위의 미확인 전사망·실종자에 대한 명단을 찾아줄 것을 요구하였으나, 육군부관감실, 기록물정보관리단에 자료를 확인한 결과 자료가 보존되지 않아 확인할 수 없음을 통지한 바 있다.

4. **참전유공자에 대한 보상에 대한** 사항은 국가보훈처 소관 업무이며『참전유공자 예우에 관한 법률 및 시행령』에 의하여 보상이 이루어진다고 안내하였다. <중 략>

백골병단 관련 법령 제정 관련 기술 (백서 제 4 장에서 발췌)

국민의 정부 시 광주민주화운동, 제주4．3사건 진상규명 및 희생자 명예회복에 관한 특별법 등의 민주화 활동을 한 자들에 대한 명예회복과 보상에 관한 입법이 제정되어 보상실시와 참여정부의 과거사 정리 등 사회적 여론에 편승하여, 그동안 백골병단이 약40년동안 끊임없이 제기한 민원사항 인 **6·25 당시 임시계급 및 군번을 부여받고**, 적진에 투입하였으나 군인신분을 인정받지 못하는 등에 대한 내용을 재차 '03년 3월 18일에 국방부에 민원제기를 제기하게 된다.

당시 과거사 청산지원 차원에서『삼청교육대 보상법』,『특수임무수행자보상법』이 국회에 계류 중 이었다. 이와 같은 상황 하에 상기 민원을 보다 적극적으로 검토하여 실무협조회의 및 정책 실무협조회의가 진행되는 등 제반과정을 거쳐 법령이 제정되게 된다.

〈실무협조회의〉

백골병단이 군인인지, 민간 공작원인지에 대한 신분 확인을 문서로 인정하여 줄 것을 요청함에 따라 이를 검토하게 된다.

주요 검토내용으로, 백골병단의 실체 및 한국전쟁 참전사실을 확인한 바 육본정작부에서 확인한 사항으로는 '51년 1월3일 대구소재 육군보충대에서 선발되어 동년 1.4 ~ 29 까지 육군 7훈련소에서 교육훈련을 실시("'51년 1월29일 결사11연대(349명) 10일간 무장간첩 및 유격전에 필요한 소정교육을 마치고 채명신 중령 인솔하 적 후방인 영월로 출동한 것과 동년 2월5일 결사 12연대(361명)는 16일간 상기 11연대와....")하고, 작전명령 제4호('51년 2월3일, 육군본부 미 8군 특수연락장교단 단장 육군중령 이극성)에 의거 임무를 수행한 것을 확인할 수 있으며, 또한 결사 제11연대장을 하였던 예비역 장군 채명신에게 그 실체에 대한 진술을 받은 바 있다. <이하생략>

<주>집필자 전인식은 **무장간첩** 및 유격전이 필요한 소정 교육이 아니라 무장첩보 및 유격전에 필요한 소정교육이 정당하고, 미 8군 **특수연락장교단장**이 아니라 미 8군 정보연락장교단이 정당하므로 국방부 발행 위 백서의 내용에 오류가 있음을 지적한다.

공로자 인정 및 보상지원 백서의 결언에서 (p# 84)

1. **"백골병단 전우회"** 백골병단 전우회 및 회원들이 약40년간 청와대, 국회, 국방부 등 각종 기관에 민원을 제기하였으나, 그동안 관련법이 없어서 미루어 왔던 민원들을, '03년에 이르러서 의원입법으로 "특별법" 이 제기되어, 국회 및 정부 각 부서간 상호 법 적용의 제한사항에 대한 조율을 실시한 후, '04년도에『한국전쟁중적후방지역작전수행공로자의군복무인정및보상등에관한법률/시행령』이 제정되었고, 당해연도 12월에 "백골병단 보상지원 TF" 가 편성되어 '06년 8월까지 공로자 인정심의 및 보상, 후속조치로 병적정리까지 끝냄으로써, 다소 늦은 감은 있지만 "백골병단" 요원들이 국가가 누란의 위기에 처하였을 때 자신의 생명을 던져 조국수호에 헌신 하였음에도 불구하고 관련법이 없어서 그에 대한 응분의 명예회복 및 보상을 실시하지 못하였다가, "특별법" 제정 후 엄정한 심의과정을 거쳐 군인신분을 인정하여 주고, 부족하지만 그에 따른 보상금 및 위로금을 지급하여 주었다.
이로써 약 40여년간 처리되지 못한 민원사항에 대한 업무를 종결시킴으로써 큰 보람을 느낀다.

2. **아쉽다고 생각하는 점**
6·25 전쟁은 군인, 경찰, 약 100여개의 유격단체 등 그야말로 온 국민이 총화 단결하여 전쟁 발발하여 종료 시까지 정규전 및 비정규전에 참여하여 국난을 극복하였다.
이들에 대한 업적을 기리기 위한 방편의 일환인 즉 참전 유공자의 명예를 선양하고, 국민의 애국정신 함양에 이바지 할 목적으로『참전유공자예우에 관한 법률』이 제정되었다.
그러나 유독 육군직할결사대 중 "백골병단(제11연대, 12연대, 13연대)" 만 국가가 강제 동원하여 임시 계급을 부여하고, 적 후방지역에서 약 4개월 동안 작전을 수행하였다는 이유로 "특별법" 이 제정되어 군인신분을 인정하여, 그에 따른 보상이 실시된 것은 법의 형평성 차원에 위배된다고 판단되며, 육군직할결사대 중 "백골병단" 과 비교 시 군인, 경찰, 약 100여 개의 유격단체들에 대한 보상 등의 처리가 미흡한 실정이다. (제 9 장에서 발췌)<이하 생략>

<주>위 백서에서 지적한 바와 같이 100여개 유격단체 중 "백골병단" 은 아쉬운 가운데 120여명이 군번과 계급을 인정 받았으나 법령의 지나친 제한으로 2009. 8. 파악된 바에 의하면, 81명이 명예회복이 되지못한 아쉬움이 크다.(p# 709 참조)

2006년 11월 국방부 발행

"백골병단" 보상지원 백서 에 따른 보상 미신청 또는
신청기일 경과(?)로 **보상지원을 받지 못한 참전 전우**

<2009. 8. 19 현재>

계 급	군 번	성 명	소 속 직 위 기 타
육군임시소령	GO1001	이상섭(李相燮)	결사제11연대 부연대장(남해) 사망
〃	GO1063	이두병(李斗柄)	결사제12연대 연대장 (화천) 〃
육군임시중위	GO1012	임병훈(林炳勳)	결사제11연대 중대장 (파주) 〃
〃	GO1013	이봉구(李奉九)	〃 〃 제2대대 작전관(경기 가평) 〃
〃	GO1014	박창환(朴昌煥)	〃 〃 (파주?)
〃	GO1018	김영돈(金榮敦)	〃 〃 본부 중대장(화성) 사망
〃	GO1019	정윤화(鄭潤和)	〃 〃 중대장 (대구) 〃
〃	GO1022	윤철섭(尹喆燮)	〃 〃 연대부관(진)(예산) 〃
육군임시소위	GO1033	이남학(李南鶴)	〃 〃 소대장(홍성) 〃
〃	GO1036	장용문(張龍文)	〃 〃 소대장(시흥군) 〃
〃	GO1044	박종황(朴鍾理)	결사제11연대 소대장(연기) 〃
〃	GO1054	이영하(李永夏)	〃 〃 소대장(인천)(미국에서) 〃
〃	GO1058	김중식(金仲植)	〃 〃 〃
〃	GO1061	차동원(車東阮)	〃 〃 소대장(경주) 미상
〃	GO1117	김익환(金益煥)	결사제12연대 소대장(예산) 사망
이등상사(중사)		김흥복(金興福)	백골병단 수색대장 (김포) 〃
〃 〃	G11140	박광선(朴光善)	결사제11연대 제1대대(파주) 〃
〃 〃	G11303	정연진(鄭然鎭)	결사제11연대 (대구 북구) 〃
일등중사(하사)	G11143	전영모(全永模)	〃 〃 (대전) 미상
〃 〃	G13178	신진호(辛鎭鎬)	결사제13연대 소대장(안성) 사망
〃 〃	G12119	최상삼(崔相三)	결사제12연대 분대장(부산) 생존
이등중사(병장)	G11095	정창호(鄭昌鎬)	결사제11연대원 (대전) 〃
〃 〃		권영헌(權寧憲)	〃 〃 (충남 부여) 사망
〃 〃	G11047	원길상(元吉常)	〃 〃 (시흥) 〃
이등중사(병장)	G11171	이형구(李亨求)	〃 〃 (충남 서산) 미상
〃	G12023	문원영(文源榮)	결사제12연대원(충남 예산) 사망
〃	G12362	이덕근(李德根)	〃 〃 (미국 거주) 생존
〃		최원실(崔元實)	결사제13연대원 (전사미확인) 미상
〃		조명식(趙明植)	결사제11연대원(서울) 사망
〃	G11362	김해원(金海源)	〃 〃 (충남 청양) 생존
〃	G11156	이창흥(李昌興)	〃 〃 (인천) 미상
〃	G12304	장지홍(張志洪)	결사제12연대원(평택) 사망
〃		강옥진(姜玉鎭)	결사제11연대원(경북 금능) 〃
〃		김태봉	〃 〃 (충남 논산) 〃
〃		이순영	〃 〃 〃
〃	G11175	조남현(趙南顯)	〃 〃 (충남 서산) 미상
〃		김병철	결사제13연대원(경기안성) 〃
〃	G11369	류영수(柳英秀)	결사제11연대원 〃
일등중사(하사)		김차곤(金次坤)	결사제13연대원 〃
〃	G13303	도한팔(都漢八)	〃 〃 소대장
〃	G13235	김용복(金溶福)	〃 〃 불명

이상 41명은 법률 7,200호, 동시행령 제18,533호에 의한 보상 신청을 사정상 할 수 <이상 41 >
없었던 것으로 추정되며, 법률의 개정 없이는 보상이 불가능함.

(1991. 6. 25 1차 조사)와 (1998. 4. 10 2차 조사)

2004년 8월 31일(3차) 파악된 참전전우 중 특별보상에서 누락된 전우

<2009. 8. 19 현재>

계 급	군 번	성 명	소 속 직 위 기 타
육군임시소위	GO1111	황무연(黃戊淵)	결사제12연대 소대장(파주) 사망
이등중사(병장)		임 재 봉	결사제11연대원(충남 부여) 〃
〃 〃		안순철(安淳哲)	결사제13연대원 〃
〃 〃		황규진(黃奎鎭)	결사제11연대원 〃
〃 〃		김옥석(金玉石)	결사제12연대원(충남 서천) 미상
〃 〃		조 영 배	결사제11연대원 〃
〃 〃		김창옥(金昌玉)	〃 〃 (충남 철원) 〃
〃 〃	G11370	김재묵(金在默)	〃 〃 (부천시) 〃
〃 〃	G11045	김형갑(金炯甲)	〃 〃 (부여 규암) 〃
〃 〃		강 호 경	〃 〃 〃
〃 〃		김현길(金鉉吉)	〃 〃 〃
〃 〃		조 규 정	결사제12연대원 〃
〃 〃		서 석 기	〃 〃 (부여) 〃
〃 〃		류종수(柳琮洙)	〃 〃 〃
〃 〃		이 귀 정	〃 〃 〃
〃 〃	G12253	최두성(崔斗星)	〃 〃 (서울 서대문) 〃
〃 〃	G11043	이일형(李一衡)	〃 〃 〃
〃 〃		유 병 수	결사제11연대원(충남 서천) 〃
〃 〃		김 승 현	〃 〃 (서울 신당동) 〃
〃 〃		이 종 수	〃 〃 〃
이등상사(중사)	G11199	이 병 수	〃 〃 (충남서산) 〃
이등중사(병장)		백 남 효	〃 〃 (인천시) 〃
〃		정 태 윤	〃 〃 (충남 서천) 〃
〃		홍 금 화	결사제12연대원(강원홍천) 〃
〃	G13179	김기해(金基海)	결사제13연대원(경기 안성) 〃
〃	G13184	류태형(柳泰馨)	〃 〃 (〃 〃) 〃
〃		전 동 표	〃 〃 (강원 횡성) 〃
〃		정 재 철	〃 〃 (강원도) 〃
〃		이 종 구	〃 〃 〃
〃		안춘선(安春善)	결사제11연대(파주) 전사 미처리중
〃		강영희(姜英熙)	〃 〃
〃		윤명구(尹明九)	〃 〃
〃		강 윤 희	결사제11연대 소속원 미상
〃	G12185	신영기(申永基)	결사제12연대 소속원 〃
〃		김현기(金賢起)	결사제11연대(충남연기) 전사 미처리 중
〃		이규재(李圭宰)	결사제12연대(파주) 사망
〃	G12337	허경구(許璟九)	〃 (홍천) 미상
〃	G12366	김상보(金相補)	〃 (파주) 〃
〃	G11119	이석순(李錫順)	결사제11연대원(논산) 〃
일등중사		함만동(咸萬東)	결사제11연대원(파주) 〃

<이상 40명>

이상 41명과 40명 합계 81명은 국방부가 **"백골병단" 보상지원 백서** p#125~133에서 인정한 공로자 128명의 63%에 상당한 것으로 법률의 개정이 요구됨

=조국의 자유와 평화=

육본직할 결사대(白骨兵團) 전우회

문서번호: 육직 백골 08-03-06호
시행일자: 2008. 3. 26
참　　조: 법무관리관
수 신 자: **국방부장관 귀하**
경　　유: 인사복지 팀장

선결				지시		
접수	일자 시간			결재·공람		
	번호					
처리과						
담당자						

제　　목: 6.25전쟁중 적후방지역 작전수행공로자에 대한 군복무인정 및 보상등에 관한 법률(법률 제7,200호) 일부 개정 법률(안) 입법 건의

1. 폐 육군본부 직할 백골병단(결사대) 기념사업회는 1951년 1월 육군보충대에서 선발된 청·장년 817명이 육군정보학교에서 3주간의 특수(유격)교육을 이수하고 1951. 1. 30 강원도 영월 북방 적후방으로 침투하여 적후방 지역인 강원도 영월, 평창, 인제, 양양군 일대에서 적의 지휘소습격, 시설파괴, 보급로 차단·파괴 및 첩보수집 등 적후방교란 임무를 수행하여 적에게 막대한 피해를 입히고 1951. 4. 28 개선 한 뒤, 1951. 4. 29부터 1951. 6. 28까지는 육군본부가 미8군 기동부대(커크랜드 기지)에 부대를 이관 시켜 상륙기동작전 훈련을 추가 실시하고 장비를 강화한 뒤 강원도 통천지역의 상륙작전 등 유격특수전을 계속 수행 하였는바, 이는 우리들이 조국의 평화와 자유를 위해 맡은 바 책무를 성공적으로 수행한 것으로 역사에 기록되고 있습니다.

가. 법 개정 요망 사항

① 제2조【정의】에서

1. 특수작전이라 함은 1951년 1월부터 동년 4월사이에 를 **실제 작전기간과 같이 6월사이에** 로 개정하고

② 제5조【서훈】특수작전을 수행한 기간 중 무공을 세운공로자에게는 상훈법에 의하여 훈장 또는 포장을 수여할 수 있다를

…… 무공을 세운 공로자에게는 **육군참모총장의 건의를 받아** 상훈법에 의하여 훈장 또는 **포장을 수여 한다.** 로 명문화하고

③ **부칙 :** 이 **개정법은 공포한 날로부터 시행한다.** 를 신설하고자 하는 것입니다.

나. 법 개정 이유

① **특수작전기간의 연장에 대하여는** 실질적인 작전 수행기간을 입법 · 반영해 달라는 것으로 이는 이미 2005. 10. 5 **사건 2005누 20766 보상금 위헌 법률 심판 제청**이 제기 되어 **2006. 5. 30 헌법재판소 제3지정재판부**가 이 사건을 **재판부의 심판에 회부**하는 **결정을** 하여, 현재 심판 계류 중에 있는 것이므로 어느정도는 심판의 대상이 된다고 보아 전향적으로 판단하여 주심을 바랍니다.

② 법 제5조 【서훈】 은 육군참모총장의 건의를 받아 서훈 할 수 있게 강화하고자 하며,

③ **부칙을 신설하여** 공포일로부터 새로운 법률 행위를 할 수 있게 하므로서 피해자의 권리 구제를 할 수 있게 하고자 합니다.

2. 참전자로서 보상신청이 본인 또는 유가족의 불찰(?)로 보상금을 지급 받지 못한 자는 ① 결사 제11연대 임시중위 "김영돈" (사망) ② 결사 제11연대 이등중사 "김해원" ③ 결사 제13연대 일등중사 "신진호" (사망) ④ 결사 제12연대 소속 "문원영" (사망)으로 (망) "문원영" 은 유가족이 2005. 7. 28 특수임무 수행자 보상 심의 위원회에 보상금을 신청 하였으나 국군 9965부대장이 2006. 8. 7 처리기간 연장통지를 한 뒤, 2007. 9. 18 결사 유격 제12연대원으로 판명되어 군첩보부대로 볼 수 없어 신청이 기각 결정되었습니다. 이는 그 유가족이 특수부대의 성격을 알 수 없어서 6.25 특수작전자로 보상신청을 했더라면 보상을 받을 수 있었을 것임에도 2005. 7. 28에 잘못 신청하였고, 그 기각처분을 2007. 9. 18에 이르러 처분 함으로써 선의의 피해를 입게된 것입니다. 이와 같은 억울한 희생자 등이 단 한명이라도 생긴다면 당초의 입법취지에도 어긋난다고 보아 그 구제를 위해 법 부칙을 신설하고자 하는 것입니다.

위와 같은 개정 법률(안)을 송부하오니 검토하신 후 입법해 주셔서 우리들 특수작전 참전자의 명예를 선양 할 수 있게 도와주시기 바랍니다.

육본직할 白骨兵團 기념 사업회 회 장

담당 : 과장 송 미 정 사무국장 : 이사 차 주 찬 회 장 전 인 식

시 행 : 육본직할 백골병단 기념사업회 제08-03-06호(2008.3.26.) 접 수 ( )

우 121-839 서울특별시 마포구 서교동 377-2 http://www.beackgol.co.kr

전화 02) 325-4896(직), 02) 333-2381~2 전송 02) 338-1153

2008. 3. 26 육본직할 백골병단 기념사업회장은 국방부장관에게 6.25 전쟁중 적후방지역 작전수행 공로자에 대한 군복무인정 및 보상 등에 관한 법률의 일부 개정법률(안) 입법거의를 하였다. 이에 대하여 국방부는 2008. 4. 1 이 요구를 확인하는데 시간이 소요되고 또 국회에서 처리해야할 사안이라는 회답을 보내왔다.

(접수 08.04.14)

"대한강군! 국민과 함께 미래로, 세계로"

국 방 부

건군60주년

수신자 육본직할 백골병단 기념사업회(서울 마포구 서교동 377-2)
(경유)
제 목 민원회신(백골병단 관련법 개정 요구)

1. 관련근거 : 6.25전쟁 중 적 후방지역 작전수행공로자에 대한 군 복무인정 및 보상 등에 관한 법률 일부개정 건의(육직 백골 08-03-06호, 2008.3.26)

2. 위 관련근거에 의거 귀 단체에서 요구한 관련법 개정사항에 대한 의견을 다음과 같이 통보하오니 참조하시기 바랍니다.

가. 법개정 요구사항

1) 특수작전기간을 1951년 1월부터 동년4월사이를 실제작전기간과 같이 6월사이로 개정하고

2) 무공을 세운 공로자에게는 육군참모총장의 건의를 받아 상훈법에 의하여 훈장 또는 포장을 수여한다.로 명문화 하고

3)부칙에 이 개정법은 공포한 날로부터 시행한다. 로 신설해 줄 것을 요구

나. 회신내용

1) 우선 국방부에서는 "6.25전쟁 중 적 후방지역 작전수행공로자에 대한 군 복무인정 및 보상 등에 관한 법률" 의거 민원업무와 보상업무를 처리하기 위하여 '04년부터 '06년 12월까지 별도팀(4명)이 조직되어 임무수행을 하였으며, 보상업무가 종결되어 해체되었기에 귀 단체의 요구사항을 확인하기 위해서는 다소의 시간이 소요됨을 알려드립니다.

2) 또한 차후 국회에서 처리해야 될 사안으로 추후 국회 구성시 입법절차에 의거 처리함이 타당할 것으로 사료되오니 참조바랍니다.

5. 귀 단체의 무궁한 발전을 기원합니다. 끝.

국 방 부 장

중령 진진화 인사기획관리과장 전결 04/01 고현진

협조자

시행 인사기획관리과-907 (2008.04.01.)접수 @D-@N ( )
우 140-703 서울시 용산구 이태원로 22번지(용산동3가 1번지) /
전화 1676 전송 02-748-5119 / jjh8278@mnd.mil / 부분공개(6)

1986. 4. 4 육군본부 군사연구실은 한국군 최초의 유격대원으로 적후방에 침투하여 적후방 교란, 첩보수집 보고 등으로 아군작전에 크게 기여한 설악동지회 회원 여러분의 불타는 애국심과 전공에 대하여 경의를 표한다는 최초의 흐뭇한 서신

"정 직 질 서 창 조"

육 군 본 부

문서번호 : 군연편 제4046호 (7902-4564) 1986. 4. 4.

수 신 : 설악동지회장

주 무 : 총 무

제 목 : 전사 기록 등재 신청에 대한 회신

1. 관련근거 : 설악 3-1호(86. 3. 15) 전사기록 등재 신청

2. 조국이 누란의 위기에 처했던 6. 25 당시 자신의 안일을 돌보지 아니하고 한국군 최초의 유격대원으로서 적후방 지역인 오대산, 초개리, 청도리, 군량밭, 설악산등 강원도 양양군 및 인제군 일대에 침투하여 적후방을 교란하고 정보를 수집 보고하여 아군 작전에 크게 기여했던 설악동지회 회원 여러분의 불타는 애국심과 전공에 대하여 다시 한번 진심으로 경의를 표합니다.

그리고 그러한 값진 경험과 교훈을 올바로 후손에게 전하고저 역전의 용사들이 다시 한자리에 모여 증언을 통해 기록을 정리하여 보내주신 정성에 깊이 감사드립니다.

3. 이러한 귀회의 뜻을 받들어 귀하가 보내주신 기록을 국방부의 전사편찬 주무 부서인 전사편찬 위원회에 송부하여 전사편찬 자료로 활용토록하고 MBC방송국에서 제작 검토중인 드라마의 내용을 보완하도록 제공하며, 육본에서도 군사편찬 자료로 참고하도록 하겠읍니다

끝으로 귀회의 무궁한 발전과 귀하의 건승을 기원합니다. 끝.

육 군 참 모 총 장

"선 진 조 국 창 조"

국방부는 백골병단이 6.25 당시 혁혁한 무공을 세워 아군작전에 기여한 전공에 대하여 무한한 경의를 표하나 훈포장의 수여는 총무처에서 주관하고 있어 포상이 어렵고 전승탑 건립은 교통부 관광국 소관이라는 회답문

국　방　부

인근 24172-4ff　　793-3581　　86. 5. 21.

수신　설악동지회

제목　전사기록 확인 및 청원에 대한 회신

1. 관련근거 : 설악 제4-1.2호 (86.4.18) 전사기록 확인 및 청원

2. 먼저 백골병단이 6.25당시 혁혁한 무공을 세워 아군작전에 크게 기여한 전공에 대하여 무한한 경의를 표하며 다음사항을 회신합니다.

가. 전사상자 및 생환자에 대한 훈,포장 수여

대한민국의 훈,포장에 대한 수여는 총무처에서 주관하고 있는 바 귀회의 의견을 명시하여 질의한 바 별첨 공문사본과 같이 소급해서 포상이 어렵다는 의견입니다.

나. 전사상자에 대한 전승 기념탑 건립

이는 교통부 관광국 소관으로 이를 이첩하여 처리토록 협조하였으니 양지하여 주시기 바랍니다.

3. 귀회의 청원사항에 만족스러운 회신을 드리지 못하게 된 것을 송구스럽게 생각하며 귀회의 무궁한 발전과 귀하의 건승을 기원합니다.

첨부 : 총무처 공문사본 1부.　끝.

국　방　부　장　관

1986.6.5 육군본부는 설악동지회가 청원한 전승탑 건립과 훈포장 수여 건의 등에 대하여 회답하고 있다.

"정 직 질 서 창 조"

육 군 본 부

문서번호 : 인처 제 6817호 1986. 6. 5.

수 신 : 설악동지회회장 전 인 식

제 목 : 청원서회신 (훈장고부)

1. 1986. 4. 23 귀하가 육군본부에 청원한 내용에 대한 회신입니다.

2. 귀하께서 요구하신 전승기념탑 건립, 훈포장수여 및 예우에 관한 사항은 당본부에서 직접처리하여 드릴 수 없음을 알려드리며, 이에 대한 처리방법 및 관련부서를 다음과 같이 안내하여 드리오니 참고하시기 바랍니다.

3. 전승기념탑 건립

6,25당시 전공에 관한 기념탑 건립업무는 국방부에서 담당하고 있으므로 건립에 관한 세부 사업 계획등의 관련서류를 구비하여 담당부서와 협조 하시기 바랍니다.

4. 훈장수여

가. 현행상훈법 (법률 제 1885호)상 추서훈포장 수여불가

나. 훈포장 및 상이기장 수여사실은 당시의 인적사항 (소속, 계급, 군번, 성명), 수여훈격, 수여근거 및 수여일자등을 제시하여 주시면 확인하여 드리겠읍니다.

다. 부득이 훈포장 추서수여를 요구하실 경우에는 아래 서류를 구비하여 총무처 상훈과에 직접 청원하시기 바랍니다.

- 당시 인적사항
- 개인별 전공내용 (6하원칙) 및 증빙서류

5. 보훈혜택

국가유공자 예우등에 관한 법 (법률 제 3742호) 에 의거 보훈혜택 대상자 (국가유공자) 에 한하여 국가보훈처에서 심의후 보훈혜택을 부여하고 있으므로 개인별 요구사항을 명시하여 국가보훈처로 문의하시기 바랍니다.

1986. 6. .

6. 기타사항

재향군인회법 (법률 제1367호)에 의거 현역이외의 장병에 대한 일반적인 사항은 재향군인회에서 관장토록 되어 있으므로 필요하신 사항은 해당지역 재향군인회와 협조하여 처리하시기 바랍니다. 끝.

육 군 참 모 총 장

발송 No. 1986. 6. 0 5 육군본부

"선 진 조 국 창 조"

1987.6.8 국방부가 인사 24158-1215호로 본회가 청원한 것에 대한 회신에서 국본특명(사본)에 의거 임시장교로의 임관은 확인되나 실역으로 근무한 사실(근무기간, 전역 등)을 증명할 근거가 없고, 또 임시장교에 대한 현역군적편입에 관한 절차 등도 없어 처리하지 못해 송구스럽게 여긴다는 공문, 이것이 국방부의 일관된 태도이다.

국 방 부

인사24158 - 1215 (795-6213) 87. 6. 8

수신 전 인 식

제목 청원서 검토결과 회신

1. 병적편입에 관한 청원사안을 육군에 지시하여 검토한바 다음과 같은 사유로 처리가 불가함을 통보합니다.

가. 국본특명(사본)에의거 임시장교로 임관은 확인되나 실역으로 근무한 사실(근무기간, 전역 등)을 증명할 수 있는 근거가 없으며,

나. 당시 법률상 임시장교에 대한 현역 군적 편입여부에 관한 절차를 규정하고 있지 않으며, 현행 법령중에도 그 근거가 없으며, 소급하여 입법조치가 될 수 없음.

다. 군인복무령(대통령령 제282호 : 50.2.28) 제2조의 군인이라함은 현역 군인과 소집중의 예비병역으로 적용되어 있었음에도 당시 현역 장교병적에 편입되지 않았음은 행정의 하자라고는 판단하기 어려우며, 참전자중 3,395명의 인원이 현역 육군소위로 군번재부여하여 임관편입된 사실이 있음.

2. 장기간 검토기간이 경과하면서까지 청원하신 내용이 반영될 수 없는 결과를 통보드리게되어 송구스럽게 여기면서 귀하와 동지분의 무궁한 발전을 기원합니다. 끝.

국 방 부 장 관

1987. 9. 12 국방부 인사담당부서는 대한유격참전동지회장이 민주정의당 의장에게 제출한 청원서에 대한 처리결과를 회보하면서 다음과 같은 의견을 개진하였다.
첫째 : 군적 편입에 대하여는 국가의 구체적 병역 무과처분이 있어야하며,
둘째 : 임시장교란 현행 병역제도상 없는 것이므로 현역장교로 볼 수 없고,
셋째 : 임시장교의 현역 편입은 불가능하다는 것으로 이와 같은 태도가 국방부에서 계속되고 있다.

국　　　방　　　부

인사24158-1815　　　　87. 9. 12

수신　전인식

제목　청원서 검토결과 회신

1. 관련근거

가. 민주정의당에서 이관 87-930(87.8.26)

나. 감사01254-2055(87.9.5) 진정서처리

2. 위 근거에의거 병적편입에 관한 청원사안 검토결과를 첨부와같이 통보합니다.

첨부 : 청원서 검토결과 1부　　끝.

발송 1987. 9. 12 국방부

국　　방　　부　　장　　관 (국방부장관인)

민주정의당에 진정한 것을 국방부가 이관 받아 병적 편입 등에 대한 검토 결과를 구체적으로 적시하여 임시장교는 현역장교가 아니므로 군적 편입도 불가하다는 기막힌 내용이다.

첨 부

청 원 서 검 토

청원내용

6.25당시 임시장교로 임명된 자에 대한 군적편입 요망

검 토

1. 군적 편입의 법률적 성질

모든 대한민국 국민은 헌법과 법률이 정하는 바에 따라 국방의 의무를 부담한다. 그러나 이것은 추상적 의미인 것이고 그 구체적인 내용과 성격은 보통법률의 규정 또는 당사자의 의사의 영향을 받기는 하지만 (지원에 의한 것이든, 징집에 의한 것이든 같다) 결국은 구체적인 병역부과처분이 있어야 결정된다.

군적 또는 병적편입은 위 구체적 병역부과처분의 내용에 따라 여러가지의 역종중 그 상응하는 역종에 편입시키는 행정처분이다.

따라서 특정의 병적에 편입되려면 그에 상응한 선행의 국가의 구체적 병역부과 처분이 있어야 한다.

2. 임시장교의 법적근거 및 성격

청원서에 나타난 소위 임시장교란 현행 병무제도상 없는 것으로서 당시 시행중이던 관련미군정령, 법률, 대통령령 등 각종 행정입법상에도 그 근거가 없다.

따라서 임시장교의 유일한 근거인 국본특별경령(육) 제22호와 청원서에 첨부된 자료등 만을 가지고 그 법적성격을 추론해 볼 수밖에 없다.
자료에 의하면 당시 국방부장관 신성모가 대통령의 명에 의하여 단기 4284년(서기 1951년)1월25일에 위 명령으로 민간인 총 124명에게 각각 육군 임시 보병소령, 동 대위, 동 중위, 동 소위 등으로 구분하여 계급을 부여하고, 이들을 소위 임시장교로 임관시켰음을 알 수 있고 또 다른 자료에 의하면 이들은 2주 내지 8주씩 훈련을 마친후 적 연락장교 생포, 적 지휘소 습격, 첩보망 구성등의 특수업무 수행을 목적으로 한 유격대원으로 활약하였음을 또한 알 수 있다.
그렇다면 이들은 현역군적에 편입될 수 있는 현역장교인가, 아니면 문자그대로 임시의 또는 일시적인 목적을 위해 국가에 의해 조직된 민간 유격대원인가가 문제된다.

결론적으로 말하면 이들 임시장교는 현역장교가 아니다.

가. 왜냐하면, 첫째 이들이 임관당시부터 현역군적에 편입되지 못하고 이들중 후에 정규장교 임관명령을 받은 자에 한해서 현역군적에 편입되었으며, 그 편입일시도 임시장교 임관당시로 소급되지 않았다.
구체적으로 살펴보면 6.25당시 위 임시장교와 그 성격이 가장 유사한 것으로 볼 수 있는 제8250유격대의 간부로 활약했던 민간인 735명은 6.25가 끝난 1954.2.16 국방부 특별명령 제39호로 당시 국방부장관 손원일에 의하여 동일부로 일단 육군소위로 임관된 후(육군 현역 보병 군번도 부여받음), 그 경력과 서열에 따라 소령에서 중위까지로 임시 진급된 것이다
(그 법적근거는 대통령령 제845호, 정규군인신분령 제4장 진급편 제11조)

나. 또한, 이들 임시장교에게 부여된 계급호칭과 군번이 현역의 그것과 다르다

즉, 이들의 임관명령서나 작전명령서에 하나같이 계급앞에 "임시"라는 말을 붙여 다른 정규장교와 구분하여 호칭하고 있고 이들에게 부여된 군번도 유격대 군번으로 보이는 "G01001" 등의 식으로 현역장교의 군번이 아닌 것이다.

이처럼 여러가지점에서 정식 현역장교와는 다른 취급을 받은 임시장교를 현역장교로 볼 수는 없다.

3. 임시장교의 현역편입 가능여부

이에 관하여는 앞서 언급한 바와 같이 당시 시행중이던 법률중에 임시장교에 대한 법적근거가 되는 법령은 물론 현역군적에의 편입여부에 관한 세부적인 절차를 규정하는 법령도 없고, 현행 법령중에 이에 대해 정한 경과규정도 없기 때문에 법률적인 측면에서 해석할 대상이 없음.

국방부는 임시장교로의 임관은 확인되나 현역군인으로 편입될 법적근거가 없어 처리할 수 없다는 회답

국 방 부

인사24150-433 88. 5. 31

수신 설악동지회회장

제목 청원서 검토결과 회신

1. 귀회의 청원서(88.1.11)에 대한 회신입니다.

가. 청원인등이 국본특별명령 제22호에의거 임시장교등으로 임관된 사실은 확인되나 현역군적에 편입된 사실을 인정할 근거가 없을 뿐만 아니라, 현행 군인사법제정(62.1.20 법률 제1006호)당시에 청원인들과같은 경우를 예상하여 군적보유에 관한 경과조치를 하지 아니하였음은 군인사법의 적용대상이 아님을 전제로 한 것임

나. 법률개정을 수회(현행 군인사법 17회)한후 또는 상당기간 경과후에 군적편입에 관한 경과조치를 하는 것은 입법기술상 불가

다. 장차 발생할 사건 및 적용될 대상이 있을 수 없음에도 불구하고 특정인만을 위한 법률의개정 또는 신설은 불가함

2. 귀회가 수회에 걸쳐 청원을 하였음에도 불구하고 긍정적인 회신을 드리지 못해 송구스럽게 여기면서, 귀회의 무궁한 발전을 기원합니다. 끝.

발송 1988. 5. 31 국방부

국 방 부 장 관

국방부장관인

육군 제3군단장에게 6.25 격전지 유해 발굴을 청원하는 서신
강원도 인제군 기린면 진동리 삼거리(설피밭) 부근에 유해가 있다는 현지주민 "최정식 씨" 의 제보를 확인 해 달라는 요지의 등기 우편물

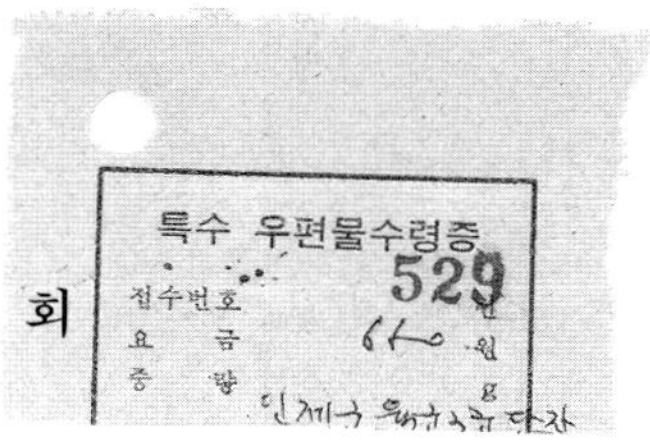
특수 우편물수령증
접수번호 529
요 금 640 원
중 량 g

대 한 유 격 참 전 동 지 회

유격동지 88-11-3 (02)333-5214 1988. 11. 17

수 신 : 육군제3군단장

참 조 : 작전처장

제 목 : 6.25격전지조사 확인 청원

1. 6.25사변 당시 참전한 육군본부 직할 유격대 결사제11연대 동 12, 13연대(통합부대명 : 백골병단)가 전투 중 많은 장병이 전사를 한 강원도 인제군 기린면 진동7리 속칭 삼거리 부근에 대형 무덤이 있다는 미확인 제보를 접한바 있어 이의 확인을 의뢰 청원하는 것입니다.

2. 폐회는 1951년 1월 강원도 영월읍으로부터 적지를 향하여 침투, 유격전을 감행한, 대한민국 최초의 정규유격군 출신 장병의 친목단체로서 그동안 관계요로에 전승탑을 겸한 위령탑의 건립을 꾸준히 추진하여 이제 그 건립이 목전에 이르게 되었다고 알고 있습니다.

3. 동 전적비 건립위치에 전사한 동지의 유골을 함께 안장했으면 해서 지난 1988. 10. 8. 강원도 인제군 기린면 진동7리 삼거리부근을 답사하였던 바 동지역 거주 최정식씨(전화 0365-461-6805)를 상봉하게 되었습니다. 동 최정식씨는 1951년 3월 당시 육군제1군단 정보처(G-2) 첩보요원으로서 그 지역에서 첩보활동을 하였다합니다.(당시 수도사단과 3사단 전면에서 활동) 따라서 그 분은 동지역의 아군 유격대의 상황도 알고 있었으며, 그 분의 말에 의하면 삼거리 부근에 흩어져있던 북괴군복차림의 아군유격대원 시신을 1953년 11월인지 54년경 전장정리를 할때 유해를 모두 한곳에 모은 뒤 가매장한 대형무덤이 있으며, 그 분께서는 2~3년전부터 그 무덤의 벌초를 해주기도 했다고 합니다.

4. 위 전장정리를 위한 가매장은 당시 1군단 정보참모였던 이종국 대령(예편)(현재 육본사서함 19호에 연락이 되는 분)께서도 알고 계실 것이란 말씀과 몇해전에 인제군수에게도 이 사실을 말씀하셨다고도 합니다.

5. 동 위치는 북위 38도 2분 50초, 동경 128도 27분 35초 반경 2~300m안이라고 판단된다하기에 그 곳을 조사코자 접근하던 중 200m 쯤 남겨놓은 지점에 지뢰가 매설되었는지? 나일론줄이 걸려 있어 위험할 것 같아 부득히 되돌아 온 바 있습니다. 민간인의 신분이고 위험할 것 같아 어쩔 도리가 없었습니다.

6. 따라서 동지역이 귀 군단 관할지역내라고 생각되기에 귀 군단에 동지역의 조사를 의뢰하오니 이를 조사해 주시기 바랍니다. 그분의 말씀이 사실이라면 과거 그 지역에서는 큰 전투가 없었음에 비추어 아군 유격대원의 유해가 묻힌 것이라고 사료됩니다.

공사 바쁘시더라도 옛 격전지에서 자유와 나라를 지키기 위하여 용감히 싸우다가 전사한 영령을 위하는 것이라 여기시고 저희들의 소망이 이루어질 수 있기를 바라는 바입니다.

7. 번거로운 청원을 드려 대단히 죄송합니다. 만약 동지역의 무덤이 아군유격대원의 것이라 확인되면 모든 유품을 조사하고 화장한 뒤 앞으로 세워질 전승탑 건립지에 분묘 또는 기초에 합장하는 등의 사후조치를 검토코자 하오며, 발굴확인의 전과정을 비디오 등으로 촬영하여 동 기록을 보존케 하고자함도 아울러 건의드립니다.

저희들의 소청이 이루어지기를 기대하면서 동지역의 지도를 함께 보내드립니다. 대단히 죄송스럽웁니다.

첨　부 : 25,000분의 1 지도 1매　(끝)

서울특별시 마포구 서교동 466－9

대 한 유 격 참 전 동 지 회

회　장　전 인 식

1989. 5. 27 국방부에 제출한 진정에 대한 1989.6.9자 회답문이다.
첫째 : 백골병단원으로 참전한 것만으로는 군인신분으로 인정할 수 없다는 것과
둘째 : 전적탑 건립에 대하여는 이미 회신한 바 있으며
셋째 : 훈·포장 수여에 대하여는 6.25 당시의 것은 이미 완료되었기에 불가하다는 것
그렇다면 이 나라 젊은 817명의 장정 중 360여명이 목숨을 앗아간 명령권자의 처리는 어떻게 되는가

국 방 부

인사24150- 552 (795-6213) 89. 6. 9

수신 전인식 귀하

제목 진정회신

1. 귀하의 진정(89.5.27)에 대한 회신입니다.

2. 첫째, 백골병 단원으로 참전한 장병의 군복무사실 확인 및 인정을 요망하신 내용에 관하여 말씀드리겠읍니다.

우선, 군복무사실의 확인 및 인정을 위해서는 법령에 근거한 병역의무부과 처분(현역, 보충역 등)의 내용에 따라 행한 해당 병적에의 편입 행위가 전제되어야 합니다.

그런데 청원인등은 국본 특별명령 제22호(단기 4248년 1월 25일)에의거 민간인 신분을 그대로 보유한채 임시장교등으로 임관 되었을뿐, 현역 군적에 편입된바 없읍니다.

이는 당시 시행중이던 관계 법률중에 임시장교등에 대한 법적근거가 되는 법령은 물론, 임시장교등을 현역 군적에로 편입 가능케하는 법령도 없을뿐만 아니라, 현행 법령에도 임시장교등에 대해 규정한 경과 규정이 없기때문인것으로서 위 임시장교등은 현역이 아님을 전제로 한것으로 현역 군적에 편입될 수 없음은 당연한것입니다.

따라서 백골병 단원으로 6.25에 참전하였다는 사실하나만으로 위 참전요원들이 현역군인이었으며, 더나아가 현역군인으로서 군복무를 행하였다고 인정할 수 없어 위 요원들에 대한 군복무 사실 확인 및 인정은 불가하며,

둘째, 전적탑 건립 요청에 대하여는 국방부 인근 24176-799(87.7.30)호로 회신한바를 참조하시기 바라오며,

셋째, 참전자 모두에 대하여 종군기장을 수여하고, 특별공로자에 대하여는 호국 훈포장수여를 요망하신 내용에 관하여 말씀드리면,

6.25 당시 공을 세운 유공자는 전시 상훈법에의거 각급 부대장에게 위임하여 현지에서 훈장을 수여하고, 사후 정부승인 절차를 거쳐 완료하였고, 종군기장은 참전용사 모두에게 일괄하여 수여한바 있으며, 그후 현재까지 소급하여 수여한 선례는 없읍니다.

또한 포상은 공적 수립시 적시적소에서 실시하여 그 공적을 치하하고 널리 선양하는데 목적이 있는바 6.25 동란이 지난지 37년이 지난 오늘에 와서 포상을 하는것은 그 실익이 없어 소급포상을 하지 않는다는것이 정부의 방침입니다.

3. 귀하께 만족스러운 답신을 드리지 못함을 송구스럽게 생각하오며, 다시한번 귀하와 귀하의 동료들께서 6.25 당시 혁혁한 무공을 세워 국가보위에 기여한 공로에 대하여 무한한 경의를 표합니다. 끝.

국 방 부 장 관 (국방부장관인)

"정 직 질 서 창 조"

육 군 본 부

문서번호 : 민협 제9117. 호 1989. 8. 3 .

수 신 : : 전 인식 씨 귀하

제 목 : 민원회신

귀하께서 육군본부에 제출하신 고 윤창규 씨 외 16명에 대한 전사망 확인에 관한사항은 89.7.24일 육군본부 중앙 전사망 심의 위원회에 회부 심의한 결과 고 윤창규 씨외 16명은 국가 위기였던 6.25 전쟁당시 결사 11연대 소속으로 나라를 위해 용전 하시다가 장렬히 산화 하신 것으로 의결 되었읍니다.

늦게나마 고인들의 명예를 회복하게 된 점을 대단히 다행 스럽게 생각하며 이를 위해 노력하신 귀하의 노고에 감사 드립니다.

여러가지를 확인 하느라 지연 되었음을 양지 하시기 바라며 가내 평안 하시기를 기원 합니다.

첨 부 : 전사 통지서 17매. 끝

육 군 참 총 장

"선 진 조 국

발 송 No. 1989. 8. 03 육군본부

1989. 8. 3 육군본부는 고 윤창규씨 외 16명에 대한 전사망 확인에 관한 사항을 육군본부 중앙 전사망심의위원회의 심의결과 6.25 전쟁당시 결사11연대 소속으로 나라를 위해 용전하시다가 장렬히 전사하신 것으로…… 전사통지서 17매를 보내왔다.

5. 참전전우회 활동

(1) 1990.2 전적비 건립관련

總會 會議錄

日時: 1990年 2月 20日 13時 30分

場所: 서울 麻浦区 西橋洞 "嘉會"
Tel (02) 332-4264

案件: 第1号 1989年 歲入歲出決算報告.
第2号 戰跡塔 建立出捐報告.
第3号 會則改正案
第4号 相助會 設立同意案
第5号 任員改選. 其他

總會開催通知는 90年 2月 5日字 葉書로 다음 人員에게 發送하다.

總會 通知者 68名

— 참석자 28人
…… 위임자 1人
◎長期不參席 16人

蔡命新	丁奎玉	◎趙南顯	◎朴光錫
董仁模	張之永	◎李享求	朴用周
梁啓卓 大領	申健澈	◎宋景熙	安秉熙
柳海模 〃	朴勝錄	◎林南玉	李南薰
白幸基 中領	全正鎬	吳鳳澤	◎徐丙煥
韓相鎬 少領	張德淳	◎羅明集	李熙用
崔允植	河恭熙	許在九	李翊宰
梁在昊	◎權処弘	張東說	金仁壽
◎康斗星	高永相	權[illegible]相	申永基
◎元應學	崔潤宇	柳卓永	金永高
申孝均	林東郁	金壽昌	尹範容
權寧哲	張永鉉	全仁植	權斗植
崔仁岩	◎金永模	李斗柄	高悌和
◎韓甲洙	李明海	金容弼	崔鍾敏
朴鍾理	金永燾	趙炳傑	吳楨欽
◎車東元	李雲河	◎金益煥	金容福
李命宇	◎金海遠	趙榮澤	◎朴濟珉

總會 會議錄

會長: 本会의 總会는 出席会员으로 成會되므로 成會됨을 宣布하다.

이어 不參席로서 會의 發展을 바라는 書信과 함께 會費를 送金한 朴勝錄 同志의 書信公開와 白聖基 中領의 祝電을 朗讀하다.

會長: 蔡 司令官에게 人事하실것을 請했으나 會議終了後에 하시겠다는 뜻을 받아드려 續開會議를 宣布하다.

會長: 議案第1号 1988年度 歲入歲出 決算案을 上程하다.

李命宇会员: 나는 會費 한푼 내지는 아니한 사람이지만 한마디 해 두어야 겠소.

會長이 혼자서 獨走하고 있다는 會员의 말이 많은데 會長団의 相議없이 執行한것은 不当하다고 생각합니다.

會長: 우선 油印物의 決算報告를 하고 따질것은 따지도록 하십시다.

會長: 收入 23,166,286원, 支出 22,974,580원, 이월 191,706원의 決算書 各項目을 朗讀하다.

蔡命新: 나도 越南參戰同志會 등 많은 會에 関係하여 이것저것 많이 보았는데 이거 인쇄 기타 經費와 영화관계 제비는 무엇이오.

會長: 인쇄 기타 經費 100만원은 秘資金支出이고, 영화관계 비용 120 여만원은 弘報영화제작관련 비용이나 그 支出은 모두 本人과 權同志의 贊助金에서 支出된 計定上의 金額일뿐 입니다.

蔡命新: 図書製作費는 또 무엇이오.

會長: 決死11聯隊 冊의 製作実費 1,865,000원으로서 本人의 賛助金 360여만원 중에 포함된것으로 會員의 会費와는 無関한것 입니다.

張之永: 會費도 내바 없는데 이렇게 運營하였으니 原案대로 接受할것을 同意하다.

蔡命新: 나도 會員資格으로 말하는것이오 民主主義인데 할말이 있으면 모두다 해야 한다고 말하다.

崔命宇: 그 支出이 會長 単独으로 한것이 아닌가요.

會에게도 機構가 있는것으로 알고 있는데····

會長: 1962年부터 30年 가까히 내가 혼자 이會를 만들고 오로지 戰死한 戰友의 넋을 달래주기 위하여 私費로 權寧哲同志의 支援을 받아가며 여기까지 끌고 왔는데 내돈 내놓고 이렇쿵 저러쿵 무슨 말들이 그리 많으냐!! 누가 會長 하고 싶어 하는줄 아느냐!! 맘대로 해보라! 公金을 내가 不当히 引出한것이 있다면 弁償하고 그 費途는 절대 밝힐수 없다. 왜들 추궁조로 말을 하는가!!

朴用周: 會長이 權会長과 같이 여지껏 애를 쓰고 있는것을 모두 다 아는데 그냥 넘어가자고 하다.

蔡命新: 民主主義인데 알고 넘어가야 할것이 아닌가 金會長이 너무 興奮한것 같다. 차분히 따지고 넘어가자.

會長: 더 以上의 質問이 있는가를 묻다.

崔相宇: 原案通過를 提案하다.

一同 : 贊同하다.

蔡命新 : 民主主義인데 왜들 그래요

會長 : 1989年 歲入歲出決算案이 原案대로 通過되었음을 宣布하다.

議案 第2号 戰跡塔建立出捐 報告의 件.

會長 : 決算書에 添付된 것으로 參考事項이니 油印物로 代替할것을 提案하다.

一同 : 異議없음을 告하다.

會長 : 建立基金出捐報告를 接受하였음을 宣布하다.

議案 第3号 會則改正案을 上程하다.

李命宇 : 会의 名稱을 널리알려진 白骨兵团同志會로 하는것이 어떤지요

會長 : 上程內容說明도 아니했는데 왜그리 性急하시오

蔡命新 : 大韓遊擊參戰同志會하면 西海岸, 東海岸을 비롯해 내가 알기만도 數많은 遊擊同志會가 있는데 혼돈되는것이 아닌가?

會長 : 1961年8月23日 大韓民国遊擊軍參戰同志會의 設立準備가 있었고, 1962年4月에는 決死遊擊軍出身同志會로, 그뒤 1962年8月에는 雪岳同志會로 發足하여 오다가 1987年12月 現在의 名稱으로 改稱하여 왔습니다 白骨兵团하면 무슨 테러集团이 모두 白骨团이라 불려오고 있어 혐오감도 있고 나이 60이 넘은 사람들의 親睦团体가 白骨어쩌구 해서는 困難하다고 말하다.

蔡命新 : 차라리 雪岳同志會도 좋을것 같군

李命宇 : 널리알려진 白骨兵团 同志會로 하는것이 좋겠다.

會長 : 다른 同志의 意見을 묻다.

一同 : 그대로 두자고 하다.

會長 : 總意에 따라 名稱을 그대로 둔다고 하다.

蔡命新 : 會員中 遺家族을 빼자. 유가족과 그 子女까지 会員이 돼서야 되겠는가?

會長 : 우리同志会의 가장큰 뜻이 親睦도 있겠지만 戰死한 同志의 넋을 달래주는 戰跡碑建立이 1962年以來의 바램인데 그 核心이 되는 遺族을 빼면 困難하다고 하다.

蔡命新 : 遺家族과 그 子女가 모두 會員이 되면 정작參戰 戰友보다 遺家族이 더 많아질수도 있는것이 아닌가?

會長 : 現在의 遺家族은 6~7名以内에 不過하니 그렇지 않다고 答하다.

蔡命新 : 參與會員도 많아지면 되겠는가?

會長 : 뜻이가 가 있다면 그 분들을 받아드릴수 있는 길은 열어 두어야 한다는 뜻임을 말하다.

蔡命新 : 名譽會員을 現役과 予備役中에서 두면 數百 數千이 될수도 있는데 싸우지도 않은사람이 會員이 되는것이 아닌가?

會長 : 現在 네분의 名譽會員이 있는데 이분들은 703特攻聯隊長으로서 또는大隊長으로서 우리同志들의 遺骨採査, 永訣式의 執典등으로 우리 同志會 会員들 보다도 더 아끼고 사랑하는 분 들이며 그 분들은 우리가 해내지 못한것을 다 하신 분들 입니다.

蔡命新 : 그 사람들은 1年半이면 다른데로 가게되어 있다.

會長 : 다른데로 가면 우리의 일을 하지못하게된 사람은 그냥두고 새로와서 ~~[illegible]~~ 協助해주는 사람을 모시면 될것이 아닙니까!

蔡命新 : 그것 좀 어색한데.....

李命乎 : 副會長을 二人으로 합시다.

會長 : 모두20~30名도 제대로 모이지 않고 通知를 68人에게 했다고 하나 名譽會員4人과 長期間不出席者 또는 한번도 나오지 않은 同志등이 모두 16人이나 되니 68-(4+16) =40名에 不過하고 (그중 유족이 3분임) 오늘 28人이 出席한 정도다.
언제 모이게 해서 그때마다 發生하는 事態에 対備하겠는가 감투를 줄여야 한다.

申健澈: 原案대로 1人으로 합시다.
崔仁泰: 原案에 贊同하다.
會長: 다른 意見이 없는가를 묻다.
一同: 贊成함을 告하다.
崔潤宇: 새로 構成되는 會長團과 任員에게 모두 一任하고 字句를 가지고 時間을 끌지 맙시다.
崔仁泰: 새로 選任되는 理事會에 넘깁시다.
朴用周: 贊同하다.
張之泳: 3 唱
會長: 改議가 없는가를 묻다.
一同: 없다고 告하다.
會長: 會則改正案은 基本骨格을 原案대로 두고 新任 會長團과 理事会가 修正加條하도록 모두를 委任하였음을 可決宣布하다.

議案 第4号 相助會設立案을 上程하다.
會長: 이 案은 高悌和 同志와 李命宇 同志 등이 發議하여 推進하던 中 保留된 것이지만 이것도 案이니 만큼 손질하여 上程하는것 임을 說明하고 案全文을 朗讀하고, 이 機構는 二元組織이 될것 같다는 意見을 添加하다.
高悌和: 왜 二元的인가 反問하고 相助会든 親睦会든 돈이 있어야 團結이 되고 돈이 관계돼야 모두 잘 参加하게 되는것이 아니냐는 뜻을 告하다.
會長: 會費를 낼 形便이 못되는 同志에게 問題가 된다는 뜻임을 말하다.
蔡命新: 親睦團体이니까 그 뜻은 좋은것 같다.
權寧哲: 會費를 年 10萬원씩 낼 사람이 몇이나 되겠는가 參加者와 不參者가 갈라지게 되는것이 아닌가.

崔潤宇 : 二元化하지 말고 會則에 넣으면 어떤가.

會長 : 社団法人의 定款性格으로 보아면 純粹한 親睦目的으로는 社団法人이 될수없음을 說明하다.

高悌和 : 會則에 特別會計式으로 処理하면 어떨가요.

會長 : 會則을 손질할때 이것도 新任 會長団에게 넘기도록 하자고 提案하다.

一同 : 좋다고 答하다.

會長 : 相助會規程은 會則에 適切히 加筆하여 処理할수있는 權限을 新任 會長団에게 委任 할것을 條件으로 通過 됨을 宣布하다.

議案第5号 任员의 改選을 上程하다.

會長 : 우리 從前의 會則에 依하면 任期가 來年8月까지가 되는것 같은데 오늘 條件附 通過된 會則의 附則 第4條에 따라 任员인 會長 1人과 副會長 1人, 理事5人, 监事1人을 選出해야 함을 提案하면서 書記에게 投票用紙 28枚의 準備를 指示하다.

우리會가 直接選擧를 通하여 會長団을 投票하기는 1962年以來처음임을 說明하다.

李命宇 : 名誉會長도 選擧해야 할것이 아닌가?

會長 : 名誉會長과 顧問은 모시는것이지 選出하는것은 아닙니다 뻔한것을 가지고 왜 그러시요.

李命宇 : 副會長을 2人으로 합시다.

會長 : 會則 審議에서 通過된것이니 再論마시요

蔡命新 : 오늘 任员選出은 할수없는것이 아니요

會長: 왜 안됩니까 오늘 成會宣布후 심의를 모두 마쳤고 總 68人에게 通知를 했으나 會議에 잘 나오지아니하거나 한번도 나오지 아니한 同志등 16人을 呼名하면서 會員모두에게 어떤가를 묻다.

趙榮澤: 李熙用은 언전에도 平澤會議에서 맞났는데.....

會長: 京畿支會에는 나오고 總會에는 잘 나오지 않는 모양이군요.

會長: 68人中 名譽會員 4人, 長期不參者 16 計 20人이면, 48人中 오늘 參加者가 28人으로 過半數이고 우리會는 參加者로 成員하는 것이 慣例, 數十年間의 慣例임을 說明하다.

會長: 記票를 會長 副會長 各1人과 理事 5人 監事 1人을 連記名으로 하자고 하다.

崔仁泰: 會長과 副會長만을 뽑고 理事는 會長團이 指名하는것이 좋겠다고 하다.

會長: 監事는 直接뽑아야 한다고 말하다.

一同: 會長과 副會長만을 뽑자고 하다.

會長: 그러면 會長1人, 副會長1人을 記名하여 投票하기로 하다.

張之永: 鑑票者가 있어야 하는것이 아닌가요

會長: 張之永同志가 集票하며 鑑票하시오. 그 앞의 申健澈 同志가 集計하도록 하라고 指定하다.

投票開始 함.

蔡命新: 나는 投票하지 않겠다.

董仁模: 나도 會員이 아니니까 投票하지 않겠다.

許在九: 우리가족은 會員이 아니니까 投票하지 않겠다.

會長: 許先生이야 말로 投票하실 당당한 權利가 있습니다. 한말씀 하십시오

許在九(故 許銀九 少尉의 兄): 政府側의 지난날 無誠意를 꼬집다. 過去 70余차례의 陳情 등을 할때 많은 고충을 말하다.

會長: 지난 한해의 業務報告를 하다.

投票結果를 發表하다 張之永 同志

總投票紙 25枚, 기권 3人

會長: 金仁植 22票, 蔡命新 2票, 權寧哲 1票, 計25票

副會長: 權寧哲 11票, 高悌和 7票, 崔允植 3票, 金仁植 2票, 安秉熙 1票, 趙榮澤 1票, 計 25票

會長에 金仁植 22票로 当選을 宣布하다.

副會長에 權寧哲 11票로 当選을 宣布하다.

一同 拍手

金仁植 일어나서 앞으로는 오늘을 敎訓삼아 予算의 범위以外는 一切行動하지 않겠으며, 會費制度를 導入하고, 總意에 따라 會務를 処理할것을 간략히 人事하다.

權寧哲 会長을 도와 最善을 다하겠다고 말하다.

이어 會長과 副會長은 合意下에 理事에 高悌和, 安秉熙, 崔潤宇, 申健澈, 崔允植 을 監事에 崔仁泰를 指名하여 滿場의 拍手를 받다.

蔡命新: 오늘 4時半에 記者會見이 있어 곧 가야 겠기에 人事말을 하겠다고 하다.

會長: 좋습니다.

蔡命新: 일어서서 一同에게 人事말을 한뒤 金會長이 意慾的으로 일은 많이 했으나 試行錯誤도 있는것 같고 그야말로 独走하는 印象도 없지 않다. 特히 우리 白骨兵団이 널리 알려진것은 鄭호응將軍의 德이 큰데 그분을 욕하는 金會長의 태도는 크게 잘못된 점이다.

吉元八을 제가 잡았다고 月刊잡지에 쓴것이 있는데 그건 말도 안된다. 증거도 가지고 있다. 내 옛 部下였거나 副官을 지낸사람들中 高位將星들이 많이 있는데 그분들이 金會長이 警司令官을 헐뜯고 있습니다 라는 말들을 내가 들었다. 섭섭하지만 모두지나간 일들이고 앞으로는 잘 協助해서 모두 남은 余生을 화목하게 지내자 라는 要旨의 發言을 하고 곧 退會하다.

黃仁模: 나도 일이 있어 가야겠다고 하고 退會하다.

會費收入 260,000 원
食代支出 260,000 원 (음료수는 써비스 받음)
殘 額 — 원

이날 會費를 納付하지 아니한 會員은 蔡命新, 李命宇 두 同志였음.

늦은 食事를 하면서 간담회에서 앞으로는 잘 協助하기로 意見을 모은뒤 散會하다 <17時 15分>

위와 같이 總会를 開催하였음을 記하기 위하여 다음 사람이 記名捺印하다.

이사. 朴 인석
〃 권 영 철
〃 신 건 철
〃 최 영 우
감사 崔仁壽
최 운 석

(2) ＝ 理事會및會員參與 合同總會會議錄 ＝

日 時 : 1990年 7月 17日 12時
場 所 : 國立墓域內 休憩所
案 件 : 1. 碑文 : (戰死者名單 및 參戰者名單) 決定의 件
2. 建立記 : 說明文, 參戰日誌 確定의 件
3. 會의 名稱 一部 意見의 件

• **議案 1 號** 碑文의 件
議 長 : 碑文 및 戰死者名單, 參戰者名單을 朗讀하다.
一同 : 滿場一致 可決을 同意하다.
議長 : 原案字句一部 修正 可決을 宣布하다.

• **議案 2 號** 建立記 說明文 參戰日誌 確定의 件
議長 : 案件을 朗讀하다
一同 : 參戰同志 追加 5名 및 階級修正 등을 條件으로 通過를 提唱하다
議長 : 原案修正 可決을 宣布하다

• **議案 3 號** 戰友會의 名稱에 對한 一部 意見수렴의 件
議 長 : 朴蒼巖 고문께서 어제 本人에게 大韓遊擊參戰同志會하면 유격대 모두의 代表名稱같으니 이를 變更하는 것이 좋겠다는 意見이 있어, 本人은 大韓이란 名稱은 여러 商號에도 있는 것이고, 土建業을 하는 사람이 大韓土建社라고도 할 수 있고, 大韓民國이란 名稱을 쓰지 아니했으니 관계가 없다고 말씀드리고 우리 總會에서 決定하여 戰績碑 關係뿐만 아니라 公文照覆도 모두 대한유격참전동지회로 되어있으며, 이는 친목단체명으로 瑕疵가 없는 것이라고 말씀드렸더니, 유격대의 연합회가 되면 곤란하지 아니한가? 라고 말씀하시기에 그것은 대한민국 재향군인회와 같이 대한민국 유격참전연합회 등의 명칭도 될 수 있어 우리와 무관하고 또 연합회가 생기더라도 우리는 民間自生 유격대와 다르므로 加入여부도 그때 가 봐야하며, 개마고원 유격대, 강화, 황해유격대 등 自生 유격대는 그 명칭 앞에 지역명이 붙으나 우리는 경상도, 전라도, 경기, 서울, 강원 등 많은 지방 出身이므로 지역 名을 붙일 수도 없고 하니 **육군본부 직할 유격대**가 있지 아니한가? 라고 말씀드리면서 그 명칭 밑에 白骨兵團이 있고 11, 12, 13연대의 출신 同志가 대한유격참전동지회가 아닌가라고 말씀드리면서 왜 20~30年의 동지회 명칭이 지금 朴 將軍께서 이의를 다시는가? 그것은 偏見이 아닙니까라고 했더니, 偏見이라면 할말은 없으나 一考하여 앞으로 다른 유격대의 비난 등을 막아야 할

것이기에 말하는 것이라는 電話 是非 비슷한 일이 있었음을 告하고, 그 뒤 朴 將軍께서는 내가 쓴 冊과 金漢哲의 投書, 投書라고하면 어감이 좋지 않다고 하면서 그 書信을 寫本해서 보내줄 것을 要請하셨습니다.

이에 本人은 왜 金漢哲과 朴將軍, 金漢哲 등이 會同하신 것도 다 알고 있는데 朴將軍께서 偏見이신 것 같다고 하니 모두가 合心하고 一部를 배척하는 일이 있어서도 아니 될 것이 아니냐? 하시기에 金漢哲이 정정 당당히 會에 나와서 할말을 해야 할 것이 아닌가요, 라고 말했습니다. 別로 좋은 意見交換은 아니였다고 생각하나 그에 對하여 오늘 짚고 넘어 가는 것이 좋을 것 같아 合同會議에 上程합니다.

崔仁泰 : 그분이 대한유격참전동지회 고문이 된 경위는 무엇인가요.

議　長 : 會長團이 김한철 투서의 件이 거의 解決되었기에 朴將軍의 參與도 뜻이 있을듯하여 電話승락을 받고 訪問하여, 양해를 구했더니 參戰同志가 아니라서 하면서 주저하시다가 승낙을 받게 되었고, 金漢哲의 投書가 잘못되었다고 하면서 蔡將軍이 망녕드셨다고 했으며 정말 어려운 것을 잘해냈다고 하며 큰禮를 표하기에 고문으로 추대하기로 理事會에 부의한 것임을 說明하다.

崔仁泰 : 그분 말씀은 金漢哲인가 하는 사람의 主張과 비슷한 것이 아닌가요

議　長 : 꼭 그렇다고 말씀드릴수는 없습니다.

朴用周 : 그분들이 黃將軍까지 초청해서 金漢哲의 主張을 말씀하신 것이 아닌가요

議　長 : 그것은 자세히 알 수 없습니다.

崔潤宇 : <u>蔡司令官이나 金漢哲, 李斗柄 등은 戰跡碑 建立을 妨害하고 會</u>를 消滅시킬 생각을 한 것 아닌가요

議　長 : 蔡司令官은 解明에서 本 뜻은 그것이 아닌데 金 이 잘못했다고 하셨으니 蔡司令官은 잘못을 뉘우치고 계신 것으로 봅니다.

許在九 : 蔡將軍도 똑같은 사람들이며 오늘날까지 무엇을 했습니까

議　長 : 外國에 나가 계셨기에 그렇게 된 것으로 알고 있습니다.

許在九 : 國內에 들어온 이후도 마찬가지가 아닌가요

議　長 : 아직 內容을 잘 모르시기에 그런 것 아닌가 합니다.

崔潤宇 : 會員도 아니고 參與도 없으며 고문도 우리 組織을 도와주지 아니하니 빼내야합니다. 會을 陰害한 者도 빼버립시다.

權一相 : 蔡將軍이 責任을 져야 하는데 蔡將軍 外 2人 이 投書 질이나 하며, 한번 얼굴도 볼 수 없으니 遺族으로서는 그런 사람들을 둘 必要가 없다고 생각합니다. 우리 同志會를 무시하는 總責任者는 응징해야 합니다. 同志會에 妨害하는 朴將軍도 除名해야한다고 생각합니다.

장동설 : 찬동합니다.

李翊宰 : 不誠實한 사람은 除名합시다.

議　長 : 朴將軍의 고문직은 없었던 것으로 取消를 宣布하다.

權一相 : 朴將軍은 누군지 한번도 본 일이 없는 사람인데 남의 會의 이름을 고치라 말라하니 會長團이 잘못 모신 것이 아니요. 追加 發言하다.

議　長 : 未安스럽게 되기는 했으나 그분은 將來를 내다보신 것으로 봅니다.
權一相 : 그런 말씀이 어디에 당합니까. 會長團이 경솔했음을 사과하시오.
議　長 : 일이 묘하게 되어 未安하게 되었습니다만, 會長團의 뜻은 그런 것이 아니였고 朴將軍의 意見도 한번 짚고 넘어 가는 것이 좋을 듯합니다.
一　同 : 그것은 말도 아니되오.
議　長 : 미안합니다. 그러면 어찌할까요.
一　同 : 顧問을 잘못 選任하였으니 解任하시오.
議　長 : 모두의 意見이 그러한가요.
一　同 : 勿論이요. 蔡將軍도 빼시오.
議　長 : 그것은 困難합니다.
權一相 : 오늘도 오시지 아니했고 위령제에도 한번도 오지 않은 사람이 무슨 指揮官인가요.
議　長 : 遺族의 뜻은 잘 알지만 部隊長없는 부대는 없습니다. 再考바랍니다.
一　同 : 그럼 蔡司令官만은 그대로 둡시다.
議　長 : 朴將軍의 고문은 解囑하기로 함을 宣布하다.
崔允植 : 蔡將軍 不可避性을 辯護하다.

以上과 같이 合同會議(理事會 및 會員)를 開催하고 參戰者를 指名하고 署名 捺印者 10人으로 하여금 署名捺印케 하다.

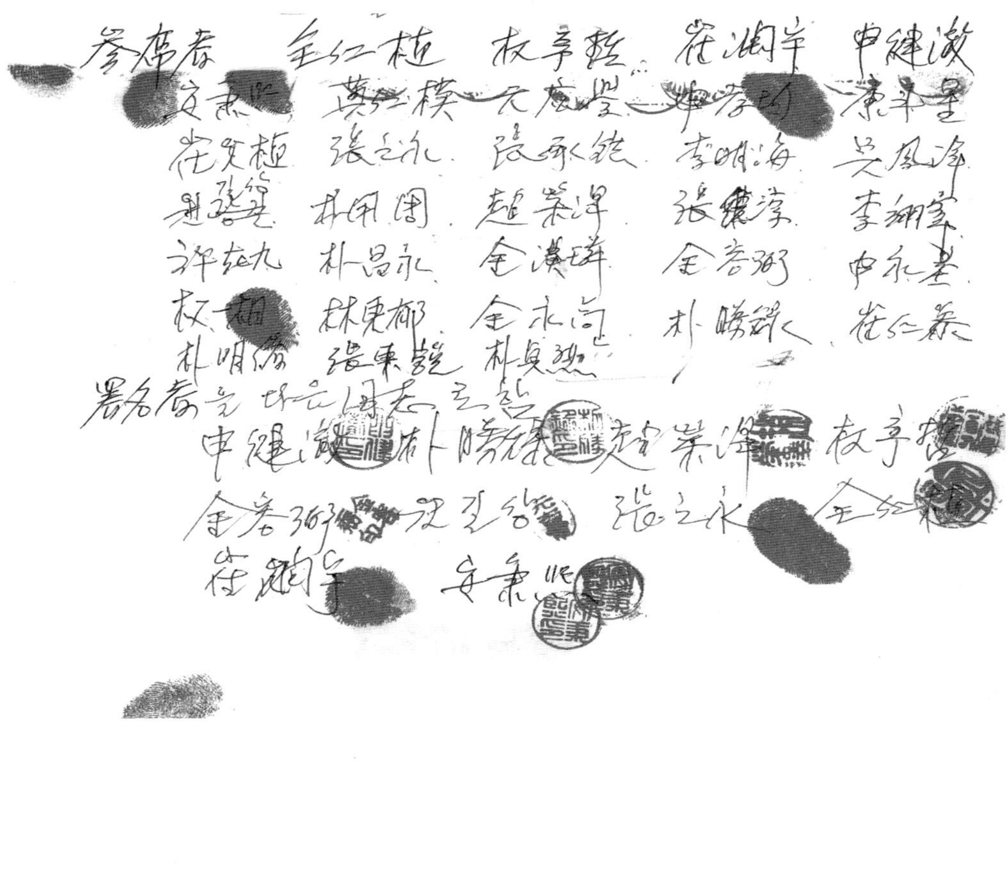

1991.1.30 백골병단 침투작전 40주년 행사가 육군회관 대연회장에서 개최되었다. 이날을 위한 초청장(행사 사진 참조)

招　請　狀

새해에 貴下와 家庭에 幸運과 榮光이 充滿하시기를 祈願합니다.
前 陸本 直轄 決死 遊擊隊(白骨兵團)의 敵 後方 侵透作戰 40周年을 맞아 다음과 같이 記念 및 回顧 모임을 갖고자 하오니 參席해 주시어 자리를 빛내 주시기 바랍니다.

다　음

日　　時 : 1991年 1月 30日(水) 18.00(午後 6時)
場　　所 : 陸軍會館 大宴會場(龍山 國防部廳舍 뒷便)
會　　費 : 없　음
展示豫定 : 參戰當時의 寫眞類

追伸 : ① 白骨兵團戰跡碑는 지난 11月 9日 麟蹄郡 北面 龍垈里에서 除幕되었습니다.
② 參戰同志會 91年度 總會는 當日 午後 4時에 開催합니다.

大韓遊擊參戰同志會 會長 全　仁　植

同 令夫人 貴 下　　　　參席可否 通知 (02)333-5213~4

= 案 內 말 씀 =

本 參戰同志會는 6.25 戰爭當時, 1951年 1月 4日 大邱 陸軍 第7訓練所(정보학교)에서 各 補充隊로 부터 選拔된 補充兵中 3週間의 特殊訓練을 履修한 將兵 362名에게 軍番과 階級을 부여하고, 陸本 直轄 決死 遊擊 第11聯隊(聯隊長 中領 蔡命新)(後續 12R·13R)에 編成, 1951年 1月 30日 22時, 江原道 寧越 北方 蓬來山으로 부터 敵 後方地域으로 侵透 太白山脈, 雪岳山脈을 잇는 中東部 戰線 險山 峻嶺에서 敵地 320Km, 零下 30度의 酷寒속에 60餘日間 단 한번의 追加 補給도 없이 2週日分의 非常食糧 만으로 勇敢히 祖國의 自由와 平和를 守護하는 聖任을 擔當, 縱深戰鬪를 敢行, 勝利한, 國軍 最初의 正規遊擊隊 出身將兵 등으로 構成된 團體로, 그 發足은 30年前인 1961年으로 거슬러 올라갑니다.

本會는 그동안 參戰中 軍神으로 散華하신 故 許銀九 少尉外 23位를 國立墓地(동작동)에 位牌 安置하였고, 故 玄奎正 大尉外 2位는 大田 國立墓地에 安葬하였으며, 戰跡碑는 李鎭三 參謀總長의 도움으로 지난11月 9日, 卽 參戰 39年 10個月 만에 感激어린 竣工·除幕을 하였습니다.

國民 여러분에게 뜨거운 感謝를 드립니다.

有備無患. 死中得生. 任務完遂. 滅死報國을 다짐 합니다.

1991.1.30 백골병단 침투작전 40주년 기념 행사가 육군회관 대회의실에서 개최되었다. 이날 육군본부는 군사연구실장(장군)이 참석해 주셨고 1951.1. 육군정보학교에서 침투교리를 강의한 최덕연 중위(대령 예편)도 자리를 함께해 주셨다. 이날의 약사보고는 다음과 같다.

91.1.30 侵透作戰
40 周年 行事 資料

略史報告 와 함께 人事말씀은 드리겠습니다.

白骨兵團 參戰同志의 모임인, 大韓遊擊參戰 同志會는 1961 年 8 月 23 日 大韓民國 遊擊軍 參戰 戰友會 發起 準備 委員會를 全仁植 同志外 3人이 共同 發起하여 오늘의 모임으로 發展 되었음을 먼저 말씀 드리겠습니다.

그 뒤 1962 年 4月에는 決死遊擊軍 出身 同志會로, 그해 8月에는 雪岳同志會로 發足한뒤 1965 年 9月 29 日에 다시 雪岳同志會로 擴大 改編 되었으며, 1987 年 12月 20 日에 現在의 名稱으로 改稱하여 오늘에 이르고 있는 親睦團體입니다.

우리들 陸軍本部 直轄 決死遊擊隊의 活動에 對하여는 이미 新聞, 放送, T.V 等으로 널리 알려진 바와 같이 오늘로 부터 멀리 40 年前으로 거슬러 올라 갑니다.

6.25 北傀의 南侵도발로 일어난, 戰爭에서, 우리들 靑年 學生 600餘名은 祖國의 自由와 平和를 守護하기 위하여 全國 各地에서 大邱所在, 陸軍 補充隊에 集結하여, 命令을 待機하고 있었습니다.

戰局은 中共軍의 大擧參戰 介入으로 不利한 때였으며, 더 더욱, 9,28 收復當時, 미처 退却하지 못한 殘黨이 智異山, 太白山 等地로 숨어들어, 무고한 良民의 학살등 만행을 일삼고, 國內治安을 어지럽히고 있던 때 였으므로 我軍의 作戰은 前線과 後方을 同時에 감당하지 않으면 아니되던 때 였습니다.

이에 우리軍도 敵後方을 攪亂하는 遊擊戰을 倂行하고자 決死遊擊隊를 創設하게 된 것입니다.

우리들 正規遊擊隊 以前에 遊擊隊가 없었던 것은 勿論아닙니다.

1949 年度 虎林部隊가 양양方面으로 침투한 작전이 있었고,

1950 年 10月, 第 5 유격대의 강능方面 작전,

1950 年 12月, 平北 定州郡 유격대 등의 勇戰이 그것이고,

또 敵이 南侵한뒤, 全國 各 地方에서 猛活躍을 한 太極團 等 많은 反共유격대의 活動은 이미 널리 알려진 實話 등으로 알고 있습니다.

그러나 우리들은 所定의 募兵節次와 訓練, 그리고 階級과 軍番이 주어진 遊擊隊 였기에 韓國軍 最初의 正規 遊擊隊 라고 敢히 말씀 드리는 것이 올시다.

따라서 우리들 決死遊擊 第 11,12,13 聯隊, 이들을 統合한 "白骨兵團" 이란 部隊名을 우리모두는 자랑으로 여기고 있는 것입니다.

"白骨兵團"은 分隊, 小隊, 中隊 大隊가 모두 3.3.3의 編制로 되어있고, 1951年 1月 4日 부터 그해 1月 25日 까지 3週間의 特殊訓練을 履修한다음, 敵軍의 服裝으로 僞裝하고, 2週日分의 非常食糧을 휴대한채 1951年 1月 30日 22時를 期하여 江原道 寧越邑 北方 蓬來山을 옆으로 끼고 敵地로 侵透하여 ◎ 敵 連絡將兵 등 800餘名의 生捕 射殺

◎ 通信施設의 파괴 및 補給路의 遮斷

◎ 指揮所의 습격

◎ 人民軍 中將 外 參謀陣 13名 全員의 生捕

◎ 敵 69旅團의 괴멸에 寄與하는 等 我軍의 統一作戰에 神出鬼沒 하는 機動으로 縱深戰鬪를 敢行. 勝利한 將兵들 640名中, 生還한 280名의 모임이라고 말씀드릴수 있습니다만, 그뒤 뿔뿔이 헤어지고, 또 再次 軍服務를 하는 過程에서 戰死한 將兵이 있어, 이제 生存 同志中 連絡이 되는 70餘 同志가 뜻을 함께하여, 우리들과 함께 參戰中 護國의 軍神으로 散華하신 360餘 戰歿將兵의 永遠한 安息處를 마련해 드리는 事業을 宿願으로, 1960年代 부터 推進한 것이 지난해 11月 9日에야 비로소 李鎭三 參謀總長님의 도움으로 完成되어, 여러분께서 잘 아시는 바와같이 江原道 인제군 북면 龍垈里 山250번지 內에 높이 16.4m의 웅장한 戰跡碑가 國民 모두가 지켜보시는 가운데 除幕 되었습니다.

그동안 參戰同志와 遺家族, 여기 參席해 주신 來賓여러분, 그리고 本會의 事業에 同參해 주신 名譽會員과 協贊人士 여러분에게 뜨거운 感謝와 人事를 드리는 바 입니다.

잠시뒤에 入口쪽에 마련된 V.T.R에서는 우리들의 記錄物 테이프 14개 15時間짜리를 縮小 編輯한 것이 紹介되겠습니다만, 황량한 박달재入口 雜木의 숲속에서 처량하게 지내던 合同 慰靈祭가 이제는 우리들과 幽明을 달리한 同志들의 名牌아닌 位牌 앞에서 지낼수 있게 되었으니 정녕 大器晩成 이란 이를 두고 하는 말인가 합니다.

1981年5月 參戰手記 「나와 6.25」의 發刊에 이어 "못다핀 젊은꽃", "白雪의 長征", "白骨兵團", "決死11聯隊"로 이어진 5卷의 參戰手記를 執筆 發刊한 全仁植 會長의 勞告와 陸本으로 부터 當時의 階級과 軍番으로 戰死確認을 받아 國

立墓地에 位牌 安置함과 아울러 故 玄奎正 대위外 2人의 國立墓地 安葬등 참으로 해내기 어려운 일들을 오로지 戰歿將兵의 名譽回復 만을 위하는 執念으로 모두를 完遂한 것을 자랑으로 말씀드릴수 있습니다.

여기 參席해 주신 貴賓 여러분 께서도 잘 아시는 바와같이 우리 部隊長이셨던 蔡命新 將軍 께서는 有名한 將軍이셨고, 또 智勇을 兼備한 분이셨기에 언젠가는 우리들의 所望이 그분의 努力으로 거두어 질수 있을 것이라 굳게믿고 있었습니다만, 그분께서는 現役으로 계실 때에는 우리들의 일에 미처 神經을 쓸겨를이 없으셨고, 그뒤는 곧 外國의 大使로 나가시어 10餘年의 歲月을 보내게 되다 보니, 뜻은 있으셨겠으나 아무것도 完成된 것은 없어, 이것을 우리들 쫄者들이 모여 解決하려니 그 얼마나 苦生이 많았겠으며 또 섭섭한 홀대를 참아내기 또한 얼마나 컸겠습니까?!!

이제 모두가 完成되었으니 서로 터놓고 옛이야기를 나눌수 있게 되었습니다.

40年! 짧다면 짧은 것이지만 成長과정 16~7年을 합친 40年은 人生의 全盛期와 完成期를 통털어 합친것과 같은 人生에서 가장 重要한 歲月입니다.

이 기나긴 歲月을 두고 제일도 아닌 옛 戰友의 일! 그것도 不過 4個月 남짓 함께 지낸 이름모를 戰友를 위한 일, 名譽回復 만의 일을 위한 우리들 參戰 生還 有志 戰友의 끈질긴 努力에 햇빛과 希望을 주신 분은 오로지 參謀總長 李鎭三 將軍外에 또 누가 있겠는가를 되묻지 않을수 없는 이 설글픈 現實은 戰後世代의 無分別과 脈을 함께 하는것이 아닌가 해서 또한 서글픈 心情가눌길이 없습니다.

우리는 이겨야 합니다. 지면 곧 破滅입니다. 有備無患, 滅死報國, 死中得生, 必勝의 信念으로 맡은바 任務에 充實하는 것만이 나라와 겨레를 지키고 내 이웃, 내 家族을 보살피는 것이라는 確固한 信念과 死生觀을 간직해야 할것입니다.

우리모두 團結합시다. 그리고, 그 옛날 못나서 그 苦生을 사서 했다는 비웃음을 삼가 하십시다.

우리들에게는 아직도 남아있는 힘이 있습니다.

저 걸프灣 事態를 보십시요.

쿠웨이트가 왜 亡했습니까!! 다시찾기 어려운 그 祖國을 위하여 그들의 피나는 鬪爭은 有備無患을 몰랐기 때문입니다.

오늘을 사는 우리모두는 그 옛날 우리戰友와 같은 愛國忠節의 勇士들이 있었기에 平安을 누릴수 있다고 보아야 하겠으며, 이 嚴然한 事實은 우리들 後輩

將兵이 있기에 또한 오늘의 平安을 누릴수 있는 것이라고 보아, 우리 國軍將兵 모두에게 뜨거운 拍手를 보냅시다.

오늘 차린것은 別로 없아오나 最善을 다하여 마련 하였아오니 즐겁게 드시고 우리모두가 한마음이 되어 어떻튼 共産黨과는 싸워서 이겨야 한다는 勝共, 反共, 滅共을 함께 다짐하는 時間과 자리가 될것을 바라마지 아니 합니다.

차가운 겨울 日氣에 出入조차 어려운 이곳에 모시게 되어 죄송합니다. 그리고 긴 말씀을 傾聽해 주신 높은 뜻을 잘 간직 하겠습니다.

대단히 감사합니다.

大韓遊擊參戰 同志會

會長 全 仁 植

1991年度 總會 會議錄

日 時 : 1991年 1月 30日 16時 30分
場 所 : 陸軍會館 會議室
案 件 : 1. 1990年度 決算報告 및 事業報告
2. 1991年度 豫算案 및 事業計劃案
3. 會則 改正案
4. 功績記 添加 刻字 文案
5. 其他

議 長 : 總務理事가 成員報告를 하시요.
崔潤宇 理事 : 會議場에 40人이 參加하여 成員됨을 報告하다.
議 長 : 人事후 1990年度 歲入 26,380,046원과 歲出 26,304,150원 이월 잉여금 75,896원을 報告하고 歲入에 對하여 各 會員 및 非會員의 協助 등을 呼名하며 金額을 報告하고, 主要支出額을 報告한 뒤 보다 仔細한 것은 直接確認할 것을 報告 提議하다.
崔仁泰 監事 : 本人의 監査 結果 이의 없으므로 原案可決을 報告하다.
一同 : 原案可決을 再請하다.
議長 : 이의 없는가를 묻다.
一同 : 이의 없음을 告하다.
議長 : 1990年度 歲入 · 歲出을 原案대로 可決되었음을 宣布하다.
議長 : 1991年度 歲入 · 歲出 예산은 720萬원으로 잡았다는 報告와 함께 主要事業內容을 說明하다.
一同 : 異議없이 原案可決을 同意 再請 三請하다.
議長 : 1991年度 事業 및 歲入 · 歲出의 原案可決을 宣布하다.
議長 : 會則改正案을 提案하면서 이제 우리들 參戰世代는 점차 늙어가고 그 2世들에게 전적비 관리를 넘겨주어야 하는데 모두 유족은 8~9名에 불과하니 그들 유족 中에서 부회장 1人을 뽑고 理事 1~2人을 추가로 영입하자면 會則의 改正 없이는 不可能하므로 오늘 이를 심의 결정하자고 제안하다.
一同 : 찬성하다.
장덕순 : 장동설은 부회장으로는 아직 年少하니 理事정도가 좋겠다.
권일상 : 유자녀 중에서 선임해야한다.
의장 : 일동의 의사를 묻다.
최인태 : 허재구 선생이 열성이고 年滿하니 추천 한다고 하다.
일동 : 좋습니다.
이익재 : 나는 반대이니 투표로 합시다.
의장 : 우리 會는 유독 투표를 좋아하는 듯 하니 거수표결로 부의함을 선포하다.
허재구 선생의 부회장 선임에 찬성하는 분은 거수하시오.

찬성자 39人, 반대자 1人으로 허재구씨의 부회장 선임을 가결선포하되 그러나 이는 잠시 보류한다고 하고.

의장 : 회칙을 먼저 개정한 뒤에 투표해야 하는데 먼저 선거가 되었으니 무효가 아닌가 회칙부터 토의합시다.

의장 : 회칙 개정안 유인물 (가)항을 묻다.

一同 : 이의 없다고 고하므로

의장 : 회칙 개정안의 통과를 선포하다.

의장 : 회칙 개정안 (나)항 부회장 2인으로 하자는 안에 대하여

一同 : 3인으로 하자고 동의 가결하다.

의장 : 이사의 수 12인 이내를 묻다. 회장단 포함임을 부연하다.

장지영 : 15인정도로 늘리자고 하다.

최윤우 : 30인도 좋다고 하다.

의장 : 회원의 수가 있으니 15인 정도로 하자고 제의하다.

一同 : 15인 이내로 하자고 하여 수정가결되다.

의장 : 회칙개정안 (가), (나), (다) 항의 수정 개정에 대한 이의를 묻다.

一同 : 이의없음을 고하다.

의장 : 정관 회칙 개정안의 수정통과를 선포하다.

의장 : 허재구씨의 부회장 선임을 다시 묻다.

一同 : 이미 통과 된 것이니 찬성함을 고하다.

의장 : 허재구 동지의 부회장 선임을 다시 선포하다.

의장 : 개정 회칙에 따라 이사 현직 8인과 추가 선임 7인 이내의 인선을 부의하다.

의장 : 유족 중에서 장동설 군을 그리고 90.5.20 임시 총회에서 논의 되었던 최종민 동지, 충남대표로, 박승록 동지를 이사로 추천하다.

최인태 : 김용필 동지를 추천하다.

최윤우 : 류탁영 동지를 추천하다.

안병희 : 이익재 동지를 추천하다.

최윤우 : 조영택 동지를 추가 추천하다고 하다.

의장 : 이런식으로 추천하다 보면 추천이 벌써 7인이 되는데 그러다 보면 우리들끼리 추천하는 것만으로 이사가 되어서는 아니되겠으며 우리회에 많은 기여를 한 원응학, 강두성 동지 등도 있으니 곤란하지 아니한가 라고 신중론을 펴다.

一同 : 추천은 추천이고 회장단과 현 이사진의 합동회의에서 결정하도록 하자고 하다.

의장 : 곧 기념행사도 있으니 뒤로 미루는 것이 어떤가요

一同 : 현 집행부가 알아서 선임하라고 위임하다.

의장 : 총의가 그러하다면 현 집행부 이사진이 나머지 부회장 1인과 이사의 선임을 할 것으로 위임받은 것으로 처리해도 좋은가 묻다.

一同 : 찬동하다.

의장 : 부회장 허재구, 부회장 또다른 1인과 이사 5인의 선임 권한을 현 집행부 이

사진에게 위임하였음을 선포하다.

의장 : 이진삼 장군의 공적기를 비석 나머지 6족 중에서 새겨 기념할 것을 부의하다.

최윤식 : 원칙적으로 찬동하나 문안은 좀더 다듬어 새겨야 한다고 말하다.

一同 : 소위원회나 이사회에서 심의하여 문안을 정리하자고 하다.

의장 : 원칙적으로 새겨야 할 것인가를 묻다.

一同 : 찬동하다.

의장 : 이진삼 대장의 공적기 각자를 만장일치로 의결하고 문안은 회장단에게 위임하였음을 가결 선포하다.

의장 : 기타 사항을 부의하다. 금년부터 위령제는 6月 6日 현충일에 하는 것이 좋을 것 같다고 부의 하며 차량편 등은 각자 해결하는 방향으로 해야 좋을 것 같다고 제안하다.

一同 : 사업계획대로 처리하자고 하다.

의장 : 금년 위령제는 6월 6일로 하고 그 비용은 80만원 범위내에서 집행하기로 함을 선포하다.

이상과 같이 총회를 개최하고 이를 증하기 위하여 이사 전인식, 이사 권영철, 이사 신건철 이사, 최윤우 이사가 기명 날인하다.

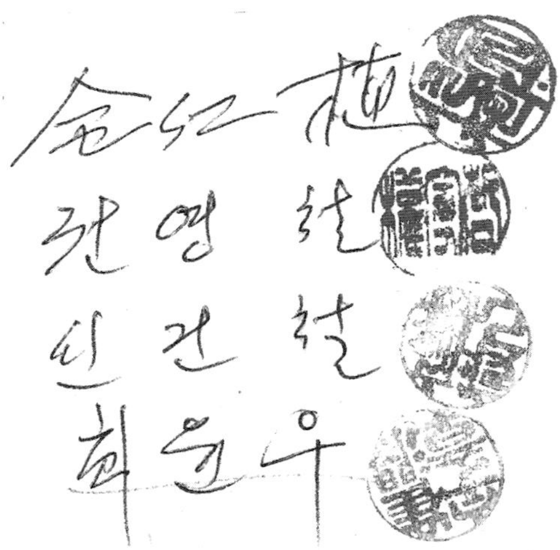

臨時總會 結果報告
(理事 會員合同)

日 時 : 1991年 5月 11日, 13時~ 15時

場 所 : 하림각 1층 소회의실

參加人員 : 理事 및 會長團 12人 外 고문 1人 會員 12人 計 26人

의결사항 : **1. 현충일 행사 및 공적기 제막식**

비용 (1) 헌화용꽃 10만원, 공적기화환 10만원, 헌화 20만원, 향, 초, 장갑 등 과일 및 포 준비 10만원 등 50 ~ 53만원

(2) 도시락 준비 100개 35만원

(3) 차량준비 30 ~ 35만원 소계 115 ~ 123만원 범위내에서 예정대로 거행함.

※ 별도계획 : 아침도시락 10만원, 기념타올 50만원 예정.

2. 참전자 추가 조각의 건

송세용, 이용구, 김영배, 권영헌, 김승현, 전재식 외 이영진, 서석기, 김현길 등이 있으나 전사자가 아닌 생존자는 희망자에게 한하여 조각하기로 함.

우선 송세용, 이용구 동지를 조각하고, 나머지 확인된 동지는 5.25일 이전까지 희망자에게 한하여 조각하기로 함.

3. 전적비 관리위임 요청의 건

한수조경(주) 서진섭 회장이 길건너 백담사 소유 부지를 임대하여 관리소를 짓고 위탁관리를 희망해옴에 따라, 청소, 조경 및 전적비 PR, 비디오 상영, 기념품 보급을 조건으로 위임 관리케 함을 의결.

4. 친목회 별도구성의 건 : 동지회가 친목단체 이므로 별도구성의 필요가 없다고 부결함.

5. 91년도 회비 미납회원의 납부촉구의 건 : 촉구키로 가결

6. 기타안건 ① "전적비 낙수" 비매품 발행과 수정판 발행에 대하여 전적비 낙수 204면, 참전수기 보정판 336면의 발행비 130만원과 270만원 計 400만원을 최종판으로 발행함에 있어 소수의견은 자제할 것을 촉구 했으나, 그 판단은 역사에 맞기되 진실을 그대로 남겨야 함을 강조하고 재원이 회비와 전혀 무관하니 희망부수 만을 요청하게 하였던바 모두 우선 1부씩 희망함.

② 제 2의 6.25를 방불케할 신생 남로당과 같은 분자들의 책동과 파괴행위에 대한 우리들 참전세대의 대응이 부실하였음을 자책하고 앞으로 우리들이 더욱 굳게 뭉쳐 난국타개의 선봉에 설것을 다짐하는 결의를 만장일치로 가결하다.

③현충일 행사비용의 조달없이 어떻게 할것인가에 대하여 회장이 회비는 '79만 여원이 있고,미납 회비가 들어올 것이니 회장이 30만원을 별도 찬조하여 충당해 보겠으며, 회원에게는 별도 경비를 걷지 아니하는 것이 좋겠다고 부의하다.

총비용은 115～123만원과 전적비 조각 45만원, 음료수 15만원, 기타 10만원 등 185～193만원 ≒ 190만원 상당이라고 즉석에서 명시함.

권영철, 원응학 부회장과 신효균 이사가 각 20만원씩 60만원과 회장 30만원 이사 10인, 각 5만원씩 약 50만원, 계 140만원으로 충당을 의결하고 회원은 각자 형편에 따라 적당액을 찬조하는 것으로 처리키로 함.

④현충일행사는 군단에서도 군단장(편장원 중장) 이 직접 참여하는 등 큰 행사가 될것(군악대, 조악, 조총수 등)이므로 참전동지 및 유가족 다수의 참석을 위하여 버스(대형) 1대를 별도 동원하기로 함.

회원 및 유가족께서는 좌석의 여유가 충분하므로 많은 참여를 바랍니다.

집결 : 1991.6.6.04.40분까지 서울 마포구 서교동 상업은행 서교지점앞 도로변에서 출발, 귀경은 6.6 오후 6시경이 될것입니다.

이상과 같이 회의결과를 보고 합니다.

1991. 5. 13

참전동지회 회장 전 인 식

※ **대형관광버스 출발** : 마포구 서교동 商銀서교지점앞 6월 6일 새벽 4시 40분
귀경예정 : 저녁 6시경이 될 것 입니다.
참가비 : 형편에 따라 찬조, 中食 기타 기념품 증정있음 (이사 : 5만원 이상)

＝ **追記 通信** ＝

이달에 **會費** 또는 **贊助金**을 주신 同志(단위 만원) (4月 15日～5月 14日 까지)

會 費 : 전대석 중령 5, 류해근 대령 5, 류탁영 10 (이사비), 최윤식 15 (회비＋이사비), 고영상 3 (일부)

贊助金 ; 원응학 20, 전인식 30, 권영철 20, 신효균 20 ＋이사비 10, 송세용 10,

特別贊助 : 전인식 141 ('91년 찬조누계 2,676,000원), 권영철 101만원 (누계) 등 입니다.

會費납부 및 **贊助金**을 주신것을 감사 드립니다.

1991.7.30 백골병단 전적비 보수공사 지원을 요청하는 청원서
전적비 후사면 절삭부에 배수로를 설치했으나 침투수로 인하여 붕괴의 위험이 있고 전적비 기대에도 10 m^2 정도 빗물이 고이고, 백시멘트 등의 보수가 요망되어 지원을 요청하는 것.(배수로 공사비 1,447,666원, 기타공사 119,889원 상당)

대 한 유 격 참 전 동 지 회
(02) 333 - 5213, 4

유격참전 91 - 7 -3 1991. 7. 30.

수 신 : 육군참모총장

참 조 : 제3군단장, 군사연구실장

제 목 : 백골병단 전적비 보수공사 지원 청원

1. 백골병단 전적비 보수공사에 관한 청원입니다.

2. 백골병단 전적비는 육군의 예산 지원으로 지난 91. 11. 9. 육군 제3군단에 의하여 건립 제막되어 국민의 안보교육장으로, 6.25를 재조명하고 유비무환의 정신을 심어, 자유·평화·호국의 도장으로서 그 건립목적을 달성하고 있습니다.

3. 동 전적비 관리에 있어 1) 전적비 후사면 절삭부와 원지반 경계부 위에 유출수 처리를 위한 배수로를 굴착했으나 침투 방지시설(콘크리트 등)을 하지 않아 법면으로 침투한 물이 일부 용수현상을 일으켜 비탈면이 유실되고 있어 이의 표면보수를 인접부대에서 열심히 하고 있으나 근원대책이 되지 않아 또다시 유실이 재발될 위험에 있고 2) 비탈면을 원지반의 돌흐름에 유사하도록 조경한 것은 외견상 조화있게 보이나 유입수의 도수로까지 돌로 채워 체수를 증가시킴으로서 법면의 결괴를 가중케 한 것으로 추정되며,
3) 전적비 비문 16쪽 위의 기대명면 약 10 m^2 에 배수시설이 없어 깊이 2~4cm의 빗물이 체수되어 동결융해가 반복될 경우 비문 등이 동해를 입어 박탁될 위험이 있어 백시멘트 몰탈등으로 덧씌우기를 시공하여 빗물이 자연구배를 이용하여 배출되게 해야 할 실정입니다.

4. 본 참전동지회에서는 보수공사 소요예산과 현황을 지난 7. 26일 실측조사하고 별첨과 같은 공사비를 산정한 바, 총 공사비 중 자재비용의 일부인 1,000,000원은 동지회 유지중에서 갹출 부담하고 인력은 군 기술병과 복구지원 병력으로 시공케 하더라도 시공이 가능하다고 사료되어 이를 지원 건의합니다.

5. 본 전적비는 국군최초의 정규 유격대의 혈전이 담긴 전적비인 점에서 군·관·민 모두의 것이므로 본 동지회만이 관리할 성질의 것은 아니라고 사료되는바 향후의 관리, 보존, 개발, 신장을 위하여는 본 전적비의 관리를 행정당국(강원도 또는 인제군)으로 하여금 관리하게 하거나, 국방부 또는 육군에서 직할 관리하는 근본적인 대책이 검토 집행되어야 한다고 사료되어 이를 함께 건의 청원합니다.

참고 : 본 동지회 회원은 60세 이상 71세까지의 고령자이고, 유가족은 360여 전사자중 11명만이 확인된 상태일뿐 아니라 그들 유가족도 1987년 이후에 확인되어, 그동안 모두 어렵게 지내 생활능력이 하류에 속해있고 원호의 혜택을 전혀 받지 못한 유가족(자녀)이 (11명중 7명임) 대부분인 실정이므로 본 동지회의 전적비 관리는 사실상 불가능한 실정임을 첨신합니다.

첨부 : 보수공사 소요 예산서 각 1부. 끝.

서울특별시 마포구 서교동 466-9

대 한 유 격 참 전 동 지 회

회 장 전 인 식

백골병단전적비긴급보수공사

1. 공 사 명 : 백골병단 전적비 긴급 보수공사
2. 위 치 : 강원도 인제군 북면 용대리 산 250지내
3. 공 사 비 : 1,600,000원 (간접노무비, 이윤, 경비제외)
4. 공사기간 : 착공일로부터 7일
5. 공종별 공사비 내역

가) 전적비후사면 배수로 공사

(1) PY 배수로 블록 : ϕ 500 × 300 × 1,000mm U 형 (신영산업(주))

(2) 시공연장 : 마루 서쪽 40m ,동쪽 65m 계 105m

(3) 공 사 비

명 칭	규 격	단위	수 량	단가(원)	금 액(원)	비 고
PY 배수로	500 × 300	m	105	11,000	1,155,000	양카, 운반포함
터파기	보통인부	"	105	481.30	50,536	0.0299인 × 16,100
부 섭	작업반장	"	105	214	22,470	0.01인 × 21,400
	특별인부	"	105	804	84,420	0.04인 × 20,100
	보통인부	"	105	1,288	135,240	0.08인 × 16,100
계	자 재 비				1,155,000	1,447,666원
	인 건 비				292,666	

나) 전적비 주탑 명면 빗물제거 공사

(1) 공사물량 : 10m² 몰탈평균두께 3cm 약 0.3m³

백골병단 전적비 부지인 강원도 인제군 북면 용대리 산 250-2 임야 4,928 m²(약 1,500평)은 1991. 10. 20 분할로 인하여(1991. 7. 11 관리환결정) 관리청이 재무부에서 (국방부)로 변경 등기되었다. 소유권 보존 : 접수 1991. 10. 10 제4892호, 관리청 : 국방부

戰鬪經過 報告

1. 遊擊隊의 公式 名稱

陸軍本部 情報局 直屬 決死.

第 11 聯隊, 第 12 聯隊, 第 13 聯隊 (15, 16 特別聯隊)

(一名 白骨兵團)　　(後日 8250 部隊)

2. 編成 根基

大統領 動員令 第 5 號 (1951 年 1月 日字 未詳)

國防部 特別命令(陸) 第 22 號 (1951 年 1月 日字 未詳) 任官함

國本 特別命令(陸) 第 22 號 追加 1 (1951 年 1月 25 日)

3. 將兵에 對한 募兵

大統領 動員令에 따라 1950 年 12月 부터 大邱市內 所在 陸軍補充隊에 集結한 愛國青年·學生·義勇警察 및 鐵道警察官, 情報學校 特殊班 被教育生으로 充員.

4. 教育 및 訓練

1951 年 1月 4 日 入所. 陸軍 第 7 訓練所(情報學校)

訓練期間 1951 年 1月 4 日～1月 25 日 (21 日間)

〈教育 內容〉

북괴의 武器 操作法, 遊擊戰法, 精神教育, 북괴의 軍事路線, 북괴式 制式訓練, 工作要領

5. 將兵에 對한 身分

1951 年 1月 25 日. 國防部長官 申性模에 의하여 將校級에게는 臨時將校 任官.

臨時步兵 少尉　72 人
〃　中尉　36 人
〃　大尉　14 人
〃　少領　2 人　計 124 人

〈第 11 聯隊는 特別補佐官 9 人을 따로 補强〉

將兵에게 軍番 GO 1001～GO 1124 및 G 軍番을 부여 함.

6. 決死 第 11 聯隊의 編成

聯隊長 陸軍中領		蔡 命 新	(陸士 5 期生)
副 聯隊長 臨時步兵少領		李 相 燮	GO 1001
作戰參謀 〃	大尉	全 仁 植	GO 1003
情報參謀 〃	〃	崔 允 植	GO 1005

軍需參謀 臨時步兵 大尉 梁 在 昊 GO 1004
第 1 大隊長 〃 〃 玄 奎 正 特任·補佐官(戰死)
第 2 大隊長 〃 〃 尹 昌 圭 GO 1007 (戰死)
第 3 大隊長 〃 〃 李 暘 植 GO 1008 (病死)
聯隊本部 57人 (聯隊長 補佐官 等 14人, 參謀部 6人, 本部中隊 37人)
1個 中隊 = 3個 小隊 + 2, 計 32名
1個 大隊 = 3個 中隊 + 大隊長 外 6, 計 102名
聯隊 = 3個 大隊 및 本部, 計 363名으로 編成

◎ 決死 第12聯隊

統合 兵力 160餘名 聯隊長 李 斗 柄 (臨時 少領)

◎ 決死 第13聯隊

統合 兵力 120餘名 聯隊長 金 漢 哲 (亨哲)

7. 1951年 出動 當時의 我軍 指揮部

國防部長官 申 性 模
陸軍參謀總長 中將 丁 一 權
陸軍情報局長 准將 李 翰 林
陸軍情報3課長 中領 李 極 星
作戰局長 准將 李 龍 文
聯 隊 長 中領 蔡 命 新 (白骨兵團 司令官)

8. 作戰 命令

1951年1月30日. 37度 線上인 江原道 영월읍에서 敵의 背後로 侵透·敵의 後方을 攪亂하여 敵의 戰意를 喪失케 하므로서 我軍의 北進에 寄與케 함.
敵의 重要機密을 探知하여 我軍에게 提報, 敵軍 連絡兵의 生捕·處置를 하는 등 11個 項目.

食糧 및 彈藥의 補給

出動當時 2週日分의 食糧과 彈藥을 補給하고, 追加補給은 敵으로 부터 奪取 充當 함.
服裝 : 人民軍服(북괴 軍服)
武裝 : 북괴製, 소製, 日製 99式 장총 等.

9. 戰果 및 被害 事項

가. 51年2月 中旬 珍富里 附近에서 敵兵(連絡·通信兵) 30餘名 生捕.
橫溪里 ― 大關嶺을 넘다.
나. 大關嶺 中턱에서 普賢寺, 普光里로 進出 敵과 交戰. 射殺 5名, 生捕 3名.
다. 砂器幕里로 進出 (補給品 充當)
라. 退谷里로 進出
51年2月21日頃. 第12聯隊와 第13聯隊 統合 함.

〈 白骨兵團 創設 〉

司令官 蔡命新 中領, 第12聯隊는 統合前에 敵兵 230餘名 處置 外 敵에게 莫大한 加擊을 함.
兵團 司令部의 參謀陣은 11聯隊 參謀陣이 兼任 함.

마. 2月24日～25日頃
　我軍機로 부터 被襲 死傷 7人의 被害
　獨立家屋에서 敵兵 3人 生捕
바. 路上檢問에서 북괴 將兵 5人 生捕.
　總尉, 中尉, 特務長 各1人 外 2人
　　政治部 將校＝69旅團의 戰鬪 詳報 一切
　　〈이 文書는 康斗星, 張麟弘 同志가 다시 我軍에게 傳達 함〉
　　69旅團 全滅에 寄與 함으로서 東海岸의 首都師團 進擊에 크게 寄與 함.
　　來往하는 敵兵　　生捕 60餘名
사. 청도리－廣院里에 布陣한 敵 3軍團 초소 3個 박살 20餘名 射殺 하므로서 敵 3軍團의 背後 攻擊으로 敵에게 軍事混亂과 敵兵 士氣低下에 크게 寄與 함.
아. 3月10日頃 갈천리 附近에서 또다시 我軍機로 부터 被襲. 犧牲 5名 發生
자. 廣院里－현리 道路上에서　40餘名 生捕
　　귀둔리 附近에서　20餘名 〃
　　軍糧田으로 進出　50餘名 〃
차. 1951年3月18日～19日
　必禮地區에서 敵 13名 生捕
　　生捕 13名 中에 **人民軍 中將**(勞動黨 第2秘書), **對南 遊擊隊 總司令官** 吉元八 外 總佐(中星 4個), 姜七星(외팔이) 等 13名 一黨 指揮部 全員의 生捕로 對南 빨치산 總司令部를 瓦解 시켰고, 북괴의 南侵戰略 路線에 莫大한 打擊을 加했을 뿐만 아니라, 我軍作戰 및 治安維持에 크게 寄與 함. (女秘書 中尉 1名 逃走)
카. 빨치산 第5支隊(1個聯隊 規模)와 激戰. 敵 70餘名의 射殺 等으로 북괴군 2個 師團 相當의 討伐隊를 投入되게 하여 북괴 戰力을 크게 弱化 시킴. (我軍 40餘名 犧牲)
타. 내가평까지 北進한 뒤 退却. 백담사 오세암 쪽으로 退却.
파. 雪岳山 小靑峰 附近에서 追擊한 敵으로 부터 被襲, 敵兵 3人 處置
　폭포類의 낭떨어지에서 犧牲 60餘名, 저격전에서 1名 射殺
　東海岸이 오늘날과 같이 金剛山 앞에까지 이르도록 함에 寄與 함.
하. 1951年3月25日. 敵陣中인 북괴 第2防禦線內를 白晝에 大路로 行軍·退却 함.
　(雪岳 南斜面에서 五色里 앞까지 約 10km 行軍) (中共軍 3人 處置)
　檀木嶺(박달령) 入口에서 敵 射殺 3人
거. 박달령 넘어 설피밭 附近에서 犧牲 120餘名 (굶고, 얼어 죽음)
너. 대동재 突破攻擊 作戰에서 犧牲 60餘名
더. 無名 獨立高地에서 犧牲 4名, 敵 射殺 20餘名, 지뢰로 인한 犧牲 1名(鄭世均 中尉)

러. 獨立高地 敵의 觀測所 攻擊 5人 處置, 露出地點 退却 中 我軍 犧牲 6人

合計 敵 將兵 生捕 또는 射殺 確認 580餘名, 未確認 180餘名, 計 760餘名
我軍 被害 確認 303名, 未確認 60名, 計 360餘名

1951年3月29日 江原道 인제 地內로 敵還. 敵地에서 2個月間을 作戰 함.
1951年4月 3日 蔡命新 司令官(中領) 陸軍으로 報告次 向發
1951年4月 5日 江陵에 집결, 命令 待機
1951年4月22日頃 동해안 全面 退却으로 묵호 南方 北坪里에 집결 주둔.
1951年5月10日 美8軍으로 예속 變更.
(Task Force Kirkland Eighth United State Army Korea)
上陸作戰 訓練 實施 2週間
1951年6月 6日 元山 南方 荳白里 上陸作戰 敢行
敵 15師團에 莫大한 被害를 加함.
60餘 世帶의 民間人 300餘名을 注文津으로 後送.
1951年6月28日 筆者 少領으로 除隊.

〈參考 事項〉

1981年 5月 6日 나와 6·25(敵 後方 300里의 血鬪) 發刊(非賣品)
1986年10月10日 못다 핀 젊은 꽃(補訂 3版 發行)
1987年 3月 KBS TV Ⅰ.Ⅱ, MBC TV 放映
못다 핀 젊은 꽃 Ⅰ.Ⅱ.Ⅲ部作(原作 全仁植)
國防部 弘報 管理所 製作.
1986年 9月18日 박달재에서 慰靈祭.(筆者, 權寧哲 同志)
1987年 4月 4日 박달재에서 慰靈祭.(同志 一同)
1987年10月 1日 雪岳山 소청봉 부근에서 慰靈祭.(筆者)

〈戰死者 및 其他 者〉(確認者)

尹昌圭, 玄奎正, 鄭世均, 許銀九, 李鍾三, 張東淳, 申鉉石, 李夏淵, 홍승선, 박기서, 서일택, 박종만, 오봉택, 원광길, 류동식, 柳東鉉, 박희영, 권욱상, 천봉균, 안병철, 조준영, 김명규, 정윤천, 姜文錫, 尹 泓, 김윤수, 이완상, 이영업, 姜昌熙, 박만순, 김윤태 (以上 無順)

〈歸還後 病死〉

李暘植, 李相燮, 李南鶴, 李奉九, 尹喆燮, 鄭然鎭, 張麟弘, 金興福, 金榮敦, 鄭學文, 姜玉鎭, 朴光善,(尹學洙, 유영벽) (以上 無順)

이 사 회 의 록

일시 : 1991.7.6. 13시
장소 : 여의도 63 B/D 루프가든
참석 : 전인식, 권영철, 최윤식, 신효균, 신건철, 최종민, 류탁영, 최인태
위임 : 허재구, 최윤우, 권일상, 황인모,
초청자 참석 최덕연 씨

안건 1. 참전자 명단 확정 및 육본에 참전 확인 증명 요구의 건
의장 : 11,12,13 연대 276명의 명단 확정 사실을 보고하고 15,16 특별연대 18명을 보고하다.
권영철 이사 : 15연대와 16 특별연대 18명의 내역을 묻다.
의 장 : 15연대 윤학수외 6명, 16연대 박제민 외 1명, 특별연대 오정흠 외 6명 사령부 1, 미상 1계 18명이라고 보고함
권영철 : 결사제 15, 16,특별 연대 장교의 군번 계급 등 근거 유무를 묻다.
의장 : 근거가 없다고 보고하다.
一同 : 특명이 없으면 곤란한 것이 아닌가.
의장 : 처리방침을 묻다.
一同 : 논외로 하자고 하다.
의장 : 그러면 그들은 어떻게 하는가 묻다.
一同 : 확인할 길이 없으니 도리가 없는 것이 아닌가, 관여하지 말자.
의장 : 참전사실 확인 증명원에서 빼기로 함에 이의 없는가를 묻다.
一同 : 이의 없다고 고하다.
의장 : 05.16. 특별연대는 간섭하지 않기로 하다.

의안2 참전자 추가 확인자에 대한 전적비 조각의 건
의장: 현재 추가 확인자가 12명이라고 보고하다.
一同 : 조각해 주기로 하다.
의장 : 조각비용이 약 50만원 정도인데 어떻게 하는가
신건철 이사 : 수익자가 경비를 부담케 하자.
의장 : 생존자와 소식이 없거나 전사자 등이 반반정도인데 곤란하지 않은가.
신건철 이사 : 예산도 없는 것이 아닌가.
의장 : 이영구 동지가 30만원은 협찬 한다고 했다.
의장 : 부담시키는 것이 거북하니 이영구 동지의 지원과 회에서 처리하자고 부의하다.
一同 : 찬동하다.

의안 3. 전사자로서의 미확인자가 15명 정도인데 이것을 일괄 처리 함을 부의 하다.
최윤식 이사 : 안희일 중사는 내 연락병이였는데 설악산에서 전사했다고 말하다.
의장 : 그런사람들을 모두 일괄해서 처리해야한다고 말하다.

一同 : 회장이 일괄처리하게 위임키로 하다.

의안 4. 사회단체 등록의건
一同 : 등록하기로 하다.

의안 5. 명예 회원 위촉의건
권영철 : 최덕연 대령 (6.25 당위 정보학교 교관 중위)와 전사확인 담당관이 였던 소병성 중령의 명예회원 추천을 제안하다.
一同 : 찬성하다
의장 : 두분의 명예회원 추대를 의결선포 하다.
의장 : 이사회의 종료를 선포하다.

이를 증하기 위하여 권영철, 전인식, 신건철이 기명 날인하다.

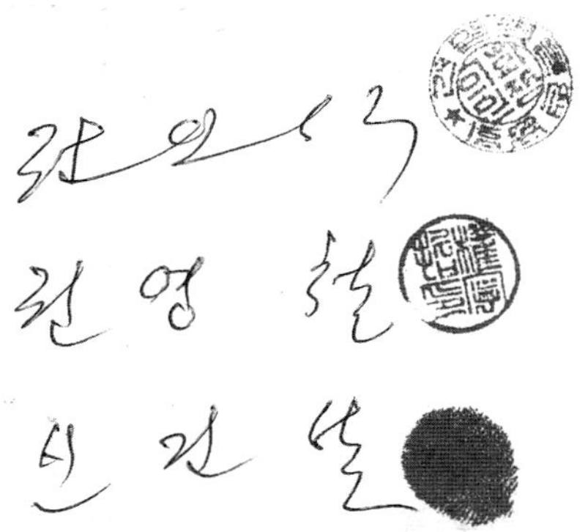

[회의록 첨부] 參戰 名單 누락자 자료

11R 一中 李榮珍
〃 〃 金亢泰
〃 〃 김승현
12R 二上 李永九
〃 〃 宋世鏞
一中 金永培
13R 田載植
이정성
11R 權寧憲
二中 임재봉 (사망, 이영진 제보)
〃 안희일(최윤식, 김항태 제보)
〃 黃忠淵(전사)
〃 구기덕 (전사)
? 안성호

15R 윤학수 外 6명
16R 朴濟珉 外 1명
특R 오정흠 外 6명
사령부 1 미상 1
18명

전 사 자

계급	군번	성 명	소 속	주 소	제 보 자
대위	G01067	金貞起	13R	충남 연기군, 박달령 전사	권처홍
중위	G01083	姜昌熙	12R 작전	설악산 전사 ?	
소위	G01114	黃炳錫	13R	(원호수혜)	최인태
二上		이창홍	11R	설악산	양재호
一中		장국환	11R	충북 옥천 〃	최윤우
二中		정윤철	11R	설악산 전사	신건철
〃		김철구	11R	충남 연기군 박달령 (원호수혜)	
〃		황경덕	12R	솔섬 두백리 전사	이익재
〃		이석순	11R	설악산	신건철
〃		박기석	〃	〃	〃
〃		서현택	〃	〃	양재호
〃		임경업	〃	〃	이운하
〃	G11279	김윤태	〃	시흥군 군자면 군자리 설악산	전영도
〃		천봉균	〃	〃 정왕리	〃
〃		안병철	〃	〃 거모리	〃
〃		조중용	〃	〃 〃	〃
〃		김명규	〃	〃 성곡리	〃
〃		이충구	〃	충남 〃	이운하
〃		이정구			
〃		현○제		황충연, 안성호, 구기덕	

1991.10.30 회원 및 명예회원에게 회원동정과 특전사에서 우리들을 홀대한다는 섭섭한 뜻을 회원 모두에게 알리는 보고서신

대 한 유 격 참 전 동 지 회

333-5213, 4

참전동지 91 - 10 - 2 1991. 10. 30.

수 신 : 회원, 명예회원 귀하

제 목 : 회원 동정 기타

1. 국화꽃 향기와 오곡이 풍성한 수확의 가절에 귀체 건안하시며, 사업의 융성을 기원합니다.

2. 지난 10.26. 육군참모총장 명의의 초청으로 특전사교육관에서 있은 고공강하 시범과 특전역사관의 개관식에 많은 동지께서 참석해 주시어 성료되었습니다.

※ 초청장이 10월 23일 18시 30분경 도착되어 10. 24.부터 전화로 알리다보니 모두에게 전달되지 못한 것을 사죄드립니다.

이날 참석한 동지는 다음과 같습니다.

전인식, 권영철, 최윤식, 최인태, 신건철, 안병희(송탄), 박승록(대전), 최종민, 류탁영(포천), 신효균, 송세용(인천), 이영구(용인), 장승현(서산), 조영택, 조병설(파주), 윤범용(파주), 장지영, 하태희(대전), 이상 18명 외 하태희 동지 아들 등.

3. 91. 10. 22. 김영배동지 장남 화촉(해군회관)

91. 10. 26. 이희용동지 부인과 함께 회갑연(송탄시)

91. 10. 27. 김수창동지 삼녀 결혼(문산 행복예식장)

각 화촉 및 수연을 축하드립니다.

4. 특전역사관에 소개된 백골병단 관계자료는 육본 직할 유격대라는 안내판 밑에 11, 12, 13연대 강릉집결 기념사진 3장(본회 제공)만이 진열되어 있었으며, 전체 안내 표지판에도 적게 표기되어 있어 크게 기분이 상했습니다.

사실은 금년 여름철에 2~3차 방문해주어 작전지도 사진류, 책, 임관사령장 사본 등 자료를 넘겨 주었음에도 자료를 왜소하게 처리한 것은 무슨 저의가 있는지는 알 수 없어도 여간 섭섭한 것이 아니였습니다.

그러나, 그날 역사관 입구에 마련된 전체 유격특공부대 현황을 설명하는 자리에서 참모총장께서는 유독 백골병단을 거명하시며 전투요도를 밝혀야 생생한 역사기록이 후대에 남는다고 강조하셨고, 본인을 둘러보면서 말씀하시기에 자료를 협조하겠다고(사실은 했는데) 했습니다.

특전사령관 서완수 중장께서는 파티장에서 장지영 동지가 모셔오니 그때야 나를 보고, 어제 채명신 장군에게 전화로 초청했는데 일정이 있어서 초청에는 응할 수 없으나 며칠 뒤에 만나기로 했다면서 오늘 오시지 못했다는 말을 하십디다. 이 말이 무엇을 뜻하는 말인지는 본인으로서도 알 수 없으나 채장군께서 적극적으로 우리 동지회의 일에 참여해 주신다면 이런 홀대는 못할 것이 아닌가 합니다. 지휘관이 뒷전에 계시니 해도해도 잘 풀리지 아니하니 여간 섭섭한 것이 아니였습니다.

총장께서는 이사람에게 고맙다고 하시며, 한번 만나자는 인사말을 남기고 돌아갔습니다. 어떻든 그 분에게는 고맙게 생각하오나 밑에서 일하는 사람들이 우리를 우습게 여기는 것 같았습니다.

5. 육군본부에 이미 제출해둔 6.25 참전사실 확인증명원(91. 7. 16.)(91. 9. 17. 독촉)은 아직까지 해결이 되지못하고 육본과 이사람 사이에 전화 확인만이 7~8차 있었습니다. 주소가 확인된 모든 동지(비회원 포함)를 일괄하여 신청해 두었으며, 장교는 특명이 있어 확인 가능하다는 말을 하기에 본인은 그 장교가 확인한 사병이니까 참전사실만은 모두 똑같이 확인해 주어야 한다고 강조했습니다.

아무것도 아닌 것이지만 참전사실 증명만이라도 꼭 받아두어야 한다고 생각합니다.

6. 이날 신효균 이사께서 찬조금 20만원을 또 주셨습니다. 어려우실 터인데 감사드립니다.

7. 전적비의 전투요도는 원안대로 제작하여 첨부 완료하였으며, 군부대의 검수 확인 통보를 받았습니다.

이상과 같이 경과보고 합니다.

대한유격참전동지회 회 장 전 인 식

1991. 12. 10 육군참모총장은 부인 제10476호로 6.25 참전사실확인증명발급 및 6.25 종군기장 수여요구에 대하여 국방부에 건의하였다는 것이고, 1992. 5. 12에는 부인 제3836호로 국방부가 종군기장조차 줄 수 없다는 뜻의 첨부서류를 보내왔다. 육군은 국가 위란의 시기에 위국 헌신한 것이라고 했는데 국방부는 종군기장 조차 줄 수 없다니… 참으로 어이없는 괴변이라 아니할 수 없다.

4장모두 91 217

" 한사람이 지킨질서 모아지면 나라질서 "

육 군 본 부

문서번호 : 부인 제10476호 1991. 12. 10.

수 신 : 전 인 식 (대한 유격 참전 동지회장)

제 목 : 민원회신

1. 귀하께서 제출하신 백골병단 요원의 6.25 참전사실 확인 증명발급 및 6.25 종군기장 수여 요구 민원에 대한 회신입니다.

2. 백골병단에 대한 6.25 참전사실 확인을 위하여 관계자료를 추적 확인한 결과 백골병단 간부요원 131명에 대한 임관명령만 존안되어 있을뿐 公簿상 병적 확인이 불가하며 또한 그 이외의 요원들에 대하여는 일체의 자료 발굴이 안되고 있읍니다. 그러나 국가위란의 시기에 위국헌신하신 전공은 당연히 인정되어야 한다는 심의결과에 의거 백골병단 전원에 대하여 6.25참전 종군기장을 수여토록 국방부에 건의하였읍니다. 그 처리결과가 귀하에게 통보 될 것이며, 다소 시일이 지연되더라도 양지하시기 바랍니다.

3. 또한 "참전사실 확인증" 발급건에 대하여는 위 기장이 수여될 경우 참전사실을 가장 확실하게 입증하는 증명서가 될것으로 사료됩니다.

4. 위 민원회신에 의문사항이 있으시면 전화 505-1625 전사망 처리 담당자에게 문의하여 주시기 바라며, 귀하의 건승과 귀회의 무궁한 발전을 기원합니다. 끝.

육 군 참 모 총 장

육군참모총장인

No 발송 1991. 12. 10 육군본부

" 선 진 조 국 창 조 "

1992. 3. 30 대한유격참전동지회 총회결과보고로 91년도 회비 및 찬조금액과 92년도 찬조액 및 이사회비 등 납부상황을 기록하고 기타 회원의 동정도 추신으로 알려 주고 있다.

대한유격참전동지회
(02) 333-5213~4

유격참전 92-3-1　　　　　　　　　　1992. 3. 30.

수　신 : 회원, 이사, 회장단 귀하

제　목 : 총회결과보고 및 회비납부

1. 92년도 정기총회결과보고 및 회비납부 촉구에 관한 일입니다.

2. 92년도 정기총회에는 많은 동지 내외분의 참석리에 성료되었으며, 92년도 합동위령제는 6월6일 현충일 행사를 겸하여 현지에서 거행하기로 의결 하였습니다. 참전사실 증명등 신분상 예우에 관하여는 우선 국방부장관에게 청원을 한 뒤, 불여의하면 행정소송 등을 하기로 의결 하였습니다.

이에 따라 92.3.3 청원서를 국방부장관에게 등기 송달하였으나 아직 소식이 없습니다.

3. 91년도 찬조금 및 92년도 총회참석 찬조금과 92년도 회비납부 상황은 다음과 같습니다.

성　명 (무순)	91년도회비및 찬조금계 (천원)	총회당일찬조액 (92.2.12)(단위 천원)	92년도회비및 이사회비등(단위 원)	비　고
채명신고문				
황인모고문	50			
신건철이사	550	50	100,000	미납 50,000
전인식회장	4,913	200	550,000	(완납)
정규옥	220	20	50,000	〃
이남훈	70	20		미납 50,000
이장복	100			〃
권영철 부회장	2,712	100		미납 250,000
허재구 부회장(유족)	350	20	250,000	(완납)
최윤우이사	360	20		미납 150,000
신효균이사	850	50		미납 150,000
안병회이사	650	50	50,000 100,000	이사회비 포함
권일상이사(유족)	290			
최윤식이사	250	20	150,000	(완납)
이영구	800			미납 50,000
김용필이사	200		150,000	식수 200,000 찬조 150,000
윤범용	110			미납 50,000
최인태감사	130	20		〃
임병기	90			〃
이운하	90			〃
조병설	90			〃

장 동 설 이 사	420			
박 승 록 이 사	220	20		미납 150,000
조 중 숙 (유 족)	80	20	50,000	(완납)
이 정 자 (여 사)	50	20		
송 세 용	400			미납 50,000
최 종 민 (이 사)	390	20		미납 150,000
배 선 호	100			미납 50,000
이 익 재	220	20	50,000	(완납)
장 승 현	100			~~미납 50,000~~
박 용 주	110	15	50,000	(완납)
양 재 호	80			미납 50,000
장 덕 순	20	20	50,000	91년 50,000미납
장 지 영	190	20		미납 50,000
조 영 택	100	20	50,000	(완납)
류 탁 영 이 사	270	20	150,000	(〃)
오 봉 탁	50	20	50,000	(〃)
김 한 인 (유 족)	100			
하 태 희	70	20		미납 50,000
원 길 상	100	20	50,000	(완결)
박 정 렬 여 사	170			
권 두 식	20			91포함 100,000미납
나 명 집	50			미납 50,000
전 대 석 중 령	50			
고 영 상	30	20		미납 50,000
원 응 학 부회장	250	20		미납 250,000
류 해 근 대 령	90			
김 영 배	70			미납 50,000
류 동 현 (유 족)	20			
임 동 욱	70			미납 50,000
이 영 진	150	20	50,000	(완납)
김 영 설	20			91포함 100,000
임 남 옥	100	92년회비		〃 50,000
김 항 태	50	회 장 550,000원		〃 50,000
이 명 해	50	부회장 250,000원		〃 50,000
백 행 기 중 령	50	이 사 150,000원		
정 윤 성 (유 족)	70	회 원 50,000원		
이 희 영	50			미납 50,000
홍 언 후 (유 족)	50			
김 수 창	50			미납 50,000
계	17,405,000	885,000원	1,950,000원	

4 . 조경식수 찬조자 및 금액은 다음과 같습니다.(회에서 보관중임) (단위 : 만원)

전인식 20 허재구 10 권영철 20 신건철 10 안병희 10
안병렬 5 안광두 5 류해근 4 박정렬 5 송세용 10
이익재 10 정규옥 5 장동설 10 권일상 5 최종민 5
장지영 5 김용필 20 계 159 만원을 보관중에 있습니다.

㉮ 당초 1구좌 5만원 이상으로 하여, 식수자 명패를 부착키로 했으나 명패 값이 몇 만원은 될 것 같고, 가옥뒤 비탈면에는 "대추밭"조경과 옹벽 뒤 산쪽 일부에 "밤나무"조경을 하면 식수찬조자명을 한곳에 세우는 방법도 있습니다.

㉯ 가이스카 향나무 등은 값이 비쌀뿐 아니라 운반비 관계로 高價이니 적은 돈으로 식수는 어려운 실정입니다. 따라서 동지여러분께서 묘안이 있으시면 연락주시기 바랍니다. (추운지방을 고려할 것)

㉰ 식수기금을 찬조하지 아니 하신 동지 중, 희망하시는 동지께서는 구좌입금 하시고 연락주시기 바랍니다.

※ 구좌번호 우체국 온라인 011890-0017820 (대한유격참전동지회) 〈회비납부구좌〉

위와 같이 보고 및 안내 드립니다. 회비납부마감 : 92.5월 10일까지 부탁드립니다.

서울특별시 마포구 서교동 466-9
〈백골병단 참전 전우모임〉
대 한 유 격 참 전 동 지 회　　회장 전

〈추 신〉 ① 92.2.3부터 3월 중순까지 약 40회 방송된 〈임진강에서 내설악까지〉 연속방송은 단원을 맺었는데, 400분 분량으로서 이 테이프의 원본을 찾아, 복사 해 주겠다고 했으나 찾는데 시간이 걸린다고 합니다. 찾는대로 준비하기는 하겠으나, 아직 미정임을 양해 해주시기 바랍니다.

② 기록영화 제작도 자금관계 등으로 아직 유보중에 있으나 이것도 빠른 시일안에 착수할 예정입니다.

※ 柳卓永동지께서 지난 2월 22일 40년간의 교직을 정년 퇴임 하셨습니다. 송공드립니다.
본회 회원 林東郁동지의 아드님께서 미국유학(결혼후)을 보냈다 합니다. 축하합니다.
본회 명예회원 車在翊장군께서 하사관학교(益山) 교장으로 영전하셨습니다.
본회 명예회원 柳海權대령께서 교육사령부(大田) 작전교육처장으로 영전하셨습니다.
본회 명예회원 全伍石중령께서 연대의(洪川소재) 부연대장으로 영전하셨습니다.
본회 회원 李明海동지께서 병고에 시달리고 계십니다. 조속 쾌유를 기원합니다.

1992. 3. 2 전인식이 대표로 국방부장관에게 군 복무사실 확인증명청구 등에 관한 청원을 헌법 제26조제1항 청원법제4조제1호 및 제5호에 따라 청원했다.

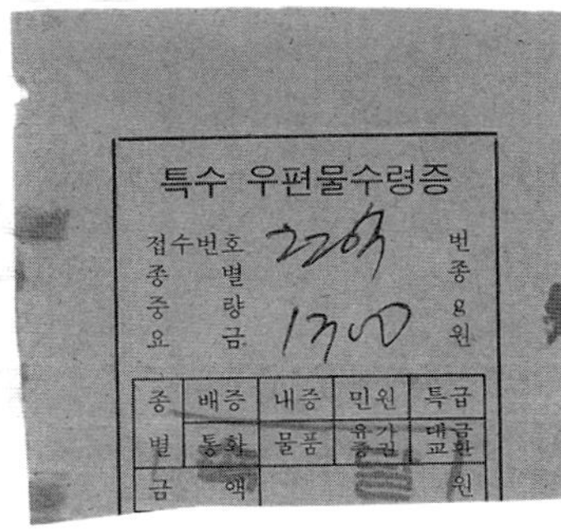
특수 우편물수령증

접수번호	2204			번
종 별				종
중 량				g
요 금	1700			원
종	배증	내증	민원	특급
별	통화	물품	유가증권	대금교환
금 액				원

請 願 書

受 信：國防部 長官 貴下

題 目：軍 服務事實確認證明 請求 등에 關한 請願

根 基：憲法 第26條第1項

請願法 第4條第1號 및 第5號

請願의 要旨

1．陸軍參謀總長이 要請한 參戰記章授與建議의 早速處理 促求에 關한 일

2．敵과의 交戰 또는 任務遂行中에 戰死傷된 將兵(未措置者 包含)에 對하여 相應한 禮遇請求에 關한 일

3．戰鬪中 武功을 세운 有功者에 對한 敍勳(追敍包含)의 請求에 關한 일

4．參戰將兵에 對하여 參戰期間中에 支給하지 아니한 給與 程度의 補償에 關한 일

請願의 事由

1．請願人 等은 1950年 6月 北韓共産徒党의 不法奇襲南侵으로 勃發된 6.25 事變 當時인 1950年 12月, 大邱 所在, 陸軍補充隊에 入隊하여 ①軍部隊 營內에서, ②軍部隊의 統制下에 外部와 遮斷된 狀況에서, ③各人의 自由意思와 關係없이 公權力에 依據 收容 待機中,

1951年 1月 4日, 陸軍情報學校(陸軍第7訓練所)에 入校(選拔入校)되어, 軍服裝과 兵器를 支給받고, 陸軍將校인 軍事訓練 教官으로부터 軍事 特殊訓練을 履修하였습니다.

2．軍事訓練을 履修한 請願人등 民間人 李相燮 外 123名에 對하여는 Go 1001番부터 Go 1124番의 各 軍番과 臨時步兵 少尉부터 少領까지의 階級을 주어 任官을 시켜, 臨時將校인 軍人의 身分을 주었고, 下士官 및 兵은 二等上士(中士)부터 二等中士(兵長)까지의 軍番과 階級을 各 人에게 주어, 階級에 相應한 職責을 編制에 따라 補任함으로써 軍人의 身分을 주었습니다.

〔註〕

①將校에게는 1951年 1月 25日. 國本特(陸) 第22號 追加1로, 大統領 指令에 依하야, 國防部 長官 申性模 名義의 任官辭令狀과 階級章을 주었음으로 軍人의 身分을 取得한것에 아무런 瑕疵도, 節次上의 矛盾도 없는 것입니다.

②"或時" 現行 軍人事法이나 兵役法 등에 依한 節次나 將校로 任官함에 要하는 選拔, 教育課程등을 생각하면, 있을수 없는 것이라고 말할 수 있을 것이나, 위와 같이 軍番과 階級을 준것이 事實이고 또 任官辭令狀까지 주었으니, 그 當時의 實情을 모르는 사람에게는 納得이 되지 않을수도 있을 것이나 이 眞實은 眞實 그대로 嚴存, 永遠할뿐 아니라, 證6號 等에서도 相應한 階級이 認定되었는바 이에 아무런 다툼은 없다 할 것입니다.

③特히 1951年 1月, 그 當時는 中共軍의 參戰介入으로 1.4 後退를 하게된 때라 祖國의 運命이 百尺竿頭의, 危難하고 緊迫한 狀況이였으므로 길 가는 靑年을 마구잡이로 잡아다 銃만 쏠줄 알게 訓練시켜 戰場에 내보낼 수 있는 國民總動員令인 大統領動員令이 公布施行되고 있던때 였다는 點을 理解하면 그 解答 또한 自明해진다 할 것입니다.

④ 特히 國防部長官 名義의 任官辭令狀에는 長官의 權限을 證明하는 職印과 契印까지 찍혀 있는 辭令狀을 各人에게 주었으니, 이를 疑心할 者가 누구이겠습니까?

萬若 그 "任官辭令狀은 眞品이 아니다"라고 억지를 부린다면 陸軍本部가 公文書를 僞作하고, 이를 行使하였을뿐 아니라, 政府의 閣僚가 大統領의 指令임을 詐稱하면서 善良한 國民을 欺瞞한 重大한 잘못을 저지른 것이라는 結論에 到達하는 것입니다.

3. 教育訓練의 完了와 함께 任官등이 있은뒤, 陸軍本部 情報局은 現役 陸軍中領인 蔡命新(豫備役中將, 前 駐越韓國軍 總司令官, 第2軍 司令官등 要職 歷任)을 聯隊長으로 任命하였습니다. 陸軍中領 蔡命新이 陸軍本部 直轄 決死遊擊 第11聯隊長으로 補任된 것입니다. 卽, 現役將校가 指揮한 것입니다.

4. 1951年 1月 30日 陸本이 發令한 作戰命令에 따라, 決死遊擊 第11聯隊 將兵 363名은 江原道 寧越郡 寧越邑 北方으로부터 敵의 後方地域으로 侵透作戰을 開始하여 同日 敵陣地 背後地域으로 侵透하는데 成功하였습니다.

部隊는 太白山脈의 峻嶺을 거쳐, 下珍富里, 横溪里 等을 經由, 敵의 後方을 攪亂하면서 1951年 2月 20日 江原道 溟州郡 連谷面 退谷里에 이르렀을때, 後續 第2陣格인 決死遊擊 第12聯隊와 第13聯隊 兵力이 合流되자, 蔡命新 中領은 이들을 統合하고, 統合部隊名을 "白骨兵團"이라 命名(兵力 640名으로 增强)한 다음, 統合悌隊運用에 關한 教育을 實施하고 1951.2.23日 五台山 背後 中部內陸을 經由, 繼續 敵陣地 背後를 北上, 作戰任務를 遂行하였습니다.

作戰의 主要成果는 다음과 같습니다.

(1) 敵의 連絡將兵 等의 生捕·射殺
(2) 軍事機密文書의 押收·鹵獲
(3) 敵指揮所(人民軍 第3軍團)의 襲擊
(4) 人民軍 69旅團의 戰鬪詳報를 我軍에게 傳達하여 把握된 敵情에 따라 同 北傀軍旅團을 壞滅에 이르게 함
(5) 地方內務署員과 惡質共産党 幹部의 生捕 處置
(6) 對南 侵透中인 빨치산 司令官 人民軍 中將 吉元八 外 參謀陣 13名 全員의 生捕로 南侵을 制禦
(7) 僞弊의 流通
(8) 愛國青年의 包攝과 抗共精神의 鼓吹
(9) 敵 後方 攪亂 等 心理戰의 遂行으로 敵의 士氣低下에 寄與

以上을 비롯하여, 敵將兵의 生捕 300余名, 射殺 500余名의 戰果를 올렸습니다.

5. 白骨兵團은 1951年 3月 24日 我軍의 作戰地域으로부터 50～60km 北方인 강원도 인제군 북면 용대리(戰跡碑 建立位置)까지 進出하였으나, 敵의 包圍攻擊으로, 부득이 作戰을 變更하고, 1951年 3月末 인제군 기린면 地內로 任務를 完遂·철수 凱旋하였습니다.

白骨兵團(決死遊擊 第11聯隊 등)은 陸軍本部의 命令에 따라, 江原道 江陵市內로 移動한 다음, 再整備 待機中인 1951年 4月 蔡命新 部隊長은 陸軍本部에 戰鬪詳報 其他 一切의 狀況結果를 書面으로 作成報告 하였습니다. 따라서 陸軍本部는 臨時將校로의 任官 特命을 비롯한 戰鬪詳報 등 모든 文件의 保存管理責任이 있고, 參戰將兵에게는 아무런 責任이 없는 것

이 또한 明白한 것입니다.

6. 敵의 後方地域에서의 作戰期間中인 1951年 1月부터 3月末까지 2個月間 食糧, 彈藥, 兵器, 被服등의 追加補給은 전혀 없었고, 出動當時 支給받은 2週日分의 미숫가루와 小銃 彈藥 40～50發로 2個月을 견디어야 했으므로, 120여명의 凍餓死者가 發生한 것을 비롯하여 360余 將兵이 戰死 내지는 실종되었으며, 280余名만이 겨우 生還하게 되었으니, 이는 지극히 잘못된 일이라 하지 않을 수 없는 것입니다.

請願人 등이 參戰後 繼續하여 機會가 있을 때마다 그토록 애타게 呼訴하고, 陳情했으나 貴部를 包含한 當局에서는 根據書類가 없다거나, 適法한 根基가 없다는 理由로 戰死確認을 忌避해 왔으며, 1961年 5.16 以後 軍事援護가 法制化된 뒤에도 계속 이를 忌避하여 合當한 禮遇는 勿論, 正當하게 받아야 할 援護의 施惠조차 받지 못하게 함으로써 그에 相當한 被害를 입게 하였던 것입니다.

7. 1987年 3月 28日에 이르러, 20余年間 70余차례 陳情한바 있는, 臨時 少尉 Go 1039 許銀九에 對하여, 陸軍本部는 階級과 軍番을 明記한 戰死確認을 처음으로 發給한뒤 1990年 10月 13日까지 4回에 걸쳐 大尉 尹昌圭, 玄奎正, 中尉 鄭世均 等 將校 8名과 下士官 및 兵 22名, 計 30位에 對한 戰死確認證을 發給해 주었으며, 그들 戰死者中 遺骨이 發掘된 3人의 將兵은 配慮로, 大田國立墓地에 安葬하였고, 遺骨이 없는 戰死確認者 22位에 對하여는 銅雀洞 國立墓地에 位牌를 그 階級과 姓名대로 各 安置되었으나 나머지 未確認 18名을 包含한 戰死 推定者 330余名에 對하여는 陸軍本部에 書面으로 1951年 4月에 報告한 文書가 없어 處理不能하게 한바 이 또한 軍部의 歸責事由로 因한 不法·不當함이라 思料됩니다.

8. 陸軍은 1988年에 이르러 白骨兵團의 戰功은 韓國軍 最初의 正規 遊擊隊가 敵地에서成功的으로 遊擊戰을 敢行함으로써 正規軍作戰을 크게 도왔을뿐 아니라 爀爀한 戰功을 세웠음을 뒤늦게 認定하고, 1990年 11月 9日 政府(陸軍)의 豫算으로 軍部隊가 主管하여, 강원도 인제군 북면 용대리 山 250번지 內에 높이 16m 相當의 巨大한 戰跡碑를 建立·除幕하여 그들의 戰功을 永遠히 記念하고, 安保教育場으로, 特攻將兵의 龜鑑으로 삼게 하였을뿐 아니라 잊혀져가는 6.25를 우리 後世에 길이 남겨, 有備無患의 精神을 심어주기 위한 큰 戰跡을 남겼으니 이 또한 우리들의 壯 함이 滿天下에 立證된 것이라고 할 수 있습니다.

9. 序上에서 指摘한것과 같이 이제, 온 天下, 白日下에 白骨兵團의 戰功이 認定되었고, 그 階級대로 戰死確認도 되어 國立墓地의 安葬과 位牌 建立 等이 된것을 미루어, 그 누구도 異論을 提起할 수 없는 嚴然한 歷史的인 事實앞에, 參戰中, 爀爀한 武功을 세우고, 散華한 戰歿將兵과 生存 有功將兵 等에 對한 敍勳等의 請求 또한 당연한 것임에도, 參戰事實確認證明에 갈음하여 參戰從軍記章의 授與를 陸軍參謀總長이 公式으로 貴部에 建議하였음에도 貴部는 正當한 理由없이 2個月 以上이나 不作爲中에 있음은 不法·不當한 것이라 아니할 수 없습니다.

特히 戰死한 同志中 確認된 30人에 對하여서만 생각해 보더라도 遺家族中 遺子女는 지금 43세 以上으로서 아무런 援護의 施惠가 없었으나, 1951年 當時에 戰死한 것을 그 當時에 確認해 주었다면, 1961年 軍事援護가 本格的으로 開始된 때의 年齡이 10余歲 程度였으므로 學校·職場 등의 援護가 될수 있었을 것임에도 1987年 以後에 이르러, 비로소, 戰死確認을 해주어 戶籍訂正 等의 費用으로 20～30萬원의 代書經費 所要의 加重被害를 입었다고 呼訴하는 第3의 被害를 입게 하였으니, 이들에게는 實質的이고 合理的인 慰勞의 補償이 되어야 한다는 點을 强調합니다.

特히 遺家族中 父母, 妻가 生存中에 있는 사람의 경우도 當局의 不作爲로 因하여, 1951年부터 1987年 내지 1990年 援護施惠를 받게된 때 까지의 空白期間中의 援護施惠相當의 損失과 精神的인 被害를 補償해야 마땅하다 할 것입니다. 이는 主務官署가 해야할 義務를 解怠한 重大한 잘못에서 비롯된 것이라 指揮하지 아니할 수 없고, 現行法이 비록 確認證을 發給함으로서 原因이 創始되는 것이라 하나, 戰死日字가 1951年임을 明示하였으니 權利行事를 할수 없게한 責任이 主務當局에 있는 것이므로 違憲이라 思料됩니다.

10. 陸軍參謀總長은 늦게나마 1991年 12月 10日에 이르러, 第10476號(證1號)로 白骨兵團要員들이 國家危難의 時期에 爲國獻身한 戰功은 당연히 認定되어야 함을 明示하고, 參戰將兵 全員에 對하여 參戰事實證明에 갈음할 參戰記章을 授與해줄 것을 授與官(國防部長官)인 貴下에게 建議하였음에도 아무런 措置가 없는 것은 더더욱 잘못된 不作爲일뿐 아니라 매우 不當한 것이라 思料됩니다.

特히 同 建議에서 陸軍本部는 白骨兵團要員(幹部) 131名에 對한 任官命令文이 存案되어 있다고 함을 明示하고 있는 點에 注目하지 않을 수 없습니다.

序上에 依據하여

①參戰從軍記章은 마땅히 全員에게 授與되어야 하고,

②忍苦의 歲月에 對한 精神的인 被害補償과 함께,

③遺家族에 對하여는 戰死確認證 發給을 遲滯하였으므로 因하여 입은 피해의 實質的인 補償과 慰勞의 施惠가 있어야 하고,

④參戰中 武功將兵에 對하여는 選別된 敍勳의 施行으로 戰跡碑의 榮光과 相當·均衡된 措置가 되어야함을 强調하면서, 請願의 要旨를 請求하오니 早速히 裁決 處分해 주시기 바라오며, 合當한 禮遇등의 施惠에 關하여 必要하시다면 立法 내지는 制度의 補完等 處分의 履行을 함께 請願하며, 參戰將兵이 敵地에서 參戰한 期間에 支給되었어야 할 正當한 給與를 전혀 支給하지 아니하였는바, 이에 對하여는 이미 時效가 完成되었더라도 同 給與

相當額에 對하여서는 金額의 多寡에 關係없이 慰勞 報償을 해주시면, 戰跡碑 周邊 景觀造成에 使用하고자 합니다.

國民은 法律이 定하는바에 依하여 國防의 義務를 지는 것이며, 兵役義務의 履行으로 因하여 不利益한 處遇를 받지 아니한다 라고 憲法 第39條에서 定하고 있고 舊 憲法 第30條도이와 類似하게 規定하고 있습니다.

우리들 陸本 直轄 決死遊擊 第11聯隊를 主力으로 한 白骨兵團 參戰將兵이 ①軍에 入隊하여 ②訓練 받고 ③任官 및 軍番을 賦與받은 다음 ④編成되었고 ⑤銃器의 支給受領 등 軍裝을 完備하고 ⑥作戰命令에 따라 出動, 參戰하여 ⑦戰鬪行爲를 하였고 ⑧結果報告한것 등 一連의 過程이 國防의 義務를 履行한 것인데, 이 事實만을 가려주신다면 모든 事案은 스스로 自明해진다고 確信합니다.

請願人등의 素朴한 請願이 받아들여지지 아니한다면, 부득이 合理的이고 또 適法한 法律救濟를 할것에 參戰戰友의 모임인 參戰同志會員 一同의 決議가 있었음을 아울러 添伸합니다.

되도록 빠른 時日안에 合理的인 處分 있으시기 敬望하나이다.

1992年 3月 2日

請願人 代表 全仁植

-4-(5-4)

(白骨兵團 參戰將兵 및 遺家族의 親睦團體)

大韓遊擊參戰 同志會 會長

前 白骨兵團 作戰參謀 臨時步兵 大尉 歷任

前 커크랜드機動部隊 司令部 作戰處長 少領 歷任

職業 : 著述人, 大學院講師, 硏究團體 理事長

住所 : 서울特別市 永登浦區 汝矣島洞 30의 2 三扶아파트 10棟 13號

連絡所 : 서울特別市 麻浦區 西橋洞 466의 9

社團法人 建設産業硏究所 內 ((02) 333 - 5213～4) 參戰同志會

添付 : 證 1號 陸軍本部의 文書. 부인제 10476호(91.12.10부) 사본 1매

證 2號 全仁植의 任官辭狀 사본 1매

證 3號 遊擊參戰 91-7-2(1991.7.16) 證明願 要求公文 사본 26매

證 4號 陸參總長의 全仁植에 對한 兵籍確認 사본 1매

證 5號 全仁植에 對한 美軍의 除隊證 사본 1매

證 6號 국립묘지 위패봉안 통보 公文 사본 2매

證 7號 국립묘지 안장관계公文 사본 2매

證 8號 白骨兵團關聯 報道資料 사본 13매

證 9號 戰跡碑 建立關係 군연수제 4508호 公文 사본 4매

- 끝 -

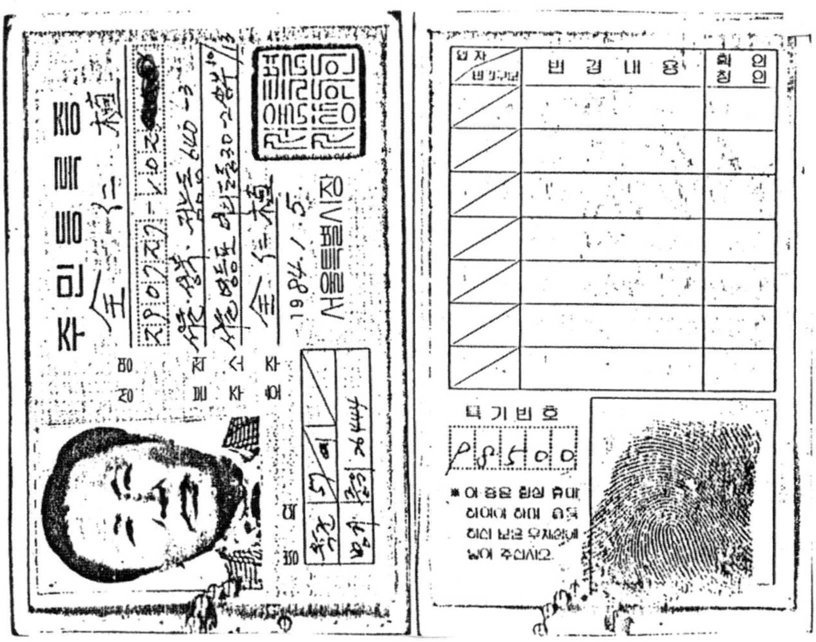

"한사람이 지킨질서 모아지면 나라질서"

육 군 본 부

문서번호 : 부인 제 3836 호 (505-1625)　　　　1992. 5. 12.

수　　신 : 전 인 식 (대한 유격 참전 동지회장)

제　　목 : 민원회신

1. 귀하께서 제출하신 백골병단 요원의 6.25참전 사실 확인 증명 발급 및 6.25종군기장 수여 요구에 대한 회신입니다.

2. 6.25 참전사실 확인 증명 종군기장이 수여될 경우 참전사실을 확실하게 입증하는 증서가 될것으로 토의되어, 당 군에서는 백골병단 전원에 대하여 동 기장을 수여토록 국방부로 건의하였으나, 첨부 회신문과 같이 법적 근거가 없어 불가한것으로 통보되었습니다.

3. 또한 당군에서는 법역법 시행령 제2조에 의거 병적이 관리되고 있는 현역군인에 한하여 각종 증명서를 발급하고 있음을 첨언하오니 양지하시기 바라며, 귀하의 건승과 귀회의 무궁한 발전을 기원합니다.

첨　　부 : 6.25 사변 종군기장을 수여하지 못하는 사유 1부. 끝.

육　　군　　참　　모　　총　　장

1991. 5. 12

" 선 진 조 국 창 조 "

00-27-05-92-04

6.25사변 종군기장을 수여하지 못하는 사유

(국인군 24172-421 (92.4.6) 6.25종군기장 수여 건의에 대한 회신)

6.25사변 종군기장령 제2조에 의하면 6.25종군기장의 수여대상자를 (1) 전지에서 군무에 종사하였거나 또는 군사에 관한 특별한 임무로 전지에 왕복한 군인,군속,경찰관 기타 문관 (2) 전지에 임하지 아니하였더라도 동원부대 또는 전역으로 말미암아 임시 편성된 부대에 편입된 자 및 전역에 관한 군무에 종사한 군인 및 군속 (3) 군수송에 종사한 철도종업원 및 선원 (4) 군통신에 종사한 체신공무원 (5) 전역에 관한 상이자의 간호에 종사한 자라고 규정하고 있으며 본 사안의 유격대중 계급과 군번을 부여받지 못한 자들은 그 신분이 민간인이라고 할 것인바,

위 규정(1)호에서 문관이란 개념은 국군조직법(1948.1.30, 공포 법률제9호) 제19조, 군속령(1950.4.28, 공포대통령령 제333호) 제3조에서 "군에 복무하는 문관"을 군속이라고 규정하고 있는 취지에 비추어 보아 국가사무를 수행하는 공무원을 의미하는 것이지 민간인 신분의 사람을 의미하는 것은 아니라고 사료되며, 또한 위 규정제(2)호에서 "전지에 임하지 아니하였더라도 동원부대 또는 전역으로 말미암아 임시편성된 부대"라 함은 군인.군속의 신분을 가진 자들로 국가에 의하여 구성된 군부대를 의미하는 것이지 민간인 신분의 유격대원으로 자발적으로 구성된 유격대등을 의미하는 것은 아니라고 사료되므로 ① 민간인 신분의 유격대는 위 규정상의 종군기장 수여대상자라고 할수 없으며, 달리 민간인 신분의 유격대에 대하여 종군기장을 수여할 수 있는 ② 법적근거가 없으므로 본 사안의 민간인 유격대원들이 6.25사변에 참전하였더라도 위 대원들에게 종군기장을 수여할 수 없다고 판단됨.

1992.7.11 국군정보사령관에게 육군본부 직할 결사유격대의 기록자료를 요청하였으나 6.25 당시의 유격대 기록이나 미8군 연락장교단에 관한 자료가 전무한 상태라는 회답을 92.8.8 보내왔다.
그 뒤 2008.6.9에는 일부명단이 밝혀지기는 했으나 이 또한 일부분에 불과한 실정이다.

민원사안 처리결과 회신

수 신 : 전 인 식 씨 귀하

1. 귀하께서 1992. 7. 11 국군정보사령관에게 제기하신 민원사안 처리 결과를 아래와 같이 회신합니다.

2. 귀하께서 제기하신 민원내용은 1950. 12 월 하순 육본직할 정보국 3 과에서 모병하여 대구 소재 육군 정보학교에서 대북 특수유격훈련을 받고 6. 25 당시 활동한 결사유격대(11, 12, 13 연대) 의 활동사항과 그후 조직된 15, 16 특별 연대에 관한 기록자료를 발췌해 달라는 내용으로서

당 부대에서는 관련자료를 찾기위하여 당 부대 보관중인 각종 존안 자료를 확인 해 보았으나 6.25 당시 유격대 활동은 물론 육본직할정보국 3 과 및 당 사령부 전신인 제 8 군 연락장교단에 관한 자료가 전무한 상태이므로 귀하의 요구사항을 충족시키지 못하는 점 안타깝게 생각하는 바 입니다.

3. 이점 양지하시기 바라며 귀하의 앞날에 무궁한 발전이 있기를 기원합니다.

1 9 9 2. 8 . 4 .

국 군 제 9 0 3 3 부 대 장

1992.7.11 국군정보사령관에게 육군본부 정보국에서 모병하여 육군정보학교에서 대북특수유격 훈련을 받고 활동한 기록의 요구에 대하여 1992.8.4 당 부대에는 동 관련 자료가 보관되어 있지 않고 육본정보국 3과 및 당 사령부전신인 미 제8군 연락장교단에 관한 자료가 없다는 회답이다. 그렇다면 817명이나 되는 청장년의 징집 내지는 모병과 활동근거는 어디에 있는가……

김형철이 1992.4.30자 서신 및 5.28 외 3회의 전화에 대한 중간회신으로 육군본부는 참전자들에 의해서만 진실이 밝혀질 수 있으므로 참전동지 전원이 참가한 회의에서 확인된 자료를 보내주면 재검토 하겠다는 최종 회답문임.

육 군 본 부

우편 : (320-919) 충남 논산군 두마면 부남리 사서함 22호 전화 : (~~960~~ 505) 3623 / 전송 :

문서번호 : 군연편 340.1-11

시행일자 : '92. 8.30

수 신 : 김 형 철

김형철민원(인)에 대한
중 간 회 신 (1매)

제 목 : 민원중간회신

1. 귀하께서 청원하신 사항('92.4.30 서신 및 5.28외 3회의 전화)에 대하여 아래와 같이 회신합니다.

가. 귀하의 청원내용【전사시점 : 적장 길원팔외 13명 생포 및 전적비 관련 건 등, 전사편입 : 귀하의 저서 "마지막 침투한 대북유격대의 활약상"(월간자유사 '91.12.25발행)】에 대한 사실확인을 위하여 육군이 소장하고 있는 관련전사 및 자료를 확인한 바 첨부#1 자료외에는 당시의 유격전사 자료가 전무한 실정임.

나. 따라서 본 민원건에 대해 육군본부 판단에 제한을 받고있습니다. 다만 당시 참전자들에 의해서만이 진실이 밝혀 질 수 있다고 사료되므로 참전동지 전원이 참가한 회의에서 확인된 자료를 보내주시면 재검토하여 육군전사를 수정할 것을 통보하오니 양지하여 주시기 바랍니다.

첨 부#1. 국본특별명령(육)제22호 추가 사본 1부. 끝.

육 군 참 모 총 장

白骨兵團 戰史 등 合同會議錄!!

<회의록 내용 p 517~540 수록>

일　시 : 1992. 9. 5. 15시 40분

장　소 : 서울 마포구 서교동 소재 한식 "가회" 연회실

참가범위 : 육군본부 직할 결사 유격대

제 11, 12, 13연대(백골병단) 참전장병

이날 참가자 中 責任 있는 분들

◦백골병단 사령관 육군중령 蔡命新(예비역 중장)

◦결사유격 제12연대장 임시소령 李斗柄

결사유격 제12연대 참모장 임시대위 張喆翼

결사유격 제11연대 정보참모 임시대위 崔允植

결사유격 제11연대 유가족 대표 許在九 씨

결사유격 제11연대 유가족 대표 權一相 씨 등

議長 : 임시소령(전우회 회장) 全 仁 植

重要資料, O.H.P. 示演

金漢喆의 投書 등 說明과 討議

위 會議 資料는 육군본부에 原本과 OHP 원고 등을 送付 했음.

1992.9.5 육군본부 직할 결사 유격대(백골병단) 참전장병 합동회의에서 밝혀진 상황을 1992.9.9 육군참모총장(참조:군사연구실장)에게 합동회의록 및 기록물 테잎을 보내는 공문. 김한철과 이두병의 진정 관련 내용이 포함되어있다.

대한유격참전동지회
(02) 333-5213~4

유격참전 92-9-1호 1992. 9. 9.

수신 : 육군 참모총장

참조 : 군사연구실장

제목 : 백골병단 참전장병 합동회의록 및 기록물테잎 송부

1. 백골병단 참전장병중 결사유격 제13연대장 임시 보병대위 김한철과 동 제12연대장 임시 보병소령 이두병이 귀군에게 제출한 탄원서와 관련하여 1992.9.5 참전장병 전원이 총회를 개최하고 그 결과를 별첨과 같은 회의록 사본과 토의전경을 담은 V.T.R 테잎 2개(약 3시간분 상당)를 송부하오니 백골병단(전 육군본부직할 결사유격 제11, 12, 13연대)의 전사작성·보존에 유용하게 활용하여 주시기 바랍니다.

2. 회의 관련사항은 다음과 같습니다.

(가) 길원팔 생포와 관련하여 채명신 전 사령관이 직접 생포한것 같이 묘사된 육본 발행 소설 "백골병단"의 해당부분과 기타 모든 부분의 도서내용은 잘못 기술된 것이고, 또 김한철 13연대장이 직접 생포한것 같이 묘사된 그의 저서와 "전인식 저서" 기술도 믿기 어렵고 생포자를 사령부로 압송할 때에 한하여 그가 관여한것 같아 현재도 누가 직접 생포했는지는 불분명하고 또, 김한철씨가 생포자를 12연대 또는 11연대에 양도했다 운운은 꾸며낸 것으로 판명 되었습니다.

(나) 이두병 12연대장은 김한철씨에게 1990.4.1. 단 한번 합의서에 도장을 찍은것 뿐이고, 그뒤, 무슨 확인서나 탄원서를 귀군에게 제출한 사실이 전혀 없다고 하는바 인장을 도용 당했거나 부정한 문건이라 합니다. 이두병 12연대장은 시력장애로 글자를 분간하기 어려운 정도였고 전혀 진정등을 한 일이 없다고 하는바 이는 김씨의 허위사실 첨부물인 것으로 믿어집니다.

(다) 12연대 출신 장병이나 13연대 출신 장병 모두가 백골병단 편입 사실을 증언하고 있고, 전적비와 관련된 일체에 대하여 아무런 이의가 없을 뿐 아니라 앞으로는 11, 12, 13연대 구분을 할 필요가 없다는데 참석자 전원이 동의하였습니다.

(라) 김한철씨의 저서 「마지막 침투한 대북유격대의 활약상」은 침투작전 개시부터 종료까지 모두가 허위사실임이 참전장병 전원 회의결과 판명되었는바, 이 부정 간행물은 "월간 자유사"에서도 판매금지 하고 있으므로 귀군 보유 동자료는 모두 수거·폐기 하심이 가할 것으로 사료됩니다.

(마) 채명신(당시)사령관께서는 길원팔 생포가 문제가 되는 것이 아니라는 요지의 발언으로 역설하며,O.H.P.를 통한 그의 확인서 부문에 대하여는 아무런 언급을 하지 아니하는 것으로 보아, 김한철의 요구를 그 당시는 수용한것 같은 인상을 받기에 충분한바, 이는 그분의 무정견으로 인한 것으로 볼 수 있고, 또 참전자 전원의 총회 회의록을 제시해 주면 "가" "부"를 기표해 줄것이라는 요구가 있었으나 참전자 전원회의의 의결에 "가" "부"를 표기한다는 것은 받아 드릴수 없기에 그분의 서명이 없는 상태의 것을 송부합니다.

주) 채명신, 이두병, 김한철 등 3인의 연대장이 합의한 서면을 첨부한 김한철씨의 진정으로 인하여 우리들 모두의 소망인 전적비 건립이 20여일간 중단된바 있었고, 또 이번에도 무슨 싸인을 해서 이와같이 전체 참전자의 명예를 훼손하였다고 인정되는바 입니다.

※ 채명신(당시) 사령관께서는 1956년경 그분 명의로 발표한 채명신 유격대의 공적기 "사투만리"를 그분께서 작성·발표한뒤, 그것만이 유일한 기록으로 남게 되었는데, 본인(전인식)이 1970년대부터 참전수기를 쓰겠다고 그분에게 건의 하니까, 그때마다 만류하셨습니다. 1980년에도 역시 만류하시는 것을 참다 못해, 1981년도에 "나와 6.25" 비매품을 발간하고, 1986년에는 "못다핀 젊은꽃"을 발간 하니까 그분의 "사투만리"와 상충되는 점이 여러곳 있어서인지는 몰라도 필자에게 노골적인 불만을 표하시게 된 것이 아닌가 하는 추정을 합니다.

(바) 본 참전자 총회에서는 비명, 비문, 작전요도, 참전자 명단, 전몰장병 명단, 협찬자 명단, 전적비 건립위치 등에 아무런 이의가 없다는 것을 확인하였으며, 11, 12, 13연대 참전장병 모두가 영광스러운 것임을 확인했습니다.

3. 참전동지회는 1961.8.23 이후 오늘날까지 존속된 참전친목단체로서 유일한 것임이 확인되었습니다. 다른 아무런 단체가 있은 것은 아닙니다.

※ 김한철(형철)씨가 자칭하는 "육군본부직할 유격전우회"란 채명신, 이두병, 김형철 등 3인이 1990. 4.1 합의한 모임인듯 하므로 그 3인이외에 다른 회원은 없는것 같습니다. 또 탄원인의 주소, 전화번호, 주민등록증 사본의 주소 등도 모두 실거주지가 아닌듯 합니다.

4. 본인은 1965년이후 참전동지회 회장으로서, 전몰장병의 명예 회복, 참전장병의 권익신장을 위하여 진력했다고 자부하오나 이와같은 허무맹랑한 진정과 부정 출판물(문화부장관에게 고발)을 불법 발간하여 관계요로에 진정함으로써 백골병단 출신임을 오히려 부끄럽게 만들었는바, 이번 기회를 마지막으로 정리하고자 참전자전원 총회를 소집하게 되었으며, 여기서 합의된 회의자료, V.T.R 테잎 등을 귀군에게 송부하오니 검증하시어 전사 작성·편찬등 모두에 대하여 소신있게 처리하시도록 위임 합니다.

특히, 채명신 당시 사령관께서 1956년도에 작성한 것으로 보이는 "사투만리"를 근간으로 하여 귀군에서 작성·배포하신 소설 "백골병단"이나, 김한철씨의 "대북유격대의 활약상"은 모두가 잘못된 것으로 참고에서 제외하시기 바랍니다.

※ 채 장군께서 1956년도에 작성한 「사투만리」란 첫 기록을 잘못 작성한 것으로 해서 우리들 모두가 오합지졸이 되었고, 가짜가 되었고, 무능력한 자가 되었으나 이제 참전자 총회의 결의로 모두가 밝혀졌다고 생각합니다.

참으로 부끄럽고, 또 죄송스럽습니다. 왜 3인의 연대장께서는 참전자 모두가 그토록 애타게 바라던 소망을 저버리려고 하셨는지?!! 그리고 전적비가 건립·제막된 뒤에도 그 비의 명예를 훼손코자 시도하였는지 알수 없습니다. 그당시 그런분들을 지휘관으로 모시고, 유격전을 수행하였으니 360여 전우를 잃은 것이 아닌가 해서 답답할 따름입니다.

그분들이 왜 사실을 음폐, 왜곡, 날조 또는 외면하여 모두의 명예를 훼손하는지 모르겠습니다. 이에 우리들 참전전우 일동은 소송에 의해서라도 꼭 진실을 밝혀야 하겠다는 의지로 현재 400여만원의 기금을 확보하고 있어 곧 국가를 상대로 소송을 제기할 준비를 마쳤습니다. 이점 양해하여 주시기 바랍니다.

5. 이상은 총회와 관련된 일부분이며 보다 자세한 것은 V.T.R 테잎과 회의록을 참고하시기 바라오며, 의안 1호 내지 6호 이외의 부분에 대하여는 V.T.R 테잎을 참고하여 주시기 바랍니다.

첨부 : 1. 전 육군본부직할 결사유격대 제 11, 12, 13연대(백골병단) 참전장병 합동회의록 사본 1부
2. 동 회의 당시의 V.T.R 테잎 약 3시간분 2개 1조
3. 채명신 당시 사령관께서 전인식이 길원팔을 생포했다는 부분의 증거물 1부　끝.

서울특별시 마포구 서교동 466-9
사단법인 건설산업연구소 이사장실
대한유격참전동지회 회장 **전 인 식**

=한 많은 6월이 되면=

포로의 처우조차 받지못한 정규 유격군의 대우는 누가 해야!!

1. 유격대 창설 배경

6·25 한국전쟁 당시, 50. 9. 28 인천상륙작전의 성공으로 수도 서울이 수복되자 북쪽으로의 퇴로가 차단된 인민군은 즉각 게릴라 부대로 재편성하여 유격·지구전을 전개하게 되었다. 이에 대항해 유엔군 사령부는 1951. 1. 15. 미8군 작전처에 지구전과를 급히 창설하고 한국 육해공군 장교 10명을 연락장교단(단장 육군중령 이극성)요원으로, 미군측에서는 장교 25명을 여기에 편성한 뒤, 지리산 태백산 등지에서 준동(후방교란)한 인민군의 게릴라화 재편성한 것과 같이 한국군에서도 이에 대응 침투코자했으나 현역병을 차출할 수 없어 열혈 애국청년·학생을 보충대에서 선발하여 3주간의 단기 집중 교육을 시킨 다음, 1951. 1. 25 사병은 병장이상 중사까지, 장교는 임시 소위에서 임시 대위까지의 계급과 군번을 각 부여하고(국특(육)제22호 추가 1) 1951. 1. 30 작전명령에 따라 강원도 영월군·읍으로부터 적의 후방지역으로 대응 침투하게 하였다.

2. 백골병단의 작전

이들 유격대의 공식 명칭은 「육군본부 직할 결사유격 제 11, 12, 13연대」(3개연대 통합 부대명 백골병단, 지휘관 육군중령 채명신(예비역 중장 : 통합병력 647명))이다.

육군 「백골병단」 유격대는 1951. 4월까지 적지 종횡 320km를 누비며, 적 69여단의 궤멸에 기여하였고, 적 3군단 배후의 습격! 악명높은 북괴군 10사단의 최정예 「길원팔 유격대」, 대남 빨치산 사령관 인민군 중장 길원팔(吉元八)의 생포와 참모장 강칠성 대좌 등 지휘부 13명 전원의 생포를 비롯하여 적 480여명의 생포, 사살 등 부여된 임무를 완벽하게 수행, 혁혁한 무공을 세웠으나 개선한 장병은 283명 뿐이고, 적지에서 전사 또는 실종된 장병은 364명에 이르렀다.

3. 포로의 대우도 못받는 실종자

전사·실종 등 미귀환 장병 364명중에는 전투중 부대에 합류하지 못하고 적지에서 낙오되어 목숨을 부지하기 위해 민가에 숨어들어 밥을 얻어 먹다가 포로로 잡힌 전우도 있고, 부상으로 포로가 된 장병도 있으나, 장병의 복장이 북괴군으로 위장한 인민군 복장을 하고 있어 「제네바 협약」에 의한 포로의 대우조차 받지 못한 것으로 알고 있다. 그 근거는 포로로 잡혔다가 탈출에 성공한 전우들이 있기에 증명은 충분하다.

4. 임관사령장은 국방부장관이

유격대원중 장교로 임관된 자의 임관 사령장에는 「대통령지령에 의하여 국방부장관」 신성모의 직인이 찍혀있어 계급과 군번의 부여는 외형 및 행정상 아무런 하자가 없는 것인데도 개선장병 283병은 귀환후 또다시 소집되는 등으로 군복무를 다시 해야했으며(군번이 세개의 사나이도 있음) 일부는 병역미필자가 되기도 했다.

5. 침투작전 병력의 봉급은?

적지에 침투하여 전투중에 있던 전병력에 대하여 2월부터 4월까지 3개월분의 봉급도 누군가에 의해 갈취되었는지 지급되지 아니하였고(1개월분 봉급은 수령했음) 개선·귀환후 무공훈장은 커녕 6·25 종군기장 조차 줄 수 없다고 국방부가 밝히고 있으니 정말 기막힌 일이 아닐 수 없다.

우리들이 작전출동 당시 정일권 육해공군 총참모장은 귀관들이 살아돌아오면 전원에게 2계급 특진과 무공훈장 수여를 약속했으나 이것은 공약(空約)이었다.

얼마전 보도에 의하면 우리 국민 25인에 1개꼴의 훈장이 주어졌다고 하는데 ……

6. 살아서 돌아오면 누구에게 신고하는가

몇해 전 강원도 인제군 관내에서 포로가 된 "돌아온 사자"「조창호 소위」가 장교복장을 입고 전역신고를 했으며, 또한 얼마전에는 국군용사 "양순용"씨가 북한을 탈출하여 45년만에 전역신고를 했으며 양순용(72)씨에게는 국방부가 그동안의 봉급을 지급하려 했으나「양씨」가 수령을 거부하는 바람에 국방부의 입장이 참으로 난처하게 되었다는 보도도 있었다.

그건 그렇다치고 똑같이 조국을 위해 목숨을 던지고 적지에서 싸웠던 소위, 육군본부 직할 결사유격대원으로 참전한 장병이 살아서 돌아오면 누구에게 귀대신고 또는 전역신고를 해야 하는가를 묻지 않을 수 없다.

그들에게 전공에 상응한 무공훈장이 왜 주어질 수 없는가?

그들의 복무기간중에 지급할 봉급은 왜 지급되지 않았는가?

전사확인자 55명(위패 52, 안장 3)의 유자녀에게 지급되지 않은 위로금 등은 국방당국의 행정부작위로 인한 불공정행위인 바 그들의 한은 누가 언제 풀어줄 것인가?

7. 전적·위령비의 관리 부재

강원도 인제군 북면 용대리 산 250-1에는 1990. 11. 9 육군본부의 예산지원과 참전전우회원의 성금을 재원으로 높이 16.4m의 전적비가 건립되어 있으나 그 뒤 수해복구공사 등 보수를 위해 전우회원들은 (생존회원 50여명) 2,730여만원을 어렵사리 거출하여 보수공사를 했으며, 앞으로는 전적비를 영원토록 유지·관리하기 위한 기금 1,500만원을 갹출하여 그 이자의 70%를 해마다 사용하고 30%는 원금에 산입하여 장래의 물가 및 인건비 상승에 대비코자 하는데 그 이자에 대해서마저 세금을 공제 부담해야 한다고 하니 기가막힐 일이 아닐 수 없다. 전국에는 300여개의 크고 작은 전적비, 위령비등이 있다고 하는데 정부 어느 부서도 그 전적비, 위령비의 관리부서 조차 없고, 예산은 단 한푼도 없는 것 같으니 이 나라를 지킨 애국용사(장병)는 어느나라 사람이고 어떤 전쟁을 감당했느냐고 되묻고 싶다.

6월 현충의 달이 되면 더욱 쓸쓸하고, 한(恨)스럽고, 외로워지는 것이 70을 넘긴 노병들의 푸념으로 돌려버리고 말 것인가 ………. 아무리 어렵더라도 말이외다.

유격군의 대우는 언제 어느 정부에서 누가 해 줄 것인지. 참으로 원망스럽다.

전 육군본부 직할 유격대「백골병단」작전참모(임시대위·소령)

大韓遊擊參戰同志會 會長 全 仁 植

서울시 마포구 서교동 466-19 TEL.(02)333-5213~4 FAX.(02)338-1153

6.25 한국 전란이 할퀴고 지나간 상처입은 참전자(북파 유격군)의 보상은 누가 하는가!!

수 신 : 배포처 기관장 귀 하

북괴가 도발한 1950년 6·25 한국전쟁의 상처는 100만이 넘는 전사·상 자와 1,000만명이 넘는 이산가족을 양산했으며, 폐허위에서 기아에 허덕이는 4,000만 남·북한 민족 모두에게 크나 큰 상처과 오욕을 남긴 대 참사였습니다.

이 전쟁의 와중에서 전사·상 되었음에도 불구하고 그 숫자 속에 조차 들지 못하는 기막힌 참전자가 몇 만명을 헤아린다는 사실을 국방 당국도 인정하면서, 그들에게 아무런 위로나 상응하는 말 한마디 조차 없다는 것은 참으로 서글픈 일로서 6·25 한국전쟁 참전자(북파유격군)들이 새해에 한 말씀 드리고 이 사실을 온 나라에 고 하지 아니할 수 없습니다.

우리들은 1951. 1. 2 대구시내로 1·4후퇴, 피난중에 육군 제7훈련소(육군정보학교)에 차출·입교하여 3주일간의 대북 특수훈련을 이수한 다음, 1·25 대통령지령에 의하여 국방부장관(신성모)의 임관 사령장(엉터리로 판명)을 받고, 육군본부 직할 결사유격제11연대(연대병력 363명, 연대장 채명신(중장예편)에 편성되고, 1951. 1. 30 영월군 영월읍으로부터 적지에 침투하여 그해 2·18까지 작전중 3개부대(11, 12, 13연대)가 적지에서 통합, **「백골병단」**을 창설(총병력 647명), 2·20 중동부 전선 적 3군단 배후지역에서 종횡 320km에 걸친 유격전을 감행하여 적 **인민군 중장 겸 대남 빨치산 사령관 길원팔 외 참모진 일당 13명 전원의 생포**를 비롯하여 적 69여단의 궤멸에 기여하는 등 적 생포·사살 480여명의 전과와 아군의 북진작전에 크게 공헌했습니다만, 이 전투에서 참전장병 364명이 희생(동 아사자 포함)되었으며, 생환장병 283중에서도 생환후 신병으로 유명을 달리하여 이제 생존자는 겨우 48명만이 남았습니다.

이들 참전장병 647명에 대하여는 국방당국에서 ① **임시 계급과 특수 군번을 부여**하였고, ② 현역고급장교가 직접 지휘하였으며, ③ 부대편성과 작전명령에 따랐고, ④ 병기를 지급받았으며, ⑤ 장병이 신상명세서를 작성(손톱, 발톱, 머리카락을 유품으로 남김)하였으므로 그 신분이 확실함에도 불구하고, 우리들 모두의 기록이 존안되어 있지 아니하다고하여 그들 유격참전장병 거의 모두가 재차 군에 입대하여 군복무를 다시하게 한 것은 분명 헌법에 보장된 기본권이 유린 당한 것이라 단정할 수 있습니다.

첫 째 : 적 후방지역에 침투할 당시 육해공군 총참모장 정일권소장과 제1군단장 김백일 준장, 미군 고문단 하우스만 중령(정보고문관) 등이 1951. 2. 7 강원도 명주군 강동면(최전방)까지 출장을 와서 출동장병을 격려한 후 침투시킨 것은 현장사진으로 확인되고,

둘 째 : 적병 3인을 생포하여 아군에게 인계한 기록은 한국전쟁사료 정기정보보고 제77호 p.641에 명시되어 있으므로 전투참전 사실확인에 충분하고,

셋 째 : 69여단의 전투상보를 노획한 사실 또한 한국전쟁사 4집 제39장 동부전선 반격작전 p.638의 기록으로 확인되며,

넷 째 : 길원팔(빨치산 제5지대장)의 편성 및 대남침투 임무에 관한 육정정기보고 41호 기록으로 노획 사실 확인에 충분하고,

다섯째 : 빨치산제5지대 참모장 강칠성 대좌의 국기훈장 3급(현재 전쟁기념관에(예, 이극장 준장 기증) 전시중의 노획품으로 미루어 이들 참전장병의 전과는 충분히 입증되는 것이 확실하여 육군본부의 예산으로 **전적비 건립과 국방 영화 3편을 제작**·홍보한 것 아닌가!

위와 같은 증거에 따라, 이들 참전장병 647명에 대하여는 다음과 같은 응분의 조치가 있어야 함을 요구한다.

= 우리 북파 정규유격대원 일동의 요구사항 다섯가지 =

1. 장병에게 부여한 임시계급과 군번(사병은 임시계급이 아님)을 병역법과 군인사법에 의한 계급과 군번으로 추인하고, 전공에 따른 응분의 전공 포상을 하라!
2. 1951. 1월분 봉급은 직급에 따라 수령하였으나 2월 내지 5월까지(6월이후는 미8군으로 예속 변경됨)의 봉급과 위로금 지급 및 전사망자 364명에 대한 전사금의 지급을 요구한다.
3. 전사확인으로 동작동 국립현충원에 위패안치한 52위와 대전국립현충원에 유골을 안장한 3위 외에 309위의 전사망자에 대한 명단을 당국이 책임지고 찾아내 응분의 예우를 하라.
4. 생존유가족중 전사확인 지연(87년~89년에 확인)으로 원호혜택을 받지 못한 유자녀(확인자 3인)에 대한 위로금 지급과 사과를 하라.(현유족 연금수령자 : 모친 1명, 처 3명 뿐임)
5. 1990. 11. 9 육군본부의 예산과 참전장병의 성금을 재원으로 건립한 강원도 인제군 북면 용대리 산 250-1 소재 **「백골병단 전적비」**를 국가가 책임지고 유지·보수·관리하라.

추신 : 전적비를 세웠으나 수해복구 등이 미흡하여 참전장병이 보수·관리했으며, 전적비의 영구관리를 위하여 기금 1,800만원을 갹출·적립하고 있으나 과연, 참전자가 그들의 전몰전우를 위하여 이렇게 전적비 관리 까지를 걱정해야 하는가!! 를 묻고, 이 기금 또한 합리적인 관리주체를 선정하지 못해 현재 은행에 예탁하고 있는 실정임.

이제 참전장병 모두는 66세 이상 78세까지의 고령자로서 생존자 48명의 평균연령이 70세 이상에 이르고, 경제적인 능력도 없고, 또 병들어 얼마 안 있어 유명을 달리해야 할 병약자도 5~6명을 헤아리게 되니 긴박하고도 처절한 실정이다. 되도록 빨리 당국자의 합법적이고 또 당연한 조처를 기대한다.

참전 중, 북괴군에게 생포되어 해방전사로서 북괴군을 돕다가 휴전후 탄광 등지에서 가혹한 노역에 종사한 탈북 국군포로의 문제가 최근 입법화되어 위로금 내지는 정착금과 함께 훈장까지 수여하는 등도 이루어지고 있으나 우리들 **참전 북파유격군들은** 포로로 잡히지도 아니했고, 해방전사로서 적을 돕지도 아니한 **참다운 참전자인데** 그들이 입은 상처는 왜 몰라라 하는지 되묻는다.

우리들 참전자들은 오직 구국일념만으로 2주일분의 미숫가루(비상식량)로 2개월 이상을 영하 20도를 오르내리는 혹한에서 **북괴복장에, 북괴제 총기와 탄약** 약간만으로 견디기 어려운 열악한 환경에서 자유와 평화를 지키는 일념으로 적과 사생결판을 낸 노병들을 할퀴고 상처를 낸 치료는 왜 하려고 하지 않는지 힘주어 고발 한다!!

이제 세월은, 민주화되었고, 억울한 백성이 없는 밝은 미래가 약속되는 그런 세상이 되었습니다. 과거 군사문화가 판치던 때에는 그들의 치부가 들어나는 것이 두려워서인지? 우리들이 온갖 진정, 청원을 해도 아무런 지원이나 협조도 없었습니다.

이 모든 사실을 당국자께서 현명하게 판단하여 노병들을 위로해주고, 늦게나마 자긍심을 고양하여 새 건국에 동참할 수 있게 해 줄 것을 간절히 바라마지 않는다.

1999년 2월 26일

TEL : (02)333-5213~4　FAX : (02)338-1153

대한유격참전동지회 회장 전 인 식 외 회원 일동

주 소	주민등록번호	성 명	참전당시 계 급
서울 영등포구 여의도동 30-2 삼부(A)10/13	290727-102****	**전 인 식**	임시 소령

주 소	주민등록번호	성 명	참전당시 계급
경기 고양시 덕양구 성사동 407-5	290608-123****	권 영 철	임시 대위
경기 파주시 탄현면 법흥리 456	250223-123****	김 용 필	임시 소위
경기 평택시 진위면 마산4리 115	310419-122****	안 병 희	일등 중사
서울 강남구 청담동 18-16(500호)	350922-101****	최 윤 우	〃
서울 양천구 목3동 318-239	290830-101****	리 남 훈	〃
경기 고양시 마두동 789 강촌마을 513-405호	300903-103****	장 지 영	이등 상사
경기 평택시 서정동 77	290716-122****	이 익 재	일등 중사
인천 남동구 구월1동 1188 개나리(A) 1-308호	291001-114****	권 태 종	임시 소위
경기 포천군 포천읍 신읍리 167-4 은하(A) B동 307	261210-124****	류 탁 영	〃
강원 정선군 정선읍 애산2리 415-23	330131-133****	배 선 호	이등 중사
인천 중구 내동 192-1	320220-114****	송 세 용	이등 상사
경기 파주시 교하면 와동리 463	211125-122****	윤 범 용	〃
경기 용인시 수지읍 풍덕천리 991	330220-124****	이 영 구	일등 중사
경기 파주시 탄현면 성동리 243	240603-123****	임 병 기	〃
서울 은평구 갈현2동 504-36	331125-100****	임 병 화	〃
경기 시흥시 포동 13-3 태산(A) 104-808	280113-123****	장 덕 순	이등 상사
경기 파주시 교하면 산남리 34	301101-123****	조 병 설	임시 소위
경기 파주시 금촌1동 328-52 장안빌라트 201	220228-123****	최 인 태	〃
대전 서구 삼천동 청솔(A) 2동 1307호	290905-140****	박 승 록	일등 중사
강원 홍천군 홍천읍 희망리 78-17	330328-132****	박 종 운	일등 중사
경기 안양시 안양1동 97-3 진흥(A)123-1007	310304-117****	신 건 철	이등 상사
서울 관악구 봉천11동 180-336 우월그린빌라 305	281016-145****	이 영 진	일등 중사
충남 논산시 화지동 41-195	291011-145****	임 동 욱	〃
충남 서산시 해미면 읍내리 153-7	290410-147****	장 승 현	〃
경기 안양시 동안구 호계2동 932-2 현대그린빌라 2-302	271024-117****	전 영 도	〃
인천시 부평구 청천1동 48-141	250724-102****	정 규 옥	이등 상사
경기 파주시 문산읍 운천3리 92-6	270905-123****	김 수 창	일등 중사
전남 여수시 화정면 여자리 415(중앙교회)	310510-162****	김 항 태	〃

=이하 생략=

1993. 5. 20 육군참모총장에게 전사확인 사실을 조회한 것에 대하여 육군참모총장은 대한유격참전 동지 회장에게 1993. 6. 17 전사망 심사의결서 등 관련기록을 보내왔다.

육 군 본 부

우편 : (320-919)충남논산두마부남사서함 33호 / 전화 : (02)505-1625 / 전송 :

문서번호 : 부인 905-1492

시행일자 : 1993. 6. 17 (　　　)

수　　신 : 대한유격참전동지회장

참　　조 :

제　　목 : 전사확인 사실조회 회신

1. 대한 유격 참전 93-5-2 (93. 5.20) 위 제목에 의한 회신입니다.

2. 귀회에서 의뢰한 故 일등중사 박종만씨에 대한 전사망 확인은 당군에서 이미 국방부 훈령 제392호 제7조 (민원에 의한 사망확인) 3항에 의거 비록 백골병단 유격대원들에 대한 군적부가 작성 관리되고 있지도 않아 구체적인 인적사항 및 복무 기록은 확인 불가하였으나 백골병단 간부 131명에 대한 임관명령이 존안되어 있고 (국특(육) 제22호 추가 (51. 1.25)), 당시 부대장 이었던 예비역 중장 채명신 장군이 동사실을 증언 / 입증하고 있었으며, 또한 귀지회에서 파악된 생존자 요원중 故人에 대한 전사사실을 입증하고 있었는바 이를 전공사상 심사위원회에 회부하여 89. 7.24 "전사"로 가결 처리하였던 것입니다.

3. 따라서 당군에서는 본심의에 있어 정실에 위배된 일체의 하자가 있을수 없는 사안으로써 귀회에서 요청한 전사망 심사의결서 사본을 송부하며, 현재 진행중인 행정심판의 보완자료로써 그 타당성을 인정받기 바라며, 당군에서도 그 결과의 귀추를 주목 할것입니다.

귀 회의 무궁한 발전과 번영을 기원합니다.

첨　부 : 1.전사망 심사의결서 및 관련근거 사본 1부.
　　　　 2.회신문 사본 1부. 끝

육 군 참 모 총 장

1995. 10. 26 강원도지사는 백골병단 전적비 관리에 대하여 관할 군부대와 협조해 지원하겠다는 회신

강 원 도

우 200-700강원도 춘천시 봉의동 15/ 전화(0361)55~3317/ 전송 53~9385/ 담당 조규석

문서번호 문체 86700 - 1465

시행일자 95. 10. 26.(년)

경유

수신 서울특별시 마포구 서교동 466~9호 사단법인 건설산업연구소내 대한유격참전동지회 전 인식 회장님 귀하

선결			지시	
접수	일자 시각		결재·공람		
	번호				
처 리 과					
담 당 자					

제목 '백골병단전적비 관리지원'에 청원사항 회신

1. 조국의 통일과 자유수호는 물론 본도의 도정발전에 노력해 주시는 회장님께 깊은 감사를 드립니다.

2. 정부합동민원실에서 본도에 이첩된 '6·25 유격대원의 위훈선양 및 전적비 관리지원' 민원사안의 내용 및 회장님의 청원 취지를 검토한바, 청원하신 내용 중

- 위훈선양은 국방부(보훈처)에서 주관할 사항이라고 판단되며
- '백골병단전적비'는 도및 인제군에서 관심을 갖고 관할 군부대와의 협조로 지속적인 관리와 지원방안을 강구해 나가겠습니다.

3. 회장님의 청원취지 및 동 전적비 관리실태를 정부합동민원실에 회신하였으니 양지하여 주시기 바라며, 회장님의 건승과 가정에 행운이 있으시길 기원합니다. 끝.

강 원 도 지 사

1995. 11. 20 육군본부는 민원회신으로 소급포상이 어렵다고…

"지구촌을 일터로 세계인을 친구로"

육 군 본 부

우편:(320-919) 충남 논산 두마 부남 사33호 / 전화:(042)550-1622 / 전송:

문서번호 : 부인 37193 - 3799

시행일자 : 1995.11.20

수 신 : 대한유격참전동지회
전인식 회장 귀하
서울 마포 서교 466-9

참 조 :

제 목 : 민원 회신

1. 귀회에서 청와대에 청원하신 사항이 우리군에 이첩된데 대한 회신입니다.

2. 먼저 조국 대한민국의 자유민주주의를 수호하기 위하여 온몸을 던져 지키시고 이후에는 번영된 통일조국을 후손들에게 물려주시기 위하여 사회 각 분야에서 열심히 땀흘려 일하시는 모범적인 민주시민이신 귀하와 회원여러분들께 감사의 말씀과 함께 찬사를 드리는 바입니다.

3. 청원하신 6.25 당시 전공에 대한 훈장수여는 그 동안 육군에서 발간한 전사등을 통하여 백골병단을 비롯한 유격대원들의 혁혁한 전공은 충분히 입증되오나 다음과 같은 사유로 인하여 육군에서 해결해 드릴수가 없습니다.

첫째, 6.25 무공훈장은 당시 상훈법에 의거 개개인의 전공을 가장 정확하게 알수있을 뿐만 아니라 적시포상을 위하여 일선 사단장에게까지 수여권이 위임되어 우리 육군에만도 약 16만여명에게 수여한 후 휴전과 동시 종결되었으며

둘째, 휴전된지 40여년이 지난 오늘에 와서 국무회의의 의결을 거쳐 서훈하는 정부포상을 개개인의 공적을 정확하고도 객관적으로 평가하기란 사실상 불가능할 뿐더러

셋째, 정부에서도 우리나라의 훈장령 제정 ('49. 4.27) 이전 국가독립유공자들에 대한 『발굴포상』만 적극적으로 시행할뿐, 6.25, 월남전, 대 간첩작전등 전공으로 인한 소급포상은 시행하고 있지 아니한 점등

2 - 1

부인 37193 -3199 1995.11.20

이상과 같은 사유로 인하여 유감스럽게도 귀회의 청원을 해결해 드리지 못함을 죄송스럽게 생각하오니 깊으신 이해 있으시기 바랍니다.

아울러 선배 전우들이 흘린 피와 땀이 헛되지 아니하며, 이땅에 6.25와 같은 불행이 다시는 없도록 기필코 적을 압도할수 있는 강한 군대육성과 전 장병이 국토방위에 헌신의 노력을 다하고 있음을 말씀드리면서 회장님을 비롯한 회원여러분들의 가정에 행운을 기원합니다. 끝.

육 군 참 모 총 장

1997.8.7 국방부 인사근무 부서(인근 12151-1008호)가 대한유격참전동지회장에게 보낸 민원회신, 답신에서 무공수훈의 개인별 훈격 결정기준과 요령 등을 소개하고 전쟁 중에는 사단장이 휴전이후에는 1951.7.10부터 1954년 말까지 완료하였으며 그 뒤는 전쟁기간중의 무공의 소급포상을 실시하지 않고 있다는 것

국 방 부

우 140-701 서울 용산구 용산동 3가 1번지 / 전화 5132 문점수/ 전송 796-0369

문서번호 인근 12151-1008

시행일자 1997. 8. 7.

(경유)

수신 대한유격참전동지회 전인식(서울 마포구 서교동 466-9)

참조

제목 민원 회신

1. 6.25전쟁에 참전하여 용전분투하신 귀하와 귀 회원에게 깊은 감사를 드리며 무공훈장수여 요청 민원에 대하여 다음과 같이 회신합니다.

2. 전투유공포상은 전투지역별, 전투 참여 제대별 전과에 대한 상호 비교와 전황에 미친 영향 평가가 이루어진후 개인별 공적의 높고 낮음을 상호 비교평가하여 포상인원과 개인별훈격을 결정하여 시상하도록 되어 있습니다.

3. 그리하여 6.25전쟁 당시에는 전투에 참가하여 작전을 승리로 이끌었거나 현저한 공적을 세운 전공자에게 즉시 포상함으로써 전투의욕과 사기를 고취시킬수 있도록 각사단장급 부대장에게까지 포상권을 위임하여 무공훈장을 수여하였으며 또한 전쟁와중에서 포상이 누락된 전공자를 구제하기 위하여 '51.7.10 휴전회담 개시후부터 1954년말까지 전투유공자를 발굴 포상토록 각군 부대에 지시 추가 포상을 실시한후 6.25 전투유공 포상 업무를 종료하였습니다.

4. 휴전 44년이 지난 현재 당시 참전자 개인별 구체적인 공적 및 전투공헌도에 대한 상호 비교평가를 할 증빙자료가 없고 그렇다고 참전 부대원 모두에 대한 일괄포상은 6.25 참전자 전체와의 관계에서 형평상 문제가 있어 소급포상을 실시하지 않고 있음을 알려드리니 양지하시기 바랍니다.

끝으로 귀하와 귀회원들의 앞날에 행운이 함께하시길 기원합니다. 끝.

국 방 부 장 관

회 원 통 신

(우)121-210 서울특별시 마포구 서교동466-19
Tel : (02)333-5213~4, Fax : (02)338-1153

1. 전적비유지관리에 관하여
   전적비유지관리계약서(안)을 법률전문가와 최윤우 부회장의 합동 협의를 거쳐 인제군수를 입회인으로 하는 (안)을 작성하고, 이를 국회 국방위원장, 국방부장관, 행정자치부장관, 국가보훈처장, 육군참모총장, 대한민국재향군인회장, 한국참전단체 총연합회장, 제3군단장, 강원도지사, 인제군수, 인제군 임업협동조합장 등 11개 기관에 발송하여 우리들의 피나는 실정을 알리고 '98.5.15까지 계약 문안등에 대한 의견을 요청해 두었습니다.
   <문서내용은 분량이 많아 생략>
2. '98년도 중 『고희』를 맞는 회원을 참고로 알리면 모두 9명으로 다음과 같습니다. (약력기준)
   '98.4.10 장승현 이사, 6.8. 권영철 부회장, 7.16 이익재 이사,
   7.27 전인식 회장, 8.30 리남훈 이사, 9.5 박승록 이사,
   10.1 권태종 이사, 10.11 임동욱 이사, 12.25 김대홍 회원
   ※ 장승현 이사는 호적관계로 '99.3월이라고 합니다.
3. '98 회비 및 건립기금 납부자 추가 ( )은 건립기금, 단위 만원 임
   리남훈 이사 (20), 이명해 전우 10(10), 김한인(유족) 10,
   원길상 전우 10, 오봉택 전우 10(10), 박승록 이사 20,
   장승현 이사 20(20), 최인태 감사 (30), 윤범용 이사 (20),
   임병기 이사 (20), 조병설 이사 (20), 장동설 이사(유족) 20(30)
4. 회원의 경조사는 개최 30일 이전 까지 본회에 알려주시면 회원통신으로 이를 널리 알리고자 하오니 기일엄수, 협조해 주시기 바랍니다.

♣알 림 : ㅇ본회 부회장 최윤우씨가 '98.3.27 통신회사의 상무이사 직 을 임기 만료로 퇴임했습니다. 수고하셨습니다.
ㅇ(吉事)최윤우 부회장의 장남 최성준 군이 '98.5.16 (토)오후2시 결혼식(개혼)을 올립니다. (청첩장은 별봉)

1998. 4. 17.

대한유격참전동지회 회장 전 인 식

1999.5.13 국방부의 민원회답에 의하면 백골병단의 임시계급은 참전자들의 주장일뿐 공식적인 입증자료가 아니며, 원호 혜택을 못 받는 유자녀 3인에게는 유감이고 전적비 관리는 703특공연대 2대대가 현재와 같이 계속 관리하면 된다는 회답에 대하여 1999.6.1 내용증명 우편으로 조목조목 증거를 첨부한 76쪽으로 항의 청원하고, 1999.11.16까지도 회답이 없으므로 민원회신에 대한 처리 촉구를 다시 내용증명으로 보내 1999.12.14까지는 처리해 달라고 요구하였다. 이들 3건을 여기에 수록함.

국 방 부

우 140-701 / 서울 용산구 용산동 3가 1번지 / 전화(02) 748 - 6465 / 전송(02) 748 -6409
복지관리과 과 장 신영배 담당자 김동욱

문서번호 복관33170 -490
시행일자 1999.05.13 (1년)
(경유)
받음 전인식 귀하
참조 서울 영등포구 여의도동 30-2 번지 삼부(아)10동13호

선결			지시	
접수	일자 시간		결재·공람	
	번호			
처리과				
담당자				

제목 민원회신

1. 귀하께서 제출하신 민원서가 우리부로 이첩되었기에 다음과같이 회신합니다.

가. 먼저, 임시계급과 군번추인문제와 309위의 전사망자에 대한 명단을 찾기 위하여 육군 부관감실과 중앙문서관리단에 자료를 확인한 결과, 입증할 수 있는 자료를 찾지 못하였습니다. 군인신분 인정은 병역법 및 군인사법('62년이전:정규군인신분령 적용)에 의하여 현역에 편입(임용)된 자만 인정됩니다. 백골병단의 경우, 임시계급과 특수군번을 부여받았다고 하나, 전사에 근거한것이 아니라 단지 백골병단으로 참전했다고 주장하는 사람들의 증언청취만으로 근거로 작성한 것으로서 공식적인 입증자료가 아님을 양해바랍니다.

나. 생존유가족중 전사확인 지연으로 원호혜택을 받지 못한 유자녀 3인에 대하여는 유감의 뜻을 전합니다.

다. 「백골병단 전적비」관리는 소재지에 위치한 부대(703특공연대 2대대)에서 현재와같이 관심을 갖고 관리토록 하였음을 알려드립니다.

라. 참전군인에 대한 보상은 국가보훈처 소관업무이며, 국가유공자등 예우 및 지원에 관한 법률과 동법 시행령에 의해 보상이 이루어집니다.

끝으로, 귀하의 건강과 귀가정의 행복을 기원합니다. 끝.

국 방 부 장 관

1999. 6. 1 국방부장관에게 민원회신에 대한 청원으로, 임시계급의 임관사실 백골병단의 혁혁한 무공, 육해공군 총참모장의 훈시, 사열, 육군정보 보고로 육군본부에서 침투시킨 유격대의 활약상, 연대장과 중대장 등의 작전지구 설명 육군 문서 관리단의 기록, 육군본부의 각종 기록 등이 분명한데 이를 부인하는 국방당국에 대한 반박성 청원과 그 조치 대책을 내용증명으로 청원하고 있다.

특수 우편물수령증

접수번호 번
종별 빠른, 보통 우편
중량 g
요금 원

부가취급	배증	내증	민원	특급
	특사	특송	통화	물품
	유가증권	대금교환	접수시각	우편자루
금액				원

우체국 1999. 6. 1

＊ 반송시에는 등기취급 수수료를 받습니다.
＊ 이 영수증은 손해배상등의 청구에 필요하오니 잘 보관하십시오.

3402341－04311일
1994. 6. 29 승인
67㎜×95㎜
(신문용지 54g/㎡)

대한유격참전동지회

121-210 서울특별시 마포구 서교동 466-19 TEL. (02) 333-5213～4

문서번호 : 유격참전 99-6-1

시행일자 : 1999. 6. 1.

용산구 용산동 3가 1번지

수 신 : 국방부 장관

참 조 : 인사복지국장

선결	내용증명 6/1	지시
접수 일자		결재
접수 시간		
접수 번호		
처리과		지·공
담당자		람

제 목 : 민원회신에 대한 청원

1. 귀 부 민원회신 문서번호 : 복관 33170－490 ('99. 5. 13) (참고 1) 에 대한 재차 민원 제기 · 청원 입니다.

2. 먼저 귀부의 회신에 대하여 일부 성의 있는 회답에는 감사드립니다만, 귀 부의 사실 판단에 있어 중대한 잘못을 지적하면서 다음 사실을 보충하여 귀부의 역사적인 판단과 인식을 새롭게하므로써 백골병단의 실체를 올바르게 하고, 더 나아가 민원제기의 적법성을 확보하기 위하여 재차 청원하오니 이해하시고, 적정 조치해 주심을 바랍니다.

첫째 : 임시 장교의 계급을 부여 받은 GO 군번 부여자 등 124명에 대하여는 임관특명인 국 본(육)특 제22호추가 (단기 4284. 1. 25) (별첨 증거 1) 동 특명에 의하여 수여한 임관사령장(별첨 증거 2) 및 작전명령 제4호(4284. 2. 3)(별첨 증거 3) 를 제시하오며, 동 작전명령은 특수유격명령이 분명한 바, 이를 잘 판단하여 아무런 정을 모르고 임관과 직진작전 이란 실역을 수행한 자들의 병무복무사실을 인정해주어야 할 것입니다. 또한, 이 특명의 진실을 귀 부에서 철저히 조사해야 할 것이며, 만일 그런 사실이 없다면, 그 당시의 책임자인 국방부장관(육해공군 총참모장)과 그 휘하의 교육 차출 : 준장 백인엽, 침투 및 임시 임관 등 : 준장 이한림 등을 의법처리해야 할 것이고, 작전명령자인 중령 이극성 또한 조사후 의법처리해야 함을 강력히 촉구합니다.

둘째 : 귀 부는 백골병단의 경우, 임시계급과 특수군번을 부여 받았다고 하나 전사에 근거한 것이 아니라 단지 백골병단으로 참전했다고 주장하는 사람들의 증언청취만을 근거로 작성한 것으로서 공식적인 입증 자료가 아니라고 주장했으나, 만일 귀 부의

견해가 확고하다면 비공식자료를 근거로 한 주장자(백골병단 참전자)를 모두 엄벌에 처하도록 사직 당국에 고발하는 등으로 의법조치하심이 타당할 것입니다. 그러나 본인 등은 다음 사실 등을 적시하여 귀 부의 전계한 판단은 큰 잘못임을 지적하오니, 다음 열거사실을 철저히 조사하여 실역에서 전투에 임한 사실 인정과 함께 명예회복·선양과 응분의 예우를 청구합니다.

(1) 1951. 1. 25(단기 4284. 1. 25) 국방부장관 신성모 명의의 임관사령장(별첨증거 1 및 2)과 1970. 2. 13. 육군참모총장 서종철 명의로 확인 발급한 전인식에 대한 병적확인서(별첨증거 4) 등으로 미루어, 육군 임시보병대위로 임관한 후 육군 보병소령으로 육군본부 정보국 직할 결사유격부대(백골병단)에 복무한 사실을 확인할 수 있는 바, 본인 등의 주장이 허구가 아님이 명백하고, 또 국방당국도 인사 24158-1215호('87. 6. 8) (별첨증거 20~21)에서 임시 장교로의 임관을 인정하였으며, 귀 부 인근 24172-499호('86. 5. 21)에서는 백골병단이 6·25 당시 혁혁한 무공을 세워 아군 작전에 크게 기여한 전공에 대하여 무한한 경의를 표한다고 하였는 바, 위 임관사실도 뚜렷하고 또 전쟁에 참전한 것 또한 사실이므로 임관을 시켰으면, 언젠가는 진급을 시키거나, 해임을 했어야 함에도 불구하고, 아직까지 정식으로 임시장교의 신분을 해임하지 않고 아무런 조치가 없음은 중대한 하자로서 청원인 등은 아직도 임시장교인지 무엇인지를 밝혀 주어야 할 것입니다. 또한, 임관 사령장에 날인한 국방부장관의 직인을 감정하여 그 직인이 위·변조된 것이라면 그 당시의 관련자인 준장 이한림(중장 예편), 대령 이후락(당시 정보학교장), 중령 이극성(준장 예편), 중령 채명신(중장 예편) 등 관련자를 모두 엄중 조사하여 의법처리하고 본인 등의 명예회복 및 응분의 예우를 강력히 청구 합니다.

(2) 1951. 2. 7 육·해·공군 총참모장 육군소장 정일권(대장 예편)이 1군단장 김백일, 수도사단장 송효찬, 미8군 정보고문관 미육군중령 하우스만, 육군중령 이극성 등이 그 당시 최전방이었던 강원도 명주군 강동면 강동지서 앞까지 출장을 와서 위작된 인민군복장을 입은 결사유격 제12연대 출동장병 앞에서 훈시와 격려를 한 사진(별첨증거 5)으로 국방수뇌부가 직접 유격전에 개입한 사실 확인에 충분합니다.(이 사진은 그 당시 정보국 제3과장 이며, 육군본부 미8군 정보연락장교단 단장 육군중령 이극성이 촬영·보관 중이던 것을 이극성 으로부터 입수한 것임).

(3) 육군 본부 군사연구실에 보관중인 6·25 당시의 전쟁사료(그 당시의 비밀문서)에 의하면,

(가) 한국 전사 제39장 동부전선 반격작전 강릉부근 전투(1951. 2. 3~2. 7) P. 447에 의하면, 정일권 육해공군 총참모장이 1951. 2. 7 강릉 남방을 방문한 것이 기술되

어 있어, 위 사진 증거 5와 합치하여 증거에 충분하고,

(나) 정기 정보보고 제77호(P. 641) 수도사단정면 기록에 의하면, 아군 유격대 12R(연대) 소속 귀환병의 보고에 의하면, 생포자 1인을 아 CAV R(기갑연대)에 인계했다고 기록되어 있어 유격대의 실체확인에 충분할 뿐아니라 매봉산 부근에서 적으로 오인한 아군으로부터 사격을 받았고, 또 조개리 DS 5888 부근에서는 아군 비행기로부터 공격을 받아 분산되었다고 기술되어 있어(이때 상당병력이 분산됨) 그들의 고초가 충분히 입증되고(별첨증거 6-8-6), 실전사실의 증빙에 충분하고,

(다) 한국전쟁사 제4집 제39장 동부지구 반격작전 P.638에 의하면, 노획된 적의 문서에 따르면, 적69여단 병력은 3. 10 현재 5,403명이며, 그 중 장교 536명, 하사관 383명, 병사 3,550명 등의 기록은 아 유격대(결사제11연대)가 1951. 2. 27 강원도 홍천군 내면 외청도리에서 69여단 정치군관 등 4인을 생포·노획한 것을 1951. 3. 6경 연대장보좌관 강두성 외 3인이 수도사단 경유 1군단에 전달한 적 69여단의 전투상보에 기술된 것으로써 이는 아군 유격부대의 전과 임이 명백하고,

(라) 길원팔 인민군 중장이 생포·처형된 뒤, 채명신 중령이 '51. 4. 11. 육군본부에 보고한 길원팔 관련 김일성의 명령이 정기 정보보고 P.235~236(별첨증거 6-8-4~5)에 유격 제5지대에 대한 편성, 활동구역, 임무 등 김일성의 지령문서가 육정 정기보고 제41호에 편철되어 있어, 백골병단이 길원팔 등 일당 13명을 생포·노획한 기록이 입증되어 있고,

(마) 정보보고서 제92호 P. 1024(별첨증거 6-8-7)에 의하면, 국군 7사단 정면에 육군본부에서 침투시킨 아 유격대장이 3연대장에게 진술한 바에 의하면, '아 유격대는 3월 24일경 설악산 DT 5318부근에서 E(적) 약 1개사단과 교전하였다고 한다.'라고 명기되어 있어 1951. 4. 1 아군 유격대장과 3연대장의 접촉으로 미루어 백골병단의 적진 침투 전투경과가 분명히 입증되고 있으며,

(바) 정기 정보보고 제93호 P. 1050(별첨증거 6-8-8)에 의하면, 국군 제7사단 정면 021530, 아 유격대 제11연대 제1대대 제3중대장의 진술에 의하면, 설악산 DT 5418에 있는 적은 중공군이 아니고 소속 미상의 적 약 1개 사단이라 하였다. 라고 기술하여 아 유격대의 소속과 직위 등을 명백히 하여, 아 유격대의 활약사항이 1951년 2~4월의 정기 정보보고에서 확인된다.

(사) 육군본부는 1994. 9. 20「한국전쟁과 유격전」이란 책을 군사연구실에서 편찬·발간하면서 P.P 86~106(별첨증거 7-25-1~25)에서 육군본부 직할 결사유격대(백골병단)의 유격전을 자세히 기술하고 있어 전사입증에 충분합니다.

위에 열거한 (3)의 (가)항 내지 (사)항 등으로 미루어 볼 때 백골병단으로 참전했다고 주장하는 사람들의 증언만이 아니고, 또 공식적인 입증자료가 아니라는 귀부의 주장은 전사의 실체를 바로 인식하지 못한 무책임한 문서로서 도저히 받아들일 수 없는 것일 뿐 아니라 백골병단의 후신인 Task Force Kirkland의 지휘관이었던 William. S. Harrison은 미국 은성무공훈장을 받은 사실(별첨증거 7(추가)-2-1) 등도 참고의 대상은 된다고 볼 때, 귀 부의 태도는 법리의 오해가 크고 또 6·25 한국전쟁의 실상을 제대로 파악하고 있지 못한 중대한 잘못임을 지적하지 아니 할 수 없습니다.

만약, 귀 부의 판단에 하자가 없다고 주창하신다면, 그 당시의 정보 보고문서가 허위인가! 또 육군중령 채명신의 인사기록카드에 명기된 유격대 대장(별첨증거 17-4-4)의 근무경력 또한 허위사실이 아닌가 하는 등도 재검토 또는 문제시 되어야 할 것입니다.

육군본부 직할 결사유격대(백골병단) 장병이 채명신 중령을 지휘관으로 모시고 참전하였으나 그 분은 유일하게 아군복장을 하고 있던 까닭에 후방에서 지휘하여 백골병단의 전투 경로 등을 제대로 파악하고 있지 못하고 또, 백골병단 참전장병을 오합지졸 등으로 묘사하였으며, 육군본부가 전적비를 건립하려 할 때에는 그 건립조차 한때 방해하는 데 동조하여 그의 해명(별첨증거 8)으로 겨우 육본당국의 오해가 풀려 전적비 건립을 재개하게 한 등의 과오를 자행하였으나, 우리들은 그 분을 지휘관으로 섬기고 여지껏 자제해 왔습니다만 아무런 도움이 없으므로, 이제는 더 이상 그 분과 우리들 백골병단 장병을 연관짓지 말 것을 촉구합니다.

셋째 : 생존 유가족의 전사 확인 지연으로 인한 원호혜택을 받지 못한 유자녀들에 대한 문제는 유감으로 생각하신다니 다행합니다만, 공무원의 부작위로 인한 손해가 명백하므로 다음 여러가지 사유 등을 종합정리하여 앞으로 법적으로 대응할 것입니다.

(1) 백골병단의 실체가 부적정하다면 육군본부 군연편 제4046호(1986. 4. 4) 전사기록 등재신청에 대한 회신(별첨증거 9)과 전·사망관련(별첨증거 10~증거 14) 증거 등, 동작동 국립현충원에 위패안치된 52위와 대전 국립현충원에 안장된 3위 계 55위의 전사망 확인 지연은 귀 부(육군 당국)의 책임에 속하는 것으로 부당하며,

(2) 귀 부 인사 24150-552(1989. 6. 9) 진정 회신(별첨증거 15)에 의하면, 청원인 등이 국본 특별명령 제22호(단기 4284년 1월 25일)에 의거 민간인 신분을 그대로 보유한 채 임시장교로 임관되었을 뿐, 현역군적에 편입된 바 없다고 했으나, 앞에서 제기한 작전명령, 전투지구의 그 당시 정보보고에 기술된 것으로 미루어볼 때 전투에 참전했는데 군적 편입여부를 논한다는 것은 상식 이하이고, 민간인이 군에 입대하면 군인이 되는 것이므로 참전자 등은 아무 잘못이 없고, 오직 행정적인 조치가 되지 아니한

것은 후방에서 안주한 비전투 행정요원 등의 잘못이거나 군수뇌부의 부작위로 인한 것으로 그 책임 또한 귀부(군)의 책임에 속한다 할 것이다.

(3) 유자녀의 연령이 1~5세로서 행위능력이 전혀 없는 어린이들이였고, 그들의 조부모 및 처(모)(생존 원호수혜자 2인)에게는 군당국에서 유격부대에 편성되어 작전 명령에 따라 침투했다는 통보 조차 하지아니했을 뿐 아니라 1951. 4. 11경 채명신 중령이 육군본부에 전투결과보고시 그들의 신분상 조치 요구(채명신(예비역 중장)의 서신 증거 16-4-4) 즉, 전사자를 현역과 똑같게 처리해 달라는 요구가 각하되었다는 소명에 의하여 확인되므로 이는 채명신 중령과 그 당시의 군부에게 모든 책임이 있음이 명백하다. 따라서, 전사자의 유가족(처·자녀)에 대한 적법조치 불이행의 책임은 귀부(군)에 있다는 점을 강력히 촉구·추궁하며, 이 또한 명예회복과 응분의 예우를 청구합니다.

넷째 : 전적비 관리를 인근부대(제703특공연대 2대대)로 하여금 관리하도록 하겠다 하니 이 또한 다행입니다만, 백골병단이 아무런 법적 근거없는 집단이라면 전적비로서의 가치와 존엄에도 큰 문제가 될 수 있을 것이므로 공정하고 엄중히 재심사하시어 그 결정에 따라 차라리 전적비를 폭파·해체하여 전적비 관리에 소요되는 인근부대의 노고를 덜어주는 것이 보다 좋을 것이 아닌가 하오니 이에 대하여서도 적정하게 조사 결정해 주시기 바라며, 존치함이 타당하다면, 전적비 관리예산의 배정 등에 대한 귀부의 견해·소명과 함께 적법조치를 청구합니다.

다섯째 : 전몰 또는 실종 장병 364명 중 309위의 미확인 전사망·실종자에 대한 명단을 찾을 수 없다면 그 당시 관련자를 색출하여 진상을 밝혀야 할 것이며, GO군번과 임시계급을 부여한 그 당시 관련자인 백인엽·이한림 준장(당시 정보국장), 그 당시 정보국 3과장 이극성 중령(작전 명령 및 교육·침투 실무책임자) 등 (별첨증거 17-4-1~4) 관련자를 엄중 조사하여 적법성과 책임규명 및 조치책을 청구합니다.

여섯째 : 6·25 한국전쟁이 발발한지도 벌써 49년이고, 백골병단의 작전·개선 또한 48주년을 헤아리게 되니 전후세대가 그 당시의 실체를 규명한다는 것은 실정법의 범주를 벗어날 수 없고 또 국가누란의 초 위기상황을 판단할 수 있는 아무런 기준이나 가늠이 되는 "자"가 없어 일부 혼란스러울 것이란 점을 충분히 이해합니다만, 백골병단 장병들의 살신보국의 희생이 오늘의 풍요와 자유를 누릴 수 있게 했다는 점은 결코 간과해서는 아니될 것인바, 전 육군본부직할 결사유격대(백골병단)의 참전사실과 전공 등 관련 사실을 인정하고 이를 전사에 남길 수 있는 조치를 청구합니다.

특히, 귀 부의 지극히 섭섭한 내용의 회답이 현충일을 몇날 남겨둔 시점에 도착되어 대단히 큰 실망과 함께 우리들을 사지로 몰아넣은 정부당국(국방부 · 육본 등)에 대하여 무척 큰 배신감을 느끼게 하며, 귀부의 회신에 대하여서도 서글픈 한탄을 금할길 없어 앞으로 헌법 소원 또는 행정 · 민사 소송 등으로 대응하고자 합니다.

이럴 수는 없는 것입니다. 그리고 귀 부의 조치를 지켜본 뒤, 참전군인 등 지원에 관한 법률에 따라 귀부가 발행한 참전사실 확인서(발급번호 538호)(별첨증거 18)의 반납과 전쟁기념사업회에 기증한 문건 등(별첨증거 19)도 회수할 예정입니다.

위와 같은 모든 정황을 잘 판단하시어 청원인 등의 청원이 이루어질 수 있게 해 주시기 바라며, 결코 실정법의 자구에만 의존하시지 말고 우리 헌법 제26조 및 제29조와 제39조제2항의 규정을 잘 헤아리시어 하위법인 병역법이나 군인사법 등의 해석에만 의존하지 말고 법이 미비하다면 입법을 해서라도 적정처리해야 제2의 6 · 25가 발발하더라도 모든 애국청년의 우국충정을 기대할 수 있는 것이 아닌가 합니다.

귀부의 현명하고 진지한 검토를 하시고 청원법에 의한 재결을 바랍니다.

전 육군본부 직할 결사유격대(백골병단)참전자의 모임

대한유격참전동지회 참전당시 임시대위 전 인 식

주민등록번호 : 290727-10■■■■■

주소 : 서울특별시 영등포구 여의도동 30-2 삼부(A) 10/13 호 ㊫150-010

결사제11연대 대표 참전당시 임시중위 권 영 철

주민등록번호 : 290608-12■■■■■

주소 : 경기도 고양시 덕양구 성사동 407-5호 ㊫412-020

결사제12연대 대표 참전당시 일등중사 안 병 희

주민등록번호 : 310419-12■■■■■

주소 : 경기도 평택시 진위면 마산 4리 115번지 ㊫451-860

이 우편물은 년 월 일 등기제 호에의하여 내용증명 우편물로 발송하였음을 증명함.
서울서교동우체국장

1999. 6. -1

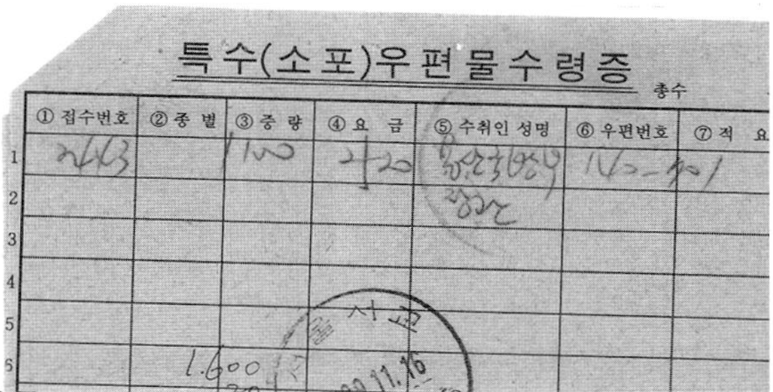
특수(소포)우편물수령증

① 접수번호	② 종별	③ 중량	④ 요금	⑤ 수취인 성명	⑥ 우편번호	⑦ 적요

수 신 : 국 방 부 장 관 귀 하

참 조 : 국방부 인사복지국장

제 목 : **민원회신에 대한 청원처리 촉구**

1. 본인 등이 제출 청원한 1999.6.1자 문서번호 "유격참전 99-6-1호" 빠른 등기우편(접수번호 2555호)으로 귀부에 1999.6.2 배달된 청원서의 처리촉구에 관한 일입니다.

2. 본인 등이 제출한 민원은 1951년에 발생한 사건으로, 1962.4.21 그 당시 국가권력을 장악한 국가재건 최고회의 의장에게 청원한 이래 1970.1.19 국방부장관에게 전인식이 병적확인을 청원한데 대하여 1970.2.13 육본 제32호로, "임시소령"으로 복무확인한 것을 비롯하여, 1985.12.10, 1986.3.15, 1986.4.18, 1986.10.25, 1987.1.15, 1987.3.16, 1987.4.7, 동년 12.28, 1988.6.17, 동년 8.29, 1988.11.10, 1989.5.23, 1990.8.24, 1992.3.3, 1992.7.27, 1993.3.20, 1993.7.27, 1994.9.6, 1995.10.6, 1997.7.3, 1999.2.16, 1999.6.1 등에 이르기까지 대통령각하, 국무총리, 국방부장관, 육군참모총장, 국가보훈처장 등 유관기관에 계속 청원서 등을 발송하여 공사 바쁘신 여러분을 본의 아니게 괴롭힌 것 같아 송구스럽게 생각하고 있습니다.

(1) 동 청원 결과 전사망 전우 55위에 대하여는 국립묘지 안장 3위와 위패 봉안 52위 그리고 유족연금으로 모친 2인과 처 3인이 보훈혜택을 받게도 되었습니다.

(2) 전적비 건립 : 강원도 인제군 북면 용대리 산 250-2에 백골병단 전적비가 육군의 예산과 지역 제3군단에 의해 건립되었고, (높이 16.4미터, 1,300여평)

(3) 1987.3.7부터 21까지 KBS Ⅰ, Ⅱ TV와 MBC TV에서 **"못다핀 젊은 꽃"** 3부 작이 각 20분씩 60분간 공영 TV에서 방영되었고,

(4) 1989.7.30 KBS TV에서 **"박달령의 침묵"** 20분간 방영

(5) 1990.11.9 KBS TV, MBC TV와 주요일간지 및 지방지 등에서의 기사·방송 등이 크게 보도되었고,

(6) 1991.5.~10. 특수전사령부의 역사관에 자료가 전시되었으며,

(7) 1994.6. 전쟁기념관에 유격전 증거 및 노획자료 등이 전시되게 되었으며,

(8) 1994.6.8 KBS FM 추모제 방송과 KBS 대담 생방송 등이 여러차례 있었고,

(9) 1999.6.6 KBS **일요스페셜** 「백골병단」관련 7분간 방영

(10) 1999.6.25 KBS TV **"이한몸 다 바쳐"** 58분 방영 및 6·25회상 대담방송

(KBS) 외에 많은 일간신문과 주간 뉴스 등에 소개되어 백골병단의 전쟁 실화는 널리 공지화된 역사입니다.

3. 청원서에는 모든 증거가 첨부되어 있어 사실 판단에 충분한 것이므로 그 진위를 가려 청원인 등의 청원이 이루어질 수 있도록 적극 조치해 주심을 바랍니다.

4. 1999. 8. 13 귀부 "인사관리과" 이 모 중령으로부터 청원인 중 1인인 전인식에게 복지관리과로부터 인사관리과로 청원서가 이송되어 왔기에 그 처리가 약간 지연되겠으니 양해할 수 있겠는가 라는 전화 연락을 받은 뒤, 3개월이 또 지났습니다. 이는 분명히 귀부가 우리들의 청원을 처리 기피하거나 부작위에 해당한다고 생각됩니다.

5. 전 항 등의 청원을 1999. 12. 14까지 처리해주시어 밝아오는 새 천년인 21세기에는 우리들 모두가 정부를 믿고, 남은 여생을 국가보위의 첨병이 될 뿐아니라 산업 역군의 후원자가 될 수 있도록 도와 주실 것을 촉구합니다.

1999. 11. 15

대표자
청원인 : 전 인 식 290727－10■■■■■
주소 : 서울특별시 영등포구 여의도동 30-2
삼부(A) 10/13 호

권 영 철 290608－12■■■■■
주소 : 경기도 고양시 덕양구 성사동 407-5호

안 병 희 310419－12■■■■■
주소 : 경기도 평택시 진위면 마산 4리 115번지

국 방 부 장 관 귀 하

서울특별시 용산구 용산동 3가 1번지

이 우편물은 년 월 일 등기제 2443 호에 의하여
내용증명 우편물로 발송하였음을 증명함.
서울서교동 우체국장

1999.11.16 121206

육군본부 공적 심의 의결

육군본부 공적위원회는 공적을 심사하고 전인식 등 21명에 대하여 훈장수여를 의결하였다.

"질서는 사회기초, 존중받는 나의 인권"

취급 정보통신망 육 군 본 부

우 320-919 충남 논산시 두마면 부남리 사서함 501-33호 (960) 1695 (전송)
인사처리과 과 장 대령 이 길 형 담 당 자 원 사 석 현 구

보존기간	영구	참 모 총 장
공개여부	군내공개	(서명)
감	"전결"	
차 감	(서명)	협조
과 장	이길형	
기 안 자	원사 석현구	홍보여부 :
심 사 자	(서명)	심 사 일 01 9 26

문서번호 부인16202-012922

시행일자 2001. 9. ~~24~~ 26

(경 유)

받 음 국방부장관

참 조 인사복지국장(상훈담당)

제 목 6.25참전 2차 전공확인 포상(건의)

1. 관련근거 : 국인근 12151-205('01. 3.12) 6.25참전 유공자 민원처리지시

2. 위 근거에 의거 6.25참전 2차 공적확인자에 대한 포상을 건의하니 검토후 조치하여 주시기 바랍니다.

가. 추천인원 / 훈격 (2차)

훈 격	계	충무무공훈장	화랑무공훈장	비 고
인원(명)	21	1	20	백골병단 참전전우회

붙임 : 1. 공적심사 의결서(사본) 1부
2. 공적심사 대상 명부 1부
3. 소급포상 개인민원철(공적조서, 공적확인서, 개인민원, 전사기록, 병적기록표) 3권. 끝

육 군 참 모 총 장

공 적 심 사 의 결 서

담 당 관	인처과장	부관차감	부 관 감	인참부장	참모차장	참모총장
중령 이재승	이길형	[signature]	[signature]	[signature]	[signature]	[signature]

문서번호	부인 14900 -	시행년월일	2001. 9.	보존년한	5년
수 신	국 방 부 장 관	통 제			
참 조		발 신	육 군 참 모 총 장		

아래와 같이 가결된 포상을 상신합니다.

붙 임 : 공적조서

공 심 의 결

소 속	계급	군 번	성 명	직 책	추천포상	비 고
기획관리참모부	중령	23148	조홍용	정책통제 장 교	참모총장	의 무공훈장 : 22 정부포상 : 1 총장개인 : 337 총장감사장 : 9

계 급	성 명	서 명	의 견
대령	장두현	[signature]	동 의
대령	이병해	[signature]	동 의
〃	신영선	[signature]	동 의
〃	이명찬	[signature]	동 의
대령	최찬영	[signature]	동 의
대령	이길형	[signature]	동 의

의 결 내 용

★ 2001. 9. 18 (화) 중앙(을반)공적심사 위원회에서 붙임과 같이 의결함

중앙 (을반) 공적심사위원장 준 장 홍 성 균 [signature]

육군본부 직할 결사대 “백골병단” 의 기록을 찾기 위해 그동안 육군본부와 중앙문서관리단, 육군정보학교 등에 수차례 공식 요청을 했으나 기록이 없다는 회답뿐이였는데, 육군교육사령관(육군중장)으로 취임하신 “류해근” 장군에게 간청했던바, 2003. 6. 27 육군정보학교 소장의 문서중 “1페이지” 를 발굴하게 되었다. 이에 의하면, 결사11연대 349명이 10일간의 무장첩보 및 유격전 교육후 채명신 중령이 인솔하여 적후방으로 침투했다는 것이고, 결사 12연대는 361명이 동일하게 기록되어 있다.

우편물 수령증

접 수 자 : 창구05 1
총 요 금 : 1,980원(즉납 :1,980원)
(현 금 : 1,980원
신용카드 : 0원)
접수번호 : 058266

<국내등기우편물>
발송인:121-842 백골병단 서교동

"월드컵 세계로! 미래로!"

군 교 육 사 령 부

2003.4.4. 육본 정보작전참모부 (유달등) 이석봉중령에게 보낼것

...구 반석동 사서함 100호 / 전화 : (042) 820- 2416 / 전송 :
...령 최종대 담당자 소령 김종섭

문서번호: 감찰19800-020149

시행일자: 2002.06.27 ( ) (군내공개)

결재			지시	회원에게도 널리 알릴것	
접수	일자 시간		결재 · 공람		
	번호				
처리과					
담당자					
심사자				심사일	

받 음: 백골병단 참전전우회장

참 조: 사무총장

제 목: 백골병단 참전전우회 자료확인 요청에 대한 회신

1. 관련근거
 가.백골병단참전 제 02-4-2호('02.4.3)
 나.육군 정보학교 인사 19800-020356('02.5.10),민원처리 보고
 다.육본 중앙문서 관리단 보활16110-021850('02.6.22),자료확인결과 회신

2. 위 관련근거에 의거 귀 전우회에서 자료확인 요청하신 민원처리결과를 아래와 같이 회신합니다.

가.자료확인요청내용은 정보학교와 정보사령부 등에 다각적으로 확인한 결과, 붙임내용과 같이 정보학교에서 보관중인 결사 제 11연대,12연대,16연대의 부분적인 자료가 확인 되었습니다.

나.정보학교 자료를 근거로 세부적인 참전전우회원의 개인명단및 인적사항등에 관하여 육군 본부 중앙문서관리단과 군사연구실에 확인요청하고 직접 현장방문을 통해 찾아보았으나 더이상 보관된 자료가 없어 귀 전우회의 요구사항을 충족할 수 없었으며 이점 널리 양지하시기 바랍니다.

다. 앞으로도 참전전우회에 관한 사항은 지속적으로 관심갖고 확인토록 하겠으며 이와 관련된 추가적인 자료나 참고할 사항을 제시하여 주시면 최선을다해 조치하겠습니다. 다시한번 전우회원개인명단및 인적사항등을 확인하지 못하게 됨을 안타깝게 생각하면서 어려운 여건하에서도 백골병단참전전우회 발전에 노력하시는 귀 전우회의 모습에 경의를 표하며 병단참전전우회의 무궁한 발전을 기원합니다.

붙 임: 1.육군 정보학교 민원처리결과 및 보관중인 자료(사본) 1 부.
2. 중앙문서관리단 자료확인 요청 및 회신공문 각 1 부. 끝.

육 군 교 육 사 령 관

붙임#1

"정예 육군! 하나로 미래로!"

육 군 정 보 학 교

우편 : (467-906) 경기도 이천시 장호원읍 이황3리 사서함 900-88호 / 전화 (987) - 5821
지 원 처 처 장 중 령 백 무 하 　 담당자 소령 최 인 호

문서번호 인사 19800 - 020356

시행일자 2002. 5. 10. ( )

(경 유)

받 음 사 령 관

참 조 감 찰 실 장

결재	사령관 [서명]		지시	
접수	일자 시간	02.5.11 10:00	결재·공람	부사령관 [서명]
	번호	3P		감찰실장 [서명]
처리과		감찰실		
담당자		소령 김종섭		
심사자			심사일	

제 목 **백골병단 참전 전우회 관련 민원처리(보고)**

1. 관련근거
   가. 육규 198 민원업무 규정
   나. 병단 참전 제 02-4-2호('00. 4.13) 육군정보학교 교육생의 자료확인
   다. 사령관 지시('02. 4.15)
   라. 교감찰19800-020102('02. 4.16) 위 제목

2. 위 관련근거에 의거 백골병단 참전 전우회 관련 민원처리 결과를 붙임과 같이 보고합니다.

붙 임 : 1. 학교 자체 보관자료 확인 결과 1부.
　　　　2. 국군 정보사 협조 결과 1부. 끝.

육 군 정 보 학 교 장

서명관 문서심사장교 대위 정 지 일 [서명]

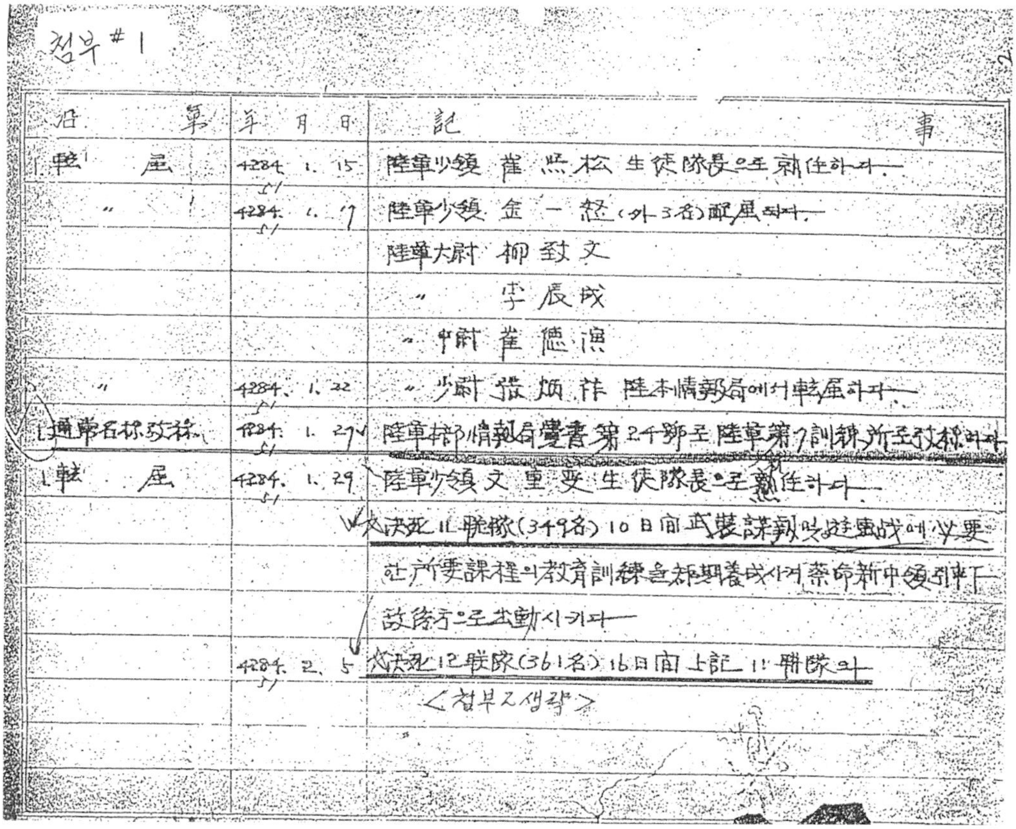

첨부 #1

沿革	年月日	記事
1.轉屬	4284. 1. 15 (51)	陸軍少領 崔熙松 生徒隊長으로 就任하다.
"	4284. 1. 17 (51)	陸軍少領 金一起(外3名) 配屬되다.
		陸軍大尉 柳致文
		" 李辰成
		" 中尉 崔德潤
"	4284. 1. 22 (51)	" 少尉 張炳祚 陸本情報局에서 轉屬하다.
1.通稱名稱改稱	4284. 1. 27 (51)	陸軍本部情報局覺書 第24號로 陸軍第7訓練所로 改稱하다
1.轉屬	4284. 1. 29 (51)	陸軍少領 文重燮 生徒隊長으로 就任하다.
		決死11聯隊(349名) 10日間 武裝諜報및遊擊戰에 必要
		한 所要課程의 教育訓練을 短期養成시켜 蔡命新中領引率下
		敵後方으로 出動시키다.
	4284. 2. 5 (51)	決死12聯隊(361名) 16日間 上記 11聯隊와
		<첨부2생략>

육군정보학교에 존안중인 육군본부 정보국 각서 제24호로 육군 제7훈련소로 개칭하고

1951. 1.29(일지) 결사 제11연대(349명)10일간 무장첩보 및 유격전에 필요한 소요 과정의 교육훈련을 단기 양성시켜 채명신 중령 인솔 하 적후방으로 출동시키다.

1951. 2. 5 (일지) 결사 제12연대(361명)16일간 상기11연대와 …

<첨부2 생략>

붙임#2-1

"월드컵 세계로! 미래로!"

육 군 교 육 사 령 부

취급 :

우 : (305-150) 대전광역시 유성구 반석동 사서함 100호 / 전화 : (975) 2416 / 전송 :
감찰실 실 장 대 령 최 종 대 담 당 자 소 령 김 종 섭

문서번호: 감찰 19800-

시행일자: 2002.05.20 ( ) (군내공개)

받 음: 참 모 총 장

참 조: 부관감(중앙문서관리단장)

결재			지시		
접수	일 자 시 간		결재 · 공람		
	번호				
처리과					
담당자					
심사자				심 사 일	

제 목: 백골병단 참전전우회 민원처리 관련자료 확인 요청

1. 관련근거: 백골병단 참전전우회 민원접수('02.4.16)
2. 위 관련근거에 의거 중앙문서관리단에 보관중인 자료를 확인하여주시기 바랍니다.
   가. 민원제기 배경/ 확인사항
      (1) 백골병단 참전전우회(회장 전인식)는 1950.1.3 대구소재 육군 제 7훈련소(정보학교)에서 유격/특수교육을 받고 전투에 참가하여 많은 전과를 올렸으나, 창설당시 교육훈련을 담당했던 교육기관과 교육생 등의 명단이 부족하여 참전전우회로서의 명맥을 유지하기가 곤란하므로 그 뿌리를 찾고자 교육사에 민원을 제기하였음
      (2) 교육사에서는 정보학교와 정보사령부 등 관련부대에 확인한 결과 개략적인 참전기록외에 민원인이 요구한 개인인적사항 등은 확인할 수 없어 중앙문서관리단에 자료확인을 요청
   나. 민원내용 요약
      (1) 육군 제 7훈련소에서 1951.1.3 - 25까지 교육이수자 1,300여명의 인적사항 확인
      (2) 정보사 남산학교 3기(1950.11월 입대) 와 정보학교 기수와의 관련성
      (3) 결사 11,12,13,15,16연대 출신이 정보학교 몇기 동우회인지 확인요망
   다. 정보학교 및 정보사령부 확인결과
      (1) 결사 11,12,16연대가 교육을 실시한 근거는 보유(붙임 자료 참조)
      (2) 기타 자료는 미보유
   라. 육군 중앙문서관리단 추가 확인 사항
      (1) 개인명단 및 인적사항 등의 자료
         (가) 1951.1.27결사 11연대인원 349명, (나) 1951.2.5 결사 12연대 인원 361명
         (다) 1951.3.7 결사 16연대 인원 36명(교육후 육본 작전국에 서류 인계)

붙 임: 정보학교 보관중인 관련자료(사본) 1 부 . 끝.

육 군 교 육 사 령 관

서명관 문서심사관 준위 오 종 식

2002.10.9 우리들 백골병단 참전전우회는 국방부장관에게 6.25 참전임시장병의 신분확인 청구 민원 등을 등기로 보냈던 바 2002.12.20에 이르러 신분확인결과는 2003.1.16까지 소급포상은 2002.12.30까지 회신하도록 했다는 국방부 감사관실 민원담당관의 회답인 바 이와 유사한 회답은 30년 이상 즉, 1960년대 이후 계속되어 왔다.

국 방 부

우)140-701 서울 용산구 용산동 3가 1번지 / TEL 02)748-6899 / FAX 02)748-6895
감 사 관 실 민원과장 조 훈 식 담당 신 재 연

문서번호 감민33070-5130

시행일자 2002. 12.20.

받음 121-842 서울시 마포구 서교동 466-19 백골병단참전전우회
회장 전 인 식 귀하

제목 민원처리 중간 회신

1. 관련근거 : 국방부 민원접수번호 국방부감사관실5974(`02.10.14)

2. 위 관련근거로 접수된 민원에 대하여 처리진행사항을 붙임과 같이 통보합니다.

붙임 민원처리 중간회신 1부. 끝.

국 방 부 장 관

민원처리 중간회신

백골병단참전전우회 회장 전인식 귀하

먼저 귀 단원들의 국난극복을 위한 고귀한 희생에 경의를 표합니다.

귀 전우회에서 '02.10.14일 국방부에 접수한 민원에 대해서는 육군으로 하여금 귀 단원들의 신분을 확인하여 '03.1.16일까지 귀 전우회에 통보토록 하였고,

소급포상 요구사항은 국방부 인사복지국으로 하여금 '02.12.30일까지 회신토록 조치하였습니다.

귀 전우회에서 제기하신 민원이 신속히 처리되지 못한 점에 대해서 다시 한번 송구스럽게 생각하며 국방부 민원실에서는 귀 전우회에서 제기하신 민원이 원만히 처리될 수 있도록 관심을 가지고 노력하겠습니다.

기타 문의사항이 있으시면 국방부 민원실 신재연(02-748-6899) 앞으로 전화 주시면 성실히 안내해 드리겠습니다.

귀 전우회의 무궁한 발전을 기원합니다. 끝.

<국내등기우편물>
발송인:121-842 백골병단 서교동
통수:1통
요금:1,380원(현금수납:1,380원)

등기번호	요금	수취인
1105604057282	1,380	140701이준 (국방부장관)

2002-10-10 13:43

백골병단 참전 전우

121-842 서울특별시 마포구 서교동 466-19 TEL. (02) 333

문서번호 : 병단참전 제02-10-2호

시행일자 : 2002. 10. 9

수 신 : 국방부 장관

참 조 : 관련부서장

제 목 : 6·25 참전 임시 장병의 신분 확인 청구

선결				시	
접수	일자 시간			결재·공람	
	번호				
처리과					
담당자					

1. 귀하의 건강과 국방 임무수행을 고무·격려합니다.

2. 우리들은 1951. 1. 3. 대구소재 육군보충대에서 선발된 장정들로서 1951. 1. 4. 육군정보학교에 입교하여 1951. 1. 29. 까지 육군정보학교(육군본부 정보국 각서 제24호로 개칭된 육군제7훈련소)에서 **무장첩보 및 유격전에 필요한 소요과정의 교육훈련**을 단기간에 이수하고, **채명신 중령** 인솔하에 적후방으로 출동한(시켜) 결사 제11연대 349명과 결사 제12연대 361명 계 710명·결사 제13연대 124명 등 합계 834명이 인민군복장과 인민군 소총으로 위장한, 무장을 하고 1951. 1. 30과 1951. 2. 7 각각 적후방으로 출동·침투하여 첩보수집 임무를 충실하게 수행하고, 1951. 4. 중순 283명 만이 살아 돌아왔습니다.

3. 이들이 적지로 향하여 출동할 때, 육군본부 정보국 제3과장(첩보담당 공작과장) 육군중령 이극성(준장예편, 생존 중(전화 : 031-913-6811))은 우리들의 모병·교육, 장비조달, 작전명령 등을 담당한 사람입니다.

4. 이극성 중령은 육군본부 미8군 정보연락장교단(현 정보사령부의 창설 전신?) 단장 자격으로 1951. 1.~2 작전명령 1~5호를 발령하였습니다.(증거 : 전쟁기념관에 전시중)

5. 결사 제11연대장 육군중령 채명신(중장예편 생존 중(전화 : 02-754-4841))이 결사 제11연대장으로 349명(증강 병력 14명)을 인솔하여 적·후방으로 출동시켰다는 사실은 육군정보학교가 소장하고 있는 **문서번호 02-01-02-02-05**로 확인되었습니다.

6. 결사 제11연대와 12연대 병력 710명중에는 임시소령 이상섭(사망)·이두병(사망) 임시대위 전인식(현 전우회장) 등 GO군번 부여와 동시에 임시보병 육군소위 이상 소령까지 임관한 124명을 국방부장관 신성모 명의로 임관시켰고, 사병요원 586명은 G군번을 부여하고, 병장 이상 중사까지의 계급을 각 부여하여 선임하사관, 분대장, 조장 등으로 보임하여 외형상 유격특수전과 첩보요원 편성으로, 첩보수집 및 유격전 등 공작임무를 주었던 것입니다. (증거 : 임관사령장의 정본과 육해공군 총참모장 정일권과 미군사 고문 등의 출동사열 광경 사진·제대증 원본은 전쟁기념관에 보전·전시중에 있음)

7. 이들은 1951. 4. 중순에서 6월까지 사이에 귀환 개선할 때까지 3개월 이상 단 한푼의 급여, 보급 등을 수령한 바 없었고, 출동할 때 지급받은 **북괴 위조지폐**와 2주일분의 미숫가루(비상식량) 외에 신고있는 양말외에 여분의 양말, 내복조차 지급받지 못했고, 인민군 소총

인 장총(따쿵총)과 기마단총 등의 실탄 50발 외에 수류탄 약간을 지급받은 것 뿐, 그 외의 보급은 3개월간 아무것도 없었습니다. 그러나, 이들은 적 **인민군 중장 길원팔**(吉元八)(대남 빨치산 사령관 겸 빨치산 제5지대장)의 **참모장 대좌 강칠성**(姜七星) 등 빨치산 제5지대 지휘부 13명 전원의 생포·처치를 비롯하여 인민군 69여단의 궤멸에 기여하는 등 적생포 309명, 사살 174명의 전과를 기록했습니다만, 아군도 전투손실 241명과 비전투손실인 동·아사자 120여명 등 364명의 피해를 입었습니다.

<지적 사항>

(1) 국방부와 육군본부는 전사자 364명에 대한 전사확인 조차 해주지 아니하여, 그들은 개죽음이 되었다. 가족 아무도 출동사실을 몰랐다.

(2) 1987년부터 90년까지 사이에 우리 전우회가 발굴하여 전사확인을 받아낸, 61명 외에 303명은 아직도 아무런 행정조치가 되지 아니한 것은 귀 부·군의 태만으로 비롯된 것이다.

(3) 참전자 710명은 임시장교 및 사병이라고 해서, 군적(병적)이 없다고 해, 재차 입대하여 휴전시까지 전투하는 등의 불이익을 받았다. 심지어는 가짜 군인(장교)이라고 하면서 혹독한 고문과 군법회의에 회부되어 옥고까지 치루게 했다. 증거물이 있는데도 말이다.

(4) 참전전우중 전사확인을 받은 61명은 그 계급대로 위패 또는 안장되었는데, 살아 돌아온 우리들 생존중인 103명(현재)은 왜 군인 취급을 하지 않는가!!

(5) 더욱 한심한 것은, 우리들이 1986년부터 건의해, 육군참모총장이 2001년도 사업으로 **전공심사위원회의 의결**을 거쳐, **채명신 씨의 확인 녹음**까지 받아, 24명에게 훈장수여를 건의 받고도 국방부장관이 이를 묵살하고 있다는 점이다. 이래서는 아니됩니다. 서훈을 건의한 육군참모총장과 채명신 예비역 중장(당시 부대장)은 허수아비 인가요!

◆ 청 구 사 항 ◆

1. 우리들 생존자 103명이 군인이었나, 민간 첩보·유격 공작원 이었나! 대답 하시오!
2. 군인이었으면, 군적 편입과 동시에 제대시키고, 제대금을 주라! 그리고 육군참모총장이 건의한 훈장을 주라!
3. 군인이 아니고, 첩보·공작원이었다면, 그에 합당한 신분 부여와 동시에 공작원 보상을 하라!
4. 육군 보충대에서 선발하여 육군훈련소에서 무장 첩보 및 유격전 교육을 시켜, 현역 중령이 지휘하여 적후방에 출동시킨 사실이 판명되었는데 그들을 국방부는 어떻게 처리할 것인가!
5. 이상과 같이 군인이냐! 공작원이냐!를 분명히 가려내 처리하지 않으면, 온갖 방법을 다 동원하여, 실력 행사와 일부 공개 자결도 불사 할것임을 엄중히 경고하니, 2002. 12. 10 까지 가부간의 회신을 강력히 촉구합니다.

백골병단 참전 전우회　회 장　전 인 식

우리 백골병단 전우회가 국방부 장관에게 6.25 당시의 공적에 대한 훈장수여 요청에 대하여 53년 7월 휴전후 54년 말까지 전공을 세우고도 포상이 누락된 자를 일제조사 후 구제포상을 하고 6.25 전공자에 대한 포상 업무는 종결했으나 육군의 공인된 자료에 의해 공로가 명백히 입증된 경우는 공적심사 후 행정자치부로 포상추천이 가능하다는 회답
(2001.9.26 육군본부 공적심사위원회가 공적을 심사 결정하고 국방부장관에게 포상 건의한 것을 무시한 바도 있었다.)

" 월드컵 세계로! 미래로! "

국 방 부

취급 : 정보통신망

우 140-701 / 서울 용산구 용산동 3가 1번지 / 전화(02) 748 - 5162 / 전송(02) 748 - 5109
인사근무과 과 장 조선행 서기관 김철호 담당 최병수

문서번호 인근 12151 - 2156

시행일자 2003.02.14

공개여부 공개

받음 전인식(백골병단 참전 전우회장)

참조

제목 민원회신

1. 귀하께서 제출한 "6.25 당시 공적에 대한 훈장수여 요청" 관련 민원에 대한 회신입니다.

2. 아시다시피 6.25 당시 신속한 포상으로 전투의욕을 고취시키고자 각 사단장급 이상 지휘관에게 훈장 수여권을 위임하여 전공자에게 즉시 포상을 수여하게 하였으며,'53년 7월 휴전후 `54년말까지 전공을 세우고도 포상이 누락된 자를 일제조사후 구제포상을 실시하고 6.25 전공자에 대한 포상업무를 종결하였으며, 이후 소급포상한 사례는 없습니다.

3. 6.25 전쟁 50여년이 지난 현재에 있어 당시 공적을 개인별로 구체적이고 객관적으로 판단할 수 있는 육군의 공인된 자료가 없을 뿐만 아니라, 해당 공적에 대한 당시의 심사여부 및 누락경위등을 알 수 없어 사실상 공적심사가 불가한 실정입니다.

4. 육군의 6.25전공 소급포상관련 전반적인 민원에 대한 검토가 종료되고 개별 전공이 전사자료등이 아닌 육군의 공인된 자료에 의해 명백히 입증된 경우에는 공적심사를 거쳐 정부포상 주관부처인 행정자치부로의 포상추천이 가능한 것으로 사료됩니다.

5. 조국을 사랑하는 마음으로 6.25 참전하심에 대하여 진심으로 경의를 표하며 항상 건강과 행복이 함께 하시길 기원합니다. 끝.

국 방 부 장

참천개선 53주년!!

=약 사 보 고 와 인 사 말 씀=

전 육군본부 직할 결사 제11,12,13연대 통합부대 **"백골병단"** 의 약사와 함께 인사말씀을 드리겠습니다.

1. 1950년 6월 평화스러운 일요일 새벽 4시를 기해, 북한 共産軍의 계획된 **대거·기습·남침**은 조국 대한민국의 命運이 **백척 간두**, **누란의 위기**를 맞게 되었습니다.
   이것이 바로 비극의 **6.25 "한국 전쟁"** 서곡인 것 입니다.
2. 놈들은 **T 34** 중탱크를 앞세우고, 남침 3일만에 수도 서울을 유린 하였고,
3. 정부는 임시수도를 수원, 대전, 대구, 부산으로 옮기면서 전국토의 90% 이상을 빼앗겼습니다.
4. 1950년 9월 UN군 총사령관 맥아더 원수에 의해 감행된, **仁川상륙작전의 성공**과 38度線을 넘은 우리 국군은 破竹之勢로 북진을 강행해, **敵都 평양을 탈환**하고, 계속 북진하여, 압록강 연안까지 進擊하여 통일을 눈앞에 둔 1950년 11월 26일 **중공군의 대거**, 기습, 참전과 **人海 전술**로 아군은 또 다시 후퇴의 길로 접어 들었습니다.
5. 1950년 12월 21일 정부는 국민방위군설치법을 공포 함과 동시에 만 17세 이상 40세까지의 靑壯年을 모두 소집하게 되었습니다.
   北韓이 수복되면, 治安을 담당할 義勇警察, 靑年, 學生, 壯年 할것없이 모두는 1950. 12. 30 대구로 집결하라는 命에 따라, 대구 육군보충대에 入隊 하였습니다.
6. 육군 보충대에 입대한 병력은 약 6~7,000명이나 되었는데 이들중, 육군정보학교의 募兵官에 의해, 1차로 700여명, 2차로 130여명의 愛國·靑年·學生들이 선발되어, 1951. 1. 4부터 육군정보학교에서 **적의 후방교란**, **보급로 파괴**, **연락장병의 생포** 등 유격전에 필요한 特殊戰교육을 이수하고, 1951. 1. 25 국방부장관 申性模명의의 임시 장교 任官辭令狀과 軍番을 각 부여 받았으며, 士兵은 모두 戰死 할것으로 보고, 계

급을 厚하게 二等中士(兵長)이상 二等上士(中士)로 군번과 계급을 받고, 1차로 363名, 2차로 330名, 3차 124名 합계 817名이 1951. 1. 30부터 敵陣후방으로 침투하여, 그해 4月12日까지 용감히 맡은바 責務를 다했습니다.

오늘이 만 53년째가 되는 날 입니다.

7. 전투기간중 功勞와 어려움은 이루 筆舌로 다 할 수 없습니다. 한마디로 **비상식량 2주일분의 미숫가루 만으로** 60여일간의 전투, 소총실탄 30여발로 수십회의 大接戰 등 정말, 말로 표현할수 없는 곤경을 겪었으나 우리들은 참고 이겨냈습니다만, **굶고 얼어죽은 120여명을 포함해 364명의 희생**과 분산 낙오병 170여명이란 피해를 입기도 했습니다.

   참으로 원통하고 분한 역경을 겪었으나, 우리들은 이에 굴하지 않고, 적군 中將과 大佐 등의 생포·사살 등 적 생포 309명 사살 174명 등 483명을 처치하므로써 **우리戰史에 빛나는 金字塔을 쌓아** 올렸습니다.

8. 그런 우리들을, 우리군은 1951. 4. 12 당시 백골병단 사령관이던 육군중령 蔡命新씨가 직접 지참한 전투결과 보고를 正式으로 받았음에도 불구하고 참전개선 장병 283명을 아무런 **命令書 한장 없이** 미8군 예속으로 넘겨 버렸고, **전사자의 명단과 참전장병의 명단조차 保存하지 않았으며,** 여기까지의 지휘·전공에 합당한 빛나는 勳功조차 수여하지 않아, 우리들 모두는 **무 軍籍者** 즉 **엉터리 임시군인**이 되어 버렸던것입니다.

9. 참전장병중 가짜 少領이라고 해 이 사람과 같이 高等軍法會議에 회부된 자도 생겼고, 逃亡兵이라고해 옥고를 치른 전우, 두 번 군대생활은 기본이 되다싶이 되었으나 그 누구도 이들을 도우려 하지 않았습니다.

10. 1961년 8월 5.16 군사 혁명후 채명신 少將이 군사 혁명위원회 5인 위원중 한사람이 되자, 參戰後 10年이나 지났으니, 억울함을 달래고자 참전전우회를 발기하였으나, 別다른 得 없이, 오늘날까지 43년간을 會長으로 있으면서, 對 政府 투쟁과 함께 **戰歿將兵** 61명을 발굴하여, **동**

작동에 위패 58위를, 대전 현충원에는 직접 **발굴한 유골 3위**를 안장하는 한편, "박달재(檀木嶺)" 후미진 곳에 병풍을 치고, 위령제를 지냈으나 1990년 11월 9일에 이르러서는 강원도 인제군 북면 용대리 산 250번지에 높이 16.4m의 거대한 **白骨兵團 戰跡碑**를 세웠고, 2003. 6. 5에는 이름조차 알수 없는 무명용사 **303명의 무명용사 合同 추모비**를 건립하는 한편, 정부당국에 수백 차례에 걸친, 진정·청원, 호소 등을 해왔습니다. **참으로 어려운 나날이었습니다.**

11. 2003. 6. 2 이 사람이 **참전장병의 명예회복에 관한 특별법**의 제정을 위해, 입법(안)과 취지문을 작성하여 국회의원 133명에게 호소하였던바, 여야 53名의 국회의원이 찬성해 주시어,

    2004. 3. 2 국회 본회의에서 **6.25전쟁중 적 후방지역 작전수행 공로자에 대한 군복무인정 및 보상등에 관한 법률**이 만장일치 찬성으로 입법(안)이 통과 되었으며,

    이 법률 (안)을 2004. 3. 22 정부가 公布하여 53년만에 비로소 명예회복을 目前에 두게 되었습니다.

12. 이제 참전·개선 53년만에 **우리들의 군복무 인정이란 명예회복이** 되게된것입니다. 앞으로는 이런 일이 다시는 생길 수도 없고, 또 생겨서도 아니 됩니다.

    이 나라 젊은이들은 어떤 國難을 당했을때에도 용감히 조국과 민족을 위해 이 한목숨 바쳐도, 나라가 책임져 준다는 교훈을 남기게 되어 매우 다행스럽습니다.

존경하는 내빈과 참전 장병의 가족 여러분! 참으로 쓰라린 **忍苦의 53년은 결코 헛되지 않았음을** 오늘 웅변으로 증명할 수 있게되었음을 자랑스럽게 보고 드리면서 **略史 報告**와 인사말씀을 줄입니다.

대단히 감사합니다.

2004. 4. 13

전 육군본부 직할 결사대 "백골병단" 작전참모

參戰戰友會 會長 임시소령 全 仁 植

2004. 11. 23 6.25 전쟁중 적후방 지역 특수작전 공로자의 보상 등과 관련된 사항에 대하여 본회 전인식 회장 외 44명이 연명으로 노무현 대통령에게 전투기간의 3배 인정(병역법) 훈·포장수여를 법대로 집행해주고, 영광의 퇴역식 거행, 국민과 함께 영광을 바라는 탄원서를 제출하였던바 이를 국방부로 이첩하였기에 국방부는 변명으로 일관한 것. 아무런 도움도 없었다. 이를 탄원서와 함께 전문을 싣는다.

(탄원서 회답)

"공정한 조달로 튼튼한 국방을"

국 방 부

수신자 전인식씨 귀하(서울 마포구 서교동 466-19 육군본부 직할결사대 참전전우회)

(경유)

제 목 민원회신

1. 한국 전쟁당시 유격부대에 참여하여 임무를 수행하고자 목숨을 걸고 싸우신데 대하여 우선 경의를 표하며, 귀하께서 대통령 비서실에 탄원하신 "탄원서"와 국방부장관 수신으로 보내신 "6.25전쟁중 적후방지역 특수작전 공로자의 보상등 관련사항"에 대해 민원 내용을 잘 읽어 보았습니다.

2. 청원하신 민원의 회신내용은 붙임과 같습니다.

3. 기타 궁금한 사항이 있을시 국방부 인사국 인사관리과(02-748-5155)로 전화주시면 자세히 답변하여 드리겠습니다.

4. 귀하의 가정에 언제나 행운이 함께 하시길 기원합니다.

붙 임 탄원서에 대한 민원 회신 1부 끝

국 방 부 장 관

백골병단 T/F장 인사관리과장 전결 12/08

협조자

시행 인사관리과-7562 (2004.12.09.) 접수

우 140-701 서울 용산구 이태원로 22번지(용산동3가 1번지) http://www.mnd.mil

전화 전송 /jeong430@mnd.mil / 공개

탄원사항에 대한 민원 회신

□ **청원사항"1"** '법률 제7200호 제5조 제1항의 보상금산정에 있어 복무기간은 군인연금법에 전투에 종사한 기간은 3배로 환산하도록 규정한 법률에 위배되므로 재 계산'을 청원하셨습니다.

ㅇ 군인연금법 제 16조 4항 '전투에 종사한기간은 이를 3배로 한다'로 규정되어 있으나, 이의 적용은 거의 대부분의 조항이 직업군인의 퇴직급여와 관련한 사항이므로 징집된 경우는 적용범위에 포함되지 않으며 '전투에 종사한 기간'은 퇴직급여 산정시 적용하는 기간임 따라서 법률 제7200호 제5조1항의 보상금 산정은 군인연금법의 위법사항이 아님을 양지하시기 바랍니다.

□ **청원사항 "2"** '참전장병 모두에게 합당한 훈·표창의 영예를달라'는 청원은

ㅇ '53년 7월부터 '54년말까지 전공을 세우고 포상이 누락된 자를 일제 조사후 구제포상을 실시로 6.25전공자에 대한 포상업무를 종결 하였습니다　※ 이후 소급포상사례는 없음
6.25전쟁 50여년이 경과한 현재에 당시의 개인별로 구체적이고 객관적으로 전공을 판단할 수 있는 육군의 공인자료가 없어 공적심사가 불가한 실정 입니다.

□ **청원사항 "3,4"** '현역장병으로 영광의 퇴역식 및 2중복무에 대한 위자료 지급' 에대한 청원은

ㅇ 법률 제 7200호에 의거 공로자 인정된 자에 대해 현역복무로 인정 및 군번을 부여하고 보상신청요구시는 1,000만원 이내의 위자료 성격의 공로금을 지급 할 것임

ㅇ 다만 현역장병으로 퇴역식은 보상기간이 종료되기 이전에 시행여부를 검토할 예정임

□ **청원사항"5"** '참전 유공자 심사를 엄격히 시행'을 요구하는 청원은

ㅇ 특수작전 공로자 인정심의위원은 총 9명으로 편성하여 비공로자가 공로자로 둔갑되는 일이 없도록 철저하게 심의할 것 임

우편물 수령증

접 수 자 : 창구04 김옥현
총 요 금 : 1,750원(즉납:1,750원)
(현 금 : 1,750원
신용카드 : 0원)
접수번호 : 10450384

탄 원 서

존경하는 노 무 현 대통령 님!!

대통령님의 건강과 막중한 국사를 담당하시는 대통령님에게 경의와 찬사, 그리고 희망을 간직한 채, 다음 몇 가지를 탄원(청원)드리오니 되도록 빠른 시일 안에 명쾌한 처결을 앙청하나이다.

= **탄원의 배경** =

1. 저이들은 모두 72세에서 84세까지의 늙은 세대로서 1950년 6.25 한국전쟁이 발발한 때, 18세의 어린나이에 **국민방위군 설치법**의 공포(1950.12.21)와 동시에 발령된, 만 17세 이상 40세까지의 **청장년 총동원령**에 따라 아무런 징집이나 소집영장 없이 1950.12.30 대구 육군 보충대에 강제 입대된 자 들 입니다.
2. 1951.1.3 육군 보충대에 수용된 우리들 앞에 육군소령 한분이 와서, 주번사관 육군중위를 앞세우고 수용된 우리들 중 신체건강하고 학력이 높은 순으로 710여명을 뽑아 대구소재 달성초등학교에 마련된 **육군정보학교**에 입교 시켰습니다.
육군정보학교 당국자와 육군 본부측에서는 우리들에게 아무런 사전 예고나 설명도 없이 특수임무교육을 실시 했습니다.
(가) 유격 특수전 교육과, 북한군을 모방한 피복과 전술 등 북한군의 행색을 위장한 훈련을 시키고, 1951.1.25 장교급 124명에게는 **국방부장관 신성모씨 명의로 임시장교**의 임관사령장과 GO 군번을 주었습니다.(부사관·병사도 계급과 G군번을 주었습니다.)
(나) 1951.1.16 훈련중에 피교육자 349명과 중강병력 14명 합계 363명을 육군중령 채명신(예비역중장)이 지휘하도록 **결사 제11연대**로 편성한 뒤, 1951.1.30 대구 육군정보학교(육군 제7훈련소)를 살며시 출발, 강원도 영월군 영월읍에서 적지로 침투시켰습니다.
(다) 1951.2.4 제2진으로 교육받은 **결사 제12연대** 361명은 31명을 제13연대로 이관하고, 330명만이 출동, 1951.2.7 강원도 명주군 강동면 강동지서 앞 논바닥에서 **육해공군 총참모장 육군소장 정일권**(예비역 대장)과 제1군단장 김백일, 수도사단장 송효찬, 주한 미 군사 정보수석고문관 하우스만 중령, 정보국 3과장 이극성 중령 등에게 출동신고를 하고, 사열후, 그날 밤, 강릉방면으로 침투시켰으며,
(라) 1951.1.24 제2차로 육군 정보학교에 입교한 학생 300여명 중 93명을 선발하고 12연대에서 이관된 31명 계124명을 **결사 제13연대**로 하고, 1951.2.11 부산항경유 1951.2.14 묵호항에서 하선, 1951.2.15 대관령, 횡계 방면의 적진 배후지역으로 침투시켰습니다.
이들 3개연대는 결사 제11연대 363명,
결사 제12연대 330명,
결사 제13연대 124명, 합계 817명의 청·장년은 학생(중, 고, 대학), 의용경찰, 철도경비경찰, 군 낙오병, 애국 청년단원 등이 었습니다.

= **군 수뇌부의 잘못** =

1. 우리들의 교육기간은 모두 3주간 이었으며, 작전지도도 제대로 볼줄모르는 자에게 장교계급인 소·중대장(중·소위), 대대장(대위) 등을 21일간의 교육만으로 장교 계급을 주었으니, 이들이 살아 돌아오리라는 희망은 전혀 고려되지 않았던 것입니다.

2. 우리들에게 비상식량이라고 준 미숫가루 2주일분 만으로 혹한기 산악지역에 출동시켰으니 그 미숫가루를 다 먹고 난 뒤에는 나무나 풀도 없으니 굶어 죽는방도 이외에는 다른 대안이 있을 수 없었으니 이는 분명히 **간접 살인행위**와 같았습니다.
3. 우리들에게 지급한 소총은 소련제인 아식보총(일명 : 딱콩총)과 일제 99식 장총 등이었고, 탄약은 1인당 30발식을 주었으며, 그 총 일부는 소총의 공이(격발장치)가 없는것들도 있었으니 차라리 **나무 막대기만도 못한 총**을 주었습니다. 이럴수가 있습니까 !!
4. 아군과 연락을 취하라고 **결사 제11연대에만 지급한** 무전기 2대의 통신 통달거리는 평지에서 약 7~8km, 산악지역에서는 2km에 불과한 SCR 300(중대간용)으로, 이들은 1주일뒤, 배터리가 소모되자 무용지물이 되었으니 이들 청·장년 817명이 이리 뛰고, 저리 뛰다가 죽으라고 적지에 내보낸 **살인행위로서** 행위자들은 의법처리 되어야 함을 강력히 추궁·고발합니다.
5. 피 고발인들은 다음과 같습니다.
   ◎ 전 육군본부 정보국장 육군준장　백인엽 (예비역 중장) (모병·기획책임자)
   ◎　〃　〃　〃　이한림 (　〃　) (교육·훈련·출동책임자)
   육해공군 총참모장 육군소장　정일권 (예비역 대장) (사망)
   국방부 장관　신성모　(〃)
   ◎ 전 육본 정보국 공작과장 육군중령 이극성 (예비역 준장) (모병·교육 출동 실무책임자)
   ◎ 전 결사 제11연대장　육군중령 채명신 (예비역 중장) (임시 장병 인솔 책임자)
   ◎ 기타 정보국원 및 육군 정보학교 관련자 등

= **그들의 전공** =

1. 우리들은 1951.2.17~20까지 사이에 강원도 명주군 연곡면 퇴곡리에 결사 제11,12, 13연대가 집결하게 되었습니다. 집결된 병력은 낙오자를 제외한 647명이었습니다.
   육군중령 채명신은 3개 연대를 통합하고, **白骨兵團이라 命名**한 뒤
   1951.2.23부터 통합작전에 들어갔습니다.
   1951.2.24 10시경, 적진중에서 아군 함재기인 구루먼 전폭기가 나타나자 우리들은 아군이란 표지인 대공표지판을 잘 보이게 펴 깔았음에도 불구하고, 오히려 **대공표지판위에 기총소사**와 **네이팜탄으로** 공격을 당하여, 우리전우 6명의 희생을 입었으며, 우리들은 즉각, 흐터져 숨고, 야단이 났으니 그 대공표지판은 생존이 아니라 죽음을 부른 것이었습니다. 이것도 **중대한 잘못**이라고 지적합니다.
2. 우리 작전팀은 1951.2.27 강원도 홍천군 내면 광원리↔갈천리로 넘는 구룡령을 차단하여, 북한군 69여단의 정치군관 대위 외 3인을 생포하여 **69여단의 1급 기밀문서를 탈취**·노획하여 아군지역에 이를 속보 전달하여, 적에게 막대한 타격을 가 하였습니다.
   (증거기록 : 육군정기 정보보고 중동부전선 철에 있음)
3. 1951.3.18 강원도 인제군 인제면 가리산리 속칭 군량밭(軍糧田)마을과 필례(必禮)마을에서 대남 빨치산사령관 겸 빨치산제5지대장, 조선노동당 군사부 제2비서 **人民軍 中將 길원팔(吉元八)외 13명의 생포**로 대남 빨치산지휘부를 전멸시켰습니다.(증거 : 육군정기 정보보고서철에 기록되어있음)

4. 1951.3.23 적의 추격으로 우리들이 강원도 인제군 북면 용대3리까지 북진 퇴각하였을때, **북한군 제32사단이 남하중 우리들과 격전을** 벌리게되자, 탄약의 고갈, 배고픔을 비롯한 중과부적으로 백담사를 거쳐, 설악산 정상부 부근으로 퇴각하여, 五色里까지 철수 이동하였으나, 오색리에 이르니 **적10사단이 방어선을** 구축·경계하고 있어, 우리 **작전팀은 결사대원을** 최선봉에 세우고 **백주(대낮)에 적진중을 행군**하여 박달재(檀木嶺)로 진입하고, 적의 주저항선을 배후에서 뚫고 남하·퇴출 작전을 폈습니다.
5. 1951.3.30 우리들은 3일간의 악전고투와 천신만고 끝에, 아군 제7사단 3연대 수색대와 접선, 개선한뒤, 1951. 4.3 강릉에 도착하였으며, 1951.4.25까지 강릉에 도착한 개선장병은 모두 283명 뿐이였습니다. 따라서 **총 출동병력 : 817명** 중, 1차 낙오 170명, **전사망 364명** 계 534명이 희생되었으나 이들은 아무런 영장도 없이 입대하였고, 가족에게도 전혀 알리지 않았을뿐 아니라 대부분이 총각이였으므로 유가족을 찾기란 거의 불가능한 실정이었습니다.

= 재차 군 복무(2중 병역) =

1. 우리들이 **살아 돌아온 283명 중** 상당인원은 1951.4.26 **미8군 기동부대 커크랜드 기지**로 이관되어, 적 후방 상륙작전 등에 참가한 뒤, **1951.8.10일까지** 근무하고 해산되어 뿔뿔이 귀향하였으나 이때 가짜군인이라는 **누명으로 모진고문을 받은 장병**도 있었고, **재차 소집영장 또는 징집영장**에 따라, 다시 군에 입대하여, **휴전 전 후까지** 군복무를 다시 하게 되었습니다. 이런 억울한일 *!!* 법에도 없는 2중군대 복무등을 거치면서 살아남은 우리 참전전우회 회원 60여 명중 재차 군복무자는 34명으로 55%가 넘는데, 우리들은 대체로 병역의무를 2중으로 하게 된 것으로써, 이들은 **병역법과 헌법을 위반한 6.25전쟁 피해자**가 된 것이오니 이 억울함을 굽어 살피시어, 응분의 피해보상을 해주시기를 갈구하나이다.
2. 우리참전 전우들은 참전 10년 후인 1961년 8월 참전전우회를 발기한 이래, 백골병단 참전전우회를 거쳐 현 **육군본부 직할 결사대 전우회**로 이어진, 참전장병이 모두 뜻을 함께하여 전사자 61명을 인우보증 방법으로 확인하여, **국립묘지 안장 3위**(유해발굴), **국립묘지 위패안치 58위**를 비롯하여, 모친 2인(사망), 처 3인, 자 4명, 녀 1명을 국가유공자로 보훈혜택을 받게 하였습니다.
3. 1990.11.9에는 육군본부 예산 8,000여만원과 **전우회 협찬금** 4,000여만원의 예산으로 육군 제3군단 공병여단에 의하여, 높이 16.4m의 크기로 **白骨兵團 전적비**를 건립(강원도 인제군 북면 용대3리 산 250-2)하여 해마다 우리들 참전 전우회와 육군 제3군단의 공동주관으로 현충 위령행사를 거행하고 있습니다. 참으로 서글픈 사연입니다.
4. 2003.6.5에는 전적비 옆에 **무명 전사망자 303명**과 **민간인** 15인중 **전사망자 13인**의 합동 **무명용사 추모비**를 전우회 부담 1,027만원, 국가보훈처 지원 500만원, 재향군인회 지원 100만원으로 건립 제막하여 무명 전몰장병과 민간인 참전 희생자의 명복을 비는 추모의식을 거행하고 있습니다.

이래서야 되겠습니까……
나라를 위해 목숨을 초개와 같이 버린 청춘의 한(恨)이 이렇게 홀대 받아서는 아니된다고 생각합니다.

존경하는 대통령 님 !! 저이들과 같은 불행한 과거가 어찌 저이들 뿐이겠습니까 !! 그러하오나 우리들은 너무·너무나 억울하고 원통하오니, 나라에서 구원해 주심을 간절히 바라나이다.

= **희망의 법률 공포** =

1. 지난 2004.3.22 정부는 **법률 제7,200호**로 **6.25 전쟁 중 적 후방지역 작전수행공로자에 대한 군복무인정 및 보상 등에 관한 법률**을 공포해 주셨습니다. 군사정권에서도 외면하여 여기까지 오는데 53년의 오랜 세월이 걸렸습니다.
   우리들 모두는 이제 53년이란 오랜 **인고의 세월** 끝에 사람대접을 받게 되었다고 모두들 환희와 희망으로 들떠, 무엇보다 먼저 우리를 두고, **먼저 간, 전우의 안식**을 위해, 전적비의 보수 등을 위해, 늙고 병든 우리들이지만, 모두 합심하여 50여명의 회원이 각각 50만원의 거금을 갹출하여 전적비를 보수하는 한편, 우리 모두의 **인화단결, 인우보증**을 위한 회의를 갖는 등 협의하고 있었습니다만, 어찌된 영문인지 **국방부에서 작성한 시행령(안)이 법제처로 넘어간 뒤 50여일만인** 2004.11.11에 이르러 비로소 **대통령령 18,583호**(2004.11.11)가 공포되었습니다.
   그 법률 시행령" 제5조(보상금 및 공로금)의 계급별 보상금액이 다음과 같이 적은데 놀라지 않을 수 없었습니다.

(단위 : 원)

계 급	이등중사	일등중사	이등상사	소 위	중 위	대 위	[illegible]
보상금액	29,280	35,130	118,580	162,500	174,210	185,920	226,920

   위의 금액이 **해당 계급으로 적진 배후지역**에서 전투한 1개월간의 보상인지 ? 8개월간의 전투 장병의 계급별 보상금이라고 생각하니 참으로 기가막힐 일이 아닐수 없습니다.
2. **존경하는 대통령 님 !!** 이것이 대한민국 정부가 법률로 공포하고, 6.25 전쟁 중 적 후방지역 작전수행공로자로 인정하고, 보상금을 준다는 것이 고작 29,000여원 이라하니 참으로 기가막힐 일이 아닐수 없습니다.
   정말 섭섭합니다. 늙고 병들어 "데모"도 할 수 없고, 국방부 청사 등 앞에 가서 1인 시위를 하려해도 너무나 기력이 없어 참으로 서글픕니다.

   바라옵건대 우리 참전 전우 중 현 생존자는 고작 60여명 뿐이고, 전쟁후(개선후) 사망자 50여명 중 참전 공로해당자는 30여명, 기타 30여명을 합해도 120여명에 불과하오니 다음청원을 받아 주심을 간절히 바라나이다.

= **청원(탄원)사항** =

① **【전투종사기간은 3배로】** 우리들은 법률 7,200호 제5조제1항의 보상금 산정에 있어서 **평균 복무기간 8월을** 곱한 후, 이를 현재 가치로 환산한다고 규정하여, 위와 같은 보상금액이 계산된 것같은데, 이 계산은 군인 연금법 제16조제4항의 규정에 의하여, **전투에 종사한 기간은 이를 3배로 환산하도록** 규정한 법률을 위반한 잘못 계산된것 이오니 다시 계산해 주심을 청원 드립니다.

② 【훈·포장수여는 당연】 우리들은 정말 어려운 전투를 했으며, 피나는 노력의 결과 나름대로 충성을 다 바쳐 나라를 지켜냈습니다. 따라서, **우리들 참전장병 모두에게 합당한 훈포장의 영예를 주십시오.** 법에도 훈·포장을 줄수있게 규정했습니다.
나라가 위급한때, 병역법에 의한 징집 또는 소집 영장도 없이, 군에 입대하여 유격특수전을 수행한 자에 대한 "서훈"은 백번, 천번을 주어도 아깝지 않다고 생각합니다.

③ 【현역장병으로 영광의 퇴역식】 우리들이 1951년에 받은 임시계급을 현역과 같이 근무한 것으로 인정받게 되었으니, **인민군복이 아닌 의젓한 군복을 입고, 계급장도 달고, 영광스러운 퇴역식을** 한번 해보고 죽는것 또한 소원입니다.
아울러, 2중 복무의 정신적 피해와 가짜군인으로 몰려, 곤욕을 당한자 등에 대하여는 응당 **위자료 등의 지급**을 바랍니다.

④ 【온국민과 함께 영광을】 우리들에게 희망과 용기 그리고, 그들 자손과, 친지, 이웃 모두에게도 참다운 나라 사랑의 긍지를 일깨워 주시고, 나라를 위한 충절은 영원불멸 하다는 것을 국민모두에게 심어줄수 있게 되기를 바라고 또 바라나이다.

⑤ 【참전 유공자 심사를 엄격히】 여기서, 한가지 덧붙여 진언 드릴 것은 국방부에 마련된 공로자 심의위원회가 심의할때, 단 한사람도 누락 되어서는 아니 되겠으나, 의심쩍은 자가 공로자로 둔갑 되는일은 더 더욱 아니 됨을 각별 유의 하도록 조치되어야 할 것입니다.

이상 다섯가지가 우리들 모두의 마지막 바램이고, 소원이며, 희망입니다.

내 사랑하는 조국, 대한민국의 대통령님과 관계하시는 모든 "어르신"에게 신의 가호가, 부처님의 자비가 영원하시길 기도드리고 또 바라며, 우리 생존자 모두의 이름으로 연명·청원 드리오니 이 소원을 거두어 주소서……

탄 원 인

참전당시 계급	성명 ㊞	주민등록번호	주소	2중 복무 계급
소 령	全 仁 植	290727-102****	경기도 고양시 덕양구 화정동 951 별빛 건영(A) 1005동 1102호	육군 중위
이등중사	車 周 燦	330727-105****	경기도 광명시 하안 4동 주공(A) 902-1109호	육군 소령
임시중위	高 悌 和	250326-101****	경기도 고양시 덕양구 화정1동 한화엘르빌 1동 302호	경찰총경

탄 원 인 (계속)

참전당시 계급	성 명 ㊞	주민등록번호	주 소	2중 복무 계급
(진급)대위	權 寧 哲	290608-123****	경기 안성시 서운면 청룡리 43-3	–
일등중사	林 東 郁	291011-145****	충남 논산시 취암동 83-1 참사랑(A) 101-102	육군 하사
이등상사	張 之 永	300903-103****	경기 용인시 신봉동 871 LG빌리지 5차(A) 502동 804호	–
임시소위	權 泰 鍾	291001-114****	인천시 남동구 구월1동 769-3	육군 상병
일등중사	金 宋 奎	310525-151****	인천시 서구 석남1동 463의1 영진연립 가동 207호	육군 병장
임시소위	金 容 弼	250223-123****	경기 파주시 탄현면 법흥리 456	경찰
임시중위	金 寅 泰	280220-105****	인천시 계양구 작전2동 420번지 미도(A) 1-907호	경찰간부
이등상사	金 重 信	280630-147****	경기 고양시 일산구 탄현동 198-23 일신삼익(A) 106동 1502호	육군 병장
이등상사	朴 勝 錄	290905-140****	대전시 서구 삼천동 청솔(A) 2동 1307호	육군 일병
이등중사	裵 善 浩	330131-133****	강원 정선군 정선읍 애산 2리 415-23	[illegible]병
이등상사	宋 世 鏞	320220-114****	인천시 중구 내동 192-1(3통 2반)	육군 하사
일등중사	安 秉 熙	310419-122****	경기 평택시 진위면 마산4리 115	육군 병장
일등중사	尹 慶 俊	310425-140****	대전시 중구 태평동 263-27(301호)	육군 병장
이등상사	李 永 九	330220-124****	경기 용인시 풍덕천1동 85-29	공군 하사
일등중사	李 翊 宰	290716-122****	경기도 평택시 지산동 843-2호 삼흥빌라 가동 302호(4통3반)	전투경찰
일등중사	林 炳 華	331125-100****	서울 은평구 갈현2동 504-36	해군 병장
일등중사	崔 潤 宇	350922-101****	서울 강남구 청담동 18-16(우성 500호)	육군 하사
이등상사	崔 鍾 敏	300105-126****	서울시 강북구 미아7동 1353번지 SK(A) 147동 601호	육군 이병
이등상사	洪 金 杓	340504-114****	인천광역시 남구 숭의 4동 2-203호	육군 중위
임시소위	黃 泰 圭	310302-145****	충남 공주시 유구읍 석남리 213	육군 중사
이등상사	姜 五 馨	310426-103****	서울시 은평구 녹번동 86-50	경찰
일등중사	金 壽 昌	270905-123****	경기 파주시 문산읍 운천3리 92-6	육군 상병

- 6 -

<이하생략>

(3) 白骨兵團 戰史 등 合同 會議錄

다음은 1992.9.5 결사유격 제11연대, 동12연대, 동13연대, 참전장병 일동의 **白骨兵團 戰史 관련 合同 會議錄 全文**이다.

1992.9.5 육군본부직할 결사유격대(백골병단)참전장병의 합동회의 회의록
채명신, 이두병, 장철익 등 36명과 위임 14명이 참여했다.
戰史資料 일체 등도 여기서 논의되었다.

前 陸軍本部 直轄 決死 遊擊隊
第 11, 12, 13聯隊(白骨兵團) 參戰將兵

日　時：1992年 9月 5日 15時
場　所：서울 마포구 서교동 "가회"
通知日：1992年 8月 14日 등기우송60通과 直接 傳達5通

(開會：15時40分 蔡將軍지참으로 因함)

1. 國民儀禮

開會辭：司會 全仁植

오늘 公私多忙하신 가운데 貴賓님과 有關機關人士 여러 분을 모시고 1951年 祖國의 運命이 百尺竿頭에 있을 때, 自身의 安逸을 버리고, 나라와 國民의 安寧을 위하여 敵陣 깊숙이 侵透하여 血戰을 敢行한 國軍 最初의 正規遊擊隊 決死 第 11,12,13聯隊(統合部隊 白骨兵團)의 戰史를 바로잡기 위한 參戰者 全員 會議를 開催하는 서글픈 現實을 한탄하면서 參戰將兵이 모여 眞實을 밝혀 後日 우리 戰史에 하나의 "획"을 그어 이를 龜鑑으로 삼고 또, 江原道 인제군 북면 용대리에 세워진 戰跡碑의 榮光과 그 빛을 萬邦에 떨칠 수 있게 함과 同時에 安保의 重要性을 더할 수 있게 하고자 하는 모임이자 戰史의 骨幹을 決定하는 會議입니다.

오늘의 會議는 우리들 640余名이 敵陣 背後 40~100km 相當 地點에서 많은 戰果를 올렸습니다만 아깝게도 360余 將兵이 戰死 또는 失踪되는 悲運을 겪어야 했습니다. 이와 같은 모든 것을 體系的으로 整理하여 우리 戰史에 遊擊戰 不在의 章을 메꾸고, 特功이 빛나는 將兵에 對한 그 功도 여기서 確定하고자 하는 것입니다.

갑자기 會議를 召集하면 合理的인 討議가 될 수 없을 것 같아 이미 20余日 前에 書面 質問 등을 보내드렸던 바 많은 參戰 同志께서 回信을 주셔서 좋은 資料가 準備되어 多幸하게 생각합니다.

그리고 오늘 參席하신 많은 同志께서는 이미 1961年 8月 以後부터 活動해온 우리 親睦團體인 大韓遊擊參戰同志會 會員의 代表的인 集團모임이기 때문에 제가 召集을 하게 된 點을 양해하시기 바랍니다.

이와 같은 點을 理解하시고 合理的이고 또 圓滑한 會議進行이 되도록 協助해 주실 것을 부탁드립니다.

오늘 이 會議에는 蔡命新 當時의 司令官께서 外國의 行事 旅行日程을 단축하시면서 直接 參席하셔서 發言과 解明 등을 해 주실 것으로 믿습니다.

◎ 成員 報告를 드리겠습니다.

오늘 總會는 23日 前에 등기 우송하고 追送5通으로 60通 相當이 傳達된 것 같습니다. 本人參席36名 委任者14명 計 50名의 參席으로 成員됨을 報告합니다.

司會와 召集權者에 對하여 말이 있는 것 같습니다.

卽, 어떤 參戰同志는 參戰者 主體會議라면 宜當 3人의 聯隊長이 召集해야 할 것이 아닌가라는 말도 있다 합니다.

3人의 聯隊長이 좋은 뜻으로 合意한 것 같은 90年 4月 1日字 **"추천 및 합의서"** 에 따라 戰跡碑 建立이 오히려 取消될 뻔 했던 지난날이 생각되어 別로 듣기 좋은 말은 아닌 것 같고 또, 1961年8月 以後 오늘날까지 그 命이 이어져 내려온 參戰同志會가 있고 이 모임은 1988年 蔡將軍께서 歸國하시기 前까지는 金漢喆 同志를 除外한 모두의 同志가 參與 乃至는 觀心을 가진 唯一한 團體였고 現在도 90％ 相當이 이 모임에 參與하고 있기 때문에 召集權者의 말은 別로 意義가 없다고 생각합니다.

누가 召集하면 어때요, 目的이 뚜렷한 建設的인 모임 아닙니까?

그러나 이 會議의 性格上 司會 兼 議長을 選出하도록 하겠습니다.

<u>全仁植을 議長으로 選出하는데 同意하시는 同志께서는 손을 들어 주십시오.</u>

擧手 票決 結果 : 滿場一致로 擧手 可決하다.

滿場一致로 議長에 全仁植이 選出되었음을 宣布합니다.

議 長(全仁植) : 이미 오늘의 會議案件이나 그 重要性, 그리고 우리들의 足蹟을 남길 **戰史의 歷史性과 公正性, 事實性에 對하여는** 긴 말씀을 드릴 必要가 없다고 생각합니다. 우리는 싸웠고 勝利했으며, 40年만에 겨우 빛을 보기는 했으나 그 記錄文件이 없다는 것입니다. 오늘 잘 협의하십시다.

上程할 議案은

1號案件 部隊의 編成 背景과 根據등에 關한 件

2號案件 各隊의 作戰命令 및 作戰槪要의 件

3號 〃 白骨兵團 統合 編成의 件

4號 〃 作戰完了 凱旋의 件

5號 〃 主要作戰 成果에 關한 件(吉元八 生捕包含)

6號 〃 戰跡碑 建立位置, 碑名, 碑文, 作戰要圖, 參戰將兵名單. 協贊者名單, 獻詩, 戰歿將兵名單 등의 当否에 對하여

7號 〃 金漢喆, 李斗柄氏의 陳情書에 關한 件

으로 하고 金漢喆氏 等이 陸軍本部 및 國防部 등에 提出한 陳情書 때문에 우리들 前陸軍本部(情報局, 作戰局)直轄決死遊擊隊, 白骨兵團出身參戰將兵의 위상이 형편없이 매도되었을 뿐 아니라 40年만에 겨우 세운 戰跡碑에도 큰 흠과 不名譽를 낳게 한 바 이를 먼저 살펴보고 金氏가 쓴 冊의 內容을 準備한 O.H.P.로 보시고 會議를 進行하고자 합니다.

特히 오늘의 會議를 圓滑히 進行하기 위하여 私事로운 感情이나 苦生談, 身上發言등은 本案件이 모두 끝난 다음에 하시도록 부탁드립니다. 特히 金漢喆氏로 因하여 이와 같은 모임을 强要받은 바 그 분의 眞意를 우리는 먼저 알아야 한다고 생각합니다.

= **O.H.P.작동** =

이미 O.H.P.를 通하여 蔡司令官의 事實認定書(90年12.11) 李斗柄 12聯隊長의 事實確認書와 12聯隊의 部隊 概況등을 O.H.P.로 보셨습니다.

그는 「마지막 침투한 對北 유격대의 활약상」(月刊 自由社 刊)에서 참으로 웃기는 대목을 羅列하고 있으며 이를 진정서에 붙여 유격戰史로 確定해 달라는 要旨의 主張을 하고 있습니다.

參考로 主要部分을 紹介하면 다음과 같습니다.

① 12聯隊참모장 張喆翼대위가 신배령고개넘어의 我空軍 폭격시 낙오되었다가 13연대에 포로로 잡혀와 그들 50여명을 김한철씨가 데리고 다녔다는 것
② 그는 1950年 11月 1日 陸軍補充隊에 入所하였고 11月21日 120名을 引率하여 달성국민학교에 入所했다는데…… 그때에는 정보학교가 開校하지도 아니했다.
③ 51年1月31日 밤 10시경 陸本狀況室에서 丁一權 총참모장 신성모 국방장관 등이 있는 자리에서 상황보고를 받았다는 것.
④ 13연대를 독립연대로 表記하면서 兵力 136名을 引受하고 51年 2月3일 釜山으로 가 2月5日 釜山을 出發했다고 하며, 2月5日 24時부터 作戰 行軍이 開始되었다고 기록하고 있다.

卽, 2月7日은 12聯隊가 江東지서 앞에서 作戰命令을 받고, 出動하던 날이고, 13聯隊는 2月 12日 釜山으로 向해 2月14日경 軍需品수송선에 승선했으므로 그의 主張은 날조가 아닌가…

그는 2月 6日부터 2月 24日 신배령의 폭격까지 사이에서 五臺山 行軍 8日間을 뺀 10日間에 걸쳐 거의 每日 敵을 生捕 射殺했는데 이것이 모두 거짓이 아닌지…

日時, 場所, 參加者 등이 不分明할 뿐 아니라 왜 이렇게 조작하고 있는지 알 수 없습니다.

卽 ㉮ 영밀마을에서 軍官3人 士兵27人 生捕 (p#59~61)
㉯ 점심때 절골마을에서 軍官1人 士兵 9人을 묶어왔다. (p#64)
이놈들은 빨치산 5支隊 놈들이였다함
㉰ 노루목이山 남쪽 울면동에서 20余 生捕 (p#71)
중공군 5人 북괴군 12人 計17人 生捕 (p#71~2)
㉱ 오대산 서녘골에서 軍官4人 士兵17人 生捕 (p#78)

황병산에서 신배령까지 8日間 行軍하다.(날짜는 기억하지 못한다고 적고 있다)
이것은 모두……

13聯隊 參戰者 배선호, 최종민 同志의 意見을 말씀해 주시오
1951年2月14日 묵호 도착(북평? 죽변?) 후 대관령 8分線까지 日製트럭으로 移動하여 月精寺方面을 경유 2月20日頃 三山里로 進出하였다는 것.

이것 맞습니까?

네. 하고 대답하다.

따라서 行軍은 5日程度 所要되었다고 보며, 退谷里 三山里까지에서는 接戰이 없었던 것이 13聯隊 出身者의 回顧이고 보면 여기까지의 作戰은 모두 虛僞事實임이……

이는, 我軍이 51年2月13日頃 下珍富里, 黃柄山, 橫溪里, 普光里 線을 장악하였으므로 大關嶺을 車輛으로 移動할 수 있었는 바 그 南쪽 20~30km인 묵호 西北方 玉溪 등지에서의 作戰이란 생각할 수 없는 일입니다.

或者는, 그는 임시 步兵大尉로서 제13특별 독립연대장이였다. 라고 말할 수 있으나 같은 날 入隊하여 같은 內務班에서 宿食하며 함께 訓練을 받았고 一部 讀圖法 등만 따로 敎育받은 것 뿐인데 우리와 다를 것이 무엇이냐!! 하며, 그때 나는 손을 들지 않아 卒兵으로 參戰했지만 그때 蔡司令官을 除外하고 누가 部隊를 自身있게 指揮할 수 있었는가 라는 抗辯도 있음을 그 當時 指揮官이나 將校들은 反省해야 하며 아무런 바램없이 그 어려운 作戰에 參加한 많은 參戰將兵에게 오히려 부끄럽게 생각 해야 한다고 믿습니다.

⑤ 그 冊에서 蔡중령에 對한 非難으로 原色的인 用語로, 육두文字를 썼고 말끝마다 "

그놈! 그놈!" 하더니 어떤 대목에서는 "총살감이요" 하는 등 정녕 배은망덕한 것을 책으로 펴내고 이를 戰史로 삼아야 한다고 하니, 무엇인가 정신이 ……
意見이 있으면 말씀하십시오. 이래도 되는것입니까?

⑥ 신배령을 넘어 중위1 특무장1 전사5 計7人을 생포했다는 것은 외청도리에서 全仁植이 69여단 정치군관 총위1 중위1 특무장1 士兵1 計4人의 生捕를 잘못 記述한 것 같으며, 九龍嶺에 차량의 엔진소리가 요란했다 (p#98)는 것은 사람조차 다니기 어려운 험로였는데 ……

⑦ 그 冊은 저작권법과 출판사등록에 관한 법률위반으로 사료되어 문화부장관에게 92.8.24 정식으로 고발해 불법 간행물로 처벌을 받았습니다.

⑧ 吉元八 生捕記에서 그는 군량밭으로 진격했는데 정보에 따르면 결사 12연대와 11연대 병력이 필례에 주둔하고 있었다고 한다. (p#115) 이것 거짓입니다.

하루는 필례방면에 정찰을 하는데 그때 아군 제트機가 저공으로 정찰비행하므로 소나무에 몸을 숨기고 있는데 저쪽 200m 가량의 솔밭에 中星 넷을 단 놈과 중위1 특무장1 여대원1人이 보이더란다. 이것도 거짓입니다.

비행기가 간 뒤 朴少尉에게 저기 저놈들을 잡아라! 해서 그들을 불심검문하니 東海地區 빨치산 총사령부 참모장입니다. 하더란다. 그는 외팔이였다. (p#117)

金漢喆은 보위성군 제8사 부사단장(대성1개)이라고 하며, 그들을 돌려 보낸 뒤 동향을 살피니 나지막한 일자형 지붕의 집에 가서 특무장 놈이 보초에게 무엇을 고하더란다.
이것을 담 너머에서 지켜보고 있던 김한철, 김윤상, 이영렬, 田재식 등이 합세하여 17名 전원을 생포(p#119~121) 했다고 한다.

그가 東海地區 빨치산 총사령관이자 조선인민유격대 제4지구대장(사령관급)이고 대성(大星) 둘 中將과 姜七星참모장 등이었고, 군량밭에서 220여명을 또 射殺했다 한다.
이 生捕記는 敵 將兵4인을 검문 후 돌려보냈다는 點,
그들 뒤를 살살 따라갔다는 點과 生捕時가 아침 9時였다는 點,

生捕者가 17人이라 하더니 뒤에는 13人이라고 하는 點, 參戰有功者名이 다른 作戰에는 전혀 없는데 이곳에는 自己 외 3人의 이름을 등장시킨 點, 빨치산 참모장이 계급장을 달고 있었다 云云은 전혀 사실이 아닌 點, 生捕者가 司令部에 引渡될 때 그들은 階級章을 전원이 달고 있지 아니했다. 담장너머에서 接線을 지켜봤다는 點, 11연대와 12연대의 숙영지 內에 吉元八이 있었다는 기록.

필례마을은 30~40호 정도의 마을이었다. 따라서 金漢喆의 직접 生捕는 아니고, 정찰소대장 朴少尉 등이 直接 生捕해 온 것을 司令部에 넘기는 일만을 金漢喆은 담당한 것 같은데 여러분의 의견은 如何?

吉元八은 我軍服裝으로 위장하고 있었다고 그는 그 冊 167面에 적고 있습니다. 그런데 계급장을 달고 있다니!! 말도 아니 되는 것입니다. 계급장 달고 있는 것 본 사람있나요?

일　동 : 답 없음

本人의 記憶으로는 3月18日13時 이놈들을 司令部로 데려왔는데 階級章도 없고해서 처음에는 巨物인지 몰랐는데 司令官, 李相燮, 崔允植, 本人 등이 文書를 調査해서 身分을 알아낸 것으로 12연대장의 양도 云云도 전혀 당치 않은 것입니다.

일　동 : 긍정하다　　　　(여기서 本人은 全仁植 대위를 지칭함)

⑨ 백담사에서는 13R 김대위로부터 11연대 참모진 一党 7~8名이 모두 射殺될 뻔했다(p#152)는 것이고 蔡司令官이 13연대장님! 하는 경어를 썼다고 하는 웃지 못할 自己존칭!!

그는 p#167~168외에서 채사령관에 대한 욕을 늘어놓은 뒤 간성의 보급창 습격을 구상한다.

간성 시내 주변 교동리 솔밭 덕장 약 4,000坪에 은닉된 25,000名分의 방한장구 모포20,000장, 기관총탄1,500만발, 포탄110,000발, 수류탄145,000발, 총기류1,300정, 유류190드럼(p#192)을 폭파 · 소각하고, 여기서 훌쩍 날라 서화, 원통 천도리(p#196)를 경유 云云하더니 11연대에 대한 비난을 p#201~202, 207~208에서 또 蔡司令官을 비난한다.

여러분의 의견을 말씀하십시오.

일　동 : 기가 막힌 듯

⑩ 이 사람이 무엇 때문에 冊을 썼는지 알 수가 없어요

只今은 出版한 月刊 自由社에서도 冊을 팔지 아니합니다.이미 配布된 것도 모두 回收 파기하지 않는다면 우리 모두는 참을 수 없는 모욕을 당하는 것입니다. 아무리 좋게 解決하려해도 方策이 없습니다.

여러분의 좋은 意見을 말씀해 주십시오.

⑪ 金氏의 陳情書뿐인 줄 알았는데 9月2日 本人에게 送達된 陸本의 文書寫本에 依하면 決死遊擊 第12聯隊長 李斗柄氏도 陳情書를 함께 냈습니다.

이 陳情書, 무슨 確認書의 筆體는 모두 金漢喆氏의 것이란 것을 감정없이도 알 수 있어요, 그런것에 自筆 서명 날인을 받아 함께 提出했습니다.

李斗柄氏는 3人의 합의서 外에는 도장을 찍어준 것이 없다고 92.9.2.14시경 말하고 있어요.

그들의 陳情 主旨는 白骨兵團 戰跡碑는 11聯隊의 것이므로 12聯隊와 13聯隊의 狀況, 參戰將兵名單, 作戰要圖 등 모두에서 削除되어야 한다는 것이고 李斗柄 第12聯隊長도 김한철의 主張에 共認한다는 것입니다.

12, 13聯隊 出身將兵 여러분도 이 말씀에 同意하십니까?

이때 李斗柄의 증언

나는 진정서 낸 일이 없어요.

내 주민등록증 사본이 어떻게 갔을까요.

거듭 밝히지만 나는 도장 한 번만 찍었어요.

議 長 : 감정적으로만 성토한다고 일이 해결되는 것은 아닙니다. 신중히 처리하십시다.

◎ 金漢喆氏와 李斗柄氏가 陸本에 提起한 民願中 陸軍本部가 發刊한 小說 "白骨兵團"은 그 內容은 잘못되었으나 이는 實話가 아닌 小說인 點에서 忍容하는 것이 어떻습니까 그래도 그 冊이 白骨兵團이란 유격대가 있었다는 것만은 널리 알린 것이 아닌가요?

이제 冷靜을 되찾으시고 本案件에 들어가겠습니다.

◎ **議案 1號** : 部隊編成 根據와 作戰命令에 對하여 : 會議進行을 위하여 本人이 準備한 것을 먼저 朗讀해 드리고 그 意見을 묻는 것이 좋을 것 같아 먼저 말씀드리겠습니다.

① 1950年 6.25以後 9月의 仁川 上陸作戰의 成功으로 南侵한 북괴군은 退路가 차단되자 지리산, 태백산 등지로 숨어들어 遊擊戰을 감행하므로서 國內治安이 크게 어지럽고 戰線에서의 戰鬪 또한 부담스러웠다.

② 1950年 10月 26日 中共軍의 參戰介入으로 압록강에서 다시 後退를 하게 되어 分散된 國軍의 救出을 위하여는 武裝게릴라의 投入이 要求되었고 지리산 등지의 유격전을 우리 軍은 왜 할 수 없는가 하는 UN軍의 독촉도 있었다.

③ 戰線의 兵力도 不足한 때였으므로 熱血 反共 愛國青年을 短期間 教育으로 充員할 것을 검토하게 되었다.

④ 陸軍情報局長 准將 白仁燁은 特殊 任務를 띈 兵力을 陸軍補充隊에서 入隊를 待機中에 있는 熱血 反共 愛國青年과 學生 그리고 義勇警察, 鐵道警察, UN警察 出身 中에서 身體健康하고 담력이 있는 青年 등을 選拔하여 1950年12月下旬부터 1951年1月까지 사이에 陸軍 第7訓練所(陸軍情報學校)에 入隊케 한 다음 所定의 遊擊特殊訓

練을 시켰다. 特殊作戰을 위하여는 現役兵 中 戰鬪經驗이 豊富한 者 中에서 思想이 確固하고 身體가 剛健한 者로 하여금 遊擊特殊訓練을 履修한 50名 乃至 150名으로 編成하여야 할 것이였으나 前方에서 兵力을 差出할 수 없어 愛國靑年, 學生 등으로 代替되었다.

⑤ 陸軍情報學校는 大邱市內 달성國民學校에 있었다.

⑥ 敎育은 晝夜로 實施되었으며, 敎官은 諜報活動 有經驗將校, 6.25事變 以前에 敵地侵透 有經驗 虎林部隊出身將校, 歸順한 前職 人民軍將校 등이 담당하고 敵의 編制, 動向, 侵透要領, 通信方法, 處置要領, 接線方法 등 유격전 수행에 必須的인 內容을 集中 敎育하였다.(1951年1月16日頃부터는 情報局長 李翰林임)

⑦ 遊擊隊의 編成은 빨치산 編成과 類似하게 1個分隊는 3人으로 하고, 그 中 1人은 分隊長으로서 一等中士로 補하고 3個分隊를 小隊로 하고 小隊長은 少尉로, 따라서 1個小隊는 10名, 3個小隊를 中隊로, 中隊長은 中尉로, 따라서 1個中隊는 32名(연락병 1포함) 1個大隊는 3個中隊 96名과 大隊長 및 參謀陳 연락병 등 6人으로 102名이었다.

3個大隊 306名과 本部中隊 및 通信兵 등 37人과 聯隊長1+2副聯隊長1+1參謀4+2外 補佐官9人 合計 363名으로 11聯隊는 編成되었고, 敵地 1,000里길을 南下한 蔡命新 少領을 中領으로 進級시켜 결사유격 제11연대장으로 補任하여 이 部隊 363名의 將兵 中 唯一한 現役軍人이었다.

유격 제 11연대에는 蔡中領의 要求에 따라 1950年11月에 陸軍情報學校(一名南山學校)特殊班 修了者 9人을 特別補佐官이라 하여 參謀級으로 補任하였다.이들 9人은 38以北出身 大學生 中에서 特別敎育을 履修하여 相當水準의 要員이었다. 연대장의 最後 抗戰 호위役임.

⑧ 결사12연대는 결사11연대의 編成과 같았으나 補佐官 9人과 將校 中 大尉4人 중위 12人 士兵2人 計27人을 13,15聯隊로 轉出하여 361-(27+11연대장 등 3)=331人으로 編成되었다는 主張과 李斗柄 12聯隊長이 金漢喆에게 提示한 兵力은 216名이라 하는 바 이에 對하여 當否토의가 必要합니다.

張喆翼참모장은 330余名으로 기억한다고 말하다.

李斗柄氏는 330~331名이란 참모장의 말이 맞겠지요.

13聯隊는 3個中隊 96人과 聯隊長 外 2人, 副聯隊長 外 1人 참모4人 外 2人 수색대 10人 通信兵4人 等 計121名(將校19人사병102名)으로 編成되었다는 것과 金漢喆氏의 主張 137名과는 差가 있어 이의 토의도 必要합니다.

결사유격 제 15연대도 13연대와 같은 편성이라 함.

⑨ 編成의 根據

1950年6.25로 發令된 국민총동원령格인 대통령動員令 제5號(일자미상)에 따라 國防部 特命으로 處理되었다.

국본 특 (육)제22호(일자미상)

國本 特 (陸)제22호 추가1(1951.1.25부)임시장교 임관특명

作戰命令 1.2.3號 미상(11연대와 12연대의 것으로 추정)

4號(1951.2.3)결사13,15연대장 앞으로 發令됨

發令者 : 미8군 정보연락장교단 단장 육군중령 李極星

※이 연락장교단이 現 情報司令部의 前身인 듯 합니다.

作戰命令 第4號(단기 4284年 2月 3日附)에 나타난 任務는 다음과 같다.

1. 任務 및 行動要領

① 連絡將校 生捕 또는 射殺(내용생략)

② 지휘소 습격(〃)

③ 各級 幹部 生捕 또는 射殺(〃)

④ 秘密文書 획득 애국청년 포섭(〃)

⑤ 武裝强化(〃)

⑥ 後方攪亂(〃)

⑦ 보급로파괴(〃)

⑧ 生産機關파괴(〃)

⑨ 士兵에 對한 귀순공작(〃)

⑩ 민중조직의 强化 확대(〃)

⑪ 첩보망 構成(〃) 等으로 要約된다.

2. 編成 및 裝備(생략) 3.連絡 4.行動地區 5.補給 6.出發準備 및 수송방법 7.지휘소 위치 8.統合指揮官 〈對空표시방법〉 등으로 되어 있다.

※ 여기서 8項 統合指揮官에서 陸軍_____은 통합지휘관으로서……에 유의해야 합니다.

위에서 議案 1號와 2號의 作戰命令까지 9個項을 調査可能한 범위에서 수집한 것을 말씀드렸습니다. 意見을 듣고 票決 또는 決定하고자 합니다.

이 部分은 概要 줄거리를 抽出한 것이므로 戰史 作成時는 보다 具體的으로 다듬어야 할 것임을 添言합니다.

※戰史에 揭記時는 專門家가 할 것으로 思料되는 바 우리는 骨幹만을 決定하면 될 것이라고 봅니다.

어느 個人이 쓴 冊이 戰史가 되는 것은 아니라고 봅니다.

◎ **議案2의** 後述 作戰中 作戰出動에 對하여 부의하겠습니다.

① 결사유격 제11연대는 1951年1月30日06時 大邱를 出發, 1951.1.30.22時 寧越郡 蓬萊山을 右로 끼고 敵陣 背後地域으로 侵透作戰을 開始하였다.
② 결사유격 제12연대는 1951年2月4日 大邱를 出發, 東海岸을 따라 北上, 강원도 명주군 강동면 강동지서 앞에서 1951年2月7日 作戰命令을 수령한 다음, 同日 22시 강릉방면으로 敵陣背後地域으로 侵透作戰을 開始하였다.
③ 결사유격 제13연대는 1951年2月12日 大邱를 出發, 釜山港에서 1951年2月14日 韓國海軍에서 提供한 船泊으로 강원도 묵호항 南方에 上陸하여 강릉 경유, 대관령 중턱까지 차량으로 移動하고, 積雪로 下車하여 徒步로 대관령 경유 月精寺 方面을 경유하여, 강원도 명주군 연곡면 삼산리 方面 敵後方으로 침투하였다.

13연대 출신 배선호 : 울진 죽변항에서 묵호로 왔다.
〃　　최종민 : 묵호인지 죽변인지 불분명하다.

이에 對한 意見을 말씀해 주시기 바랍니다. 第11聯隊와 12聯隊의 出動에 對하여서도 말씀해 주십시오.

張喆翼 同志 : 出動日字가 2月6日인지 7日인지가 分明치 아니하다.
李斗柄 : 그런 것 같다.
議　長 : 6日인지 7日인지는 別로 중요한 것은 아닙니다.
권영철 同志 : 그냥 넘어 갑시다.
일　동 : 찬동하다.

◎ <u>**議案 第3號**</u> 各 部隊 및 統合, 白骨兵團의 編成 및 作戰에 對하여 부의합니다.
① 먼저 各 部隊인 결사유격 제11연대와 同 제12연대 同 제13연대가 1951年2月20日까지 모두 강원도 명주군 연곡면 퇴곡리에 집결한 것을 아시나요?

배선호 同志 : 竹邊港에서 묵호로 왔다.
최종민 同志 : 묵호인지 분명치 아니하나 차량으로 행동하다.라고 再次 증언

② 위 3個유격연대가 집결하게 되자 陸軍中領 채명신은 3個部隊를 統合 "白骨兵團"의 창설을 선언하고, 그 참모진은 결사 제11연대 참모진이 겸임하고, 제11연대장에 李相燮少領을, 제12연대장에 李斗柄소령을, 제13연대장에 金漢喆대위가 각 임무를 수행하고, 육군중령 채명신의 職責은 白骨兵團司令官이라 稱하고, 參謀陣을 包含한 것을 司令部로 한다고 宣言하였다.

여기서 말하는 李相燮 少領은 임시보병소령으로, 그의 軍番은 GO1001, 李斗柄은 임시보병소령으로 그의 군번은 GO1063, 金漢喆은 임시보병대위로 그의 군번은 GO1066이다.

③ 위에서 말하는 임시보병소령 또는 대위등의 계급은 民間人에게 臨時로 부여하는 階級으로서 現役將校와 區分된다고 볼 수 있습니다만, 우리들은 特殊任務였기에 이렇게 任官시키는구나 하고 여겼습니다.

일 동 : 긍정하다.

④ 陸軍本部는 1951年1月25日 國本 特(陸) 第22號 追加1號로 選拔 訓練한 民間人 제11연대 363人(보좌관 등 포함) 제12연대 331人 제13연대 121人 제15연대 121人 計 936名 相當 中에서 124名을 선발하여 少領2人 대위14人 中尉36人 少尉72人을 國防部長官 申性模 名儀로 任官辭令狀을 各人에게 수여하였다. 그들에게는 GO1001부터 GO1124番까지의 軍番을 부여하여 臨時步兵將校의 身分을 부여한 다음 遊擊特殊作戰에 投入하였다.

⑤ 이들 臨時將校는 現役과 區分하였으나 戰死者에게는 現役將校와 같은 位牌 및 墓碑가 建立되었으며, 階級에 따른 俸給도 支給되었다고 한다.

⑥ 生還凱旋한 임시將校 또는 兵士(下士官포함)에 對한 軍籍(兵籍)은 마련되어 있지 아니하여(그들의 參戰記錄이 不分明) 參戰事實確認도 어렵게 하고 있는 實情이다. (1992年 現在)

一 同 : 맞습니다 네!!

◎ **議案 第 4 號** 作戰完了 凱旋에 對하여,

① 作戰完了日은 1951年3月30日 인제군 기린면 芳東地內로 凱旋한 日字를 基準으로 해야 한다.

② 1951年5月13日 蔡命新 中領의 補職解任까지로 보아야 하는가? 유격대대장 해임으로 보는가!

③ 1951年4月25日 美8軍 G-3機動部隊 커크랜드司令部로 隷屬變更이 된 날로 보아야 한다.(4月末에 部隊창설)

(※박창암 氏는 51.2.29~6.18까지 미8군 동해안 보충대의 소령이었음)

※커크랜드部隊는 51.5.5. 8086部隊로 移管됨. 미 존스홉킨스대학 연구팀의 분석보고서에서 인용함.

1951年4月25日로 移管과 同時에 完了로 본다.

일 동 : 4月25日로 본다에 一同 찬동하다.

◎ **議案 第 5 號** 主要 作戰成果에 對하여

① 결사유격 제11연대의 作戰에 對하여 먼저 討議합시다.

1951年2月10日 下珍富里 附近에 進出한 결사제11연대 연대장 中領 채명신의 命에 따라 作戰參謀 大尉 全仁植은 李南鶴 少尉, 수색대 二等上士 金興福 등 外에 8名

을 引率하고 下珍富里를 偵察하여 그 곳에서 通信施設 架設兵과 連絡兵 등 30余名을 生捕하여 敵情을 把握함과 同時에 作戰計劃을 變更하여 當初 五臺山 方面의 進擊을 橫溪里 方面으로 修正, 模溪里 경유 大關嶺을 넘기로 했다.(때는 1951年2月10日)

② 大關嶺을 넘은 제11연대는 普光里(普賢寺)方面으로 進出하여 敵 射殺5人, 生捕3人의 戰果를 올리고 補給品을 補充 整備하였다.(때는 1951年2月12日)

③ 결사제11연대는 1951年2月12日 沙器幕里(강원도 명주군 사천면)로 進出하여 補給 확보를 하다.

④ 1951年2月15日 沙器幕里 南方 3㎞ 相當의 陵線에 我軍首都師團 第 1聯隊(聯隊長 中領 韓 信)가 進出, 主抵抗線을 構築하자 결사유격 제11연대는 同日 北西方面인 연곡면 퇴곡리 方面으로 移動했다.(이때 居住者 박대수, 피홍섭 氏등 증인이 生存中에 있음)

우리들이 유격대였음을 증언함을 설명하다.

⑤ 1951年2月17日 退谷里에 到着하다. 再侵透 準備를 위하여 整備와 教育이 强化되다.

⑥ 1951年2月18日 결사 제12聯隊 兵力 160余名이 이곳에 到着 合流하다. 결사 제11연대 수색대원과 제12연대 수색대의 조우로 合流하게 됨.

數字는 뒤에 提示하겠음. 張喆翼 同志의 證言

표창장의 내용이 엉터리였다. 고 말함.

⑦ 1951年2月20日 결사 제13연대 兵力 121名이 이곳에서 合流하다.

배선호, 최종민 同志 말씀하십시오.

그런 것 같습니다.

⑧ 3個部隊를 퇴곡리와 三山里 方面까지 分散駐屯케 하고 農牛 10余頭를 잡아 소금에 조리는 등으로 비상식량을 확보하다.(당시 부락민의 증언도 있음)

⑨ 教育實施 後 試驗을 實施하여 成績이 우수한 尹喆燮 中尉를 대위로 特進시켜 聯隊副官으로 補하고, 韓甲洙 少尉를 中尉로, 金興福 二等上士를 少尉로, 수색대장으로 補하고, 二等上士 李命宇를 少尉로, 連絡將校로 補하고, 參謀長 兼 1大隊長인 李泰潤 大尉를 解任 降等(계급없이)하고 參謀長職을 폐지하고, 第1大隊長에 補佐官 팀長格인 玄奎正을 大尉로 特任 補職發令하였다. 下珍富里作戰의 有功者 李南鶴을 中尉로 特進케 하였다.

이것 맞나요? : 일동 긍정하다.

以下 의장이 낭독하는 것에 異議가 있는 部分은 卽時 말씀해 주십시오.

⑩ 1951年2月23日 增强된 白骨兵團 640여명과 民間人 지원참전 15名(女子隊員 4名包含) 計659名은 同日 20時頃 漁城田方面으로 移動하는 것과 같이 위장하고 兵力은 三山里경유 가마소方面으로 進出코자 했으나 先發 第13聯隊가 敵과 交戰을 하게 되어 主力部隊는 신배령을 넘어 中西北方面으로 進出하였다.

議　長 : 여기서부터는 白骨兵團입니다.

⑪ 여기서, 결사 제12연대의 統合以前 作戰을 살펴본다.

결사유격 제12연대는 1951年2月6日22時를 기하여 강릉方面으로 출동, 同日 강릉市內外廓을 거쳐 邱井方面으로 進出한 뒤, 대관령을 넘고, "속사" 下珍富里에서 五臺山方面으로 進擊하였다.1951.2.11경 五臺山에 進擊하면서 敵 連絡兵 3人을 처음 生捕한 뒤, 朴用周二等上士의 分隊가 女軍官을 包含한 3人의 生捕 外에 交戰에서 敵 30余名을 射殺하는 戰果를 올렸다. 고 하는데 그 근거가 없습니다

1951年2月17日 "어성전지구" 전투에서 敵 7師團의 1個聯隊와의 交戰에서 敵 100余名을 射殺하는 戰果를 올렸으나 我軍도 20余名의 희생을 입었다.

張喆翼 대위 : 100名 200名의 射殺은 다시 검토하도록 하겠습니다.
議　長 : 이것이 12연대에서 제시한 것입니다.
장철익 : 수일 內에 다시 연락하겠습니다.

⑫ 결사유격 제13연대는 退谷里에서 三山里 경유 中部內陸으로 再침투할 때 1951. 2. 23 "가마소" 地區에서 敵과 조우하자 이들을 先制攻擊하여 20余名을 射殺하였으나 我軍도 5人의 被害와 수색대 崔鍾敏 二等上士가 크게 負傷하였다. 고 하는데요!
13聯隊는 進路를 當初目標인 신배령方面으로 退却하였다.

議　長 : 언급치 아니함
12聯隊는 100명 200여명 30여명 사살을 다시 강조함.

⑬ 1951年2月24日10時頃 신배령 西方, 조개동 東方 개할지에 宿營中, 我軍 空軍機(美海軍 艦載機)그루먼(구라만)폭격기의 공습을 받았다. 이때, 下珍富里作戰의 有功者 二等中士 權旭相의 戰死 外 5人이 희생되다.
12연대원의 포로 등은 이미 끝난 토의이므로 삭제합니다.

⑭ 조개동에서 西方인 외청도리로 移動하다. 1951.2.24,25日 외청도리 部落入口, 2戶의 獨立部落에 司令部 位置하고, 部隊를 散開하다.(司令部로 쓰던 집 主人은 최태원氏) 明開里 獨立家屋에서 偵察中 人民軍 3軍團所屬 3人을 生捕하여 敵情을 수집하고 軍團本部가 廣院里에 있음을 確認하다.

⑮ 九龍嶺에서 廣院里에 이르는 道路上 要所에 偵察組 3人1組, 3個組를(전인식 대위 지휘) 配置하고, 增强된 수색兵力 앞에 北傀軍 4人이 出現하였다.(1951年2月25日)

놈들을 不審檢問하여 生捕한 바, 그 中 1人은 69旅團의 政治部軍官 總尉(大尉 小星4個)엿고, 1人은 中尉와 特務長1人, 戰士1人으로 놈들은 3軍團長에게 報告하는 戰鬪詳報, 兵力配置, 補給現況 建議 등 1級 機密文書를 휴대하고 있었다.

여기서 다른 敵 將兵 35名과 地方惡質分子 10명 등 合計 60余名을 生捕하였다. 외청도리 作戰은 作戰參謀가 主管하였다.

⑯ 蔡命新司令官은 同 69여단의 노획文書를 姜斗星, 張麟弘 두 補佐官 外 3人이 生捕된 북괴군 崔 某 中尉와 함께 我軍 首都師團長 宋堯讚준장 경유 第1軍團長 少將 金白一을 거쳐 陸軍本部에 速報하여 1951年3月8~10日頃 陸海空軍의 合同作戰으로 人民軍 69旅團을 괴멸에 이르게 하여, 東海岸 北進에 크게 寄與하였다.

⑰ 1951年3月1日 廣院里方面에 布陣한 敵 3軍團 本部의 襲擊計劃은 蔡命新中領이 指揮하여 通信施設을 파괴하고, 놈들의 경계초소 3個를 파괴함과 同時에 敵 將兵 20余名을 射殺하였다.

이 作戰에는 崔允植, 尹昌圭대위, 李南鶴중위, 박종황, 車東元소위 外 20余名이 參加하였다.

(註)蔡將軍은 2軍團이라 했으나 死鬪萬里에서는 3軍團이라고 하는등 不分明하나 3군단이 맞다.

⑱ 白骨兵團은 놈들의 軍團습격으로 露出되자 놈들의 判斷과 反對方向인 九龍嶺을 넘기로 하였다.

藥水山 溪谷에서 은폐하다가 1951.3.8 葛川里方面으로 進出하였다.

갈천리 方面에서 敵 30余名을 生捕처치하고, 中部內陸으로의 敵 進出을 强力히 沮止하다.

1951年3月12日 我軍 제트機의 공습으로 6名이 또 희생되었다. 69여단 공습과도 관련이 있는 듯함.

갈천리에서 구룡령으로 進出하려는 敵 50余名을 生捕하였고 海軍大尉 外 2人을 李雲河 中士가 生捕하였다.

⑲ 1951年3月14日 貴屯里로 北上하였다. 이 곳은 38以北으로 內務署分駐所, 地方共産黨幹部 等이 있어 이들 20余名과 敵兵 40余名을 모두 生捕하였고 反共人士를 격려하였다. 同 地域이 廣闊하여 警戒가 困難하므로 北上移動하다.

⑳ 1951年3月16日 軍糧田地區에 進出하다. 이곳 盆地마을은 約 50戶 相當으로 이곳 住民의 환영도 있어 戰力補强을 期待할 만 했다. 3方面의 出入路는 事前에 봉쇄하였다.

여기서 內務署分所要員과 地方惡質分子 및 敵兵 等 50余名을 生捕하였다.(11 · 12R의 作戰成果)

㉑ 1951年3月18日 필례地區에서 敵 中將 吉元八을 생포하다.

(※김한철의 冊에서는 필례지구에 11연대와 12연대가 주둔 中에 있었고 13연대는 그런 정보를 알고 있으면서 군량밭에 진주했다 함)

※金漢喆은 아침 9時 강칠성 總佐를 불심검문한 뒤 보내놓고 그 뒤를 쫓아가 吉元八 等 17人을 生捕했다고 하는 등 사실을……

議 長 : 이것 믿을 수 있어요, 또 읽어 가겠습니다.

일 동 : 묵묵부답

吉의 生捕로 빨치산 5支隊 및 內務署員 等의 包圍攻擊으로 13聯隊는 필례方面에서 군량밭 西南方 계곡 쪽의 방어로, 12聯隊는 南쪽 貴屯里 方面으로 배치하고, 退路인 점봉산 方面의 進路開拓은 11연대가 各 담당하였다. 군량밭 西南方계곡과 陵線에서 13聯隊는 빨치산 5支隊놈들의 악착같은 攻擊으로 惡戰苦鬪하였고 裵善浩中士등은 包圍網을 뚫고 南下함에 成功했다함.

㉒ 1951年3月18日 13時頃 필례 地區 약수터 등넘어 西方部落의 民家에서 요양 中(괴질에 걸려 있던 놈) 生捕된 吉元八, 여비서, 14歲少年, 경비兵, 參謀長 姜七星(외팔이) 參謀級 2人, 通信軍官級, 其他 幹部級 5人 等13人으로 이들은 加里山里에 駐屯中에 있었는데 무슨 報告 협의차 이곳을 찾아왔다가 모두 生捕되었고, 階級章같은 것은 모두 달고 있지 아니했다. 生捕된 이 者들은 곧 司令部로 引繼되었다. 그들의 文書에서 吉元八은 人民軍中將(大星2個)겸 중앙당 군사부 제 2비서, 남조선해방 인민유격대 빨치산司令官 국기훈장 1급, 太白山지구 빨치산司令官을 역임했다고도 함.

參謀長 姜七星은 팔로군 出身으로 右手切斷외팔이인데 中星 4個(總佐 요즘은 大佐)라 한다.

加里山里에서 필례까지는 加里峰南方 오솔길이 있음.

㉓ 1951年 3月 19日 04時頃 生捕者中 吉元八의 여비서(軍官중위) 경비소홀로 옥수수광에서 逃走함.

白骨兵團의 正體가 폭로되게 되었다. 경비兵은 총살 직전에 戰鬪에서 活用하기로 함.

㉔ 1951年3月19日15時頃부터 군량밭 地區를 包圍하여 극렬한 攻擊을 받다. 군량밭 西南方으로 移動 배치된 13연대가 10余名의 희생과 함께 20時頃 一部分散되다. 군량밭에서 權王堅大尉가 전사하였다고 장철익 주장.

司令部는 卽刻 略式軍法會議에서(검찰관 全仁植, 변호사 崔允植) 吉元八 等에게 銃殺刑이 言渡됨. 이들 13名中 도망 1, 學生 1을 除外한 11名과 內務署員, 북괴군, 地方惡質 等 50余名을 合한 60余名을 군량밭 東北方 河川옆 溪谷에서 집행됨(90年에 84歲로 死亡한 老人의 두 아들이 處刑된 사실을 알았다고 함. 白幸基중령 증언)

㉕ 1951年3月19日22時頃, 가리봉 東北方 망대암산 西方경유 대승령, 안산方面 경유 용대리 方面으로 北進 퇴각하다. 3月23日 외가평 ↔ 용대리에서 적의 대규모 수색공격을 받다.(희생20여명)

第1集結地인 매봉산(1271고지)에 進出할 수 없게 되자 백담사 入口 北方능선 고개를 경유 백담사 경내 부근으로 進入하였다. 용대리 추격 병력은 32師와 내무서원 등임. 백담사 관리인인 듯한 절뚝발이 안내거부로 처치했다 함.

㉖ 1951年3月24日 오세암 경유 소청봉과 귀청사이 편편한 능선에서 숙영중 적의 기습을 받았다. 여기까지의 퇴각에서 산악장비가 없어 지독한 고생을 하였다.

백담사 계곡에서 치열한 交戰을 하였다. 전인식 대위는 독전 中 저격병 사살, 尹昌圭대위의 부상 등 많은 참전일화가 있는 곳이다.

㉗ 설악산 능선에서의 기습으로 낭떠러지 폭포에서 50余名, 교전으로 20余名 計 70余名이 희생됨. 尹대위가 적병을 유격(인) 폭사시 적병 3~4명과 함께 戰死함. 交戰時 10余名을 射殺함.

㉘ 3月24日15時頃 五色里 西北方 계곡에 集結한 部隊를 再整備하고 11R을 前面에 中間部12R 後尾13R을 배치하고, 白晝間 진눈개비가 내릴 때 敵 第2방어선 道路上을 完全 노출 위장한 채 양양 方面으로 이동하였다.

我軍의 後尾에는 敵의 行軍이 뒤따르고 尖兵 4놈이 我軍 前面에 나갔다.

㉙ 이 때 我軍의 行軍隊形 앞에는 敵의 尖兵4人을 앞세우고, 後尾에는 敵의 主力部隊의 中間部에 우리 兵力이 끼어 東進移動한 것이다. 敵의 尖兵은 無電機가 없어 우리를 異常한 敵軍일 것이란 判斷은 되었으나 어쩔 수 없었을 것이 아니였나 생각된다.

이 지역은 敵의 第2방어선 진지 구축중에 있어 道路의 南斜面에 방어선을 구축중에 있었고 國民學校(教室 2個정도)에는 무슨 上級司令部(인민군 10사단)가 있는 등 북한군 2人의 步哨가 서있었다.

㉚ 行軍中 중공군 將校로 보이는 3人을 路上에서 만나게되어 이놈에게 接近하여 對話中 蔡隊長 지휘 處置함.

㉛ 1951年3月24日17時頃 진눈개비가 내리는 가운데 박달령(檀木嶺)入口에 進入하였다. "외나무다리를 건너라!!"라 하고 全仁植 대위가 최前方에 앞장서 指揮했으나 部隊는 橫隊로 進入하여 混亂이 생겼다.

最前方에서 全仁植이 3人을 射殺하고 側方에서 4人의 敵을 射殺하였으므로써 銃聲으로 인해 混亂은 加重되었다.

㉜ 1951年3月25日~26日 檀木嶺계곡(양양군 西面)과 인제군 기린면 진동리 삼거리 北方계곡과 개할지에서 非戰鬪損失 120余名 發生함(기아와 凍死 둘 겸한 희생임)

㉝ 1951年3月26日19時~21時 作戰會議：蔡命新, 李相燮, 李斗柄, 張喆翼, 玄奎正, 崔允植 등이 參加하고 全仁植은 옆에서 參與함(全仁植은 九死一生으로 복귀함)

대령아치 陽攻은 11R 1大隊長 玄奎正대위가 담당, 진흑동 方面의 助攻은 11R 3大隊 權寧哲, 李南鶴중위 外 3人이 兵力을 引率하다.

主攻으로 삼거리에서 가칠봉 方面의 先峰은 全仁植대위가 各 擔當하다.

玄奎正, 突擊戰으로 설피밭까지 進出, 敵 射殺 20余名, 我軍被害 30余名(玄대위 戰死함)

㉞ 1951年3月27日 交戰에서 敵 射殺 60余名 我軍被害 50余名 李夏淵소위 李完相 二等中士 張東淳 一等中士의 戰死 및 金寅泰중위의 負傷 等이 있었다.

㉟ 1951年3月27日 가칠봉 東南方 獨立高地의 敵 指揮所를 我軍指揮所로 活用하기위하여 全仁植대위, 金榮敦중위, 許銀九소위 外 13人이 攻擊하다.

金榮敦중위와 許銀九소위가 수류탄으로 敵 5名을 처치하고 交戰에서 20余名을 射殺하였으나 我軍도 4名이 희생되었고 許銀九소위도 전사함.

㊱ 삼거리에서 가칠봉 方面으로 철수할 때 前方開拓者를 志願으로 募集配置하고 先導에 李德溢, 元應學, 鄭世均중위, 金壽昌中士, 全仁植대위 等 9人 中 鄭世均중위 지뢰로 爆死함. 金壽昌中士 負傷(허리)함.

㊲ 1951年3月28日01時頃 상치전 부근 부락에 到着함. 民間5~6戶로 住民이 있어 소, 돼지를 잡아 5~6日만에 取食하다. 3月28日04時에 出發하려던 計劃을 取消함.

㊳ 1951年3月28日14時頃 前方을 偵察하였던 바 北傀놈들이 繼續 西林方向, 縣里方向, 박달령方面으로 退却하였다.

㊴ 1951年3月30日10時頃(前方 7~8㎞) 我軍機의 補給投下가 目擊됨.

㊵ 1951年3月30日15時頃 特攻隊를 差出하여 我軍과 接線하여 凱旋하였다.

이때 我軍은 7師團 3聯隊였고, 이곳을 一名 카이로라인, 백골라인 이라고도 불렀으며 縣里, 진흑동, 西林方面으로 이어져 있었다.

實로 1951年1月30日부터 3月30日까지 敵地에서 我軍의 作戰地域으로부터 100km相當北方에서 60日間 血鬪를 敢行하고 凱旋한 것이다.(12R은 51日間, 13R은 41日間임)

㊶ 戰 果

(1) 적 69여단의 전투상보를 노획하여 아군수도사단에 이를 速報하므로서 69여단을 괴멸시킴에 기여하였다.

(2) 수도사단과 대치중인 적 69여단의 괴멸로 아군의 북진에 크게 기여하였다.

(3) 적3군단 지휘부에 대한 기습으로 적을 혼란케하므로서 아군작전에 기여하였다.

(4) 적 인민군 중장 외 고위장병 및 연락장병 등과 지방악질을 포함한 305명의 생포 및 사살 503명(미확인 포함)의 전과를 올렸다.

(5) 남파중이던 빨치산 지휘부의 전멸로 남침을 제어하였다.

(6) 적의 통신시설파괴 및 보급로를 파괴 차단하므로서 놈들의 작전에 지대한 타격을 가하였다

(7) 적의 병력분산을 유도하였고 지휘를 교란시켰으며 전의를 상실케함에 기여하였다.
(8) 지방악질분자의 처형으로 민심을 교란시켰으며 위폐의 유포로 통화경제의 교란을 유도하였다.
(9) 자유민주주의의 우월성을 적 치하의 양민에게 고취시켜 반공애국심을 앙양케하였다.
(10) 我軍 戰史上 최초로 大部隊유격전의 神話를 창조하였다. 따라서 勝共愛國心의 발로를 敵에게 確認케 하였다.

◎ **<u>議案 第6號</u>** 戰跡碑 建立位置, 碑銘, 碑文, 作戰要圖, 參戰將兵 名單, 建立協贊者 名單, 獻詩, 功績記 等의 當否에 對하여

意見이 있으면 말씀해 주시기 바랍니다.

먼저 白骨兵團戰跡碑의 設計 構想에 對하여 말씀드리겠습니다.年代日字 順의 經過報告입니다. 이 日誌는 일일이 말씀드릴 必要가 없겠지요.

一同 찬동하여 낭독을 생략 첨부하다. 〈이하생략〉

1990年11月 9日 白骨兵團戰跡碑가 歷史的인 除幕을 하다.

參戰同志 여러분! 感謝합니다.

오늘이 있기까지 우리들 白骨兵團 參戰將兵 여러분께서는 歷史의 저쪽으로 사라져 없어질 우리들의 戰跡을 1961年8月23日 大韓民國遊擊軍參戰戰友會, 決死遊擊軍出身同志會, 雪岳同志會에 이어, 오늘 大韓遊擊參戰同志會까지 많은 參戰戰友가 協力하였고 本人도 1965年 同志會의 會長이 된 뒤, 오늘날까지 제 나름대로는 꾸준히 우리들 戰歿將兵의 位相과 戰跡, 開發에 心熱을 바쳤다고 自負하고 있습니다.

어려운 일을 하다보면 本意아니게 小數意見을 따를 수 없는 경우도 있습니다. 이런 저런 不備하고 不足한 點을 이 자리에서 깊이 뉘우치고 있습니다.

이런 일에 指揮官도 아닌 놈이 왜 앞장섰는지, 時間도 財力도 없는 놈이 後悔도 됩니다.

아무튼 큰 줄거리의 가닥이 오늘 잡혔으니 歷史는 當局의 專門家가 마련하리라고 생각합니다.

◎ **<u>議案 第7號</u>** 金漢喆 氏의 主張에 關한 件을 上程합니다.

6號 案件 中에서 이미 1990年5月16日 起工과 工事 推進에 關하여 軍團長의 指示를 받은 工兵旅團長 外 參謀陣과 現地 協議를 마친 때, 金漢喆 氏가 3軍團長 앞으로 提出한 陸軍本部 直轄 遊擊戰友會 代表 金亨哲 名義의 書信形 陳情書 때문에 起工式인 90

年6月13日까지 25日 以上이나 工事가 中斷된 點은 이미 同 陳情書를 여러분에게 公開하였으므로 잘 알고 계시리라 믿습니다.

特히 同 陳情書에는 本人(全仁植)이 出損한 360余萬원과 權寧哲同志가 170萬원 計 530余萬원으로 業務推進費, 設計協議費, V.T.R製作, 弘報費 等으로 510余萬원을 使用한 것을 參考로 적었는데 이를 軍 또는 일반수사기관에 告發 云云으로 모함하는 句節까지 있었는데, 이번에는 戰跡碑를 욕되게 建立位置, 碑名, 碑文, 作戰要圖 등 모두가 不當한 것 같이 摘示하여 1992年5月頃 陸軍參謀總長과 國防部長官에게 陳情하고 있어(現在도 진정서 십여통의 처리가 未決中에 있다고 합니다)

本 參戰同志會는 勿論, 全體 參戰戰友 여러분에게 참으로 面目없고, 창피하고, 전몰전우 여러분과 그 유가족 여러분에게 부끄럽고 죄송스럽게 생각합니다.

한 마리의 미꾸라지가 물을 흐려놓는다는 우리 俗談이 있습니다. 제 정신이 아닌 사람 같습니다. 제 妄想이나 욕심, 공명심이 있으면 제가 한 짓이나 말해야지 멀쩡한 사람까지 病身을 만들고 동료를 포로로 잡아 데리고 다녔다는 등 그런 언동이 어디 있습니까! 이것을 따지다 보면 나도 정신이 나가는 것 같습니다.

이 언동에 同調하는 분은 손을 들고 말씀해 주십시오.

議 長 : 이 部分 등은 이미 앞에서 토의했으니 다시 再論할 必要가 없다고 봅니다.

一 同 : 좋다고하다.

議 長 : 김한철 씨의 主張이나 戰果등은 앞에서 이미 토의 했고 또 虛構인 "시나리오" 인 것 같으니 再論하지 맙시다.

一 同 : 좋습니다.

金漢喆 氏의 主張과 李斗柄聯隊長의 陳情에 찬동하는 12연대 出身同志와 13聯隊出身同志가 있으면 말씀하십시오.

전혀없음 : 그것 말이나 됩니까?

金寅泰 : 12연대장 다시 말해 보시오.

李斗柄 : 나는 3人의 합의서에만 도장찍고 그 뒤는 몰라요.

其他 좋은 案件이나 이미 討議하신 것 以外에 對하여 하실 말씀이 있으면 말씀해 주십시오

司 會 : 參戰同志會에서는 身分上 問題를 民事재판에 의해서라도 꼭 명예를 회복해야 한다고 생각합니다.

李斗柄 氏 진정의 건 : 진정하지 아니했다고 再次 말하였다.

張喆翼 : 왜 12연대장이 당해야하오.

다음은 綜合戰果要約 및 評價입니다.

◆ 백골병단 종합전과 및 피해 요약

日 字	作戰地區名	戰 果		被害	備 考
		生捕	射殺		
1951.2.10	하진부리 11R	30			채명신 전인식 지휘
2.12	보광리	3	5		오봉택
2.11	오대산에서 12R	3			조영택
2.11	오대산에서 12R	3	30		박용주와 12R
2.17	어성전 지구 12R		100		
	고교 지구 12R		200	20	
2.23	가마소 13R		20	5	
2.24	공습 피해			5	
2.25	외청도리	60			정치군관 총위 등 외
3. 1	광원리 군단초소 등		20		채명신 지휘
3. 8	갈천리	30			
3.12	갈천리	52		6	피해는 공습으로 2명은 해군대위 外
3.14	귀둔리	40+20			지방악질포함,내무서포함
3.16	군량밭	50			
3.18	필례지구	14		10	희생은 13R
3.23	외가평 용대리			20	철수작전중
3.24	설악산 피습		13	90	교전에서30, 폭포에서 60
3.24	중공군		3		
3.24	박달재 입구		7		
3.24~26	박달재에서			120	동아사자
3.26	대령아치 설피밭		20	30	
3.27	현규정대위 등 전사		60	50	
3.27	독립고지에서		25	4	
계		305	503	360	

당초편성	통합시	생환
11R 363	363	170
12R 331	160	90
13R 122	120	20
計818名	計643名	280

의　장 : 사살 503명에는 12연대의 사살 300명이 들어 있어요.
　　　이것 재검토 돼야 하는 것 아닌가요

◆평 가

의 장 : 戰史이니 評價가 있어야 합니다. 읽겠습니다.

1. 遊擊戰 遂行을 위한 基本敎育의 缺陷을 精神力에 依하게 한 點은 잘못으로 指摘된다.
2. 山岳特殊戰 遂行을 위한 强度있는 訓練의 不足과 缺陷
3. 山岳戰鬪 裝備의 不足, 裝備의 輕量化를 度外視하였다.
4. 作戰期間이 莫然하여 全員이 消耗되도록 企圖하였다.
   作戰期間은 最長 20일로하여, 치고 빠져야 했다.
5. 非常食糧을 미숫가루 2週日分으로 하고 다른 아무 것도 없었으므로 凍死와 餓死者인 非戰鬪損失 120名이란 큰 被害를 입게 한 것은 큰 잘못으로 非常食糧의 농축化가 되지 아니하였다.
6. 武裝이 소製 長銃 등으로, 위장用으로는 그럴 듯 했으나 M2칼빈 等 火力의 補强이 전혀 없었던 것은 指揮部의 失策이었다.
7. 縱深戰鬪槪念에 對하여 陸軍首腦部가 전혀 理解하지 못하여 피스톤 諜者와 같은 것을 若干 擴大한 것으로 잘못 理解하였다. 침투日은 있으나 完了日이 없는 것은 전원消耗를 획책한 듯하다.
8. 通信裝備로 支給한 SCR 300은 通信距離 8㎞山岳에서 4㎞ 以內에 不過하고 그 重量이 무거운 것을 支給한 것은 我軍과의 交信用이 아닌 大隊間用에 불과하였는 바 적어도 100㎞ 以上의 通達거리와 輕量의 것이어야 했다.
9. 自動火器가 없었고 爆破技術兵士도 없었다.
10. 言語의 위장이 전혀 되어있지 못했다.(사투리 등)
11. 指揮統制組織이 完備되어 있지 못하여 據點間 連繫作戰이 될 수 없어 함께 大兵力이 活動하였다.
12. 투철한 國家觀과 死生觀 등 理念은 투철했으나 敎育訓練이 不足하였고 旣婚者가 많은 點은 要員의 선발에서 잘못한 것이다.
13. 1個分隊인 組員3人은 生死를 함께하는 同一體인 點을 훈련을 通하여 確固하게 해야함에도 編成과 거의 同時에 作戰에 投入하여 相互 身上도 제대로 익힐 機會가 없었다.
14. 地方出身 의용경찰 등은 같은 部落 또는 이웃의 親知를 二等上士, 一等中士, 二等中士 또는 將校로 階級을 부여하여 指揮系統이 문란하였다.
15. 特殊유격대원에게 階級과 軍番을 부여했으면 그 身分을 終局的으로 責任져야함에도 凱旋將兵에게 아무런 禮遇를 하지 아니 하였다.

16. 陸軍本部 情報局에서는 參戰遊擊軍將兵에 對한 俸給 等을 수령한 것같이 하여 橫領하는 등 常識以下의 不道德한 處事를 하여 參戰將兵의 분노를 사고 있다.
17. 戰功을 세우고 돌아오면 2階級 特進과 希望하는 部署에 配置하겠다고 公約하고 이를 不履行하는 등 기만하였을뿐 아니라 參戰將兵을 二等兵의 待遇도 하지 아니한 등 背信하였다.
18. 參戰將兵의 名單, 任官特命, 作戰命令文,戰果報告書, 白骨兵團 또는 결사유격 제11연대 동 12연대 동 13연대의 各種 文書를 모두 파기한 듯 아무런 記錄을 유지 保存하지 아니하여 事實을 음폐하였고 表彰狀의 內容도 虛僞記載하였다.
19. 參戰中 戰死한 將兵에게 戰死確認조차 忌避하여 國家報勳 受惠權利를 박탈하였다.
20. 參戰 生還將兵은 再次 現役 軍服務를 하게하여 再次 軍 服務를 하게 하였다.
21. 아무리 國家의 運命이 百尺竿頭에 있어 그 危機가 크다고 하더라도 國民의 軍隊인 國軍首腦部가 國民의 生命을 草芥와 같이 取扱한 것은 歷史앞에 分明히 밝혀 다시는 이런 일이 없도록 戰史에 바르게 記錄해 두어야 한다.
22. 정신나간 한 사람의 허무맹랑한 거짓 진정을 事實인 것같이 하여 參戰將兵은 勿論 유가족에게까지 斜視를 주는 것은 큰 잘못이다.

이 外에 또 하실 말씀이 있으면 하십시오.

一 同 : 이의없다고 함.

오늘 이 會議에서 合意 또는 決定한 모든 事案을 우리 모두는 承服하고 異議없음을 다짐한다.

以上과 같이 白骨兵團參戰將兵 合同 全員會議를 開催하고 參加者가 記名捺印하여 後日을 證하기로 한다.

每 帳마다의 契印者는 全仁植 ⑪, 李斗柄 ⑫, 裵善浩 ⑬, 崔仁泰 ⑪, 李翊宰 ⑫ 5名을 指名한다.

總會 參加者 姓名 印 별첨

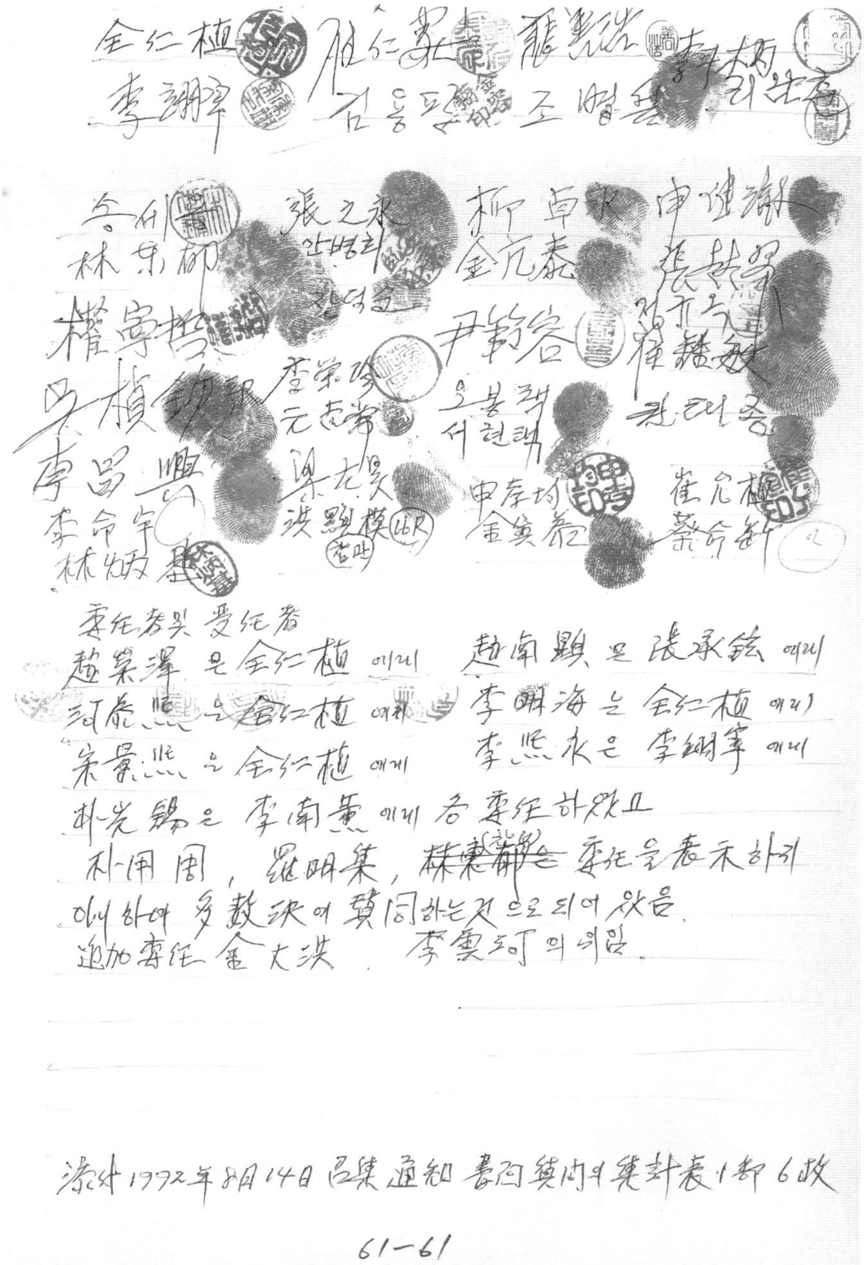
委任者및 受任者
趙榮澤 은 金仁植 에게 趙南顯 은 張承鉉 에게
河應熙 는 金仁植 에게 李明海 는 金仁植 에게
宋景熙 는 金仁植 에게 李熙永 은 李翊宰 에게
朴光錫 은 李南薰 에게 各委任하였고
朴用周, 羅明集, 林東郁 은 委任을 表示하기
에 하여 多數決에 贊同하는 것으로 되어 있음.
追加委任 金大洪 李雲河 의 의임.
添付 1992年 8月 14日 召集通知書 同封內 集計表 1部 6枚
61—61

白骨兵團 參戰將兵 總會에 參席한 撮影記錄

日 時　1992年 9月 5日

本人 參席 36名　　委任 14人

번호	직책/소속		성명	계급	번호		성명	소속	계급
①	總會 議長		**全仁植**	대위(會長)	⑲		**林東郁**	11R	一中
②	司令官		**蔡命新**	중령(고문)	⑳		**宋世鏞**	12R	二上
③	12聯隊長	(亡)	**이두병**	소령	㉑		**오봉탁**	11R	二上
④	司令部11R	(亡)	**崔允植**	대위(理事)	㉒		**이창흥**	11R	二中
⑤	司令部11R	(亡)	**양재호**	대위	㉓	(亡)	**장덕순**	11R	二上
⑥	12R참모장		**張喆翼**	대위	㉔	(亡)	**丁圭玉**	11R	二上
⑦	부회장11R		**權寧哲**	중위(理事)	㉕	(亡)	**윤범용**	11R	二上
⑧	11R		**金寅泰**	중위	㉖	(亡)	**원길상**	11R	一中
⑨	11R	(亡)	**崔仁泰**	소위(理事)	㉗		**安秉熙**	12R	一中(理事)
⑩	11R		**류탁영**	소위(理事)	㉘		**李翊宰**	12R	一中
⑪	11R		**權泰鍾**	소위	㉙		**李榮珍**	11R	一中
⑫	12R		**金容弼**	소위(理事)	㉚		**金亢泰**	11R	一中
⑬	12R	(亡)	**조병설**	소위	㉛		**서현택**	11R	二中
⑭	11R(특임)		**이명우**	특임	㉜	(亡)	**리남훈**	12R	二中
⑮	13R		**裵善浩**	二中	㉝		**林炳基**	12R	二中
⑯	11R		**張之永**	二上	㉞	(亡)	**申健澈**	11R	二上(理事)
⑰	司令部	(亡)	**신효균**	보좌관(理事)	㉟	(亡)	**홍현모**	16R	중위(커크랜드)(非)
⑱	13R	(亡)	**최종민**	二上(理事)	㊱	(亡)	**오정흠**	특별R	중위(커크랜드)(非)

委任者 : 河泰熙 11R一中　宋景熙 11R　(亡) 朴光錫 12R　**朴用周** 12R　羅明集 11R 중위
(亡) 金大洪 11R　(亡) 李雲河 11R　(亡) 李明海 11R　李熙永 11R　**朴勝錄** 11R 二上
趙榮澤12R　趙南顯 11R　(亡) 李長福 13R　**全永熹** 11R　計 14人

※ 2008. 12. 10 현재 생존여부 (亡) 사망

백골병단 자체 전사편차위원회를 열어(1993. 4. 24. 14시) 전사를 확정하고자 하는 내부문건

육군본부 직할결사유격대 전사 편찬 특별위원회 구성 및 전사 편찬 주요자료 협조 요청

1. 명칭 : 본 위원회는 육군본부 직할 결사유격대 전사 편찬특별위원회(이하 본 회 라 한다) 라 칭한다.
2. 소재지 : 본 회는 서울특별시에 소재하고, 육군본부 직할 결사유격대출신 장병 중 생존이 확인된 81명중 총원대비 65.4％, 주소 불명자 및 외국거주자를 제외한 80.3％ 상당이 참여하고 있는 대한유격참전동지회의 주 사무소에 소재한다.
3. 생존자 명단 <결사유격 제11연대 출신>
   고영상, 권영철, 권태종, 김대홍, 김수창, 김인태, 김항태, 나명집, 류탁영, 박승록, 송경희, 신건철, 신효균, 양재호, 오봉탁, 원길상, 원응학, 윤범용, 이명해, 이영진, 이운하, 이창흥, 임남옥, 임동욱, 장덕순, 장승현, 장지영, 전인식, 전영도, 정규옥, 채명신, 최윤식, 최윤우, 최인태, 하태희, (김정종) (김해원) (서현택) (권처홍) (이명우) (전영모) (한갑수) (원치명) (차동원) (김성형) (권영헌) (이형구) (조남현) (이덕일 재미) (강두성) 소계 회원 35인 비참여 8인, 주소 불명자 및 외국거주 7명, 계 50명 (　)은 비참여, (__) 주소불명, 외국거주 등 임.

<결사유격 제 12연대 출신>
김영배, 김영설, 김용필, 김익환, 박용주, 송세용, 신영기, 안병희, 이남훈, 이영구, 이익재, 이희용, 임병기, 조병설, 조영택, (장철익 재미) (김인수) (권두식) (이두병) (서병환) (박광석) (원봉재) (심인구) (최두성) (장철호 재 캐나다) 소계 회원15인, 비참여 4인, 주소 불명 및 외국거주 6인 계 25인

<결사유격 제 13연대 출신>
배선호, 이장복, 최종민, (김용복) (고제화) (김한철) 소계 회원3인, 비참여 및 주소불명 3인 계 6인

以上 白骨兵團 參戰將兵 81名中 參戰同志會員은 53名임. (비참여) 13名, 주소불명 등 15名 상당임.

<결사유격 제15연대 출신> 김학균, 한보근, (최성학 재미)	소계 3명	9명
<결사유격 제16연대 출신> 박제민, (홍현모 재미) (박영호)	소계 3명	
<결사유격 특별연대 출신> 이윤희, 오정흠, (정원갑)	소계 3명	

※ 13연대 출신이라는 전화연락을 한 후 소식이 없어, 참전 사실 확인을 하지 못한 사람 : 田載植

4. 전사기록 자료를 요청하는 내용

(1) 서설에 들어갈 내용

① 대구 보충대에 집결할 때까지 ; 의용경찰, 철도경찰, UN경찰등의 편성 근거, 교육, 차출, 집결 까지의 과정 및 법적근거 (치안본부등에 요확인 조회)

② 학생, 민간유격대, 군낙오병, 기타 특수요원으로 참여한 자의 참전 과정 및 교육, 법적근거 등

③ 군의 인사발령에 의한 참전자는 그 근거

(2) 대구 보충대에 집결한 일자와 그 책임인솔자 및 인수자 등

(3) 대구 보충대에서 육군정보학교(제7훈련소)에 입교한 일자

(4) 육군정보학교에서의 교육기간(각 연대별 또는 개인별)

(5) 임시 장교로의 임관 일자, 군번, 계급, 성명, 하사관의 경우는 군번과 계급을 부여받은 일자및 귀하의 계급, 군번, 성명.

(6) 편성 ;　　○○연대 ○○대대 ○○중대 ○○소대 ○○분대 ○○○으로 정확한 편성 내용을 기록하실 것.

(7) 작전출동일자 및 경로　　년　월　일　시에 대구 정보학교를 출발 ______ ________로 가서 _____일간(시간) 대기하다가 ________로부터 출동명령자 ______로부터 어떤 명령을 받은 ___일 ___시에 출동 ____________________ ________________________으로 _____년 ____일 ___시에서 적후방에 침투하였다. (별지에 자세히 기록하실 것)

(8) 작전에 관한 자세한 내용을 별지에 기록하시고 날인해 주실 것.

(9) 백골병단으로 통합되기 전에 ____년 ____월 ____일 ____시에 퇴곡리에 집결했다.(51.2.17~2.23) 그때의 상황을 자세히 기술하실 것.

(10) 백골병단의 작전

① 철갑령 쪽을 향하던 중 가마골에서의 전투 (以下 白骨兵團 관련 작전 경로임)(51.2.23 ~ 4)

② 신배령을 넘어 숙영 휴식 중 대공폭격에 관한 기록 및 분산상태

③ 외청도리 주둔시의 작전개요　　(51.2.24~　　　)

④ 인민군 69여단 정치군관외 4인의 생포작전시의 기록 및 활약상

⑤ 광원리 방면 인민군 3군단 초소기습시의 작전 및 참가 당시의 기록

⑥ 구룡령 넘어 약수산에서의 기록

⑦ 갈천리 진주작전 및 귀둔리 작전 (51.3.10~14)

⑧ 군량밭 작전(51.3.16~17)

⑨ 필례지구 작전 (51.3.18)　　길원팔 생포관련 작전(51.3.16~3.20)

⑩ 대승령→안산→외가평→용대리작전 및 철수작전시의 귀하등의 행동 (51.3.20~23)

⑪ 백담사→오세암 작전→설악산 퇴각 및 피습과 작전개요 (51.3.24)

⑫ 오색리 작전 → 박달령 작전 독립고지점령 등

⑬ 설피밭 → 삼거리 → 진흑동 → 진동리 작전 (51.3.24~26)~3.30

⑭ 상치전 → 방동 → 현리 방면 철수작전 등 주요작전에서 귀하의 작전 참가 내용

및 전과, 피해, 아군의 전사자 명단 등을 아는대로 자세히 기술해 주실 것.

⑮ 결사 제11연대의 경우 51.1.30.22시 영월 양조장자리에서 봉래산 방면으로 침투한 뒤, 산악으로 진격. 하진부리 작전→대관령, 횡계작전→보광리 전투→사기막리 주둔→퇴곡리로 북진 할 때 귀하의 작전참여 상황을 자세히 기술해 주실 것.

㉮ 一說에 의하면, 하진부리 도착 이전에 동상자 또는 정신 해이자 등 30~40씩을 희망에 따라 50명을 뒤돌려 보냈다고 하는데(채명신 책) 그 사실을 알고 있으면 자세히 기록해 주실 것.

⑯ 결사유격 제 11연대는 당초 연대장을 포함하여 363명이 출동한 것으로 기록되어 있는데 150여명만이 출동하였고, 도중에 50여명을 보냈기에 100여명만이 참전했다는 설(채명신 주장)도 있습니다. 그러나 강릉에 돌아와 찍은 사진에 146명이 있고, 그 뒤 생환자 20여명, 육본으로 돌아간 동지 9명등 175명 상당(제11연대원)이 개선한 것으로 되어 있습니다. 이 부분에 대한 귀하의 견해와 근거자료.

⑰ 길원팔 생포등에 관하여

길원팔등 3인은 김한철이 직접 잡았다고 하며, 강칠성 총좌(외팔이)등 일당 10명은, 채명신 사령관이 직접 잡았다. 라고 본인들이 각각 주장하고, 이들 모두를 김한철 본인이 잡았다고 주장하고, 또다른 기록으로는 이들 모두를 채명신 사령관이 잡았다. 등으로 혼선이 있어 92.9.6 참전자 전원 총회에서는 13연대 수색대(?)가 생포하여 백골병단 사령부에 압송 인도하였다.(인도한자 : 김한철 대위)라고 참전자 총회는 확인한 바 있습니다.

이에 대한 귀하의 견해와 그 당시를 기억하는 대로 상세히 기술해 주심을 바랍니다.

⑱ 길원팔의 때때 권총(소련제)은 채명신 사령관이, 강칠성총좌의 권총은 이두병 소령(12연대장)이 차고 다녔다고 하는데 그 사유 및 정황

⑲ 군량밭에서 이들 13명(소년 제외) 전원과 다른 북괴병, 내무서원, 지방공산당원 등 60여명 처형 사실을 아는대로 기술하실 것.

⑳ 군량밭 철수작전시 귀하의 임무 및 전투 경험담.

5. 강릉집결 후 귀하의 경력

① 강릉에서의 기록

② 묵호 남방 송정리 방면으로 이동할 때의 정황

③ 미8군 커크랜드 기동부대에 편성될 때 귀하의 소속, 계급, 직위 등 기타상황

④ 상륙기동훈련 참가 및 그 내용

⑤ 알섬, 솔섬, 두백리 상륙 작전 당시 귀하의 참전 내용 및 소속, 계급, 직책 등

⑥ 주문진으로 귀환할 때의 일자 및 경위

⑦ 그뒤 커크랜드 당시의 상황 및 제대 관련 상황등을 자세히 기술하실 것.

6. 15연대가 커크랜드에 통합되기 이전에 동해안에서 작전한 것이 있다고 하는데 출동일자 및 작전 경로, 퇴각하여 묵호 남방으로 내려올 때 까지의 작전경로 및 전과 기타

7. 16특별연대의 경우 작전 출동 일자 기타 상황을 위 요령에 따라 정확히 기록하실 것.

8. 커크랜드에서 제대후 지리산, 태백산 등지에서 공비토벌 전투경찰에 참여한 기록, 부대명, 부대장, 계급, 성명, 귀하의 소속, 계급, 성명, 작전참여기록, 전과 및 근무기간 등을 자세히 기록해 주실 것.
9. 그뒤의 조치와 진정기타 : 경찰복직, 원대복귀, 경찰에 연행되어 (병역기피자 및 탈영병 등으로)처벌받은 기록이 있으면 자세히 기록해 주실 것.
10. 포상을 받은 것이 있으면 기록해 주시고 상장 등을 받은 것이 있으면 그 원본 또는 사본을 제출해 주실 것. (상이 기장 등 포함, 기장증 등)

위 10개항 자료를 1993.4.15 까지 제출해 주시기 바랍니다. 만약 위 기간까지 자료제출이 없으면 아는 것이 없거나 자료가 없는 것으로 간주하겠습니다.

<주의> 이 자료는 수집된 것을 해당 연대 출신 심의 위원회의 예비심의를 거쳐 전사편찬 특별 전원위원회에 회부하여 심의 확정하여 참전 전사로 하고자 하오며, 이 일이 마지막임을 직시하시고 적극 협조해 주시기 바랍니다.

전사편찬특별위원회 위원은 다음과 같이 지명합니다.

=백골병단 관련=

<제11연대> 권영철 중위, 권태종 소위, 김인태 중위, 나명집 중위, 류탁영 소위, 박승록 이상, 신건철 이상, 신효균 보좌관, 양재호 대위, 오봉탁 이상, 원응학 보좌관, 장지영 이상, 전인식 대위, 정규옥 이상, 최윤식 대위, 최윤우 일중, 최인태 소위, 이명우소위, 한갑수 중위 계 19인
<제12연대> 김용필 소위, 김익환 소위, 박용주 이상, 안병희 일중, 이남훈 이중, 이영구 일중, 이익재 일중, 이두병 소령, 장철익 대위, 조병설 소위, 조영택 이상, 계11인
<제13연대> 배선호 일중, 최종민이상, 이장복 이상, 고제화 중위, 김한철 대위 이상 계 5인
<제15,16연대> 김학균 중위, 한보근 일중, 박제민 일중, 이윤회 이상, 오정흠 중위, 홍현모 중위, 정원갑 중위 이상 계7일
커크랜드사령부 이남표(통역 겸 사령관 보좌관)　　　　以上 43 名

위에 위촉된 전사편찬특별위원회 위원께서는 상호연락을 취하시어 이 예비 심의 자료 이외에 더 기술할 것을 찾아 내시어 우리들의 전사가 바로 편찬되도록 적극 협조해 주시기 바랍니다. 특히 외국에 거주하는 동지에게도 주소를 아시는 대로 이 사본을 빨리 보내주심을 바랍니다.

1993. 3. 15

연락처 : 서울특별시 마포구 서교동 446-9
사단법인 건설산업연구소 이사장실

대한유격참전동지회 회장 전 인 식 (직인생략)
(02) 333-5213~4

=회의 일정 총괄=

1차 예비회의는 각 연대별로 93.4.16~20일 사이에 개최하시고 종합심의 회의는 전원참석으로 93.4.24. 14시에 개최코자 합니다.

종합심의 회의에서 의결되지 아니한 사항은 2차 종합심의에 회부합니다.
1차 종합심의 회의에는 본 동지회 고문이시고 결사유격 제 11연대장 겸 백골병단 사령관 채명신 중령(예비역 중장)께서 고문자격 및 사령관 자격으로 임석해 주심을 바라오며, 결사유격 제12연대장 임시 소령 이두병씨와 결사유격 제13연대장 임시 대위 김한철(형철) 씨의 참석을 공시 송달하오니 꼭 참석해 주시기 바라오며, 각종 증거 등의 제시를 바랍니다.

※ 위 전사편찬 특별위원회의 구성등은 국방부산하 국방군사연구소 측의 요청에 의하여 1993.2.26 총회에서 만장일치로 의결된 바에 따라 설치 운영하게 된 것임을 알려드립니다.

追 伸

=공시송달= 따로 개별통지는 하지 아니합니다.

전사편찬특별위원회 전원회의 소집 통지
일 자 : 1993. 4. 24. 14시
장 소 : 마포구 서교동 소재 한식 "가회" 전화 (02)334-2497

※ 崔德演 대령(당시 정보학교 침투교리 담당교관(중위)을 초청하오니 꼭 참석하시어 협조 및 지도해 주심을 바랍니다. 죄송합니다. 끝

1994.12.17 총회에서 결 의·건 의 문

현 시국을 조감할 때, 안으로는 세계화·국제화를 지향하며, 경제적인 번영을 기약하는 큰 개혁이 진행되고, 밖으로는 W.T.O. 출범과 함께 세계가 하나의 경제권이 되는 기운이 익어가고 있다.

최근 미국은 한국의 참여없이 북·미회담을 통해 북한의 핵 억지력을 보장하는것 같고, 한국은 북한에 대하여 핵의 안전보장을 담보로 자금 공급을 미국측에 담보하여 우리는 저들에게 막대한 원조를 하기에 이르렀다.

그러나, 북한의 대남 적화통일 야욕이 이로써 포기했거나 유보한 것은 결코 아니고, 그들과의 협약 중에도 핵 개발의 여지는 아직 상존하고 있어, 우리들 참전장병 일동은 이에 크게 우려하지 않을 수 없다.

특히 과거, 위정 당국은 6. 25 참전장병과 그 세대에 대하여 너무나 그 공을 경시해왔을 뿐 아니라 예우 또한 지극히 허술하게 대접한데 대하여 우리들은 울분과 개탄을 금할 수 없다.

사람이나 동·식물 등 미물에 이르기까지 생명체를 가진 모든것들은 반드시 그 뿌리가 있게 마련이다.

오늘의 대한민국이 정녕 민주공화국으로 탄생하기에는 4. 19 의거, 또 다른 민주화운동 등에 있다고 할런지 모르나 우리는 6.25 한국전쟁을 통해서 대한민국의 국기를 바로 세울 수 있었다는 엄연한 역사적 사실을 망각해서는 아니된다고 주창한다.

북괴의 기습남침에 대항해서 온 국민이 궐기했을 뿐 아니라, 이나라 애국 청(장)년 모두는 나라를 지키기위하여 군문에 자진입대하여 온갖 악조건을 무릅쓰고 조국 대한민국을 수호 했다. 이때, 만약 북괴의 적화야욕대로 이루어졌다면 우리는,이나라는, 어떻게 되었을까 하는 상상조차 할 수 없는 것에 이를때, 그 역사적 사실을 외면해서는 결코 아니된다고 주장한다.

우리들 육군본부 직할 결사유격대 (백골병단: 결사 제 11,12,13 연대 등) 장병은 1950. 12 발령된 국민 총동원령에 따라 육군 보충대에 입소한 다음, 국군장교의 적성심사를 거쳐, 육군정보학교에 입교, 소정의 군사 교육을 이수하고, 국방부장관 신성모가 발부한 임관사령장을 수여받고, 계급과 군번을 부여 받았으며(병사의 경우 계급과 군번을 각 부여받음) 작전명령에 따라 적후방에 침투하여 아군의 통일 작전에 크게 기여하는 특수전임무를 수행하였다.

이 사실은 그 당시의 임관사령장 원본과 작전명령, 육군본부가 소장중인 그 당시의 전투정보 보고(1급 비밀) 등에도 소상히 기록된 것을 미루어 그 확인에 충분하다. 그럼에도 불구하고 과거 위정당국은 이들의 병적을 인정하지 아니하였을 뿐 아니라 전사자 및 생환자에 대하여 아무런 예우를 하지 아니했다.

우리들 참전장병은 전우회(동지회)를 조직하여 자력구제를 위해 자료를 수집.건의하여 전사망 37년 만인 1988 년에 이르러 비로소 임시소위 허은구(군번 GO 1039)의 전사확인을 받아낸 이후 임시

대위 윤창규(군번 GO 1007) 외 28 인의 전사확인을 겨우 받아 국립묘지에 위패를 안치할 수 있었다.

그러나 생환장병에게는 아무런 예우가 없던 때, 참전군인 등 지원에 관한 법률의 공포로 이제 육군본부에 대하여 참전사실확인을 구하는 서글픈 사연에 이르렀음은 참으로 개탄해 마지 않는다.

이에 본 참전동지회원 일동은 역사적 진실과 유비무환을 강조하며, 다음 사항을 육군 및 국방당국에 건의함을 결의 한다.

1. 우리는 저들의 대남 적화통일 야욕을 완전히 포기할때 까지 계속 부단히 만반의 대비를 함에 동참할 것을 다짐한다.

2. 6.25 한국전쟁 희생자를 욕되게 하는 어떤 무리들과도 단호하게 대처할 것을 다짐한다.

3. 육군본부직할 결사유격 제 11,12,13 연대(백골병단) 참전장병에 대하여 참전당시의 계급과 군번으로 참전사실을 확인하라.

4. 전사자로 추가 확인된 25 명(별첨)에 대한 전사확인과 동시에 국립묘지에 위패를 건립하라.

5. 참전장병의 무공서열 등급에 따라 훈장을 수여 및 추서(사망자에게) 하라.

6. 전적비가 건립된 강원도 인제군 북면 용대리 산 250 번지 약 1,000 평의 재무부소관 국유림을 사적지(전적비)로 용도 변경하여 강원도 인제군에 관리. 전환함과 동시에 전적비 유지관리 예산을 해당 자치단체에 교부할 수 있는 행정 및 재정조치를 취하라.

7. 전적비가 건립된 경내에 기념관을 건립하여 안보 전시장으로 활용하라.

이상을 6.25 참전 결사유격 장병일동이 결의·건의 한다.

1994 년 12 월 17 일

대한유격참전동지회 회 장 전 인 식 외 회원 일동

1995. 10. 6 金泳三대통령에게 한 上訴文

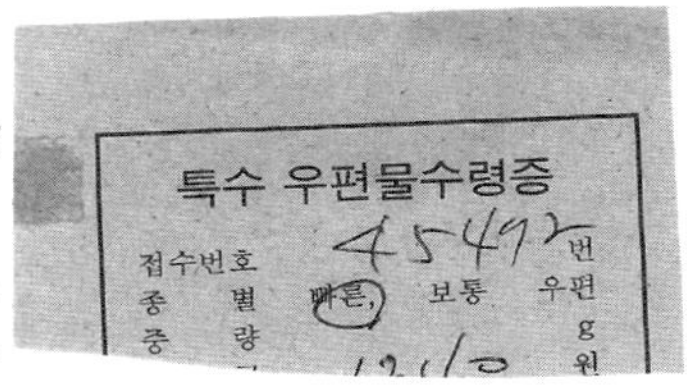

上 訴 文

尊敬하는 金 泳三 大統領 閣下

文民政府의 國政을 이끌고 계신 金 大統領 閣下께 衷心으로 感謝와 希望, 그리고 期待가 充滿하오며, 정녕 多忙하신 어른께 不肖 小生들의 딱한 사연을 直訴드리게 된것을 참으로 罪悚스럽고 또 한편으로는 부끄럽게 생각합니다.

(1) 小生들은 지금으로 부터 45年 前인 1950年 6.25 韓國 自由 守護 戰爭當時, 젊은 中 高 大學生, 義勇警察, 愛國靑年 들 이었습니다.

(2) 1. 4 後退 直前에 發令된 國民總動員令에 따라 大邱 陸軍補充隊에 入所한 小生들은 陸軍本部 情報局의 選兵으로, 陸軍情報學校에 入校, 所定의 訓練을 履修 (3週日間) 하였사오며,

(3) 決死遊擊 第 11 聯隊 363 名 (長・中領 蔡命新), 第 12 聯隊 330 名, 第 13 聯隊 124 名　計 817 名을 3個 部隊로 編成하여

(4) 51年 1月 25日 國防部長官 申性模 名義로 將校級 124 名에 對하여 GO 1001 ~ GO 1124의 軍番과 함께, 臨時步兵將校로 任官辭令狀과 階級을 各 賦與받았사오며, 같은날 兵士에게도 軍番과 階級을 各 賦與하여, 指揮體系를 確立하였으니 이제 軍人이 된 것 입니다. (證據物 保存 中)

(5) 저희들은 陸軍本部의 軍令인 作戰命令에 따라 1951. 1. 30 , 2. 6 , 2. 14 各 3 次에 걸쳐 敵陣 背後 地域으로 大部隊가 侵透하여 正規軍과 協同하는 特殊戰을 敢行한 陸軍本部 直轄 決死遊擊隊 (一名 白骨兵團) 決死 第 11, 12, 13 聯隊 出身 將兵들 이올시다.

祖國의 自由와 平和가 놈 들에 依하여 유린되고, 무고한 良民의 학살 및 피납되는 등 나라의 命運이 百尺竿頭에 있을 때, 自身의 安逸을 버리고, 오직 내 이웃, 내 나라, 그리고 自由와 平和를 위하는 한 마음으로 뭉친 800 余名의 熱血

愛國 青年은 담요 한帳, 北傀 모방의 防寒服과 帽子 등 北傀兵과 똑같은 行色과 소製 長銃에 實彈 50 發式을 휴대하고, 零下 20 ~ 30 度를 오르내리는 中東部戰線 海拔 1,000 米 以上의 高山地帶에서 出動 當時 軍에서 支給한 2 週日分의 미숫가루만으로 60 余日을 견디며, 惡戰苦鬪 끝에 120 余名은 굶고 허기져 凍 餓死되는 悲運과 함께 360 余名의 戰死 및 失踪의 被害를 입었사오며, 살아서 凱旋한 戰友들도 凍傷과 銃傷 및 골병으로 여간 큰 어려움을 겪었던 것이 아니었습니다.

그러하오나 우리들 將兵은 侵略한 저들을 응징하기 위하여

(가) 강원도 평창군 地內에서 敵 通信兵, 連絡兵 등 30 余名을 生捕하여 敵情을 파악 했으며,

(나) 명주군 地內에서 敵의 生捕 및 交戰・射殺,

(다) 1951年 2月 20日 3個部隊가 統合되자 白骨兵團이라 命名하고 (司令官 蔡命新 中領) 統合作戰을 폈으며,

1) 강원도 洪川郡 地內 敵 3軍團 司令部 隣近에서 69 旅團 政治軍官 大尉 外 將兵 多數를 生捕하여 極秘文書를 노획, 我軍地域에 다시 보내, 首都師團의 戰鬪에 크게 寄與케 했으며,

2) 敵 3軍團 本部의 襲擊과 通信파괴,

3) 갈천리 作戰과 3・8 以北으로의 北進 (1.4 以後 最初) 및 北傀治下의 行政 및 治安의 교란으로 我軍作戰에 寄與,

4) 51年 3月 18日 北傀 中央黨 軍事部 第 2 秘書 겸 人民軍 中將, 對南 빨치산 司令官 (빨치산 第 5 支隊長) (남도부, 이현상과 同格) 吉元八 外 參謀長 姜七星 등 指揮部 13 名 全員의 生捕와 極秘文書 등을 노획하여 저들의 南侵을 沮止하였고,

5) 북괴 32 師團의 戰線 增强 配置를 强力히 沮止하는 등 敵 500 余名을 生捕 및 射殺하는 등 韓國戰史에서 볼수 없는 찬란한 金字塔을 쌓았습니다. (以上 戰功 等은 모두 證明 되고 있습니다.)

그러나, 그 當時 UN軍 側에서는 우리들을 탐내어 그 移管을 要求하게 되자 陸軍本部는 그해 4 月 凱旋 後 20 余日 만에 美 8 軍 機動部隊 커크랜드 司令部로 우리들을 모두 移管하면서 小生들의 壯한 記錄이나 功績, 戰死亡 處理 等 一切의

處理를 하지 않고 生存 隊員만을 있는 그대로 넘기면서 陸軍本部는 文書를 모두 없애 버린것 같습니다. (蔡命新 中領만이 陸本으로 復歸 했음)

따라서, 武功을 세우고 戰死한 戰友에게도 아무런 援護 등 措置가 되지 아니했던 것 입니다.

5. 16 軍事革命 後 生存 戰友들이 여러차례 陳情하고 歎願 했습니다만, 그 當時 指揮官이던 蔡命新 중령(中將) 과 李翰林 준장(中將), 丁一權 少將(大將), 朴正熙 대령(大將) 등 直間接 관련자 여러분께서는 지난 過去事 임을 들어, 그 禮遇에 非協調的이었으나, 지나치게 자꾸 請願 하다가는 오히려 큰 禍를 當할 우려 또한 없지 아니하여 小生 등은 權益을 위해 지금까지 조용히 35 年間 戰友모임을 維持하면서 探問, 確認을 거쳐, 겨우 52 名의 戰死 戰友를 國立墓地에 位牌 安置하고 또 一部 安葬을 하였사오나, 나머지 300 余名의 戰死 또는 失踪된 戰友는 알길도 찾을길도 없는 實情이오며, 살아돌아온 450 余名의 戰友 또한 戰時에 再次 軍服務 中 희생되었는지 많은 戰友들을 찾을길이 없는 實情입니다.

이제까지 戰死가 確認된 戰友의 遺子女 또한 數名이 있습니다만, 이미 45 歲 以上이 되어 아무런 援護가 없사오며, 그 父母 또한 거의 모두 他界하시어 지금 원호를 받고 있는 분은 겨우 母親 1 名 과 未亡人 2 名　計 3 人에 불과한 實情입니다.

參戰 生存者 모두는 勳章은 커녕 鐵道機關士, 우체부도 받은 6·25 從軍記章 조차 받은 바 없이 45 年이 지났사오며, 이제 저희들 지난날의 老兵들은 平均年齡이 65 ~ 67 歲(最高 74 歲)에 이르고 있아온 바, 이들의 恨을 보살피시어 이들이 남은 餘生을 祖國을 위해 奉仕할 수 있는 길과 偉勳을 宣揚할 수 있는 길을 引導해 주심을 간절히 바라나이다.

저희들이 그동안 努力하고 請願한 보람으로 1990 年에는 陸軍參謀總長 이셨던 李鎭三 大將께서 北進最終地點인 강원도 인제군 북면 용대리 산 250 번지에 陸軍의 豫算과 저희들의 誠金으로 戰跡碑를 세워 주시고, 安保敎育場으로, 慰靈碑로 活用하고 있습니다만 360 余名의 희생과 그 代價 치고는 좀 未洽한 것이 아닌가 하는 생각입니다. 特히 이 戰跡碑의 維持管理費用이 軍 豫算에는 없으므로 저희들이 조금씩 負擔하지 않으면 아니될 形便이라 더욱 어려운 實情입니다.

지금까지는 그곳 隣近에 駐屯 中인 特攻部隊가 저희들의 偉勳을 기려, 청소, 除草 등을 도와주고 있아오나 水害豫防, 콘크리트의 劣化防止, 造景 등은 따로 豫算이 所要되므로 저희들이 그 費用을 醵出하여 해마다 若干의 補修를 하고 있는 實情입니다.

尊敬하는 大統領 閣下 !

戰跡碑, 慰靈塔이나 勳記章 등은 우리나라가 앞으로 平和的으로 統一이 되었을 때에도 비록 저들과의 戰爭에서 생긴 記錄과 敍勳 일지라도 저들이 자랑하는 戰勝記念館이나 戰爭記念塔, 戰績碑 및 勳章을 우리의 것과 함께 모두 認定 해야 할 것이 아닌지요.

그렇게 볼때 우리의 戰跡碑 및 勳章 등은 지나치게 초라한것이 아닌가 하는 생각입니다. 特히 저들은 國旗勳章 1 級 이나 英雄勳章을 받은 者에게는 대단한 援護와 自肯心을 갖게하고 있다고 합니다.

앞으로 우리 모두는 지난날의 아픔을, 그리고 傷處를 어루만지면서 戰爭世代와 그 後世代들이 차츰 어우러질때 까지 未來指向的으로 이 땅위에서 다시는 6·25와 같은 同族相殘의 지난날을 되풀이 하지 않게 後世에 敎訓을 남겨야 할 것이라고 생각하오며, 人民軍 中將 등을 生捕한 것과 我軍作戰에 기여한 偉勳과 戰功은 반드시 宣揚 되어야 할것 이라고 생각합니다.

따라서 參戰將兵 모두에게 偉勳宣揚과 戰跡碑 維持에 關한 支援을 해주십사하는 것입니다.

尊敬하는 大統領 閣下 !

이제 저희들은 늙고 또 病들어 있습니다. 그러나 남은 生涯를 祖國의 自由와 平和 그리고 民主主義를 위해 몸바칠 것을 誓約하오며, 大統領 閣下의 賢哲하신 下命을 기다리는 上訴의 글월을 여기서 마치고자 합니다.

정녕 바쁘신 어른에게 누를 끼친것이 아닌가 하는 自責과 함께 우리들 모두를 代表한 訴이오니 너그러우신 寬恕와 笑納을 바라이다.

1995年 10月 1日 國軍의 날, 大統領 閣下의 敬祝辭에 힘을 얻고서····

위　訴　願　人

參戰當時		參戰同志會 職位	姓　名　(인)	住民登錄番號	住　所
職位	階級				
作戰參謀	임시少領	會長	全仁植	290727-102****	서울 영등포구 여의도동 30-2 삼부A 10/13호
軍需參謀	임시大尉	副會長	權寧哲	290608-123****	경기 고양시 성사동 407-5
先任下士	이등상사	〃	申健澈	310304-117****	경기 안양시 안양1동 97-3 진흥A 123동 1007호
連絡兵	이등중사	〃	裵善[illegible]	330131-133****	강원 정선군 정선읍 애산2리 415-23
補佐官	大尉級	〃	申孝均	240819-103****	서울 송파구 문정동 훼밀리A 204동 1006호
小隊長	임시少尉	理事	權泰鍾	291001-114****	인천시 남구 청학동 삼용A 101동 805호
〃	〃	〃	柳卓[illegible]	261210-124****	경기 포천군 포천읍 신읍리 은하A B동 307호
先任下士	이등상사	〃	朴勝錄	290905-140****	대전시 서구 삼천동 청솔A 2동 1307호
分隊長	〃	〃	宋世鏞	320220-114****	인천시 중구 내동 192-1 (3/2반)
〃	일등중사	〃	安秉熙	210419-122****	경기 평택군 진위면 마산4리 115
〃	이등상사	〃	尹範容	211125-123****	경기 파주군 교하면 와동리 463
連絡兵	이등중사	〃	李南薰	290830-101****	서울 양천구 목3동 318-239 (22/6반)
分隊長	일등중사	〃	李翊宰	290716-122****	경기 송탄시 서정동 77
〃	〃	〃	林東郁	291011-145****	충남 논산군 논산읍 화지리 41-195
隊員	이등중사	〃	林炳基	240603-123****	경기 파주군 탄현면 성동리 243
連絡兵	일등중사	〃	林炳華	331125-100****	서울 은평구 갈현2동 504-36
分隊長	이등상사	〃	張德淳	280113-123****	경기 시흥시 하중2동 660
〃	일등중사	〃	張承鉉	290410-147****	충남 서산시 해미동 읍내리 153
〃	이등상사	〃	張之永	300903-103****	경기 고양시 마두동 789 강촌마을 513동 405호
連絡將校	임시少尉	〃	趙炳偰	301101-123****	경기 파주군 교하면 산남리 34
通信兵	일등중사	〃	崔潤宇	350922-101****	서울 강남구 청담동 18-16 500호
小隊長	임시中尉	監事	崔仁泰	220228-123****	경기 파주군 금촌읍 아동리 328-52 장안빌라트 201호
수색조장	이등상사	理事	崔鍾敏	300105-126****	서울 마포구 중동 36-16 (20/2반) (상이군인)
外　會　員　一　同					

대한유격참전동지회

121-210 서울특별시 마포구 서교동 466-9 전화 (02) 333-5213～4 FAX (02) 338-1153

문서번호 : 유격참전 96-6-4

시행일자 : 1996. 5. 13.

수 신 : 수신처 참조

제 목 : 제 41 회 현충 추모식 및 개선 45 주년 기념행사

1. 귀하의 건강과 가내 제절의 안녕 및 사업의 번영을 기원합니다.

2. 본회는 조국이 누란의 위기에 직면했을때, 자신의 안일을 버리고 용약 군에 입대하여 특수임무 유격대원으로 참전, 적후방에서 60여일간의 혈투를 감행, 혁혁한 무훈을 세우고 개선한 장병 및 유가족으로 구성된 모임 입니다.

3. 제 41 회 현충·보훈행사 (개선 45주년 기념행사 겸) 를 다음과 같이 봉행코자 하오니 부디 참석하시어 안보의 긴요성을 더한층 공고히 다지시고 360여 전몰 장병의 빛나는 위훈을 추모해 주심을 바랍니다.

일 시 : 1996 년 6 월 5 일 11 시 정각 (우천 불구)
장 소 : 강원도 인제군 북면 용대리 산 250번지
(백골병단 전적비 앞 광장)
복 장 : 평상 정복

4. " 추신" 올해는 개선 45주년으로써 더 없이 뜻깊은 행사가 되오니 회원 및 유가족께서는 만사를 제치시고 꼭 참석해 주심을 바랍니다. (기념품도 마련합니다)

※ 서울출발 : 96년 6월 4일 13시 (본회 사무실 출발) 중앙고속 편
(숙식 기타 제 비용은 본회 부담) ※ 버스이용 전화요망 (가족 동반 환영)
※ 당일 참석자는 96. 6. 5. 10시 까지 도착토록 유의 하시기 바랍니다.

이상과 같이 초청 및 안내 드립니다.

대한유격참전동지회 회 장 전 인 식

招請의 말씀

第41回 護國, 報勳의 달을 맞아 貴下와 貴 家庭에 幸運이 充滿하시고 하시는 事業의 繁盛을 祈求합니다.

就而, 前 陸軍本部 直轄 決死 遊擊部隊 "白骨兵團"이 敵陣 後方에 侵透하여 爀爀한 戰功을 세우고 散華하신 360餘 戰歿將兵의 冥福을 빌고 安保의 緊要性을 더욱 공고히 하고자 하는 顯忠 追慕行事를 다음과 같이 奉行 하오니 公私間 바쁘시더라도 부디 參席하시어 자리를 빛내 주시기 바랍니다.

日　時 : 1996年 6月 5日 11時
場　所 : 江原道 麟蹄郡 北面 龍垈里 山 250番地
白骨兵團 戰跡碑앞 廣場

1996年 5月 　日

主　管 : 大韓遊擊參戰同志會　會長 全仁植
支　援 : 陸軍 第 2307 部隊長　中將 金石在

參席與否 通知(02) 333-5213~4
(0365)461-5102(민심처)

＝ 式　順 ＝

1. 개식선언(군단 관계관)
1. 국기에 대한 경례
1. 순국선열 및 전몰장병에 대한 묵념
1. 백골병단 약사 보고(군단 참모)
1. 추모사(참전동지회 회장)
1. 헌화. 분향(주최자, 군단장, 귀빈・동지회고문 및 인제군수 외 기관장・단체장・내빈, 동지회간부・회원 및 유가족)
1. 조총 및 묵념
1. 내빈에 대한 인사(동지회 부회장)
1. 폐식 선언
1. 전적비 순회
1. 기념 촬영
1. 오찬장으로 이동, 추모 환담

특수(소포)우편물수령증　　총수　　통

	① 접수번호	② 종 별	③ 중 량	④ 요 금	⑤ 수취인 성명	⑥ 적 요
1	3145	[illegible]		[illegible]	[illegible]	140-023
2	[illegible]	〃		〃	국가보훈처 [illegible]	150-010

우편번호 바로

97. 7. 3 등기발송

건 의 · 청 원 서

수 신 : 국방부 장관 님 귀하

참 조 : 인사국장 님
　　　　정훈공보실장 님

국토방위의 성스러운 직무를 수행하고 계신 장관 님과 여러분들에게 심심한 감사를 드립니다. 아울러, 국방에 전력 투구하고 있는 전후방 국군장병 모두에게도 마음에서 우러나오는 격려와 함께 우리들 6·25 전쟁 참전세대들도 일단 유사시에는 국토방위에 동참하여 자유와 평화를 지키겠다는 각오로 대처하고 있습니다.

우리들은 1951년 1월부터 그 해 4월까지 사이에 강원도 태백·오대산맥과 설악산맥의 험준한 산악을 이용하여 적진후방에 침투·혁혁한 무공을 세운, 전 육군본부(정보국)직할 결사유격 제 11, 12, 13연대(통합부대명 : 백골병단) 출신 장병들입니다.

우리들은 적후방의 특수 임무를 성공적으로 완수하고 개선한 그 해 4월 15일, 미 8군 작전국 기타업무처 산하로 소속이 이관되고 커크랜드기지가 창설되므로써 그해 5월 5일 미 8군으로 예속이 변경되기까지 채명신 중령(예비역 중장)의 지휘하에 크고 작은 여러 작전에서 맡은 바 임무를 완수했습니다.

그 뒤, 우리들은 뿔뿔이 제대하게 되었었습니다. 세월은 흘러 1962년에 이르러 우리들은 "명예선양"과 친목을 위해 참전전우회를 결성하고, 전사자의 명예회복과 위령사업을 벌려,

① 그동안 전사자 55명의 신원을 조사 확인하여(육군본부의 전사확인을 받아) 국립묘지(동작동)에 위패안치 52위와 유골발굴로 대전국립묘지 안장 3위 등 참전전우의 위상제고에 힘써왔으며,

② 1990년에는 육군본부의 예산지원과 본전우회의 협찬금을 재원으로 백골병단 전적비를 건립하였으며,

③ 해마다 6월이 되면 육군 제3군단장의 협찬으로 군.관.민 학생과 참전전우 등이 참석하는 합동추모제를 엄숙히 봉행하므로써 안보의 긴요성을 널리 선양하고 있습니다.

그러나 이 합동추모제도 우리들 참전세대가 살아있는 날 까지는 가능할 것이오나 우리들의 나이가 벌써 최소 66세에서 최고 78세에 까지 이르고 있어 이 행사도 오래갈 것 같지는 아니합니다.

존경하는 장관님! 덧없는 세월의 흐름을 어쩝니까?! 먹는 나이는 되돌릴 수 없는 노릇이고 주름살의 골만이 깊어 갑니다. 20대 초반에 대학에 다니던 중 6·25 발발로 반공 지하 활동을 하다가 9·28 수복과 동시에 학도의용대를 거친 전우, 의용경찰관으로 복무중 정보학교(제 7훈련소)에 차출되어 입교한 전우 등 반공 열혈 애국청년들이 유격특수훈련(3주간)을 이수하고 병장 이상의 하사관과 임시 장교로 군번을 부여받고 임관(그 당시 장관 : 신성모 명의의 임관사령장)케 함과 동시에 결사유격 제11연대(연대장 중령 채명신 외 362명)는 1951. 1. 30 강원도 영월군 영월읍으로 부터 적지로 침투하여 그해 4월까지 적후방지역에서 유격특수전을 감행한 한국군 최초의 정규유격대(백골병단) 출신 장병들입니다.

우리 대한민국의 국권과 명운이 백척간두에 있을 때, 자신의 안일을 버리고 오직 조국의 자유와 평화 그리고 붉은 침략자를 단 한놈이라도 더 쳐부수고 남북통일을 달성하려는 일념으로 죽음을 무릅쓰고

적지에서 단 한차례의 추가 보급조차 없이 60여일간의 혈투를 감행하였으나 침투한 통합부대(백골병단) 장병 647명 중 364명이 전사 또는 실종되고 43.7%에 불과한 283명만이 간신히 생환할 수 있었으며, 전사 또는 실종자 364명 중에는 120여명의 동사 내지는 굶어 죽은 아사자의 발생이란 비전투손실은 정녕 가슴 아픈 엄청난 사실로서 비정규전의 어쩔 수 없는 경우였다고 치더라도 우리들은 결코 잊을 수 없는 처절함 입니다.

46년전부터 해마다 6월이 되면 호국 보훈·원호의 달이라 하여 국민 모두가 전몰장병의 넋을 위로하고 안보의 긴요성을 저마다 말하고 있습니다만 우리들은 전사확인자 55명외에 아직도 308명에 대하여는 그 신원조차 파악하고 있지 못한 실정으로 여간 우울한 것이 아닙니다. 그동안 1962년도 이후 수많은 진정·청원 등을 했습니다만, 국방당국에서는 아직까지 아무런 대책이나 예우를 해주고 있지 아니합니다.

1995년에 이르러 참전자 중, 주소가 확인된 70여명은 참전군인 지원에 관한 법률에 의거하여 국방부장관으로부터 참전사실확인(군번·계급·소속 등)을 받은 뒤, 국가보훈처로 부터 대통령 명의의 참전증서를 교부받기는 했습니다.

이와같은 해묵은 1951년도의 혼란기에 있었던 역사적인 사실은 민족과 국토의 분단에서 비롯된 것으로 어찌 우리들만의 일이겠습니까 만 군이 작전을 위해, 보충대에서 차출, 교육을 한 다음 계급, 군번을 부여한 것인 만큼 정부당국이 책임을 지고 성의를 베풀어 주셔야 할 것이 아닌가 합니다. 그러나 일부 당국자 중 전후세대 일각에서는 6·25가 지난지 몇십년 인데 …… 라는 태도와 무성의는 앞으로 국난을 당했을 때 이로 인한 또 다른 화근을 만들지 않겠는가 하는 생각을 지울 수 없습니다.

오늘날 전후세대와 일부 몰지각한 정치인과 종교집단 그리고 좌경집단이 선도하여 선량한 국민을 환상적인 통일논의에 빠지게 하고 있는 현실을 직시할 때 참으로 안타깝고 울분마저 치밀어 오름을 억누를 수 없습니다. 우리들의 전투경험과 전공은 우리 군에서 비정규전의 산기록이라하여 특전부대, 특공, 정찰부대의 교육자료로 널리 활용되고 있으나 정작, 우리들에게는 아무런 훈포장 등의 예우가 전혀없는 실정입니다. 이것은 마땅히 조사·발굴하셔야 할 일이 아닌지요!

우리들은 다음 세가지를 건의 청원합니다.

첫째 6·25라는 그 엄청난 참화를 겪었으면서도 이를 생동감있게 종합정리한 전쟁문학이나, 철학이 정리되지 아니한 오늘의 현실을 직시할 때 60만대군과 수백만에 이르는 예비군에 대한 진정한 사상적 무장과 실전대비능력의 고양을 위하여 우리들의 호국·무공을 전술적인 영상기록물로 제작하시어 실전 실용자료의 빈곤을 보충하시고 애국애족의 홍보 영상물을 기획·제작하시어 정녕 나라사랑이 무엇이며 국토방위의 당위성과 신성한 책무가 왜 젊은이들에게 있으며, 그들 스스로가 그 짐을 져야 한다고 느끼게하고 또 깨닫고 결심할 수 있게 해야 할 것이 아닌가 생각합니다.

그런 점에서 귀부 산하에는 국군홍보관리소가 있고 그곳에서는 영화도 만들고 있는 것으로 알고 있는데, 우리들의 입대배경에서 부터 전쟁·평화·젊은이의 의지 등을 소재로 한 기획홍보물은 그 가치가 제법 큰 것이 아니겠는가 생각해 봅니다.

해마다 찾아오는 6월 한달만이 호국의 달은 아닌 것입니다. 간악하고 음흉한 북괴와 대치중인 한 어느달, 어느날도 안보의 긴요성에 허술함이 있어서는 아니된다고 생각합니다. 개전 6일에 전국토를 유린하겠다는 놈들! 공격 6분만에 서울 불바다 운운하는 저놈들이 있는한 우리는 한순간도 방심할 수 없습니다. 그런 점에서 지난날 한 젊은 대학생이나 고등학생이 겪었던 6·25 자유수호 전쟁을 극화하여 그 사상적 배경과 처절한 전투. 전우의 희생과 승리 그리고 그 뒷마무리 등을 통해 오늘을 사는 우리 젊은 세대들에게 자유가 소중하고 삶과 죽음이 무엇인가를 깨닫고 느끼게 해야 할 다큐영상화가 필요한 것이 아닌가 생각하오며 이를 위해 대본자료로 백골병단 전투상보를 함께 송부해 드립니다.

혹시 국방홍보 예산이 부족하시다면 우리들이 성의를 모아 협찬해 드릴 용의가 있음도 아울러 밝혀둡니다.

둘째 : 이 기회에 건의 드릴 말씀은 백골병단 전사(대한 유격참전 동지회 간) 또는 육군본부 발행 한국전쟁과 유격전 P.P 86~106 등의 기록과 전투상보 등을 살피시어 전공이 있는 장병 모두에 대한 서훈을 최근에 발굴 포상한 학도 의용군(45명)의 예에 따라 생환장병(국내외 70여명)과 전몰장병 55명(유족 및 친족은 14명)에 대하여 서훈하시어 나라를 지킨 공훈은 얼마의 세월이 흘렀더라도 그 영광은 본인은 물론 그 가족에게 까지도 빛날 수 있다는 신념을 이나라 모든 젊은이들이 간직할 수 있게 해야 하지 않겠습니까? 그래야 전쟁이 나면 외국으로라도 피신하겠다는 중·고교생 73% 라는 엄청난 사상적 무방비와 안보의 궤리를 없앨 수 있는 것이 아닌가 해서 건의 드립니다.

셋째 : 6·25 참전군인 지원에 관한 법률을 개정하시어 훈포장의 서훈 및 추서를 할 수 있도록 해주시고, 6·25 당시의 전공을 새긴 전적비, 충혼비 등 명칭의 여하에 불구하고 이들 200여개의 전공비는 그 명예선양을 위하여 유지 관리를 국가가 담당하도록 해주심을 건의합니다.

국사에 분망하실 장관님께 어려운 사안을 건의·청원하는 점 너그러히 관용바라면서 현명하신 조치 있으시기를 바라며, 본 동지회 간부 일동이 연서로 건의·청원 드립니다.

대단히 감사합니다.

1997. 6. 30

서울특별시 마포구 서교동 466-9호 (Tel. 333-5213~4)

대한유격참전동지회

회 장 전 인 식 (서울 영등포구) 수석 부회장 권 영 칠 (경기 고양시)
부회장 신 건 철 (경기 안양시) 감 사 최 인 태 (경기 파주시)
이 사 류 탁 영 (경기 포천군) 이 사 안 병 희 (경기 평택시)
이 사 최 윤 우 (서울 강남구) 이 사 송 세 용 (인천광역시)
이 사 박 승 록 (대전광역시) 이 사 장 지 영 (경기 고양시)
이 사 임 병 화 (서울 은평구) 이 사 이 남 훈 (서울 강서구)
이 사 임 동 욱 (충남 논산군) 이 사 장 승 현 (충남 서산시)

1998. 6. 5. 11시 강원도 인제군 북면 용대리 산 250-2 소재 백골병단 전적비 앞 광장에서 펼쳐진 전적 위령 추모제를 앞두고 대한유격참전 동지회는 육군 제3군단장에게 추모행사 계획 등을 협의하였다.

특수 우편물수령증
접수번호　　　번
종　별　빠른, 보통　우편

대한유격참전동지회

121-210 서울 특별시 마포구 서교동 466-19　전화 (02) 333-5213～4　FAX (02) 338-1153

문서번호 : 유격참전 98-4-7
시행일자 : 1998. 4. 27.

수　　신 : 육군제 3 군단장
참　　조 : 인사참모

제목 : 백골병단 현충 추모행사의건

선결				지시	
접수	일자 시간			결재·공람	
	번호				
처 리 과					
담 당 자					

1. 귀하의 건승하심과 행운을 기원합니다.

2. 제43회 현충행사의 하나인 「백골병단」 전몰장병 360여 위에 대한 추모행사를 위한 초청장을 별첨문안과 같이 인쇄 발송코자 하오니 문안의 정정 기타 의견이 있으시면 '98. 5. 7까지 회시해 주시면 감사하겠습니다.

3. 인쇄원고는 '98. 5. 8 마감하여 군단명의의 봉투 50매정도와 본회용 150매를 따로 인쇄하여 본회에서는 서울지역 군, 관 등 기관과 회원에게 발송하고자 합니다.

※ 군단에서 쓰실 인쇄물은 '98. 5. 13 이전까지 발송해 드릴 예정입니다.

4. 본 회에서는 '98. 6. 4. 14시에 중앙고속 버스로 출발하여 백담사 입구 민박·여관 등에서 숙박할 예정이며, 6. 5 현충행사 시에는 백골병단을 주제로 한 「국방영화」(약 60분)의 제작을 위한 촬영을 겸할 예정이오니 각별하신 협조를 부탁드립니다.

"예" 97년도 행사시에는 조곡 나팔수가 실수를 하는 등 준비가 미숙했으며, 여군의 복장도 작업복으로 약간의 흠이 있었습니다.

5. 군단장께서의 헌화는 본회가 마련할 예정이며, 내빈의 헌화용 국화꽃 100송이 정도와 장갑 50켤레는 본회가 준비하겠습니다.

이상과 같은 의견을 보내드리오니 가부 회신을 바랍니다.　　감사합니다.

대한유격참전동지회 회 장 전 인 식

招請의 말씀

第43回 護國, 報勳의 달을 맞아 貴下와 貴 家庭에 幸運이 充滿하시기를 祈願합니다.

就而, 前 陸軍本部 直轄 決死 遊擊部隊 "白骨兵團"이 敵陣 後方에 侵透하여 爀爀한 戰功을 세우고 散華하신 360餘 戰歿將兵의 顯忠 追慕行事를 다음과 같이 奉行 하오니 부디 參席하시어 자리를 빛내 주시기 바랍니다.

日 時 : 1998年 6月 5日 11時(우천불구)
場 所 : 江原道 麟蹄郡 北面 龍垈里 山 250番地
白骨兵團 戰跡碑앞 廣場

1998年 5月 日

主 催 : 大韓遊擊參戰同志會 會長 全仁植
支 援 : 陸軍 第 2307 部隊 長 中將 朴鳳植

參席與否 通知(02) 333-5213~4
(0365)461-5102(인사처)

초청장 앞면

= 式 順 =

1. 개회사(군단 관계관)
1. 국민의례
1. 약사 보고(군단 참모)
1. 추모사(참전동지회 회장)
1. 헌화. 분향(전우회장, 군단장, 12사단장, 귀빈 및 인제군수 외 기관장·단체장·내빈, 전우회 임원·회원 및 유가족)
1. 조총 및 묵념
1. 내빈에 대한 인사(참전전우회)
1. 폐식 선언
1. 전적비 순회, 기타.

※참전전우 및 유가족 복장
: 검정색 정장·검정넥타이

초청장 뒷면

받는 사람

대한유격참전동지회

회장 전 인 식 귀하

서울특별시 마포구 서교동 466-19

121-210

참석여부 앞면

참석여부 회신

'98. 6. 5 현충 추모 행사	
참 석	불 참

※참석 또는 불참을 해당란에 ○표 하신후 1998년 5월 30일까지 도착될 수 있도록 발송하여 주시기 바랍니다.

참석여부 뒷면

대한유격참전동지회
(6·25 참전 백골병단－커크랜드 부대)

유격참전 99－12－6호 1999. 12. 20.

수신 : 회원 제위 귀하

제목 : 확대 이사회의 결과 보고

1. 지난 12월 18일 11시 20분 본회 회칙 제15조제2항에 규정에 의하여 확대 이사회를 개최하고 그 결과를 보고합니다.

2. 심의 안건의 순서를 변경하여 의결한 사항은 다음과 같습니다.

〈참여한 이사 및 특별초청 인사〉

전인식, 김용필, 안병희, 최윤우, 최인태, 류탁영, 권태종, 이익재, 장지영, 장덕순, 최종민, 송세용, 배선호, 윤범용, 임병기, 이남훈, 이영진, 임병화, 이남표, 최동수, 한국헌, 박영호, 오정흠 외 권영철, 이영구, 전영도, 신건철, 장승현, 신효균, 조병설, 임동욱 **계 31명**

출참이사 : 김인태, 박승록, 박종운, 양원석, 장동설 계 5인(총 36명중 31명 참석 및 위임)

1호 안건 : 2000년도 예산편성기준 : 세입지부 '99년과 같이 년간 회장 80만원, 부회장 40만원, 이사 20만원, 회원 10만원으로 하고 세출도 '99년에 준하여 집행키로 의결하다.

2호 안건 : 2000년도 회원수첩제작 의 건. '99년도 10월 백골병단과 커크랜드 부대 통합에 참여한 회원과 의견제시 회원까지를 포함하여 제작키로 하다.

3·4호 안건 : 미육군성에 커크랜드 부대 참전사실확인을 문서로 받아내는 것은 계속 이남표 회원이 추진하기로 하고, 제4호 안건인 2001년 참전 50주년 사업도 미육군성의 확인을 받아 미군과 합동으로 개최할 수 있도록 계속 추진하기로 하다.

5호 안건 : 국방부에 청원한 건 의 독촉 내용증명 우편도 국방부가 계속 처리를 기피하므로 백골병단 전사자 364명중 55명의 전사확인외에, 309명에 대하여는 명단조차 확인할 수 없다는 것은 그 당시 군부가 애국청년·학생 817명(11R:363, 12R:330, 13R:124)을 불법으로 징모하여 3주간의 단기 훈련만으로 엉터리 군번과 계급, 그리고 가짜나 다름없는 임관사령장을 주어 적진(사지)으로 내몰아 학살한 간접살인과 다를 바 없으니 이는 충북 영동의 노근리 사건보다 더 악랄한 수법임을 소송으로 밝혀야 한다는데 의견의 일치를 보다.

소송비용 1,000만원 이상의 모금은 1차 : 전인식 300만원(300만원), 김용필 200만원, 안병희 100만원(50만원), 최윤우 100만원, 오정흠(특별연대) 50만원 계 750만원의 신입과 일부 입금이 되었으며, 참석자 모두도 협찬하기로 하다(( )은 입금된 것).

기타 안건 : ① 2000년 2월 총회에서 부회장과 이사의 정수를 추가 및 선임하기로 의결하고 변호사는 의리있는 인권변호사를 선임하되, 소송특별위원회를 따로 (7인 정도) 두어 추진하기로 하다.

② 2000년도 현충행사는 6월 2일(금) 출발하여 6월 3일(토) 11시에 거행하기로 하다.

③ 이날의 망년을 겸한 회식비 464,000원은 전인식이 부담하다.

이상과 같이 회의를 개최하고 그 결과를 보고합니다.

추신 : 수첩 제작상 필요하오니 주소, 전화번호 등이 변경된 회원은 서면으로 알려주시기 바랍니다.

대한유격참전동지회 회장 전 인 식

2000.5.4 대한유격참전동지회 회원통신으로 "알림" 을 통해 2000년도 합동추도식을 2000.6.3.11시에 개최하되 그 전날 출발한다는 것

대한유격참전동지회

(6·25참전 백골병단 · 커크랜드부대)

121-210 서울특별시 마포구 서교동 466-19 TEL. (02) 333-5213~4 FAX. (02) 338-1153

문서번호 : 유격참전 00-5-1 호

시행일자 : 2000. 5. 4.

선결			지시	2000 5/4 발송 93통	
접수	일자 시간		결재·공람		
	번호				
처리과					
담당자					

수　　신 : 회원 제위

참　　조 :

제　　목 : 보고 및 행사안내

1. 귀하의 건강과 가정에 행복을, 그리고 사업의 번영을 기원합니다.

2. 보고 사항

(1) 지난 4.28.10시 20분부터 15시까지 사이에 분회 공적심의 위원회(위원장 권영철)를 개최하고(김용필, 안병희, 송세용, 최인태, 이남표, 임병화, 장지영 위원 및 간사 최윤우) 계 9인(이익재 부회장 사퇴로 불참)이 참석하여 원안 및 일부 보충한 의결이 있었습니다.

(2) 이익재 부회장이 2000.3.20. 가정형편과 신병관계를 이유로 부회장직을 사임하셨습니다.(4.28. 공적서 개봉시에 확인됨.)

(3) 13연대 출신, 경북 청송군 청송읍 부곡 1리 119 "서성초" 동지(최종민, 임병화 전우의 입증) 국방부로부터 참전사실 확인을 받았습니다. 0575)873-3053

(4) 2000.4.27. 본회 명예회원 류해근 장군께서 중장(中將) 진급과 동시에 육군특수 전사령관으로 영진했습니다. 회장 취임식장에 참석함.

(5) 4.28. 공적 심의 위원회에 이사 최동수, 김상위 동지가 잘못 참석하여 되돌아갔으며, 16연대 박태후, 강인철 동지의 참전사실 확인 요청은 입증 불충분으로 본인들에게 5.1. 각 반송했습니다. 미안합니다. ※ 5.2.15시 12R 출신, 이병석씨 참전사실 확인관계로 본회를 방문함. 입증서 보완토록 요구했음.

(6) 전 결사 11연대 출신 임시 소위 G01040 조시형(趙詩衡) 동지가 경기 파주시 문산읍 장산 2리 전화;(0348)952-6353 에 생존중임이 판명되었습니다.

仁川 거주, 유병철(劉炳鐵) (32.11.2.생)씨 결사 15연대 2등중사(강원도 정선군

출신자 본회 방문. 정선 거주. 이장복, 배선호 동지의 입증으로 참전사실 확인 신청케 했습니다. 주소 ; 인천광역시 서구 신현동 156-8 연락전화 : 032)573-2141

(7) 국가 상대 소송 비용 협조금 690만원은 당분간 보관됨으로 해서, 7. 19. 만기 3개월(6.7%)예금으로 별단에 예금함(협찬내역 전인식 ⑪ 300만원, 김용필 ⑫ 200만원, 안병희⑫ 80만원, 최윤우 ⑪ 50만원, 오정흠 ㊕ 30만원, 임병화 ⑬ 20만원, 이명해 ⑪ 10만원 계 690만원). ○표 출신연대

(8) 4월중 회비 납부 내역

최윤우 부회장 ⑪ 40만원, 오봉택 ⑪ 10만원, 정규옥 ⑪ 10만원, 이정자 유족 ⑫ 10만원, 박종운 이사 ⑬ 20만원, 이남표 이사(커) 20만원, 하태희 ⑪ 10만원, 김수창 ⑪ 10만원 입니다. 회비송금 구좌 **한빛은행 서교동 128-50-040590 전 인 식**

(9) 2000. 5. 3. 본회 회장 전인식, 부회장 권영철, 이사 임병화(3인) 육군 제2307부대(제3군단)를 위문・방문함.

3. 2000년 개선 49주년 합동 추도식 안내!!

⊙일시 : 2000. 6. 3. 11시 (서울출발 : 2000. 6. 2. 11시 정각, 본회 회장실 앞)

⊙장소 : 강원도 인제군 북면 용대리 산 250-2「白骨兵團 전적비」앞 광장

<추도식에 참석하실 분은 당일 현장 또는 서울 출발 시각에 본회에 나오시기 바랍니다.>

※ 회원에게는 '별도 안내서'를 발송하지 아니합니다(회비없음).

4. 슬픈 일

(1) 지난 4. 22. 이남훈(이사) 동지의 자당께서 별세하셨습니다. 극락왕생을 기원합니다.

(2) 지난 3. 18. 및 30. 전사망 확인 신청한 제11연대 김원배 대위, 박기석, 이충구, 임경업, 박종수 중사와 13연대 천영식 등 6명의 전우가 2000. 4. 27. 육군본부에서 전사확인(5. 2. 접수)되었습니다.

고인이 된 전우의 명복을 빌며, 위패안치시 별도의 행사를 갖고자 합니다.

이상과 같이 보고 및 안내 합니다

대한유격참전동지회 회 장

전사한지 49년 6개월만에 국립묘지(현충원)에 위패 봉안 되다!!

전 육군본부직할 결사유격 제11연대 소속 "임시대위 金元培" 외 4인의 병장이 1951. 3. 26 강원 인제지구에서 전사!

결사유격 제13연대 소속 병장 천영식이 1951. 3. 19 역시 강원 인제지구에서 전사한 전사확인서가 2000. 4. 27 육군참모총장으로부터 발급된 뒤, 국립현충원(동작동 국립묘지)이 2000. 9. 7 위패를 봉안하게 되어 전사한지 49년 6개월만에 비로소 위패만이라도 봉안할 수있게 되었습니다. 이에 본회는 다음과 같이 위패 봉안 추모행사를 갖고자 합니다.

다　　음

1. **행사 일시** : 2000년 9월 7일 11시　국립현충원 현충문 앞 집합 완료
2. **행사 내용** : 2000년 9월 7일 11시 15분 행사장 입구 정렬 및 백골병단기 입장
   국립현충원 행사 병력 정 위치
   11시 20분 현충문 통과
   헌화, 분향, 묵념, 위패위치 확인, 참배 및 화환 증정
3. 이미 봉안된 전우의 위패 52위 참배
4. 국립 현충원의 협조사항
   헌화, 분향, 묵념시의 조총 및 조곡 연주 협조
   신규 위패위치 안내 및 기 봉안된 52위의 위패 위치 안내 협조(별첨 기 봉안위패 명단)
5. 보도기관 및 관련기관의 협조
   조국의 자유와 평화를 위해 자신의 안일을 돌보지 않고 적·후방으로 침투하여 단 2주일분의 미숫가루만으로 60여일 동안 종횡 800리(320km), 적 3군단 배후의 습격, 적69여단의 괴멸에 기여, 적 대남 빨치산총사령관 인민군중장 吉元八 과 참모장 대좌 姜七星 등 지휘부 13명 전원의 생포 처리로 대남 지휘부를 전멸케한 특공의 빛나는 위훈을 남기고 산화 하신 분들의 명복을 빌고 그 명예가 이 땅위에 영생토록 우리 모두는 힘을 다함께 해야 한다고 주창합니다.
6. 참고사항 : 703특공 2대대장은 보관 관리중인 "백골병단기"를 2000년 9월 6일 이전까지 본회의 탁송하거나, 9월 7일 11시 정각까지 기수병사를 국립현충원에 출장토록 조치해 주실 것.

이와 같이 안내 및 협조를 부탁드립니다.

2000. 8. 10

대한유격참전동지회 회장

수신 : 배포처 참조

2004.9.10 회원통신으로 국방회관 내 대연회장에서 우리들의 위상을 바로세우기 위해 총 참여자 45명이 소송비용 1,350만원을 희사하였고, 사정으로 불참한 자 6인과 외국거주 등으로 불참자 9인 등 총 60명이 되는데 이들에게 소송에 필요한 서류 등을 준비케하여 2004.10.6 다시 집합하라는 회원 통신문

= 회 원 통 신 =

2004. 9. 10

〈회 의 소 집〉

※ 2004년 10월 6일 11시 개최

장소 : 국방회관 내 대연회장 (용산 국방부 서문 입구 옆) 02)748-0707 예약담당

① 주민등록등본 1통 (회의 시 지참 문건)

② 병적증명 1통

③ 호적등본 1통

④ 인우보증용 인감증명 2통과 소송위임용 2통 (인우보증은 각 연대별로 함)

⑤ 임관사령장, 제대증과 기타 증거가 될만한 것이 있으면 지참해 주십시오

※ 유가족(개선후 사망자 포함)께서는 수속이 다르기 때문에 별도 처리 코자 합니다.

1. 지난 2004.9.3 우리들 관련 법률에 대한 토의를 하고, 사법청구에 대한 회의결과 참석자 41명 전원일치 합의로 소송을 제기하기로 의결하고, 당일 인감증명, 위임장, 비용부담 각 30만원씩 1,230만원이 거출되었습니다.
   (가) 이날 외국여행(호주)으로 불참한 이영구 전우께서 월요일 추가 참여와 동시에 섭외 협찬비 20만원을 별도로 주셨으며 (감사드립니다)
   (나) 윤범용, 김수창, 김도중 전우께서 추가 참여 하시어
   총 참여 45명으로 1,350만원의 소송 준비금이 예금되어있습니다. 찬동 : 45/51=88%
   ※ 불참전우는 김인태 이사, 박종운, 서현택, 신효균, 양재호, 하태희 등 6인
   ※ 건강·외국 거주 등 사정으로 참여하시지 못한 회원 :
   강두성, 류탁영, 오봉택, 원응학, 정만영, 양원석, 차동원, 이덕일(미국), 이창흥 9인 입니다.
2. 우리 전우 중 1951년 4월 이후 육군병원 등에 입원치료를 받은 회원은 병상일지, 귀향증, 제대증 등의 기록이 있으면 칼라복사(꼭)하셔서, 본 회로 보내주시기 바랍니다. (지급으로)근무기간을 증명할 수 있는자료 포함.
3. 우리 전우중 임관사령장을 가지고 계신 분(양재호, 김인태 임관사령장 등)은 칼라복사 하셔서 지급으로 본 회에 보내 주시기 바라며, 제대증 같은 것도 복사해 보내주십시오
4. 병적증명서 2통을 제출하지 않은 회원께서는 이를 확인받아 제출해주시고, 김수창 회원은 제대증과 병적증명을 함께 제출해 주세요.
5. 재판은 2004.9.6 2곳의 변호사를 전인식, 권영철, 고제화, 장지영 4인이 방문 요담 하였으나, 현시점에서 서두르지 않고, 우선 9월23일 법 시행령 공포와 동시에 10월6일 전체회의를 열고 여기서, 참전 공로자 인정신청서를 작성 제출한 다음, 소송을 진행해야 하겠습니다.
   ※ 이 **공로자 인정 신청서 작성**회의는 이 회의 1차 만으로 마감합니다. 추가 방문은 사절 합니다.
   이때, 인우보증용 인감증명서 각 4통씩을 지참하시고, **인감도장을 꼭 가지고** 오셔야 합니다.
   ※ 참전자 인정신청용 회의는 이번 단 1번으로 끝내며, 불참자는 자기 책임으로 알아서 처리해야 합니다.
   특히 그동안 우리회에 나오지않은 분은 "우리 전우회" 에서 관여할 수도 없고, 또 관여하지 않습니다.

이상 알려드립니다.

육군본부 직할 결사대 전우회

告 祝

維歲次 甲申 十月 乙亥 十九日 癸丑

陸軍本部 直轄 決死隊 參戰戰友會 會長 臨時少領 全仁植이
代表로 告祝 하나이다

陸軍本部 情報局 所屬 決死隊(白骨兵團) 參戰中 護國의 英靈으로 散華하신
故 陸軍大尉 坡平尹公 昌奎 外 六拾戰友와 이름을 알수없는 參百參位 및
民間 參戰者中 戰死亡者 拾參位의 靈前에 엎드려 告하나이다
靈公들께서 祖國 大韓民國의 自由와 平和를 지키기 위해 出陣한뒤 單
한차례의 補給도없이 때는 酷寒期라 草根木皮 조차 求할수 없었고
彈藥마저 枯渴된 逆境에서 勇敢히 敵을 물리치셨습니다만
敵彈은 그 衷情을 헤아리지 않아 靈公들과 이렇게 幽明을 달리하게
되었습니다

우리들 살아남은 者들도 歲月은 덧없이 흘러 五十參年이 지나니 모두
七拾을 넘긴 늙은이가 되었습니다만 그동안 名譽回復을 위해 꾸준히
努力하고 鬪爭한 보람으로 이 戰績 慰靈碑도 세웠고, 貳千四, 甲申年에는
우리들 모두의 所望이던 名譽回復 관련 單獨 法律인 6·25 敵後方 지역
特殊作戰 遂行 功勞者에 대한 軍服務認定 및 補償 등에 관한 法律과 그法
施行令을 爭取 해 냈습니다

이제 靈公들께서도 臨時將兵의 階級이 모두 現役將兵과 같게 되었으며
戰功에 따라 勳章도 靈前에 바칠날도 멀지 않았다고 함을 아울러 告합니다
오늘 參戰將兵들이 結成한 親睦會의 첫行事로 옛激戰地를 探訪하고
여기 靈公의 靈前을 찾아 지난날을 反省하고 앞날을 사는 方向의 啓示를
받고자 이렇게 告祝과 함께 素餐과 茶果를 마련하고 藥酒一杯를 각 聯隊의
代表者가 合同으로 받들어 欽仰 하오니 부디 永眠, 安息 하시옵소서

檀紀四千參百參七年 拾一月 參拾일

陸軍本部 直轄 決死隊(白骨兵團) 參戰戰友會員 一同

2001.9.18 육군본부 중앙(을반) 공적심사위원회에서는 전인식 외 20명에 대한 공적심사 의결서에 육군참모총장이 결재하고 동 공적심사위원장이(육군참모총장 명의) 국방부장관에게 포상을 건의한 것. 이에 대하여 포상이 이루어지지 않아 전공심의를 재심의 하도록 촉구하는 공문을 등기로 2008.8.12 보냈다.

그 회답 : 인사처리과 7895호(2008.8.21)도 역시 같은 대답이다.

우 체 국
<www.epost.go.kr>

No. : 10122672
서울서교동 우체국
서울 마포구 양화로 233(서교동 394-43)
전 화 : 02-332-0288
사업자No. : 101-83-02925
접 수 자 : 창구01 오진영
접수일자 : 2008-08-12 14:58
총 요 금 : 2,050원(즉납:2,050원)
(현 금 : 2,050원
신용카드 : 0원)
부가세과세 공급가액 : 0원
부 가 세 : 0원

=조국의 자유와 평

육본 직할 결사대(백골병

문서번호 : 육직 결사 08-08-03호

시행일자 : 2008. 8. 12

수 신 자 : 육군 참모 총장 귀하

참 조 : 부관 감

선결	
접수	
처	
담 당 자		ㅇ람		

제 목 : 6.25 참전 전공확인 재심의 "건의"

1. 귀하의 건강과 육군 발전에 진력하심을 경하 드립니다.

2. 폐 전우회는 1951년 1월부터 그 해 4월까지 사이에 중동부전선 태백산맥, 오대산맥, 설악산맥 등 강원도 영월, 정선, 평창, 강릉, 홍천, 인제, 양양 등지의 적 후방지역에서 유격 특수전을 수행한 육군본부 정보국 직속 결사유격 제11연대(연대장 육군중령 채명신)와 제12, 13연대 장병 817명 중 1951.2.20 적지인 강원도 명주군 연곡면 퇴곡리에서 통합한 백골병단(병력 647명)으로 참전하여 인민군 제3군단 지휘 초소 2개소 파괴, 적 69여단 궤멸 및 적 대남 빨치산 사령관 북괴군 중장 길원팔 외 참모장 등 지휘부 전멸에 기여 하는 등의 혁혁한 전과를 올린바 있어
 가) 육군본부 공적심사 위원회는 2001.9.18 중앙(을반) 공적 심사위원회에서 채명신 중령에 대한 충무무공훈장을 제외한 임시소령 전인식(충무무공훈장) 외 20명에 대한 공적 심사결정이 심사위원 대령 6인의 전원 동의하에 부관감, 인사참모부장, 참모차장, 참모총장이 최종 결재를 하였습니다.
 나) 육군본부도 위 공적심사 의결에 따라 2001.9.26 부인 16202-012922호로 국방부장관에게 백골병단 전우회원 21명에 대한 포상 건의를 하였던 것입니다.

3. 그러나 국방부는 군적이 없는 유격대원이라는 일관된 주장에 따라 포상건의를 무시했던것입니다 만, 그 뒤 2004.3.22 법률 제7,200호 「**6.25 전쟁중 적후방지역 작전수행 공로자에 대한 군복무 인정 및 보상 등에 관한 법률**」이 제정 공포 되었으며, 그 법 「**제5조 【서훈】 특수작전을 수행한 기간중 무공을 세운 공로자에게는 상훈법에 의하여 훈장 또는 포장을 수여할 수 있다**」 및 그 법 시행령(대통령령 제18,583호 2004.11.11) 「**제4조 【계급 및 군번부여와 병적관리】**」 「법 제3조 제1항의 규정에 의하여 위원회에서 공로자로 결정된자에 대하여는 계급 및 군번을 부여하고 육군에서

그 병적을 관리한다」에 따라 전인식이 육군대위 군번 51-00008을 부여 받는 등 참전장병 등이 계급과 군번을 새로 부여 받은바 있습니다.(소령 진급 사실은 헌법재판에 정식으로 계류 중)

4. 위 **"2"** 와 같이 정식 군인이 아니라고 육군참모총장이 전공을 심사 결정한 것을 보류 내지는 제척되었던 것이 **"3"** 과 같이 특별법에 의해 군인의 신분이 정식으로 인정되었으므로 법 제5조에 따라 6.25 참전 2차 전공확인 포상(건의)한 것을 **재심의 하시어 다시 재건의** 해 주셔서 건군 60주년에 우리들도 특수작전 수행 군인으로서 국민과 함께 국군과 함께 영광을 누릴수 있게 해 주십을 바랍니다.

첨부 : 부인 16202-012922호 6.25참전 2차 전공확인 포상(건의) 사본 1부
공적 심사의결서 사본 1부
공적 심사대상명부 1부 사본 (2매)
6.25 참전유공 1부 사본 (4매)

끝

육본 직할 결사대(백골병단) 전우회 회장

담당: 과장 송미정 사무국장 : 이사 차 주 찬 회 장 전 인 식
시 행 : 육본직할 결사대(백골병단) 전우회 제08-08-03호(2008 8. 12.) 접 수 ( )
우 121-839 서울특별시 마포구 서교동 377-2 http://www.beackgol.co.kr
전화 02) 325-4896(직), 02) 333-2381~2 전송 02) 338-1153

참전개선 54주년 기념

= 친 목 회 해외관광 일정 =

2005년 4월 22일 출발
17시까지 仁川 공항으로

◉ 기본 일정

< 인천/하노이(2), 닌빈 호아루(1), 하롱베이(1), 하노이-기내(1)/인천 >

① **준비물 : 여권(전우회 보관중), 간단한 세면도구, 선글라스, 선크림, 모자, 상비약, 우산(양산), 긴팔 여벌 옷 등**

② **[인천공항] 사무실 TEL : 032)7433-114 / B카운터 : 019)6737-114 / L카운터 : 019)4978-114**
[담 당 자] 김기봉 TEL : 02)3455-8921 / FAX : 02)777-7372 (대표) 02)3455-8888

◉ 상세 일정 (자유 여행사 제공)

일차	도 시	교통편	시 간	일 정 내 역	식 사
4/22 (금) 1일	인 천 **하노이**	집 합 출 발 OZ 733 (아시아나)	17:00 19:30 22:30	인천공항 3층 B와 C 사이 4번 테이블에서 미팅 <공항긴급연락 : 019-6737-114> 인천국제공항 출발 // 하노이 향발 (4시간 30분 소요) **하노이 노바이 국제공항 도착** <현지 도착후 **"자유여행사" 피켓**을 찾아주세요!> 호텔 투숙 및 휴식 HOTEL : KIMLIEN HOTEL 또는 동급 (1급)	 기내식
4/23 (토) 2일	하노이 **닌 빈** 하노이	전용버스 유람선		조식 후 육지의 하롱베이라 일컫는 "닌빈 호아루"로 2인승 삼판배를 타고 2km의 수로를 따라 주위의 자연경관 및 지하수중동굴, 석류동굴, 요정샘 등 기암괴석 관광 (3 ~ 4시간 정도 소요)하노이로 귀환 석식 후 호텔 투숙 및 휴식 HOTEL : KIMLIEN HOTEL 또는 동급 (1급)	조 식 중 식 석 식
4/24 (일) 3일	하노이 **하롱베이**	전용버스 차 량		호텔 조식 후 **호치민 영묘, 호치민 박물관, 운묘, 생가, 한기둥 사원 및 시내 관광** 중식후 "하롱베이"로 이동(도자기마을, 수공예 공장견학) (이동시간 - 3시간 30분 정도 소요) 석식 후 호텔 투숙 및 휴식 HOTEL : VANHAI HOTEL 또는 동급 (1급)	조 식 중 식 석 식
4/25 (월) 4	**하롱베이** 하노이	**전용버스** **유람선** OZ 734	 23:30	호텔 조식 후 유네스코 지정의 세계적 자연경관인 **하롱베이 3,000여개의 환상적인 섬 관광** 및 석회동굴 답사 (천궁동굴 - 하늘문, 용형석, 용좌, 폭포, 선녀목욕탕 등) (영화 "인도차이나"의 주요 촬영지) **선상 해물중식 후** 하노이로 이동 석식 후 베트남 전통 수상인형극 관람(또는 씨클로 탑승) 하노이 공항으로 이동 하노이 공항 출발 // 인천 향발	조 식 중 식 석 식
4/26 (화) 5	인 천		05:50	**인천 국제공항 도착** 대합실 집합, 커피 한잔 후 (해산)	

< 추가일정 기타 뒷면 참조 >

◉ 추가 일정

① 하롱베이 관광시 주위의 고기잡이 배들이 생선과 해산물을 판매하는데 구입하시면, 배안에서 요리가능 합니다. (배선장에게 끝나면 **한팀당 $15**을 팁으로 주시면 됩니다.) **(팀에서 구입할 예정입니다.)**

② **가이드 팁** : 1일 1인 US＄10 입니다. (관례상)

④ **선택 관광** : 발맛사지 1시간($20) (별도 각자 부담)

③ 닌빈 관광시 삼판배를 **노젓는 베트남 현지인** 에게 관광후 ＄1 을 줍니다.

⑤ **세 : 포 함** – 인천공항세, 현지공항세(₩50,000), 관광진흥기금(₩10,000), 전쟁보험료

⑥ **여행자 보험료** : 여행사에서 최고 1억원 여행자 보험에 가입되어 있다합니다.
우리 회에서 따로 1인당 5,000만원 보험에 가입했습니다.

⑦ **기 타**

- 베트남의 해안선은 S자 모양으로 약 3,200km에 이른다. 면적은 한반도의 1.5배이며, 인구는 7천 2백만명 정도이다. 국토의 70% 산지 또는 늪지이다. 수도 하노이는 약 4백만, 호치민(사이공)에는 7백만의 인구로 두 도시의 인구집중화가 두드러지고 있다.
- **시 차** – 우리나라보다 –2시간 늦다 / **환율** – ＄10 = VND 15,500(2000년 기준)
- **기 후** – 4계절이 있으나, 사실상 봄, 가을은 아주 짧고 겨울은 한국 늦 가을날씨와 비슷하다. **더위는 3월부터 11월까지 지속된다. 이 기간 하노이는 푹푹 찌는 더위가 연일 계속된다.**
- **음 식** – 베트남의 **물은 석회질이 많이** 섞여 있어 현지인들도 차를 끓여 마시거나 생수, 음료수를 사서 마신다.
  음식은 위생적이지만, **물은 판매용 생수를** 이용하고,
  치약은 불소치약을 이용, 얼음은 지방여행 때 직접 먹으면 배탈이 날 수 있다.
- **팁** – 한국 돈 1,000 원 짜리가 통용되니 10 여장 정도 준비하는 것이 좋습니다.

- **US 달러** – 20$ 짜리 2장, 10$ 짜리 2장, 계 **US＄60 외에 약간**을 더 준비하면 됩니다.
- 쇼핑은 별로 할 것이 없을 것 같고, 술은 **종이팩**으로 된 **소주 4~5개** 정도 가져가시는 것도 좋을 듯 합니다.

- 선물구입은 한국 돈으로 **비행기내의 면세점**을 이용할 수 있습니다.

※ 발 맛사지 1인당 ＄20 은 23일 저녁 예정

※ 하노이에서 부터 우리들은 독립팀으로 관광할 예정입니다.

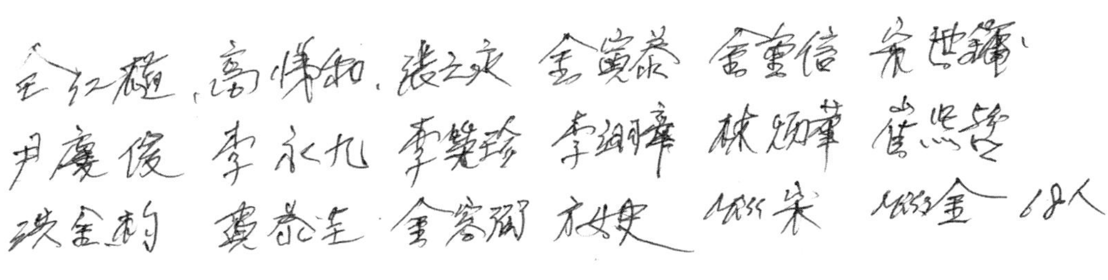

2005.6.3 육군본부 직할 결사대(백골병단) 참전 장병 중 호국의 군신으로 산화하신 364위의 명복을 비는 개선 54주년과 제50회 현충 추모식이 강원도 인제군 북면 용대리 산 250-2 백골병단 전적비 앞 광장에서 엄수되었다. 이날 국방부 장관, 국가보훈처장 등 23개 기관이 조화를 보내 주셨고, 전우회원과 내빈께서도 많은 헌성금(향초대)을 주셨다.

人 事 말 씀

＿＿＿＿＿＿＿＿ **貴 下**

貴下의 健康하심과 貴家庭에 萬福이 깃드시고, 平和와 幸福이 늘 가득하시기를 祈願드립니다.

陸軍本部 直轄 決死隊(白骨兵團) 參戰 將兵 817名 中, 護國의 軍神으로 散華하신 (故) 尹昌圭 大尉 등 364位의 冥福을 祈願하고 生還 凱旋 將兵 283名의 偉勳을 기리는 凱旋 54周年과 第50回 顯忠日에 즈음하여 먼저 가신 殉國 先烈과 戰歿 將兵에게 머리숙여 敬虔한 追慕의 禮를 올리는 바 입니다.

祖國 大韓民國의 平和와 自由를 爭取하기 위한 피나는 先烈의 努力이 없었다면 우리는 오늘의 榮光을, 우리들 後孫에게 물려줄 수는 없을 것이라 여겨집니다.

이에, 오늘을 사는 우리들은 옛 先烈과 戰歿 戰友들 앞에 떳떳함을 보여 줄 수 있도록 刻苦의 努力이 있어야 한다고 생각합니다.

올해 追慕式은 陸軍 山嶽 軍團長 崔龍周 中將님과 우리 戰友會가 共同主催하였습니다만 이 式典에는 國防部長官 님, 國家報勳處長 님, 合同參謀本部 議長 님, 陸軍參謀總長님, 第1野戰軍司令官 님, 陸軍特殊戰司令官 님, 在鄕軍人會 李相薰 會長 님, 監友會 李時潤 會長 님과 6.25 特殊戰 參戰 戰友會長(Y유격대, 대북특수공작 연대 등)을 비롯하여 政治, 軍事, 文化 各界에서 追慕花環과 電文, 香燭代 등을 보내주시며, 追慕·激勵·決意에 넘친 參與와 인제 地域 機關長 님과 團體長 님, 報勳團體長 님 여러분에게 主催者로서 眞心으로 感謝의 人事를 鄭重히 올립니다.

우리들 參戰戰友와 遺家族 一同은 지난 2004年 3月 22日 公布된 法律 第7,200호와 2004年 11月 11日 公布된 그 法 施行令의 公布로 參戰將兵과 遺家族이 그 當時의 階級을 現役 과 똑같이 認定받았고, 功勞金과 報償金도 적지만 모두 받게 되어, 老年에 政府가 주는, 國民이 주는, 功勞金을 받아, 한편, 매우 多幸하다고 생각하고, 남은 餘生을 祖國을 위해 自由와 平和를 지키는 最後의 尖兵이 될 것을 굳게 다짐하는 바입니다.

끝으로 작은 所望에 一部 蹉跌이 생긴 것은 앞으로 바로 잡아질 것으로 期待하면서, 우리들 生存將兵 一同은 오늘의 榮光 주신 것을 神께 感謝드리고, 앞으로도 변함없는 指導와 加鞭있으시기를 거듭 바라면서 人事말씀에 갈음하나이다.

정말 고맙습니다. 감사합니다.

2005年 6月 7日

陸軍本部 直轄 決死隊 戰友會

會長 全仁植 拜上

[보고] 지난 6월 3일 차중에서 **청원관련사항의 보고·동의 받은 것**을 6월 7일 다시 정리하여 전인식, 고제화, 차주찬, 송세용, 최윤우 5인이 **문장을 최종 협의한** 다음, 국회의장, 3당 대표, 국방위원과 지난번 서명하신 17인 등 모두 37인에게 등기우편으로 **법률개정청원을** 우리들 모두의 연명으로 보냈습니다.

화환을 주신 분들

번호	성 명	번호	성 명
1	국방장관 님	13	대북특수공작연대 박부서 회장 님
2	국가보훈처장 님	14	영도Y유격부대 전우회 황보현 회장 님
3	합동참모본부의장 육군대장 이상희 님	15	한국철도참전전우회 류기남 회장 님
4	육군참모총장 육군대장 김장수 님	16	감우산악회 회장 님
5	제1야전 군사령관 육군대장 김병관 님	17	파주장교출신 장우회 회장 님
6	육군 제3군단 최용주 중장 님	18	금강실업 조광옥 사장 님
7	육군 특수전 사령관 육군중장 백군기 님	19	건설연구사 대표이사외 임직원 일동
8	보병 제12 사단장 님	20	건설산업연구소 이사장외 임직원 일동
9	감우회 이시윤 회장 님	21	육군직할전우회 전인식 회장 님
10	대한민국 재향군인회 이상훈 회장 님	22	육군직할전우회 전우회장외 회원일동
11	인제군수 김장준 님		
12	병기동우회 이재목(예 소장) 회장 님		

헌 성(香燭代) 내 역

번호	성 명	헌성금	번호	성 명	헌성금
1	전 인 식 회장님	500,000	23	호 성 진 (신입)회원님	50,000
2	홍 금 표 이사님	300,000	24	최 희 철 회원님	50,000
3	류 해 근 장군님	200,000	25	김 종 호 전우님	50,000
4	임 동 욱 부회장님	200,000	26	전 영 도 회원님	30,000
5	이 영 구 회원님	200,000	27	김 송 규 회원님	30,000
6	신 낙 균 (신입)회원님	200,000	28	박 용 주 회원님	30,000
7	오 석 현 (신입)회원님	200,000	29	김 성 형 회원님	30,000
8	권 영 철 부회장님	100,000	30	임 병 화 회원님	30,000
9	박 옥 영(병기동우) 사장님	100,000	31	김 중 신 회원님	30,000
10	김 종 원(파주장우회) 부회장님	100,000	32	서 성 초 회원님	30,000
11	시사 문화사 김준기 회장님	100,000	33	조 규 철 회원님	30,000
12	고 제 화 부회장님	50,000	34	김 대 섭 (신입)회원님	30,000
13	차 주 찬 감사님	50,000	35	임 병 기 회원님	20,000
14	송 세 용 이사님	50,000	36	조 시 형 회원님	20,000
15	안 병 희 이사님	50,000	37	(고)이창식 유가족	50,000
16	최 윤 우 이사님	50,000	38	(고)임남옥 유가족	50,000
17	장 지 영 이사님	50,000	39	(고)노귀현 유가족	50,000
18	김 용 필 이사님	50,000	40	(고)정학문 유가족	50,000
19	권 태 종 회원님	50,000	41	(고)김종각 유가족	50,000
20	이 익 재 회원님	50,000	42	충남지역 전우일동 (박승록·임동욱·나명집·이영진·황태규·윤경준·오동수·하태희(재명자: 송경희))	200,000
21	문 태 진 (신입)회원님	50,000			
22	김 혁 기 (신입)회원님	50,000			

행 사 일 정 안 내

행 사 명 : 육군본부 직할(백골병단) 개선 54주년 및 제50회 현충 추모식
일 시 : 2005. 6. 3. 11시 정각
장 소 : 백골병단 전적비 앞 광장(인제군 북면 용대 3리)
지 원 : 육군 제3군단 및 보병 제12사단·703 특공 연대

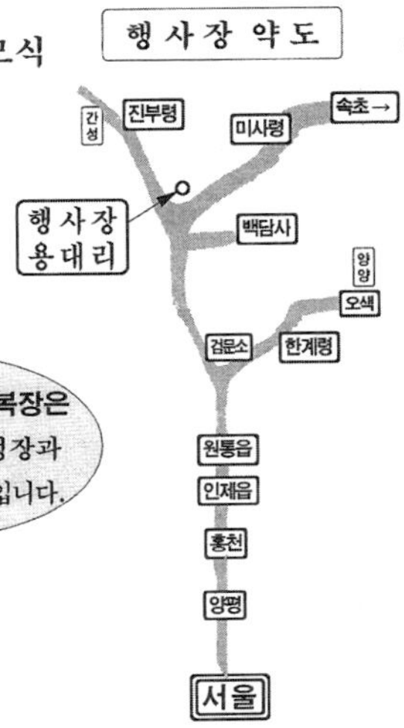

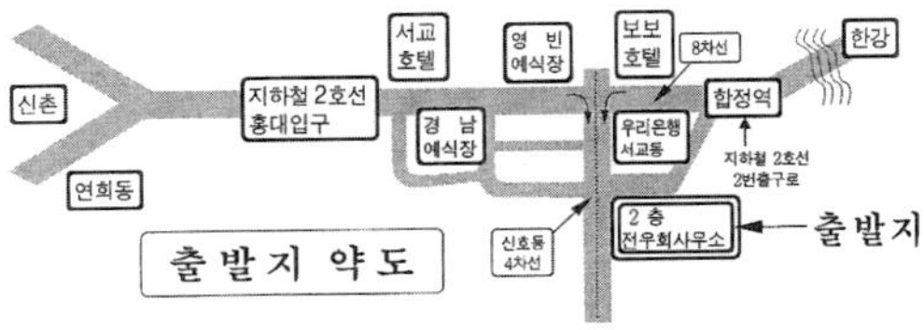

전우회원·유가족 **복장은 검정색 계통**의 정장과 회원 모자(白) 착용 입니다.

서울 **2005. 6. 3. 07시 10분 출발 (마포구 서교동 466-19)**
2005. 6. 3. 07시 30분 : 아침식사 (차내 도시락)
10시 45분 : 전적비 도착
11시 정 각 : 추모의식 거행

＝式 順＝

제 50 회 현충 추모식 〈2005년 6월 3일 11시〉

1. 개식사 (군단 관계관)
1. 국민의례 〈주악계속〉
1. 약사 보고 (군단 참모)
1. 헌화·분향 (참전전우회장·제3군단장 외 군 의전절차에 따름)
1. 조총 및 묵념
1. 추 모 사 (참전 전우회 회장)
1. 무명용사 추모비 참배
1. 폐식 선언
1. 전적비 순례 및 기념 촬영

11시 40분 기념 촬영 후 버스 승차 부대로 이동.
11시 50분 부대 도착.
12시~12시50분 오찬
13시 부대 출발.
17시 30분경 서울 도착 (시간의 변동이 있을 수 있습니다)
◉ 서울 정차 : 동부고속터미널, 종착지(서교동).
이상과 같이 행사 일정을 안내해 드립니다.

주 최 : 육군본부 직할 결사대(백골병단) 전우회

육본 직할 백골병단 기념사업회

우 : 121-842 서울특별시 마포구 서교동 466-19 TEL. (02) 325-4896, 333-5214 FAX. (02) 338-1153

문서번호 육직 백골기념 : 06-01-03호

시행일자 : 2006. 01. 23.

수 신 : 회 원 제위 회원 통신

선결			지시		
접수	일자		결재·공람		
	시간				
	번호				
처리과					
담당자					

제 목 : 보고 사항 및 안내 (회비납부고지 포함)

1. 귀하의 건안과 귀 가족의 균안을 삼가 기원 합니다.

2. 본 회는 지난 06. 1. 20. 제3회 이사회를 개최하고 우리 회원(처 포함)의 **경조 및 건강관리 사업**에 대한 기준을 의결 하였습니다. 아울러 기금 예탁금이 9,600만원이나 되므로 이 돈을 그대로 남겨야 할 명분도 없으니, 우리 기금 출연자의 구좌별 차등을 두되, **경조사와 건강관리 등에 유용**하게 쓰자는 것도 포함되어 있습니다.

여기에는 현충사업 예산 외 지원도 포함되어 있습니다.

3. 이사회에서는 2006년도 회비 납부를 고지하기로 의결 했습니다.

- 1 구좌 회원의 회비 10 만원
- 2 구좌 회원의 회비 15 만원
- 3 구좌 회원의 회비 20 만원
- 5구좌 회원의 회비 30 만원
- 7 구좌 이상 회원의 회비 50 만원입니다.

이상 회비는 2월 15일 까지 다음 구좌로 송금 바랍니다.
우리은행(서교동) 1002-630-802054
(예금주 : 백골병단 기념사업회 또는 전인식)

4. 백골병단 창설 55주년 기념 행사

우리 참전 55주년 기념 행사를 옛 자유 중국(**대만**) 3박4일 관광으로 계획하오니 한분도 빠짐없이 참가하심을 바랍니다.

- **출발 일자** : 2006. 2. 20. 10:30. 인천국제공항 3층 B 와 C 사이 <u>자유여행사</u>
- **비 용** : 549,000원 중 **본회 지원액** 1 구좌 회원 15 만원 2 구좌 회원 20 만원 3 구좌 회원 25 만원 5 구좌 회원 35만원 7 구좌 회원 50 만원을 각각 지원합니다.
(단, 지원은 회비 납부자에 한 합니다.)

6. 현충 추모사 · 기타

1988. 4. 박달재(단목령) 입구 후미진 잡풀(목)을 헤치고 병풍에 전사자 명판을 써붙이고 제사를 지낼 때 멀리 경주에서 참석하신 고 육군소위 허은구의 형님이신 허재구씨가 제 은구의 영전에 고하는 조사!!의 원문
고 허은구 소위는 1951. 3. 25 점봉산 독립고지 점령 작전에서 용감히 싸우다 전사하신 뒤 36년만에 전사확인을 받았으나 전사일자가 1951. 4. 3 로 잘못 기록되었다. 모친께서는 유가족(아들 2인 전사)으로 약 1년여간 유족보상을 받으셨으나, 곧 작고하셨다.

제 은구 영전에 고한다

No.

가야할 곳을 가지 못하고 설악산 낯선곳을
헤메면서 (외로울 너의 영이) 무능한 이형을 그리고 사직 당국을
얼마나 원망해서리라 그러나 설악동지회
전인석회장님과 회원여러분의 도움으로 오늘
이 자리에서 너의 영전에 서게되어 감개가
무량하구나 반가워할 동생의 영전에서 넋두리를
늘어놓게 되었서니 통촉해 주기바란다
1951년 1月5日 출정이후 소식이 궁금하던차
그해 6월경에 너의 중대장인 정윤화씨가 찾아
와서 그해 3월 설악산에서 전사했으며 上部
에 보고했으니 육군본부에서 전사통지가
있을 거라고 하면서 11연대 1대대 2중대 1소대장
이였으며 군번은 G01039라고 알게되었다
이후 소식이 없기에 1986년까지 무려 70여통이나
전사확인 신청서와 진정서를 육본과 정부종합
민원실에 내었으나 매회신 마다 증거가 없다고
했다 1984년도에는 이와 같은 병적사유는 근거가
없으니 이후진정을 삼가해달라고 회신이 왔다
즉 앞으로 엉터리 진정은 하지말라는 것이다.
그럼 결사 11연대 입A 소위 G01039 허은구는
엉터리 였는가 허수아비 였는가 고인의 중대장으로
부터 전사했다고 분명히 말했건만 갈길을 가지못하고

E-HWA

외로운 너의 영혼

No.

30여년 동안 설악산 골짜기를 헤메고 있었고 앞으로도 헤메어야 할 너의 령을 생각하니 씁쓸한 心情금할길 없으며 무능하고 무식한 형이였기에 너의 령을 외롭게 하였으리라 그러나 부처님이 도와서 인지 1987년 2月 우연히 TV드라마를 보고 당시 11연대 작전참모 전인식회장님을 만나게되어 전회장님의 도움으로 그렇게도 괄세받던 G01039가 정식으로 육본으로 부터 1987년 3月28日자로 소속 11연대 1대대 계급 임시소위 군번 G01039 성명 허은구 설악산지구에서 1951년 4月3日전사 했노라고 30여년동안 70여통의 진정서를 육본에 보냈는데 근거 없다는 고인의 전사확인이 전회장님의 30여년간의 피나는 노력이 없었던들 故人의 전사확인을 받을수 있었겠는가 故人이여 형과함께 전회장님의 노고에 거듭〃 감사에 말씀을 올리기로하자 그리고 만시지감 이지만 흑백을 가려주신 육본에 전공 사상심의 위원회 여러분께도 감사드립니다 전회장님께서는 못다핀 젊은 꽃이라는 책자를 발간하여 영문도 모르게 어둠속에 가려진 故人들과 여러전우들의 전공을 만천하에 밝히신 전회장님께 거듭〃 감사의 정을표하며 故人이여 30여년동안 품은 응어리를 깨끗이 지워버리고 극락왕생을 두손모아 빌며 아울러 故人과 여러 전우들의 명복을 빌면서 끝으로 회장님 염치 없는 부탁입니다만 이곳에 전적비를 세울수 있도록 노력해 주시길 간절히〃 부탁드립니다.

1988년 4月

형 재구

E-HWA

金仁植 會長님 貴下

日前에 보내주신 書信과 '決死11聯隊' 冊子는 잘 받았읍니다.

먼저 어려운 가운데 大韓遊擊參戰同志會長의 重責을 遂行하면서 6.25動亂時 体驗한 實話 '決死11聯隊'라는 力作을 出刊하신데 対해 祝賀를 드립니다.

祖國이 百尺竿頭累卵의 危機에 處해 있을때, 紅顔의 나이로 祖國守護의 隊列에 參加, 数많은 戰鬪및 遊擊戰을 敢行하여 6.25戰史에 길이 빛날 戰功을 남긴 白骨兵團勇士 640余名의 불타는 祖國愛와 殺身保國한 愛國衷情의 投魂이 담긴 이 冊子야 말로 戰後世代의 젊은 이들에게 올바른 國家觀과 死生観을 確立하는데 (中略)

建立을 비롯하여 各種事業들이 하루빨리 成功的으로 完了되기를 바라며 全會長님의 앞날에 無窮한 発展과 家庭에 幸運이 함께 하기를 하나님께 祈禱합니다.

1989. 9. 7.

第1軍司令官 大將 李 鎭 三

육군 제3군단 703특공연대장(대령 류해근)으로 1989년부터 1991년 6월까지 어려운 지원을 늘 슬기롭게 극복한 연대장의 이임을 장식한 마지막 현충추모행사에 대한 류대령님의 서신

會長님께.

신록이 산기슭 하단에 푸르름을 더하고 있으나
가리산 중턱 이상은 아직도 겨울의 나목 색갈입니다.
恒常 격려해주시고 도움을 주셔서 不足한 제가
대과없이 部隊를 이끌어왔고, 지난 創設
紀念日도 뜻있게 보냈읍니다.
전 장병을 대신하여 다시 한번 감사드립니다.
今番 6月6日 현충일 行事도 제가 준비해드리고
또 施行하고 떠나겠으니 상세한 협조내용을
보내주시면 준비하겠읍니다.
군단에서도 좋은 의향을 가지고 계시며 적극 지원할
계획인바 어차피 저희 병력의 손이 닿아야 되기에
군단과 협조하기 어려운 사항까지 말씀해주시면
모두 완벽하게 준비하겠읍니다.
저는 6月7日 14:00 이취임식을 갖고, 13日자로
大田 교육사로 보직이 결정됐읍니다.
그간 회장님의 격려와 지원에 깊이 감사드리며
상세한 준비내용은 인사과장으로 하여금 계획하여
추진토록 하겠읍니다.
今年도 회비를 송금합니다.
추도 행사때 뵙도록하겠읍니다.
내내 건강하십시오.

류해근 대령 드림

규격 177㎜×255㎜

1991년 6월 6일 제36회 현충일에 백골병단 전적비 앞 광장에서 행한 제40회 추모식에서 회장 全仁植의 추도사 전문

追 悼 辭

오늘 大韓民國 建國 以後 36번째 맞는 顯忠日에 즈음하여 이곳 山岳 軍團長이신 片將圓 中將님과 隣接 機關長님, 貴賓, 그리고 이곳 地域 駐屯 將兵 여러분과 住民·學生 여러분을 모신 자리에서 우리들과 이미 幽明을 달리하신 故 尹昌圭 大尉 外 360餘 戰歿將兵에 對한 合同 追悼式을 嚴修함에 있어, 이 사람이 追悼辭를 올리게 된 것을 無限한 光榮으로 생각하면서 한편으로는 송구스럽게 생각 합니다.

지난날을 回顧해 볼때 우리들의 첫 만남은 1951年 1月 4日 大邱 陸軍情報學校에서 였습니다.

눈 코 뜰새 없이 바쁜 訓練 속에서 3週間이 지난 뒤에는 우리들 中 決死遊擊 第11聯隊 363名이 1951年 1月 30日 作戰出動 하였고, 뒤이은 2月 5日과 2月 12日에는 第12,13聯隊가 各各 敵陣 背後를 向하여 侵透했습니다.

下珍富里, 橫溪, 普光里, 등 地區의 作戰과 五臺山, 黃柄山 등지의 作戰을 거쳐 51年 2月 20日 白骨兵團으로 統合한 우리들 640名은 가마소, 신배령, 조개동, 청도리, 廣院里, 九龍嶺, 葛川里, 貴屯里, 군량밭, 필례 等地에서 혁혁한 武功을 세웠으나 놈들의 악착같은 추격을 감당할 수 없어 不得已 망대암산, 대승령, 외가평, 龍垈里에 이르는 險山峻嶺을 零下 30度의 酷寒을 견디면서, 오로지 祖國의 自由와 平和 그리고 護國의 一念만을 불태우며, 닥치는 대로 敵을 쳐부수었습니다. 우리들 모두는 내 父母, 내 子息, 그리고 사랑하는 아내와 이웃 모두를 지키는 것이 곧 내가 사는 길이고, 더 나아가 祖國의 安寧을 지킬수 있다는 至極히 素朴하면서, 또, 至極히 當然한 것으로 알고, 身命을 다 바쳐 싸웠습니다.

遊擊隊의 戰訓! "死中得生"이 우리들에게 주어진 戰訓이자 戰場哲學이었습니다.

洪川郡 內面 조개동 入口 이름모를 산골짜기 아늑한 고장에서 지친 다리를 쉬고 있을 때, 나타난 美軍 空軍機의 誤爆으로 희생은 發生 되었습니다.

下珍富里 등지에서 勇敢히 敵兵을 生捕함에 큰 功을 세운바 있는 權旭相 同志가 若冠 20歲의 젊음을 나라에 바친것이 바로 그것 입니다.

그뒤 우리들, 白骨兵團 勇士! 아니 大韓民國 陸軍本部 情報局 直轄 決死遊擊 11,12 13聯隊 將兵은 敵 生捕 300餘, 射殺 500餘名을 헤아리는 큰 戰功을 세웠으며, 그 中에

는 人民軍 中將 吉元八과 大佐 姜七星 등을 爲始하여 高級 軍官놈만도 數10을 헤아리는 큰 武功을 세웠습니다만 사람이 먹지못하고, 추위는 지독하게 엄습하니, 어찌 그 命을 維持할 수 있었겠습니까!

51年 3月 20日부터 27日까지 사이에 적어도 5日以上을 굶어 허기진 다리를 질질 끌며, 檀木嶺 박달재를 넘을 때에는 추위와 굶주림으로 해서, 120名의 同志가 그만 얼어서 護國의 軍神으로 散華한 것 입니다.

여기 龍垈里까지는 그런대로 추위를 잘 참으면서 이 험준한 內雪岳을 훨훨 날고 누비던 그 同志들이 말 입니다.

同志들이시어! 이 못난 作戰參謀를 꾸짖어 주시고 혼을내 주십시요. 이 모두가 그 누구 탓입니까? 오직 내 잘못에 있다고 이 사람은 믿고 있소이다.

내가 보다 똑똑했다면 指揮官인 蔡司令官에게 보다 좋은 計劃을 建議했다면? 公들의 犧牲이 없었거나 적어질수 있었을 것이 아닌가 하는 自責이 앞 섭니다.

그러나 이 사람도 公들과 똑같은 水準의 訓練밖에는 받은것이 없었으니 어쩔 道理도 없었던것이 率直한 告白 입니다.

戰跡·慰靈碑 조차 세워드리지 못했고, 戰死者로 法律上 處遇조차 해드리지 못한채 30餘年이란 오랜 歲月을 放置아닌 放置를 해, 九泉을 맴돌았을 公들을 생각하면 참으로 죄송하고 살아남은 者로서 부끄럽기 이를데 없었습니다.

그러나 正義는 언젠가는 반드시 勝利하는 法 입니다.

公들의 戰死確認이 政府로부터 公式으로 認定받게 되어 名譽가 回復되고 있을때, 우리들에게는 神의 加護로 훌륭한 義理의 勇將"李鎭三將軍"이 우리들의 일을 마무리 해 주셨기 때문 입니다.

陸軍參謀總長 이신 李鎭三 大將께서 그 어려운 與件을 克服하시고 그 누구도 알아주려 하지않고 챙기려 하지않는 우리들의 戰功을 새긴 이 巨大한, 莊嚴한, 白骨兵團戰跡碑의 建立을 積極推進해 주셔서 公들이 잘 아시는 바와같이, 지난해 11月 9日 歷史的인 除幕을 이곳에서 嚴修하였고, 오늘 그 첫번째 追悼行事를 갖게 된 것 입니다.

잊어서는 아니될 6.25戰爭! 그러나, 이제 忘却의 地帶로 잊어지려는 때에, 새로운 活力을 불어 넣어, 자라나는 우리 後世에게 龜鑑으로 남겨야 할 戰跡碑! 그 戰跡碑를 세우는데도 왜 이런일, 저런 고약스런 일이 있어야 했는지 公들이 合意, 심판해 주시고 그들도 깨우쳐 주시기 바랍니다.

그리고 이곳을 오고 가는 많은 젊은世代, 뜻이 흔들리고 있는 많은 百姓들을 꾸짖고 다시 환기케 해 주시기 바랍니다.

公들께서 이룩하신 壯한 業績, 그리고 그대들의 죽음이 누구를 위한 것이 였나요! 公들 스스로를 위한 죽음은 정녕 아닐진대, 그 죽음을 헛되이, 왜 이다지도 世上이 시끌버끌 해 져야 하는 것 입니까!

두말할 必要도 없이 살아남은 우리들의 잘못이 무엇보다도 더 큰 것이라고 自責하고 있소이다.

6.25를 體驗한 우리들이 헛口號인 反共만을 외쳐왔기에 우리들의 後孫은 그것이 무슨 소리 인지를 옳게 判別할 수 없게 만들어 버렸습니다.

우리들의 잘못 입니다.

이제라도 우리들은 똑바른 史觀을 우리 後孫에게 물려 주어야 할 責務를 느끼고 여기 선 것 입니다.

公들이여! 公들의 高貴한 犧牲의 代價를 우리들이 合心해서, 반드시 치르고 또 받아내야 하겠습니다.

이제 老兵은 하나 둘 落葉이 되어 一葉片舟 흐르는 강물따라 흘러가고 있으니, 더 늦기 前에 公들께서 이룩하신 殺身成仁의 큰 뜻을 여기 龍(岱)山 기슭 明堂으로부터 四海로 그 瑞氣를 뻗어 나아가게 해, 이나라 自由와 平和를 지키는 守護將臺로서 횃불의 "심지"되어 밝혀질 것을 바라면서, 滿 40年이 지난날에야 겨우 그 첫 追悼式典을 마련한 우리의 못났음을 너그럽게 赦해 주실것을 바라면서 …… 이만 줄 입니다.

이곳 먼곳까지 찾아와 주시고 參拜·決議를 새롭게 해주신 많은 貴賓과 臨席 軍團長 片將圓 將軍님 ○○○外 많은 將兵여러분, 住民, 學生 여러분에게 感謝한 말씀을 主催者를 代表하는 사람으로서 鄭重히 드리는 바 입니다.

거듭, 대단히 感謝 합니다.

1991年 6月 6日

前 白骨兵團 作戰參謀

祭主 : 大韓遊擊參戰同志會 會長 全 仁 植

外 參戰將兵과 遺家族一同

1951.1월 육군정보학교에 부임한 육군중위 최덕연은 1949년 북에 침투했던 호림부대 출신으로 정보학교에서 우리들에게 침투교리(경험담)를 강의하고 우리들의 출동 장도를 지켜보았다. 그분이 1993.3.21자 서신으로 옛날을 회고하였다.

933

尊敬하는 金仁植 會長님

其間 安寧하십니까
오랫동안 問安人事 못드려 죄송합니다
보내주신 遊擊參戰 資料 感謝히 받았읍니다
恒常 [illegible]生을 잊지않으시고 配慮해주시는
金會長님께 感謝드립니다
잊지 않겠읍니다
回顧컨대 1951年 1月30日 겨울철어느날 저녁무렵
大邱達城國民學校 校庭에서 共産黨을 무찌르려고 勇敢하게
出征하든 760名의 遊擊隊의 뒷모습이 記憶에 生生합니다 나는 혼자 생각했읍니다 저사람들이 다시 故國의
땅을 다시 밟을수 있을것인가 하고. 그러나 뜻밖에 그들中 半
程度는 九死一生의 生還을 했다는 事實을
金仁植 會長님을 通해 알게됐을때 참으로 기쁜
生還이며 忠勇한 反共歷史의 生記錄이라는 事實
에 크게 感銘했든것입니다
그리고 "임진강에서 내설악까지" 金仁植 著書를 읽어보고
그분들의 高貴한 戰鬪記錄을 詳細히 알수가 있게
됐든것입니다 또한 1991年 6月16日 顯忠日날
江原道 龍垈里에서 金仁植 會長님의 꾸준한 努力
으로 因해 建立된 白骨兵團 戰跡記念碑를 參拜할때
더욱 感銘깊었읍니다 (中略)
이렇한 世上에 그들과 共存해야할 오늘날이 되다보니 [illegible]
그러나 어쩌하겠읍니까 옛속담말에 오래살면 孫子 老忘하는 꼴도
보게된다고
쓸데없는 농담格 말로 생각해주시기 바랍니다
자주 問安人事 드리기로하고 이만 줄입니다
金會長님의 健勝을 빌며 1993. 3. 21.

서울 松坡區 石村洞 [illegible]
崔德淵

1994. 6. 4 白骨兵團 戰跡碑 앞 광장에서 행한 제43회 추모식에서 회장 全仁植의 追悼辭

追 悼 辭

〈1994. 6. 4. 白骨兵團戰跡碑 앞에서〉

尊敬하는 軍團長 李圭煥 將軍님! 인제군 님! 그리고, 本會 顧問이신 黃仁模, 將軍님! 白骨兵團 參戰 遺家族과 會員 여러분! 家族 親知여러분! 地域 軍 部隊 將兵여러분과 住民 여러분을 모신 자리에서 第39回 顯忠日과 凱旋 44周年 記念 合同追悼式을 奉行하게 된것을 무척 고맙게 생각합니다.

돌이켜 지난날을 回顧할 때, 1950年 6月 25日 새벽 3時, 北韓 金日成 徒黨이 挑發한 南侵 戰爭으로 因하여, 우리 大韓民國의 國權이 風前燈火와 같이 되었으며, 나라의 命運이 百尺竿頭에 있을때, 우리들 젊은 學生, 義勇警察 등 愛國青年은 自身의 安逸을 버리고, 나라와 내 이웃을 지키기 위하여, 勇躍! 軍門에 入隊하여, 單 1퍼센트의 生存性 保障도 없는 敵 後方地域 作戰인 特殊任務 遊擊部隊에 參戰, 3個聯隊 817名이 1951年 1月 부터 2月까지 사이에 中東部戰線에 侵透하여 各隊別로 作戰中, 51年 2月 20日 江原道 溟州郡 連谷面 退谷里에서 3個聯隊가 「白骨兵團」으로 統合하고, 640餘名의 大兵力이 五臺山 北方 洪川郡 內面 九龍嶺方面의 敵 第3軍團 背後地域을 거쳐 38度線을 突破하고, 그해 3月 18日에는 人民軍 中將 兼 對南 빨치산 司令官 外 參謀陣 一黨 13名 全員을 生捕한 것을 비롯하여 敵 指揮所의 습격, 通信線 파괴, 人民委員會 等 行政組織의 파괴, 良民의 歸順工作 등 부여된 任務를 遂行하는 한편 敵兵의 生捕 射殺 490餘名 등의 戰果를 올려 中東部戰線의 北進 作戰에 크게 寄與했습니다.

아시다시피 그 當時는 極度로 混亂했던 時期였으므로 裝備도 쓰련製長銃과 日製九九式銃에 수류탄 몇 發이 고작이였고, 食糧은 미숫가루 2週日分만이 支給되었으며, 通信裝備라고는 通達距離 4~5km에 不過한 SCR 300 뿐이었음에도 60餘日間을 견디면서 師團規模의 敵에게 包圍되는 惡戰苦鬪가 連續되어 아까운 青春인 이나라 青年·學生 360餘 戰友가 幽明을 달리하는 悲痛함을 겪어야 했으며, 280餘 將兵이 간신히 살아돌아왔으나 그뒤 여러 戰友가 他界하고 살아남은 89名中 오늘 老兵 몇 名이 이자리에 섰습니다.

이제 그들의 나이가 벌써 最小 63歲에서 73歲에 이르렀습니다. 참으로 가슴 아프고 또, 그 무엇이라고 形言하기 어려운 쓰라림. 그리고, 살아남은 者의 道理를 다 하지 못한 죄송함을 무슨 말로 慰勞해드려야 할지 오직 죄스러울 뿐입니다.

우리들 살아돌아온 生還將兵은 그동안 兵役上 아무런 惠澤을 받은 바 없었으며 이 사람의 경우는 그 당시 11聯隊의 作戰地圖와 記錄文書를 가지고 있던것이 禍

根이 되어 큰 고초를 겪은 뒤에 비로소 放免되는 억울함을 당했으니 다른 戰友 모두의 고초가 얼마나 컸겠는가 함을 짐작할 수 있을 것이라고 생각됩니다.

戰歿將兵의 戰死確認도 그 當時 指揮官 들의 無責任으로 아무런 惠澤을 받은 바 없었으며, 遺子女 몇 名은 "빨갱이 子息"이란 汚名을 쓰고 살다가 1987年 以後 本 參戰同志會가 그 當時의 階級과 軍番으로 겨우 30名에게 名譽를 回復해 드렸을 뿐입니다.

참으로 痛嘆과 悲痛함을 禁할길 없습니다. 여기 세워진 戰跡碑!「白骨兵團 戰跡碑」의 建立도 62年 부터 請願하고 陳情했습니다만 6.25 가 지난지 얼마인데 이제와서 무슨 소리냐? 하는 조롱만 받아왔습니다 만, 1988年 6月 이곳 軍團長이셨던 李鎭三 將軍께서 決心해주시어 90年 11月 9日, 비로소 參戰 40年만에 이 碑를 세우고 除幕할 수 있었습니다.

이 機會에 參戰將兵一同과 遺家族 모두를 代表해서 李鎭三 將軍과 物心兩面으로 도와주신 有關人士 모두에게 感謝드리고, 또 적은 軍의 豫算을 쪼개서 支援해주신 陸軍本部 當局者와 建立에 애써주신 많은 將兵에게 깊은 感謝의 말씀을 올립니다.

尊敬하는 貴賓님과 來賓여러분!

오늘날 國內外 情勢는 참으로 複雜 多樣할 뿐 아니라 "한치"의 앞을 내다보기도 어려운 時局이고, 安保의 緊要性 또한 더말할 나위가 없는 그런 形便입니다.

特히 北韓 金日成 徒黨의 南侵用 땅굴! 核을 武器로 한 위협! "서울불바다" 云云의 好戰性 妄言과 行爲는 그 어느때 보다도 우리 모두에게 有備無患을 일깨워주는 重大한 時期라 아니할 수 없습니다. 어디 그뿐입니까? 最近에는 잠잠하던 우리 戰後世代 一刻에서 6.25 를 北侵이라고 하지 않습니까!

金日成集團을 지아비 인양 主體의 宗主로 착각하는 一部 不純한 애들이 있어 結集되어야할 國力에 흠을 만들지 않을까 저으기 걱정됩니다.

그러나 우리 軍은 北傀의 好戰性과 奇襲戰略 등을 잘 알고 있으므로 이에 充分히 對應할 萬般의 態勢를 갖추고 있을 것으로 確信합니다.

우리들 모두도 有事時에 同參할 覺悟와 精神武裝으로 오늘을 對備하는 슬기를 간직해야 한다고 생각 합니다.

오늘, 해마다 찾아오는 顯忠 報勳의 달에 우리는 먼저 가신 戰友中 國立墓地 位牌 建立과 安葬 등 모두 30位 外에 아직도 330餘位의 無名勇士를 모시지 못하고 또다시 合同追悼 行事를 奉行해야 하는 가슴찢어지는 아픔을 되씹으며, 앞으로 이름모를 無名勇士에 對한 身元을 더욱 發掘하여 그들의 名譽를 回復해드리기 위해 남은 生涯를 바칠 覺悟로 서로 協力을 다하고 있습니다.

그 다음에 우리들 모두의 名譽回復을 위하여 最善을 다 할것이며, 여기 서있는 「白骨兵團戰跡碑」가 나라를 위하여 젊은 목숨을 草芥와 같이 버리고 死中得生하는 特攻將兵의 龜鑑이 되고, 國民모두에게 安保의 緊要性이 얼마나 큰 것인가 하는 것을 일깨워주는 道場의 始發點으로, 그리고 여기서 이 溪谷을 거쳐, 四海로, 그 雄姿가 뻗어 나아가 그 슬기가 널리~ 널리~ 퍼져 나아갈 수 있도록 最善을 다할 作定입니다.

여기 名山, 雪嶽에 세워진 白色 3角 6卦의 碑가 지닌 榮光이 永遠하시기를 빌며, 統一의 그날에 다시 단장되는 날이 어서 빨리 오기를 손꼽아 期待합니다.

이름없는 山河에서 祖國의 自由와 平和를 지키다 저 永劫의 彼岸으로 사라져간 戰友에게 神의 加護가 늘 함께 하시기를 간절히 빕니다.

오늘 公私多忙하신 가운데에도 이자리를 빛내주시기 위하여 參席해주신 貴賓님과 來賓여러분! 그리고 오늘의 行事를 榮光되게 支援해주신 우리 第 3軍團 將兵 및 隸下 703特攻聯隊 將兵과 隣接 部隊 將兵 모두에게 武運이 長久하시고 健康하시며, 國民의 軍隊로서 榮光있으시기를 간절히 바라면서 追悼辭에 가름합니다.

대단히 감사합니다.

1994年 6月 4日

大韓遊擊參戰同志會 會長 全 仁 植
외 참전장병 및 유가족 일동

參戰同志會員 51名
(遺族(準會員) 12名)
(名譽會員 9名)
小 計 72名
住所不明 21名(國外 3포함)
其他 17名
小 計 38名
참전장병 : 51＋38＝89名

追 慕 辭

〈1995. 6. 2. 白骨兵團戰跡碑 앞 에서〉

尊敬하는 李圭煥 將軍님, 인제군수님, 군의회 의장님, 기관장 여러분! 그리고, 本會 顧問 및 白骨兵團 參戰 會員 여러분과 遺家族 親知여러분! 地域 部隊 將兵여러분과 住民 여러분을 모신 자리에서 第40回 顯忠·追慕式을 奉行하게 된 것을 무척 고맙게 생각합니다.

돌이켜 지난날을 回顧할 때, 1950年 6月 25日 새벽, 北韓 徒黨이 挑發한 南侵 戰爭으로 因하여, 우리 大韓民國의 命運이 百尺竿頭에 있을 때, 우리들 젊은 學生, 義勇警察 등 愛國靑年은 自身의 安逸을 버리고, 나라와 겨레를 지키기 위하여, 勇躍! 軍門에 入隊하여, 敵 後方地域 特殊任務 遊擊部隊에 參戰, 1951年 1月 부터 3月 까지 中東部 戰線에서 640餘 大兵力이 五臺山 北方의 敵 軍團 背後地域을 거쳐 38度線을 突破하고, 人民軍 中將 兼 對南 빨치산 司令官 外 參謀陣 一黨 13名 全員을 生捕한 것을 비롯하여 敵 指揮所의 습격, 通信線 파괴, 人民委員會 等 行政組織의 파괴, 良民의 歸順工作 등 부여된 任務를 遂行하는 한편 敵兵의 生捕 射殺 490餘名 등의 戰果를 올려 中東部戰線의 北進 作戰에 크게 寄與했습니다.

아시다시피 그 當時는 極度로 어려웠던 時期였으므로 裝備도 소련製 長銃과 수류탄 몇 發이 고작이었고, 食糧은 미숫가루 2週日分만이 支給되었으며, 通信裝備는 通達距離 4~5km 에 不過한 SCR 300 뿐이었음에도 60餘日間을 견디면서 師團規模의 敵에게 包圍되는 등 惡戰苦鬪가 連續되어 360餘 戰友가 幽明을 달리하는 悲痛함을 겪어야 했습니다.

이제 살아남은 老兵들의 나이도 벌써 最小 62歲에서 74歲에 이르렀습니다. 참으로 가슴 아프고 또, 그 무엇이라고 形言하기 어려운 쓰라림. 그리고, 살아남은 者의 道理를 다 하지 못한 죄송함을 생각 할때 무슨 말로 慰勞해 드려야 할지 오직 죄스러울 뿐입니다.

그간 戰歿將兵의 戰死確認조차 제대로 받지 못해 遺家族 여러분께 아무런 惠澤을 드리지 못했으나 1987年 以後 本 同志會가 그 當時의 階級과 軍番으로 겨우 55名에게만 名譽를 回復해 드릴 수 있었습니다.

참으로 痛嘆과 悲痛함을 禁할길 없습니다. 여기 세워진 戰跡碑의 建立도 62年 부터 請願하고 陳情했습니다만 26年이 지난 1988年 6月 이곳 軍團長이셨던 李鎭三 將軍께서 決心해 주시어 90年 11月 9日, 비로소 參戰 40年만에 이 碑를 建立·除幕할 수 있었습니다.

이 機會에 參戰將兵 一同과 遺家族 모두를 代表해서 物心兩面으로 支援해 주신 陸軍本部 當局者와 建立에 애써주신 3軍團 隷下 將兵에게 깊은 感謝의 말씀을 올립니다.

尊敬하는 貴賓님과 來賓여러분!

오늘날 國內外 情勢는 참으로 複雜 多樣할 뿐 아니라 "한치"의 앞을 내다보기 조차 어려운 時局이고, 安保의 緊要性 또한 더 말할 나위가 없는 그런 形便입니다.

特히 北韓 徒黨의 南侵用 땅굴! 核을 武器로 한 위협과 휴전선에서의 好戰性 行爲 등은 그 어느때 보다도 우리 모두에게 有備無患을 한층 일깨워주는 重大한 時期라 아니할 수 없습니다.

그러나, 우리 軍은 北傀의 好戰性과 奇襲 戰略 등을 잘 알고 있으므로 이에 充分히 對應할 萬般의 態勢를 갖추고 있을 것으로 確信합니다.

우리들 모두도 有事時에 同參할 覺悟와 精神武裝으로 오늘을 對備하는 슬기를 간직해야 한다고 생각 합니다.

오늘, 해마다 찾아오는 顯忠·報勳의 달에 우리는 먼저 가신 戰友中 國立墓地 位牌 建立과 安葬 등 모두 55位 外에 아직도 300 餘位의 無名勇士를 모시지 못하고 또 다시 追慕 行事를 奉行해야 하는 가슴 찢어지는 아픔을 되씹으며, 앞으로 이름모를 無名勇士에 對한 身元을 더욱 發掘하여 그분들의 名譽를 回復해 드리기 위해 남은 生涯를 바칠 覺悟로 서로 協力을 다하고 있습니다.

우리들 參戰將兵 모두는 올해 들어 3月 6日에 이르러 政府로 부터 參戰事実確認書를 交付 받아 늦게나마 모두가 名譽를 回復하였습니다.

이제 우리 모두는 여기 서 있는 「白骨兵團戰跡碑」가 나라를 위하여 젊은 목숨을 草芥와 같이 버리고 死中得生하는 特攻將兵의 龜鑑이 되고, 國民 모두에게 安保의 緊要性이 얼마나 所重한 것인가 하는 것을 일깨워 주는 道場의 始發點으로, 그리고 여기서 이 溪谷을 거쳐, 四海로, 그 雄姿가 뻗어 나아가 그 슬기가 널리~ 널리~ 퍼져 나아갈 수 있도록 最善을 다 해야 하겠습니다.

여기 外雪嶽에 세워진 白色 3角 6卦의 碑가 지닌 榮光이 永遠하시기를 빌며, 統一의 그 날에 다시 단장되는 날이 어서 빨리 오기를 손꼽아 期待합니다.

이름없는 山河에서 祖國의 自由와 平和를 지키다 저 永劫의 彼岸으로 사라져간 戰友에게 神의 加護가 늘 함께 하시기를 간절히 빕니다.

公私多忙하신 가운데에도 이자리를 빛내주시기 위하여 參席해 주신 貴賓님과 來賓여러분! 그리고 오늘의 行事를 榮光되게 支援해주신 우리 第 3軍團 將兵 및 隸下 703 特攻聯隊 將兵과 隣接 部隊 將兵 모두에게 武運이 長久하시고 健康하시며, 國民의 軍隊로서 榮光있으시기를 간절히 바라면서 追慕辭에 가름합니다.

1995年 6月 2日

大韓遊擊參戰同志會 會長 全 仁 植

人事말씀

第41回 顯忠·報勳의 달에 즈음하여 白骨兵團 戰歿將兵 364位에 대한 追慕式典에 참석해 주시어 物心兩面으로 追念해 주신데 대하여 깊은 감사의 말씀을 정중히 올립니다.

白骨兵團 將兵 647名은 1951. 1. 30부터 그해 4월까지 사이에 中東部 戰線 太白山脈, 五臺山脈, 雪嶽山脈을 잇는 縱橫 320km를 2週日分의 미숫가루와 담요 1장 만으로 零下 30°의 酷寒을 견디면서 오로지 祖國의 自由와 平和를 위해 自進 入隊한 熱血 勝共 愛國青年·學生으로 編成된 陸軍本部 直割 遊擊隊 Go, G 軍番의 勇士들이었습니다.

우리들은 現役軍人과 區別되는 Go, 또는 G 軍番과 臨時階級을 부여 받았다고 해서 兵役法上 아무런 惠澤을 받은 바 없었고, 敵 後方地域 作戰이라 戰死者의 屍身을 陽地바른쪽에 반듯이 묻어주지도 못했습니다.

이제 歲月이 많이 좋아진 것인지 北傀놈들의 遺骨을 坡州쪽에 集團으로 묻어준다고 하오만 우리들 白骨兵團의 作戰地域이 모두 休戰線 南쪽임에도 불구하고 政府당국은 이들의 遺骨發掘과 當時의 參戰者를 찾는 명예회복 事業을 하는 것 같지는 아니합니다.

全國에 흩어져 살고 있을 것으로 推定되는 生還將兵 283名中에는 戰友의 戰死位置를 알고 있을 많은 戰友가 있을 것이오만 그들에게 이 聖스러운 일을 알릴 新聞이나 放送 등 매스컴의 積極的인 協力이 없어, 이 일이 進陟되지 못한 안타까움이 여간 큰 것이 아닙니다.

정부 당국도 국가보훈처에 예산을 더 주어 6. 25 당시 나라를 지킨 이름 없는 勇士에 대한 명예회복과 훈장의 수여 등 功勳을 널리 宣揚할 수 있게 해주어야 할 것임에도 軍番이 있으되 Go, 또는 G군번, 임시장교 또는 하사관이었다고 해서 敵後方地域에 侵透시켜 특수임무를 수행케한 將兵에 대하여 아무런 責任을 지려하지 않고 그들의 功勳을 발굴하려 하지도 않는 것 같습니다.

白骨兵團의 戰績碑가 1990. 11. 6 陸軍本部와 第3軍團 그리고 本 參戰同志會(戰友會)의 協贊으로 除幕되기는 했습니다만 敵69旅團의 괴멸에 寄與한 것과 北傀 中將 겸 대남 빨치산 司令官과 참모진 一黨 13名 全員의 生捕. 敵 2개 師團의 行動을 묶어 놓은 것 등 어느 正規軍도 해내기 어려운 戰功을 放任하고 있음은 지극히 부당한 것으로 參戰將兵모두의 섭섭함이 큰 바 입니다.

그러나 우리들 65歲 이상 75歲까지의 老兵들은 45年間이나 참고 또 참으면서 기다리고 있으며 우리 後輩 將兵의 늠름한 成長을 흐뭇한 마음으로 지켜보면서 이 時代를 證言하고 있습니다.

앞으로도 변함없이 격려해주시고 우리 모두의 바램을 外面하지 마시고 기회 있을 때마다 우리들을 계속 도와 주심을 간절히 바라면서 人事에 갈음합니다.

대단히 감사합니다.

첨 부 : 追 慕 辭 1 部

1996. 6. 7

前 白骨兵團 出身將兵의 모임

大韓遊擊參戰同志會 會長 全 仁 植

1996.6.5 白骨兵團 戰跡碑 앞 광장에서 있은 追慕式에서 本會 會長 全仁植의 追慕辭

追 慕 辭

<1996. 6. 5. 白骨兵團 戰跡碑 앞에서>

존경하는 陸軍제3군단 軍團長 金石在 將軍 님! 第12師團長님 님! 님! 인제경찰서장 님과 지방유지여러분! 그리고 參戰 遺家族, 家族 親知 여러분! 地域 部隊 將兵여러분을 모신 자리에서 第41回 顯忠·報勳과 凱旋45周年 記念 合同追慕式을 奉行하게 된 것을 무척 고맙게 생각합니다.

돌이켜 지난날을 回顧할 때, 1950년 6월 25일 새벽 4시, 北韓 金日成 徒黨이 挑發한 南侵 戰爭으로 인하여, 우리 大韓民國의 국권이 風前燈火와 같이, 나라의 命運이 百尺竿頭에 있을 때, 우리들 젊은 愛國靑年 學生들은 자신의 安逸을 버리고, 나라와 내 이웃을 지키기 위하여, 勇躍! 군문에 입대하여, 아무런 生存性 보장도 없는 적 후방지역 특수임무 유격부대에 참전, 51년 1월부터 4월까지 사이에 중동부전선에 침투하여 647명의 대병력이 五臺山 北方 九龍嶺方面의 적 軍團 背後 地域을 거쳐, 그해 3월 18일에는 인민군 中將 겸 대남 빨치산 사령관 외 참모진 일당 13명 전원을 생포한 것을 비롯하여, 적 지휘소의 습격, 通信線 파괴, 人民委員會 등 行政組織의 파괴 등 부여된 임무를 수행하는 한편 적병의 생포 사살 480여명 등의 전과를 올려 중동부전선의 북진 작전에 크게 기여했습니다.

아시다시피, 그 당시는 극도로 혼란했던 시기였으므로 장비도 허술하였고 식량은 미숫가루 2週日분만이 지급되었으나 60여일간을 견디면서 師團規模의 적에게 포위되는 惡戰苦鬪가 연속되어 아까운 청년·학생 360여 전우가 幽明을 달리하는 悲痛함을 겪어야 했으며, 280여 장병이 개선했으나 그 뒤 여러 전우가 他界하고 살아남은 80여 명 중 오늘 老兵 몇 명이 이 자리에 섰습니다.

이제, 그들의 나이가 벌써 최소 65세에서 75세에 이르렀습니다. 참으로 가슴 아프고 또, 그 무엇이라고 형언하기 어려운 쓰라림, 그리고 살아남은 자의 도리를 다 하지 못한 죄송함을 무슨 말로 위로해드려야 할 지 오직 죄스러울 뿐입니다.

우리들의 못남으로 해서 戰歿將兵의 전사확인조차 해드리지 못해 유가족의 아픔을 더 했으며, 그 분들은 아무런 惠澤을 받은 바 없었으나 본 同志會가 꾸준히 노력하여 1986년 이후부터 겨우 그 당시의 계급과 군번으로 전사확인 55명의 명예를 회복해 드렸을 뿐입니다.

참으로 痛嘆과 悲痛함을 금할 길 없습니다. 여기 세워진 [白骨兵團 戰跡碑]의 건립도 62년부터 청원하고 진정했습니다만 6. 25가 지난지 얼마인데 이제와서 무슨 소리냐? 하는 조롱만 받아왔습니다 만, 90년 11월 9일 陸軍本部와 이곳 第 3 軍團의 큰 도움으로 참전 40년만에 이 비를 세우고 제막할 수 있었습니다.

이 기회에 참전장병일동과 유가족 모두를 대표해서 물심양면으로 도와주신 장병 여러분과 많은 유관인사 모두에게 깊은 감사의 말씀을 올립니다.

尊敬하는 貴賓님과 來賓 여러분!

오늘날 국내외 정세는 참으로 복잡 다양할 뿐 아니라 "한치"의 앞을 내다보기도 어려운 시국이고, 安保의 긴요성 또한 더 말할 나위 없는 그런 형편입니다.

특히 북한 金日成 徒黨의 남침용 땅굴! 核을 무기로 한 위협! 24시간내 서울 占領이란 엄청난 책략과 休戰協定의 일방적인 파기행위 등은 그 어느 때 보다도 우리 모두에게 有備無患을 일깨워 주는 중대한 시기라 아니할 수 없습니다.

이러한 놈들의 도발에 대비한 우리 軍의 철통같은 대응태세는 참으로 믿음직한 것이며, 우리들 모두도 유사시에 동참할 각오와 정신무장으로 오늘을 대비하는 슬기를 간직해야 한다고 생각합니다.

오늘, 해마다 찾아오는 顯忠·報勳의 달에 우리는 먼저 가신 戰友 중 국립묘지 위패 건립과 안장 등 모두 55위 외에 아직도 300여위의 무명용사를 모시지 못하고 또다시 합동추모 행사를 봉행해야 하는 가슴찢어지는 아픔을 되씹으며, 앞으로 이름모를 무명용사에 대한 신원을 더욱 발굴하여 그들의 명예를 회복해드리기 위해 남은 생애를 바칠 각오로 서로 협력을 다하고 있습니다.

여기 서 있는 [白骨兵團戰跡碑]가 나라를 위하여 젊은 목숨을 草芥와 같이 버리고 死中得生하는 특공장병의 귀감이 되고, 국민모두에게 안보의 긴요성이 얼마나 큰 것인가 하는 것을 일깨워 주는 도장의 시발점으로, 그리고 여기서 이 계곡을 거쳐, 四海로, 그 雄姿가 뻗어 나아가 그 슬기가 널리~ 널리~ 퍼져 나아갈 수 있도록 최선을 다할 작정입니다.

여기 名山, 雪嶽에 세워진 白色 3角의 비가 지닌 영광이 영원하시기를 빌며, 통일의 그날에 다시 단장되는 날이 어서 빨리 오기를 손꼽아 기대합니다.

이름없는 山野에서 조국의 자유와 평화를 지키다 저 永劫의 彼岸으로 사라져간 전우에게 신의 가호가 늘 함께 하시기를 간절히 빕니다.

오늘 公私多忙하신 가운데에도 이 자리를 빛내 주시기 위하여 참석해 주신 貴賓님과 來賓 여러분! 그리고 오늘의 追慕行事를 영광되게 지원해주신 우리 第 3 軍團 장병과 乙支部隊 장병 모두에게 武運이 長久하시고 건강하시며, 국민의 군대로서 영광있으시기를 간절히 바라면서 추모사에 가름합니다.

대단히 감사 합니다.

1996년 6월 5일

大韓遊擊參戰同志會　會長　全　仁　植

1997. 6. 4 白骨兵團 戰跡碑 앞 광장에서 행한 제46회 추모식에서 회장 全仁植의 追慕辭

追 慕 辭

97年6月

존경하는 山岳 軍團長 金石在 將軍 님! 第12師團長 오현구 장군 님! 인제군수 님! 교육장 님! 군 의회 의장 님, 경찰서장 님과 의원 여러분·인제군 有志여러분! 그리고 參戰 遺家族과 親知 여러분! 地域 部隊 將兵여러분과 학생여러분! 그리고 멀리 坡州에서 오신 炭浦 친목회원 여러분을 모신 자리에서 第42回 顯忠·報勳 追慕式을 奉行하게 된 것을 무척 고맙게 생각합니다.

돌이켜 지난날을 回顧할 때, 1950년 6월 25일 새벽 4시, 北韓 金日成 徒黨이 挑發한 南侵 戰爭으로 인하여, 우리 大韓民國의 국권이 風前燈火와 같이, 나라의 命運이 百尺竿頭에 있을 때, 우리들 젊은 愛國靑年 學生들은 자신의 安逸을 버리고, 自由와 平和를 守護하기 위하여, 勇躍! 군문에 入隊하여, 아무런 生存性의 보장이 없는 敵 후방지역 작전인 遊擊部隊에 참전, 51년 1월부터 4월까지 647명의 大兵力이 五臺山 北方의 적 軍團 背後 地域을 거쳐, 38도선을 돌파하고, 그해 3월 18일에는 인민군 中將 겸 대남 빨치산 사령관 외 참모진 일당 13명 전원을 생포한 것을 비롯하여, 적 지휘소의 습격, 적의 行政組織 파괴 등 부여된 임무를 수행하는 한편 적병의 生捕 사살 480여명 등의 전과를 올려 중동부전선의 북진 작전에 크게 기여한 白骨兵團의 戰勝記念이자 戰跡을 새긴 이곳에서 戰歿將兵 360餘名의 追慕儀式을 거행하면서 우리는 다시 한번 覺悟를 새롭게 해야 하겠습니다.

尊敬하는 貴賓과 來賓 여러분!

오늘날 국내외 情勢는 참으로 복잡 다양할 뿐 아니라 "한치"의 앞을 내다보기도 어려운 시국이고, 安保의 긴요성 또한 더 말할 나위 없는 그런 형편입니다.
특히 북한 金日成 徒黨의 남침용 땅굴을 비롯하여 細菌戰 化生放武器의 위협! 對南 長距砲의 集中 배치와 "3日內 전국토 유린"이란 好戰性 망언과 공갈, 그리고, 큰소리 치며 食糧을 구걸하는 등은 그 어느 때 보다도 우리 모두에게 有備無患을 일깨워 주는 恪別한 시기라 할 수 있습니다.

이러한 놈들의 도발에 대비한 우리 軍의 철통같은 대응태세는 참으로 믿음직하나, 우리들 모두도 有事時에 동참할 각오와 정신무장으로 오늘을 대비하는 슬기를 간직해야 한다고 생각합니다.
특히, 이 지역은 지난해 무장 잠수함을 타고 침투했던 북괴 工作員 두놈을 모두 사살한 곳에서 불과 1km 남짓 떨어진 고장이고, 놈들을 사살한 不死鳥 부대장과 대대장 박경상 중령, 그리고 장병여러분은 우리들의 후배로서 이 전승탑의 영광과 함께 더욱 굳건한 믿음을 두텁게 해주고 있습니다.
해마다 찾아오는 顯忠·報勳의 달을 맞아 우리는 먼저 가신 戰友 중 아직도 300餘位의 戰歿戰友를 모시지 못하고 또다시 이 행사를 奉行해야 하는 가슴찢어지는 아픔을 씹으며, 앞으로 우리 모두는 지난날, 쓰리고 아픈 6·25의 상처를 말끔히 씻고, 이제부터는 祖國의 自由와 平和 그리고 統一을 대비하는 尖兵이 되어 最善을 다할 것을 굳게 다짐합시다.

여기 서 있는 [白骨兵團戰跡碑]가 나라를 위하여 젊은 목숨을 草芥와 같이 버리고 死中得生하는 특공장병의 귀감이 되고, 또 국민모두에게 安保의 긴요성을 더 한층 일깨워 주는 道場의 시발점으로, 이 雄姿가 널리~ 四海로 퍼져 나아가 統一을 대비할 수 있도록 최선을 다할 것을 다시 한번 굳게 맹세합시다.

조국의 자유와 평화를 지키다 이름없는 山野에서 저 永劫의 彼岸으로 사라져간 전우에게 神의 加護가 늘 함께 하시기를 간절히 빕니다.

오늘 公私多忙하신 가운데에도 이 자리를 빛내 주시기 위하여 참석해 주신 貴賓과 來賓 여러분의 家庭에 健康과 幸運이, 그리고 오늘의 追慕行事를 훌륭히 마칠 수 있도록 지원해 주신 第 3 軍團 장병, 第 12 師團 장병과, 不死鳥部隊 장병 모두에게 武運이 長久하시고, 榮光 있으시기를 간절히 바라며, 기나 긴 歲月동안 외롭고, 괴로웠으며 恨서린 遺家族 여러분에게 鄭重히 慰勞의 말씀을 드리면서 추모사에 가름합니다.

대단히 감사 합니다.

1997년 6월 4일

大韓遊擊參戰同志會 會長 全 仁 植

1998. 6. 5. 白骨兵團 戰跡碑 앞 광장에서 행한 제47회 추모식에서 회장 全仁植의 追慕辭

追 慕 辭

존경하는 朴鳳植 軍團長 님과 貴賓님! 그리고, 인제郡 各級 機關長님과 有志여러분! 地域 部隊 將兵과 住民·學生여러분 을 모신 자리에서 第43回 顯忠·報勳 追慕式을 奉行하게 된 것을 무척 고맙게 생각합니다.

돌이켜 지난날을 回顧할 때, 北韓 金日成 徒黨이 挑發한 南侵 戰爭으로 因하여, 우리 大韓民國의 國權이 風前燈火와 같이, 나라의 命運이 百尺竿頭에 있을 때, 우리들 젊은 愛國靑年 學生들은 자신의 安逸을 버리고, 自由와 平和를 守護하기 위해, 勇躍! 군문에 入隊하여, 아무런 生存性의 보장이 없는 敵 후방지역 작전인 遊擊部隊에 참전, 51년 1월부터 그해 4월까지 647명의 大兵力이 五臺山 北方의 적 軍團 背後 地域을 거쳐, 38도선을 돌파하고, 인민군 中將 겸 대남 빨치산 사령관 외 참모진 일당 13명 전원을 생포한 것을 비롯하여, 적 지휘소의 습격 등 적병의 生捕 사살 480여명의 전과를 올려 中東部전선의 北進 작전에 크게 기여한 白骨兵團의 戰勝記念이자 戰跡을 새긴 이곳에서 戰歿 및 失踪將兵 364名의 追慕 儀式을 거행하면서 우리는 다시 한번 覺悟를 새롭게 해야 하겠습니다.

尊敬하는 貴賓님과 來賓 여러분!

오늘날 국내외 情勢는 I.M.F 한파와 함께 참으로 복잡 다양할 뿐 아니라 "한치"의 앞을 내다보기도 어려운 時局이고, 安保의 긴요성 또한 더 말 할 나위 없는 형편입니다. 따라서, 우리 모두는 有備無患의 정신을 다시금 일깨워, 이 어려운 難局을 打開하는데 앞장 서 나아가야 하겠습니다.

해마다 찾아오는 顯忠·報勳의 달을 맞아, 우리는 먼저 가신 戰友 중 아직도 300餘位의 戰歿戰友를 모시지 못하고, 또다시 이 행사를 奉行해야 하는 가슴 찢어지는 아픔을 씹으며, 앞으로 우리 모두는 지난날, 쓰리고 아픈 6·25의 상처를 말끔히 씻고, 이제부터는 祖國의 自由와 平和, 그리고 統一을 대비하는 尖兵이 되어, 最善을 다할 것을 다시 한번 굳게 다짐합시다.

여기 서 있는 [白骨兵團戰跡碑]가 나라를 위하여 젊은 목숨을 草芥와 같이 버리고, 死中得生하는 特攻장병의 귀감이 되고, 또 국민 모두에게 安保의 긴요성을 더 한층 일깨워 주는 道場의 시발점으로, 이 雄姿가 널리~ 四海로 퍼져 나아가 統一된 祖國을 우리 後孫에게 물려줄 수 있도록 최선을 다할 것을 다시 한번 굳게 맹세합시다.

조국의 自由와 平和를 지키다 이름없는 山野에서 저 永劫의 彼岸으로 사라져간 戰友에게 神의 加護가 늘 함께 하시기를 간절히 빌며, 오늘의 다짐이 어떠한 國難을 당했을 때에도 우리 모두는 있는 힘을 다하여 敵을 擊退할 萬般의 태세 확립에 이바지 하고, 恨도 많고 설움도 컸던 遺家族의 아픔을 鄭重히 慰勞해 드리도록 하십시다.

대단히 감사 합니다.

1998년 6월 5일

大韓遊擊參戰同志會 會長 全 仁 植

1998.5.28 육군 제3야전군사령관 대장 길형보 장군이 1998년도 현충 보훈 추모행사에 백골병단 전몰장병의 명복을 빌고 회원 및 유가족 여러분에게 따뜻한 격려와 위로를 드린다는 훈훈하고 정감어린 서신을 여기에 공개한다.

尊敬하는 全仁植 會長님

護國報勳의 달을 맞이하여 國家와 民族을 위해 盡忠保國하시다 散華하신 '白骨兵團' 先輩님들의 冥福을 빌면서, 會員 및 遺家族 여러분에게 따뜻한 激勵와 慰勞의 인사를 드립니다.

직접 行事에 參席하여 追慕드려야 道理인줄 아오나 자리를 비울 수 없어 書信으로 대신하게 된점을 널리 諒解하여 주시기 바랍니다.

저희들은 先輩님들의 거룩한 犧牲이 있었기에 오늘의 우리가 누리는 豊饒와 自由가 있음을 잘 알고 있으며, 先輩님들의 高貴한 犧牲에 報答하고 後孫들에게 統一된 祖國을 물려 줄 수 있도록 最善을 다하겠습니다. 또한 선배님들의 崇高하고 큰 뜻이 全 國民의 마음속에 護國意識을 불러일으키는 횃불이 되어 줄 것을 懇切히 所望합니다.

다시 한번 白骨兵團의 빛나는 戰功을 널리 알리고 記念하는 일에 盡力하고 계시는 會長님을 비롯한 遊擊參戰 同志會 會員 여러분에게 深心한 敬意를 표하며, 家庭에 幸運이 充滿하기를 기원합니다.

1998년 5월 28일

第 3 野戰軍司令官　大將　吉　亨　寶

1989. 4. 류해근 대령이 703 특공연대장으로 부임하자마자 백골병단 전적비의 공사가 한창 진행중에 있어 "류대령" 의 노고가 지대하였다. 그 뒤, 특전사 11공수여단장과 보병 제35사단장을 역임하시고 1999년 4월 육군본부 정보/작전참모부장으로 영전하며 전인식 전우회장에게 보직 변경에 대한 인사 서신을 보내왔다.
※ 1999. 5. 11 류해근 장군은 6월 현충행사에 성금도 보내왔음

전인식 회장님께.

第 35 步兵 師團長 柳海槿 少將입니다.

今番 상부의 命에 依해 陸軍本部 情報/作戰參謀副長으로 새로운 보직을 받아 18개월余 情들었던 師團을 떠나게 되었습니다.

在任기간중 師團의 전투력 증강과 장병들의 사기진작을 爲해 물심양면으로 지원, 성원해 주신데 對해 깊이 감사드리며, 그 성원에 보답하기 위해 **"국민으로부터 신뢰와 사랑받는 軍隊"**를 만드는데 혼신의 노력을 다할 것을 굳게 다짐드리며, 서면을 통해 감사의 인사를 드립니다.

늘 건강하시고, 가정 평안하시며 하시는 일에 큰 기쁨과 보람이 함께하시길 祈願합니다.

1999. 4. 9
陸軍 少將
柳 海 槿 드림

※추 신

• 새로운 연락처: 320-919
충남 논산시 두마면 부남리 사 501-5호
☎ 042-550-3000, 02-505-3000

1999. 5. 11 전북 전주시에서 향토사단장으로 임무를 수행중인 "류해근" 장군께서 해마다 6월이 되면 백골병단 전적비에서 있는 현충추모식을 생각하게 되며 참석은 못하나 그곳에서 사단 자체행사로 추모를 대신한다면서 작은 성의까지 보내주신 사연이다.

전 회장님께

일기도 고르지 못한데 別故 없으신지요?
이곳 저도 無故하며 이젠 7개월째 되어갑니다.
후방지역이라 지역도 넓고, 海岸도 광활하고 있어
前方 GOP지역이나 마찬가지로 늘 긴장속의 生활입니다.
특히 우리 한국군의 고질인 指揮官의 무限책임
때문에 더욱 더 신경을 쓰고 있습니다.
가면 갈수록 후진국 테두리를 벗어나지 못하고 있는 걸
보면 안타깝습니다.

今年도 6月을 接하게 되니 자연히 선거다, 호국의 달이다
하며 요란하지만 어느 누구나 마찬가지겠지만 표정들이
모두 밝지 못합니다.
아무래도 경제문제 때문이겠지요.
군도 이를 극복하기 爲해 더 많은 노력을 하고
있답니다.
올해에는 현충일에 가시겠지요.
마음만 있고 참석 못함이 섭섭합니다만, 사단 자체
行事로 하고 마음을 달래겠습니다.
작은 성의를 보냅니다.
전적비 사업에 일조하고 싶은 마음의 표시입니다.
늘 건강하시고, 한번 이곳 순시로 모시겠습니다.
6月中엔 해외순방 관계로 어렵겠고, 7月중 추진
하겠습니다. 안녕히 계십시오.

류해근 드림

전북 전주시 덕진구 송천동 사서함 89-301호
류 해 근 소장

2001. 6. 5 백골병단 개선 50주년과 제46회 현충일에 백골병단 전몰장병의 우국 충절을 기리는 추모사!!

추 모 사
(追 慕 辭)

오늘 제46회 현충의 날을 맞아 순국선열 및 전몰장병의 넋을 위로하고 白骨兵團 소속 윤창규 대위 외 363위 전몰장병의 위훈을 기리며, 고인의 명복을 다 함께 기원드립니다.

조국의 운명이 백척간두(百尺竿頭)·누란(累卵)의 위기에 처해 있을 때, 자신의 안일(安逸)을 돌보지 않고, 단 1%의 생존성 보장도 없는 적진(敵陣) 후방에 침투하여 오직 나라를 구하고, 自由와 平和를 지키기 위한 전쟁에서 용전 분투한 백골병단 전몰장병의 50주기(忌)를 맞아 가신 님의 안식(安息)을 정중히 거듭 기원 드립니다.

돌이켜 지난 날을 회고할 때 6·25 자유수호(自由守護) 전쟁이 발발 한지도 어언 반세기가 흘렀습니다.

놈들의 남침을 전혀 눈치채지 못한 아군은 중탱크를 저지할 만한 무기도 없어, 개전 3일만에 수도 서울을 빼앗기고 계속 후퇴하여 낙동강 최후 방어선에서 적의 공격을 저지하는 한편, 인천(仁川) 상륙작전의 성공으로 서울을 수복한 뒤, 계속 북진하여 압록강 연안까지 진격했으나 1950. 11. 26. 뜻하지 않은 중공군의 대거 참전개입(參戰介入)으로 또다시 후퇴하게 되자 정부는 국민 총 동원령을 발령하기에 이르렀습니다.

이때, 반공 애국청년, 학생과 의용경찰 등 820여명은 대구 보충대에서 선발되어 육군정보학교에 입교, 3주간의 특수훈련만으로 적진 배후지역으로 침투하여 유격 특수전을 감행하여 아군작전에 기여하게 되었습니다. 그러나, 혹한을 이겨내지 못할 열악한 장비와 보급 외에 2주일분의 미숫가루만으로 60여일간의 전투로 364명의 전우가 호국의 군신(軍神)으로 산화했으나 당국의 무성의로 아무런 예우를 받지 못하고 있던 중, 참전전우회의 활동으로 국립현충원에 위패(位牌) 안치한 57위(位)와 격전지에서 발굴한 유골을 대전현충원에 안장한 3위(位) 등 61위(位) 만이 겨우 명예를 회복하였으며, 아직도 303위(位)에 대하여는 명단(名單) 조차 알 길이 없어 그 명예가 회복되지 못하고 있습니다.

그동안 우리들 참전전우들은 모두가 한마음이 되어 전사한 전우들의 명예회복, 유가족의 발굴 등으로 3인의 미망인과 모친 1인 등이 국가보훈혜택을 받고 있으며, 7월부터 유자녀가 약간의 보훈혜택을 또 받게 되었습니다만, 그들의 나이가 벌써 50을 넘긴 중년이 되었습니다. 참으로 안타까운 일 입니다.

경애하는 귀빈님과 내빈 여러분!! 휴전선 북녘의 저들은 오늘도 호시 탐탐 남침(南侵)의 기회만을 엿보고, 북한 인민(人民) 의 기아를 외면한 채 군비증강(軍備增强)에만 혈안이 되어 있는 집단(集團)이 우리들 지척지간(咫尺之間)에 엄존한 현실을 우리 모두는 직시(直視)하여 조국의 自由와 平和를 지키는 첨병(尖兵)이 되어야 함을 다시 한 번 강조해 마지 않습니다.

이제 국내외정세(國內外情勢)가 많이 달라지고 있으며, 우리 정부의 꾸준한 햇볕정책으로, 지난해 6월에는 金大中 대통령(大統領) 님께서 역사적인 평양 방문으로 화해와 냉전(冷戰)이 종식될 것이 아닌가 하는 기대를 하게 되었습니다만, 저들은 잘 나가다가 또 이핑계 저핑계를 대고 있어 아직까지 큰 진전을 보지 못하고 있습니다. 그 까닭은 이 지구상에서 가장 호전적(好戰的)인 집단이란 점(點)에 우리 모두는 유의해, 제2의 6·25에 대비(對備)하여 만반의 준비를 해야 할 것임을 강조(强調)해 마지 않습니다. 즉, 유비무환(有備無患) 만이 自由와 平和를 지킬 수 있다고 확신하며, 또한 사중득생(死中得生) 만이 전선을 확고하게 지킬 수 있다고 힘주어 말씀드리겠습니다.

올해가 참전(參戰)·개선 50주년이 되는 해 입니다.

우리들이 적진 후방인, 전선을 누비던 것이 엊그제 같은데 벌써 50년이란 세월이 흘렀습니다.

실로 반 백년이 된 것입니다.

그런, 우리들 참전장병 모두는 전공(戰功)의 상징이 되는 증표(證票)를 기다린 보람도 없이 50주년이 되었음에도 아직도 그 공훈에 따른 무공의 증표가 주어지지 않고 있어 섭섭한 감정을 억누를 수 없으며, 한가닥의 희망을 간직한채 노년(老年)을 보내고 있습니다.

이래서는 아니됩니다.

얼마의 세월이 흘렀더라도 나라를 지킨 공훈은 그 무엇보다도 장(壯)한 것으로 반드시 발굴 · 포상되어야 합니다.

지난날의 넋두리를 해서 무엇하겠습니까!

이제 모두 다 잊고, 우리 모두는 한마음이 되어 현충의 참 뜻을 깊이 새겨, 번영된 조국(祖國)을 우리 후손에게 물려줄 수 있도록 서로 합심 노력(合心 努力) 할 때 라고 주창(主唱) 합니다.

특히, 강조할 것은 아무런 댓가없이 적진 배후지역에서 혈투를 감행한 백골병단 용사들의 거룩한 "얼"이 이 땅의 젊은 세대들에게 자유가 소중함을 일깨우는 장이 되어 줄 것을 기대합니다.

끝으로, 오늘 공사 다망하신 가운데에도 불구하시고 정중한 헌화를 주신 **새천년 민주당 김중권 대표님, 김종필 자유민주연합 총재님**과 **천용택** 국회 국방위원장님, **길형보** 육군참모총장님과 감사원 출신 감우회 **이시윤** 회장님 등 정치, 군사, 사회 문화계 저명인사 여러분에게 감사드리고, 이 행사를 정중하고 또 장엄하게 거행할 수 있도록 지원해 주신 산악 군단장 이하 장병 여러분과 12사단 장병 여러분, 호국영령을 추모해 주시고 참전 · 개선 50주년 기념행사를 위해 지원금을 주신 이재달 국가보훈처장님과 재향군인회 회장님과 이 지역(地域) 인제군수 님을 비롯한 각 급 기관장님, 그리고 유지(有志) · 학생 여러분, 공공 보도기관 여러분에게 깊은 감사의 인사 말씀을 드리며, 추모사에 갈음하고자 합니다.

대단히 감 사 합 니 다.

서기 2001년 6월 5일

백골병단 참전 전우회 회 장 全 仁 植

2002. 6. 5 강원도 인제군 북면 용대3리 산 250-2 소재 백골병단 전적비 앞 광장에서 참전개선 51주년과 제47회 현충일을 맞아 순국선열과 백골병단 전몰장병에 대한 추모식이 거행되었다.
이 자리에서 참전 전우회장 전인식씨의 추모사 전문이다.

추 모 사 (追慕辭)

오늘 백골병단 참전·개선 51주년과 제 47 회 현충의 날 을 맞아, 순국선열 및 호국영령과 白骨兵團 소속 윤창규 대위 등 364 위 전몰장병의 위훈을 기리며, 고인의 명복을 기원합니다.

조국의 운명이 백척간두(百尺竿頭) 위기에 처 해 있을 때, 자신의 안일(安逸)을 돌보지 않고, 단 1%의 생존성(生存性) 보장도 없는 적진(敵陣) 후방에 침투하여 나라를 구하고, 自由와 平和 를 지키기 위한 전쟁에서 용전 분투한 전몰장병의 51 주기(忌)를 맞아 가신님의 안식(安息)을 다시한번 정중히 기원 드립니다.

돌이켜 지난 날을 회고할 때, 6·25 자유수호(自由守護) 전쟁이 발발 한지도 어언 반세기가 지났습니다.

놈들의 남침을 눈치채지 못한 아군은 저들의 중탱크를 저지할 무기도 없어, 남침(南侵) 3일 만에 수도 서울을 빼앗기고 낙동강 최후 방어선에서 적의 공격을 저지하는 한편, 인천(仁川) 상륙작전의 성공으로 서울을 수복한 뒤, 계속 북진하여, 압록강 연안 까지 진격했으나 1950. 11. 26. 뜻하지 않은 중공군(中共軍)의 대거 참전 개입(參戰介入)으로 또다시 후퇴하게 되자, 정부는「국민 총 동원령」을 발령하기에 이르렀습니다.

이때, 반공 애국청년, 학생과 의용경찰 등 820 여명은 대구 보충대에서 선발되어, 육군 정보학교에 입교, 3 주간의 특수훈련 만으로 적진 배후(背後) 지역으로 침투하여 유격 특수전을 감행하여, 아군 작전에 크게 기여하였습니다.

그러나, 혹한을 이겨내지 못할 열악한 장비와 보급, 그리고, 2 주일분의 미숫가루만으로 60여일간의 전투로 364 명의 전우가 호국(護國)의 군신(軍神)으로 산화했으나 당국의 무성의로 아무런 예우를 받지 못하고 있던 중, 참전전우회의 활동으로 국립현충원에 위패(位牌) 안치한 57위(位)와 격전지에서 발굴한 유골을 대전현충원에 안장한 3위(位) 등 60위(位) 만이 겨우 명예를 회복하였으며, 아직도 304위(位)에 대하여는 그 명예가 회복되지 못하고 있습니다.

그동안 우리들 참전전우들은 모두가 한마음이 되어 전사한 전우들의 명예회복, 유가족의 발굴 등으로 3인의 미망인과 모친 1인 등이 국가보훈혜택을 받고 있으며, 유자녀도 약간의 보훈혜택을 받고 있습니다만, 그들의 나이가 벌써 50을 넘긴 중년이 되었습니다. 참으로 안타까운 일입니다.

경애하는 귀빈님과 내빈 여러분!! 휴전선 북녘의 저들은 오늘도 호시 탐탐 남침(南侵)의 기회만을 엿보고, 북한 인민(人民)의 기아를 외면한 채 군비증강(軍備增强)에만 혈안이 되어 있는 집단(集團)이 우리들 지척지간(咫尺之間)에 엄존한 현실을 우리 모두는 직시(直視)하여, 조국의 自由와 平和를 지키는 첨병(尖兵)이 되어야 함을 다시 한 번 강조해 마지 않습니다.

올해가 벌써 참전(參戰)·개선 51주년이 되는 해 입니다.

우리들이 적진 후방인, 전선(戰線)을 누비던 것이 엊그제 같은데 벌써 51년이란 세월이 흘렀습니다.

실로 반 백년이 지난 것 입니다.

우리들이 육군정보학교에서 특수교육을 받고 적지로 침투·작전한 기록을 그동안 찾아내지 못했습니다만, 이번에 육군교육사령부 류해근(柳海槿)사령관께서 그런 고귀한 기록을 우리들 후배가 꼭 찾아 드려야 한다고 하시며, 강력히 지시하여, 우리들의 기록을 확인·발굴하게 되었습니다. 참으로 감격스러운 일이 아닐 수 없습니다.

그리고, 우리들 참전 장병에게 전공(戰功)의 상징이 되는 무공훈장 수여를 육군본부가 전공심의위원회를 개최하고, 서훈을 국방부장관에게 건의하였으므로 공훈에 따른 무공의 증표가 주어질 것이란 희망을 간직한채 노년(老年)을 보내고 있습니다.

바라건데, 우리들이 아무런 댓가(代價) 없이 적진 배후지역에서 혈투를 감행한 백골병단 용사들의 거룩한 "얼"이 이 땅의 젊은 세대들에게 자유(自由)가 소중함을 일깨우는 장이 되어 줄 것을 기대 합니다.

끝으로, 오늘 공사 다망하신 가운데에도 불구하고, 정중한 헌화를 주신 「정부기관 및 정치, 군사, 사회, 문화계 저명인사」 여러분에게 깊은 감사를 드리고, 이 행사를 정중하고 또 장엄하게 거행할 수 있도록 지원해 주신 「산악 군단장 권영기 장군과 휘하 장병」 여러분! 「12사단장 이하 휘하 장병」 여러분, 호국영령을 추모해 주시고 참전·개선 51주년 기념행사를 위해 지원금을 주신 「이재달 국가보훈처장님」과 「재향군인회 회장님!」 이 지역(地域) 「인제군수 님을 비롯한 각급 기관장님」, 그리고 유지(有志)·학생 여러분, 공공 보도기관 여러분에게 깊은 감사의 인사 말씀을 드리며, 추모사에 갈음합니다.

대단히 감사합니다.

서기 2002년 6월 5일

백골병단참전전우회 회 장 全 仁 植

2003년도 정기 총회 결과 보고

1. 회장 인사와 동시에 ① 백골병단전적비가 2003. 2. 5 국가보훈처 고시 제2003-8호로 "현충시설의 지정·관리등에 관한 규정(대통령령제 17566호)"에 의거 "국가수호관련시설" 관리 No 16-2-24호로 지정 고시되어, 앞으로 관리에 많은 도움이 될 것이라고 보고 하고,

② 노무현대통령 당선자의 홈페이지에 우리들 신분에 관한 내용을 진정·요구했다는 사실의 보고를 하고 우리 회원들도 모두 관심을 가지고 동참해 줄 것을 호소하였다.
홈페이지 주소는 **www.knowhow.or.kr** 입니다.

③ 예년과 같이 국가보훈처가 재향군인회를 통해 지원되는 300만원은 금년에도 청구했다는 것(2003년 예산서에도 계상했음),

④ 국방부에 청원한(2002. 10. 14)것에 대한 국방부의 중간 회신(2002. 12. 20)에 이어, 육군본부의 의견을 2003. 1. 30 훈장수여 건의 결의서 등의 사본으로 대신 회시 해왔다는 요지의 보고와 "이의재 장군", "정해상 명예회원"의 참석에 감사 표시의 인사를 한 뒤 「슬픈 소식」으로 지난해 11. 9 장승현 이사, 금년 1. 23 한갑수 전우의 서거를 애도하는 묵념을 다함께 올리고,

우리 회칙 제12조, 제14조 제1항의 규정에 의하여 2003년도 정기총회 개회를 선포 하다.
본인참석 33, 위임 4 계 37 명으로 참석성원됨. 참석통지후 불참자는 양재호 전우뿐임.

의안 제1호 2002년도 세입·세출 결산 4,346만원이나 그 중 전적비 보수 도색 등의 비용 2,462만원 등으로 과다지출이 있었음을 보고·토의 한 후 원안 가결!

의안 제2호 2003년도 예산안 1,650만원 내역 설명 후 원안 가결!
회비결정 : 회원 10만원(12), 이사 20만원(24), 부회장 30(36), 회장 60(60)으로 80세이상 회비 면제는 형편에 따라 내기로 하고 곤란하면 면제도 가한 의견!

의안 제3호 "회칙개정안" 만장일치 원안 가결!

의안 제4호 임원선거 : 임기 3년의 임원선거를 위해 투표지까지 준비했으나, 회장 전인식을 전원 기립 찬성으로 재추대하기로 하고, 회장이 부회장, 감사, 이사를 지명하도록 만장일치 의결하여, 회장은 회장 추대를 수락한 뒤, 이어 부회장으로 <u>수석 부회장에 권영철</u>을, <u>부회장 김용필</u>, <u>송세용</u>, <u>안병희</u>, <u>최윤우</u>를 유임하고, <u>신임부회장</u>으로 13연대 출신 <u>고제화 동지를 부회장</u>으로 선임하여 만장일치 박수로 승인받다.
감 사 : 최인태 감사를 유임하고, 차주찬 동지를 감사로 선임하다.
이 사 : 권태종, 이익재, 임동욱, 이남표, 임병기, 임병화, 장지영, 조규철, 최종민, 배선호, 박승록, 이남훈, 이영구, 윤범용, 이영진, 조병설, 장동설(유자), 김인태 이사를 유임하고, 김중신, 전영도, 박용주, 황태규 동지를 새 이사로 선임하고, 남은 3인은 회장이 선임하기로 한 뒤, 김한린(유자), 이홍창, 조시형 동지를 이사로 선임하다. (25명)

※장덕순 전이사는 사퇴의사를 몇차례 표하여 제외하였음.

※감사 최인태, 이사 이남훈, 윤범용, 조병설 이사와 오봉택, 이창홍, 서현택 전우께서는 건강이 여의치 않으므로 이사, 감사의 회비는 일반회비정도만 부담하시는 것으로 하고, 회원 중 곤란하신 전우께서는 그 사실을 알려주시면 면제도…

※회칙개정으로 앞으로는 건강악화로 참석이 곤란한 전우께서는 그 자녀가 회장 또는 이사도 될 수 있으므로 대리 참석을 바랍니다. (개정회칙 제5조 제3호)

축하 재향군인회 이상훈 회장께서 축하 "난" 화분을 보내주셨습니다. 감사드립니다.

※ 총회 기념 타올은 전인식 동지가 기증하였습니다.

※ 속개 연회에서 오찬회동을 가진 뒤 폐회·산회 하였습니다.

이상과 같이 총회결과를 보고드리며, 2003년도 회비 납부 상황을 다음과 같이 알려드리니 착오가 있으신 분은 연락주시기 바랍니다.

※ 3. 1 정오에 시청 앞 광장에서 反核, 反金의 대대적인 궐기·집회가 있으니 빠짐없이 참석을 권 합니다. (검은 모자 착용)

회비 납부 상황

(단위 : 만원)

전인식 60, 안병희 36, 김용필 36, 송세용 36, 임병화 20, 임동욱 20, 이익재 20, 전영도 20, 장지영 20, 임병기 20, 조규철 20, 박용주 10, 김수창 10, 이병석 10, 조시형 10, 김중신 10, 이홍창 10, 최회철 10, 차주찬 10, 강오형 5, 김종근 5, 이남훈 12, 박승록 12,

= 회비 송금 구좌 =

우리은행 서교동 지점 298-047761-02-102 전인식

2003년 현충 행사 예고

행 사 장 소 : 2003년 6월 5일 11시 강원도 인제군 북면 용대리 산 250

주의할 사항 : 회원은 흰색모자, 검은 양복 정장, 검은 넥타이로 품위 유지에 각별히 유의해 주실 것을 부탁드립니다. ※ 향초 헌금 봉투는 개별 준비하실 것.

버스 출발 : 6월 5일 07시 본회 서교동 사무실 앞
도중 식사는 김밥 도시락으로 대체합니다. 별도 초청 안내를 합니다.

※ 유가족께서는 서로 연락하여 많이 참석하시어 "제사" 지낼 준비를 하시기 바랍니다.

백골병단 참전 전우회 회 장

2004. 6. 4 백골병단 개선 53주년과 제49회 현충일에 백골병단 전몰장병의 우국 충절을 기리는 추모사!!

추 모 사(追慕辭)

오늘 육군본부 직할 결사대 백골병단 참전·개선 53주년과 제 49 회 현충 · 추모의 달을 맞아, 순국선열 및 호국영령과 白骨兵團 소속 故 尹昌圭 대위 등 364 위 전몰장병의 위훈을 기리며, 고인의 명복을 다시 한번 정중히 기원 합니다.

조국의 운명이 백척간두(百尺竿頭) 누란(累卵)의 위기에 처 해 있을 때, 자신의 안일(安逸)을 버리고, 적진(敵陣) 후방으로 침투하여, 단 1% 의 생존성 보장도 없는 극한 상황 하에서 나라를 구하고, 自由와 平和를 지키기 위한 전쟁에서 용전 분투한 전몰장병의 53 주기(忌)를 맞아 가신님(전우)의 안식(安息)을 다시한번 정중히 기원 드립니다.

돌이켜 지난 날 을 회고할 때, 6 · 25 자유수호(自由守護) 한국전쟁이 발발 한지도 어언 반세기가 지났습니다.

놈들의 남침을 눈치채지 못한 아군은 저들의 T 34 중탱크를 저지할 무기도 없어, 남침(南侵) 3일 만에 수도 서울을 빼앗기고 낙동강 최후 방어선에서 적의 공격을 저지하는 한편, 맥아더 원수에 의한 인천(仁川) 상륙작전의 성공으로 서울을 수복한 뒤, 계속 북진하여, 압록강 연안 까지 진격 했으나 1950. 11. 26. 뜻하지 않은 중공군(中共軍)의 대거 참전 개입(參戰介入)으로 또다시 후퇴하게 되자, 정부는 반공 애국청년, 학생과 의용경찰 등의 대기 병력 6~7,000 명 중, 신체건강하고 사상이 건전한 817명을 1차로 육군정보학교에 입교, 각 3 주간의 특수훈련 만으로 적진 배후(背後) 지역으로 침투케하여 유격 특수전을 감행 · 아군 작전에 기여케 하였습니다.

그러나, 혹한을 이겨내지 못할 열악한 장비와 보급 , 그리고, 2 주일분의 미숫가루만으로 60여일간의 전투로 364 명의 전우가 호국(護國)의 군신(軍神)으로 산화했으나 당국의 무성의 로 아무런 예우를 받지 못하고 있던 중, 우리들 **참전전우회의 활동으로** 국립현충원에 위패(位牌) 안치한 58위(位) 와 격전지에서 발굴한 유골을 대전 현충원에 안장한 3위(位) 등 61위(位) 만을 명예회복 하였으며, 303위(位)에 대하여는 그 이름조차 알수 없어 지난 50여년간을 방치하다가 지난해, 우리 전우회원의 뜻으로, **무명용사 추모비를 세우고** 제막하는 비통함을 겪어야 했던 것입니다.

그동안 우리들 참전전우 일동은 모두가 한마음이 되어 전사한 전우들의 명예회복, 유가족의 발굴 등으로 3인의 미망인과 모친 2인 등이 **국가 보훈혜택을 받았고**, 유자녀 4 명도 약간의 보훈혜택을 받고 있는 것으로 알고 있습니다만, 그들의 나이가 벌써 53 을 넘긴 중년이 되었습니다. 참으로 안타까운 일입니다.

경애하는 귀빈님과 내빈 여러분!! 휴전선 북녘의 저들은 오늘도 호시 탐탐 남침(南侵)의 기회만을 엿보고, 북한 인민(人民)의 기아를 외면한 채, 군비증강(軍備增强)에만 혈안이 되어 있는 집단(集團)이 우리들 지척지간(咫尺之間)에 엄존한 현실을 우리 모두는 직시(直視)하여, 조국의 平和와 自由를 지키는 첨병(尖兵)이 되어야 함을 다시 한번 강조해 마지 않습니다.

올해가 벌써 참전(參戰)·개선 53주년이 되는 해 입니다.

우리들이 적진 후방인, 전선(戰線)을 누비던 것이 엊그제 같은데 벌써 53년이란 세월이 흘렀습니다.

실로 반 백년이 지난 것 입니다.

우리들이 육군정보학교에서 특수교육을 받고 적지로 침투·작전한 기록도 찾았으며, 국방부장관은 지난 4월 24일 우리들의 명예회복을 위해 특별법 제정을 약속하시고, 보상과 전공자의 포상도 문서로 약속하셨습니다. 이에 따라, 대한민국 국회는 지난 3월2일 특별법을 제정 하였으며, 정부는 3월22일 이 법률(안)을 공포하였으므로 우리 정부와 국민 모두는 우리 참전자 모두를 6.25 전쟁 공로자로 인정하게 된 것입니다. 따라서, 우리들 참전 장병에게도 **무공훈장이 수여 될 것으로** 희망이 엿보이게 됩니다.

이제 노년이 된 우리들이 바라는 것은, 아무런 댓가(代價) 없이 적진 배후지역에서 혈투를 감행한 백골병단 용사들의 거룩한 "얼"이 이 땅의 젊은 세대들에게 자유(自由)가 소중함을 일깨우는 장이 되어 줄 것을 기대 합니다.

끝으로, 오늘 공사 다망하신 가운데에도 불구하고, 정중한 헌화를 주신「**정부기관 및 정치, 군사, 사회, 문화계 저명인사**」여러분에게 깊은 감사를 드리고, 이 행사를 정중하고 또 장엄하게 거행할 수 있도록 지원해 주신「**산악 군단장 朴興烈 장군과 휘하 장병**」여러분! 「12 **사단장 이하 휘하 장병**」여러분, 호국영령을 추모해 주시고 참전·개선 53주년 기념행사를 위해 지원금을 주신「**국가보훈처장님**」과「재향군인회 李相薰 회장님!」 우리 백골병단 사령관으로 용명을 날린 후 주월 한국군 총사령관을 역임 하신 뒤 대한민국 6.25 유공자회 회장이신 蔡命新 장군과 이 지역(地域)「**인제군수 님을 비롯한 각 급 기관장님**」, 그리고 유지(有志) 여러분과, 공공 보도기관 여러분에게 깊은 감사의 인사 말씀을 드리며, 추모사에 갈음합니다.

대단히 감 사 합 니 다.

2004년 6월 4일

육군본부 직할 결사대

백골병단 참전 전우회 회 장 全 仁 植

= 회 원 통 신 =

2004. 7. 23

수 신 : 회원 제위

제 1 안건 : 참전 전우회 회장단 이사, 감사 등 9인과 회원 15인 합동확대 회의 개최결과 통지 및 의견 조회와 우리들 **법시행령(안)**에 대한 내용입니다.

1. 전우회 명칭 변경 : **육군본부 직할 결사대 전우회** 라 칭한다.
   전우회 정관(회칙)의 규정 모두를 「백골병단참전전우회」에서 결사대 전우회로 한다에 "결사대용어에 거부반응이 있다"는 "김인태" 회원의 의견이 있었으나 이를 수용하여 만장일치 (불참자 이영구 회원 1인 제외) **가결선포하다.**
2. 이사의 정수를 4인 이상 6인 이내를 5인 이상 8인 이내로 했다가 9인 이내로 하고, 이사 보선은 김인태(중위), **나명집**(중위), **송세용**(이상), **장지영**(이상)을 "이사"로 회장의 제의에 일동찬동, 만장일치 의결하다.
3. 회측 제 10조 명예회장의 임기 3년은 삭제하기로 의결하다.
4. 부칙에 "이 정관은 2004. 7. 22 이사 및 확대회의에서 의결된 것을 총회 구성원의 서면 동의(결의)를 받은 날로부터 시행한다."를 신규 · 추가하다.

※ 위 의결에 의견이 있으신 전우께서는 2004. 8. 7까지 의견을 회시해주시기 바랍니다. 만약, 회신이 없으면, 의견이 없는 것으로 간주합니다.

전화접수 : (02) 325-4896 **전우회 전용 전화** (신규가설 했음.)

제 2 안건 : 국방부공고 제2004-40호 6.25 전쟁중 적후방지역 작전수행 공로자에 대한 군복무 인정 및 보상 등에 관한 법률시행령(안)이 입법 예고 되었는바,

(1) 이에 의하면, ① 전역식 일자 및 전역(면역)식에 관한 내용이 전혀 없고,
② 1계급특진이나 훈포장 수여에 관한 내용도 없으며,
③ 보상금은(안) 이등중사 29,800원 일등중사 35,130원
이등상사 118,580원 소 위 162,500원
중 위 174,210원 대 위 185,920원 등으로

애들 눈깔사탕 값도 안되는 금액을 목숨 걸고 싸운 8개월 전투의 보상금이라고 하니, 이런 기막힌 일이 어디 있느냐 하는 것이 회의 분위기 였으며, 모두 ①②③ 을 국방부장관에게 항의 하는데 "돈"보다도 세상에 이럴 수가 있는가 하는 것이 보다 중요한 문제라고 지적하고, 전우회장단이 제출한 2004. 7. 15자 청원서 (국방부장관 앞)에 대한 회답과 관계없이 모두가 국방부에 의견을 제시하고, 조선, 중앙, 동아 등 신문에 돈을 들여서라도 공개 · 항의하기로 의결했습니다. (김인태, 나명집, 최윤우 이사 및 고제화 부회장 주창)

= 항의서 의견 보낼 곳 =

수신 : 국방부 장관, 참조 : 인사관리 과장
주소 : 서울특별시 용산구 용산동 3가 1번지 ㊀ 140-701
전화 : 02) 748-5113

위 주소에 항의 의견은 2004. 8. 7일 이전까지 도착되도록 보내야 합니다.

(2) 세상에 이런 거북하고 치사한 사람들이 어디 또 있겠습니까? 가만히 있다가 당하지 말고, 서둘러 "짹" 소리라도 질러봐야 할 것이 아닌가 합니다.
이 나라를 누가 지킨 나라이며, 민주화는 누구 덕 입니까? 나라가 망하면 민주고 뭐고 없지요. 세상에 빨갱이 간첩이 육군대장, 국방장관을 취조하는 나라가 되었습니다.
우리들 모두 보상금 3만원 없어도, 18만원 없어도 삽니다.
여러분 똑바로 정신차리시고, 국방부에 항의 편지를 8월 7일 이전까지 도착되도록 모두 보내시고, 그 사본과 발송근거를 우리회에 보내주십시오.

(3) 국방부장관과의 대화방에도 소개해주시고 아는 언론기관은 모두 동원하도록 협력해야 하겠습니다.

(4) 여러분이나 유가족이 모두 가만히 앉아서 "떡" 떨어질 것을 기다리다가는 공로금도 보상금도 물건너 갑니다. 전인식에게 적다고 비난하고 욕하지 마세요.

(주의) 이미, 보내드린 청원서를 잘 숙지하신 뒤, 국방부에 의견을 보내 주시기 바랍니다.
별첨 의견서는 전인식이 제출한 것의 사본이오니 이 "예문"의 해당하는 곳에 귀 전우의 성명, 계급, 기타를 보충해 의견서를 보내세요.

첨부 : 시행령 입법예고 별표 1 「계급별 보상금액」 1부 끝.

㉑ 육군본부직할 白骨兵團참전전우회

앞으로 **육군본부 직할 결사대 전우회**

http://www.beackgol.co.kr

전화 : 02) 325-4896 FAX : 02) 338-1153

7/23 등기우편으로 보낸 의견문입니다

수 신 : 국방부장관 귀하

참 조 : 인사관리과장

제 목 : 6.25전쟁중 적후방지역 작전수행 공로자에 대한 군복무 인정 및 보상 등에 관한 법률시행령(안)에 대한 의견 송부

존경하는 국방부장관님 !! 저는 6.25 전쟁 당시 적진 후방에 침투하여, 각종 크고 작은 많은 전투를 수행한 **육군본부 직할 결사대**(결사 제 11 연대 소속 작전참모(후일 백골병단 작전참모) 임시대위(후일 소령 진급) 군번 GO1003) 장교로 참전한 자 입니다.

본인은 1951 년 1월 임관과 동시에 군번을 받은 군인이었으나 어찌된 영문인지 2004 년 현재까지도 전역 또는 면역 처분의 명령을 받은 바 없습니다. 그 까닭은 관계법령의 미비라고 알고 있습니다.

1. 이번 제정된 법률 7,200 호에는 1951. 1 월부터 4 월까지와 그 이후를 합해 8 개월간 근무한 것으로 인정한다고 했으나 시행령(안)에는 전역에 관한 세부규정이 전혀 없으니 전역처분의 근거를 확실히 하여 **빠른 시일안에 전역 처분을 하도록** 보완해 주십시오.
2. "법"에는 공로자에게 훈포장을 수여 할 수 있다고 막연히 규정하고 있으나, 시행령에는 아무런 언급도 없으니, 법대로라면 훈장을 줄 수도 있고, 아니 줄 수도 있다는 것인지, 시행령에 분명하고 확실한 명문규정을 마련해주시거나, 아니면, 장관님의 확고한 의지와 실현을 바랍니다.
3. 보상금을 받으려고 전쟁하지는 않았습니다. 그리고 심심해서 전쟁한것도 또한 아닙니다. 김일성 도당들의 **적화야욕에 대한 민주항쟁**, 다시 말하면, **자유민주주의를 수호하기 위한 구국 결사대원**으로 참전한 것입니다.

   53 년이란 긴 세월이 흘러, 이제 제 나이 76 세가 지나고 있고, 몸도 늙고, 병들었습니다. 기운도 없어요. **젊은 시절 모진 고생**, **혹독한 시련**, **가짜 소령으로 몰려 혹독한 고문**, 이 모두가 복합이 되어 늙으니까 점점 몸이 나빠집니다.

   아무리 돈 가치, 사람 목숨이 파리 목숨이라 하지만, **육군소령 그 당시의** 제 계급이 었습니다. (비군인)이 무엇인지 이제 명예는 회복되는 것 같습니다만, 육군 소령의 8 개월간 적후방에서의 혈투의 보상금이 226,920 원 이라면, 정말 섭섭하고, 이 정부가, 이 나라가, 우리들 애국열혈 결사대원들이 나라를 구하고, 자유민주주의를 지킨 **참 용사에 대한** 보상적 예우라고 할 수 있겠습니까? 차라리 보상금이랑 걷어치우시고, **전역과 동시에 명예의 훈장**이나 하나 주십시오.

4. 저는 명색이 **소령이라** 소령으로 인정받으면, 보상금도 **이십여만원**이 되지만, 똑같이 입대한 전우가 **이등중사**가 되었는데, 보상금이 29,280원이라 하니, 이게 될 말입니까? 참전 출동 당시 육군참모총장 등 군 고위층의 거짓말도 섭섭하고 분한데, 이 개명한 **자유세상에서** 이렇게 사람 대접할 수는 없는 것입니다.

5. 보상금을 "법"대로 꼭 주셔야 한다면, 복잡한 계산하시지 말고, 현재의 군인 소령의 평균급여(봉급) ×근무월수로 주시는 것이 편할 듯 합니다.
   그렇게는 못한다면, 광주사건, 민주화 인사(?)보상, 귀환포로의 예우, 첩보공작원 보상 등과 균형을 맞도록 우리들 **결사대원의 구국 · 우국충절**을 빛낼 수 있게 상당한, 상응한, 보상금액을 결정하시고, **공로금**, **위로금**을 주십시오. 건의합니다.

끝으로 이 법과 시행령(안)제정에 노고가 많으신 관계관 여러분에게 감사드리며, 위 다섯 가지가 꼭 실현되도록 강력히 호소하고, 부탁드리면서 시행령(안)의 입법의견 제출문으로 갈음합니다.

2004. 7. 23

주 소 : 경기도 고양시 덕양구 화정 2동 951 별빛마을 1005동 1102호
성 명 : 전인식(全仁植) 인
전 화 : (02) 333-5213~4 016-233-5213
연락처 : 서울특별시 마포구 서교동 466-19 영주 B/D 202호
<육군본부 직할 결사대 전우회>
(구명칭) 육군본부직할 백골병단 참전 전우회

※ 회원 여러분!! 저는 위와 같이 의견서를 보냈으니 밑줄친 쪽을 참고하여 작성하십시오.

육군본부 직할 결사대 전우회

우 : 121-842 서울특별시 마포구 서교동 466-19호　TEL. (02) 325-4896　FAX. (02) 338-1153

문서번호 : 육 직할 전우 04-10-02호

시행일자 : 2004. 10. 13

수　　신 : 회원(준회원) 및 유가족 제 위

참　　조 :

제　　목 : 전적비 · 무명용사 추모비 탐방

결재			지시		
접수	일자 시간				
	번호				

1. 그 동안 우리 전우회에 참여하지 않은 사람을 일단 준회원이라고 표기했습니다. 우리 참전 전우회원 여러분은 그동안 전적비 건립, 무명용사 추모비 건립, 각종 조경사업, 보수공사비 투입 등 물심양면의 부담과 협조, 그리고 매년 현충행사 거행, 대정부 청원 등 많은 투쟁의 결과로 "법"이 제정된 것을 자랑스럽게 생각하고 있으며, 올해 회원회비도 50만원, 50명이 2,500만원을 거두어 공사비(바닥교체와 계단공사) 2,500만원을 집행했습니다. 이런 정황을 살펴 관계자 여러분의 각성을 촉구합니다.

2. 지난 2004.10.6 국방회관에서 있었던 특수작전 공로자 인정신청을 위한 인우보증의 서류정리 행사에 참석하시어 인우보증 등을 준비하신 것으로 알고 있습니다만, 관련 당사자 또는 가족이 53년전의 일을 기억 할 수 없는 노릇이고 또 전적비 건립에 참여한 특수작전 참전자와 가족께서도 알수 없는 일들이라고 생각합니다.

3. 준회원 등은 본 전우회가 1962.8.23 발기 한 이후 40여년간 이룩한 많은 업적 중, 전사 확인된 전우중 국립묘지 안장 3위와 위패 건립 58위, 303명의 무명용사 추모비 건립 등에 참여하시지 않았거나 못하셨습니다. 참전자로서 느끼는 바가 있어야 한다고 생각합니다.

4. 특수작전 참전자로서 53년간 방임 하였던 사람들이 이제 나타나 나도 참전했다고 하는 것은 좋은 현상이 아닌 것 같으며, 인우보증도 잘된 것이라고 할 수 없습니다.

따라서, 이미 인우보증을 했거나 받은 사람일지라도 전적비 등 특수작전 참전자들이 그동안 쌓아온 노고의 결실을 확인 하지도 않고, 앞으로 보상금 등이나 받으려 한다면 그런 사람들을 전우라고 할 수는 없다고 생각합니다.

※ 확실히 총을 들고 전투한 것을 보지 못한 자에 대하여 인우보증을 하셨다면, 이를 행사하기 전에 취소하여, 법에 의한 3년 이하의 징역을 당하지 않도록 유의해야 할 것입니다.

전적비의 위치는 강원도 인제군 북면 용대3리 다리건너 삼거리에 있습니다.

서울-양평-홍천-인제, 원통리-백담사 지나 2km-미시령과 진부령 갈림3거리

참배하신 분은 증거 기록의 사진 1장을 본회에 보내주십시오

육군본부 직할 결사대 전우회 회장 전 인 식

(사무국장 장 지 영)

※ 노무현 대통령에게 탄원한것에 대한 국방부의 회답 입니다.
이에 대한 보충청원을 내용증명으로 보냈던바 그 회답이 별첨과 같습니다.

"공정한 조달로 튼튼한 국방을"

국 방 부

수신자 전인식씨 귀하(서울 마포구 서교동 466-19 육군본부 직할결사대 참전전우회)

(경유)

제 목 민원회신

1. 한국 전쟁당시 유격부대에 참여하여 임무를 수행하고자 목숨을 걸고 싸우신데 대하여 우선 경의를 표하며, 귀하께서 대통령 비서실에 탄원하신 "탄원서"와 국방부장관 수신으로 보내신 "6.25전쟁중 적후방지역 특수작전 공로자의 보상등 관련사항"에 대해 민원 내용을 잘 읽어 보았습니다.

2. 청원하신 민원의 회신내용은 붙임과 같습니다.

3. 기타 궁금한 사항이 있을시 국방부 인사국 인사관리과(02-748-5155)로 전화주시면 자세히 답변하여 드리겠습니다.

4. 귀하의 가정에 언제나 행운이 함께 하시길 기원합니다.

분 임 탄원서에 대한 민원 회신 1부 끝

국 방 부 장관

백골병단 T/F장 (서명) 인사관리과장 전결 12/08 (서명)

협조자

시행 인사관리과-7562 ('2004.12.09.) 접수

우 140-701 서울 용산구 이태원로 22번지(용산동3가 1번지) http://www.mnd.mil

전화 전송 /jeong430@mnd.mil / 공개

탄원사항에 대한 민원 회신

□ 청원사항"1" '법률 제7200호 제5조 제1항의 보상금산정에 있어 복무기간은 군인연금법에 전투에 종사한 기간은 3배로 환산하도록 규정한 법률에 위배되므로 재 계산'을 청원하셨습니다.

○ 군인연금법 제 16조 4항 '전투에 종사한기간은 이를 3배로 한다'로 규정되어 있으나, 이의 적용은 거의 대부분의 조항이 직업군인의 퇴직급여와 관련한 사항이므로 징집된 경우는 적용범위에 포함되지 않으며 '전투에 종사한 기간'은 퇴직급여 산정시 적용하는 기간임 따라서 법률 제7200호 제5조1항의 보상금 산정은 군인연금법의 위법사항이 아님을 양지하시기 바랍니다.

□ 청원사항 "2" '참전장병 모두에게 합당한 훈·표창의 영예를달라'는 청원은

○ '53년 7월부터 '54년말까지 전공을 세우고 포상이 누락된 자를 일제 조사후 구제포상을 실시로 6.25전공자에 대한 포상업무를 종결 하였습니다 ※ 이후 소급포상사례는 없음 6.25전쟁 50여년이 경과한 현재에 당시의 개인별로 구체적이고 객관적으로 전공을 판단할 수 있는 육군의 공인자료가 없어 공적심사가 불가한 실정 입니다.

□ 청원사항 "3,4" '현역장병으로 영광의 퇴역식 및 2중복무에 대한 위자료 지급' 에대한 청원은

○ 법률 제 7200호에 의거 공로자 인정된 자에 대해 현역복무로 인정 및 군번을 부여하고 보상신청요구시는 1,000만원 이내의 위자료 성격의 공로금을 지급 할 것임

○ 다만 현역장병으로 퇴역식은 보상기간이 종료되기 이전에 시행여부를 검토할 예정임

□ 청원사항"5" '참전 유공자 심사를 엄격히 시행'을 요구하는 청원은

○ 특수작전 공로자 인정심의위원은 총 9명으로 편성하여 비공로자가 공로자로 둔갑되는 일이 없도록 철저하게 심의할 것 임

회 원 통 신

2005. 1. 7

1. 노무현 대통령께 대한 탄원서 의 건

지난 2004.11.22 노무현대통령에게 =탄원의 배경=, =군수뇌부의 잘못 5가지=, =그들의 전공 5가지=, =재차군복무 4가지=, =희망의 법률공포 2가지=, =청원(탄원)사항 5가지=, 를 전인식 등 45명의 이름으로 연명탄원한 것에 대한 답변이 국방부장관 명의로 왔습니다.

첨 부 : 국방부의 민원 회신문 사본을 별첨과 같이 보내 드립니다.

2. 국방부의 회신에 대한 내용증명

국방부의 회신에 의하면, 인사관리과장 전결로 너무나 홀대하는 것 같아 법적 투쟁시 참고하고자 8개항목의 보충청원을 내용증명으로 청원하였던바, 2005.1.4자로 별첨 **질의와 회답** 내용과 같은 회답이 왔기에 이를 회원 여러분에게 편집하여 송부하오니 적극 참고하시고, 구체적인 대책 수립이 요망됩니다.

가만히 앉아서 기다릴수만은 없는것 같고, 회장 혼자서 설쳐대 봐야 별 볼일 없을듯 합니다.

---

3. 우리들 참전전우의 계급에 대하여

우리 전우들이 정보학교에서 군번과 계급을 받을때의 계급은 "예를 들면" 일등중사 였는데, 적지에 침투할때 분대장이라고 해서, 특무장(고무래정) 계급을 달았다고 이등상사 또는 일등상사 라고 하는 전우들이 있는 것 같습니다만 **똑바로 기억을 다시 회상**하시어 군번과 계급을 바로 잡아야 할 듯 합니다. ※ 정정 하실분은 서면으로 알려주십시오.

4. 친목회의 알림코너

우리 친목회가 있는데 따로 **경기 남부지회**, **경기북부 파주지회**, **충남(대전)지회** 등이 자생적으로 활동해 왔습니다만, 지난 12.15 최대 지회인 경기 남부지회가 스스로 해산하고, 본회활동에 동참하기로 했다 합니다.(다른 지회는 미상임.)

친목회 입회비를 낸 최희철 동지와 전영도 동지 그리고 입회비를 후불하겠다는 의사를 알려온 강오형 동지 등은 친목회 운영위원회의에서 입회가부가 심의될때까지 "가 수금" 으로 처리중에 있습니다. ※ 친목회원은 건강이 첫째요, 입회는 심의된 뒤에 결정됩니다.

※ 친목회원으로서 2005년 1월분이후의 회비를 미납중인 회원은 회비의 납부를 부탁드립니다. 아울러 홍금표, 최종민, 김인태, 김중신 회원께서는 지난번 전적지 탐방 행사시의 불참위로금 각 72,000원을 수령하실 계좌번호를 알려주십시오.

5. 기타 보고

2005년도 회원회비는 15만원(年)으로 예정하고 총회는 2월하순 또는 4월 중순으로 하거나, 모임을 2회 가질 것도 검토중에 있음을 보고합니다.

< ※ **사무국장 장지영** 동지는 개인사정으로, 2004.12.27부로 해촉했습니다.>

알 림 : 12연대출신 金容弼 동지(理事)의 따님 결혼이 2005.1.16 오후 2시, 어린이대공원역 (지하철 7호선) 2번 출구쪽, 어린이회관에서 있다합니다. 많은 참석 바랍니다.

육본 직할 결사대 전우회 회 장 전 인 식

육본직할결사대전우회

제 목 : 탄원서(민원) 회신에 대한 보충 청원 및 질문서

1. 귀하의 건강과 국무위원으로써 여러가지 어려움을 잘 극복하시는 귀하에게 경의를 표하며, 본인 등 45명이 노무현 대통령에게 탄원한 것을 귀부가 이송받아, 이를 처리, 본인에게 회답한 것 중 의문사항이 있어, 이에 대한 정부의 확실한 답을 듣고자 보충청원 및 질의를 하오니 귀부의 확고부동한 결심을 회답해 주시기 바랍니다.

2. 귀부의 탄원서회답 인사관리과-7562(2004.12.9)에 의한 보충청원 및 질문은 다음과 같습니다.

다 음

첫 째 : 노무현 대통령님에 대한 본인 등의 탄원서를 귀부가 회답함에 있어, 인사관리과장의 전결로 처리하였는데 이 문서가 정부(대통령) 또는 국방부의 공식입장의 문건으로 보아도 되는가 하는 확실한 답을 바랍니다.

> [1의 답] 일전에 회신한 탄원서 회답문서 인사관리과-7562(2004.12.9)민원회신은 국방부장관의 명의로 보내는 공식문서입니다.

둘 째 : 동 회답문 중 **"유격부대"** 란 글귀가 있는데, 법률 제7,200호(2004.3.22 공포) 6.25 전쟁중 적후방지역 작전수행 공로자에 대한 군 복무인정 및 보상등에 관한 법률(이하 "법" 이라 한다) 및 동법 시행령 어느 구절에도 **6.25 전쟁당시 특수작전을 수행한 자에 대하여** 란 명문이 있을뿐 유격부대란 호칭이 없는데 이를 유격부대라고 단정·비하(卑下)한 이유는 무엇이며, 그래야 하는 구체적인 법률적 소명을 바랍니다.

> [2의 답] 유격부대라는 용어사용은 귀단체를 비하할 목적으로 사용한 것이 아니라 각종신문지상(군번없는 유격대, 6.25유격대제1호 등)과 귀단체가 사용했던 "대한유격찬참전동지회" 등에서 인용해 사용하였으나, 향후에는 공식적인 명칭인 육군본부직할결사대로 용어를 사용하겠습니다.

셋 째 : 모든 법은 만인 앞에 평등하다고 믿고 있는데, 6.25 전쟁중 적후방지역에서 특수작전에 참전한 자가 이 "법" 제4조에 의해 적진에서 근무한 임시계급과 군번 및 근무기간을 현역과 똑같이 근무한 것으로 인정하여, 동법시행령 제4조에 의거 새로 계급과 군번을 부여 받으면, 그 즉시 장교 및 부사관은 군인 연금법의 적용대상에 해당될 수도 있다고 사료되는바 새로 부여 받은 계급과 근무기간은 군인연금법 제16조 제4항의 규정에 따라 전투에 종사한 기간으로 환산 적용되어야 함에도 불구하고 이에 대하여 "법" 에서는 아무런 배제 및 예외규정이 없고, 군인연금법 등 다른법의 적용대상 배제규정 또한 없는데 귀부는 위 규정은 직업군인의 퇴직급여와 관련된 사항으로써 징집된 경우는 적용범위에 해당되지 않으므로 보상금 산정에는 해당되지 않는다고 하였는데 이것이 국방부의 공식 견해인지의 여부와 그 법적근거를 소상히 밝혀주십시오.(우리들은 병역법에 의하여 징집된 것이 아닌 불법 강제 입대자들 입니다.)

> [3의 답] 군인연금법은 군인이 상당한 연한을 성실히 복무하고 퇴직하거나 심신의 장애로 인하여 퇴직 또는 사망한 때 또는 공무상의 질병 부상으로 요양하는 때에 본인이나 그 유족에게 적절한 급여를 지급함으로써 본인 및 그 유족의 생활안정과 복리향상을 위해 군인이 납부하는 기여금과 국고가 부담하는 부담금, 보전금 및 그 이자로

조성하여 대상자에게 급여의 종류별(퇴직연금, 퇴직일시금, 사망조의금 등)로 지급을 목적으로 1963.1.28제정 되어 63.1.1일부터 적용되었습니다. 또한 법률 제7200호 제4조(복무기간의 인정 등)에 특수작전 중 부여받은 계급복무기간은 연금법 및 퇴직급여금에는 미적용됨을 양지하시기 바랍니다.

넷 째 : 참전자 일동이 요구하는 포상에 대하여 귀부는 1953년 7월부터 54년 말까지 포상이 완료되었고, 그 이후 소급 포상한 사례가 없다고 하였는데 2004.3.22 공포된 법률 제7,200호 제5조에 **"특수작전을 수행한 기간 중 무공을 세운 공로자에게는 상훈법에 의하여 훈장 또는 포상을 수여 할 수 있다"** 라고 규정하므로써 후법 우선주의 및 포상의 기능성을 명시한 법률로 정한 기속 재량행위임에도 국방부는 종래의 태도를 법에서 바로잡도록 한 것을 무시하고 있는바, 귀부의 확실한 답변과 법적 견해를 요구합니다. 특히 2001.9.26 부인 16202-012922호로 육군참모총장이 공식으로 공적 심사후 백골병단 제11연대 임시소령 전인식 등 20명에 대한 포상 건의를 받았음에도 불구하고 이를 귀부가 3년이상을 묵살하고 있는 이유도 함께 소명바랍니다.

[4의 답] 참전자 소급포상건의사항은 인근 12151-2156(03.02.14) 민원회신에 답지한 내용과 같습니다.

다섯째 : 법 시행령인 대통령령 제18,583호(2004.11.11) 제 5조에서 정한 보상금 및 공로금에서 공로금은 계급과 관계없이 균등하게 일천만원을 한도로 지급하고, 보상금은 6.25 전쟁당시의 보수 월액기준의 보상금을 지급한다고 명시하고 있으므로 위로금 성격의 공로금과 **생명, 신체, 자유, 명예, 법률 등의 침해로 인한 정신적 손해에 대한 배상금인 위자료**는 그 성격이 엄연히 다른것인데 이를 모두 겸한것처럼 주장 하고 있는바 공로금 등이 위자료를 겸한 것이란 법적 명문이 있으면 이를 구체적으로 제시해주시기 바랍니다.

[5의 답] 법 시행령 5조 2항에 공로금은 1천만원을 초과하지 아니하는 금액으로 명시되었으며 보상금 및 공로금은 법률7200호 제6조 2항 공로자 또는 유족에게는 제1항의 규정에 의한 "보상금이외에 위로금 성격의 공로금을 지급할 수 있다" 로 명시되어 있습니다.

여섯째 : 법시행령 제5조 보상금및공로금에 의한 계급별 보상금은 법 제6조제1항의 규정에 의하여 적후방지역 작전중 받지 못한 보수 월액인 봉급의 보상적 급여라고 규정하고 있는바 시행령 별표에서 정한 금액의 산출근거를 명시·제시해 주시기 바랍니다.

[6의 답] 보상금액의 산출은 법 제4조1항에 의거(보상액=6.25당시보수월액×8월) 한국은행에 의뢰한 결과 (1953년 및 1962년 화폐개혁으로 1951년당시 1圓은 현재 통용되는 화폐단위로 1/1,000원에 해당되며, 소비자 물가지수는 1951년과 2004년을 비교시 610배에 해당)를 토대로 51년당시 계급별 봉급정액을 환산 적용하였습니다.

가. 51년 당시 계급별 봉급정액

계 급	이등중사	일등중사	이등상사	소 위	중 위	대 위	소 령
원(圓)	6,000	7,200	24,300	33,300	35,700	38,100	46,500

일곱째 : 참전자 총 817명중 우리 전우회(청구인 전인식 등)가 그동안 파악한 전우로 추정되는자는 모두 316명뿐이므로 총 817명의 명단을 귀부(육군본부)가 책임지고 조사하여 제시해 주어야 하며; 이를 제시하지 못할 이유가 있다면, 이를 구체적으로 밝혀주시고, 1951년도 특수작전수행 이후에, 강제로 불법 징집 또는 소집되어 또다시 군 복무를 하게된 자 37명(생환 283명중 파악된자)의 2중 병역의무 이행에 대한 적법성을 밝혀주십시오.

[7의 답] 참전자의 인적사항은 군사자료로 확인할 수 없으며, 다만 법률 및 시행령의 공포와 보상금등 신청공고문 게시(국방부, 육군본부, 재향군인회 홈페이지, 국방일보, 관보 등) 한 바, 참전자에게 충분히 홍보를 하여 다수인원이 밝혀질 것으로 확신합니다. 특수작전 참가이후에 다시 군복무를 하게 된 자의 경우는 전시상황을 고려한다면 재복무, 복무의 연장으로 볼 수도 있으나, 이중병역(군복무를 정상적으로 마친자에게 평시에 다시 병역의무복무 부과)의무이행으로 보기는 어려울 것으로 사료됩니다.

여덟째 : 적진후방의 특수작전에서 전공을 세워 적진후방의 최고 지휘관이 특진대상 장병에게 특별진급을 실시한 경우, 그 진급이 당시의 법률에 저촉되는지 여부와 그 근거 및 전역식을 한다면, 그 집행부대, 규모 등 예정사항이 있으면 그 내용도 구체적으로 알려주시기 바랍니다.

[8의 답] 당시 특별진급이 법적으로 가능했는지 여부(현행법으로는 특별진급은 없음)와 특별진급이 행정적으로 처리되지 않은 사항(진급명령 등)을 확인할 수 없습니다. 특수작전 공로자에 대한 전역식은 보상기간이 종료되기 이전에 귀부서와 협의 하에 육군에서 검토하여 시행방법을 검토할 예정입니다.

이상 여덟가지를 보충청원 및 질문 하오니 이 질문서 도달후 3주일 이내에 꼭 회답해 주시기 바랍니다.

이것이 보충청원에 대한 국방부장관의 공식회답 입니다.

이사람들과 문서로 씨름해도 별소득은 없는 것 같으나 변호사에게 변호문건 작성에는 도움이 되지 않겠나 하는 생각입니다.

2005. 6. 3 백골병단 개선 54주년과 제50회 현충일에 백골병단 전몰장병의 우국 충절을 기리는 추모사!!

추 모 사 (追慕辭)

존경하는 귀빈 님과 내빈 여러분!!

오늘 백골병단 참전·개선 54주년과 제50회 현충·추모의 달을 맞아, 순국선열 및 호국 영령과 白骨兵團 소속 윤창규 대위 등 364位 전몰장병의 위훈을 기리며, 고인의 명복을 기원 합니다.

조국의 명운(命運)이 백척간두(百尺竿頭) 누란(累卵)의 위기에 처 해 있을 때, 자신의 안일(安逸)을 버리고, 적진(敵陣) 후방으로 침투하여 나라를 구하고, 自由와 平和를 지키기 위한 전쟁에서 용전 분투한 전몰장병의 54주기(忌)를 맞아, 가신님(전우)의 안식(安息)을 다시 한번 정중히 기원 드립니다.

돌이켜 지난 날을 회고할 때, 6·25 자유수호(自由守護) 한국전쟁이 발발 한지도 어언 반세기가 지났습니다.

놈들의 남침을 눈치 채지 못한 아군은 저들의 T 34 중탱크를 저지할 무기도 없어, 남침(南侵) 3일 만에 수도 서울을 빼앗기고, 낙동강 최후 방어선에서 적의 공격을 저지하는 한편, 맥아더 원수에 의한 인천(仁川) 상륙작전의 성공으로 서울을 수복한 뒤, 계속 북진하여, 압록강 연안까지 진격 했으나 1950. 10. 26. 뜻하지 않은 중공군(中共軍) 6개 군단의 대거 참전 개입(參戰介入)으로 또다시 후퇴하게 되자, 정부는 **「국민 총 동원령」** 을 발령하기에 이르렀습니다.

이때, 반공 애국청년, 학생과 의용경찰 등 **817명은 대구 육군 보충대**에서 선발되어, 육군정보학교에 입교, 3주간의 특수훈련 만으로 적진 배후(背後) 지역으로 침투하여 유격 특수전을 감행하여, 아군 작전에 크게 기여했습니다.

그러나, 혹한을 이겨내지 못할 **열악한 장비와 보급**, 그리고, **2주일분의 비상식량**인 미숫가루만으로 60여 일간의 전투에서 364명의 전우가 호국(護國)의 군신(軍神)으로 산화했으나 당국의 무성의로 아무런 예우를 받지 못하고 있던 중, 우리들 **참전전우회의 활동으로** 국립현충원에 위패(位牌) 안치한 57위(位)와 격전지에서 발굴한 유골을 대전 현충원에 안장한 3위(位) 등 60위(位) 만이 겨우 명예를 회복하였으며, 304위(位)에 대하여는 그 이름조차 알 수 없어 지난 52여년간을 방치하다가 우리 전우회원의 뜻으로, 2003년 6월 **무명용사 추모비를 세우고** 제막하는 비통함을 겪기도 했던 것입니다.

그동안 우리들 참전전우 모두가 한마음이 되어 전사한 전우들의 명예회복, 유가족의 발굴 등으로 4인의 미망인과 모친 3인이 **국가보훈혜택을 받았으나** 이제 남은 유가족은 미망인 1인 뿐이며, 유자녀 4인도 약간의 보훈혜택을 받고 있습니다만, 그들의 나이가 벌써 50을 넘긴 중년이 되었습니다. 참으로 안타까운 일입니다.

이에 우리 전우회는 지난 2003년 5월부터 명예회복에 관한 특별법 제정을 위한 **입법 기초 작업**을 서둘러 그해 10월에는 국회의원 54인의 발의로, 몇차례 심의를 거쳐, 2004. 3. 2 **만장일치로 법률안이 국회를 통과**한 것을 정부가 **법률 제7,200호 6.25 전쟁 중 적 후방지역 작전수행 공로자에 대한 군 복무인정 및 보상 등에 관한 법률**을 공포하시고, 그 법 시행령을 마련하여, 당시의 계급을 현역으로 인정하고 **보상금과 공로금**도 받을 수 있게 되었습니다.

경애하는 귀빈님과 내빈 여러분!! 우리들 육군본부 직할 결사대(白骨兵團) 참전장병은 그동안 54년이란 오랜 세월을 기다렸습니다. 참으로 서글픈 일이 아닐수 없습니다.

특히 휴전선 북녘의 저들은 오늘도 호시 탐탐 남침(南侵)의 기회만을 엿보고, 북한 인민(人民)의 기아를 외면한 채, 군비증강(軍備增强)과 **핵(核) 무장에 혈안이** 되어 있는 집단(集團)이 지척지간(咫尺之間)에 엄존한 현실을 우리 모두는 직시(直視)하여, 조국의 自由와 平和를 지키는 첨병(尖兵)이 되어야 함을 다시 한 번 강조해 마지않습니다.

이제 노년이 된 우리들이 바라는 것은, 아무런 댓가(代價) 없이 적진 배후지역에서 혈투를 감행한 백골병단 용사들의 거룩한 "얼"이 이 땅의 젊은 세대들에게 자유(自由)가 소중함을 일깨우는 장이 되어 줄 것을 기대하고, 우리들 참전장병에게도 **무공에 상응한 훈장의 수여가 있어야 하고**, 또 **영광의 전역식**도 기대하는 바입니다.

끝으로, 오늘 공사 다망하신 가운데에도 불구하고, 정중한 헌화를 주신 「**정부기관 및 정치, 군사, 사회, 저명인사**」 여러분에게 깊은 감사를 드리고, 이 행사를 정중하고 또 장엄하게 거행할 수 있도록 지원해 주신 「**산악 군단장 최용주 장군님과 휘하 장병 여러분**」 「**12 사단장님과 휘하 장병 여러분**」 호국영령을 추모해 주시고 참전 · 개선 54주년 기념행사를 위해 지원금을 주신 「**국가보훈처장님**」과 「**재향군인회 李相薰 회장님!**」 이 지역(地域) 「**인제군수님을 비롯한 각 급 기관장님**」, 그리고 유지(有志) · 학생 여러분과, 공공 보도기관 여러분에게 깊은 감사의 인사 말씀을 드리며, 추모사에 갈음합니다.

대단히 감사합니다.

2005년 6월 3일

육군본부 직할 결사대 전우회 회 장 全 仁 植

육본직할 결사대(白骨兵團) 개선 55주년(제51회 현충일) 기념

2006년도 현충추모식 행사 일정표

[회원은 참전 유공 뺏지를 부착하시고 검정색 계통의 넥타이를 착용하십시요.]

2006. 5. 12 : 안내서 인쇄 발송
참석여부 통지 시한 2006. 5. 25 까지로 함 (내빈 및 참전자 포함).
2006. 5. 22 : 플랜카드 2장 발주, 차량용 1장 발주
2006. 5. 24 : 꽃 대형 2개, 꽃 바구니 3개, 3단 3개, 국화꽃 70송이 발주
2006. 5. 26 : 참가 인원 확정
2006. 5. 27 : 3군단에 참석자 명단 통보 (8군단 협조)(최전방 전망대 참관 명단 확정)
2006. 6. 2 : **최종 점검**

2006. 6. 5. 07:00 서교동 사무실 출발 (도중 아침식사)
2006. 6. 5. 10:45 전적비 도착 (영접 준비)(영접 위원 선정)
2006. 6. 5. 11:00 현충 추모식 거행
2006. 6. 5. 11:30 충용비 제막, 헌화 및 제례
2006. 6. 5. 11:50 기념 촬영
12:00 부대로 이동, 오찬
2006. 6. 5. 13:10 부대 출발
13:20 **연화동 위령비 참배** (추모 화환 증정)
13:35 연화동 출발
14:20 속초 도착 (미시령 터널로 이동)
2006. 6. 5. 15:30 간성 통일 전망대 입구 도착
16:30 **통일 전망대 관람**
2006. 6. 5. 17:30 간성 항구 어판장 부근 횟집에서 **저녁식사**
19:50 **오색 그린야드 호텔 도착**
21:00 온천 목욕후 취침

2006. 6. 6. 06:30 기 상
07:50 아침 운동 산책
08:00 ~ 09:00 호텔 아침식사 (개별)(산채나물 북어국 정식)
2006. 6. 6. 09:30 호텔 출발
09:50 박달령 입구 도착
10:20 **박달령 입구 탐방** (120여명 비전투 **희생을 입은 곳**)
2006. 6. 6. 11:20 **퇴곡리 도착. 탐방** (白骨兵團 창설지)
12:30 이승복 기념관 탐방
2006. 6. 6. 13:10 하진부리 **산채 정식 점심식사**
(결사 11 연대 초도 작전 34명 생포지)
14:00 하진부리 출발
16:40 **서울 동부 터미널 도착** (일부 하차)
17:20 서울 마포구 서교동 사무소 도착 해산 **(총 600만원 소요)**

기념 사업회 회원은 자기포함 3인까지 무료 초청하오며, **(초청자 무료)**
기념사업회 비가입자는 1인당 참가비 **15만원**을 **5. 25 까지 선납** 하셔야 합니다. (차량 숙식비 등 실비)

이 일정 및 시간계획은 변경될 수 있습니다.

육본 직할 白骨兵團 기념사업회

2006. 6. 5 백골병단 개선 55주년과 제51회 현충일에 백골병단 전몰장병의 우국 충절을 기리는 추모사!!

추 모 사 (追慕辭)

존경하는 귀빈님과 내빈 여러분!!

오늘 육군본부 직할 결사대(백골병단) 참전·개선 55주년과 제51회 현충·추모의 달을 맞아, 순국선열 및 호국영령과 白骨兵團 소속 전몰장병 363위(位)의 위훈을 기리며, 고인의 명복을 기원 합니다.

조국의 명운(命運)이 백척간두(百尺竿頭) 누란(累卵)의 위기에 처 해 있을 때, 자신의 안일(安逸)을 버리고, 적진(敵陣) 후방으로 침투하여 나라를 구하고, 自由와 平和를 지키기 위한 전쟁에서 용전분투한 전몰장병의 55주기(忌)를 맞아, 가신님(전우)의 안식(安息)을 다시 한번 정중히 기원 드립니다.

돌이켜 지난날을 회고할 때, 6·25 자유수호(自由守護) 한국전쟁이 발발 한지도 어언 반세기가 지났습니다.

놈들의 남침을 눈치 채지 못한 아군은 저들의 남침(南侵) 3일만에 수도 서울을 빼앗기고, 낙동강 최후 방어선에서 적의 공격을 저지하는 한편, 인천(仁川) 상륙작전의 성공으로 서울을 수복한 뒤, 계속 북진하여, 압록강 연안까지 진격 했으나 1950. 11. 26. 뜻하지 않은 중공군(中共軍)의 대거 참전 개입(參戰介入)으로 또다시 후퇴하게 되자, 정부는 「**국민 총 동원령**」을 발령하기에 이르렀습니다.

이때, 반공 애국청년, 학생과 의용경찰 등 **817명은 대구 육군보충대**에서 선발되어, 육군정보학교에 입교, 3주간의 특수훈련만으로 적진 배후(背後) 지역으로 침투하여 유격 특수전을 감행하여, 아군 작전에 크게 기여했습니다.

그러나, 혹한을 이겨내지 못할 **열악한 장비와 보급**, 그리고, **2주일분의 비상식량**인 미숫가루만으로 60여 일간의 전투에서 363명의 전우가 호국(護國)의 군신(軍神)으로 산화했으나 당국의 무성의로 아무런 예우를 받지 못하고 있던 중, 우리들 **참전전우회의 활동으로** 국립현충원에 위패(位牌) 안치한 57위(位)와 격전지에서 발굴한 유골을 대전 현충원에 안장한 3위(位) 등 60위(位) 만이 겨우 명예를 회복했으며, 303위(位)에 대하여는 그 이름조차 알 수 없어 우리 전우회원의 뜻으로, 2003년 6월 **무명용사 추모비를 세우고** 제막하는 비통함을 겪기도 했습니다.

이에 우리 전우회는 지난 2003년 5월부터 명예회복에 관한 특별법 제정 **입법 기초 작업**을 서둘러 2004년 3월 2일 **국회를 통과한 법률안이 법률 제7,200호 6.25전쟁 중 적 후방지역 작전수행 공로자에 대한 군 복무인정 및 보상 등에 관한 법률**을 공포하고, 그 법 시행령을 마련하여, 참전 당시의 계급을 현역으로 인정하고, **보상금과 공로금**도 받을 수 있게 되었습니다.

이에 우리들 참전전우 중 뜻을 함께하는 전우 38인과 참전 장병의 유가족 3인의 참여로 **기념사업 기금 9,100만원**으로 발족한 육본 직할 白骨兵團 기념사업회의 첫 사업으로 2,000여 만원을 들여 전투 중, 유명을 달리한 결사 제11연대 제2대대장 (고) 尹昌圭 대위가 부대 안전 퇴출을 위해 적병을 유인하여 적병을 붙잡고 수류탄으로 자폭 전사함으로써 살신성인(殺身成仁) **충용**의 숭고한 "얼"을 담은 忠勇碑를 오늘 건립 제막하게 되었습니다.

이제 노년이 된 우리들이 바라는 것은, 아무런 댓가(代價) 없이 적진 배후지역에서 혈투를 감행한 백골병단 용사들의 거룩한 "얼"이 이 땅의 젊은 세대들에게 자유(自由)가 소중함을 일깨우는 장이 되어 줄 것을 기대하고, 우리들 참전 장병에게도 **무공에 상응한 훈장의 수여와 영광의 전역식**을 기대하는 바입니다.

끝으로, 오늘 공사 다망하신 가운데에도 불구하고, 정중한 헌화를 주신 「**국가보훈처장님을 비롯한 정부기관 및 정치, 군사, 사회, 저명인사**」 여러분에게 깊은 감사를 드리고, 이 행사를 정중하고 또 장엄하게 거행할 수 있도록 지원해 주신 「**산악 군단장 崔龍周 장군님과 휘하 장병 여러분**」 「**12사단장님과 휘하 장병 여러분**」 과 「**재향군인회 朴世直 회장님!**」 이 지역(地域) 「**인제군 의장님과 군수님을 비롯한 각급 기관장님, 보훈단체장님**」, 그리고 유지(有志)·학생 여러분과, 공공 보도기관 여러분에게 깊은 감사의 인사 말씀을 드리며, 추모사에 갈음합니다.

대단히 감사합니다.

2006년 6월 5일

육본 직할 白骨兵團 기념사업회 회 장 全 仁 植

2007.6.5 백골병단 개선 56주년과 제52회 현충일에 백골병단 전몰장병의 우국 충절을 기리는 추모사!!

추 모 사 (追慕辭)

존경하는 귀빈님과 내빈 여러분!!

오늘 육군본부 직할 결사대(백골병단) 참전·개선 56주년과 제52회 현충·추모의 달을 맞아, 순국선열 및 호국영령과 白骨兵團 소속 전몰장병 363위(位)의 위훈을 기리며, 고인의 명복을 다시 한번 기원 합니다.

조국의 명운(命運)이 백척간두(百尺竿頭) 누란(累卵)의 위기에 처 해 있을 때, 자신의 안일(安逸)을 버리고, 적진(敵陣) 후방으로 침투하여 나라를 구하고, 自由와 平和를 지키기 위한 전쟁에서 용전분투한 전몰장병의 56주기(忌)를 맞아, 가신 님(전우)의 안식(安息)을 정중히 기원 드립니다.

돌이켜 지난날을 회고할 때, 6·25 자유수호(自由守護) 한국전쟁이 발발 한지도 어언 반세기가 지났습니다.

놈들의 남침을 눈치채지 못한 아군은 저들의 남침(南侵) 3일만에 수도 서울을 빼앗기고, 낙동강 최후 방어선에서 적의 공격을 저지하는 한편, 인천(仁川) 상륙작전의 성공으로 서울을 수복한 뒤, 계속 북진하여, 압록강 연안까지 진격 했으나 1950. 11. 26. 뜻하지 않은 중공군(中共軍)의 대거 참전 개입(參戰介入)으로 또다시 후퇴하게 되자, 정부는 「**총 동원령**」을 발령하기에 이르렀습니다.

이때, 반공 애국청년, 학생과 의용경찰 등 **817명은 대구** 소재 육군정보학교에 입교, 특수훈련을 받고 적진 배후(背後) 지역으로 침투하여 유격 특수전을 감행하여, 아군 작전에 크게 기여했습니다.

그러나, 혹한을 이겨내지 못할 **열악한 장비와 보급**, 그리고, **2주일분의 비상식량**인 미숫가루만으로 60여 일간의 전투에서 363명의 전우가 호국(護國)의 군신(軍神)으로 산화했으나 당국의 무성의로 아무런 예우를 받지 못하고 있던 중, 우리들 **참전전우회의 활동으로** 국립현충원에 위패(位牌) 안치한 57위(位)와 격전지에서 발굴한 유골을 대전 현충원에 안장한 3위(位) 등 60위(位) 만이 겨우 명예를 회복했으며, 303위(位)에 대하여는 그 이름조차 알 수 없어 우리 전우회원의 뜻으로, 2003년 6월 **무명용사 추모비를 세우고** 제막하는 비통함을 겪기도 했습니다. (국가보훈시설로 지정되었음)

이에 우리 전우회는 지난 2003년 5월부터 명예회복에 관한 특별법 제정 **입법 기초 작업**을 서둘러 2004년 3월 2일 **국회를 통과한 법률안이 법률 제7,200호 6.25 전쟁 중 적 후방지역 작전수행 공로자에 대한 군 복무인정 및 보상 등에 관한 법률**을 공포하고, 그 법 시행령을 마련하여, 참전 당시의 계급을 현역으로 인정하고, **보상금과 참전 당시의 계급별 봉급인 공로금**도 받을 수 있게 하였습니다.

이에 우리들 참전전우 중 뜻을 함께하는 전우 40인과 참전 장병의 유가족 3인의 참여로 **기념사업회**가 발족된 뒤, 첫 사업으로 2,000여 만원을 들여 전투 중, 유명을 달리한 결사 제11연대 제2대대장 (고) 尹昌圭 대위의 살신성인(殺身成仁) **충용**의 숭고한 "얼"을 담은 忠勇碑를 지난해 6. 5 건립 제막하고, 계속해서 우리나라 국군창군이래 처음으로 작전지역내 청소년의 애국정신 고양과 자유민주 청년으로 성장케하고자 하는 **장학사업을 지난해 9월에** 발족한 뒤 오늘 제1회 장학금 지급의 첫 사업을 실시하게 되었습니다.

이제 80노년이 된 우리들이 바라는 것은, 아무런 댓가(代價) 없이 적진 배후지역에서 혈투를 감행한 백골병단 용사들의 거룩한 "얼"이 이 고장의 청소년과 젊은 세대들에게 자유(自由)가 소중함을 일깨우는 장이 되어 줄 것을 기대하고, 또, 우리들 참전 장병에게도 **영광의 전역식**을 기대하는 바입니다.

끝으로, 오늘 공사 다망하신 가운데에도 불구하고, 정중한 헌화를 주신 「**국가보훈처장님을 비롯한 정부기관 및 정치, 군사, 사회, 저명인사**」 여러분에게 깊은 감사를 드리고, 이 행사를 정중하고 또 장엄하게 거행할 수 있도록 지원해 주신 「**산악 군단장 김일생 장군님과 휘하 장병 여러분**」 「**12사단장님과 휘하 장병 여러분**」과 「**재향군인회 회장님!**」 이 지역(地域) 「**인제군수님과 의장님 그리고 각급 기관장님, 보훈단체장님**」, 용대 백골장학회 임원 여러분과 유지(有志)·학생 여러분과, 공공 보도기관 여러분에게 깊은 감사의 인사 말씀을 드리며, 추모사에 갈음합니다.

대단히 감사합니다.

2007년 6월 5일

육본 직할 白骨兵團 기념사업회 회장 全仁植

= 용대 백골장학회 임원 일동 =

人 事 말 씀

尊敬하는 貴賓님과 우리 戰友 會員여러분!!

오늘은 6.25 한국전쟁에 참전 · 개선 한지도 어언 57周年이 되는 날입니다.

새파란 靑少年이던 우리들이 징집이나 소집令狀 한 장 받지도 못한 채, 육군보충대에서 **陸軍情報學校**에 입교하여 3週間의 군사훈련을 받고, **실탄 사격** 한번도 못해 본 우리들에게 中上士 以上의 계급과 軍番을 주어, 戰手터에 투입했습니다.

영하 30도를 오르내리는 太白山, 五臺山, 雪嶽山脈을 잇는 준령에서 허리까지 빠지는 白雪을 헤치며 60余日間의 惡戰苦鬪는 이루 形言하기 어려우리 만치 **"고단하고" "苦行의 나날"** 이였습니다.

이때 2週日分의 **"미숫가루"** 가 바닥이나자 눈을 집어 먹고 敵兵이 가진 "콩 볶은 것 등"의 비상식량을 탈취하여 먹고, 일부는 民家에 보관중인 種子용 "볏씨" "콩" "강냉이" "감자" 를 약탈하여 먹으며, 60余日을 견뎌냈으니 그 苦生은 이루 말 할 수 없는 逆境이였습니다.

及其也에는 굶고, 추위를 이겨내지 못해 120余名이 "단목령"일명, **박달재**에서 幽明을 달리했습니다.

이렇듯 함께 돌아오지 못한 戰友가 參戰者 총 817명 中 途中에 落伍된 170名을 除外한 **647名**(白骨兵團 편성자) 中 **56%인 363名**이나 되었습니다.

우리들 살아돌아온 284名 중에서도 病들고, 虛弱해져서 많은 戰友가 젊은 나이에 夭折하여 이제 겨우 60余名만이 남았으나 이분들 中에서도 20余名이 얼마 남지 아니한 실정입니다.

우리들의 꾸준한 努力으로 2004. 3. 2 국회 245차 임시회의 제11차 본회의에서 **6.25 전쟁 중 적 후방지역 작전수행 공로자에 대한 군 복무인정 및 보상 등에 관한 법률(안)**이 "한나라 구릅(姜昌熙)"의 主導로 만장일치 가결된 뒤 2004. 3. 22 **法律 第7,200호**로 公布되었으며, 그 시행령이 2004. 11. 11 **대통령령 제18,583호**로 公布되었으나 우리들 참전전우회가 요청한 **「勳 · 褒章수여 건의」** **「1계급 특진」** 그리고 **「轉役式거행」** **「추모제 등을 위한 豫算配定」** 등은 아직도 遼遠한 실정입니다.

"누구를 위한 參戰이며" **"누구를 위한** 죽음이였는지" **"누구를 위한** 苦行이였는지" 알다가도 모를 형편이 되었습니다.

이제 形便없던 軍集團이 **正式 軍人**의 身分이 주어졌고, 그때 못 받은 **月給 몇 만원**도 받고, 苦生했다는 **"위로 보상금"**도 조금씩 받았습니다.

晩時之歎은 있지만 "나라가 제정신을 차렸는가 했으나" 지난 10年의 **左傾정부**는 너무나 **"吝嗇"** 했습니다.

「**轉役式**」이 무슨 큰 돈 드는것도 아닌데(國軍의 날이나 6.25날 모이라고 하면 될터이고) 「苦生했으니 **한 계급씩 올려 준다고** 해서 나라 돈 드는 것도 아니고」 「**혁혁한 武功이** 증명되었으므로 훈장 1個式」 준다고 해서 **생철조각**이나 **동판값 몇 만원**이면 될 터인데 그것도 못한다고 하니, 이런 기막힌 사연이 또 어디에 있겠습니까!!

나라가 危急하다고 해서, 나라를 구해야 한다고 나서는 **어리석은 놈이** 또 생길까요!!

우리들은 못나서 그렇게 戰爭터에 나갔으나 우리들의 **孫子들은** 그렇게 내보낼 수 없는 것 아닌가요?!!

歲月은 흐르고 흘러 57周年이 되었습니다. 20代 初의 靑年이 望 80을 헤아리게 되었습니다.

지난 넉두리를 해서 무엇하겠습니까만, 그래도 남길 것은 分明하게 歷史에 길이 남겨야 하지 않겠습니까!!……

존경하는 貴賓님과 會員여러분!! 너무 긴 長廣舌을 늘어 놓았습니다.

한편 즐겁고, 한편 원망스럽고, 한편 榮光스러운 날에 말입니다.

여러분의 健康과 여러분의 家庭에 瑞光이, 그리고, 光明이 臨하시기를 빕니다.

끝장을 보려면 건강해야지요.

감사합니다.

2008. 2. 20

※ 준비한 음식을 즐겁게 드시고, 좋은 **德談**을 서로 나누십시오.

육군 본부 직할 결사대(白骨兵團) 참전전우 기념사업회장 全 仁 植

2008. 6. 5 참전 개선 제57주년과 제53회 현충추모식에 회장의 추모사 전문

추 모 사

존경하는 귀빈님과 내빈 여러분 !!

오늘 육군본부 직할 결사대(白骨兵團) 참전·개선 57주년과 제53회 현충·추모의 달을 맞아, 순국선열 및 호국영령과 육본 직할 결사대 소속 전몰장병 363위(位)의 위훈을 기리며, 고인의 명복을 다시 한번 기원 합니다.

조국의 명운(命運)이 백척간두(百尺竿頭) 누란(累卵)의 위기에 처 해 있을 때, 자신의 안일(安逸)을 버리고, 적진(敵陣) 후방으로 침투하여 나라를 구하고, 平和와 自由를 지키기 위한 전쟁에서 용전 분투한 전몰장병의 57주기(忌)를 맞아, 가신님(전우)의 안식(安息)을 정중히 기원 드립니다.

돌이켜 지난 날을 회고할 때, 6·25 자유수호(自由守護) 한국전쟁이 발발 한 지도 어언 58년의 세월이 지났습니다.

놈들의 남침을 눈치 채지 못한 아군은 남침(南侵) 3일만에 수도 서울을 빼앗기고, 낙동강 최후 방어선에서 적의 공격을 저지하는 한편, 인천(仁川) 상륙작전의 성공으로 서울을 수복한 뒤, 계속 북진하여, 압록강 연안까지 진격했으나 1950. 11. 26. 뜻하지 않은 중공군(中共軍)의 대거 기습·참전으로 또다시 후퇴하게 되자, 정부는 「**국민 총 동원령**」을 발령하기에 이르렀습니다.

이때, 반공 애국청년, 학생 등 **817명은 대구** 소재 육군정보학교에 입교, 특수훈련을 받고 적진 배후(背後) 지역으로 침투하여 유격 특수전을 감행하여, 아군 작전에 크게 기여했습니다.

그러나, 혹한을 이겨내지 못할 **열악한 장비와 보급**, 그리고, **2주일분의 비상식량**인 미숫가루 만으로 60여 일간의 전투에서 363명의 전우가 호국(護國)의 군신(軍神)으로 산화했으나 아무런 예우를 받지 못하고 있던 중, 우리들 **참전 전우회의 활동으로** 국립현충원에 위패(位牌) 안치한 57위(位)와 격전지에서 발굴한 유골을 대전 현충원에 안장한 3위(位) 등 60위(位)만이 겨우 명예를 회복했으며, 303위(位)에 대하여는 그 이름조차 알 수 없어, 우리 전우회원과 국가보훈처 등의 지원으로, 여기에 **무명용사 추모비를 세우고** 제막하는 비통함을 겪기도 했습니다.

계속해서 우리들 참전 전우들이 합심하여 전투 중, 유명을 달리한 결사 제11 연대 제2대대장 (고) 尹昌圭 대위의 살신성인(殺身成仁) **충용의 "얼"**을 담은 忠勇碑를 여기에 건립 제막하여 경내에 3개의 큰 비가 세워지게 된 것입니다.

우리들은 이어서 이 고장의 청소년을 위해 국군 창군이래 처음으로 작전지역내 청소년의 애국정신 고양과 자유민주 청년으로 성장케하고자 하는 **장학사업을 2006년 9월에** 발족한 뒤 오늘 제2회 장학금 지급을 계속하게 되었습니다.

이제 80노년이 된 우리들이 바라는 것은, 아무런 댓가(代價) 없이 적진 배후지역에서 혈투를 감행한 백골병단 용사들의 거룩한 "얼"이 이 고장의 청소년과 젊은 세대들에게 자유(自由)의 소중함을 일깨우는 장이 되어 줄 것을 기대 하고, 또, 우리들 참전 장병에게도 **영광의 전역식**을 기대하는 바입니다.

끝으로, 오늘 공사 다망하신 가운데에도 불구하고, 정중한 헌화를 주신「**국가보훈처장님을 비롯한 정부기관 및 정치, 군사, 사회, 저명인사**」여러분에게 깊은 감사를 드리고, 이 행사를 정중하고 또 장엄하게 거행할 수 있도록 지원해 주신「**산악 군단장 김일생 장군님과 휘하 장병 여러분**」「**12사단장님과 휘하 장병 여러분**」과「**재향군인회 회장님!**」이 지역(地域)「**인제군수님과 의회 의장님 그리고 각 급 기관장님, 보훈단체장님**」, **용대 백골장학회 임원 여러분**과 유지(有志)·**학생 여러분**과, 공공 보도기관 여러분에게 깊은 감사의 인사 말씀을 드리며, 오늘 특별한 내빈 한분을 소개합니다.

1989년 이곳 703특공연대장으로 재직하실 때 전적비 건립에 각별하신 노고를 아끼지 아니하시고 그 뒤에도 계속해서 우리 전우회에 물심양면의 지원과 용대백골 장학회에까지 헌성금을 주신 예비역 중장 류해근(柳海槿)장군을 소개하며 추모사에 갈음합니다.

감 사 합 니 다.

2008년 6월 5일

육본 직할 결사대(白骨兵團) 전우회 회 장 全 仁 植

= 용대 백골장학회 회 장 =

지난 2008.6.5.11시 강원도 인제군 북면 용대3리 산 250-2 소재 백골병단 전적비 앞 광장에서 백골병단 전우회 회장 전인식(감우산악회고문)씨가 제57회 현충추모식을 거행함에 감우산악회장 신우균 외 총무와 전임회장등이 참석하여 경건히 추모식을 지켜 보았다는 동우회 소식의 일부

◀ 동우회 소식 ▶

監友山岳會 2008년 7월중 등산모임안내

일　시	만나는 장소	목 적 지	준비물, 기타
7.08 (화) 12:00	삼일빌딩 31층 (☎739-4618~9)	화요모임(주1)	스폰서 : 金吉相회원님
7.15 (화) 10:00	분당선 대모산입구역 5번출구앞 (만남의장소)	대모산 (주2)	도시락, 음료수 등

주1. 화요모임은 지하철 1호선 종각역 12번 출구에서 도보 5분거리에 있는 삼일빌딩 스카이라운지에서 하이마트뷔페 식사를 하면서 정담을 나누고자 합니다.

주2. 대모산 등산 및 하산코스 : 일원터널입구 - 오른쪽 능선 - 대모산정상(296m) - 지하철 3호선 일원역(2시간 소요)

< 제 57회 현충 추모식 >

지난 6월 5일 11시 육본 직할결사대(白骨兵團) 전우회(회장 全仁植:감우산악회 고문님)가 강원도 인제군 북면 용대리 산 250-2 白骨兵團 戰跡碑[백골병단 전적비] 앞 광장에서 육군본부 직할결사대(白骨兵團)의 참전.개선 57주년과 참전 중 호국의 軍神[군신]으로 산화 하신 전몰장병 60位[위]와 무명용사 303위의 위훈을 선양하고, 국군창군이래 처음으로 참전지역의 학생에 대한 장학사업을 실행하는 장학금 지원으로, 조국의 평화와 자유를 이 땅 위에 永生[영생]토록 하는 사업을 겸하는 추모식을 봉행 하였다.

이 날 追慕式[추모식]은 군단 참모가 추모 행사에 대한 略史[약사]를 보고한 뒤에 전우회 회장, 3군단장, 12사단장, 국가보훈처장(대리), 재향군인회장(대리),인제군수.지역기관장과 군부대 고위장교, 전우회 부회장 및 임원 순위로 헌화 분향을 했다.

조국의 命運[명운]이 百尺竿頭[백척간두] 누란의 위기에 처 해 있을 때,자신의 안일을 버리고, 적진 후방으로 침투하여 나라를 구하고, 평화와 자유를 지키기 위한 전쟁에서 용전 분투한 전몰장병의 57주忌[기]를 맞아, 가신님(전우)의 安息[안식]을 정중히 기원한다는 전우회장의 추모사가 있었다. 뒤 이어 용대 백골장학회 장학금을 이 곳 용대리 거주 초.중 학생 9명에게 전달하고 행사를 모두 마쳤다. 이 날 감우산악회에서도 전.현 회장과 총무가 참석하여 내빈석에서 추모행사를 경건한 마음으로 지켜보았다.

감우산악회

監友山岳會長　申　佑　均

재단법인
육사 발전기금

서울특별시 노원구 공릉동 사서함 77호 (139-799)
Tel : 02) 948-2743, 2197-6951~2 (일반)

적 요	금 액
육사발전기금	2,000,000

전인식 회장님께

육사의 발전을 위해 관심과 성원을 보내주시는 전회장님께 깊은 경의를 표하며, 특히 육사를 사랑하는 마음으로 육사발전기금을 출연해 주신데 대해 진심어린 감사의 말씀을 드립니다. 전회장님의 지속적인 성원에 보답하기 위해 학교의 전 간부와 직원들은 정보과학화 시대에 맞는 첨단화된 생도 교육환경을 조성하는 데에 최선의 노력을 경주하고 있습니다. 이런 노력들이 누적된다면, 조만간 육사는 세계적인 사관학교로 우뚝 서리라고 믿습니다.

저희 육사발전기금은 생도교육과 학교발전에 꼭 필요한 사업을 추진하기위한 재원으로, 회장님을 비롯한 육사 발전을 기원하시는 분들의 적극적인 참여와 후원덕분에 148억원이 넘는 기금을 조성하게 되었습니다. 현재 학교에서는 원금은 보존하고 이자수익만으로 지원사업을 편성하여 추진하는 등 기금을 효율적으로 사용하기 위해 노력하고 있으며, 이러한 기금 사용을 통해 생도들의 해외전학 기회 확대, 우수 인재 확보를 위한 홍보사업 전개, 국제 학술교류 활성화 등 육사의 교육 환경과여건 개선에 큰 성과를 거두고 있습니다.

이번에 일시불로 출연해주신 기금(200만원 / 누적 200만원)의 금액은 기금 원금으로 적립하여 규정에 따라 관리할 것이며, 출연하신 금액에 대한 세제혜택을 받으실 수 있도록 적극적인 행정지원을 약속드립니다. 또한 전회장님께 감사하는 마음에서 육사신보 '08년 11월호의 특별출연자내역에 공지할 예정입니다.

다시 한번 육사발전기금 조성 사업에 뜻을 함께 해주신 전회장님께 깊은 감사를 드립니다. 앞으로도 육사에 대한 변함없는 성원과 관심을 보내주실 것을 부탁드리며, 전회장님 가정의 평안과 백골병단 참전전우회의 무궁한 발전을 기원합니다.

2008. 11. 7.

육사발전기금 조성위원장

육 군 사 관 학 교 장 중 장 김 현 석

회 원 통 신

2008. 11. 13

육직결사 08-11-01

수 신 : 회원 · 명예회원 제위

제 목 : 제5차 60년사 집필 위원회의 기타

---

1. 귀하의 건강과 하시는 모든 일이 잘 되시기를 기원합니다.

2. 제5차 60년사 집필위원회의를 개최한 결과를 보고 합니다.
   60년사 제Ⅰ편 6.25 한국전쟁, Ⅱ편 백골병단 Ⅲ편 화보 등 관련 기록 등 304페이지를 검토하였습니다. 감수자 류장군께서는 모두 3회를 감수하였으며 채장군 등 개인적인 문제는 본문이 아닌 <주>로 처리 하는 것이 어떠하느냐 하는 의견을 수렴하였으며, 불분명하거나 과다한 전과인 사살 100, 200 등은 미확인 사살로 처리했습니다.
   참가 집필위원 : 송세용 부위원장, 장지영 위원, 류해근 장군 이며, 임동욱, 박승록, 차주찬, 이익재, 최윤우, 홍금표, 임병화 위원 등은 다른 사정으로 불참했습니다.
   ※ 이날의 오찬은 장지영 위원께서 부담하셨습니다. 과용하셨습니다.

3. 마지막 해외여행계획은 일본 북해도가 겨울철 여행이 좋다고 하므로 내년(2009년) 2월 총회시에 3박 4일(약 90만원(본인부담 약 65%)) 일정으로 해외여행 마지막 행사를 갖고자 합니다.
   ※ 희망하시는 회원께서는 2008. 12. 18까지 참석여부를 알려주시기 바랍니다.
   ((02) 325-4896 사무국으로)

4. **60년사 발행 찬조금 협찬**내역은 다음과 같습니다.
   전인식 500만원(추가 200만원), 김용필 250만원, 임동욱 200만원, 홍금표 200만원,
   류해근 장군 100만원, 송세용 100만원, 안병희 100만원, 장지영 100만원,
   최윤우 100만원, 권태종 50만원, 박승록 50만원, 윤경준 50만원, 이영진 50만원,
   김송규 20만원 입니다. 총 2,070만원을 찬조해주셨으나 아직도 순제작비에 부족한 것 같습니다. 추가 권영철 100만원 이익재 100만원
   추가 협찬은 2008. 12. 18 까지 부탁합니다.
   우리은행 서교동 1002-737-677613 전인식 별도구좌입니다.

육군본부 직할 결사대 전우회 회 장
(백골병단)

2009.6.5 참전 59년과 제54회 현충추모식에 회장의 추모사 전문

<2009년 6월>

추 모 사(追 慕 辭)

존경하는 귀빈 님 과 내빈 여러분 !!

오늘 육군본부 직할 결사대(백골병단) 참전개선 59년과 제54회 현충추모의 달을 맞아, 순국선열 및 호국영령과 白骨兵團 소속 전몰장병 360여 위(位)의 위훈을 기리며, 삼가 고인의 명복을 기원 합니다.

조국의 명운(命運)이 백척간두(百尺竿頭) 누란(累卵)의 위기에 처 해 있을 때, 자신의 안일(安逸)을 버리고, 적진(敵陣) 후방으로 침투하여 나라를 구하고, 自由와 平和를 지키기 위한 전쟁에서 용전분투한 전몰장병의 58주기(忌)를 맞아, 가신님(전우)의 안식(安息)을 정중히 기원 드립니다.

돌이켜 지난날을 회고할 때, 625 자유수호(自由守護) 한국전쟁이 발발 한지도 어언 반세기가 지났습니다.

놈들의 남침을 눈치 채지 못한 아군은 놈들의 남침(南侵) 3일만에 수도 서울을 빼앗기고, 낙동강 최후 방어선에서 적의 공격을 저지하는 한편, 인천(仁川) 상륙작전의 성공으로 서울을 수복한 뒤, 계속 북진하여, 압록강 연안까지 진격 했으나 1950. 11. 26. 뜻하지 않은 중공군(中共軍)의 대거 참전 개입(參戰介入)으로 또다시 후퇴하게 되자, 정부는 「**국민총 동원령**」으로 **국민방위군설치법**을 공포 시행하게 되었습니다.

이때, 반공 애국청년, 학생과 의용경찰 등 **817명은 대구** 소재 육군정보학교에 입교, 3주간의 짧은기간 동안 특수훈련을 받고, 적진 배후(背後) 지역으로 침투하여 유격 특수전을 감행하여, 아군 작전에 크게 기여했습니다.

그러나, 혹한을 이겨내지 못할 **열악한 장비와 보급**, 그리고, **2주일분의 미숫가루**만으로 60여 일간의 전투에서 360여 명의 전우가 호국(護國)의 군신(軍神)으로 산화했으나 당국의 무성의로 아무런 예우를 받지 못하고 있던 중, 우리들 **참전전우회의 활동으로** 국립현충원에 위패(位牌) 안치한 57위(位)와 격전지에서 발굴한 유골을 대전 현충원에 안장한 3위(位) 등 만이 겨우 명예를 회복했으며, 300여 위(位)에 대하여는 그 이름조차 알 수 없어 우리 전우회원의 뜻으로, 2003년 6월 **무명용사 추모비를 세우고** 제막하는 비통함을 겪기도 했습니다.

최근 국내외 사정을 살펴보면,

북한의 김일성은 땅굴을 파는 두더지 전술과 장사포를 휴전선 전선에 배치하여 우리를 위협하더니 그 아들 놈은 중장거리 로켓과 핵기술을 도입·개발하여 핵전쟁을 위협하는 망나니 부자인데 이자들에게 지난 10년간은 통일을 빙자해 엄청난 달러를 몰래 갖다주는 위정자도 있었으니 우리들의 요구나 주장이 먹혀들 틈새가 전혀 없었습니다. 그러나 우리들은 계속해서 우리들의 억울한 사연을 바로잡기 위해 고군분투 피나는 노력을 해왔습니다.

그런 노력 50여년의 결실이 드디어 국방부 당국의 협조로 지난 2003년 5월 특별법 입법으로 2004년 3월 2일 **국회를 통과한「6.25 전쟁 중 적 후방지역 작전수행 공로자에 대한 군 복무인정 및 보상 등에 관한 법률」**의 공포와 시행령을 마련하여, 참전 당시의 계급을 현역으로 인정받고, **보상금과 참전 당시의 계급별 봉급**도 받았습니다.

이에 우리들 참전전우 중 뜻을 함께하는 전우가 보상금 중 일부를 스스로 갹출한 돈을 재원으로 (고) 尹昌圭 대위의 살신성인(殺身成仁) **충용**의 숭고한 "얼"을 담은 忠勇碑를 이곳에 건립하고, 계속해서 우리 군 창군이래 처음으로 작전지역내 청소년의 애국정신 고양과 자유민주 청년으로 성장케하고자 **장학사업**을 발족한 뒤 오늘 제3회 장학금 지급을 하고 있습니다.

이 장학기금도 6,300만원이 넘어섰습니다. 참 잘 했다고 생각합니다.

이제 80노년이 된 우리들이 바라는 것은, 아무런 댓가(代價) 없이 적진 배후지역에서 혈투를 감행한 백골병단 용사들의 거룩한 "얼"이 자유민주주의의 꽃으로 다시 피어나고 전국민과 함께 이 고장의 청소년과 젊은 세대들에게 자유(自由)가 소중함을 일깨우는 장이 되어 줄 것을 기대하는 것입니다.

끝으로, 오늘 공사 다망하신 가운데에도 불구하고, 정중한 헌화와 격려해 주신 **「국방부장관과 국가보훈처장·대한민국 재향군인회장을 비롯한 정부기관과 정치, 군사, 사회, 저명인사」** 여러분에게 깊은 감사를 드리고, 이 행사를 정중하고 또 장엄하게 거행할 수 있도록 지원해 주신 **「산악 군단장 李聖浩 장군님과 휘하 장병 여러분」, 육군특수전사령관님과 휘하 장병 및 「12사단장님과 휘하 장병 여러분」**과 이 지역(地域) **「인제군수님과 군의회 의장님 그리고 각급 기관장님, 보훈단체장님」**, 용대 백골장학회 임원 여러분과 보도기관 여러분 그리고 육군 제703 특공연대 장병의 전적비 관리의 노고에 대하여 깊은 감사의 인사 말씀을 드리며, 추모사에 갈음합니다.

대단히 감사합니다.

2009년 6월 5일

육본직할 결사대 전우회 회장 全 仁 植
(白骨兵團)

= 용대 백골장학회 회장 외 임원 일동 =

회 원 통 신

2009. 6. 12

육직결사 09-06-03호

수 신 : 명예회원 · 참전 회원 귀 하

제 목 : 백골병단 참전 · 개선 59년 및 제54회 현충추모식 기타 보고

---

1. 귀하의 건강과 하시는 모든 일이 잘되시기를 기원합니다.
2. 제목의 행사에 참가한 회원 및 명예회원 등은 다음과 같습니다.
   전인식, 류해근장군, 이의재장군, 권영철, 김용필, 임동욱, 차주찬, 송세용, 최윤우, 안병희, 장지영, 권태종, 이익재, 임병화, 김송규, 김중신, 박승록, 오석현, 이영진, 정해상 회장, 윤창규 박사, 감사원 출신 감우산악회장 신우균 외 2명
   이상 24명(무순)(김용필 명예회장 부인, 사무실 송과장 외 직원 1인) 합계 27인
   ※ 회원중 한분이 채명신씨와 고제화씨의 초청을 건의해 초청장을 보냈었습니다.
3. 경과보고
   (1) 참가회비 회원 1인당 70,000원, 이사 참가비 = 300,000원(참가비 포함)
   (2) **찬조금 내역** : 전인식 회장 1,500,000원, 파주장우회 100,000원
   류해근 장군 800,000원, 박택규 박사 100,000원
   박종선 장군 300,000원, 윤창주 박사 100,000원
   이의재 장군 100,000원, 김용필 명예회장 100,000원
   정해상 회장 100,000원, 임동욱 이사 100,000원
   ※ 국가보훈처 지원 3,000,000원 충남팀 지원 반환금 100,000원
   (3) 행사 총 경비 : 9,612,650원(전적비보수비 1,500,000원 포함)
   (4) 불참하신 회원님
   1) 건강상 불참회원 : 홍금표, 윤경준, 최희철, 김종호, 배선호, 전영도, 박용주, 현재선, 양원석, 임병기 = 10인 =
   2) 연락없는 불참회원 : 김인태, 하태희, 황태규, 이영구, 김항태, 김성형, 조시형 = 7인 =
4. **60년사 사진 미제출** 회원에게 알립니다.(4차 촉구입니다.)
   이영구, 임병기, 조시형 이상 3인
   ※ **2009. 7. 5까지 기일엄수** 제출 바라며, 이 기간 경과 후에는 참전자의 사진에서 제외 할 수 밖에 없습니다.

5. 2009년도 회원 년회비는 20만원입니다.
   회비 미납회원은 권영철 명예회장, 최희철 회원, 김항태 회원, 현재선 회원, 김성형 회원, 임병기 회원, 조시형 회원입니다.

2009년 7월 20일까지 부탁드립니다. 3차 촉구입니다.

6. 2009 현충 및 최전방 탐방위문 행사

=시 간 계 획=

2009. 6. 4　08:20　사무실 앞 집합
(차량에 짐 신기)
08:30　출발
09:10　강북 동서울버스 터미널(일시정차)
11:35　홍천 도착 점심 (홍천 화로구이)
13:10　홍천 출발 인제→진부령→고성으로
15:40　고성 717 OP도착 기념품 증정
DMZ 중대장의 브리핑 청취
16:50　OP출발 **(기념촬영)**
18:00　속초 동명항 쪽 **돌섬 횟집 만찬**(033-633-6996)
20:00　만찬 종료
20:20　척산 온천호텔 도착
20:30　방 배정, 휴식, 자유시간

6. 5　07:00　기상
07:30~08:30 조식 및 운동
08:30　척산 온천호텔 출발
09:10　용대리 전적비 도착(경관 관람)
공사 준공 검사 실시
10:50　행사장 착석
11:00　위령 추모 행사 개식
11:30　1부 추모식 종료
11:32　장학생 5명 증서 및 장학금 각 20만원씩 지급
11:45　일동 기념 촬영(군단장·내빈·전우회원·학생 등)
11:50~13:30 오찬장으로 이동(오찬) 150명 식사. (군단장님 포함)
13:35　용대리 출발
16:30　동서울터미널 도착(일부 해산)
17:30　서교동 도착 해산

이상과 같이 집행하였음을 보고드립니다. 수고 많이 하셨습니다.
감사드립니다.

육군본부 직할 결사대 전우회 회 장
(백골병단)

감사의 인사

_____________ 귀 하

時下 初夏之際에 貴体萬安하옵시고 家族 모두의 亨安을 仰祝 祈願드립니다.

최근 국내외 정세가 날로 어려워지고 있습니다.

북쪽의 金正日 부자는 王朝세습과 같은 행태에 겻들여 핵(核)의 장난질도 모자라 장사포를 전진배치하여 우리의 안보를 위협하는 짓꺼리가 그 어느때보다도 위태롭게 되었습니다.

6.25의 참화를 도발한 자는 가고 없으나 그 아들 손자 놈들을 우리 모두는 경계하고 그 어느때보다도 유비무환(有備無患)을 강조하고 실천해야 할 때입니다만 색깔있는 자들의 선동에 놀아난 일부 선량한 사람들의 부화뇌동(附和雷同)을 경계하지 않으면 아니될 실정에 이르렀습니다.

해마다 6월이 되면 太白, 五臺, 雪嶽山脈을 벗삼아 영하 30도를 오르내리는 혹한을 이겨내며 조국의 平和와 自由를 지키기 위한 聖戰에서 우리들은 身命을 바쳤습니다.

이제 老兵들은 하나 둘 落葉되어 떨어져가고 있어 해마다 參戰戰友가 적어져 안타까운 心情 금할 길 없습니다.

여러가지 어려운때 우리들 육군본부 직할 결사대(백골병단) 참전 59년과 제54회 현충 추모식에 귀하께서 물심양면으로 지원해주시고 또 추모화환을 봉헌해 주신것을 감사드리고 염치없이 拙書로 인사를 대신하는 점을 寬恕해 주심을 바라나이다.

앞날에 榮光이 늘 함께 하시고 휘하 여러분에게도 康寧과 幸福이 充滿하시기를 빕니다.

대단히 감사합니다.

육군본부 직할 결사대(백골병단) 전우회
회 장 全 仁 植 拜 上

2009. 6. 5. 육본 직할 결사대(백골병단) 참전장병 중 호국의 군신(軍神)으로 산화한 백골병단 전몰장병의 합동 추모(위령)제에서 참전 전우일동이 경례하고 있다.

2009. 6. 5. 백골병단 전몰장병 추모식 후 오찬에서 군단장 李聖浩 중장이 건배를 제의하고 있다.

7. 전우회 행정기록

보존문서확인원

육군참모총장 귀하

국토방위에 진력하고 계신 각하의 건투와 전군의 영광이 함께 하시기를 기원합니다.

본인 등은 1951. 1. 25. 대구에 소재한 육군 제7훈련소(당시 달성국민학교 자리)에서 소정의 특수훈련을 받고 임시 군번과 계급을 부여받은 다음 1951. 1. 30. 강원도 영월북방으로 적 후방에 침투 동년 4. 30까지 3개월간 적후방에서 유격전을 전개한 결사 제11연대 결사 제12연대 결사 제13연대 (적 후방에서 이들을 통합한 명칭은 백골병단이라 하였음) 출신 장병들의 친목 모임 입니다.

본인 등이 보존문서를 확인하고자 하는 사유

1. 장교는 임관 사령장, 특명 사본 등이 있어 알 수 있으나 사병의 군번과 성명, 생년월일, 출신지 등을 알 수 없어 친목 단체 구성에 지장이 막급하고,

2. 용감히 전투 중 전사한 동지를 구분 확인할 수 없고,

3. 위령탑을 건립코자 하나 명단이 없어 지장이 막심 합니다.

따라서

1. 육군본부 작전국 심리전과와 정보국 2과 및 3과의 기록문서 중 1951년도 결사대 또는 유격대에 관한 기록 문부를 찾아 본인 등의 기록을 열람 및 복사케 하여 주실 것.

2. 국방부 청사 경역내에 있는 육군본부 소속 중앙문서관리공단 안에서 6년전에 본인 등의 유격대 관계서류를 확인한 사실도 있으므로 보존 되었을 것으로 추정됨.

3. 결사대 11, 12, 13, 15, 16 특별연대 관계 인사서류 및 제반 기록을 복사 또는 열람케 하여 주실 것을 청원합니다.

1985. 12. 10

서울특별시 마포구 서교동 466의 9
사단법인 건설기술연구회 내
설악동지회 회장 전 인 식

1985.12.10 육군참모총장에게 1951년 당시의 보존문서를 확인하고자 한 설악동지회 회장 전인식의 서신

=白雪의 長征 報告=

<1988. 4. 1>

尊敬하는 來賓 여러분!!

公私 多忙하신 가운데 貴한 時間을 내 주시고 祝賀해 주신 것을 먼저 고맙게 생각하면서 感謝한 人事를 드립니다.

拙著 "白雪의 長征"은 1951年 只今으로 부터 37年前, 온 山野를 흰 눈으로 덮은 위에, 지독하게도 추웠던 1月부터 3月까지 江原道 山岳, 五臺山·雪岳山 平均, 海拔 1,000m 相當의 高山地帶를 멧돼지 처럼 뛰고, 또 훨훨 날아 神出鬼沒하는 機敏性을 發揮하면서, 東海岸의 敵軍 69旅團의 全滅에 寄與하여, 우리 首都師團의 進擊을 크게 도왔을 뿐만 아니라, 中東部 戰線의 敵 3軍團에게도 莫大한 打擊을 加하여, 敵의 간담을 서늘하게 함으로서 我軍 作戰에 크게 이바지 하였고, 또 南派 途中에 있던, 對南 빨치산 總司令官 人民軍 中將 吉元八과 司令部의 참모진, 일당 13名 모두를 生捕 處置함으로서 對南 빨치산 總司令部를 完全히 瓦解케 하는 큰 戰果를 올린 것들이, 담겨져 있는 實戰·實話가 그 줄거리를 이루고 있는, 戰記이자, 實錄이 올시다.

지난날 우리는, 金新朝 일당 30名이 청와대 奇襲을 위하여 南侵 했을 때, 그들 30名의 處置를 위하여, 얼마나 많은 희생을 입었으며, 또 우리 國力은 얼마나 많이 消耗되었던가를 미루어 생각해 볼때, 우리들은 그 當時 그들 兵力의 20倍가 넘는 640餘名이 敵後方 300里 地點까지, 깊숙히 進擊하여, 2個月間을 敵의 後方地域에서 作戰을 繼續 하였음은, 정말 자랑스럽고, 또 勇猛스러운 壯擧를 해 냈다고 自負하지 아니할 수 없읍니다.

오늘 여러분 앞에 외람되게 내놓은 이 戰記는 다른 어떤 小說類와 같은 그런 册은 정녕 아니고, 나라와 겨레를 위하여, 목숨 바쳐 싸우고, 또 이겨낸, 大韓의 精華이면서 古典 花郞精神을 이어 받은 一死報國의 犧牲 위에, 오늘날 우리들이 安住하고 있음을 國民 모두에게 일깨우고, 스스로 報國하는 마음을 간직하게 하여, 더욱 奮發케 하므로서, 그들의 희생에 報答케 하고자 하는데, 그 뜻이 있는 것 입니다.

尊敬하는 來賓 여러분!!

여러분 앞에 서 계신 當時의 參戰 同志 여러분을 보십시요.

이제 60代 以上 70代를 바라보는 할아버지들이 아닙니까?!!

저분들에게 무슨 慾心이 있고, 무엇을 바라겠어요.

저분들은 오직 한가지, 먼저 護國의 神으로 散華한 同志들이 모두 極樂에서 永生하는 것을 바라는 것 뿐이올시다.

저분들의 所望이 섭섭하게, 그리고 왜 홀대를 받아야 합니까?!!

그 對答은 簡單 합니다.

지난날 우리들의 爲政者는 政權延長을 위한 方便의 하나로 反共을 입으로만 부르짖었기 때문에, 反共은 政權을 쥔 者들의 專有物로 轉落하여 口頭禪으로 되더니, 급기야에는 "좌경 운동권"이란 新造語가 생긴 悲劇을 낳고 말았읍니다.

이래서야 되겠읍니까?

우리들 參戰同志 모두가 바보였거나 病身이어서, 또는 모자라기 때문에 그 죽을 곳을 기어들어간 것인가요?!!

그 當時 軍部는 國防長官 名義의 任官辭令狀에, 階級을 달아주고, 軍番도 메겨 주었으면서 身分에 關한 後續 措置를 取하지 아니 하였음은 非理가 아닐 수 없읍니다.

어떻든, 그들의 名譽는 반드시 回復 되어야 할 것이라고 말씀으로 드릴 수 있읍니다.

筆者는 1950年6月 大學 2學年에 在學中 6·25를 當하였으며, 反共活動을 하다가 51年1月4日, 陸軍情報學校에 入校, 20日間의 特殊 軍事訓練을 받고, 臨時大尉로 任官, 그해 1月30日 363名의 大兵力과 함께 敵後方으로 侵透, 자그만치 戰線에서 300里 地點까지 侵透하여 敵의 後方을 攻略 하므로써 敵을 混亂에 빠트리게 한 韓國軍 最初의 正規 遊擊隊 作戰參謀로 參戰하게 되었읍니다.

이때, 參戰한 363名과 增强된 兵力을 合하여 640餘名의 同志 中, 生還한 同志는 280餘名에 不過하고, 360餘名의 同志는 敵地에서 護國의 神으로 그 生命을 다 바치셨읍니다.

이 어찌, 壯한 죽음이라 아니할 수 있겠읍니까?!!

우리들의 壯擧는 그 當時 東海岸의 北進에 크게 寄與하게 되었을 뿐만 아니라, 오늘날과 같이 金剛山 문턱까지 進擊할 수 있도록 寄與하였고, 앞에서 紹介한 바와 같이 對南 빨치산 總 司令部를 空中分解와 같은 瓦解를 가져오게 한 것은 勿論, 戰鬪中 敵兵 760餘名의 處置도 큰 戰功이라 여기지 아니할 수 없읍니다.

歲月은 流水와 같이 흐르고 흘러 37年이 지났읍니다.

그동안 우리들 參戰同志 一同은 戰·死傷된 360餘 同志의 넋을 달래줄 수 있는 慰靈塔 建立을 위하여 꾸준히 努力 했읍니다만, 當局者는 豫算이 없다는 것이였고, 戰死者의 軍事援護 施惠에 對하여는 6·25가 지난지 30餘年이라, 이제와서 무슨 훈·포상을 주는가 라는 態度 였읍니다.

陸軍 補充隊를 通하여 募兵하고, 訓練시켜, 任官 및 階級章을 알아준 다음, 戰場에 총기를 들려, 내 보냈으면서도 軍人이 아니라는 그런 態度이니, 기가막힐 일이 아닐 수 없읍니다.

이제 6·25는 정녕 우리들 모두에게, 망각의 地帶로 사라지게 하고 있는 것이 아닌지요.

한심하고 답답한 爲政者들이라 指彈하지 아니할 수 없읍니다.

이 册 속에는 句句 節節히, 위와 같은 울부짖음이 담겨져 있는 그런 册이 올시다.

따라서, 이 모두를 歷史와 國民 앞에 告하여, 우리들처럼 목숨을 草芥와 같이 버리고, 나라를 위하여 싸운 實戰·實話를 널리 알려, 모든 非理가 바로 잡아지도록 해야 겠음을 強調하고자 하는 것 입니다.

오늘 이 자리를 빛내주신 來賓 여러분!!

이처럼 往臨해 주시어, 激勵해 주신 것을 感謝 드리며, 그들이 勇敢히 祖國을 위하여 한 알의 밀알이 되었음을 報告 드리고 人事를 代하는 바 입니다.

來賓 여러분께 거듭 感謝 드립니다.

1988年 4月 1日

大韓 遊擊參戰同志會 (假稱)

會長 全 仁 植

◎ 參戰 同志 (가, 나, 다順)

康斗星	高永相	高悌和	權寧哲	김병칠	金成亨	金永禼	金容福
金容弼	金益煥	金仁壽	金正鍾	金學均	金海源	金亨哲	도한팔
朴光錫	朴勝錄	朴用周	朴濟珉	朴鍾瑝	徐丙煥	宋景熙	申健澈
申永基	申孝均	安秉熙	梁在昊	吳植欽	元鳳載	元應學	元致明
李南薰	李德溢	李斗柄	李命宇	李明海	李相南	李雲河	李潤熙
李翊宰	李亨求	이희용	林癸洙	林東郁	張德淳	張承鉉	張之永
張哲翼	張哲鎬	全永燾	全永模	全仁植	丁圭玉	鄭元甲	趙南顯
趙炳傑	趙榮澤	車東元	崔斗星	崔成學	崔允植	崔潤宇	崔仁泰
崔鍾敏	河泰熙	韓甲洙	韓寶根	咸만동	黃寬顯	〈以上 生存 會員〉	

_____ 비참여자

육군본부 직할 결사 유격대는 다른 민간자생 유격대와 다르며 우리들을 초청해 준것에 대하여 감사하다고……

(사)

大韓遊擊參戰同志會
(324-4996)

參戰同志會 第 88-6-1 號 1988.6.25

受　信：陸軍 參謀總長

參　照：民事心理戰 參謀部長

題　目：6.25 參戰(遊擊戰) 戰友 招請

1. 貴下의 健康과 陸軍 全 將兵의 護國干城·聖務遂行을 眞心으로 敬賀하오며, 將兵 여러분의 勞苦에 對하여 깊은 謝意를 表합니다.

2. 지난 6月 20日, 護國의 달을 맞아 貴 軍本部 및 隸下 特殊戰司令部에서 過去 6.25當時, 敵後方에서 祖國의 自由守護와 國民의 安寧을 爲하여 勇戰奮鬪한 遊擊隊員을 慰勞하시고자 本會 同志會員을 招請(他 遊擊隊員과 함께) 하여 주시어, 過去와 現在를 再 吟味케 하므로써, 反共 愛國의 矜持를 더욱 더 高揚케 해 주신데 對하여 甚深한 感謝를 드리는 바 입니다.

3. 祖國이 百尺竿頭의 風前燈火와 같은 危機에 處한 때, 自身의 安逸을 돌보지 아니하고, 古典 花郞의 精神을 繼承하고, 붉은 이릿떼들에게 背後에서 莫大한 打擊을 加하므로써 그들을 混亂에 빠트리게 한 遊擊勇士들이야 말로 그 누가 시킨것도 아니고, 또 무엇을 바라는 것도 아니였음에도 오직 나라와 겨레를 위하여 犧牲·奉公 그리고 自身을 불태운 壯擧를 이룩한 救國勇士들 이었다고 自負하고 있읍니다.

그러나, 歲月은 흘러 38年이 지나고 보니, 北傀를 讚揚하는 言動이 싹텄고, 또 左傾이 容共으로 急旋回하고 있으며, 이에 一部 政商輩들 까지도 隱然中, 加勢·鼓舞·衝動질 하는듯(?) 하고 있음을 볼때, 護國聖戰에서 勇敢히 敵과 싸우다 戰死한 同志들의 英靈 앞에 무엇이라 慰勞해야 할지 저윽히 걱정스럽고, 또 한편으로는 鬱憤을 禁할길 없읍니다.

4. 이런때에 貴軍에서 歷史의 그늘에 가려진 無名勇士인 저희들을 招請하여 30餘年만에 祖國과 民族을 위하여 싸운 그 옛날을 回想케 하여 주시고, 우리들의 矜持와 自負心을 되살리게 해 주신 것을 無限한 光榮으로 생각 합니다. 다만 아쉬운 것은 오늘날까지 이렇다 할 禮遇가 없었기에 오늘날과 같은 放恣함이 생기게 된 것이 아닌가 해서 한편으로는 晩時之嘆인 感 없지 아니 합니다.

特히, 저희들은 다른 民間 自生 遊擊隊와 달리 國民 總動員令인 大統領 動員令 第5號에 依據, 國本特(陸) 第22號로 編成된 陸軍本部 情報局(後日 作戰局) 直屬 決死遊擊聯隊 出身

將兵(臨時將校는 GO軍番, 士兵은 G軍番과 階級)들로서, 全國에 散在된 同志들인 바, 다른 自生 遊擊隊와 같이 地緣이나 血緣 등으로 얽혀 編成되지 아니하였기 때문인지, 또는 臨時將兵으로 階級과 軍番을 받았기 때문인지는 알 수 없어도, 아직까지 戰死傷 된 360餘 同志의 넋을 慰勞할 慰靈塔조차 建立하지 못하고 있어 매우 안타까운 心情에 있던 터에 貴軍에서 37年만에 榮光스러운 招請을 해 주시고, 過去를 慰勞·激勵해 주심에 對하여 參席同志 모두는 感泣 하였을 뿐만 아니라 反共과 自由의 所重함을 歷史와 함께 國民 모두의 앞에서 再照明해야 할 때가 되었다고 생각하며, 그 希望의 날이 우리들과 함께 있을 것 이라고 모두들 입을 모았읍니다.

5. 自由를 위하여 身命을 바친 護國의 英靈을 慰勞하는 가운데, 反共을 自然스럽게 國民 모두에게 啓導하는 施策을 폈다면 오늘날과 같은 容共이나 左傾은 없었을 것이라고 생각 합니다. 過去에는 反共을 政略的으로 입으로만 외쳤던 지난 30餘年이, 오늘을 낳게 하였다고 본다면 이제라도 더 늦기前에 6.25 國亂의 戰爭記念館을 主要 戰跡地마다 세워, 그 實相을 널리 알리고, 그늘 속에 가려진 저희들과 같은 參戰 戰友들도 남들과 같이 慰靈塔을 세워, 그 앞에서 英靈을 달래줄 수 있도록 協助해 주심과 同時에 反共象徵이 널리 弘報될 수 있도록 도와주시기 바랍니다.

6. 祖國은 하나이고, 民族 또한 하나 입니다. 그러나, 祖國과 民族을 共産宗主國에 팔아 넘기고 허울만 同族이라고 하는 北傀 共産徒黨을 우리는 더 以上 協商 테이블에서 맞붙을 수는 없는 것 입니다. 그들의 野慾을 힘으로, 精神力으로 粉碎할 수 있는 底力의 培養만이 이길 수 있다고 確信하며, 貴 軍과 우리들의 지난날이 類似한 特殊戰司令部 將兵의 피나는 實戰을 방불한 訓練을 參觀하고 돌아온 同志 모두의 뜻을 담아 感謝의 人事를 드리는 情을 諒解하여 주시고, 貴下와 貴下의 揮下將兵 모두에게 하나님의 加護와 부처님의 慈悲가 늘 함께 하시고, 祖國의 統一과 自由民主主義의 꽃이 貴下와 國民 모두에게 膳物로 돌아갈 수 있는 榮光 있으시기를 祈求하면서, 이와같은 行事가 돌아오는 年例行事에 끝나지 말고, 참다운 國家觀과 護國, 愛族觀을 確立할 수 있도록 도와 주실 것을 아울러 바라마지 아니 합니다.

大端히 感謝 합니다.

添 附: 同志會 會員 名單 1部
　　　確認된 戰死者 名單 1部

前 陸軍本部 直屬
決死 遊擊隊 出身將兵의 親睦團體
大韓 遊擊參戰同志會 會員 一同
會長 全 仁 植

"정 직 질 서 창 조"

육 군 본 부

문서번호 : 군연수 341 제 호 (7902-4917) 1988. 11. 7.

수 신 : 대한 유격 참전 동지회장

제 목 : 기증 도서 인수에 대한 회신

1. 관련근거 : 참전동지회 도서 기증 서한 ('88. 9. 28)

2. 위 근거에 의거 기증하신 건설기술계통 및 기타 참고 도서 (16개 종목 1,980권)는 이상없이 인수하여 필요한 부서에 배부 완료하였읍니다

3. 기증해 주신 도서는 군발전에 크게 기여할 것으로 사료되며 우리 군에 각별한 관심을 가져주신 대한 유격 참전동지회 회원 여러분과 전인식 회장님 께 다시 한번 감사드리고 동지회의 무한한 발전과 회원 여러분의 건승을 기원합니다. 끝.

육 군 참 모 총 장

군사연구실장 전결

"선 진 조 국 창 조"

1988.9.28 백설의 장정 300권 외에 15종, 1,980권(14,430,000원)을 기증하겠다는 대한유격참전 전우회장 전인식의 기증 제의(수신 : 육군참모차장, 참조 : 군사연구실장)에 대하여 육군참모총장은 1988.10.28 육본 공병감실 건설과 건축장교에게 기증 도서 전량을 수령케한 뒤 육군참모총장 명의로 감사 하다는 서신을 보내왔다.

육군 제3군단 특공연대장병을 위한 부대위문에 관하여

대 한 유 격 참 전 동 지 회
(02) 333-5214

유격동지 88-12-1　　　　1988. 12. 1.

수　　신 : 배포처 참조

제　　목 : 육군부대 위문 방문

1. 참전동지회 숙원사업인 전승탑건립의 주관부대인 육군 제3군단의 위문에 관한 일입니다.

2. 본 동지회의 숙원사업인 전승탑을 겸한 위령탑의 건립을 추진한지 20여년만에 육군본부의 지원으로 정예산악군단에 의하여 전승탑이 건립되게 되었는바, 본회에서도 회비중 100만원상당을 염출하여 위문품을 마련, 다음과 같이 전방을 지키고 있는 장병을 위문코자하오니 공사간 다망하시더라도 많은 참석을 바랍니다.

-다　　음-

일　시 : 1988. 12. 8. 08시 출발(서울동지회 사무실에서)

갈　곳 : 강원도 인제군 지내 군부대

위문품 : 돈육(정육) 400kg(약 660근)(1,100,000원 상당)외

재　원 : 기금 조성금 중에서 지출 예정

차　량 : 수송차량 및 승용차 1대

도　착 : 서울도착 예정 12. 8. 21~22시경

위와 같이 안내하오니 참석하여 주시기 바라오며 참석여부 및 교통편 등을 88. 12. 6.까지 전화통보 바랍니다.(아무런 연락이 없으면 참석불가로 처리코자 합니다.)

대 한 유 격 참 전 동 지 회
백골병단전승탑건립추진위원회
전　　인　　식

배 포 처 : 고제화, 최윤우, 권영철, 최윤식, 안병희, 장승현, 이명해, 박용주,
조영택, 신영기, 정규옥, 박제민, 신건철, 이익재, 전인식, 허재구,
권일상, 이남훈, 장지영, 박승록
(이상 무순, 단 전승탑 건립협찬기금의 출연자로 제한했음)

1991. 2. 21. 참전 수기 기록의 요구사항을 알려달라는 공문을 다음 88명에게 등기로 발송했다.

91. 2/21자 참전수기 기록 요구 공문 발송처 (등기발송)

성명	주소 또는 직장		등기번호
1 강두성 선생	서울 용산구 한강로2가 293 부림B/D 3층 (주)하인벨	140-012	3358 (이사불명) 3/2
2 고영상 선생	대전직할시 중구 대사동 332-51 (12통 3반)	301-040	3359
3 고제화 사장	서울 서초구 방배동 769-17	137-060	3360 (수취인不在 반송)
4 권두식 선생	서울 서초구 서초동 1360-1	137-070	3361
5 권영철 회장	경기 고양군 원당읍 성사리 407-5	411-800	3362
6 권일상 [illegible]	경기 안양시 안양5동 707-229	430-015	전욱상의동생 3363
7 김수창 선생	경기 파주군 문산읍 운천3리 92	413-900	3364
8 김영설 〃	경기 송탄시 신장동 322	459-010	3365
9 김용칠 이사	경기 파주군 탄현면 법흥리 456	413-840	3366
10 김익환	충남 예산군 삽교읍 신가리 608-7	340-900	3367
11 김한인	경기 파주군 문산읍 마정 2리 520	413-900	(비) 김주현의子
12 유주현	경기 시흥시 목감동 324	429-320	(비) 유등현의동생
13 유탁영 이사	경기 포천군 포천읍 신읍리 은하Apt B동 307호	487-800	3368
14 유해준 대령	강원도 인제군 인제읍 가리산리 사서함 11호	252-800	(비) 명예
15 박명서	경기 시흥시 정왕동 920-2 (전화86-9927)	429-450	(비) 박만서의子
16 박승욱 이사	대전직할시 중구 산성동 32-12	301-211	3369
17 박용주	경기 안양시 관양동 236-1	430-060	3370
18 박정열 여사	서울 동대문구 장안3동 445-11 (B동)	130-103	(비) 홍순기 부인
19 박종선 중령	강원도 인제군 북면 용대리 특공1대대	252-820	(비) 명예
20 박창영	경기 파주군 문산읍 마정 2리 543	413-900	(비) 박종만의子
21 배선호 선생	강원도 정선군 정선읍 봉양 3리 (신협조합장)	233-800	3371
22 박형기 중령	강원도 인제군 인제읍가리산리 사서함 11-4호	252-800	(비) 명예
23 서원경	서울 중구 충무로2가 355 (주) 대왕 사장	100-360	(비) 명예

	성명	주소및 직장	등기번호
24	송세용	인천직할시 중구 내동 182 (3통2반) 400-150	3372
25	신건철 이사	경기 안양시 안양동 87-3 진흥Apt 123동1007호 430-011	3373
26	신영기	서울 중구 황학동 2276 삼일Apt 22동 605호 100-440	3374
27	신효준 이사	서울 송파구 문정동 올림픽훼밀리 Apt 234동 1001호 138-200	3375
28	안병희 이사	경기 평택군 진위면 마산리 167 451-860	3376
29	양계탁 대령	강원도 원주시 가현동 사서함 1호 220-140	(미) 명예
30	양재호	서울 강서구 가양동 231 (11통 2반) 157-200	3377
31	오봉탁	서울 구로구 독산본동 165의 16 152-018	3378
32	원길상	경기 안산시 고잔1동583 신우빌라 라동101호 425-021	3379
33	원응학 회장	서울 은평구 불광동 12-5 122-040	3380
34	윤범용	경기 파주군 교하면 와동리 463 413-830	3381 (수취인주소 반송)
35	이남훈	서울 양천구 목3동 328-238 (22통6반) 158-053	3382
36	이명하	충남 서산군 서산읍 수석리 3구 131 352-800	3383
37	이영주	경기 용인군 수지면 풍덕천리 83 449-840	3384
38	이익재	경기 송탄시 서정동 77 458-010	3385
39	이운하	경기 파주군 문산읍 장산 1리 413-800	3386
40	이장복 선생	강원도 정선군 정선읍 봉양 6리 233-800	3387
41	이희용	경기 송탄시 서정동 584 459-010	3388
42	임남옥	충남 논산군 논산읍 대교1동 235 320-800	3389
43	임동욱	충남 논산군 논산읍 화지동 41-195 (반산장내) 320-800	3390
44	임병기	경기 파주군 탄현면 성동리 243 413-840	3391
45	이달섭	경기 안산시 성포동 주공Apt 401동 606호 425-040 (조중숙씨)	(비) 조중용에게

성명	주소 및 직장	등기번호
46 장덕순 선생	경기 시흥시 하중2동 660 428-250	3392
47 장동섭 이사	〃 〃 〃 659 428-250	3393
48 장승현	충남 서산군 해미읍 읍내리 153 352-820	3394
49 장리영	경기 고양군 지도읍 행신리 (17) 제원연립 205호 411-810	3395
50 조병설	경기 파주군 교하면 산남리 34 413-830	3396
51 조영택	경기 안양시 안양3동 873-45 430-613	3397
52 전대출	강원도 인제군 북면 용대리 특공2대대 252-820	(비) 명예
53 전인식		(비)
54 전재식	서울 서초구 반포 한신4차 apt 208동 807호 137-040	3398
55 정주옥	인천직할시 북구 작전동 48-141 (13통6반) 403-030	3399
56 차재익 군장	강원도 철원군 서면 자등3리 사서함 1호 269-840	(비) 명예
57 정대순	서울 용산구 청파동1가 88-62 (14통7반) 140-131	(비) 정해호 동생
58 정윤성	경기 안양시 안양2동 685-7 430-012	(비) 정윤철 동생
59 채명신 고문	서울 용산구 후암동 55-16 140-180	3400
60 최윤식 이사	서울 강동구 둔촌2동 108-1 (12통4반) 134-062	3401
61 최윤우 이사	서울 성동구 성수2가 2동 36-477 133-122	3402
62 최인태 감사	경기 파주군 금촌읍 금촌리 329 413-800	3403
63 최종민 이사	서울 마포구 중동 36-16 121-260	3404
64 하태희	대전직할시 중구 석교동 33의 1 301-081	3405
65 한갑수 ※	경기 안양시 석수2동 296 럭키apt 5동 104호 430-042	3406
66 황인모 고문	서울 서대문구 홍은3동 338-156 120-103	3407
67 홍연후	경기 송탄시 서정동 77-7 459-010	(비) 고종용 유족
68 허재구 회장	경북 경주군 양북면 어일2리 72 780-880	허윤구 유족 3408

	성명	직장 및 주소		등기번호
69	천희홍	충남 연기군 전동면 청송리 429-2	339-840	3409
70	김인수	인천직할시 북구 부평2동 760-268	403-012	3410 (수취인부재 반송)
71	김용복	인천직할시 북구 산곡2동 87 (1통6반)	403-022	3411
72	김정종	인천직할시 남구 주안동 1479 (43통1반)	402-200	3412
73	김해원	서울 양천구 목동 545의 35	158-050	3413
74	나명집	대전직할시 동구 삼성동 114-8 (전세버스조합 충남지부내)	300-170	3414
75	송경희	충남 논산군 은진면 교촌리 260	320-820	3415
76	서병환	경기 송탄시 서정동 241 주공apt 21동 205호	459-010	3416
77	이두병	서울 마포구 합정동 381-60	121-220	3417
78	이명우	서울 동대문구 회기1동 914	130-061	3418
79	전영도	경기 안양시 호계동 930 강남apt 나동 102호	430-080	3419
80	전영모	대전직할시 중구 선화1동 382-57 (4통5반)	301-051	3420
81	정연진	대구직할시 북구 산격동 1389-9 (1통6반)	702-010	3421
82	심인구	경기도 파주군 탄현면 축현리 502	413-840	3422
83	조시형	〃 파주군 문산읍 장산 2리	413-900	3423
84	박광석	경기 시흥시 대야동 274-6 들국화apt 7동 404호	429-010	3424 (장기체류반송 3/4)
85	차동원	서울 영등포구 대림1동 824-49 (7통1반)	150-071	3425 (수취인부재 다세대 동민)
86	이형구	충남 서산군 부석면 대두리 197	352-890	3426
87	조남현	〃 〃 〃 취평리	352-890	3427
88	김영배	서울 강서구 화곡1동 353-60	692-7123	직접송인
	(住所不明)	李鍾璿1, 張哲翼2, 張哲鎬3 元鳳載4 金戊享5 咸善東6		(총14名)
		등기발송 7[illegible]통 일반17통. 제외1통(전연식본인)		
		63		

유가족 박종만 중사의 아들 박창영이 국가보훈처 의정부지청으로부터 원호대상이 아니라는 결정에 대하여 본회 전인식 회장이 심판청구서를 작성하여 심판을 구한 결과 취소처분을 취소하라는 판결을 받아 유가족의 신분을 찾았다. 이 심판청구는 일정이 급박하고 또 변호사에게 위임하면 비용도 만만치 않아 전인식이 작성한 것이다.

93. 4/30

朴昌永의 보훈비대상 件 送本 93.4.30 등기발송 (배달증명 첨부)

심 판 청 구 서

심판청구 요지 :

행정심판법 제 4 조 1 호의 규정에 의하여 박창영(심판청구인)에 대하여 보훈처 의정부 보훈지청장이 결정한 "예우법 적용 비대상"결정의 취소 심판을 구함.

1. 청구인 : 박창영　　　주소 : 파주군 문산읍 마정리 543번지

2. 피청구인인 행정청과 재결청

행정청 : 국가 보훈처 서울지방 보훈청 의정부보훈지청장

재결청 : 국가 보훈처 서울지방 보훈청장

3. 심판청구의 대상이 되는 처분의 내용

국가 유공자 유족등록신청의 심의결과 예우법 적용 비대상자로 결정한 심판 청구

4. 처분이 있은 것을 안 날 : 1993년 3월 8일

5. 심판청구의 취지 및 내용

가. 청구인의 부 박종만(280505)은 1950.10월경에 편성된 북한지역의 치안을 담당할 파주경찰서 소속 의용경찰관으로 재직 중, 명에 의하여 1950년 12월 하순 대구소재 육군보충대에 입대. 대기 중, 1951.1.4. 육군 정보학교의 장교(당시 고모 소령)에 의하여 다른 대기병과 함께 육군 제 7 훈련소(육군 정보학교)에 입대하여 1951.1.25까지 소정의 특수훈련을 이수하고 육군본부 정보국 직할 결사유격제 11연대에 배속됨과 동시에 일등중사(군번 G 11039)로 명 받고, 1951.1.30. 육본의 작전 명령에 따라 강원도 영월군 영월읍으로 부터 적의 후방지역에 침투(당시 결사유격제 11 연대장 육군중령, 채명신,(예비역중장), 당시 정보국장 육군준장 이한림) 하여 적후방지역에서 유격작전을 감행하였습니다.

결사유격제 11연대는 1951.2.20 적 후방지역인 강원도 명주군 연곡면 퇴곡리에서 백골병단으로 증강 편성되어 (총 병력 640여명) 계속 적의 후방으로 북진 작전을 전개하던 중 1951.3.23 아군지역으로 부터 40 km상당 북방인 강원도 양양군 지내 설악산지구에서 전사하였음이 참전 당시의 전우였던 같은 부대소속 이순하의 인우 보증 등으로 확인되어 이를 첨부하여 육군 참모총장에게 전사망 확인을 청구하였던 바, 육군본부 중앙 전사망 심의 위원회는 이를 심의하고 1989.7.29 . 전사망 확인을 한 뒤, 이를 통보해 온 바 있습니다. 이에 따라 1992.7.24. 서울지방법원 의정부지원 사건 92호파 545 호적 정정 기타로 호적을 전사자로 정정 확정한 바도 있습니다.

동 전사 확인에 의거하여 1990.6.21 . 군 급제 6049호로 고 박종만 등 23인은 국립묘지 현충탑안에 있는 위패실에 위패가 건립되어 전 국민의 추모를 받고 있습니다. (별첨참조)

귀 청의 결정이유에 의하면, 결사유격제 11 연대 소속으로 임무수행 중 전사한 대원들의 전적비 수록을 위하여 비공식적인 참전명부를 제시하면서 전사사실 확인을 요망하는 진정에 따라 인우보증을 근거로 하여 "고 박종만"을 전사자료 추정 심의한 사실이 전사망 심의 의결서에 의하여 확인되었다 라는 것에 대하여 살펴본다.

(가) 6.25 전란 당시 전사망 사실의 확인은 그 당시 참전 전우의 인우보증 또는 소속부대 상사 동료의 확인 이외에 다른 방도는 없는 것이고 지금도 6.25 당시의 전사망을 인우보증에 의존하고 있음이 행정례 임은 귀 청도 잘 아시는 바와 같습니다.

(나) 육군본부 중앙 전사망 심의위원회가 전적비에 전사자로 수록하기 위하여 비공식적인 참전명부에 따라 연금청구용, 호적정리용, 유가족보관용 등의 전사 확인서를 발행하였다는 것은 상식이하 일 뿐 아니라 중대한 판단의 잘못 입니다. 육본의 전사확인에 따라 "고 박종만"의 호적이 정리되었고, 국립묘지 현충탑 위패실에 위패가 안치된 점 등으로 위 이유는 터무니 없는 것일 뿐 아니라 국가 기관이 허위 문서를 발행하였다는 것으로, 일고의 가치도 없는 것입니다. 전사 확인을 추정 심의하였으나 운운에 대하여도 상식이하인 것으로 어불성실이라 생각합니다.

(다) 특히 전사 확인신청이 귀 국가 보훈처 자력 01254－6452 호(1987.7.22 부) 에 의한 것이므로 절차상이나 행정상, 법률행위 모두가 정당한 것이므로 귀 청의 처분은 분명히 잘못된 것으로 인정됩니다.

(라) 전사망 확인서를 전적비에 전사자로 등재하기 위한 것이란 말도 않되는 것이고 그렇다면 왜 중대한 호적정리용이나 연금청구용을 발행할 수 있다는 것입니까. 반문합니다.

(마) 이들 결사유격부대 출신 장병 중 유족으로 연금수혜권이 있는 이등중사 고 권일상의 모, 이등중사 고 홍순기의 처, 일등중사 고 장동순의 처, 임시 소위 허은구의 모 등은 유족 연금을 수령하였고, 다른 모든 유족은 본인을 제외하고 모두 보훈대상자가 되어 있습니다.

(바) 또 결사유격제 11 연대 임시 대위 현규정, 임시 소위 이하연, 병장 이완상의 발굴 영현은 1990.8.30 . 국립묘지에 유골이 그 계급대로 장병묘역에 각 안장되었습니다.

위와 같은 일련의 기록은 첨부된 관련자료 (6)~(11)에서 소명하고 있는바, 귀 청의 처분의 잘못을 스스로 정정하시어 불필요한 행정의 낭비를 막을 수 있게 해 주심을 바라면서 이에 심판을 구 합니다.

6 . 관련자료

(1) 전사 통지서 사본 1 매

(2) 사건 92 호파 545 호 결정문 사본 2 매

(3) 제적등본 4 매

(4) 박창영의 주민등록등본 1 매

(5) 자력 01254－6452 (1987.7.22) 공문 사본 2 매

<이하 생략>

22"

1993.5.13 현충행사에 관한 안내 공문

〈계인생략〉

대한유격참전동지회
(02) 333-5213～4

참전 : 93-5-1　　　　　　　　　　　　　　　　　　　　　1993. 5.13.
수신 : 수신처 참조
제목 : 현충일 행사

1. 현충일 추도식 거행에 관한 일 입니다.

2. 93년도 현충일을 맞아 본 회는 백골병단참전 전우중, 혁혁한 무공을 세우시고 산화하신 고 윤창규대위 외 29인과 미확인 전사(실종 포함) 330여 위의 명복을 비는 추도식을 다음과 같이 봉행코자 하오니 공사간 바쁘시겠아오나 부디 참석해 주심을 바랍니다.

3. 백골병단전적비 관련 부대 및 인접부대와 인제군 당국 및 군민 여러분께서도 많은 참여를 해주셔서, 조국이 누란의 위기를 맞아 자신의 안일을 버리고, 위국헌신하신 전몰장병의 위훈선양에 동참해 주시면 감사하겠습니다.

※ **일시** : 1993.6.4. 12시 정각(거리관계로 12시로 함)
※ **장소** : 강원도 인제군 북면 용대리 산 250번지 내. 白骨兵團 戰跡碑앞 廣場
※ **식순** : 1. 국기에 대한 경례, 1. 호국 전몰장병에 대한 묵념, 1. 분향 및 헌주
(순서는 당일 정함) 기타

4. 산악군단(703특공 포함)에서 다음을 협조해 주심을 부탁드립니다.

가. 국기　　　　　　　　　　　나. 군악대와 나팔수
다. 조총사수와 행사병력　　　　라. 제사용상 및 향로 각 1개
마. 비디오 촬영 팀　　　　　　　바. 우천시 천막 1개의 준비

5. 참전동지회원 및 유가족의 교통은 버스 또는 승용차를 이용하시되 행사 전일 도착하시면 용대리 민박촌을 이용하시기 바랍니다.

※ **수송차량** : 대형버스 **송탄出發** 05시 30분, **안양出發** 06시(驛前), **서울出發** 07시(서교동),
용대리도착 11시 예정입니다. 많은 利用을 바랍니다.

이상과 같이 안내 및 협조를 바랍니다.　　　　〈별도 초청장은 생략합니다〉

서울특별시 마포구 서교동 466-9
사단법인 건설산업연구소 내
대한유격참전동지회 회장 전 인 식

수신처 : 육군산악군단장(참조 : 작전·민심처장), 제12사단장, 703특공연대장, 803정찰대대장, 인제군수, 인제교육장, 인제군의회 의장, 인제경찰서장, 인제군 예비군중대장, 인제군 재향군인 회장, 인제군 북면 면장, 인제군 북면 지서장, 인제군 북면 용대리 1, 2,3리 이장, 백골병단참전전우 일동 및 고문, 명예회원, 유가족 외 내빈.

※참석여부를 연락 주시면 감사하겠습니다. TEL. (02) 333-5214～3

1993.11.22 육군참모총장에게 6.25 전쟁 당시의 기록 협조 또는 열람 요청에 대하여 1993.12.23 전인식씨에게 가능한 자료를 보내면서 직접방문코자 할때에는 방문자 인적사항과 일자를 통보해 달라는 것이다.
이때, 1951.3.18 인제군 기린면 가리산리 필례마을에서 생포한 길원팔 중장(북괴군)으로부터 노획한 문서가 전투서열부록으로 1951년도 서류에 첨부되어 있는 것을 전인식 회장과 권영철 부회장이 비밀문서고에서 발굴하기도 했다.

대 한 유 격 참 전 동 지 회

(02) 333-5214~3

유격참전 93 - 11 - 1993. 11. 22.
수 신 : 육군참모총장
참 조 : 부관감
제 목 : 6.25 전란 당시의 기록 협조 또는 열람 요청

1. 6.25 한국전쟁 당시의 기록을 바르게 정리하여 6.25 전사를 후세에 남겨 귀감으로 삼고 다시는 6.25와 같은 피해를 되풀이 하지 않게 하고자 그 기록을 정리하는 사업의 일환으로 다음을 협조 및 문건의 열람을 신청하는 것과 관련됩니다.

2. 폐회는 6.25 당시 한국군 최초의 정규 유격대로 참전한 자를 회원으로 한 단체로서 6.25 당시 참전기록의 협조 및 열람에 관한 다음 사항을 귀군에 협조 요청하오니 기록의 협조 또는 열람을 할 수 있게 협조해 주심을 바랍니다.

6.25 당시의 기록 협조 또는 열람 요청사항

(1) 1950. 12. 21. 이후 발령된 국민총동원령 또는 국민방위군설치법에 의한 국민총동원령의 사본 1부

(2) 1951. 1. 4. 국민총동원령에 의하여 집결한(대구 육군 보충대) 장정의 입대에 관한 기록 사본 1부

(3) 육군 보충대에서 징발한 달성제사 공장의 징발에 관한 문건 사본 1부

(4) 육군정보학교(육군 제7훈련소)가 1950.12월 대구로 이전 개소한 전후의 관련 문건 사본 1부

(5) 육군보충대에서 1951.1월~2월 사이에 육군정보학교(제7훈련소)로 입교케 할 당시의 기록 사본 1부

(6) 1951. 1. 25. 육군본부 발령 국본특 (육) 제22호 및 동 제22호 추가 Ⅰ의 명령 관련기록 명단 사본 1부

(7) 1951. 1. 25. 발령된 작전 명령(육군정보국 3과 소관) 제2호 및 3호와 1951. 2.3. 발령된 작전명령 제4호 및 그 이후 5호 등의 사본 1부

※ 위 작전명령은 정보국3 과장겸 육군본부 미8군 정보연락 장교단장 명의의 것입니다.

(8) 1951. 3. 4~5일경 육군본부에 보고한 적 인민군 69여단의 전투상보 및 관련 문서 사본 1부

(9) 1951. 4. 11. 육군중령 채명신이 유격작전 결과를 보고한 문건류 사본 1부 (※ 길원팔 유격대(제5유격대)가 김일성으로부터 받은 명령서 포함)

(10) 1951년 1월 중순 육군본부 정보국 직할 결사유격 제11연대, 동 제12연대, 동 제13연대에 편성된 장병 700여명의 인사기록 카드 및 명단 사본 1부

(11) 기타 1951. 1. 25부터 4월 10일까지 사이에 육군본부 정보국 소관 직할 유격대 관련 정보 및 작전명령, 성과 등의 관련문건과 작전국 심리전과로 이관된 문서의 사본 1부

위 자료의 사본 또는 열람을 청원하오니 공사다망 하시더라도 그 사본 또는 기록의 열람을 할 수 있게 협조해 주심을 바랍니다.

참 고 : 부산지역의 기록문서 보존소(오륙도 ?)에 있을 것이란 전망이오며, 1951. 1월 내지 4월의 작전국, 정보국의 문서건 명부에서 이와 유사한 내용을 파악 할 수 있을 것으로 전망됩니다.

3. 위 기록의 사본이 불가하다면 본인 등이 그 기록을 직접 열람 할 수 있도록 보안측정 기타 방법으로 협조해 주심을 바랍니다.

서울특별시 마포구 서교동 466-9
사단법인 건설산업연구소 내
대한유격참전동지회 회 장 전 인 식

육군본부정보/작전 기록문서 열람 승인공문

전 인식씨 貴下

안녕하십니까 ?

먼저 귀회소속회원 여러분들의 숭고한 위국헌신의 정신에 머리숙여 찬사와 경의를 표하면서 귀회의 무궁한 발전을 기원합니다.

귀하가 요청하신 6. 25 당시의 기록물 열람 및 사본 협조건에 대한 회신 입니다.

6. 25 당시의 기록물(문서) 보존체계가 현재와 같이 체계적이지 못했던 것도 사실이며, 전쟁 상황하의 문서이관 절차가 완벽하지 못한 것은 유추 해석해도 상상이 가능하리라 믿습니다. 창군의 기틀도 마련하기전에 맞이한 6. 25의 와중에서 각기 다른 부서(부대)에서 생산한 문서(기록물)가 통일된 이관 절차가 미비한 가운데 사안의 중요도에 따라 이관되어 현재 보존관리하고 있으나, 만족할 만큼 모든 문서가 보존되고 있지 못함을 매우 안타깝게 생각하며, 이점 깊은 양해를 구하며, 귀하께서 요청하신 항목중(6)번 항목은 가능하리라 판단되나, 원본 문서의 부식과 마이크로필름 촬영 판독 상태가 매우좋지 않아 직접 열람만이 가능 하겠습니다. 그외 (3)번 (8)번 항목 관련문건사본을 송부하오니 참고하시고 기타8개 항목은 보존자료의 부재로 협조가 불가하나 계속 보존자료 유무를 확인후 추가자료가 있을시 통보 드리겠습니다.

보존소 직접 열람인원에 대한 인적사항과 방문일자를 통보해 주시면 검토후 회신 해 드리겠습니다.

다시한번 귀회의 발전을 기원드리며, 문의전화는 육본 부관감실 (02) 505-1281 이나 육본 군사연구실 (02) 505-3614로 문의 바랍니다.

1993. 12. 23

육 군 참 모 총 장

白骨兵團 戰史 編纂 特別 委員會

※ 7月17日 總會에서 據出하기로 한 것대로 自意로 協贊하기로 하였습니다 이 面은 戰史附錄에 실게됩니다

編纂 委員長：權 寧 哲（參戰同志會 首席 副會長）

編纂草稿作成：全 仁 植（前 白骨兵團 作戰參謀）

責 任 執 筆：柳 卓 永（前 中高校長，11 聯隊）

※ 入은 入金完了을 나타낸것임.

委　　員　　　（發刊費用 協贊金額）〈無順〉

出身聯隊	姓　名	單位(만원)	出身聯隊	姓　名	單位(만원)	出身聯隊	姓　名	單位(만원)
司 11R	全仁植	100	11R	權寧哲	50	12R	安秉熙	20
12	李永九	20	13	林炳華	20	11	朴勝錄	15
13	辛鎭鎬	15	12	宋世肅	10	11	申健澈	10
12	金容弼	10	司 11	申孝均	10	11	金亢泰	10
11	柳卓永	10	13	李長福	10	11	林東郎	10
司 11	丁圭玉	10	司 11	崔潤宇	10	11	全永義	10
11	吳鳳鐸	10	司 11	李明海	10	12	李南熏	10
11	河泰熙	10	13	崔鍾敏	5	11	張承鉉	5
11	崔仁泰	5	11	李榮珍	5	司 11	李昌興	5
12	林炳基	5	11	李雲河	5	11	尹範容	5
11	高永相	5	12	金益煥	5	11	申永吉	5
司 11	梁在昊	5	11	張德淳	5	司 11	金寅泰	5
11	張之永	5	12	趙炳偰	5	11	金壽昌	4
11	權泰鍾	5	司 11	崔允植	△ －	12	李翊宰	
12	趙榮澤	△ －	13	裵善浩	△	11	金大洪	△ －
11	元吉常	△ －	12	金永培	△ －	計 47名，479萬원		

※ 協贊金은 組版費，印刷製版費，印刷·製册費，用紙代，發送費로 充當함.

〈93.7.17 현재〉

※ 委員 委囑 承諾 非 通報者〈尊稱 省略〉

高悌和，金永高，朴用周，徐丙煥，元應學，李斗柄，李命宇，李熙用，林南玉，蔡命新，韓甲洙 計 11人〈總 委囑者 58人이었음〉

非通報人士에게는 因緣을끊는 것으로 通報했습니다.

住所 不明 및 通信 杜絶 戰友

㊟住所（通信）不明者，㉠外國居住者，㉢ 5年以上 長期 不參者

~~○1 面識 없는 者를 各 表示함.〈部隊 建制順〉~~

康斗星㊟，金正鍾㉢，金海源㉢，宋景熙㉢，羅明集㊟，權處弘㊟，全永模㊟，車東元㉢，金成亨①，李德益㉠，趙詩衡①，權寧憲①，咸萬東①，李亨求㉢，趙雨顯㉢，徐玄澤㊟，權斗植㊟，金仁壽㊟，朴光湯㊟，元鳳載㊟，張喆翼㉠，張哲鎬㉠，沈仁求㉢，金容福㊟，金漢喆㊟㉢，田載植①，金병칠①

〈以上 生存 推定者 27人〉

總 生存 推定 參戰者 85人中 編纂委員 47名，非協助 11人，不明 27人 임.

送金口座 상업은행서교동 128-50-040590 전인식 (동지회금전신탁)

되도록 戰史發刊日인 7月27日까지 送金해주시면 고맙겠습니다.

525-00ㅁ-4

1994. 5. 13 이사회를 개최하고 1994년도 현충위령행사계획과 사업계획의 수정 및 채명신 고문의 백골병단 전사 왜곡 명예훼손과 김한철씨의 7회째 투서성 진정에 강력대항하기로 하는 등을 위한 총회 소집 통지 안내문

대한유격참전동지회

(02) 333－5213～4

유격참전 94－5－3 1994. 5. 16

수 신 : 회원 제위

제 목 : 이사회의 결과 통지 및 총회 소집 통지

1. 귀하의 건강과 사업의 번영 및 가내 제절의 균안을 기원합니다.

2. 1994. 5. 13 15시 본회 회장실에서 이사회의를 개최하고, 의결된 사항을 다음과 같이 통보합니다.

참석이사 : 전인식, 신건철, 송세용, 안병희, 이익재, 장지영, 조병설, 최윤우, 최종민 감사 : 최인태 고문 : 황인모(무순)
류탁영, 권영철, 권태종, 배선호, 이영구, 이남훈(이상 위임) 계 17

불참이사 : 김용필, 김인태, 신효균, 박승록, 임동욱, 장승현, 조영택, (유족), 허재구, 권일상, 장동설(계 10인), 최윤식(5.5 사망)

(1) 회칙 제15조에 의한 의결 정족수 출석, 개회 선언

(2) 의안 1호, 94년도 현충 위령 행사 거행의 건

94. 6. 3 12시 정각 출발, 일박후, 6월 4일 11시 현충행사 거행키로 의결

※ 참석회원 및 가족은 6월 3일 11시 40분까지 본회 사무소 앞으로 집결 요망.

※ 복장은 정장으로 함(등산복 등의 착용 금함). 인장지참

※ 회원 및 유족으로 분향후 개별 헌주 코자 할 때에는 각자 준비하실 것.

의안 2호 생환 45주년 기념 행사는 내년에 다시 검토하기로 사업계획을 수정 변경 의결.

의안 3호 채명신 씨의 백골병단 전사 왜곡 및 회장과 이극성 장군 음해 · 명예훼손 사건은 참전 장병 모두의 명예와 직결되는 사안이므로 회원이 일치 단결하여 고발 또는 언론기관 등에 부당성을 널리 알려 피해 방지에 최선을 다하기로 의결함과 동시에 채명신 고문을 제명하기로 만장일치 의결.

의안 4호 기타 안건

1. 김한철 씨가 육군본부(국방부)에 다시 7회째 백골병단과 전적비의 부인 등 같은 내용의 무고성 투서(진정)를 하였다는 보고에 일동이 강력 대응하기로 하고, 사직당국에 고발하는 등의 방법으로 재발 방지에 노력하기로 의결.

2. 커크랜드 사령관이었던 해리손(미국 로웰대학 교수 정년퇴임)의 초청은 백골병단과 무관하여 실익이 없으므로 초청하지 아니하기로 의결.

3. 채명신 회고록의 부당성을 지적한 것에 대한 결의서에 서명하고 회원 모두에게도 알려 개별적으로 본회 사무소를 방문하여 결의서명에 참여키로 의결. (인장 지참)

4. 현충행사 비용은 예산범위내에서 지출(참가 회비는 없음)하기로 의결.

5. 최윤식이사 서거 조의 묵념의 건 집행(94. 5. 5 04시 사망)

이상과 같이 이사회의를 개최하였음을 알려드립니다.

(3) 1994. 6. 3 강원도 인제군 원통리 또는 용대리의 민박(숙박)비용은 회원 1인당 15,000원을 보조합니다. 초과비용은 각자 부담하셔야 합니다.(비회원 제외)

(4) 5.14 현재 회비 납부 상황은 다음과 같습니다.(단위 만원)

전인식 150 찬조 50, 오봉탁 10, 허재구 20, 이익재 20, 류탁영 20, 송세용 20, 이영진 5, 양원석 5, 신영기 3, 안병희 20, 조중숙 5, 이정자 5, 양재호 1, 신건철 50, 권태종 20, 장지영 10, 배선호 20, 이장복 5, 조병설 20, 최인태 10, 윤범용 5, 임병기 5, 이운하 5, 이남훈 10, 임병화 10, 원길상 5, 장승현 10, 장동설 20, 장덕순 3, 황인모(고문) 10, 정규옥 5, 권영철 100 이상 입니다.(32명) ※착오가 있으신 분은 알려주십시요.

〈미납〉 고영상, 김대홍, 김수창, 김영배, 김인태, 김용필, 김익환, 김항태, 나명집, 박승록, 신진호, 신효균, 원응학, 이명해, 이영구, 이창홍, 임남옥, 임동욱, 조영택, 전영도, 채명신, 최종민, 하태희, 권일상, 김한인, 류주현, 박명서, 박정렬, 박창영, 정윤성(30명)

※ 미납회원께서는 현충행사 참가시 납부해 주시기 바라오며, 부득이한 사정이 있을 때에는 서면으로 알려주시면 회비납부 의무를 면제해 드립니다.

〈회비 부회장 50만원, 이사 20만원, 감사 10만원, 회원은 5만원 이상, 수석부회장 100만원, 회장 150만원입니다.〉

3. 본회 회칙 제12조 제3항의 규정에 의하여 94년도 총회를 다음과 같이 소집통지합니다.

＝ 총회 소집 공고 ＝

일시：1994년 6월 4일 13시

장소：백골병단 전적비 앞 광장(우천시 장소변경)

의안：1호 생환 45주년 기념행사 사업계획 변경의 건

2호 대한유격참전동지회를 백골병단 참전전우회로의 명칭 변경의 건

3호 채명신 고문 처리의 건

4호 기타 중요사항의 토의

서울특별시 마포구 서교동 466－9

대한유격참전 동지회 회장 전인식

서울 용산 전쟁기념관에 전인식과 이극성의 6.25관련 자료의 기증서 1994.2.23

寄　贈　書

接受番號 : 94-17

住　　所 : 서울 영등포구 여의도동 30-2 삼부아파트 10동 13호

姓　　名 : 전 인 식　　住民登錄番號 : 290727 - 102****

品名 및 數量 : 표창장 1점, 임관사령장 1점, 제대증 1점,
사진 6점, 도서(백골병단관련) 6권

由來 및 特徵 : 작전 명령 제 4호, 백골병단 작전 요도(복원판)
1951년 육군본부 직할 결사 유격11연대 대원으로 활동
당시 받은 자료

戰爭紀念館에 所藏 및 展示될 貴重한 資料를 寄贈하여 주심에 感謝드리며 그 뜻을 기리고자 이 證書를 드립니다.

1994 年　2 月　23 日

戰　爭　紀　念　事　業　會

증 6-1

寄　贈　書

接受番號 : 94-18

住　　所 : 서울 도봉구 창4동 주공아파트 1910-108

姓　　名 : 이 극 성　　住民登錄番號 : 260813 - 104****

品名 및 數量 : 북한 보국훈장 3급 (1점)

由來 및 特徵 : 1951년 강원 인제에서, 북한 빨치산 5지대 참모장
강칠성으로 부터 노획한 것임.

戰爭紀念館에 所藏 및 展示될 貴重한 資料를 寄贈하여 주심에 感謝드리며 그 뜻을 기리고자 이 證書를 드립니다.

1994 年　2 月　23 日

戰　爭　紀　念　事　業　會

6-2-2

(지원금관련)

대한유격참전동지회

(6·25참전 백골병단·커크랜드부대)

121-210 서울특별시 마포구 서교동 466-19 TEL. (02) 333-5213~4 FAX. (02) 338-1153

문서번호 : 유격 참전 00-6-2

시행일자 : 2000. 6. 10.

수 신 : 수신처 및 회원

참 조 :

제 목 : 참전 개선 49주년, 제45회 현충 행사 보고

선결			
접수	일시		
	번호		
처 리 과		공람	
담 당 자			

소포우편물수령증
접수번호 16260 번
종 별 빠른, 보통, 우편

1. 귀하의 건강과 사업의 번영 및 무운 장구를 기원합니다.

2. 백골병단 참전 개선 49주년 및 제45회 현충행사 결과를 다음과 같이 보고합니다.

다 음

1. **행사일시** : 2000년 6월 3일 11시 2. **장 소** : 강원도 인제군 북면 "백골병단 전적비 앞"
3. 주 **최** : 대한유격참전동지회 4. **협 찬** : 국가보훈처(행사비 300만원 지원)
5. 지 **원** : 육군제3군단 6. **협 찬** : 대한민국 재향군인회
7. **참가인원** : 참전전우 및 유가족 (64명)
   초청인사 (13명)
   인제군 지역 기관장 외 (7명)
   3군단 및 12사단 고급장교(16명)
   703특공대 등 행사병력 (227명) 계 327 명
8. 추모 **화환 및 전문**
   주 최 측 : 대한유격참전동지회 회장 **전인식**외 **회원일동**
   지 원 : 육군제3군단장 중장 **신 일 순** 님
   백골병단 전몰 유가족 대표 **장동설** 및 유가족 **권일상**
   추모 화환 : 국가보훈처장 **최 규 학** 님
   육군제1야전군사령관 대장 **김 판 규** 님
   대한민국 재향군인회 회장 **이 상 훈** 님
   한국참전단체 총연합회 회장 **유 재 홍** 님
   인제군수 **이 승 호** 님
   인제군 교육청 교육장 **안 동 훈** 님
   병기동우회 회장 예비역 소장 **조 한 춘** 님
   철도참전용사회 회장 **류 기 남** 님
   사단법인 건설산업연구소 **임직원** 일동
   사단법인 감우회(산악회) 회장 **※추모화환 감사합니다.**

추모 전문 : 육군참모총장 대장 **길 형 보** 님
인제군당 국회의원 **송 훈 석** 님
6·25 참전 태극단 중앙회장 **이 순 창** 님
하동대대 대대장 중령 **박 석 태** 님　**※전문 감사합니다.**

9. 신문 · 방송 등
2000년 5월 31일(수) 「스포츠 서울」 39면, SS게시판 행사관련(예고 보도)
2000년 6월 2일(금) 「대한매일」 21면, 백골병단 개선 49주년 추도식(예고 보도)
2000년 6월 2일(금) 「문화일보」 26면, 전몰장병 합동추도식 기사(예고 보도)
2000년 6월 3일(토) 「강원일보」 17면, 백골병단 전승기념식 오늘(보도)
2000년 6월 3일(토) 「도민일보」 11면, 백골병단 추모식(보도)
2000년 6월 6일(화) 「국방일보」 1면 및 3면, 호국영령 추모, 국가안보 다져(보도)
2000년 6월　「국방뉴스」 보도　**※보도 감사합니다.**

10. 추모식 참석 초청 인사
인제군수 이승호 님외 교육장, 기관장, 관련단체 임원(참석)
대한민국 재향군인회 부회장 예비역 중장 류근무 님(참석)
한국참전단체 총연합회 부회장 및 2개 참전단체장(3인 참석)
국가보훈처 춘천지청장 대리(참석 2인)
다부동전투 구국용사회 김명중 회장 대리 이사(참석)
사단법인 감우회 산하 산악회장 및 회원(5인 참석)　**※참석 감사드립니다.**

11. 군부대 도서 기증
영진출판사 대표 **이 문 칠** 님····· 컴퓨터 관련 도서
겸 지 사 대표 **정 해 상** 님····· 과학 관련 도서
혜원출판사 대표 **전 채 호** 님····· 교양도서
건설연구사 대표 **전 인 식** 님····· 전쟁관련 도서　**※도서기증 감사합니다.**

12. 본회 참가자
전인식(4), 권영철, 김용필(4), 안병희(2), 최윤우, 송세용, 최인태, 장지영, 리남훈(2), 배선호, 조병설, 박종운(3), 임병기, 윤범용, 임병화, 김수창, 전영도, 장덕순, 김송규(2), 이정자, 조중숙, 권태종, 최종민, 이영구, 이명해(3), 조시형, 장동설(2), 권일상(6), 박용주, 최동수, 서성초(2), 이병석, 손광조(2), 이익재, 장승현, 김인태(3)외 5인
(　)은 참가인원

◎ **참석통지후 불참자** : 이춘화, 유병철, 김홍태
◎ **불참자** : 김도중, 오봉택, 류탁영, 이장복, 나명집, 김한인, 김학균, 한갑수, 박명서 외 15 · 16연대 참전 장병

※ ~~첨부 : 행사 지원금 정산서 1부~~ (생략)

대 한 유 격 참 전 동 지 회　회 장

2001.5.15 육군특수전 사령부에 백골병단 참전전우회장이 백골병단 작전상황도 액자와 전적비 모형등 11종을 특전 역사관 자료로 기증하였다. 잘 전시 관리되고 있는지……

인 계 증

○ **인계단체 : 백골병단 참전 전우회**

○ **인수부대 : 특수전사령부**

○ **자료내역**

순위	자 료 명	수 량	비 고
1	백골병단 작전상황도 액자	1개	특전역사관 보존
2	백골병단 전적비 모형	1개	〃
3	작 전 명 령 원 본	1매	〃
4	표 창 장 사 본	1매	〃
5	사 진	7매	〃
6	참전전우회 마크 사진	1매	〃
7	임관 사령장 (전인식)	1매	〃
8	백골병단 전몰장병 명판	1매	〃
9	백골병단 전적비 헌성록	1매	〃
10	백 골 병 단 연 혁	1매	〃
11	설 악 의 최 후 책 자	9권	〃

상기 자료를 이상없이 인계하였음을 확인 합니다.

2001년 5월 15일

인 계 자 : 백골병단 참전 전우회장 전 인 식 (서명)

인 수 자 : 특수전사령부 정훈공보참모 중 령 문 춘 식 (서명)

2001. 6. 29 KBS Ⅰ AM / FM 동시 방송 대담 1시간 방송요지 : 전인식

<2001. 6. 29 방송관련> 1시간 KBS 1R AM/FM 동시

1. 6 · 25 자유수호 한국전쟁 51주년을 맞는 소감

한마디로 제2의 6 · 25를 걱정하지 않을 수 없습니다.

① 그 이유는 조만식 선생과 간첩 이주하 등의 교환 협상과 같은 남북협상 운운하는 저들에게 속았으며,
6 · 25 전날인 6월 24일 에는 전군에 이미 내렸던 비상근무령을 오히려 해제하고, 대거 특별외출을 주어, 부대를 떠났으며,
육군본부에서는 회관준공식을 거행한 뒤 수뇌부가 밤새도록 댄스파티를 즐겼으며,
38 선 전역에는 약간의 초병만이 지키고 있었으니 이런 기막힌 일이 ……

② 개전 초 밀고내려오는 저들의 T 34 탱크를 저지할만한 대전차 로켓포 한문도 없었고

③ 잦은 좌우충돌로 인한 안보의 불감증이 이따금 돌출되고 있었으니
어쩌면 6 · 25 는 우리들이 자초한 것이 아니었나 지적하고 싶습니다.

※오늘의 우리 안보태세는 어떠합니까 !! 저들의 탄도미사일을 요격할 만한 충분한 체계가 갖추어졌다고 말할 수 있습니까!
환상적인 통일논의와 병역비리는 무엇을 뜻합니까?
물질만능의 그릇된 정서,
그리고 작금의 영해 경계태세로 빚어진 일련의 국민불안에 관한 문제점 등도 함께 지적하지 않을 수 없습니다.

2. 내가 참전한 것은……

6 · 25 **자유수호전쟁**에 참전한 나는 그 당시 대학 2학년의 학생이었습니다. 나는 오로지 조국 대한민국, **자유민주주의 국가**를 소련의 사주와 지원을 받아 전복하려는 사회주의 내지는 공산주의 전제(專制) 집단의 공격으로부터 수호하기 위해 참전했는데, 입대한 부대가 공교롭게도 **유격 특수작전을 수행할 결사대** 였던 것입니다.

① 적진후방으로 침투하여 유격전을 감행하려니 언어, 피복, 제식훈련의 동작 등 모두를 인민군과 비슷하게 해야 하지 않겠습니까!

② 특히 1950년 12월은 아군이 평양을 점령한뒤 계속 진격하여 압록강 연안까지 진격했으나 1950. 11. 26 중공군의 대거 참전 개입으로 1 · 4후퇴가 개시된 때 였습니다.

③ 우리 정부는 또다시 크나큰 위기를 당하자, 대통령 긴급명령인 **국민총동원령을**

공포하고 **국민방위군설치법**도 공포하여 만 17세 이상 40세까지의 청·장년 모두를 소집하게 되었습니다.

④ 그들 장정 7,000~8,000명이 대구 육군보충대에 집결하자 그 10% 정도인 820여명의 애국청년을 뽑아 **육군정보학교에서 특수유격전 교육**을 하고, 3주일후인 1951. 1. 25에는 **국방부 특명**으로 임시장교의 임관식이 거행되었습니다.

이 사람은 그때 **임시대위로 임관**함과 동시에 **육군본부 직할 결사제11연대의 작전참모**로 명받아 참전하게 되었습니다.

⑤ 1951년 1월 30일 새벽, 대구시내 달성초등학교인 군 특수학교를 출발한 363명의 결사대원은 그날 저녁 8시경 강원도 영월군 영월읍에 도착하여 **국군 7사단 전방지휘소**에서 작전명령을 수명받고, 탄약, 폭약, 2주일분의 미숫가루 등을 수령한 다음, 그날 밤 10시에 적진배후를 향해 출동하였습니다(작전중, 그해 3월 30일까지 60일간을 2주일분의 미숫가루만으로 크고 작은 많은 유격특수전을 수행하였으나, 작전중 굶고 허기져 364명의 전우가 전사 또는 실종되었습니다).

3. 백골병단 창설 :

51년 2월 20일까지 강원도 명주군 연곡면 퇴곡리에 집결한 결사제11연대 363명과 결사제12연대 160여명, 제13연대 124명 합계 647명이 백골병단으로 통합·창설되었습니다.

1. 이 책을 쓰게 된 동기………

우리들이 조국의 자유와 평화를 지키기 위한 전투에 참전함에 있어,

① 국방부장관으로부터 임관사령장과 군번을 부여받았고,

② 육군본부의 작전명령에 따라 전투에 참전하였으며,

③ 현역군인인 육군중령 채명신(예비역 중장)이 직접 연대장으로 참전했으며,

④ 적 인민군 중장 겸 대남 빨치산 총사령관, 조선노동당 군사부 제2비서라는 요란한 거물인 吉元八과 그자의 참모장 姜七星 대좌 등 고위간부 13명 전원의 생포·처치,

⑤ 북한군 69여단의 정치군관 대위 외 3명의 생포로 얻은 1급 기밀문서를 아군지역에 보내, 적을 괴멸에 이르게 한 것을 비롯하여,

㉮ 적병 생포 309명

㉯ 사살 170여명(미확인 포함)

㉰ 각종 무기 204정의 노획 등의 전과를 올렸음에도 1951. 4. 13까지 살아 돌아온 우리들 283명에 대하여는 **아무런 서훈이나 군 복무확인** 등도 해주지 않아, 또다시 군입대를 해야 하는 곤욕을 치르게 하였으며, 개선장병 283명중 상당수의 전우가 1953년 7월 휴전때까지 재입대·전투에서 희생되는 아픔을 겪었습니다.

5. 참전전우회는 ………

① 나는 우리 전우회를 1962년 8월 23일 발기하고, 1965년 9월 29일 **설악동지회를 결성**하여 회장이 된 뒤, 1987년 12월 20일 **대한유격참전동지회**로 개칭하고 2000년 12월 15일 지금의 **백골병단 참전전우회로 개칭**되기까지 계속 회장의 중책을 맡아 39년간 전우회를 이끌고 있습니다.

② 그간 나는 전몰장병중 동작동 **국립묘지 현충탑안의 위패실**에 고 윤창규 대위 등 57위의 위패를 모셨고, 1989년 7월 13일에는 격전지에서 **현규정 대위외 2인의 유해**를 발굴하여 대전 국립현충원에 안장하는 등 **참전당시의 계급으로 60위의 명예회복**을 해드렸으나, 304명의 전사 또는 실종자의 명예회복은 커녕 그 이름조차 알지 못하고 있으니 이런 기막힌 일이 또 어디 있겠습니까?!!

③ 생환·개선 장병 모두도 아무런 예우를 받지 못하고 노년을 보내고 있습니다.
평균연령이 72세이며, 최고령자는 82세입니다.(2001년 현재)
자유와 민주주의 국가를 지킨 참전노병의 대우가 이래서는 아니됩니다.

6. 살아돌아온 전우들

이 책은 살아 돌아온 장교중 생존자 23명과 병장이상의 하사관 생존자 56명 합계 79(채명신 중령 제외)명의 **병적취득**과 戰功에 따른 **훈·포장 수여**를 위해 1999년 6월 1일 국방부장관에 청원하였고, 2001년 1월 30일 육군본부 공적심의위원장에게 서훈 건의를 했음에도 2001년 6월말까지 2년이 지났는데도 국방부나 육군참모총장이 쓰다 달다 말 한마디 없는 실정이니 이런 기막힌 사연이 또 어디 있겠습니까!

① 이 책은 1950년 6월 6·25발발 당시 20세의 청년학생이 겪은 그 시대 배경과 **입대동기**로부터 출발해, 온갖 악전고투를 겪은 **戰場教訓** 등을 사실에 충실하면서

그 당시 아군의 전투정보 보고, 전투상보 등 기밀문서 등에서 확인한 것들을 참고로 註 記 수록하여 근거를 밝혀, 후세에 특수전 전례(戰例) 연구 자료로 활용할 수 있게 하였습니다.

② **나라를 지키는 것은 내 부모 · 형제 · 자매를 지키는 것과 똑같은 것**이란 것을 강조하고, 자유가 소중함을 일깨우며, 1천만명이 넘는 이산가족과 백만이 넘는 희생으로 제2차 세계대전에 버금가는 큰 **동족 상잔**의 뼈아픈 교훈을 후세에 남겨 귀감으로 삼게하고자 한 것입니다.

③ 아무런 바램없이 적진에 뛰어든 하루살이같은 **애국청년에게 계급과 군번**을 주었으면서도 군적에는 그런 군번이 없다고 하니 그 당시 그 일을 처리한 못된 사람들이 어디 또 있겠습니까!

④ 적진을 향해 출동한 결사대원을 그 당시 육 · 해 · 공군 총참모장 丁一權 장군이 군 고위 장성과 함께 **최전방까지 출장하여 격려 · 훈시, 사열**하였는데, 군인이 아니라면, 그는 사기행각을 한 것이였단 말입니까!……

⑤ 법이 없으면, 법을 만들어서 라도 **자유민주 투사**들에게 군적을 주어야 하고, 69여단의 괴멸과 吉元八 중장의 생포 등 많은 공을 세운 장병에게 합당한 서훈을 해야 할 것입니다.

7. 앞으로 우리들은 ……

우리 전우회는 1962년부터 오늘까지 계속해서 전사자의 발굴, 백골병단의 활약상 홍보, 전적지 개발 등의 일들을 추진하면서 서로 친목을 도모하고 있습니다만 낙엽은 하나둘 자꾸만 떨어지고 있습니다.

8. 바라건데 ……

앞으로 우리 전우 모두는 계속해서 **군적확보**, **서훈추진**, 육군본부가 지원하고 3군단 장병의 노고로 제막한 **백골병단 전적비의 유지관리** 등을 위해 남은 생애를 바칠 각오이며,

우리 후배 장병에게는 자유가 소중함을 일깨우고, **유비무환**, **임전무퇴**, **사중득생**의 신념을 굳건히 함에 기여할 이 기념비적인 전적비의 유지관리를 더욱 잘 해 줄것을 바라면서, 우리들의 후배인 설악산 백골대대 장병의 무운장구는 물론 우리 국군장병 모두의 건강과 신뢰를 더욱 두텁게 함에 모두 매진할 수 있게 되기를 기원합니다.

2002.2.10 혹시나 하면서, 노무현 대통령 당선자의 대통령직 인수위원회의 자유게시판, 회원게시판, 노무현에게 제안하기 등(www.knowhow.or.kr)에 참전 노병에 대한 국방당국의 조치 불이행을 바로 잡아주십시오 하는 "메일" 을 보냈다. 노무현 대통령 당선자에게 보낸 호소성 메일은 다음과 같다. 그러나 노무현 대통령 당선자는 아무런 조치가 없었습니다.

게시판 : 자유게시판 (229597)
회원게시판 (450635)
노무현에게 제안하기 (7852)
메일보냄
} 메일보냄 2003.2.10, 14:30
www. knowhow.or.kr

<참전노병에 대한 국방당국의 조치불이행을 바로 잡아 주십시오>

노무현 대통령 당선자의 「대통령직 인수위원회」 에서 수고하시는 「김종대」, 「서주석」 전문위원님 께!!

귀하의 노고를 충심으로 격려와 감사, 그리고 희망을 바라오며 이 서신을 드립니다.
이 사람은, 6·25 한국전쟁 당시의 참전노병으로서 꺼져가는 불빛에 기름을 부어 주심을 바라면서, 몇가지 새 정부에서 꼭 소망을 이루게 해 주심을 바랍니다.
① 저희들 647명은 1951년 1월 3일 대구소재 육군보충대에서 선발되어 그 날 육군정보학교(달성국민학교 자리)에 입교하여 특수작전교육을 21일간 받고, '51. 1. 30. GO 군번 여부와 동시에 124명이 국방부장관 신성모 명의의 임관사령장을 받고, 장교로 임관하였고, 사병은 G군번 부여와 동시에 이등중사(병장) 이상의 계급을 부여받고, 육해공군 총참모장 육군소장 정일권의 격려와 훈시를 뒤로하고, 미8군 정보연락장교단 단장 육군중령 이극성의 작전명령(1호~5호)에 따라 적진 배후지역에 침투하여 '51. 1. 30부터 4월 중순까지 크고 작은 많은 전투에서 혁혁한 무공을 세우고 아군 작전에 기여했으나 전투중 364명의 전우가 희생되는 아픔을 겪었습니다.
문제 1) 군부대에서 병력을 차출·선발하여 군 교육기관에서 훈련을 시킨 뒤, 군번과 계급을 주고, 총기와 탄약을 지급한 뒤, 작전명령에 따라 전쟁에 참가했는데 임시장교, 임시군인이라고 하면서, 아무런 예우를 하지 않고, 심지어는 육군참모총장이 공적심사위원회에서 의결한 훈장수여 건의를 묵살하는 등 대접이 말이 아닙니다.

문제 2) 우리들이 군인이었느냐? 북파공작원 정도 였느냐를 가려 달라는 청원을(2002. 10. 9) 제기했으나 이것마저 아무런 통지가 없으니 이럴 수는 없는 것입니다. 우스게소리로 "가스통"을 둘러메고 광화문 네거리에서 분신소동을 버려야 할 것인지 참으로 한심합니다.

문제 3) 우리들의 연령이 최고 83세 평균 73세의 늙은 이 들입니다.
전투중 전사자가 364명이나 되는데 우리들이 조사·확인한 61명(동작동 국립묘지 위패실(58위)과 대전(3위)은 명예회복이 되고, 나머지 303명은 신원확인 조차 불가능하니 이럴수가 있습니까. 조사해서 명단을 밝혀 주십시기 바랍니다.
문제 4) 살아돌아온 283명중 재차 입대하여 전사하고, 신병으로 죽고, 이제 겨우 80여명만이 살아남았는데 아무런 예우가 없다가 지난해 10월부터 월5만원의 참전명예수당만을 겨우받고 있을 뿐입니다.

② 돈도 좋지만 명예가 더 중요하오니 "문제1" 에서 지적한 훈장 수여 건의를 챙겨 주십시오. 그리고 노 대통령의 결단으로 보수 우익 진용인 우리들 모두를 포섭하셔서 새정부에 모두가 동참하게 해 주십시오.

③ 우리들 백골병단(결사 제11연대, 제12연대, 제13연대) 장병의 전공, 육군정보학교에서의 교육기록, 연대장 육군중령 채명신(예비역 중장)의 부대 지휘와 출동사실, 임관사령장 정본, 작전명령, 전과기록 등 모두는 그 당시의 문서가 보존되어 있고, 육군본부 발행 전사 등에도 자세히 기록되어 있으며, 증거물은 전쟁기념관(2층) 전시실에 영구 전시되어 있어 증거 등에 아무런 문제가 없습니다.

이와같이 억울한 사정을 청원하오니, 새정부 출범과 함께 각별하신 선처를 해 주심을 거듭 바랍니다.

2002. 2. 10
백골병단 참전전우회 전 인 식 드림

2003년도 정기 총회

결 과 보 고

1. 회장 인사와 동시에 ① 백골병단전적비가 2003. 2. 5 국가보훈처 고시 제2003-8호로 "현충시설의 지정·관리등에 관한 규정(대통령령제 17566호)"에 의거 "국가수호관련시설" 관리 No 16-2-24호로 지정 고시되어, 앞으로 관리에 많은 도움이 될 것이라고 보고 하고,
   ② 노무현대통령 당선자의 홈페이지에 우리들 신분에 관한 내용을 진정·요구했다는 사실의 보고를 하고 우리 회원들도 모두 관심을 가지고 동참해 줄 것을 호소하였다.
   홈페이지 주소는 **www.knowhow.or.kr** 입니다.
   ③ 예년과 같이 국가보훈처가 재향군인회를 통해 지원되는 300만원은 금년에도 청구했다는 것(2003년 예산서에도 계상했음),
   ④ 국방부에 청원한(2002. 10. 14)것에 대한 국방부의 중간 회신(2002. 12. 20)에 이어, 육군본부의 의견을 2003. 1. 30 훈장수여 건의 결의서 등의 사본으로 대신 회시 해왔다는 요지의 보고와 "이의재 장군", "정해상 명예회원"의 참석에 감사 표시의 인사를 한 뒤 「슬픈 소식」으로 지난해 11. 9 장승현 이사, 금년 1. 23 한갑수 전우의 서거를 애도하는 묵념을 다함께 올리고,

우리 회칙 제12조, 제14조 제1항의 규정에 의하여 2003년도 정기총회 개회를 선포 하다.
본인참석 33, 위임 4 계 37 명으로 참석성원됨. 참석통지후 불참자는 양재호 전우뿐임.

의안 제1호 2002년도 세입·세출 결산 4,346만원이나 그 중 전적비 보수 도색 등의 비용 2,462만원 등으로 과다지출이 있었음을 보고·토의 한 후 원안 가결!

의안 제2호 2003년도 예산안 1,650만원 내역 설명 후 원안 가결!
회비결정 : 회원 10만원(12), 이사 20만원(24), 부회장 30(36), 회장 60(60)으로 80세이상 회비 면제는 형편에 따라 내기로 하고 곤란하면 면제도 가한 의견!

의안 제3호 "회칙개정안" 만장일치 원안 가결!

의안 제4호 임원선거 : 임기 3년의 임원선거를 위해 투표지까지 준비했으나, 회장 전인식을 전원 기립 찬성으로 재추대하기로 하고, 회장이 부회장, 감사, 이사를 지명하도록 만장일치 의결하여, 회장은 회장 추대를 수락한 뒤, 이어 부회장으로 수석 부회장에 권영철을, 부회장 김용필, 송세용, 안병희, 최윤우를 유임하고, 신임부회장으로 13연대 출신 고제화 동지를 부회장으로 선임하여 만장일치 박수로 승인받다.
감 사 : 최인태 감사를 유임하고, 차주찬 동지를 감사로 선임하다.
이 사 : 권태종, 이익재, 임동욱, 이남표, 임병기, 임병화, 장지영, 조규철, 최종민, 배선호, 박승록, 이남훈, 이영구, 윤범용, 이영진, 조병설, 장동설(유자), 김인태 이사를 유임하고, 김중신, 전영도, 박용주, 황태규 동지를 새 이사로 선임하고, 남은 3인은 회장이 선임하기로 한 뒤, 김한린(유자), 이홍창, 조시형 동지를 이사로 선임하다. (25명)

※장덕순 전이사는 사퇴의사를 몇차례 표하여 제외하였음.

※감사 최인태, 이사 이남훈, 윤범용, 조병설 이사와 오봉택, 이창홍, 서현택 전우께서는 건강이 여의치 않으므로 이사, 감사의 회비는 일반회비정도만 부담하시는 것으로 하고, 회원 중 곤란하신 전우께서는 그 사실을 알려주시면 면제도…

※회칙개정으로 앞으로는 건강악화로 참석이 곤란한 전우께서는 그 자녀가 회장 또는 이사도 될 수 있으므로 대리 참석을 바랍니다. (개정회칙 제5조 제3호)

축하 재향군인회 이상훈 회장께서 축하 "난" 화분을 보내주셨습니다. 감사드립니다.

※ 총회 기념 타올은 전인식 동지가 기증하였습니다.

※ 속개 연회에서 오찬회동을 가진 뒤 폐회·산회 하였습니다.

이상과 같이 총회결과를 보고드리며, 2003년도 회비 납부 상황을 다음과 같이 알려드리니 착오가 있으신 분은 연락주시기 바랍니다.

※ 3. 1 정오에 시청 앞 광장에서 反核, 反金의 대대적인 궐기·집회가 있으니 빠짐없이 참석을 권 합니다. (검은 모자 착용)

회비 납부 상황

(단위 : 만원)

전인식 60, 안병희 36, 김용필 36, 송세용 36, 임병화 20, 임동욱 20, 이익재 20, 전영도 20, 장지영 20, 임병기 20, 조규철 20, 박용주 10, 김수창 10, 이병석 10, 조시형 10, 김중신 10, 이홍창 10, 최희철 10, 차주찬 10, 강오형 5, 김종근 5, 이남훈 12, 박승록 12,

= 회비 송금 구좌 =

우리은행 서교동 지점 298-047761-02-102 전인식

2003년 현충 행사 예고

행 사 장 소 : 2003년 6월 5일 11시 강원도 인제군 북면 용대리 산 250

주의할 사항 : 회원은 흰색모자, 검은 양복 정장, 검은 넥타이로 품위 유지에 각별히 유의해 주실 것을 부탁드립니다. ※ 향초 헌금 봉투는 개별 준비하실 것.

버스 출발 : 6월 5일 07시 본회 서교동 사무실 앞
도중 식사는 김밥 도시락으로 대체합니다. 별도 초청 안내를 합니다.

※ 유가족께서는 서로 연락하여 많이 참석히시어 "제사" 지낼 준비를 하시기 바랍니다.

백골병단 참전 전우회 회 장

전인식의 억울한 고문 관련
= 사실 기록 확인 청원 =

2004. 9. 10

수 신 : 육군 제1사단장 귀하

참 조 : 법무참모

제 목 : 1951년 8월 하순부터 9월 상순까지 사이에 있었던 본인의 군법회의 기록 요청

---

1. 인적사항(사건당시)
   주소 : 경기도 파주군 탄현면 오금리 427번지 성 명 : 全 仁 植
   생년월일 : 단기 4262년 7월 27일생(1929년생)

2. 피의 사실
   국방경비법 제32조, 동법 제33조, 동법 제48조 위반

3. 공판 당일 무협의로 석방지휘를 받고, 다음날 증거서류일체 중 개인용을 제외한 문건은 검찰관(육군중위 오재옥)에게 인계하고 석방 귀가했음(구금기간 22일간)

참 고 사 항 재 판 장 육군대령 김동빈(중장예편 사망)
검 찰 관 육군중위 오재옥(대령예편 사망)

관련자 : 관선변 호 인 육군중위 임 모(생사불명)
법 무 사 육군대위 원 모(〃)
법무참모 육군중령 노재필(사망)로 기억하고 있습니다.

위 사건 기록 일체를 요구하오며,
사건기록이 없으면, 군법회의 회부기록(사건명과 번호)만이라도 찾아주시기를 간절히 바랍니다.
위와 같이 사실 기록의 확인을 청원 합니다.

청 구 인(관련 당사자)
경기도 고양시 덕양구 화정2동 951 별빛마을 1005동 1102호
주민등록번호 : 290727-102···· 전
연락전화 : (02) 333-5213~4, (016) 233-5213

1951년 8월 하순부터 9월 상순사이에 고향에 돌아온 전인식 소령이 제1사단 방첩대(CIC)에 가짜 소령에 국제고등간첩과 계급사칭으로 국방경비법 제32조 동제33조 동제48조 위반으로 ① 몽둥이 매질 ② 고춧가루 물고문(거꾸로 매달고), 전기고문(EE8야전전화기로) 등 온갖 고문을 가한 뒤 육군 제1사단 군법회의에 회부되었다.(범법자가 아닌 피의자 전인식은 23일간 1사단 특무대와 헌병대 영창에 유치되어 군법회의(군사재판)에 회부되었으나 군법회의 첫 날 재판장 김동빈 대령이 훈장을 수백개 주어도 아깝지 않을 사람을 잡아다 놓고 이게 무슨 짓이냐!! 하는 호통과 함께 즉시 석방하라고 명령하여 석방된 기록을 요구하는 공문을 보냈다.) <2004. 9. 10 등기 청원서>

"정예육군! 하나로 미래로!"

육군 제 1570 부대

취 급 :

우편 : (413-859) 경기도 파주시 광탄면 신산리 사서함 109-2호 / 전화 : (031) 953-5442
법무참모부 참모 대위 박문언 담당자 중위 맹준영

문서번호 : 법무 19800 - 040151

시행일자 : 2004. 10. 13. (. .)

받 음 : 전인식 귀하

참 조 :

제 목 : 민원 처리 결과 회신

---

1. 귀하께서 당부대로 제기하신 민원에 대하여 아래와 같이 회신합니다.

2. 민원요지 : 1951년 8월 하순 경부터 9월 상순 경까지 사이에 전인식씨에 대하여 시행한 군법회의 기록 요청

3. 귀하께서 제기하신 민원에 대하여 확인한 결과, 저희 사단 보통군사법원에서 시행한 군법회의(현행 군사재판) 기록은 일정기간 경과 후 육군본부 기록실로 이관하게 되어 있어 현재 저희 사단 법무부에서는 귀하께서 요청하신 군법회의 기록을 보관하지 않고 있습니다.

이와 관련하여 육군본부 기록실에 문의한 결과, 기록실에서도 군법회의(군사재판) 기록을 영구보관하는 것이 아니라 일정한 보관기간이 경과된 후에는 보관 중인 기록을 폐기하고 있기 때문에 현재 귀하께서 요청하신 군법회의 기록을 보관하지 않고 있다고 합니다. 다만 기록실에서도 판결문의 경우는 영구보관하고 있지만, 현재 보관 중인 판결문 중 가장 오래된 것이 1954년도의 판결문으로서 그 이전의 판결문은 보존되어 있지 않다고 합니다.

따라서 귀하께서 요청하신 위 기간 중의 귀하에 대하여 시행한 군법회의 기록을 찾는 것은 현재로서는 어려울 것으로 판단됩니다.

4. 귀하께 도움을 드리고자 많은 노력을 하였으나 실질적인 도움을 드리지 못해 대단히 죄송하오며, 이 내용에 대하여 궁금한 사항이 있으시면 031-953-5442으로 연락하여 주시면 성심 성의껏 답변드리겠습니다. 끝.

육 군 제 1570 부 대 장

가짜 소령에 국제고등간첩으로 몰린 결사 제11연대 작전참모겸 미8군 커크랜드 기동부대 작전처장 전인식 소령이 육군 제1사단 군법회의(군사 재판)에서 무죄로 판명되어 즉시 석방하라는 재판장(김동빈 대령)의 명령으로 석방된 관련 사실의 확인을 요구하는 것에 대하여 동 군법회의에는 1954년 판결문 이외의 기록은 전혀 없다는 기막힌 회답이다. 억울하게 죽도록 고문만 당한 것이다. <2004.10.13 발송>

회 원 통 신

2005. 9. 28

수 신: 회원, 유가족 귀 하

귀하의 건강과 가족의 균안을 삼가 기원합니다.

1. 이미 긴급통신으로 알려드린 바와 같은 임시 총회를 개최하고 그 의결 사항을 보고 드립니다.

일 시 : 2005. 9. 27 10:40 **장 소** : 서울중앙 지방법원 "로비"

참석자 : 전인식, 차주찬, 최윤우, 권태종, 홍금표, 김용필, 조시형, 장지영, 임병기, 안병희, 임병화, 윤경준, 최희철, 이영진, 김항태, 전영도, 황태규, 임동욱, 박용주, 김중신, 박승록, 송세용, 김송규, 김대섭, 호성진 子, 김종각 子, 권처홍 子 (무순) 계 27인

본 회 회칙 제11조 제1항 및 제4항에 의거 성원 및 의결 함.

① 회칙 개정 안 : 회장 신구조문 설명 후 **만장일치 가결** 선포

② 헌법소원 관계 설명 : **전 대법관 박준서** 변호사 (**로펌 廣場소속**) (전인식과 동창 후배) **전 법원장 권광준** 변호사 두 분이 **헌법소원을 무료로** 변론하시기로 전인식에게 통지하였음을 보고.

※ 따라서, 회원에게 통지한 **헌법소원 경비 30만원**(예상) **송금은 취소합니다.**

③ 공로자로 인정된 129명 중 대부분이(소송참여자 44인 제외) 공로 보상금을 수령했다는 사실을 보고 함.

※ 구미시 거주, (고) **정학문 중위**(11연대)**의 부인 장일남씨가 50만원을** 회장에게 고맙다는 인사로 보낸 것을 2005.11.9 54주년과 전적비 건립 15주년 행사에 보태기로 하겠다는 보고 (장일남씨를 특별 초청키로 함)

④ 소송관계를 보고하고, 위자료 청구소송보다 **헌법소송이 더 중요함을 보고 함**

⑤ 개정회칙에 따라 원로급인 **참여회원**(元老) 선임을 개정 회칙 제9조 제4항 및 제5항에 따라 회장이 부의 함.

1) **회장선거** : 전원 유임 제청으로 全仁植 만장일치 회장에 취임

2) **참여회원** : 권영철 1986~2005 까지 20년간 3,710만원 지원함 만장일치
김용필 1988~2005 까지 18년간 1,584만원 지원함 (〃)
류해근 (예) 중장 1990~2005 까지 전적비 건립 有功 및 명예회원(15년)으로 327만원 지원, 만장일치
위 3인의 참여회원을 만장일치로 선임

3) **부회장 선임** : 차주찬 예비역 소령(감사)을 만장일치로 선임

4) **감사 선임** : 이사 송세용을 감사로 만장일치 선임

5) **이사 선임** : 회장이 이사 최윤우, 이사 홍금표, 이사 안병희, 친목회 부회장 임동욱을 "이사"로 제청하고 만장일치로 선임한 다음, 나머지 이사 1석은 회장단과 이사 연석회의에서 선임하기로 의결함

2. 백골병단 전적비 좌측에는 **무명용사 追慕碑**가 우측에 새로 **忠勇碑를** 2006.6 현충행사시 제막하기로 의결 함. 윤창규 대위, 현규정 대위, 허은구 소위 외 1명의 충용을 기리고자 함. **左右 균형 유지 등을 위한 최종 사업!!**

3. 2005.11.8 10시 재판시에는 국방부의 자료 제출심리가 있으나, 친목회원 등은 전적비 건립 15주년 행사(육군회관)및 개선 54주년 행사와 겹침으로 **행사 비참여자가 되도록 참관하도록 하고**, 친목회 회원 등은 강원도 전적비로 갈 것을 합의 하다.

4. 형편이 어려우신 전우께서는 **공로 보상금을 받아쓰도록** 할 것을 권고함.
우선 : 최희철, 김송규, 전영도 회원 등이 묵시적으로 동의 함.

5. **白骨兵團 記念事業會**는 모두 22명 중 1,630만원(금액 미정 7명)이 약속되어 현재로서는 기금의 부족으로 사업을 재검토해야 하겠다는 보고를 함.

6. **친목회 강원도 여행 계획**

2005.11.8 10 : 00 본회 사무실 출발(대형버스)
15 : 00 전적비 도착 · 참배, 16:30 전적비 탐방 기타
17 : 30 만찬 연회장 도착
특식 만찬(군부대 지휘관 초청)
11.9 07 : 30 백담사 숙소 출발
11 : 30 육군 회관 도착 **12시 정각 기념행사**

※ **친목회 미가입 회원의 참가비 : 120,000원**(남녀 불문)(육군회관 참가비 30,000원 全員 별도)

2005.10.26까지 준비관계로 송금 신청을 마감 합니다. (친목회 미가입 회원)
신청 계좌 : (국민은행) 762301-04-035024 전인식 입니다.

※ **특별식 만찬**은 군부대와 협의하여 **바비큐** 2~3마리와 **캠프 화이어**를 즐기는 방법(장병과 함께)을 검토 중입니다.

※ **=백골병단의 실체=** **오십사년을 기다렸다** 의 책을 9.27 재판부에 증거물로 제출 접수 되었으며, 출판사 영업담당의 서신으로 책 값을 47명(1,513,000원 : 평균 32,190원)이 송금해주시어 많은 보탬이 되었다는 인사를 대신하였습니다.

회장 인사 : 미력한 이 사람을 다시 선임해주시어 더욱 무거운 책임으로 받아 드려 최선을 다 할 것을 회원 여러분에게 다짐합니다.

육군본부 직할 결사대 전우회 회 장 전 인 식

2005. 12. 27. 서울민사지방법원 합의 18부에서 열린 백골병단 출신 전인식 외 28명에 대한 선고 공판에서 국가의 불법행위가 있은 날로부터 50년이 지나 증거가 불충분하고, 두 번 군대에 징소집 된 것도 또한 증거가 불충분하다 하고, 국가의 책임은 시효가 10년이므로 청구를 모두 기각한다는 것에 대한 울분의 반박문. 항소, 대법원 상고 모두 패소했다.

참담하고 한(恨) 서린 날

지난 2005년 12월 27일 오후 1시 50분에 개정된 서울 민사 지방법원 합의18부에서 열린 법정(562호)에는 백골병단 출신장병(전우) 21명이 법정을 메우다 시피 참석하였다.

재판장은 개정 즉시 전인식 외 28명이 신청한 국가의 불법행위로 인한 배상사건을 선고하겠다고 말하고, 요지 다음과 같은 선고를 하였다.

첫째, 국가의 불법행위가 있은 날부터 50여년이 지나 증거가 불충분 하고,
둘째, 임시 장교로 임관 하였거나 군번을 받았다고 주장하나 명백한 증거가 없으며,
셋째, 두 번 군대에 징(소)집되어 복무하였다고 하나 이 또한 증거가 불충분 하고,
넷째, 국가를 위하여 봉사한 특별법이 제정되었다고 하더라도 국가의 책임은 10년간으로 시효가 완성되므로 **청구인의 청구는 모두 기각(棄却)한다.** 라는 장황(張皇)한 이유를 설명하였다.

〈반 박〉

첫째, 위(1)번 국가의 불법행위가 있었던 날부터 50여년이 지났기에 증거가 없다고 하나 **국가가 817명이나 되는 많은 애국청년을 훈련도 제대로 시키지 않고, 보급도 제대로 주지 않으며, 적 후방에 침투시킨 간접살인 행위**에 대한 증거를 말끔히 없앴기 때문임을 간과한 중대한 잘못이 있을 뿐 아니라 피고(국방부)가 반증할 책임을 원고에게 뒤집어 씌운 것은,
둘째, 대통령 명에 의하여 국방부 장관이 임명한 **임관사령장 등 물적 증거가 확실함에도** 이를 채증(採證)하지 않은 잘못이 있으며,
셋째, 두 번 군대생활을 한 것이 소위 **백골병단의 근무 기록을 부인하는** 판단은 2004. 3. 22 법률 7,200호로 공포된 특수 작전수행 공로자에 대한 군 복무 인정 및 보상 등에 관한 법률의 제정으로 명백해 졌음에도 이를 간과한 것은,
넷째, 국가의 불법행위를 안 날로 부터 10년의 공소시효는 그 **불법행위가 확인되어 법률이 제정 공포된 법률 7,200호의 공포**로 비롯되기 때문에 2004년 3월 22일이 시효의 기산일을 외면한 것은 잘못이 아닌지

따라서, 본건 판단은 **사실판단을 잘못한 것일 뿐 아니라 54년 전 국가의 불법행위**를 피해자인 국민에게 증거를 대라는 거증(擧證)책임을 돌린 것으로 …….

초록(草綠)은 동색(同色)이 아닌지 ……. ,

2006. 2. 1. 2006년도 회원 회비액과 외국여행(대만(자유중국)) 다이페이, 야류, 화렌 등 3박 4일간의 일정 등에 대한 회원통신문

육본 직할 백골병단 기념사업회

우 : 121-842 서울특별시 마포구 서교동 466-19 TEL. (02) 325-4896, 333-5214 FAX. (02) 338-1153

문서번호 : 육직 백골 기념 06-02-01.

시행일자 : 2006. 02. 01.

수 신 : 회 원 제 위 (회원 통신)

선결			지시	
접수	일자 시간		결재·공람	
	번호			
처 리 과				
담 당 자				

제 목 : 2006년도 회비 납부 안내 및 외국여행 일정 등 변경 안내

1. 귀하의 건강과 하시는 모든 일이 잘 되시기를 기원 드립니다.

2. 이미 안내해 드린바와 같이 2006년도 회비 납부를 거듭 안내 합니다.

1 구좌 헌성 회원 ········ 10 만원
2 구좌 헌성 회원 ········ 15 만원
3 구좌 헌성 회원 ········ 20 만원
5 구좌 헌성 회원 ········ 30 만원
12 구좌 헌성 회원 ········ 50 만원 (구좌 뒷면 참조)

납부 기한 : 2006. 2. 20 (기일 엄수 요망)
납부 구좌 : **1002-630-802054** (우리 은행)
(예금주 : 백골병단 기념사업회 또는 전인식)
< 여행과는 무관 합니다. >

3. 최근 결사 12연대 출신(일중) **박주대 동지**가 신규 입회를 신청(1. 31) 했으나, 가입원 미 제출로 이사회 승인이 되지 않았으므로 2구좌(200만원) 헌성금의 송금을 유보 시켰습니다. (이사님 께서는 전화로 협의 바랍니다.)

4. **외국여행 계획 변경** : 2. 20(월) ~ 23(목). 자유 여행사(549,000원+30,000원)을
→ 2. 23(목) ~ 26(일). 하나 투어 (549,000원 + 0원) (국내 최대)
으로 변경하고자 하오며, 일정표를 보내 드립니다.

※ 여권 사진 있는 쪽(편 것) 사본은 2월 7일 이전까지 보내 주시고, 참석 여부는 이 서신 접수 즉시 전화로 알려주십시요.

이상 긴급 안내 드리며, 2006년도 회비 부담과 여행경비의 일부 지원은 전혀 별개의 것이므로 착오 없으시기를 바랍니다.

육본 직할 백골병단 기념사업회 회 장 전인식

육본 직할 백골병단 기념사업회 출연금 현황

육본 직할 백골병단 기념사업회

2006. 1. 31. 현재

성 명	출 연 구좌수	출연금액 (만원)	납부 금액 (만원)	미납 금액 (만원)	비 고
全仁植	12	1,200	1,200	0	(완납) ⑪
權寧哲	5	500	500	0	(완납) 12/19 ⑪
金容弼	5	500	500	0	(완납) 12/12 ⑫
林東郁	5	500	500	0	(완납) 12/19 ⑪
洪金杓	5	500	500	0	(완납) 12/8 ⑪
車周燦	3	300	300	0	(완납) 12/9 ⑪
宋世鏞	3	300	300	0	(완납) 12/8 ⑫
安秉熙	3	300	300	0	(완납) 12/8 ⑫
張之永	3	300	300	0	(완납) 12/9 ⑪
崔潤宇	3	300	300	0	(완납) 12/9 ⑪
~~徐聖礎~~	~~3~~	~~300~~	~~0~~	~~300~~	⑬
李永九	3	300	0	300	⑫
崔熙哲	3	300	300	0	(완납) 12/10 ⑪
權泰鍾	2	200	200	0	(완납) 12/8 ⑪
金宋奎	2	200	200	0	(완납) 12/9 ⑫
金寅泰	2	200	200	0	(완납) 12/14 ⑪
金鍾浩	2	200	200	0	(완납) ⑫
李翊宰	2	200	200	0	(완납) 12/9 ⑫
林炳華	2	200	200	0	(완납) 12/9 ⑬
丁東鎭	2	200	0	200	(유족) ⑪
高悌和	1	100	100	0	(완납) 12/8 ⑬
金成亨	1	100	100	0	(완납) 06. 1/25 ⑪
소 계	72	7,200만원	6,400만원	800만원	

성 명	출 연 구좌수	출연금액 (만원)	납부 금액 (만원)	미납 금액 (만원)	비 고
金重信	1	100	100	0	(완납) 12/9 ⑪
金亢泰	1	100	100	0	(완납) 12/9 ⑪
金洪泰	1	100	100	0	(완납) 12/9 (유족) ⑫
文泰眞	1	100	100	0	(완납) 06. 1/31 (비소송) ⑪
朴勝錄	1	100	100	0	(완납) 12/9 ⑪
朴用周	1	100	100	0	(완납) 12/9 ⑫
裵善浩	1	100	100	0	(완납) 12/12 ⑬
梁元錫	1	100	100	0	(완납) (비소송) ⑪
吳錫賢	1	100	100	0	(완납) (비소송) ⑪
吳正涉	1	100	100	0	(완납) 12/12 ⑫
尹慶俊	1	100	100	0	(완납) 12/12 ⑪
李榮珍	1	100	100	0	(완납) 12/13 ⑪
李長福	1	100	100	0	(완납) ⑬
林炳基	1	100	100	0	(완납) 12/9 ⑫
張日南	1	100	100	0	(완납) (유족) (비소송) ⑪
張喆翼(미국)	1	100	100	0	(완납) (비소송) ⑫
全永燾	1	100	100	0	(완납) 12/9 ⑪
趙詩衡	1	100	100	0	(완납) 12/14 ⑪
河泰熙	1	100	100	0	(완납) 12/19 ⑪
玄再善	1	100	100	0	(완납) 12/9 ⑪
扈成振	1	100	100	0	(완납) 12/14 ⑪
黃泰圭	1	100	100	0	(완납) 12/12 ⑪
소 계	22	2,200만원	2,200만원		총 94좌

육본 직할 白骨兵團 기념사업회 2006 하계 연수회

※ 출 발 : 2006. 7. 26. 08 시 서교동 사무실 → 7. 28. 20시 서교동 도착 해산.

참 가 자

전인식, 김용필, 임동욱, 차주찬, 송세용, 안병희, 장지영, 최희철, 김송규, 임병화, 권태종, 김중신, 박승록, 오석현, 윤경준, 이영진, 황태규. **소계 : 17 인**
이의재 장군, 김용필 부인, 김효정 대리(회사) : 20 명, 차량 안내양, 기사. 계 : 22 인

(7/26) 서울 → 서해대교 → 당진 → 합덕 → 예산시 수덕사 관광(점심) → 사슴목장 방문 → 홍성군 → 광천→ → 보령시 → 웅천 → 서천군 → 군산시 → 김제시 → 부안군(변산반도 국립공원 일주) → 고창군 선운산 도립공원(선운산 관광호텔 숙박)(풍천 장어 식)

(7/27) 고창(선운산) → 영광군 → 함평군 → 목포시 → 진도대교(관광) → 해남군 → 땅끝 마을 도착 → 땅끝 전망대 관광 → 땅끝 마을 회정식 식사 <전인식 77회 생일 축하> → 강진군 다산 정약용 선생 초당 견학 → 장흥군 → 보성군 녹차밭 관광 → 벌교 → 순천시 → 조계산 송광사 관광 → 승주군 → 구례군 지리산 그랜드호텔 숙박(회원 일동 전인식에게 행운의 열쇠(금) 증정!, 운전기사 케익 선물(만찬 77회 생일))

(7/28) 구례 산수유 농장 견학 → 남원시 춘향사당 관광 → 완주군 죽림 온천욕 → 전주시 고궁 한정식 비빔밥 점심 → 고속도로에 진입 논산에서 5명 하차 → 평택 지나서 1명 하차 → 서울 도착 20시 해산

찬조금 기타 <**이의재 장군**, **방상분 여사** 여행 경비 20만원씩 납부>

전인식 : 특별찬조 600,000원, **김용필** : 찬조 100,000원과 술 3병(大), 과자, 과일 등(3 BOX), **차주찬** : 결혼 축하 등 찬조 100,000원, **오석현** : 뽕나무 오디주 1병(大), **장지영** : 전인식에게 스틱 선물, **차량 운전사** : 전인식에게 축하 케익 선물

회 계 찬조금 계 800,000원, **집행 잔액 721,200원**(기념사업회 잡수입으로 처리)

※ **백골 용대 장학회 또는 육백 장학회**라는 등 명칭으로 용대리 이장, 인제군 북면장, 백담 초등학교장, 703 특공대대 주임상사, 전우회 추천 1인. 계 5 인의 이사로 구성한 장학 위원에게 운영 권한 일체를 부여하여,

① 1년에 용대 3리 등에서 학생 2 ~ 3 명, 그곳 주둔 군인 가족 중 1 ~ 2 명. 계 3 ~ 4 인을 선발하여 매년 15 ~ 20 만원씩을 장학금으로 지급함 (년 60 ~ 80만원 소요)
② **기 금** : 2,000 만원, 4 ~ 5 % 이자 80 ~ 100 만원으로 운영함.

이상의 장학 사업은 용대 3 리 부락민에게 우리 전적비를 고마운 전적비로 영원히 기억되게 하고자 하는 것으로 회원 여러분의 찬반을 별첨 서면 결의로 의결해 주시기 바랍니다.

※ 첨 부 : 용대 장학회(?) 설치 안 서면 결의 안 1부

육본 직할 白骨兵團 기념사업회 회 장

2006. 5. 16 헌법재판소 제3지정재판부는 사건 : 2006 헌바 35
6.25 전쟁중 적후방지역 작전수행공로자에 대한 군복무 인정 및 보상 등에 관한 법률 제2조 제1호 중 동년 4월사이에 부분등이 위헌이란 소송(청구인 전인식) 사건을 전원 재판부의 심판에 회부한다는 결정을 하였다. 2008. 10 현재까지도 헌법재판 연구관의 검토가 진행 되고 있었으나, 10월 30일 별면과 같이 결정하였다.

JUN. 7.2006 9:34AM LEE & KO NO.078 P.3

헌 법 재 판 소

제3지정재판부

결 정

사 건 2006헌바35 6·25전쟁중적후방지역작전수행공로자에대한군복무인정및보상등에관한법률 제2조 제1호중 동년 4월 사이에 부분 등 위헌소원

청 구 인 전 인 식
대리인 법무법인 광장

이 사건에 관하여 헌법재판소법 제72조 제4항의 규정에 의하여 아래와 같이 결정한다.

주 문 이 사건을 재판부의 심판에 회부한다.

2006. 5. 16.

재판장 재판관 주 선 회

재판관 김 효 종

재판관 이 공 현

2008. 10. 30. 헌재는 2년여만에 시혜성 입법이란 이유로 재판장 : 이강국, 재판관 : 이공현, 조대현, 김희옥, 김종대, 민형기, 이동훈, 목영준, 송두환 등 전원이 별면과 같이 합헌으로 결정하였다. 법과 진실은 동전의 양면과 같은 것은 아닌지……

헌 법 재 판 소

결 정

사 건	2006헌바35 6·25전쟁 중 적 후방지역 작전수행 공로자에 대한 군복무인정 및 보상 등에 관한 법률 제2조 제1호 중 동년 4월 사이에 부분 등 위헌소원
청 구 인	전인식 고양시 덕양구 화정동 95-1 별빛마을 1005동 1102호 대리인 법무법인 광장 담당변호사 박준서
당 해 사 건	서울고등법원 2005누20766 보상금

주 문

'6·25전쟁 중 적 후방지역 작전수행 공로자에 대한 군복무인정 및 보상 등에 관한 법률'(2004. 3. 22. 법률 제7200호로 제정된 것) 제2조 제1호의 '1951년 1월부터 동년 4월 사이에'부분과 제2조 제2호의 '육군본부직할결사대 소속으로' 부분은 헌법에 위반되지 아니한다.

이 유

1. 사건의 개요와 심판의 대상

가. 사건의 개요

2007.9.8부터 9:10까지 2박 3일간 백골병단 기념사업회 회원 및 명예회원의 하계 국내 심신단련 여행 계획을 회원에게 보낸 자료 일부

2007년도 국내 여행 계획

예정일정 : 2007. 9. 8 ~ 9. 10까지(2박 3일간)

참가범위 : 기념사업회 회원과 비회원 및 명예회원

참가인원예상 : 20인 ~ 25인

참가비 : (개인부담) 1좌 100,000원 × 7인 = 700,000
2~3좌 80,000원 × 8인 = 640,000
5~12좌 60,000원 × 7인 = 420,000
외부인사 100,000원 × 2인 = 200,000
} 1,960,000원(24인)

예산서 = 25 × 100,000 = 2,500,000원

소요경비(추정)

차량대절 (500,000+ 100,000) × 3일 = 1,800,000원 (29인승리무진)
점심 3회 × 25인 × 8,000원 = 600,000 + 50,000 = 650,000원
저녁 2회 × 25인 × 25,000원 = 1,250,000+100,000 = 1,350,000원
숙박 2회 × 25인 × 20,000원 = 1,000,000
고속도로 통행료 100,000
예비비 300,000 **계 5,200,000원**

(예산서 = 25인 × 200,000=5,000,000원)

예정 일정 : 9. 8 08시 마포 출발

(제1일) 서울출발 → 하남 → 광주 → 진천 → 증평 → 大田(회덕Jct) → 김천(직지사) → 구미 → 大邱(남대구) 점심 → 고령(백화고분) → 거창 → 함양 → 산청 → 晋州(촉석루) → 남해(남해대교) → 사천 → 고성(거제대교) → 통영(충렬사) → 거제(포로수용소) → 統營 숙박 회정식

(제2일) 9. 9 통영에서
통영 → 고성 → 진주 → 함안 → 마산 → 창원 → 김해(김수로왕릉) → 양산(통도사) → 언양 → 울산 → 감포(문무왕수중릉) → 경주(불국사) → 구룡포 점심(회정식) 또는 포항 → 영덕 → 평해(후포항) 백암온천 또는 안동(도산서원) 숙박(산채식)

(제3일) 9. 10 평해 또는 안동에서
영주 → 풍기 → 단양(고수동굴) → 忠州(탄금대) → 장호원 → 이천(이천온천) → 광주 → 서울
17~18시경 도착

<참고> 상기 일정, 행선·숙박지는 변경 될 수 있습니다.

2007년도 제8차 이사회의 결과를 회원여러분에게 보고하였다. 이 회의에서 회칙 일부를 개정(회칙 제14조 제2항)하여 명예회장을 2인 추대하는 등을 의결하였다.

=조 국 의 자 유 와 평 화=

육본직할 白骨兵團 기념사업회

선결			지시		
접수	일자 시간		결재·공람		
	번호				
처 리 과					
담 당 자					

문서번호: 육직 백골 07-08-02호

시행일자: 2007. 8. 17

수 신 자: 회 원 제 위

참　　조:

제　　목: **2007년도 제8차 이사 회의 결과보고**

1. 귀하의 건강과 가정이 평안하시기를 기원 합니다.
2. 2007년도 제8차 이사 회의 결과, 기타 사항을 보고 드리오니 우리 사업회의 발전과 회원 상호간의 친목과 단결을 위하여 적극적인 협조를 부탁드립니다.
3. 2007년도 국내 여행 계획
   가. 일 시 : 2007. 9. 8(토) ~ 9. 10(월) (2박 3일간) (예정대로 집행)
   나. 장 소 : 경남, 경북, 강원도 남부, 충청북도 일원
   다. 참가 신청인원 : 15명(외부 : 가족 1인, 간병인 1인 별도)
   (참가자 : 전인식, 임동욱, 송세용, 안병희, 이익재, 권태종, 임병화, 장지영, 김송규, 차주찬, 김중신, 오석현, 김용필, 윤경준, 최희철, (가족 ①, 간병 ①)
4. 년 회비 미납자에 대한 대책
   본회 회칙 제9조(회비) ③항 및 제8조④항에 의거 특단의 조치를 할 수 있으나 회원 상호간의 유대와 친목을 유지 발전 시키기 위하여 회칙 제9조를 개정 하였음을 알려드립니다.
5. 회칙일부를 개정하여 건강과 연로하신 권영철 부회장과 김용필 이사(전 부회장)를 명예회장으로 추대 하였습니다.
6. 기념사업회 홍보비는 본회 기금에서 적절히 집행할 수 있도록 이사회에서 합의하였습니다.

<참고사항> 김용필 명예회장께서 이사회의 후 식대 18만원을 부담해 주셨습니다. 감사드립니다.

영광의 세월 책 77권을 862,400원(정가 70%)으로 구입(회비로)하여 각계요로와 우리회원에게도 보냈습니다. 이에 협찬하신 회원은 다음과 같습니다.

※ 책 대금 협찬자 : 16명

(무순)

홍금표 (5만원)	김중신 (2만원)	최희철 (1만5천원)	이영구 (1만5천원)
송세용 (〃)	김용필 (1만5천원)	박용주 (〃)	차주찬 (〃)
전영도 (2만원)	이영진 (〃)	권태종 (〃)	안병희 (5만원)
장지영 (〃)	김종호 (〃)	이익재 (〃)	최윤우 (〃)

※ 2007. 8. 14 현재 회비 미납 회원은 다음과 같습니다.

(무순)

김성형 (20만원), 문태진 (20만원), 오정섭 (20만원), 임병기 (20만원),
조시형 (20만원), 호성진 (20만원), 김홍태 (20만원), 장일남 (20만원),
장철익 (20만원), 정동진 (15만원), 양원석 (10만원 부족)

2007. 8. 27까지 납부하시어 회칙에 의한 처분을 받지 않도록 하심을 바랍니다.

< 주 > 국내외 여행은 우리회원 상호간의 친목과 건강유지를 목적으로 우리회 기금에서 50% 상당을 지원하며, 가족동반도 권하고 있는데 여러분께서 건강 기타 관계로 참여 하시는 회원이 적어 매우 안타깝게 생각하며 이 사업을 재검토해야 할 것 같아 회장인 본인이 제8차 이사회에서 폐지안을 발의한 바도 있음을 알려드립니다.

육본직할 白骨兵團 기념 사업회 회 장

담당 : 대리 송미정　사무국장(이사) 차 주 찬　회 장 전 인 식

시 행 : 육본직할 백골기념사업회 제07-8-2호(2007. 8. 17.)　접 수 (　　　)

우 121-842 서울특별시 마포구 서교동 466-19　http://www.beackgol.co.kr

전화 02) 325-4896(직), 02) 333-2381~2　전송 02) 338-1153

2007. 11. 19 예산거주 문형식이 전화로 문의 한 것에 대하여 본회 회장이 신분상 문제를 자세히 회답하였고, 그 뒤 참전자명단의 확인요구에 대하여 국군 제9965부대는 2007. 12. 3 조차원 외 20명(최희철, 조영택, 박주대, 최종민, 신진호, 서승초 등 포함)의 참전자 명단을 확인 한 뒤 2008. 4. 1 국방정보사령관에게 친전으로 참전자명단 제출 협조를 청원하였던바, 담당자가 직접 본회를 방문 지참하여 복사본 일부를 인수하여 60년사 명단에 기록하였음.

우 체 국

<국내등기우편물>
발 송 인 : 121-839 육본직할 서울 마포구
통 수 : 1통
요 금 : 1,930원(수납요금:1,930원
우표첨부 : 0원)

등기번호	요금	수취인
1105605108111	1,930	135600 국방정보사령관

익일특급

=조국의 자유와 평

육본직할 白骨兵團 기

문서번호 : 육직 백골 08-04-01호

시행일자 : 2008. 4. 2

수 신 자 : 국방정보사령관 님

(국군 제9965 부대장) **친전**

선결			
접수	번호		
처리과		공람	
담당자			

제 목 : **6.25 당시 적 후방에서 작전한 육군본부 직할 결사대(백골병단) 소속 참전장병의 명단 협조 청원**

---

1. 1951. 1. 4 미 8군 정보연락장교단 단장의 명에 따라 대구소재 육군 보충대에 대기중인 의용경찰, 철도경비경찰, 군 낙오병, 학생 및 애국청년 약 6,000여명 중에서 800여명을 선발하여 육군정보학교(제7훈련소)에 입교시켜 3주간의 유격특수교육을 시킨 뒤 1951. 1. 30부터 적진 후방지역에 침투케한 결사 제11연대 363명(연대장 육군중령 채명신) 외 결사 12연대 330명, 결사 13연대 124명 등 참전 장병의 명단을 찾고자 하는 청원입니다.

   〈주〉 참전자는 6.25 전쟁중 적후방지역 작전 수행공로자에 대한 군복무인정 및 보상 등에 관한 법률(법률 제7,200호) 제4조에 의거 **참전당시의 계급으로** 현역근무(군번은 51-00000로 새로 부여) 인정 받았음(병무청 기록)

2. 이와 같은 요청을 하게된 근거는 2005. 7. 28 (망)문원영(결사 12연대 소속)이 특수임무수행자 보상 심의 위원회에 보상금 신청서를 접수 시킨 것에 대하여 다음과 같이 명단이 존안 되었음이 판명·통보되었습니다.

   (1) 보상결정서 특보위 보상 제07-9-부-366호(2007. 9. 18) 결정이유에서 **결사 유격 제12연대는 군첩보부대로 볼 수 없으므로** 신청을 기각함. 이라고 결사 유격 부대명을 명시 하였고,

   (2) (망)문원영의 조카 민원인(문형식)이 요구한 전사확인서 발급요구를 국군 9965 부대장이 보훈실-820(2007.9.10)로 **육군본부 직할 유격 결사대 "백골병단" 근무는** 특수임무수행자 보상심의 위원회 "**비대상자**" 로 판단하고, 전사 확인서를 발급 할 수 없다고 통지하였습니다.

(3) 이에 우리 전우회가 육직 백골 07-11-03호(2007.11.22)로 귀 부대에 미8군 정보연락장교단 예하 결사유격대원의 명단을 조회요구(22명) 하였습니다. 이에 대하여

㉮ 귀 부대 보훈실-1171(2007. 12. 03)로 조차원 등 21명(정규련 제외)의 성명과 당시의 연령 및 군번(2명 미상) 등이 통보되었으므로 귀 부대 내에 결사 유격대의 명단이 존안 되어 있음이 분명해졌습니다.

㉯ 2008. 3. 18 육직 백골 08-03-05호로 결사대 참전자 관련 정보 협조 요구를 또다시 제출 하였던바 귀 부대내 "고모과장"이 2008. 3. 21, 08:30 특임자 처리 TF 이상용 부장에게 우리회의 협조 요구서를 이송하였다는 전화가 있은 뒤 2008.3.26, 08:30에는 국방부 인사복지 본부장 참조 인사관리팀장에게 확인해 보는 것이 좋겠다는 2차 연락을 전화로 받은 바 있습니다만 정식 문서를 받은 바는 없습니다.

3. 작금 서해의 참수리 해군전몰용사에 대한 국가적 현충 추모행사가 거행되고 있고, 국방부 유해발굴 조사단이 6.25 당시의 전사자 유해를 발굴하여 명예선양과 추모를 하고, 6.25 참전용사를 6.25 **국가유공자**로 법을 개정하여 명예를 선양하고 있음을 비추어 볼때 6.25 당시 적진 배후에서 혁혁한 무공을 세운 800여 참전장병의 명단만이라도 찾고자 하는 요구는 너무나 당연한 협조 요구가 아닌가 확신하오니 귀하께서 깊은 관심으로 지도와 협조를 부탁드립니다.

4. 이 청원은 일명 백골병단 참전장병 800여명의 명단만이라도 찾아 그분들의 **우국충정**과 **장한 "얼"**을 **우리들 육군본부 직할 결사대 참전 60년사**에 자랑스럽게 **기술·발행하여** 그 명예를 영구히 선양하고자 하는 원고 작성에 꼭 필요한 것이오니 되도록 빠른 시일안에 원본 또는 복사본을 주시기 바랍니다.

육본직할 白骨兵團 기념 사업회 회장

담당: 과장 송미정 사무국장 : 이사 차 주 찬 회 장 전 인 식

시 행 : 육본직할 백골병단 기념사업회 제08-04-01호(2008 4. 2.) 접 수 ( )

우 121-839 서울특별시 마포구 서교동 377-2 http://www.beackgol.co.kr

전화 02) **325-4896(직)**, 02) 333-2381~2 전송 02) 338-1153

2008. 1. 25 제10차 이사회 회의록 60주년 기념 사업계획 등이 논의 되었다.

제 10 차 이 사 회 회 의 록

일 시 : 2008. 1. 25. 11시 ~ 12시

장 소 : 본회 회장실

참석이사 : 5명 : 전인식, 장지영, 최윤우, 안병희, 차주찬 이사,
송세용 감사, 김용필 명예회장,
(위임) 홍금표, 임동욱 이사, 불참 권영철 명예회장

사무국장 : 총 7명 중 5명 참석과 위임 2명으로 성원됨을 보고하다.
의 장 : 개회를 선언하다.(참석자 중 감사 1인, 명예회장 1인 별도)

회의 안건
사무국장 : 업무 보고를 하다.
2007년 결산을 보고하다.
의 장 : 이의 여부를 묻다.
일 동 : 찬동하다.
의 장 : 업무보고 및 2007년 결산의 건은 원안대로 가결되었음을 선포하다.
의 장 : 2008년 정기총회 계획을 보고하다.
2008. 2. 20. 12시 국방회관에서 개최키로 함을 보고하고 참가비는 1인당 20,000원 이상임을 제의하다.
일 동 : 찬동하다.
의 장 : 2008년도 주요 사업 계획(안)을 설명하다.

60주년 기념 사업계획

2011년이면 우리들 백골병단 창단 60주년이 됩니다.
그간의 역사 자료를 종합 정리하여 60년사를 발간 하여 관계기관 및 전국 도서관에 영구 비치케 하여 우리들의 위상을 고양함은 물론 군사 및 역사 자료로 활용토록 하고자 하는데 이 사업에는 방대한 자료 수집과 예산이 소요될 것이고 능력과 경험이 많은 인재가 집필해야 하나 우리 기념사업회는 능력이 없어 외부인사로 용역팀을 구성하고자 합니다. 선정된 예상 인사로는 최초로 전사확인을 담당 건의한 소병성 예비역 중령과 군사 연구실 연구관 서정의 예비역 중령, 소설 백골병단의 저술인 이원복 작가와 교육 사령관 재임시 우리들의 정보학교 교육근거를 발굴 해주신 류해근 장군 등으로 구성하는 것이 좋겠다고 보고하다.

일 동 : 기념사업 용역팀 접촉을 논의 하되, 예산 문제를 걱정하다.
안병희 이사 : 60주년 사업 총 예산은 총 얼마나 될 것인가를 묻다.
의 장 : 현재는 알 수 없으며 고급지로 특수인쇄하고 원고 집필 용역비를 고려하면 2~3천만원의 예산이 소요 될 것임을 말하다.

의 장 : 2008년도 여행 건을 상정하다.
2008년도 60년 기념사업 1차년은 우선 100만원으로 하고 해외여행은 4월에 태국 또는 중국으로 하되 430만원 지원으로, 국내 여행은 9월에 휴전선 탐방으로 224만원을 지원 하고자 함을 보고하다.
해외여행은 본인 부담금을 300,000원 정도로 수정 할 것을 설명하다.
일 동 : 찬동하다.
의 장 : 현충행사는 6월5일로 하고 예산 절약을 위해 고급 리무진 차량을 지양하기로 한다고 보고하다.
일 동 : 찬동하다.
의 장 : 2008년도 회비는 30인으로 예정하고 평균 15만원씩 450만원으로 전년도 506만원 보다 작게 예상하고, 1구좌 회원 20만원, 2~3구좌 회원 15만원, 5구좌 이상회원 10만원 정도가 어떤가를 묻다.
일 동 : 찬동하다.
의 장 : 2008년도에는 기금으로 저축된 3,500만원 중 700만원을 전입 받아 사용하면 2009, 10, 11년 3개년에 약 2,400만원을 쓰게 되니까 기금은 2011년으로 바닥이 날것이니 60년사에 개인의 기록 수단(사진 포함) 할 자는 최소 30만원이상을 찬조해야 함을 말하고 별도 특별회계로 처리 해야함을 말하다.
(3좌이상 12인, 2좌 6인, 1좌 12인, 소계 4,500,000원)
일 동 : 참으로 어려운 일이라고 걱정을 말하다.
의 장 : 우리가 60년간의 발자취를 남겨야 함을 강조하다.
일 동 : 찬동하다.
의 장 : 기타 간담회는 속개 연회에서 처리하기로 하고 폐회를 선언하다.

이상과 같이 제10회 이사회를 개최하고 회의록을 작성, 사무국장 차주찬과 감사 송세용이 기명날인하다.

2008. 1. 25

이 사 : 차 주 찬

감 사 : 송 세 용

＝조 국 의 자 유 와 평 화＝

육본직할 白骨兵團 기념사업회

선결			지시		
접수	일자 시간		결재·공람		
	번호				
처 리 과					
담 당 자					

문서번호 : 육직 백골 08-01-03호
시행일자 : 2008. 1. 31
수 신 자 : **회 원 제 위**
참 조 :

제 목 : **백골병단 참전 개선 57주년 기념행사 및 정기총회**

1. 귀하의 건강과 사업의 번영과 건강을 기원합니다.
2. 2007년도 사업보고 및 2008년도 사업계획 및 세입 · 세출 예산안이 지난 2008. 1. 25이사회의에서 가결되었습니다.
   ※ 회비는 2007년 506만원 수입을 2008년도에는 450만원으로 축소 예정하고 **1구좌 회원 20만원**, **2구좌 회원 15만원**, **3구좌 이상 회원 10만원**으로 예정했으며,
   (가) 2011년이 백골병단 창단(참전) 60주년이므로 60년사 발간과 각종 기념사업을 제대로 계획 · 실시 해야 하겠습니다.
   즉, 우리회원의 이력과 경력 가족사항 참전기록 전우회 활동 상황 등도 모두 수록할 예정입니다.
   (나) 현재 예산 잔액은 700여만원인데 회비를 수입한 450만원을 다 쓰고도 예치된 3,500만원 중, 700여만원을 또 잘라쓰면 2,800만원이 남게되는바, 이 돈은 회비 징수부족으로 약 3년간이면 끝장이 날 듯합니다.
3. **2008년 정기 총회** 일정은 다음과 같습니다.
   일 시 : 2008. 2. 20. 12시
   장 소 : 국방회관 (중식 1인당 25,000원)
   회 비 : 20,000원 이상

우리회원께서는 11시 40분까지 입장해 주시기 바라며, 검은색 겨울 모자와 정장을 부탁드립니다.

이상과 같이 보고 및 안내 드립니다.

육본직할 白骨兵團 기념 사업회 회 장

담당 : 과장 송미정 사무국장 : 이사 차 주 찬 회 장 전 인 식
시 행 : 육본직할 백골병단 기념사업회 제08-01-03호(2008.1.31.) 접 수 ( )
우 121-839 서울특별시 마포구 서교동 377-2 http://www.beackgol.co.kr
전화 02) 325-4896(직), 02) 333-2381~2 전송 02) 338-1153

人 事 말 씀

尊敬하는 貴賓님과 우리 戰友 會員여러분!!

오늘은 6.25 한국전쟁에 참전 · 개선 한지도 어언 57周年이 되는 날입니다.

새파란 靑少年이던 우리들이 징집이나 소집令狀 한 장 받지도 못한 채, 육군 보충대에서 **陸軍情報學校**에 입교하여 3週間의 군사훈련을 받고, **실탄 사격** 한번도 못해 본 우리들에게 中上士 以上의 계급과 軍番을 주어, 戰爭터에 투입했습니다.

영하 30도를 오르내리는 太白山, 五臺山, 雪嶽山脈을 잇는 준령에서 허리까지 빠지는 白雪을 헤치며 60余日間의 惡戰苦鬪는 이루 形言하기 어려우리 만치 **"고단하고" "苦行의 나날"** 이였습니다.

이때 2週日分의 **"미숫가루"** 가 바닥이나자 눈을 집어 먹고 敵兵이 가진 "콩 볶은 것 등" 의 비상식량을 탈취하여 먹고, 일부는 民家에 보관중인 種子용 "볏씨" "콩" "강냉이" "감자" 를 약탈하여 먹으며, 60余日을 견뎌냈으니 그 苦生은 이루 말 할 수 없는 逆境이였습니다.

及其也에는 굶고, 추위를 이겨내지 못해 120余名이 "단목령"일명, **박달재**에서 幽明을 달리했습니다.

이렇듯 함께 돌아오지 못한 戰友가 參戰者 총 817명 中 途中에 落伍된 170名을 除外한 **647名**(白骨兵團 편성자) 中 **56%인 363名**이나 되었습니다.

우리들 살아돌아온 284名 중에서도 病들고, 虛弱해져서 많은 戰友가 젊은 나이에 夭折하여 이제 겨우 60余名만이 남았으나 이분들 中에서도 20余名이 얼마 남지 아니한 실정입니다.

우리들의 꾸준한 努力으로 2004. 3. 2 국회 245차 임시회의 제11차 본회의에서 **6.25 전쟁 중 적 후방지역 작전수행 공로자에 대한 군 복무인정 및 보상 등에 관한 법률(안)**이 "한나라 구릅(姜昌熙)"의 主導로 만장일치 가결된 뒤 2004. 3. 22 **法律 第7,200호**로 公布되었으며, 그 시행령이 2004. 11. 11 **대통령령 제18,583호**로 公布되었으나 우리들 참전전우회가 요청한 **「勳 · 褒章수여 건의」「1계급 특진」** 그리고 **「轉役式거행」「추모제 등을 위한 豫算配定」** 등은 아직도 遼遠한 실정입니다.

"누구를 위한 參戰이며" **"누구를 위한** 죽음이였는지" **"누구를 위한** 苦行이였는지" 알다가도 모를 형편이 되었습니다.

이제 形便없던 軍集團이 **正式 軍人**의 身分이 주어졌고, 그때 못 받은 **月給 몇 만원**도 받고, 苦生했다는 **"위로 보상금"**도 조금씩 받았습니다.

晩時之歎은 있지만 "나라가 제정신을 차렸는가 했으나" 지난 10年의 **左傾정부**는 너무나 **"吝嗇"** 했습니다.

「**轉役式**」이 무슨 큰 돈 드는것도 아닌데(國軍의 날이나 6.25날 모이라고 하면 될터이고)「苦生했으니 **한 계급씩 올려 준다고** 해서 나라 돈 드는 것도 아니고」「**혁혁한 武功이** 증명되었으므로 훈장 1個式」준다고 해서 **생철조각**이나 **동판값 몇 만원**이면 될 터인데 그것도 못한다고 하니, 이런 기막힌 사연이 또 어디에 있겠습니까!!

나라가 危急하다고 해서, 나라를 구해야 한다고 나서는 **어리석은 놈이** 또 생길까요!!

우리들은 못나서 그렇게 戰爭터에 나갔으나 우리들의 **孫子들은** 그렇게 내보낼 수 없는 것 아닌가요?!!

歲月은 흐르고 흘러 57周年이 되었습니다. 20代 初의 靑年이 望 80을 헤아리게 되었습니다.

지난 넋두리를 해서 무엇하겠습니까만, 그래도 남길 것은 分明하게 歷史에 길이 남겨야 하지 않겠습니까!!……

존경하는 貴賓님과 會員여러분!! 너무 긴 長廣舌을 늘어 놓았습니다.

한편 즐겁고, 한편 원망스럽고, 한편 榮光스러운 날에 말입니다.

여러분의 健康과 여러분의 家庭에 瑞光이, 그리고, 光明이 臨하시기를 빕니다.

끝장을 보려면 건강해야지요.

감사합니다.

2008. 2. 20

※ 준비한 음식을 즐겁게 드시고, 좋은 **德談**을 서로 나누십시오.

육군 본부 직할 결사대(白骨兵團) 참전전우 기념사업회장 全 仁 植

2008. 2. 25 2008년도 정기총회 결과보고에 관한 내용 등과 육군본부 직할 결사대 60년사를 하기로 의결한 내용

=조국의 자유와 평화=

육본직할 白骨兵團 기념사업회

문서번호: 육직 백골 08-2-5호
시행일자: 2008. 2. 25
수 신 자: 회원 제 위
제 목: **2008년도 정기총회 결과 보고**

개최일시 : 2008. 2. 20 11시 ~ 15시
장 소 : 국방회관 5층 장미홀
참석인원 : 전인식(12), 김용필(5), 임동욱(5), 홍금표(5), 차주찬(3), 송세용(3), 최윤우(3), 장지영(3), 안병희(3), 최희철(3), 김인태(2), 권태종(2), 김송규(2), 김종호(2), 임병화(2), 이익재(2), 김중신, 박용주 오석현, 윤경준, 이영진, 황태규 각 1좌 계 22명 63좌 ( )출자좌수
위 임 : 권영철(5)
不 參 : 이영구(3), 정동진(2), 고제화, 김홍태, 장일남, 장철익, 하태희, 호성진, 조시형, 김항태, 박승록, 현재선, 양원석, 임병기, 배선호, 전영도, 김성형, 오정섭, 문태진㉺, 이장복㉺ 20인 23좌
총 43명 91좌 중 22명 63좌 참석 및 위임 1명으로 성원
재향군인회 朴世直 회장 대형화환, 김호기 · 박윤요 제씨의 축하 "난" 외

1. 2007년도 사업보고 접수
2. 2007년도 세입 · 세출 결산보고 만장일치 가결
3. 감사 보고 만장일치 접수
4. 2008년도 세입 · 세출 예산안 만장일치 가결
   2008년회원 회비 : 500만원 이상 출연자 100,000원
   2~300만원 〃 150,000원
   100만원 〃 200,000원입니다.
   우리은행 서교동지점 1002-630-802054 백골병단기념사업회로 송금요망 합니다.
   <**2008. 3. 31까지** 부탁드립니다.>
5. 2008년도 현충행사는 **2008. 6. 5 07시 서교동출발 18시 귀경** 예정입니다.
6. 용대 백골장학회의 장학금지급은 6. 5 행사시에 지급키로함
7. 해외여행은 **중국으로** 2008. 4. 중순예정 (별첨 안내) 70만원예상(30% 사업회지원 예정)
   국내여행은 경기·강원지구 휴전선 횡단으로 2008년 9월로 예정
   구체적인 사항은 추후 결정 할 것이며, **외국여행 희망자는 3월 10일까지 신청 요망** (02) 325-4896 "송과장" 에게
8. 백골병단 60년사는 **육군본부 직할 결사대 60년사**로 하기로 결정했으며(별첨 안내) 사업비 약 2,500만원의 재원 마련이 큰 문제입니다.

이상과 같이 보고합니다.

육본직할 白骨兵團 기념 사업회 회 장

담당: 과장 송미정 사무국장 : 이사 차 주 찬 회 장 전 인 식
시 행 : 육본직할 백골병단 기념사업회 제08-02-05호(2008.2.25.) 접 수 ( )
우 121-839 서울특별시 마포구 서교동 377-2 http://www.beackgol.co.kr
전화 02) 325-4896(직), 02) 333-2381~2 전송 02) 338-1153

2008. 3. 25 이사간담회의록 정보사에 명단 제출의건과 60년사 발간 관련 및 법률 개정과 해외여행 등에 관한 의견 수렴 회의록

이 사 간 담 회 의

육군본부 직할 결사대(백골병단) 기념사업회

일　시 : 2008. 3. 25. 11시

장　소 : 본회 회장실

참석이사 : 전인식, 김용필, 차주찬, 송세용, 임동욱, 안병희, 장지영
위임 : 홍금표, 불참 : 권영철, 최윤우

회　장 : 인사 겸 이사간담회의 개최취지 설명을 하다.

첫　째 : 국군정보사령부에 결사대참전자 명단 제출요구공문을 낭독하고 정보사 "고과장"이란 사람으로부터의 2차에 걸친 전화 내용을 설명한 뒤 우리 전우회가 이에 대처하는 방안을 협의하자고 부의하다.

임동욱 이사 : 나는 시골에 있어 참가가 곤란하니 회장이 지명하여 방문하는 것이 어떠한가를 말한다.

차주찬 이사 : 누가 아는 사람을 통해 소개 받는 방법, 예를 들면 류해근 장군 같은 분들을 통해서…

회　장 : 류장군은 육사 26기생이고 정보사령관 중장급은 32기 정도로 봐야하는데 그 사람에게 부탁한다는 것은 거의 불가능한 일이 아닌가요.

일　동 : 별무응답

회　장 : 말씀들을 해보세요. 대책을 세워야지요.

일　동 : 무응답

회　장 : 이 일은 아직도 60년사를 집필하는데, 2년정도 남았으니 더 두고 공문이 올때까지 기다려 봅시다.

둘　째 : 60년사발간 예산이 최소 1,500만원 이상 2,000여만원 상당인데 원고료를 빼고도 1,500만원은 돼야하는데 자금 마련이 문제라고 말하다.

임동욱 이사 : 돈이 없어서 해외도 못가고 모두 병들어 있는 형편이라 돈을 거둘 수는 없다고 말하다.

회　장 : 이사, 감사, 명예회장들이 감투 값으로 최소 50만원이상 또는 100만원 이상을 찬조해야 이사 프로필로 칼라사진 등을 수록하는 명함 값은 내야 하는 것이 아닌가 라고 발의하다.

일　동 : 대책 없는 듯 무반응이다.

회　장 : 60년사에 협조하지 않으면 차라리 감투를 내놓아야 할 것이 아닌가 하고 강력히 요구하며 불연이면 60년사 제작을 하지 말아야 할 것이라고 강조하다.

일　동 : 무반응

셋 째 : 법률을 개정하여 4월까지 근무를 6월까지로 하고, 상훈은 육군총장의 건의를 받아 꼭 수여하는 쪽으로 하며, **부칙을** 신설하여 공포후 1년 이내에 누락자는 다시 신청할 수 있게 법을 고치자는 것을 설명하다.

송세용 이사 : 잘된 것입니다.

일 동 : 찬동하다.

넷 째 : 해외여행이나 국내여행은 올해까지만 하고 내년부터는 참가자가 10명정도에 불과하니 그만 중단해야 할 형편이고 우리 회의 예금 재산도 2,500만원 남았는데 올해 7~900만원을 쓰면 1,600여만원이 남으니 2011년 이면 바닥이 날 것입니다. 따라서 여행은 곤란하다고 말하다.

장지영 이사 : 그거 야단입니다.

임동욱 이사 : 어렵게 되었네요. 60년사에 돌려 쓰려해도 불가능 하네요.

회 장 : 어찌될 것인지 더 두고 봅시다.

다섯째 : 친목회의 구성 필요성을 설명하다.

임동욱 이사 : 건강이 나빠 매달 모이는 것도 어렵고 서울 한번 오는데도 35,000원 이상의 기차 요금이 필요하니 3만원을 내고 또 스펀서도 해야 하는 것도 사실상 문제라고 말하다.

회 장 : 어차피 기념사업회의 행사도 이제 끝내는 쪽이니 친목회 같은 것도 없으면 곤란하다고 말하고, 특히 우리들은 그 옛날 2개월정도 함께 전투했다고 하나 서로 이름도 모르고 지냈으니 전우애란 것이 없어 친목조차 곤란하다고 말하다. 어쨌든 6월 5일까지 희망자를 기다려 봅시다.

회 장 : 오늘 회의는 12시 30분이 지났으니 식사를 하며 협의 합시다. 산회하다.

김용필 명예회장이 직원들의 식대 5만원을 찬조하고 여행경비 지원금으로 10만원을 주셨다는 추가 보고가 있었다.

위와 같이 이사 간담회를 개최하고 이를 증하기 위하여 다음사람이 기명날인하다.

2008. 3. 25

회 장 : 전 인 식

이 사 : 차 주 찬

2008. 6. 9 육본직할 결사대(백골병단) 전우회는 2008년도 현충 및 개선 57주년 기념식을 거행하고 요로 제위에게 감사의 인사 말씀을 드렸다.

=조국의 자유와 평화=

육본 직할 결사대(白骨兵團) 전우회

선결			지시		
접수	일자 시간		결재·공람		
	번호				
처리과					
담당자					

문서번호: 육직 결사 08-06-02호

시행일자: 2008. 6. 9

수 신 자: 제위 귀하

제 목: 2008년도 현충 및 개선 57주년 기념식 감사의 말씀

1. 신록이 우거진 계절에 귀체 건안하시고, 뜻하시는 모든 일이 잘 되시고, 가족 모두의 건강과 행운이 충만하시기를 기원합니다.
2. 2008년 6월은 저이들 육군본부 직할 결사대(백골병단) 참전 개선 57주년이 되는 달이며, 호국 영령을 추모하는 제53회 현충 추모의 달이기도 합니다.
3. 이 날, 뜻 있는 행사에 국방부장관 이상희 장관님을 위시하여 합동참모회의 김태영 의장님, 임충빈 육군참모총장님, 김근태 제 1야전군사령관님, 김양 국가보훈처장님, 박세직 대한민국재향군인회 회장님, 류해근 예비역 중장님, 박삼래 인제군수님, 이준용 육본 인사근무처장님, 신만택 육사생도대장님, (사단)건설산업연구소 천병식 박사님, 감우산악회 신우균 회장님, 박유희 인제군 북면장님, (주)금광실업 조광옥 사장님, 그 밖에 여러분께서 추모화환과 조전 및 조의를 표해 주시고 추모해 주신데 대하여 참전 장병과 유가족 여러분을 대표하여 정중히 감사의 인사를 올립니다.
4. 이날 궂은 날씨에도 불구하시고 행사를 주관해주신 육군 제3군단(군단장 육군중장 김일생 님) 및 육군 제12사단장(육군소장 이종명 님)과 휘하 장병 여러분의 노고에 깊은 감사를 드리고 행사 당일 개회식 10분 전까지 내리던 비까지 멈추어 우리들의 행사를 잘 마칠 수 있게 도와주신 천기(天氣) 신명에게도 감사드립니다.
5. 조국의 명운이 백척간두 누란의 위기에 처해 있을 때 자신의 안일을 버리고 적진 배후지역에 침투하여 혁혁한 무공을 세우고 아군 작전에 크게 기여한 육군본부 직할 결사대(백골병단)의 신화는 이미 널리 알려진 바와 같습니다만, 이들의 명예는 1970년대 후반부터 시작해 1989년에 이르러 우리들 전우의 협찬과 육군의 지원으로 1990년 11월에「白骨兵團 戰跡碑」가 이곳 강원도 인제군 북면 용대리에 건립 제막되었고, 전사자로 파악된 **57위가 국립묘지 위패실**에 **현규정 대위 등 3인**은 대전 현충원에 안장하였으나 이름을 알 수 없는 **전우 303위의 무명용사**는 여기에 추모비를 국가보훈처와 재향군인회의 지원 및 우리 참전전우 일동의 성금으로 건립하였고, **살**

신성인 윤창규 대위의 충용비를 건립하여 해마다 6월 현충일에 위령·추모의식을 거행하고 있습니다.

6. 우리들은 여기서 끝내지 않고, 참전전우 일동의 뜻으로 장학금 5,200여만원을 모아 **침투 작전 종점**인 이곳 용대리 거주 초·중 학생들에게 해마다 8~9명을 선발하여 장학금을 주어 자라나는 **우리 2세들의 국가관 확립과 나라사랑의 마음 가짐**, 그리고 조국의 평화와 자유를 영생토록 유지하는 마음가짐을 확실하게 다지고, 우리 전적비를 잘 수호·관리 하도록 하는 장학 사업을 계속하고 있습니다. 이는 앞으로도 영구히 유지 하도록 할 것입니다.
7. 존경하는 유지 여러분 우리들은 벌써 78세 이상 84세까지의 노령에 접어들어 해마다 낙엽은 떨어지고 참여 회원도 80여명에서 40여명으로 줄어들더니 거동이 어려운 전우가 8명이나 있어 이제 30여명만이 겨우 남아 전우회 활동을 하고 있습니다만 해마다 회원의 수는 점차 줄어 들고 있습니다.

참으로 안타까운 일입니다. 우리들 출동당시 병력은 817명이였으나 백골병단으로 통합된 병력은 647명이였고, 1951년 4월 개선 당시에는 284명만이 살아돌아오고 363명이 전사 실종되었으나(국립묘지안장 또는 위패건립) 이외에 그 이름조차 알지 못하는 **303명의 명단 찾기**와 전투 중 **무공이 빛나는 자**들의 **무공훈장** 수여와 **51-0000군번으로 시작되는 새 군번을 부여** 받았으나 **전역식조차 없음**을 50여년간 고대하는 외침을 당국은 외면하지 말기를 기대합니다.

해마다 6월이 되면 왠지 씁쓸하고, 서글퍼지고, 울분마저 솟아나는 그런 심정이 50여년간이나 계속된 것은 참전이후 우리들의 처우를 외면한 당국이 이제라도 뉘우치고 심령적 보상이 있어야 한다고 주장하면서 올해 영광의 참전개선 57주년과 제53회 현충추모의 달에 협찬과 지원을 해주신데 대한 **감사의 말씀을** 겸해 소회의 일단을 적은 것을 관용해 주시기 바랍니다.

죄송스럽습니다.

추신 : 전우회 명칭을 법에서 정한 명칭대로 변경했습니다.(2008. 6. 5 시행)

육본직할 결사대(白骨兵團) 전우회 회 장

군번 GO1003 임시 보병대위 1951.1 임관	육군 제7사단에서 휴전시까지 참전
〃 〃 육군소령 진급 1951.4	1969년 대학 조교수 자격 취득(문교부)
군번 9354853 육군 훈련병 입대 1952.11	1972년 대학 부교수 자격 취득(문교부)
군번 26444 육군소위 임관 1953.5 갑종 44기	**군번 51-00008** 육군대위 퇴역 2005.6

담당 : 과장 송미정 사무국장 : 이사 차주찬 회 장 전인식
시 행 : 육본직할 백골병단 기념사업회 제08-06-02호(2008. 6. 9.) 접 수 ( )
우 121-839 서울특별시 마포구 서교동 377-2 http://www.beackgol.co.kr
전화 02) 325-4896(직), 02) 333-2381~2 전송 02) 338-1153

육군본부는 2008.8.21 백골병단 참전전우회가 과거에 전우회원 22명에 대한 포상 신청이 정식 군인 신분으로 인정되었으므로 6.25 참전 무공훈장 수여를 해달라는 민원에 대하여 육군본부로서는 요구사항을 해결해드릴 수 없다는 회답

"강한 친구, 대한민국 육군"

육 군 본 부

수신자 백골병단 참전 전우회장(우: 121-839/ 서울시 마포구 서교동 377-2)

(경유)

제 목 민원회신<08-1013> (백골병단 참전 전우회)

1. 귀 회에서 우리 군에 의뢰하신 민원에 대한 회신입니다.

2. 귀 회에서는 과거에 백골병단 참전 전우회 회원(22명)의 명부를 제시하시면서 6.25 참전 戰功에 대한 소급포상을 요청하시어 국방부에서 기 회신(국인근 12151-2156, '03.2.14)한 사실을 확인하였습니다.

3. 그러나「**특별법에 의해 군인의 신분으로 정식 인정되었다**」고 재차 소급포상을 요청하신 부분에 대해 답변 드리면, 6.25 참전자 무공훈장 수여는 당시 **군인의 신분 이외에도 경찰, 민간인, 노무자, 징용자 등 약 3천여명에게 훈장**을 수여한 사례가 있는 것으로 보아 군인으로 신분 회복과 소급포상과의 상관관계 정립에는 다소 한계가 있는 것으로 사료됩니다.

이에 따라 다시 한번 소급포상과 관련한 국방부 검토 결과를 언급하면 **『6.25참전 유공자에 대한 포상업무는 휴전 후 전공을 세우고도 불가피한 사유로 서훈이 누락된자에 대한 일제조사 및 구제포상을 실시('53.7~'54.12)하고 6.25참전 유공자에 대한 포상을 종료하였으며, 이후 현재까지 소급포상한 사례도 없음. 따라서 6.25전쟁 50여년이 지난 현재에 있어 당시 공적을 개인별로 객관적으로 명백히 판단할 수 있는 공인된 공적자료가 없을 뿐만 아니라 해당공적에 대한 당시의 심사여부 및 누락 경위등을 알 수 없어 사실상 소급포상을 위한 공적심사는 불가한 실정』**이라고 회신 받은바 있어, **육군본부 차원에서는 소급포상과 관련하여 조치가 제한**되어 요구사항을 해결해 드리지 못함을 매우 안타깝게 생각하며, 귀 회의 무궁한 발전을 진심으로 기원합니다. 끝.

육 군 참 모 총 장

상훈민원담당	정현주	상훈장교 중령	박창배	인사처리과장 대령	전결 08/21 김기순

협조자

시행 인사처리과-7895 (2008.08.21.) 접수 ( )

우 321-929 충남 계룡시 남선면 부남리 사서함 501-33호 /

전화 042-550-7333 전송 / / 비공개(6)

- 1 -

=조국의 자유와 평화=

육군본부 직할 결사대(백골병단) 전우회

문서번호: 육직 결사 08-10-01호

시행일자: 2008. 10. 2

수 신 자: 국방부 장관 귀하

참 조: 인사기획관리과장

선결			지시		
접수	일자시간		결재·공람		
	번호				
처리과					
담당자					

제 목: **6.25 전쟁 중 적후방지역 작전 수행 공로자에 대한 군복무인정 및 보상 등에 관한 법률 폐지 법률(안) 입법예고에 대한 의견**

귀부의 깊은 관심사에 대하여 충심으로 감사드립니다.

의 견 : 위 제목 법률의 폐지 법률에 반대합니다.

이 유

6.25 전쟁중 적후방지역작전 수행공로자에 대한 군복무 인정 및 보상 등에 관한 법률에 따라 우리들 참전자가 2006년 11월까지 보상 등을 받았으므로 외형상 위 법률을 존치할 필요가 없다고 생각하시어 그 법률을 폐지하시겠다고 입법 예고 하였으나 다음 사유로 **당분간은 그대로 존치한 후 헌법재판소의 위헌 심판이후에 폐지 여부를 결정하는 것이 마땅하다고 생각하오니** 법률 폐지를 하지 마시기 바랍니다.

※ 위헌법률 심판제청 신청이 되어 심판 계류 중에 있습니다.

6.25 전쟁 중 적후방지역 작전수행 공로자에 대한 군복무인정 및 보상 등에 관한 법률 제2조제1호 중 **"동년 4월 사이에"** 의 부분은 **헌법 제10조, 제11조** 등에 위반된다.

위헌 심판 신청이유 〈요 약〉

'6.25 전쟁 중 적후방지역 작전수행 공로자에 대한 군복무인정 및 보상 등에 관한 법률'(이하 법이라 한다)은 6.25 전쟁 당시 적진 후방지역에서 특수작전을 수행한 자에 대한 군복무 인정 및 보상에 관한 사항을 규정함을 목적으로 제정된 법률입니다(제1조).

그런데 위법 제2조 제1호는 **"특수작전"** 이라 함은 **1951년 1월부터 동년 4월 사이에** … 적군의 후방 교란을 위하여 수행된 작전을 말한다고 규정하고 있습니다.

〈이하 생략〉

- 1 -

"선진강군! 국민과 함께 미래로, 세계로"

국　　　방　　　부

건군 제60주년

수신자　육군본부 직할 결사대(백골병단) 전우회
(경유)
제　목　6.25전쟁 중 적후방지역 작전수행 공로자에 대한 보상 등에 관한 법률 폐지법률(안) 입법예고관련 의견회신

1. 귀 회의 국방발전에 대한 깊은 관심에 감사드립니다.

2. 관련근거 : 육본직할결사대(백골병단) 전우회 제8-10-01('08.10.2)6.25 전쟁 중 적후방지역 작전수행 공로자에 대한 군복무인정 및 보상 등에 관한 법률 폐지 법률(안) 입법예고에 대한 의견

3. 위 관련근거에 의거 상기 법률 폐지 법률(안) 입법예고에 대한 회신으로 우리부에서 법무부 등 관련부처 협의시 '특수작전수행공로자 보상위원회'는 '06. 11월 임무종결로 현재 미운영되고 있으나 보상업무관련 문제점 발생시 법적근거가 필요하다고 판단하여 **상기 법률 폐지 법률(안)을 철회하**는 것으로 결정되었음을 알려드립니다.
끝으로 우리부에서 참전유공자의 권익보장을 위해 최선의 노력을 다하고 있음을 알려드리며 귀 회의 무궁한 발전을 기원드립니다. 끝.

김진성

국　　방　　부　　장　　관

소령　김진성　대령　전결 10/13 오명

협조자

시행　예비역정책발전TF-592　(2008.10.13.)접수　(　　　)
우　/
전화　900-5594　전송　/ jsk97@mnd.mil　/ 공개

국방부는 2008. 10. 14까지 「6.25 전쟁중 적후방 지역 작전수행 공로자에 대한 보상등에 관한 법률 폐지 법률」 안을 입법예고한데 대하여 참전 전우회장 전인식 외 회원 18명이 폐지법률을 반대하는 의견서를 제출한 것에 대하여 국회 국방위원장 김학송 의원과 국방부장관이 회답문을 보내왔다.

국회국방위원장 김 학 송
Kim, Hak Song
Chairman of National Defense Committee

서울시 영등포구 여의도동 1번지 국회본청 421호
Rm. 421 National Assembly Building, 1, Yoido-dong, Youngdeungpo-gu, Seoul 150-701, Korea
Tel : (02)788-2721, 2385 Fax : (02)788-3685
150-701
http://www.jinhaesarang.co.kr

서울시 영등포구 여의도동 1번지 국회본청 421호 Tel : (02)788-2721, 2385 Fax : (02)788-3685 E-mail : khs2385@assembly.go.kr
Rm. 421 National Assembly Building, 1, Yoido-dong, Youngdeungpo-gu, Seoul 150-701, Korea

안녕하십니까, 金鶴松 國防委員長입니다.

귀 전우회의 무궁한 發展을 祈願합니다.
전인식 會長님께서 보내주신 書信은 잘 받아 보았습니다.

먼저, 6.25 전쟁 중 적후방 지역 작전 수행 공로자에 대한 군복무인정 및 보상 등에 관한 법률 폐지 법률(안) 입법예고와 관련하여 전우회장님 이하 모든 회원님들께서 겪으셨을 心的 苦楚에 대해 심심한 慰勞의 말씀을 드립니다.

위 법률 폐지 입법예고와 관련하여 國防部 담당 실무자를 통해 확인해 본 결과, 정부위원회에서 정비대상(폐지) 법률로 確定(2008.5.27)하였으나, 부처의견 조회 시 法務部의 재검토 요청에 따라 폐지 법률안이 철회되었음을 공식 확인하였습니다. 또한, 國防部에서는 이미 行政安全部에 폐지 법률안 철회 통보를 완료한 상태입니다.

* 法務部 의견 - 보상임무가 종결되었다 하더라도 허위로 보상금을 지급받은 사례가 발견시 처벌에 대한 공소시효가 5년인 바, 경우에 따라서는 위 처벌 조항을 적용할 사례가 발생할 수 있음. - 따라서 공소시효 기간(2011년)까지 폐지 법률안을 철회함이 타당

우리나라 현대사에 6.25전쟁이라는 큰 아픔이 있었으나, 나라를 위해 기꺼이 목숨을 바치신 護國英靈들이 계시기에 오늘날의 大韓民國이 存在하고 있다고 굳게 믿어 의심치 않습니다. 앞으로도 늘 이 점을 留念하며 의정활동을 펼치도록 하겠습니다.
감사합니다.

國會 國防委員長 金 鶴 松

2008. 10 육군사관학교는 백골병단 전우회원의 부대방문(초청)을 해주셨다(2008. 10. 17. 15:30 ~ 19:50까지) 참전전우 및 명예회원 등 33인이 육사를 방문하여 사관생도의 의식(퍼레이드) 관람, 화랑 아너홀에서 군악연주, 기념탑 견학과 만찬 접대를 받았다. <초청 육군사관학교 생도대장 준장 신만택>

"강한 친구, 대한민국 육군"

육군사관학교 생도대

수신자　백골병단 전우회
(경유)
제　목　백골병단 전우회 부대방문 계획

1. 관련근거 : 육규 113 제대군인지원에 관한 규정('08. 7. 1)

2. 위 관련근거에 의거 백골병단 전우회 부대방문 계획을 붙임과 같이 발송하오니 참고하시기 바랍니다.

붙임 : 백골병단 전우회 부대방문 계획.　끝.

육군사관학교 생도대장

지원과장 소령　　부생도대장 대령(진)　　생도대장 준장

협조자

시행　생도대지원과-@N　(2008.10)　접수　(　　)

전화　02-2197-2140　전송　/　/ 공개

회 원 통 신

2008. 10. 20

육직결사 08-10-03

수 신 : 회원 · 명예회원 제위

제 목 : 육군사관학교 초청 행사 참여 보고 · 기타

1. 귀하의 건강과 하시는 모든 일이 잘 되시고 가족 모두의 건강과 행복을 기원합니다.

2. 우리들 참전 전우회에 대한 **육군사관학교 초청**은 지난 8월말 육군사관학교 생도대장 **신만택 장군께서** 우리회에 알려와 10월 셋째주 금요일로 정(잠정)해져 지난 10월 17일 오후 3시 30분부터 공식 참가 행사를 갖게 되었습니다.

   ※ 신만택장군은 2003. 4. 국방부 인사국 재직시 우리들 백골병단 참전 전우의 명예회복을 위하여 입법할 것을 건의하여 법을 만든 최초의 공로자이십니다.
   그 뒤 계속해서 우리들의 일에 관심을 가지시고 도와 주셨으며, 이번 정중한 초청까지 해주신 것은 6.25 참전특수부대로서는 최초의 일일뿐 아니라 우리들과 비슷한 참전단체의 초청 또한 육사로서는 처음있는 일이라 합니다.

3. 육군사관학교에서는 학교 교장(육군중장)님과 부교장님(소장) 외에 교수부장(장군) 등의 환대는 물론 교장님의 **백골병단 직접소개말씀과** 대형 전광판에 백골병단을 계속 소개해 주시는 등 우리들 모두에게 큰 기쁨과 감명을 주셨습니다.
   이어 벌어진 육사 전생도 전교생 Ⅷ 제대의 장엄한 퍼레이드(분열식)가 거창하게 펼쳐졌고, 아녀홀의 흘러간 옛 군악연주에 이어, 육사기념탑 견학과 육사회관 무궁화실에서 우리들만을 위한 만찬으로 예정시간보다 1시간 가량이나 지체된 흥겹고 즐거운 만찬을 대접받았습니다.

4. 이날 참석하신 전우 및 명예회원은 다음과 같습니다.
   전인식 회장, 김용필 내외 등 3인, 홍금표 외 2인, 임동욱, 송세용, 안병희, 장지영, 김종호, 이익재, 김중신 외 2인, 박승록, 권태종, 배선호, 오석현, 윤경준, 이영진, 최희철, 전영도, 김항태 등 26명이며,
   명예회원 : 류해근(예 중장)장군, 박윤요, 김호기, 정해상, 윤창주 박사 등 명예회원님 5인 합계 31명 참석
   이날 건강사정으로 불참한 차주찬님과 불참자 : 이영구, 최윤우 님입니다.
   불참의사 회원 : 권영철(명예회장), 김송규, 김인태, 박용주, 하태희, 황태규, 현재선, 김성형, 양원석, 임병기, 조시형, 호성진 님 입니다.

5. 이날 행사에 옥에 티는 사열대 전면좌석에 모셔야 할 류해근 장군 앞에 앉으려한 전우가 있었고, 육사 교장과의 기념사진촬영에도 전우회 이사 또는 명예회장을 제치고 앞으로 나오는 등과 만찬이 끝나지도 않았는데 모자를 쓰고 자리를 떠나는 등 군대생활을 한 전우라고 할 수 없는 정도였고, 김모회원은 15시20분까지 화랑대역에 집합하라고 했음에도 2시간전인 13시경에 와서 학교 장교에게 자기 혼자만이라도 먼저 들어갈 수 없는가 하는 말을해 백골병단 전체의 명예를 실추시킨 사건 아닌 사건이 생겼습니다. 이런 일이 또다시 생기면 안되지요.

※ 우리 전우회에서는 육사 발전기금 약간을 보태도록 우리들 모두의 성의로 학교 교장님께 드렸습니다.

※ 백골병단 60년사 편찬(감수 : 류해근 장군(유)) 위원은 위원장 임동욱 (유) ⑪, 송세용 부위원장 (유) ⑫, 박승록 (유) ⑪, 이익재 (유) ⑫, 임병화 (신) ⑬, 홍금표 (유) ⑪, 차주찬 (간사) (유) ⑪, 장지영 (유) ⑪, 최윤우 (유) ⑪ 9인으로 임병화씨를 추가한 것 외에 변경 없이 처리하고자 하나 11연대 6인 중 2인 정도는 자퇴 하심이 어떨지 합니다.
위 편찬위원께서는 각자가 60년사를 집필하는 것이니 각별히 신경을 쓰시고 연구해 주시기 바랍니다.

이상 보고 드립니다.

육군본부 직할 결사대 전우회 회장
(백골병단)

육본직할결사대(백골병단)전우회의인

알 립 니 다

2008. 11. 27

육직결사 08-11-05

수 신 : 수신처 참 조

제 목 : 이사 · 편찬위원 및 협찬인 합동회의 개최 통지

1. 귀하의 건강과 하시는 모든 일이 잘 되시고 온가족의 평안을 기원합니다.

2. 그동안 이사회도 열지못하였고, 60년사 편찬위원회도 이번회의까지 6회에 불과하오나 감수 : 류해근 장군은 8월하순 이후 매주 수요일에 모두 14회에 걸친 감수를 해주셨습니다.

3. 우리회의 이사님 "프로필"과 편찬위원의 "프로필", 그리고 편찬을 지원해 헌금을 주신분의 "프로필"을 60년사에 각각 중복되더라도 기록하여 영구 보존토록 할 예정이오니 이 서신을 받으신 분은 다음 서류 :
   (1) 명함판 사진 1장
   (2) 이력서(중요한 것만 기재) 1장
   (3) 참전유공자증서(김영삼 대통령) 칼라복사판 또는 원본 1장
   (4) 국가유공자증서(이명박 대통령) 칼라복사판 또는 원본 1장

   이상 자료를 2008. 12. 17 모임에 지참 출석 하시기 바랍니다.
   (이미 제출하신 편찬위원께서는 또다시 제출하시지 않아도 좋습니다.)
   ※ 이와 같은 내용의 서신과 접수는 또다시 하지 아니하오니 빠짐없이 부탁합니다.

4. 회의 일시
2008. 12. 17 11시
장소 : 본회 사무소 **※ 오찬 장소는 따로 정할 예정입니다.**

위와 같이 안내드립니다.

추신 : 본회 명예회장 권영철 동지께서는 보호자 2인을 대동하고 08.11.19 본회를 방문 60년사 발간찬조금 100만원을 주셨으며 회장 전인식이 500만원에 200만원을 추가 찬조하여 총 1,870만원 + 300만원 = 2,170만원(모두 은행에 예치중)이 되었습니다.
※ 08. 11. 27 확인한바 **이익재 편찬위원**께서도 100만원을 찬조해주셨습니다.
모두 감사드립니다. **<누계 2,270만원>**

육군본부 직할 결사대 전우회 회 장
(백골병단)

수신처 : 전인식, 류해근, 권영철, 김용필, 임동욱, 홍금표, 송세용, 차주찬, 최윤우, 안병희, 장지영, 이익재, 권태종, 김송규, 임병화, 박승록, 윤경준, 이영진 (무순)

회 원 통 신

2009. 2. 2

육직결사 09-02-01

수 신 : 회원 · 명예회원 귀 하

제 목 : 2009년도 총회 및 단합모임

1. 귀하의 건강과 하시는 모든일이 잘 되시고 가내제절의 행복을 기원합니다.

2. 본회 회원의 참전개선 59주년을 자축하고 2009년도 정기총회를 다음과 같이 갖고자 하오니 부디 참석해 주심을 바랍니다.

◆ **일 시 : 2009년 2월 24일(화) 11시 ~ 14시까지**

◆ **장 소 : 육군회관** 용산 국방부청사 서편 (국방부 서문에서 버스 이용합니다.)

※ 지하철 4호선 삼각지역 ①번 출구, 6호선 삼각지역 ⑬번 출구

◆ 오 찬 : 중국식

◆ 참석범위 : 회원(내외분)과 초청인사

= 회비 : 회원에 한하여 30,000원 =

※ 특별안내 : 전적비의 도색 교체공사 및 파손부위 보수공사(2009. 5월중 집행예정)

※ 육본 직할 결사대 60년사 편찬비용 및 집행 예정

찬조금 29,300,800원 이자 449원 계 29,301,249원 중 은행예금 28,400,000원 · 통장잔액 901,249원이며, 60년사 발행 비용은 별 지장 없이 집행될 것 같습니다.

= 60년사 발행 찬조내역 =

전인식 700만원, 김용필 350만원, 임동욱 300만원, 홍금표 300만원, 류해근 100만원
송세용 100만원, 차주찬 100만원, 권영철 100만원, 최윤우 100만원, 장지영 100만원
임병화 100만원, 안병희 100만원, 이익재 100만원, 이영진 50만원, 김중신 50만원
박승록 50만원, 윤경준 50만원, 권태종 50만원, 박용주 30만원, 김종호 20만원
김송규 20만원, 배선호 20만원, 오석현 20만원, ⓒ호성진 유족 20만원 **계 29,300,000원**

◈ 2008년도 결산 개요 보고

08년도 총 수입금 21,180,155원

(중요내역 : **회비 및 참가비** 5,900,000원, 국가보훈처 3,000,000원

찬조금 : 전인식 5,628,730원, 건설연구사 : 2,000,000원, 이자수입 1,428,245원, 기타 3,223,180원) **계 21,180,155원**

08년도 총 지출액 : (현충행사 5,855,300원, 여행지원 3,267,690원, 전적비관리 3,000,000원
협회비 등 3,000,000원, 총회비 1,215,240원, 이사회비 380,000원
천리행군 1,448,460원, 경노잔치 1,819,460 기타 1,194,005)

총 지출 21,180,155원

이월금 기타 신탁 해약금 등 내역은 생략하였습니다.

2009년도 세출 예정(예산) ※ 전적비 보수 기타 7,000,000원, 현충행사 5,500,000원
전적비 관리 기타 1,500,000원, 장학금 1,000,000원, 하계 수련 2,000,000원
경조비 기타 2,500,000원, 합계 19,500,000원을 예상합니다.

수입 예상액 ※ 국가보훈처 3,000,000원, 신탁해약 5,000,000원, 찬조예상 1,000,000원과
회비 30인×20만원씩 = 6,000,000원으로서 부족액 4,500,000원 정도를 예상함.
신탁예금 잔액 15,000,000원 중 4~500만원을 해약 충당해야 할 형편입니다.

※ **09년도 회원 회비는 200,000원 공통**으로 하고자 합니다.

우리은행 1002-630-802054 **백골병단 기념사업회 또는 전인식**으로 송금바랍니다.
2009. 4. 30까지 부탁합니다.

이상과 같이 보고합니다.

육군본부 직할 결사대 전우회 회 장 전 인 식
(백골병단)

육군본부직할결사대전우회인

2009년도 정기총회 회의록

일 시 : 2009년 2월 24일 11시
장 소 : 육군회관 호국관
참가인원 : 전인식(12좌), 김용필(5), 권영철(5), 홍금표(5), 임동욱(3), 차주찬(3), 송세용(3), 최윤우(3), 장지영(3), 안병희(3), 최희철(3), 권태종(2), 김인태(2), 김종호(2), 임병화(2), 이익재(2), 김중신(1), 박용주(1), 오석현(1), 윤경준(1), 박승록(1), 전영도(1) 64좌(70%)
성원보고 : 회칙 제13조에 의거 참석 성원 됨을 보고 하다.
회장 : 2008년 세입세출을 중요계수별로 설명 보고하고 이의 여부를 묻다.
일동 : 이의없음을 고하다.
의장 : 2008년도 세입세출을 원안대로 가결되었음을 선포하다.

의장 : 감사보고를 부탁하다.
감사 : 송세용 감사, 감사보고를 하다.
의장 : 감사보고 접수 여부를 묻다.
일동 : 이의 없음을 고하다.
의장 : 감사보고가 접수 되었음을 선포하다.

의장 : 2009년도 중요사업 계획 및 세입세출 예산안을 배포한 유인물에 따라 설명하다. 2009년도에는 4월 내지 5월중 전적비 보수 약 200만원과 도색이 10년쯤 경과되어 보수(재도장)가 필요하여 500만원정도 소요됨을 보고하다. 이어서, 장학금 지원이 금년까지 100만원을 지원하고 하계수련지원 300만원 등 2,050만원을 집행하는데 회원회비 25명이 20만원씩 500만원과 신탁해약 500만원, 보훈처지원 300만원, 기타찬조 100만원이 있어도 1,400만원이어서 650만원 정도의 적자가 예상된다고 보고하다. 따라서 신탁 1,500만원 중 500만원을 추가 해약 해야 할 형편이라고 보고하다.
일동 : 별다른 이의 없음을 고하다.

의장 : 이렇게 회의가 진행되면 곤란하니 좀 더 진지한 토의를 하자고 호소하다.
의장 : 하계수련회와 현충행사를 겸해서 6월 4일에서 5일까지 1박2일로 절약해 집행하자고 제안하다.
일동 : 동의 찬동하다.
의장 : 하계연수와 현충행사를 동시에 집행함을 선포하고, 2009년도 예산서를 작성해 서면 보고할 것임을 말하다.

의장 : 회칙에 일부 부적절한 부분을 개정하여 60년사에 바르게 기록하기 위해 부의함을 설명하다.
일동 : 원안 가결에 동의하다.
의장 : 회칙 제9조 제11조, 제12조, 제17조, 제20조 해당 항목을 개정하고, 2009년 2월 24일부터 공포와 동시에 시행함을 선포하고, 경조사업 규정과 임원선거 규정도 동시에 개정 시행함을 선포하다.

의장 : 60년사의 발행일자를 임관일 1월 25일로 하느냐, 백골병단 창설일 2월 20일로 하느냐, 법률로 정한 4월 25일로 하느냐, 6월 28일로 하느냐에 대해 의견을 말씀해달라고 부의하다.

안병희 이사 : 1월 25일이 좋다고 하다.
류해근 명예회원 : 법률로 공포된 4월 25일이 좋다고 하다.
일동 : 4월 25로 하기로 하다.

의장 : 60년사는 만 60년으로 하느냐 횟수로 60년으로 하느냐. 즉 2011년인가, 2010년인가에 대해 부의하다.
일동 : 2010년 4월 25일이 좋다고 합의하다.

의장 : 60년사 협찬 찬조금 2,930만원 중 순 제작비 1,400여만원과 제작 부대 실비 1,400여만원을 집행하더라도 130여만원의 잉여금이 생긴다고 보고 하다.
일동 : 승인 하다.

의장 : 용대백골장학회는 현재 5,420만원이 기금에 예치 되어있고, 이자수입금이 약 520만원으로 5,900여만원인데, 2009년말에 이르면 6,000만원정도가 되는데 이를 인계하느냐 우리가 그대로 당분간 유지하느냐는 더 연구 검토해야 할 것입니다.
일동 : 회장이 알아서 처리하라고 위임 하다.

의장 : 이것으로 1부 행사인 2009년도 정기총회를 모두 마치고 2부행사인 오찬을 겸한 친목으로 들어간다고 선포하다.
회장 : 내빈을 소개하다.
먼저, 이의재 장군, 황인표 교장, 김호기 교장, 박윤요 회장, 류해근 장군을 소개할 때 **이진삼 전 장관**께서 참석하셔서 내외빈 모두 박수로 환영하다.
이진삼 의원 : 이진삼 의원의 인사말이 있었다.
국가안보의 긴요성, 23년전 3군단장 시절 전적비 건립의 당위성을 역설하고 전우회장 등 오늘 이와 같이 여러분을 뵙게 되어 영광스럽다는 인사와 격려 말씀이 있었다.
의장 : 참전 전우를 일일이 거명하며 기립 소개하다.

오찬 : 중국식으로 오찬을 하다.

= 기증품 및 기타=

참가자에게 제주 43사건 진상 만화 1권과 기념타올을 증정하다.
육군 제28사단장 : 박종선 장군께서 맥주 3Box 기증하셨다.
대한민국 재향군인회 박세직 회장 꽃 1 바구니 기증하셨다.
육해공군 해병대 연관장교연합회 권오강 회장 대형 꽃 기증하셨다.
황인표, 김호기, 박윤요 회장 일행 꽃 1 바구니 기증하셨다.
전인식과 권태종 전우 양주 각 1병씩 기증하셨다.
김용필 명예회장 찬조 100,000원(참가회비포함)　　전인식 찬조 500,000원(2/25)
홍금표 이사 찬조 50,000원(참가회비포함)
송세용 감사 〃 50,000원(〃)

이상과 같이 회의를 개최하였음을 확인 합니다.

회 장 전 인 식　　　　이 사 장 지 영

2009년 제1차 이사회의록

일 시 : 2009년 3월 16일 11시
장 소 : 본회 회장실
참가인원 : 김용필 명예회장, 송세용 감사, 차주찬 이사, 안병희 이사, 장지영 이사, 최윤우 이사, 전인식 이사, 류해근 명예회원(장군)
위임이사 : 임동욱, 홍금표, 불참 권영철 명예회장

의 장 : 성원보고 회칙 제14조의 규정에 따라, 이사 7인 중 5인과 기타 참석으로 성원됨을 보고하다.
의 장 : 의안을 상정하다.

제1호 안건 : 전적비 도색 및 보수공사 견적 심의 의건
제2호 안건 : 공사집행 감독자 선임의 건
제3호 안건 : 참전 개선 59년 및 하계 수련회의 건
제4호 안건 : 하계수련회 부족금 300만원 조달의 건
제5호 안건 : 국내 여행 희망자 모집의 건
제6호 안건 : 현충시설지정서(국가보훈처) 보고
제7호 안건 : 2009년도 회원 수첩제작 보고
기타 안건으로 함

의 장 : 제1호 안건 : 전적비 도색 견적 4,215,000원과 보수공사 1,210,000원에 대한 보고와 공사계약 조건을 낭독 설명하다.
최윤우 이사 : 여러해 전에 공사를 할 때에는 발판을 가설했는데 이번에는 빠진 것이 아닌가요.
의 장 : 공사 계약조건에 이를 명시하였으나 앞으로 공사 집행시 감독자와 협의하여 안전하게 시공해야 할 것입니다.
송세용 감사 : 공사내용을 잘 모르니 회장이 잘 설명해 주시오.
의 장 : 본인은 최선을 다하여 공사조건을 제시하였으나 앞으로 공사감독과 업자가 서로 협의하여 완벽을 기해야 한다는 점을 설명하다.
의 장 : 제2호 안건 : 공사 감독자 선임의 건을 부의하다.
희망자가 없으니 회원 중에서 선임 할만한 회원을 찾아보아도 없으니 이사님 중에서 선임해야겠습니다.
장지영 이사 : 공사 내용을 잘 알지 못하니 감독을 할 수도 없고요.
의 장 : 회장이 설명하고 업자에게 추궁·협조해서 감독의 기본을 이해하면 될 것이라고 내용을 설명하다.
의 장 : 지난번 감독 경험도 있으니 장지영 이사와 공사비 지출이 있으니 송세용 감사께서 수고해 달라고 말하다.
일 동 : 찬동하여 박수로 선임하다.
의 장 : 출장비는 1일 일십만원씩 30만원으로 하기로 하고, 차량사용시는 유류대 10만원은 별도 지원한다고 하다.

의 장 : 제3호 안건을 상정하다.
2009. 6. 4. 10시 서울출발 후 차량비 700,000원, 점심은 주문진에서
28인×25,000원 = 700,000원, 석식 30인×25,000원 = 750,000원,
숙박 28인×20,000원 = 560,000원
6월 5일 아침 28인×12,000원 = 336,000원 계 3,046,000원
즉, 총회시 약 300만원이 부족한 예산으로 편성되었음을 보고하고, 회장이 먼저 50만원을 찬조했으니 250만원이 순수 부족하다고 보고하다.

최윤우 이사 : 우리 이사진이 이럴 때 도와야지요.

의 장 : 이사 중 권영철 명예회장을 빼면 9명 중 회장은 50만원을 이미 찬조했으니 빼면 8명이 250만원을 분담해야 하는데 30만원씩 부담하면 어떨까요.
공식부담 7만원 포함 30만원으로 제안하다. 순수찬조는 23만원임을 말하다.

김용필 명예회장 : 먼저는 25만원씩 찬조해야 한다고 했는데 23만원으로 적어진 것이 아닌가.

일 동 : 기본 참가비 7만원을 포함 30만원을 부담하기로 합의 하다.

의 장 : 제4호 안건 : 제3호 안건으로 해결되었으므로 생략하기로 하다.

의 장 : 제5호 안건 : 국내여행 희망자 모집의 건을 산정하다.

의 장 : 국내지방여행 1박2일 정도는 85,000원 정도인데 4월 내지 5월 중에 희망자가 있으면 함께 친목을 도모하자고 제안하다.

송세용 감사 : 참가희망자를 4~5명으로 제한하지말고 희망자를 모집해 보자고 제안하다.

일 동 : 일단 희망자를 모집한 뒤 결정하기로 하다.

의 장 : 제6호 안건 : 국가보훈처 현충시설 지정서를 꺼내 보이고 백골병단 전적비와 무명용사 추모비가 국가의 보훈시설로 지정되었음을 보고하다.

의 장 : 제7호 안건 : 2009년도 회원 수첩 발간을 보고하고 채명신씨가 육군협회 ARMY지와의 대담 중 우리 백골병단에 관한 내용이 잘못되었으나 이는 집필자의 과오로 알고 덮어 두자고하다.

기타안건 : 2009년도 현충행사는 2009년 6월 5일 11시에 거행하기로 하고 비용은 순수비용이 약 480만원 정도로 예정한다고 보고하다.

이상과 같이 2009년도 제1차 이사회를 개최하고 이를 증하기 위해 이사 최윤우, 이사 안병희가 서명날인하다.

이 사 최 윤 우 **이 사 안 병 희**

※ 이날 오찬은 전인식 회장이 부담하였다.

회 원 통 신

2009. 3. 18

육직결사 09-03-02호

수 신 : 회 원 귀 하

제 목 : 제1회 이사회의 보고 및 2009년도 행사 안내

---

1. 귀하의 건강과 하시는 모든일이 잘 되시고 가내제절의 균안을 삼가 기원합니다.
2. 지난 3월 16일 이사회를 개최하고 그 결과를 보고 합니다.

가) 참석이사 : 전인식, 차주찬, 안병희, 장지영, 최윤우 이사, 감사 : 송세용
명예회장 및 회원 : 김용필, 류해근 장군
위임이사 : 임동욱, 홍금표

나) 전적비 보수 도색은 4,215,000원(견적), 보수공사 1,210,000원 계 5,425,000원으로 견적 · 집행하되 감독을 철저히 하도록 공사조건 등을 엄격히 하여 향후 10년간 보장하기로 하고 공사감독은 장지영 이사와 송세용 감사가 2박3일 출장 감독하기로 하였습니다.

다) **참전 개선 59년 연수회는 2009년 6월 4일 10시** 서교동 사무실을 출발하여 전세버스로 주문진, 속초, 간성 등을 거쳐 용대리 또는 속초 등지에서 숙박한 후 6월 5일 10시 45분까지 전적비에 도착하고자 합니다.

회원께서는 **참가비 1인당 7만원**을 09년 5월 20일까지 송급바랍니다.

송금계좌 우리은행 1002-630-802054 백골병단 기념사업회 또는 전인식에게

각 이사님께서는 이사회의 결의에 따라 30만원(7만원 포함)을 부담하기로 의결한 바 위 일자까지 송금해 주시기 바랍니다. **전인식 이사**는 이미 50만원을 찬조하였음.

여기 참가하지 않는 회원께서는 현충행사를 위해 **09년 6월 5일 10시 45분**까지 용대리 전적비에 각자 오시기 바랍니다.

라) 국내 지방여행(1박2일)(패키지)은 1인당 85,000원~89,000원정도인데 4월 하순~5월 초순사이에 희망자가 있으면 행선지를 따로 선정하도록 하겠습니다.(희망은 4월 10일까지 전화 02) 325-4896으로 신청)

3. 60년사에 회원의 사진을 게재하도록 수차 요구했으나 다음회원께서는 사진을 송부하지 않아 업무에 지장이 있으니 **4월 10일 이전까지 사진을** 보내주시기 바랍니다. 이기간은 3차 촉구로 마지막 촉구입니다.
사진 미착회원 : 김인태, 하태희, 이영구, 김성형, 임병기, 조시형 님입니다.
4. 회비 납부 회원(2009. 3. 17 현재) 납부순(각 20만원)
권태종, 박용주, 이익재, 안병희, 홍금표, 송세용, 임병화, 양원석, 이영진, 전인식, 박승록, 전영도, 김용필, 장지영 제 씨입니다. <여기 기명되지 않은 회원은 2009년도 회비가 미납중이오니, **2009. 4월말까지 앞의 계좌에** 송금바랍니다.>
5. 국가보훈처는 백골병단 전적비와 무명용사 추모비를 합해 관리번호 : 16-2-24호로 현충시설지정서를 보내왔습니다. 국가가 관리할 모양입니다.

이상과 같이 보고합니다.

육군본부 직할 결사대 전우회 회 장 전 인 식
(백골병단)

육본직할결사대(백골병단)전우회 전인식인

=조국의 자유와 평화=

육본직할 결사대(백골병단) 전우회

선결				지시		
접수	일자시간			결재·공람		
	번호					
처리과						
담당자						

문서번호： 육직 결사 09-04-03호
시행일자： 2009. 4. 9
수 신 자： **국방부장관, 법제처장, 국방위원장**
劉承旼 의원, **安圭伯** 의원, **李鎭三** 의원,
金東聖 의원, **金武星** 의원, **金成會** 의원,
金榮宇 의원, **李允盛** 의원, **任太熙** 의원, **洪準杓** 의원, **文喜相** 의원, **徐鍾杓** 의원,
沈大平 의원, **金玉伊** 의원, **金章洙** 의원, **鄭國敎** 의원, **徐淸源** 의원

제 목： **「6.25전쟁중 적후방지역 작전 수행공로자에 대한 군복무 인정 및 보상 등에 관한 법」의 일부 개정 법률 건의**

요지. 6.25전쟁중 적후방지역 작전수행공로자에 대한 군복무인정 및 보상 등에 관한 법률(법률 제7,200호)에 의한 보호를 받지 못한 자에 대한 구제를 위하여 법률의 개정을 건의 하는 것입니다.

이유. 상기 법률은 2004년 3월 22일 법률 제7,200호로 공포되었으며, 그 법 시행령은 대통령령 제18,583호로 공포 되었습니다.
「법 제8조제2항은 제1항의 규정에 의한 보상금 등의 지급신청은 이 법 시행후 1년이내에 하여야 한다」라고 규정하여 보상금 등의 지급 신청은 2005년 11월 10일 이전에 하도록 규정하고 있습니다.
이 법은 6.25 전쟁 당시 적진후방지역에서 특수작전을 수행한 자에 대한 군복무 인정 및 보상에 관한 사항을 규정함을 목적으로 제정된 법률입니다. (제1조 목적)

첫째 : 참전자 본인이나 그 가족은 참전자가 적후방지역에서 특수작전을 수행한 것인지 어디에 갔는지 조차 알지 못해 이 법률이 자기에게 해당되는 것인지를 몰랐습니다.

둘째 : 전국에 산재되어 법률의 공포사실을 알지 못했고, 특정신문에 공고했다고 하나 참전사실 등 구체적인 대상이나 해당여부를 알지 못해 1년이내라는 짧은 기일을 지킬 수 없었습니다.

셋째 : 2009년 4월 현재까지 참전전우회가 파악한 전사·실종 등 성명 미상의 무명용사가 303명, 민간인 참전자 중 전사·실종 등 13명의 성명조차 적후방에 침투시킨 육군당국이 밝히지 못하고 있어 법률의 시행을 1년이내로 제한 한 것은 부당하다고 생각합니다.

따라서 법률 제7,200호 "제8조제2항의 신청기간을 7년 이내로 연장하여" 단 한사람의 참전자 또는 그 유족도, 법익을 받을 수 있게 선처해 달라는 것입니다.

법 제8조제2항 중 보상금 등의 지급신청은 이 법 시행후 1년이내를 「**7년 이내로 한다**」로 개정해 줄 것을 요망합니다.

부 칙

이 법은 공포한 날로부터 시행한다.

이상과 같이 법률의 개정을 건의 합니다.

육군본부직할 결사대(백골병단) 전우회 회 장 전 인 식

담당： 과장 송미정 회 장 전 인 식
시 행：육본직할 결사대(백골병단) 전우회 제09-04-03호(2009. 4. 9.) 접 수 ( )
우 121-839 서울특별시 마포구 서교동 377-2 http://www.beackgol.co.kr
전화 02) 325-4896(직), 02) 333-2381~2 전송 02) 338-1153

60년사 편찬위원 위로 행사

육본 직할 결사대(백골병단) 60년사 편찬에 100만원 이상을 협찬한 전우와 편찬위원의 위로 및 보로 행사로 1박2일간 외도, 해금강 등 남해안과 해인사를 탐방한다.

참가자 : 전인식, 임동욱, 송세용, 안병희, 장지영, 임병화, 이익재, 박승록 ⑧
불 참 : 김용필, 홍금표, 차주찬, 최윤우, 류해근, 권영철

1. 상품내용

상 품 명	**외도, 해금강, 부곡온천, 해인사**(1박 2일)
일 자	**2009년 4월 18일 ~ 2009년 4월 19일**
내 역	왕복교통비, 5식 제공, 입장료, 유람선비, 봉사료 일체포함. (85,000원)
출발장소	**07:00 영등포 경방필 앞, 07:30 서울역 9번출구 대우빌딩 앞,** **08:00 잠실역 3번출구 너구리동상 앞** (1588-5110 Fax 02) 868-1629)

2. 여행지 정보

우리나라에서 두 번째로 큰섬인 거제도는 한려해상국립공원을 동부와 남부에 끼고 있어 사철 아름다운 풍광을 자랑한다. 특히 외도 문화시설은 일본의 해상공원인 세토나이까이공원에 비견될 정도로 열대식물원과 조각공원이 천연의 동백나무 군락과 어우러진 아름다움을 지니고 있다.

3. 일 정

일정	교통수단	시 간	내 용	비고
1일차	전용버스	08:00 14:30 15:30 17:00 18:00	집결지 잠실역 출발(경부 - 대진고속도로) 거제도 구조라항 도착(중식) **해금강 관람** 및 **외도 입도** 외도출발 구조라항 도착 **부곡온천**으로 이동 석식 (숙박)	조식(○) 중식(○) 석식(○)
2일차	전용버스	08:00 09:00 13:00 15:00 16:00	부곡온천 출발 **해인사도착** 및 관람 해인사 출발 **후원사 도착** 서울로 출발 **(21시경 서울도착 예상)**	조식(○) 중식(○)

* 해인사(海印寺)는 대한민국 경상남도 합천군 가야면 치인리 가야산 중턱에 있는 사찰로서 팔만대장경이 세계기록유산으로 지정, 팔만대장경을 소장하고 있는 곳이다.
* 상기 일정은 해상 날씨에 따라 변경 될 수 있음을 유념하시기 바랍니다.

외도상륙 불가시는 소매물도나 삼천포로 변경됩니다.

◎ 60년사 편찬위원회 위원의 참가 경비는 전우회 60년사 편찬위원회가 초청 부담합니다.

참전전우회는 09.4.9 백골병단 관련 법률을 개정하여 신청 기일 경과 등으로 보상에서 누락된 전우를 구제하기 위해 법률의 개정을 건의한 것에 대한 국방부의 회답에서 신뢰할만한 관련 자료가 있으면 제시해 달라고 하면서......

선진강군! 국민과 함께 미래로, 세계로

국 방 부

함께해요! 선진강군

수신자 백골병단 전우회 귀하 (우121-839 서울 마포구 서교동 377-2)
(경유)
제목 민원회신(법률개정 건의에 대한 회신)

1. 관련근거

가. 6.25전쟁 중 적 후방지역 작전수행 공로자에 대한 군복무인정 및 보상 등에 관한법률('04.3.22) 및 동시행령('04.11.11)

나. 육직 결사 09-04-03호('09.4.9) 위 '가'의 법률 일부 개정 건의(육본 직할 결사대(백골병단) 전우회)

2. 6.25전쟁 당시 귀 전우들의 구국을 위한 공헌과 희생에 경의를 표합니다.

3. 귀 전우회는 "위 관련근거 '가'의 법률에 의한 보호를 받지 못한 자에 대한 구제를 위하여, 이 법률을 개정(**이 법 제8조 제2항 보상금등의 지급신청 기간을 '이 법 시행 후 1년 이내를 7년 이내로 한다'**로)하여 줄 것을 바라는" 민원(건의)을 우리 부와 법제처에 제기하셨습니다.

4. 이 민원(건의)에 대하여 다음과 같이 회신합니다.

가. 위 관련근거 '가'의 법률은 명예 및 자긍심을 우선시하여 군인신분 인정여부를 확인하기 위함이었고, 보상은 부차적인 사항으로 하여, 국회와 귀 전우회 간 충분한 토의를 기반으로 제정·시행되었습니다.

나. 이 법률의 시행을 공고문(관보, 국방일보, 재향군인회 향군지), 인터넷(국방부, 육군본부, 재향군인회), 인트라넷(국방부, 육군본부) 공시와 백골병단 전우회에서도 각종 일간지에 별도로 홍보활동을 함과 동시에 회원들에게 홍보서신과 각종 신청양식을 개별 통지하여 알렸습니다.

다. 이 법률에 근거한 「특수작전공로자인정심의위원회」는 5회에 거쳐 심의회의를 개최하여, 163명의 신청자 중 128명에 대하여 적 후방지역 특수작전 공로자로 의결하여, 계급 및 군번부여와 보상금, 공로금을 지급하였고, 이 위원회는 '04.12월에서 '06.11월 간 운영으로 업무를 종결한 상태입니다.

라. 이와 같이, 우리 부는 이 법률의 입법목적이 달성 되었고, 추가적으로 '보상금등 신청' 기간을 연장해야 할 필요성이 없다고 판단하여 이 조항의 개정을 고려치 않고 있으나, 귀 전우회에서 입법과정이나 심의과정에서 고려하지 못한 신뢰할 만한 관련 자료(또는 기록)를 제시해 주시면 이를 긍정적으로 검토하도록 하겠습니다. 참고적으로 이 법률이 국회에서 의원 입법발의 되었던 특별법으로 개정절차에 관하여도 국회와 협의함이 더 효율적임을 말씀드립니다.

5. 귀 전우회의 발전과 건승을 기원합니다. 끝.

국 방 부 장 관

행정사무관 강인흥 예비역정책발전 TF장 오명 인사기획관 권두환 인사복지실장 전결 04/27 김용기

협조자

시행 예비역정책발전TF-1020 (2009. 04. 27.) 접수

우 140-701 서울시 용산구 이태원로 22번지(용산동3가 1번지) / www.mnd.go.kr

전화 02-748-5595 전송 02-748-5599 / rkd123@mnd.mil / 비공개(6)

=조국의 자유와 평화=

육본직할 결사대 전우회
(백골병단)

문서번호: 육직 결사 09-05-03호
시행일자: 2009. 5. 20
수 신 자: 육군 제22사단장
참 조: 정보참모
제 목: **717 OP 견학 및 방문**

선결			지시		
접수	일자 시간		결재·공람		
	번호				
처리과					
담당자					

1. 귀 부대 사단장님과 휘하 장병 여러분의 무운장구를 기원합니다.
2. 우리 참전전우회는 6.25 한국전쟁 당시 적 후방에 침투한 817명 중 생환 개선 장병(현역 군번계급 부여)의 친목단체로서 안보강화 및 동해 최북단 OP에서 조국의 자유와 평화를 지키기 위한 장병의 노고를 격려하는 일 등을 겸하여 귀 717 OP를 다음과 같이 방문코자 합니다.

=다 음=

(1) 방문 일시 : 2009. 6. 4. 16:00 ~
(2) 방문 목적 : 국가안보 최일선 견학 및 위문
(3) 이동 수단 : 민간 전세 버스(차량번호 및 운전기사는 추후통보)

참가자 명단

성 명	생년월일	자 격	성 명	생년월일	자 격
1 전인식	290727	6.25참전·국가유공자	18 오석현	290204	6.25참전·국가유공자
2 김용필	250223	〃	19 윤경준	310425	〃
3 임동욱	291011	〃	20 최희철	340603	〃
4 홍금표	340504	〃	1 류해근	451019	예비역 중장
5 차주찬	330727	〃	2 이의재	350419	예비역 준장
6 장지영	300903	〃	3 박윤요	320213	예비역 대령, 국가유공자
7 안병희	310419	〃	4 김호기	280720	전 고교 교장
8 최윤우	350922	〃	5 김종원	391112	예비역중령, 장우회 부회장
9 송세용	320220	〃	6 정해상	291112	예비역 중령, 국가유공자
10 임병화	331125	〃	7 박택규	381101	공학박사, 전직 교수
11 이영진	281016	〃	8 윤창규	390617	문리학박사, 〃
12 김중신	280630	〃	9 신우균	320505	감사원출신 감우회원
13 권태종	291001	〃	10 지명홍	320112	〃
14 박승록	290905	〃	11 신창회	341128	〃
15 전영도	271024	〃	12 방상분	480304	전우회 명예회장 부인
16 이익재	290716	〃	13 송미정	800725	전우회 안내 직원
17 김송규	310525	〃	14 손혜원	830723	〃

이상과 같이 견학 방문코자 하오니 허가해 주시기 바랍니다.

육군본부 직할 결사대(백골병단) 전우회 회 장

담당: 과장 송미정 사무국장 : 차주찬 회 장 전인식
시 행 : 육본직할 결사대(백골병단) 전우회 제09-05-03호(2009. 5. 20.) 접 수 ( )
우 121-839 서울특별시 마포구 서교동 377-2 http://www.beackgol.co.kr
전화 02) 325-4896(직), 02) 333-2381~2 전송 02) 338-1153

2009. 5. 27 1951년 1월에서 4월까지 사이에 육군본부 직할 결사유격대 참전자의 명단을 특수임무 수행자 보상심의 위원장과 국가기록원장에게 요구 함.

우 체 국
<www.epost.go.kr>

No. : 10312064
서울서교동 우체국
서울 마포구 양화로 233(서교동 394-43)
전 화 : 02-332-0288
사업자No. : 101-83-02925
접 수 자 : 창구03 이순길
접수일자 : 2009-05-27 09:20
총 요 금 : 2,050원(즉납:2,050원)
(현 금 : 2,050원
신용카드 : 0원)
부가세과세 공급가액 : 0원
부 가 세 : 0원

<국내등기우편물>
발 송 인 : 121-839 육본결사대전우회 서울 ㅁ
통 수 : 1통
요 금 : 2,050원(수납요금:2,050원
우표첨부 : 0원)

번호 요금 수취인
038814639 2,050 137885 특수임무수행자보

= 조국 .

육본 직할

문서번호 : 육직 결사 09-05-05호
시행일자 : 2009. 5. 27
수 신 자 : 국가기록원장 님
: 국무총리실 산하 특수임무수행자 보상심의위원회 위원장 님
제 목 : 1951년 1월에서 4월까지 사이에 육군본부 ... 명단 요구

1. 귀하의 건강과 하시는 모든 일이 잘되시기를 기원드립니다.
2. 우리 결사대 전우회는 1961.8.23 발기한 이래 인우보증 방법과 국군정보사령부의 협조를 얻어 결사유격 제11연대원 220명(미확인 143명)과 결사유격 제12연대원 194명(미확인 136명), 결사유격 제13연대원 102명(미확인 22명) 외에 결사유격 제15연대 동 제16연대 360명 동특별연대 34명 등의 명단을 찾고자 하며 3개 연대 미확인 136+143+22= 301명의 무명용사에 대한 명단을 무명용사추모비(2003. 6. 5. 건립 제막. 국가보훈처, 재향군인회 협찬, 참전전우회 건립) (강원도 인제군 북면 용대리 산 250-2 백골병단전적비 경내)에 이름 석자만이라도 남기고자 합니다.
3. 우리들이 1951년 1월 대구육군보충대에서 차출되어 육군정보학교(육군제7훈련소)에서 교육을 이수하고 장교는 임시장교 GO군번으로, 부사관과 병은 G군번과 계급을 각 부여 받고 1951년 1월 30일부터 적 후방에 침투하여 1951. 4. 25 까지 적 후방에서 첩보수집 및 후방교란작전을 수행했습니다만 그 명단을 아직까지 수집하지 못했습니다.

   그러던 중 2008.6.9. 정보사에서 별첨과 같은 명단 13매 286명의 명단을 담당관으로부터 인수받았으나(50명은 이미 파악된 자 임) 우리 전우회가 파악하고자 하는 참전자는 모두 11, 12, 13연대 참전자 817명으로 귀 소관에서 파악하고 있는 자료를 주셔야 참전자의 명단만이라도 파악될 것으로 기대·확신합니다.
4. 이 참전 장병의 명단은 우리들의 60년사에 각 연대별 참전장병 명단에 수록하여 영원히 기념하고자 하는 것으로 다른 아무런 목적도 없습니다.

첨 부 : 결사 제11연대 참전 장병 명단 1부
결사 제12연대 참전 장병 명단 1부
결사 제13연대 참전 장병 명단 1부
정보사에서 준 참전자 명단 사본 1부 끝

육군본부 직할 결사대 전우회 회 장 전 인 식
(백골병단)

담당: 과장 송미정 사무국장 : 차주찬 회 장 전 인 식
시 행 : 육본직할 결사대(백골병단) 전우회 제09-05-05호(2009. 5. 27.) 접 수 ( )
우 121-839 서울특별시 마포구 서교동 377-2 http://www.beackgol.co.kr
전화 02) 325-4896(직), 02) 333-2381~2 전송 02) 338-1153

1951.1~4월 사이에 육군본부 직할 결사유격대원의 명단을 요구한 참전 전우회의 요구에 대한 특수임무수행자(전 H.I.D 등) 보상위의 회답문.

회 신 문

육군본부 직할 결사대 전우회 귀중

❑ 귀회에서 제출한 「육군본부 직할 결사유격대 참전자 명단 요구」에 대하여 아래와 같이 회신합니다.

○ 우리위원회는 특수임무수행자보상에관한법률에 의거 보상업무를 추진하는 기관으로서 군 첩보부대에서 특수임무를 수행하신 분들의 자료만을 보유하고 있습니다. 따라서 관련 기관인 국방부, 육군본부, 국군정보사령부에 관련 내용에 대하여 자료를 요청하였으나 요구하신 참전자 명단을 보유하고 있지 않다는 통보를 받아 요구하신 자료제공이 불가능함을 알려드립니다.

○ 문의사항이 있을시엔 위원회 민원실(02-3476-8010)으로 연락주시기 바랍니다.

❑ 귀회의 무궁한 발전을 기원합니다. 끝.

2009. 6. 24

특 수 임 무 수 행 자 보 상 심 의 위 원 회

1951. 1 ~ 4월 사이에 육군본부 직할 결사유격대원의 명단을 요구한 참전 전우회의 요구에 대한 국가기록원의 회답문.

국 가 기 록 원

수신자　육군 직할 결사대 전우회 귀하 (우121-839 서울 마포구 서교동 377-2 육본직할 결사대(백골병단) 전우회)

(경유)

제목　정보공개청구 회신(접수번호 883)

1. 국가기록원을 이용해 주셔서 고맙습니다.

2. 귀 협회에서 요청하신 1951년 1월에서 4월까지의 육군본부 직할 결사유격대 참전자 명단은 우리 원 소장기록물을 검색한 결과 확인할 수 없었음을 알려드립니다.

3. 기타 궁금하신 사항은 공개서비스과 일반열람 담당자(042-481-6301)에게 문의하시기 바랍니다. 끝.

국 가 기 록 원 장

주무관 윤현숙　사서사무관 유환석　공개서비스과장 07/07 이민원

협조자

시행 공개서비스과-4292　(2009. 07. 07.)　접수

우 302-701　대전시 서구 선사로 139(둔산동920번지) 대전정부청사 2동 국가기록원 국가기록정보센터 / http://www.mopas.go.kr

전화 042-481-6301　전송 042-481-6372　/ kkasee@mopas.go.kr　/ 부분공개(6)

육군본부에 대하여 6·25 참전자 병적부여자 명단을 요구한 공문

우 체 국
<www.epost.go.kr>

No. : 10431615
서울서교동 우체국
서울 마포구 양화로 233(서교동 394-43)
전 화 : 02-332-0288
사업자No. : 101-83-02925
접 수 자 : 참구04 김길순
접수일자 : 2009-06-29 13:31
총 요 금 : 1,930원(즉납:1,930원)
(현 금 : 1,930원
신용카드 : 0원)
부가세과세 공급가액 : 0원
부 가 세 : 0원

<국내등기우편물>
발 송 인 : 121-839 육본직할 결사대 서울 마포
통 수 : 1통
요 금 : 1,930원(수납요금:1,930원
우표첩부 : 0원)

등기번호	요금	수취인
1105604650942	1,930	321929 육군참모총장님

익일특급

=조국의 자유와 평화=

육본 직할 결사대 전우회
(백골병단)

선결	
접수	
처리	
담당	

문서번호: 육직 결사 09-06-05호
시행일자: 2009. 6. 29
수 신 자: 육군 참 모 총 장
참 조 : 병적관리 과장

제 목: 6.25 참전자 중 병적 부여자 명단 요청

1. 귀군의 발전과 관련 장병의 노고에 대하여 충심으로 감사와 격려를 드립니다.

2. 우리 전우회는 6.25 전쟁중 적후방지역작전 수행 공로자에 대한 군복무 인정 및 보상 등에 관한 법률(04.3.22) 및 동법시행령(04.11.11)에 의거 병적을 인정 받아 군번 및 계급을 신규로 부여 받았습니다. 감사드립니다.

3. 우리 참전 전우회는 1961. 8. 23 가칭 대한민국 유격군 참전 전우회를 발기한 이래 설악동지회, 대한유격참전동지회, 백골병단전우회 등으로 명칭을 변경하면서 존속해오다가 2008. 6. 5. 현 육본 직할 결사대(백골병단) 전우회로 개칭하기까지 전우회를 유지하고 회원의 친목과 전몰전우의 위령사업 및 전적비 관리사업 등을 계속해 오고 있습니다.

4. 위 제2항의 입법으로 120여명의 전우가 군번과 계급을 새로 부여 받은 것으로 알고 있으나 군번과 계급을 받은 자가 사망한 등으로 우리 전우회가 모두를 파악하지 못하여 2010년에 발간될 육본 직할 결사대 60년사에 옛 군번인 GO 또는 G 군번 대신 신규 군번으로 명예를 찾아 영구 보존케 하고자 합니다.
   따라서, 주민등록번호, 주소 등 개인의 신상과는 관계가 없는 계급, 군번, 성명, 소속 등이 기록된 명단을 알려 주시면 큰 도움이 되겠습니다.

죄송스러우나 원고 정리상 2009. 7. 25 이전까지 회시해 주실 것을 부탁드립니다.

이상 참전자 명단의 파악에 협조해 주실 것을 간곡히 부탁드립니다.

육군본부 직할 결사대 전우회 회 장 전 인 식
(백골병단)

[직인: 육본직할 결사대(백골병단)전우회의인]

담당: 과장 송미정 회 장 전 인 식
시 행 : 육본직할 결사대(백골병단) 전우회 제09-06-05호(2009. 6. 29.) 접 수 ( )
우 121-839 서울특별시 마포구 서교동 377-2 http://www.beackgol.co.kr
전화 02) 325-4896(직), 02) 333-2381~2 전송 02) 338-1153

참전전우회가 6.25 참전자 병적부여자 명단 요구에 대한 육본의 불가 회신이 회답문, "하단" 가. 책명 "백골병단" 보상지원 백서로 병적부여자 128명이 파악되었다.

부패유발요인 검토	

"군인복무규율 준수 생활화"

육군본부

수신자 육본직할 결사대 전우회장

(경유) (121-839) 서울시 마포구 서교동 377-2

제 목 병적 확인결과 회신(백골병단)

1. 관련근거 : 육직 결사 09-06-05호('09.6.29) 6.25 참전자 중 병적 부여자 명단 요청

2. 위 근거에 따라 귀 회에서 120여명의 전우에 대한 계급,군번,성명,소속 등이 기록된 명단을 요구하셨는데 이를 면밀히 검토한 결과 다음과 같이 회신합니다

3. 개인정보는 공공기관의 개인정보보호에 관한 법률 제10조 처리정보의 이용 및 제공의 제한에 따르면 정보주체의 동의가 있을 경우 또는 법원의 재판업무수행 등에 필요한 경우 제공할 수 있다고 한정하고 있습니다

4. 따라서 귀 회에 명단을 제공하지 못함을 널리 이해하여 주시기 바라며 참고로 아래 책자에서 명단을 확인하실 수 있음을 알려드립니다

가. 책명 : 백골병단 보상지원 백서(125쪽에서 133쪽까지 특수작전 공로자 명단이 수록됨)

나. 발행자/발행일자 : 국방부/'06.11.30. 끝.

육군참모총장

인원검증관 5급 정희경 장교병적관리 장교 중령 이범화 병적관리과장 대령 전결 07/07 김범

협조자

시행 병적관리과-7031 (2009.07.07.) 접수 ( )

우 321-929 충남 계룡시 신도안면 부남리 사서함 501-33호 / http://portal.army.mil

전화 042-550-7355 전송 / jhk5832@army.mil / 공개

- 1 -

2009년도 (1.1~8.19 현재)
회원이 납부한 회비 기타

(단위 : 만원)

성 명	회비	연수참가비	이사 지원금	찬조금	총회참가비	계
전 인 식	20	7	23	50+50	3	153
류해근 장군	20	7	23	30	–	80
김 용 필	20	7	23	10	10	70
임 동 욱	20	7	23	10	3	63
홍 금 표	20	7	23	–	5	55
송 세 용	20	7	23	–	5	55
차 주 찬	20	7	23	–	3	53
장 지 영	20	7	23	–	3	53
최 윤 우	20	7	23	–	3	53
안 병 희	20	7	23	–	3	53
권 영 철	20	7	–	–	3	30
권 태 종	20	7	–	–	3	30
박종선 장군	–	–	–	30	–	30
이 익 재	20	7	–	–	3	30
임 병 화	20	7	–	–	3	30
박 승 록	20	7	–	–	3	30
전 영 도	20	7	–	–	3	30
윤 경 준	20	7	–	–	3	30
김 중 신	20	7	–	–	3	30
오 석 현	20	7	–	–	3	30
이 영 진	20	7	–	–	–	27
김 송 규	20	7	–	–	–	27
박 용 주	20	–	–	–	3	23
김 인 태	20	–	–	–	3	23
김 종 호	20	–	–	–	3	23
최 희 철	20	–	–	–	3	23
양 원 석	20	–	–	–	–	20
하 태 희	20	–	–	–	–	20
황 태 규	20	–	–	–	–	20
배 선 호	20	–	–	–	–	20
이 영 구	20	–	–	–	–	20
김 항 태	–	–	–	–	–	–
현 재 선	–	–	–	–	–	–
김 성 형	–	–	–	–	–	–
임 병 기	–	–	–	–	–	–
조시형 ㉧	09. 8. 14	–	–	–	–	–
계 (만원)	600	147	230	180	77	1,234만원

국가보훈처 춘천보훈지청은 2009. 8. 3. 백골병단 전적비 개보수공사(시설물 도색, 석판(물))보수를 위해 국고보조 1,000만원(자부담 1,500만원)이 결정되었다.

함께하는 보훈정신 함께여는 밝은미래

국가보훈처

춘 천 보 훈 지 청

나라사랑 큰 나무

수신자　수신자 참조

(경유)

제목　2009년도 제7차 현충시설 개보수 사업 지원예산 확정 통지

1. 평소 현충시설 활성화에 적극 노력하시는 귀 군(단체)에 깊은 감사를 드립니다.

2. 귀 군(단체)에서 제출한 현충시설 개보수 사업과 관련하여 2009년 제7차 현충시설 개보수 지원예산이 확정되어 통지하오니 동 사업이 원활하게 추진될 수 있도록 만전을 기하여 주시기 바라며, 사업관련 추진일정, 예정사항 등 사업계획서, 국고보조금 교부신청서, 기관명의의 통장사본(국고보조금 전용계좌 개설 요망)을 우리지청으로 빠른 시일 내에 제출하여 주시기 바랍니다.

■ 현충시설 개보수 사업 현황

사 업 명	사업주체	사업기간	사업내용	소요예산 (천원)	국고보조액 (천원)	자부담 등 (천원)
강원도항일애국선열 추모탑 개보수	광복회 강원도지부	2009.8~9	-기단 및 탑신 보수	23,957	9,500	14,457
백골병단전적비 개보수	육본직할결사대 (백골병단)전우회	2009.8~11	-시설물 도색 석판(물) 보수	25,000	10,000	15,000
한서남궁억기념관 개보수	홍천군수	2009.8~12	-군인 기념비 설치	29,000	27,000	2,000
기미만세공원 개보수		2009.9월중	-국기 게양대 설치	4,000	3,000	1,000
합 계					49,500	

붙임 : 사업계획서 및 국고보조금 교부신청서(서식) 각 1부. 끝.

춘천보훈지청장

수신자　홍천군수(문화체육과장), 홍천군수(주민생활지원과장), 광복회 강원도지부장, 육본직할결사대(백골병단)전우회장

주무관 이재섭　주무관 휴가　보훈과장 전결 08/03 박태일

협조자

시행 보훈과-3477　(2009. 08. 03.)　접수

우 200-723　춘천시 후평1동 240-3 춘천지방합동청사　/ http://chuncheon.mpva.go.kr

전화 033-258-3602　전송 033-244-5109　/ jaesup2@mpva.go.kr　/ 비공개(6)

8. 용대 백골 장학회

2006. 9. 19 창립된 용대백골장학회 회칙 및 연혁
※ 참전전우회가 2,300만원, 참전전우 헌성금 3,000만원 합계 5,300만원으로 설립되었다.

용 대 백 골 장 학 회

회 칙

제 1 조 【목 적】 본 장학회는 육군 본부 직할 결사대 백골병단 참전 장병 등이 출연한 금원을 재원으로 유지 운영하는 장학회로서 전적비 건립 지역내 학생의 건전한 장학 육성을 통하여 애국·애족의 정신과 홍익인간의 이념을 구현함에 기여함을 목적으로 한다.

제 2 조 【명 칭】 본 회는 「**용대 백골 장학회**(이하 본회 라 한다)」라 칭 한다.

제 3 조 【대 상】 본 회의 장학사업 대상은 다음과 같다.
1. 강원도 인제군 북면 용대리에 거주하는 초등학교 재학생
2. 인제군 북면 용대리 주둔 부대 등 지역내 주둔 군 부대 장병의 자녀 중 용대 초등학교에 재학중인 학생
3. 기타 본 회가 인정하는 초·중 등 학교의 특기 학생

제 4 조 【출 연】 ① 본 회는 육본 직할 백골병단 기념사업회가 최초 이천만원을 출연한다.
② 백골병단 기념사업회는 제1차 년도부터 제3차 년도까지 매년 일백만원 한도를 추가 출연한다.
③ 백골병단 기념사업회의 취지와 본 회 설립 목적에 찬동하는 유지자의 출연금의 출연을 적극 환영하고, 이 기록을 **부칙에 명기하여 영구 기념**한다.

제 5 조 【장학생 선발】 본 회는 매년 6월에 제3조에 의한 장학사업 대상 학생 5인 이상 10인 이내를 제6조의 장학 위원회가 선정한다.

제 6 조 【장학 위원회】 ① 본 회의 장학 위원회에는 7인 이상 12인 이내의 위원을 둔다.
② 제1항의 장학위원 중 **당연직 위원**은 다음 각 호와 같고, 그 임기는 그 직에 재임한 기간으로 한다.
1. 용대 초등학교 교감 또는 교장 중 1인
2. 인제군 북면 용대리 이장 2인 이내
3. 인제군 북면 용대리 주둔 부대의 주임상사 또는 영관급 장교 중 1인
4. 육본 직할 백골병단 기념사업회 이사 또는 회원 중 2인 이내

③ 제2항에 의한 당연직 장학위원 외에 5인 이내의 위원을 따로 위촉할 수 있다.
④ 제3항에 의한 장학위원은 인제군 북면 면장, 지역 단위농협장, 자치위원장 및 영농조합장, 마을회관 대표, 인제군 북면 내에 소재한 군부대(대대급 이상) 장병 중 본 회의 설립 목적에 찬동하는 인사를 위원으로 위촉할 수 있다.
⑤ 제4항에 의한 장학위원의 임기는 2년으로 하고, 장학위원 중 1인은 감사를 겸임 한다.
⑥ 장학위원은 연임할 수 있다.

제 7 조 【위원장의 권한】 ① 본 회의 원활한 운영을 위하여 위원장인 장학회장은 장학 위원회에서 호선 한다.
② 위원장은 회 운영 전반에 대하여 회를 대표한다.
③ 위원회는 제5조에 의한 장학생의 선발과 장학금의 정액을 결정·지급한다.
④ 위원회는 매년 원금이 감소되지 않도록 하는 수지예산서와 운영계획서를 심의 결정한다.

제 8 조 【회 의】 ① 본 회의 회의는 정기 회의와 임시 회의로 구분한다.
② 제1항의 정기 회의는 매년 6월 초순(현충 전일)에 개최하고, 임시 회의는 위원회가 필요하다고 인정할 때 개최한다.
③ 제7조 제3항 내지 제4항에 의한 결정은 참석위원 과반수의 찬성으로 결정하며 가부동수 인 때에는 위원장이 정하는 바에 따른다.

제 9 조 【재정 운영】 ① 제7조에 의한 장학금의 정액 등의 결정은 적정 수입금(은행이자 등)의 100분의 85 이내에서 결정한다. (기초 운영 예시 참조)
② 제1항의 적정 수입금 중 100분의 7 이내를 사무 · 통신 기타 경비로 사용할 수 있다.
③ 적정 수입금 중 제1항 및 제2항의 경비 이외에 100분의 10 해당액은 신탁 원금에 산입하기로 한다.
④ 본 회는 창립 후 3년 까지는 기금을 증식케 하고, 그 3년간은 육본 직할 백골병단 기념사업회가 매년 추가 출연하는 일백만원 이내의 지원금을 한도로 운영한다.
⑤ 본 회 감사는 본 회의 재정운영 기타 회계를 감사하여 본 회에 보고한다.

제 10 조 【보 선】 ① 본 회는 제6조의 장학위원이 결원된 때에는 보선할 수 있다.
② 제1항의 보선 이사는 본 회의 건전한 운영에 기여할 인사로 보선하여야 한다.
③ 보선 이사의 임기는 전임자의 잔여 기간으로 한다.

제 11 조 【장학회의 존속 기간】 ① 본 회의 존속 기간은 따로 명시하지 않는다. 다만, 백골병단 전적비가 용대리에 존속하는 날 까지 이 장학회가 존속하는 것으로 본다.
② 본 회의 설립 목적이 달성되었다고 장학 위원회가 구체적으로 인정하면 감사의 의견을 들어 해산을 의결할 수 있다.
③ 제2항에 의하여 해산하였을 때에는 그 잔여재산은 본 회 설립 목적 달성에 기여할 사업에 기증할 수 있다.

제 12 조 【보 칙】 본 회의 명칭 변경 기타 운영상 필요한 사항은 장학 위원회가 따로 정한다.

부　　칙

제 1 조 이 회칙은 육본 직할 백골병단 기념사업회가 성안하여 2006년 9월 19일(창립회의 결정일)부터 시행한다.

제 2 조 본 회 회칙 제6조제3항에 의한 장학 위원회의 위원 위촉은 당연직 위원이 선정된 후에 시행한다.

제 3 조 이 장학회의 건전한 육성 · 발전을 위하여 다음 사람이 **장학 기금을 개별적으로 헌성 · 출연**하였음을 여기에 **영구히 기록해 둔다**.

(단위 : 만원)

全仁植 1000, 洪金杓 500, 金容弼 400, 林東郁 300, 車周燦 150, 宋世鏞 120,
權寧哲 100, 崔潤宇 60, 金寅泰 50, 朴勝錄 50, 安秉熙 50, 張之永 50,
李翊宰 40, 權泰鍾 30, 金鍾浩 30, 李永九 30, 李榮珍 30, 林炳華 30, 尹慶俊 21,
吳錫賢 20, 全永燾 20, 崔熙哲 20, 金宋奎 15, 金重信 15, 朴用周 15, 黃泰圭 15,
金成亨 10, 河泰熙 5, 玄再善 5　　명예회원 : 예비역 중장 柳海槿 100만원

=3,281만원=

기초 운영 예시

		<장학금 등>	<잔　액>
2006년	28,000,000원 (초도 출연)	이자 300,000원 　–	28,300,000원
2007년	50,000,000원 (1.045) + 1,000,000원 (– 850,000원)	(1차 지급)	52,400,000원
2008년	52,400,000원 (1.045) + 1,000,000원 (– 850,000원)	(2차 지급)	54,900,000원
2009년	54,900,000원 ×1.045 = 57,370,000 (– 900,000) = 56,470,000원		

장학금 : 1인당 100,000 ~ 200,000원으로 잠정 결정 추정

용대백골장학회

=연 혁=

2005. 11. 9 육본 직할 白骨兵團 기념사업회 창립 총회 개최
2005. 11. 10 기념사업회 가입 회원 43명, 출연금 9,100만원 접수
2006. 4. 12 회칙 변경 서면 결의 반대 없으므로 가결 선포(65표 찬성)
2006. 8. 1 기념사업회 장학회 설립 서면 결의
2006. 8. 14 용대백골장학회 설립안내 유관기관에 알리고 회칙 개정안 홍보
2006. 9. 2 이사간담회에서 용대 백골 장학회 회칙 가결
2006. 9. 19 강원도 인제 출장, 全仁植, 車周燦, 宋世鏞
인제군 북면 面長, 용대3리 里長, 용대초등학교 교감, 703특공 심상사
장학기금 900만원(5~30년간) 예치함.
증서번호 325015-53-123871 농협 원통지소
용대 백골장학회 창립 회의 개최(회의록)
2006. 12. 19 용대 백골장학회에 **장학기금 2,000만원** 3년간으로 예치
(증서번호 100129-53-027573 농협 홍대역지점)
2007. 4. 30 중국 여행 중 임동욱 이사, 장학기금 3,000만원은 적으니 더 증액하자고
2007. 5. 8 「전인식」용대 백골장학회 기금 헌성 증자를 촉구하는 공문 발송
2007. 5. 29 全仁植 장학기금 헌성 500만원과 300만원을 추가한 뒤 200만원을 추가함
2007. 6. 1 장학기금 추가 헌성금 은행 예치
12,000,000원 증서번호 100129-53-035692 36개월 농협 홍대역지점
8,426,340원 증서번호 100129-53-035707 〃 〃
1,573,660원 증서번호 100129-53-035711 〃 〃
소계 22,000,000원 예치금 합계 51,000,000원(미입금 2,000,000원)
2007. 6. 5 백골병단 참전 개선 56주년 현충 추모식 후
제1회 용대 백골장학금 전달 8인(학생)(각 100,000원씩)
임 현 준 950227-186**** 용대3리 용대아파트 306호 외
2007. 6. 5 제52회 현충 추모식 및 **제1회** 장학금 전달 후
전적비(주차장) 입구 옆에 헌성비 건립 위치 결정
2007. 6. 8 평택 백제 석재 신 사장에게 견적 요구 후 협의
장학회 헌성비 건립의 건 이사간담회 의결
헌성비 400만원으로 결정(약간 증가 예상)
(기념사업회에서 300만원, 장학회에서 100만원 지원 예상)
2007. 6. 12 헌성비 공사 착공 지시함.
2007. 6. 19 장학 기금 헌성비 건립을 위한 **기초 공사**(차주찬, 송세용 현지 출장)
2007. 6. 23 장학회 **헌성비 제막식 거행**
2008. 6. 5 **제2회** 용대백골장학금 전달 100만원
2008. 7. 25 용대리 거주 노인에 대한 경노잔치 공동집행(180여명 참석)
2009. 6. 5 **제3회** 용대백골장학금 지급 100만원

용대백골장학회 보유 장학기금 명세

2009. 8. 11 현재

예탁일	예탁은행	통 장	예치원금	이자율	비 고
2006. 9.19	인제농협 원통지소	325015-53-12****	9,000,000	4.7 %	30년까지 연장 가능
2006. 12. 19	서부농협 홍대역지점	100129-53-02****	20,000,000	5.1 % <09.8.11 현재>	세금 우대 **〈이자〉 2,683,110원**
2007. 6. 1	〃	100129-53-03****	12,000,000	〃	만기이자(2010.6.1) 1,979,366원
〃	〃	100129-53-03****	8,426,340	〃	만기이자(〃) 1,389,901원
〃	〃	100129-53-03****	1,573,660	〃	만기이자(〃) 259,570원
계	**신탁계정 예금액**		**51,000,000**		만기시이자 **6,311,947원**

2009. 8. 11 현재 장학기금(만기이자 포함) **57,311,947원**

일반거래 통장 우리은행 서교동지점 1002-533-52**** 백골용대장학회
2009. 6. 20. 예탁현금 278,242원(장학회지원 3차년도 지급 포함)

이상과 같이 기금예치 장학금 내역을 보고합니다.

※ 2008년도 장학금은 일반 예금 잔액 중 800,000 ~ 1,000,000원 범위내에서 교장선생님 책임하에 선정 해주시기 바라며 **2009년도 장학금은 2009. 6. 5. 11시경 3차 장학금 100만원을 5인의 학생에게 지급했습니다.**

첨부 : 은행 통장사본 생략

용 대 백 골 장 학 회 장

용대 백골 장학회
장학금 헌성비 제막

2007. 6. 23.
인제군 북면 용대3리

⇐ 헌성비 관련 장학회 연혁을 보고하는 차주찬 이사

헌성비를 둘러보는 ⇒ 전우회원 및 내빈

⇐ 용대백골장학회 기금 헌성비 제막 후 기념촬영

용대백골장학회 창립 회의록

일　시 : 2006년 9월 19일 11시
장　소 : 강원도 인제군 북면 용대리 용대 초등학교 교장실
참석자 : 인제군 북면 면장 원종문
〃　용대3리 이장
〃　용대초등학교 교감(교장 교육 중)
703특공 2대대 심교호 상사
백골 전우 기념사업회 전인식
〃　차주찬
〃　송세용　계 7인

의　안 :　※ 창립회의 개회 선언(전인식)
※ 인사소개(상호간)
의안 제1호 임시의장 선출의 건
의안 제2호 용대백골장학회 회칙 심의의 건
의안 제3호 장학회장 선출의 건
의안 제4호 당연직 이사 선임 및 감사 선출의 건
(1) 선출직 이사 선임의 건
(2) 이사 겸 감사 선출의 건
의안 제5호 장학회 통장 및 거래 인장 등 취급의 건
의안 제6호 장학증서 문안 협의의 건
※ 기타 중요한 사항
※ 폐 회
※ 오찬 간담회

전인식 전우회 회장 : 창립회의 개회 선언과 동시에 이미 참석하신 분이 서로 인사를 교환 하셨으므로 본회의에 들어간다는 사실을 선언하다.
저희들이 용대백골장학회를 발기 창설하였으므로 인사 및 창립회의 개최 선언을 본인이 한 것을 양해해 주시기 바란다고 하다.

제 1 호 안건 : 임시의장 선출의 건을 부의하다.

원종문 면장 : 이 장학회를 추진하신 전우회 회장께서 그대로 사회하시는 것이 좋겠다고 하다.

일　동 : 찬동하다.

전인식 회장 : 그러면 그대로 임시의장으로 회의를 진행한다고 하다.

제 2 호 안건 : 용대 백골장학회 회칙 심의의 건을 상정하다.

의 장 : 이미 배포해 드린 것에서 부칙시행일을 2006년 9월 19일로 확정하고 추가 출연 600만원 외에 351만원이 추가된 내역을 보고하다.

일 동 : 이의 없음을 고하다.

의 장 : 다른 의견이 없으므로 원안 가결을 선포하다.

제 3 호 안건 : 장학회장 선출의 건을 부의하다.

용대3리 이장 : 장학회장의 선출 규정이 회칙에 없는 것이 아닌가요

차 주 찬 씨 : 회칙 제7조 제1항에 장학회장 선출 규정이 있음을 말하다.

의 장 : 회칙 제7조 제1항을 낭독 설명하다.

원종문 면장 : 기념사업회 회장이 장학회장을 맡아 주셔야 한다고 말하다.

일 동 : 찬동하다.

전인식 의장 : 이 장학회의 설립목적에 비추어 당연히 이 지역에 계신 분들이 맡아 주셔야 하는데, 기틀이 잡히는 2~3년 간은 우리측에서 맡기로 한다고 수락을 하다.

제 4 호 안건 : 당연직 이사 선임과 선출직 이사 선임의 건을 부의하다.

의 장 : 당연직 이사 분들은 이미 결정되었고 선출직 이사도 원종문 면장님께서 이미 참석하셨으니 이문제도 모두 해결된 것으로 보고 이사겸 감사의 선출을 부의하다.

용대3리 이장 : 원종문 면장님을 추천하다.

일 동 : 이의 없이 원 면장을 이사겸 감사로 선임함에 찬동하다.

의 장 : 원종문 이사를 감사겸임으로 선출되었음을 선포하다.

제 5 호 안건 : 장학회 통장 인장 등 취급의 건을 상정하다.

의 장 : 오늘 900만원을 인제 농협 원통지소에서 5년간 매년 이자 지급식(년 4.7% 이자)으로 예금하고 기념사업회 출연금 2,000만원은 예금이 12. 19 만기로 예치된 것을 기간이 도래하면 바로 장학회에 예금하려 한다는 사실을 보고하다. 아울러 2007년과 2008년도 장학금은 추가 100만원씩의 지원금으로하고 2,900만원은 계속 원리금이 커지도록 하겠음을 보고하다.

용대3리 이장 : 현 회장이 기틀이 잡힐때까지 관리하는 것이 좋겠다고 하다.

일 동 : 찬동하다.

의 장 : 앞으로 잘 기록해 두고 자산도 증식케 할 것임을 보고 선포하다.

제 6 호 안건 : 장학증서 문안 협의 건

원종문 이사 : 용지가 횡으로 된 것을 종으로 변경해야 보관 관리가 좋고, 또, 문장도 컴퓨터 디스켓만으로 잘 쓸수 있으니 인쇄하지 않아도 된다고 하다.

교 감 : 증서의 종이만 줄 것이 아니라 케이스까지 끼워 주도록 준비하는 것이 좋겠다며 견본을 제시하다.

일 동 : 좋은 것이라고 말하다.

의 장 : 증서는 인쇄하지 않고 케이스만 인쇄하는 것으로 하기로 하다.

의　　장 : 기타 중요한 사항이 있는가를 묻다.
일　　동 : 이의 없음을 고하다.
의　　장 : 오늘 용대 백골장학회의 창립이 원만히 성료 되었고, 12월에 2,000만원을 농협이나 기타 은행에 예치하고 2007년도 장학금은 6월 현충행사시 지급하고자 한다고 보고하다.
용대3리 이장 : 6월 현충행사 전일에 이사회를 열어 부락 유지와 함께 논의 하는 것이 좋을 것임을 말하다.
의　　장 : 그때에 가서 협의하자고 하다.
의　　장 : 폐회를 선언하고 오찬을 함께 하자고 제안하며 학교 선생님들도 함께 하자고 하다.
교　　감 : 선생님들은 학생들과 같이 식사해야 하므로 참석할 수 없다고 하다.
의　　장 : 섭섭하지만 우리끼리 하겠다고 말하고 폐회를 선포하다.

위와 같이 용대 백골장학회 창립회의를 종료하고 이를 증하기 위해 의장 전인식, 총무이사 차주찬이 서명 하여 후일을 증하기로 하다.

의 장 **전 인 식**

이 사 **차 주 찬**

제3회 용대백골장학회의 장학금 지급

2009. 6. 5.

⇐ 2009. 6. 5. 11:00
강원도 인제군 북면 용대3리
백골병단 전적비 앞 광장에서
추모사를 낭독하는 참전전우회
전인식 회장과 장학생 및
내빈의 모습

용대백골장학회를 대표한 ⇒
참전전우회 회장 전인식씨
가 장학증서와 장학금을
주고 있다.

⇐ 육군본부 직할 결사대(백골병단)
전우회가 2,000만원을 참전전우 일동
이 3,300만원을 헌성한 5,300만원을
재원으로 설립한 장학회로서 2009년
도 제3회 장학금을 교부하고 있다.

용대백골장학회를 운영 관리하는 위원님들

姓 名	職 場	電 話	住 所
金 成 龍	(주)북설악 대 표	033) 462-5050 011) 715-1642 Fax 033) 462-5861	강원도 인제군 북면 용대3리 202
宋 世 鏞	전우회 감사	032) 763-0815 011) 9753-7808	인천광역시 중구 내동 192-1
정 창 식	703특공2대대 상 사	010) 5078-5906	강원도 인제군 북면 용대3리 사서함 100-33-2호
이 강 열	영농영어법인 황태 촌	033) 462-5855 463-5855 011) 379-5853	강원도 인제군 북면 용대3의3
金 鍾 秀	용대초등학교 교 장 선생님	033) 462-1915(장) 033)462-3480	강원도 인제군 북면 용대2리 1025-1
全 仁 植	전우회장	02) 333-5214 016) 233-5213	서울시 마포구 서교동 377-2
정 래 옥	북면자치위 위원장	033) 462-6900 011) 374-6901	강원도 인제군 북면 용대2리
車 周 燦	전우회 총무이사	031) 462-1913 018) 625-1053	경기도 의왕시 삼동 277-3 연화Apt B동 302호
監 事	북면 면장	033) 460-2330	강원도 인제군 북면 원통리 658-3
최 용 진	3리 이장	011) 378-4551	강원도 인제군 북면 용대3리

제 V 편 참전전우회 활동

◆ 參戰 戰友會 日誌

<2009. 10. 1 >

1950. 6. 25 韓國 戰爭 勃發(北傀의 奇襲 南侵).

1950. 7. 14 국군의 작전 지휘권을 유엔군 총사령관(맥아더원수)에게 이양함.

1950. 9. 15 UN軍 仁川상륙작전 감행 成功(9.28서울 收復)

1950. 10. 15 중공군 6개군 18개 사단이 몰래 압록강을 건너와 숨어 있었음.

1950. 10. 19 我軍 적도 평양 입성

1950. 11. 26 압록강 沿岸까지 北進한 때 中共軍 9個군 40여만명이 대거 人海戰術 감행 (1·4 後退 開始).

1950. 12. 21 국민방위군설치법 공포(1951. 5. 12 폐지) <**정부당국의 명령**에 따라> 義勇警察, 愛國青年·學生, **大邱 陸軍 補充隊에 集結**(1950. 12. 31 까지) 兵力 약 6,000~ 7,000 名 집결.

1951. 1. 3 陸軍 補充隊에서 決死隊 要員 選拔(陸軍情報學校 장교가 差出).

1951. 1. 4 決死隊 要員 **1次 選拔 700余名. 陸軍情報學校**(第 7 訓練所) 入校·教育開始.

1951. 1. 16 決死隊 2個聯隊로 편성(결사 제 11, 12연대)

1951. 1. 18 蔡命新 少領 情報學校에 오다. (1950.12.11~1951.5.13까지 유격대 대장으로 근무(人事記錄에))

1951. 1. 21 決死 第 13 · 15연대 要員 등 **2次 220余名. 情報學校에 入校.**

1951. 1. 25 決死隊 要員中 1次 124名 장교로 任官. 國本 特(陸) 第22號 追加 1(國防部長官 申性模).

1951. 1. 30 決死 第11聯隊 363名 敵陣 **後方으로 出動**(강원도 영월군 영월읍에서).

1951. 2. 4 決死 第12聯隊 330名 大邱에서 車輛으로 出動(강원도 명주군 강동면으로).

1951. 2. 7 決死 第12聯隊 最前方에서, 陸·海·空軍 總參謀長 丁一權 少將 外 高位將星의 查閱과 訓示 받고, 강릉 西北方 敵陣 後方으로 出動.(강원도 명주군 강동면 강동리에서)

1951. 2. 8 蔡中領, 全仁植 等 我軍 第 9 師團 前方指揮所 (최호 중령?) 訪問.

1951. 2. 10 第11聯隊 平昌 下珍富里 東南方에 進出(全仁植 지휘, 敵 連絡兵 等 34名 生捕).

1951. 2. 12 決死 第11聯隊 普光里 進入(敵 生捕 3, 射殺 5 名 外). (吳鳳鐸 二上)

1951. 2. 13 決死 第11聯隊 沙器幕里 進入. 보급 확충 및 교육(民間自願入隊 3人 확보)

〃 〃 決死 第12聯隊 橫溪地區에서 偵察中 交戰(被害 戰死 3人 敵 射殺 數名).

1951. 2.14 決死 第12聯隊 我空軍의 誤爆과 敵 主力 및 我軍의 攻擊받음(兵力·分散 170余名 戰死 확인 1名).

1951. 2.14 **決死 第13聯隊 釜山에서 묵호항 到着**(大關嶺 車輛便으로, 元應學 補佐官 同行).)

1951. 2.15 決死 第12聯隊 平昌郡 道岩 東沙方面으로 進出(敵兵 生捕 3人)(1名 我軍 기갑연대에 인계).

1951. 2.15 決死 第13聯隊 大關嶺 經由 橫溪方面으로 進出.

1951. 2.16 決死第11聯隊 西北進(강원도 溟州郡 連谷面 退谷里로 進出).

1951. 2.17~20 決死第11聯隊. 兵力 裝備 補强·教育 및 再編成.
1大隊長 교체(이태윤 대위 해직)

1951. 2.18 決死 第12聯隊 黃柄山에서 漁成田 方面으로 進出中 退谷里에서 決死第11聯隊와 遭遇 合流됨.

1951. 2.19 決死 第13聯隊 月精寺 入口에서 1名 生捕? 射殺 數名(미확인) 松川 鑛山村 到着, 三山里 → 退谷里 집결.

1951.2.20 白骨兵團으로 3個 聯隊 統合(명주군 연곡면 퇴곡리에서).
출 동 병 력 : 11R = 363명, 12R 330명, 13R = 124명 **계 817 명** 中
[統合병력] : 11R = 363명, 12R 160명, 13R = 124명 **계 647 명**

1951. 2.21~22 退谷里에서 志願民間人 教育(青壯年 11人, 女隊員 4人) 志願 充員 함).

1951. 2.23 白骨兵團 內陸으로 西北進 出動

1951. 2.24 신배령 넘어 無名部落 火田地帶(我空軍機의 誤爆으로 희생 6名 發生).

1951. 2.27 九龍嶺 遮斷. 全仁植 大尉 指揮(政治軍官 總尉 等 4인 外 57名 生捕).

1951. 2.28 敵 69旅團의 機密文書 및 戰鬪詳報 一切를 康斗星, 張麟弘 등이 我軍地域 수도사단 경유 速報 함

1951. 3. 1 地方 分子 7人 生捕.

1951. 3. 3 廣院里 方面의 敵 3軍團 指揮所 入口 습격(蔡命新·尹昌圭 指揮). 軍團本部에 이르는 哨所 3個 파괴, 敵 20余名 射殺. 通信線 파괴.

1951. 3.10 葛川里 方面으로 北進(我軍機의 誤爆받음. 희생 5名 發生).

〃 〃 葛川里에서 敵 砲術軍官(上尉)등 3名 生捕.

1951. 3.11 移動하는 敵兵등 53名 生捕

1951. 3.14 白骨兵團 38度線 突破

1951. 3.15 貴屯里 駐屯(敵兵 39名 生捕, 內務署員 7人과 共産 党員 15余名 등 生捕).

1951. 3.16 軍糧田 方面으로 進擊.

1951. 3.18 決死 第13聯隊 搜索隊 및 補給兵 등 필례 地區에서 **吉元八 中將**(빨치산 사령관·참모장 姜七星 총좌 등 13人) 生捕.
무장 자위대원 2名과 내무서원 2名 生捕

1951. 3.19 決死 第11聯隊 및 本部에서 共産 党員 등 11名과 敵兵 54名 등 生捕者 計 65名.

1951. 3.19 民間 1名 志願 參戰, 李明海 中士 등 敵兵 3人 射殺
빨치산 第5支隊와 交戰 射殺 數10名 外 戰死 17名.
내무서원 3人 射殺, 군량밭 作戰中 희생 26名.

1951. 3.19 軍糧田에서 南下위장 東北方面으로 철수(望對岩山의 稜線部로 北上 退却). 吉元八 등(군법회의)

1951. 3.20~23 大勝 瀑布, 鞍山 경유, 龍垈里 方面으로 進出.

1951. 3.23 龍垈里(외가평)까지 單獨 北進(강원도 영월에서 → 인제군 북면까지(종횡 800里, 320 km)) 北進 頂點.

1951. 3.23 **龍垈里에서** 북괴군 32師團 兵力과 조우, 脫出作戰에서 敵射殺 10余名(玄奎正 指揮), 我軍 희생 30余名

1951. 3.24 雪岳山 頂上 西南方 開闊地에서 被襲(尹昌圭 대위 敵兵 數名유인 自爆戰死). 희생 40여명.

1951. 3.24 五色里에서 五加里 方面으로 **敵 10사단 陣中을 白晝에 行軍**(全仁植 指揮) 退出함. 中共軍 3人 處置. 檀木嶺으로 進入(全仁植 通信兵 등 3人 處置).

1951. 3.25 檀木嶺 退却 作戰, 凍·餓死 120余名 發生.(설피밭 진흑동에서)

1951. 3.26. 03時 第1次 突破 作戰. 玄奎正 大尉 外 20余名과 장동순 등 5명 戰死. 敵射殺 10餘名.

1951. 3.26. 23時 第2次 突破 作戰 가칠봉 方面으로. 地雷로 鄭世均 中尉 戰死.

〃 〃 全仁植 大尉 指揮 獨立高地 벙커 占領 敵 5名 爆殺(김영돈 중위, 허은구 소위) 희생 4人 交戰 수명 射殺

1951. 3.28 芳東方面 약 4 km 北方 **무명부락 進入**. 補給, 調達 함.

1951. 3.30. 10時 芳東方面 我空軍機 補給品 投下 目擊 됨.

1951. 3.30. 15時 **我軍 7師團 3聯隊 수색隊와 接線·개선함**.

1951. 4. 3 江陵에 到着. 石橋里로 移動 駐屯후 강릉 再集結(' 51. 4. 18 生還者 合計 283 名). 蔡中領 陸軍本部 報告次 出發

1951. 4. 9 蔡中領 石橋里에 復歸하여. 戰鬪詳報를 淨書함.

1951. 4.12 蔡中領 陸本으로 再次 出發함 (以後 消息 없음)

1951. 4.25 決死 第11,12,13聯隊 250여名 **美8軍에 移管됨**. 묵호 南方 北坪里로 移動.

1951. 4.26 美軍 將校 2人. 도착. KIRKLAND 機動部隊로 移管.(命令은 알 수 없음).
KIRKLAND 編成 : 사령부요원 30여名, 決死 第11聯隊(130名, **다들레**), 決死 第12,13聯隊(90名, **스탠퀴시**), 決死 第15聯隊(124名, **단스터**), 決死 第16聯隊(297名, **엘리옷**), 특별연대(34名, **쎈올**) 계 714名으로 편성.

白骨兵團 綜合 戰果 및 我軍의 被害

敵 生捕 射殺 等 戰果 生捕 309名 (中將 1, 大佐 1, 總尉 1, 上尉 2, 中尉 5 包含)
射殺 45名 外 미확인사실 130여명 合計 170여名

鹵獲武器 : 拳銃 9, 多發銃 17, 長銃 178 計 204 挺, 694 무전기 1대

機密書類 노획 : ① 人民軍 69旅團의 戰鬪詳報 一切 노획(아군에 전달)
② 빨치산 第5支隊의 編成 裝備·南韓地區 빨치산 組織表
③ 金日成이 戰線司令官에게 보낸 메시지, 通信暗號·亂數表
④ 軍官證 11枚, 黨員證 40餘枚, 人民委組織表 5點

我軍의 被害 : 戰鬪 被害 240여名과 非戰鬪損失 120여名 等 被害 合計 360餘名
銃器 등 裝備 損失 410餘점＋無電機(SCR－300) 2대(破損) 民間 희생 13名

1951. 4.28　全仁植 少領으로 進級.

1951. 4.28　決死 第15聯隊(120余名) 속초방면에서 北坪에 到着 合流.

1951. 5. 1　上陸作戰 教育訓練 開始. 裝備 强化.

1951. 6. 2　上陸作戰 訓練 完了.

1951. 6. 3　KIRKLAND 司令官 등 兵力 250余名. 1次로 東海港 出港, 元山南方으로 미해군 507함정으로 出動.

1951. 6. 6　元山南方 通川 荳白里 上陸 作戰 成功. 海岸砲臺 2, 橋梁 2 破壞(良民 300余名 自由대한민국 注文津으로 後送).

1951. 6.23　前方 指揮官 全仁植 少領 주문진으로 귀환.

1951. 6.28　全仁植 少領 명예제대.

1951. 7.13　全仁植 육군본부 정보국과 작전국에 가서 제대증을 요구했으나 거절당함. 모두 미8군으로 書類가 이관 되었다는 것.

1956. 미상　蔡命新의 공적기 **"死鬪萬里"** 육본에서 發行한 것?

◆ **1961.8.23 大韓民國 遊擊軍 參戰 戰友會 發足**(發起人 全仁植, 元應學, 張喆翼, 韓甲洙).

◆ **1962. 4 "가칭" 決死유격군 出身 同志會로 변경**(蔡將軍의 挽留로 活動 中止함). 회장에 康斗星으로 함.

1962. 4.21 國家再建最高會議 議長에게 兵籍關係 請願書 提出. 同 請願에 따라 14人 軍服務 確認을 받음.(원응학, 권영철, 이봉구, 장지영, 박정봉, 이도선⑬ ?등 포함)

1962. 9.16　雪岳同志會 會則을 成案함

◆ **1965. 9. 29 "雪岳同志會" 正式으로 發足**.(會長 全仁植 被選).

1965~1970 친목모임(春秋) 개최함.
1970. 1. 19 國防部長官에게 全仁植 兵籍確認 關係 請願.
1970. 2. 13 육군참모총장으로부터 全仁植 臨時 少領으로 兵籍 確認받음.
1975. 4 戰跡碑 및 戰史작성을 蔡將軍에게 건의했으나 制止 당하고 6월에 전적비 건립 자금 10만원 보내왔음
1975. 4 鐘路 비원에서 총회 개최함.
1977. 5. 15 종로 秘苑에서 모임, 會長 全仁植 再추대(27명 참석)
1977. 5. 24 會員에게 參戰者의 名單 提出을 要求하고 當局에 청원.
1980. 4. 12 鐘路禮式場에서 모임. 雪岳同志會 약식 總會.
1981. 5. 6 **「나와 6·25」參戰手記 發刊**(非賣品)(著者 全仁植). 實戰資料를 會員에게 5部씩 配布하고 당국(대통령 외 23개기관)에 청원 기증함.
1981. 6. 27 參戰手記 補完을 위한 會議 開催 및 資料를 補完.
1981. 8. 24 蔡命新 顧問(大使)의 歸國 還迎모임을 여의도에서 開催함. 전인식, 강두성, 이창식, 김한철, 원응학 등 15인 참가
1983. 7. 6 西橋호텔에서 同志會 總會 開催. 회장 全仁植 재추대
1984. 8. 31 결산 총회 개최함.
1985. 6. 1~30. KBS 제1라디오「白骨兵團」1개월간 連續放送(임영웅 연출).
1985. 10. 30 陸軍本部 **"白骨兵團"** 實話 小說 發刊함.
1985. 12. 10 陸軍參謀總長에게 參戰者 名單 確認 請願('86. 1. 13 回信 接受).
1985. 12. 채명신의 **"死鬪萬里"** 육본 군사연구실에서 入手.
1986. 1. 13 육군 7567부대에서 陸本直轄 유격대 명단(장교) 마이크로필름에 수록된 것 송부 받음. (1962.4 최고회의 의장에게 진정할때의 첨부물인 듯 함)
1986. 3. 15 陸軍參謀總長에게 戰史記錄 要請함('86. 4. 4 回信 希望的인 回答받음).
1986. 4. 18 大統領 閣下에게 戰史記錄 登載 및 賞勳 등을 請願함.
1986. 6. 26 **「못다 핀 젊은 꽃」** 出版 함(著者 全仁植).
〃 KBS 특집방송(라디오 6·25 全仁植 回顧 生放送). **〈最初 報道〉**
1986. 6. 25 경향신문 (7면) 전단에 걸쳐 **「白骨兵團」記事 특종으로 報道.**
1986. 8. 8 **「못다 핀 젊은 꽃」** 改訂版 發刊. 프레스 센터 "國際會議場"에서 **처음 焚香** 제례함.(出版記念會 開催함).
1986. 8. 8 國民에게 보내는 메시지 채택.
1986. 10. 10 **「못다 핀 젊은 꽃」** 記錄 補訂한 改訂 3版 發行함.
1986. 10. 25 大統領 外 17個 公共機關에 請願書 및「못다 핀 젊은 꽃」冊子 配布함.
1986. 12. 1 국방부 인사 24158-2374호로 청원서 회답, 전사에는 남아도 人的사항 알 수 없다는 것.

1987. 1.15　國防部長官의 請願資料 補完 送付 要請에 應함.

1987. 2. 17　雪岳山 五色里에서 TV 촬영을 위하여 同志들 出張.

1987. 3. 7~14, 21. KBS Ⅰ, Ⅱ, MBC TV **「못다 핀 젊은 꽃」** 3부작 放映함. "試寫會에 參加".

1987. 3.16　國防部 및 關係機關에 請願함.

1987. 3.28　故 許銀九. 少尉 戰死 確認받음 (參戰戰友 中 첫 戰死 確認).

1987. 4. 3　合同慰靈祭(2차)를 奉行함 (檀木嶺 入口에서)(27名 參加).

1987. 4. 7　國防部長官에게 請願 追加 資料를 送付함.

1987. 6. 8　국방부 청원서 검토결과 회신 (인사 24158−1215호).

1987. 7.16　會員 全員의 連署名 請願書를 41個 關係機關에 提出함.

1987. 8. 7　蔡命新 中領의 書信을 接受함 (日本 發信).

1987. 8.16　白骨兵團 戰勝塔 建立計劃書를 陸軍參謀總長에게 提出함.

1987. 9.12　국방부 인사 24158−1815 청원서 검토 결과 회신 접수.(不可하다함)

◆ **1987. 12. 20 大韓遊擊參戰同志會로 改稱** (總會 議決).

1987. 12. 28　兵役關係 陳情書를 關係機關에 提出함.

1988. 1.12　대통령 外에 軍人事法 개정 건의함(48명 연명).

1988. 3.14　蔡 司令官을 訪問 그동안의 經過報告 함 (全仁植, 崔允植).

1988. 4. 1　「**白雪의 長征**」 出版記念會 開催 盛了함 (參戰同志 및 來賓 蔡將軍 外 300余名).

1988. 4. 3　박달령 入口에서 合同慰靈祭 奉行함 (24名 參加).

1988. 4.30　故 張東淳, 申鉉石 中士등의 戰死 確認 申請함.

1988. 5.23　국회 국방위원 등 69인 외 당국자에게 명예회복을 청원함. (전인식)

1988. 6.　故 權旭相 中士의 戰死 確認을 申請함 ('88. 8. 中士로 戰死 確認 받음).

1988. 6.17　大統領과 國務總理, 國防, 交通, 總務處 등에 請願함.

1988. 6.20　特戰司 招請에 參加함. 全仁植 회장 徐完洙 司令官과함께 사열(査閱)받음.

1988. 6.29　陸軍 第3軍團을 訪問함 (戰死者 名單 確認次)(全仁植, 權寧哲, 黃仁模 將軍) (李鎭三 軍團長으로부터 戰勝慰靈塔 建立支援 約束을 받음).

1988. 6.30　張東淳 外 參戰時의 階級으로 戰死 確認을 받음.

1988. 7.26　육군본부 참모차장(이진삼 중장) 방문 전적비 건립 요청 건의함.

1988. 7.28　陸軍 第3軍團을 再次 訪問하여 戰跡塔 推進件을 (朴益淳 중장) 確認 받음 (全仁植, 權寧哲).

1988. 8. 6　臨時總會 開催. 建立基金 協贊 605萬원의 約束을 받음.

1988. 8.12　蔡命新 將軍에게 그동안의 進行狀況을 報告하고 資料 檢討를 依賴함.

1988. 8.12 同志會의 臨時總會 結果를 全 會員에게 通報하여 모두를 公開하였음.
設計圖面의 作成을 開始함 (全仁植과 丁奎玉 同志 外 2人).

1988. 8.13 陸軍本部를 訪問하여 李鎭三 中將과 전적비 建立件 協議함.
陸參總長에게 白骨兵團 戰跡塔 建立 要請書를 發送함.

1988. 8.18 陸軍 第3軍團 訪問하여 **戰跡碑 建立 候補地를 決定함** (閔丙璇 副軍團長 및 工兵 潘雄植 將軍, 全仁植, 權寧哲).

1988. 8.29 陸參總長에게 過去에 決死隊員으로서 戰死傷 確認을 해 준 同志의 名單을 調査하여 通知해 줄 것을 要請함.

1988. 9. 8 戰勝塔 建立 協贊에 對하여 主要 30餘 企業體에 協助要請文을 發送함.

1988. 9.11 戰勝塔 建立 基本圖 完成(總 工事費 9,500萬원).

1988. 9.12 建立 主管 3軍團에 設計圖書 傳達·協議함 (全仁植, 丁奎玉).

1988. 9.21 **「白骨兵團」** 出版(著者 全仁植).

1988. 9.22 陸軍을 다시 訪問하여 전적비 건립 件 협의 함.

1988. 9.28 陸軍本部에 技術圖書 및 白雪의 長征 等 冊 1,980卷(定價 1,443萬원) 寄贈.

1988.10. 7~9. 박달재 戰死位置 確認을 위하여 出張 (全仁植, 權寧哲). 縣里 ↔ 芳東 ↔ 鎭東 ↔ 설피밭 ↔ 삼거리 ↔ 박달재
位置 : 북위 38° 2'50″, 동경 128° 27'35″ 地點, 半徑 約 2~300 m 안으로 推定.
提報者 : 강원도 인제군 기린면 진동 7리 최정식氏 ('51年 當時 현지 G-2 要員).

1988.10.11 陸本의 擔當官 韓모 大領으로부터 同志會件 補充說明 資料 確認을 위한 電話를 받음. 戰勝塔 建立件은 推進中에 있어 곧 措置될 것이라는 傳言

1988.10.11 전적비 건립 反對 異端者 발생함.(김한철, 이명우 등)

1988.10.20 全仁植 戰勝塔 建立 推進 關係業務를 一時 留保하고 觀望 함.

1988.11.10 陸軍參謀總長에게 過去에 確認해 준 決死隊員 戰死者 名單의 回報 要請 促求

1988.11.10 確認을 要하는 戰死 同志 36名에 對한 立證資料를 要請하는 公文을 提報한 同志 13人 外 2人에게 發送하고, 戰死處理를 完了하자고 呼訴 함.

1988.11.22 參戰 同志 57人에게 그동안의 經過報告 書信과 11月까지의 同志會 日誌를 參考로 送付함.

1988.12. 1 第3軍團 隷下 特攻聯隊 慰問計劃을 基金 贊助 同志에게 通報함.

1988.12. 8 第3軍團을 訪問, 特攻聯隊長에게 慰問品(돈육 400 kg)을 傳達함.

1989. 1.12 同志會 總會 開催 通知를 同志 63名에게 發送함.

1989. 1.20 동아일보에 白骨兵團 회원에게 보내는 광고게재 (전인식 부담).

1989. 1.23 同志會 總會를 開催함.

1989. 1.26 채명신 전적비 건립 협찬금(약속한 것) 보내왔음.
1989. 1.27 陸軍 第3軍團長(朴益淳 중장)에게 戰跡塔 建立 基金 1,000萬원을 傳達함(全仁植, 權寧哲, 申孝均, 參加).
1989. 3. 3 陸軍 第3軍團 工兵旅團 訪問 着工 協議.
1989. 3. 4 龍垈里 現場에서 着工 地神祭 擧行(全仁植, 權寧哲 參席).
1989. 4. 3 박달령 入口에서 병풍을 둘러 치고 慰靈 제사를 擧行함.
1989. 4.20 전적탑名 등 회원에게 公募함
1989. 4.21 現地 確認次 出張.(特攻聯隊 慰問)
1989. 4.22 現地는 確認하였으나 유골은 確認 不可 하였음.
1989. 4.24 새로운 遺骨 發見 通報 接受(特攻聯隊 第4大隊長 白中領).
1989. 4.26 現地 確認한 바, 遺骨 3基 發見(진동 2리 7번지 옆) 10餘基 있다고 함.
1989. 4.28 當時 住民 "김동찬" 씨에게 電話로 確認함.
1989. 5. 1 特攻聯隊 優秀將兵의 表彰.(白骨兵團賞을 制定 授與함)
1989. 5. 4 6.25 당시 거주자 최기석氏를 春川 大學病院으로 訪問·事實 調査함.
1989. 5.10 鄭世均, 김윤수, 류동현 戰死확인 받음.
1989. 5.13 第1軍司 李鎭三 司令官을 禮訪(權寧哲, 全仁植) 戰跡塔 建立 推進 不進展 打開策을 協議 建議함.(시멘트, 철근지원 약속 받음)
1989. 5.13 寧越 蓬來山 아래 出動地點인 양조장을 全仁植·權寧哲 訪問함.(權同志 환갑날)
1989. 5.23 國務總理 및 國會議長 等 69名에게 請願書 發送함('1989.6.9 國防部 법적근거없어 不可 하다는 回信).
1989. 5.26 同志 38名에게 尹昌圭 大尉 등 연고 不明 戰死者 36人의 立證資料 要求 公文을 회원에게 發送함.
1989. 5.31 3군단 공병참모부 방문 업무협의함.
1989. 6. 1 陸本 軍事硏究室 資料調査課 韓大領으로부터 塔 建立 豫算 6,430萬원의 執行이 '90年으로 移越되었다는 通報를 接함.
1989. 6. 2 第1軍 司令官에게 위 狀況 報告 및 工事促進 書信 發送.
1989. 6. 2 二中 洪淳基의 遺族인 朴貞烈 女史(63歲)(決死 11R, 3BN, 2CO) 本 會를 訪問함(立證人 林癸洙, 朴鍾瑝).
1989. 6. 5 陸軍 第12師團 通信大隊 李少領, 케이블 移設관계 協議.
1989. 6.10 12師團 通信大隊에 移設費用 送金함.
1989. 6.14 龍垈里 現地에서 工兵旅團長과 塔 敷地 工事計劃을 協議함.
1989. 6.16 陸本에서 戰死確認 補完要求를 받고, 卽時 補完資料 提出을 同志 10名에게 要請함.
1989. 6.24 現場에 불도저 2台 外 投入 着工.
1989. 7. 4 國防部 弘報 映畵, **"박달령의 침묵"** 촬영 協議次 訪問.

1989. 7. 6 경향신문 : 백골병단 관련기사 보도.
1989. 7. 6 同志 40人에게 촬영 協助 要請 公文을 發送함.
1989. 7. 11 "배달의 旗手", **"박달령의 침묵"** 촬영
1989. 7. 13 鎭東 2里에서 同志 遺骨 發掘. 慰靈祭 擧行함.(全仁植 환갑날 임)
1989. 7. 14 703特攻聯隊 訪問, 慰問品 傳達, 部隊參觀, 龍垈里 戰跡碑 建立敷地 踏査, 標示板 建立 촬영 其他.
1989. 7. 16 서울신문 : 백골병단 기사 크게 보도.
1989. 7. 19 **"決死 11聯隊"** 白骨兵團 改訂版 發行(全仁植 著).
1989. 7. 30 10 : 40 KBS Ⅱ **박달령의 침묵** 방영. V.T.R 40個 引受 配布함.
1989. 8. 3 尹昌圭, 玄奎正 等 17人의 戰死確認을 通報받음.(金貞起 등 5名 제외 됨)
1989. 9. 7 제1군사령관으로부터 격려 書信 받음.
1989. 10. 28 朴萬淳 소위(13R) 전사확인 신청함.
1989. 11. 24 第1軍 司令部에서 開催된 各級 偵察隊長 "세미나" 에서 會長 全仁植은 當時의 戰況을 3時間동안 特講.
1989. 12. 13. 14時 縣里 3軍團 病院에서 故 玄奎正 大尉, 李夏淵 少尉, 李完相 二等中士의 永訣式을 擧行함.
1989. 12. 16 전우신문, 강원일보 : 영결식 8단으로 玄奎正 등 3인의 영결식 광경 크게 보도.
1990. 1. 16 全仁植, 蔡 司令官, 權寧哲, 連名으로 遺骨確認書를 聯隊에 送付함.
1990. 1. 24 第1軍司令官 訪問(10時 30分)함(蔡 司令官, 黃 顧問, 全仁植, 權寧哲, 崔允植, 崔潤宇, 元應學, 申孝均, 柳卓永, 申健澈, 李命宇 計 11人 參加함).
1990. 2. 20 '90年度 總會 開催함.
① 세입세출결산안 23,166,296원 ② 기금보고 2,672만원 의결 ③ 회칙개정안 의결 ④ **회장단 선출** : 무기명 비밀투표(**회장 : 전인식 22표**(90%), 채명신 2표, 회장에 전인식 당선.
1990. 3. 5 육참총장에게 발굴영현 이장 및 위패안치 신청함.
1990. 4. 1 채명신, 李斗柄, 김한철 3人의 **怪 합의각서 作成 사실 認知함**.
1990. 4. 3 조선일보, 경향신문, 강원일보 : 추모식 광경 크게 보도.
1990. 4. 3 故 朴鍾萬, 金周鉉 中士 遺族의 戶籍整理用 등 追加發行(戰死確認) 要求.
1990. 4. 3 '90年度 白骨兵團 出身 戰歿將兵 合同追悼式 擧行.
1990. 4. 5 故 柳東鉉 上士 90. 3. 15 군급 제2487호로 국립묘지에 위패가 건립되었다는 확인 공문 접수.
1990. 4. 7 **노태우 대통령에게 6·25 전몰장병 발굴영현 이장 및 위패안치 촉구**에 관한 탄원서 발송
1990. 4. 11 703 特攻 柳海權 大領 同志會 격려.
1990. 4. 23 발굴영현 이장과 위패안치를 육군본부에 요구함(24명).

1990. 5. 1 第3工兵旅團을 訪問함. 工事計劃 推進을 促求함.

1990. 5. 9 第1軍司令部 工兵參謀 訪問, 工事 推進을 促求함(全仁植, 權寧哲).

1990. 5.12 第3軍團 工事關係者 會議 開催를 協議하고 起工式 5月 16日 11時로 合意함.

1990. 5.14 陸軍本部 軍史硏究室로부터 **戰跡塔 建立事業 承認**이 되었다는 電話 通報받음.

1990. 5.15 **陸本으로부터 白骨兵團戰跡碑 建立計劃 確定 通報를 接受함**
위치 : 인제군 용대리 내설악 입구. 예산 1억 2,730만원 [**회원모금 4,200만원**, 군단지원 2,110만원, 육본지원 6,420만원(현금 4,380만원+자재 2,040만원)] 승인받음.

1990. 5.16 龍垈里 現地에서 工事推進 協議함. 工兵旅團長, 施設處長 김주백
大隊長 李中領, 軍司令部 工兵의 設計技術者 2人,

1990. 5.16 공사착공 協議 後에 金漢哲의 怪文書 및 投書 書信을 入手함.

1990. 5.17.11時 1軍工兵 張將軍으로부터 金漢哲의 投書 軍團과 同一한 것으로써 意見 調整없이는 着工이 困難하다는 電話 接受.

1990. 5.17.12時 긴급이사회 및 회원참여 소총회 소집 결정. (전화·통지문 발송).
개최일시 1990. 5. 20. 16시로 함. 전화연락이 가능한 동지에게 召集 通知 함.

1990. 5.17.19時 權寧哲, 崔潤宇, 崔允植은 個人資格으로 蔡將軍을 訪問했다 함. 蔡將軍은 合意覺書 署名事實을 是認 했다 함.

1990. 5.18 위패건립을 위한 제적등본 육군본부에 송부.

1990. 5.18.16時 工兵大隊長 李尙原 中領 기공식 관계 협의 및 공사집행 中止 指示가 있었다는 通報 접수.

1990. 5.20 **임시 긴급 이사회 및 회원 총회를** 豫定대로 開催함

1990. 5.20 蔡將軍 합의각서 解明 및 陳情取下願에 自筆 署名捺印을 받음(公開 규탄 결의함).

1990. 5.21 第1軍司令官과 3軍團長에게 합의각서에 따른 陳情取下願 등과 함께 同志會 主要日誌를 添附 公文發送.

1990. 5.22.11時 陸本 軍事硏究室 韓大領으로부터 怪文書件 國防部에서 陸本 管理參謀部로 傳達되었다는 通報 接受.

1990. 5.22.11時 金亨哲의 住所를 속초 등지로 追跡(전화)했으나 不可能했음.

1990. 5.22.12時 國防部長官과 陸參總長에게 채명신 장군의 解明文書 發送 함.

1990. 5.24.16時 特戰司 民心處 鄭少領으로부터 同志會員 20~30名 訪問 招請.

1990. 5.25.14時 국방부장관에게 제출한 怪文書件 감사 01254-1132('90. 5. 23)로 진정회신 받음. 육군으로 하여금 참고처리 한다는 내용. 不問 한다는 뜻.

1990. 5.25.16時 3軍團 監察部와 軍團長에게 보낸 公文件 협의.

1990. 5.28 工兵旅團長과 起工式 日程 再協議 함.

1990. 5.30 陸本 軍史硏究室 韓大領에게 金漢喆의 取下願 必要 與否를 問議했으나. 不必要 完結하겠다는 傳言 接受함.

1990. 5.31 軍司令部 秘書室長과 起工式 日程을 再協議함. 參謀會議 結果報告에서 同志會側의 要求에 따라 執行하라는 指示가 있었다는 傳言 接受함.

1990. 6. 2 軍團 工兵旅團長과 起工式 日字 再 協議함.

1990. 6. 5 同志會員 51人에게 起工式 關係 其他 業務報告 公文 發送함(90-6-2호). 軍需參謀部 급양근무과에 安葬 3位 및 位牌 23位件 電話促求.

1990. 6. 9 第1軍 司令部를 訪問, 離就任式 人事次, 全仁植, 權寧哲 참가. 模型 10個 製作 入庫 中. 軍司令官 室에서 모형 總長께 贈呈함.

1990. 6.12 蔡司令官 및 朴창암 將軍에게 起工式 參席 電話함. <모두 不參했음>

◆ 1990. 6.13.14時 白骨兵團 戰跡碑 起工式 擧行 함. 약 150명 참석, 12사단 오영우 장군 주관 別途로 建立支援金 300萬원 군단에 傳達함.

1990. 6.18 강원일보 : 전적비 건립 조감도 등 크게 보도.

1990. 6.19 경향신문 : 8단기사로 기공식 크게 보도.

1990. 6.22 碑文 기타 7種에 對한 文案 確定會議 開催. 23人의 審議 委員에게 公文 發送.

1990. 6.26 陸本에서 玄奎正 대위, 李夏淵 소위, 李完相 중사의 분묘 決定 通報 및 尹昌圭 大尉 등 22位의 位牌 建立通報 接受.

1990. 6.30 戰跡碑 碑文 기타 심의회의 개최.

1990. 7. 5 국립묘지 현충탑(위패실)에 22위의 위패 건립통보, 접수

1990. 7.12 국립묘지 관리사무소장(전례과장)에게 위패 봉안행사 협조 요청함.

1990. 7.16 參謀總長님과 軍事硏究室長 吳亨根 將軍으로부터 激勵 書信을 받음.

1990. 7.17 국립묘지 현충탑 참배 및 위패 봉안 참배행사(10時). 會員 32名 外 國立墓地 管理所長, 典禮課長 外 職員 및 儀仗兵, 報道陣 5名 등 130餘名 參加.

1990. 7.17 臨時總會 및 理事合同 會議 開催(12時)(국립묘지 휴게소에서).

1. 碑文(戰死者 名單 및 參戰者 名單 確定, 階級修正 및 위패와 같이 임시를 떼기로 合意)
2. 建立記 說明文 參戰日誌 確定
3. 蔡 司令官 不參 聲討가 있었으나 만류함.
4. 朴蒼岩 將軍의 고문직 추대는 잘못이라는 會長團 引責 聲討와 同時에 없었던 것으로 取消 合意함

※ 박창암 장군은 참전동지회의 大韓이 잘못이란 강력한 電話지적(7.16. 09:30分)과 金漢喆의 意見에 同調하는 등에 대한 會員의 强한 반발로 因함.

1990. 7.23 陸參總長·軍事硏究室長에게 回信發送, 作戰狀況圖板·民家의 撤去件 意見 건의. 비디오 테이프 및 碑文·建立記 등 送付 修正 依賴함.
1990. 7.25.8時 軍事硏究室 李中領 來電, 한석산은 이미 回答 到着 審議했다 함.
1990. 8. 4 군사연구실장 吳亨根 장군으로부터 비문 등에 관한 회신 접수.
1990. 8.16 全國 70개 大學 ROTC 29기생 간부 170여명에 대하여 白骨兵團 戰鬪概要 說明 및 全仁植 講義함(결사 11연대 책 180권 기증함).
1990. 8.22 故 玄奎正 대위, 故 李夏淵 소위, 故 李完相 中士의 국립묘지 대전분소 안장 通知 接受.
1990. 8.24 국방부장관 참조 戰史편찬위원회 위원장에게 전적비 비문 검토(고증)요청 공문 등기발송('90.9.5까지 회답 요청).
1990. 8.25 준공식 行事준비 및 비문 등 확정을 위한 이사회를 회원총회와 함께 개최함.
1990. 8.28~29. 碑文, 建立記, 參戰者 名單, 作戰要圖 등을 工兵旅團에 傳達하고 協議.
1990. 8.30 玄奎正 大尉, 李夏淵 少尉, 李完相 中士의 安葬式 거행(국립묘지 大田)
1990. 8.31 국방부 전사편찬위원회, 전적비 비문 고증검토 요청(회신). 별다른 의견 없다함.
1990. 9.7~8. 第3軍團長을 禮訪(全仁植, 權寧哲). 軍團長, 12師團長 및 인접부대장 合同으로 現地에서 工事進行을 協議함. 一部 仕樣인 오석을 화강석으로 변경.
1990. 9.17 碑文 기타 文案 淨書(原寸 크기) 군단에 引繼함.
1990. 9.26 軍團作戰參謀와 비문 淨書文 協議(글씨체 등) 異議는 없었음.
1990. 9.27 703特攻聯隊에 全仁植 秋夕 慰問.
1990. 9.28 現在 [主塔 完成, 碑名 附着 完了, 道路邊 造景 特攻 聯隊가 完了함.]
1990. 9.28 臨時理事會 開催, 竣工行事費 850萬원의 豫算 確定함. 文案 其他 議決함.
1990.10.4~5. 現地出張(全仁植, 權寧哲), 資料 文案 기타 推進事項을 軍團에서 高位會談 開催 合意함.
1990.10. 4 정선군 정선읍 거주 裵善浩 同志(13R 出身) 龍垈里에서 相逢, 參戰事實을 確認.
1990.10. 8 陸軍 特殊戰司令部 關係官 來訪, 招請行事 協議함.
1990.10.10 陸本 軍事硏究室 李中領으로부터 除幕式 日程 決定 通報받음.
1990.10.12 特戰司 訪問 18人 參席, 全仁植 儀仗兵 司令官과 함께 査閱함.
1990.10.14 3軍團 人事參謀 來訪, 招請狀 案 및 行事日程 協議함(全仁植, 權寧哲).
1990.10.16 조중용, 정윤철, 이석순, 황경덕 戰死確認 通報 받음
1990.10.18 全仁植, 蔡命新 將軍 오찬회담(힐튼호텔). 진행상황 보고 및 사진설명, 일정 등 설명함.
1990.10.24 戰跡碑 工事現場 出張(全仁植, 權寧哲) 副軍團長, 參謀長 外 協議함.

1990.10.31 特戰司 3旅團 特講 2時間 全仁植. 寫眞擴大物 9點, 5萬分의 1 地圖 1部, 特戰司 展示用으로 기증함.

1990.11. 1 建立 工事現場 出張, 軍史硏究室長 吳亨根 將軍, 韓 大領에게 說明함.

1990.11. 7 國防部 公報官室 訪問, 出入記者團에게 戰跡碑 說明(全仁植, 權寧哲, 申健澈).

◆ 1990.11. 9 **白骨兵團 戰跡碑 除幕式 擧行**(15時). 同志會 大形버스 4대, 봉고 3대, 승용차 21대 참가인원 300餘名, 軍關係官 및 내빈 등 200餘名, 參謀總長, 1軍 參謀長, 陸本 人事參謀部長, 軍史硏究室長, 軍團長, 인접 師團長 등 將星 10餘名과 李秉衡 전쟁기념사업회장, 강원도지사, 교육감, 경찰국장, 안기부 실장 등과 주민대표, 학생 등 800여명 참석리에 盛了됨.

<開式 11.9.15시, 終了 11.9.16시 40분경, 竣工式 행사비용 일체는 同志會가 負擔함>, KBS TV, MBC TV 각 言論社 10여個 報道.

<特戰司에서 인제 신남까지 憲兵 先導, 음료수, 빵 등 支援을 받음. 人事 및 民心參謀(대령) 참석함>

1990.11. 9 동아일보, 중앙일보, 경향신문, 강원일보 등 7단 반면 크게 보도.

1990.11.10 조선일보 3면 : 백골병단 기사 5단 크게 보도, 세계일보 : 7단 기사 크게 보도.

1990.11.12 紀念品 追加 發注 100個, 不足으로 因함(當初 380個 製作함).

1990.11.13 국방일보 : 제막기사 6단 반면에 크게 보도.

1990.11.14 平和統一 新聞과의 인터뷰(會長), '90년 12월호 p.p 64~69에 게재함.

1990.11.15 第一經濟新聞 編輯局長과의 인터뷰(會長).

1990.11.22 KBS I 라디오 AM・FM 全仁植 放送 인터뷰, '90.11.29.18 : 35분 ~ 18 : 55분 放送.

1990.11.30 第3軍團 訪問 關係參謀에게 感謝人事(全仁植, 申健澈).

1990.12. 1 第12師團長 訪問 감사패 전달.

1990.12. 3 梁啓卓 대령(1軍司) 訪問 時間 通報, 12.6.16時로 傳達됨.

1990.12.10 1軍司 李文錫 大將 訪問(全仁植, 권영철, 申健澈) 감사패 전달.

1991. 1.17 參戰 40周年 行事 및 總會召集 通知, 招請狀 256枚 發送.

1991. 1.28 비디오 13種을 1時間 55分으로 壓縮編輯(綜合版).

1991. 1.30 '91年度 定期總會 開催(陸軍會館에서).

1991. 1.30 侵透作戰 40周年 記念 리셉션 開催. 略史報告 및 '91年度 總會(육군회관에서). 會員 40名, 家族, 遺家族, 來賓 130餘名 參席.

1991. 2.19 참전전우(비회원 포함)로서 전공기록을 91.3.15까지 통보할 것을 要求.

1991. 3.12 12연대 출신장병 본회 방문. 전공기록의 협의차(신건철, 안병희, 이익재, 박용주, 이남훈, 송세용, 권두식, 이희용, 신영기 등)

(12연대의 '51.2.7~2.20까지의 작전행로 불일치 조정 회합임) 당일, 이두병 동지에게 고증을 요청하고자 「송세용, 이남훈, 권두식」 등이 이두병 씨를 방문함.
원응학 동지 본회 방문 운영 협의 함(참전 당시의 증언 첨가).

1991. 3.15 이두병, 권두식, 이남훈 등이 작성 서명한 참전자료를 권두식 동지가 지참 내방함(녹음테이프는 상태 불량으로 재수록하지 못함).
1991. 3.30 特戰司 33周年 記念行事 招請 會員 等 25人 參加祝賀.
1991. 4.10 참전 91-4-1 總長, 3軍團長에게 功績記 刻字件 公文發送.
1991. 4.30 第3軍團長 訪問 功績記 原文 刻字 協議.
1991. 5. 1 703特攻聯隊 8周年行事 參席 激勵.
1991. 5. 1 803 偵察隊 訪問. 利川石材에 刻字原稿 引繼 및 契約.
1991. 5. 2 會員에게 40周年 행사 및 총회 결과보고
1991. 5. 8 愛國 團體長 조찬회 모임 會長 參席(90餘 團體).
1991. 5.11 임시총회 개최(26명 참석). 현충일행사 예산 190만원, 참전자 추가 조각의 건.
1991. 5.16 **戰跡碑 落穗**(결사 제11연대 부록)(全仁植 編) 非賣品 發行
1991. 5.17 軍史硏究室 白中領, 姜大領 戰跡碑의 向後 管理 協議.
1991. 5.18 **「임진강에서 내설악까지」** 全仁植 著 發刊함.
1991. 5.20 特攻 柳大領 및 軍團 民心處長 6.6 行事件 協議.
1991. 6. 6 第36回(本會 6回) 현충일 追悼 行事(龍垈里에서) 軍團長 片將圓 中將, 12師團長 吳榮祐 少將 外 來賓 및 會員 등 300餘名 參席 盛了.
1991. 6. 8 현충일 행사 결과 보고(회원에게)와 동시에 참전확인서 제출요구.
1991. 6.12 전사에 남을 백골병단의 용맹(국방일보:4면 전단보도).
1991. 6.15 유격대 참전자 명단 확인요구 공문발송(15, 16, 특별연대까지 전원에게).
1991. 7.16 육군참모총장에게 등기로 참전사실 확인 증명원을 발송함.
1991. 7.30 육군참모총장에게 전적비 보수공사 지원을 요청하고 그 뜻을 회원 모두에게도 통지함(100만원은 본회가 부담하기로 함).
1991. 9.17 李鎭三 총장에게 6·25 참전사실 확인증명 요구 공문 발송함.
1991.10. 2 추석 및 국군의 날을 맞아 전적비를 참배하고 추가명단 첨부도 확인함.
1991.10.21 전투요도 첨부완료 검수를 통보받음.
1991.11.14 육본 부관감실에서 총장 재가필통지(6·25 從軍記章 수여를 국방부장관에게 상신한다 함).
1991.12.10 육군본부로부터 민원회신 접수, 참전증명 대신 종군기장수여를 국방부에 건의했다 함.
1992. 2.29 청원서 문안 소위원회 개최

1992. 3. 3 국방부장관에게 청원서 발송함.

1992. 4.16 육군본부 戰史 資料 回信 접수. 청원서 처리촉구 내용증명을 발송함.

1992. 5.11 현충일 행사 및 대책과 소송준비회의 개최. 14인 협의 소송 출연금 약속 250만원.

1992. 5.13 육군본부로부터 국방부의 뜻으로 **종군기장 수여 불가 통보** 받음.

1992. 6. 6 현충일행사 거행 및 전적비 계단일부 보수 완료함. 많은 동지 유가족 및 12사단장 오점록 장군, 3군단 참모장 등 280여명 참석.
15시경 강원도 명주군 연곡면 퇴곡 2리 1반 거주 朴大洙(82才)(당시 거주), 연곡면 삼산리 거주 皮興燮(77才)(당시 거주), 퇴곡리 거주 金相洙(73才)(강릉 경찰 출신) 등을 상봉하여 '51. 2. 14~16, 18일, 20일경 각 3진이 퇴곡리에 왔으며, 그들은 충청도 경찰 출신이라 했다 함. 짐을 지고 따라 간 청년 10여명 등은 돌아 오지 못했다는 증언.

1992. 6. 9 金漢喆 건으로 육본으로부터 전화 3시간 이상 받다.

1992. 6.10 나와 6·25, 못다핀 젊은 꽃, 白雪의 長征, 白骨兵團, 결사 11연대, 임진강에서 내설악까지 각 2부를 군사연구실에 송부함.

1992. 6.16 金漢喆 건자료 150페이지를 육본에 송부 함.

1992. 6.24 2307(3군단)부대장 이·취임식 참가. 기념품 증정(전인식, 권영철 참석), 신임 金鍾培 장군, 8군단장, 2군단장 등 군 장성 상봉.

1992. 6.25 703특공 2대대 부대명 **"설악산 백골대대"** 命名式 참가, 격려금 전달, 2시간동안 전 장병에게 全仁植 안보 특강 실시.

1992. 7.11 국군 정보사령관에게 자료협조 공문 발송.

1992. 7.15 703특공 본부에서 全仁植 침투교육 강의 요청에 응하여 출장함.(신건철 동행)

1992. 7.15 강원도 홍천군 내면 외청도리 거주 최태원씨(77才) 상봉. "51. 2. 25~28일 당시" 연대본부가 있던 가옥의 주인 상봉(금일봉 사례).

1992. 7.18 육군본부 부관감실로부터 '92. 6. 18일자 인사기록요청에 대한 회답을 접수함.

1992. 7.27 육참총장(참조 군사연구실장)에게 유격참전 92-7-10호 전사기록 협조요청 및 의견진술 공문 발송.

1992. 8. 8 국군정보사령부(국군 제9033부대)로부터 민원사안처리 회신을 받다. 이 사령부의 전신은 미 8군 정보연락장교단으로 여기에도 자료는 없다 함.

1992. 8.24 문화부에 김한철 책의 不正 간행물 질의

1992. 8.31 陸本 金漢喆에게 參戰者 一同의 확인만이 戰史 자료가 된다고 陸本에서 FAX로 통지가 오다.

1992. 9. 2 李斗柄氏는 김한철氏에게 확인서 등을 작성해 준 사실이 없다고 하며,

박창암氏와 2回 상봉했는데 그때 吉元八 生捕건을 질문하기에 12R에서 잡아온 것을 蔡중령에게 넘겼다는 것 이외에 누가 실제 잡았는지는 모른다고 했다는 등의 발언과, 全회장이 전적비 건립에 정말 수고가 많은 것은 내가 다 아는 것 아닌가 云云

1992. 9. 3 육군본부로부터 김한철, 이두병 등의 진정서 관련 사본 1부 91매 외에 UN군 유격전 관련자료를 송부 받다.

1992. 9. 5 긴급 참전자 總會 개최. 채명신 도착 지연으로 15시 40분 개최, 채명신은 16시 35분 다른 약속을 이유로 이석함. 참전동지회의 방해 동지(이명우, 이두병) 참석함(회의광경 비디오 촬영 2개)

참석자 : 정규옥, 이영진, 배선호⑬, 전인식, 신건철, 안병희⑫, 이익재⑫, 최윤식, 류탁영, 김인태, 임동욱, 최종민⑬, 김항태, 장덕순, 송세용⑫, 권영철, 양재호, 신효균, 김용필⑫, 장지영, 윤범용, 임병기⑫, 최인태, 조병설⑫, 이창흥, 권태종, 오봉탁, 원길상, 서현택, 장철익⑫, 이두병⑫, 이남훈⑫, 이명우, 채명신, 오정흠㊕, 홍현모⑯ (36명)

위임자 : 이장복⑬, 박용주⑫, 조영택⑫, 조남현, 하태희, 이명해, 송경희, 나명집, 이희영⑫, 박광석⑫, 김대홍, 전영도, 박승록, 이운하 (14명).　표시없는 것은 ⑪ 임.

1992. 9. 10 문화부장관으로부터 金漢喆 不正 著作物이란 回信 接함.

1992. 9. 27 종로구청장으로부터 金漢喆 不正 著作物 등록미필 도서로서 위법 조치하겠다는 回信 접수.(과태료 처분)

1992. 10. 29 육군참모총장에게 참전자총회 사진, 전사자료 **"영광의 얼"** 송부.

1992. 10. 30 **"영광의 얼"**, "임진강에서 내설악까지" 發刊 普及함(全仁植 著).

1992. 12. 7 703특공연대장 이·취임식 참석(감사패 증정 및 지휘봉 증정).

1993. 2. 10 임시 이사회 및 총회 개최

1993. 2. 26 '93년도 총회를 개최함(전사편찬 특별위원회 설치안 가결 등).

1993. 3. 20 육군 참모총장, 국방부장관, 총무처장관, 정보사령관, 군사연구소장 등에게 전사편찬 자료 협조 요청 공문 발송. '93. 4. 20까지 회신요망 했음

1993. 4. 2 13연대 부연대장 연락병 출신 辛鎭鎬 氏 來訪 **吉元八 생포 증언 청취함** (진술서 확보).

1993. 4. 7 ~8 용대리 전적비 현장에서 개선 42주년 기념식수 총 2,229本(970만원 상당)을 식수함. 동지회에서 800만원 거출 충당함(全仁植, 權寧哲 각 270만원, 김용필 100만원 상당. 특별찬조 100만원 외 동지 참여함).

1993. 4. 24 백골병단 전사편찬 특별위원회 회의 개최. 本人참석 22人, 위임 5人 計 27名 참석함.

1993. 4.30 朴昌永(故 一中 朴鍾萬의 子)의 원호非대상 결정의 審判請求. 원호처 의정부지청에 제출함. '93.11.25 승소 판결 도착(全仁植 처리)

1993. 6. 4 **'93年度 合同慰靈祭 擧行** 第3軍團 副軍團長 外 來賓 등 400餘名 參席 盛了함.

1993. 6.12 林炳華 同志(13R) 訪問 13연대의 전투 관계 證言함.

1993. 6.15 국군방송 KBS 제1라디오 AM, FM 對談放送 20分(全仁植 出演).

1993. 6.17 全仁植 KBS 제1라디오 20分間 6·25 對談放送(FM, AM).

1993. 6.24 東海 22師 金明世 將軍 訪問 反共 安保 特講 함(全仁植). (권영철 參加함)

1993. 7.10 白骨兵團 戰史 作成 會議 3月부터 週2~3回(全仁植, 柳卓永, 權寧哲 등) 會合.

1993. 7.21 陸本 軍史研究室 擔當官 徐中領 證言 청취 次 來訪. 感謝牌 傳達 받음.

1993. 7.27 **白骨兵團 戰史** 42年 7個月만에 歷史的인 發刊(參與同志 47名).

1993. 7.30 白骨兵團 戰史 341部 寄贈 發送 大統領 1,000/1호 外 341호. 기증발송

1993. 8. 3 戰跡地 確認 踏査(全仁植, 權寧哲, 柳卓永)

~ 6 退谷里, 신배령, 목백동, 청도리, 廣院里, 芳東, 상치전, 하치전, 百潭寺 探査함.

1993. 8. 6 第3軍團 金鍾培 將軍 禮訪 午餐 대접 받음.

1993. 8.11 京畿南部支會 모임. 全仁植, 柳卓永 參席·盛了. "스폰서" 이영구 회원.

1993. 8.20 大韓民國 參戰團體 總聯合會 創立 祝賀(權寧哲 副會長 參席).

1993. 9.10 **"백골병단 전사"** 出版 국립중앙도서관에 納本.

1993. 9.23 陸本 軍事研究室로부터 決死 第12聯隊 出征 當時(1951.2.6) 陸海空軍 總 參謀長 丁一權將軍이 直接 部隊 査閱을 하는 寫眞 등 6枚 送付·確認함.

1993. 9.24 權寧哲 副會長과 위 寫眞을 檢證 確認함. 12聯隊 同志들에게 電話로 召集 通知 및 李斗柄氏와 電話로 證言 聽取함.

1993. 9.27 參戰將兵 第12聯隊 安秉熙, 李翊宰. 위 寫眞을 檢證함. 陸本 徐 中領 訪問.

1993.10.24 제례용 대형 향로 구입.

1993.11. 1 陸參總長에게 6.25유격 전사자료 협조 요청.

1993.11. 8 **군사연구실장으로부터 6·25 전사자료 각종 전투 및 정보보고 사본 송부 받음.**

1993.11.11 **白骨兵團 戰史 追錄** Ⅰ, Ⅱ 발간.

1993.11.22 陸參總長에게 6·25 당시의 기록물 열람 요청.

1993.12.15 **전인식, 권영철 육군본부 자료(비밀문서 등) 조사차 육본 방문.**

1993.12.22 **이극성 장군**과 참전당시의 회고, 증언 청취 및 협의.

1994. 1. **姜七星 의 국기훈장 3급 이극성 장군**으로부터 접수. 전쟁기념관에 기증.

1994. 1.27 뉴스피플 : 特種 채명신 장군 빨치산 동생 삼아 교수로 키웠다 (3면).
장군의 비망록 「채명신 장군 편」 (채명준 건도 함께).

1994. 2.23 전쟁기념관으로부터 전인식 · 이극성 자료 기증서 (全仁植 임관사령장, 제대증 등) 접수 (94-17, 18).

1994. 3.19 '93년도 결산 및 '94 예산 총회 개최.

1994. 5.14 재향군인회에 6·25 참전단체 등록 신청함.

1994. 6. 4 合同慰靈祭 擧行, 군단장 李圭煥 중장, 12사단장(소장), 인제군수, 교육장, 경찰서장, 의회의장, 도의원, 학생 등 300여명 참석리에 성료됨.

1994. 6. 8 국방일보 : 7면에 「역전의 老兵」 호국영령 위훈기려

1994. 6. 8 KBS FM 97.3 MHz 추모제 방송.(전인식)

1994. 6.10 전쟁기념관 개관식 참석.

1994. 6.11 국방일보 : 5면에 6·25 특집 「빨갱이 잡는데 人權 필요없어요」 (8단 기사).

1994. 6.13 특집 적진교란 아군 대공세 전기 국방일보 「빨치산 지휘부 섬멸」

1994. 6.24 전인식 釜山 육군 군수사령부(사령관 중장 최경근) 안보특강 실시(14~16시) 장병 약 350명 참석.

1994. 7.27 **「설악의 최후」** 한국전쟁수기 全仁植 著 發刊.

1994. 9. 6 국방부장관에게 **6 · 25 참전사실 확인 신청**(52명 연명)

1994.10. 1 건군 46주년 국군의 날에 전인식 특별초청 (서울공항, 전쟁기념관).

1995. 1.13 **전적비 부지** 임야 44,307 m^2 중 4,928 m^2(약 1,490.72 평) 국(국방부)로 관리변경 확인. 용대리 산 250의 2 ('91. 7. 11 관리환 결정(별도 보관)).

1995. 2. 3 육군 참모총장으로부터 **전사확인서 김정기 대위 등 25명의 통보 접수.**

1995. 2.25 '95년도 정기 總會를 전쟁기념관에서 개최함.

1995. 2.27 위패봉안 요청 회신 접수 (陸參總長으로 부터).

1995. 3.14 국방부장관에게 참전사실확인서에 누락된 것의 정정발행을 요구토록 會員에게 알림.

1995. 4.17 11공수 특전여단(柳海槿 여단장) 위문 겸 안보 특강 2시간 (전인식, 권영철).

1995. 5. 2 참전장병 추대패 62개 제작·송부.

1995. 5.30 국립묘지 관리사무소로부터 일등중사 장국환(金貞起 포함) 위패봉안 25명 통보.

1995. 6. 1 5사단에 도서기증 (419부).

1995. 6. 2 '95年度 현충추모 행사 거행.

1995. 6.21 현규정 대위 외 2인의 국립묘지 안장 회답. (육군참모총장)

1995. 6.28~29 3군단 특공R 및 정찰대대 특강 각 2시간 (전인식).

1995. 8.21 국가보훈처장에게 청원.

1995. 8.31 민원 회신 접수. 金壽昌 부상 인우보증 함.

1995. 10. 6 金泳三 대통령에게 상소문 발송(회원 연명으로)
1996. 1. 8 재향군인 회장에게 친목회 자료 송부.
1996. 2. 24 96년도 정기총회 개최.
1996. 5. 10 호국정신 선양운동본부(백선엽)로부터 추진위원 위촉을 받음.
1996. 5. 18 전적비 진입 계단보수공사 집행.
1996. 6. 5 제 41회 현충추모식 거행.
1996. 6. 7 뉴스피플 : (26, 27면) 한국최초 게릴라부대 한 맺힌 전투(특집)(蔡命俊 건)
1996. 6. 8 국방일보 : 「전우여 고이 잠드소서」 크게 보도.
1996. 6. 28 국방일보 : 4면 8단 기사 「**나는 이렇게 싸웠다**」(특집).
1996. 7. 7 청원서 김영삼 대통령에게(친전) 발송.
1996. 9. 3 육군총장의 민원 회신(청와대에 낸 것에 대한).
1996. 11. 6 침투 잠수함 도주관련 특공부대 위문(전사자 및 부상자 조의 및 위문).
1996. 12. 13 許在九 부회장 死亡. 조문함
1997. 2. 21 긴급합동 임원회의 개최(예산 및 결산 포함).
1997. 4. 8 전적비 주위 조경 보수 공사집행.
1997. 4. 21 전적비 보수 계약체결 12,000,000원(착수금 3,600,000원 지불).
1997. 5. 17 소송준비금을 공사비로 전용 결의·집행.
1997. 6. 4 제 42회 현충추모행사 거행 및 정기총회 개최.
1997. 6. 4 **「백골병단 전투상보」** 全仁植 著 發刊 함(한국군 최초의 정규유격대).
1997. 6. 6 국방일보 : 7면 전우회 추모식 행사 기사 보도.
1997. 6. 17 국방일보 : 전우회에 대한 기획기사 「구국일념으로 젊음 불태웠다」
1997. 6. 28 화순 동북유격대 敎育隊에 백골병단 전투상보 24부 기증.
1997. 7. 3 국방부장관, 국가보훈처장에게 명예회복 관련 진정서 제출.
1997. 7. 9 국가보훈처 전적비관리에 대한 민원 회신.
1997. 7. 24 국방부 백골병단 영상홍보물 제작 승인 통보 받음
1997. 8. 1 전사자 위패봉안 추가 4인 요청(조중용 외).
1997. 8. 7 국방부 민원회신(소급포상은 불가하다는 회보).
1997. 9. 5 위패 봉안 완료후 통보하겠다함.(국립현충원).
1997. 9. 30 국립현충원 위패 안치 통보접수. 이 사실을 회원에게 보고(조중용, 정윤철, 이석순, 황경덕).
1998. 2. 21 전적비 유지관리기금 출연 기타 회의 개최(헌성록판 포함).
1998. 2. 27 '97년 결산 및 '98년 예산 총회 보고 會長, 副會長, 監事, 理事 선출 보고.
1998. 4. 14 전적비 유지관리에 관한 청원 국회 국방위원장 외 10개 기관에 발송.
1998. 4. 15 예산지원 없는 전적비 관리는 누가 해야 하는가(언론기관 배포).
1998. 4. 20 국가보훈처 전적비 관리 회신(2307부대와 인제군청과 협의 계속함을 희망)

1998. 4. 22 영화 **「이한몸 다 바쳐」** 관련 협조 요청.
1998. 4. 27 백골병단 현충추모 행사의 건(3군단장에게 공문).
1998. 4. 28 인제군 임협에 5년만기 70% 범위로 예금, 유지관리 하겠다는것
1998. 6. 5 위령제 행사, 나레이션 준비안, 기탁금 서명 등.
1998. 6. 5 제43회 합동위령제 거행 및 기록영화 제작.
1998. 6. 9 환경일보 : 백골병단 특집 「포로의 대우조차 못 받았다」.
국방일보 : 호국의 군신이여 영원하라 크게 보도.
1998. 6. 20 국방일보 : 기획기사 4면 전단 「오직 조국 위해 싸웠어요」.
1998. 6. 25 서울신문 : 사회 Ⅱ면 **「死線 넘은 전우 명예 찾아주오」**.
1998. 8. 26 국방일보 : 반면 「참전노병, 전적비 영구관리 기금조성」.
1998. 9. 3 「백골병단 전투상보」 제1군단 701특공연대에 기증 80부.
1998. 12. 18 국방영화 **「이한몸 다 바쳐」** 전적비 앞 촬영 23명 참석.
1999. 2. 16 '99년도 정기 총회 개최.
1999. 2. 26 배포처(전 관련기관 및 언론사) 6·25 한국전란이 할퀴고 지나간 상처입은 참전자(북파유격군)의 보상은 누가 하는가.(51명 연명 청원 결의)
1999. 4. 9 육군본부 회답(미안 하다 함)
1999. 4. 26 미국 Mr. Edward Evanhoe 씨에게 "백골병단 전투상보" 보냄.
1999. 4. 30 전적비 관리 헌성록비 동판 제작
1999. 5. 6 백골병단 합동위령제 거행 계획 통보(3군단 외 및 회원에게).
1999. 5. 11 柳海權 장군 위령제 헌금 보내옴.
1999. 5. 15 李極星 장군 상봉, 국방부 회신에 대해 협의함.
1999. 5. 20 백골병단기(30만원), 배지 100개 제작(전인식 자비로 제작).
1999. 5. 20~21. 본회 회장실에서 **「일요스페셜」** 촬영.
1999. 6. 1 국방부장관에게 '99. 5. 13자 민원회신에 대한 **청원을 내용증명으로 발송**.
1999. 6. 1 빠른우편으로 19개 언론사에 "포로의 처우조차 받지 못한 정규유격군의 대우는 누가 해야 !!" 발송.
1999. 6. 4 제44회 현충 위령행사 거행 및 전적비관리기금 헌성록비 제막, 白骨兵團旗 특공 2대대에 인계.
1999. 6. 5 전적비관리 헌성록비 석조물비
1999. 6. 6 국방일보 「호국군신 위훈 영원히 계승」(참전동지회 기사).
1999. 6. 6. 20시 KBS 1TV **「일요스페셜」** 백골병단 관련 7분간 방영함.
1999. 6. 25 KBS Ⅰ FM, AM으로 6·25 회상 **대담 방송 30분**(전인식 회장).
1999. 6. 25 KBS Ⅰ TV 14시부터 **「이한몸 다 바쳐」** 방송 57분간.
1999. 8. 6 국방부장관(인사근무과장)에게 결사 15, 16, 특별연대 참전경과를 통보함.
1999. 8. 10 韓甲洙, 李命宇 씨 참전확인건으로 本會 來訪함.

1999. 8.13 국방부 인사관리과 李中領으로부터 電話 인사국장이 긍정적으로 검토처리토록 지시.
1999. 8.16 「**알섬의 갈매기는 왜 우는가!**」KIRKLAND 관련기록물 출판 원고 완료.
1999. 8.17 決死 第16聯隊 出身 崔東秀 참전사실확인서 관계로 來訪.
1999. 8.23 **잊혀진 전쟁 실화** **누구를 위한 적진 800리의 혈투인가!** 발행.
1999. 8.23 **알섬의 갈매기는 왜 우는가!** 발행.
1999. 8.30 車周燦(11RIBN) 二中(光明市) 방문 참전증 신청, 보증서 교부.
1999. 8.31 **알섬의 갈매기는 왜 우는가!, 누구를 위한 적진 800리의 혈투인가!** 발행
1999. 9. 1 터키참사 의연금 10만원 한국참전단체 총연합회에 송금함.
1999. 9. 4 **"알섬의 갈매기"외 1종의 책** **"대통령 등 51개 기관"**에 등기로 기증발송함.
1999. 9. 8 조선일보 9월 7일자 參戰軍人에 대한 유공자 예우에 관한 조선일보 독자투고 FAX, 인터넷 발송. 지면관계로 신지 못했다는 엽서
1999. 9.17 참전단체 총연합회장에게 회원현황 보고함(총 127명)(한참총제99-34호) 당초는 48명이었음. 참전장병(48명), 유가족(11명), 추가확인자(30명), 커크랜드 24명,
1999.10. 4 백골병단·커크랜드 참전 전우 소집통지 100명에게 발송(비용 전인식 부담) 초청자 9명 별도 발송. 집합 행사일자 : 1999.10.22. 11시 전쟁기념관
1999.10.22 합동총회 개최(백골병단+커크랜드부대).
백골병단·커크랜드부대 출신 장병(결사유격제11, 12, 13, 15, 16, 특별연대) 대한유격참전동지회로 통합 의결. 회장단 임원은 임기만료까지 유임하기로 의결.
1999.10.26 결사제12연대 출신 金道中씨 참전사실 확인 신청함.
1999.11. 5 결사제12연대 출신 金宋奎씨(完州郡 출신)본회 방문(신규).
1999.11.16 전인식, 권영철, 안병희 '99.6.1 **청원서의 처리촉구 내용증명 우편** 건 합의.
1999.12.14 이진삼 장군「책략(策略)」출판기념회 참석(전인식, 권영철, 최윤우, 안병희, 이익재, 최종민, 임병화 참석).
1999.12.23 국방부 인사관리과로부터 16R 참전사실확인서 19매 송달됨(소속 : 백골병단으로).
2000. 2. 2 유격참전 00-1-6호 李南杓 동지의 참전사실확인 신청함.
2000. 2.25 대한유격참전동지회 2000년도 정기총회 개최(서교호텔 연회실).
2000. 3. 3 총회결과를 회원에게 보고, 수첩 교부. 但, 주소회신없는 戰友 우편발송 保留함.
2000. 3. 4 신건철 본회 부회장 작고
2000. 3. 5 경북 청송군 · 읍 부곡 1리 119 서성초(13R 출신이라 함). 최종민, 임병화 동지와 함께 방문(점심 접대 회장 부담).

2000. 3. 22 재향군인회에 本會 會員名簿 제출 會員 105名 유가족 회원 11名 計 116名
2000. 3. 30 전사확인 신청 재제출, 김원배 대위, 박기석, 이충구, 임경업, 박종수, 천영식(6人), 입증인 : 최윤우, 임병화
2000. 3. 31 6·25 전쟁 50주년 중앙기념행사 참석자 5명 통보 및 "썰러마" 등 외국인 4인 참전자 신청함.
2000. 4. 24 육본 부관감실 전사망담당관(505-1625)으로부터 전사자 신청 6인 결제중이란 전화(2000. 4. 27 전사확인 됨)
2000. 4. 27 柳海權 특전사령관 취임식에 會長 참석
2000. 4. 28. 10시 20분~15시 戰功審議委員會 개최, 위원 10人中 9人 참석(委員長:권영철)
2000. 5. 15 국가보훈처(제군35750-532호) 참전기념행사비 300만원 지원 통보를 받음.
2000. 5. 20 육군참모총장 고 金元培 대위 外 5人 전사확인서 정정발송 접수함.
2000. 6. 3 **개선 49周年 합동위령제 거행**. 龍岱里 전적비앞 광장에서 거행 참가 300여명
2000. 8. 8 확대간부(이사·회장단) 회의 전쟁기념관에서 개최, 우리들을 **유격단체로 통합함에 적극 반대**키로 의결함.
2000. 8. 9 임시대위 金元培외 5人의 위패안치 행사비 지원 요청함.
2000. 8. 31 李潤熙(특별R) 장군 참전신청서 국방부에 제출함.
2000. 9. 2 추석절 유공자에게 추석선물보냄(부대 위문 등)
2000. 9. 6 위패봉안 관련 현수막 2개 제작.
2000. 9. 7 위패봉안행사 거행(보훈처에서 위패봉안 행사비 300만원 지원해 줌).
2000. 10. 1 국군의 날 행사에 초청받아 會長 계룡대를 방문.
2000. 10. 5 위패봉안행사 결과 보고 영수증 원본을 송부함.
2000. 10. 10 전적비에 있는 전사자 명판 1판 교체 제작첨부 함(대금을 석조석재에 송금).
2000. 10. 27 「老兵들 뿌듯합니다」 기사를 읽고 반박문을 조선일보에 보내다.
2000. 11. 16 박부서(대북공작대 전우회장)씨 본회 방문 대책 요담.
2000. 11. 18 충남 공주에서 결사 11연대 소위 黃泰圭씨 본회 방문 요담(배석 최윤우 부회장).
2000. 11. 21 회원, 유가족 등 99인에게 임시 총회 소집통지함(임시총회일 2000. 12. 15. 11시 "가회")
2000. 12. 1 결사11연대 출신 姜五響, 青奎喆, 최인태 감사와 함께 본회 방문 참전증 신청함.
2000. 12. 15 임시총회개최 ① 개선 50주년 기념사업은 2001년 6월 현충행사를 크게 하는 것으로 의결하고, ② 2001년도 예산은 2000년도 예산에 준하되 기념사업의 특별이벤트는 회장단 회의에서 결정하기로 하고, ③ 본 회의 명칭은

◆ **"白骨兵團 參戰戰友會" 로** 改稱 하기로 결의함.

2000. 12. 18 임시총회 결의문과 전우회 명칭 변경공문을 대통령, 국회의장, 정당 대표 및 국방부 보훈처 등 76개 기관에 발송함.

2000. 12. 23 국회의장실에서 국방분과위에 넘겨 처리토록 했다고 전화연락.

2000. 12. 27 육군군사연구실 김 중령으로부터 명칭 변경건 전화.

2001. 1. 3 국가정보원 제대군인 담당관과 전우회 관련 신분문제 등 전화협의 1시간 정도 통화(긍정적임).

2001. 1. 8. 16시 군사연구실 최 대령(과장)으로부터 전우회 관련 전화 협의

2001. 1. 13. 11시 참전개선 50주년 행사 관련 회의 개최

2001. 1. 29 병단참전 제01-1-2호 참전단체 기념행사 지원계획에 따라 국가보훈처, 재향군인회에 행사비 1,775만원중 500만원의 지원을 요구하는 공문 발송함.

2001. 1. 30 병단참전제01-1-3호 **육군참모총장에게 채명신 중령외 21명의 훈장수여를 건의함.**

2001. 2. 17 2001年度 定期總會 개최(서교호텔 사파이어 룸)

2001. 3. 5 한나라당 정책위 의장 목요상 씨 국방위에서 적극 반영토록하겠다는 공문도착

2001. 3. 23 개선 50周年 기념사업 추진·집행위원회 개최 (가회에서)

2001. 3. 31 柳海權 특전司令官 50주년 행사 찬조 지원금 본회에 보내옴

2001. 4. 9 개선 50周年 기념사업, 비디오 製作 協議 會議. 송세용, 장지영 등.

2001. 4. 17 참전단체 행사지원계획 향군조제 591 (2001. 4. 13) 300만원 지원 통보 받음.

2001. 5. 7 국방부 군사연구소 담당관에게 백골병단 전사자료 및 사진류 제공

2001. 5. 14 적진 800리의 혈투 참전개선 50주년 기념작 출판.

2001. 5. 15 특전사 초청행사 참가(역사관에 백골병단 관련 문건 액자 모형 등 기증함)

2001. 5. 18 전적비 비문 2쪽, 공적기(이진삼) 1쪽, 참전자 추가명판 수정제작 의뢰

2001. 6. 4 **백골병단참전 개선 50주년** 전몰장병 364위에 대한 극락왕생을 비는 진혼무(춤) 원주대학교수 전통예술단장 김영아 춤과 유교식 제사 봉행
초헌관 : 전인식, 아헌관 : 장동설, 종헌관 : 권영철

2001. 6. 5 **참전개선 50주년기념 및 제46회 현충추모식 거행**, 화환 : 김동신 국방부장관, 육군참모총장, 1군사령관, 2군사령관, 김중권 민주당대표, 자민련 김종필명예총재, 재향군인회장, 국가보훈처장, 강원도지사 등 24개 기관 단체 조화 접수

2001. 6. 17 국군방송 시간 재향군인회편 백골병단 소개 7분간 KBS I 라디오 FM, AM 방송

2001. 6. 25 신라호텔 6·25 참전용사 초청연에 회장참석, 채명신 상봉 그 동안의 경과 및 육본에 훈장상신 건 등을 알림.
2001. 6. 27 국군방송 KBS Ⅰ 라디오(6/29 방송) 대담녹음 14~15시까지(1時間 KBS)
2001. 6. 29 KBS 제1라디오 FM, AM 방송 17 : 30~18시까지(30분간 : 전인식 출연)
2001. 7. 14 참전 01-7-3호 국방부장관(참조) 인사관리과장에게 '99. 6. 1자 "청원처리에 대한 의견진술" 송부
2001. 7. 23 육군본부 부관감실 포상민원담당관으로부터 자료협조 요청 받음.
2001. 7. 24 육군본부 군사연구실 공적확인 담당관 전화 협조 받음.
2001. 7. 26 국방부 자료요구(적진 800리, 전투상보, 병단전사 각 3부 송부)
2001. 7. 27 全仁植의 공적기(82면) 완성, 국방부 인사국에 3부 특송함.
2001. 9. 5 청와대 비서실장 회신 해당기관에서 처리토록했다함.
2001. 9. 26 육군참모총장 전인식(충무)외 20명(화랑)에게 무공훈장수여·포상을 정식으로 공적심사 후 국방장관에게 건의함.
2001. 10. 11 김한철 등이 훈장을 개별 신청하면서 백골병단을 비하·비방한다는 정보입수
2001. 10. 31 김한철이 민원접수했다는 전화받음. 육군본부 부관감실 "石" 원사.
2001. 11. 13 6·25 참전기념사업회에서 20만원 지원받음.
2001. 11. 29 6·25 참전전우 기념사업회 직할회 설치 승인 신청서 제출
2001. 12. 8 임시총회 겸 안보회의 개최. 전우회 모자 50개 제작.
2002. 1. 7 천안거주(11연대 3대대 출신) 李興昌, 金鍾根, 崔熙哲 등 본회 최초 방문.
2002. 2. 1 대전거주 尹慶俊, 吳東秀 등 최초 방문 참전 확인 신청함.
2002. 2. 9 전적비관리기금 22,537,00원과 소송기금등 은행에 신탁 예치함.
2002. 2. 18 6·25 참전전우 기념사업회 직할회 설치 승인 신청 再제출.(병단참전 제02-02-4호)
2002. 2. 18 국방부장관에게 참전장병 상훈 수여 처리 촉구 공문 발송.
2002. 2. 23 정기총회 개최
2002. 3. 20 국군정보사령부에 북파 전투공작원 보상신청 공문 발송함.
2002. 3. 25 16시경 정보사에서 누군가가 왜 신청했냐는 항의 전화하며, KLO도 정보사에서 보상해야하는가 반송하겠다는 항의 전화, 회장은 재판하자고 강하게 항의 했음.
2002. 3. 29 국방부 FAX로 崔熙哲, 金重信, 李興昌, 金鍾根, 尹慶俊, 吳東秀 등 참전확인 받음.
2002. 4. 8 국가 보훈처에 현충시설 지정요청서(전적탑 보전관련) 신청함.
2002. 4. 10 회원에게 정보사령부 공문 4월 8일 도착분 사본해서 56통 발송함.
2002. 4. 13 교육사령관에게 우리들의 정보학교(교육생) 자료확인 청원서를 제출함.
2002. 4. 17 재향군인회에 현충 行事 지원금 300만원 요청 공문 발송 02-4-3호

2002. 4. 25 전적비 主塔 계단 보수공사(17,600,000원) 계약 500만원 선급함.
2002. 5. 2 류해근 교육사령관으로부터 정보학교(4. 13 자) 관련건으로 서신 도착
2002. 5. 4 교육사령관에게 추가자료 송부 서신 발송함.
2002. 5. 8 스테인리스 板 제작 선금지급
2002. 5. 28 전적비 공사 중도금 지급
〃 〃 스테인리스 판 대금 완불 1,550,000원
2002. 6. 5 제47회 현충행사 및 참전개선 51주년 행사 거행
2002. 6. 28 전적비 공사비 잔액 완불중 지체상금 1,056,000원 공제함
2002. 6. 29 육군교육사령관으로부터 자료확인 결과 회신접수
1951. 1. 29 決死11聯隊 349名 蔡命新 引率, 敵後方으로 出動 事實 확인 함.
2002. 7. 5 회원통신으로 61명에게 교육사 공문사본과 함께 보고하고, 2002. 8. 8. 회의소집.
2002. 8. 1 康斗星 보좌관 참전사실 확인 신청함(보증 전인식, 최윤우)
2002. 8. 8 회원 40, 유족 3, 초청 확대 간부 회의 개최 32명 참석, 會則 개정안 등 통과 全仁植 공적비 건립 推進委 결성함.
2002. 9. 11 주탑 페인팅 공사 대금 3,700,000원 준공 송금함
2002. 9. 16 전적비 답사 공사 검사차 출장(전인식, 안병희, 최윤우, 이의재 장군)
주탑 진입 주차장 보수 레미콘 공사비 송금
2002. 10. 9 6·25參戰 임시 將兵의 신분확인 청구(국방부에) **군인인가 여부를 확인하라.**
2002. 10. 15 全仁植 공적비 제막 行事 군관민 100餘名 參加(703, 51, 경비 연대장, 인제군수 등)
2002. 10. 21 전적비 경역 정비협조 요청(개 사육장 철거). 군단, 703부대, 2대대장, 인제군수
2002. 10. 24 全仁植 공적비 건립추진위원회 결산보고
2003. 1. 25 2002년도 결산 및 2003년 예산안과 임원선거 공문발송(66명에게)
2003. 2. 3 육군본부 정보작전참모부 이석봉 중령으로부터 民願 중간회신문 도착함
2003. 2. 3 재향군인회, 국방부, 보훈처, 국방일보, 군사연구소 등에 총회 초청 발송
2003. 2. 5 **국가보훈처 고시 제2003-8호로 白骨兵團戰跡碑가 현충시설로 결정**고시되었다는 官報 告示
2003. 2. 6 재향군인회에서 '03년도 현충행사 지원 요청하라는 공문도착
2003. 2. 10 국가보훈처에 총 소요 765만원중 300만원 지원요구서 발송
11연대 출신 洪金杓(320504-114****) 仁川市 남구 숭의4동 확인됨
2003. 2. 10. 14시 노무현 대통령 인수위원회에 E-mail 3통 보냄
2003. 2. 14 정기 총회 개최. 총회 결과보고 64명에게 발송.

2003. 2. 20 10. 20 국방부 민원실(신 선생) 민원관련 전화.
2003. 2. 20 회원 58인(환자 6인 제외)에게 3·1 궐기 국민대회 참가 권유 안내함
2003. 2. 21 국방부에 내용증명으로 군인여부를 확답하라는 청원서 재차 보냄
2003. 2. 24 노무현 대통령 취임식 초청장 늦게 접수함(不參 통보 했음)
2003. 3. 1 반핵, 반김(정일) 3·1절 구국 국민대회 32+5인 참석함.
2003. 3. 17 회원에게 국방부 관련문건 사본과 무명용사 追慕碑 건립에 관한 보고를 하다.
2003. 3. 18 국방부장관에게 2. 21자 요구의 **보완 요구서 내용 증명으로** 발송하고, **재판 할 것을 예고함.**
2003. 3. 28 노무현 대통령 국방부, 국가보훈처, 육군총장 등에게 무명용사 추모비 건립건 공문 발송, 전우회원 64명에게도 협찬공문 발송.
2003. 4. 1 무명용사 추모비 건립 위치 확정 출장
2003. 4. 3 무명용사 추모비 건립추진위원 35명 회의 소집
2003. 4. 12 무명용사 추모비 건립추진위원회 구성 **추진위원장 全仁植** 공동위원장 高悌和, 부위원장 安秉熙, 총무 林炳華 선출
2003. 4. 14 회원통신으로 회비납부사실과 무명용사 추모비 헌금내용 회원에게 통지.
2003. 4. 15 대통령 외 18개 기관(이한림, 이극성, 채명신 포함)에 무명용사추모비 제막 초청 등 공문 발송(등기)(참석자 없음)
2003. 4. 16 국회 국방위원장 등 18, 법사 8, 운영 8, 행자 8 등 48개 기관에 무명용사 추모비 건립 초청장 발송(참석자 없음)
2003. 4. 18 참전기록 부실자 19명에게 통첩발송.
2003. 4. 26 무명용사 헌금내역을 포함한 **적진 800리 개정 최종판 발행**
2003. 4. 28 국방장관 참전 53년만에 명예회복 민원회신 「특별법 제정건」 접수함.

2003. 5. 6 **국방부에 특별법 입법자료 송부**(전인식 법률(안) 자료)
2003. 5. 9 회장단 및 이사회 개최, 무명용사 추모비 관련 최종확정(23명에게 책 1권씩 기증함)
2003. 5. 17 국회의원 48명에게 등기 초청과 외부인사 98명에게 초청(보도기관 포함)
2003. 5. 19 재향군인회, 국가보훈처 지원 현충지원금 300만원 입금 됨.
〃 〃 백골병단 홈페이지 20~30페이지 제작함. 3주정도 소요된다함.
2003. 5. 20 公共圖書館과 관련 市·郡 도서실 43개소에 **적진 800리** 2권씩 96부 기증함.
2003. 5. 20 무명용사 追慕碑 건립 뒷판 碑文 원고 평택의 백제石材에 송부
2003. 5. 23 국가보훈처 보훈 선양정책과 정순태씨(782-0564) 시간관계로 지원이 어렵다는 전갈, 앞으로 전적비 보수 등에 대한 요청시 지원하겠다 함
2003. 5. 29 국가보훈처 춘천지청 500만원 보조금 신청 속달 등기로 신청

2003. 5.30 **무명용사 추모비 건립** **(전인식, 안병희, 임병화 출장)**
2003. 6. 2 국방부 인사 관리과 입법안 의견 통화**(전인식의 입법안 협의)**
2003. 6. 5 제48회 현충추모 무명용사 추모비 제막식과 개선 52주년 기념행사 거행 (회원, 가족 군부대 기관장 주민학생 등 250여명 참석)
2003. 6.10 회원 및 참여해 주신 분과 국회의원 50인 모두에게 인사장 발송
2003. 6.12 **임시장교의 군인신분 인정에 관한 특별조치법** 관련 운영위원 11인 선정 통지(등기) 특별조치법에 의한 정관(안) 작성(전인식)
2003. 6.21 무명용사 추모비 건립 20만원 이상 헌금자 16명중 14명 참석으로 위로연과 17시 에는 反核, 反金 국민궐기 대회에 참가함.
2003. 6.25 **白骨兵團 임시장병→ 현역복무인정, 특별법 제정, 대책 · 운영위원회** 개최 **전인식이 기초한 법률안 심의**, 위원 10명중 8명 참석, 의결결과 국방부에 FAX 송부.
2003. 6.27 **특별법제정 취지문**, 법조문 수정분 3회에 걸쳐 국방부 담당관과 교신 및 FAX
2003. 7. 5 국회의원 133명에게 입법동의 요청 등기우편 발송 반송봉투포함 278,000원 소요됨.
2003. 7.23 특별법제정 찬성의원 14명과 전화 서신 찬동자 2명 계 16명에게 책과 감사인사 송부함.
2003. 8. 5 특별법제정 찬동의원 총 34명으로(1차) 마감.
2003. 8. 7 입법대책 운영위원회(2차) 개최(특별법제정 입법찬동의원 36명 확정).
2003. 8.11 국회 **강창희 의원에게 의원 입법을 부탁함.**
2003. 8.26 국회의원 37명의 서명동의 집계 완료하고 3차 운영회의 개최 16인중 15인 참석
2003. 9. 4 강창희의원 보좌관에게 찬동 관련서류 사본인계
9.17 **국회 법제실 심의 착수 20일 완료 예정. 국정감사로 국방위 상정 보류함** 국회 사무처 법제실 법제관, 채동식(788-3844 FAX 788-3792) 90분간 협의 통화
2003. 9.27 채명신 장군 특별법을 북파공작원과 연대하라는 전화에 반대 의견 진술함.
9.28 반핵, 반김정일 규탄 9.28 대회에 12명 참석
9.29 국가보훈처 춘천지청에 국·영문 안내판 문안 등기 송부함
2003.10. 1 국군의 날 행사에 전인식, 고제화, 임병기, 전영도 초청 받아 일부 참석
2003.10.13 국회 姜昌熙 의원실 · 김보좌관에게 입법 동의 관련 의원 명단 송부함. 입법개시 한다함.
2003.10.14 강창희 의원실비서에게 국회의원 37명 서명한 것 사본 전달 함.

2003. 10. 15 전쟁기념관 집회에 전우회 23명 참석함.
2003. 10. 17 13R 출신자라하는 이창희씨 전화 받음
2003. 10. 21 국회 강창희 **「국회의원 입법 발의」**(54명 서명) 소요예산서 제출요구. 24억 9,6000만원 산정 제출함.
10. 21 13R 출신자라고 자처 하는 자를 고제화, 임병화와 합동으로 조사 함.
2003. 11. 3 회원 57명(류탁영, 조영택, 원응학 포함)에게 참전기록 및 전투 공로기록 및 국회 협조등을 요구 함.
2003. 11. 13 춘천 보훈지청 전적비 안내판 보조금 150만원 결정 통보 및 문안송부 교정문 및 의견송부
2003. 11. 17 국방부 담당관과 국회에서 송부된 법안의 심의 의견을 교환 함(담당 최병욱 중령) (전인식 고제화 참여)
11. 18 본회방문(김용필, 최윤우, 안병희, 송세용) 권영철, 고제화, 전인식 등 회동 함. < 12. 18 본회 감사 崔仁泰 사망 >
2003. 12. 26 **국회 국방위에 상정(2차)** 부회장단 등 10명 국회 방청.
2004. 1. 8 국회 국방위에 고제화, 김용필, 안병희, 최윤우, 송세용, 차주찬 방청 **법안심사위 방문**
2004. 1. 9 태극단 이순창씨 내방. **"특수임무수행자 보상에 관한 법률"인 工作員보상 의 건 국회본회의 통과.** 박부서씨 전화, 백골병단도 관련있다는 전갈.
2004. 1. 13 전인식 국방부 인사 담당관과 법안 협의, 전우회원 최종집계 명단 송부, 비협조자 등 제외 함. 전일 회장단 협의 결정에 따름.
2004. 1. 14 강창희 의원 보좌관 보상금의 액수가 적어지는데 국방부 당국자와 협의하여 국방위에서 통과시키는데 대한 의견 조회에 동의해 줌.
2004. 1. 16 국회 국방위 방청차 고제화 등 부회장단 국회 방문함. **법안심사 수정의결**(4차)
2004. 1. 26 全仁植 국회 국방위원 18명과 법사위 15명에게 법안 협조성 공문서신 발송(등기속달)
2004. 1. 27 국회 강창희의원 보좌관으로부터 국회의원에 대한 서신 발송 잘 했다는 전화 받음.
2004. 2. 9 국회 국방분과위원회 개회, **한충수 의원** 외 소위 심사 보고 및 국방위 수정안 축조 설명후, 만장일치로 통과(14시 37분)
2004. 2. 14 10시 국방부 최중령전화, 보상금은 1,000만원정도로 줄었고 기타 시행령을 빨리 취진하라는 상부 지시가 있었다 함.
6.25 또는 10.1 국군의 날에 전역식과 훈장수여를 요구 했음.
2004. 2. 26 국회 법제사법위원회(9차) 전체회의 만장일치 통과

2004. 2. 27 국회 245차 본 회의 상정, 안건번호 9번 15시 05분 개회, 17시 35분 유회됨.

2004. 2. 28 참전전우회 제53차 총회 개최 **육군본부 직할 백골병단 참전 전우회**로 명칭 변경하고, **사단법인 백골병단 참전전우회 창립총회** 겸 2004년도 정기총회 개최함

회장 : 전인식, 감사 : 차주찬 직선하고, 부회장 : 권영철 등과 이사를 선출하고 예산(안) 통과, 재석 38인 외 위임 6인.

2004. 3. 1 구국 민주 3.1운동 대회에 30명 참석

2004. 3. 2 국회 245차 임시회의 제11차 본회의에 안건번호 12번으로 백골병단 관련 자료 상정함. "**6.25 전쟁중 적 후방지역 작전수행 공로자에 대한 군복무인정 및 보상 등에 관한 법률 안**" 이날 오후 16시 30분, 만장일치로 통과

2004. 3. 2 18시경 채명신, 이극성 장군, 국방부관계관 등에게 법안 통과 사실 통고 함

2004. 3. 3 회원 56인에게 법 통과 사실 통고 및 사단법인 미가입자 총회 불참자 13인에게 가입원을 송부함.

2004. 3. 4 **명예회복 법안 통과 후**, 육군 참모총장 및 국방부장관에게 등기우편으로 **훈포장 수여를 건의 함**. 윤창규 대위(태극무공훈장) 등 37인(전사자 4, 사망자 8, 불명자 2, 생존자 23인)

2004. 3. 10 사단법인 서류 정비 완료 함

2004. 3. 11 국가보훈처 사단법인 설립관계로 방문, 주무부처 결정이 안돼 곤란하다함.

2004. 3. 22 법률 7,200호로 우리들 관련 법을 정부가 공포함

2004. 4. 6 국방부장관에게 **전역식 및 훈포장 수여 건의를 재차 촉구했음**

2004. 4. 13 白骨兵團參戰 개선 53周年 祝賀모임 12時 國防會館에서 채명신 외 회원 내빈등 120여명 참석

2004. 4. 24 국가보훈처 춘천지청장에게 보수공사비 2,300만원을 보조 신청함

2004. 5. 7 춘천보훈지청 담당관에게 주탑 둘레 바닥 보수비 1,375만원과 계단(콘크리트로) 시공 1,855만원 합계 3,230만원 중 2,300만원의 보조금 요구 서신 발송

2004. 5. 7 육군본부 인사관리과에 **참전자 전역식 및 1계급 특진 등 협의 건의**

2004. 5. 7 15:30 국방부 전사편찬위 조성훈 연구원이 백골병단을 유격대쪽으로 넣는다는 것을 거부하는 뜻의 전화 통화. 특수전부대로 현역과 동일시 해 달라고 요구 했음

2004. 5. 10 국방부 군사편찬연구소장에게 백골병단 관련 전사내용에 대한 시정요구를 위한 회장단 이사 감사 전원 회의, 의결 후 등기 속달 배달증명으로 우송함.

2004. 5. 13 전적비 보수 소형고압블록 18,000장 1,000만원, 계단 신규 1,500만원 계 2,500만원 집행

2004. 5.18 전인식, 권영철 공사현장 감사차 출장
2004. 5.20 회원 통신 발송. 공사관계, 6월행사, 헌성금 봉투, 복장 등 주의 촉구 함
2004. 5.21 전인식 파주지역 회원 위로차 출장 격려함
2004. 5.31 교육사령관 柳海權 장군 전역식 참석(전인식, 권영철, 홍금표)
2004. 6. 4 현충 49회 白骨兵團 개선 53周年 추모식 거행
2004. 6.10 전우회원 및 내빈에게 通信報告 및 추모화환 사진, 기념품 등 우송 함
2004. 6.10 KBS 제1라디오 FM 97.3MHZ 全仁植 대담방송 7분간 실시
2004. 6.11 戰友會員 비상연락망 구축 통지
2004. 6.21 국방 군사연구소장의 回信(2004.5.10자 서신성 항의에 대한 것)
2004. 7. 8 국가보훈처(춘천)로부터 5.13 집행액 중 1,500만원 지원금 수령
2004. 7.12 영도Y유격대 지원금 100만원 송금 격려 함
2004. 7.13 정관변경(전우회 명칭 등) 이사·감사 9인과 회원 15인에게 통지(7.22 개최)
〃 특별법 시행령(안) 입수 대책 협의
2004. 7.15 특별법시행에 관한 청원 **국방부 장관에게 청원의견 발송**(장관과의 대화방에도 청원)
2004. 7.16 국가보훈처 춘천지청에 보조금 1,500만원 정산 서류 송부(등기)
〃 육군발전연구위원회에 주요전투 기념행사 관련 의견서 등기 송부
2004. 7.21 6.25 관련법 시행령 제정 공고·국방부 공고 제 2004-40 호 관보 접수
2004. 7.22 **확대회의** · 이사회의 개최

◆ 「陸軍本部 直轄 決死隊 戰友會」

2004. 7.22 이사회 · 확대회의 의결, 이사 증원 **송세용, 장지영** 선출 승인되다.
법 시행령(안)에 대한 극렬한 대책 토의함
2004. 7.23 회원통신으로 회의결과 명칭의견 및 시행령(안)에 대한 의견서 예시문 긴급 송부
2004. 8.31 全仁植 아픈상처를 어루만지며 出版
2004. 9. 3 6.25특수작전관련 법의 부당성 회의 총 45명 참석
2004. 9. 6 변호사 2곳 방문 협의
2004. 9.15 참전戰友 58人에게 인우보증서신과 유족 5+28人에게 유족관련 法令과 양식송부
2004. 9.30 全仁植 **한 많은 오십삼년** 出版
2004.10. 6 국방회관에서 參戰戰友와 代理가족포함. 54名 유가족(귀환후) 12인 외 1명 계 67名 참석. 인우보증 등 협의 함
소송참여자 3人 추가 계 48인으로 증가함.

2004. 10. 23 **임시 이사회 및 친목회 창립 총회 개최**, 친목회 회장 全仁植, 부회장 林東郁 운영위원 高悌和, 權寧哲, 事務局長 張之永, 감사 車周燦 선임

2004. 11. 11 운영위원회의 개최. 11.29～30 강원도 영월, 평창, 양양, 인제 등 격전지 탐방키로 의결함.

2004.11.15 **6.25 관련법 施行令 公布**(대통령령 제18583호(2004.11.11)) 관보에서 입수

2004. 11. 16 노무현 대통령에게 보내는 탄원서 회원에게 사본송부함.

2004.11.23 **노무현 대통령에게 탄원서 발송**

〃 〃 국방부장관 등 14개 기관에 탄원서 사본송부

2004.11.24 국방부 장관과 육군총장에게 회원명단 등 송부

〃 〃 노 대통령 외 56개 기관에 전쟁관련 전인식 저서 기증송부

2004. 11. 29 ～ 30 **참전전우친목회에서 25명이 대형버스로 강원도 영월, 평창, 대관령, 강동, 삼산리, 사기막리, 퇴곡리, 오색리 戰跡碑 앞에서 귀경까지 820 km의 격전지 탐방하고 제례**를 지냈음. 군부대에서는 대대장과 병력이 참여했음.

2004.12. 3 특수작전 공로자 인정신청을 위하여 모임을 갖고 1차 33인, 2차 34인에게 신청서 작성을 협의 함.

2004. 12. 6 회원유가족 모두(76통)에게 발송(헌성금 명세, 국방부 공고문 사본)

2004. 12. 8 국방부에 **공로자 인정신청 48명 신청**

尹光雄 국방장관과 공로자 인정심의 위원장에게 內容證明 우편 4매 발송함.

2004. 12. 11 국방부에 공로자 인정신청 3명 추가 신청

2004. 12. 14 〃 〃 이영구 등 5인 신청함. 合計 56인 유가족 5인 포함. 吳錫賢, 金成亨 포함

2004. 12. 14 春川 보훈지청에서 **무명용사 추모비**가 國家지정 보훈시설로 지정되었다는 통지받음

2004. 12. 15 국방장관에게 **탄원서 回答의 보충청원 및 질문서 內容證明** 우편발송 함.

2004. 12. 17 이사회의 개최 원안가결 宋景熙 氏 제명 가결, 전인식의 사퇴서는 반려함.

2004. 12. 20 이사회의 결과보고 會員通信 발송

2004. 12. 22 全仁植, 李萬雨 外 16名의 **전우찾기** 市長, 郡守, 경찰서장에게 各各 등기우편으로 요구

2004. 12. 23 全仁植, 이남학 등 7명 전우찾기 협조요청. 읍 · 면 · 장에게 발송(등기)

2004. 12. 24 全仁植 국방장관에게 김원배 대위 등 **61명 전사자의 계급 정정요구** (등기우송)

2005. 1. 4 **탄원서(12.15자) 내용증명**에 대한 회답 2005.1.11 직접방문하여 **회답내용 수정요구함**

2005. 1. 7 회원통신으로 노무현 대통령에 대한 탄원서 회답과 관련된 8개 등에 대한 회원의 대책 알림

2005. 1. 19 이사회의 개최. 2004년도 사업보고 및 2005년도 사업계회, 예산 안 심의 친목회 운영위 회의

2005. 2. 12 참전자 추가 명판 원고 작성(전인식)

2005. 2. 15 국방부 공로 심의위 간사가 회원 각자에 대한 참전 내용을 전화 질문했다함. 임병화, 김용필, 송세용 등 12R 1대대는 대관령으로 2개 대대는 주문진쪽으로 침투했다는 12R 장교 2명의 증언이 있었다고 한다. 이들 2명의 신청서에는 이런 사실이 없고, 주문진쪽은 15R이 침투했다고 들었음.

2005. 2. 18 **전인식 개인부담으로 서울신문, 동아일보**에 옛 전우 24인 찾기 광고 의뢰함. 회장개인 부담 : 99만원 + 220만원 = 계 319만원, 추가 한국일보(22일) 33만원 合計 352만원

2005. 2. 22 全仁植 **오십사년을 기다렸다 책 발간**

2005. 2. 23 국방회관에서, 2005년도 정기총회 겸 침투작전 54주년 행사 개최(회원 유가족 내빈 등 87명 참석)

2005. 2. 28 회원통신 발송 함. 찬조금 노귀현 50만원 중 25만원 반환함. 명판추가 19인 200만원 가수입 처리함.

2005. 3. 3 **"오십사년을 기다렸다"** 책 노무현 대통령 외 78인에게 기증 발송함.

2005. 3. 4 신문광고로 서천군 출신 11R 문태진 외 5인 추가 발굴 및 임계수 소위 유가족 발굴 함.

2005. 3. 14 신 가입 및 예상자 등에게 안내서 발송. 보상금이나 받으려는자들 인 듯 함

2005. 3. 16 국방부 공로자심의 철저 및 대상자 124명에 대한 가부간의 회신요망 등기우송 함.

2005. 3. 18 친목운영위원회의 개최(베트남) 여행 결정

2005. 3. 19 회원통신 발송 관광여행일정 포함. 비 친목회원 16명 포함 발송

2005. 3. 21 李丙錫씨 사망. 조위금 및 소송참여비 반환하고 조화보냄

2005. 3. 22 국방부 위 공문에 대한 회답 직접지참 접수(이광삼 중령)

2005. 3. 23 회원에게 소송참여 참가 희망여부 긴급으로 통신 발송
회원긴급통신 공로자인정서 도달에 따른 소송관계안내(긴급이사회 소집)

2005. 3. 24 전인식 특수작전 공로자인정에 대한 재심청구 내용증명으로 발송

2005. 4. 1 전인식, 차주찬, 고제화, 김인태 의정부로 출장 정 변호사와 소송관계 협의 함.

2005. 4. 2 참전전우 및 일부 유가족 등 51명에게 소송관계 긴급통신 발송
일반 참전자 3,000만원, 이중 복무자 5,000만원 위자료 청구소송과 전인식의 고문피해 등 추가 청구

2005. 4. 3 명예회복 위자료 청구 소송 참가 희망자에게 참전 및 소송 경위서 작성 송부요망(긴급통신) 51명에게 발송함.

2005. 4.13 **참전개선 54주년 기념행사** 개최함. 국방회관에서 60여명 참석.
2005. 4.14 위자료 18억 6,000만원 청구소송 착수함. ※ 전인식, 차주찬, 변호사 면담. 행정소송 전인식 제기 함. 39명+이상준(유족 3인) 총 40명 (관련기록자료 송부함) 착수 및 3심까지 2,500만원으로 하고, 성공사례 5％로
2005. 4.22 서울행정법원에 전인식 행정소송 제기함(경비는 全仁植 개인 부담)
2005. 4.22~26 친목회원 15인 베트남 관광 함
2005. 5. 9 전우 회원통신 발송, 회비미납촉구 기타 안내
평택 석조석재 戰跡碑 참전자 추가 名版 조각 첨부작업 3판의뢰
2005. 5.14 회원 및 유가족에게 會員通信으로 현충행사(50회) 안내
2005. 5.20 전인식 **소령계급 인정 및 복무기간 변경**(1951.1.25~6.28) 신청 기각되어 **헌법재판**으로
2005. 5.21 국방부 검찰단 송무부 답변서 도착
2005. 6. 3 개선 54주년 제50회 현충행사 회원 및 유족 83명, 국방부 장관 등 고위직 대형 화환 20여개
2005. 6.11 법률 개정 청원 회의 회원통신 발송
2005. 6.15 끝나지 않은 6.25 한국전쟁 회원 등 73명에게 (行政訴訟) 동참 호소
2005. 6.23 국회 황진하 의원 보좌관 접견 협의(전인식, 고제화, 차주찬, 송세용)
별 소득 없이 자료와 디스켓을 인계함.
2005. 6.24 국회의원 90명(55명 추가 35명)에게, 입법청원 15쪽, 도장 받는 쪽 2쪽, 책 기증 함. 반송봉투(우표첨부)도 함께 보냄
2005. 6.25 6.25 행사 전우회원 7명이 참가 함.
2005. 6.25 국회의원 여당 14명 추가, 입법찬동 동의서 관련 문건, 반신봉투, 동의서를 보냄. 합계 104명에게 보냈음.
2005. 6.27 全仁植, 고제화, 차주찬, 송세용, 立法대책회의 개최, 국회의원 立法동의 받기로,
2005. 6.30 초청 人士, 초청장 발송 42인, 龍仁 水枝읍에서 特食(이영구 회원 준비함)
2005. 7.11 육군기록정보관리단에 대하여 遊擊隊 관련서류 1950.11~1951.9 까지의 자료 19종을 요구하는 공문 발송
2005. 7.16 하계안보수련 行事, 28명 참가(외부인사 6명 포함)
2005. 7.21 정 辯護士로부터 국방부(피고)의 반박에 대한 답변서면 접수
2005. 7.22 6.25 유공자회(會長 蔡命新) 증언록 관련 李命宇가 국회에 진정하겠다는 등 (예) 대령 박영기 부장으로 부터 전화 접수. 54년을 기다렸다 1권 기증
2005. 8. 4 예비역 소장 김영갑, 대령 박영기 방문 증언 녹취함.
동아일보 광고 게재 198만원(전인식 부담)

2005. 8. 6 소송참여자 44명에게 변호사에게 제출한 경위서 보완을 요구하는 공문과 회비 기타 납부상황 집계를 보냄
2005. 8. 9 조선일보에 광고 게재 게재료 300만원 중 (주)건설연구사 100만원 부담
2005. 8.10 文泰眞 특수작전 공로자 인정 신청이 기각된 사실 수정차 방문
2005. 8.11 전인식 제기 行政訴訟 사건 참관 차 회원 23명 참가
2005. 8.11 전인식이 제기한 行政訴訟 1次 심판. 2005.9.1. 宣告.
2005. 8.15 서울역전행사 참가. 최윤우, 장지영, 홍금표 외 9인 등 25명 참석(비용 20만원 홍금표 부담)
2005. 8.17 소송보충자료, 전영도, 박용주, 차주찬, 김항태, 송세용, 김홍태, 이상준, 장지영, 고제화, 안병희, 윤경준, 박승록 12건 변호사에게 인편으로 보냄
2005. 8.17 朴柱大씨 공로자 기각 관계로 방문하겠다는 것을 거절 함.
2005. 8.19 국회국방위원회 진정 처리 결과 통지(2005.6.11 법률 개정 청원에 대한 회답)
2005. 8.23 서울민사지법 18부 재판 참관 31명 참석
백골병단의 고생 등을 모두 잘 아는 것인데 국가가 구체적으로 무슨 잘못이 있는지를 입증하라는 요지의 주문이 있었음.
2005. 8.24 **백골병단 기념사업회** 발기 안내(회원, 비회원, 유가족 등 99명이게 안내 통지함)
2005. 8.25 金永培(12R) 아들 "김종환" 방문 공로자신청 기각에 대한 회원자료 요청함
2005. 8.25 백골병단의 실체 改正 版 완성
2005. 8.30 車周燦 監事 개정판 원고 교정 및 내용 검토 함. 권영철 부회장 방문 요담함.
金正鍾씨 참전 공로자 인정신청 관계로 방문. 자료 2매 제공함.
2005. 9. 1 행정법원 결심공판에 회원 16명 참가
전인식, 차주찬, 최윤우 鄭 변호사 협의 차 의정부 출장
2005. 9.13 군부대 위문(추석)
2005. 9.13 행정법원 항소장 제출
2005. 9.16 회원 및 친목회원에게 통신 발송
2005. 9.21 회원 및 비회원에게 통신 92통 발송
2005. 9.23 박준서 전 대법관(廣場로폼)에게 헌법소원 의뢰함.
2005. 9.26 박준서 변호사 무료 변론하시겠다 함. 權光重 변호사 전 법원장과 함께
2005. 9.27 서울 중앙지방법원 민사 18부(562호 법정)심리 27人 참석
법원구내에서 임시총회 개최 부회장, 이사, 감사, 참여(元老) 회원 권영철, 김용필, 류해근 장군 선출
2005. 9.28 총회 보고 92名에게 발송
2005. 9.30 尹昌圭 대위 外 60명의 전사자를 공로자 인정 신청을 함.(대표 전인식)

2005.10. 5 전인식의 訴訟 "선고"에 따라 抗訴와 동시에 박준서(前 대법관), 權光重(前 법원 연수원장), 金範鎭 변호사 등 3人 憲法不合致 헌법소원 提訴(완전 무료 변론을 해 주심)

2005.10.21 이사회의 개최 白骨兵團 기념사업회 설립관련 협의

2005.11. 2 白骨兵團 참전전우회 및 동 친목회는 해산하고 **육본 직할 白骨兵團 기념사업회** 창립 총회 개최 통지

2005.11. 5 尹昌圭 대위 外 60명의 전사확인자 공로인정은 신청자의 자격이 안되어 반송한다는 연락과 함께 반송됨. 국회의원 입법으로 법률 개정 해야 한다 함.

2005.11. 8 참전전우 16명 용대리 전적비 참배와 15周年 前夜祭 갖음.

2005.11. 9 육군회관에서 15주년 행사 거행

◆ **「육본 직할 白骨兵團 기념사업회」** 창립 총회 개최 의결함

2005.11.10 전우회 친목회 재산 이월, 장부신규 정리
기념사업회 가입 43인 총 9,100만원 출연 신청 접수함.

2005.11.15 육본직할 白骨兵團 기념사업회 창립 사실을 유관 기관에 公示

2005.11.21 第1次 理事會議 開催 이사 9명 중 8명 참석함

2005.12. 6 **제2회 이사 회의** 개최(8명 참석, 1명 위임, 1명 불참)

2005.12.12 日本 규슈(九州) 지역 탐방(3박 4일간). 회비에서 일부 지원함

2005.12.20 육본직할 白骨兵團 기념사업회 회원 및 비회원(前 전우회 회원 중 찬조금을 준 사람)에게 기념사업회 기념 메달 및 "**오십사년을 기다렸다**" 책 1권씩 기증.

2006. 1.20 **제3회 이사 회의** 개최(9명 참석, 1명 위임)

2006. 1.26 故 尹昌圭 대위 **忠勇碑 건립 지원 요청**(국가보훈처, 국방부, 육군본부, 재향군인회, 제3군단)

2006. 1.26 **한 맺힌 오십사년** 발행(저자 全仁植)

2006. 2.16 충용비 건립 지원 요청에 대한 회신 접수(국가보훈처) (17일 접수 국방부)

2006. 2.28 충용비 건립 지원 춘천 보훈지청에 건의(신청)

2006. 3. 3 2006년도 년회비 납부 안내(3차 촉구)

2006. 3. 6 충용비 건립 지원 요청에 대한 회신 접수(육군 본부)

2006. 3.14 陸軍 第3軍團에 건립 부지 사용 동의서 요청

2006. 3.24 **충용비 건립 지원** 사업 서류 보완 요구에 따라 보완 서류 발송(춘천 보훈지청)
충용비 건립 부지 사용 승인 됨(육군 제3군단)

2006. 3.27 충용비 건립 국고 보조금 717만원(소요액의 30%)으로 수정 요구

2006. 3.27 **제4회 이사 회의** 개최(9명 참석, 1명 불참) 원안가결.

2006. 3. 30 2006년도 년회비 납부 촉구 안내문 및 회칙 개정(안) 서면 결의서 발송
2006. 3. 30 국방부에 **특수작전 공로자의 계급** 및 **군번 부여**와 **전역식 거행**을 정식 건의.
2006. 4. 3 충용비 건립 지원 요청 건의(신청) 공문 E-mail로 재발송(춘천 보훈지청에)
2006. 4. 3 **여명의 아침** 발행 (저자 全仁植)
2006. 4. 4 항소심 관련 협의회의 간담회 개최. 전인식 회장 참석. 장지영, 송세용, 차주찬 이사.
2006. 4. 5 정환영 변호사 방문(항소심) 의정부에 (장지영 이사, 송세용 감사, 차주찬 이사) 항소 준비서면자료를 전달하고, 당초 계약한 성공보수 10%는 삭제하기로 서명날인 받았음.
2006. 4. 5 국방부 임형돈 중령 馬鍾三 전사자가 아닌 것으로 판명되었다 함. 위패에는 군번 부여의 뜻이 없으니…. 계급만 임시를 떼도록 할 것을 요구함.
※고제화, 이명우, 국민고충위에 진정했다 함.
2006. 4. 12 會則 변경 서면결의 91표중 반대없으므로 가결 宣布(65표)
2006. 4. 14 金東潤 변호사에게 전화 함. 4/17 14시 상봉 약속 함.
4. 14 **설악의 영봉은 알고 있다** 발행 (저자 全仁植)
2006. 4. 17 전인식, 장지영, 송세용 감사, 김동윤 변호사를 만나러 출장 함.
2006. 4. 18 전인식 추가자료(채장군 인사기록, 전인식 관련 근거 등) 직접 전달 함.
2006. 4. 19 서울고법 제5특별부(전인식) 기각. **제5특별부 위헌 제청 신청**
2006. 4. 20 **박준서 변호사 헌법재판소 위헌 제청 신청 문안** 협의 송부함.
2006. 4. 21 살신성인 忠勇비문 원고 원안크기로 확대함. 230,000원 소요.
김영돈씨 아들(유일) 031-353-7396, 김영돈 공로 관계 문의 전화.
2006. 4. 25 재향군인회에서 국가보훈처 기념사업과 2006년 현충행사 300만원 지원.
2006. 4. 27 김동윤 변호사 착수금 1,100만원 송금과 계약서 날인 전달함.
2006. 5. 11 초청장 발송 회원 42, 외부인사 130, 군단 별도 송부 15, 계 187통
송세용, 장지영 공사현장(용대리) 출장.
2006. 5. 12 행사 DVD 20장 400,000원으로 구입
2006. 5. 15 국가보훈처 지원 300만원 입금 됨.
2006. 5. 19 **살신성인 忠勇碑 건립·제례 집행 함**. 전인식 별도 지원
2006. 5. 20 작전요도 판 교체 첨부. 馬鍾三 이름 지움. 전우회 경과판 1장 중복으로 제거. 통일전망대, 호텔탐방. 전인식, 송세용, 장지영, 대대장, 심 상사 참여
2006. 5. 22 충용비 공사비 일부 700만원 송금.
2006. 5. 24 이장복 회원 死亡.(조의금과 조전 타전함)
2006. 5. 30 **헌법재판소 헌법소원 재판부 심판에 회부하는 결정을 함**
2006. 6. 1 강원도지사, 인제군수 등 당선 축하 전문 발송
2006. 6. 5 참전 개선 55주년 기념행사 거행.

2006. 6. 5 **殺身成仁 故 尹昌圭 대위의 忠勇碑 제막식** 거행(국가보훈처 총 2,300만원 중 700만원 지원) 현충행사
12사단장, 군단 참모장 외 군인 등 100여명 참석

2006. 6. 6 박달재 퇴곡리 탐방 후 귀경

2006. 6.16 **살신성인 忠勇碑 건립** 총 2,300만원 중 **국가보훈처 지원 700만원 입금됨**.

2006. 6.17 차주찬씨 子 결혼식 전우 11명 외 7명 참가

2006. 6.20 육군본부 예비역 병적과에서 6.25특수작전자에게 새로운 군번을 부여함(51-0000번 등) 참전 당시의 계급도 현역과 같이 병무청에서 병적을 확인함

2006. 6.21 김용필씨 혼사 전우회원 6명 참가

2006. 6.23 **제5회 이사회의 개최**(8名 참석. 1名 위임)

2006. 7. 6 회비 미납자 5인에게 회비미납 내역고지(등기 발송).(장철익 등기 비용)

2006. 7.11 전인식이 작성한 준비서면, 차주찬, 송세용 열람 후 변호사에게 지참 전달

2006. 7.14 국내여행 집계 14인과 예정

2006. 7.18 703특공연대 인사과장 순직(수해로) 조의금 + 위로 전문 발송
전적비는 수해에 이상 없다 함.

2006. 7.26~28 **하계연수회 충남, 전남북 일주함**. 20명 참가 총 경비 500만원
찬조금 기타 잉여금 72만원 사업회로 이관함.

2006. 8. 1 기념사업회 장학회 설립 서면 결의 및 연수회 참가자 사진 송부 및 회원에게 연수회 결과 보고 함

2006. 8.11 서울역광장 군중대회 15인 참가함

2006. 8.14 六二五의 悔恨 그리고 영광 발행 (전쟁수기 21번째)

〈새군번과 계급〉

성 명	새로 부여한 군번	새 계급 부여	성 명	새로 부여한 군번	새 계급 부여	성 명	새로 부여한 군번	새 계급 부여	성 명	새로 부여한 군번	새 계급 부여
전인식	51-00008	대위	**임동욱**	51-500047	하사	**전영도**	51-500036	하사	**현재선**	51-500046	하사
김인태	51-00012	중위	**김중신**	51-500008	중사	**안병희**	51-500053	하사	**이익재**	51-500045	하사
권영철	51-00015	중위	**박승록**	51-500011	중사	**김항태**	51-500055	하사	**임병기**	51-500031	하사
김용필	51-00019	소위	**장지영**	51-500014	중사	**윤경준**	51-500054	하사	**배선호**	5177000024	병장
조시형	51-00024	소위	**송세용**	51-500020	중사	**임병화**	51-500068	하사	**차주찬**	51-77000027	병장
권태종	51-00025	소위	**이영구**	51-500023	중사	**최윤우**	51-500069	하사	**최희철**	51-77000028	병장
황태규	51-00028	소위	**박용주**	51-500039	중사	**김송규**	51-500056	하사	망**정규옥**	51-500004	중사
홍금표	51-500024	중사	**이영진**	51-500038	하사	**하태희**	51-500018	중사	**김종각**	51-500026	하사

2006. 8.14 용대 백골 장학회 설립 안내 7개 기관에 등기 송달(반신 우표 겸)

2006. 8.18 703특공부대 **안보강연 실시** 연사 **전인식**, 참여 차주찬, 송세용 차량이용 격려금 전달

2006. 8.23 會員通信, **회칙 변경안**, 장학사업관련보고 행사 참여 등

2006. 8. 24　국방부 이광삼 중령 자료수집차 본 회 방문 요담(과거의 자료를 복사 제공함)
2006. 9. 2　이사간담회(임시이사회)겸 회원 간담회 개최(용대백골장학회칙 등 가결)
2006. 9. 19　강원도 인제 출장. 全仁植, 車周燦, 宋世鏞 장학회 설립 건
인제군 北面 면장, 용대3리 里長, 용대초교 교감, 703 심上士 外 참석, **회칙 채택 농협원통지소에 900만원 5~30년간 예치 (全仁植 300만원 추가 출연 함)**
2006. 9. 29　프레스센타 국제회의장. 최윤우, 차주찬, 장지영, 송세용, 오석현 참가
2006. 10. 21　류해근 장군 혼사 전인식, 권영철, 장지영 참석
2006. 10. 30　대북참전유공자연대 추모화환 증정
2006. 11. 2　뉴라이트 격려금 보냄
2006. 11. 9　차주찬 외 재향군인회 안보강연 참석
2006. 11. 15　소송관계 서면 30명에게 준비서면 보냄. 전화 연락망 보냄. 회원 42인 전원에게
2006. 11. 16　朴興烈, 김관진, 김병관, 김태영, 백군기 대장에게 **진급 및 보직** 축전 보냄
2006. 11. 27　金章洙 국방부 장관에게 축전 보냄
2006. 12. 6　고등법원 재판에 참석.
2006. 12. 8　2007년도 정기총회 일은 2007. 1. 31. 11~14시 까지 국방회관에 예약함.
2006. 12. 14　재향군인회 주최 안보강연에 회원 8인 참석함
2006. 12. 19　**용대백골장학회 기금 2,000만원 3년으로 예치함** (농협) 5.1%
2006. 12. 20　장학회 기금 2,000만원의 이자 月 85,000원/월을 3년 만기 적금으로 예금함
2006. 12. 26　**제6차 理事會 회의 개최**, '06 결산 사업 보고, '07 예산안 심의 하다.
2007. 1. 31　국방회관에서 **2007년도 정기총회겸 개선 56주년 기념식** 거행.
회원 본인 참석 27명 위임 10 내빈 30명 참석
2006년도 세입 · 세출 결산 2007년도 예산, **임원선거**, **회장 만장일치 재추대**, **임원전원 연임**, 국내외 여행 계획 심의
2007. 2. 2　이사간담회, 전인식, 차주찬, 최윤우, 송세용 해외여행의 건, 총회 회의록 서명의 건, 이사보선의 건 협의
2007. 2. 12　항소심 기각 판결문 도달
2007. 2. 21　상고 집계 상고자 42중 32인 상고, 인지대 11,629,600원 송달료 96,640원 "렉스" 변호사회에 송금함.
2007. 2. 22　김동윤 변호사 2건, 각 150만원 씩과 부가세 330만원 전화 협의
2007. 3. 1　강원도 황태축제에 참가(송세용, 차주찬) 감사패 수령함
2007. 3. 2　제7차 이사회의 개최. 위임 임동욱, 홍금표, 불참 최윤우 외 6인과 감사 참석. 상소비용 330만원 중 200만원 부담과 계약서안이 도착되는 대로 협약키로 함.
2007. 3. 9　외국여행대책위 회의 소집, 전인식, 차주찬, 장지영, 송세용, 임병화 참석 고구려, 발해 유적지 및 백두산, 두만강, 대련 탐방키로 함(1인 499,000원)(본인부담 10만~20만원) 계획추진위원장 호선결과 차주찬이 선임됨.

2007. 3.22 여행사 참좋은→자유투어로 변경하고, 두만강 탐방을 압록강 유람으로 변경

2007. 4.29 ~ 5. 3 中國 **東北지방 白頭山, 압록강 탐방** 등 會員 17人 가족 등 5인 계 22인 4박5일간 관광 출장 함.

2007. 5. 4 국가보훈처지원금 300만원 입금

2007. 5. 8 용대 백골장학회 기금 증자 헌성을 촉구하는 공문를 회원에게 발송.

2007. 5.29 장학기금 헌성을 촉구함과 동시에 전인식 200만원을 추가 헌성 함(합계 1,000만원)

2007. 6. 5 **참전개선 56주년** 및 제52회 현충추모식 거행. 회원 기타 38인 학생 부모 등 30여명 고위 장성 30여명 군인 130여명 등 228명 참석 성료

2007. 6. 8 대법원 기각 판결문 도착
장학회 헌성비 건립 이사 간담회 개최

2007. 6.19 장학기금 헌성비 건립 기초공사 차 차주찬, 송세용 현지 출장

2007. 6.23 헌성비 제막식 거행, 회원 21명, 저명인사 3인 및 군관계관 등 10여명과 현지 주민 학생 등 60여명 등 참석.

2007. 7.12 하계수련회 참가 안내 및 회비 미납자 3차 회비납부 촉구(최종)(1차 2월, 2차 6월) 8.10 함.

2007. 7.13 영광의 세월 한국전 참전노병의 외침 발행

2007. 8. 2 제8차 이사회 결과 보고 會則改正 의결 회원에게 알림

2007. 8.14 제9차 이사회 개최. 위임 임동욱, 홍금표 병중 권영철 불참
회비 미납자 자격정지 의결. 국내 여행 지원 의결

2007. 8.22 육군발전협회 가입(회장 백선엽, 총장 김명세 장군)

2007. 9. 7 하계 국토순례 행사. 류해근 장군 부처 및 정해상, 박택규, 윤창주 박사 참여(경남북, 강원, 충북지방 일주)

2007. 9.13 703 추석 위로 지원

2007.10.31 권영철, 박승록, 박용주, 임병기, 오정섭 위로금 보냄
전인식 회사 이전 축하금 1,800,000원 기념사업회에 기증

2007.11.19 예산거주 문형식 씨(12R 文源榮의 조카) 전화문의에 대한 회신 9965부대 특수작전 조사관 이현기씨가 예산을 방문했을 때 결사대 명단을 소지했다는 제보 있었음

2007.11.22 문형식의 제보에 따라 9965부대장에게 회원 명단 확인을 요구하는 공문 보냄. 11R 4명, 12R 7명, 13R 11명 계 22명의 확인을 요구함.

2007.12.10 11R 김영돈 중위의 참전사실 확인을 함. (전인식 서명)

2007.12.11 김용필 문병 위로

2007.12.26 송년회 개최(육군회관) 비용은 全仁植 會長이 부담함.

2008. 1.15 국방회관에서 이명박 당선인과의 만남 차주찬 참석.

2008. 1.25 제10차 이사회 개최(2008년도 1차) 2007 결산 및 2008 중요사업 및 예산 심의. 참전 개선 60주년 기념사업(1차년도) 현충행사 6.5 집행 계획 등 토의 의결. 전인식, 차주찬, 장지영, 최윤우, 안병희, 송세용, 김용필 참석. 위임 홍금표, 임동욱, 불참 권영철 명예회장

2008. 1.25 국군 9965부대장에게 6.25 당시 참전 유격대 명단 통보 재차촉구(등기)

2008. 1.29 문태진씨 사망(유족 연락은 없음)

2008. 1.31 참전 개선 57주년 및 2008년도 정기총회 개최 통지 및 초청 14명

2008. 2.15 2008년도 기념사업행사 총 780만원 중 300만원 청구 공문 발송

2008. 2.18 국군 9965부대 결사 유격대 명단확인 요구 2007.11.22 2008.1.15 재차요구 에 대한 회답 이종구? 확인불가 접수

2008. 2.20 정기총회 개최(국방회관) 예산 결산 및 **참전 60년사** 발간 계획 승인

2008. 2.25 제17대 이명박 대통령 취임식 초청 참석(전인식)

2008. 2.25 2008년도 정기총회 및 참전개선 57주년 행사 결과보고 36인에게 발송 결과 보고서, 결산 및 사업보고, 해외여행안내, 60년사 편찬 계획 인사말씀

2008. 2.25 춘천보훈지청 보훈과－655 현충시설지정 및 해제 및 통합요청 안내 공문 접수

2008. 2.27 육직 백골 08-02-06 춘천보훈지청장에게 현충시설 관리자 변경요청 일부수용 공문 발송

2008. 3.18 국군 9965부대장에게 미8군 정보연락장교단 예하 결사대 관련 정보협조 요구(명단 요구)

2008. 3.25 이사간담회 개최 전인식, 김용필, 차주찬, 안병희, 장지영, 임동욱 송세용 참석, 홍금표 위임, 불참 권영철, 최윤우
정보사 명단건, 국방부 법개정 건, 해외여행 건, 60년사 건, 친목회 건 협의

2008. 3.26 국방부 장관, 참조 법무관리관 경유 인사국장에게 법 개정 건의 등기 송달

2008. 3.26 육군 발전협회 김명세 총장 방문, 정보사 관련 서류 사본 제공하고 협조요구 함.

〃 9965부대 "고과장"이란 사람으로 부터 2차 전화받음

2008. 3.31 국방부 유해 발굴단 발굴조사과장 이중령으로부터 진동리, 진흑동 일대 답사 결과 일부 유해가 있을 것이란 정보 입수 함.

2008. 4. 1 13:30 국방부 인사관리팀 金中領으로부터 전화.
법개정건인데 당시의 보상팀이 2007년도에 임무종결 보고(장관)후 해체되었고 각 위원회 통합에 관한 건이 국회 국방소위에 회부 되어있는데 그 결과에 따라야 한다는 의견
全仁植은 위원회 통합과 법개정은 별개의 것으로 앞으로 국회에 의원 입법으로 처리할 것이라고 했음.

2008. 4. 4 국방정보본부장(사령관)에게 친전으로 명단 협조요구 함

2008. 4. 7 김명세, 류해근 장군 명단 협조 요구건 부탁
2008. 4. 9 이진삼, 황진하 장군 국회의원 당선 축하 전문
2008. 4. 11~15 전우회 외국여행(중국), 전인식, 차주찬, 송세용, 장지영, 임병화, 김중신, 오석현, 안병희, 임동욱, 권태종, 이의재 장군 11명(중국 북경, 장가계, 원가계 등 4박 5일)
2008. 4. 14 국방부장관(인사관리과장 전결) 입법청원민원회신 접수
2008. 5. 13 회원제위에게 06, 07. 08년도 會費납부상황 및 미납촉구. 08.5.말까지
용대백골장학회 임원 추가. 北面자치위원장, 용대 영농조합대표, 북설악대표 3인 위촉
2008. 5. 19 대통령 이하 90인＋8인＋회원 36인에게 6. 5 행사 초청장 발송함.
2008. 5. 20 향군조 408호(2008. 5. 8)로 지원금 300만원 통보(접수 2008. 5. 20)
2008. 5. 29 10시, 정보사령관 직접전화. 김명세장군 다녀갔다고 하며 자료를 최대한 협조하겠다함.
15시 정보사 고영범 과장 서류건 전화함.
2008. 6. 5 개선 제57주년, 제53회 현충기념식 거행. 용대 백골장학금 지급
류해근 장군 20만원, 문원영 조카 20만원, 병기동우회 한국장 10만원, 전인식 50만원 찬조
2008. 6. 5 회칙개정안 및 친목회 결성의 건

◆ **"陸本 直轄 決死隊(백골병단) 戰友會"** 會 명칭 개칭 의결 동일부 施行

2008. 6. 9 국방부 정보사 고과장 본 회 방문 명단 일부 제공 받음
2008. 6. 10 용대리 부락 장학회에 1,000만원 기금 全仁植 특별 헌금함
회원 및 불참자에게 수첩 기타 우송
2008. 6. 13 재향군인회에 행사 결과 보고
재향군인회에 현충행사 결과 통보
2008. 6. 17 육군 제28사단(사단장 박종선 장군) 안보강연 약 300여명 참가
전인식, 차주찬, 장지영, 임병화 동행, 필승 GOP 등 휴전선 관광과 대접받음
7월 연수회 행사에 박장군 20만원 찬조함.
2008. 6. 23 11R 참전자 임병칠 전우? 동생 임화칠씨 본 회 방문. 명단 찾기 불가
2008. 6. 26 전인식 육군 61사단에 안보특강 함. 장지영 동행.(사단장 이하 장병 200여명 참가)
2008. 6. 27 헌법재판소 재판연구관이 박준서 변호사에게 입대 법적근거를 요구했다함.
2008. 6. 30 국방부유해발굴단 이중령 진동리 유해발굴 건 2008. 7. 7 현장 방문 연락
2008. 7. 7 강원 인제군 기린면 진동리 진흑동에서 6.25 유해 1구 발굴에 전인식, 차주찬, 전상욱 출장 참여. 전인식 지신고유제 올림. 국방부 유해발굴단. 이중령 발굴과장과 함께 참여

2008. 7.11 하계연수회 7.13까지(2박3일) KTX 목포-홍도-흑산도-비금도, 도초도
80세가 되는 전인식, 오석현, 박승록, 권태종, 이익재, 임동욱 합동 축하.
경비 : 전인식 50만원 28사단장 20만원, 차주찬 10만원, 임동욱 10만원
여행자 공동 15만원 계 1,050,000원, 집행잔액 328,500원 회기금으로 전입

2008. 7.18 하계연수결과보고 및 703특공 1대대의 1,000리행군과 60년사 기록 열람 협조 7인에게 통지. 차주찬, 홍금표, 송세용, 임동욱, 최윤우, 장지영, 박승록, 이익재, 박용주 제씨에게 통지함.

2008. 7.25 **결사대 60년사 편찬위원장에 임동욱**, 부위원장에 송세용이 무기명 비밀 투표로 선출되다.

2008. 7.25 **용대리 경노잔치**(용대백골장학회와 용대장학회 공동주최) 집행 200여명 참여

2008. 8. 6 3군단 정훈공보참모 이동진 중령 특공 1대대 1,000리행군과 영화촬영협조

2008. 8.20 제1회 60년사 편찬위원회 개최. 임동욱 위원장 찬조 200만원, 전인식 찬조 500만원 당일 700만원 은행에 예금, 신탁 1년으로 예금함

2008. 8.26 민원회신으로 육군참모총장 전결(인사처리과장)로 특별법에 의해 신분이 정식으로 인정되었다고 하더라도 **훈포장 수여는 별개의 것으로** 불가하다는 것.

2008. 8.27 제2회 60년사 편찬위원회 개최 참석 : 임동욱, 송세용, 차주찬, 박승록, 장지영 불참 : 이익재, 최윤우, 박용주, 홍금표
60년사 편찬 찬조금. 박승록 50만원, 송세용 100만원, 류해근 장군 100만원

2008. 9.10 제3회 60년사 편찬위원회 개최 : 장지영 회원 찬조 100만원
한국전쟁 6.25관련 유격특수전 관련(낭독 전인식) 이의없이 찬동함.
이날의 오찬은 송세용 회원이 부담.

2008. 9.20 강원도 강릉시 연곡면 삼산리에 703특공연대 제1대대 천리행군장병 위문함. 사과, 생수 등 기증

2008. 9.26~27 강원도 인제군 기린면 진동리 설피밭, 단목령 정상부까지 56년 6개월 만에 탐방 위령제거행. 행군에서 귀환한 장병 위문함. 3군단에서 만찬 대접받음.
민간지원입대자 16인중 삼산리 1리 거주 이복규씨(참전자)를 만나다.
삼산1리 5반 742번지 033) 661-4478, 310205-134……

2008.10. 1 국군의 날에 장병(전우) 21명이 (잠실에) 참석함

2008.10. 8 제4차 편찬위원회 개최함

2008.10.17 육군사관학교 생도대 심만택 장군 초청으로 **육사를 방문 격려함**.
육군사관학교 발전기금 200만원 전달 격려.

2008. 10. 28 SBS촬영팀(김경일PD) 백골병단의 발자취를 찾아서 PD인터뷰 1시간 40분 12연대출신 ? (부산거주)崔相三 氏(보상 미수령)

2008. 11. 10 전적비 경내 탱크 및 비석의 안전휀스시설 300만원 집행함

2008. 11. 12 제5차 60년사 편찬위원회개최
제1편 한국전쟁, 제2편 백골병단, 제3편 화보기타, 원안가결. 감수의뢰

2008. 11. 17 60년사 자료정리를 위하여 전인식 회장, 류해근 고문, 강원도 출장

2008. 11. 20 감수결과 3차 회의 개최(기본문제 협의 전사기록포함)
60년사 편찬 찬조금 최윤우 100만원, 안병희 100만원, 권태종 50만원, 이영진 50만원, 권영철 100만원, 이익재 100만원, 윤경준 50만원 등 찬조함 전인식 500만원 外에 추가 200만원 협찬함 총 2,270만원이 됨.

2008. 11. 28 호성진 회원 사망. 조화 및 위문금 송금

2008. 12. 8 60년사 편찬 찬조금 김용필 100만원 추가, 박용주 신규 협찬 30만원
총합계 2,400 만원임.

2008.12.10 (고)호성진씨의 유족 "호승기" 씨 본회방문 장례 감사인사겸 60년사 편찬 찬조 20만원 헌금

2008.12.17 60년사 편찬위 및 협찬자 합동 간담회 · 개인프로필 등 확인회의 개최

2009. 1.18 上海 대한민국임시정부 구청사 및 윤봉길의사 의거 현장 탐방(14인)

2009. 2. 5 2009년도 참전기념행사 · 현충추모식(09. 6. 5) 국가보훈처에 지원요청(300만원) 함.

2009. 2.24 2009년도 정기총회 및 참전개선 58주년 기념행사(육군회관에서)
60년사 편찬자료 공람함.

2009. 4. 7 전적비 북쪽비탈 지도모양의 연산홍 보식의뢰 2대대 주임원사에게 30만원

2009. 4. 7 국가보훈처 2009년도 참전기념행사 지원(300만원) 통보. 향군조제303호로 접수

2009. 4. 8 전적비 보수공사 견적서 비교 검토 회의(전인식, 송세용, 류해근 장군)
군부대 견적 채택함.

2009. 4. 9 6.25 참전 보상법의 일부(법 제8조제2항)의 개정 건의(신청 1년 이내를 7년 이내로) 국방부장관, 법제처장, 국방위원회 위원장 외 의원 18인에게 등기송달 함.

2009. 4. 13 전적비 주탑도장 및 전기공사 380만원 석판교체 370만원 계 750만원으로 공사 계약함.

2009. 4. 23 국가보훈처 춘천지청에 전적비 보수 2009년도 750만원 중 250만원 지원요청 2010년도 500만원 요구 공문 발송

2009. 4. 27 공사감독차 송세용, 장지영, 권태종 출장. 장지영 2009. 5. 2 복귀함(미완결중)

2009. 5. 4 특수작전공로자 심의위 신모 조사관 원응학 씨 건 문의 협조함.
2009. 5. 6 2009년도 현충행사 초청장 등 인쇄
2009. 5. 6 특수작전 HID쪽 조사관(신모) 본회 방문 원응학 씨 관계로 참고인 조서 작성함.(4시간 30분 소요)
2009. 5. 18 국가보훈처 재향군인회 경우 현충행사 지원 **300만원 입금** 확인됨.
2009. 5. 20 육군 제22사단에 717 OP 견학 및 방문 34명 명단 통보(등기 및 FAX)
2009. 5. 27 특수작전 보상 심의위원장과 국가기록원장(정부공문서보존소)에게 결사대 참전자 명단 요구 공문 등기 발송함.
2009. 6. 4 16시 동해최전방 717 OP 견학 · 위문(28명) 속초에서 만찬(돌섬횟집)
2009. 6. 5 개선 제59주년 현충 제54회 추모식 거행 후 오찬 150여명(군단장 李聖浩 중장 외 전우회 전원).
국방일보 6. 3 동정, 6. 1 향군보 침목단체 소식, 6. 8 국방일보 사진게재
2009. 6. 10 현충행사 결과보고, 등기 송부함. 총 집행액 9,612,650원(지원금 3,000,000원 포함)
2009. 6. 19 특수임무수행자 보상심의위에서 결사대 명단은 관련이 없다는 통보
2009. 6. 24 전인식 汶山中 · 제1고등학교(母校)에서 안보특강(학생 약 2,000명)
2009. 6. 29 육군본부에 특수군번 부여 참전자 명단을 요청함.
2009. 6. 29 특수임무수행자 보상 심의위원회 과거 관련자 명단은 없다는 통보접수
2009. 7. 7 병적관리 담당자 공공기관 외에는 자료를 내줄 수 없으며 국방부 발행 "백골병단 보상지원 백서" (125~133쪽)에서 확인할 수 있다는 회답
2009. 7. 27 전적비 건립 당시 건립 성금을 주신분에게 감사의 인사를 겸한 오찬 회동
2009. 8. 18 전적비 보수를 위한 국고보조금 1,000만원(자부담 1,500만원) 결정에 대한 사업계획서 및 보조금 신청(춘천보훈지청에 신청)
2009. 8. 19 육본 직할 결사대 전우회 60년사 발간 최종 협의 회의 개최
2009. 8. 21 60年史 최종 마무리(원고 손질)
2009. 8. 25 전적비 보수 국고보조금 1,000만원 교부 결정
2009. 9. 8 박종선 장군 本會 방문 직원 격려
2009. 9. 9 60年史 편찬 林東郁 위원장, 宋世鏞 부위원장, 全仁植 원고, 柳海權 감수인, 印刷 회부 前 최종 협의. (오찬 : 林東郁 부담)

제 VI 편 참전전우의 證言

1. 전인식(全仁植) 씨의 회고

전인식 참전전우회장이 쓴 1981년 나와 6.25(적후방 300리의 血戰)
1981년 5월 6일 발행 參戰手記에서
이 手記는 1961年 8月부터 쓰기 시작하여 20년의 세월이 흐른 뒤에 햇빛을 본 것으로 그로부터 28년이 또 흘렀습니다.
手記 一部 등을 옮겨 봅니다.

◆ 恨 많은 박달재

많은 犧牲者는 雪嶽山과 박달재에서 였다.

이들의 孤魂은 아직도 安息을 찾지 못하고 방황하고 있는지 모른다.

가장 많은 犧牲은 무엇 무엇해도 박달재에서 굶고 얼어 죽은 것이다. 이때는 보통 4日 以上 5~6日쯤은 모두 굶었다고 記憶된다. 눈을 집어 먹으며 延命했다.

이제 돌이켜 지난 날을 回顧해 볼 때 1951年 1月 30日부터 3月 30日까지 敵地에서 60日間을 보낸 것이다. 그 中에서 退谷里로부터 起算하면 적어도 30餘日間을 敵陣 깊숙이 그것도 我軍 地域으로부터 적어도 100km 相當의 北方 깊숙이 侵透하여 부여된 任務를 100% 以上, 1,000% 그 以上의 成果를 올렸다고 본다.

적거나 많거나 單 한푼의 俸給도 받은 바 없고, 오직 받은 것이 있다면 北傀製 小銃, 일제 九九式 長銃, 누비바지, 미수가루, 가짜 北의 돈 等 外에는 없다.

그 外에 大邱에서 榮光스럽게? 받아쥔 任官辭令狀이 있었고, 階級章도 있었으며 北傀軍의 階級章도 있었다.

우리들 가짜들은 진짜가 할 수 없는 그런 일 들을 해 냈다.

祖國의 統一을 위하여 젊은 피는 뿌려졌다.

恨 맺힌 雪嶽山! 박달재! 그곳을 거닐고 있는 登山客은 우리 同志들이 흘린 피를 밑거름으로 자란 나무가지를 움켜 잡으면서 아무런 感懷도 없이 마냥 多福하기만 하리라!

이를 지켜보고 있는 내 同志들이여!!

그러나 말없는 이름 모를 풀과 나무들은 우리를 證言하고 있으리라!

그 누가 무엇이라해도 우리는 祖國과 民族을 위하여 붉은 이릿떼들과 결판을 내는 싸움을 했고 또 우리는 이겼노라고 외치고 싶다.

나는 그간 30年間을 허저부레기 같이 지난 것이 죄스러워서도 이 事實을 내 나름대로 記憶을 더듬으면서 歷史앞에 밝혀두고자 하는 것이다.

(이 手記가 혹 잘못 記憶되었거나 表現이 잘못되었으면 後日 고칠 수 있도록 協力해 주시기를 同志 諸兄들에게 바란다)

◆ 그 뒤 그들은

말 그대로 九死一生으로 살아 돌아온 우리들은 江陵에서 몇 날을 묵었다.

앞 개울은 大關嶺 쪽에서 東쪽으로 흐르는 개울 南大川이다. 이 강가에는 둑이 있었다.

둑에 나가니 아낙네들이 빨래를 하며, 졸졸 흐르는 물가에 옹기종기 앉아서 도란도란 빨래를 하는 모습도 보였다.

우리들이 지난 발자취의 눈이 녹아 이 『내』로 흐르고 있는 것이다.

死地에서 말 그대로 九死一生으로 살아나온 우리들은 이제 삶과 죽음이 무엇인지도 잘 아는 靑年들이다. 그들 중에는 子息이 한 둘 씩 있는 中年에 가까운 同志들도 있었다.

너무나 갑작스럽게 또 지겹게 당했던 일들이라 우리 同志들 中에는 自制를 못하는 親舊도 생겼다.

나는 將兵들에게 警告하였다.

對 民間과의 事故가 생기면 極刑에 處한다고 엄포를 놓았다.

그러나 一部에서는 간단한 事故도 생겼다.

蔡司令官은 얼마 뒤 江陵에 다시 돌아와서 戰鬪報告書를 整理해 가지고 다시 大邱로 떠났다.

1951年 4月 하순쯤 中東部 戰線에서 我軍 3軍團이 中共軍과 北傀軍의 聯合 總攻擊에 부딪혀 作戰上 後退하게 되어 우리도 江陵에서 墨湖 南方 北坪里 方面으로 後退하게 되었다.

곧이어 美軍 將校가 江陵의 우리들 앞에 나타났다.

部隊名도 바뀌었다.

바지저고리? 部隊가 美8軍으로 팔려?간 듯하다.

그 이름도 요란하다. 『TASK FORCE KIRKLAND』 EIGHTH UNITED STATE ARMY KOREA 이다.

나는 陸軍 少領으로 進級하고 이 部隊의 作戰處長이 되었다.

北坪에서는 上陸戰의 實戰 訓練도 했다.

나는 이때 凍傷에 걸려 있거나 身體에 異狀이 있는 隊員들에게 故鄕으로 돌아갈 수 있는 配慮를 하여 도장을 새겨 除隊 귀향증을 해 주었다.

많은 第11聯隊 出身 同志들이 슬슬 부대를 떠났다.

◆ 敵 後方에 上陸

우리는 1951年 6月 3日 墨湖港을 出發하였다. 그때의 旗艦은 美 海軍507艦으로 記憶된다.

나는 이 上陸 部隊의 韓國軍 前方 指揮官이자 司令官 쯤이 되었다. 作戰은 제법 할 줄 알아 美軍보다 나는 우수했다고 自負했다.

東海上의 알섬(卵島)에서 우리는 다시 『솔섬』으로 海岸線에 接近하였다.

보트로 美軍 해리손 司令官과 나는 솔섬에 上陸하였다가 다음날 荳白里 海岸에 보트로 上陸하였다.

우리 보트 앞에서는 美海兵 隊員이 물개 우는 소리로 우리에게 信號를 해주었다.

敵地 쪽에서는 機關銃이 우리 쪽을 向하여 이따금 發射되었으나 위협사격이였다.

우리는 쉽게 上陸할 수 있었다.

海岸의 哨所는 곧장 박살이 났다.

荳白里에는 꽤나 많은 現地 住民들이 살고 있었다. 그들은 우리를 救世主같이 반가워했다.

杜門이란 꼬리표를 붙이고 다니는 사람도 있었다. 그 뜻은 我軍이 北進 當時 我軍에게 協力한 사람들을 部落 洞口 밖으로 못나가도록 卽 杜門不出해야 하는 者의 標識이라고 했다.

이들을 主動으로 하여 惡質(卽 빨갱이)들을 그들끼리 索出하도록 하였다.

그곳에서는 큰 成果를 올렸다. 中部 戰線인 准陽으로 通하는 그들의 唯一한 支援 및 補給路가 되는 道路를 遮斷한 것이다.

그곳으로 南下하는 北傀軍 第15師團의 全 兵力은 이곳에서 致命打를 맞기도 했다.

나는 그곳에서 美 10軍團 情報參謀인 美軍 中領과 韓國人 諜報要員과의 衝突로 後方인 注文津으로 나오게 되었다. 그리고 곧 1951年 6月 28日 HONORABLY DISCHAGE 卽 제대가 된 것이다.

나는 1951年 1月 4日부터 6月 28日까지 5個月 25日 間 軍人으로 行勢한 것이다.

이제 除隊가 되었으나 東海岸 注文津에서 갈데도 올데도 없는 身勢가 된 것이다.

◆ 기막힌 사연

나는 우리 部隊의 戰鬪詳報 以外의 重要한 文件과 作戰地圖(全戰線) 및 우리 同志들의 戰死 位置 等이 收錄되어 있는 5萬分의1 地圖도 가지고 있었고 내 連絡兵 韓 中士는 機關短銃을 둘러메고 다녔다.

그때의 西部 戰線은 第1師團이 그곳을 管轄하고 있었으며 長端에서 開豊郡쪽 사천내江을 對峙하여 搜索隊의 攻防戰을 벌이고 있었는데 그 北쪽의 開城 南方 鳳東쪽에는 『나철호』 부대라는 諜報部隊가 있었다.

이들을 美 8軍에 隷屬시켜 내가 指揮할 수 있을 것도 같다는 말을 듣고 나는 臨津江을 渡江하여 長端으로 갔다. 別 成果없이 돌아 왔는데 그때 우리 집에 防諜隊 要員이라고 自稱하는 靑年이 찾아왔다. 나는 身分을 모두 다 밝혔는데도 그들은 나를 連行해 갔다.

C·I·C에서는 巨物級 間諜을 잡았다고들 했다. 나는 任官辭令狀 寫眞 其他 모두를 꺼내 보였다. 모두가 가짜라는 것이다. 第1師團 本部로 押送된 나는 죽도록 매를 맞았다. 네 번이나 氣絶했다.

거적을 서 너 번이나 썼고, 氣絶하는 것도 여러 차례 經驗했다.

죽었다가 깨어날 때의 氣分도 잘 안다.

눈을 떠 보면 가마니 거적을 쓰고 온 몸이 물에 젖어 있다.

이렇게 살아나길 몇 번! 지금 생각만 해도 볼펜이 제대로 나가지 않는다.

電氣 고문도 받았다(EE8 전화기 이다). 내가 가짜 少領에 국제고등 間諜이란다.

체포? 된지 22日만에 1師團 高等 軍法會議에 廻附되었다.

나의 罪名은 國防警備法 第32條·同33條·同48條 違反이라고 했다. 어마어마한 罪名이다.

나는 검찰관 吳 中尉와 攻防 舌戰을 했다. 이를 보고 듣고 있던 裁判長 김동빈 大領이 갑자기 大韓民國에서 훈장을 數百個 주어도 아깝지 않을 사람을 잡아다 놓고 이게 무슨 짓이냐!! 호통을 쳤다. 天幕안에서의 軍法會議는 끝난 것이다.

나는 곧 放免되었다. 그 德에 얻은 것은 골병 뿐이다.

◆ 다시 入隊

다음 해인 1952年 11月 나는 第2國民兵으로 召集 令狀을 받았다. 論山訓練所에 二等兵으로 入隊한 것이다. 9358453이라고 記憶되는 軍番도 받았다.

이것은 두 번째의 軍番이며, 진짜 軍番이었다. 그 뒤 1953年 5月 16日 나는 甲種 幹部 第 44期로 26444라는 將校 軍番을 또 한개 받았다. 軍番이 세 개가 된 것이다.

GO1003 어쩌구 하는 軍番은 물론 아니다. 臨時 步兵 大尉라는 것도 아니요, 곧장 陸軍 少尉였다.

休戰이 될 때까지 7師團에서 楊口, 華川 等地를 쫓아 다니며 休戰 막바지까지 兵器 支援을 하는 兵器將校로 내 할 일을 잘 해냈다.

나의 同僚들은 나를 보고 全 少領이라고 들 했다. 씁쓸한 記憶들이다.

蔡命新 司令官은 내가 現役軍人이 되어 7師團에 가니까 隣接 師團인 20師團의 60聯隊長으로 大領이 되어 계셨다.

옛날보다는 많이 變했다. 그는 나를 몹시 반가워 했다. 아무리 急한 일이 있어도 나를 잘 만나 주었다. 그는 相當한 能力있는 大領이 되어 있었다.

그 뒤 그는 3軍團 作戰 參謀로 왔으며 나를 잘 引導해 주었다. 고마웠다. 요즘 말로 빽이 생긴 것이다.

나는 1957年 11月에 滿 5年의 두 번째 軍隊 生活을 끝으로 豫編하였다.

두번째 軍隊 生活에서 받은 退職金이 九阡 몇 백원이다.

모자 하나를 사 쓰려고 東大門 市場에 가니 필그림 중절모를 사려는데 홍콩産이라고 하며 一萬 몇 阡圓이었다. 몇 백원을 더 얹어 帽子 하나를 겨우 얻어 쓰고 씁쓸히 故鄕으로 다시 無一錢으로 돌아 갔다.

그 뒤 나는 農事일도 했으며 工事場에서 막노동으로 등짐도 져 보았다. 이따금 옛날에 얻어 맞은 것 때문에 苦生도 했다.

觀象臺가 아니더라도 비가 올 것을 잘도 알 수 있는 惠澤?을 하나 얻었다. 이제 모두 다 지나간 넋두리다.

◆ 이제 바라는 것은

우리들 決死 遊擊 聯隊 戰友들은 뒤에 알고 보니 族譜도 없는 가짜 階級에 가짜 任官을 한 軍人?들 이었습니다.

그러나 이 軍番과 階級과 任官辭令狀을 주고 또 階級章을 달아 준 사람들은 진짜 軍人이었으며 有名한 將校 또는 將軍들이었습니다.

그런데 우리는 가짜였고, 그 待接에 나는 초죽음에 까지 이른 등 온갖 고문과 매를 맞았으며 매에 지쳐 횡설수설 할 수 밖에 없었습니다.

우리는 그 뒤 뿔뿔히 흩어졌습니다. 누구 하나 그 날, 그 일 들을 記憶조차 하기 싫어했습니다. 特히 나의 경우는 惡夢 中에서도 極上의 惡夢으로 새겨지고 지워지지 아니 했습니다.

그러나 저러나 歲月은 많이도 흘렀습니다.

나의 恨은 지워지지 아니했습니다. 그래서 戰友會를 만들고 "명예회복" 을 위해 온갖 努力을 다 했습니다. 그 결과, **參戰 53年만에** 국방부장관은 우리들의 **참전사실을 확인**(인정)하였고, 대통령께서는 **국가유공자 증서**를 주셨습니다.

육군참모총장 길영보 대장은 육군본부 공적심사위원회에서 의결한 훈장(21명) 수여를 국방부장관에게 공식으로 건의 했으나(2001년 9월 26일), 국방부는 훈장은 커녕 6.25종군기장 조차도 줄 수 없다는 종전의 태도를 유지하고 있으며, 또 군 人事法에 의해 군인으로 인정할 수도 없다고 했으나,

政府는 참전 50여년만에 51-00008군번과 계급(대위)을 새로 주었습니다.

나의 끈질긴 50餘年間의 鬪爭 결과인지 ……

이것이 어찌된 일 입니까?!!

영문을 모르겠습니다.

특별법의 위력 인듯 합니다 만……

나는 이 部隊의 마지막이자 最初의 告發者로서 마지막 남은 일을 하고 있습니다.

나는 우리 參戰 同志들의 모임에 會長 감투를 50年 이나 쓰고 있습니다.

살아 돌아온 同志들이여!!

그대들의 옆에서 죽어간 同志의 생각이 나지 않습니까?!! 記憶하고 싶지 아니하더라도, 조용히 그들의 冥福을 빕시다.

우리들은 서로 서로가 連絡하여 살아 남은 者의 道理를 다하도록 하십시다.

마지막으로 政府 當局에 바라고 싶은 것은 전적비는 건립 되었으나 국가유공자의 格에 어울리는 勳褒章의 수여(추서)와 榮光의 退役式 그리고, 戰跡碑의 維持 補修에 관한 일입니다. 기대하고 또 기다립니다.

육군본부 직할 결사대(白骨兵團) 전우회장 全仁植은 1988년 6월 29일 육군 제3군단장 李鎭三 장군에게 탄원하여 30여년만에 우여곡절 끝에 1990년 11월 9일 강원도 인제군 북면 용대3리 산 250-2 임야 약 1,500평의 대지위에 높이 16.4m의 白骨兵團 戰跡碑를 건립하여 우리들의 歷史를 증언하고 있습니다.

나는 이 전적비의 설계 및 기획자로써 공사 감독을 위해 1988년 이후 1990년까지 100여 차례나 현장을 방문·지도 했습니다.

2. 장승현(張承鉉) 동지의 사연

충남 서산 해미읍에 살던 장승현(張承鉉)씨는 결사 제11연대 제3대대(일등중사(하사)) 출신이다. 그는 1986년 다음과 같은 사연을 보내왔다.
≡전인식 저 "못다핀 젊은 꽃" p226~233에서≡

초면생(初面生)으로부터

〈전우의 書信〉

初面의 會長님에게

6·25 유격대 제1호 白骨兵團이라는 京鄕新聞(86.6.24)의 記事를 보고 또 보고…… 35年前의 모든 決死隊員들의 苦生(生死)을 生覺하니 눈물없는 눈물을 흘렸으며, 또한 이렇게까지 62年부터 努力하고 계신 분이 있었을까, 머리숙여 感動하였습니다. 眞實이옵니다.

小生도 여러번 陸本에 "진정" 戰死者에 對한 말씀을 드렸지만 번번히 빠-꾸 였습니다.

그렇게 歲月이 흐르는 中 眞心으로 小生보다 더 努力하고 계신 분을 新聞을 보아 알게 되었으니 부끄럽기 限量없습니다.

小生은 當時 決死11聯隊 軍番 G11197의 卒兵 이었습니다.

무엇을 알겠습니까.

小生의 苦生은 그 뿐이 아니었습니다. 苦生 끝에 九死一生으로 살아 나왔었습니다.

비록 오늘만 말씀드릴 일 아니므로 앞으로 相互連絡이 된다면 두고 또 두고……

그러면 會長님의 回答을 苦待하오며, 來來 萬安하옵심을 비옵니다.

1986. 7. 9

小生 張 承 鉉 올림

장승현(張承鉉) 同志 貴下 〈書信 回答〉

公의 書信을 잘 받았습니다.

여러 해가 지나고 보니 公은 初面이라 하셨으나 初面은 分明 아니지요.

公의 軍番이 G11197이라 하니, 틀림없는 11聯隊 出身이십니다.

옛날 戰死傷 關係 陳情도 하셨다하니 이는 이제라도 바로 잡을 수 있도록 具體的인 人的事項을 準備해 주시기 바라며 옛날의 文書 등도 整理해 두십시오.

公의 名單이 入手되었기 參戰 同志 名單에 등재하였으며 앞으로 一次 모일 豫定입니다.
公이 알고 계신 다른 同志들의 住所 등도 알려주시면 도움이 되겠습니다.
이번 刊行된 冊을 함께 보내 드립니다.
冊의 內容도 고쳐야 할 것이 있을지 모르니 고쳐야 할 部分을 整理해 두십시오.
健康과 諸節의 亨安을 빌면서……

全 仁 植 拜

會長님의 無限한 勞苦에 對하여 于先 머리 숙여 感謝 드립니다.

먼저 貴重한 冊子와 혜신(惠信)을 받아 본 卽時 會長님께 書信을 올렸었는데 다시 되돌아와서 보니, 會長님의 番地를 잘못 記入하여 서울 求景만 하고 돌아 왔더군요. 모두 所生의 不察이지요.

小生은 先生님께서 보내주신 무량(無量)한 冊子를 읽어보고, 當時를 회망(回望)하며 눈시울을 적시곤 하였습니다.

그렇지요. 30餘年의 그 쓰라렸던 苦痛은 무어라 말씀 올리겠습니까. 小生은 그 값진 冊子를 떳떳이 들고 가서 옛 戰友를 만나 相互 過去를 回想 술집을 헤매였습니다.

勿論, 貴重한 冊子도 빼앗기다시피 옛 同志에게 주곤 돌아왔습니다. 꼭 會長님께 書信을 傳해 달라는 付託까지도요.

會長님의 書信 內容 中 一次召集機會를 가진다 하시니, 학수고대(鶴首苦待)할 것이며, 繼續하여 同志를 찾아 아는 데까지 連絡드릴 것이며, 小生이 옛 同志를 만나 본 住所는 다음과 같습니다.

충남 서산군 부석면 ○×리 조 남 현(趙南顯)
충남 서산군 부석면 ○○리 이 형 구(李亨求)

앞으로 더욱 同志 相逢에 努力할 것이며, 其間 꾸준하신 會長님의 勞苦의 말씀에 對하여는 省略하겠으며, 앞으로 더욱 더 發展이 계심을 祝願하오며 筆을 놓습니다.

1986. 7. 22

小 生 드림

趙 南 顯 同志로부터

펜을 드니 감개가 무량합니다.

어제 瑞山郡 海美面에 居住하는 張承鉉 同志가 오랜만에 찾아 왔습니다.

설악 동지회에서 발간한 冊子를 내 보이며, 기막혔던 過去之事를 長時間 나누었습니다.

本人은 결사 11연대 2대대 소속이었습니다. 雪嶽山에서 분산되어 九死一生으로 강릉에 도착하여 또 다시 묵호로 移動하여 거기에서 後送되어 제5陸軍病院에 入院, 當時 839부대에서 除隊한 사람입니다.

本人의 住所는 아래와 같습니다.

충남 서산군 부석면 취평리
趙 南 顯

李 明 海 同志로부터

安寧하십니까?

이 사람은 白骨兵團 決死 11연대 司令部 連絡兵 一等中士 군번 G11198 李明海입니다.

어제 海美에 사는 張承鉉 同志로 부터 戰死한 決死隊 同志의 위령제를 지내고 왔다는 소식을 듣고 감개 무량했습니다.

本人은 이같은 사실을 전혀 모르고 있다가 뜻밖에도 우리 決死隊의 활동 사항을 세상에 알리게 되었다니 기쁘기 한이 없습니다. 이같이 世上에 알리게 노력하신 會長님의 공로에 진심으로 感謝 드립니다. 두서 없는 글로 本人이 生覺나는대로 쓰니 끝까지 읽어 주십시오.

당시 司令部에 채명신 중령, 정보 참모, 작전 참모님 계급은 대위, 부사령관이 계시고, 연락병 중사 이병수, 본인 이명해, 그리고 여대원 배옥자, 김현복 또 한명은 姓名 미상, 이렇게 3명만 현재 기억합니다.

이 사람은 설악산에서 야간 기습 공격을 당할 때, 아래로 떨어져 그 원인으로 平生을 병으로 苦生하며, 現在까지도 하루 하루 병과 싸워가며 살아가면서 때로는 우리 대한민국을 원망도 많이 했습니다. 내가 누구를 위하여 싸우다 병이 들어 이 고생을 하나, 내 人生, 平生을 도탄에서 헤매는 생각하면, 우리 祖國을 원망도 많이 했습니다.

그러나 이제 우리 11연대의 활동이 세상에 알리게 되었으니 조금은 안도가 됩니다. 이것이 다 회장님의 德이겠지요.

그리고 저는 성명은 기억하지 못해도 作戰參謀님 이시라면 지금도 머리에 생생합니다. 지금은 40년이 가까운 이때, 參謀님의 모습도 많이 변하셨겠지요.

그러나 내 生覺에는 뵈오면 알 것 같습니다. 그리고, 근무시 채명신 중령님이 作戰參謀

오라해라~ 하면 제가 연락 다녔지요. 作戰業務에 熱中 하시느라 분주하신 參謀님의 모습, 인민군 지도 가방 메고 오시던 모습이 눈에 선합니다.

설악산에서 야영 중 신발을 벗어 말리며 잠자다가 적의 기습으로 맨발로 정신없이 아래로 떨어질 때 골병 들었지요.

앞으로 生覺나는대로 적어 보내 드리겠습니다.

회장님, 두서없이 못된 글을 올려 죄송합니다.

흥분해서 生覺이 잘 나지 않습니다.

安寧히 계십시오.

決死 11聯隊 司令官 連絡兵 軍番 11198

姓名 李 明 海 가 올립니다.

라고 끝을 맺었다.

이와 비슷한 서신이나 전화 등이 제법 많이 연결되어, 한편으로는 흐뭇한 감회가 서리고, 또 한편으로는 뭉클한 그 무엇인가 동지애 같은 것을 느끼나, 어떤 경우는 섭섭한 생각도 들 때가 있었다.

아무튼 우리들은 서로 협력하고, 서로 지난 날을 되새겨 먼저 간 동지들을 위로할 모임을 굳건히 하여야 합니다. 이를 위하여 동지회 회칙도 마련하였으니 "시작이 반" 이란 우리 속담과 같이 우리는 이제부터라도 서로 단결하여야 하겠으므로 위에 몇 가지 동지들의 서신을 여기 그 본보기로 소개한 것입니다.

장승현 동지와 이명해 동지는 이미 이 세상 사람이 아닙니다. 동지의 명복을 빌어 마지않습니다.

3. 정규옥(丁奎玉) 동지의 수기
(적 중 횡단의 장도)

결사유격 제11연대 본부, 작전참모의 연락병 겸 작전상사(이등상사)였던 정규옥(丁奎玉)씨가 보내온 독후감을 겸한 자료의 보정을 요망하는 내용을 여기에 추록한다.

그가 부여한 제목은「적 중 횡단의 장도」였으나, 참전한 병사의 수기로 바꿨다.

◆설악산·박달재의 혈전

설악의 폭포에서 적으로부터 기습당한 뒤 쫓기고 있던 우리는 밥도 제대로 먹을 수 없었다. 우선 삶을 찾으려고 계속 뛰었다.

이때의 목적지는 양양의 낙산사 방면(?)으로 갈 예정이었으나 날은 어둡고, 또 방향조차 분명치 아니했다.

1951년 3월 하순, 천신만고 끝에 산 정상에 올라 사방을 살펴보니 추격하는 적의 모습은 보이지 아니했다.

뒷날에 안 것이지만, 이들 추격부대의 지휘자는 팔로군 출신의 "강만호"?란 놈으로서 산악특수훈련을 잘 받은 빨치산이었는데 우리가 하도 신출귀몰한 행동으로 적군 및 적치하의 지방 악질에게 피해를 가하게 되자, 북괴군의 중앙으로부터 특별히 선발된 부대라고 알려졌으며 이놈은 아마, "길원팔" 의 후임자 쯤일지 모를 그런 놈이었다고 생각한다.

이들의 추격으로 우리는 밤이 늦도록 뛰었다. 먹지도 못하여 허기지고, 몸도 지칠 때로 지쳐 있었으나, 우선은 정상부근에 이르렀으므로, 남쪽 사면으로 집합할 수 있게 되었다.

우리들은 어서 살든지, 죽든지! 하고 생각하면서 그저 앞사람의 뒤만을 따랐을 뿐이었다.

후미의 경비를 맡았던 2대대도 그곳에 야간 경계보초를 세우기는 했으나, 그들도 피로에 지쳐, 바로 앉아서 졸고 있었으니, 적 추격군의 감시는 거의 무방비 상태였다.

나는 그때나 지금이나 불면증으로 잠을 이루지 못하고 있었으므로 작전참모의 젖은 양말을 눈으로 비벼 빨고, 모닥불에 말리고 있었습니다.

나는 한밤중에도 잠이 없는 까닭에 2~3회씩은 보초근무지를 순찰하였는데, 이때에는 어쩐지 예감이 이상하여, 즉 전원이 죽은 것과 같은 꼴인데, 이 밤중에 보초근무가 제대로 되지 아니할 것이라 생각되어, 순찰을 나가려 할 때, 난데없이 산 위쪽에서 총성이 들렸습니다.

아차, 기습당했구나!! 이제는 죽었구나 하는 생각이 들어 작전참모를 흔들어 깨웠습니다.

작전참모도 잠귀는 밝은 편이라 번쩍 일어났는데, 이때, 산능선 쪽에서는 따콩! 따콩 또다시 콩볶는 소리가 연발됨으로 기습당한 것을 알아 차릴 수 있었습니다.

미처 상황판단과 대피할 겨를도 없이, 상부쪽 2대대 병력이 일제히 아래쪽으로 밀려 내려오기 시작했습니다.

나는 급히 배낭과 군 작전지도 가방을 챙기면서 불을 끄라고 소리치며, 작전참모를 찾았으나 그는 보이지 않아, 계곡 위를 향하여 작전참모를 다시 찾았는데도 역시 보이지 않을 때, 마침 2대대 병력이 크게 밀려내려 오게되니, 그틈에 나도 끼이게 되어 그냥 밀렸습니다.

주위를 살펴보니, 앞에 있는 병사들은 계곡의 폭포를 향하여 낙하산을 타듯 미끄러져 내려가고 있어 나도 살고싶은 생각으로 일어서니 뒤에서 밀려오던 병력에 중심을 잃은채 거꾸로 30 m 가량의 눈폭포 속으로 눈 깜짝할 사이 틀어박히게 되었습니다.

나는 이때, 그들 병력에 휩싸이지는 아니 했으나, 위쪽에서 계속 밀리는 바람에 그들에게 휩싸여 폭포쪽으로 떨어졌는데, 이때 귀중한 「지도」 가방을 잃게 되었습니다.

나는 장총을 둘러맨 채, 계속 낙하하는 전우들 틈을 헤치고 다시 찾아보니, 나의 지도 가방은 낙하시 폭포의 눈더미 앞에 밀려, 내동댕이 쳐져 있었습니다. 천우신조로 지도뭉치 배낭을 들고, 나는 계곡을 뛰어내려왔습니다.

◆ 백주의 적진 중 행군

우리는 그 골짜기에서 살아남은 병력을 정비코자 하였으나 전의를 거의 잃고 또 지휘권도 흔들리고 있었으니 누가 무엇이라 말하는 사람조차도 없었습니다.

이제는 계급도 소속도 알 수 없는 형편이 된 것이나 마찬가지 꼴이었습니다.

즉 한밤중에 기습을 당하여, 우왕좌왕 하던 끝에 이곳까지는 겨우 왔으나, 여기가 어딘지 조차 모르겠습니다.

누가 이렇게 하자! 라고 말하는 사람도 없었던 때에 돌연, 작전참모가 우리가 이렇게 있을 때가 아니다. 동쪽으로 전진하면 강릉이나 양양방면으로 갈 수 있을 것이다.

이 계곡을 빠져 나가자 !! 라고 말했다.

작전참모는 눈물을 머금고, 좌우간 이곳을 떠나자 ! 라고 말하며, 우선 결사 11연대 1대대, 2대대, 3대대, 결사 12연대, 결사 13연대 순으로 행진하면, 각각 제 소속을 찾을 수 있을 것이라고 말하였습니다.

잠시 행군을 계속하니, 어느 정도의 질서가 잡히며, 우왕좌왕하던 불안전한 상태에서 그런대로 질서가 유지되었다.

그러나 이게 웬일인가? 적진중 대로를 행군 하는데,

앞으로 전달!! "파랑새"(작전참모) 뒤로! 한다.

작전참모는 또 무슨 이변이 생겼나 하고, 뒤로 가니, 미처 가기도 전에 또 앞쪽에서

뒤로 전달!! "파랑새"(작전참모) 앞으로!! 하는 전달이 또 왔다.

작전참모는 키가 크니 성큼성큼 걸어가는데, 나는 그 뒤를 따르자니 힘이 들었다.

앞 중간 쯤에는 채명신 사령관이 있어 부른 것이다.

채사령관은 작전참모를 항상 옆에 두고, 떠나지 못하게 한 것 같다.

뒤쪽 13연대는 후미가 불안하여 작전참모를 찾고,

앞쪽에서는 채사령관이 불안하여 찾으니, 이리 왔다, 저리 갔다, 혼자 바쁘게 움직이는데, 앞에 가던 척후소대가 주춤하고 섰다.

앞에 가던 11연대가 대오를 흩뜨리며, 뒤로 밀리니 전부대가 웬일인가? 당황하게 됐다.

이때는 저녁 5시경, 어둠이 어둑어둑하게 깔리기 시작하였다. 더욱이 약간의 진눈깨비조차 내리고 있으니, 가뜩이나 불안과 공포 속에 있는 대원들은 앞뒤 질서가 문란해졌으며, 모두 우왕좌왕 걱정만 하고 있었는데……

이때 무슨 일이냐!! 하며, 채사령관이 권총을 빼들고 앞으로 가니, 약 20 ~ 30 m 앞에는 키가 크고, 긴 외투를 잘 입은 적군 3~4명이 서 있었으니, 가슴이 덜컹하며 눈앞이 아찔하였다.

이곳이 바로 지금의 오색초등학교 앞쪽 쯤이다.

그 당시는 우차가 겨우 지날 정도의 오솔길이었다.

작전참모는 살고 싶으면 나를 따르고, 죽고 싶으면 후퇴하라고 고함을 지르니 그 어느 누가 죽겠다고 하는 사람이 있으랴!! 죽으나, 사나, 그저 작전참모를 구세주와 같이 생각하고, 그 뒤를 따랐다. 작전참모도 내심으론 겁이 났던지 옆개천 외나무 다리를 건너 박달재로 진로를 돌렸다.

◆ 단목령의 비극

나는 계속 작전참모를 따라 개천의 외나무 다리를 건너고 있는데, 갑자기 후미 쪽에서 요란한 총소리가 들리니, 뒤따라 오던 후미부대는 또다시 대오를 흐트려 외나무 다리를 건널 겨를도 없이 개천 쪽으로 일제히 뛰어 들었다. <중략>

우리가, 적 후방에 침투할 때 가지고간 장비는 현대식 장비가 아니라 일본군이 쓰던 99식 장총과 인민군 따콩총, 인민군 기마단총 등 뿐이었다. 지금 생각하면 어이가 없는 노릇이 아닐 수 없다.

나는 따콩총을 어깨에 둘러매고 산의 능선 가까이에 이르니,

여기서 부터는 죽은 동지의 시체가 줄지어 있었지만, 서글픈 생각조차 거의 없을 정도가 되었다.

고개를 더 내려갈수록 동지들의 시체는 점점 많아졌다.

약 500m 가량 시름없이 내려오니,

누군가 신음하고 있는 것이 아닌가?!!

멍하니 힘없이 내려오던 나는 정신이 번쩍 들어 무심코 신음 소리가 나는 곳으로 눈길을 돌렸다.

그 사람은 아직 죽지는 않았다.

나는 본능적으로 야!! 정신차려!! 하며, 총개머리로 4~5회 때리니 그때서야 아이구!! 하며, 꿈틀거렸다.

나는 그 동지의 한팔을 내 목에 걸고 일어서니 그제서야 정신이 드는지 아이구, 날 좀 살려달라고 애원한다.

그 뒤에는 동지들의 시체를 보면 일단 한번씩 때려 보았다.

걷어차였을 때 꿈틀하면 총개머리로 두들겨 끌고 오니 이럭저럭 15~6명이나 되었다.

그 당시 우리들은 6일 가까이 굶은 데다 적의 추격을 받으며 계속 행군을 했고, 정신의 반은 걸으며 잠을 자고, 반은 움직였으므로 등신만 걷고 있었던 것이다.

이런 안타까운 젊음의 희생을 그 누가 책임질 것인가!!

최고 책임자는 위로의 말 한마디 없이 젊음을 희생시켜 놓고, 그들의 영광만을 꾀하니 한심스럽기 그지 없다.

이곳 지대는 고산 암벽이라 나무는 거의 없고 밋밋한 경사지에 백설이 깔려 있는데 그곳에 오두막 7가구 정도의 마을이 있는 것이 아닌가!! 이곳은 아마도 인제군 기린면 지내일 것이다.

우리는 이 마을에 도착 하자마자 누가, 이곳에서 휴식한다. 라는 명령조차 없고, 또 집주인의 허락도 없었으나 우루루 몰려들어 1가구당 약 20~30명씩 방, 부엌, 헛간 등에 나누어 자리를 잡게 되었다.

이 집에 있는 강냉이는 오랫동안 말려진 것이라 돌과 같이 단단했다.

먹어도 먹어도 배는 부르지 아니했다. 이 광경을 그곳 부락 주민들이 보다 못해 한쪽에

서는 강냉이 알을 따고 한쪽에서는 맷돌에 듬성 듬성 갈아 밥을 지었다.

몇일 동안 세면도 못하였고, 누비옷인 인민군복은 찢어져 너덜거리니 마치 짐승과 다를 바 없었다.

인민군과 혹시 국방군의 소재를 물으니 그들은 전혀 모르고 있었다.

이 부락에는 아저씨들이 처음의 방문객 이라고 했다.

세상에 이런 곳이 어디 또 있으랴?

문명을 모르는 하늘에서 가장 가까운 마을이 아닌가?

여기서는 대포나 총소리 조차도 못들었다고 한다. 이곳에서 몇일을 쉬고나니 젊은 나이라, 곧 회복 되었다. 세수도 하고 오래간만에 발도 닦으니 진짜 살맛이 났다.

우리는 이곳 무명부락에서 쉬고 있다가 아군 진영에 생환할 수 있었다. 아군 진영에 귀환하여 아군과 다시 상봉하니, 불과 두달만에 보는 아군이였지만, 몇 십년만에 보는 그런 느낌이었다.

지옥에서 이세상으로 다시 환생한 것과도 같았다. 지금도 그때의 장면을 생각하니 뜨거운 눈물이 흐른다.

※ 이상은 1988. 8. 6 정규옥 중사가 그 당시의 상황과 소감을 적어 보낸 것을 엮은 것이다.

우리는 앞으로 어떤 일이 있더라도 동족상잔의 쓰라린 과거가 다시는 되풀이 되지 말도록 해야 할 것이다. 그러하기 위하여는 먼저 유비무환(有備無患)의 기본적인 정신의 실천과 조국의 지유와 평화적인 통일을 위한 정치 발전이 있어야 우리들의 아들, 손자들은 그와 같은 고생을 면하게 되리라는 점이다. (編著 註)

4. 전인식 씨 모교 중·고등학교에서 학생 2,000여명을 대상으로 안보강연하다.

(2009. 6. 24. 11:20 ~ 15시)

북한군의 6.25 남침과
청년 · 학생의 구국투쟁을 중심으로
본교 출신 참전자의 증언!!

= 경기도 파주시 아동동, 문산중학교 · 문산제1고등학교에서 =

오늘 우리 모교의 중학생과 제1고등학교 학생 여러분과 함께 1950년 그러니까 정확히 만 59년 전에 일어난 한국전쟁의 구국(救國)투쟁을 되새겨, 어떤 도발이나 침략에도 우리들 학생은 의연하게 대처함과 동시에 이웃을 위난(危難)에서 구해야 한다는 각오를 가슴 깊이 새롭게 간직해야 함을 강조하면서,

학생 여러분에게 **용기와 희망** 그리고 **무실역행**(務實力行)하는 이 나라의 책임있고 건강한 젊은이가 됩시다. 하는 말로 인사를 대신합니다.

지금 내 나이가 1929년생이니까 만 80세가 됐습니다. 늙은이가 무슨!!? 할런지 모릅니다만 이 사람은 오늘 여러 후배와 같은 학생이 된 기분으로 옛날을 있는 그대로 회상해 보고자 합니다.

1949년, 농촌개혁의 기수가 되겠다는 마음을 단단히 품고 서울 정치대학, 지금의 건국대학교 정경학부 정치과에 어렵게 입학하여 농촌 개발과 개혁을 위한 정치 공부를 시작했습니다.

1. 시골청년

내 고향 탄현면 오금리 라는 고장에서 농민의 장남으로 태어난 나는 농사일도 거들어 본 경험이 있었습니다.

시골출신이 서울 종로 낙원동에 있는 대학에 다니다 보니 무엇인가 호신용 운동이 필요해 요즘말로 태권도, 옛날말로 권법(拳法)을 연수하기 시작해 1년뒤인 1950년에는 나름대로 유단자 수준까지 수련해 제법 큰 소리 칠 수도 있게 되었습니다.

1950. 6. 3 에는 인천 "애관"이란 큰 극장에서 무술시범을 연출하기도 했습니다.

이때의 무술 훈련이 뒷날 육군 특수부대 활동에 크게 도움이 되었습니다.

내가 문산농업학교에 입학한 후 8.15해방과 더불어 우리 농촌경제가 극히 어려워 탄현면 오금리에서 문산 선유리에 있던 우리 학교까지는 10km가 넘는 거리였는데 아침, 저녁 걸어서 통학을 했습니다. 그때는 버스도 없었습니다.

고물이 된 자전거가 있었으나 튜브가 펑크나면 이를 땜질해서 타야하니 끌고 다니는 것 반 타는 것 반 정도로 고행의 학교생활이였으나 뒷날 전쟁터에서는 이 걷기 체험이 튼튼한 다리를 갖게 되어 생명을 유지 하는데 큰 도움이 되었습니다.

2. 한국전쟁의 서곡

1950년 6월 24일은 비가 많이 내리는 날이였습니다. 그때까지는 오랜 가뭄으로 모심기를 하지 못한 논이 많았습니다.

이 때, 용산에 있던 육군본부(지금은 전쟁기념관이 있음)에서는 **육군회관 준공**식을 위해 육군 총참모장(육군소장 채병덕)이하 고급장교들이 댄스 축하파티를 열면서 38선을 포함한 전군에게 이미 내려져 있던 비상경계령을 해제하고 병사들 중 농촌 출신자들은 각기 고향으로 가서 모내기를 돕도록 특별외출(일종의 단기휴가)을 주어 부대를 떠나게 했습니다.

따라서, 38선의 전선을 경비하던 병력은 약간의 보초병만이 겨우 전선을 지키고 있었습니다.

그 당시 파주 문산지역에는 우리 육군 제1사단이 주둔해 있던 것으로 기억합니다.

비는 계속 주룩주룩 내리는데 보초들은 우비마저 신통치 않아 고생하고 있는 새벽 4시 북한군(인민군)대병력이 대포를 쏘면서 T 34 중탱크를 앞세우고 물밀 듯이 쳐내려 왔습니다.

이 때, 아군은 혼비백산 했으며, 가지고 있던 2.36 인치 로켓포로 탱크를 명중시켰으나 이놈은 움찔한 뒤 계속 덜거덕 굉음을 내면서 밀려 내려왔습니다.

고랑포, 의정부, 홍천 등 전 전선에서였습니다.

이때, 서울 중앙방송에서는 38선상에서 약간의 접적(接敵)이 있었으나 우리군이 이를 격퇴중에 있다는 방송을 내보내 국민 모두는 그 방송을 믿고 안심하고 있었습니다.

그런데 이날 서울 상공에 소련제 야크(YAK) 전투기가 나타나 용산역을 중심으로 폭격과 기총소사를 해댔습니다.

이때, 우리고향에서는 내 아버님이 동생들을 데리고 6월 26일 밤 서울 용산, 용문동 집으로 피난을 오셨습니다.

6월 27일이 되니까 내가 있는 동리에도 좌익의 보도연맹 사람들이 우익진용(서북청년단, 대동청년단)인사들의 집을 정탐하는 등 분위기가 험하기 시작한 때,

6월 28일 새벽에 한강인도교가 폭파되어 손수레(리어커) 우마차와 일부차량, 그리고 머리에 피난 짐을 인 피난민 아낙들이 뒤에서 떠미는 인파에 밀려 한강에 떨어져 수만명이 희생되는 비운을 겪어야 했습니다.

바로 그날 돈암동 고개를 넘어온 T34 탱크 2대가 보병의 지원도 없이 인공기(人共旗)를 휘날리며 창경원 정문앞까지 쳐들어 왔는데도 이를 저지할 군인도 없어 그놈의 위세에 당하기만 했습니다.

3. 수도 서울이 짓밟혔다.

T34 탱크는 의정부에서 서울로 거침없이 쳐들어 왔습니다.

이런데도 우리나라가 먼저 북침(北侵) 했다고 하는 못된 얼간이들이 아직도 있다하니 진실을 위해 역사를 꼭 배우고 익혀야 한다고 생각합니다.

나는 용산에 살았기에 한강인도교의 폭파를 저놈들의 포격으로 알고 피난 봇짐을 싸 짊어지고 가족과 함께 한강을 넘어(마포 나룻터) 피난 하려 했으나 한강다리가 폭파된 뒤라 건너갈 수도 없고, 또 나룻터에는 배도 없었으며, 군인이 민간복장으로 갈아입고 후퇴하는 형편인데 머리를 빡빡깎은 서대문형무소?출신 범죄자들도 설쳐대니 겁도 나고 차츰 차츰 이동한 것이 수색 · 능곡까지 가게되자 행주리 친척집에서 쉬고 다음날 일산 방면의 제방 뚝 밑에서 눈을 부친뒤 6월 30일 오전에 파주쪽 철로 길로 걸어가는데 운정역 부근에서 북한 인민군 대부대와 철로 위에서 만나게 되었습니다.

앞에서 걸어오던 놈 중 한놈이 우리를 보고 **어디매로 가오!** 하더니 조국이 해방되었으니 고향으로 돌아가 생업에나 종사하오! 하면서 거만스럽게 힐끗 보면서 계속 일산 · 서울 방면으로 행군해 갔습니다.

이때, 우리 군인은 한사람도 보지 못했습니다.

서울은 놈들이 남침한지 3일만인 1950년 6월 28일 점령 당하고 중앙청에는 붉은 인공기(人共旗)가 높게 내걸렸습니다.

4. 적 치하의 반공투쟁

북한은 남침 이전에 이미 남한 내 도 · 시 · 군 등 각급 지역 인민위원회와 내무서(경찰) 군수물자를 동원할 조국보위 동맹 민주청년(민청) 여성동맹 등 점령지역내 조직을 준비하

고 한강 이남으로 진격하면서 식량조달을 위한 **현물세의 강제 징수**와 소위 **인민 의용군을 강제로** 차출하여 훈련도 없이 총알받이로 전선에 배치하는 등 인간 이하의 강제를 인민의 이름으로 강행했습니다.

이에 뜻있는 반공 애국청년, 학생들이 숨어지내며 조직화 했습니다.

나도 이들 젊은 청년학생을 규합하여 학생회를 조직 ① 의용군에 가지 말 것과 ② 식량공출을 방해 하며, ③ 한편으로는 내무서를 습격하고, ④ 9월 20일경부터는 도망하는 인민군이 임진강 나룻터에 오면, 이들의 무장을 해제하고 빼앗은 총으로 무장을 강화하는 "레지스탕스"와 같은 저항과 유격전을 감행했습니다.

아군의 전황은 낙동강 최후 방어선에서 고전하고 있을때, 1950. 9. 15. 맥아더원수에 의한 인천 상륙작전의 성공으로 9.28 서울이 수복이 되었으나 이미 전라남북도 전역과 경상남도 진주시와 거제도 마산앞까지 침략된 뒤였으며, 그때까지 남침한 적은 15만명이나 되는데 퇴로가 차단되자 놈들은 전선사령관 "김책"의 명령으로 유격전부대로 개편되어 **지리산 · 태백산** 등지로 숨어 들어 **식량의 약탈과 무고한 양민의 학살**을 자행하니 국내 치안은 극도로 혼란스럽게 되었습니다.

대구 · 부산만이 겨우 남아 있을때 인천상륙으로 용기를 얻은 국군과 유엔군(참전 16개국)은 **1950. 10. 1. 38선을 돌파하고** 북진을 감행했습니다.

1950. 10. 16에는 **적도 평양에 입성하고** 통일을 위한 북진은 계속되어 1950. 11. 26 아군이 **압록강 연안까지 진격해** 통일이 되는 듯할 때, 중공군 6개군 약 **40만명이 몰래 압록강을 건너와** 징, 꽹과리, 방맹이 수류탄으로 인해전술(人海戰術)을 감행해와 이 기습에 놀란 아군과 유엔군은 피나는 **흥남부두 철수 등** 후퇴의 길로 접어 들게 되었습니다.

이것이 이른바 1. 4후퇴 입니다.

이때 우리 정부는 1950. 12. 21 만 17세 이상 40세까지의 국민 총동원령을 공포하고 즉시 실행하게 되자 북한으로 가서 치안 활동을 하고 남쪽의 적 패잔병 소탕을 위해 모집한 의용경찰(義勇警察)이 파주 경찰서에도 50여명이 훈련중에 있었는데 이들이 1950. 12. 30. 대구 육군 보충대에 집결하게 되었습니다. 이분들 중 41명만을 내가 조사 · 발굴했습니다.

5. 유격 특수 부대에 입대

나는 9. 28 수복후 12월 초부터 미군 제25사단 정보기관의 현지(파주 탄현) 참여자로 피난민의 짐 등을 조사하다가 1950. 12. 하순에 이르자 그 부대가 봉일천으로 후퇴하여 나도 봉일천에 가니 문산 · 교하 등지의 후퇴 부대가 혼성되어 어지럽게 되자 고향친구 2인(1명은 우리 학교 2회 구본승씨)과 영등포로 가서, 군용 화물열차의 지붕에 올라타고 대구에 간 것이 1950. 12. 31 이였습니다.

1951년도 밝아온 1월 1일 한 무리가 지나감으로 그들 뒤를 따라간 곳이 **육군보충대**였습니다. 참으로 어이없는 선택이였습니다.

이곳은 급조된 육군보충대였으며, 이 보충대에는 의용경찰, 군 낙오병, 애국청년, 학생 등 6~7,000명이나 되는 많은 장정이 수용되어 있었습니다.

다음날인 1월 2일 육군소령 한분이 이 보충대에 와서 너희들 중 대학생은 손을 들라! 중학교(고등학교) 졸업자나 재학생도 손을 들라!! 나는 손을 들었습니다.

이때 손을 든 700여명이 대구 달성초등학교에 간 것이 징소집 영장 없는 입대였습니다.

1951. 1. 4 육군정보학교(육군제7훈련소)에 입대한 것입니다.

그날부터 교육·훈련이 시작되었는데 ① 무기는 인민군의 노획병기인 소총이고

② 북한의 군사노선 ③ 인민군의 노래 등 정말 이상한 교육이 실시되자 우리들이 특수임무부대인 것을 눈치챘으나 단 한명의 낙오자도 기피자도 없이 3주간의 교육을 모두 마쳤습니다.

나는 대학생이어서 인지 임시장교로 **육군보병대위**가 되었습니다.

임시장교의 임관사령장은 국방부장관 신성모 명의의 것을 받았습니다.(그때의 진본을 전장에서 가져와 현재 용산 전쟁기념관에 전시되어 있습니다.)

나의 소속 · 공식 명칭은 **육군본부 직할 결사 제11연대 작전참모 육군임시 보병대위**입니다.

1951. 1. 30 새벽 6시 육군정보학교에서 출정식을 갖고 그날 20시경 강원도 영월읍 봉래산 아래 아군 제7사단 전방지휘소에서 미숫가루 2주일분의 비상식량과 탄약을 수령하고 작전명령에 따라 적진 후방으로 침투가 개시되었습니다.

이때 결사 제11연대의 연대장은 육군중령 채명신(전 주월한국군총사령관을 지낸 육군중장)씨가 지휘하였습니다.

1951. 2. 10에는 강원도 평창군 진부면 하진부리에 이르러 임진강에서 내가 하던 수법을 살려 수색작전을 지휘하여 적병 34명을 생포하는 등 제법 열심히 전투지휘를 했습니다.

그 당시 강원 산악지역은 영하 30도를 오르내리는 강추위와 태백산맥, 오대산맥의 눈은 1m 이상의 적설로 고난의 역경이였으나 360여명의 병력을 이끌고 싸우면서 단독으로 계속 북진했습니다.

1951. 2. 20 강원도 명주군(강릉시) 연곡면 퇴곡리 적진 후방지역에 이르자 결사 12연대와 결사 제13연대가 우리지역으로 와 합류되자 이들을 통합하니 병력이 647명으로 증강되어 **「백골병단」**이란 부대명을 선포하고, 나는 백골병단 작전참모를 겸하게 되었습니다.

그 뒤, 크고 작은 많은 전투에서도 임진강에서의 "레지스탕스" 기질과 경험을 발휘하여 많은 공적도 남겼습니다.

그중 한가지만 소개하면, 1951. 3. 18 강원도 인제군 인제읍 가리산리 "필례마을"을 정찰하던 우리 13연대가 **인민군 중장으로 대남 빨치산 사령관인 길원팔**이 남파중 그의 참모장 인민군 대좌 강칠성 등 지휘부 13명이 쉬고 있는 것을 생포하는 전과를 올렸으나 우리의 기도가 여기서 폭로되어 추격을 받게 되자 나는 퇴각작전을 지휘하여 강원도 인제군 북면 용대3리(미시령과 진부령의 갈림 삼거리)까지 북진 퇴각했으나 여기서 전선에 투입되던 인민군 32사단이 우리를 포위 공격하므로 백담사를 경유 설악산 영봉쪽으로 남하 퇴각하게 되었습니다.

여기까지가 영월에서부터 적진 320km(800리)를 단독 북진한 역사적인 사건입니다. 이때 적은 50km 쯤 남쪽에서 아군과 교전중에 있었습니다.

대남 빨치산 사령관이 가지고 있던 김일성의 직접지령문 등 기밀문서는 그 뒤 필자가 육군본부 비밀문서고에서 찾아내 우리들의 영웅적인 행동이 세상에 다시한번 널리 알려지게 되었습니다.

6. 박달재의 비극

설악산에서 야영 중 적의 기습을 받아 큰 손실을 입고 1951. 3. 24 양양군 서면 오색리로 퇴각한 뒤 오가리 방면으로 적이 포진한 진중을 대낮에 행군하는데주위를 살펴보니 행군하던 왼쪽 길옆에서는 북한군이 진지를 축조 중에 있고, 뒤쪽에서는 인민군의 대부대가 행군해 오고 있었습니다.

따라서 우리들은 인민군부대의 앞에서 진짜 인민군 노릇을 하며 2시간 가량을 행군하여 박달재(단목령) 입구까지 왔는데 여기서 부터는 동해안쪽으로 더 진출하기가 어렵게 느껴져 박달재로 올라갔는데 이때는 3월 20일부터 쫓기는 신세였으므로 25일까지 아무것도 먹지 못해(비상식량인 미숫가루 2주일분은 1. 30에 지급 받았을 뿐임) 추위를 이겨내지 못한 장병 100여명이 이곳에서 굶고 얼어죽은 비전투손실을 입었습니다.

우리 생존자들은 1986년부터 박달재 입구에서 추모제를 지냈으나 전적비를 건립한 1990년 이후 부터는 백골병단 전적비가 있는 강원도 인제군 북면 용대리 전적비 앞 광장에서 해마다 현충 추모제를 지내고 있습니다.

7. 그 뒤의 그들

나는 1951년 4월 25일 육군본부 직할 결사대에서 미 8군 기동부대 커크랜드 기지로 이관되자 그 부대에 갔는데 4월 28일에 이르자 소령으로 진급하여 이 부대의 작전처장이 된 뒤, 상륙기동작전 훈련을 담당하고 1951. 6. 4 미해군 함정을 타고 강원도 통천 · 원산 앞의 난도(알섬)에 1차 상륙한 뒤 6. 5 두백리 앞 솔섬(三島)을 경유 6월 6일에는 두백리(荳白里)에 기습 상륙하여 해안포대와 동해안으로 내려오는 도로의 파괴 등 특수작전을 수행하는 전방지휘관으로 활약을 하고 부락민 약 300명을 주문진 자유대한으로 후송해 주었습니다.

이때 내 나이 겨우 22살의 청년이였습니다. 이 부대에서 6월 28일까지 육군소령으로 동해안의 상륙부대를 지휘했습니다.

나는 1951년 7월 초 육군본부에 가서 미군장교가 준 제대증을 육군의 제대증으로 바꿔 달라고 했더니 병적이 없어 불가능하다고 했습니다.

도대체 병적이 없다니 하며 따졌으나 전시라 소용이 없었습니다.

그 뒤 재입대 후 현역 장교생활 5년을 다시하고(군번이 3개가 되었다) 억울한 사연의 투쟁은 1961. 8. 23 참전전우회를 발기하면서 시작되어 2009년 현재까지 48년간 참전전우회의 회장으로서 나름대로는 소임을 다해오고 있습니다.

1961. 8. 23 **대한민국 유격군 참전전우회** 발기인 대표를 시작으로 **설악동지회 회장**, **대한유격 참전동지회 회장** 등 명칭을 바꾸며 계속 전우회 회장으로 봉사하면서 전사 책 23권을 집필 발행하였습니다.

나는 인우보증 방법으로 확인한 참전전우 중 **전사자 57위를 동작동 국립현충원**에 **위패 안치** 하였고, 격전지에서 **발굴한 유골 3위는 대전현충원에** 안장하여 명예를 회복시켜 주었으며,

1990. 11. 9. 나의 꾸준한 노력으로 **백골병단 전적비를 건립 · 준공**하였고(육군의 예산지원과 육군공병단 시공), 그 뒤 계속 투쟁한 명예회복 운동은 2004. 3. 22. **법률 제7,200호「6.25 전쟁중 적후방지역 작전 수행 공로자에 대한 군복무인정 및 보상 등에 관한 법률**」의 기초작업 및 대국회 활동으로 명예가 회복되었습니다.

이 법의 공포에 따라 참전전우 모두는

① 육군본부 직할 결사대 소속으로 참전한 사실 ② 참전당시의 임시계급을 현역근무로 인정받았고, ③ 적후방에서 전투중에 받지 못한 당시의 계급별 봉급을 환산 · 지급받았으며, ④ 미안하다는 뜻이 담긴 보상금도 모두 받았습니다.

우리 파주출신으로 이 부대에서 용감히 싸운 전우 중 집에 돌아온 뒤, 사망한 유가족들도 봉급과 보상금을 받은 것으로 알고 있습니다.

1990년 이후는 해마다 6월이 되면 국가보훈처의 예산지원과 국방부장관 등 군고위 사령관과 재향군인회장 등 사회단체 명사 여러분과 인제군수 및 지방유지 · 학생과 함께 육군제3군단장(중장), 제12사단장(소장) 등 민 군 관, 학생 등 300여명이 백골병단 전몰장병과 무명용사 303인 외에 살신성인 충용(忠勇) 윤창규 대위의 위훈 선양을 위한 현충행사를 거행하고 있습니다.

여기에는 우리들의 성금으로 운영되는 **용대백골장학회**의 헌성비와 이사람인 **吾平 전인식의 공적비**가 전우 유가족의 성금으로 건립되어 있습니다.

이와 같이 피나는 구국대열에 몸 바쳐 이 나라의 자유와 평화를 위해 많은 희생을 무릅쓰고 오늘과 같은 풍요를 이루게 했으나 저 북쪽에서는 장거리 포의 전진 배치와 "핵(核)" 무장을 서슴치 않으니 우리 모두는 정신을 바짝 차려야 하겠습니다.

끝으로 당부드릴 말씀은 우리 모두는 항상 유비무환(有備無患)을 가슴 깊히 간직하고 학생의 본분을 지켜, 열심히 공부하고, 부모와 이웃에게 사랑을, 그리고 우리 학생 서로가 격려, 단결하여 모범적인 우리 고장의 큰 일꾼이 될 것을 다짐합시다.

학생 여러분과 교직원 및 교장 선생님과 여러 선생님께서 경청해 주시고 격려해 주신 것을 감사드립니다.

육군본부 직할 결사대(백골병단) 전우회 회장
(문산 중 제1고등학교 제4회)

2009.6.24 11:30~15:30 연사 : 전인식 (보훈 · 안보특강)
문산중학교 · 문산제1고등학교 전교생 약 2,000명

전우회 소식

白骨兵團 戰跡碑 建立 당시에 獻誠金을 주신 분들의 招請모임!!

일 시 : 2009년 7월 27일 12시
장 소 : 서교가든(韓食) 02) 324-8282
지하철 2호선 합정역 ②번 출구. 우리은행에서 북쪽 200m

＝초청자＝

蔡命新, **全仁植**, **權寧哲**, 康斗星(중국), 元應學(미국), **金容弼**, **安秉熙**, **崔潤宇**, **李翊宰**, 高悌和, **朴勝錄**, **張之永**, 朴用周, **林東郁**, 金壽昌, 河泰熙, 林炳基, 裵善浩, **柳海權**, 朴鍾善(현역장군) 20名 中

參席 10名(굵은 글자)(건강상 이유로 불참 5명, 기타 5명)

理事陣 參席 : **洪金杓**, **車周燦** 理事, **宋世鏞** 監事 計 13인 참석

1. 이날 60年史 監修人 柳海權 將軍에게 감사품(粗品)을 증정하였다. (편찬위원장)
2. 洪金杓 理事께서 귀한 술을 가져 오셔서 즐거움을 더 했습니다.
3. 참석 전우들의 誠意로 全仁植 회장에게 축하 商品券을 주셨다.(송세용 감사 집행)
4. 60年史에 들어갈 重要 內容을 참가자 모두에게 油印物로 만들어 확인 할 수 있게 하였다.(전인식 회장)

이날의 諸般 行事는 09年 理事會에서 議決(全員參席)한 것으로 看做하기로 合意하였다.

육군본부 직할 결사대(백골병단) 참전 60년사

60년사 편찬 위원회 기록

원고 집필 : 육본 직할 결사대 전우회장 全仁植(1962~현재)

감　　수 : 예비역 육군중장 柳 海 槿(육군사관학교 26기)
전 육군본부 정보/작전참모부장(소장),
육군특수전사령관(중장)
육군교육사령관(중장) 역임

편찬 위원 : 林 東 郁(60년사 편찬위원회 위원장)
宋 世 鏞(60년사 편찬위원회 부위원장)
車 周 燦(60년사 편찬위원회 간사)
朴 勝 錄(결사제11연대출신 위원)　張 之 永(6.25참전국가유공자 본회이사)
李 翊 宰(결사제12연대출신 위원)　崔 潤 宇(6.25참전국가유공자 본회이사)
林 炳 華(결사제13연대출신 위원)　洪 金 杓(6.25참전국가유공자 본회이사)

발간 비용 협찬자

전우회장(원고집필)	全仁植	7,000,000원
전우회 명예회장	金容弼	3,500,000원
전우회 명예회장	權寧哲	1,000,000원
감수인 명예회원	柳海槿	1,000,000원
편찬 위원장(이사)	林東郁	3,000,000원
편찬위원 (〃)	洪金杓	3,000,000원
편찬위 부위원장	宋世鏞	1,000,000원
편찬위원회 간사	車周燦	1,000,000원
편찬위원	李翊宰	1,000,000원
편찬위원	林炳華	1,000,000원
편찬위원 (이사)	張之永	1,000,000원
편찬위원 (〃)	崔潤宇	1,000,000원
전우회회원(〃)	安秉熙	1,000,000원
편찬위원	朴勝錄	500,000원
전우회 회원	權泰鍾	500,000원
전우회 회원	金重信	500,000원
전우회 회원	尹慶俊	500,000원
전우회 회원	李榮珍	500,000원
전우회 회원	朴用周	300,000원
전우회 회원	金宋奎	200,000원
전우회 회원	金鍾浩	200,000원
전우회 회원	裵善浩	200,000원
전우회 회원	吳錫賢	200,000원
(고)扈成振씨 유가족 찬조		200,000원 (소계 29,300,000원)

발간 비용을 협찬 해주신 것을 감사드립니다.

법률 제7,200호로 공포된 6.25 관련 특별법은 법리상 일반법보다 우선하고, 또 후법 우선주의 원칙도 있으므로 우리들의 관련 법 제 5 조 【서훈】 에 공로자에게는 훈포장을 줄 수 있다. 라고 명시 규정하였으므로 이에 힘을 얻어 이미 육군본부가 심의 의결한 훈포장 수여를 다시 신청한 것에 대하여 국방부는 6.25 당시의 훈포장 수여는 1954년에 이미 종결 했다는 이유로 계속 불가하다고 일관하고 있으니 백골병단 참전 유공장병들 모두는 혹시 자빠진 강아지가 ◯을 바란다는 우리 속담을 상기하게 되는 것인지 섭섭하기 이를데 없다.

편찬의 말씀

〈편찬 후기〉

1950년 6월 25일 새벽 4시에 38도선 전역(全域)에서 북한군이 기습 남침을 감행한 전쟁이 바로 6.25 한국전쟁입니다.

우리나라 애국 반공 시민 · 학생들은 모두 일어나 항전중 인천상륙작전의 성공으로 서울이 수복 되자 북한군을 몰아내야하는 시대적 사명을 인식 · 명감(銘感)하고 용감히 맡은바 책무를 다하고 있을 때, 중공군의 대거 참전 개입으로 또다시 전국이 위태롭게 되자 1951년 1월초 스스로 육군정보학교에 입교하여 특수교육을 이수한 애국청년 800여명은 1차로 1951년 1월 30일 적 후방지역으로 360여명이 침투하였고, 그 후속부대가 침투 · 작전중 1951년 2월 20일 3개 연대가 강원도 명주군 연곡면 퇴곡리(현 강릉시)에 집결되자 3개연대를 통합「백골병단(白骨兵團)」이라 명명(命名)한 다음 채명신 중령이 통합 지휘하였습니다.

백골병단 장병 640여명은 (1) 구룡령 차단작전, (2) 군량밭 · 필례지구작전 (3) 용대리 · 백담사 철수작전, (4) 단목령 · 진동지구 퇴출작전 등 수많은 작전에서 적병 생포 309명, 사살 170명(미확인포함) 등의 전과와 북한군 중장(中將) 대남 빨치산 사령관과 참모장 북한군대좌 등 일당 전원을 생포함으로서 대남빨치산 지휘부를 전멸시키는 등 전적을 올리고 1951년 4월 중순 임무완수 · 개선하였습니다.

이와 같은 장엄한 유격전사를 바르게 기록해 두어 먼 훗날 한국전쟁을 재조명하고, 연구하는 이들에게도 바른 역사관을 남겨야 함을 우리 참전장병 모두가 공감하여 사료(史料)를 정리하고자, 참전전우 모두가 합심하여 이 60년사를 편찬하게 되었습니다.

이제 참전노병들의 연령이 최소 78세 에서 85세까지로 건강과 경제적인 면으로도 어려움이 컸으나 모두가 뜻을 모아 참전 60년사를 편찬하여 영원히 기록으로 남기고자 거금을 갹출하여 전국 공공도서관 과 관계기관 등에 기증하여 먼 훗날의 사료로 삼고자 했습니다.

특히, 적후방 지역 작전중 촬영한 필름이 모두 훼손되어 기록사진이 전무하고, 육군본부에 보고한 전투결과보고서도 찾을수 없으며, 유일한 자료는 참전당시 작전참모 전인식(현 전우회장)씨가 1961년부터 정리한 일지 등이 유일한 자료이므로 이를 근간으로 모두를 정리해야하는 어려움이 컸습니다.

그동안 명예회복을 위한 우리들의 노력이 참전 개선 50여년만에야 겨우 국회의원 입법으로 참전당시의 계급 인정과 신규군번 부여 그 당시의 봉급 지급 수령 및 약간의 위로보상을 받기까지 우리모두는 전우회장을 비롯해 정말 어려운 나날을 보냈습니다.

이 기회에 아쉬운 점은, 이 60년사 발간에 증언 등의 제공과 참여를 해야 할 일부(한두) 전우가 참여하지 아니한데 대하여 위원장으로서 아쉬운 말을 남기고, 편찬위원회 위원 여러분의 노고와 경제적으로 어려우신 가운데에도 불구하시고 60년사 편찬 비용을 협찬해주신 여러분에게 다시 한번 경의와 감사의 인사를 드립니다.

수고 하셨습니다.

육본 직할 결사대(백골병단) 60년사
편 찬 위 원 회
위 원 장 林東郁 드림

육본직할 결사대 60年史 발간을 위한 편찬 감수 최종(6회) 회의를 알리는 서한

= 조 국 의 자 유 와 평 화 =

육본 직할 결사대 전우회
(백골병단)

문서번호 : 육직 결사 09-08-01호
시행일자 : 2009. 08. 04
수 신 자 : 전우회 이사(명예회장 포함) · 감사, 60년사편찬위원(감수인 포함)
제 목 : 육본직할 결사대 전우회 60년사 발간 최종 협의 회의 소집

육본 직할 결사대 전우회 60년사 발간 원고가 모두 정리되어 발간에 관한 협의를 하고자 다음과 같이 회의를 소집 통지합니다.

다 음

일 시 : 2009. 8. 19(수요일) 11시 정각

장 소 : 마포구 서교동 소재 서교가든(韓食) 연회실

안 건 : 1. 60년사 원고 열람 및 토의
2. 발간 일자 협의
3. 보급 방법 협의
4. 예산 집행 기본 협의
5. 기타 중요사항 협의

이상과 같이 회의를 소집 통지하오니 참석해 주시기 바라며 부득이 한 경우 위임장을 보내주시기 바랍니다.

※ **참석여부 통지는 '09. 08. 14 까지 02) 325-4896으로** 부탁합니다.

※ 아무런 통지가 없으면 불참으로 간주하여 좌석 배정을 하지 않습니다. 이점 유념하시기 바랍니다.

육군본부 직할 결사대 전우회 회 장 전 인 식
(백골병단)

(직인: 육본직할 결사대(백골병단) 전우회 회장전인의인)

담당 : 과장 송 미 정　　　　회 장 전 인 식
시 행 : 육본직할 결사대(백골병단) 전우회 제09-08-01호(2009. 8. 4.) 접 수 (　　　)
우 121-839 서울특별시 마포구 서교동 377-2　　http://www.beackgol.co.kr
전화 02) 325-4896(직), 02) 333-2381~2　전송 02) 338-1153

육본직할 결사대(白骨兵團) 60年史 편찬위원과 전우회 이사(감수인, 명예회장 포함) 합동회의록(최종회의)

육본 직할 결사대(白骨兵團) 60年史 편찬위원과 理事合同 會議錄(最終)

日 時 : 2009. 8. 19. 11시

場 所 : 서울 마포구 서교동 西橋가든(韓食) 연회실

참가대상 : 會 長 : 全 仁 植　명예회장 : 權 寧 哲, 金 容 弼

監 修 : 柳 海 權 60年史 監修人(예비역 中將)

理 事 : 林 東 郁 60年史 편찬委員長(겸임)

監 事 : 宋 世 鏞 60年史 편찬위원회 부위원장(겸임)

理 事 : 車 周 燦 60年史 편찬위원회 간사(겸임)

〃 : 張 之 永 60年史 편찬위원회 위원(겸임)

〃 : 崔 潤 宇 〃 〃 〃 〃

〃 : 洪 金 杓 〃 〃 〃 〃

理 事 : 安 秉 熙

委 員 : 朴 勝 錄 60年史 편찬위원회 결사 제11연대 소속

〃 : 李 翊 宰 〃 〃 결사 제12연대 소속

〃 : 林 炳 華 〃 〃 결사 제13연대 소속

以上 14人 中

本人 參席 11名, 委任 2名　計 13名 參席으로 成會

議 長 : 戰友會 會長 全仁植이 司會者겸 議長으로서 委員 過半數 참석으로 成會를 宣布하다.

議 長 : 첫째 : 60年史 최종 원고를 열람하시고 討議하십시다.

議 長 : 發刊日字는 뒤에 협의 하기로 하고 먼저 經過를 報告하겠습니다.
그동안 지난 08.7.25 우리 결사대 60년사 편찬위원회를 구성하고 위원장에 林東郁 이사를, 부위원장에 宋世鏞 감사를 선출하고 2008.8.20 제1회 60년사 편찬위원회 회의를 개최하고 60年史 편찬위원을 各 선임하였습니다. 이상 보고드리고 다음 費用협찬 등을 보고 드리겠습니다.

議 長 : 발간費用의 豫算 확보에 대하여 검토하겠습니다. 60年史 발간비용협찬은 제1회 편찬위원회에서 자발적으로 헌성하기로 의결되어 다음과 같이 헌성금이 모아졌습니다.

全仁植 700만원, 金容弼 350만원, 林東郁 300만원, 洪金杓 300만원,
柳海權 고문 100만원, 車周燦 100만원, 宋世鏞 100만원,
權寧哲 100만원, 安秉熙 100만원, 張之永 100만원, 崔潤宇 100만원,
李翊宰 100만원, 林炳華 100만원, 權泰鍾 50만원, 朴勝錄 50만원,
李榮珍 50만원, 尹慶俊 50만원, 金重信 50만원, 朴用周 30만원,
金宋奎 20만원, 金鍾浩 20만원, 裵善浩 20만원, 吳錫賢 20만원
扈成振 유족 20만원 計 2,930만원의 헌성금이 모였습니다.

議長 : 그 동안의 편찬위원회 개최 상황은 다음과 같습니다.
제2차 편찬위원회가 2008. 8. 27에
제3차 편찬위원회는 2008. 9. 10에
제4차 편찬위원회는 2008. 10. 8에
제5차 편찬위원회는 2008. 11. 17에 각 열렸으며,
2008. 11. 20. 감수결과 3차 회의도 개최하였습니다.
2009. 7. 27 전적비 건립 당시 성금을 주신 분들 모임에서 60年史 발간에 대한 보고를 한 바 있습니다.
오늘 제6차 60年史 발간회의 및 최종협의 회의가 될 것같습니다.

議長 : 발간 資金의 관리상태를 보고드리면, 헌성금의 은행 예치 내역은 다음과 같습니다.

08. 8.21	7,000,000원	6.5 %	황금(RP) 은행채AAA 담보	09.8.21	만기
08. 9. 2	5,000,000원	5.99 %	3개월 변동	2009. 9. 2	만기
08. 9.24	5,000,000원	6.09 %	〃	2009. 9. 24	〃
08.11.19	4,700,000원	6.61 %	〃	2009.11.19	〃
08.12.16	2,500,000원	4.94 %	〃	2009.12.16	〃
08.12.17	2,000,000원	5.49 %	〃	2009.12.17	〃
08.12.18	2,200,000원	5.34 %	〃	2009.12.18	〃

※ 예 금 : 28,400,000원으로, 09. 8. 21부터 700만원이 만기됩니다.
※ 保有현금 221,537원, 60년사 **위로 경비 支出** 680,000원
합 계 29,301,537원(1,537원이 이자 수입니다.)
가용 잔액은 28,620,000원입니다.

議長 : 우리 60年史를 몇 部 발행해야 할 것인지 토의해 주시기 바랍니다.
本人의 생각으로는 전국의 國公立도서관 350권 정도이고, 육군본부 20권, 국방부 15권, 군사편찬 및 전쟁기념관 등 25권, 1 · 3군사령부 20권, 제3

군단 20권, 703특공, 인제 · 강원도기관, 보훈단체 등 50권, 기타 70권, 計 570권을 기증하고 우리 전우회원 中 헌성금을 주신분 24명에게 1권씩 드리면 總 590여권 相當이 되니 판매용 약100여권으로 볼때 700권만 발행해도 될 것이 아닌가 합니다. ※意見을 말씀해주시기 바랍니다.

委員長 : 대체로 무난할 듯하나 100권정도의 추가 여유를 고려하는 것이 좋을 듯 합니다.

議 長 : 그렇게하기로 하다.

柳海權 監修人 : 軍關聯 機關에 硏究用으로 기증해야 유격戰史연구에 도움이 될 것으로 생각하니 若干의 여유는 두는 것이 좋을 듯 합니다.

議 長 : 60年史 발간 日字를 언제로 하느냐를 協議해 주시기 바랍니다.

1설은 2010年 1月 4日이 좋다

또다른 의견은 2011年 1月 4日 또는 4月 25日이 좋다.

3설은 2010年 4月 25日까지 근무했으니 그날이 좋다는 意見도 있습니다.

어느것으로 결정할까요?

崔潤宇 理事 : 2010年 1月 4日이면 햇수로 60年이 되니까 정보학교 入隊日로 하는 것이 좋을 것 같습니다.

一 同 : 崔潤宇 理事의 意見에 모두 贊同하다

議 長 : 발행일자는 2010年 1月 4日로 하고 그 前에 인쇄를 하기로 한다고 宣布하다.

議 長 : 60年史의 普及方法에 대하여 市中에 판매용으로 내놓기가 어색합니다만, 普及方法에 대하여 논의 하십시다.(정가 기타도)

李翊宰 委員 : 정가를 얼마로 策定할 것인가요?

金容弼 명예회장 : 원가가 얼마나 되나요?

議 長 : 순제작비 = 19,900,000 ÷ 700^{부} = 28,430원이 순제작 원가로 豫想되고, 총경비 28,500,000 ÷ 700^{부} = 40,720원/권당 상당이 될 것 같습니다.

議 長 : 原價로 볼 때 50,000원은 되어야 하는데 비싼 것 같아 38,000원 정도가 좋을 듯합니다.

宋世鏞 監事 : 38,000원으로 하시지요.

一 同 : 38,000원으로 하기로 同意하다.

議 長 : 60年史의 값은 권당 38,000원으로 한다고 宣布하다.

議 長 : 60年史의 普及方法은 어떻게 하나요?

張之永 理事 : 건설연구사의 보급망을 利用하는 방법 이외에 별도리가 없는 것이 아닌가요?

議長 : 會社 利用은 곤란한 일이라고 말하다.

朴勝錄 委員 : 우리모두가 協力해가야 한다고 말하다.

議長 : 別 方途가 없으면 우리모두가 協力하자고 하다.

議長 : 60年史 제작비용은 700부 發刊에 다음 경비가 예상됨을 報告하다.

촬영제비 3,000,000원, 인쇄제비 3,500,000원, 용지대 6,000,000원

제본비(부속포함) 7,000×700 = 4,900,000원

발송제비 3,000×500 = 1,500,000원, 기타 1,000,000원

합 계 19,900,000원 이내로 잡고,

출판기념회 100명×35,000원 = 3,500,000원,

기념품 200개×18,000원 = 3,600,000원

기타 500,000원, 예비비 1,000,000원 계 8,600,000원

총 집행예산(안) 28,500,000원으로 예상되어 保有財源으로 가능하다고 판단된다고 보고하다.

張之永 理事 : 제작원가 1,900만원의 原價속에 원고료나 감수비용도 포함된 것입니까?

議長 : 원고료나 감수수당은 제외된 것입니다.

張之永 理事 : 그럼 原稿料는 얼마나 되나요?

議長 : 812面 中 1/3을 잡아도 270페이지에 6장씩 계산하면 1,600여장쯤 되니깐 200자원고지 1장에 5,000원씩으로 봐도 800만원쯤 될 것 같은데 지난해 시작할 때 傳記作家한 분과 이야기할 때 2,000만원쯤으로 이야기가 되었으나 너무 돈이 많고 그때에는 豫算도 없어 의뢰하지 못했습니다.

宋世鏞 監事 : 의장 말씀대로라면 최소한 800만원의 원고료가 계상되어야 하는 것이 아닌가요.

安秉熙 理事 : 원고료도 문제지만 監修비도 문제가 아닌가요.

議長 : 감수비라고 할 것도 못되는 若干의 교통비를 드렸을 뿐입니다.

車周燦 理事 : 會長께서 個人的으로 處理할 것이 아니라고 생각합니다.

議長 : 우리 戰友會에서는 원고료 등을 處理할 能力이 없습니다.

宋世鏞 監事 : 당초 計劃할 때부터 무리했던 것 아닌가요.

張之永 理事: 計算上으로라도 원고료와 감수비를 支拂한 것으로 장부상 기록하는 것이 좋지 않겠나요?

議長 : 收入도 없는데 支出을 形式的으로 할 必要는 없다고 생각합니다.

林東郁 委員長 : 會長이 作家가 요구한 2,000만원정도를 우리 會에 기부한 것으로 봐야할 듯합니다.

崔潤宇 理事 : 會長이 40~50年 동안 우리 會를 위해 아파트 두채정도가 날아갔는데 또 큰 被害를 드리게 되었군요.

一 同 : 會長의 기부로 處理하자고 하다.

車周燦 理事 : 출판기념회 경비 860만원은 좀 과다한 것이 아닌가요.

安秉熙 理事 : 60年史의 發刊인 점에 비추어 잘 해야 한다고 생각합니다.

張之永 理事 : 경비를 절약하도록 집행부를 따로 구성하는 것이 좋을 듯 합니다.

朴勝錄 委員 : 60年史 出版記念會 집행부 構成에 贊同합니다.

議長 : 60年史 出版記念會 執行委員 구성에 贊同하는 것 같으니 林東郁, 宋世鏞, 崔潤宇 理事로 하면 어떨까요?

一同 : 贊同하다.

議長 : 출판기념 執行委員 決定을 宣布하고 出版紀念會 日字를 부의하다.
2010. 1. 4. 발행이니까 1月 30日 또는 2月 20日이 어떻냐고 묻다.

一同 : 2月 20日이 좋다고 하다.

議長 : 白骨兵團 60年史 발간 출판기념회는 2010年 2月 20日로 한다고 宣布하다.

議長 : 현재 完成된 812쪽의 내용을 여러분께서 최종적으로 잘 검토해 주시기 바랍니다.

柳海槿 監修人 : 결사대와 白骨兵團의 활동戰史를 日誌式으로 기술한 것을 用語와 관계 戰史를 비교하는 線에서 감수했습니다. 오늘은 최종심의 이므로 철저히 검증해 주시기 바랍니다. 라고 말하다.

一同 : 열람하고 異議 없음을 告하다.

議長 : 참고로 60年史에 金漢喆이 쓴 책 中에서 3쪽을 발췌하고 60年史에 싣고자 시도해보았으나, 너무 지저분한 內容이 많아 감수인과 협의하여 뺏습니다. 유인물을 보아 주시기 바랍니다. 라고 부언 설명하다.

金容弼 名譽회장 : 金漢喆 氏 관련 부분을 뺀 것은 잘 했습니다. 內容을 보니 형편없습니다.

林東郁 委員長 : 유인물을 보았는데 말도 되지 않으니 再論하지 말자고 하다.

一同 : 재론하지 말자고 하다.

議長 : 채장군 관련 부문도《주》에 처리했습니다. 잘 검토 바랍니다.

李翊宰 委員 : 이미 發行된 冊에 있는 내용이 아닌지요.

車周燦 理事 : 사실대로 이미 책에 다 나와 있는 內容들입니다.

宋世鏞 監事 : 再論하지 말자고 하다.

朴勝錄 委員 : 채장군 部分은 再論하지 말자고 하다.

一同 : 원안 贊同에 同意하다.

議長 : 一同이 찬동하므로 원안대로 인쇄하기로 可決 함을 宣布 하다.

議長 : 이 60年史의 최종회의록은 그대로 60年史 뒤쪽(편집후기 뒤쪽)에 게재하여 歷史性을 확보하고자 합니다. 高見을 바랍니다.

一同 : 확실하게 할 必要가 있다고 말하다.

崔潤宇 理事 : 우리會는 1961年以後 會長 혼자서 이룩한 것인데 이번 60年史는 우리들이 1~20권씩 사서 費用을 보태야 할 것이 아닌가 하다.

議長 : 경제적으로 곤란한 분도 있으니 그만 하자고 하다.

議長 : 오늘의 最終 編纂會議가 유익했음을 말하고 閉會를 宣布하다.
續開 오찬 宴會에서 더 말할 것이 있으면 협의하기로 하다.

이상과 같이 제6차 60年史 편찬위원회(최종위원회) 협의를 마치고 이를 證하기로 하고 다음사람이 기명 날인하다.

2009. 8. 19

편찬위 위원장 理事 林東郁 林東郁

〃 부위원장 監事 宋世鏞 송세용

〃 간 사 理事 車周燦 차주찬

〃 위 원 〃 張之永 장지영

〃 〃 會員 朴勝錄 박승록 (박)

原稿執筆者 略歷

1949년 문산농업중학교 수료
1949년 정치대학 정경학부(현 건국대) 입학
1950년 6.25 휴학
1951년 육군정보학교 수료. 육군임시대위 임관. 결사 11연대 작전참모
1951년 **육군소령** 명예제대(군번 GO 1003)(미 8군 커크랜드 작전처장)
1952년 논산제2훈련소 입대 훈련병(군번9358453?)
1953년 육군갑종간부 44기 수료 육군소위(군번26444)

1961년 대한민국 유격군 참전전우회 발기
1962년 고등전형시험 합격, 3급을(조사관)
1969년 **대학 조교수 자격 취득**(문교부 대학교수자격 심사위원회)
한양대(토목), 건국대(행대원) 등 출강
1971년 감사원 감사관 퇴임

1972년 **대학 부교수 자격 취득**(문교부 대학교수자격 심사위원회)
한양대, 건국대, 서울산업대, 성균관대, 충북대 등 대학·대학원 강사 역임
건설공무원 교육원, 서울시, 농진공, 한전, 내무부 지방행정연수원 등 출강
새마을 지도자 연수원 등 특수 교육기관 출강
국가기술자격(토목시공 기술사, 기사 1, 2급)시험위원 역임
1974년 사단법인 건설산업연구소 이사장·명예회장
2006년 육본 직할 결사대(白骨兵團) 전우회 회장(1962~현)
2006년 신규 군번 부여:51-00008 퇴역
2007년 龍垈 白骨 奬學會 創立 會長
2009년 육본 직할 결사대(백골병단) 60년사 원고 집필

著　書

軍事關聯分野: 적 후방 300리의 血戰 **"나와 6.25"** 外 22種의 "전쟁기록서" 발행
※ 6.25전쟁 중 적 후방 지역 작전수행 공로자에 대한 군 복무 인정 및 보상 등에 관한 법률 [법률 제7,200호(2004. 3. 22)] 立法 起草 및 提案. 국회 통과. 법률 公布시행 관여

建設管理工學分野: ① 實用 建設工事의 設計標準과 檢查(69年) ② 工事管理(70年) ③ 建設工事의 設計와 施工 ④ 土木施工管理(4版) ⑤ 檢查例 分析 評價을 中心으로 工事의 檢查(5版) ⑥ 建設經營과 新工程管理(4版) ⑦ **PERT理論**과 **實際** ⑧ **工事의 監査·解說** ⑨ I.E 理論과 實際 ⑩ **標準품셈 질의·해설** ⑪ 建設安全管理 ⑫ **산업관리공학**

總類 및 其他: ① 建設標準품셈(38版) ② 建設用語辭典 ③ 不動産 技術論(4版) ④ 콘크리트 구조물의 가설공법 ⑤ 機械設備用語集 ⑥ 最新 建設用語大辭典 ⑦ 건축·토목 용어 대사전 ⑧ 土木用語辭典 ⑨ 국가계약법령·예규 및 건설관계법령 ⑩ **機械 用語 大辭典** ⑪ **環境上下水道用語辭典** ⑫ **알기쉬운 경영회계** ⑬ **네트워크 신 공정관리**

土木工學分野: ① 土木施工學(6版) ② 土木技士試驗 시리즈 5卷 ③ 콘크리트 機械 施工 ④ 新編 建設 機械 施工 ⑤ 技術·監理 叢書 **土木施工法** ⑥ **펌프의 이론과 실제**

建築工學分野: ① 建設技術者를 위한 **建築施工法** ② 새마을 建設技術(文公部選定 優良圖書賞) ③ 假設 거푸집工法 ④ **建築測量** ⑤ 建築積算實務

참 고 문 헌

저 자	도 서 명	발행년도	판형	출판사	소재지
蔡命新	채명신의 무용담「**사투만리**」	1956	A5	육군본부	서울
全仁植	**나와 六二五**(적 후방 300리의 혈전)	1981	3×6	건설연구사	〃
合同參謀本部	韓國戰爭	1984	B5	합동참모본부	〃
703특공연대	특수전(소부대 전례)	1984	B5	703특공연대	강원도
육군본부	**白骨兵團** 적진에서의 유격대 실화	1985	4×6	육군본부	서울
육군본부	백골병단 유격대	1985	B5	군사연구실	〃
全仁植	**못다핀 젊은 꽃** (파랑새)1951년 3월	1986	4×6	건설연구사	〃
李泰	南部軍上 빨치산 수기	1988	A5	두레출판사	〃
이갑섭	빨치산	1988	A5	행림출판	〃
全仁植	白雪의 長征	1988	A5	건설연구사	〃
全仁植	**白骨兵團** =戰爭實話	1988	A5	건설연구사	〃
美죤스홉킨스 大學 硏究팀	한국전에서의 유엔군 유격전 군사연구 제103집 특집	1988	A5	육군본부	〃
全仁植	**결사11연대**(적후방300리의 혈투)	1989	A5	건설연구사	〃
軍事問題硏究所	韓國戰爭日誌	1991	B5	군사문제연구소	〃
全仁植	戰跡碑 落穗	1991	A5	건설연구사	〃
全仁植	임진강에서 내설악까지	1991	A5	건설연구사	〃
김한철	마지막 침투한 대북유격대의 활약상	1991	A5	월간자유사	〃
蔡命新	元老 교우기(30~35面)	1992	B5	주간 매경	〃
全仁植	**영광의 얼**	1992	A5	건설연구사	〃
委員會	白骨兵團 戰史	1993	A5	한국적산연구소	〃
委員會	白骨兵團 전사 추록 I II	1993	A5	한국적산연구소	〃
全仁植	설악의 최후	1994	A5	(주)건설연구사	〃
蔡命新	死線을 넘고 넘어	1994	A5	매일경제신문사	〃
육군본부	한국전쟁과 유격전	1994	A5	군사연구실	〃
김태섭	韓國軍史 1997 제5호	1997	A5	한국군사문제 연구원	〃
全仁植	백골병단 전투상보	1997	A5	(주)건설연구사	〃
全仁植	누구를 위한 적진 800리의 혈투인가	1999	A5	(주)건설연구사	〃

저 자	도 서 명	발행년도	판형	출판사	소재지
全 仁 植	알섬의 갈매기는 왜 우는가	1999	A5	(주)건설연구사	서울
河 截 平	라주바예프의 6.25전쟁 보고서 I II III	2001	A5	국방부군사편찬연구소	〃
全 仁 植	**적진 800리의 혈투**	2001	A5	(주)건설연구사	〃
河 裁 平	韓美軍事關係史	2003	A5	국방부군사편찬연구소	〃
全 仁 植	적진 800리의 혈투(최종판)	2003	A5	(주)건설연구사	〃
안 병 한	戰史 2004. 제6호	2004	A5	국방부군사편찬연구소	〃
全 仁 植	아픈상처를 어루 만지며	2004	A5	(주)건설연구사	〃
全 仁 植	한 많은 오십삼년	2004	A5	(주)건설연구사	〃
全 仁 植	오십사년을 기다렸다	2005	A5	육직결사대전우회	〃
全 仁 植	**六二五의 회한 그리고 영광**	2006	A5	吾平연구소	〃
국 방 부	"백골병단" 보상지원 백서	2006	B5	국방부인사복지국	〃
全 仁 植	한 맺친 오십사년	2006	A5	(주)건설연구사	〃
全 仁 植	여명의 아침	2006	A5	(주)건설연구사	〃
全 仁 植	설악의 영봉은 알고있다!	2006	A5	(주)건설연구사	〃
崔 甲 錫	戰爭文學	2007	A5	전쟁문학사	〃
全 仁 植	**영광의 세월**	2007	A5	吾平연구소	〃
갑종장교단중앙회	갑종이여 영원하라	2009	A5	갑종장교단중앙회	〃
김 홍 영	인천상륙작전과 반격작전	2009	B5	국방부군사편찬연구소	〃

맥아더 인천 상륙작전에서

조국의 자유 평화를 위하여

육군본부 직할 결사대(백골병단) 60年史

2009년 12월 24일 인쇄
2010년 1월 4일 발행

원 고: 全 仁 植
감 수: 柳 海 槿
편 찬: 육본 직할 결사대 60년사 편찬위원회
委員長 : 林 東 郁 外 宋世鏞, 車周燦, 張之永, 崔潤宇, 洪金杓, 朴勝錄, 李翊宰, 林炳華
발 행: 陸本 直轄 決死隊 戰友會 (白骨兵團)
출판 대행 : (주) 건설연구사

발 행 소: 서울특별시 마포구 서교동 377-2
TEL: (02) 325-4896, (02) 324-4996, 전송 : (02) 338-1153
홈페이지: http://www.beackgol.co.kr (백골병단)
E-mail : kunseol @ chol.com
등 록: 2000년 6월 19일 제 10-1988 호 (1972. 4. 18 창립)

※ 파본이나 낙장이 있는 책은 출판대행사에서 교환해 드립니다.

ISBN 978-89-7307-184-5 보급특가 38,000 원

= 안 내 문 =

※ 60년사 보급 책값은 발간 비용(포장 발송제비포함)을 공제한 잔액 모두를 전적비 보수 · 관리비와 용대백골장학회 기금 추가재원으로 활용됩니다.

백골병단 전적비 보수 기록

(1996 ~ 2009. 8 현재)

1995. 1. 13	전적비 부지 4,928㎡(약 1,490평)	재무부 소관에서 국방부 소관으로 관리환	국가·단체지원
1996. 5. 18	진입로 계단 보수	500,000원 (회원 회비에서)	
1997. 4. 8	전적비 주위 조경 보수 공사	500,000원 (회원 회비에서)	
1997. 4. 21	전적비 보수 계약 집행	13,800,000원 (회원 회비에서)	
1999. 6. 5	헌성록비 동판 제작 및 석조물비	1,600,000원 (회원 회비에서)	
2002. 4. 25	전적비 주탑 계단 보수공사	17,600,000원 (회원 회비에서)	
2002. 5. 28	스테인리스 안내판 제작비	1,550,000원 (회원 회비에서)	
2002. 9. 11	주탑 도장 공사비	3,700,000원 (회원 회비에서)	
2003. 9. 16	주탑 진입 주차장 포장공사	670,000원 (회원 회비에서)	
2003. 2. 5	백골병단 전적비 국가현충시설로 지정 고시됨(국가보훈처 고시 제2003-8호)		
2003. 6. 5	무명용사 추모비 건립	16,720,000원 (본회 1,072만원)	국가보훈처 지원 500만원 재향군인회 100만원
2004. 5. 13	전적비 주탑 둘레 및 바닥 블록교체 공사	32,900,000원 (본회 1,790만원)	국가보훈처 지원 1,500만원
2006. 6. 5	살신성인 忠勇비 건립	23,000,000원 (본회 1,600만원)	국가보훈처 지원 700만원
2008. 9. 5	백골병단 전적비와 무명용사 추모비 국가보훈시설로 지정		
2009. 8. 25	주탑도색 · 석물교체 및 비탈면 보수 기타 공사	1,500만원 본회부담	보훈처 1,000만원
합 계	**총 공사비 1억 3,754만원**	**본회부담 9,954만원**	**국가보훈처 등 지원 3,800만원**